K.-H. Hellwege

Einführung in die Festkörperphysik

K.-H. Hellwege

Einführung in die Festkörperphysik

Mit 431 Abbildungen

Springer-Verlag
Berlin Heidelberg New York 1976

Prof. Dr. K.-H. Hellwege
Technische Hochschule Darmstadt
6100 Darmstadt

ISBN 3-540-07500-3 Springer-Verlag Berlin Heidelberg New York
ISBN 0-387-07500-3 Springer-Verlag New York Heidelberg Berlin

Teile dieses Buches erschienen bereits als Heidelberger Taschenbücher, Band 33 und 34.

Library of Congress Cataloging in Publication Data Hellwege, K. H. Einführung in die Festkörperphysik. Includes bibliographies and indexes. 1. Solids. 2. Crystals. I. Title. QC176. H4 1976 530.4'1 76-4102

Printed in Germany.
Satz, Druck und Bindearbeiten: Konrad Triltsch, Würzburg

Vorwort

Wegen der viel mehr Freiheitsgrade des zu behandelnden Systems ist die Festkörperphysik umfangreicher und auch komplizierter als die Atom- oder Molekelphysik. In der Reihe der Heidelberger Taschenbücher (HTB) wurden deshalb — gegenüber einem Band für je eine Einführung in die Physik der Atome[1] und der Molekeln[2] — drei Bände für eine Einführung in die Festkörperphysik vorgesehen. Von diesen sind zwei erschienen[3]; die Arbeit an dem abschließenden dritten Band mußte aus gesundheitlichen Gründen für längere Zeit zurückgestellt werden.

Bei der Wiederaufnahme der Arbeit wurden dann aber auch die bereits erschienenen Kapitel überarbeitet und ergänzt, so daß jetzt eine zusammenhängende, geschlossene Einführung in einem einzigen Band vorgelegt werden kann.

Der Charakter des Buches als eine Einführung für Anfänger wurde dabei nicht geändert. Die Darstellung ist deshalb ausführlicher als in einem Repetitorium oder einem Vorlesungsskript. Das gilt besonders für die physikalische Begründung der benutzten Modelle, für die Beschreibung atomistischer Vorgänge, die physikalische Interpretation theoretischer Ergebnisse und für die Behandlung vieler Beispiele, einschließlich experimenteller Ergebnisse und ihrer Auswertung.

Leider steht in den Pflicht-Lehrplänen der Hochschulen die für die Einführung in die Festkörperphysik erforderliche Zeit im allgemeinen noch immer nicht zur Verfügung, so daß nur eine stoffliche Auswahl in den Kursvorlesungen dargeboten werden kann. Auch in der viersemestrigen Darmstädter Kursvorlesung „Struktur der Materie" habe ich in jedem zweiten Semester für alle Physikstudenten im wesentlichen nur die Kap. A, B, C, D, H dieses Buches vorgetragen, andere Teile (besonders Kap. E, F, L) aber für die speziell an Festkörperphysik Interessierten regelmäßig in den Zwischensemestern gelesen. Um das Buch aber auch zum Selbststudium geeignet zu machen, habe ich den Stoff durch Aufnahme weiterer Kapitel (G, K) abgerundet, so daß wohl kein größeres aktuelles Teilgebiet der Festkörperforschung ganz fehlt.

Die in langer Unterrichtserfahrung erprobte Darstellungsweise wurde auch hier beibehalten. Trotz der in der Natur der Sache liegenden Anforderungen an theoretische Hilfsmittel sind nur die Grundlagen der Atomphysik und der Quantentheorie vorausgesetzt. Längere mathematische Ausführungen, die zunächst überschlagen werden können, sind im allgemeinen durch Kleindruck gekennzeichnet. Dasselbe gilt für ausführlich behandelte Beispiele. Die in den Text eingefügten Aufgaben mögen der Selbstkontrolle des Lesers dienen. Weiterführende Literatur wird durch Klammersymbole [A1] ··· [L8] zitiert, die sich auf das Literaturverzeichnis am Ende des Buches beziehen.

Dem Verlag ist es gelungen, den umfangreichen Stoff in einem modernen, leicht lesbaren und wohl gegliederten Druckbild und zu einem vergleichsweise niedrigen Preis anzubieten, wofür ihm auch hier gedankt sei.

---

[1] Hellwege, K.-H., Einführung in die Physik der Atome, HTB Bd. 2, 4. Auflage, Springer 1974. In diesem Buch zitiert als [A].

[2] Hellwege, K.-H., Einführung in die Physik der Molekeln, HTB Bd. 146, Springer 1974. In diesem Buch zitiert als [M].

[3] Hellwege, K.-H., Einführung in die Festkörperphysik I und II, HTB Bde. 33 und 34, Springer 1968 und 1970.

Besonderer Dank gebührt den zahlreichen Kollegen und Mitarbeitern, die mich während der Entstehungszeit dieses Buches und der vorangegangenen Taschenbücher mit Rat und Hilfe unterstützt haben. Es ist leider nicht möglich, ihnen allen hier noch einmal zu danken. Zum Schluß haben die Herren Prof. Dr. J. Heber, Darmstadt (Kap. J), Prof. Dr. J. L. Olsen, Zürich (Kap. K) und Prof. Dr. G. Schaack, Würzburg (Kap. G) die ihren eigenen Arbeiten nahestehenden Teile des Manuskriptes kritisch durchgesehen. Ihnen verdanke ich äußerst wertvolle Anregungen. Bei der Vorbereitung des Manuskriptes und beim Korrekturenlesen haben die Herren Dr. H. Murmann und Dipl.-Phys. K. H. Ahrens freundlicherweise geholfen. Hinweise auf trotzdem noch stehengebliebene Schreib-, Druck- (und andere) Fehler wird der Verfasser dankbar begrüßen.

Darmstadt, März 1976 K.-H. H.

Inhaltsverzeichnis

G. Elektrische Polarisation von Kristallen

A. Einleitung

1. Übersicht

Die Physik der festen Körper hat eine Reihe von Entwicklungsphasen durchlaufen.

Die erste beschäftigte sich allein mit den *makroskopischen* Phänomenen, insbesondere mit der *Symmetrie* der an Kristallen beobachteten Effekte. Dabei kommt es nicht nur auf die Symmetrie des Kristalls, sondern auch auf die der „Ursache“ oder „Einwirkung“ an. Z. B. definiert die Temperatur ein skalares Feld, eine elektrische Feldstärke ein Vektorfeld, eine mechanische Spannung ein Tensorfeld, und schon allein hieraus lassen sich Schlüsse auf die Symmetrie der thermischen Ausdehnung, des elektrischen Stromes und der elastischen Verformung ziehen. Ohne die Kenntnis dieser Zusammenhänge ist es nicht möglich, in der Kristallphysik eine theoretische Frage zu formulieren oder ein Experiment richtig zu planen. In seinem berühmten Lehrbuch der Kristallphysik (1910) hat W. Voigt die vorkommenden Fälle diskutiert und formal als Wechselwirkung von Tensoren verschiedener Stufe beschrieben. Wir werden in dieser Vorlesung einige wichtige Beispiele behandeln (Ziffer 7, Kapitel D).

Die zweite Entwicklungsphase hat mit dem Aufkommen der *Strukturanalyse* durch Röntgen- und Elektronen-Interferenzen begonnen. Sie ist gekennzeichnet durch die Namen v. Laue, Ewald, Bragg u. a. und hat ihren äußeren Niederschlag in dem fortlaufend erschienenen „Strukturbericht“ der Zeitschrift für Kristallographie gefunden, in dem alle neu bestimmten Kristallstrukturen systematisch zusammengestellt wurden. In erster Linie handelt es sich hier um die *statischen* Eigenschaften von Raumgittern einschließlich der sogenannten Kristallchemie, d. h. der Fragen, die mit der Gitterkoordination und dem Bindungstyp zusammenhängen. Die *dynamischen* Eigenschaften eines Kristallgitters, wie Gitterenergie, Elastizität, Gitterschwingungen sind von Max Born theoretisch behandelt worden. Seitdem genügend starke Neutronenflüsse bei den Kernreaktoren zur Verfügung stehen, ist auch die Neutronen-Interferenz für die Strukturbestimmung sehr wichtig geworden, insbesondere, da sie wegen der Spin-Abhängigkeit der Neutronenstreuung auch die Bestimmung von magnetischen Strukturen gestattet. In dieser Vorlesung werden Gitterstrukturen und Gitterdynamik in den Kapiteln B und C, magnetische Strukturen in Kapitel F behandelt.

In der Entwicklungsphase, in der wir uns jetzt befinden, sind die Eigenschaften der *Elektronen*, d. h. ihre Eigenwerte und Eigenfunktionen einschließlich der ihrer Drehimpulse und magnetischen Momente, sowie die *Fehlstellen* des Gitters in den Mittelpunkt des Interesses gerückt. Dem entsprechen Forschungsgebiete wie die Spektroskopie, der Magnetismus, die elektrische Leitung, die Lumineszenz und die Fehlordnung der Kristalle sowie die auf ihnen beruhenden technischen Anwendungen.

Unter dem Namen *Festkörperphysik* werden heute so gut wie alle atomistisch erklärbaren Phänomene an Kristallen zusammengefaßt und durch mechanische, elektronische, magnetische usw. *Anregungen* und deren Wechselwirkungen theoretisch beschrieben. Es ist unmöglich, diesen ungeheuren Stoff in einer einführenden Vorlesung vollständig darzustellen. Wir müssen uns deshalb darauf beschränken, nur die großen Züge des Gesamtbildes zu zeichnen und wegen der Einzelheiten auf Spezialvorlesungen und weiterführende Literatur zu verweisen.

2. Grundbegriffe und -tatsachen

Im festen Aggregatzustand der Materie unterscheidet man ziemlich roh amorphe Körper und Kristalle. Der Unterschied zwischen beiden liegt in der atomistischen Struktur.

Zu den *amorphen* Körpern gehören (neben fast allen Flüssigkeiten) Gläser, ferner Harze und manche Kunststoffe. Ihr Feinbau ist *statistisch isotrop*, d.h. sie enthalten regellos Haufenwerke von Atomen, Molekeln und Ionen, die zwar in der nächsten Umgebung eines betrachteten Punktes nicht nach allen Richtungen gleichartig angeordnet sind (das läßt schon die endliche Größe der Bausteine nicht zu), wohl aber im Mittel über Entfernungen, die groß gegen die Abstände einzelner Bausteine sind (Abb. 2.1).

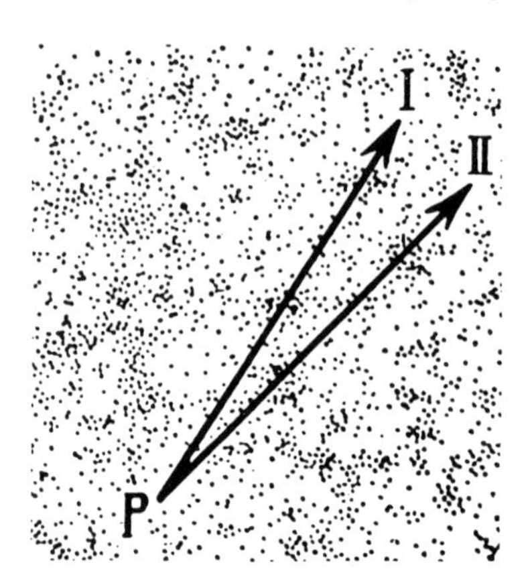

Abb. 2.1. Statistisch isotroper Körper (nach Niggli). Die Richtungen I und II sind statistisch gleichwertig

Es sei ausdrücklich betont, daß der Begriff des amorphen Körpers mit fortschreitender Verfeinerung unserer Strukturanalysen (z.B. auf Bereiche von sogenannter Nahordnung) an Bedeutung verloren hat, so daß man ihn nur zur Bezeichnung eines Grenzfalles verwenden sollte. Zwischen diesem und dem ideal-kristallinen Grenzfall können die *flüssig-kristallinen* und die *parakristallinen* Substanzen eingeordnet werden.

Der *atomistische Aufbau* der *Kristalle* ist *anisotrop*. Die Anordnung seiner Bausteine ist nach verschiedenen Richtungen verschieden und von strenger Ordnung. Der inneren Anisotropie folgen die äußeren Eigenschaften. Auch sie sind anisotrop. Doch hängt, wie schon oben bemerkt, die Anisotropie der an Kristallen beobachteten Erscheinungen auch von der „Eigensymmetrie" des durchgeführten Versuchs ab. So ist z. B. die Temperatur in jedem Kristall isotrop, da eine Anisotropie nur mit gerichteten Sonden studiert werden kann, und ein optisch isotroper Steinsalzkristall ist mechanisch keineswegs isotrop. Beim Gebrauch des Wortes isotrop oder anisotrop ist also Vorsicht anzuwenden: Man muß die Untersuchungsmethode angeben. In bezug auf die atomistische *Struktur* sind *alle* Kristalle *anisotrop*.

Viele feste Körper, vor allem Metalle, liegen in *polykristallinem* Zustand vor, d.h. sie bestehen aus vielen Kristalliten, die regellos verteilt nebeneinander liegen. Die makroskopischen Eigenschaften solcher Körper sind Mittelwerte über alle Kristallrichtungen, also isotrop, sofern nicht eine künstliche Orientierung vorliegt, wie sie z.B. beim Walzen von Metallen erzeugt werden kann (Walztextur). Die Wissenschaften, die sich mit polykristallinem Material beschäftigen, wie z.B. die Metallographie, haben eine sehr große Bedeutung für die Technik und ihre Werkstoffkunde. Die reinen Eigenschaften des festen Körpers lassen sich dagegen nur an *Einkristallen* studieren.

Die Erfahrung hat gezeigt, daß es in der Natur keinen idealen Einkristall gibt. Alle Kristalle haben *Baufehler* verschiedener Art (Näheres in Ziffer 5). Deshalb unterscheidet man die von der Natur gelieferten *Realkristalle* von den hypothetischen *Idealkristallen*. Der fehlerfreie Einkristall ist das Idealbild des festen Körpers, mit ihm beschäftigen wir uns zunächst allein.

B. Statik der Kristallgitter

Jede Theorie des festen Körpers macht von der Ordnung des Kristallbaus Gebrauch, insbesondere von seiner *Symmetrie*. Diese behandeln wir deshalb zuerst.

3. Symmetrie

3.1. Anisotropie

Die äußere Begrenzung und die Eigenschaften eines Kristalls sind *anisotrop*, d.h. in verschiedenen Richtungen verschieden. Jedoch ist nur bei ganz unsymmetrischen Kristallen die Anisotropie total, d.h. *jede* Richtungsänderung bedeutet auch eine Änderung des physikalischen Verhaltens. In symmetrischen Kristallen dagegen existieren zu jeder(m) vorgegebenen Richtung (Vektor) andere (*homologe*) Richtungen (Vektoren), in denen sich der Kristall gleich verhält. Die Bewegungen (Drehungen, Spiegelungen, Inversion), durch die solche Richtungen (Vektoren) ineinander überführt werden können, durch die also ein Kristall in physikalisch gleichwertige Lagen übergeht, heißen *Symmetrieoperationen*. Alle Bewegungen, die durch Wiederholung derselben Operation entstehen, definieren ein *Symmetrieelement*. Die Symmetrieelemente sind geometrische Gebilde wie Deckachsen, Spiegelebenen und andere, die bei den Symmetrieoperationen *nicht mitbewegt* werden, deren Punkte also fest bleiben, und die man an gut gewachsenen Kristallen auch leicht erkennt.

Selbstverständlich können Symmetrieoperationen und -elemente statt durch Bewegungen des Kristalls gegenüber einem festen Koordinatensystem auch durch Transformationen des Koordinatensystems bei festem Kristall beschrieben werden. Wir werden beide Darstellungen nebeneinander benutzen.

3.2. Punktsymmetriegruppen und Raumgruppen

Alle die Anisotropie eines Kristalls beschreibenden Symmetrieoperationen sind nach Definition Punktsymmetrieoperationen.

Unter *Punktsymmetrie-Operationen* verstehen wir solche, bei deren Durchführung mindestens ein Punkt des Raumes fest bleibt. Im Gegensatz dazu wird bei den *Translationssymmetrie-Operationen* der ganze Raum verschoben, so daß kein Punkt fest an seinem Ort bleibt. Ein sehr anschauliches eindimensionales Beispiel für das *simultane* Vorkommen von Punktsymmetrie und Translationssymmetrie ist eine ∞ lange Perlenkette, die durch Translation um jedes Vielfache des Perlenabstandes a in eine gleichwertige Lage übergeht. Durch jede Perle und durch die Mitte zwischen zwei Perlen geht je eine Spiegelebene *SE* und *SE'* als Punktsymmetrieelement. Diese Punktsymmetrieelemente werden durch die Translation ebenfalls beliebig oft wiederholt (Abb. 3.1).

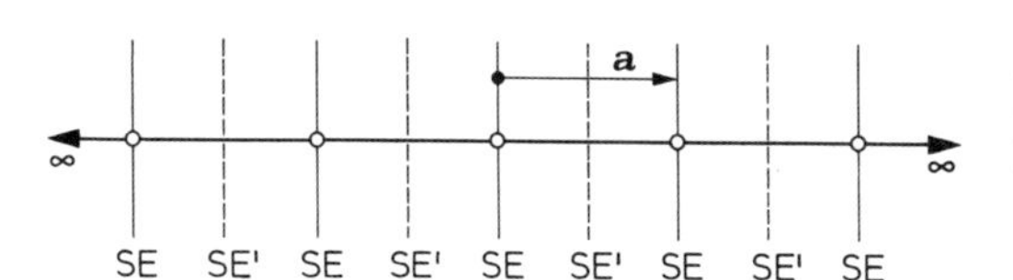

Abb. 3.1. Eindimensionale Kette. Translationssymmetrieelement: Zellenvektor $\boldsymbol{a}$, Punktsymmetrieelemente: Spiegelebenen SE und SE' (gibt es noch weitere?)

Daß beide Symmetriearten auch bei Kristallen simultan vorkommen, erkennt man z.B. aus folgenden Tatsachen:

a) Die charakteristische äußere Form, also auch der innere atomistische Aufbau eines Kristalls, hat Punktsymmetrie.

b) Das Wachstum von Kristallen, z.B. aus übersättigten Lösungen, kann nur durch periodische Anlagerung gleicher *Elementar-*

Zellen verstanden werden, führt also auf die Translationssymmetrie. Zu beachten ist dabei der Unterschied zwischen der zufälligen Wachstumsform (*Tracht*), z.B. am Boden eines Gefäßes oder im Inneren von Gesteinen, und der idealen Punktsymmetrieform, die sich nur bei Wachstum ohne störende Randbedingungen ausbilden kann. Ein Beispiel gibt Abb. 3.2, Seite 581.

c) Jede einzelne Elementarzelle hat wieder (und nur) Punktsymmetrie.

Wir besprechen zunächst die in der Natur vorkommenden *Punktsymmetrieelemente* sowie ihre möglichen *Kombinationen*. Dabei unterscheiden wir niedrige und hohe Symmetrien, je nachdem, ob wenige oder viele Symmetrieelemente gleichzeitig vorhanden sind, genauer, wie hoch die *Ordnung* Ω, das ist die Anzahl von *homologen*, d.h. durch die Symmetrieoperationen aus einem vorgegebenen Punkt (Vektor) erzeugten und also physikalisch gleichwertigen Punkten (Vektoren) ist (einschließlich des erzeugenden Punktes (Vektors) selbst).

1. *Dreh- oder Deckachsen* A_p^z (A_p^x, A_p^y) der *Zähligkeit* p führen den Kristall bei Drehungen durch $2\pi/p$ um die z-Achse (x-Achse, y-Achse), und natürlich bei Vielfachen dieser Drehung, in eine physikalisch gleichwertige Lage über. Es kommen dabei also gleichwertige Atome wieder auf die vorher von gleichwertigen (homologen) eingenommenen Plätze und nach p solcher Drehungen wieder in die Ausgangslagen zurück. In Kristallen sind die Zähligkeiten $p = 1$, 2, 3, 4, 6 realisiert. Sie sind die einzigen, deren Existenz mit der Translationssymmetrie bei lückenloser Erfüllung des Raumes mit Materie vereinbar ist[1]. Alle genannten Drehungen führen, wenn man nicht den Kristall, sondern das Koordinatensystem dreht, ein Rechtskoordinatensystem in ein Rechtssystem über. Alle Achsenpunkte bleiben fest. Ist eine A_p^z das *einzige* Punktsymmetrieelement eines Körpers, so gehört er in die *zyklische* Punktsymmetrieklasse C_p in der Bezeichnung nach Schönflies[2]. Die vorkommenden Fälle siehe in Abb. 3.4 und in Tabelle 3.1.

2. *Das Symmetrie- oder Inversionszentrum* i (*oder* Z) führt jeden Punkt des Raumes in den zum Inversionszentrum spiegelbildlich gelegenen, d.h. jeden Ortsvektor in den negativen über. Transformiert man die Koordinaten, so wird ein Rechtskoordinatensystem in ein Linkssystem überführt. Nur das Zentrum selbst bleibt fest. Ist das Zentrum *einziges* Punktsymmetrieelement eines Körpers, so gehört er in die Klasse C_i (Abb. 3.4).

3. *Drehinversionsachsen* I_p^z der Zähligkeit p verlangen, daß nacheinander eine Drehung durch $2\pi/p$ um die z-Achse und die Inversion an einem Punkt auf der Achse durchgeführt werden (analog I_p^x, I_p^y). Diese beiden Operationen sind also gekoppelt und nicht getrennte Symmetrieelemente, d.h., eine Drehinversionsachse liefert nicht die Symmetrie, die sowohl Drehachse als auch Inversionszentrum enthält. Bei Transformation der Koordinaten wird ein Rechtssystem in ein Linkssystem überführt. Es kommen die Zähligkeiten $p = 1$, 2, 3, 4, 6 vor. Der Fall $p = 1$ ist identisch mit dem schon eingeführten Inversionszentrum, der Fall $p = 2$ mit einer auf der Achse senkrechten Spiegelebene. Diese wird ihrer Anschaulichkeit halber häufig lieber benutzt als die 2-zählige Inversionsachse, jedoch erscheint es vom Standpunkt der Systematik zweckmäßiger, *nur eine* Linksoperation, die Inversion, einzuführen und Spiegelebenen als kombiniertes

[1] Man überzeuge sich, daß es nicht möglich ist, einen Fußboden lückenlos oder ohne Überlappung mit regelmäßigen Fünf- oder Siebenecken zu belegen. In Molekeln, bei denen diese Bedingung nicht gestellt werden muß, kommen auch andere Zähligkeiten vor, z.B. $p = 5$, $p = \infty$. „Künstliche Kristalle" mit statistischer Rotationssymmetrie $p = \infty$ kann man z.B. durch Recken eines Kunststoffstabes erzeugen, wobei die Kettenmolekeln parallel zur Achse teilweise ausgerichtet werden.

[2] Die auch oft gebrauchten Bezeichnungen nach Hermann-Mauguin siehe in Abb. 3.4 und in Tabelle 3.1.

Element I_2 zu behandeln. Die Klassen mit einer I_p^z als *einzigem* Symmetrieelement werden wir mit S_p bezeichnen[3] (s. Abb. 3.4).

Die *Kombination* irgendwelcher der genannten Elemente kann wieder eine Punktsymmetrie ergeben[4]. Eine mögliche derartige Kombination muß mindestens einen Punkt fest lassen und außerdem die Bedingung erfüllen, daß eine geeignete Wiederholung der in der Kombination enthaltenen Operationen den Raum in die Ausgangslage zurückführt (Eindeutigkeitsforderung)[5]. Die erste Bedingung verlangt, daß mindestens ein Punkt auf allen Symmetrieelementen liegt, d.h., daß diese sich in (mindestens) einem Punkte schneiden. Aus der zweiten Bedingung folgt, daß nur ganz bestimmte Winkel zwischen den Symmetrielementen vorkommen können. Zum Beispiel können eine 4-zählige und eine 2-zählige Drehachse nur kombiniert werden, wenn sie senkrecht aufeinander stehen, wie in Abb. 3.3 als A_4^z und A_2^y. Diese beiden *unabhängigen* oder *erzeugenden* Symmetrieelemente sind durch ausgefüllte, die sekundär von ihnen erzeugten Drehachsen A_2^x und n durch offene Achsensymbole gekennzeichnet. Es kommen aber auch schief zueinander stehende Achsen vor. In den *kubischen* Symmetrieklassen z.B. stehen drei 4-zählige oder drei 2-zählige Achsen parallel zu den Kanten eines Würfels, und eine 3-zählige, für die kubische Symmetrie charakteristische Achse A_3^{kub} liegt in der Raumdiagonalen, d.h. unter gleichem spitzem Winkel zu den drei anderen Achsen, die durch die A_3^{kub} ineinander überführt werden.

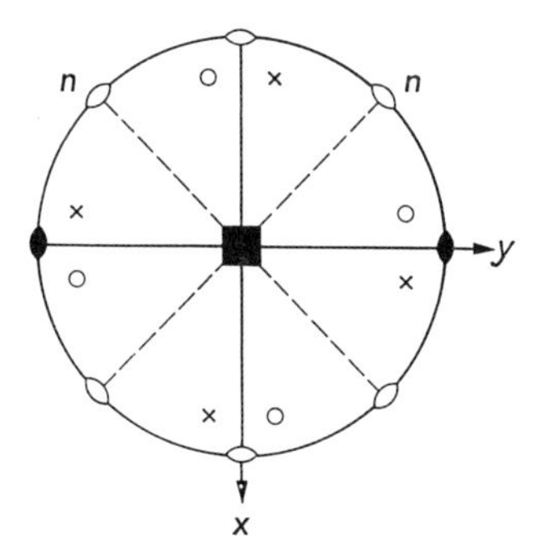

Abb. 3.3. Die Punktsymmetrieklasse $D_4 = 422$, erzeugt durch $A_4^z + A_2^y$

Insgesamt ist auf Grund der beiden oben genannten Bedingungen nur eine beschränkte Anzahl von Kombinationen von Symmetrieelementen denkbar. Es handelt sich um die *32 Punktsymmetriegruppen* oder *-klassen*. Sie sind in Tab. 3.1 (Seite 8) und in Abb. 3.4 (Seite 6/7) zusammengestellt und mit den Symbolen sowohl nach Schönflies wie nach Hermann-Mauguin bezeichnet.

In Tabelle 3.1 sind nur die erzeugenden Symmetrieelemente angegeben. Man sieht, daß es in manchen Fällen möglich ist, von verschiedenen Kombinationen von erzeugenden Elementen auszugehen. In Abb. 3.4 sind deshalb keine erzeugenden Symmetrieelemente graphisch hervorgehoben.

Für jede Punktsymmetrieklasse gibt es in der Natur Beispiele. Insbesondere hat die Elementar- oder Gitterzelle eines jeden Kristalls eine der 32 Punktsymmetrien.

Bei der Darstellung in Abb. 3.4 ist die *stereographische Projektion* benutzt worden. Sie entsteht auf folgende Weise: Man setzt den Kristall in den Mittelpunkt einer Kugel und zeichnet von diesem die Normalen der Begrenzungsflächen bis zur Kugeloberfläche. Die Durchstoßpunkte auf der Nord- (Süd-) Halbkugel verbindet man mit dem Süd-(Nord-)Pol. Diese Strahlen erzeugen in der Äquatorebene die winkeltreue stereographische Projektion der (idealen)

[3] Diese Bezeichnung ist nicht allgemein üblich, da das Symbol S gelegentlich auch für die Kombination A_p^z plus Spiegelung an der xy-Ebene gebraucht wird. Vgl. die Bezeichnungen in Tabelle 3.1.

[4] Nicht jede tut es!

[5] Diese Bedingungen bedeuten mathematisch, daß die zu einer Symmetrie gehörenden Operationen eine *Gruppe* bilden müssen.

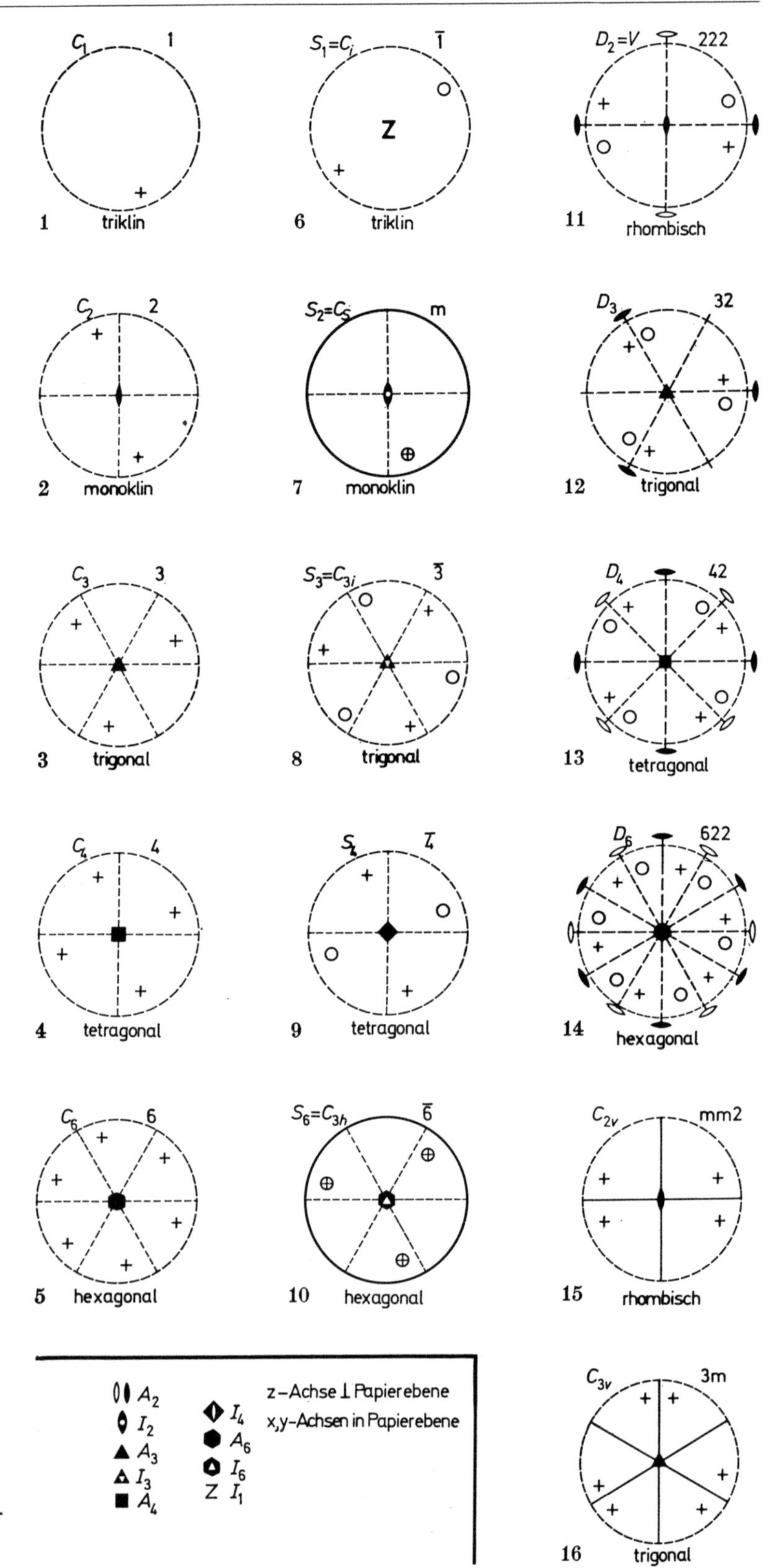

Abb. 3.4. Die 32 Punktsymmetrieklassen in stereographischer Projektion

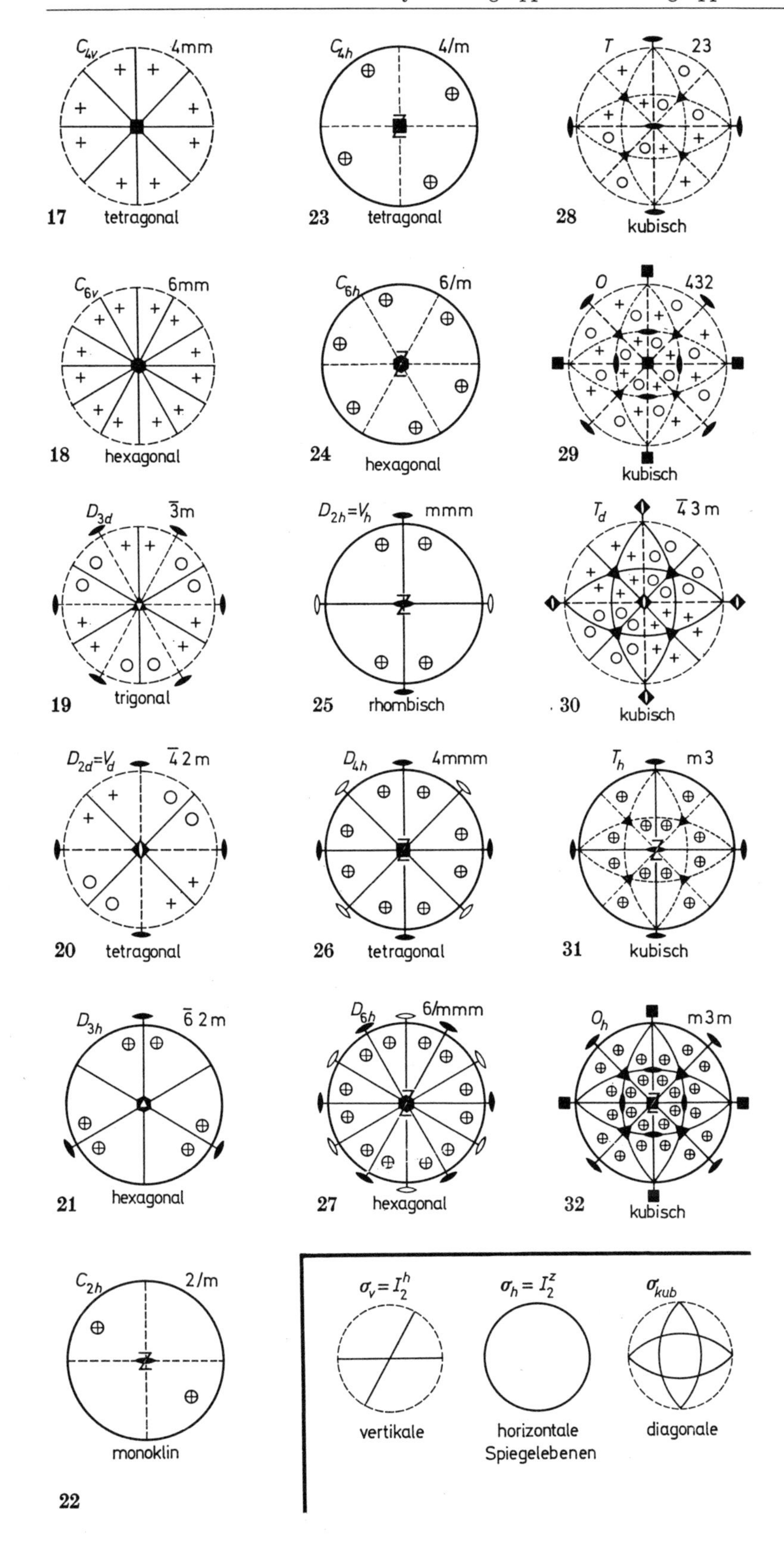

C_{4v} 4mm
17 tetragonal
C_{4h} 4/m
23 tetragonal
T 23
28 kubisch
C_{6v} 6mm
18 hexagonal
C_{6h} 6/m
24 hexagonal
O 432
29 kubisch
D_{3d} $\bar{3}$m
19 trigonal
$D_{2h}=V_h$ mmm
25 rhombisch
T_d $\bar{4}$3m
30 kubisch
$D_{2d}=V_d$ $\bar{4}$2m
20 tetragonal
D_{4h} 4mmm
26 tetragonal
T_h m3
31 kubisch
D_{3h} $\bar{6}$2m
21 hexagonal
D_{6h} 6/mmm
27 hexagonal
O_h m3m
32 kubisch
C_{2h} 2/m
monoklin
22
$\sigma_v = I_2^h$
$\sigma_h = I_2^z$
σ_{kub}
vertikale
horizontale
Spiegelebenen
diagonale

Kristallform, bei der jede Flächennormalenrichtung durch einen Punkt repräsentiert wird. In der Kristallphysik ist es oft zweckmäßiger, statt von den Flächennormalen von einem beliebigen Vektor oder von einem in allgemeinster Lage, d.h. nicht auf einem Symmetrieelement sitzenden Atom (*Lagesymmetrie* C_1) auszugehen und die homologen Vektoren oder Atome ebenfalls einzuzeichnen. Hierfür kann die stereographische Projektion durch die einfachere, allerdings nicht mehr winkeltreue, Parallelprojektion längs der Nord-Südachse ersetzt werden. Man erhält so ein anschauliches Bild der Symmetrie. Dabei werden Punkte oberhalb der Zeichenebene durch Kreuze, unterhalb durch Kreise dargestellt. Auch die Schnittpunkte oder Schnittlinien der Symmetrieelemente mit der Kugeloberfläche sind eingezeichnet.

Tabelle 3.1. *Die 32 Punktsymmetrieklassen, geordnet nach den erzeugenden Symmetrieelementen*

Nr.	Symbol nach Schönflies	Hermann-Mauguin	Erzeugende Symmetrieelemente unter Verwendung von Inversionsachsen	Spiegelebenen	Ω	Kristallsystem (Ziffer 3.3)
1	C_1	1	A_1^z		1	triklin
2	C_2	2	A_2^z		2	monoklin
3	C_3	3	A_3^z		3	trigonal
4	C_4	4	A_4^z		4	tetragonal
5	C_6	6	A_6^z		6	hexagonal
6	$S_1 \equiv C_i$	$\bar{1}$	$I_1^z \equiv Z$		2	triklin
7	$S_2 \equiv C_s$	m	I_2^z	σ_z	2	monoklin
8	$S_3 \equiv C_{3i}$	$\bar{3}$	$I_3^z \equiv A_3^z + Z$		6	trigonal
9	S_4	$\bar{4}$	I_4^z		4	tetragonal
10	$S_6 \equiv C_{3h}$	$\bar{6}$	I_6^z	$A_3^z + \sigma^z$	6	hexagonal
11	$D_2 \equiv V$	222	$A_2^z + A_2^y$		4	orthorhomb.
12	D_3	32	$A_3^z + A_2^y$		6	trigonal
13	D_4	42	$A_4^z + A_2^y$		8	tetragonal
14	D_6	622	$A_6^z + A_2^y$		12	hexagonal
15	C_{2v}	$m\,m\,2$	$A_2^z + I_2^y$	$A_2^z + \sigma_v$	4	orthorhomb.
16	C_{3v}	$3\,m$	$A_3^z + I_2^y$	$A_z^z + \sigma_v$	6	trigonal
17	C_{4v}	$4\,m\,m$	$A_4^z + I_2^y$	$A_4^3 + \sigma_v$	8	tetragonal
18	C_{6v}	$6\,m\,m$	$A_6^z + I_2^y$	$A_6^z + \sigma_v$	12	hexagonal
19	D_{3d}	$\bar{3}\,m$	$I_3^z + A_2^y \equiv A_3^z + A_2^y + Z$		12	trigonal
20	$D_{2d} \equiv V_d$	$\bar{4}\,2\,m$	$I_4^z + A_2^y$		8	tetragonal
21	D_{3h}	$\bar{6}\,2\,m$	$I_6^z + A_2^y = I_6^z + I_2^y$		12	hexagonal
22	C_{2h}	$2/m$	$A_2^z + Z$	$A_2^z + \sigma_z$	4	monoklin
23	C_{4h}	$4/m$	$A_4^z + Z$	$A_4^z + \sigma_z$	8	tetragonal
24	C_{6h}	$6/m$	$A_6^z + Z$	$A_6^z + \sigma_z$	12	hexagonal
25	$D_{2h} \equiv V_h$	$m\,m\,m$	$A_2^z + A_2^y + Z$		8	orthorhomb.
26	D_{4h}	$4\,m\,m\,m$	$A_4^z + A_2^y + Z$		16	tetragonal
27	D_{6h}	$6/m\,m\,m$	$A_6^z + A_2^y + Z$		24	hexagonal
28	T	23	$A_3^{\text{kub}} + A_2^z$		12	kubisch
29	O	432	$A_3^{\text{kub}} + A_4^z$		24	kubisch
30	T_d	$\bar{4}\,3\,m$	$A_3^{\text{kub}} + I_4^z$		24	kubisch
31	T_h	$m\,3$	$A_3^{\text{kub}} + A_2^z + Z$		24	kubisch
32	O_h	$m\,3\,m$	$A_3^{\text{kub}} + A_4^z + Z$		48	kubisch

Symbole: A_p^z, A_p^x A_p^y: p-zählige Deckachsen in z, x, y-Richtung
I_p^z, I_p^x, I_p^y: p-zählige Inversionsachsen in z, x, y-Richtung
A_3^{kub}: dreizählige Deckachse in Richtung der Raumdiagonalen
$Z = i$: Inversionszentrum
σ_z: Spiegelebene $\perp$ z
σ_v: (vertikale) Spiegelebene durch z
$1, 2, 3, \cdots p$: p-zählige Deckachse
$\bar{1}, \bar{2}, \cdots \bar{p}$: p-zählige Inversionsachse
m: Spiegelebene
p/m: p-zählige Deckachse und Spiegelebene $\perp$ dazu

Aufgabe 3.1. Zeichne die folgenden Punktsymmetrien in stereographischer Projektion:

a) $D_{3h} \triangleq I_6^z + A_2^y$ b) $D_6 \triangleq A_6^z + A_2^y$ c) $D_{6h} \triangleq A_6^z + A_2^y + Z$
d) $D_{3d} \triangleq I_3^z + A_2^y = A_3^z + A_2^y + Z$ e) $C_{4h} \triangleq A_4^z + Z$
f) $S_3 \triangleq A_3^z + Z$ g) $S_4 \triangleq I_4^z$.

Die erzeugenden Symmetrie-Elemente sind angegeben. Welche weiteren Symmetrie-Elemente treten noch auf?

Aufgabe 3.2. Zeichne die kubischen Symmetrieklassen

$$T \triangleq A_2^z + A_3^{\text{kub}} \quad \text{und} \quad O_h \triangleq A_4^z + A_3^{\text{kub}} + Z$$

in stereographischer Projektion. A_3^{kub} ist eine dreizählige Deckachse in der Würfel-Raumdiagonale. Welche Winkel schließt sie mit der x-, y- und z-Achse ein?

Beim Kristallwachstum wird aus der *Elementar-* oder *Gitterzelle* durch wiederholten Anbau, d.h. durch Translation nach drei verschiedenen Raumrichtungen, der Kristall lückenlos räumlich aufgebaut, wie eine Mauer aus gleichartigen Steinen. Das so entstehende Kristallgitter oder *Raumgitter* enthält also eine dreifache räumliche Periodizität. Sie wird durch 3 Translationsvektoren, die *Basisvektoren* $\boldsymbol{a}$, $\boldsymbol{b}$, $\boldsymbol{c}$ beschrieben, deren Längen a, b, c als *Perioden* oder *Gitterkonstanten* bezeichnet werden (s. z.B. Abb. 3.5). Sind t_1, t_2, t_3 be-

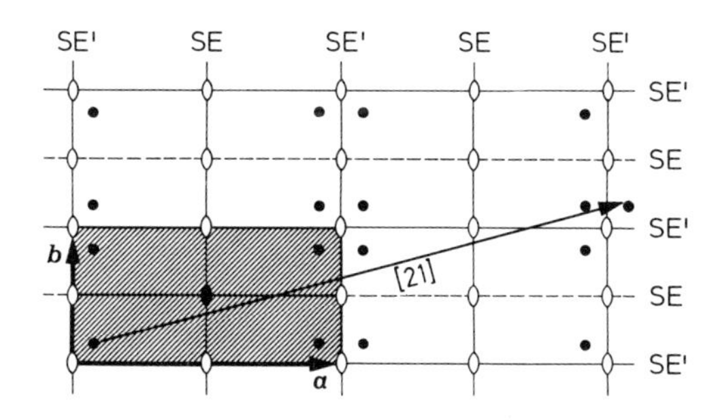

Abb. 3.5. Zweidimensionale Schicht eines orthorhombischen Raumgitters. $\Omega = 4$. Punktsymmetrieelemente: $A_2^z + A_2^y \triangleq C_{2v}$

liebige ganze Zahlen, so läßt sich von einem beliebig herausgegriffenen Punkt am Ort $\boldsymbol{r}_k$ in einer Elementarzelle der gleichwertige (homologe) Punkt $\boldsymbol{R}_k$ in jeder beliebigen anderen Zelle des Gitters durch die *Translationsvektoren*

$$\boldsymbol{t} = t_1 \boldsymbol{a} + t_2 \boldsymbol{b} + t_3 \boldsymbol{c} = [t_1 t_2 t_3] \tag{3.1}$$

$$\boldsymbol{R}_k = \boldsymbol{r}_k + \boldsymbol{t} \tag{3.1'}$$

erreichen. Die Gesamtheit aller Vektoren $\boldsymbol{t}$ definiert das *reine Translationsgitter* mit den Basisvektoren $\boldsymbol{a}$, $\boldsymbol{b}$, $\boldsymbol{c}$. Man sieht sofort (s. z.B. Abb. 3.5), daß durch die Translation die Punktsymmetrieelemente der Zelle (eine A_2^z und zwei Spiegelebenen) in einer unendlichen Mannigfaltigkeit von parallelorientierten[6] Elementen wiederholt, aber auch neue Punktsymmetrieelemente erzeugt werden (Spiegelebene und A_2^z auf den Grenzen der Zellen). In manchen Fällen treten nicht nur reine Translationen und reine Punktsymmetrieelemente auf, sondern auch *Gleitspiegelebenen* und *Schraubungsachsen*, siehe Abb. 3.6 und Abb. 3.7. Beides sind kombinierte Elemente: Spiegelung plus Translation um einen Teil der Periode, und Drehung plus Translation um einen Teil der Periode. Ein weiteres Beispiel gibt Abb. 3.8.

[6] Das ist das Kennzeichen der Translationssymmetrie.

Abb. 3.6. Flächengitter mit: von links nach rechts Spiegelebenen, von oben nach unten Gleitspiegelebenen. Die Zelle enthält 2 gleiche Molekeln und besitzt eine Spiegelebene als erzeugendes Symmetrieelement. Gleitung = $b/2$

Abb. 3.7. Dreizählige Schraubungsachse, c = Translationsperiode, $c/3$ = Schraubung. In der Natur kommen Rechts- und Links-Schraubungsachsen vor, auch bei derselben Substanz (Quarz). Die $\boldsymbol{a}$- und $\boldsymbol{b}$-Achsen sind nicht eingezeichnet

Abb. 3.8. Fünfte Raumgruppe $C_{3v}^5 = R\,3\,m$ zur Punktsymmetrieklasse C_{3v}. Rechts die Symmetrieelemente (dreizählige Deckachsen, dreizählige Rechts- und Links-Schraubungsachsen, Spiegelebenen, Gleitspiegelebenen). Links homologe Punktlagen mit z-Koordinaten ($z \perp$ Papierebene), gemessen in der Einheit c. Die Atome ○ und ⊙ sind bezüglich der Achsen jeweils untereinander, bezüglich der Spiegelebenen wechselseitig homolog

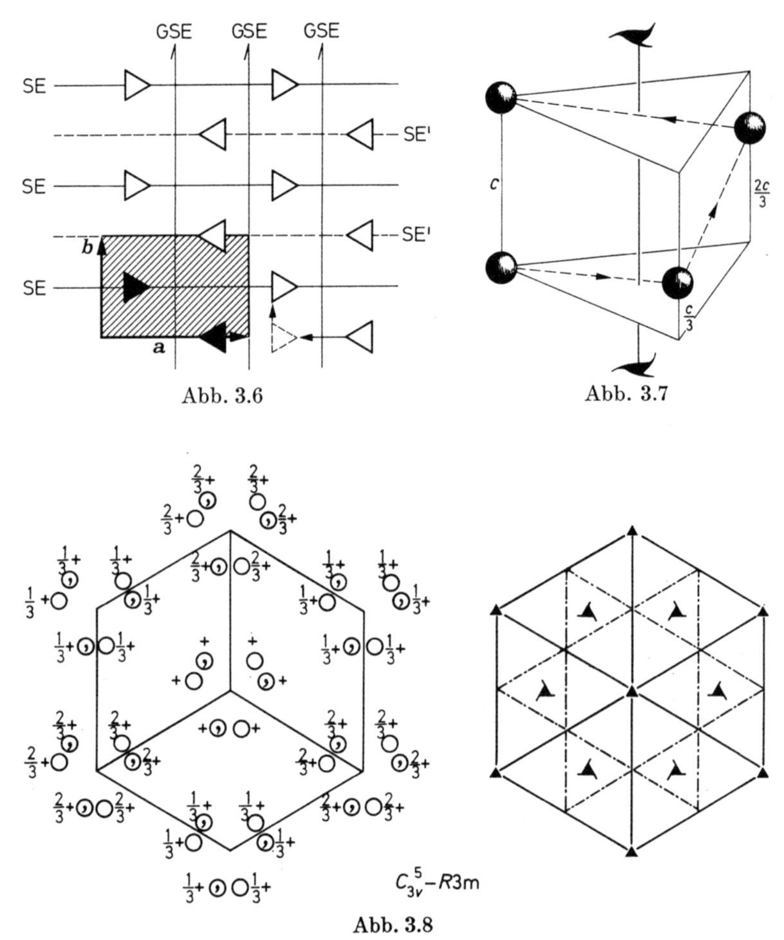

Abb. 3.6 Abb. 3.7

Abb. 3.8

Makroskopisch ist die Translation wegen der submikroskopischen Kleinheit der Gitterkonstanten allerdings nicht zu erkennen, d.h die Gleitspiegelebenen wirken wie Spiegelebenen, die Schraubungsachsen wie Deckachsen, und es wird eine höhere Punktsymmetrie vorgetäuscht als vorhanden. Nach dieser scheinbaren Punktsymmetrie (mathematisch: der Faktorgruppe nach Abspalten der Translation) und mit einer oben angefügten einfachen Laufzahl werden aber die Raumgruppen nach Schönflies bezeichnet. Zum Beispiel enthält $D_{2h}^{15} - Pbca$ überhaupt kein Punktsymmetrieelement, sondern nur Gleitspiegelebenen, zeigt aber makroskopisch orthorhombische Punktsymmetrie D_{2h}.

Insgesamt sind nur endlich viele räumlich periodische Anordnungen von miteinander verträglichen Symmetrieelementen möglich. Fügt man zu dem reinen Translationsgitter die Gesamtheit aller Punktsymmetrie- und kombinierten Symmetrieelemente hinzu, so entsteht ein *Raumgitter*. Jedes Raumgitter kann erzeugt werden durch Angabe der drei Basisvektoren und der erzeugenden Punktsymmetrieelemente der Einheitszelle. Es gibt genau *230 Raumgitter oder Raumgruppen*. Durch Einbau einer Basis von Atomen, Ionen oder Molekeln in die Einheitszelle entsteht eine periodische *Kristallstruktur*. In ihr ist jedes Atom Ω-fach durch die Punktsymmetrie der Zelle und beliebig oft durch die Translationssymmetrie wiederholt. Verschiedene in der gleichen Raumgruppe kristallisierende Substanzen unterscheiden sich nur durch die verschiedene Anordnung verschiedener Atome und Molekeln relativ zu denselben Symmetrieelementen (s. Abb. 3.8). Ein herausgegriffenes Atom (Molekül) kann dabei auf einem Platz sitzen, durch den kein oder ein Punktsymmetrieelement des Raumgitters hindurchgeht, oder in dem sich mehrere, höchstens alle Punktsymmetrieelemente der Gitterzelle kreuzen. Die so definierte *Symmetrie der Lage* oder des *Gitterplatzes* kann also nur kleiner oder höchstens gleich der Punktsymmetrie der Zelle, niemals größer als diese sein.

Die Wahl der Gitterzelle ist übrigens ziemlich willkürlich und richtet sich nach der Zweckmäßigkeit für das gerade behandelte Problem. Sie muß in jedem Fall angegeben werden. Es gilt die Regel, daß sie jedes Element der Punktsymmetrie mindestens einmal enthalten muß und im übrigen möglichst klein zu wählen ist. Zum Beispiel kann man das von den drei Basisvektoren des Translationsgitters selbst aufgespannte Parallelepiped benutzen; diese Zelle nennen wir die *Einheitszelle*. Andere Möglichkeiten werden später besprochen. Enthält die Zelle überhaupt kein Punktsymmetrieelement, also auch nur *ein* Atom, so wird durch die Translationsvektoren ein sogenanntes *Primitiv-Gitter*[7] aufgebaut. Demzufolge kann ein Gitter, dessen Zelle $s > 1$ Atome enthält, als ein System von s ineinandergestellten Primitivgittern der gleichen durch $\boldsymbol{t}$ gegebenen Struktur aufgefaßt werden. Die s Atome der Zelle, ein-

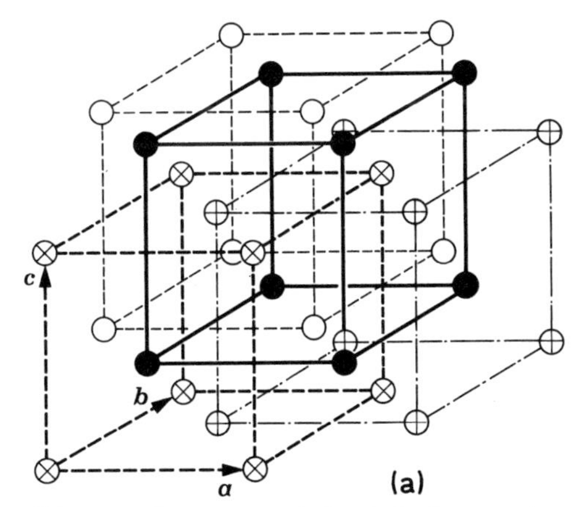

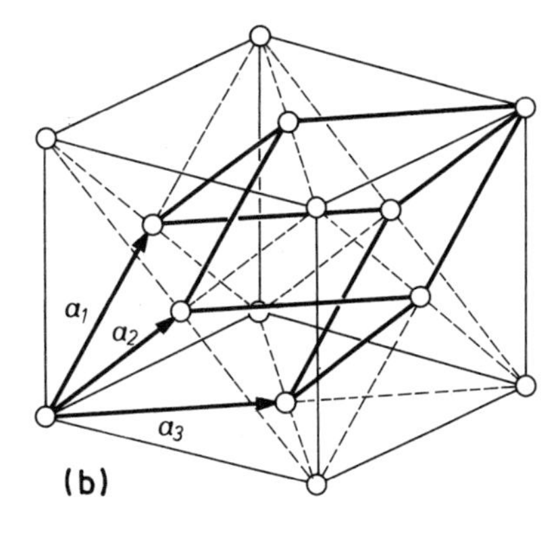

Abb. 3.9. Einatomiges kubisch-flächenzentriertes Gitter. a) mit kubischer Einheitszelle aus 4 ineinander gestellten kubisch-primitiven Bravaisgittern ($s = 4$, Basisvektoren $\boldsymbol{a}, \boldsymbol{b}, \boldsymbol{c}$). b) als kubisch-flächenzentriertes Primitivgitter ($s = 1$) mit rhomboedrischer Einheitszelle. Die Basisvektoren $\boldsymbol{a}_1, \boldsymbol{a}_2, \boldsymbol{a}_3$ verbinden einen Eckpunkt des Würfels mit den drei Flächenmitten, oder, was dasselbe ist, den Fußpunkt des einen mit den Fußpunkten der drei anderen primitiv-kubischen Gitter.

schließlich ihrer relativen Anordnung, werden auch als die *Basis* des Raumgitters bezeichnet. Die Basis ist durch die Wahl der Zelle festgelegt. Kommen chemisch verschiedene Atome im Kristall vor, so muß die Basis (die Zelle) die Formeleinheit der Substanz mindestens einmal, kann sie aber auch mehrmals enthalten. Aber auch, wenn nur eine Atomsorte vorkommt, können Zelle und Basis verschieden groß gewählt werden: Zum Beispiel kann das *kubisch-flächenzentrierte A-Gitter* (je 1 Atom A auf den Ecken und den Flächenmitten eines Würfels) mit rechtwinkligen und gleich langen Vektoren $\boldsymbol{a}, \boldsymbol{b}, \boldsymbol{c}$ nach Abb. 3.9a durch vier ineinandergestellte kubisch-primitive (je 1 Atom auf den Ecken eines Würfels) Gitter dargestellt werden, d.h. die ku-

[7] Nach Bravais gibt es 14 verschiedene derartige Gitter mit nur einer Atomart (Bravais-Gitter). Nur bei 7 davon läßt die kleinstmögliche Zelle die volle Symmetrie unmittelbar erkennen (einfach-primitive Gitter, $s = 1$). Bei den 7 anderen muß dafür eine größere Zelle mit mehreren gleichen Atomen gewählt werden (mehrfach-primitive Gitter, $s = 2$), siehe unten.

bische Zelle enthält eine Basis von $s = 4$ gleichen Atomen. Man kann jedoch unter Verzicht auf orthogonale Vektoren nach Abb. 3.9b zu Vektoren $\boldsymbol{a}_1, \boldsymbol{a}_2, \boldsymbol{a}_3$ übergehen, mit denen man alle Punkte des Gitters von *einem* Atom aus durch reine Translation erreichen kann, d.h. man hat ein (allerdings nicht mehr kubisches) Primitivgitter mit nur $s = 1$ Atom in der dargestellten rhomboedrischen Einheitszelle. Da viele später behandelte Fragen auf die Einheitszelle zurückgeführt werden, zeigt sich hier deutlich die Bedeutung der Entscheidung für ein spezielles System von Basisvektoren.

Aufgabe 3.3. In dem Flächengitter von Abb. 3.5 ist die Elementarzelle willkürlich gewählt. Zeichne weitere mögliche Elementarzellen ein.

Aufgabe 3.4. Drücke für das kubisch flächenzentrierte A-Gitter die Vektoren $\boldsymbol{a}_1$, $\boldsymbol{a}_2$, $\boldsymbol{a}_3$ durch $\boldsymbol{a}$, $\boldsymbol{b}$, $\boldsymbol{c}$ aus. Zeige, daß jeder Punkt des Gitters durch Vektoren $\boldsymbol{t} = t_1\boldsymbol{a}_1 + t_2\boldsymbol{a}_2 + t_3\boldsymbol{a}_3$ aus einem einzigen Punkt erzeugt werden kann. Zeige, daß die kubische ($s = 4$) und die rhomboedrische ($s = 1$) Einheitszelle dasselbe Volum pro Atom haben.

Aufgabe 3.5. Stelle das kubisch raumzentrierte A-Gitter (je ein A-Atom an den Ecken und im Zentrum eines Würfels; siehe Abb. 4.7, aber mit nur einer Atomart A) einmal durch eine kubische Zelle $\boldsymbol{a}$, $\boldsymbol{b}$, $\boldsymbol{c}$ mit $s =$? und dann als Primitivgitter ($s = 1$) mit den Basisvektoren $\boldsymbol{a}_1$, $\boldsymbol{a}_2$, $\boldsymbol{a}_3$ dar. Berechne $\boldsymbol{a}_1$, $\boldsymbol{a}_2$, $\boldsymbol{a}_3$ aus den $\boldsymbol{a}$, $\boldsymbol{b}$, $\boldsymbol{c}$. Zeichne die Primitivzelle.

Aufgabe 3.6. Das kubisch flächenzentrierte NaCl-Gitter entsteht durch Ineinanderstellen eines flächenzentrierten Cl^-- in ein flächenzentriertes Na^+-Gitter (vgl. Abb. 6.7). Wie groß ist die Basis der kubischen und wie groß die der kleinstmöglichen Zelle? Wie sehen die Zellen aus?

Die durch drei Basisvektoren $\boldsymbol{a}$, $\boldsymbol{b}$, $\boldsymbol{c}$ aufgespannte *Einheitszelle* (EZ) hat den Vorteil, unmittelbar die Translationssymmetrie zu veranschaulichen. Sie hat aber den Nachteil, nicht die ganze nächste Umgebung eines vielleicht besonders wichtigen Punktes der Zelle zu enthalten. Abb. 3.10 zeigt dies für ein schiefwinkliges Gitter in der

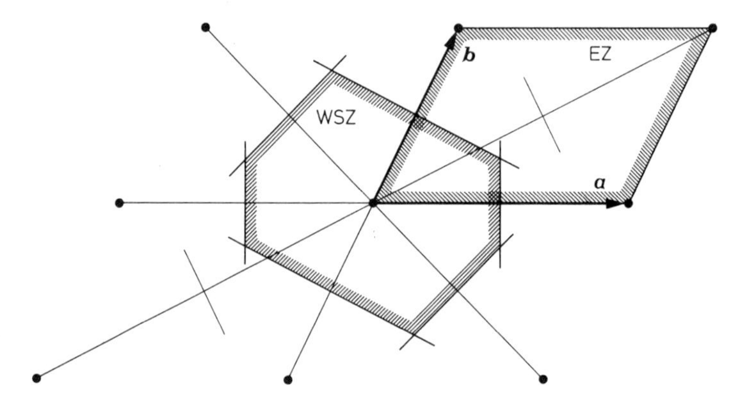

Abb. 3.10. Einheitszelle EZ und Wigner-Seitz-Zelle WSZ um die linke untere Ecke der EZ in einem schiefwinkligen zweidimensionalen Gitter mit den Translationsvektoren $\boldsymbol{a}$, $\boldsymbol{b}$

Ebene. Man konstruiert deshalb für spezielle Zwecke auch die sogenannte *Wigner-Seitz-Zelle* (WSZ), die den interessierenden Gitterpunkt umschließt und deren Rand vom Mittelpunkt weniger weit entfernt ist als bei jeder anderen möglichen Elementarzelle. Hierzu zeichnen wir von diesem Punkt zu einer genügend großen Anzahl von, bezüglich der Translation, homologen Punkten in benachbarten Einheitszellen Verbindungslinien und errichten senkrecht auf diesen die Ebenen durch ihre Mittelpunkte. Das kleinste von diesen Ebenen eingeschlossene Volum ist die Wigner-Seitz-Zelle. Selbstverständlich wird auch bei Translation der Wigner-Seitz-Zelle durch die Translationsvektoren $\boldsymbol{t}$ das Raumgitter lückenlos aufgebaut. Auch hängt ihre Form und Größe von der Wahl der Basisvektoren $\boldsymbol{a}$, $\boldsymbol{b}$, $\boldsymbol{c}$ des Translationsgitters ab.

Aufgabe 3.7. Konstruiere die WS-Zelle für das einatomige kubisch-flächenzentrierte Gitter

a) für die kubische Einheitszelle mit $s = 4$,
b) für die rhomboedrische Einheitszelle mit $s = 1$.

Aufgabe 3.8. Sinngemäß dasselbe für das einatomige kubisch-raumzentrierte Gitter.

Aufgabe 3.9. Zeige, daß die WS-Zelle dasselbe Volum hat wie die zugrunde gelegte Einheitszelle.

3.3. Begrenzungs- und Netzebenen

Äußeres Kennzeichen der Kristalle ist das Auftreten von makroskopisch ebenen Begrenzungsflächen. Aus der Grundkonzeption des Kristallgitters ergeben sie sich zwanglos als *Netzebenen*, s. Abb. 3.11 a und Abb. 3.11 b (Seite 581).

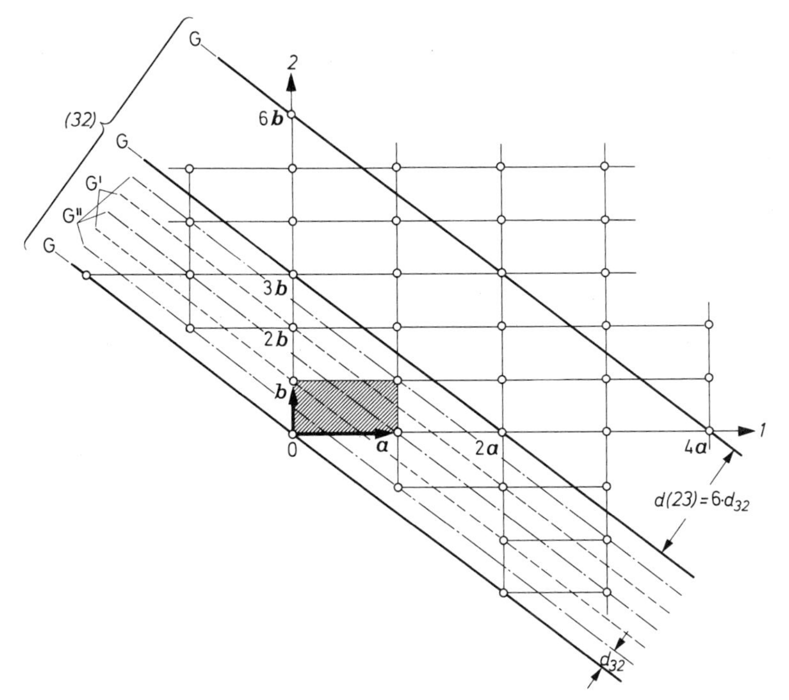

Abb. 3.11 a. Zur Definition einer Netzebenenschar. Orthorhombisches zweidimensionales Gitter. Die äußere Begrenzung ist eine Netzgerade (32). Ganzzahlige Achsenabschnitte: $p_1 a = 2a$, $p_2 b = 3b$. Gebrochene Achsenabschnitte zwischen zwei Netzgeraden: $p_1 a / p_1 p_2 = a/3 = a/h$, $p_2 b / p_1 p_2 = b/2 = b/k$. Also Millersche Indizes der Schar $(h\,k) = (32)$

Da Verschiebungen um die Größenordnung einer Zelle makroskopisch nicht sichtbar sind, ist die Raumgruppe an der äußeren Form eines Kristalls nicht erkennbar. In der äußeren Form reproduzieren sich nur die Punktsymmetrieelemente. Sie gehört also jeweils einer der 32 Punktsymmetriegruppen an[8]. Dieser Sachverhalt ist in Abb. 3.11 für ein zweidimensionales Modellgitter dargestellt, dessen makroskopisch sichtbare Begrenzung die Richtung einer vorübergehend mit G bezeichneten Netzgeradenschar hat. Diese Richtung ist fest-

[8] Man sagt umgekehrt auch (etwas unklar): zu jeder Punktsymmetriegruppe gibt es mehrere Raumgruppen.

gelegt durch die von den Geraden auf dem in O beginnenden Koordinatenkreuz abgetrennten ganzzahligen Achsenabschnitten

$$p_1 a = 2a, \qquad p_2 b = 3b$$

und der Vielfachen davon.

Analog wird im Raumgitter die Richtung einer Netzebenenschar durch ganzzahlige Achsenabschnitte $p_1 a$, $p_2 b$, $p_3 c$ festgelegt, wobei wir die $p_i \neq 0$ und teilerfremd voraussetzen können, so daß die Achsenabschnitte die kleinsten möglichen Vielfachen der Gitterkonstanten a, b, c bei festgehaltener Richtung der Ebenenschar sind. Liegen die Ebenen parallel zu der i-ten Achse, so ist $p_i = \infty$, ein Spezialfall, auf den der Begriff der Teilerfremdheit nicht angewendet werden kann und der deshalb getrennt zu behandeln ist (s.u.). Um ∞ große Zahlen zu vermeiden, benutzt man statt der p_i lieber die ebenfalls ganzzahligen *Millerschen Indizes* (hkl). Man erhält sie durch Multiplikation der Reziproken $1/p_i$ mit dem kleinsten gemeinsamen Vielfachen der p_i, was wegen der vorausgesetzten Teilerfremdheit das Betragsprodukt $|p_1 p_2 p_3|$ selbst ist. Also ist

$$(hkl) = \left(\frac{1}{p_1}\ \frac{1}{p_2}\ \frac{1}{p_3}\right) \cdot |p_1 p_2 p_3| \tag{3.2}$$

außer wenn ein (oder zwei) $p_i = \infty$; in diesem Fall ist einfach die Multiplikation mit p_i wegzulassen. Der senkrechte Abstand zwischen den so durch ganzzahlige Achsabschnitte p_1, p_2, p_3 festgelegten Ebenen werde $d(p_1 p_2 p_3)$ genannt. Physikalisch sind die Ebenen der Schar durch *gleiche Besetzung* mit Atomen ausgezeichnet. Das gilt wegen der Translationssymmetrie aber auch noch für alle parallelen Zwischenebenen, deren Abstand nur der Bruchteil $1/|p_1 p_2 p_3|$ von $d(p_1 p_2 p_3)$ ist. Aus diesem Grunde rechnet man diese Zwischenebenen noch mit zur Netzebenenschar (hkl) hinzu.

Daß dies sinnvoll ist, sieht man sofort an Abb. 3.11, wo die die 2-Achse in den Punkten $1 \cdot b$ und $2 \cdot b$ schneidenden Geraden G' und die die 1-Achse in $1 \cdot a$ schneidende (und die dagegen um $\pm b$ in 2-Richtung verschobenen) Gerade(n) G'' dieselbe Atombesetzung haben wie G. Die parallelen Geraden G, G', G'' bilden zusammen die Netzgeradenschar $(hk) = (32)$.

Zusammenfassend gilt also für die Netzebenenschar (hkl): Ihre Richtung relativ zu einem beliebig schiefwinkligen und in die Basisvektoren $\boldsymbol{a}$, $\boldsymbol{b}$, $\boldsymbol{c}$ gelegten Koordinatensystem ist festgelegt durch das Verhältnis der Achsenabschnitte $p_1 a : p_2 b : p_3 c$, wobei p_1, p_2, p_3 teilerfremde ganze Zahlen sind[9]. Diese ganzzahligen Achsenabschnitte werden durch die Netzebenen im Verhältnis $1/|p_1 p_2 p_3|$ unterteilt[9], so daß die Achsenabschnitte zwischen Nachbarebenen nur

$$\frac{p_1 a}{|p_1 p_2 p_3|} = \frac{a}{h}\,; \qquad \frac{p_2 b}{|p_1 p_2 p_3|} = \frac{b}{k}\,; \qquad \frac{p_3 c}{|p_1 p_2 p_3|} = \frac{c}{l} \tag{3.3}$$

betragen. Auch der senkrechte Abstand zwischen Nachbarebenen beträgt demnach nur

$$d_{hkl} = \frac{d(p_1 p_2 p_3)}{|p_1 p_2 p_3|}\,. \tag{3.4}$$

In zueinander senkrechten Koordinaten ($\boldsymbol{a} \perp \boldsymbol{b} \perp \boldsymbol{c} \perp \boldsymbol{a}$), d.h. im kubischen, tetragonalen und orthorhombischen System ist er die in Gl. (3.11) angegebene einfache Funktion der Achsenabschnitte, die

[9] Der Spezialfall $p_i = \infty$ ist getrennt zu diskutieren, siehe oben.

in schiefwinkligen Koordinaten durch kompliziertere Ausdrücke zu ersetzen ist, s. z.B. [B6], [B13].

Einige Beispiele für die Lage von Netzebenen gibt Abb. 3.12.

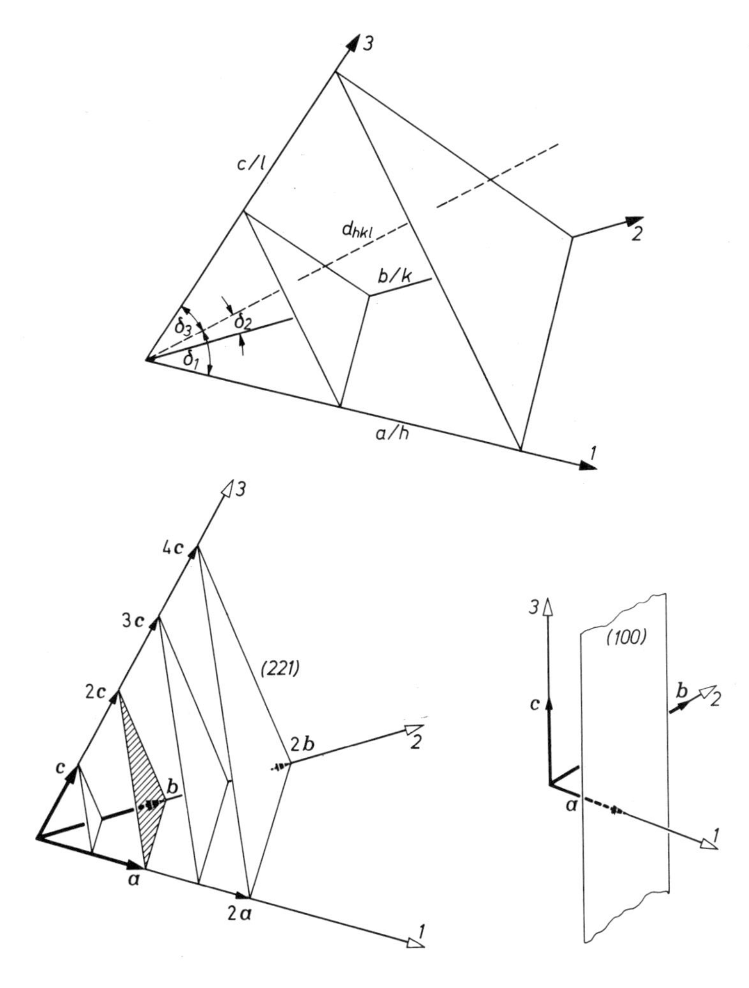

Abb. 3.12. Netzebenen in verschiedenen Koordinatensystemen. a) allgemeinster Fall: triklin (hkl), b) triklin (221), c) orthorhombisch (100)

Treten negative Achsenabschnitte auf, so wird das Minuszeichen aus Gründen der Platzersparnis nicht vor, sondern über den Millerschen Index gesetzt. Die Vorzeichen der Indizes sind nicht eindeutig bestimmt, da Umkehrung aller drei Vorzeichen nach Konstruktion dieselbe Netzebenenschar gibt: $(\bar{h}\bar{k}\bar{l}) \equiv (hkl)$. Man kann deshalb Flächenindizes immer so schreiben, daß höchstens ein Minuszeichen vorkommt, was wir im allgemeinen auch tun werden.
Physikalisch unterscheiden sich verschiedene Netzebenen durch eine verschiedene Besetzung mit Atomen (oder Ionen). Da jeweils 3 beliebige Gitterpunkte eine Netzebene definieren, gibt es unendlich viele Netzebenenscharen (hkl). Ihre Achsenabschnitte und damit auch der Netzebenenabstand sind um so kleiner, je größer die Indizes sind.

Unter der $[hkl]$-*Richtung* wird die Richtung des Vektors $[hkl] = h\boldsymbol{a} + k\boldsymbol{b} + l\boldsymbol{c}$ nach (3.1) verstanden. Im kubischen System (siehe unten) steht $[hkl]$ senkrecht auf den (hkl)-Netzebenen.

Da die Netzebenen relativ zu den Basisvektoren definiert werden, hängen ihre Richtungen und ihre Abstände von der speziellen Wahl der Basisvektoren ab. Die zugrunde gelegte Einheitszelle muß also angegeben werden. Für die Indizierung der Netzebenen sollte die kleinstmögliche Zelle höchster Symmetrie gewählt werden. Alle physikalischen Eigenschaften eines Gitters ergeben sich natürlich unabhängig von der speziellen Wahl der Basisvektoren.

Selbstverständlich wird das Achsen- oder Koordinatensystem, in dem man die Netzebenen durch Millersche Indizes, d.h. durch die 3 zu den Achsen parallelen Basisvektoren $\boldsymbol{a}$, $\boldsymbol{b}$, $\boldsymbol{c}$ festgelegt, besonders symmetrisch zu den Netzebenen gelegt. Man kommt mit 7 verschiedenen typischen Systemen von Basisvektoren aus, durch die die 7 *Kristallsysteme* definiert werden[10]. Diese Systeme sind

1. *Triklines System:* Drei ungleich lange Vektoren unter schiefen Winkeln.

2. *Monoklines System:* Zwei ungleich lange Vektoren unter schiefem Winkel, der dritte ungleich lange Vektor senkrecht auf der durch die ersten beiden Vektoren aufgespannten monoklinen Ebene.

3. *Rhombisches (orthorhombisches) System:* Drei ungleich lange aufeinander senkrechte Vektoren.

4. *Tetragonales System:* Zwei gleich lange Vektoren unter 90°, der dritte ungleich lange Vektor senkrecht darauf.

5. *Kubisches System:* Drei gleich lange aufeinander senkrechte Vektoren.

6. *Trigonales oder rhomboedrisches System:* Trigonale Aufstellung: Ein Vektor senkrecht auf der Ebene der beiden anderen, diese gleich lang unter 120°. Rhomboedrische Aufstellung: Drei gleich lange Vektoren unter beliebig großen, aber gleichen Winkeln gegeneinander.

7. *Hexagonales System:* Zwei oder drei[11] gleich lange Vektoren unter 60°, der dritte ungleich lange senkrecht auf diesen.

Zu jedem System gehören mehrere Punktsymmetrieklassen, zu jeder davon mehrere Raumgruppen.

[10] Sie spannen die 7 einfach-primitiven Bravaisgitter auf, die man erhält, wenn man ein Atom als Basis in den Koordinatenanfang setzt. Zu den übrigen 7 Bravaisgittern vgl. Fußnote 7 und die Spezialliteratur.

[11] In diesem Koordinatensystem enthalten die Flächensymbole 4 Indizes, z.B. (0001).

Aufgabe 3.10. Welche Lage und welchen Abstand haben die (100)-, (110)- und (111)-Ebenen des einatomigen kubisch-flächenzentrierten Gitters

a) bei Zugrundelegung der kubischen Zelle mit $s = 4$,

b) bei Zugrundelegung der Primitivzelle mit $s = 1$? Gehören in beiden Fällen alle parallelen und mit Atomen gleich besetzten Ebenen zur gleichen Netzebenenschar?

c) Begründe die Auswahl der kleinstmöglichen Einheitszelle aus der Antwort auf Frage b).

Aufgabe 3.11. Berechne den Anteil eines gegebenen Volums, der sich mit harten Kugeln vom Radius r bei den folgenden Kristallstrukturen füllen läßt:

a) Kubisch primitiv, b) kubisch raumzentriert, c) kubisch flächenzentriert.

Aufgabe 3.12. Berechne den Radius R der größten Kugel, die sich zwischen den Kugeln vom Radius r der Aufgabe 3.11 in den 3 dort angegebenen kubischen Strukturen unterbringen läßt.

3.4. Das reziproke Gitter

Es ist zweckmäßig, zu dem von den Vektoren $\boldsymbol{a}$, $\boldsymbol{b}$, $\boldsymbol{c}$ aufgespannten Translationsgitter das sogenannte reziproke Gitter, das von den Vektoren $\boldsymbol{a}^*$, $\boldsymbol{b}^*$, $\boldsymbol{c}^*$ aufgespannt wird, zu definieren.

Wir betrachten (Abb. 3.13) die Einheitszelle des Translationsgitters. Sie wird begrenzt von je zwei Netzebenen

$$\begin{aligned} &(100) \text{ parallel zur } \boldsymbol{b}, \boldsymbol{c}\text{-Ebene}, \\ &(010) \text{ parallel zur } \boldsymbol{c}, \boldsymbol{a}\text{-Ebene}, \\ &(001) \text{ parallel zur } \boldsymbol{a}, \boldsymbol{b}\text{-Ebene}, \end{aligned} \tag{3.5}$$

deren Abstände jeweils gleich d_{100}, d_{010}, d_{001} sind.

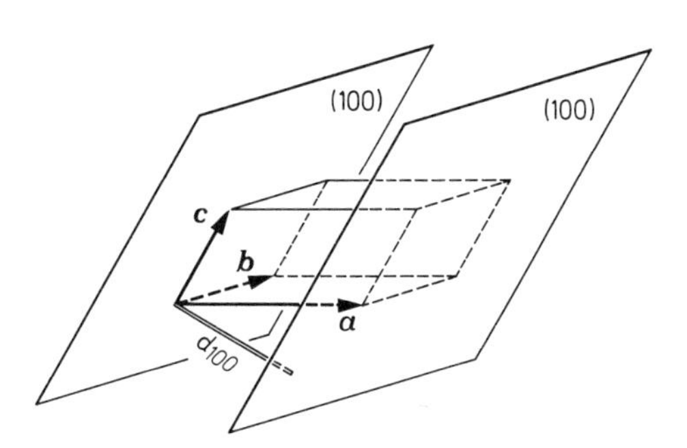

Abb. 3.13. Zur Definition des reziproken Gitters

Der Basisvektor $\boldsymbol{a}^*$ des reziproken Gitters soll dann die Länge

$$a^* = |\boldsymbol{a}^*| = \frac{1}{d_{100}} \tag{3.6}$$

haben und senkrecht auf den (100)-Ebenen, d.h. der $\boldsymbol{b}$, $\boldsymbol{c}$-Ebene stehen. Beide Eigenschaften sind in der Definitionsgleichung

$$\boldsymbol{a}^* = \frac{\boldsymbol{b} \times \boldsymbol{c}}{V_Z} = \frac{\boldsymbol{b} \times \boldsymbol{c}}{\boldsymbol{a} \cdot (\boldsymbol{b} \times \boldsymbol{c})} \tag{3.7}$$

enthalten, wobei $V_Z = \boldsymbol{a} \cdot (\boldsymbol{b} \times \boldsymbol{c})$ das Volum der Einheitszelle ist. $\boldsymbol{b}^*$ und $\boldsymbol{c}^*$ ergeben sich durch zyklische Vertauschung.

Aus diesen Gleichungen folgen sofort die Beziehungen

$$\begin{aligned} \boldsymbol{a}^* \boldsymbol{a} &= \boldsymbol{b}^* \boldsymbol{b} = \boldsymbol{c}^* \boldsymbol{c} = 1, \\ \boldsymbol{a}^* \boldsymbol{b} &= \boldsymbol{b}^* \boldsymbol{c} = \boldsymbol{c}^* \boldsymbol{a} = 0, \\ \boldsymbol{a}^* \boldsymbol{c} &= \boldsymbol{b}^* \boldsymbol{a} = \boldsymbol{c}^* \boldsymbol{b} = 0. \end{aligned} \tag{3.8}$$

Die Vektoren $\boldsymbol{a}^*$, $\boldsymbol{b}^*$, $\boldsymbol{c}^*$ spannen die Einheitszelle im reziproken Gitter auf. Aus ihr baut sich das ganze reziproke Gitter durch die Translationsvektoren

$$\begin{aligned} \boldsymbol{t}^* = \boldsymbol{t}^*_{h_1 h_2 h_3} &= h_1 \boldsymbol{a}^* + h_2 \boldsymbol{b}^* + h_3 \boldsymbol{c}^* \\ &= m(h\boldsymbol{a}^* + k\boldsymbol{b}^* + l\boldsymbol{c}^*) \\ &= m\,\boldsymbol{t}^*_{hkl} \end{aligned} \tag{3.9}$$

auf, wobei die $h_1 = mh$, $h_2 = mk$, $h_3 = ml$ ganze Zahlen sind, aus denen wir einen etwa vorhandenen gemeinsamen ganzzahligen Faktor $\pm m$ gleich als *positive* Zahl $m > 0$ herausziehen, so daß die h, k, l teilerfremde und sonst beliebige ganze Zahlen sind, deren Bezeichnung bereits späteren Anwendungen auf Netzebenen angepaßt ist. Wir behaupten, daß der Vektor $\boldsymbol{t}^* = m\,\boldsymbol{t}^*_{hkl}$ senkrecht auf der Netzebenenschar (hkl) des Raumgitters steht und daß seine Länge

$$t^* = |\boldsymbol{t}^*_{h_1h_2h_3}| = m\,|\boldsymbol{t}^*_{hkl}| = m \cdot \frac{1}{d_{hkl}} \tag{3.10}$$

der m-fache Kehrwert des Netzebenenabstandes ist. Die Punkte des reziproken Gitters sind also durch die Netzebenen des Raumgitters definiert[12]. Dies gilt für beliebige schiefwinklige Gittervektoren, den Beweis führen wir jedoch nur für den Spezialfall einer rechtwinkligen Gitterzelle, wo $\boldsymbol{a} \perp \boldsymbol{b} \perp \boldsymbol{c} \perp \boldsymbol{a}$ und $V_Z = abc$ ist.

Hier ist, wie anhand von Abb. 3.12a leicht bewiesen wird[13]

$$d_{hkl} = \frac{1}{\sqrt{\left(\frac{h}{a}\right)^2 + \left(\frac{k}{b}\right)^2 + \left(\frac{l}{c}\right)^2}} \tag{3.11}$$

also

$$a^* = |\boldsymbol{a}^*| = \frac{1}{d_{100}} = \frac{1}{a}\,, \quad \text{(zyklisch)} \tag{3.12}$$

und $\boldsymbol{a}^*$ ist parallel zu $\boldsymbol{a}$. Analoges gilt für $\boldsymbol{b}^*$ und $\boldsymbol{c}^*$.

In dem so festgelegten Koordinatensystem hat aber $\boldsymbol{t}^*$ nach (3.9) die Komponenten

$$\begin{aligned} m\,h\,a^* &= m(h/a) \\ m\,k\,b^* &= m(k/b) \\ m\,l\,c^* &= m(l/c)\,. \end{aligned} \tag{3.13}$$

Dies sind m-mal die reziproken Achsenabschnitte (3.3), $\boldsymbol{t}^*$ steht also senkrecht auf (hkl) und hat die Länge

$$t^* = m\sqrt{\left(\frac{h}{a}\right)^2 + \left(\frac{k}{b}\right)^2 + \left(\frac{l}{c}\right)^2} = m \cdot \frac{1}{d_{hkl}}\,, \tag{3.14}$$

wie behauptet.

Nach (3.11) sind d_{100}, d_{010}, d_{001} größer als alle anderen d_{hkl}, nach (3.12) und (3.7) sind also tatsächlich die Basisvektoren $\boldsymbol{a}^*$, $\boldsymbol{b}^*$, $\boldsymbol{c}^*$ die kleinsten Vektoren im reziproken Gitter.

Aufgabe 3.13. Führe den Beweis auch für beliebige schiefwinklige Gitter.

Die Bedeutung des reziproken Gitters für die Festkörperphysik wird sich an mehreren Stellen erweisen. Dabei ist es oft zweckmäßig, noch einen Faktor 2π einzuführen, d.h. die Vektoren

$$\begin{aligned} \boldsymbol{g}_{hkl} &= 2\pi\,\boldsymbol{t}^*_{hkl} = 2\pi(h\,\boldsymbol{a}^* + k\,\boldsymbol{b}^* + l\,\boldsymbol{c}^*) \\ &= h\,\boldsymbol{g}_{100} + k\,\boldsymbol{g}_{010} + l\,\boldsymbol{g}_{001} \end{aligned} \tag{3.15}$$

mit den Längen

$$|\boldsymbol{g}_{hkl}| = \frac{2\pi}{d_{hkl}} \tag{3.16}$$

zu benützen. Die Einheitszelle im sogenannten *Fourier-Raum* wird dann von den Vektoren

$$\boldsymbol{g}_{100} = 2\pi\,\boldsymbol{a}^*\,, \quad \boldsymbol{g}_{010} = 2\pi\,\boldsymbol{b}^*\,, \quad \boldsymbol{g}_{001} = 2\pi\,\boldsymbol{c}^* \tag{3.17}$$

aufgespannt.

Allerdings wird (wie auch im reziproken Gitter) im Fourier-Raum im allgemeinen weniger die Einheitszelle als vielmehr die aus ihr konstruierte Wigner-Seitz-Zelle benutzt. Man nennt sie hier die *1. Brillouinzone.* Aus seiner Einheitszelle oder der 1. Brillouinzone geht das ganze reziproke Gitter[14] durch Translation mit den allgemeinsten Vektoren $\boldsymbol{g} = 2\pi\,\boldsymbol{t}^*$ nach Gl. (3.9) hervor:

$$\begin{aligned} \boldsymbol{g} = 2\pi\,\boldsymbol{t}^* &= m(h\,\boldsymbol{g}_{100} + k\,\boldsymbol{g}_{010} + l\,\boldsymbol{g}_{001}) \\ &= m\,\boldsymbol{g}_{hkl} = \boldsymbol{g}_{h_1h_2h_3}\,. \end{aligned} \tag{3.18}$$

---

[12] Und umgekehrt: Die beiden Gitter sind reziprok zueinander.

[13] Man bilde die Summe der Quadrate des Richtungscosinus $\cos^2\delta_i$, die in orthogonalen Koordinaten den Wert 1 hat. Es ist

$$\cos\delta_1 = \frac{d_{hkl}}{a/h}$$

(zyklisch), also

$$\sum \cos^2\delta_i = d^2_{hkl} \cdot \left[\frac{h^2}{a^2} + \frac{k^2}{b^2} + \frac{l^2}{c^2}\right] = 1\,.$$

Es ist $d_{hkl} = d_{\bar{h}kl} = d_{h\bar{k}l} = \cdots = d_{\bar{h}\bar{k}\bar{l}}$.

[14] Zwischen reziprokem Raum und Fourier-Raum oder reziprokem Gitter und Fourier-Gitter wird sprachlich meistens nicht scharf unterschieden.

Mit Hilfe von (3.8) überzeugen wir uns zum Schluß noch, daß

$$\boldsymbol{t}\,\boldsymbol{t}^*_{hkl} = t_1 h + t_2 k + t_3 l = z \qquad (3.19)$$

eine ganze Zahl, d.h.

$$\boldsymbol{t}\,\boldsymbol{g}_{hkl} = z\,2\pi\,, \qquad \boldsymbol{t}\,\boldsymbol{g} = m z\,2\pi \qquad (3.20)$$

ist, was später gebraucht wird.

Aufgabe 3.14. Zeige, daß das kubisch-raumzentrierte und das kubisch flächenzentrierte einatomige Gitter reziprok zueinander sind.

4. Strukturbestimmung mit Interferenzen

Die wichtigste Methode der Strukturforschung ist die Untersuchung der *Röntgeninterferenzen* in Kristallen.

4.1. Röntgeninterferenzen[15]

Walter und Pohl hatten bereits 1908/9 Beugungserscheinungen von Röntgenstrahlen an keilförmigen Spalten erhalten und daraus die Röntgenwellenlänge abgeschätzt. Andererseits konnte man die Gitterkonstante z. B. des NaCl aus Dichte, Molekulargewicht und Loschmidtscher Konstante angeben. Die Wellenlänge ($\lambda \sim 0{,}4$ ÅE) war mit dem Atomabstand ($\sim 2{,}5$ ÅE) kommensurabel. Das führte v. Laue auf den Gedanken, ein Kristallgitter als Beugungsgitter für Röntgenstrahlen zu benutzen (1912).

Ein Röntgenstrahlenbündel, das durch mehrere feine Blenden begrenzt wurde, falle auf einen Kristall. Es überdeckt bei einem

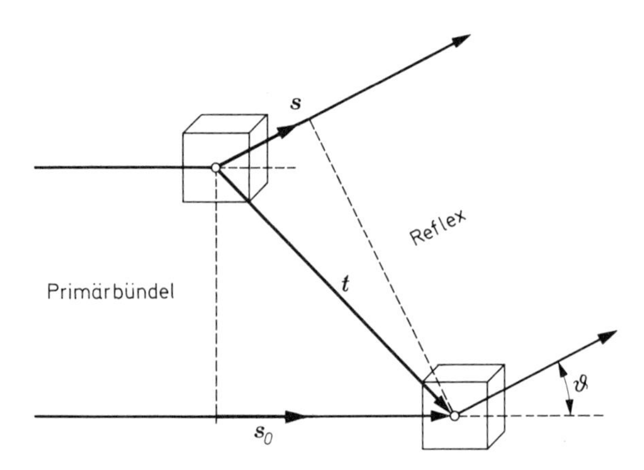

Abb. 4.1. Streuung von Röntgenlicht an homologen Punkten zweier um den Translationsvektor $\boldsymbol{t}$ gegeneinander verschobener Gitterzellen

Durchmesser von 10^{-2} mm immer noch 10^5 Atomabstände. Die Elektronenhüllen der getroffenen Atome (oder Ionen) werden zu erzwungenen Schwingungen erregt und strahlen Sekundärwellen aus, die miteinander interferieren. In voller Analogie zum eindimensional periodischen optischen Beugungsgitter ergibt sich maximale resultierende Strahlungsleistung in solchen Richtungen, in die *alle* Elementarzellen des dreidimensionalen periodischen Raumgitters mit gleicher Phase strahlen. Diese Richtungen sind unabhängig davon, wie die einzelne Zelle in sich gebaut ist, und allein durch die Größe der Gitterperiode (= Zelle) bestimmt. Die innere Struktur der einzelnen Zelle bestimmt die Intensitäten (siehe Ziffer 4.3). Da die Anzahl der interferierenden Wellen so groß ist, sind die Maxima (= „*Röntgenreflexe*") sehr scharf (Airysche Schärfe bei Vielfachinterferenzen), und die Intensität verschwindet praktisch ganz in allen Zwischenrichtungen[16,17]. Wir berechnen jetzt die Richtungen der Reflexe. Die Richtung der einfallenden Welle sei durch den Einheitsvektor $\boldsymbol{s}_0$, die eines Reflexes durch den Einheitsvektor $\boldsymbol{s}$ gegeben. Der Translationsvektor $\boldsymbol{t}$ nach Gl. (3.1) verbindet ein Atom (= Streuzentrum) in der Ausgangszelle mit dem homologen Atom in der um $\boldsymbol{t}$ verschobenen Zelle, siehe Abb. 4.1.

Der Gangunterschied zwischen den beiden Streuwellen ist dann

$$\begin{aligned} \Delta &= \boldsymbol{t}\cdot\boldsymbol{s}_0 - \boldsymbol{t}\cdot\boldsymbol{s} = \boldsymbol{t}\cdot(\boldsymbol{s}_0 - \boldsymbol{s}) \\ &= t_1\,\boldsymbol{a}(\boldsymbol{s}_0 - \boldsymbol{s}) + t_2\,\boldsymbol{b}(\boldsymbol{s}_0 - \boldsymbol{s}) + t_3\,\boldsymbol{c}(\boldsymbol{s}_0 - \boldsymbol{s}) \\ &= t_1\Delta_a + t_2\Delta_b + t_3\Delta_c \end{aligned} \tag{4.1}$$

[15] Ebenso gebräuchlich ist die Bezeichnung *Röntgenbeugung* und analog *Elektronen- und Neutronenbeugung.*

[16] Die Theorie ist nichts anderes als eine Erweiterung der *Fraunhofer-Fresnelschen* Theorie des eindimensionalen optischen Beugungsgitters auf ein dreidimensionales Raumgitter. Die Streuung ist sehr schwach, d.h. die Primärwelle wird kaum geschwächt, so daß hier in guter Näherung alle Sekundärwellen (wie beim Beugungsgitter!) gleich stark sind. Außerdem sind Strahlenquelle und Beobachtungspunkt so weit vom Kristallgitter entfernt, daß Parallelbündel vorausgesetzt werden dürfen.

[17] Interferenzen an pulverförmigen Präparaten geben verwaschene Reflexe, aus deren Breite die Korngröße bestimmt werden kann, vgl. Abb. 4.10.

und dieser Gangunterschied muß für *jedes* $\boldsymbol{t}$, also für jedes Zahlentripel t_1, t_2, t_3 ein ganzes Vielfaches der Wellenlänge λ sein. Das ist dann und nur dann der Fall, wenn bereits Δ_a, Δ_b, Δ_c selbst Vielfache von λ sind:

$$\begin{aligned} \Delta_a &= \boldsymbol{a}(\boldsymbol{s}_0 - \boldsymbol{s}) = h_1 \lambda \qquad h_1, h_2, h_3 = \text{beliebige ganze Zahlen} \\ \Delta_b &= \boldsymbol{b}(\boldsymbol{s}_0 - \boldsymbol{s}) = h_2 \lambda \qquad (h_1 h_2 h_3) = \textit{Ordnung} \text{ der} \\ \Delta_c &= \boldsymbol{c}(\boldsymbol{s}_0 - \boldsymbol{s}) = h_3 \lambda \qquad \text{Interferenz} \end{aligned} \tag{4.2}$$

so daß

$$\Delta = t_1 \Delta_a + t_2 \Delta_b + t_3 \Delta_c = (t_1 h_1 + t_2 h_2 + t_3 h_3)\, \lambda \,. \tag{4.3}$$

Bedeuten nun α, β, γ und α_0, β_0, γ_0 die Winkel der Strahlen $\boldsymbol{s}$ und $\boldsymbol{s}_0$ gegen die drei Achsen, so geht (4.2) über in die berühmten *Laue-Gleichungen*

$$\begin{aligned} \cos\alpha_0 - \cos\alpha &= h_1 \cdot \frac{\lambda}{a} \\ \cos\beta_0 - \cos\beta &= h_2 \cdot \frac{\lambda}{b} \\ \cos\gamma_0 - \cos\gamma &= h_3 \cdot \frac{\lambda}{c} \,. \end{aligned} \tag{4.4}$$

Dasselbe ist dann auch für die Streuwellen richtig, die von einem beliebigen anderen Atom der Zelle und seinen homologen kommen. Das heißt aber, man kann auch gleich die von den Atomen einer Zelle kommenden Streuwellen zu einer resultierenden Streuwelle der Zelle überlagert denken und Gl. (4.4) auch als Bedingung für maximale Verstärkung dieser resultierenden Teilwellen betrachten.

Das wären bei gegebenen $\boldsymbol{s}_0$, a, b, c und λ drei Gleichungen für die drei Unbekannten $\cos\alpha$, $\cos\beta$, $\cos\gamma$, d.h. für die Bestimmung der Richtung des Röntgenreflexes. Tatsächlich besteht aber in jedem beliebigen (schiefwinkeligen) Koordinatensystem außerdem eine Bedingungsgleichung zwischen den drei Richtungscosinussen $\cos\alpha$, $\cos\beta$, $\cos\gamma$, wir haben also nur zwei unabhängige Unbekannte, und das Gleichungssystem (4.4) ist überbestimmt. Das heißt, ein unter beliebigem Einfallswinkel auf den Kristall fallender Röntgenstrahl wird im allgemeinen nicht als Interferenzhauptmaximum gebeugt (die nullte Ordnung $h_1 = h_2 = h_3 = 0$ ist immer eine Lösung, aber sie liefert das unabgelenkte Teilbündel $\alpha = \alpha_0$, $\beta = \beta_0$, $\gamma = \gamma_0$).

Wir betrachten von jetzt an zunächst den Spezialfall eines rechtwinkligen Koordinatensystems ($\boldsymbol{a} \perp \boldsymbol{b} \perp \boldsymbol{c} \perp \boldsymbol{a}$). Dann hat die zu (4.4) hinzukommende vierte Bedingungsgleichung die einfache Form:

$$\cos^2\alpha + \cos^2\beta + \cos^2\gamma = 1 \,. \tag{4.5}$$

Außer den Komponenten von $\boldsymbol{s}$ muß man also, um nichttriviale Lösungen von (4.4) und (4.5) zu erzielen, noch eine weitere Größe variabel halten. Es muß entweder bei festgehaltener Einfallsrichtung $\boldsymbol{s}_0$ die Wellenlänge variiert, oder bei fester Wellenlänge die Einfallsrichtung variiert werden. Den ersten Fall realisiert experimentell die Laue-Methode, den zweiten die Braggsche Drehkristallmethode sowie die Pulvermethode von Debye und Scherrer, näheres siehe unter Ziffer 4.2.

Die Gl. (4.4) lassen noch eine etwas anschaulichere Interpretation zu. Durch Quadrieren und Addieren folgt

$$\begin{aligned} &2[1 - (\cos\alpha\cos\alpha_0 + \cos\beta\cos\beta_0 + \cos\gamma\cos\gamma_0)] \\ &\quad = \lambda^2 \left(\frac{h_1^2}{a^2} + \frac{h_2^2}{b^2} + \frac{h_3^2}{c^2} \right) . \end{aligned} \tag{4.6}$$

Einen etwaigen gemeinsamen Teiler in den ganzen Zahlen ziehen wir als positive Zahl $m > 0$ heraus:

$$h_1 = m h\,, \quad h_2 = m k\,, \quad h_3 = m l\,, \tag{4.7}$$

so daß die h, k, l teilerfremd sind. Sie lassen sich also auffassen als Flächenindizes einer Flächenschar. Nun ist der Abstand zweier benachbarter Ebenen in dieser Schar nach Gl. (3.11) gleich

$$d_{hkl} = \frac{1}{\sqrt{\frac{h^2}{a^2} + \frac{k^2}{b^2} + \frac{l^2}{c^2}}} > 0 \tag{4.8}$$

(für jeweils beide Vorzeichen von h, k, l). Ferner ist der Winkel ϑ zwischen Ein- und Ausfallrichtung, d.h. der Streuwinkel gegeben durch

$$\frac{\boldsymbol{s}\,\boldsymbol{s}_0}{|\boldsymbol{s}|\cdot|\boldsymbol{s}_0|} = \cos\vartheta = \cos\alpha\cos\alpha_0 + \cos\beta\cos\beta_0 + \cos\gamma\cos\gamma_0\,. \tag{4.11}$$

Damit ergibt sich (4.6) in der Form

$$2(1 - \cos\vartheta) = 4\sin^2\frac{\vartheta}{2} = m^2\,\lambda^2/d_{hkl}^2\,, \tag{4.12}$$

d.h. es gilt die *Braggsche Gleichung*[17a]

$$2\,d_{hkl}\sin\frac{\vartheta}{2} = m\,\lambda \qquad \begin{aligned} m &= \text{positive ganze Zahl} \\ &= \textit{Ordnungszahl}. \end{aligned} \tag{4.13}$$

Diese Formel gilt in allen, ihre Herleitung hier gilt aber nur in rechtwinkligen Koordinatensystemen.

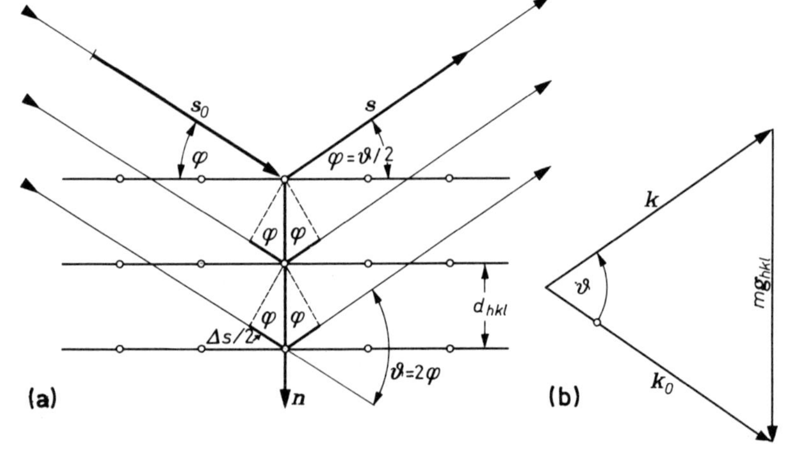

Abb. 4.2. a) Braggsche Tiefenreflexion an einer Netzebenenschar. Zwischen den gestrichelt gezeichneten Fronten benachbarter Teilwellen herrscht der Gangunterschied $\Delta s = 2\,d_{hkl}\sin\varphi = 2\,d_{hkl}\sin\vartheta/2 = m\,\lambda$. b) Wellenvektoren-Bilanz

Sie läßt sich gemäß Abb. 4.2 geometrisch interpretieren als eine *Tiefenreflexion* des Röntgenbündels an der durch die Indizes (hkl) gegebenen Netzebenenschar. Soll ein Maximum entstehen, so müssen zwei von benachbarten Ebenen der Schar „reflektierte" Teilbündel einen Gangunterschied von ganzen Wellenlängen haben: $\Delta s = m\lambda$; m = Ordnungszahl des Reflexes. $\varphi = \vartheta/2$ ist also als „Glanzwinkel" aufzufassen. Höhere Ordnungen werden bei größeren Glanzwinkeln, also steilerem Einfall beobachtet.

Der physikalische Unterschied zwischen *Laue*-Gleichungen (4.4) und *Bragg*-Gleichung (4.13) besteht nur in der verschiedenen Reihenfolge der Sum-

[17a] Nur positive Vorzeichen (auch von ϑ)! (4.12/13) sind Betragsgleichungen!

mation der Teilwellen. Bei v. Laue wird von Zelle zu Zelle, bei Bragg von Netzebene zu Netzebene summiert. Die für diese Reihenfolgen charakteristischen Größen sind $\boldsymbol{a}$, $\boldsymbol{b}$, $\boldsymbol{c}$ in den Gleichungen (4.2) und (4.4) und d_{hkl} in Gleichung (4.13).

Nach Gl. (4.13) ist es übrigens unbestimmt, ob ein in Richtung ϑ beobachteter Reflex ein Reflex m-ter Ordnung an einer Netzebenenschar (hkl) mit d_{hkl} oder ein Reflex 1-ter Ordnung an einer Netzebenenschar $(h'k'l')$ mit dem Abstand d_{hkl}/m ist. Da die Netzebenen relativ zu den Basisvektoren des Gitters definiert werden, hängt diese Unbestimmtheit mit der Willkür bei der Wahl der Basisvektoren zusammen.

Aufgabe 4.1. Beweise Gleichung (4.13) für ein beliebiges triklines Koordinatensystem.

Aufgabe 4.2. Beschreibe und indiziere die auftretenden Röntgenreflexe am einatomig kubisch-raumzentrierten Gitter: a) mit der kubischen Zelle ($s = 2$), b) mit der Primitivzelle ($s = 1$).

Aufgabe 4.3. Dasselbe für das einatomige kubisch-flächenzentrierte Gitter.

Aufgabe 4.4. Dasselbe sinngemäß für das NaCl-Gitter.

Aufgabe 4.5. In einen primitiv kubischen Kristall mit der Gitterkonstante a werde parallel zu einer kubischen Achse weißes Röntgenlicht eingestrahlt. Berechne die Wellenlängen und Ablenkungswinkel der in der yz-Ebene auftretenden Laue-Reflexe als Funktion der h, k, l (z-Koordinate parallel zum Strahl).

Wir wollen die Röntgen-Reflexe der Vollständigkeit halber auch noch im *Teilchenbild* interpretieren. Da sich bei der Bragg-Reflexion die Frequenz des Röntgenlichtes nicht ändern soll, soll sich auch weder die Energie $\hbar\omega_0$ noch der Impulsbetrag $\hbar\omega_0/c$ des Photons ändern. Dagegen ändert sich die zur Netzebenenschar senkrechte Impulskomponente. Diese Impulsänderung muß vom ganzen Kristall übernommen werden[18], und zwar ohne Energieaufnahme (d. h. „rückstoßfrei"). Ohne uns um den Mechanismus dieser *elastischen Reflexion* am ∞ schweren Kristall näher zu kümmern, behandeln wir ihn rein formal nach dem Impulserhaltungssatz. Hierzu benutzen wir im reziproken Raum die Wellenvektoren

$$\boldsymbol{k}_0 = \frac{2\pi}{\lambda}\boldsymbol{s}_0\,, \qquad \lambda = \text{Wellenlänge} \tag{4.14}$$
$$\boldsymbol{k} = \frac{2\pi}{\lambda}\boldsymbol{s}\,, \qquad |\boldsymbol{k}| = |\boldsymbol{k}_0|$$

des ein- und austretenden Röntgenlichts und den durch die Zahlen h_1, h_2, h_3 in den Laue-Gleichungen (4.2/4) bestimmten reziproken Gittervektor

$$\boldsymbol{g}_{h_1h_2h_3} = h_1\boldsymbol{g}_{100} + h_2\boldsymbol{g}_{010} + h_3\boldsymbol{g}_{001} = m\,\boldsymbol{g}_{hkl}\,. \tag{4.15}$$

Man überzeugt sich sofort, daß die Laue-Gleichungen (und damit die Bragg-Gleichung (4.13)) dann (und nur dann) erfüllt sind, wenn

$$\boldsymbol{k}_0 - \boldsymbol{k} = \boldsymbol{g}_{h_1h_2h_3} = m\,\boldsymbol{g}_{hkl} \tag{4.16}$$

ist: mit (4.14) wird das zu

$$\boldsymbol{s}_0 - \boldsymbol{s} = \frac{\lambda}{2\pi}\boldsymbol{g}_{h_1h_2h_3}\,, \tag{4.17}$$

und skalare Multiplikation mit den Basisvektoren $\boldsymbol{a}$, $\boldsymbol{b}$, $\boldsymbol{c}$ des Raumgitters liefert wegen (3.15) und (3.8) gerade die Laue-Gleichungen

[18] Der Begriff der Tiefenreflexion an Netzebenen setzt im Prinzip den ∞ ausgedehnten, also auch ∞ schweren Kristall voraus.

(4.2) und (4.4). — Da $\hbar \boldsymbol{k}$ der *Impuls* eines Photons ist, ist der bei der Bragg-Reflexion auf den Kristall übertragene Impuls gleich dem Vektor

$$\hbar(\boldsymbol{k}_0 - \boldsymbol{k}) = \hbar \boldsymbol{g}_{h_1 h_2 h_3} = m \hbar \boldsymbol{g}_{hkl}, \tag{4.18}$$

der parallel zu $\boldsymbol{n}$ senkrecht auf den (hkl)-Ebenen steht, siehe Abb. 4.2a/b.

Man kann (4.16) auch als „*Auswahlregel*" für die elastische Streuung von Photonen im reziproken Gitter auffassen: die Differenz $\boldsymbol{k}_0 - \boldsymbol{k}$ der Wellenvektoren muß gleich einem Translationsvektor im reziproken Gitter sein.

Aufgabe 4.6. Stelle diese Bedingung im reziproken Gitter graphisch dar (*Ewaldsche Konstruktion*). Beweise, daß, wenn $\boldsymbol{k}_0$ nach (4.16) in m-ter Ordnung an (hkl) reflektiert wird, dasselbe für $\boldsymbol{k}$ gilt.

4.2. Experimentelle Bestimmung von Gitterkonstanten

Bei allen experimentellen Bestimmungen der Zellengröße, d.h. der Gitterkonstanten a, b, c, wird durch Messung eines Beugungswinkels eine Periode im Kristallgitter mit einer Röntgenwellenlänge λ verglichen. Diese muß also bekannt sein. Ihre Bestimmung durch Anschluß an das Normalmeter wird unten behandelt. Wir beschreiben hier nur die einfachsten klassischen Verfahren.

Beim *Laue-Verfahren* (Abb. 4.3, S. 582) wird das ganze Röntgenbremsspektrum einer massiven Antikathode in Richtung $\boldsymbol{s}_0$ eingestrahlt.

Von jeder Netzebenenschar (hkl) wird aus diesem Spektrum nur diejenige Wellenlänge reflektiert, die mit d_{hkl} und dem durch $\boldsymbol{s}_0$ und die Kristallorientierung festgelegten *Glanzwinkel* $\vartheta/2$ gerade die Bragg-Gleichung (4.13) erfüllt. Man beobachtet also Reflexe, die, wenn man Röntgenfarben sehen könnte, verschiedenfarbig wären. Das Verfahren ist besonders zur Einstellung von Symmetrie-Richtungen geeignet.

Beim *Drehkristall-Verfahren* von Bragg (Abb. 4.4) wird monochromatisches Licht eingestrahlt. Man dreht dann den Kristall so

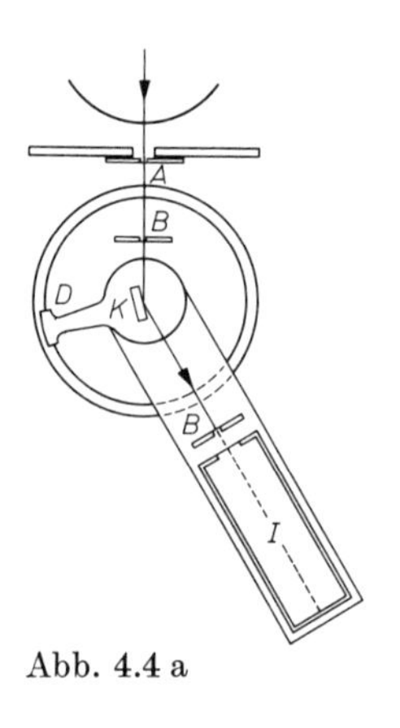

Abb. 4.4 a

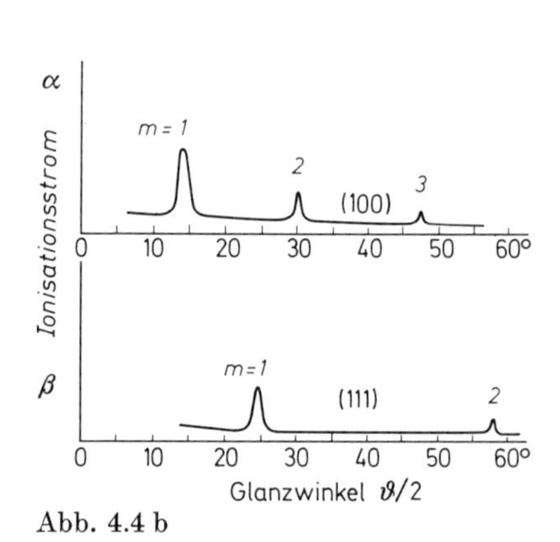

Abb. 4.4 b

Abb. 4.4. Bragg-Verfahren: a) Schema einer Apparatur. A Filter, B Blende, K Kristall, D Drehtisch, I Ionisationskammer. b) Schematischer Verlauf des Ionisationsstroms als Funktion des Glanzwinkels $\vartheta/2$. Reflexion in mehreren Ordnungen, α an einer Würfelfläche, β an einer Oktaederfläche des KCl. Dreht man I und K beide so, daß symmetrischer Strahlengang erhalten bleibt (Abb. 4a), so wird nur an der zur Kristalloberfläche parallelen Netzebenenschar reflektiert, und bei Drehung erscheinen verschiedene Wellenlängen bei festem d_{hkl} unter den durch (4.19) gegebenen Richtungen. Das ist das Prinzip des *Röntgenspektrometers.*

lange um die Apparateachse, bis der Glanzwinkel $\vartheta/2$ für eine achsenparallele Netzebenenschar (hkl) der Braggschen Gleichung (4.13)

$$2 \sin \frac{\vartheta_{hkl}}{2} = m \frac{\lambda}{d_{hkl}} \tag{4.19}$$

genügt (Abb. 4.2). Dabei ist d_{hkl} eine von dem (im allgemeinen schiefwinkligen) Koordinatensystem abhängige Funktion (z. B. Gl. (4.8)) von a/h, b/k, c/l und man hat alle gemessenen Reflexe so mit ganzen Zahlen (hkl) zu indizieren, daß die Ablenkungswinkel ϑ_{hkl} mit einem Satz von drei Gitterkonstanten a, b, c richtig wiedergegeben werden.

Die *Pulvermethode* von Debye-Scherrer schließlich ist eine einfache Variation der Drehkristallmethode. Man kann auf Einkristalle verzichten und benutzt statt dessen ein feinkörniges Pulver, das sich in einem äußerst dünnwandigen Glasröhrchen befindet. Da die winzigen Körner regellos orientiert sind, kann der Röntgenstrahl von allen Kriställchen reflektiert werden, deren $(h\,k\,l)$-Ebenen jeweils unter dem Glanzwinkel $\vartheta_{hkl}/2$ getroffen werden d. h. rotationssymmetrisch um den Strahl liegen. Man bekommt Reflexe, die dicht an dicht auf Kegelmänteln vom halben Öffnungswinkel ϑ liegen und photographiert die Durchstoßkurven dieser Kegel durch einen ringförmig gelegten Film (Abb. 4.5).

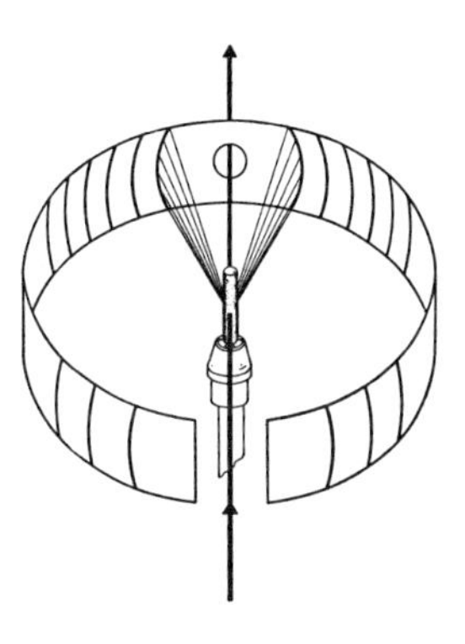

Abb. 4.5. Schema der Debye-Scherrer-Anordnung. In der Mitte das Glasröhrchen mit dem Kristallpulver

Wie schon gesagt, muß für Strukturbestimmungen mit Röntgenstrahlen die Wellenlänge λ bekannt sein. Diese konnte aber ihrerseits zunächst nur durch Beugung in einem Kristall gemessen werden. Man mußte deshalb wenigstens eine Gitterkonstante zunächst auf andere Weise bestimmen. Das geschah für NaCl aus der Dichte ϱ und aus plausiblen Annahmen über die Struktur. Ist d der Abstand $Na^+ \rightarrow Cl^-$, so gehört zu jedem Ion das Volum $V = d^3$ und zu jeder Molekel die Masse

$$m = 2\,\varrho\,d^3\,. \tag{4.20}$$

Da 1 Mol Substanz N_L Molekeln und 58,50 g Substanz enthält, gilt die Beziehung

$$2\,N_L\,\varrho\,d^3 = 58{,}50\ \text{g/mol}\,. \tag{4.21}$$

Mit

$$N_L = 6{,}03 \cdot 10^{23}\ \text{mol}^{-1} \tag{4.22}$$

$$\varrho = 2{,}17\ \text{g cm}^{-3} \tag{4.23}$$

folgt daraus

$$d_{\text{NaCl}} = 2{,}81_4 \cdot 10^{-8}\ \text{cm}\,. \tag{4.24}$$

Dieser Wert ist ungenau, vor allem wegen der Ungenauigkeit der Bestimmung von N_L und ϱ, aber auch der Molekulargewichte. Die Röntgenreflexe lassen eine Genauigkeit der Ausmessung zu, die Gitterkonstanten mit 100 mal größerer Genauigkeit liefern würde.

Also definierte man eine eigene neue *Röntgen-* oder *X-Einheit* durch die Festsetzung

$$d_{\mathrm{NaCl}} = 2814{,}00\ \mathrm{XE} \qquad (4.25)$$
$$= 2{,}81400\ \mathrm{kXE},$$

oder durch Vergleich damit bestimmt (Kalkspat hat bessere Kristalle, neuerdings benutzt man Wolfram)

$$d^{18\,°\mathrm{C}}_{\mathrm{Kalkspat}} = 3{,}02945\ \mathrm{kXE}\,, \qquad (4.26)$$

wobei man zunächst nur weiß, daß 1 kXE ungefähr gleich 10^{-8} cm = 1 ÅE.

An den in (4.25) definierten Wert sind alle gemessenen Gitterkonstanten angeschlossen; sie sind also, ebenso wie die relativ zum Kalkspat bestimmten Konstanten, noch nicht auf die internationale Meter-Skala umgerechnet. Man hat deshalb die Röntgenwellenlängen mit optischen Gittern gemessen (Siegbahn) und somit, da die Gitterkonstante derartiger Gitter mikroskopisch sehr genau gemessen werden kann, die Wellenlängen und damit die Kristallgitter auch auf der m-Skala genau bestimmt. Man braucht sehr feine Beugungsgitter ($\sim$ 2000 Striche/mm), die außerdem sehr sauber sein müssen, und arbeitet bei streifendem Einfall (Abb. 4.6, S. 582).

Mit so in m oder ÅE gemessenen Wellenlängen läßt sich dann die Gitterkonstante von Kalkspat und somit die XE in m genau messen. Es ergibt sich der Umrechnungsfaktor

$$1\ \mathrm{kXE} = (1{,}00202 \pm 0{,}00003)\ \mathrm{ÅE}\,, \qquad (4.28)$$

mit dem alle in kXE angegebenen Gitterkonstanten auf die Meterskala umzurechnen sind (1 ÅE = 10^{-10} m).

4.3. Intensität der Reflexe und Feinbau der Zelle

Ebenso wie die Intensität des vom optischen Gitter gebeugten Lichtes (d. h. der Fraunhoferschen Hauptmaxima) von der Form (der Struktur) der einzelnen Gitterperiode abhängt, hängt die Intensität eines Röntgenreflexes vom inneren Aufbau der Zelle ab. Dieser kann also aus den Intensitätsverhältnissen der Röntgenreflexe bestimmt werden.

Wir betrachten zunächst als Beispiel das kubisch raumzentrierte *CsCl-Gitter*. Es besteht aus zwei ineinandergestellten kubisch-primitiven Gittern von Cs^+ und Cl^-, so daß die Atome einer Art in der Mitte der würfelförmig angeordneten der anderen Art sitzen (Koordinationszahl 8, Abb. 4.7). Ist nun $(h_1 h_2 h_3) = m(hkl)$ nach den Laue-Gleichungen (4.4) die Ordnung eines Reflexes in einer bestimm-

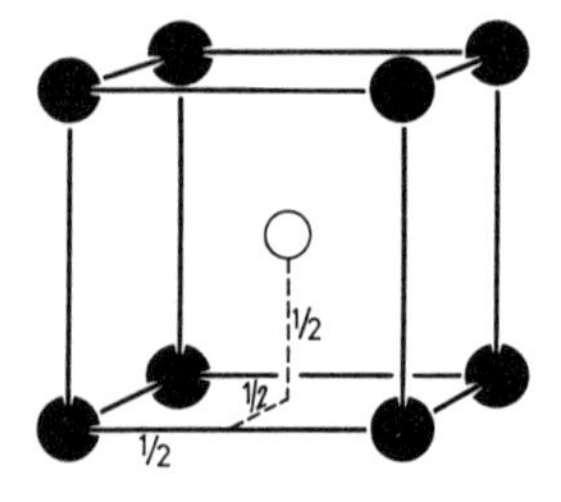

Abb. 4.7. Elementarzelle des kubisch-raumzentrierten CsCl-Gitters (B2-Typ). Schematisch, die Ionenradien sind zu klein im Verhältnis zu den Ionenabständen gezeichnet

ten Richtung, so ist $(h_1 h_2 h_3)$ auch die Ordnung des Reflexes an dem für sich betrachteten Cs^+- und an dem für sich betrachteten Cl^--Gitter. Jedes Teilgitter würde also in diese Richtung auch einen Reflex liefern. Da aber das von den beiden Teilgittern kommende Licht kohärent ist, interferieren beide Teilbündel mit einem gewissen Gangunterschied.

Vom Cs^+-Gitter zum Cl^--Gitter gelangt man durch Translation um $a/2$ nach der $\boldsymbol{a}$-, $b/2$ nach der $\boldsymbol{b}$- und $c/2$ nach der $\boldsymbol{c}$-Richtung. Da nun die Gl. (4.3), da sie nur auf Geometrie beruht, auch für beliebige Verschiebungsvektoren, d.h. auch für nicht ganze t_1, t_2, t_3 gelten muß, ergibt sich der gesuchte Gangunterschied aus Gl. (4.3) mit $t_1 = t_2 = t_3 = \frac{1}{2}$ als

$$\Delta = \tfrac{1}{2}(h_1 + h_2 + h_3)\,\lambda\,. \qquad (4.29)$$

Ist nun $h_1 + h_2 + h_3$ eine gerade Zahl, so verstärken sich die beiden Wellen, ist $h_1 + h_2 + h_3$ ungerade, so würden sie sich auslöschen, wenn die vom Cl^--Gitter gestreute Welle dieselbe Amplitude hätte wie die vom Cs^+-Gitter gestreute. Da dies wegen der ungleichen Elektronenzahl nicht der Fall ist, gibt es nur eine Schwächung. Man beobachtet also starke *gerade* und schwache *ungerade Reflexe*. Ein raumzentriertes kubisches Gitter mit gleich stark streuenden ineinandergesetzten Teilgittern hat *Wolfram*. Hier sind alle Interferenzen mit ungeradem $(h_1 + h_2 + h_3)$ ausgelöscht, siehe Abb. 4.8, S. 583.

Aufgabe 4.7. Bei einer Debye-Scherrer-Aufnahme von Wolfram (kubisch-raumzentriertes Gitter) wurden auf dem Film die folgenden Abstände zwischen symmetrisch zum direkten Strahl liegenden Linien gemessen:

40,9; 58,8; 73,3; 87,5; 101,2; 115,3; 131,3; 153,1 mm.

Die Kamera hatte einen Durchmesser von 57,3 mm. Es wurde monochromatisch mit der Cu-K_α-Linie ($\lambda = 1{,}54$ Å) eingestrahlt. Die Linien sind zu indizieren, und die Gitterkonstante ist zu bestimmen. Berechne die Dichte der röntgenographisch bestimmten Struktur und vergleiche sie mit der makroskopischen Dichte von Wolfram: $\varrho = 19{,}3$ g/cm^3.

Statt die resultierenden Teilwellen der beiden Teilgitter zusammenzusetzen, kann man natürlich auch zuerst die Streuwellen aller Atome einer Zelle zu einer resultierenden Zellenwelle zusammensetzen und dann alle Zellenwellen addieren. Das Ergebnis muß dasselbe sein.

Normiert man alle Streuamplituden, indem man sie auf die von einem einzelnen am Kernort gedachten (Schwingungsamplitude $\approx$ Atomdurchmesser ≈ 0) Elektron gestreute Amplitude A_e bezieht, so ist die resultierende Streuwellenamplitude einer Zelle für eine bestimmte Richtung gegeben durch den *Strukturfaktor* $F_{h_1h_2h_3}$ für diese Richtung. In unserem Beispiel ist

$$F_{h_1h_2h_3} = \frac{A_g}{A_e} = \frac{A_{Cs^+}}{A_e} + \frac{A_{Cl^-}}{A_e} = f_{Cs^+} + f_{Cl^-} \quad \text{für gerade } (h_1 + h_2 + h_3)$$

$$F_{h_1h_2h_3} = \frac{A_u}{A_e} = \frac{A_{Cs^+}}{A_e} - \frac{A_{Cl^-}}{A_e} = f_{Cs^+} - f_{Cl^-} \quad \text{für ungerade } (h_1 + h_2 + h_3)\,. \qquad (4.30)$$

Die f heißen *atomare Streufaktoren* oder *Atomformfaktoren*. Die in den $(h_1h_2h_3)$-Reflex gestreute Intensität ist proportional $F^2_{h_1h_2h_3}$.

Liegen nicht zwei, sondern s Atome in der Einheitszelle, die in dem von den Basisvektoren $\boldsymbol{a}$, $\boldsymbol{b}$, $\boldsymbol{c}$ der Zelle aufgespannten Koordinatensystem die Ortsvektoren

$$\boldsymbol{r}_k = \varrho_k\,\boldsymbol{a} + \sigma_k\,\boldsymbol{b} + \tau_k\,\boldsymbol{c} \quad \text{mit} \quad 0 \leqq \varrho_k, \sigma_k, \tau_k \leqq 1 \qquad (4.31\,\text{a})$$

haben, so sind s Teilwellen mit den Amplituden A_k und den Gangunterschieden (nach Gl. (4.3))

$$\Delta_k = (\varrho_k h_1 + \sigma_k h_2 + \tau_k h_3)\,\lambda \tag{4.31}$$

d. h. mit den Phasen

$$\varphi_k = \Delta_k\, 2\pi/\lambda \tag{4.32}$$

zusammenzusetzen, wobei die φ_k gegen die von einem im Koordinatenanfangspunkt gedachten Atom in die gleiche Richtung gestreute Welle gemessen sind. Das gibt in komplexer Schreibweise den Strukturfaktor

$$F_{h_1h_2h_3} = \sum_{k=1}^{s} f_k\, e^{i\varphi_k} = \sum_{k=1}^{s} f_k\, e^{i2\pi(\varrho_k h_1 + \sigma_k h_2 + \tau_k h_3)} \tag{4.33}$$

und daraus die Intensität $I_{h_1h_2h_3}$ des Reflexes $(h_1h_2h_3) = m(hkl)$ proportional zu

$$I_{h_1h_2h_3} \sim |F_{h_1h_2h_3}|^2 = \left\{\sum_{k=1}^{s} f_k \cos 2\pi(\varrho_k h_1 + \sigma_k h_2 + \tau_k h_3)\right\}^2 + \left\{\sum_{k=1}^{s} f_k \sin 2\pi(\varrho_k h_1 + \sigma_k h_2 + \tau_k h_3)\right\}^2. \tag{4.34}$$

Der Betrag $|F_{h_1h_2h_3}|$ (die *Strukturamplitude*) ist die normierte reelle Streuamplitude der Zelle. Die unbekannten Größen in (4.34) sind die f_k und die *Koordinaten* oder *Lageparameter* ϱ_k, σ_k, τ_k, die die Lage der Atome in der Zelle angeben, also bei s Atomen in der Zelle $4s$ Größen. Zu ihrer Bestimmung sind im Prinzip also mindestens $4s$ Reflexintensitäten $I_{h_1h_2h_3}$ genau zu messen. Bei komplizierten Kristallen, z. B. Alaunen, ist s von der Größenordnung einiger Hundert. Man ersieht daraus die Schwierigkeit, genaue Strukturen komplizierter Kristalle zu bestimmen. Das gilt vor allem, wenn leichte Atome (z.B. Wasserstoff) in großer Zahl vorkommen. Denn das Streuvermögen, d.h. der Atomformfaktor eines Atoms ist in erster Näherung gleich der Elektronenzahl

$$f_k \approx Z_k\,, \tag{4.35}$$

da die Streuung auf der Sekundär-Emission der durch die einfallende Welle in Schwingung versetzten Elektronenhülle beruht. Die von leichten Atomen herrührenden Teilwellen kommen also neben denen der schwereren Atome praktisch nicht zur Geltung.

Außerdem muß noch berücksichtigt werden, daß die Atomdurchmesser nicht, wie bisher vorausgesetzt, beliebig klein, sondern kommensurabel mit den Röntgenwellenlängen sind, so daß die verschiedenen Teile der Elektronenhülle mit verschiedener Phase streuen. Dieser Interferenzeffekt innerhalb des Atomvolums führt dazu, daß der Atomformfaktor über $\sin\vartheta/\lambda$ vom Streuwinkel ϑ abhängt. Diese Abhängigkeit ist berechnet und kann aus Tabellen [B13] entnommen werden, so daß die $f_k(\sin\vartheta/\lambda)$ heute als bekannt vorausgesetzt werden können, wodurch sich die Zahl der zu bestimmenden Reflexintensitäten reduziert. Im Grenzfall verschwindender Ausdehnung des Atoms (alle streuenden Elektronen im Kern) ist nach der Definition von f durch (4.30) exakt $f_k = Z_k$.

Der in Gl. (4.34) noch fehlende Proportionalitätsfaktor für die Bestimmung des uns interessierenden Strukturfaktors aus den gemessenen Reflexintensitäten hängt in komplizierter Weise vom benutzten Verfahren (Bragg, oder Debye-Scherrer, usw.), von der Absorption der Röntgenstrahlung, der Temperatur und mehreren anderen Faktoren ab. Wir können diese Fragen hier nicht erschöpfend behandeln; die vollständigen Intensitätsformeln können für alle vorkommenden Fälle aus Tabellenwerken [B13] entnommen werden. Nur auf die Temperaturabhängigkeit kommen wir unten zurück.

Wenn man die Tatsache, daß die streuenden Elektronen nicht in den Gitterpunkten $\boldsymbol{r}_k$ konzentriert, sondern über endliche Räume verteilt sind, wirklich ernst nehmen will, muß man das Gitter vom Standpunkt einer eingestrahlten Röntgenwelle als dreidimensionale periodische Verteilung der Elektronendichte $\varrho(xyz)$ auffassen. Entwickelt man diese in eine Fourier-Reihe, die wir hier zunächst für rechtwinklige Zellen $\boldsymbol{a} \perp \boldsymbol{b} \perp \boldsymbol{c} \perp \boldsymbol{a}$ hinschreiben:

$$\varrho(xyz) = \sum_{h_1} \sum_{h_2} \sum_{h_3=-\infty}^{\infty} A_{h_1h_2h_3}\, e^{2\pi i \left(h_1 \frac{x}{a} + h_2 \frac{y}{b} + h_3 \frac{z}{c}\right)} \tag{4.36}$$

so sind die Beträge[19] der Entwicklungskoeffizienten bis auf das Volum V_Z der Elementarzelle gleich den Beträgen der Strukturamplituden (hier ohne Beweis):

$$|A_{h_1h_2h_3}| = \frac{1}{V_Z}\, |F_{h_1h_2h_3}|\,. \tag{4.37}$$

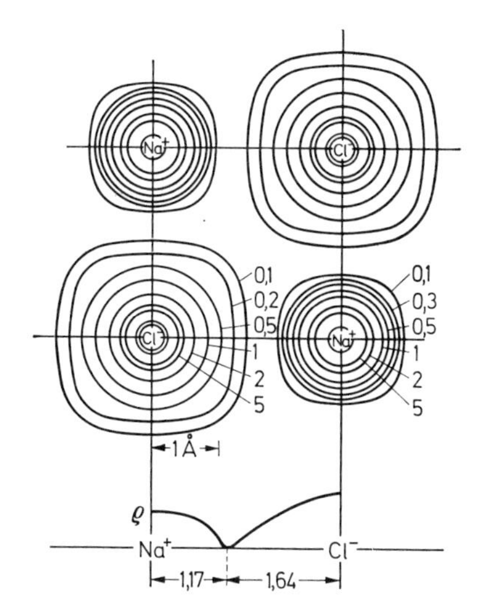

Abb. 4.9. Elektronendichte in $Å^{-3}$ in der (100)-Ebene des kubisch-flächenzentrierten NaCl (B1-Typ). Die Ionen sind nicht mehr kugelförmig, sondern deformiert. Nach Witte und Wölfel

Letzten Endes macht man also eine Fourier-Synthese der Elektronenverteilung, wenn man die Intensitäten möglichst vieler Reflexe mißt und daraus die $|F_{h_1h_2h_3}|^2 \sim |A_{h_1h_2h_3}|^2$ bestimmt. Die Lageparameter ϱ_k, σ_k, τ_k geben dann die Maxima der Elektronendichte $\varrho(xyz)$ an, deren Verteilung um diese Maxima häufig durch Kurven gleicher Dichte veranschaulicht wird (siehe Abb. 4.9).

Übrigens ist Gl. (4.36) der Spezialfall für rechtwinklige Gitter der für beliebig schiefwinklige Gitter gültigen allgemeinen Entwicklung

$$\varrho(\boldsymbol{r}) = \sum_{h_1h_2h_3} A_{h_1h_2h_3}\, e^{i\boldsymbol{g}_{h_1h_2h_3}\boldsymbol{r}} = \sum_{\substack{h,k,l\\ m}} A_{hkl}^{m}\, e^{im\boldsymbol{g}_{hkl}\boldsymbol{r}} \tag{4.38}$$

wobei die $\boldsymbol{g}_{hkl}$ reziproke Gittervektoren nach Ziffer 3.4 sind. Die Gl. (4.38) ist wegen (3.20), wie es sein muß, invariant gegen alle Symmetrie-Translationen, d.h. es ist [20]

$$\varrho(\boldsymbol{r} + \boldsymbol{t}) = \varrho(\boldsymbol{r})\,. \tag{4.39}$$

[19] Die Bestimmung der Phasen der $A_{h_1h_2h_3}$ macht prinzipielle Schwierigkeiten außer wenn ein Inversionszentrum vorliegt. Vergleiche die Spezialliteratur.

[20] Auf der Möglichkeit, jede beliebige im Gitter periodische Ortsfunktion $f(\boldsymbol{r}) = f(\boldsymbol{r} + \boldsymbol{t})$ mit Hilfe der $\boldsymbol{g} = m \cdot \boldsymbol{g}_{hkl}$ analog zu (4.38) in eine Reihe zu entwickeln, beruht die wesentliche Bedeutung des reziproken Gitters für die Festkörperphysik.

Aufgabe 4.8. Führe (4.36) auf (4.38) zurück. Beweise 4.39.

Bis jetzt haben wir stillschweigend ein starres, streng periodisches Gitter vorausgesetzt, in dem die Atome an den Orten $\boldsymbol{R}_k = \boldsymbol{r}_k + \boldsymbol{t}$ ruhen. In Wirklichkeit können aber im Gitter thermische Schwingungen (Phononen) angeregt werden, und die eingestrahlte Röntgenwelle kann auch mit diesen in Wechselwirkung treten. Im Teilchenbild ausgedrückt: ein eingestrahltes Röntgenquant kann nicht nur *elastisch* (mit ungeänderter Energie $\hbar\omega_0$) in den Bragg-Winkel ϑ_{hkl}, sondern auch *unelastisch* (mit geänderter Energie $\hbar\omega'$) in einen zu ϑ_{hkl} benachbarten Winkel ϑ' reflektiert werden, wobei die Energiedifferenz $\hbar\omega' - \hbar\omega_0 \lesseqgtr 0$ in Phononenenergie des Gitters umgewandelt oder aus ihr entnommen wird (Näheres in Ziffer 9.2). Da die thermische Schwingungsenergie mit der absoluten Temperatur zunimmt, nimmt auch die Wahrscheinlichkeit für unelastische Prozesse zu[20a] und die Wahrscheinlichkeit für elastische Prozesse um einen Faktor $D_{hkl}(T) \leqq 1$ ab. Um diesen *Debye-Waller-Faktor* sinkt die Intensität des (hkl)-Reflexes gegenüber der oben für den ruhenden Kristall berechneten, d.h. es ist

$$I_{hkl}(T) = D_{hkl}(T) \cdot I_{hkl}\,. \tag{4.40}$$

Von Debye und Waller ist diese Funktion mit Hilfe des Debyeschen Modells der thermischen Schwingungsenergie (Ziffer 10.2) berechnet worden:

Es ergibt sich (hier ohne Beweise) für den Spezialfall eines primitiven Gitters mit Atomen der Masse m

$$D_{hkl}(T) = \exp\left[-3\,\frac{(2\pi\hbar)^2}{m k \Theta}\,\frac{\sin^2\vartheta_{hkl}}{\lambda^2}\,P\left(\frac{T}{\Theta}\right)\right], \tag{4.41}$$

wobei die Funktion

$$P\left(\frac{T}{\Theta}\right) = 1 + 4\left(\frac{T}{\Theta}\right)^2 \int\limits_0^{\Theta/T} \frac{y\,dy}{e^y - 1} \tag{4.42}$$

die Näherungen

$$P(T/\Theta) \approx 4(T/\Theta) \quad \text{für} \quad T/\Theta \gg 1 \tag{4.43}$$

und

$$P(T/\Theta) \approx 1 + (2\pi^2/3)(T/\Theta)^2 \quad \text{für} \quad T/\Theta \ll 1 \tag{4.44}$$

besitzt. Die *Debye-Temperatur* Θ ist eine Materialkonstante. Selbst für $T = 0$ K ist noch $D_{hkl}(0) < 1$, also

$$I_{hkl}(0) = D_{hkl}(0)\,I_{hkl} < I_{hkl}\,, \tag{4.45}$$

weil auch bei $T = 0$ K das Gitter nicht starr in Ruhe ist, sondern noch die Nullpunktsschwingungen ausführt (Ziffern 8.4 und 10.2).

Der Mechanismus der hier wirksamen *Photon-Phonon-Wechselwirkung* kann nur auf der Verschiebung $\Delta\boldsymbol{r}$ der Atome aus ihren Gleichgewichtslagen infolge der thermischen Schwingungsbewegung beruhen. In der Tat wird die Funktion $P(T/\Theta)$ aus dem mittleren Verschiebungsquadrat bei der Temperatur T berechnet:

$$\overline{\Delta\boldsymbol{r}^2} = (9\hbar^2/4 m k \Theta)\,P(T/\Theta)\,. \tag{4.46}$$

[20a] Um den Faktor $1 - D_{hkl}(T)$. Mit steigender Temperatur wächst die inkohärente „Untergrundstreuung" in beliebige Richtungen ϑ' exakt auf Kosten der kohärenten Bragg-Streuung in die Reflexrichtung ϑ_{hkl}. (hkl steht hier für $h_1 h_2 h_3$.)

4.4. Elektronen- und Neutroneninterferenzen

Ebenso wie eine Röntgenwelle wird auch eine Materiewelle nach den Interferenzgesetzen in einem Kristall gestreut, sofern nur eine Wechselwirkung zwischen den Partikeln des Teilchenstroms und den Bausteinen des Gitters besteht. Das ist der Fall für alle geladenen Teilchen, wie Elektronen, α-Teilchen usw., aber auch für ungeladene Teilchen wie Neutronen. Während der Wechselwirkungsmechanismus zwischen Röntgenwelle und Gitteratom in der Erregung von erzwungenen Schwingungen der Hüllenelektronen besteht, beruht die Ablenkung von geladenen Teilchen auf ihrer Coulomb-Wechselwirkung mit den Elektronen und dem Kern der Atome. Neutronen andererseits erleiden keine elektrischen Kräfte, wohl aber dank ihres magnetischen Momentes eine magnetische Wechselwirkung mit den Momenten der Elektronenhüllen und der Kerne (magnetische Dipol-Dipol-Wechselwirkung). Außerdem können sie den Kernen so nahe kommen, daß die Kernkräfte wirksam werden. Man unterscheidet also die *Kernstreuung* in allen und die zusätzliche *magnetische Streuung* in magnetischen Substanzen.

Demzufolge bestehen zwar nicht in der Lage der Reflexe, die in allen drei Fällen den geometrischen Relationen zwischen Gitterkonstanten und Licht- oder Materiewellenlänge nach Maßgabe der Laue-Gleichungen (4.4) oder der Braggschen Gleichung (4.13) genügen, wohl aber in der Intensität der Reflexe besondere Unterschiede. Das führt dazu, daß es für jede der drei Strahlenarten spezielle, auf sie zugeschnittene Probleme gibt.

Elektronen werden sehr viel stärker gestreut als Röntgenquanten. Die Relativintensität der Reflexe zum unabgelenkten Strahl ist etwa 10^8mal so groß. Daher kann man sehr kurze Belichtungszeiten verwenden oder die Beugungsbilder auf dem Leuchtschirm beobachten, was vor allem für die Elektronenmikroskopie wichtig ist. Andererseits folgt aus der starken Streuung ein geringes Durchdringungsvermögen, so daß man gezwungen ist, mit sehr dünnen Schichten zu arbeiten. Allerdings kann man deshalb mit Elektronen auch sehr dünne Schichten, sogar auf der Oberfläche von Festkörpern erfassen. Abb. 4.10, S. 583 gibt ein Beispiel.

Mit Röntgen- wie mit Elektronenstreuung lassen sich weder zwei im periodischen System benachbarte Atome noch *Isotope* unterscheiden, weil sie die gleiche oder praktisch die gleiche Kernladungszahl und Elektronenzahl haben. Ferner lassen sich sehr leichte Atome wegen der zu kleinen Ladungszahl und Elektronenzahl neben schwe-

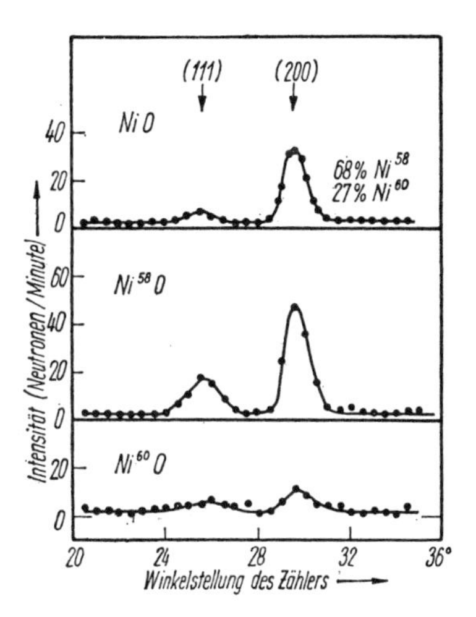

Abb. 4.11. Neutronenbeugung an NiO. Die beiden Ni-Isotope streuen die Neutronenwelle mit gleicher Phase. Deshalb entsprechen die Streuintensitäten im natürlichen NiO dem Mischungsverhältnis der beiden statistisch verteilten Isotope (inkohärente Streuung), nach Shull und Wollan

reren Atomen nicht feststellen. Diese Fragen bilden die Domäne für die *Neutronenstreuung*. Denn die Streuung von Neutronen am Kern hängt nach Amplitude und Phase vom Aufbau, d. h. vom Kernniveauschema des individuellen Kernes ab. Deshalb können Neutronen sogar einzelne Isotope unterscheiden und werden auch von sehr leichten Kernen, z. B. vom Wasserstoff, stark abgelenkt. Die Abb. 4.11—4.13 geben einige der historisch ersten Ergebnisse. Auf die Bestimmung geordneter magnetischer Strukturen, d.h. regelmäßige Anordnungen (einschließlich der Richtungen) von magnetischen Momenten mit Neutronenstreuung werden wir an späterer Stelle eingehen, siehe z.B. Ziffer 26.

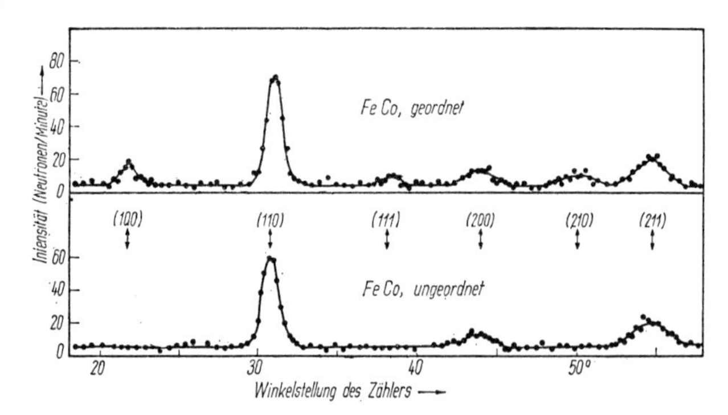

Abb. 4.12. Neutronenbeugung an geordneten und ungeordneten FeCo-Legierungen. In der ungeordneten Phase sind die beiden Atomsorten statistisch verteilt (inkohärente Streuung). Die geordnete Phase besitzt eine regelmäßige Verteilung, die Gitterkonstante ist ein Mehrfaches von derjenigen in der ungeordneten Phase („Überstruktur"). Das liefert kleinere Beugungswinkel (zusätzliche „Überstrukturlinien"). Der Unterschied in den Beugungsdiagrammen zeigt, daß Neutronenwellen zwei im Periodischen System benachbarte Atome unterscheiden können. Nach Shull und Wollan

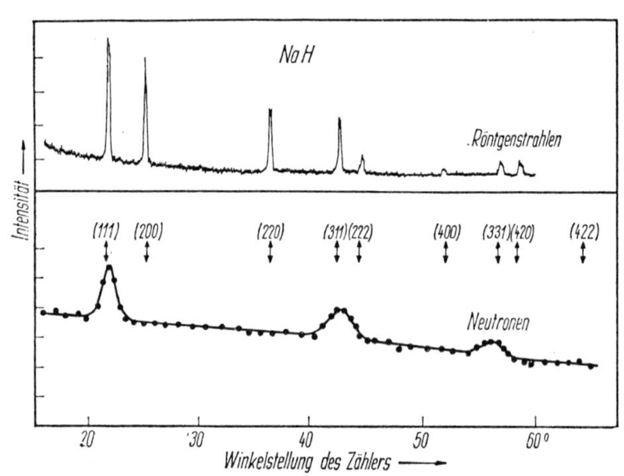

Abb. 4.13. Röntgen- und Neutronenbeugung am kubisch-flächenzentrierten NaH. Die Röntgenwelle „sieht" nur den großen Na-Na-Abstand (kleine Beugungswinkel); die Neutronenwelle auch den kleinen NaH-Abstand (große Beugungswinkel). Die Indizierung gehört zum NaH-Gitter, die Auslöschung der Reflexe mit $(h+k+l)=$ gerade Zahl, entspricht der kubisch-flächenzentrierten Struktur. Nach Shull und Wollan

Aufgabe 4.9. Zeige, warum natürliche α-Strahlen (kinetische Energie $\approx 5 \cdot 10^6$ eVolt) nicht für Strukturuntersuchungen geeignet sind, sondern die Rutherfordstreuung am einzelnen Atomkern geben.

Aufgabe 4.10. Wie würden sich die Linienabstände der Aufgabe 4.7 ändern, wenn statt Röntgenstrahlen Elektronen mit 10 keV eingeschossen würden?

4.5. Ergebnisse von Röntgen-Strukturanalysen

Wir betrachten im folgenden eine Reihe von Bildern, die typische Beispiele von Strukturen darstellen. Sie sind so ausgesucht, daß sich einige wichtige Tatsachen und Begriffe aus ihnen ableiten lassen. Außerdem sollen sie als eine kleine Übung im Herauslesen von physikalischen Eigenschaften aus den Strukturen dienen. Bei allen diesen Bildern sind im Interesse der Durchsichtigkeit die „Atome" viel zu klein gezeichnet, sich berührende Kugeln würden die wahren Dimensionen in den meisten Fällen besser wiedergeben.

4.5.1. Isotypie

Wir betrachten zuerst (Abb. 4.14) das *Diamantgitter*, und zwar in zwei verschiedenen Aufstellungen: auf einer Kante und auf einer Basisfläche der Tetraeder, in denen sich die Vierwertigkeit des C-Atoms ausdrückt. Die Valenzrichtungen verlaufen diagonal durch das kubische Gitter, das somit allseitig verspannt ist und keine sehr ausgeprägte Spaltbarkeit aufweist. Der *Bauzusammenhang* ist der eines dreidimensionalen Gitters, ohne Möglichkeit einer physikalisch sinnvollen Unterteilung. Da die (homöopolare) Bindung außerdem sehr fest ist (s. Ziffer 6.1), hat der Diamant eine große Härte.

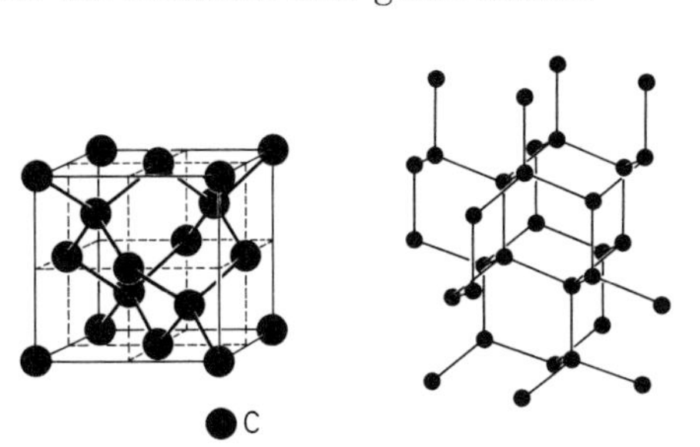

Abb. 4.14. Das Diamantgitter in zwei verschiedenen Aufstellungen (*A*4-Typ)

Der gleiche *Gittertyp* (Diamant- oder *A*4-*Typ*[20b]), nämlich ein kubisch-flächenzentriertes Gitter mit zusätzlich (durch die Tetraedermitten) besetztem Zentrum jedes zweiten Achtelwürfels, wird auch von anderen Substanzen gebildet. Allerdings sind die Bausteine nicht alle gleichartige Atome.

Bei der *Zinkblende* (Abb. 4.15) sind die Tetraederecken durch Zn, die Tetraedermitten durch S besetzt, im Gitter des As_2O_3 (Abb. 4.16)

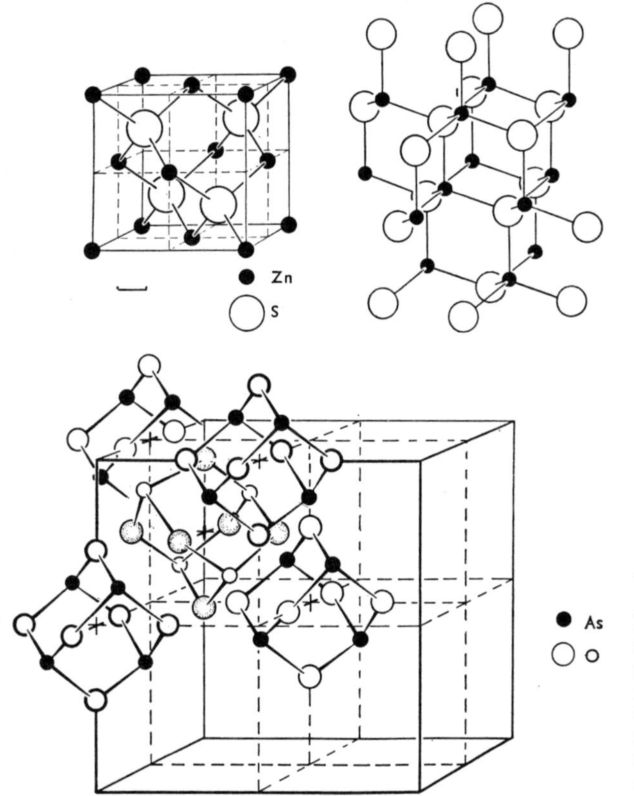

Abb. 4.15. Das Zinksulfid-Gitter (B3-Typ), Isotypie zum Diamantgitter

Abb. 4.16. Das As_2O_3-Gitter: As_4O_6-Molekeln auf den Gitterplätzen des Diamant-Typs

[20b] Da die Zahl der bekannten Gittertypen inzwischen sehr groß geworden ist, verzichtet man neuerdings auf ihre Kennzeichnung durch Symbole wie z.B. *A*4 und bezeichnet sie nur durch Angabe einer repräsentativen Substanz.

werden alle Plätze durch As_4O_6-Molekeln eingenommen. In beiden Fällen ist die Bindung viel schwächer, die Härte also viel kleiner als beim Diamanten. Die Erscheinung, daß verschiedene Substanzen in demselben Gittertyp kristallisieren, nennt man *Isotypie* oder *Isomorphie*[21]. Sie ist unter den anorganischen Substanzen sehr verbreitet. So gehören über 100 Substanzen zum kubisch-flächenzentrierten B1-*Typ* (NaCl-Typ).

Da sehr verschiedenartige Substanzen (vgl. Diamant und As_4O_6!) im gleichen Typ kristallisieren, ist die Isotypie eine vorwiegend geometrische Aussage, die z. B. noch nicht viel über die Kräfte oder die Umgebung eines Atoms im Gitter aussagt. Aufschlußreicher dafür sind die *Bauverbände.*

4.5.2. Bauverbände

Das Gitter des As_2O_3 zeigt deutlich, daß die As_4O_6-Molekeln in sich kürzere Abstände haben als zu den Nachbarmolekeln. Sie sind in sich fester gebunden als untereinander. Definiert man mit Laves als Bauverband einen in sich durch kürzeste Abstände zusammenhängenden Teil des Gitters, so sind die Bauverbände des As_2O_3-Gitters abgeschlossene *Inseln,* deren jede von einer As_4O_6-Molekel gebildet wird. Bauverband des *Diamanten* ist das ganze unendlich ausgedehnte *Gitter* (dasselbe gilt für die *Zinkblende*). Daß keineswegs jedes Element als Bauverband das ganze Gitter hat (wie z. B. Kohlenstoff im Diamant) zeigt das Beispiel des *Schwefels,* der eine Inselstruktur aus S_8-Molekeln besitzt (Abb. 4.17).

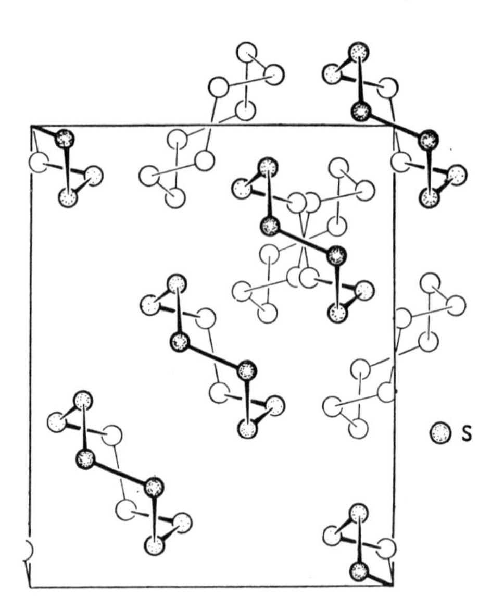

Abb. 4.17. Das Schwefelgitter: S_8 -Inseln als Bauverbände

Abb. 4.18 zeigt als weitere typische Inselstruktur die des organischen *Hexamethylentetramins* $(CH_2)_6N_4$. Die einzelne Molekel ist völlig analog der in Abb. 4.16 gezeigten As_4O_6-Molekel aufgebaut, allerdings ist die Gitterstruktur anders, nämlich kubisch-raumzentriert (*B2-Typ*). Die *organischen Kristalle* haben im allgemeinen Inselstrukturen, wobei jede einzelne Molekel eine Insel für sich bildet.

Die Abb. 4.19 zeigt ein typisches Beispiel für eine Struktur mit großen ebenen Molekeln: diese sind nicht wie Teller aufeinander ge-

---

[21] Der Begriff Isomorphie wird oft enger gefaßt und nur angewendet, wenn Substitution einzelner Bausteine, also *Mischkristallbildung* möglich ist.

stapelt, sondern nächste Nachbarmolekeln stehen „Kante gegen Fläche", so eine Art Zickzack-Kette durch das Gitter bildend. Diese Anordnung ist recht häufig, also offenbar energetisch besonders günstig.

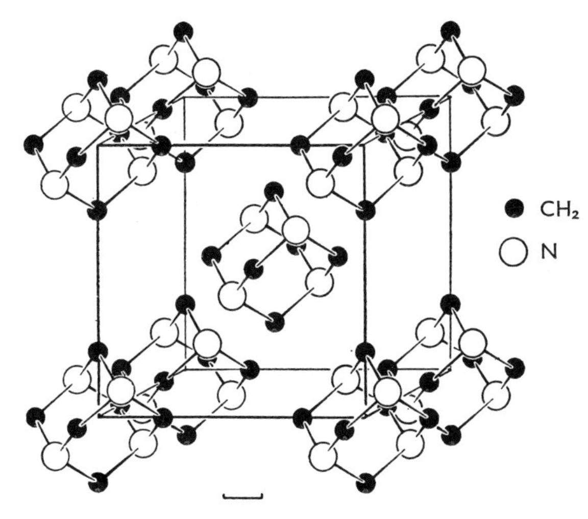

Abb. 4.18. Elementarzelle von Hexamethylentetramin: je eine $C_6H_{12}N_4$-Molekel auf den Plätzen eines kubischraumzentrierten Gitters

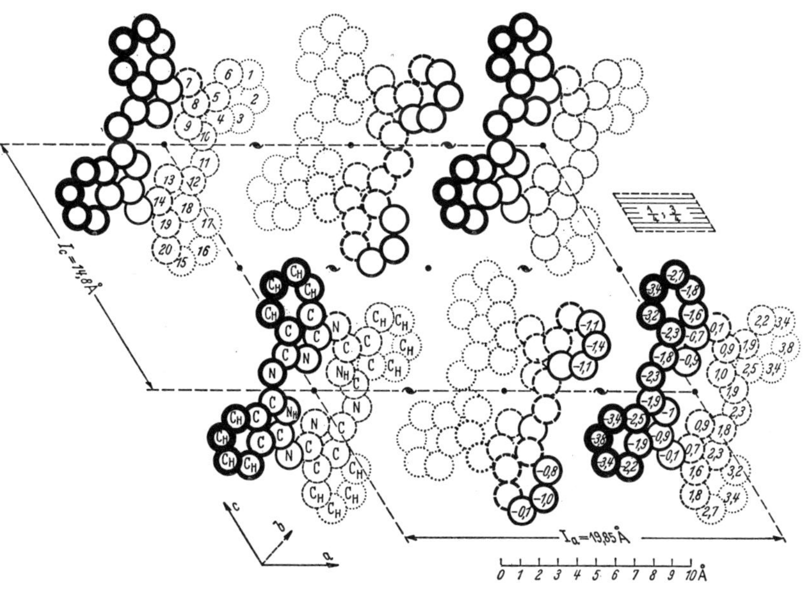

Abb. 4.19. Phthalocyanin. Projektion in Richtung [010] auf (010). Die am dicksten gezeichneten Teile der Molekeln liegen am weitesten oberhalb der Papierebene. Beachte die Kante-gegen-Ebene-Stellung von Nachbarmolekeln sowie die zweizähligen Schraubungsachsen.

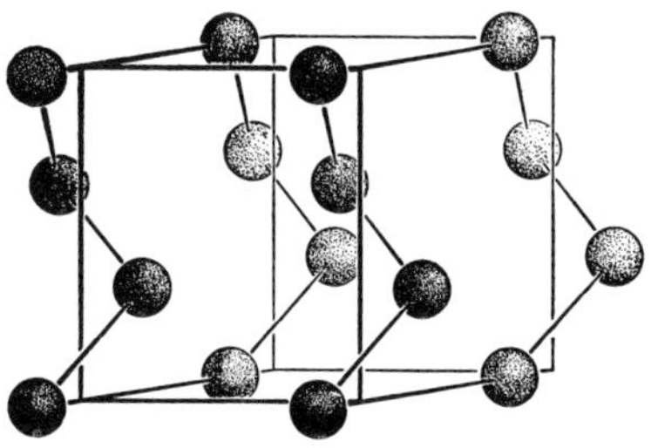

Abb. 4.20. A8-Typ: Selen. Schraubenketten als Bauverbände

Abb. 4.20 zeigt die Struktur des Selens. Es handelt sich um eine *Kettenstruktur* mit Schraubenketten. Das *Selen* ist somit den organischen *Hochpolymeren* strukturchemisch verwandt[21a]. Bei diesen hat man erst in neuerer Zeit Einkristalle beobachtet, deren Bauprinzip darin besteht, daß die langen Kettenmolekeln sich zu *Lamellen* zusammenfalten, deren Dicke von der Größenordnung 10^2 Å, also viel kleiner als die Kettenlänge ist. Bauverbände sind also derartige ebene Lamellen (Abb. 4.21) die übereinander liegen und an Stufen

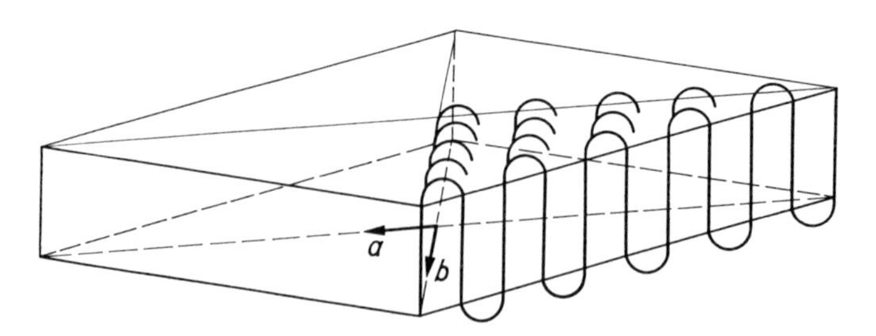

Abb. 4.21. Gefaltete Kettenmolekeln in einer Lamelle eines ebenen Polyäthyleneinkristalls

auf den Einkristallen sichtbar werden (Abb. 4.22, S. 584). Neben derartigen Einkristallen existieren auch *Zweiphasen-Systeme* nach Abb. 4.23 in *teilkristallinen* Hochpolymeren (Kunststoffen), in denen die Kettenmolekeln streckenweise in kristallinen Bereichen parallel liegen, sonst aber ungeordnete „amorphe" Bereiche bilden. In den letzten Jahren ist es sogar gelungen, lange Kettenmolekeln ohne Faltung vollständig zu parallelisieren und so sehr große *Einkristalle mit gestreckten Ketten* zu erzeugen.

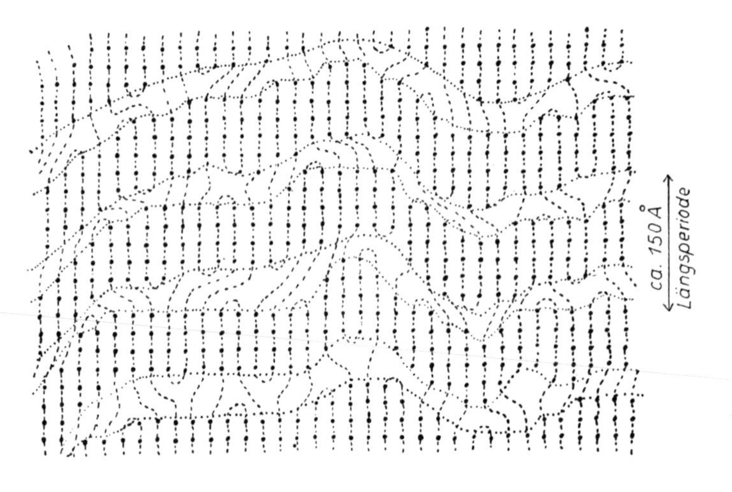

Abb. 4.23. Parakristalline Struktur einer teilkristallinen hochpolymeren Substanz mit Fasertextur. Die Kettenmolekeln bilden geordnete (kristalline) und ungeordnete (amorphe) Bereiche. Die Gesamtstruktur ist durch Recken bei der Herstellung einer Faser orientiert. Nach Bonart 1962

Obwohl es sich bei diesen Stoffen um Kettenmolekeln handelt, lassen sich die Strukturen doch nicht in Fasern aufspalten. Typische *Faserstrukturen* gibt es aber bei den *Silikaten*, z.B. die des *Diopsid* $CaMg(SiO_3)_2$. Hier werden Ketten aus SiO_4-Tetraedern dadurch gebildet, daß je zwei Eckatome O zu zwei Tetraedern gemeinsam gehören, so daß sich die Bruttoformel SiO_3 ergibt. In Abb. 4.24 liegen diese Ketten senkrecht in der Bildebene. Sie sind in Querrichtung z.T. durch die Ca^{++}- oder Mg^{++}-Ionen miteinander verbunden, z.T. grenzen sie aber auch ohne derartige verbindende Ionen unter dem Einfluß nur sehr schwacher nicht-ionischer Bindungskräfte aneinander. Längs solcher Begrenzungsflächen, lassen sich die Kristalle leicht zu Fasern aufspalten.

[21a] Ebenso wie jene existiert es auch in glasartigen Zuständen.

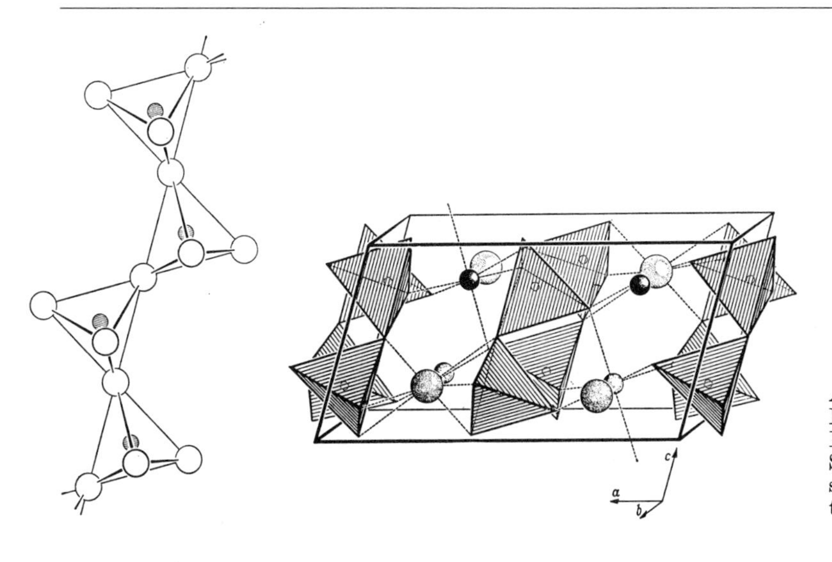

Abb. 4.24. Struktur des Diopsid $CaMg(SiO_3)_2$ als Beispiel eines Faserspalters. SiO_3-Ketten in Seitenansicht (links) und schematisch im Gitter (rechts)

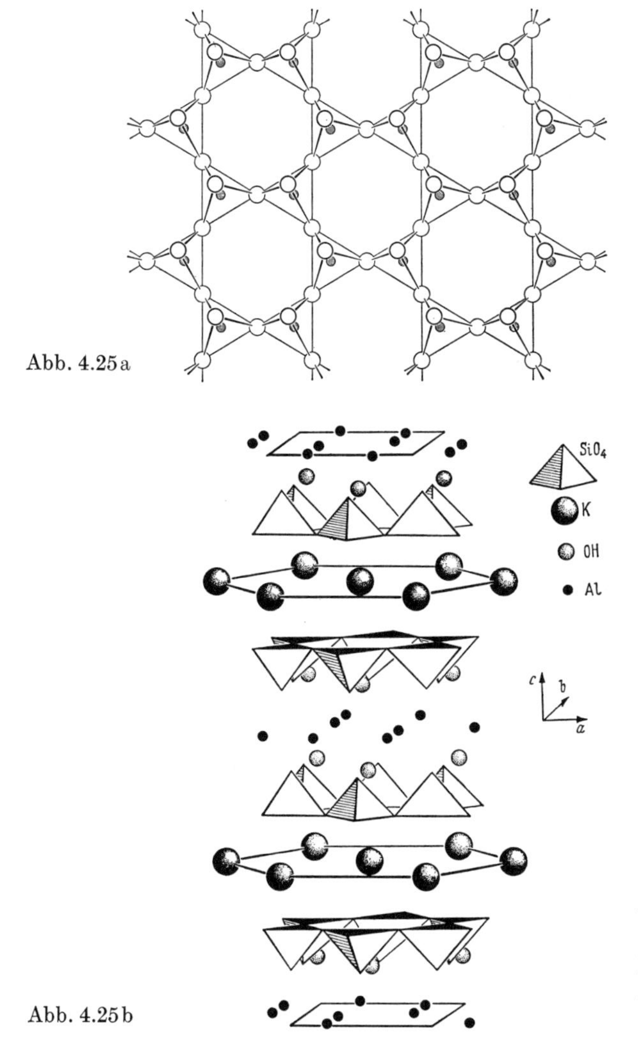

Abb. 4.25a

Abb. 4.25b

Abb. 4.25. Struktur eines Glimmers als Beispiel eines Blattspalters. Aufsicht auf ein ebenes Si_2O_5 -Netz (a), schematische Seitenansicht der Struktur (b)

Ein dem Physiker bekannteres Silikatmineral ist der *Glimmer*. Er ist ein typischer *Blattspalter*. Die Abb. 4.25 zeigt als Bauverbände *Netze* oder *Platten* aus SiO_4-Tetraedern, die jeweils 3 O-Atome mit Nachbartetraedern gemeinsam haben, so daß sich Si_2O_5 als Bruttoformel ergibt. Diese in sich sehr stark zusammenhängenden Netze (Bild a) werden durch Metallionen, z. B. Al^{+++} und K^+ in $KAl(Si_2O_5)_2$, relativ schwach verkittet, wodurch sich die Blattspaltung erklärt (Bild b). Der Einfluß der Kationen bewirkt auch eine schwache (monokline) Deformation der im Bild oben gezeichneten hexagonalen Blattstruktur, so daß Glimmer nur pseudohexagonal ist.

Vom Begriff der Bauverbände her versteht man auch den Aufbau der *anorganischen Gläser*, die *ungeordnete Netzwerke* von Silikat-Tetraedern oder ähnlichen Gruppen sind, und sich von den Kristallen durch das Fehlen einer durchgehenden Translationssymmetrie unterscheiden (Abb. 4.26).

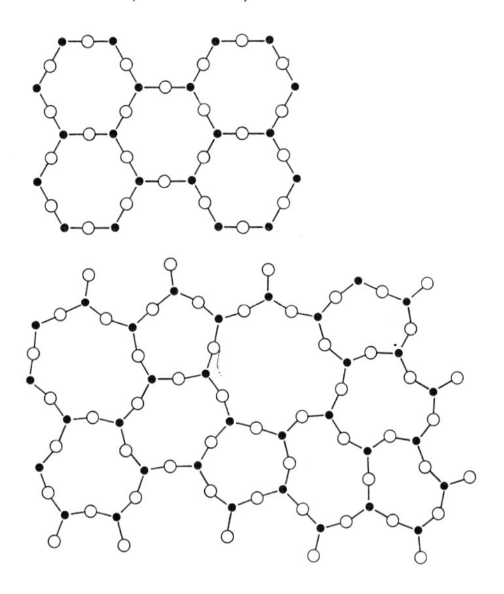

Abb. 4.26. Zweidimensionale Darstellung eines Kristalls und eines Glases der Formel A_2O_3. Schematisch, nach Zachariasen

Damit beenden wir die Übersicht.

Wir haben dabei insgesamt folgende, durch ihre Bindungskräfte ausgezeichneten Bauverbände in den bekannten Kristallstrukturen festgestellt: *Inseln*, eindimensionale *Ketten*, zweidimensionale *Lamellen* durch Kettenfaltung, zweidimensionale *Netze*, das dreidimensionale *Raumgitter*.

Zwischen diesen reinen Fällen gibt es stetige Übergänge, je nach der Abstufung der Gitterkräfte, auf der die Bauverbände beruhen.

4.5.3. Polymorphie

Unter Polymorphie wird die Erscheinung verstanden, daß eine und dieselbe Substanz in verschiedenen Gittern kristallisieren kann. So kommt z. B. reiner Kohlenstoff außer in dem oben beschriebenen *Diamantgitter* mit tetraedrischer Bindung auch als *Graphit* vor. Wie Abb. 4.27 zeigt, haben wir Netze von miteinander verknüpften C_6-Ringen, die in sich den vom Benzolring her bekannten trigonalen Bindungstyp repräsentieren. Diese Netzebenen sind nur locker durch eine schwächere Bindung miteinander verknüpft. Bei diesem Beispiel von Polymorphie unterscheiden sich die verschiedenen Gitter derselben Substanz also durch den Bindungstyp (s. Ziffer 6.1).

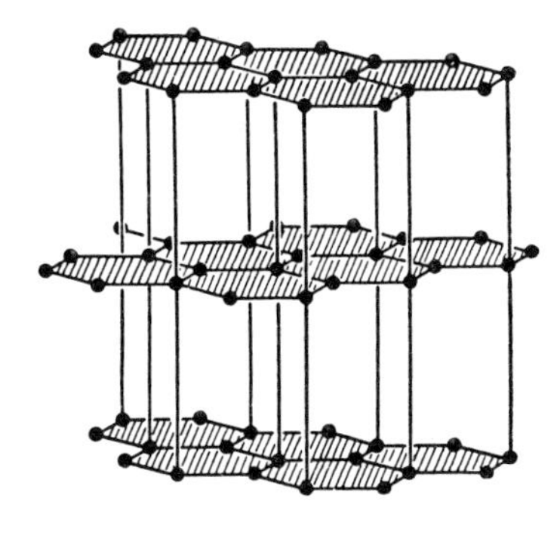

Abb. 4.27 Das Graphit-Gitter

Das ist aber keineswegs eine notwendige Voraussetzung. Zum Beispiel kommt $CaCO_3$ als trigonaler *Calcit* (Kalkspat) und als rhombischer *Aragonit* vor. In beiden Kristallen besteht eine Ionenbindung zwischen Ca^{++} und CO_3^{--}, wobei die Karbonatgruppe eine ebene dreieckige Insel bildet. Die Ursache dieser Polymorphie kann also nicht im Bindungstyp liegen. Sie wird deutlich durch den in Tabelle 4.1 durchgeführten Vergleich verschiedener zweiwertiger Karbonate, die sich nur durch die Größe des Kations unterscheiden.

Tabelle 4.1

	Formel	Kationenradius *	Gittertypus
	$BaCO_3$	1,43 Å	Aragonit, Isomorphie
	$SrCO_3$	1,27 Å	
Polymorphie	$CaCO_3$	1,06 Å	
Polymorphie	$CaCO_3$	1,06 Å	Calcit, Isomorphie
	$MnCO_3$	0,91 Å	
	$ZnCO_3$	0,82 Å	
	$FeCO_3$	0,83 Å	
	$MgCO_3$	0,78 Å	

* Zum Begriff des Ionenradius siehe die nächste Ziffer.

Offenbar bedingt $r_K > 1{,}06$ Å das Aragonitgitter (Isomorphie), $r_K < 1{,}06$ Å das Calcitgitter (Isomorphie). Beim Ca mit $r_K = 1{,}06$ Å kommen beide Gitter bei Zimmertemperatur vor (Polymorphie des $CaCO_3$). Dabei ist Calcit die stabilere Form. Aragonit würde in Calcit übergehen, wenn die Keimbildungsgeschwindigkeit bei 20 °C nicht zu klein wäre. Bei 400 °C wird die Umwandlungsgeschwindigkeit merkbar, es erfolgt eine *Strukturumwandlung*.

4.5.4. Ionen- und Atomradien

Die eben festgestellte Abhängigkeit des Gittertyps von der Ionengröße legt es nahe, ein Kristallgitter als *engste Packung* von *starren Kugeln* aufzufassen[22]. In der Tat ist das, wie wir sehen werden, in bestimmten angebbaren Fällen eine recht gute Näherung, z. B. bei einfachen Ionenkristallen. Wir untersuchen dies näher für den Fall des NaCl- oder B1-Typs. Da eine vorgegebene Substanz in der energetisch günstigsten Struktur, das ist die mit den kleinsten Ionenabständen, kristallisieren wird, kann man von der Struktur, bei der sich alle Ionen gerade berühren, als der bevorzugten ausgehen. Dieser Fall ist in Abb. 4.28 für die (100)-Ebene gezeichnet. Der aus Strukturaufnahmen bekannte Netzebenenabstand d (= halbe Gitter-

[22] Auf die Tatsache, daß Strukturbilder fast immer mit viel zu kleinen Atomen gezeichnet werden, ist schon hingewiesen worden! Die Polarisierbarkeit der Ionen (vgl. Abb. 4.9) wird in diesem Modell vernachlässigt.

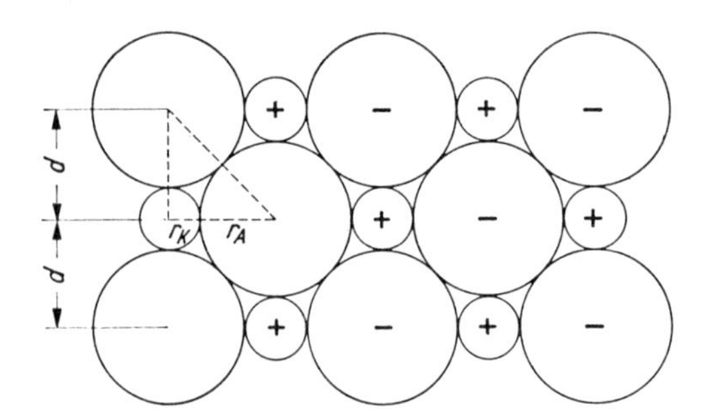

Abb. 4.28. Zur Definition von Ionenradien: (100)-Netzebene eines Gitters vom NaCl-Typ mit sich berührenden Ionen

konstante) erfüllt dann mit den Ionenradien folgende beiden Gleichungen:

$$d = r_A \sqrt{2}, \tag{4.47}$$

$$d = r_A + r_K, \tag{4.48}$$

d.h. diese Kugelpackung verlangt das Radienverhältnis

$$r_K : r_A = \sqrt{2} - 1 = 0{,}414\,. \tag{4.49}$$

Wir vergleichen jetzt die Netzebenenabstände einiger Verbindungen des NaCl-Typs an Hand von Tabelle 4.2.

Tabelle 4.2

d = halbe Gitterkonstante im NaCl-Typ

Substanz	$d = a/2$	Substanz	$d = a/2$
MgO	2,10 Å	MnO	2,24 Å
MgS	2,60	MnS	2,59
MgSe	2,73	MnSe	2,73

Die Gitterkonstanten steigen in jeder Spalte von oben nach unten an, außerdem in der ersten Zeile von links nach rechts. In den beiden anderen Zeilen dagegen hat das Mangansalz jeweils dieselbe Gitterkonstante wie das Magnesiumsalz. Dieser Befund läßt sich nur wie folgt verstehen: die Schwefel- und Selenionen sind so groß, daß sie sich untereinander berühren und dabei zwischen sich Plätze frei lassen, die größer sind als die Magnesium- oder Manganionen. Letztere sind in diesen Verbindungen also kleiner als in der Abb. 4.28 gezeichnet, d.h. es ist

$$\begin{aligned} d &= r_A \sqrt{2} \\ d &> r_A + r_K \\ r_K : r_A &< 0{,}414\,. \end{aligned} \tag{4.50}$$

Die Gitterkonstante wird allein durch das Anionengitter festgelegt, und der Anionenradius ergibt sich nach (4.47) und Tabelle 4.2:

$$r_{S^{--}} = 1{,}83\ \text{Å}\,, \qquad r_{Se^{--}} = 1{,}93\ \text{Å}\,. \tag{4.51}$$

Der Radius des Sauerstoffions ist dagegen so klein, daß sowohl das Mg- wie das Mn-Ion größer sind als in Abb. 4.28 gezeichnet, so daß die Sauerstoffionen sich nicht berühren und somit die Gitterkonstante nicht allein bestimmen können. Hier sind die Kationenradien maßgebend, es ist

$$\begin{aligned} d &> r_A\sqrt{2} \\ d &= r_A + r_K \\ r_K : r_A &> 0{,}414 \end{aligned} \tag{4.52}$$

und aus der 1. Zeile von Tabelle 4.2 folgt die Radiendifferenz

$$r_{\mathrm{Mn}^{++}} - r_{\mathrm{Mg}^{++}} = 0{,}14\,\text{Å}\,. \tag{4.53}$$

Auf die an diesem Beispiel gezeigte Weise läßt sich ein ganzes *System* von *Ionenradien* bestimmen, wenn noch (durch ein anderes Verfahren) *ein* r_K *absolut* bestimmt wird.

Ein anderes *Radiensystem* beruht darauf, daß von Wasastjerna die Radien des F^-- und des O^{--}-Ions aus optischen Untersuchungen, nämlich Messungen von Molrefraktionen, abgeleitet worden sind, und zwar mit den Werten

$$r_{\mathrm{F}^-} = 1{,}33\,\text{Å}\,, \qquad r_{\mathrm{O}^{--}} = 1{,}32\,\text{Å}\,. \tag{4.54}$$

Von diesen Werten aus kann man z.B., wenn man die Gitterkonstante von NaF, NaCl usw. röntgenographisch bestimmt, durch Subtraktion den Na^+-Radius, Cl^--Radius usw. erhalten. Zum Beispiel ist für NaF

$$\frac{a}{2} = r_{\mathrm{Na}^+} + r_{\mathrm{F}^-} = 2{,}31\,\text{Å}\,, \qquad r_{\mathrm{Na}^+} = 0{,}98\,\text{Å}\,. \tag{4.55}$$

Man erhält so zunächst die Radien der edelgasartigen Alkalimetallionen und der Halogenionen. Durch Hinzunahme des Wertes für Sauerstoff kann man alle anderen Ionenradien im periodischen System bestimmen.

Bei Bestimmung aus verschiedenen Klassen von Verbindungen ergeben sich die Radien etwas verschieden groß, insbesondere hängen sie von der *Koordinationszahl*, d.h. von der Zahl gleichwertiger Nachbarn des betrachteten Ions (Atoms) ab. Dies ist verständlich, da die Ionen natürlich keine ganz starren Kugeln sind, sondern Elektronenhüllen haben, die durch die Nachbarionen deformiert („polarisiert") werden. Für viele Fälle kann man aber doch den Ionenradius als eine physikalisch sinnvolle Größe ansehen, wenn man für verschiedene Nachbarschaften etwas verschiedene Werte benutzt[23]. Einige Beispiele gibt die Tabelle 4.3.

Tabelle 4.3

Ausgewählte Ionenradien in Å (1. Spalte: *Wertigkeit*) nach Winkler [B2]

−2		O 1,32	S 1,83	Se 1,93	Te 2,11		
−1		F 1,33	Cl 1,81	Br 1,96	J 2,20		
+1	Li 0,78	Na 0,98	K 1,33	Rb 1,49	Cs 1,65	Ag 1,13	Au 1,37
+2	Be 0,34	Mg 0,78	Ca 1,06	Sr 1,27	Ba 1,43	Hg 1,12	Fe 0,83
+3			Sc 0,83	Y 1,06	SE*	Tl 1,05	Fe 0,67
+4			Ti 0,64	Zr 0,87	Ce 1,02	Th 1,10	W 0,68

*Seltene Erden:

La 1,22	Ce 1,18	Pr 1,16	Nd 1,15	Sm 1,13
Eu 1,13	Gd 1,11	Tb 1,09	Dy 1,07	Ho 1,05
Er 1,04	Tu 1,04	Yb 1,00	Lu 0,99	

[23] Häufig benutzt man auch sogenannte Standardradien, an denen man verschiedene Korrekturen für verschiedene Nachbarschaften (Koordinationszahlen) anbringt, siehe z.B. [B11].

Besonders wichtig sind die Ionenradien für die Fragen der Mischkristallbildung und des Einbaus von Fremdionen in Wirtsgitter.

Auch für manche Fälle von kovalenter Bindung, für die die dichteste Kugelpackung ganz sicher ein sehr schlechtes Modell ist, z.B. für das Diamantgitter (vgl. Ziffer 6.1), lassen sich sogenannte *Atomradien* angeben, aus denen sich die Gitterkonstanten einigermaßen richtig zusammensetzen lassen. Wegen der Unzulänglichkeit des Modells sind aber die Atomradien hier eher Rechengrößen.

5. Fehlordnung in Kristallen

5.1. Übersicht

Im Gegensatz zum Idealkristall (Ziffer 2) zeigt jeder reale Kristall Abweichungen vom streng periodischen Aufbau. Er besitzt eine gewisse *Fehlordnung*, d.h. er enthält *Gitter-* oder *Baufehler*[24]. Man unterscheidet *atomare Fehler* (an einem Gitterpunkt), *Versetzungen* (linienförmige Fehler), *innere Grenzen* (flächenhafte Fehler) und Kombinationen aus diesen, die räumliche *Fehlernetzwerke* bilden. Abb. 5.1, S. 584 veranschaulicht diese Fehlertypen an einem zweidimensionalen Modell. Auf den Fehlerpunkten, -linien, -flächen ist das Gitter *unstetig* gestört, was zusätzlich eine *stetige Deformation* des Gitters in einer Umgebung bis zu Abständen von mehreren Gitterkonstanten zur Folge hat.

Eine chemisch absolut reine Substanz sollte am absoluten Nullpunkt $T = 0$ als Idealkristall vorliegen, da das fehlerfreie Gitter das Minimum der freien Energie[25] liefert. Bei wachsender Temperatur $T > 0$ werden Baufehler in wachsender Gleichgewichtskonzentration durch die thermische Energie erzeugt. Dies ist besonders bei atomarer Fehlordnung der Fall (Ziffer 5.2.1). Außerdem entstehen Baufehler (auch die größeren) durch Störungen im Keimstadium oder während des Verlaufs des Kristallwachstums, oder durch äußere Einwirkungen (z.B. energiereiche Strahlung, mechanische Verformung, thermisches Abschrecken). Bei Temperaturen dicht unter dem Schmelzpunkt können derartig gestörte Kristalle sich langsam wieder erholen, d.h. die Fehler „heilen aus" und der Kristall nähert sich wieder dem thermodynamischen Gleichgewicht. Abb. 5.2 gibt ein Beispiel.

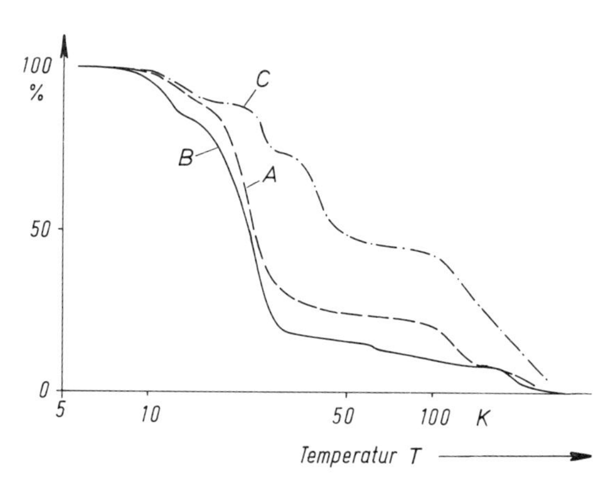

Abb. 5.2. Thermische Erholung von Strahlenschäden durch Rekombination von Frenkelpaaren in KBr nach Röntgenbestrahlung bei $T = 6$ K. Als Funktionen der Temperatur sind aufgetragen: in Kurve A: die relative Längen- und Gitterkonstantenänderung $\Delta L/L = \Delta a/a$, in den Kurven B und C die optisch gemessenen Konzentrationen von zwei Arten von mit Frenkel-Fehlordnung verbundenen Farbzentren. Alle Größen sind normiert auf $1 = 100\%$ bei $T = 0$ K (Nichtgleichgewicht) und Null bei $T > 300$ K (thermisches Gleichgewicht). Die für die Aktivierung der Ausheilungsprozesse der Strahlenschäden erforderlichen thermischen Energien kT sind an den steilen Flanken der Kurven abzulesen. Nach R. Balzer 1970

Durch Steigerung des *Fehlordnungsgrades* d.h. Häufung von Baufehlern entsteht begrifflich ein stetiger struktureller Übergang vom Idealkristall mit strenger *Fernordnung* (= Translationsgitter) zur Flüssigkeit ohne Fernordnung[26]. Dem entspricht makroskopisch-technisch ein Übergang von strenger Formhaltigkeit ohne Verformbarkeit zu absoluter Verformbarkeit ohne Formhaltigkeit. Es ist zu erwarten, daß die formhaltigen aber gleichzeitig plastisch verformbaren wichtigen *Werkstoffe* wie Metalle, Legierungen, Gläser, Kunststoffe mit einem relativ hohen Fehlordnungsgrad zwischen diesen Grenzfällen liegen. Das ist in der Tat der Fall (Ziffer 5.2.3.4). Dabei stehen die Metalle dem Grenzfall des Idealkristalls (Fehlordnung 1. Art), die beiden anderen Substanzenklassen der Flüssigkeit (Fehlordnung 2. Art) näher.

[24] Auch *Defekte* genannt.

[25] Bei konstant gedachtem Volum. Bei konstant gedachtem Druck handelt es sich um das Minimum der freien Enthalpie.

[26] Es gibt nur eine *Nahordnung* in der Umgebung eines Atoms, die aus der endlichen Größe der Atome folgt (Ziffer 2).

Außer der *mechanischen Verformbarkeit* sind viele andere Festkörpereigenschaften sowie ihre technologischen Anwendungen an Gitterfehler gebunden. Beispiele sind die *Härte* und der *elektrische Widerstand* von Metallen, die *Lumineszenz* von Leuchtstofflampen und Röntgenschirmen, die *photographischen* Schichten, die *Transistoren* und andere *Halbleiterbauteile* für die Nachrichtentechnik, usw.

5.2. Strukturelle Fehlordnung

Wir setzen zunächst voraus, daß die kristallisierte Substanz *chemisch rein* und *stöchiometrisch richtig* zusammengesetzt ist. Dann sind die Gitterfehler rein strukturell und geometrisch beschreibbar. Die chemische Fehlordnung infolge von Fremdatomen und Nichtstöchiometrie wird in Ziffer 5.3 behandelt.

5.2.1. Punktdefekte

Die vorkommenden Punktdefekte werden in Abb. 5.3 veranschaulicht. Es handelt sich um folgende Grenzfälle:

a) *Schottky-Defekte* in einatomigen Gittern. Ein solcher Defekt entsteht, wenn ein Atom an die Kristalloberfläche wandert und eine *Leerstelle* zurückläßt. Für die Bildung eines solchen Defektes muß

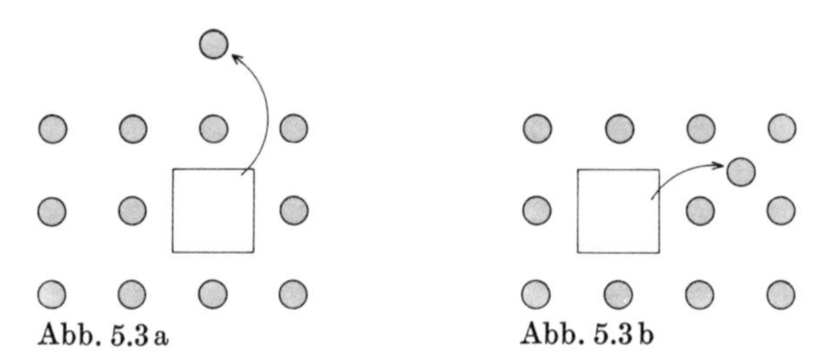

Abb. 5.3. Punktdefekte in einatomigen Gittern ($s = 1$) a) Schottky-Defekt = Leerstelle. b) Frenkel-Defekt = Leerstelle + Zwischengitteratom. Die stetige Gitterdeformation in der Umgebung der Defekte ist nicht gezeichnet. Beide Arten von Punktdefekten ermöglichen die Wanderung von Atomen durch sukzessive Platzwechsel.

das Teilchen von einem Innenplatz ins Unendliche und von dort auf einen Platz auf der Oberfläche zurückgebracht d.h. es muß die Differenz von innerer Bindungsenergie φ_i und äußerer Oberflächenenergie φ_a als *Fehlordnungsenergie* aufgewendet werden[27]:

$$\varphi_S = -(\varphi_i - \varphi_a) = \varphi_a - \varphi_i . \tag{5.1}$$

Im thermischen Gleichgewicht bei der Temperatur T besitzt der Kristall dann den *Schottky-Fehlordnungsgrad*

$$\gamma_S = n_S/N \approx n_S/(N - n_S) = \mathrm{e}^{-\varphi_S/kT} \tag{5.2}$$

(N = Anzahl der (gleichartigen) Atome, n_S = Anzahl der Schottky-Defekte, $n_S \ll N$). Dabei sind konstantes Kristallvolum und Unabhängigkeit der Defekte voneinander vorausgesetzt. Weil die an die Oberfläche wandernden Atome reguläre Gitterplätze besetzen, werden sie bei der Ableitung von (5.2) nicht mitgezählt[28].

b) *Frenkel-Defekte* in einatomigen Gittern. Sie entstehen, wenn ein Atom an eine Stelle *zwischen* regulären Gitterplätzen im Kristallinnern wandert und eine *Leerstelle* hinterläßt. Die dabei aufzubringende *Fehlordnungsenergie* ist analog zu (5.1) die Differenz zwischen der Bindungsenergie auf einem regulären inneren und einem *Zwischengitterplatz:*

$$\varphi_F = \varphi_Z - \varphi_i . \tag{5.3}$$

---

[27] Vergleiche z.B. Ziffer 6.2.3.

[28] Sie gehören nicht mit zum Defekt: es kommt nur auf die thermodynamische Wahrscheinlichkeit einer Leerstelle an.

Der *Frenkel-Fehlordnungsgrad* im thermischen Gleichgewicht bei der Temperatur T ist dann gegeben durch (analoge Voraussetzungen wie unter a))

$$\gamma_F = n_F (N N_Z)^{-1/2} \approx e^{-\varphi_F/2kT} \tag{5.4}$$

(N = Anzahl der Atome = Anzahl der im Gitter vorhandenen regulären Gitterplätze, N_Z = Anzahl der im Gitter vorhandenen Zwischengitterplätze, n_F = Anzahl der Leerstellen = Anzahl der besetzten Zwischengitterplätze). Diese Beziehung unterscheidet sich von (5.2) durch den Faktor 1/2 im Exponenten und das Auftreten von N_Z in der Definition. Beides beruht darauf, daß bei der Ableitung von (5.4) auch die Zwischengitteratome[29] mitgezählt werden.

c) *Atomare Fehlordnung in Kristallen mit Basis.* Sind mehr als eine Art von Atomen im Gitter vorhanden, so gelten die bisherigen Überlegungen für jede Atomart einzeln. Es kann noch eine *Fehlordnung vom Ordnung-Unordnungstyp* hinzukommen (z.B. bei stöchiometrischen Legierungen), die durch Platzwechsel von zwei benachbarten verschiedenen Atomen entsteht, so daß reguläre Gitterplätze mit falschen Atomen besetzt werden (Abb. 5.4a). Auch hierfür gilt eine exponentielle Temperaturabhängigkeit.

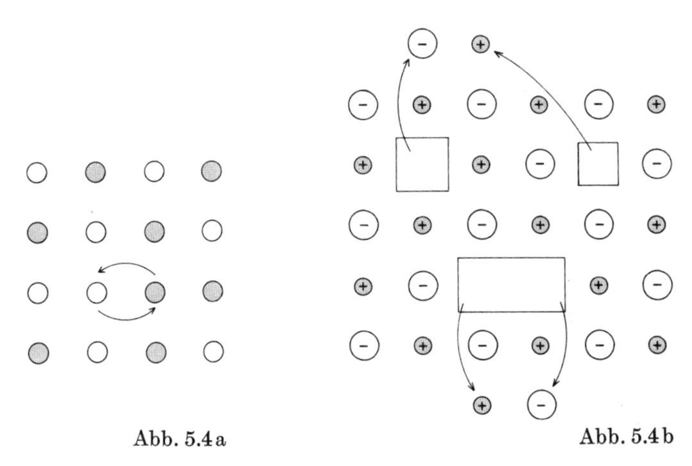

Abb. 5.4. Punktdefekte in Gittern mit Basis $s = 2$. a) Defekt vom Ordnungs-Unordnungstyp in einem Atomgitter oder Metall. b) Dissoziierte und assoziierte Schottky-Paare in einem A^+B^--Ionenkristall. Die stetige Gitterdeformation in der Umgebung eines Defektes ist nicht gezeichnet

Handelt es sich speziell um *Ionenkristalle*, so muß wegen der Coulombkräfte elektrische Neutralität auch über kleinere Bereiche gefordert werden. Das ist bei Frenkel-Defekten durch eine enge Nachbarschaft von Leerstelle und Zwischengitterion immer erfüllbar. Die relative Häufigkeit von Frenkel-Defekten z.B. im Anionen- und Kationengitter eines A^+B^--Kristalls hängt dann nur von der relativen Größe der Fehlordnungsenergien φ_F^+ und φ_F^- ab. Anders ist es jedoch bei den Schottky-Defekten. Hier kann die Neutralität im Innern und auf der Oberfläche nur gewährleistet werden, wenn *Schottky-Paare* entstehen, d.h. je ein Schottky-Defekt im positiven und im negativen Gitter. Die zwischen den entgegengesetzt geladenen Leerstellen wirkenden Anziehungskräfte können dann zur *Assoziation*, d.h. zur Bildung von neutralen *Doppelleerstellen* (Abb. 5.4b) führen, die umgekehrt wieder in ionische Leerstellen *dissoziieren* können. Auch für diese Reaktionen können die Gleichgewichtskonzentrationen angegeben werden.

Alle hier aufgeführten Typen atomarer Fehlordnung können nebeneinander vorkommen. Wegen der exponentiellen Temperatur-

[29] Diese gehören mit zum Defekt: die thermodynamische Wahrscheinlichkeit für einen Frenkel-Defekt ist das Produkt aus der Wahrscheinlichkeit für eine Leerstelle und der für einen besetzten Zwischengitterplatz. Man spricht deshalb auch von einem *Frenkel-Paar* mit Fehlstelle und Zwischengitteratom als Partnern sowie von der Dissoziation (= Erzeugung) und Rekombination (= Vernichtung) eines solchen Paares.

abhängigkeit dominiert dabei der Typ mit der kleinsten Fehlordnungsenergie. Das sind bei kubisch dicht gepackten *Metallen* wie zu erwarten Schottky-Defekte mit einer Konzentration von $\gamma_S \approx 10^{-4} \ldots 10^{-3}$ dicht unterhalb des Schmelzpunktes. Auch für die *Alkalihalogenide* sind Schottky-Defekte typisch, für die im gleichen Gitter kristallisierenden *Silberhalogenide* dagegen Frenkel-Defekte.

Experimentell zeigt sich die mit der Temperatur wachsende Konzentration an *Schottky-Defekten* an der mit T wachsenden Differenz zwischen *makroskopischem* und *Röntgen-Volum* (makroskopischer und Röntgendichte):

$$\Delta V = L^3 - N a^3 > 0 \tag{5.5}$$

$$\Delta \varrho / \varrho = - \Delta V / V < 0 \tag{5.5'}$$

(L = Kantenlänge einer würfelförmigen Probe, a = Atomabstand). Der mit Röntgenstreuung gemessene Wert von a berücksichtigt die vom Fehlordnungsgrad γ_S abhängende Gitterverzerrung, die makroskopisch gemessene Probenlänge außerdem die auf die Oberfläche gewanderten Atome. Abb. 5.5 gibt die Differenz $\Delta L/L_0 - \Delta a/a_0$ der relativen thermischen Ausdehnungen gegenüber den Werten L_0, a_0 bei $T = 0$ K als Funktion der Temperatur.

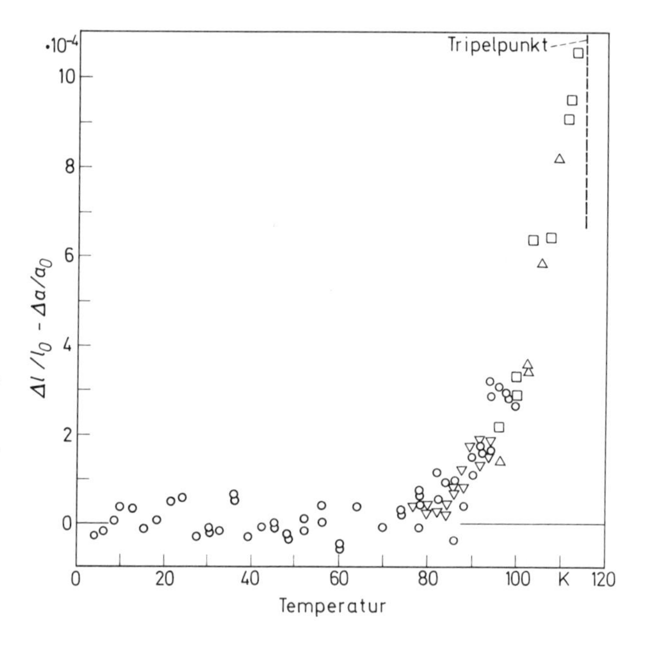

Abb. 5.5. Die Differenz $\Delta L/L - \Delta a/a$ von makroskopischer und mikroskopischer thermischer Ausdehnung in Abhängigkeit von der Temperatur in kristallinem Krypton. Der exponentielle Anstieg zeigt das exponentielle Anwachsen der Gleichgewichtskonzentration von Leerstellen mit $\varphi_S = 0{,}077$ eV. Nach Franklin

Bei *Frenkel-Defekten* fehlt der äußere Längenzuwachs. Beide Methoden messen nur die Gitterverzerrung als Funktion von γ_F, so daß $\Delta L/L_0 = \Delta a/a_0$ (vgl. Abb. 5.2).

Alle Punktdefekte *vergrößern* die *spezifische Wärme*, da für ihre Erzeugung die Fehlordnungsenergie aufgebracht werden muß (siehe Aufgabe 5.1).

Ferner erleichtern sie die Bewegung von Atomen oder Ionen durch das Gitter, d.h. sie verstärken makroskopisch die *Diffusion* in einem Konzentrationsgefälle und die elektrolytische oder *Ionenleitfähigkeit* in einem elektrischen Feld. Die Bewegung setzt sich dabei zusammen aus einer Folge von *Platzwechseln*, die sowohl über die Leerstellen von Schottky-Defekten, die Leer- und Zwischengitterplätze von Frenkel-Defekten, wie durch gemeinsamen Platzwechsel zweier Gitternachbarn erfolgen können (vergleiche noch einmal die Abb. 5.3/4).

Aufgabe 5.1. Beweise, daß die spezifische Wärme bei konstantem Volum in einem Kristall mit atomarer Fehlordnung der Fehlordnungsenergie φ die Form

$$c_V = c_V^{\text{ideal}} + \Delta c_V \tag{5.6}$$

mit

$$\Delta c_V = \delta N\, k\, (\varphi/k\,T)^2\, e^{-\varphi/kT} \tag{5.7}$$

besitzt. Vereinfachende Annahme: die Zunahme der inneren Energie gegenüber dem Idealkristall wird in allen Fällen $\Delta U = n\,\varphi = \delta N\,\varphi$ mit einer Konstanten δ geschrieben.

Aufgabe 5.2. Berechne die relative spezifische Wärme c_V/c_V^{ideal} für ein Gitter mit Schottky-Defekten mit $\varphi = \varphi_S \approx 1$ eV als Funktion von T und Θ bei $T = \Theta,\ 2\Theta,\ 3\Theta, \ldots$ bis zum Schmelzpunkt T_S. Θ = Debye-Temperatur. Zahlenbeispiele: Na: $\Theta = 172$ K, $T_S = 371$ K. KBr: $\Theta = 177$ K, $T_S = 695$ K.

5.2.2. Die Anomalie der plastischen Verformung

Wird ein Kristall durch genügend schwache äußere Kräfte mechanisch verformt, so kehrt er nach Aufhebung der Kräfte elastisch in die Ausgangsform zurück, siehe Ziffer 7. Überschreiten jedoch die von den Kräften erzeugten Spannungen die sogenannte *Fließgrenze*, so tritt eine irreversible *plastische Verformung* ein. Bei Einkristallen[30] besteht nach Abb. 5.6, S. 585 das Fließen darin, daß bestimmte Netzebenen aufeinander gleiten, bis sie nach Verschiebungen von vielen tausend Gitterkonstanten wieder aufeinander haften. Derartige *Gleitebenen* liegen ihrerseits viele Netzebenen weit auseinander, so daß die Vermutung naheliegt, daß sie irgendwie ausgezeichnet sind. Das ist in der Tat der Fall: das Gleiten wird durch *Versetzungen* in den Gleitebenen erleichtert.

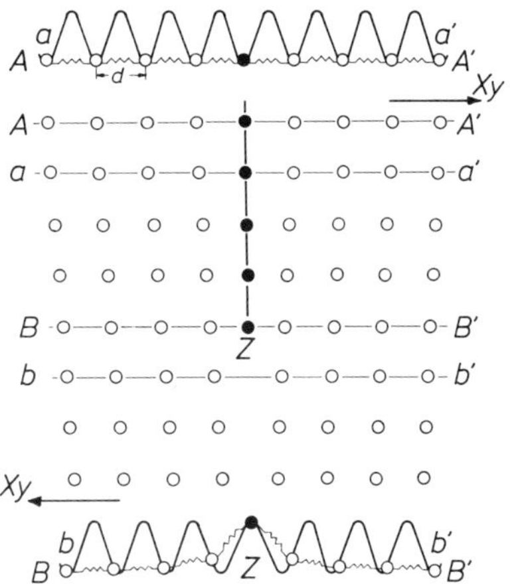

Abb. 5.7. Gleitung von zwei senkrecht auf der Zeichenebene stehenden Netzebenen eines primitiv-kubischen Gitters der Gitterkonstanten d übereinander. AA' über aa' ist die hypothetische Gleitung zweier idealer Ebenen. BB' über bb' ist die reale Gleitung durch Wanderung einer Stufenversetzung. In beiden Fällen sind die 9 Atome der oberen AA'- oder BB'-Ebene im Wechselwirkungspotential der 9 Atome (aa') oder 8 Atome (bb') der unteren Ebene dargestellt. Die Versetzungslinie Z wandert bereits bei einer geringen Schubspannung X_y

Würde man nämlich wie in Abb. 5.7 Aa annehmen, daß in einem durch eine Schubspannung verformten primitiv kubischen Kristall zwei *fehlerfreie Netzebenen* übereinander hinweggezogen werden, so würde die an allen Atomen gleichzeitig zu leistende Arbeit die in Abb. 5.7 Aa gezeichnete periodische Abhängigkeit von der Ver-

[30] In Vielkristallen sind die Verhältnisse wegen der Korngrenzen komplizierter.

schiebung Δx haben. Die erforderliche Kraft ergibt sich daraus durch Differentiation, und die maximale auftretende Kraft wird bei etwa $\Delta x \approx d/4$ (d = Gitterkonstante) auftreten. Dann ist der Torsionswinkel[31] $\varphi_z = x_y = \Delta x/d \approx 1/4$ und somit die *maximale Schubspannung* gleich (c_{44} = Schubmodul)

$$X_y^{\max} = c_{44}\, x_y \approx c_{44}/4\,. \tag{5.8}$$

Erst wenn diese Schubspannung überschritten wird, rutschen die beiden Ebenen über den Potentialberg (und alle folgenden) hinweg. Der Schubmodul ist aus elastischen Messungen bekannt. Für Cu und Al z.B. ergeben sich die Werte

$$\begin{aligned} \text{Cu:} \quad & c_{44} = 7{,}5 \cdot 10^{10}\,\mathrm{N\,m^{-2}}\,, \\ \text{Al:} \quad & c_{44} = 2{,}8 \cdot 10^{10}\,\mathrm{N\,m^{-2}}\,, \end{aligned}$$

d.h. maximale Schubspannungen von der Größenordnung $X_y^{\max} \approx 10^{10}\,\mathrm{N\,m^{-2}}$. Die wirklich beobachteten *Schubfestigkeiten* (= Fließgrenzen) liegen aber um 2 bis 5 Zehnerpotenzen tiefer. Daraus folgt, daß beim Fließen die Atome *nicht gemeinsam* sondern nacheinander *einzeln* über den Potentialberg gehoben werden und daß die Fließgrenze für einen *solchen* Prozeß charakteristisch ist. Ermöglicht wird er wie wir sofort sehen werden, durch Baufehler, nämlich *Versetzungen.*

5.2.3. Versetzungen

Man unterscheidet zwei Grenzfälle von linienförmigen Fehlern:

a) *Linear-* oder *Stufenversetzungen*[32] und b) *Schraubenversetzungen*[33]. Im allgemeinen treten Kombinationen von beiden Grenzfällen auf.

5.2.3.1. Stufenversetzungen

Eine Stufenversetzung kann veranschaulicht werden durch eine zusätzliche halbe Netzebene, die in ein aufgeschnittenes Gitter eingeschoben wurde (Abb. 5.8a) und auf einer geraden Kante (der z-Achse) endet. Diese Gerade heißt die *Versetzungslinie.* Die beiden benachbarten Gitterebenen ($y \approx \pm\, a/2$) unterscheiden sich an der Versetzungslinie durch die Atomzahl: Man muß auf der einen einen zusätzlichen Schritt (eine Stufe) $\boldsymbol{b}$ machen, um auf derselben zu x senkrechten Netzebene zu bleiben. Der *Verschiebungs-* oder *Burgers-Vektor* $\boldsymbol{b}$ steht senkrecht zur Versetzungslinie.

Die zusätzliche halbe Netzebene kann man sich erzeugt denken durch gleitende Verschiebung der oberen Hälfte ($y > 0$) eines endlichen Kristalls am linken Ende um einen Atomabstand[34] (eine Stufe) nach rechts, wobei das rechte Kristallende festgehalten wird (Abb. 5.8b). Die Versetzungslinie liegt dann in der Mitte des Kristalls in der z-Achse. Sie ist die Achse eines Zylinders, in dem das Gitter stetig deformiert ist.

In Abb. 5.9, S. 585 sind zwei Stufenversetzungen (nach optischer Vergrößerung durch den Moiré-Effekt gegen eine ungestörte Kristallschicht) im Röntgeninterferogramm dargestellt.

Man unterscheidet *positive* und *negative* Versetzungen, je nach dem ob die zusätzliche Netzhalbebene in die obere ($y > 0$) oder untere ($y < 0$) Halbebene eingeschoben ist (Abb. 5.10a). Zwei ungleichnamige Versetzungen können rekombinieren und dadurch verschwinden. Da der fehlerfreie Kristall die tiefste Energie hat, bewirken die von den Versetzungen erzeugten inneren Spannungen

---

[31] Die Bezeichnungen werden ausführlich in Ziffer 7 erklärt. Vergleiche hier die Abb. 7.1b und 7.3.

[32] Englisch: edge dislocation.

[33] Englisch: screw dislocation.

[34] Im primitiven Gitter der Abb. 5.8a. Allgemein muß der Verschiebungs- oder Burgers-Vektor gleich einem Translationsvektor $\boldsymbol{t} = t_1\boldsymbol{a} + t_2\boldsymbol{b} + t_3\boldsymbol{c}$ des Gitters sein.

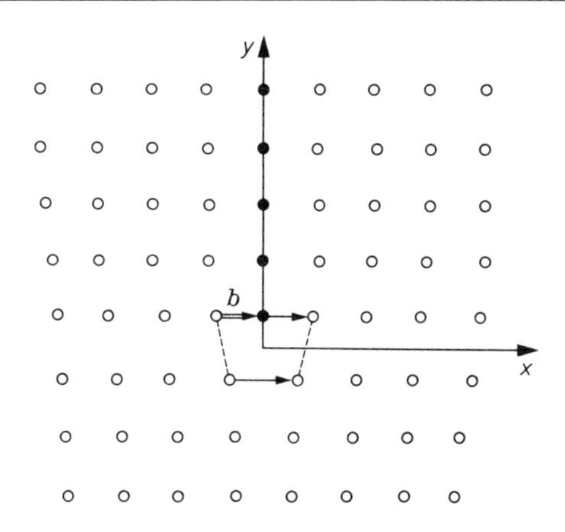

Abb. 5.8a. Eine einzelne Stufenversetzung in einem kubisch-primitiven Gitter. Schnitt senkrecht zur Versetzungslinie = z-Achse. Ausgefüllte Kreise stellen die Atome der eingeschobenen Halbebene ($x = 0$, $y > 0$) dar. Gleitebene ist die zx-Ebene, $\boldsymbol{b}$ = Burgers-Vektor. Der Deformationsbereich ist ein Zylinder vom Radius $r \approx 5$ Atomabstände um die Versetzungslinie

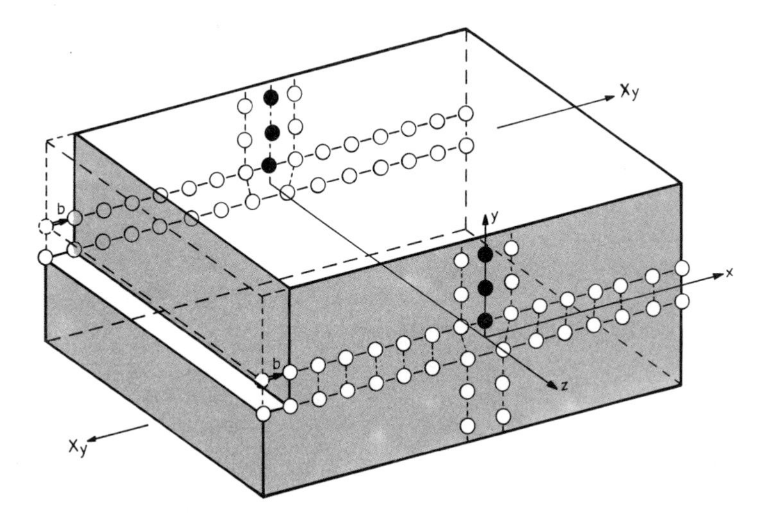

Abb. 5.8b. Erzeugung der in Abb. 5.8a dargestellten Stufenversetzung in einem kubisch-primitiven Gitter durch Gleitung um einen Atomabstand des oberen linken Teils des Kristalls über die zx-Ebene. Die rechte Kristallfläche ist festgehalten, die Versetzungslinie liegt in der Mitte des Kristalls (= z-Achse) und reicht von Oberfläche zu Oberfläche. Vergleiche den Text. Nach Cottrell

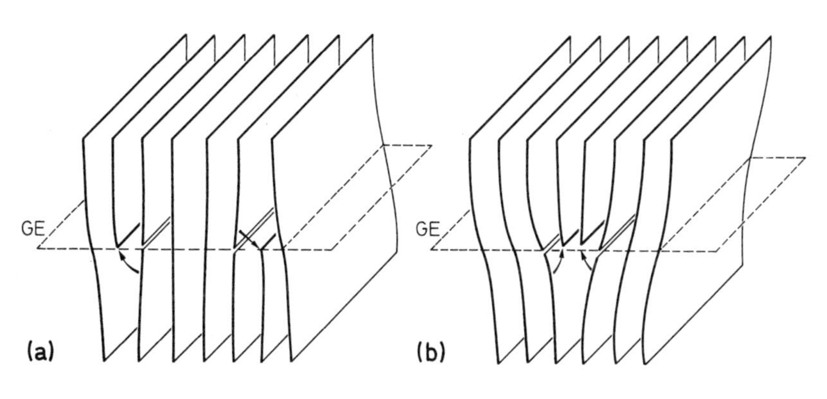

Abb. 5.10. Wanderung von Stufenversetzungen unter dem Einfluß der inneren Spannungen in der Nähe der Versetzungslinien. a) Anziehung ungleichnamiger, b) Abstoßung gleichnamiger Versetzungen. Die Wanderung erfolgt durch Anschluß (in Pfeilrichtung) von Hälften der stark deformierten Nachbarebenen (geschlitzt gezeichnet) an die Versetzungslinien. GE = Gleitebene. Schematisch

im Gitter anziehende *Kräfte* zwischen ungleichnamigen und abstoßende Kräfte zwischen gleichnamigen Versetzungen (Abb. 5.10b), unter deren Einfluß Versetzungen im Gitter *wandern* können[35].

Natürlich wandern Versetzungen auch unter von außen angelegten Spannungen. Würde z.B. in Abb. 5.8b die rechte obere Kristallhälfte losgelassen, so würde die Versetzung wegen der von

[35] Es gibt eine allgemeine Dynamik und Kinematik der Gitterfehler, auf die wir hier jedoch nicht näher eingehen können.

links aufgeprägten Spannung nach rechts weiterwandern (Abb. 5.11 und Abb. 5.7 B b) und es würde eine *Gleitung* um einen Atomabstand entstehen[36]. Ein experimentelles Beispiel zeigt Abb. 5.12, S. 586.

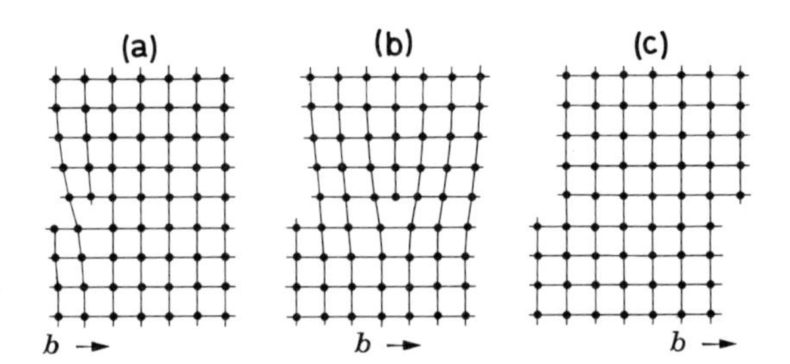

Abb. 5.11. Gleitung um einen Atomabstand (Burgers-Vektor **b**) durch Wanderung einer Stufenversetzung. Kubisch primitives Gitter, schematisch. Eine am linken Rand durch äußeren Druck erzeugte (a) positive Versetzung wandert durch den Kristall (b) und tritt am rechten Rand aus dem Kristall aus (c). Nach Hdb. d. Physik, Band VII 2. Dieselbe Gleitung würde sich auch durch Wanderung einer negativen Versetzung nach links ergeben

5.2.3.2. Schraubenversetzungen

Eine Schraubenversetzung kann veranschaulicht werden durch Aufschneiden eines Kristalls bis zur Mitte (= z-Achse) und Verschieben der beiden Schnittflächen gegeneinander um einen Netzebenenabstand am Rand (Abb. 5.13). Die Schnittkante (= z-Achse)

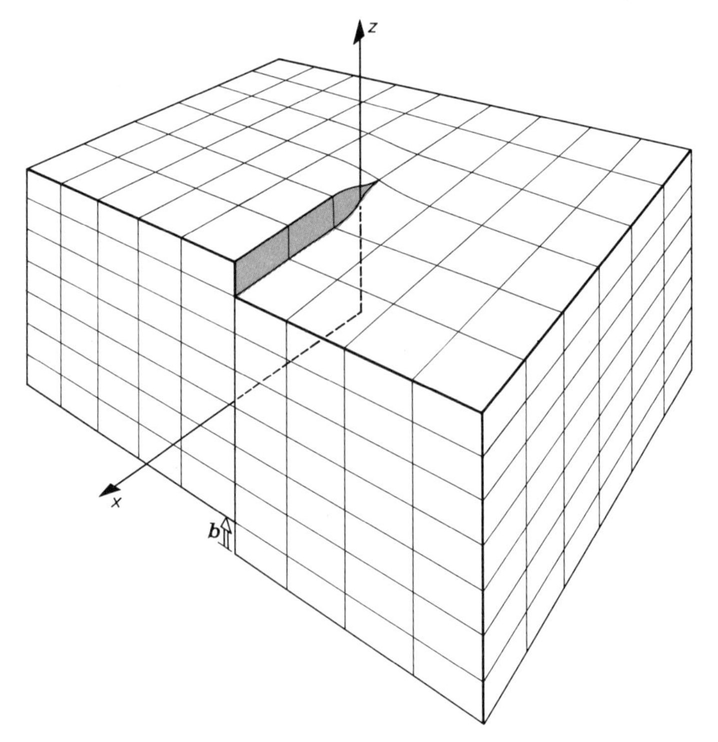

Abb. 5.13. Erzeugung einer Schraubenversetzung in einem tetragonalen Gitter durch Verschieben eines Kristallteiles parallel zur z-Richtung um den Burgers-Vektor **b**. Die Versetzungslinie ist die z-Achse von Oberfläche zu Oberfläche. Nach Cottrell

ist die *Versetzungslinie*, der *Verschiebungs-* oder *Burgers-Vektor* zeigt parallel dazu[37]. Der Deformationsbereich ist auch hier ein Zylinder mit einem Radius von ≈ 5 Netzebenenabständen um die Versetzungslinie. Die übereinanderliegenden Netzebenen werden spiralig deformiert und schließen wie die Blätter einer Riemannschen Fläche aneinander an.

[36] Damit ist noch nicht erklärt, warum das Gleiten damit nicht beendet ist, sondern sich bis zu 1000 Atomabständen fortsetzt. Auf diese Frage werden wir zurückkommen. Erklärt ist jedoch der geringe Energiebedarf für die plastische Verformung.

[37] Im Gegensatz zur Stufenversetzung, deren Verschiebungsvektor senkrecht auf der Versetzungslinie steht.

Die Verschiebung des Halbkristalls kann man sich auch erzeugt denken durch eine Gleitung nach Abb. 5.8b, die nur den vorderen Teil des Kristalls in Abb. 5.13 erfaßt (vgl. auch Abb. 5.16).

Je nach dem Schraubungssinn unterscheidet man *positive* und *negative* Schraubenversetzungen. Wie zwischen Stufenversetzungen bestehen auch zwischen Schraubenversetzungen Anziehungs- oder Abstoßungs*kräfte* bei ungleichen oder gleichen Vorzeichen.

In Abb. 5.13 endet die Versetzungslinie auf den beiden gegenüberliegenden Oberflächen des Kristalls und ruft auch hier schraubenförmige Störungen nach Art einer Riemannschen Fläche hervor. Diese begünstigen sehr stark das Kristallwachstum (Ziffer 6.3) und führen zur Ausbildung von *Wachstumspyramiden* (Abb. 5.14), die ein vergrößertes Abbild der Schraubenversetzung sind. Beispiele zeigen die Abb. 5.15, S. 586 und Abb. 4.22, S. 584.

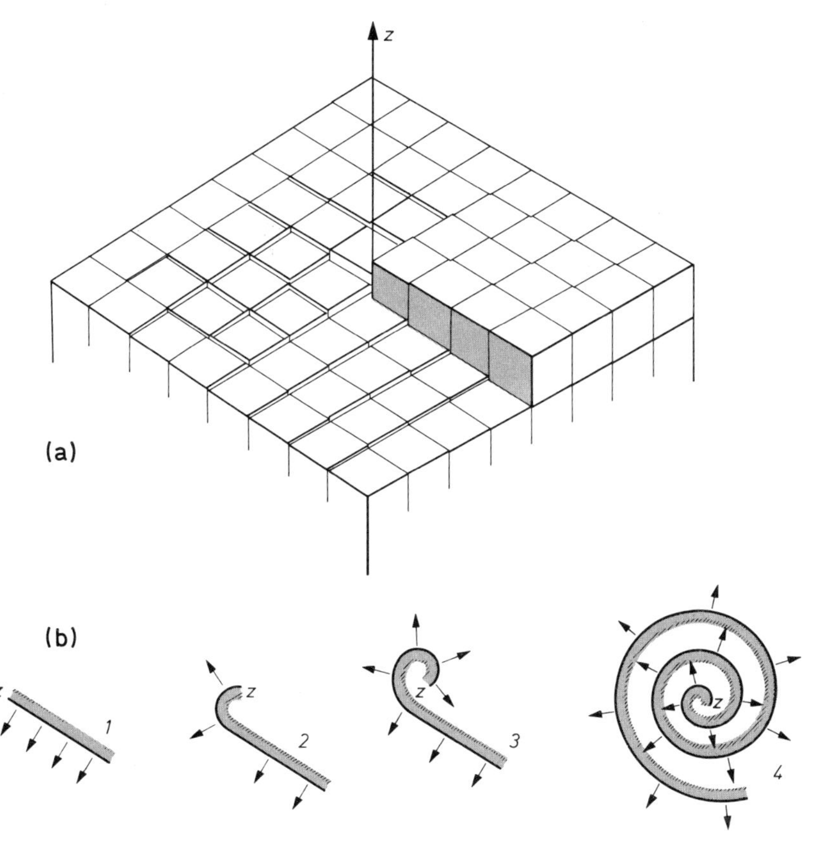

Abb. 5.14. Ausbildung einer Wachstumspyramide.
a) Kubischer Kristallkeim mit Schraubenversetzung in der z-Achse. Ein neu hinzukommendes Atom wird besonders fest gebunden an der Verschiebungsstelle, da es hier zwei bindende Nachbarn hat. An diesen Stellen wächst die oberste Netzebene des Kristalls tangential zur Oberfläche und klettert dabei um die Versetzungslinie in die Höhe.
b) Aufsicht auf die Oberfläche in zeitlicher Aufeinanderfolge 1, 2, 3, 4. Die entstehende spiralige Wachstumspyramide hat den höchsten Punkt auf der Versetzungslinie. Nach C. F. Frank, schematisch

5.2.3.3. Systeme von Versetzungen

Es ist leicht einzusehen, daß eine Versetzungslinie niemals in einem Innenpunkt eines Kristalls enden kann. Entweder endet sie (wie in allen bisher gezeigten Abbildungen) an der Kristalloberfläche, oder es entstehen *Ketten* aus abwechselnd Stufen- und Schraubenversetzungen.

Würde man z.B. in Abb. 5.13 die untere Kristalloberfläche festhalten, so hätten wir dieselbe Situation wie in Abb. 5.8b. Wie Abb. 5.16 zeigt, endet die Schraubenversetzung[38] in der Kristallmitte, wird aber durch eine Linearversetzung senkrecht zu ihrer Richtung fortgesetzt. An diese kann sich wieder eine Schrauben-

[38] Unter „Versetzung“ ist hier immer „Versetzungslinie“ zu verstehen.

versetzung anschließen, usw. bis entweder eine Kristalloberfläche erreicht ist (Abb. 5.17a) oder die Kette sich im Kristallinnern schließt. Da die Länge der einzelnen „Kettenglieder" klein sein kann, entstehen so stetig gekrümmte räumliche *Versetzungsringe*,

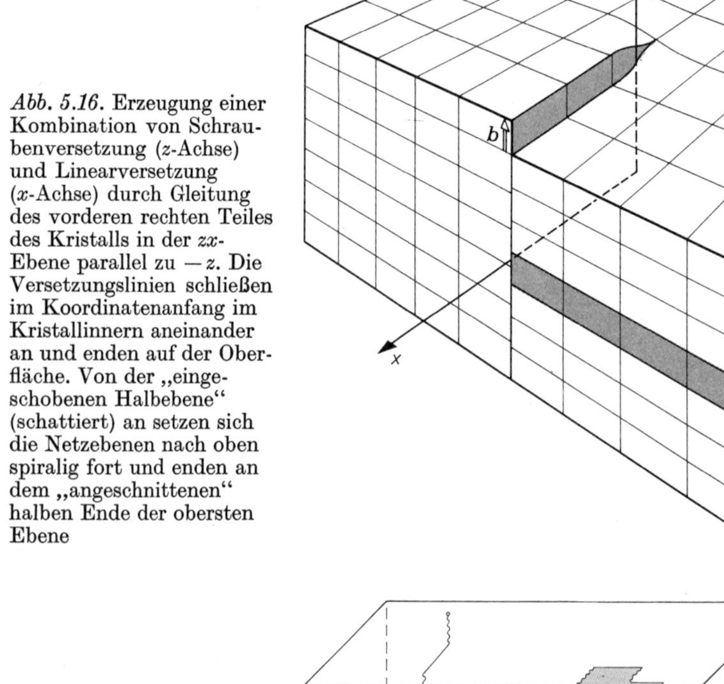

Abb. 5.16. Erzeugung einer Kombination von Schraubenversetzung (z-Achse) und Linearversetzung (x-Achse) durch Gleitung des vorderen rechten Teiles des Kristalls in der zx-Ebene parallel zu $-z$. Die Versetzungslinien schließen im Koordinatenanfang im Kristallinnern aneinander an und enden auf der Oberfläche. Von der „eingeschobenen Halbebene" (schattiert) an setzen sich die Netzebenen nach oben spiralig fort und enden an dem „angeschnittenen" halben Ende der obersten Ebene

Abb. 5.17. Kombinationen von Schrauben (gewellte Strecken)- und Linear (gerade Strecken)-Versetzungen, schematisch. a) Versetzungskette zwischen zwei Oberflächenpunkten. b) Geschlossene Versetzungskurve im Kristallinneren.

a b

die stark gestörte Gitterbereiche umfassen (Abb. 5.17b). Längs einer solchen Versetzungslinie sind nur noch stetige Übergänge zwischen den Grenzfällen Schrauben- und Linearversetzung realisiert.

5.2.3.4. Plastische Verformung von Metallen

Wir haben in Ziffer 5.2.2.1 die geringen Schubfestigkeiten beim Gleiten von Netzebenen durch die Wanderung von Versetzungen erklärt. Dabei konnte eine Versetzung nur eine Verschiebung um eine Translationseinheit bewirken (Abb. 5.11). Um die tatsächlich beobachteten Gleitstrecken von ≈ 1000 Translationseinheiten zu erklären, haben Frank und Read einen Mechanismus angegeben, durch den eine Versetzung während ihrer Wanderung neue Versetzungen erzeugt oder *sich multipliziert.* In Abb. 5.19 sei die Papierebene die Gleitebene. In ihr liege zwischen B und C ein Stück Versetzungskette[39], die in F und F′ fixiert sei, z.B. durch senkrecht auf dem Papier stehende Schraubenversetzungen[40]. Gleitung in **b**-Richtung kann also nur durch Deformation der Versetzungslinie FF′ erfolgen. Frank und Read haben gezeigt, daß unter einer äußeren Schubspannung eine Deformation der Versetzungslinie in der Reihenfolge der angezeigten Ziffern erfolgt und daß sich schließlich ein

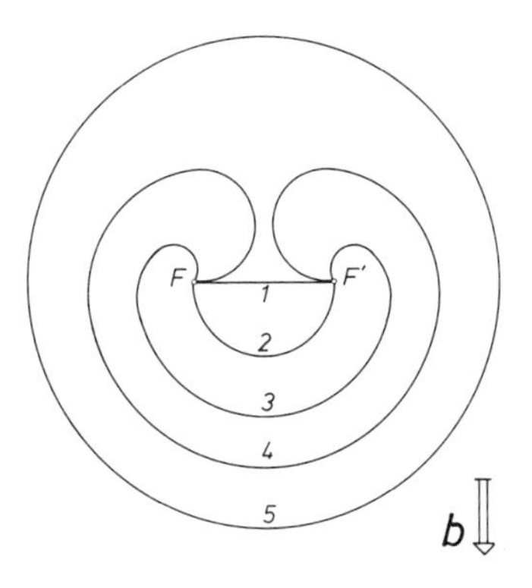

Abb. 5.19. Versetzungsquelle nach Frank und Read, schematisch. In der Zeichenebene erfolgt eine Gleitung in **b**-Richtung. *F*, *F′* sind Fixpunkte, 1, 2, ... aufeinander folgende Entwicklungsstadien der ursprünglichen Versetzungslinie *FF′*. Näheres im Text

ganzer neuer Versetzungsring ausbildet, dem immer neue von FF′ her folgen. Auf diese Weise wird die Zahl der Versetzungslinien laufend vermehrt und die Gleitstrecke vergrößert. Auf die Einzelheiten dieser Theorie, durch die auch die plastische Verfestigung bewältigt wird, wollen wir hier nicht näher eingehen. Abb. 5.20, S. 586 zeigt die wohl instruktivste heute bekannte Abbildung einer solchen *Frank-Read-Versetzungsquelle*[41].

Bei der plastischen Verformung eines metallischen Werkstücks werden also Versetzungen erzeugt. Dafür werden etwa 10% der aufgewendeten mechanischen Verformungsarbeit verbraucht[42]. Wenn Zerstörung des Werkstücks vermieden wird, können in den gebräuchlichen Metallen so *Versetzungsenergiedichten* von maximal $\approx 10^8$ erg cm^{-3} gespeichert werden. Andererseits läßt sich die im Deformationszylinder einer Versetzung gespeicherte Zusatzenergie gegenüber dem Idealgitter abschätzen zu $\approx 10^{-4}$ erg/cm. Der Vergleich beider Zahlen liefert eine *maximal* mögliche *Versetzungslinienlänge* von 10^{12} cm/cm^3, oder anders ausgedrückt: Eine Fläche im Innern eines maximal („kalt") verformten Metalls wird von $\approx 10^{12}$ cm^{-2} Versetzungslinien durchsetzt, die somit einen mittleren Abstand von ≈ 100 Å haben. Die damit zu vergleichenden Minimalwerte sind $\approx 10^8$ cm^{-2} für extrem gute anorganische Kristalle und sogar nur 10^6 cm^{-2} für extrem gute organische Kristalle.

„Kalt" bearbeitete Metalle sind natürlich polykristallin, d.h. ein größerer Teil der erzeugten Versetzungslinien befindet sich in den *Korngrenzen*. Diesen wenden wir uns jetzt zu.

[39] Vorwiegend Stufenversetzung.

[40] Versetzungen können nur unter Schub in Richtung ihres Burgers-Vektors wandern. Schraubenversetzungen also nicht unter den hier gemachten Annahmen.

[41] Es gibt auch Quellen mit anderen Erzeugungsmechanismen.

[42] Die restlichen 90% erscheinen in Form von Wärme, die z.B. mit Kühlwasser abgeführt wird.

5.2.4. Flächendefekte

Flächendefekte können entstehen

a) durch fehlerhafte Packung von Netzebenen übereinander und

b) durch Anhäufung von Punkt- oder/und Liniendefekten. Hier kann man wieder zwei Grenzfälle unterscheiden:

1. *Kleinwinkel-* oder *Mosaikblock-Grenzen* in realen Einkristallen und

2. *Korngrenzen* in vielkristallinem Material.

Wir behandeln hier nur den Fall b). Bei den sogenannten *Stapelfehlern* (Fall a) müssen wir uns auf ihre Erwähnung beschränken.

5.2.4.1. Mosaikblock-Grenzen in Einkristallen

Bei der Bragg-Reflexion von Röntgenlicht beobachtet[43] man selbst bei „sehr guten" Einkristallen eine vom individuellen Kristall abhängige Winkeldivergenz des reflektierten Bündels, die auf einer Blockstruktur des Kristalls beruht (Abb. 5.21). Die Mosaikblöcke sind um Winkel von der Größenordnung $\vartheta \approx 10' \approx 0{,}0033$ gegeneinander geneigt und reflektieren nicht in dieselbe Richtung.

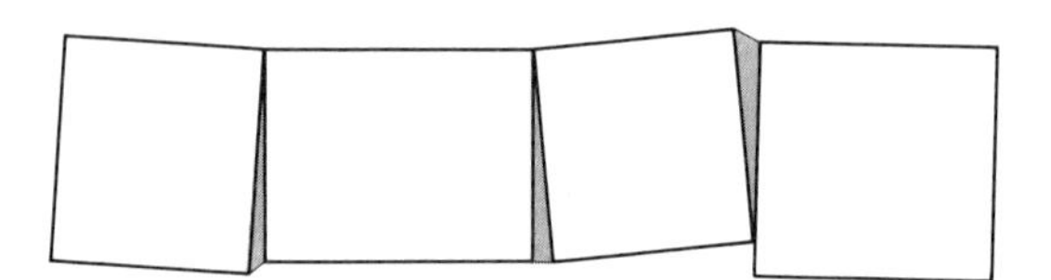

Abb. 5.21. Mosaikblockstruktur eines „Einkristalls", schematisch. Die Neigungswinkel (schattiert) sind zu groß gezeichnet

In Abb. 5.22, S. 587 ist nach Burgers dargestellt, wie man sich eine solche reine *Neigungs-* oder *Kippgrenze*[44] vorstellen muß. Der Winkel wird ausgefüllt durch zusätzliche Netzebenen, die abwechselnd rechts und links an die Blöcke gelegt werden[45] und deren Kanten ein System von parallelen Linearversetzungen in etwa konstantem Abstand h in der Winkelhalbierenden bilden. Ist d der Netzebenenabstand, so ist

$$\vartheta \approx d/h = 0{,}0033 \tag{5.9}$$

und für gute Kristalle ergibt sich die *Versetzungsdistanz*

$$h = d/\vartheta \approx 300\, d\,. \tag{5.10}$$

Wegen der Kleinheit von ϑ laufen die Netzebenen fast ungestört durch den Kristall: die Bezeichnung Einkristall ist noch berechtigt, der wirkliche Verzerrungsbereich beschränkt sich auf die unmittelbare Nachbarschaft der Versetzungslinien. Denkt man sich einen Kristall in der Ebene der Abb. 5.22 gespalten, so können die austretenden Versetzungslinien durch Ätzen oder Verdampfen oder Dekoration mit Fremdatomen *sichtbar* gemacht werden. Ein Beispiel zeigt Abb. 5.23, S. 587.

Da die einzelnen Linearversetzungen unter dem Einfluß äußerer Schubspannungen durch den Kristall *wandern,* tun dies auch die Kleinwinkelgrenzen, und zwar senkrecht zu ihrer Fläche.

---

[43] Gemessen mit Doppelkristall-Spektrometern. Die Größe der Blöcke ergibt sich aus der Schwächung der durchgehenden Röntgenstrahlung zu etwa 5000 Netzebenen bei guten Kristallen.

[44] Englisch: tilt boundary.

[45] Es gibt auch unsymmetrische Anlagerung an eine Seite.

5.2.4.2. Korngrenzen in Vielkristallen

Im Vergleich zu den Blockgrenzen in Einkristallen sind die Korngrenzen in Vielkristallen so grob gestört, daß ein übersichtliches geometrisches Strukturprinzip nicht mehr angegeben werden kann (Abb. 5.1c, S. 584). Sie stellen im Einzelfall, z. B. in stark bearbeiteten metallischen Werkstücken, eine Anhäufung von Versetzungslinien und Punktdefekten, insbesondere von Leerstellen dar. In diese können z. B. überschüssige, nur in der Schmelze lösliche Legierungsbestandteile beim Erstarren eindiffundieren und als sogenannte Ausscheidungen Härte und Festigkeit der Legierung[46] erhöhen. Bei längerem Tempern der Probe dicht unter dem Schmelzpunkt können sogar solche Korngrenzen durch Platzwechselvorgänge ausheilen: z. B. diffundieren Ausscheidungen längs der Grenzen an die Oberfläche, und große Körner wachsen auf Kosten der benachbarten kleinen. Diese Rekristallisation führt auf den energetisch günstigeren Einkristall zu. Ein Beispiel zeigt Abb. 5.24a – c, S. 588.

5.3. Chemische Fehlordnung

5.3.1. Übersicht

Da es chemisch absolut reine Substanzen nicht gibt, enthält auch jeder Kristall eine gewisse Menge an *Fremdatomen*. Ihre Molkonzentration kann heute selbst mit den aufwendigsten Präparationsmethoden noch nicht unter $\approx 10^{-7} \ldots 10^{-6}$ heruntergedrückt werden und ist im allgemeinen viel höher. Fremdatome oder -ionen besetzen je nach ihrer Größe und Ladung *reguläre* oder *Zwischengitterplätze* und deformieren dabei das Gitter in ihrer Umgebung (Abb. 5.25, S. 588). Beim Einbau auf regulären Gitterplätzen spricht man von *Substitution.* Als Folge von Substitution können auch die einfachsten *Farbzentren*, die F-Zentren in den Alkalihalogenidkristallen M^+X^- angesehen werden, die bei Ersatz eines X^--Ions durch ein Elektron e^- entstehen. Dabei bleibt zwar nicht die stöchiometrische Zusammensetzung, wohl aber die elektrische Neutralität in Ordnung. Kompliziertere Verhältnisse entstehen, wenn in einen Ionenkristall ein Ion mit „falscher" Ladung eingebaut wird, da dann eine weitere Fehlstelle zur Wiederherstellung der Ladungsneutralität erzeugt wird. Ein Beispiel ist $(SE)^{3+}$ (SE = Seltene Erde) in CaF_2, mit einem $(SE)^{3+}$-Ion auf einem Ca^{2+}-Platz und einem zusätzlichen F^--Ion zur Ladungskompensation auf einem der benachbarten Zwischengitterplätze.

Eine häufige Erscheinung ist die *Assoziation* von chemischen Punktdefekten[47] zu größeren Zentren. Man kann diese z. B. an charakteristischen optischen Absorptionsbanden unterscheiden[48]. Wir gehen auf diese komplizierten Fälle nicht ein, sondern behandeln nur den einfachsten Fall der schon oben erwähnten F-*Zentren.*

5.3.2. F-Zentren in Alkalihalogenidkristallen

F-Zentren besitzen eine isolierte glockenförmige Absorptionsbande im Durchlässigkeitsbereich zwischen der Absorption durch Phononenanregung im ultraroten und der Absorption durch Elektronenanregung im ultravioletten Absorptionsbereich der farbzentrenfreien Kristalle (Abb. 5.26). Die im Maximum dieser F-Banden absorbierten Photonenenergien $\hbar\omega_F$ genügen nach E. Mollwo der universellen Beziehung

$$\hbar\,\omega_F \cdot d^2 = \text{const.} \approx 20\,\text{eV}\,\text{Å}^2\,, \qquad (5.11)$$

in der die verschiedenen Substanzen nur durch eine geometrische Größe, nämlich die halbe Gitterkonstante d oder, was dasselbe ist,

---

[46] Z. B. von Spezialstählen.

[47] Hier werden Elektronen mit als chemische Substanz gezählt.

[48] Daher der Name Farbzentren.

die Kantenlänge des für ein Ion in den verschiedenen kubischen Gittern verfügbaren Teilwürfels repräsentiert sind. Das bedeutet, daß das absorbierende Elektron in eine Leerstelle des X^--Gitters eingesperrt ist und sich hier unter dem Einfluß des von dem um-

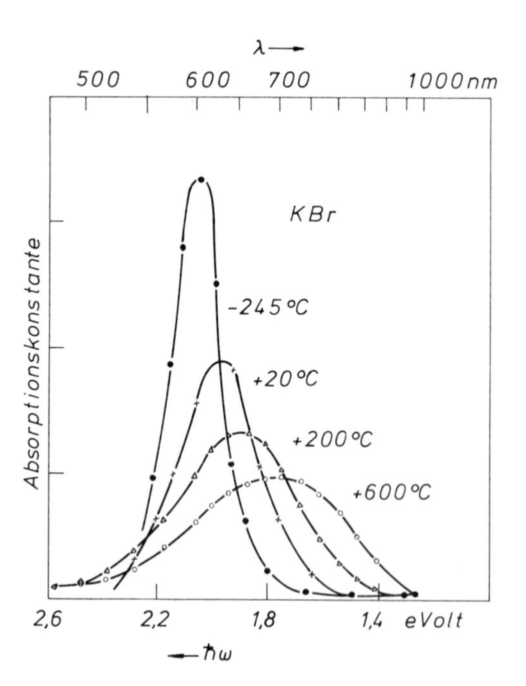

Abb. 5.26. *F*-Bande von KBr bei verschiedenen Temperaturen. Nach E. Mollwo, 1932

gebenden Ionengitter erzeugten elektrischen Kristallfeldes[49] bewegt, so daß die Eigenfunktion die Leerstelle praktisch ausfüllt, aber kaum in das umgebende Gitter eindringt[50] (J. H. de Boer). Natürlich ist $\hbar\omega_F$ der Energieabstand zwischen den beiden tiefsten Niveaus des Termschemas des Elektrons. Magnetische Messungen bei tiefen Temperaturen liefern für den Grundzustand ein magnetisches Moment von einem Bohrschen Magneton, das vom Elektronenspin herrührt (P. Jensen). Die Bahnbewegung ist über die ganze Leerstelle verschmiert und besitzt wegen des Fehlens eines zentralen Atomkerns keinen Drehimpuls und kein magnetisches Moment. Bei Einstrahlung in die F-Bande zeigt der Kristall in einem angelegten äußeren elektrischen Feld elektronische Photoleitung, d.h. der angeregte Elektronenzustand ist instabil, das Elektron wandert im Feld.

Mit diesen Beispielen sollte nur der starke Einfluß von Störstellen auf die makroskopischen Eigenschaften fester Körper gezeigt werden. Technologisch sind gestörte Kristalle heute oft wichtiger als ungestörte. Für die weitere Behandlung der Grundlagen müssen wir uns aber wieder den Idealkristallen zuwenden.

[49] Eine systematische Behandlung des sogenannten Kristallfeldes folgt in Ziffer 15.

[50] Wäre das der Fall, so müßte $\hbar\omega_F$ z.B. von der Dielektrizitätskonstante der Substanz abhängen, was nicht der Fall ist.

C. Dynamik der Kristallgitter

Nachdem wir im vorigen Kapitel B die Struktur des im Gleichgewicht ruhenden Gitters kennengelernt haben, wenden wir uns nun den zwischen den Gitterbausteinen wirkenden Kräften, der Bindungsenergie und den Bewegungen der Atome oder Ionen um ihre Gleichgewichtslagen zu.

6. Chemische Bindung in Kristallen

An den Anfang stellen wir eine Übersicht über die Haupttypen der chemischen Bindung in Kristallen, ohne allerdings dabei auf die quantenmechanische Begründung eingehen zu können.

6.1. Bindungstypen

Die 5 *Haupttypen* der chemischen Bindung sind in der Tabelle 6.1 mit Beispielen zusammengestellt: In der vorletzten Spalte wird die *Bindungsenergie* in kcal/mol angegeben. Die Bindungsenergie (später auch *Gitterenergie* genannt) ist diejenige Arbeit, die für die Dissoziation des Kristalls in die in der letzten Spalte angegebenen Bestandteile gebraucht wird. Sie wird für Zimmertemperatur angegeben, mit Ausnahme der Molekelkristalle (van der Waalsbindung), für die sie für den Schmelzpunkt angegeben ist.

Tabelle 6.1. *Kristalle mit typischer Bindung*

Nr.	Bindungstyp	Beispiele	Bindungsenergie	Dissoziation in
1	Ionenbindung	NaCl (2,8 Å)	180 kcal/mol	Na^+-Cl^-
		LiF (2,0 Å)	240	Li^+-F^-
2	Kovalente Bindung	Diamant	170	C—C
		SiC	283	Si—C
3	Metallische Bindung*	Na (4,28 Å)	26	Na—Na
		Fe (2,86 Å)	96	Fe—Fe
		W (3,15 Å)	210	W—W
4	van der Waals-Bindung	A	1,8	A—A
		CH_4	2,4	CH_4-CH_4
5	Wasserstoffbrücken-bindung	H_2O	12 **	H_2O-H_2O
		HF	7	HF—HF

* Alle drei Metalle kristallisieren im gleichen Typ (A2, kubisch raumzentriert), so daß neben den Bindungsenergien auch die angegebenen Gitterkonstanten vergleichbar sind.

** Der auf eine H-Brücke zurückzuführende Anteil ist etwa 5 kcal pro Mol H-Bindungen.

Zwischen den angeführten Hauptbindungstypen gibt es gewisse *Übergangsformen*, oder sie kommen *gemeinsam* vor. Zum Beispiel sind in typisch kovalenten Bindungen unter Umständen die Schwerpunkte der positiven und negativen Ladungen an verschiedenen Stellen lokalisiert, so daß, wie bei den Ionenbindungen, ein mehr oder minder großes elektrisches Dipolmoment existiert (Beispiel: HCl-Molekel gegenüber NaCl-Molekel). Auch zwischen kovalenter und metallischer Bindung kommen Übergänge vor, z.B. beim Graphit, in dessen Netzebenen die Bindung kovalent ist, während sie zwischen den Netzebenen metallischen Charakter hat (geringe Bindungsfestigkeit, metallische Leitung). Die Molekel- oder van der Waalssche Bindung schließlich ist z. B. an der Ionenbindung immer beteiligt; sie wird nur wegen ihrer geringen Stärke häufig vernachlässigt. Im einzelnen bemerken wir zu den Bindungstypen folgendes:

Ionenbindung. Kennzeichen sind starke Ultrarotabsorption, fehlende Elektronenleitung, aber Ionenleitung bei genügend hohen Temperaturen. Ionenkristalle mit nicht zu großen, d.h. nicht zu stark polarisierbaren Ionen sind der Prototyp von Gittern, für die das Modell starrer Kugeln mit festen Ionenradien angebracht ist. Demzufolge basiert die Bindungsenergie in erster Näherung auf dem Coulombschen Anziehungsgesetz zwischen entgegengesetzt geladenen starren Nachbarionen mit gegebenen Ionenradien (s. Ziffer 5.4). Um einen Gleichgewichtsabstand zu erhalten, muß man daneben noch eine Abstoßungskraft einführen, die wie bei der Berührung starrer mechanischer Kugeln eine sehr kurze Reichweite hat. Im Gegensatz zum Coulombschen Gesetz muß sie also mit einer hohen Potenz des reziproken Ionenabstandes oder sogar exponentiell abfallen. Man macht deshalb für die Wechselwirkungsenergie (das Potential) zwischen zwei Ionen i, j im Abstand r_{ij} den Ansatz

$$\varphi_{ij} = \pm \frac{Z_i Z_j e^2}{4\pi\varepsilon_0 r_{ij}} + \varphi_{ij}^{(a)}, \tag{6.1}$$

wobei Z_i, Z_j die Wertigkeiten der Ionen sind und das positive (negative) Vorzeichen bei gleichnamig (ungleichnamig) geladenen Ionen gilt. Für das Abstoßungspotential wird entweder

$$\varphi_{ij}^{(a)} = \frac{B}{r_{ij}^n} \qquad (B, n = \text{Konstante}) \tag{6.2}$$

oder

$$\varphi_{ij}^{(a)} = b \cdot e^{(r_i + r_j - r_{ij})/\varrho} = \beta\, e^{-r_{ij}/\varrho} \qquad (b, \beta, \varrho = \text{Konstante}) \tag{6.3}$$

gesetzt. Das von M. Born eingeführte Potenzgesetz hat sich mit einem Exponenten der Größenordnung $n \sim 10$ gut bewährt. Das Exponentialgesetz nach Mayer bringt die Vorstellung von starren Ionen mit festen Radien r_i und r_j, d.h. getrennten Elektronenwolken explizit zum Ausdruck (vgl. Abb. 4.9). Auch dieser Ansatz leistet das Gewünschte mit einem Wert von $\varrho \sim 0{,}33$ Å bei den Alkalihalogeniden[1].

Kovalente (homöopolare) Bindung. Auch dieser Bindungstyp beruht auf den elektrostatischen Kräften zwischen den Elektronen und Kernen benachbarter Atome. Sind die äußersten Elektronenschalen zweier Nachbaratome nicht abgeschlossen, so verschmelzen sie zu einer gemeinsamen Elektronenwolke beider Bindungspartner. Diese *starke Überlappung* der Elektronenwolken ist die Ursache der kovalenten Bindung. Die Bindung ist fest (vgl. Tabelle 6.1), aber von relativ kurzer Reichweite, d.h. die Bindungsenergie nimmt bei wachsendem Atomabstand schnell ab (Heitler und London).

Die bei Annäherung der Bindungspartner entstehende Elektronenverteilung[2] hat bei manchen Atomen eine ausgeprägte *Richtungsabhängigkeit*. Beim *Sauerstoffatom* der Konfiguration $1s^2\,2s^2\,p^4$ z.B. kann eine Elektronenwolke aufgebaut werden, deren Elektronendichte $\psi\psi^*$, abgesehen von kugelsymmetrischen s-Funktionen, 3 aus den 4 Elektronen $2p^4$ aufgebaute Maxima in Richtung der x, y, z-Achsen besitzt, von denen 2 mit je einem Elektron, eins mit 2 Elektronen besetzt sind (Abb. 6.1).

Bei der *Wassermolekel* H_2O verschmelzen 2 von ihnen (jedes mit 1 Elektron) mit der Hülle je eines H-Atoms, wobei die zunächst zum O-Kern symmetrische Elektronenwolke des O jeweils ganz auf die Seite des H-Atoms gezogen und außerdem durch die Abstoßung der Protonen der Valenzwinkel von 90° auf 104° vergrößert wird. Die freibleibende dritte Elektronenwolke (2 Elektronen) führt leicht zu Wasserstoffbrückenbindungen mit den Protonen anderer H_2O-Molekeln. Da außerdem noch ein starkes Dipolmoment parallel zur

[1] Die gute Brauchbarkeit beider Ansätze ist übrigens nicht allzu erstaunlich, da jeder Ansatz 2 freie Konstanten zur Anpassung an das Experiment bereitstellt.

[2] Der sogenannte *Valenzzustand*.

Winkelhalbierenden liegt, sind flüssiges Wasser und Eis sehr komplizierte kondensierte Phasen.

Beim *Kohlenstoff*-Atom (Konfiguration $1s^2\,2s^2\,p^2$) lassen sich aus den Wasserstoff-Eigenfunktionen der durch Anregung eines s-Elektrons entstehenden chemisch wirksamen Konfiguration $2sp^3$ entweder im 4-zähligen Valenzzustand 4 äquivalente Funktionen σ_1, σ_2, σ_3, σ_4 mit maximaler Elektronendichte nach den 4 Tetraederrichtungen (Abb. 6.2a) oder im 3-zähligen Valenzzustand 3 trigonale Funktionen σ_1, σ_2, σ_3 mit maximaler Elektronendichte unter jeweils 120° in einer Ebene und eine dazu senkrechte Funktion p_z (Abb. 6.2b) bilden.

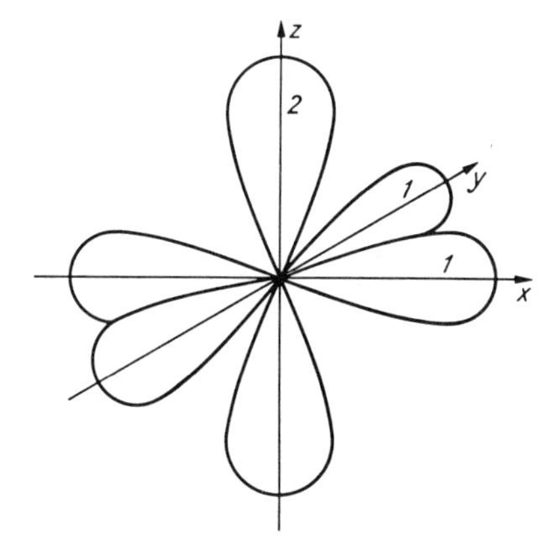

Abb. 6.1. Elektronenwolken in einem Valenzzustand des Sauerstoffs; die Ziffern geben die Zahl der Elektronen an. Bei der H_2O-Bindung wird je ein H-Atom auf der x- und der y-Achse angebaut. In der gemeinsamen Elektronenwolke verschwindet dann die Elektronendichte auf $-x$ und $-y$ fast ganz

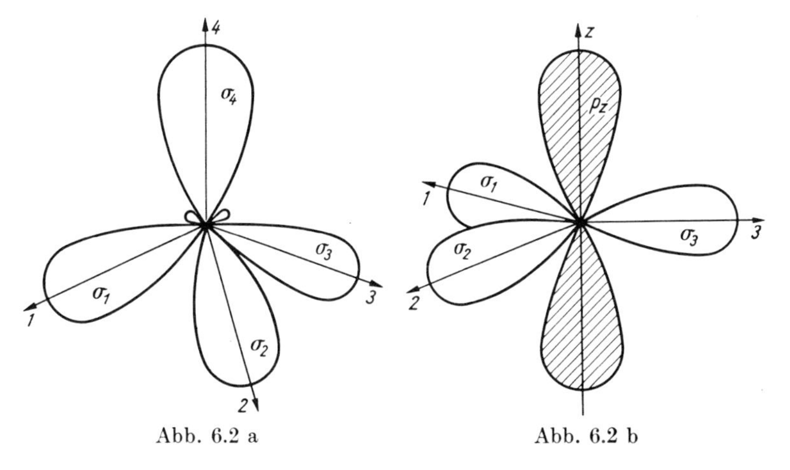

Abb. 6.2. Elektronenwolken der Valenzzustände des Kohlenstoffs, a) tetraedrische Bindung (CH_4, Diamant), b) trigonale Bindung (Benzol, Graphit)

Im Kristall verschmelzen (überlappen sich) diese gerichteten Elektronenwolken. Für den *Diamanten* z.B. folgt daraus, daß jedes Atom nur 4 nächste Nachbarn hat, während bei einer dichtesten Kugelpackung 12 nächste Nachbarn vorhanden sein würden. Die räumlichen Eigenschaften der Elektronenverteilung in den Kohlenstoffatomen, auf denen die Tetraedervalenzen des Kohlenstoffs beruhen, begünstigen also eine relativ lockere Struktur und verhindern die dichteste Kugelpackung[3]. Analoges gilt für den *Graphit*, bei denen p_z sogar eine semimetallische Bindung liefert, während die σ_1, σ_2, σ_3 kovalent binden.

Metallische Bindung. Hier ist charakteristisch die Existenz *freier Elektronen.* Bei den *Alkalimetallen* muß man annehmen, daß jedes

[3] Diese ist bei Metallen und Ionen-Kristallen ein gutes Modell. Tatsächlich kommen hier sogar zwei der Symmetrie nach verschiedene dichteste Kugelpackungen, eine kubisch-flächenzentrierte und eine hexagonale, vor.

Atom sein Valenzelektron verliert, so daß also edelgasartige kugelförmige Kationen in einem See von negativer Elektrizität schwimmen. Dieser negative See überkompensiert die elektrostatische Abstoßung der Kationen und gewährleistet so den Zusammenhalt des Gitters. Die Bindungsenergie bei den Alkalien ist nach Tabelle 6.1 relativ gering, entsprechend ist der Atomabstand relativ groß, und die Metalle sind makroskopisch weich.

Die sehr viel höheren Bindungsenergien und kleineren Atomabstände beim *Eisen* und *Wolfram* führen zu der Annahme, daß hier nicht nur der eben beschriebene (und nur bei den Alkalimetallen rein vorhandene) metallische Bindungsmechanismus vorliegt, sondern daß auch noch eine kovalente Bindung zwischen den an der Ionenoberfläche liegenden unabgeschlossenen 3d- oder 5d-Schalen erfolgt. Man hat in diesen Kristallen also „freie" Leitungselektronen und außerdem miteinander verschmolzene 3d- oder 5d-Schalen.

Die van der Waalssche oder Molekel-Bindung. Da kovalente Bindung zwischen abgeschlossenen Edelgasschalen nicht existiert, muß die Bindung in verfestigten Edelgasen und in den meisten Molekelkristallen auf einem andersartigen Mechanismus beruhen, bei dem keine Verschmelzung der Elektronenhülle eintritt. Wie die sehr kleinen Bindungsenergien und dementsprechend großen Gleichgewichtsabstände zeigen, kann es sich hier nur um einen Mechanismus höherer Näherung handeln, der sich wie folgt beschreiben läßt.

Atome mit abgeschlossenen Elektronenschalen haben streng kugelförmige Hüllen, d.h. im Mittel über die Elektronenbewegung verschwinden alle elektrischen Multipolmomente von beliebiger Ordnung 2^l ($l = 1, 2, \ldots$), die Erwartungswerte sind Null. Es gibt also keine stationären elektrischen Multipole, deren Wechselwirkung zu einer Anziehung führen könnte. Dagegen kann man klassisch-physikalisch in einem beliebigen Zeitpunkt die von Kern und Elektronen gebildete momentane Ladungsverteilung in jedem der beiden Atome nach Multipolen entwickeln und deren elektrostatische Wechselwirkungsenergie als Hamiltonoperator der chemischen Bindung auffassen. Dieser Operator liefert nichtverschwindende Bindungsenergien in zweiter Näherung der Störungsrechnung (Heitler und London), und zwar in der Form

$$\varphi_{ij} - \varphi_{ij}^{(a)} = -\frac{C_{ij}}{r_{ij}^6} - \frac{D_{ij}}{r_{ij}^8} - \cdots \qquad (6.4)$$

wobei das erste Glied den Erwartungswert der Dipol-Dipol-, das zweite den der Dipol-Quadrupol-Wechselwirkung darstellt usw. Die beiden angeschriebenen Glieder sind experimentell in Übereinstimmung mit der Theorie sichergestellt, noch höhere Glieder sind zu schwach. Die Konstanten C_{ij} und D_{ij} werden durch die Intensitäten der von den getrennten Atomen emittierten elektrischen Dipol- und Quadrupolstrahlung bestimmt. Rechnet man außer der Störenergie Gl. (6.4) auch die gestörten Eigenfunktionen und mit ihnen die Elektronendichten $\psi\psi^*$ aus, so ergibt sich eine schwache Deformation der abgeschlossenen Ladungswolken in Richtung auf eine Annäherung, ohne daß jedoch eine wirkliche Verschmelzung eintritt. Somit kann der Bindungsmechanismus anschaulich auch als Wechselwirkung induzierter Multipole aufgefaßt werden. Die Gesamtenergie φ_{ij} mit einem Minimum im Gleichgewichtsabstand ergibt sich durch Addition eines Abstoßungsterms $\varphi_{ij}^{(a)}$ zu Gl. (6.4). Für die Bindung zwischen Edelgasatomen im Abstand r hat sich das

Lennard-Jones-Potential

$$\varphi(r) = -4D\left[\left(\frac{\varrho}{r}\right)^6 - \left(\frac{\varrho}{r}\right)^{12}\right] \qquad (6.4\,\text{a})$$

bewährt.

Aufgabe 6.1. Was bedeuten die Konstanten D und ϱ in Gl. (6.4a)? Wie groß ist der Gleichgewichtsabstand $r = r_e$?

Oft werden zur van der Waals-Bindung auch die elektrostatischen Kräfte zwischen den *permanenten* Ladungsmultipolen unsymmetrisch gebauter Molekeln gerechnet, also z. B. die elektrostatischen Kräfte zwischen den Dipolmomenten der H_2O-Molekeln in flüssigem Wasser oder in Eis. Derartige Kräfte sind in unserer Diskussion, die nur die sogenannten *Dispersionskräfte* berücksichtigt, nicht enthalten, müssen also in jedem Fall gesondert berücksichtigt werden.

Wasserstoffbrückenbindung. Die H-Brückenbindung ist erst in neuerer Zeit experimentell belegt worden, und zwar im wesentlichen durch die Ultrarot-Spektroskopie und durch die Neutronenbeugung, mit deren Hilfe man auch die Lage der H-Atome festlegen kann. Ihr Wesen besteht in der Verbindung von Molekeln, in denen ein H-Atom an ein stark elektronegatives Atom gebunden ist, wie z.B. an O in H_2O (Abb. 6.3). Faßt man diese Bindung in 1. Näherung als extrem ionisch auf, so liegt ein „nacktes" Proton am Rand der Molekeln,

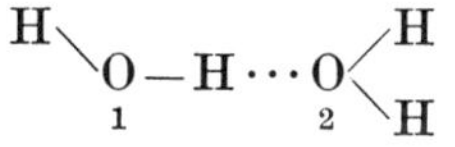

```
H\            /H
  O — H ··· O<
  1          2 \H
```

Abb. 6.3. Zur Wasserstoffbrückenbindung zwischen zwei Wassermolekeln

und es entsteht eine relativ starke ionische Bindung auch zu einem elektronegativen Atom in einer sich nähernden zweiten Molekel, z.B. O in einem zweiten H_2O. Da aber die Elektronenhülle des Sauerstoffatoms nicht kugelsymmetrisch abgeschlossen ist, wird sie durch das Proton stark polarisiert, d.h. es treten hier noch Dispersionskräfte zu der ionischen Bindung hinzu. Wegen des kleinen Radius eines Protons sitzen die beiden so verbundenen Atome so dicht zusammen, daß weitere Atome nicht in den nötigen engen Abstand kommen können. Deshalb wird die H-Brückenbindung nur zwischen 2 Atomen beobachtet. Die Bindungsfestigkeit ist immer von der Größenordnung 5 kcal/mol. Die Wasserstoffbrückenbindung ist an den Anomalien von Wasser und Eis, an den Eigenschaften der Ferroelektrika und bei Assoziations- und Polymerisationsvorgängen stark beteiligt. Das einfachste Beispiel mit fast rein ionischer Bindung scheinen die ...FHFHF...-Ketten im festen HF zu sein.

Zum Schluß fassen wir noch einmal zusammen: Die chemischen Bindungskräfte sind elektrischer Natur. Entscheidend für den Bin-

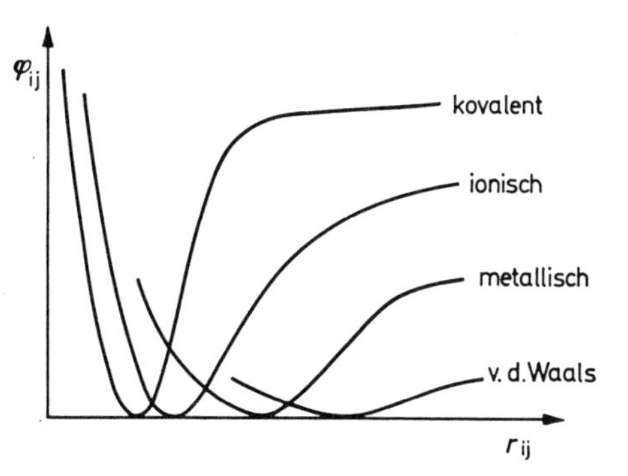

Abb. 6.4. Wechselwirkungspotential zweier Atome (Ionen) im Abstand r_{ij} bei verschiedenen Bindungstypen. Schematisch, Nullpunkt im Potentialminimum

dungstyp ist die elektrische Ladungsverteilung. Die Bindungsenergien streuen um 2 Größenordnungen. Je kleiner die Bindungsenergie, desto größer ist im allgemeinen der Atomabstand und desto flacher die Potentialkurve zwischen Nachbaratomen (Abb. 6.4). Darauf beruhen die großen Unterschiede zwischen den verschiedenen Kristalltypen, z.B. in der makroskopischen Härte und in den elastischen Konstanten.

6.2. Gitterenergie von Ionenkristallen

Wir berechnen jetzt einige Gitterenergien für Ionenkristalle, um sie mit experimentellen Werten zu vergleichen und so die Berechtigung des in Gl. (6.1) formulierten Bindungsansatzes zu prüfen. Wir beschränken uns dabei auf eine ein-einwertige Substanz AB ($Z_1 = Z_2 = 1$). Die *Bindungsenergie* des i-ten Ions, d.h. bis auf das negative Vorzeichen die für das Herauslösen des i-ten Ions aus dem Gitter erforderliche Arbeit ist gegeben durch seine Wechselwirkung mit allen anderen Ionen j des Gitters, also nach Gl. (6.1) gleich

$$\varphi_i = \sum_{j \neq i} \varphi_{ij}, \tag{6.5}$$

wobei wir das Bornsche Abstoßungspotential benutzen,

$$\varphi_{ij} = \frac{B}{r_{ij}^n} \pm \frac{e^2}{4\pi\varepsilon_0 r_{ij}} \tag{6.6}$$

und das positive Vorzeichen zu nehmen ist, wenn i, j gleichnamig, das negative Vorzeichen, wenn i, j ungleichnamig geladen sind. Wir nehmen den Kristall als unendlich ausgedehnt an, damit wir Oberflächeneffekte vernachlässigen können und berechnen dann die *Gitterenergie*, d.h. den Energieinhalt eines Teilvolums von N „Molekeln" gleich $2N$ Ionen zu

$$\Phi = N\varphi_i. \tag{6.7}$$

Hier steht N und nicht $2N$, da jede Verbindungslinie zwischen zwei Ionen nur einmal gezählt werden darf. Die Gl. (6.7) beruht auf der Tatsache, daß jedes Ion des unendlich ausgedehnten Kristalls auf Grund der AB-Symmetrie dieselbe Wechselwirkungsenergie mit allen Nachbarn hat. Φ stellt anschaulich die *Dissoziationsarbeit* des Kristalls in $2N$ einzelne Ionen dar, da wir in Gl. (6.6) den Nullpunkt der potentiellen Energie ins Unendliche gelegt haben.

Führt man jetzt die dimensionslosen Größen $p_{ij} \geqq 1$ dadurch ein, daß man die Ionenabstände relativ zu dem Abstand r zwischen dem betrachteten Ion und seinem nächsten Nachbarn mißt,

$$p_{ij} = \frac{r_{ij}}{r}, \qquad r_{ij} = r \cdot p_{ij}, \tag{6.8}$$

so sind die p_{ij} Kenngrößen des Gittertyps und unabhängig von den individuellen in ihm kristallisierenden Substanzen, die durch verschiedene Werte von r unterschieden sind. Im ruhenden Gitter, d.h. im Gleichgewicht sei $r = r_e$; bei *ähnlichen*[4] Deformationen des Gitters wird $r \neq r_e$. Man erhält so:

$$\varphi_{ij} = \frac{B}{r^n} \cdot \frac{1}{p_{ij}^n} \pm \frac{e^2}{4\pi\varepsilon_0 r} \cdot \frac{1}{p_{ij}} \tag{6.9}$$

und also

$$\varphi_i(r) = A_n \frac{B}{r^n} - \alpha \frac{e^2}{4\pi\varepsilon_0 r} \tag{6.10}$$

mit

$$\alpha = \sum_{j \neq i} \mp \frac{1}{p_{ij}}, \tag{6.11}$$

$$A_n = \sum_{j \neq i} \frac{1}{p_{ij}^n}, \tag{6.12}$$

[4] Bei nicht ähnlichen Deformationen ändern sich auch die p_{ij}, und damit die Größen α und A_n, die wir im folgenden aber konstant halten wollen. Das bedeutet Beschränkung auf kubische Gitter, z.B. schon bei der Behandlung der Kompression durch allseitigen Druck (s. Ziffer 7).

d.h. bis auf die Faktoren α und A_n das Potential zwischen nächsten Nachbarn. Die Summe α ist zuerst von Madelung (1918) ausgerechnet worden und heißt deshalb die *Madelungkonstante* des Gittertyps. Sie konvergiert im allgemeinen sehr schlecht, so daß besondere Kunstgriffe bei der Aufsummation angewendet werden. Die Summe A_n des Gittertyps konvergiert immer sehr schnell, da sich n von der Größenordnung 10 herausstellen wird. Bei Berechnungen dieser Summe genügt es deshalb, sich auf die nächsten und übernächsten Nachbarn zu beschränken, während für die Berechnung von α wirklich über das ganze Gitter summiert werden muß.

Man kann die Summation von A_n überhaupt vermeiden, wenn man die Tatsache benutzt, daß die Gitterenergie im Gleichgewichtsabstand $r = r_e$ ein Minimum hat. Die Bedingung hierfür ist (siehe Fußnote 4)

$$\left.\frac{d\Phi}{dr}\right|_{r=r_e} = N \left.\frac{d\varphi_i}{dr}\right|_{r=r_e} = 0\,, \tag{6.13}$$

d.h.

$$-\,n A_n B r_e^{-(n+1)} + \alpha \frac{e^2}{4\pi\varepsilon_0 r_e^2} = 0\,. \tag{6.14}$$

Die Konstante BA_n läßt sich also durch die Madelungsche Konstante α und den Gleichgewichtsabstand r_e ausdrücken:

$$BA_n = \alpha \cdot \frac{e^2}{4\pi\varepsilon_0} \cdot \frac{r_e^{n-1}}{n}\,. \tag{6.15}$$

Einsetzen in (6.10) gibt

$$\Phi(r) = N\varphi_i(r) = -\,N\alpha\left[1 - \frac{1}{n}\left(\frac{r_e}{r}\right)^{n-1}\right]\frac{e^2}{4\pi\varepsilon_0 r}\,. \tag{6.16}$$

Für $r = r_e$ wird das zu

$$\Phi(r_e) = N\varphi_i(r_e) = -\,N\alpha\left[1 - \frac{1}{n}\right]\frac{e^2}{4\pi\varepsilon_0 r_e}\,. \tag{6.17}$$

Wegen $n \sim 10$ ist also in der Gleichgewichtslage die Bindungsenergie zu 90% Anziehungsenergie und nur zu 10% Abstoßungsenergie. Diese Tatsache ist in Abb. 6.5 bei der Darstellung von $\varphi_i(r)$ nach Gl. (6.10) berücksichtigt.

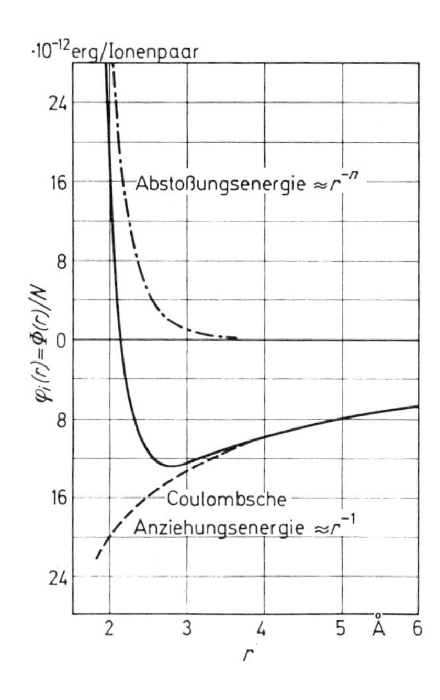

Abb. 6.5. Zum Wechselwirkungspotential bei reiner Ionenbindung: Bindungsenergie pro Ionenpaar. Nach Gl. (6.17) für NaCl

Wir berechnen jetzt die Madelungkonstante α, durch deren Wert die Größe der Gitterenergie nach Gl. (6.10), (6.17) wesentlich bestimmt wird, für einen einfachen Fall. Dabei nehmen wir als Bezugsion i ein negatives Ion. Dann ist bei der Summation von α in (6.11) jeweils dasselbe Vorzeichen zu nehmen, das auch die Ladung des Aufions j hat. Wir erläutern das Verfahren an der (später gebrauchten) linearen AB-Kette nach Abb. 6.6.

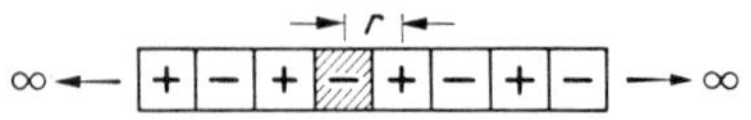

Abb. 6.6. Lineare A^+B^--Kette

$$\infty \leftarrow \; + \; - \; + \; - \; + \; - \; + \; - \; \rightarrow \infty$$

Hier haben die Nachbarionen rechts die Werte $p_{ij} = 1, 2, 3, \ldots$. Wenn wir gleich auch die linke Hälfte der Kette durch den Faktor 2 berücksichtigen, erhalten wir

$$\alpha = 2(1 - \tfrac{1}{2} + \tfrac{1}{3} - \tfrac{1}{4} \pm \cdots) = 2 \ln 2 . \tag{6.18}$$

Im dreidimensionalen Fall ist die Rechnung schwieriger, und zwar hängt ihr Erfolg von der Reihenfolge der Summation ab.

Wir zeigen das am Beispiel des *NaCl-Gitters* (*B1-Typ*). Zunächst überzeugen wir uns anhand der Abb. 6.7, daß das negative Bezugsion i 6 positive nächste Nachbarn[5] 1 mit $p_{ij} = 1$, 12 negative zweite Nachbarn 2 mit $p_{ij} = \sqrt{2}$, 8 positive dritte Nachbarn 3 mit $p_{ij} = \sqrt{3}$, wieder 6 negative vierte Nachbarn an den Oktaederecken mit $p_{ij} = 2$, hat, usw.

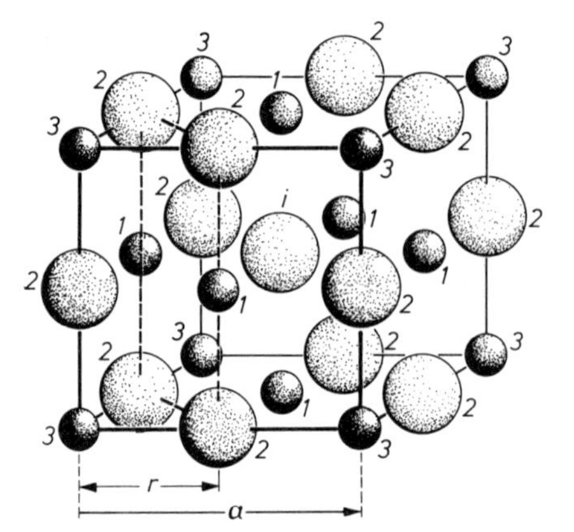

Abb. 6.7. Elementarzelle des NaCl-Gitters (B1-Typ), kubisch-flächenzentriert. Eingezeichnet sind a) die (110)-Ebene (gestrichelt), b) die erst-, zweit- und drittnächsten Nachbarn des Zentralions i

Es liegt demnach nahe, bei der Summation jeweils die Atome gleichen Abstands, d.h. derselben *Koordinationsschale* zusammenzufassen. Da eine Koordinationsschale nur Ionen derselben Ladung enthält, ergibt sich

$$\begin{aligned} \alpha &= 6/\sqrt{1} - 12/\sqrt{2} + 8/\sqrt{3} - 6/\sqrt{4} + \cdots \\ &= 6{,}000 - 8{,}485 + 4{,}620 - 3{,}000 + \cdots . \end{aligned} \tag{6.19}$$

Diese Reihe konvergiert sehr schlecht, da man abwechselnd positive und negative Werte bekommt, die mit großen Ausschlägen um den Endwert $\alpha = 1{,}747565$ pendeln.

Eine sehr viel geschicktere Summation ergibt sich, wenn man nicht konzentrisch um das Aufion herumsummiert, sondern auf die Translationssymmetrie des Gitters zurückgeht. Man zerlegt den Kristall in gleichgroße Würfel, deren Volum zunächst willkürlich ist.

[5] Koordinationszahl 6.

Der erste Schritt der Rechnung besteht in der Berechnung der Wechselwirkung des Aufions mit dem es umgebenden Würfel. Dabei ist zu berücksichtigen, daß die Oberflächenionen des Würfels zu mehreren Würfeln gleichzeitig gehören, und zwar die Ionen auf den Flächen zu zweien, auf den Kanten zu vieren und an den Ecken zu achten. Aus diesem Grunde sind die betreffenden Ionen nur mit der Hälfte, 1/4 und 1/8 ihrer wirklichen Ladung zu zählen, da sonst der Würfel nicht elektrisch neutral wäre.

Der zweite Schritt besteht in der Berechnung des Potentials, das von den weiter entfernt liegenden neutralen Würfeln am Ort des Aufions ausgeübt wird. Da jeder Würfel eine größere Anzahl von positiven und negativen Ladungen enthält, handelt es sich um das Potential eines elektrischen Multipols, das mit einer sehr hohen Potenz des Abstandes nach außen abfällt. Die Ordnung des Multipols und damit auch die Potenz des Abfallens ist um so höher, je größer die einzelnen Würfel gewählt werden. Auf diese Weise ergibt sich eine außerordentlich schnelle Konvergenz. Wenn wir z.B. die in Abb. 6.7 dargestellte Elementarzelle, d.h. den kleinstmöglichen Würfel als Ausgangsvolum wählen, haben wir für das Potential dasjenige von

$$\begin{aligned} &6 \text{ Nachbarn der Ladung } +\frac{e}{2} \text{ im Abstand } p_{ij} = 1 \\ &12 \text{ Nachbarn der Ladung } -\frac{e}{4} \text{ im Abstand } p_{ij} = \sqrt{2} \\ &8 \text{ Nachbarn der Ladung } +\frac{e}{8} \text{ im Abstand } p_{ij} = \sqrt{3} \end{aligned} \tag{6.20}$$

oder was damit gleichwertig ist, 6/2 Nachbarn der Ladung $+e$ im Abstand $p_{ij} = 1$, usw. Der erste Schritt liefert also bereits

$$\alpha_1 = \frac{6}{2 \cdot 1} - \frac{12}{4\sqrt{2}} + \frac{8}{8\sqrt{3}} = 1{,}47\,, \tag{6.21}$$

einen Wert, der schon ziemlich dicht am richtigen Wert 1,747565 liegt. Wählt man den Würfel nach allen Seiten um einen Abstand a größer, so würde der erste Schritt

$$\alpha_1 = 1{,}75 \tag{6.22}$$

ergeben. Dieser Wert liegt schon sehr dicht am Endwert.

Die nächste Tabelle gibt die Madelungschen Konstanten für einige ein- und zweiwertige AB-Kristalle:

Tabelle 6.2. *Madelungsche Konstanten*

Typ	Beispiel	α	
B1	NaCl	1,747565	einwertig
B2	CsCl	1,76268	
B3	Zinkblende ZnS	1,63806	zweiwertig
B4	Wurtzit ZnS	1,641	

Für die Berechnung der Gitterenergie im Gleichgewichtsabstand nach Gl. (6.16) muß noch der Abstoßungsexponent n bestimmt werden. Man erhält ihn experimentell aus der *Kompressibilität*

$$\varkappa = -\frac{1}{V}\frac{dV}{dp}\,. \tag{6.23}$$

Die bei einer Kompression durch allseitigen Druck geleistete Arbeit $-p\,dV$ geht in Gitterenergie über, d. h. es ist

$$-p\,dV = d\Phi\,, \qquad -dp/dV = d^2\Phi/dV^2\,, \tag{6.24}$$

also

$$\frac{1}{\varkappa} = V\frac{d^2\Phi}{dV^2}\,. \tag{6.25}$$

Der Differentialquotient rechts berechnet sich für kubische Gitter nach

$$\begin{aligned} \frac{d\Phi}{dV} &= \frac{d\Phi}{dr}\cdot\frac{dr}{dV} \\ \frac{d^2\Phi}{dV^2} &= \frac{d\Phi}{dr}\cdot\frac{d^2r}{dV^2} + \left(\frac{dr}{dV}\right)^2\cdot\frac{d^2\Phi}{dr^2}\,, \end{aligned} \tag{6.26}$$

wobei für den *NaCl-Typ B1* das Volum gleich

$$V = 2\,N\,r^3 \tag{6.27}$$

gesetzt werden kann. Da wir uns nur für den Gleichgewichtsabstand $r = r_e$ interessieren (wir wollen den Druck p von 1 Atm. aus um dp ändern), ist

$$\left.\frac{d\Phi}{dr}\right|_{r=r_e} = 0 \tag{6.28}$$

und das erste Glied in (6.26) verschwindet. Für das übrig bleibende zweite Glied ist zunächst nach (6.27)

$$\left(\frac{dr}{dV}\right)^2 = \frac{1}{36\,N^2 r^4}\,, \tag{6.29}$$

so daß also in der Gleichgewichtslage nach (6.25), (6.26) und (6.29)

$$\frac{1}{\varkappa} = \frac{1}{18\,N r_e}\left(\frac{d^2\Phi}{dr^2}\right)_{r=r_e} \tag{6.30}$$

ist. Weiter ist wegen (6.16) im Gleichgewichtsabstand $r = r_e$

$$\left.\frac{d^2\Phi}{dr^2}\right|_{r=r_e} = N\alpha\,\frac{e^2}{4\pi\varepsilon_0}\cdot\frac{n-1}{r_e^3}\,. \tag{6.31}$$

Hieraus folgt nach (6.30)

$$\frac{1}{\varkappa} = \frac{n-1}{18}\,\frac{e^2}{4\pi\varepsilon_0 r_e^4}\,\alpha \tag{6.32}$$

oder

$$n = 1 + \frac{18\,r_e^4}{\alpha}\cdot\frac{4\pi\varepsilon_0}{e^2}\cdot\frac{1}{\varkappa}\,. \tag{6.33}$$

Alle Größen auf der rechten Seite dieser Gleichung sind bekannt, die Kompressibilität wird als Funktion der Temperatur gemessen. Der von Slater auf $T = 0$ K extrapolierte Wert bei NaCl

$$\varkappa = 3{,}3\cdot 10^{-12}\,\mathrm{cm^2\,dyn^{-1}} \tag{6.34}$$

führt zu dem Exponenten

$$n = 9{,}4\,. \tag{6.35}$$

Bei anderen Kristallen, bei denen das Abstoßungsgesetz nicht so steil ist, ergeben sich weniger große Exponenten, wie die folgenden Zahlen zeigen:

$$CaF_2\colon\ n = 7\,; \qquad \mathrm{ZnS\ (Blende)}\colon\ n = 5\,.$$

Hier wird die *Polarisierbarkeit* der Ionen (die van der Waalssche Bindung) eine merkliche Rolle spielen, vielleicht auch eine Beimischung von kovalenter Bindung. Auf Rechnungen, in denen diese Effekte explizit berücksichtigt sind, kann hier nicht eingegangen werden.

Zum Schluß soll noch der Vergleich der berechneten *Gitterenergien* mit experimentellen Werten durchgeführt werden. Hierbei besteht die Schwierigkeit, daß es experimentell nicht möglich ist, einen Kristall in Ionen zu dissoziieren. Die Gitterenergie ist also der Messung nicht direkt zugänglich. Man muß sie deshalb auf andere thermochemische Größen zurückführen (*Born-Haberscher Kreisprozeß*). Bezeichnet im folgenden eine eckige Klammer den festen, eine runde Klammer den gasförmigen Zustand einer Substanz, M ein Metall und X ein Halogen, so ergibt sich nach den Regeln der Thermochemie für eine bestimmte Menge eines MX-Kristalls sukzessive

$$\begin{aligned}[MX] + \Phi &= (M^+) + (X^-) \qquad (6.36)\\ &= (M) + I_M + (X) - E_X\\ &= (M) + I_M + (X_2) + D_{X_2} - E_X\\ &= [M] + S_M + I_M + (X_2) + D_{X_2} - E_X\\ &= [MX] + Q_{MX} + S_M + I_M + D_{X_2} - E_X\,.\end{aligned}$$

Dabei bedeuten

I_M = Ionisierungsarbeit des atomaren Metalls,
E_X = Elektronenaffinität des atomaren Halogens,
D_{X_2} = Dissoziationsarbeit des molekularen Halogens,
S_M = Sublimationswärme des Metalls,
Q_{MX} = Bildungswärme des festen MX aus festem Metall M und gasförmigem molekularem Halogen X_2

jeweils für die am Anfang vorhandene Substanzmenge, also etwa pro Mol MX. Herausstreichen von $[MX]$ aus der letzten Zeile von (6.36) gibt die Energiebeziehung

$$\Phi = Q_{MX} + S_M + I_M + D_{X_2} - E_X\,. \qquad (6.37)$$

Eine Auswahl von so bestimmten (experimentellen) Gitterenergien sind mit den nach dem Mayerschen Ansatz und nach den mit dem Potenzgesetz unter Zuhilfenahme der Kompressibilität nach Slater berechneten Werten in Tabelle 6.3 zusammengestellt. Die Übereinstimmung ist sehr gut, so daß für die einwertigen Metallhalogenide das durchgeführte Modell als gut begründet betrachtet werden kann.

Aufgabe 6.2. Berechne die Madelungsche Konstante α für den CsCl-Typ (B2-Typ) nach der Methode der Koordinationsschalen (Abbrechen der Summation nach der 6. Schale) und nach der Gitterzellenmethode und vergleiche die beiden Ergebnisse.

Tabelle 6.3. *Theoretische und experimentelle Gitterenergien bei Zimmertemperatur*

Gittertyp (kubisch)	Kristall	Gitterkonstante in Å	Gitterenergie in kcal/Mol		
			Theoretisch (Mayer et al.)	Theoretisch (Slater)*	Experimentell
B1	LiCl	5,13	199,2	189	198,1
B1	NaCl	5,63	183,1	178	182,8
B1	NaBr	5,96	174,6	169	173,3
B1	NaJ	6,46	163,9		166,4
B1	KCl	6,28	165,4	164	164,4
B1	KBr	6,59	159,3	157	156,2
B1	KJ	7,05	150,8	148	151,5
B2	CsCl	4,11	152,2		155,1
B2	CsBr	4,29	146,3		148,6
B2	CsJ	4,56	139,1		145,3
B1	AgBr	5,77	197		201,8
B3	CuCl	5,41	216		221,9
B3	CuBr	5,68	208		216,0
B3	CuJ	6,04	199		213,4

* Diese Werte extrapoliert auf 0 K.

Aufgabe 6.3. Berechne die Konstante A_n in dem Ausdruck für die Gitterenergie mit der Annahme $n = 10$ für das kubisch-flächenzentrierte NaCl-Gitter (B1-Typ), ferner die Konstante B in dem Ausdruck für die Wechselwirkungsenergie zwischen zwei Nachbarionen (Gleichgewichtsabstand nächster Nachbarn: $r_e = 2{,}81$ Å).

Aufgabe 6.4. Berechne den Effekt, den eine Verdopplung der Ionenladung im NaCl auf den Gleichgewichtsabstand r_e nächster Nachbarn, die Gitterenergie $\Phi(r_e)$ und die Kompressibilität $\varkappa(r_e)$ haben würde. Das abstoßende Potential bleibe dabei unverändert, siehe Aufg. 6.3.

Aufgabe 6.5. Ersetze das Abstoßungspotential $B(r_{ij})^{-n}$, das bei Summation über alle Ionen des Kristalls den Wert $A_n B r^{-n}$ ergibt, durch $\beta \cdot e^{-r_{ij}/\varrho}$ und summiere lediglich über die nächsten Nachbarn im Abstand r_e. Vergleiche die beiden Ergebnisse und bestimme β und ϱ für NaCl mit $r_e = 2{,}81$ Å; $n = 10$. A_{10} und B sind aus Aufgabe 6.3 bekannt.

6.3. Oberflächenenergien von Ionenkristallen

Bei der Berechnung der Gitterenergien haben wir immer einen unendlich ausgedehnten Kristall vorausgesetzt, d.h. es sollte jedes Ion im Innern des Kristalls sitzen. Tatsächlich finden aber gerade besonders wichtige Kristallvorgänge, wie z.B. das Wachstum, oder die Auflösung oder Verdampfung an der Oberfläche statt. Die hier maßgebenden Energien sind die Bindungsenergien von Oberflächenionen, d.h. die für das Abreißen von Oberflächenionen aufzuwendenden Arbeiten. Sie sind speziell für die Wachstumsprozesse von Kossel und Stransky berechnet worden, und zwar nicht nur für Ionenkristalle, sondern auch für den Fall kovalenter Bindung und für Metalle. Aus diesem ausgedehnten Fragengebiet behandeln wir nur einen Spezialfall, nämlich den der Ionenkristalle, und hier nur den des *NaCl-Typs B1*.

Wir schreiben dabei in Analogie zu (6.17) die Wechselwirkungsenergie eines Oberflächenions mit den übrigen Kristallionen in der Form

$$\varphi^{(\,)}(r_e) = -\alpha^{(\,)}\left(1 - \frac{1}{n}\right)\frac{e^2}{4\pi\varepsilon_0 r_e}, \tag{6.38}$$

wobei wir durch die hochgesetzten Klammern den Platz für verschiedene Indizes andeuten, durch welche diese *Oberflächenenergien* und *Oberflächen-Madelung-Konstanten* von den analogen Größen für Innenionen in unendlich ausgedehnten Gittern unterschieden werden. Außerdem beschränken wir uns von vornherein auf den Gleichgewichtsabstand $r = r_e$. Wir führen die Rechnungen im folgenden nicht durch, da sie nach den oben besprochenen Methoden erfolgen, sondern geben gleich die Werte für $\alpha^{(\,)}$ an.

a) *Würfelfläche (100) des NaCl.* Für das Wachstum einer solchen Fläche sind folgende Prozesse und Energien wichtig:

(1) Anbau eines Ions an das Ende einer unendlichen Halbkette (vgl. Abb. 6.6). Der Zahlenwert

$$\alpha^{(1)} = \ln 2 = 0{,}6932 \tag{6.39}$$

folgt direkt aus (6.18).

(2) Der Beginn einer neuen Kette an einer unendlichen Halbebene (Abb. 6.8) liefert den Wert

$$\alpha^{(2)} = 0{,}1144\,. \tag{6.40}$$

(3) Der Beginn einer neuen Netzebene auf einem unendlichen Halbraum (Platz (3) in Abb. 6.9) liefert den Wert

$$\alpha^{(3)} = 0{,}0662\,. \tag{6.41}$$

(4) Der Beginn einer neuen Kette an einer unendlichen Halbebene auf dem unendlichen Halbraum (Platz (4) in Abb. 6.9) liefert den Wert

$$\alpha^{(4)} = \alpha^{(3)} + \alpha^{(2)} = 0{,}1807\,. \tag{6.42}$$

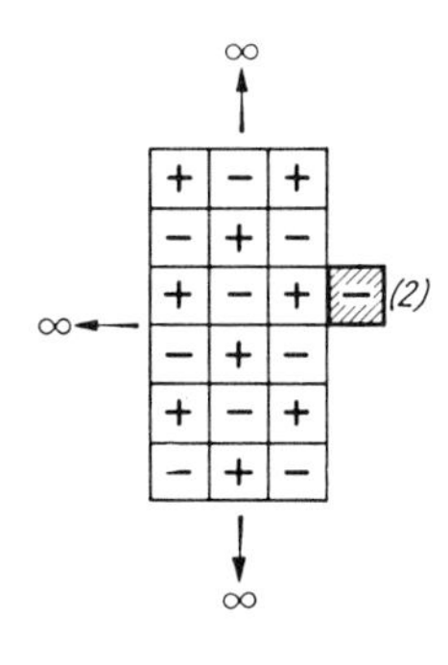

Abb. 6.8. Anlagerung eines Ions an eine unendliche Halbebene. (100)-Fläche des NaCl-Typs

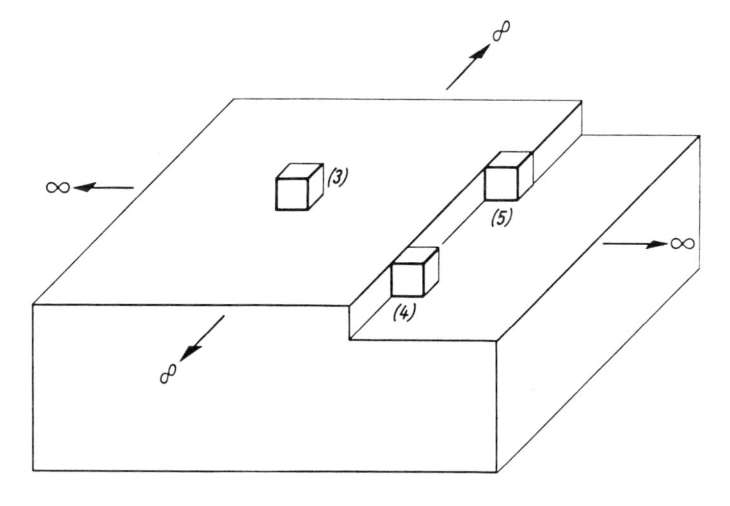

Abb. 6.9. Anlagerung eines Ions an verschiedene Plätze einer Kristalloberfläche. NaCl-Typ, (100)-Fläche

(5) Die Fortführung einer Kette neben einer Halbebene auf einem Halbraum (Platz (5) in Abb. 6.9) schließlich liefert den Wert

$$\begin{aligned}\alpha^{(5)} &= \alpha^{(3)} + \alpha^{(2)} + \alpha^{(1)} = 0{,}8738 \\ &= \alpha/2\,.\end{aligned} \tag{6.43}$$

Der Wert von $\alpha^{(5)}$ ist halb so groß wie die Madelungsche Konstante für den unendlich ausgedehnten Gesamtkristall, was anschaulich klar ist.

Die unter (3), (4), (5) genannten Wachstumsschritte sind die an Steinsalzwürfeln wirklich vorkommenden, sobald die Kristalle bereits eine genügende Größe erreicht haben. Da nach (6.38) die Bindungsfestigkeit proportional zu $\alpha^{(\,)}$ ist, wird am meisten Energie bei der Fortführung der Kette gewonnen, am wenigsten beim Beginn einer neuen Netzebene. Bei vorgegebener Temperatur wird also ein zufällig auf Platz (3) angelagertes Ion durch die Temperaturbewegung leichter wieder losgeschlagen als ein auf Platz (5) angelagertes. Demzufolge wird der Wachstumsprozeß so verlaufen, daß zuerst die Ketten zu Ende gebaut, d.h. gegen die Wiederverdampfung stabilisiert werden, dann wird eine neue Kette begonnen und erst zuletzt eine neue Ebene. Für die (100)-Ebenen haben wir also ein schnelles tangentiales und nur ein langsames normales Wachstum. Hierdurch wird das Auftreten ebener Würfelflächen als Wachstumsflächen hinreichend erklärt. Allerdings erfordern die Verhältnisse bei den kleinsten Kristallkeimen besondere Betrachtungen, da hier ein ∞ ausgedehnter Halbkristall eine sehr schlechte Näherung wäre. Jedoch können wir auf die in der Kristallisationskinetik behandelten Fragen der Keimbildung und der kritischen Keimgrößen hier nicht eingehen.

b) *(110)- und (111)-Flächen des NaCl-Typs.* Die (110)-Fläche (in Abb. 6.7 gestrichelt eingezeichnet) enthält in der Netzebene vertikal dieselbe AB-Kette wie die (100)-Fläche. Horizontal liegen aber positiv geladene Ionen neben positiven und negative neben negativen, so daß sich die einzelnen Vertikalketten abstoßen, Abb. 6.10a. Es hat somit $\alpha^{(1)}$ denselben Wert wie oben bei (100), jedoch wird $\alpha^{(2)}$ negativ:

$$\alpha^{(1)} = 0{,}6932\,, \qquad \alpha^{(2)} = -\,0{,}02702\,. \tag{6.44}$$

Demzufolge kann eine solche Fläche nach unseren Überlegungen nicht wachsen, sie ist instabil. Tatsächlich beobachtet man auch, wenn (110)-Flächen als Wachstumsflächen auftreten, eine makroskopische Struktur auf ihnen, die in Übereinstimmung mit der Theorie zeigt, daß es sich hier um treppenförmige „Scheinflächen" handelt, und daß die Wachstumsflächen in Wirklichkeit Würfelflächen sind, siehe Abb. 6.10b.

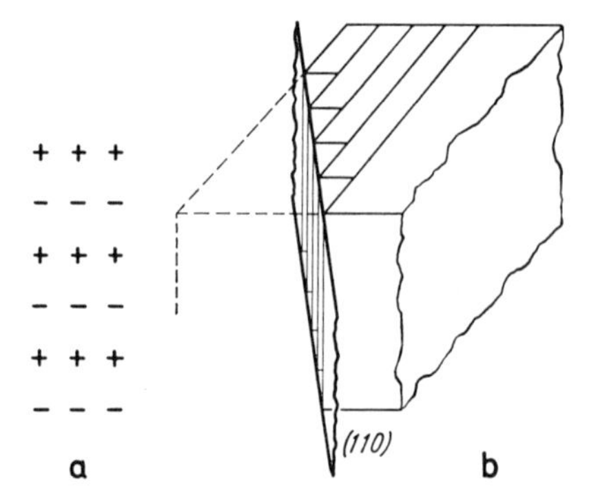

Abb. 6.10. (110)-Fläche des NaCl-Typs. a) Ionenbelegung einer (110)-Netzebene. b) Scheinbare (110)-Wachstumsfläche

Die Netzebenen der (111)-Fläche enthalten jeweils nur Ionen gleichen Vorzeichens. Solche Flächen können als Wachstumsflächen also nicht entstehen. Sie sollten an natürlichen Kristallen nur als Scheinflächen vorkommen.

Zusammenfassend stellen wir fest, daß die Kossel-Stranskische Wachstumstheorie für einzelne Fälle wie das *NaCl-Gitter* einen brauchbaren qualitativen Überblick gibt. Auch die Bindungsenergien an den Oberflächen werden ziemlich richtig berechnet. Jedoch kommen die Wachstumsgeschwindigkeiten quantitativ falsch heraus. Das beruht auf der Wirkung von Baufehlern in den Oberflächen. Zum Beispiel ermöglicht eine *Schraubenversetzung* ein schnelles Wachstum nur unter Verwendung von Plätzen (4) und (5) der Abb. 6.9, bei völliger Vermeidung der ungünstigen Plätze (3). (Näheres in Ziffer 5.2.2.2).

7. Die Elastizität von Kristallen

Die Elastizitätstheorie von Kristallen behandelt die bei *Verzerrungen* des Gitters auftretenden *Kräfte*. Zunächst werden wir den Einfluß der *Symmetrie* behandeln, und zwar, da er vom speziellen Modell unabhängig sein muß, am Grenzfall des *anisotropen Kontinuums*. Diese Ergebnisse gelten dann auch für diskontinuierliche Kristallgitter. Den Einfluß spezieller modellmäßiger Annahmen über die Gitterkräfte werden wir nur kurz streifen. Dagegen müssen die *Gitterschwingungen* ausführlicher vom Standpunkt des Raumgitters behandelt werden. Hier wird umgekehrt der Grenzfall des Kontinuums nur kurz zu Vergleichszwecken erwähnt werden.

7.1. Phänomenologische Elastizitätstheorie der anisotropen Kontinua

Am Anfang stellen wir einige allgemeine Sätze und Definitionen der Elastizitätstheorie ohne Beweis und nur zur Erinnerung zusammen.

1. Jede beliebige Deformation[6] läßt sich erzeugen durch Überlagerung von 3 *Normalspannungen* (Druck- oder Zug-Spannungen) längs der 3 Koordinatenachsen und 3 Tangential- oder *Schubspannungen* um die Koordinatenachsen.

Dabei sollen die 6 genannten äußeren Spannungen[7] (Dimension: Kraft/Fläche) wie folgt definiert und benannt werden: X, Y, Z bedeuten Kräfte in Richtung der x-, y-, z-Achse. Diese Kräfte sollen immer paarweise an gewissen Flächen angreifen und zwar bei den Druckspannungen normal, bei den Schubspannungen tangential zu den Flächen. Die Koordinate, parallel zu der die Normalenrichtung dieser Flächen zeigt, schreiben wir als Index unten an die Kräfte. Demnach haben wir gemäß Abb. 7.1 nach Division der Kräfte

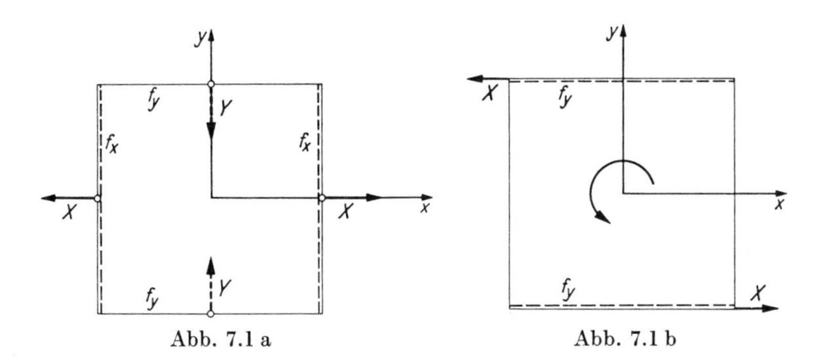

Abb. 7.1. Zur Definition elastischer Spannungen. a) Normalspannungen $X_x < 0$ (Zug), $Y_y > 0$ (Druck), b) Tangential- oder Schubspannung $X_y > 0$

durch die Flächen die drei *Normal*spannungen X_x, Y_y, Z_z und die drei *Tangential*spannungen Y_z, Z_x, X_y[8] mit den Beträgen $|X_x| = |X/f_x|, \dots, |X_y| = |X/f_y|$. Dabei sind nach Konvention die Vorzeichen so zu wählen, daß z.B. $X_x > 0$, wenn in die positive (negative) x-Richtung eine negative (positive) Kraftkomponente X fällt ($X \cdot x < 0$!), also bei Druck, und daß z.B. $X_y > 0$, wenn das auftretende Drehmoment um die z-Achse

$$X_y \triangleq T_z \tag{7.1}$$

positiven Drehsinn hat. Zugspannungen und Schubspannungen mit negativem Drehsinn erhalten das negative Vorzeichen.

2. Jede beliebige Deformation läßt sich beschreiben durch Überlagerung von 3 *Dehnungen* (Dilatationen) und 3 *Scherungen* (Torsionen).

[6] Englisch: strain.
[7] Englisch: stress.
[8] Man könnte diese Spannungen auch durch Y_x, Z_y, X_z definieren. Wir ziehen unser System vor, da hier die Indizes in zyklischer Reihenfolge auf die großen Buchstaben folgen.

Diese Größen sind als dimensionslose Verhältniszahlen definiert und werden wie folgt benannt:

Eine homogene Dilatation in x-Richtung wird beschrieben durch das Verhältnis der durch eine Kraft bewirkten Verschiebung Δx eines Punktes P zu seiner Koordinate x_0 im kräftefreien Zustand. Wird z.B. das in Abb. 7.2 gezeichnete Volum durch eine Zugspannung in x-Richtung gedehnt, so ist die Dehnung an jeder Stelle des Volums die gleiche. Wir bezeichnen sie mit kleinen Buchstaben als

$$\begin{aligned} x_x &= \frac{\Delta x}{x_0} = \frac{\Delta l_x}{l_{x0}}, \\ y_y &= \frac{\Delta y}{y_0} = \frac{\Delta l_y}{l_{y0}}, \\ z_z &= \frac{\Delta z}{z_0} = \frac{\Delta l_z}{l_{z0}}. \end{aligned} \tag{7.2}$$

Es ist also x_x positiv bei einer Dehnung, negativ bei einer Stauchung, d.h. positive Normalspannungen X_x erzeugen negative Dilatationen x_x und umgekehrt. Die Verschiebungen Δx sind bei homogener Dehnung konstant auf derselben Fläche, die oben zur Definition der Spannung X_x benutzt wurde. Insofern bedeutet auch hier der Index eine Flächennormale.

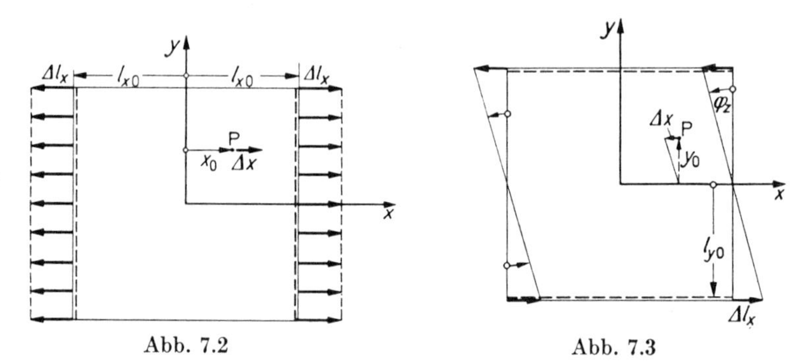

Abb. 7.2 Abb. 7.3

Abb. 7.2. Positive homogene Dehnung x_x in x-Richtung

Abb. 7.3. Negative homogene Scherung x_y um die z-Richtung. Scherwinkel $\varphi_z > 0$

Eine Scherung x_y um die z-Richtung (bewirkt etwa durch die Scherspannung X_y) ist definiert durch den negativen Scherwinkel φ_z um die z-Achse usw., also nach Abb. 7.3

$$\begin{aligned} x_y &= -\varphi_z = \frac{\Delta x}{y_0} = \frac{\Delta l_x}{l_{y0}}, \\ y_z &= -\varphi_x = \frac{\Delta y}{z_0} = \frac{\Delta l_y}{l_{z0}}, \\ z_x &= -\varphi_y = \frac{\Delta z}{x_0} = \frac{\Delta l_z}{l_{x0}}. \end{aligned} \tag{7.3}$$

Das Vorzeichen wird somit negativ (positiv) bei positivem (negativem) Drehsinn des Winkels. Es werden also negative Scherungen durch positive Scherspannungen erzeugt und umgekehrt[9]. Bei einer homogenen Scherung x_y sind die Verschiebungen Δx konstant längs Ebenen, deren Normalen in y-Richtung zeigen. Insofern bedeutet also auch hier der Index die Normalenrichtung derselben Fläche, die oben zur Definition der Scherspannung X_y benutzt wurde.

Den gesuchten *Zusammenhang* zwischen den Verzerrungen und den Spannungen können wir wegen der Kleinheit der elastischen (reversiblen) Verzerrungen als linear ansetzen (erste Glieder von Reihenentwicklungen). Dabei ist aber zu berücksichtigen, daß z.B. zur Dehnung x_x nicht nur die Spannung X_x, sondern mindestens

[9] Es werden also generell durch positive (negative) Spannungen X_x, Y_y, Z_z, Y_z, Z_x, X_y negative (positive) Deformationen x_x, y_y, z_z, y_z, z_x, x_y erzeugt. Die hier benutzte Festsetzung der Vorzeichen ist seit W. Voigt üblich.

auch Drucke Y_y und Z_z beitragen. Bei Kristallen von niedrigerer als kubischer Symmetrie tragen erfahrungsgemäß aber auch noch die Scherspannungen Y_z, Z_x, X_y zu x_x bei. D.h. man hat allgemein anzusetzen:

$$\begin{aligned}
-x_x &= s_{11} X_x + s_{12} Y_y + s_{13} Z_z + s_{14} Y_z + s_{15} Z_x + s_{16} X_y \\
-y_y &= s_{21} X_x + s_{22} Y_y + s_{23} Z_z + s_{24} Y_z + s_{25} Z_x + s_{26} X_y \\
-z_z &= s_{31} X_x + s_{32} Y_y + s_{33} Z_z + s_{34} Y_z + s_{35} Z_x + s_{36} X_y \\
-y_z &= s_{41} X_x + s_{42} Y_y + s_{43} Z_z + s_{44} Y_z + s_{45} Z_x + s_{46} X_y \\
-z_x &= s_{51} X_x + s_{52} Y_y + s_{53} Z_z + s_{54} Y_z + s_{55} Z_x + s_{56} X_y \\
-x_y &= s_{61} X_x + s_{62} Y_y + s_{63} Z_z + s_{64} Y_z + s_{65} Z_x + s_{66} X_y
\end{aligned} \tag{7.4}$$

wobei die $s_{\mu\nu}$ reziproke Spannungen sind und *Elastizitätskoeffizienten*[10] heißen. Im allgemeinen fallen in diesem Gleichungssystem die Diagonalglieder am stärksten ins Gewicht. Damit sie positiv werden, muß wegen der gewählten konventionellen Vorzeichen auf der linken Seite das Minuszeichen stehen. Natürlich hängen die $s_{\mu\nu}$ von der Orientierung des Koordinatensystems relativ zum Kristallgitter ab, wovon später Gebrauch gemacht wird.

Ohne Beweis übernehmen wir die Tatsache, daß die Koeffizientenmatrix symmetrisch, d.h.

$$s_{\mu\nu} = s_{\nu\mu} \tag{7.5}$$

ist.

Man kann sich diese Symmetrie vielleicht auf folgende Weise plausibel machen. Z. B. gibt s_{12} an, wieviel eine Druckspannung parallel zur y-Achse zur Dehnung in x-Richtung beiträgt. Umgekehrt gibt s_{21} an, welche Dehnung in y-Richtung durch einen Druck in x-Richtung erzeugt wird. Da man die zuerst genannte Dehnung durch den zuletzt genannten Druck rückgängig machen kann, ist $s_{21} = s_{12}$ plausibel.

Da die $s_{\mu\nu}$-Matrix 6 Zeilen und Spalten hat, existieren also *21 unabhängige Konstanten*, von denen im allgemeinsten Fall das Verhalten des Kristalls beherrscht wird. Diese Zahl reduziert sich jedoch um so mehr, je höher die Symmetrie des Kristalls ist, da gewisse $s_{\mu\nu}$ aus Symmetriegründen verschwinden und andere den gleichen Wert annehmen.

Auflösung von (7.4) nach den Spannungen führt zu einem Gleichungssystem, das wir zur Abwechslung in folgender Form schreiben

$$\begin{pmatrix} -X_x \\ -Y_y \\ -Z_z \\ -Y_z \\ -Z_x \\ -X_y \end{pmatrix} = \begin{pmatrix} c_{11} & c_{12} & c_{13} & c_{14} & c_{15} & c_{16} \\ c_{21} & c_{22} & c_{23} & c_{24} & c_{25} & c_{26} \\ c_{31} & c_{32} & c_{33} & c_{34} & c_{35} & c_{36} \\ c_{41} & c_{42} & c_{43} & c_{44} & c_{45} & c_{46} \\ c_{51} & c_{52} & c_{53} & c_{54} & c_{55} & c_{56} \\ c_{61} & c_{62} & c_{63} & c_{64} & c_{65} & c_{66} \end{pmatrix} \begin{pmatrix} x_x \\ y_y \\ z_z \\ y_z \\ z_x \\ x_y \end{pmatrix} \tag{7.6}$$

und dessen Konstanten $c_{\alpha\beta}$ Spannungen sind und *Elastizitätsmoduln* heißen[11]. Sie sind aus den $s_{\mu\nu}$ zu berechnen, ebenfalls symmetrisch

$$c_{\beta\alpha} = c_{\alpha\beta} \tag{7.7}$$

und hängen von der Orientierung des Koordinatensystems ab.

Bei der Verzerrung des Kristalls müssen die äußeren Kräfte eine Arbeit je Volumeinheit gegen die inneren Spannungen leisten, die wir mit $F(x_x \cdots x_y)$ bezeichnen, und die *elastisches Potential* oder *elastische Energiedichte* genannt wird. Aus ihr müssen sich die

[10] Englisch: compliances. Moduln *und* Koeffizienten sind *elastische Konstanten* (Oberbegriff).

[11] Englisch: stiffnesses.

äußeren Spannungsgrößen durch Differentiation nach den Deformationen ergeben:

$$\begin{aligned} X_x &= -\frac{\partial F}{\partial x_x}, \quad \text{zyklisch in } x, y, z, \\ Y_z &= -\frac{\partial F}{\partial y_z}, \quad \text{zyklisch in } x, y, z. \end{aligned} \tag{7.8}$$

Wie man sich durch Ausführen der Differentiationen leicht überzeugt, erhält man dann und nur dann das Gleichungssystem (7.6), wenn F die Form

$$\begin{aligned} F = \frac{c_{11}}{2} x_x^2 &+ c_{12} x_x y_y + c_{13} x_x z_z + \underline{c_{14} x_x y_z} + \underline{c_{15} x_x z_x} + \overline{c_{16} x_x x_y} \\ &+ \frac{c_{22}}{2} y_y^2 + c_{23} y_y z_z + \underline{c_{24} y_y y_z} + \underline{c_{25} y_y z_x} + \overline{c_{26} y_y x_y} \\ &+ \frac{c_{33}}{2} z_z^2 + \underline{c_{34} z_z y_z} + \underline{c_{35} z_z z_x} + \overline{c_{36} z_z x_y} \\ &+ \frac{c_{44}}{2} y_z^2 + \overline{c_{45} y_z z_x} + \underline{c_{46} y_z x_y} \\ &+ \frac{c_{55}}{2} z_x^2 + \underline{c_{56} z_x x_y} \\ &+ \frac{c_{66}}{2} x_y^2 \end{aligned} \tag{7.9}$$

hat[12]. Statt (7.9) schreibt man im allgemeinen nur das *Modulnschema an*:

$$\begin{matrix} c_{11} & c_{12} & c_{13} & c_{14} & c_{15} & c_{16} \\ & c_{22} & c_{23} & c_{24} & c_{25} & c_{26} \\ & & c_{33} & c_{34} & c_{35} & c_{36} \\ & & & c_{44} & c_{45} & c_{46} \\ & & & & c_{55} & c_{56} \\ & & & & & c_{66} \end{matrix} \tag{7.10}$$

Als skalare Größe ist der Betrag von F invariant gegen Transformationen des Koordinatensystems. Beschreibt man also die äußeren Kräfte und die Deformationen statt im xyz-System in einem beliebigen dagegen gedrehten oder gespiegelten $x'y'z'$-System, so geht $F(x_x, \ldots, x_y)$ in eine quadratische Funktion $F'(x'_{x'}, \ldots, x'_{y'})$ der im neuen System gemessenen Deformationen $x'_{x'}, \ldots, x'_{y'}$ über, die im allgemeinen andere Konstanten

$$c'_{\alpha\beta} \neq c_{\alpha\beta} \tag{7.11}$$

hat, und es muß sein (*Invarianzbedingung* für den *Wert* von F)

$$\frac{c_{11}}{2} x_x^2 + c_{12} x_x y_y + \cdots = \frac{c'_{11}}{2} x'^2_{x'} + c'_{12} x'_{x'} y'_{y'} + \cdots. \tag{7.12}$$

Ist nun aber die betrachtete Koordinatentransformation eine *Symmetrieoperation*, d. h. hat das $x'y'z'$-System eine physikalisch gleichwertige Lage im Kristall wie das xyz-System, so muß sich natürlich die Energiedichte F in den $x'_{x'}, y'_{y'}, \ldots, x'_{y'}$ analytisch genau so ausdrücken wie in den $x_x, y_y, \ldots, x_y$, d. h. es muß sogar sein (*Invarianzbedingung* für die *Form der Funktion F*)

$$c'_{\alpha\beta} = c_{\alpha\beta} \tag{7.13}$$

oder ausgeschrieben

$$\frac{c_{11}}{2} x_x^2 + c_{12} x_x y_y + \cdots = \frac{c_{11}}{2} x'^2_{x'} + c_{12} x'_{x'} y'_{y'} + \cdots. \tag{7.14}$$

[12] Die Bedeutung der Unterstreichungen wird unten erklärt.

Mit Hilfe dieser Beziehung läßt sich nun das Modulnschema (7.10) für die verschiedenen Punktsymmetrieklassen spezialisieren. Wir behandeln im folgenden durch Hinzunahme immer weiterer Symmetrieelemente nacheinander die Klassen C_1 (triklin), C_2 (monoklin), D_2 (rhombisch), D_4 (tetragonal) und O (kubisch), um schließlich zum isotropen Körper überzugehen, bei dem jede beliebige Achse Deckachse beliebiger Zähligkeit ist. Dabei beschreiben wir die Symmetrieoperationen durch Koordinatentransformationen bei festgehaltenem Kristall.

Klasse C_1. Hier existiert kein Symmetrieelement außer einer 1-zähligen Achse (in beliebiger Richtung). Das heißt, das $x'y'z'$-System ist mit dem xyz-System identisch und es ist

$$x'_{x'} = x_x, \ldots, x'_{y'} = x_y. \tag{7.15}$$

Gl. (7.14) ist also eine Identität, die trivial ist. Da sich somit keine einschränkenden Aussagen über die c_{ik} gewinnen lassen, sind alle 21 c_{ik} wirklich zur Beschreibung nötig; man hat *21 Elastizitätsmoduln*.

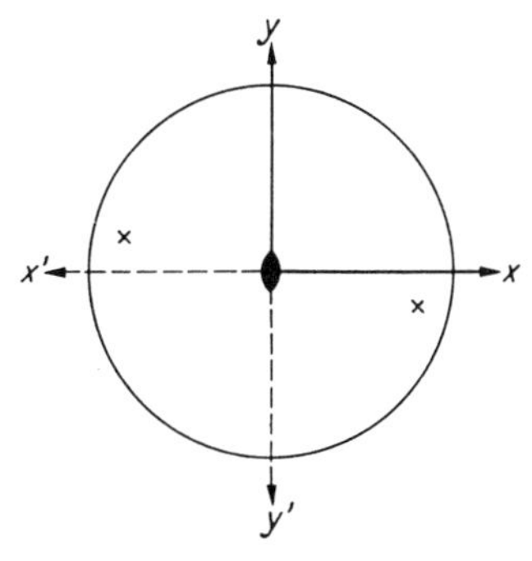

Abb. 7.4. Koordinatentransformation der Punktsymmetrieklasse C_2

Dies gilt für jedes beliebige in den Kristall gelegte Koordinatensystem. Von jetzt an werden wir das Koordinatensystem in Symmetrieachsen des Kristalls legen. Es sei ausdrücklich betont, daß die Ergebnisse nur in diesen speziellen Koordinaten gelten.

Klasse C_2. Die z-Achse ist zweizählige Deckachse, siehe Abb. 7.4. Es ist also

$$x' = -x, \quad y' = -y, \quad z' = z, \tag{7.16}$$

d.h. die drei Dehnungen sowie die Scherung um z behalten ihr Vorzeichen, wogegen die Scherungen um die x- und y-Achse ihr Vorzeichen wechseln. Es ist also

$$\begin{aligned} x'_{x'} &= x_x, & y'_{y'} &= y_y, & z'_{z'} &= z_z \\ y'_{z'} &= -y_z, & z'_{x'} &= -z_x, & x'_{y'} &= x_y, \end{aligned} \tag{7.17}$$

und beim Übergang $(xyz) \to (x'y'z')$ kehren in Gl. (7.9) die unterstrichenen Deformationsprodukte ihr Vorzeichen um. Koeffizientenvergleich in (7.14) ergibt somit Verschwinden der Koeffizienten dieser Glieder, d.h. es ist

$$c_{14} = c_{15} = c_{24} = c_{25} = c_{34} = c_{35} = c_{46} = c_{56} = 0 \tag{7.18}$$

und das Modulnschema hat die in (7.19) wiedergegebene Form

$$\begin{matrix} c_{11} & c_{12} & c_{13} & 0 & 0 & c_{16} \\ & c_{22} & c_{23} & 0 & 0 & c_{26} \\ & & c_{33} & 0 & 0 & c_{36} \\ & & & c_{44} & c_{45} & 0 \\ & & & & c_{55} & 0 \\ & & & & & c_{66} \end{matrix} \tag{7.19}$$

mit nur noch *13 Elastizitätsmoduln*. Mit Hilfe dieses Schemas läßt sich leicht zeigen, daß mit $c_{\mu\nu} = 0$ auch $s_{\mu\nu} = 0$ ist (Aufgabe 7.2).

Klasse D_2. Die z-Achse ist zweizählige Deckachse wie in C_2, jedoch kommt die x-Achse (oder y-Achse) als zweizählige Deckachse hinzu:

$$D_2 \triangleq A_2^z + A_2^x .$$

Die Symmetrie D_2 enthält also die Symmetrie C_2, so daß wir von vornherein von dem Schema (7.19) auszugehen haben und nur noch die weitere Spezialisierung durch die zweizählige x-Achse untersuchen müssen. Bei einer Drehung durch π um die x-Achse transformieren sich die Koordinaten wie (vgl. Abb. 3.4)

$$x' = x\,, \qquad y' = -y\,, \qquad z' = -z\,, \tag{7.20}$$

d.h. die Deformationen wie

$$\begin{aligned} x'_{x'} &= x_x\,, & y'_{y'} &= y_y\,, & z'_{z'} &= z_z \\ y'_{z'} &= y_z\,, & z'_{x'} &= -z_x\,, & x'_{y'} &= -x_y\,. \end{aligned} \tag{7.21}$$

Demnach wechseln die in (7.9) überstrichenen Glieder ihr Vorzeichen und müssen verschwinden, d.h. das Modulnschema nimmt die Form

$$\begin{matrix} c_{11} & c_{12} & c_{13} & 0 & 0 & 0 \\ & c_{22} & c_{23} & 0 & 0 & 0 \\ & & c_{33} & 0 & 0 & 0 \\ & & & c_{44} & 0 & 0 \\ & & & & c_{55} & 0 \\ & & & & & c_{66} \end{matrix} \tag{7.22}$$

an. Das elastische Verhalten wird durch 9 *Moduln* vollständig beschrieben.

Klasse D_4. Gemäß Abb. 3.4 geht D_4 aus D_2 dadurch hervor, daß die z-Achse vierzählig wird: $D_4 \triangleq A_4^z + A_2^x$. D_4 enthält also D_2, d.h. man hat von dem Modulnschema (7.22) auszugehen und die Vierzähligkeit der z-Achse neu zu berücksichtigen. Die Koordinaten transformieren sich bei Drehung durch $\pi/2$ um z wie

$$z' = z\,, \qquad x' = y\,, \qquad y' = -x\,, \tag{7.23}$$

woraus unter Berücksichtigung des jeweiligen Drehsinns um die Achsen für die Deformationen die Beziehungen

$$\begin{aligned} x'_{x'} &= y_y\,, \quad y'_{y'} = x_x\,, \quad z'_{z'} = z_z \\ y'_{z'} &= -\varphi_{x'} = -\varphi_y = z_x \\ z'_{x'} &= -\varphi_{y'} = \varphi_x = -y_z \\ x'_{y'} &= -\varphi_{z'} = -\varphi_z = x_y \end{aligned} \tag{7.24}$$

folgen. Koeffizientenvergleich nach (7.14) ergibt hiernach zusätzlich

$$c_{11} = c_{22}\,, \qquad c_{44} = c_{55}\,, \qquad c_{13} = c_{23}\,. \tag{7.25}$$

Das Modulnschema wird also

$$\begin{matrix} c_{11} & c_{12} & c_{13} & 0 & 0 & 0 \\ & c_{11} & c_{13} & 0 & 0 & 0 \\ & & c_{33} & 0 & 0 & 0 \\ & & & c_{44} & 0 & 0 \\ & & & & c_{44} & 0 \\ & & & & & c_{66} \end{matrix} \tag{7.26}$$

mit nur noch 6 *unabhängigen Moduln*, und das elastische Potential erhält die Form

$$\begin{aligned} F(D_4) = {} & \frac{c_{11}}{2}(x_x^2 + y_y^2) + c_{12}\,x_x y_y + c_{13}(y_y z_z + z_z x_x) \\ & + \frac{c_{33}}{2} z_z^2 + \frac{c_{44}}{2}(y_z^2 + z_x^2) + \frac{c_{66}}{2} x_y^2\,, \end{aligned} \tag{7.27}$$

ist also, wie zu erwarten, symmetrisch bezüglich der x- und y-Achsen.

Klasse O (vgl. Abb. 3.4). Sie geht aus D_4 hervor, indem man auch die x-Achse vierzählig macht $\text{O} \triangleq A_4^z + A_4^x$, und damit automatisch ebenfalls die y-Achse, so daß alle drei Achsenrichtungen jetzt gleichwertig sind, das elastische Potential sich also in x, y, z völlig symmetrisch darstellen muß. Diese Forderung ergibt aus (7.27) ohne weiteres

$$c_{11} = c_{33}\,, \qquad c_{44} = c_{66}\,, \qquad c_{12} = c_{13} \tag{7.28}$$

und

$$F(\text{O}) = \frac{c_{11}}{2}(x_x^2 + y_y^2 + z_z^2) + c_{12}(x_x y_y + y_y z_z + z_z x_x) + \frac{c_{44}}{2}(y_z^2 + z_x^2 + x_y^2)\,, \tag{7.29}$$

d.h. man kommt jetzt mit nur noch *3 Konstanten* aus. Ohne Beweis sei noch angegeben, daß der Übergang vom kubischen Kristall zum *isotropen* Körper allein aus Symmetriegründen die Reduktion der benötigten Konstantenzahl von 3 auf 2 gemäß der Beziehung

$$2\,c_{44} = c_{11} - c_{12} \tag{7.30}$$

mit sich bringt.

Aufgabe 7.1. Beweise diese Beziehung durch die Forderung der Invarianz von $F(\text{O})$ gegen beliebige Drehungen des Koordinatensystems. (Zur Transformation der Verzerrungen bei beliebigen Koordinatentransformationen siehe etwa Cady, Piezoelectricity, Chapter IV) [C8.]

Für eine *Flüssigkeit* schließlich, in der alle Scherspannungen verschwinden, schrumpft $F(\text{O})$ auf das eine Glied

$$F(\text{Flüss.}) = \frac{c_{11}}{2}(x_x^2 + y_y^2 + z_z^2) = \frac{3c_{11}}{2}\left(\frac{\Delta l}{l}\right)^2 = \frac{c_{11}}{6}\left(\frac{\Delta V}{V}\right)^2 \tag{7.31}$$

zusammen, wobei $V = xyz$ das homogen komprimierte Flüssigkeitsvolum darstellt. Es genügt also *ein Elastizitätsmodul*.

Zum Schluß sei noch einmal betont, daß alle Angaben über die Auswahl der bei einer bestimmten Symmetrie gebrauchten Elastizitätsmoduln $c_{\alpha\beta}$ auch für die Elastizitätskoeffizienten $s_{\mu\nu}$ gelten, da mit $c_{\alpha\beta}$ auch das gleich indizierte $s_{\alpha\beta}$ verschwindet. Die $s_{\mu\nu}$-Matrix hat also Nullen an denselben Stellen wie die $c_{\alpha\beta}$-Matrix. Die anderen Stellen können sich jedoch formal durch einen Faktor 2 oder 4 von denen der $c_{\alpha\beta}$-Matrix unterscheiden, da die Konstantenmatrizen in (7.4) und (7.6) mathematisch keine Tensoren darstellen, vgl. etwa [C13], [C9].

Aufgabe 7.2. Beweise, daß $s_{\mu\nu} = 0$, wenn $c_{\mu\nu} = 0$.

Aufgabe 7.3. Bestimme den Zusammenhang der elastischen Moduln c_{11}; c_{12}; c_{44} mit den elastischen Konstanten s_{11}; s_{12}; s_{44} für kubische Kristalle.

Aufgabe 7.4. Berechne die Dilatationen und Scherwinkel eines Kristalles unter dem Einfluß eines allseitigen Druckes p:

a) für einen Kristall der Symmetrie C_2,
b) für einen kubischen Kristall.

Um welche Strecken Δx, Δy, Δz verschiebt sich ein Punkt P (x_0, y_0, z_0), wenn man die x-Achse im Kristall fixiert. Man vergleiche die Symmetrie des deformierten Kristalls mit der Symmetrie des Gesamtsystems Kristall und äußere Kräfte.

Aufgabe 7.5. Wie hängt die reziproke Kompressibilität $\varkappa^{-1} = -V\,dp/dV$ in kubischen Kristallen von den elastischen Moduln ab?

7.2. Experimentelle Bestimmung von elastischen Konstanten

Für die Bestimmung der elastischen Konstanten eines Kristalls müssen so viele voneinander unabhängige Experimente durchgeführt werden, wie es unabhängige Konstanten gibt, also maximal 21 bei triklinen Kristallen, 9 bei monoklinen Kristallen usw.

Man mißt in allen Fällen die Volum- und Formänderungen bei homogenen oder inhomogenen Spannungszuständen, z.B. bei allseitigem Druck, einachsigem Zug oder bei der Biegung von ein- oder beidseitig eingespannten Stäben. Hinzu kommen Torsionsversuche an Zylindern, bei denen allerdings Spannungen und Verzerrungen inhomogen verteilt sind[13]. Bei niedriger Symmetrie müssen die Messungen mit mehreren Proben durchgeführt werden, die in verschiedenen Orientierungen aus dem Kristall herausgeschnitten sind. Für jedes Experiment müssen die aufgebrachten Kräfte durch die äußeren Spannungen $X_x, \ldots, X_y$ und die gemessenen Formänderungen durch die Deformationen $x_x, \ldots, x_y$ ausgedrückt werden[14], d.h. man mißt jeweils eine mehr oder minder komplizierte Funktion der c_{ik} oder s_{ik}. Wir wollen diese Aufgabe der Mechanik hier jedoch nicht behandeln, sondern stellen gleich einige experimentell bestimmte Zahlenwerte in Tabelle 7.1 zusammen, weitere Zahlenwerte siehe in [C9].

Man kann neben den zeitlich konstanten (*statischen*) Messungen auch sogenannte *dynamische* Verfahren anwenden, indem man Eigenschwingungen[15] von Probekörpern unter vorgegebenen Randbedingungen oder *elastische Wellen* mit vorgegebener Laufrichtung im Kristall beobachtet. Wir wollen hier nur über die elastischen Wellen einige wenige, zu Vergleichszwecken später gebrauchte Tatsachen ohne Beweis zusammenstellen.

Sowohl die Schwingungsform wie die Ausbreitungsgeschwindigkeit der Wellen hängen in komplizierter Weise von der Kristallsymmetrie und von der Ausbreitungsrichtung ab. Diese beschreiben wir durch den Einheitsvektor $\boldsymbol{n}$ oder den Wellenvektor $\boldsymbol{q} = \frac{2\pi}{\lambda}\boldsymbol{n}$. Im kubischen Fall bestehen folgende Gesetze: Bei Ausbreitung längs symmetrischer Richtungen, d.h. wenn der Wellenvektor $\boldsymbol{q} = \frac{2\pi}{\lambda}\boldsymbol{n} \parallel [100]$ oder $\parallel [101]$ oder $\parallel [111]$ liegt, gibt es jeweils eine Longitudinalwelle mit der Phasengeschwindigkeit v_L und zwei zueinander senkrecht linear

Tabelle 7.1. *Elastische Konstanten im kubischen System* ($T = 300$ K)

Substanz	s_{11} in 10^{-13} cm²/dyn	s_{44}	s_{12}	c_{11} in 10^{11} dyn/cm²	c_{44}	c_{12}
Na	587	239	−268	0,739	0,419	0,622
Au	23,4	23,8	− 10,7	18,9	4,26	15,9
Al	15,8	35,8	− 5,8	10,9	2,80	6,3
Fe	7,65	8,78	− 2,82	23,0	11,4	13,5
W	2,50	6,40	− 0,71	51,5	15,6	20,4
C Diamant	1,12	2,07	− 0,22	102	49,2	25
NaF	11,5	35,6	− 2,3	9,7	2,81	2,44
NaCl	22,9	78,4	− 4,7	4,85	1,27	1,25
KCl	25,9	159	− 3,7	4,05	0,629	0,66
KJ	38,2	271	− 5,4	2,75	0,369	0,45
CsCl	30,6	125	− 6,2	3,64	0,80	0,92
CsJ	46,2	159	− 9,8	2,45	0,63	0,67
AgCl	30,4	160	− 11,4	6,01	0,625	3,62
AgBr	31,3	139	− 11,6	5,63	0,720	3,30
TiC	2,18	5,72	− 0,40	50,0	17,5	11,3

[13] Homogene Scherversuche lassen sich nicht durchführen.

[14] Relativ zu dem in den Symmetrieelementen des Kristalls liegenden rechtwinkligen Koordinatensystem.

[15] Eine besonders elegante Methode haben Schäfer und Bergmann [C10] angegeben, die stehende Eigenschwingungen in geometrisch einfachen Probekörpern anregen and deren Knoten durch die Beugung von Licht sichtbar machen. Man bestimmt so die c_{ik}.

polarisierte Transversalwellen mit den Geschwindigkeiten v_{T_1} und v_{T_2}. Diese sind in den beiden Fällen $\boldsymbol{q} \parallel [100]$ und $|\boldsymbol{q}| \parallel [111]$ mit einander symmetrieentartet, so daß hier $v_{T_1} = v_{T_2} = v_T$ und jede Schwingungsrichtung $\perp \boldsymbol{q}$ erlaubt ist. Diese Wellen sind also nicht polarisiert. Dagegen sind im Fall $\boldsymbol{q} \parallel [101]$ die beiden nicht entarteten Wellen aus Symmetriegründen parallel [010] (T_2) und $[\bar{1}01]$ (T_1) polarisiert[16].

Für die Schallgeschwindigkeiten gilt z.B. (ϱ = Dichte)

a) $\boldsymbol{q} \parallel [100]$:

$$v_L = \sqrt{\frac{c_{11}}{\varrho}}, \quad v_T = \sqrt{\frac{c_{44}}{\varrho}}$$

b) $\boldsymbol{q} \parallel [101]$: (7.32)

$$v_L = \sqrt{\frac{c_{11} + c_{12} + 2c_{44}}{2\varrho}}, \quad v_{T_1} = \sqrt{\frac{c_{11} - c_{12}}{2\varrho}}, \quad v_{T_2} = \sqrt{\frac{c_{44}}{\varrho}}$$

c) $\boldsymbol{q} \parallel [111]$:

$$v_L = \sqrt{\frac{c_{11} + 2c_{12} + 4c_{44}}{3\varrho}}, \quad v_T = \sqrt{\frac{c_{11} - c_{12} + c_{44}}{3\varrho}}$$

In einer beliebig schief zu den Symmetrieachsen liegenden Aus breitungsrichtung existieren (entsprechend den drei möglichen Bewegungsrichtungen eines Massenteilchens) ebenfalls immer drei elastische Wellen, jedoch sind sie nicht mehr rein longitudinal oder rein transversal und werden deshalb mit $L + T$ bezeichnet. Für sie gelten kompliziertere Formeln für v.

Man kann also die Schallgeschwindigkeiten aus den Moduln c_{ik} berechnen oder umgekehrt aus den Schallgeschwindigkeiten die c_{ik} bestimmen, sogar als Funktion der Frequenz. Einige Beispiele gibt Tabelle 7.2. Die berechneten Werte stimmen recht gut mit den (wenigen) gemessenen überein. Da die Ultraschall- und die Hyperschallmessungen (s. Ziffer 9.3) innerhalb der Fehlergrenzen ebenfalls übereinstimmen, haben die elastischen Wellen in dem übersehbaren Frequenzbereich $\omega < \approx 2\pi \cdot 10^9\ \text{sec}^{-1}$ praktisch konstante Schallgeschwindigkeit, d.h. sie sind *dispersionsfrei*. Dieses Ergebnis werden wir in Ziffer 8.3 noch vom Standpunkt der Gitterdynamik diskutieren. Vorher machen wir jedoch noch eine Bemerkung zu den elastischen Konstanten vom Standpunkt der Gitterdynamik.

7.3. Elastizität und Gitterkräfte

In der Gitterdynamik wird die Elastizität von Kristallen auf die Lage der Atome und die zwischen ihnen wirkenden Kräfte, d.h. auf die Struktur und die chemische Bindung zurückgeführt. Da die c_{ik} die für die Erzeugung einer vorgegebenen Deformation erforderlichen Kräfte messen, sollten sie einen parallelen Gang zu den Bindungsfestigkeiten zeigen, was durch einen Vergleich zwischen Tabelle 7.1 und Tabelle 6.1 bestätigt wird[17].

Da bei manchen Deformationen, z.B. Torsionen, das Gitter unähnlich verzerrt wird, drängt sich die Frage auf, ob die Gitterkräfte *Zentralkräfte* sind, die immer längs der Verbindungslinie zweier Gitterbausteine wirken, wie wir es z.B. bei der Berechnung der Gitterenergie von Ionenkristallen in Ziffer 6.2 vorausgesetzt haben, oder ob auch tangentiale Kraftkomponenten möglich sind. Im Fall von Zentralkräften müssen die elastischen Konstanten neben den allgemeinen Symmetriebedingungen, wie wir ohne Beweis übernehmen (s. z.B. [C13]), 6 weitere Bedingungen erfüllen, so daß im triklinen

[16] Vergleiche Abb. 8.6, in der derselbe Fall vom Standpunkt des kubischen Kristallgitters dargestellt ist. Da Symmetriebetrachtungen von anderen Details des Modells unabhängig sind, gilt der untere Teil von Abb. 8.6 auch für das kubische Kontinuum.

[17] Vergleichbare elastische Konstanten von kubischen Molekelkristallen stehen leider nicht zur Verfügung.

Tabelle 7.2. *Schallgeschwindigkeiten in kubischen Kristallen: berechnet nach Tabelle* 7.1 *und den Gleichungen* (7.32) *und gemessen mit Ultraschall* (US, $\omega \approx 2\pi \cdot 10^5\,\text{sec}^{-1}$) *und Hyperschall* (HS, $\omega \approx 2\pi \cdot 10^9\,\text{sec}^{-1}$). *Alle Werte in* 10^3 m sec^{-1}

	ϱ (g cm^{-3})	$\sqrt{\frac{c_{11}}{\varrho}}$	$\sqrt{\frac{c_{44}}{\varrho}}$	$\sqrt{\frac{c_{11}-c_{12}}{2\varrho}}$	$\sqrt{\frac{c_{11}+c_{12}+2c_{44}}{2\varrho}}$	$\sqrt{\frac{c_{11}+2c_{12}+4c_{44}}{3\varrho}}$	$\sqrt{\frac{c_{11}-c_{12}+c_{44}}{3\varrho}}$
Fe	7,86	5,12	3,81	2,45	6,14	6,36	2,97
C*	3,51	17,0	11,8	10,5	17,9	18,2	10,9
KJ	3,13	2,96	1,09	1,92	2,51 2,508 US 2,475 HS	2,33	1,51
CsJ	4,51	2,33	1,18	1,40	2,20	2,16 2,154 US 2,132 HS	1,33

* Diamant.

Fall nur noch 15 unabhängige Konstanten bleiben. Zum Beispiel ist immer $c_{12} = c_{66}$. Im kubischen Fall gilt also die *Cauchy-Relation*

$$c_{12} = c_{44}\,, \tag{7.33}$$

so daß nur noch zwei unabhängige Konstanten bleiben[18]. Wie ein Blick auf Tabelle 7.1 zeigt, ist diese Relation bei den reinen Ionenkristallen, nämlich den Alkalihalogeniden, recht gut erfüllt, nicht dagegen bei den Silberhalogeniden, die starke Anteile von kovalenter Bindung enthalten, und natürlich nicht beim Diamanten mit seinen gerichteten Valenzen. Auch bei den Metallen gilt die Relation nicht, und zwar um so weniger, je reiner der metallische Bindungstyp realisiert ist, also bei Na und Au. Hier dokumentiert sich die Tatsache, daß es sich bei dem metallischen Bindungstyp wesentlich um einen *Vielkörpereffekt* handelt. — Damit wollen wir die kurze Diskussion stationärer Verformungen vom Standpunkt der Gitterkräfte abschließen und uns ausführlicher den Gitterschwingungen zuwenden.

[18] Geht man von hier aus zum statistisch isotropen Körper mit Zentralkräften über, so wird auch noch $c_{11} = 3c_{44}$, d.h. es bleibt nur noch eine unabhängige Konstante.

8. Gitterschwingungen

Das bisher benutzte Modell des anisotropen Kontinuums kann für die Deformationen und die Schwingungen eines Kristallgitters nur den Einfluß der Symmetrie richtig wiedergeben. Für die Bestimmung der Eigenschwingungen selbst, d.h. der Eigenfrequenzen und der zugehörigen Bewegungsformen muß man mit M. BORN das Gitter als *unendlich* ausgedehntes, *diskontinuierliches Massenpunktsystem* behandeln. Dabei können die Kräfte zwischen den Massenpunkten in der Nähe der Gleichgewichtslagen in 1. Näherung als *lineare* Funktionen der Verrückungen angenommen werden. Wir formulieren das Ergebnis schon jetzt: In dieser Näherung läßt sich jede innere Bewegung eines Kristallgitters darstellen als Überlagerung von nicht untereinander gekoppelten (*orthogonalen*) laufenden oder stehenden *ebenen Wellen*. In einer solchen Welle schwingen alle Atome mit der gleichen Frequenz (der Eigenfrequenz), und mit einer durch die Wellenlänge λ vorgegebenen Phasenverschiebung.

Dies bedarf jedoch der folgenden Erläuterung: Eine makroskopische ebene Welle kann sich ungestört nur in einem homogenen Medium ausbreiten[18a]. Dem entspricht im Kristallgitter eine Welle in einem *primitiven* Punktgitter mit nur *einem* Atom in jeder Zelle. Die Wellenlänge λ, d.h. der Wellenvektor $\boldsymbol{q}$ gibt dann die Phasenverschiebung von Zelle zu Zelle an. Läuft eine ebene Welle durch ein kompliziertes Gitter mit s im allgemeinen verschiedenen Atomen in der Zelle, so gilt dasselbe in jedem der s ineinandergestellten primitiven Teilgitter, und zwar mit demselben $\boldsymbol{q}$. Der Wellenvektor $\boldsymbol{q}$ bestimmt also die *Phasenverschiebung* zwischen *homologen* Punkten *verschiedener* Zellen. Da die Wellen „nicht zwischen den Atomen schwingen können", können nur Wellen vorkommen, deren Wellenlänge größer ist, als die Gitterkonstanten. Dagegen kann die relative Bewegung der s Teilgitter gegeneinander, d.h. *die Relativbewegung* der s Basisatome *in* einer Zelle nicht einfach mit dem Bild einer durch das Innere der Zelle laufenden ebenen Welle beschrieben werden, sondern muß für jede Welle zusätzlich aus den Bewegungsgleichungen, d.h. aus den Kräften und Massen in der Zelle bestimmt werden.

Die Eigenschwingungen von *endlichen* Kristallgittern, die allein theoretisch abzählbar und auch allein dem Experiment zugänglich sind, hängen außer von den inneren Kräften und den Massen von den Randbedingungen an der Oberfläche, z.B. der Halterung der Kristallprobe ab. Wo diese Einflüsse wichtig sind, werden wir ausdrücklich darauf aufmerksam machen. In allen übrigen Fällen kann ohne Bedenken mit dem unendlichen Gitter gerechnet werden.

8.1. Eigenschwingungen einer unendlichen linearen Kette

Die theoretische Behandlung des dreidimensionalen Kristalls ist mathematisch kompliziert. Wir behandeln deswegen nach Born und von Karman zunächst das sehr einfache Modell einer unendlich langen *eindimensionalen Kette*, in der Atome A mit der Masse m und Atome B mit der Masse μ im gleichen Abstand d aufeinanderfolgen (Abb. 8.1). Die Kette besteht also aus Zellen mit dem einen Basisvektor $\boldsymbol{a} = 2\boldsymbol{d}$ und jede Zelle ist mit $s = 2$ Atomen besetzt. Wird der Koordinatenanfang in die Ruhelage eines A-Atoms gelegt, so sind mit $n = 0, \pm 1, \ldots$

$$\boldsymbol{x}^A = 2n\,\boldsymbol{d} = n\,\boldsymbol{a} \tag{8.1a}$$

die Ruhelagen aller A-Atome und

$$\boldsymbol{x}^B = \boldsymbol{x}^A \pm \boldsymbol{d} = (2n \pm 1)\,\boldsymbol{d} = (n \pm \tfrac{1}{2})\,\boldsymbol{a} \tag{8.1b}$$

die Ruhelagen aller B-Atome.

[18a] Jede Inhomogenität wirkt als Hindernis, an dem die Welle gestreut wird.

Wir setzen weiter *lineares Kraftgesetz* voraus und behandeln zunächst nur *Longitudinalwellen*. Wir werden die Ergebnisse (nicht die Ableitung) später auf transversale Wellen längs der Kette und auf Wellen im dreidimensionalen Kristall erweitern. Außerdem werden wir die Abweichungen vom linearen Kraftgesetz und ihre Bedeutung diskutieren. Während der Schwingung erleiden die durch i numerierten Atome Verschiebungen $u_i \lesseqgtr 0$ aus der Ruhelage. Führen wir an dieser Stelle noch die für eine qualitative Übersicht erlaubte Voraussetzung ein, daß jedes Atom nur Kräfte von seinen nächsten Nachbarn erfährt[19], so ist offenbar die rücktreibende Kraft auf ein

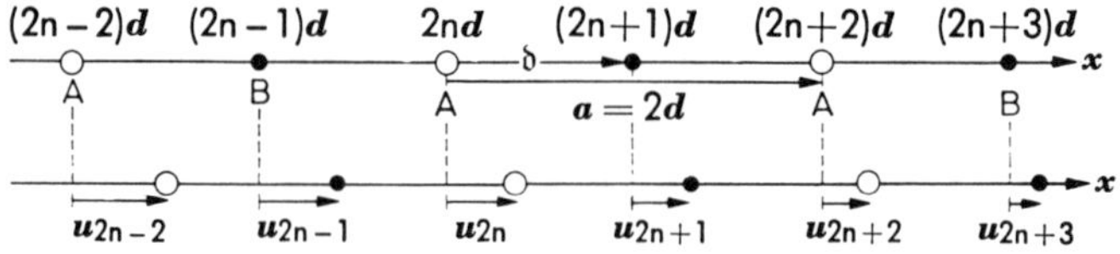

Abb. 8.1. Unendliche AB-Kette ($s=2$). Oben in Ruhelage, unten während einer Longitudinalwelle. Zellenvektor $\boldsymbol{a}=2\boldsymbol{d}$. Offene Kreise (gerade Indizes): A-Kette, Massen m. Volle Kreise (ungerade Indizes): B-Kette, Massen $\mu \leqq m$

Atom gleich Null, wenn sich der Nachbar links und der Nachbar rechts ebensoweit nach derselben Seite verschoben hat wie das betrachtete Atom selbst. Es wirkt nur dann eine Kraft auf ein herausgegriffenes Atom, wenn sein Abstand zu den beiden Nachbarn rechts und links verschieden groß wird. Nach unserer Voraussetzung ist sie der Abstandsdifferenz proportional. Wir erhalten also, wenn in der schwingenden Kette (Abb. 8.1) die Abstände vom $2n$-ten Atom zum Nachbaratom rechts und links durch

$$\begin{aligned} d_+ &= d + u_{2n+1} - u_{2n}\,, \\ d_- &= d + u_{2n} - u_{2n-1}\,, \qquad n = 0,\ \pm 1, \ldots \end{aligned} \tag{8.1}$$

gegeben sind, die *Bewegungsgleichung* für die A-Atome

$$m\,\ddot{u}_{2n} = \alpha(d_+ - d_-) = \alpha(u_{2n+1} + u_{2n-1} - 2\,u_{2n}) \tag{8.2}$$

und analog die Bewegungsgleichung für die B-Atome

$$\mu\,\ddot{u}_{2n\pm1} = \alpha(u_{2n\pm2} + u_{2n} - 2\,u_{2n\pm1})\,. \tag{8.3}$$

Dabei sind die A-Atome durch gerade Indizes $2n$, $2n \pm 2, \ldots$, die B-Atome durch ungerade Indizes $2n \pm 1, \ldots$ gekennzeichnet. Die Federkonstante α ist natürlich für beide Atomarten die gleiche, da die rücktreibende Kraft auf der Bindung zwischen A- und B-Atomen beruht. Gesucht sind die $u_{2n}(\boldsymbol{x})$ und $u_{2n\pm1}(\boldsymbol{x})$ als Funktionen von $\boldsymbol{x}$ längs der Kette. Dabei ist entscheidend wichtig, daß diese Funktionen wegen des diskontinuierlichen Aufbaus der Kette definierte Werte $u_{2n}(\boldsymbol{x}^A)$ und $u_{2n\pm1}(\boldsymbol{x}^B)$ nur an den Stellen (8.1a) und (8.1b) besitzen.

Als Lösungen der Bewegungsgleichungen setzen wir *harmonische Eigenwellen* mit noch unbestimmten komplexen Amplituden an:

$$\begin{aligned} u_{2n} &= U_{\boldsymbol{q}}^A\, e^{-i(\omega t - \boldsymbol{q}\boldsymbol{x}^A)} = U_{\boldsymbol{q}}^A\, e^{-i(\omega t - n\boldsymbol{q}\boldsymbol{a})} = u_{\boldsymbol{q}}^A(\boldsymbol{x}^A)\,, \\ u_{2n\pm1} &= U_{\boldsymbol{q}}^B\, e^{-i(\omega t - \boldsymbol{q}\boldsymbol{x}^B)} = U_{\boldsymbol{q}}^B\, e^{-i(\omega t - (n\pm1/2)\boldsymbol{q}\boldsymbol{a})} = u_{\boldsymbol{q}}^B(\boldsymbol{x}^B) \end{aligned} \tag{8.4}$$

die wir mit den Substitutionen[19a]

$$U_{\boldsymbol{q}}^{B\pm} = U_{\boldsymbol{q}}^B\, e^{\pm i\boldsymbol{q}\boldsymbol{a}/2}\,, \qquad U_{\boldsymbol{q}}^{B+} = U_{\boldsymbol{q}}^{B-}\, e^{i\boldsymbol{q}\boldsymbol{a}} \tag{8.4'}$$

in die symmetrische Form

$$\begin{aligned} u_{2n} &= U_{\boldsymbol{q}}^A\, e^{-i(\omega t - n\boldsymbol{q}\boldsymbol{a})} = u_{\boldsymbol{q}}^A(n\,\boldsymbol{a})\,, \\ u_{2n\pm1} &= U_{\boldsymbol{q}}^{B\pm}\, e^{-i(\omega t - n\boldsymbol{q}\boldsymbol{a})} = u_{\boldsymbol{q}}^{B\pm}(n\,\boldsymbol{a}) \end{aligned} \tag{8.4''}$$

[19] Die Näherung ist in vielen Fällen schon recht gut; für quantitative Vergleiche mit dem Experiment müssen Kräfte zu weiter entfernten Nachbarn berücksichtigt werden.

[19a] In dieser Schreibweise ist die Phasenverschiebung $\boldsymbol{q}\boldsymbol{a} = 2\pi a/\lambda$ der Bewegung zweier benachbarter B-Atome (Abstand $\boldsymbol{a}$) mit in die Amplituden gezogen.

bringen, in der der *Wellenvektor* $\boldsymbol{q}$, da die u^A und u^B nur an *diskreten* mit Atomen besetzten Gitterpunkten definiert sind, zusammen mit den *diskreten* Ortsvektoren $\boldsymbol{x}^A = n\boldsymbol{a}$ vorkommt[19b] und die Exponentialfunktion die Phasenverschiebung zwischen homologen Punkten zweier um $n\boldsymbol{a}$ auseinanderliegender Zellen angibt. Die Amplituden $U_{\boldsymbol{q}}^A$ oder $U_{\boldsymbol{q}}^B$ haben natürlich für eine bestimmte Welle (vorgegebenes $\boldsymbol{q}$) denselben Wert auf allen Plätzen im zugehörigen A- oder B-Teilgitter[19c], hängen aber von $\boldsymbol{q}$ ab. Es gilt also mit einem beliebigen Translationsvektor $\boldsymbol{t} = t_1\boldsymbol{a}$ $(t_1 = 0, \pm 1, \ldots)$ gemäß (3.1):

$$U_{\boldsymbol{q}}^A(\boldsymbol{x}^A + \boldsymbol{t}) = U_{\boldsymbol{q}}^A(\boldsymbol{x}^A) = U_{\boldsymbol{q}}^A\,, \qquad U_{\boldsymbol{q}}^B(\boldsymbol{x}^B + \boldsymbol{t}) = U_{\boldsymbol{q}}^B(\boldsymbol{x}^B) = U_{\boldsymbol{q}}^B \tag{8.4'''}$$

und somit für die *Wellen die Symmetriebedingung*

$$u_{\boldsymbol{q}}^A(\boldsymbol{x}^A + \boldsymbol{t}) = e^{i\boldsymbol{q}\boldsymbol{t}}u_{\boldsymbol{q}}^A(\boldsymbol{x}^A)\,, \qquad u_{\boldsymbol{q}}^B(\boldsymbol{x}^B + \boldsymbol{t}) = e^{i\boldsymbol{q}\boldsymbol{t}}u_{\boldsymbol{q}}^B(\boldsymbol{x}^B)\,. \tag{8.4''''}$$

Der *Wellenvektor* $\boldsymbol{q} = (q_x, 0, 0)$ zeigt in Marschrichtung der Welle entweder parallel oder antiparallel zu $\boldsymbol{a}$ und hat den Betrag

$$|\boldsymbol{q}| = |q_x| = q = 2\pi/\lambda = \omega/v \tag{8.5}$$

(v = *Phasengeschwindigkeit*). Einsetzen von (8.4'') in die Bewegungsgleichungen (8.2/3) führt zu dem symmetrischen Gleichungssystem

$$(m\,\omega^2 - 2\alpha)\,U_{\boldsymbol{q}}^A + \alpha(1 + e^{\mp i\boldsymbol{q}\boldsymbol{a}})\,U_{\boldsymbol{q}}^{B\pm} = 0\,, \qquad \alpha(1 + e^{\pm i\boldsymbol{q}\boldsymbol{a}})\,U_{\boldsymbol{q}}^{B\pm} + (\mu\,\omega^2 - 2\alpha)\,U_{\boldsymbol{q}}^{B\pm} = 0 \tag{8.6}$$

für die Amplituden $U_{\boldsymbol{q}}^A$ und $U_{\boldsymbol{q}}^{B\pm}$. Diese Gleichungen liefern neben der trivialen Lösung $U_{\boldsymbol{q}}^A = U_{\boldsymbol{q}}^{B\pm} = 0$ im nicht trivialen Fall das *Amplitudenverhältnis*[20]

$$\frac{U_{\boldsymbol{q}}^A}{U_{\boldsymbol{q}}^{B\pm}} = \frac{\alpha(1 + e^{\mp i\boldsymbol{q}\boldsymbol{a}})}{-m\,\omega^2 + 2\alpha} = \frac{-\mu\,\omega^2 + 2\alpha}{\alpha(1 + e^{\pm i\boldsymbol{q}\boldsymbol{a}})}\,, \tag{8.7}$$

woraus für die Existenz einer Eigenwelle mit der Kreisfrequenz ω die Bedingungsgleichung[21]

$$(m\,\omega^2 - 2\alpha)(\mu\,\omega^2 - 2\alpha) - \alpha^2(1 + e^{\pm i\boldsymbol{q}\boldsymbol{a}})(1 + e^{\mp i\boldsymbol{q}\boldsymbol{a}}) = 0 \tag{8.8}$$

folgt. Das ist eine quadratische Gleichung für ω^2 als Funktion von $\boldsymbol{q}$. Sie gibt also den Zusammenhang zwischen der Frequenz und dem Wellenvektor $\boldsymbol{q}$, d.h. der Wellenlänge $\lambda = 2\pi/q$ (oder der Phasengeschwindigkeit $v = \omega/q$), d.h. das *Dispersionsgesetz* an. Ihre Lösungen sind (die Vorzeichen haben nichts mit denen in (8.8) zu tun, letztere fallen heraus) die beiden *Dispersionszweige*

$$\omega_\pm^2(\boldsymbol{q}) = \frac{\alpha}{m\,\mu}\left(m + \mu \pm \sqrt{m^2 + \mu^2 + 2\,m\,\mu\cos\boldsymbol{q}\,\boldsymbol{a}}\right), \tag{8.9}$$

deren Diskussion wir bis S. 85 zurückstellen. Setzt man (8.9) in (8.7) ein, so ist auch das Amplitudenverhältnis der beiden Teilgitterwellen eindeutig nach Größe und Phase als Funktion des Wellenvektors $\boldsymbol{q}$ bestimmt. Da sowohl Gl. (8.9) wie Gl. (8.7) periodisch in $\boldsymbol{q}\boldsymbol{a}$ mit der Periode 2π sind, erhält man bereits alle möglichen Eigenwellen, wenn man die Wellenzahl auf den Bereich $0 \leqq \boldsymbol{q}\boldsymbol{a} \leqq 2\pi$ oder, um beide Ausbreitungsrichtungen zu erhalten, besser auf den Bereich

$$-\pi < \boldsymbol{q}\boldsymbol{a} \leqq \pi\,, \tag{8.10}$$

d.h. den Wellenvektor auf $(q_y = q_z = 0)$

$$-\pi/a < q_x \leqq \pi/a \tag{8.11}$$

[19b] Im Gegensatz zum Kontinuum, wo $\boldsymbol{q}$ mit einem kontinuierlichen Ortsvektor $\boldsymbol{x}$ zusammen auftritt. Vergleiche die kontinuierlich definierten Elektronenwellen in Kapitel H.

[19c] Deshalb wurden sie oben bereits als Konstante, d.h. ohne Argumente $\boldsymbol{x}^A$ oder $\boldsymbol{x}^B$ geschrieben.

[20] Die absolute Größe der Amplituden wird durch die Anfangsbedingungen bei der Anregung der Welle bestimmt. Das Amplitudenverhältnis ist ortsunabhängig, aber eine Funktion von $\boldsymbol{q}$ (siehe (8.7)).

[21] Säkulargleichung zu (8.6).

oder

$$-\boldsymbol{g}/2 = -\pi\,\boldsymbol{a}/a^2 < \boldsymbol{q} \leqq \pi\,\boldsymbol{a}/a^2 = \boldsymbol{g}/2 \qquad (8.11')$$

beschränkt. Dieser Bereich ist, wie man sich leicht überzeugt, die 1. *Brillouinzone*[21a]. Sie hat die Breite

$$\boldsymbol{g} = \frac{2\pi}{a}\cdot\frac{\boldsymbol{a}}{a}\,, \qquad (8.12)$$

was nach Ziffer 3.4 der Basisvektor der zu unserer Kette gehörenden reziproken Kette ist. Man erhält also wieder dieselbe Eigenwelle, wenn man zum Wellenvektor $\boldsymbol{q}$ ein Vielfaches von $\boldsymbol{g}$ addiert, d.h. zu

$$\boldsymbol{q}' = \boldsymbol{q} + l_1\boldsymbol{g} \qquad (l_1 = 0,\ \pm 1,\ \pm 2, \ldots) \qquad (8.13)$$

übergeht: es ist

$$U^A_{\boldsymbol{q}'} = U^A_{\boldsymbol{q}}\,, \qquad U^{B\pm}_{\boldsymbol{q}'} = U^{B\pm}_{\boldsymbol{q}}\,, \qquad (8.13')$$

$$u^A_{\boldsymbol{q}'}(n\,\boldsymbol{a}) = u^A_{\boldsymbol{q}}(n\,\boldsymbol{a})\,, \qquad u^{B\pm}_{\boldsymbol{q}'}(n\,\boldsymbol{a}) = u^{B\pm}_{\boldsymbol{q}}(n\,\boldsymbol{a}) \qquad (8.13'')$$

und

$$\omega(\boldsymbol{q}') = \omega(\boldsymbol{q}) \qquad (8.13''')$$

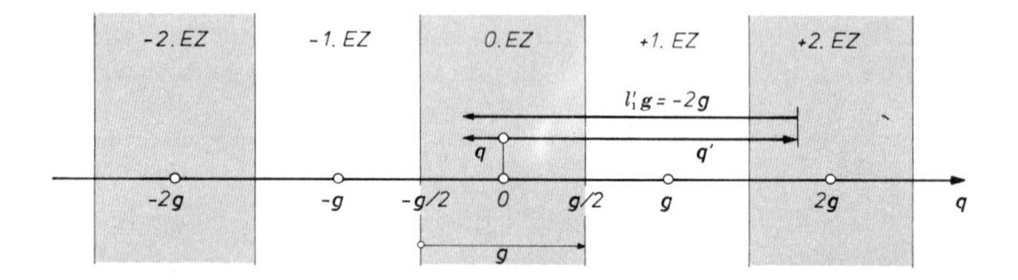

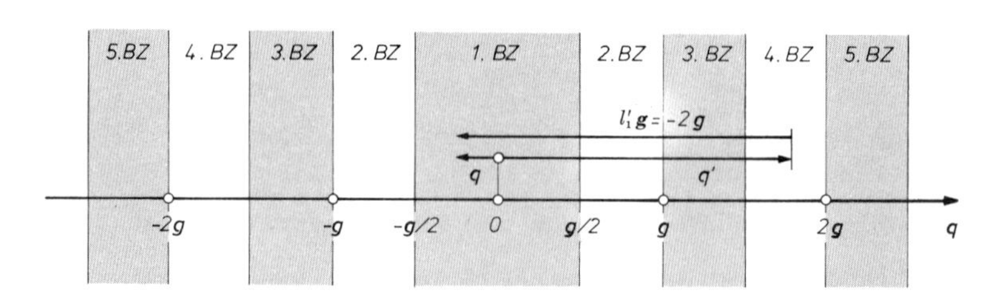

Abb. 8.1a. Einheitszellen (EZ) und Brillouinzonen (BZ) der reziproken AB-Kette. Basisvektor: $\boldsymbol{g} = 2\pi\,\boldsymbol{a}/a^2$. Reduktion eines beliebigen Wellenvektors $\boldsymbol{q}'$ auf die 1. BZ ($\equiv$ 1. EZ)

$\boldsymbol{q}'$ liegt in der $|l_1|$-ten Einheitszelle der reziproken Kette entweder rechts oder links neben der symmetrisch zum Nullpunkt gelegten Ausgangszelle $l_1 = 0$ (vgl. Abb. 8.1a und 8.2). Umgekehrt ist es auch erlaubt, jeden Wellenvektor $\boldsymbol{q}'$ durch Addition eines geeigneten $l_1'\boldsymbol{g}$ *in die 1. Zone zurückzutransformieren* (zu *reduzieren*):

$$\boldsymbol{q} = \boldsymbol{q}' + l_1'\boldsymbol{g} = \boldsymbol{q}' - l_1\boldsymbol{g} \quad (l_1' = 0,\ \pm 1, \pm 2, \ldots)\,, \qquad (8.14)$$

wovon wir öfter Gebrauch machen werden (siehe Abb. 8.1a).

Anschaulich bedeutet die Beschränkung auf die 1. Zone nach (8.11), daß die *Wellenlänge* durch den diskontinuierlichen Aufbau der Kette nach unten begrenzt ist, wie schon am Anfang von Ziffer 8 angedeutet. Es ist mit $q = |q_x|$

$$0 \leqq q \leqq \pi/a\,, \qquad \infty \geqq \lambda \geqq 2a = 4d\,. \qquad (8.15)$$

Die Wellenlänge kann nicht kleiner als die doppelte Zellengröße werden, sie hat ihren kleinsten Wert auf dem Rand der Brillouinzone. Der Wellenvektor $\boldsymbol{q}'$ in den Gln. (8.13), (8.14) liegt außerhalb

[21a] Sie ist bei der reziproken Kette identisch mit der symmetrisch zum Nullpunkt gelegten Einheitszelle; siehe oben.

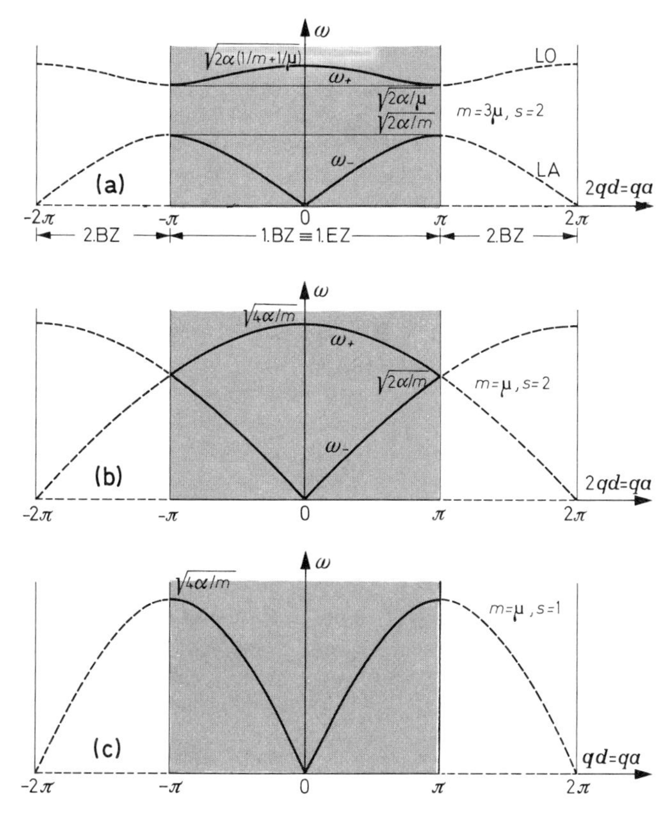

Abb. 8.2. Dispersionszweige (LO und LA) der Longitudinalschwingungen einer linearen Kette. a) Zweiatomige AB-Kette, $m = 3\,\mu$, $s = 2$, $\boldsymbol{a} = 2\boldsymbol{d}$. b) AA-Kette, $m = \mu$, $s = 2$, $\boldsymbol{a} = 2\boldsymbol{d}$. c) Einatomige A-Kette, $s = 1$, $\boldsymbol{a} = \boldsymbol{d}$. Die erste Brillouinzone ($\equiv$ Einheitszelle) ist ausgezogen, je eine halbe Zone (Zelle) rechts und links ist gestrichelt gezeichnet. Jede Zone hat die Breite $|\boldsymbol{g}| = 2\,\pi/a$. Die gestrichelten Teile werden zur 2. Brillouinzone zusammengefaßt (usw., s. Abb. 8.1a). Periodische Fortsetzung des Bildes von $\boldsymbol{qa} = 0$ aus nach beiden Seiten ergibt das *vollständige* Zonenschema, die 1.BZ allein bildet das reduzierte Schema.

der 1. Brillouinzone. Die formal zu $\boldsymbol{q}'$ gehörende Wellenlänge $\lambda' = 2\,\pi/q'$ ist kleiner als die untere Grenze (8.15); die Welle mit λ' schwingt also formal „zwischen den Atomen" was physikalisch sinnlos ist. Dabei werden aber die *Atome* gerade so angestoßen, daß *ihre* Bewegung die Welle mit dem reduzierten Wellenvektor $\boldsymbol{q}$ und einer Wellenlänge λ ergibt, die nach (8.15) größer als die doppelte Zellenlänge (doppelte Gitterkonstante) ist (siehe Abb. 8.3c). Der Buchstabe $\boldsymbol{q}$ bleibt im folgenden für Vektoren in der 1. EZ oder in der 1. BZ reserviert.

Die *Dispersionskurve* in Abb. 8.2a zerfällt infolge der beiden Vorzeichen vor der Wurzel in Gl. (8.9) in zwei getrennte *Dispersionszweige*[21c] (oder Frequenzbereiche), in denen die bei $q = 0$ d.h. $\lambda = \infty$ beobachteten Frequenzen besonders wichtig sind und als *Grenzfrequenzen* bezeichnet werden. Bei ihnen handelt es sich um Wellen, bei denen man längs der Kette ein beliebig großes Stück vorwärts gehen kann, ohne eine Phasenänderung festzustellen, bei denen also die Bewegung aller Zellen die gleiche ist. Für den unteren Kurvenzweig (negatives Vorzeichen) hat diese Frequenz den Wert

$$\omega_-(0) = 0 \tag{8.16}$$

und das Amplitudenverhältnis nach (8.7) den Wert

$$\frac{U_0^A}{U_0^{B\pm}} = 1\,. \tag{8.17}$$

Das heißt, zwei benachbarte B-Atome schwingen mit derselben Amplitude und Phase wie das dazwischen liegende A-Atom, die Kette

[21c] Auch *Phononenzweige* genannt.

macht keine eigentliche Schwingung, sondern nach (8.4″) eine starre *Translation*. Bei den Schwingungen mit Frequenzen in der Nachbarschaft dieser Grenzfrequenz ist die Phasenverschiebung zwischen Nachbaratomen (und die von Zelle zu Zelle) nicht mehr exakt null, wir haben also den Fall elastischer Wellen niedriger Frequenz, deren Wellenlängen groß gegenüber der Zellengröße sind. Deshalb heißt der ganze Dispersionszweig der *akustische Zweig*.

Der obere Dispersionszweig (positives Vorzeichen in Gl. (8.9)) hat die Grenzfrequenz

$$\omega_+(0) = \sqrt{2\,\alpha\left(\frac{1}{m} + \frac{1}{\mu}\right)}. \tag{8.18}$$

Sie ist allein durch die Massen m und μ und die Federkonstante α bestimmt und ist die höchste überhaupt vorkommende Eigenfrequenz der Kette. Die Amplituden verhalten sich nach (8.7) umgekehrt wie die Massen

$$\frac{U_0^A}{U_0^{B\pm}} = -\frac{\mu}{m} \tag{8.19}$$

und haben entgegengesetzte Phase. Es schwingen also die beiden Atome im Innern jeder Zelle exakt gegenphasig, wobei der Schwerpunkt jeder Zelle ruht, und alle Zellen wegen $\lambda = \infty$ starr miteinander gekoppelt sind. Die Eigenwellen mit benachbarten Frequenzen sind insofern stetig mehr und mehr von der Grenzschwingung unterschieden, als die Phase zwischen Nachbarteilchen nicht mehr exakt gleich $\pm\pi$ und die Phasenverschiebung zwischen benachbarten Zellen nicht mehr exakt gleich null ist. Da bei der Grenzschwingung im Spezialfall einer A^+B^--Ionenkette ein starres positives gegen ein starres negatives Gitter schwingt, sich also ein elektrisches Dipolmoment zeitlich ändert, muß diese Schwingung zu Strahlung mit der Grenzfrequenz $\omega_+(0)$ Anlaß geben. Deshalb heißt der ganze Dispersionszweig der *optische Zweig*, und seine Eigenwellen heißen *optische Schwingungen*.

Charakteristisch für die AB-Kette ist die Tatsache, daß keineswegs alle Frequenzen zwischen null und der optischen Grenzfrequenz $\omega^+(0)$ wirklich vorkommen können. Tatsächlich ist der Frequenzbereich

$$\sqrt{\frac{2\,\alpha}{m}} < \omega < \sqrt{\frac{2\,\alpha}{\mu}} \tag{8.20}$$

gemäß Abb. 8.2 *verboten*, wie man durch Einsetzen von $\boldsymbol{q}\boldsymbol{a} = \pm\pi$ in Gl. (8.9) leicht realisiert.

Der *verbotene Frequenzbereich* ist um so breiter, je verschiedener die Massen der beiden Atomarten sind. Geht man zum Grenzfall $m = \mu$, d.h. zu einer AA-Kette der Zellengröße $\boldsymbol{a} = 2\boldsymbol{d}$ über, so schrumpft dieser verbotene Bereich auf null zusammen, und man erhält zwei Dispersionszweige

$$\omega_\pm^2\,(q) = \frac{2\,\alpha}{m}\,(1 \pm \cos \boldsymbol{q}\,\boldsymbol{d}) \tag{8.21}$$

die am Rand der Brillouinzone

$$-\pi \leqq \boldsymbol{q}\,\boldsymbol{a} = 2\,\boldsymbol{q}\,\boldsymbol{d} \leqq \pi\,, \tag{8.22}$$

bei $\boldsymbol{q}\,\boldsymbol{a} = 2\,\boldsymbol{q}\,\boldsymbol{d} = \pm\,\pi$ und der Frequenz $\omega\left(\frac{\pi}{a}\right) = \sqrt{\frac{2\,\alpha}{m}}$ zusammenhängen.

Man hätte die AA-Kette auch von vornherein als *A-Kette* mit $s = 1$ und $\boldsymbol{a} = \boldsymbol{d}$ auffassen können. Man hat dazu in (8.4)

$U_q^A = U_q^B = U_q$ zu setzen und erhält, wie man sich leicht überzeugt, einen einzigen Dispersionszweig

$$\omega^2 = \frac{2\alpha}{m}(1 - \cos \boldsymbol{q}\boldsymbol{d}) = \frac{4\alpha}{m}\sin^2\frac{\boldsymbol{q}\boldsymbol{d}}{2} \tag{8.23}$$

und die Brillouinzone

$$-\pi \leqq \boldsymbol{q}\boldsymbol{a} = \boldsymbol{q}\boldsymbol{d} \leqq \pi. \tag{8.24}$$

Beide Darstellungen sind physikalisch gleichwertig und in Abb. 8.2 dargestellt. Man erkennt auch an diesem Beispiel die schon mehrfach bemerkte Willkür bei der Wahl der Elementarzelle und die Tatsache, daß physikalische Ergebnisse von dieser Wahl unabhängig sind.

Aufgabe 8.1. Zeige, daß für die A-Kette die Bewegungsgleichung für sehr lange Wellen, wie es sein muß, in die Wellengleichung $\partial^2 u/\partial t^2 = v^2\, \partial^2 u/\partial x^2$ der klassischen Kontinuumsmechanik übergeht. (v = Phasengeschwindigkeit = Schallgeschwindigkeit.)

Aufgabe 8.1a. Prüfe, ob die Eigenwellen der AB-Kette invariant gegen Umkehrung von $\boldsymbol{q}$, d.h. *invariant* gegen *Zeitumkehr* sind. Hinweis: gelten neben Gleichungen (8.13′), (8.13″), (8.13‴), die auf der Translationssymmetrie beruhen, auch die analogen Gleichuugen mit $-\boldsymbol{q}$ anstelle von $\boldsymbol{q}'$?

Auch für eine lineare Kette mit einer komplizierten, aus einer größeren Anzahl s von Atomen aufgebauten Elementarzelle der Zellengröße $\boldsymbol{a}$ läßt sich die *Anzahl der Dispersionszweige* leicht angeben. Für die *Grenzschwingungen* ($q = 0$), bei denen alle Zellen starr gekoppelt sind, genügt es, nur eine Zelle zu betrachten. Solange wir nur Longitudinalwellen längs x zulassen, haben die s Atome genau s Freiheitsgrade, denen s Eigenschwingungen entsprechen. Von diesen ist eine die Translation mit $\omega^{(1)}(0) = 0$, die $(s - 1)$ anderen sind echte innere Schwingungen ($i = 1, \ldots, s$ numeriert die Zweige) der Zelle mit $\omega^{(i)}(0) > 0$. Wird $q > 0$ so schließen sich an die Grenzschwingungen *ein akustischer Zweig* und $(s - 1)$ *optische Zweige* an, ein Ergebnis, das für $s = 1$ und $s = 2$ in unsere früheren Ergebnisse (Abb. 8.2) übergeht.

Wir erweitern das Modell noch einmal entscheidend, indem wir jetzt alle *drei Raumrichtungen* für die Bewegung jedes Atoms freigeben, d.h. auch *Transversalwellen* längs der Kette zulassen. In Abb. 8.3a ist eine in der xy-Ebene linear polarisierte akustische Welle längs einer AB-Kette gezeichnet, bei der die Verschiebungen $u(x)$ aller Atome parallel zu y erfolgen.

Aus Symmetriegründen kommt zu jeder in dieser Ebene polarisierten Welle auch eine analoge mit gleicher Frequenz in der zx-Ebene polarisierte vor. Jede Transversalwelle ist also zweifach entartet (*Symmetrieentartung*). Für $q = 0$,d.h. $\lambda \to \infty$ geht die gezeichnete Welle in die Translation parallel zur y-Richtung, die damit entartete in die Translation parallel zu z über. Wir haben also insgesamt 3 *akustische Zweige*, einen mit longitudinalen (LA) und zwei (miteinander entartete) mit transversalen (TA) Wellen. Analog verdreifacht sich auch die Zahl der *optischen Zweige*, von denen jetzt also $3(s - 1)$ existieren, und zwar $(s - 1)$ longitudinale (LO) und $2(s - 1)$[22] transversale (TO) (vgl. Abb. 8.3b)[22]. Die Breite der 1. Brillouinzone ($\equiv$ symmetrisch zum Nullpunkt gelegte EZ) ist natürlich wieder $\boldsymbol{g} = 2\pi\boldsymbol{a}/a^2$, d.h. $\boldsymbol{q}$ liegt im Intervall

$$-\boldsymbol{g}/2 \leqq \boldsymbol{q} \leqq \boldsymbol{g}/2\,, \qquad -\pi \leqq \boldsymbol{q}\boldsymbol{a} \leqq \pi. \tag{8.25}$$

Im übrigen gilt alles für Longitudinalwellen Hergeleitete auch für Transversalwellen, abgesehen von anderen Federkonstanten, d.h.

[22] Miteinander entartete Zweige sind getrennt gezählt.

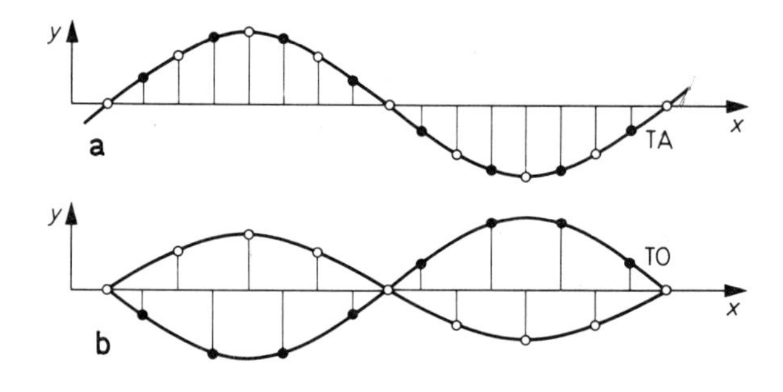

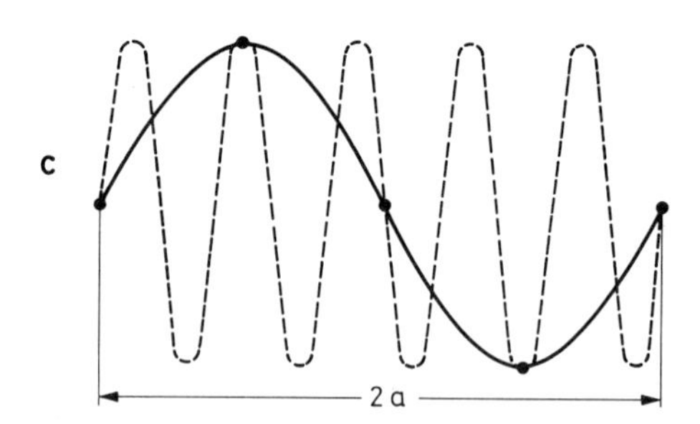

Abb. 8.3. Transversalwellen längs einer AB-Kette. Laufrichtung parallel x, Schwingungsrichtung parallel y. a) akustische (TA), b) optische (TO) Schwingung, c) Reduktion eines Wellenvektors vom Betrag

$$q' = \frac{5\pi}{a} \text{ auf } q = \frac{\pi}{a}$$

in der AA-Kette

einer anderen Form der Dispersionszweige. Diese Ergebnisse lassen sich nun leicht auf einen *dreidimensionalen Kristall* verallgemeinern (Ziffer 8.3).

Aufgabe 8.2. Für welche der beiden Schwingungsformen (L oder T) einer AB-Kette sind die höheren Frequenzen zu erwarten? Begründung?

Vorher wollen wir aber noch die *reellen Bewegungsformen* der unendlich langen linearen AB-Kette sowie die Schwingungen einer endlichen Kette behandeln. Den Ansätzen (8.4″) für die unendliche Kette entsprechen für die beiden Laufrichtungen $\boldsymbol{q}\boldsymbol{a} = q_x a = \pm qa$ die reellen Wellen (Real- oder Imaginärteil)

$$\begin{aligned} u_{\boldsymbol{q}}^A(na) &= |U_{\boldsymbol{q}}^A| \begin{smallmatrix}\cos\\ \sin\end{smallmatrix}(nqa - \omega t), \\ u_{-\boldsymbol{q}}^A(na) &= |U_{\boldsymbol{q}}^A| \begin{smallmatrix}\cos\\ \sin\end{smallmatrix}(-nqa - \omega t) \end{aligned} \tag{8.26}$$

und (das positive Vorzeichen liefert bereits alle Wellen)

$$\begin{aligned} u_{\boldsymbol{q}}^{B+}(na) &= |U_{\boldsymbol{q}}^{B+}| \begin{smallmatrix}\cos\\ \sin\end{smallmatrix}(\varphi_{AB} + nqa - \omega t), \\ u_{-\boldsymbol{q}}^{B+}(na) &= |U_{\boldsymbol{q}}^{B+}| \begin{smallmatrix}\cos\\ \sin\end{smallmatrix}(-\varphi_{AB} - nqa - \omega t), \end{aligned} \tag{8.27}$$

wobei $U_{\boldsymbol{q}}^A = U_{-\boldsymbol{q}}^A$ reell genommen werden darf, und φ_{AB} die aus Gl. (8.7) zu berechnende Phasenverschiebung zwischen A-Welle und B-Welle bedeutet.

Das sind jeweils 2 *fortschreitende*[23] *Wellen* mit gleicher Wellenzahl q, Frequenz $\omega(q)$, Phasengeschwindigkeit ω/q und Gruppengeschwindigkeit $d\omega/dq$ und mit entgegengesetzter Laufrichtung. Sie sind miteinander entartet, so daß auch die zwei Linearkombinationen

$$u_q^A(na) = \tfrac{1}{2}[u_{\boldsymbol{q}}^A(na) \pm u_{-\boldsymbol{q}}^A(na)] \tag{8.28}$$

[23] Beachte aber das Ergebnis von Aufgabe 8.4!

und die analogen Gleichungen für die B-Atome mögliche Bewegungen beschreiben. Das sind die *stehenden Wellen*

$$u_q^{A'}(na) = |U_q^A| \cos nqa \cos \omega t \tag{8.29}$$

und[24]

$$u_q^{A''}(na) = |U_q^A| \sin nqa \cos \omega t \tag{8.30}$$

mit analogen Gleichungen für die B-Atome. Da diese Wellen durch Überlagerung von zwei sich nur durch die Laufrichtung unterscheidenden fortschreitenden Wellen entstehen, kommt nicht der Wellenvektor $\boldsymbol{q}$, sondern nur die Wellenzahl $q = |\boldsymbol{q}|$ vor.

Das wesentliche Ergebnis dieser Betrachtung ist, daß man die *allgemeinste* Bewegung einer linearen Kette sowohl im System aller fortschreitenden wie auch im System aller stehenden Wellen durch Überlagerung darstellen kann. Das führt bei der unendlich langen Kette ($-\infty < n < +\infty$) auf ein unendliches Problem; wir gehen deshalb zu den Bewegungen einer *endlichen Kette* über, indem wir die unendliche Kette in endliche Teile zerlegen.

Aufgabe 8.3. Berechne und zeichne Phasengeschwindigkeit $\omega/q = v$ und die den Energietransport beschreibende Gruppengeschwindigkeit[25] $d\omega/dq$ für die lineare AB-Kette in der ganzen Brillouinzone. Diskutiere besonders die Grenzfälle $\boldsymbol{q} = 0$ und $\boldsymbol{qa} = \pm\pi$. Welche Wellen sind dispersionsfrei (v unabhängig von ω, q)? Wie hängt diese Wellengeschwindigkeit von der Federkonstante α ab?

Aufgabe 8. 4. Zeige a) rechnerisch und b) mittels (8.14), daß am Rand der Brillouinzone nur stehende Wellen existieren können. Zeige, daß diese anschaulich „durch Bragg-Reflexion laufender Wellen an Netzebenen vom Abstand a entstehen". Ist diese Vorstellung physikalisch sehr sinnvoll?

Aufgabe 8. 5. Diskutiere und zeichne die reelle Bewegungsform der AB-Kette für $\boldsymbol{q} = 0$ und $\boldsymbol{qa} = 2\boldsymbol{qd} = \pm\pi$ für verschiedene Massenverhältnisse $\mu/m = 0$, $1/5$ und $\mu/m = 1$ (AA-Kette).

Aufgabe 8.6. Berechne für eine lineare Kette mit Teilchen gleicher Masse m im Gleichgewichtsabstand $d = a/2$ den Zusammenhang zwischen Wellenlänge und Frequenz unter der Annahme, daß die Federkonstante zwischen zwei benachbarten Teilchen entlang der Kette abwechselnd die Werte α_1 und α_2 hat.

8.2. Abzählung der Eigenschwingungen einer linearen AB-Kette

Bei der unendlich langen Kette liegen die Eigenfrequenzen in jedem erlaubten Intervall des vorkommenden endlichen Frequenzbereiches von $\omega = 0$ bis zur höchsten Grenzfrequenz $\omega^{(i)}(0)$ ($i = 1, 2, \ldots, 3s$ numeriert die Dispersionszweige) beliebig dicht. Sie sind nicht abzählbar. Um einen Überblick über die *spektrale Häufigkeitsverteilung* der Eigenschwingungen zu erhalten, gehen wir deshalb über zu einer endlichen Kette mit N Zellen, d.h. $3sN$ Freiheitsgraden und ebenfalls $3sN$ Eigenschwingungen. Für unsere Zwecke genügt es, den Fall der AB-Kette und zunächst nur die longitudinalen Schwingungen zu behandeln, d.h. uns auf $sN = 2N$ Freiheitsgrade zu beschränken.

Die Form der Bewegungen einer endlichen Kette hängt entscheidend von den Randbedingungen an den Enden ab. Bei festgehaltenen Endatomen z.B. kommen nur Schwingungen mit Knoten, bei ganz freigelassenen Enden nur Schwingungen mit Bäuchen an den Enden vor. Dagegen hängt bei genügend großem N die spektrale Verteilung der Schwingungen praktisch nicht von den Randbedingungen ab[25a], so daß für ihre Berechnung spezielle Randbedingungen gewählt werden dürfen. Diese Tatsache ist die Voraussetzung für eine Methode, die es erlaubt, durch einen Grenzübergang auch die Schwingungen einer unendlich langen Kette abzuzählen. Dazu teilen wir diese in

[24] Hier ist ohne Beschränkung der Allgemeinheit eine mit (8.4″) verträgliche Phasenverschiebung durchgeführt worden, wodurch sich der Zeitfaktor von $\sin\omega t$ auf $\cos\omega t$ transformiert.

[25] Die Gruppengeschwindigkeit der Gitterwellen ist zugleich die Teilchengeschwindigkeit der Phononen (Ziffer 8.4).

[25a] Hier ohne Beweis übernommen.

Großperioden der Länge $N\boldsymbol{a} = 2N\boldsymbol{d}$ ein und verlangen *Periodizität* des Schwingungszustandes mit der Periode $N\boldsymbol{a}$[26], d.h. es soll sein

$$\begin{aligned} u_{2n+2N} &= u_{\boldsymbol{q}}^{A}(n\boldsymbol{a} + N\boldsymbol{a}) = u_{\boldsymbol{q}}^{A}(n\boldsymbol{a}) = u_{2n}\,, \\ u_{2n\pm1+2N} &= u_{\boldsymbol{q}}^{B\pm}(n\boldsymbol{a} + N\boldsymbol{a}) = u_{\boldsymbol{q}}^{B\pm}(n\boldsymbol{a}) = u_{2n\pm1} \end{aligned} \tag{8.31}$$

für alle n. Mit (8.4″) führt diese Forderung zu der Bedingung

$$e^{iN\boldsymbol{q}\boldsymbol{a}} = 1\,, \tag{8.32}$$

d.h.

$$N\boldsymbol{q}\boldsymbol{a} = N q_x a = h_1 2\pi\,, \quad h_1 = 0,\ \pm1,\ \pm2,\ldots \tag{8.32'}$$

mit beliebigen ganzen Zahlen h_1, die wir nach Multiplikation mit $\boldsymbol{a}/Na^2$ wegen (8.12) auch vektoriell

$$\boldsymbol{q} = h_1\boldsymbol{g}/N \tag{8.32''}$$

schreiben können. Es können also nur solche Wellen vorkommen, deren $\boldsymbol{q}$-Vektor gleich $1/N$ eines beliebigen Gittervektors[27] $h_1\boldsymbol{g}$ in der reziproken Kette ist, vergleiche Abb. 8.4, in der die Spitzen der

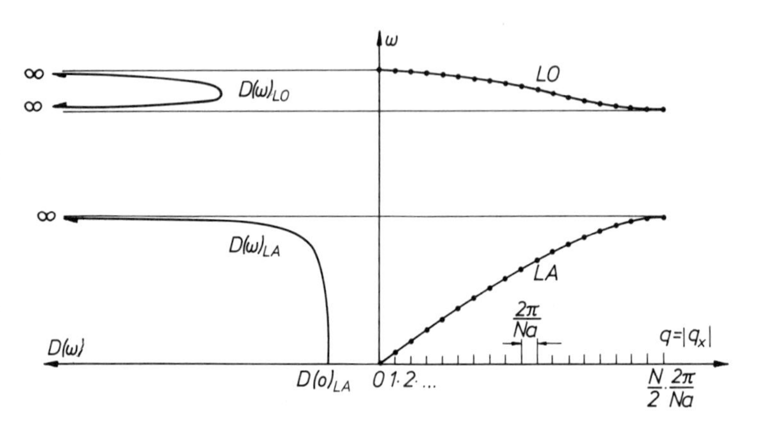

Abb. 8.4. Longitudinalwellen einer linearen AB-Kette mit $m = 3\,\mu$. Rechte Bildhälfte: erlaubte Wellenzahlen $q = |q_x| = |\boldsymbol{q}|$ und zugehörige Frequenzen bei periodischen Randbedingungen an Großperioden $N\boldsymbol{a}$ mit $N = 36$. Jeder Punkt auf den Zweigen repräsentiert zweimal dieselbe Frequenz $\omega(q_x) = \omega(-q_x) = \omega(q)$. Linke Bildhälfte: spektrale Zustandsdichte $D(\omega)$

$\boldsymbol{q}$-Vektoren im Abstand $\Delta q_x = 2\pi/Na$ auf der Abszisse gekennzeichnet sind. Da wir nach Ziffer 8.1 bereits alle physikalisch verschiedenen Fälle erhalten, wenn wir $\boldsymbol{q}$ auf die 1. Brillouinzone (1. BZ) beschränken, folgt aus (8.11′) die Beschränkung auf nur N Werte von h_1:

$$h_1 = 0,\ \pm1,\ldots,\,{}_{(-)}^{+}N/2\,, \tag{8.33}$$

d.h. N Vektoren (8.32″). Dabei kann der Wert $-N/2$ weggelassen werden, da die beiden zu $\pm N/2$ gehörenden $\boldsymbol{q}$-Vektoren sich um $h_1\boldsymbol{g}$ unterscheiden, nach (8.13″) also dieselbe Welle liefern. Man bekommt also durch periodische Randbedingungen genau so viel $\boldsymbol{q}$-Vektoren wie man Zellen in der Großperiode hat, nämlich N, und demnach, wie es sein muß, ebensoviel Eigenschwingungen (Eigenwellen) wie Freiheitsgrade, nämlich $2N$, da zu jedem $\boldsymbol{q}$ (jedem h_1) nach (8.9) zwei Eigenfrequenzen $\omega_\pm(\boldsymbol{q})$ gehören, je eine im optischen und akustischen Zweig.

Berücksichtigen wir jetzt noch, daß nach (8.9) die Eigenfrequenz unabhängig von der Fortschreitungsrichtung, d.h. eine Funktion

$$\omega(q_x) = \omega(-q_x) = \omega(q) \tag{8.33'}$$

allein des Wellenzahlbetrages ist, so gehört zu jedem Wellenzahlbetrag q zweimal, zu jeder Wellenzahlkomponente $q_x = \pm q$ einmal

[26] Dieses Verfahren ist mathematisch durchsichtig und erlaubt den Übergang zu beliebig (makroskopisch) großen N. Der Bequemlichkeit halber soll N als gerade Zahl angenommen werden.

[27] Beliebige Gittervektoren der reziproken Kette werden hier und im folgenden als $h_1\boldsymbol{g} = \boldsymbol{g}_{h_1}$ bezeichnet, in Anpassung an den dreidimensionalen Fall.

die Frequenz $\omega(q)$. Die Anzahl dZ von Eigenfrequenzen im Frequenzintervall von ω bis $\omega + d\omega$ ist also ebenso groß wie im Intervall von q bis $q + dq$ und doppelt so groß wie im Intervall von q_x bis $q_x + dq_x$, so daß

$$dZ = D(\omega)\,d\omega = D(q)\,dq = 2\,D(q_x)\,dq_x \tag{8.34}$$

gilt. Dabei ist nach (8.32′) die Anzahl der Zustände je Einheitsintervall von q_x, d. h. die *Zustandsdichte* oder *Verteilungsfunktion* über der q_x-Achse gegeben durch[27a]

$$D(q_x) = \frac{dZ}{dq_x} = \frac{1}{2\pi/Na} = \frac{Na}{2\pi} \tag{8.35}$$

und nach (8.34) die *spektrale Zustandsdichte* oder die Verteilungsfunktion über der Frequenzachse gleich

$$D(\omega) = \frac{dZ}{d\omega} = 2\,D(q_x)\,dq_x/d\omega \tag{8.35′}$$

oder wegen (8.35) und $d\omega/dq_x = d\omega/dq$ nach (8.33′):

$$D(\omega) = \frac{Na}{\pi} \cdot \frac{1}{d\omega/dq}\,. \tag{8.36}$$

Von der willkürlichen Wahl der Großperiode (der Zahl N) unabhängig ist die allein von der Struktur der unendlichen Kette bestimmte *Zustandsdichte pro Zelle*

$$D(\omega)/N = \frac{a}{\pi} \cdot \frac{1}{d\omega/dq}\,. \tag{8.36′}$$

Sie ist umgekehrt proportional zur Gruppengeschwindigkeit $d\omega/dq$ der Wellen und hat beliebig große Werte da, wo $d\omega/dq = 0$ wird, d.h. die Dispersionszweige horizontal laufen, wie am Rand der Brillouinzone und im optischen Zweig bei $q = 0$. Abb. 8.4 zeigt links die Verteilung für das Massenverhältnis $m/\mu = 3$.

Da alle hier durchgeführten Überlegungen ganz unabhängig von der Bewegungsform sind, gelten sie genau so auch für die transversalen Zweige. Die *gesamte Zustandsdichte* setzt sich dann zusammen aus denen für drei Schwingungsrichtungen: es ist

$$D(\omega) = D_L(\omega) + D_{T_1}(\omega) + D_{T_2}(\omega) = D_L(\omega) + 2\,D_T(\omega)\,, \tag{8.38}$$

wobei T_1 und T_2 die beiden miteinander entarteten Transversalwellen bedeuten.

Aufgabe 8.7. Berechne und zeichne die Dispersionszweige und die Zustandsdichte $D(\omega)$ einer AB-Kette mit verschiedenen Massenverhältnissen $\mu/m = 0$, 1/10, 1/5, 1.

8.3. Eigenschwingungen eines Raumgitters

Wie Born gezeigt hat, sind die Eigenschwingungen eines unendlich ausgedehnten, durch lineare Kräfte gebundenen Raumgitters ebene Wellen, deren Normalenrichtung $\boldsymbol{n}$ durch den Wellenvektor $\boldsymbol{q}$ gegeben ist:

$$\boldsymbol{q} = q\,\boldsymbol{n} = \frac{2\pi}{\lambda}\,\boldsymbol{n}\,. \tag{8.39}$$

Im anisotropen Raumgitter müssen sowohl die Schwingungsform wie auch die Eigenfrequenz der Welle außer vom Betrag q auch von der Richtung des Wellenvektors abhängen. In symmetrischen Kristallen verhalten sich dabei strukturell gleichwertige Richtungen auch dynamisch gleichwertig. Zum Beispiel gibt es in einem kubi-

[27a] Hier ist $q_x > 0$, $dq_x > 0$, $D(q_x) > 0$ üblicherweise vorausgesetzt.

schen Kristall zu jeder Welle (und damit zu jedem ganzen Dispersionszweig) längs einer Würfelkante (Abb. 8.6) noch je eine gleiche längs den beiden anderen Würfelkanten, so daß diese Eigenfrequenz (und damit der ganze Zweig) dreifach *symmetrieentartet* ist. Erniedrigt man die Symmetrie, z.B. durch eine Stauchung parallel zu einer Kante auf die tetragonale, so spaltet die dreifach entartete Frequenz auf in eine einfache und eine zweifache, und schließlich in drei einfache, wenn der Würfel durch äußere Einflüsse oder durch Veränderung der inneren Kräfte in eine noch unsymmetrischere Form, z.B. die eines rhombischen Quaders (Ziegelsteines) deformiert wird. Weitere Fälle von Symmetrie-Entartung werden bei den experimentellen Ergebnissen unter Ziffer 9.1 behandelt. Auch die *Schwingungsform* unterliegt Symmetrieeinflüssen. Zum Beispiel ist die strenge Aufteilung der Schwingungen einer linearen Kette in longitudinale und transversale nur wegen der hohen Symmetrie ($p \to \infty$) um die Kettenachse möglich. Dem entspricht, daß im Raumgitter auch nur die in Richtung von Symmetrieachsen laufenden Kristallwellen rein longitudinal oder transversal sind, während schräg zu den Symmetrieelementen laufende Wellen im allgemeinen longitudinale und transversale Komponenten haben. Wie es sein muß, sind diese auf der Punktsymmetrie beruhenden Symmetriegesetze dieselben wie für die Schallausbreitung im anisotropen Kontinuum (vgl. Ziffer 7.2 und Abb. 8.6).

Ist die Zelle des Gitters aus s Atomen aufgebaut, so kann sie $3s$ Eigenschwingungen ausführen, die im Kristall die Grenzschwingungen ($q = 0$) von $3s$ *Dispersionszweigen* bilden. Von diesen sind wie in der linearen Kette 3 Zweige akustisch mit der Grenzfrequenz $\omega(0) = 0$. Sie stellen bei $q = 0$ also Translationen in drei aufeinander senkrechten Richtungen[27b] dar. Die $3(s-1)$ anderen Zweige enthalten optische Schwingungen; in der Grenze $q = 0$ schwingen die s ineinandergestellten Teilgitter (Primitivgitter) starr gegeneinander, so daß in jeder Zelle der Schwerpunkt ruht. Die $3s$ Dispersionszweige haben, wie oben ausgeführt, für physikalisch ungleichwertige Richtungen verschiedene Form, müssen also für verschiedene Ausbreitungsrichtungen $\boldsymbol{n} = \boldsymbol{q}/q$ als Funktion von $q = |\boldsymbol{q}|$ getrennt bestimmt werden. Numeriert man die verschiedenen Frequenzzweige durch einen oberen Index (i), so hat das *Dispersionsgesetz* die allgemeine Form

$$\omega = \omega^{(i)}(\boldsymbol{q}), \quad i = 1, \ldots, 3s. \tag{8.40}$$

Zu jedem Vektor $\boldsymbol{q}$ gehören also $3s$ Frequenzen.

Die Berechnung der *Eigenwellen* im dreidimensionalen Raumgitter ist völlig analog dem bei der AB-Kette angewandten Verfahren. Den $s = 2$ linearen *Bewegungsgleichungen* (8.2), (8.3)[28] entsprechen $3s$ lineare Bewegungsgleichungen für die $3s$ Koordinaten der s Basisatome der Gitterzelle. Den $s = 2$ vektoriellen Wellen (8.4″)[28] längs der Kette entsprechen jetzt $3s$ vektorielle Wellen im Raumgitter. Besitzt die Zelle eine Basis von s Atomen, so existieren s, durch $k = 1, \ldots, s$ numerierte Untergitter aus jeweils gleichen Atomen auf den Plätzen

$$\boldsymbol{R}_k = \boldsymbol{r}_k + \boldsymbol{T}, \tag{8.41a}$$

wobei

$$\boldsymbol{T} = n_1\boldsymbol{a} + n_2\boldsymbol{b} + n_3\boldsymbol{c} \tag{8.41b}$$

alle Translationsvektoren mit ganzzahligen n_j durchläuft. Analog zu (8.4″) lassen sich dann die Gitterwellen in der symmetrischen Form (siehe (8.40))

$$\boldsymbol{u}^k_{(i)\boldsymbol{q}}(\boldsymbol{R}_k) \equiv \boldsymbol{u}^k_{(i)\boldsymbol{q}}(\boldsymbol{T}) = \boldsymbol{U}^k_{(i)\boldsymbol{q}}\, e^{-i(\omega t - \boldsymbol{q}\boldsymbol{T})} \tag{8.41}$$

[27b] Von denen im allgemeinsten Fall keine parallel $\boldsymbol{q}$ zu liegen braucht!

[28] In beiden Gleichungen wurden nur longitudinale Wellen behandelt, d. h. es wurden nur die s x-Komponenten der Verschiebungssvektoren hingeschrieben, zu denen allgemein noch je s Gleichungen für die y- und z-Komponenten von den Transversalwellen hinzukommen.

schreiben. *Die komplexen Amplituden* $\boldsymbol{U}^1_{(i)\boldsymbol{q}}, \boldsymbol{U}^2_{(i)\boldsymbol{q}}, \ldots, \boldsymbol{U}^s_{(i)\boldsymbol{q}}$ geben unmittelbar den Bewegungszustand der s Atome auf den Plätzen $\boldsymbol{r}_k$ in der Nullzelle ($\boldsymbol{T} = 0$) zur Zeit $t = 0$ bei einer Welle mit dem räumlichen Wellenvektor $\boldsymbol{q}$ aus dem i-ten Zweig. Die $\boldsymbol{u}^k_{(i)\boldsymbol{q}}(\boldsymbol{R}_k)$ sind die *Verschiebungen* (Auslenkungen) der Atome in der um $\boldsymbol{T}$ entfernt liegenden Zelle zur Zeit t. Die *Eigenfrequenzen* (8.40) folgen wieder aus der Säkulargleichung der Bewegungsgleichungen analog (8.9). Auch im Raumgitter ändert der Übergang vom Wellenvektor $\boldsymbol{q}$ zu $\boldsymbol{q}' = \boldsymbol{q} + m\,\boldsymbol{g}_{hkl}$ durch Addition eines beliebigen reziproken Gittervektors $\boldsymbol{g}_{h_1 h_2 h_3} = m\,\boldsymbol{g}_{hkl}$ nach (3.18) nichts an der Schwingung: es ist

$$\boldsymbol{u}^k_{(i)\boldsymbol{q}}(\boldsymbol{T}) = \boldsymbol{u}^k_{(i)\boldsymbol{q}'}(\boldsymbol{T}), \qquad \omega^{(i)}(\boldsymbol{q}) = \omega^{(i)}(\boldsymbol{q}'). \tag{8.42}$$

Man erhält also bereits alle möglichen Eigenschwingungen (8.41), wenn man $\boldsymbol{q}$ analog zu (8.25) auf die von $\boldsymbol{g}_{100}, \boldsymbol{g}_{010}, \boldsymbol{g}_{001}$ aufgespannte *Einheitszelle* des reziproken Gitters *beschränkt* und $\boldsymbol{q}$ von der Mitte dieser Zelle aus mißt. Der Wellenvektor ist also *nicht eindeutig* definiert und es genügt, *nur* Wellenvektoren

$$\boldsymbol{q} = \alpha\,\boldsymbol{g}_{100} + \beta\,\boldsymbol{g}_{010} + \gamma\,\boldsymbol{g}_{001} = \boldsymbol{q}_{100} + \boldsymbol{q}_{010} + \boldsymbol{q}_{001} \tag{8.43}$$

mit

$$\begin{aligned} -\tfrac{1}{2} &< \alpha \leqq \tfrac{1}{2}, \\ -\tfrac{1}{2} &< \beta \leqq \tfrac{1}{2}, \\ -\tfrac{1}{2} &< \gamma \leqq \tfrac{1}{2} \end{aligned} \tag{8.43'}$$

zuzulassen, da sie die ganze reziproke Einheitszelle überdecken. Identisch hiermit sind die Gleichungen

$$\begin{aligned} -\boldsymbol{g}_{100}/2 &< \boldsymbol{q}_{100} \leqq \boldsymbol{g}_{100}/2, \\ -\boldsymbol{g}_{010}/2 &< \boldsymbol{q}_{010} \leqq \boldsymbol{g}_{010}/2, \\ -\boldsymbol{g}_{001}/2 &< \boldsymbol{q}_{001} \leqq \boldsymbol{g}_{001}/2 \end{aligned} \tag{8.43''}$$

oder wegen (3.8/17)

$$\begin{aligned} -\pi &< \boldsymbol{q}\boldsymbol{a} \leqq \pi, \\ -\pi &< \boldsymbol{q}\boldsymbol{b} \leqq \pi, \\ -\pi &< \boldsymbol{q}\boldsymbol{c} \leqq \pi \end{aligned} \tag{8.43'''}$$

in voller Analogie zu (8.25). Mißt man $\boldsymbol{q}$ von einer Ecke der Zelle aus, so läuft das Intervall von 0 bis 2π.

Es ist hiernach wieder erlaubt, einen Wellenvektor $\boldsymbol{q}'$, dessen Spitze außerhalb dieser Zelle liegt, durch einen geeigneten Gittervektor $\boldsymbol{g}_{l_1 l_2 l_3} = m\,\boldsymbol{g}_{hkl}$ nach (3.18) in einen Vektor $\boldsymbol{q}$ dieser Zelle zurück zu transformieren (zu reduzieren):

$$\boldsymbol{q}' = \boldsymbol{q} + m\,\boldsymbol{g}_{hkl}. \tag{8.44}$$

Dadurch kann aus den nur bis auf reziproke Gittervektoren $m\,\boldsymbol{g}_{hkl}$ definierten Wellenvektoren $\boldsymbol{q}'$ einer Welle der eine Vektor $\boldsymbol{q}$ in der 1. BZ zu ihrer Beschreibung eindeutig festgelegt werden. Das ist der eigentliche Nutzen dieser *Reduktion.*

Es ändert sich physikalisch gar nichts, wenn man den $\boldsymbol{q}$-Vektor statt auf eine Einheitszelle des reziproken Gitters auf die *1. Brillouinzone* beschränkt, vgl. Abb. 8.5, da diese dasselbe Volum wie die Einheitszelle hat und deshalb ebenfalls alle Wellenvektoren enthält. Wegen der verschiedenen geometrischen Form der beiden Bereiche müssen allerdings die Ungleichungen (8.43') sinngemäß geändert werden.

Bei Durchführung einer beliebigen *Symmetrietranslation*

$$\boldsymbol{t} = t_1\,\boldsymbol{a} + t_2\,\boldsymbol{b} + t_3\,\boldsymbol{c} \tag{3.1}$$

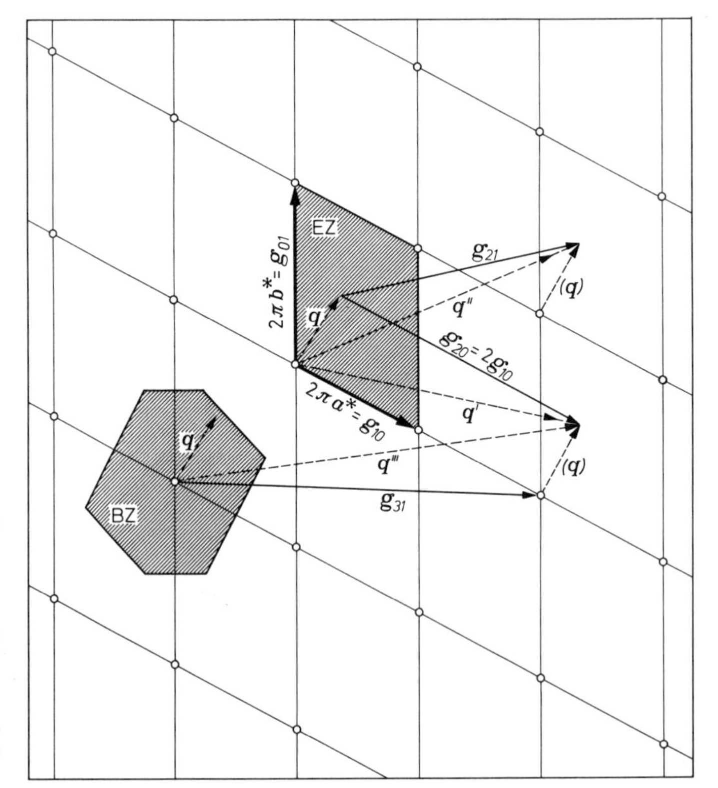

Abb. 8.5. Reziprokes Gitter zu dem zweidimensionalen Ortsgitter von Abb. 3.10. Die Einheitszelle EZ wird aufgespannt von den Vektoren $\boldsymbol{g}_{10}, \boldsymbol{g}_{01}$. Transformation (Reduktion) der Wellenvektoren $\boldsymbol{q}'$ und $\boldsymbol{q}''$ auf den Vektor $\boldsymbol{q}$ der Einheitszelle durch die Gittervektoren $\boldsymbol{g}_{20} = 2\boldsymbol{g}_{10}$ und $\boldsymbol{g}_{21}$. Reduktion des Vektors $\boldsymbol{q}'''$ auf den Vektor $\boldsymbol{q}$ im Innern einer ebenfalls eingezeichneten Brillouinzone BZ durch den Vektor $\boldsymbol{g}_{31}$. (Gelegentlich wird auch die EZ symmetrisch um den Koordinatennullpunkt gelegt, so daß auch in ihr sowohl $-\boldsymbol{q}$ wie $+\boldsymbol{q}$ liegen. Dieser Lage entsprechen die Gln. (8.43'...))

im Raumgitter gilt

$$\boldsymbol{u}^k_{(i)\boldsymbol{q}}(\boldsymbol{T}+\boldsymbol{t}) = e^{i\boldsymbol{q}\boldsymbol{t}}\boldsymbol{u}^k_{(i)\boldsymbol{q}}(\boldsymbol{T}). \tag{8.44'}$$

Die Welle multipliziert sich[28a], wie zu erwarten, nur mit dem Phasenfaktor $e^{i\boldsymbol{q}\boldsymbol{t}}$.

Aufgabe 8.8. Gib den Wertebereich von $|\boldsymbol{q}| = q$ für Wellen parallel [100], [110] und [111] im einatomigen kubisch-flächenzentrierten Gitter an, wenn als reduziertes Volum

a) die Einheitszelle des reziproken Gitters,

b) die Brillouinzone benutzt wird. Diskutiere diese Frage sowohl für die kubische ($s=4$) wie für die primitive ($s=1$) Zelle des Raumgitters.

Auch die spektrale *Verteilung* der $3sN^3$ Eigenschwingungen[29] eines endlichen Kristallvolums soll hier nicht ausgerechnet werden. Man wendet die schon oben für die lineare Kette durchgeführte Methode der periodischen Fortsetzung von räumlichen Großperioden aus N^3 Elementarzellen an, deren jede der Zelle ähnlich ist, also die Kanten $N\boldsymbol{a}$, $N\boldsymbol{b}$, $N\boldsymbol{c}$ hat, und wählt analog zu dem Verfahren bei der linearen Kette durch die Periodizitätsbedingung aus den unendlich vielen Wellen (8.41) $3sN^3$ Eigenwellen (Zustände) der Großperiode mit N^3 diskreten $\boldsymbol{q}$-Werten (8.43) durch die Forderungen

$$\alpha = h_1/N, \quad \beta = h_2/N, \quad \gamma = h_3/N \tag{8.44''}$$

und ($j = 1, 2, 3$)

$$h_j = 0, \ \pm 1, \ \pm 2, \ldots, {}_{(\pm)} N/2 \tag{8.44'''}$$

aus, deren reelle Bewegungsformen man wie bei der linearen Kette entweder als laufende oder als stehende Wellen auffassen kann[30].

[28a] Sie ist eine *Blochwelle* und symmetrie-einfach, vgl. die Diskussion in Ziffer 15.3 und Ziffer 43.1.2.

[29] N^3 Zellen mit je s Atomen, also $3sN^3$ Freiheitsgrade. Zu jedem $\boldsymbol{q}$ gehören $3s$ Frequenzen.

[30] Für den Grenzfall des isotropen Kontinuums wird diese Aufgabe in Ziffer 10.2 durchgeführt werden, für Elektronenwellen in Ziffer 41.2.2.

Beide bilden je ein vollständiges Orthogonalsystem zur Darstellung der *allgemeinsten Bewegung* der Großperiode. Wie bei der linearen Kette ergibt sich, daß die Form der Dispersionszweige von den Massen der Atome und den Kräften zwischen den Atomen abhängt. Die *Zustandsdichte* $D^{(i)}(\omega)$ im i-ten Zweig ist wieder am größten dort, wo der Dispersionszweig über $\boldsymbol{q}$ horizontal verläuft ($d\omega^{(i)}/dq = 0$), also z.B. am Rand der Brillouinzone und bei $\boldsymbol{q} = 0$. Die gesamte Zustandsdichte erhält man durch Summation über alle Zweige:

$$D(\omega) = \sum_{i=1}^{3s} D^{(i)}(\omega)\,. \tag{8.45}$$

Macht man für die *Kräfte* vernünftige Ansätze, etwa durch Anpassung an die makroskopisch gemessenen elastischen Konstanten, so kann man die Dispersionszweige und damit $D(\omega)$ für einfache Kristalle berechnen. Die Abb. 8.6 gibt einige Beispiele für *berechnete Dispersionszweige*.

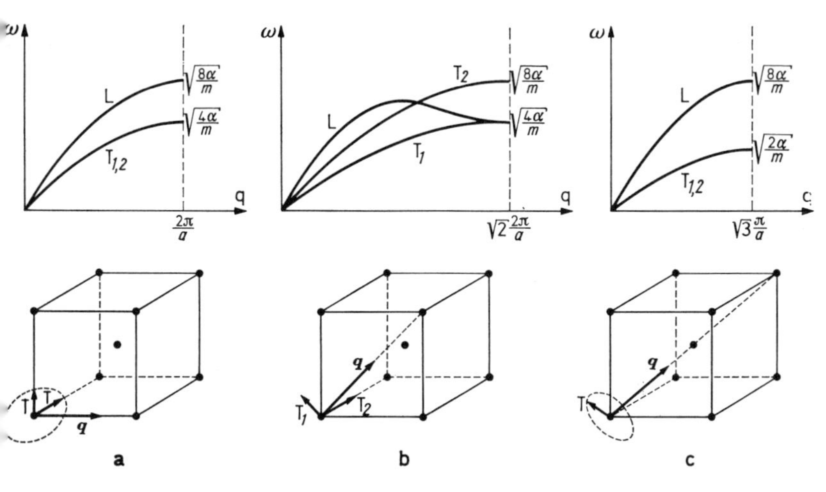

Abb. 8.6. Dispersionszweige des einatomigen kubisch-flächenzentrierten Gitters der Zellenlänge a, aufgetragen über $|\boldsymbol{q}| = q$. Der $\boldsymbol{q}$-Vektor läuft in der angegebenen Wellenrichtung im reziproken kubisch-raumzentrierten Gitter (Zellenlänge $2\pi/a$) vom linken unteren bis zum jeweils benachbarten Gitterpunkt.
a) $\boldsymbol{q} \,||\, [100]$, $\{q_{x^*}, q_{y^*}, q_{z^*}\} = \boldsymbol{q}\{1, 0, 0\}$, $q \leqq 2\pi/a$,
b) $\boldsymbol{q} \,||\, [101]$, $\{q_{x^*}, q_{y^*}, q_{z^*}\} = q\{1, 0, 1\}$, $q \leqq \sqrt{2}\cdot 2\pi/a$,
c) $\boldsymbol{q} \,||\, [111]$, $\{q_{x^*}, q_{y^*}, q_{z^*}\} = q\{1, 1, 1,\}$, $q \leqq \sqrt{3}/2 \cdot 2\pi/a$.
Die Polarisation der entarteten und einfachen Transversalwellen im Raumgitter ist relativ zu $\boldsymbol{q}$ angezeichnet. Da im kubischen Fall Raumgitter und reziprokes Gitter gleich orientierte Würfelkanten haben, sind diese Richtungen der Einfachheit halber ins reziproke Gitter gezeichnet. Nach Handbuch d. Physik, Bd. VII 1

Die Abb. 8.6 zeigt deutlich, daß die nur auf Symmetrie beruhende Polarisation und Entartung der Wellen in einem A-Kristall ($s = 1$, nur 3 Zweige) denen der elastischen Wellen im Kontinuum entsprechen, vgl. Ziffer 7.2. Ferner sind die Dispersionszweige im Grenzfall $q \to 0$, d.h. bei langwelligen elastischen Wellen linear, d.h. die Phasengeschwindigkeit $\omega/q = v$ ist unabhängig von ω (*Dispersionsfreiheit*). Ferner erkennt man in Abb. 8.7, daß die für denselben Fall

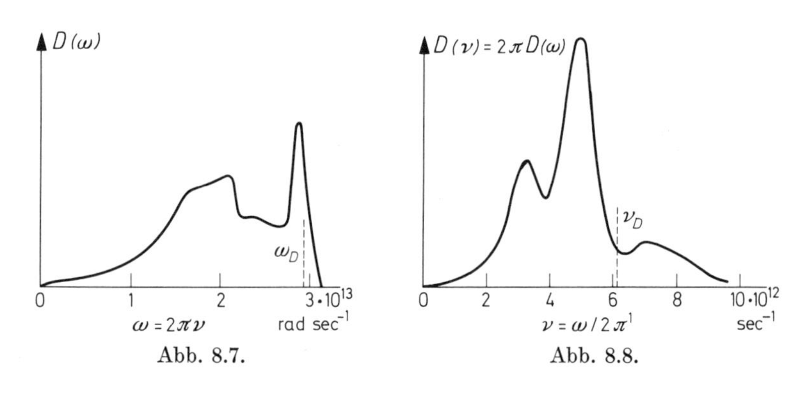

Abb. 8.7.

Abb. 8.8.

Abb. 8.7. Frequenzspektrum des kubisch-flächenzentrierten Ag-Kristalls. Berechnet mit den Dispersionszweigen aus Abb. 8.6 mit angepaßten Kraftkonstanten. Debye-Frequenz $\omega_D = 2{,}95 \cdot 10^{13}\,\text{rad s}^{-1}$ für spätere Zwecke eingezeichnet

Abb. 8.8. NaCl, kubisch-flächenzentriert. Frequenzspektrum, berechnet mit angepaßten Kraftkonstanten. Die Debye-Frequenz $\nu_D = \omega_D/2\pi = 6{,}1 \cdot 10^{12}\,\text{s}^{-1}$ ist eingezeichnet. Nach Handbuch d. Physik, Bd. VII 1

gerechneten Maxima von $D(\omega)$ tatsächlich bei den häufigsten Frequenzen $\sqrt{8\alpha/m}$ und $\sqrt{4\alpha/m}$ liegen. Abb. 8.8 zeigt noch das berechnete Frequenzspektrum des *NaCl*, d.h. eines AB-Kristalls ($s = 2$), bei dem 3 akustische und 3 optische Zweige unterschieden werden müssen, und Abb. 8.9 das des *Diamanten.*

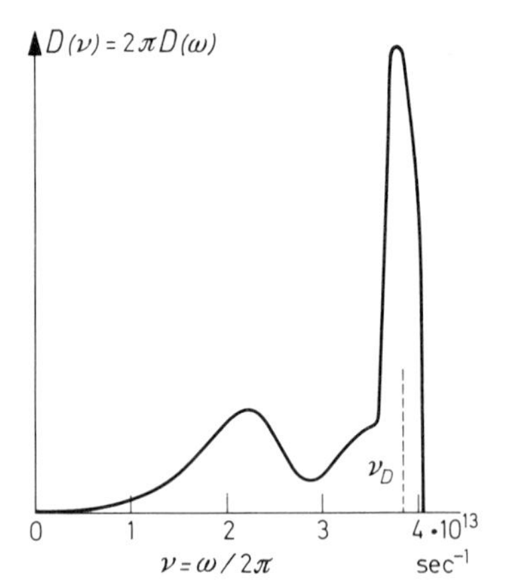

Abb. 8.9. Diamant. Mit angepaßten Kraftkonstanten berechnetes Frequenzspektrum. Debye- Frequenz $\nu_D = \omega_D/2\pi = 3{,}88 \cdot 10^{13}\,\mathrm{s}^{-1}$

Die Grenzfrequenzen des Diamanten, der sich durch sehr leichte Atome und gleichzeitig große Kräfte auszeichnet, liegen etwa eine Zehnerpotenz höher als die des NaCl.

Aufgabe 8.9. Führe die Berechnung von $D(\omega)$ für ein kubisch primitives Gitter wirklich durch (Primitives Gitter = kubische Zelle mit $s = 1$ Atom in einer Ecke). Hinweis: Auswahl diskreter $\boldsymbol{q}$ durch periodische Randbedingung an Großperioden.

8.4. Quantelung der Gitterschwingungen. Phononen

Solange lineares Kraftgesetz angenommen werden kann, sind die $3sN^3$ Gitterwellen harmonische Oszillatoren mit scharfen Eigenfrequenzen $\omega = \omega^{(i)}(\boldsymbol{q})$ nach (8.40). Jeder Oszillator besitzt scharfe diskrete *Energieniveaus*

$$W_v^{(i)}(\boldsymbol{q}) = (v + \tfrac{1}{2})\,\hbar\,\omega^{(i)}(\boldsymbol{q})\,. \tag{8.46}$$

Die Schwingungsenergie ist gequantelt, und die Schwingungsquantenzahl nimmt die Werte $v = 0, 1, 2, \ldots$ an. Das Energiequantum $\hbar\,\omega^{(i)}(\boldsymbol{q})$ ist die Energie eines Phonons. *Phononen* sind also die dem Gitterwellenfeld zugeordneten Teilchen, analog zu den dem Lichtwellenfeld zugeordneten Photonen. Ist eine bestimmte Schwingung der Frequenz $\omega^{(i)}(\boldsymbol{q})$ mit der Quantenzahl v angeregt[30a], so trägt sie v Phononen der Energie $\hbar\,\omega^{(i)}(\boldsymbol{q})$ zur *thermischen Energie* des Gitters bei, zu der die noch bei $T = 0\,\mathrm{K}$ vorhandene *Nullpunktsenergie* $W_0^{(i)}(\boldsymbol{q}) = \frac{1}{2}\,\hbar\,\omega^{(i)}(\boldsymbol{q})$ häufig nicht mitgerechnet wird. Die gesamte Schwingungsenergie des Gitters ist die Summe der Energien (8.46) der einzelnen Oszillatoren mit im allgemeinen verschiedenen Werten von v.

Auch bei *Energieumwandlungsprozessen*, z.B. bei der Umwandlung von Schwingungsenergie in elektronische oder magnetische Anregungsenergie, wird immer (mindestens) ein Phonon umgesetzt. Auch hier besteht volle Analogie zum Verhalten des Photons (Lichtquants).

[30a] Der Anregung auf ein höheres Niveau (größeres v) entspricht klassisch eine größere Schwingungsamplitude.

Die Analogie wird jedoch durchbrochen beim *Impuls*. Eine Lichtwelle im Vakuum ist definiert an jedem Punkt eines *Kontinuums*, eine Gitterwelle nur an den Gitterpunkten eines *diskontinuierlichen* Translationsgitters mit den *endlichen* Basisvektoren $\boldsymbol{a}$, $\boldsymbol{b}$, $\boldsymbol{c}$ im Raumgitter und $\boldsymbol{g}_{100}$, $\boldsymbol{g}_{010}$, $\boldsymbol{g}_{001}$ im reziproken Gitter. Faßt man das Kontinuum als Grenzfall $\boldsymbol{a}, \boldsymbol{b}, \boldsymbol{c} \to 0$ eines solchen Translationsgitters auf, so werden Basisvektoren, Einheitszelle und Brillouinzone des reziproken Gitters beliebig groß: $\boldsymbol{g}_{100}, \boldsymbol{g}_{010}, \boldsymbol{g}_{001} \to \infty$. In diesem Fall liegt also *jeder* endliche Lichtwellenvektor $\boldsymbol{k}$ von vornherein *in* der 1. BZ und ist *eindeutig* definiert: es gibt einen eindeutig definierten *Photonenimpuls* $\boldsymbol{p} = \hbar \boldsymbol{k}$. Dagegen ist die Brillouinzone eines diskontinuierlichen Translationsgitters nur von endlicher Größe und zu jedem Vektor $\boldsymbol{q}$ innerhalb gibt es beliebig viele äquivalente Vektoren $\boldsymbol{q}'$ nach (8.44) außerhalb der 1. BZ. Der Wellenvektor ist also *nicht* eindeutig definiert. Wird formale Eindeutigkeit durch Beschränkung auf die 1. BZ erzwungen, so wird $\boldsymbol{p} = \hbar \boldsymbol{q}$ als *Quasi-* oder *Kristall-Impuls des Phonons*, das Phonon selbst als *Quasiteilchen* bezeichnet. In echte Impulsbilanzen geht, wie wir sehen werden (Ziffer 9.2), immer ein geeigneter Impuls $\hbar\, \boldsymbol{q}' = \boldsymbol{p} + \hbar\, m\, \boldsymbol{g}_{hkl}$ ein.

8.5. Nichtlineare Kräfte

Wir haben bisher die Amplituden der Gitterschwingungen als so klein vorausgesetzt, daß die Gitterkräfte noch linear von den Verschiebungen $\boldsymbol{u}^k(\boldsymbol{R}_k)$ der Atome abhängen, d.h. die potentielle Energie eine quadratische Funktion der $\boldsymbol{u}^k(\boldsymbol{R}_k)$ ist[31]. Nur solange diese Näherung gilt, ist die allgemeinste Bewegung des Gitters in orthogonale, d.h. entkoppelte Eigenschwingungen separierbar und existieren also die Phononen mit beliebig großer Lebensdauer. Diese Näherung ist im allgemeinen so gut, daß man zunächst immer von ihr ausgehen kann. Bei größeren Amplituden müssen dann Glieder höherer als 2. Ordnung bei der Entwicklung der potentiellen Energie nach den $\boldsymbol{u}^k(\boldsymbol{R}_k)$ berücksichtigt werden.

Dadurch werden die Gitterschwingungen untereinander *gekoppelt*, so daß Energie zwischen ihnen übergehen kann. Im Teilchenbild heißt dies, daß Phononen in andere *umgewandelt* werden können, etwa nach dem Schema

$$\hbar\,\omega \leftrightarrows \hbar\,\omega_1 + \hbar\,\omega_2\,, \tag{8.47}$$

wobei der Prozeß in beiden Richtungen ablaufen kann[32]. Es zerfällt also entweder ein Phonon $\hbar\omega$ nach endlicher Lebensdauer in zwei kleinere Phononen, oder zwei Phononen $\hbar\omega_1$ und $\hbar\omega_2$ „stoßen zusammen" und es entsteht ein Phonon mit größerer Energie. In beiden Fällen fordert der *Energiesatz* für die Frequenzen den Erhaltungssatz

$$\omega = \omega_1 + \omega_2\,. \tag{8.48}$$

Auch für die $\boldsymbol{q}$-Vektoren gilt ein *Erhaltungssatz*[33]

$$\boldsymbol{q} = \boldsymbol{q}_1 + \boldsymbol{q}_2 + m\,\boldsymbol{g}_{hkl}\,, \qquad m = 0, \pm 1, \pm 2, \ldots, \tag{8.49}$$

allerdings wegen ihrer Mehrdeutigkeit wieder bis auf einen geeigneten Vektor des reziproken Gitters, der so zu wählen ist, daß $\boldsymbol{q}$, $\boldsymbol{q}_1$, $\boldsymbol{q}_2$ alle drei in der 1. Brillouinzone liegen. Ist dies mit $m = 0$ der Fall, so spricht man mit Peierls von einem *Normalprozeß (N-Prozeß)*, weil die $\boldsymbol{q}$-Vektoren sich so zusammensetzen, als ob $\hbar\boldsymbol{q}$ wirklich der Impuls eines Teilchens wäre. Ist dagegen $m \neq 0$, so werden die

[31] Im Grenzfall der makroskopischen elastischen Deformationen entspricht dem das elastische Potential Gleichung (7.9) der linearen Elastizitätstheorie.

[32] Derartige Prozesse mit 3 Phononen werden bereits durch die kubischen Glieder der potentiellen Energie erzeugt. Es kommen auch Prozesse mit höherer Phononenzahl vor, auf die wir jedoch nicht näher eingehen können.

[33] Er folgt mathematisch exakt aus der Berechnung des Einflusses des kubischen Potentialanteils. Letzten Endes beruht er auf der Translationssymmetrie mit endlichen Translationsvektoren $\boldsymbol{t}$ des Kristallgitters. Siehe [C13].

Richtungen der Vektoren gegenüber denen beim N-Prozeß umgeklappt und man spricht von *Umklapp-* oder *U-Prozessen*[34]. Abb. 8.10 gibt ein Beispiel in einem zweidimensionalen quadratischen Gitter. Bei einem U-Prozeß können sich z.B. zwei nach rechts laufende Wellen zu einer nach links laufenden zusammensetzen.

Da die Frequenzen mit den Wellenvektoren durch die Dispersionsgleichungen (8.40): $\omega = \omega^{(i)}(\boldsymbol{q})$ verknüpft sind, ist die simultane Erfüllung der beiden Erhaltungssätze für ω und $\boldsymbol{q}$ eine stark einschränkende Bedingung für das Auftreten von 3-Phononen-Prozessen.

Aufgabe 8.11. Diskutiere die Möglichkeit von 3-Phononen-Umwandlungen in einer eindimensionalen *AB*- und *AA*-Kette anhand von Abb. 8.2 (nur longitudinale Wellen).

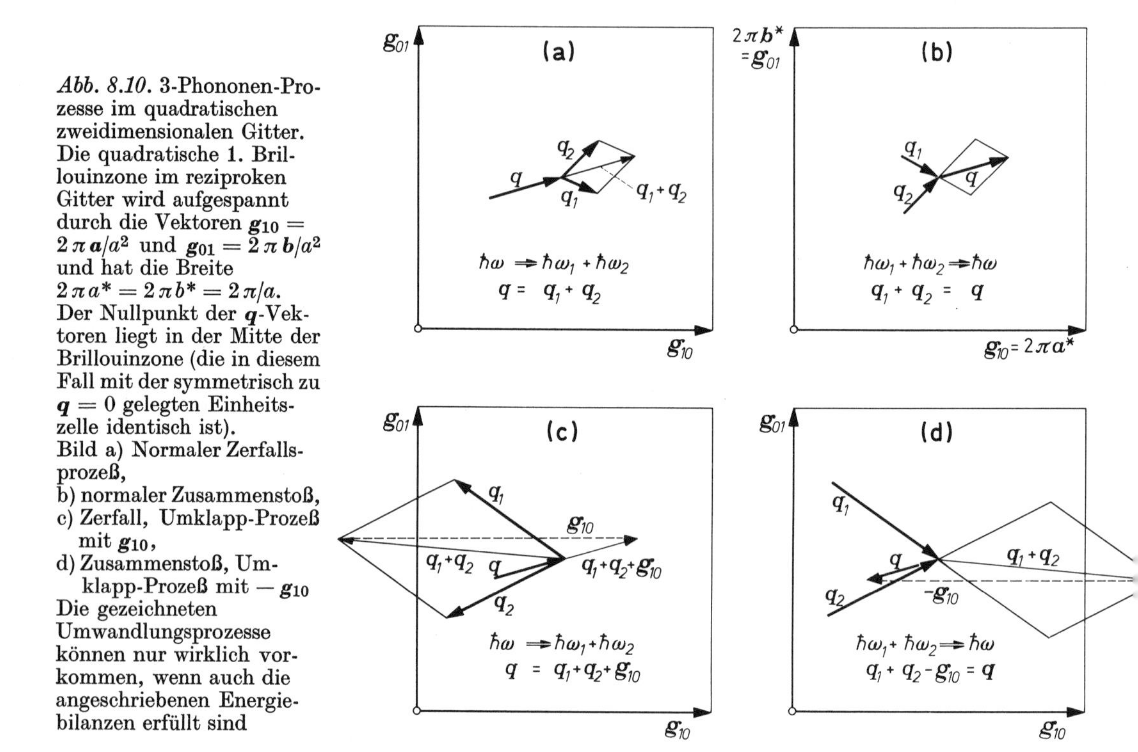

Abb. 8.10. 3-Phononen-Prozesse im quadratischen zweidimensionalen Gitter. Die quadratische 1. Brillouinzone im reziproken Gitter wird aufgespannt durch die Vektoren $\boldsymbol{g}_{10} = 2\pi\boldsymbol{a}/a^2$ und $\boldsymbol{g}_{01} = 2\pi\boldsymbol{b}/a^2$ und hat die Breite $2\pi a^* = 2\pi b^* = 2\pi/a$. Der Nullpunkt der $\boldsymbol{q}$-Vektoren liegt in der Mitte der Brillouinzone (die in diesem Fall mit der symmetrisch zu $\boldsymbol{q} = 0$ gelegten Einheitszelle identisch ist).
Bild a) Normaler Zerfallsprozeß,
b) normaler Zusammenstoß,
c) Zerfall, Umklapp-Prozeß mit $\boldsymbol{g}_{10}$,
d) Zusammenstoß, Umklapp-Prozeß mit $-\boldsymbol{g}_{10}$
Die gezeichneten Umwandlungsprozesse können nur wirklich vorkommen, wenn auch die angeschriebenen Energiebilanzen erfüllt sind

Die Kopplung zwischen den Phononen ist auch die Voraussetzung dafür, daß die Energieniveaus $W_v^{(i)}(\boldsymbol{q})$ aller verschiedener Eigenschwingungen nach Maßgabe eines Boltzmann-Faktors (einfach W_v statt $W_v^{(i)}(\boldsymbol{q})$ geschrieben)

$$\exp(-W_v/kT) \tag{8.50}$$

mit einer und derselben *Schwingungstemperatur* T besetzt werden. Die Definition einer einheitlichen Temperatur ist also überhaupt nur bei nichtlinearen Kräften möglich. Zum Beispiel wäre es sonst möglich, durch Absorption von ultraroter Strahlung (s. Ziffer 9.1) eine einzige Schwingung hoch anzuregen, d.h. auf eine hohe Temperatur aufzuheizen, ohne daß sich ein thermisches Gleichgewicht mit den anderen Schwingungen einstellen könnte. Tatsächlich findet jedoch ein ständiger Energieaustausch zwischen allen Eigenschwin-

[34] Diese sind z.B. entscheidend für den Wärmewiderstand.

gungen statt, der einerseits zum Gleichgewicht (mit statistischen Schwankungen der Phononenzahlen um den durch den Boltzmann-Faktor bestimmten Gleichgewichtswert) führt, andererseits die *mittlere Lebensdauer* τ_v der Energiezustände W_v aller Eigenschwingungen herabsetzt. Die Energieniveaus sind also nicht scharf, sondern haben nach der Unbestimmtheitsrelation eine energetische *Breite* der Größenordnung

$$\Delta W_v \sim \frac{\hbar}{\tau_v}, \tag{8.51}$$

worauf wir später zurückkommen werden (Ziffer 9.1).

Nichtlineare Kräfte bedeuten eine asymmetrische Potentialkurve, wie in Abb. 8.11 über dem Abstand zweier Nachbaratome dargestellt. Die Anregung höherer Schwingungsquanten bei höherer Temperatur führt in diesem Fall zu einer Vergrößerung des über die Bewegung gemittelten Atomabstandes. Somit ist die *thermische Ausdehnung* von Kristallen (s. Ziffer 12.1) auf die Nichtlinearität der Gitterkräfte zurückzuführen (vgl. [M], Ziffern 3 und 8).

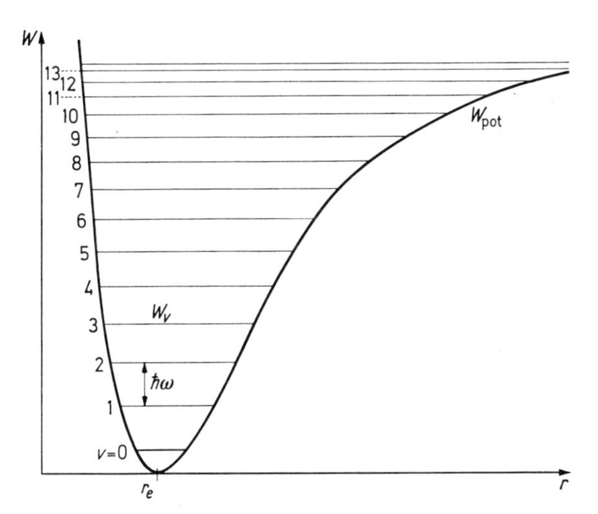

Abb. 8.11. Wechselwirkungspotential zwischen zwei Nachbaratomen als Funktion des Abstands mit eingezeichneten Schwingungsniveaus. Infolge der Unsymmetrie des Potentials (Nichtlinearität der Kraft) werden bei zunehmender Schwingungsanregung die Schwingungsquanten kleiner und der über die Schwingung gemittelte Atomabstand größer: $\langle r\rangle > r_e$

Auch die *Wärmeleitung* eines Kristalls kann nur mit Hilfe der nichtlinearen Anteile im Kraftgesetz erklärt werden. Der Wärmestrom ist dem Temperaturgradienten proportional. Dieser aber kann, wie die Temperatur selbst, nur mit Hilfe der oben erläuterten Energieumwandlungsprozesse verstanden werden. Einzelheiten werden im Kapitel L behandelt.

Schließlich sei noch ohne Beweis bemerkt, daß die Nichtlinearität des Kraftgesetzes (wie schon im einfachsten Fall einer zweiatomigen Molekel) zu einer *Verstimmung* der Schwingungsfrequenzen $\omega^{(i)}$ (s. Abb. 8.11) und zum Auftreten von *Kombinationsfrequenzen*

$$\omega = n_1\,\omega^{(1)} + n_2\,\omega^{(2)} + \cdots, \qquad n_i \gtreqless 0, \text{ ganz}, \tag{8.52}$$

z.B. in den optischen Spektren von Kristallen führen kann (s. z.B. Ziffer 9.1 und [M], Ziffer 10).

9. Experimentelle Bestimmung von Eigenschwingungen

Für die experimentelle Bestimmung von Eigenschwingungen eines Kristalls stehen als Sonden elektromagnetische Wellenstrahlung sowie Teilchenstrahlen zur Verfügung. Gemessen werden:

1. die Absorption (URA) und Reflexion (URR) von ultrarotem Licht,
2. die unelastische Streuung von Röntgenquanten und Neutronen[34a],
3. die unelastische Streuung von Lichtquanten (Raman- und Brillouinstreuung),
4. die Elektronenschwingungsspektren im sichtbaren und ultravioletten Spektralbereich.

Wir behandeln die Verfahren in der angegebenen Reihenfolge[35] und setzen dabei zunächst lineares Kraftgesetz, d.h. ungekoppelte Phononen (scharfe Eigenfrequenzen) voraus. Ferner beschränken wir uns auf die Beschreibung im Teilchenbild, d.h. wir behandeln unelastische (und als Grenzfall auch elastische) Stoßprozesse von Photonen und Neutronen im Gitter nach den Erhaltungssätzen für Energie und Wellenvektor. Hierbei werden Phononen erzeugt oder vernichtet und auf diese Weise der Messung zugänglich gemacht. Die dazu führenden Wechselwirkungen werden nur soweit erläutert, daß das Auftreten derartiger Prozesse verständlich wird.

Zunächst geben wir aber in Tabelle 9.1 eine Übersicht über die Wellenzahlen und Energien, die von den als Sonden benutzten Teilchen- und Wellenstrahlen angeboten werden. Der Vergleich mit den entsprechenden Größen der Phononen (Spalte 2) gibt schon deutliche Hinweise auf die bei den Experimenten zu erwartenden Effekte.

Tabelle 9.1. *Energie und Wellenvektor von Wellen und Teilchen im Kristall* (nur Größenordnungen)

	Phononen	Licht		
		UR	sichtbar	Röntgen
Wellenlänge λ [Å]	$\infty \cdots 10$	$6 \cdot 10^6 \cdots 6 \cdot 10^4$	$6 \cdot 10^3$	$2 \cdots 0{,}1$
Wellenvektor $\lvert \boldsymbol{k} \rvert, \lvert \boldsymbol{q} \rvert$ [rad Å^{-1}]	$0 \cdots 1$	$10^{-6} \cdots 10^{-4}$	10^{-3}	$3 \cdots 60$
Kreisfrequenz $\omega = 2\pi\nu$ [rad sec^{-1}]	$0 \cdots 5 \cdot 10^{13}$	$3 \cdot 10^{12} \cdots 3 \cdot 10^{14}$	$3 \cdot 10^{15}$	$1 \cdot 10^{19} \cdots 2 \cdot 10^{20}$
Energie [e Volt] $\hbar\omega,\ \hbar^2 k^2/2m$	$0 \cdots 5 \cdot 10^{-2}$	$2 \cdot 10^{-3} \cdots 0{,}2$	2	$5 \cdot 10^3 \cdots 10^5$

	Elektronen		thermische Neutronen		
	langsame	mittelschnelle			
Wellenlänge λ [Å]	1,2	0,06	5	1,5	0,75
Wellenvektor $\lvert \boldsymbol{k} \rvert, \lvert \boldsymbol{q} \rvert$ [rad Å^{-1}]	5	110	1,2	3,8	8,5
Kreisfrequenz $\omega = 2\pi\nu$ [rad sec^{-1}]	$1{,}5 \cdot 10^{16}$	$7{,}5 \cdot 10^{20}$	$5 \cdot 10^{13}$	$5 \cdot 10^{14}$	$2 \cdot 10^{15}$
Energie [e Volt] $\hbar\omega,\ \hbar^2 k^2/2m$	10^2	$5 \cdot 10^4$	$3 \cdot 10^{-3}$	$3 \cdot 10^{-2}$	$1{,}5 \cdot 10^{-1}$

[34a] Weniger häufig auch die unelastische Streuung von Elektronen.

[35] Die Abb. 9.1 erläutert allerdings die Prozesse 1, 3 und 4 gemeinsam.

Z.B. liegen nur die Energien von ultraroten Photonen und thermischen Neutronen im oder dicht am Energiebereich der Phononen, während die übrigen Sonden viel energiereicher sind. Energieaustausch zwischen ultrarotem Licht oder thermischen Neutronen mit den Phononen muß also zu prozentisch großen Energieänderungen der Sonden führen, während die analogen Prozesse bei sichtbarem oder Röntgenlicht nur relativ kleine Energieänderungen bringen. Auch der Betrag der Wellenvektoren von Licht und thermischen Neutronen liegt im (oder nahe am) Wellenvektorbereich der Phononen, d.h. es sind auch starke Änderungen von Größe und Richtung des Sondenimpulses zu erwarten.

9.1. Ultrarotspektren von Kristallen

Wir denken uns eine linear polarisierte elektromagnetische Welle der Kreisfrequenz ω_0 mit dem Wellenvektor $\boldsymbol{k}_0$ durch einen Ionenkristall, z.B. NaCl, laufen. Dann wird durch das elektrische Lichtfeld eine transversale optische[36] (TO) Schwingung des Gitters angeregt, die dieselbe Richtung und Wellenlänge wie die Lichtwelle im Kristall, d.h. denselben Wellenvektor hat:

$$\boldsymbol{k}_0 = \boldsymbol{q}\,. \tag{9.1}$$

Bei diesem Prozeß absorbiert das Gitter Strahlungsenergie, und zwar maximal bei Resonanz, d.h. wenn die Lichtfrequenz gleich der Eigenfrequenz einer ultrarotaktiven optischen Schwingung ist, d.h. wenn die Photonenenergie und Phononenenergie gleich groß sind:

$$\hbar\,\omega_0 = \hbar\,\omega^{\mathrm{TO}}(\boldsymbol{q})\,. \tag{9.2}$$

Bei jedem Absorptionsakt wird also ein Photon in ein Phonon gleicher Energie und gleichen Wellenvektors umgewandelt. Für diesen *Direktprozeß* 1. Ordnung gilt neben dem Energiesatz (9.2) die Gl. (9.1) als Auswahlregel für die Wellenvektoren, d.h. der Photonenimpuls wird in den Kristallimpuls des Phonons verwandelt. Man überzeugt sich wie folgt, daß beide Gleichungen simultan erfüllt werden können:

Die absorbierte Strahlung liegt im ultraroten Spektralbereich. Bei NaCl z.B. (vgl. Abb. 9.2) ist ihre Wellenlänge im Vakuum gleich $\lambda_{\mathrm{vac}} = 61\ \mu\mathrm{m} = 6{,}1 \cdot 10^{-3}$ cm, also sehr viel größer als die Gitterkonstante $a = 2d = 5{,}65 \cdot 10^{-8}$ cm. Vernachlässigen wir die Dispersion des Lichtes im Kristall, setzen also $\lambda_0 \approx \lambda_{\mathrm{vac}}$, so ist $k_0 = |\boldsymbol{k}_0| \approx 2\pi/\lambda_{\mathrm{vac}} = 10^3\ \mathrm{cm}^{-1}$ gegenüber $q_R = \pi/a = 0{,}55 \cdot 10^8\ \mathrm{cm}^{-1}$ am Rand der Brillouinzone, d.h. nach (9.1) ist größenordnungsmäßig nur

$$q = |\boldsymbol{q}| = k_0 \approx 10^{-4} \cdot q_R \tag{9.3}$$

d.h. praktisch

$$q = |\boldsymbol{q}| = 0\,. \tag{9.4}$$

Man mißt also in URA die Grenzfrequenzen $\omega^{(i)}(0)$ der UR-aktiven optischen Zweige[37]. Für NaCl ist

$$\omega_0 = \omega^{\mathrm{TO}}(0) = \frac{2\pi c}{\lambda_{\mathrm{vac}}} = 3{,}1 \cdot 10^{13}\,\mathrm{rad\,sec^{-1}} = 2\pi \cdot 4{,}85 \cdot 10^{12}\,\mathrm{sec^{-1}}\,, \tag{9.5}$$

d.h. die Phononenenergie gleich

$$\hbar\,\omega^{(\mathrm{TO})}(0) = \hbar\,\omega_0 = 3{,}25 \cdot 10^{-21}\,\mathrm{Watt sec} = 2 \cdot 10^{-2}\,\mathrm{eVolt} = k \cdot 236\ \mathrm{K}\,. \tag{9.6}$$

Wie zu erwarten liegt die Absorption in einem Frequenzbereich maximaler Zustandsdichte, vgl. Abb. 8.8. Der Dispersionszweig ist horizontal, (9.1) ist neben (9.2) erfüllbar, da bei festem $\omega^{\mathrm{TO}}(q = 0)$ q selbst noch in der Nähe von $q = 0$ verfügbar bleibt.

[36] Benachbarte positive und negative Ionen werden in entgegengesetzte Richtungen gezogen.

[37] Auch in Ionenkristallen gibt es optische Grenzschwingungen ohne schwingendes Dipolmoment; diese sind UR-inaktiv. Im NaCl-Gitter z.B. sind die TO-Schwingungen UR-aktiv, die LO-Schwingungen UR-inaktiv. Dies gilt für unendlich ausgedehnte Kristalle; zu Formeffekten z.B. bei dünnen Schichten vgl. Ziffer 30.2 und Fußnote 38.

Aufgabe 9.1. Bestimme die elastische Federkonstante α einmal aus der Grenzfrequenz $\omega_+(0)$ unter sinngemäßer Anwendung der Formeln für die AB-Kette und zweitens aus den elastischen Konstanten c_{ik} des Steinsalzes.

Im *Termschema* eines Kristalls, von dem in Abb. 9.1 nur der Elektronengrundzustand W''_{el} und ein angeregter Elektronenzustand W'_{el} und die der Elektronenenergie überlagerten Schwingungsniveaus nur eines harmonischen Oszillators mit den Phononen $\hbar\omega^{(i)}$ gezeichnet sind, stellen sich die UR-Absorptionsprozesse (URA) als Übergänge zwischen benachbarten Schwingungstermen

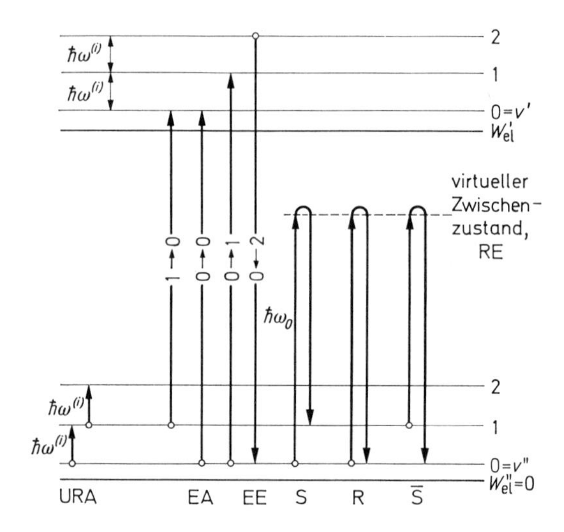

Abb. 9.1. Termschema eines Kristalls mit zwei Elektronenzuständen W''_{el} und W'_{el}, denen die Schwingungsenergie $W_v(\omega^{(i)})$ einer Gitterschwingung überlagert ist. Dazu ein virtueller Zwischenzustand zur Beschreibung der Streuung von Licht. URA: UR-Absorption, E: Elektronenschwingungsübergänge $\hbar\omega = \Delta W_{el} + (v' - v'')\,\hbar\omega^{(i)}$ in Absorption (EA) und Emission (EE), RE: Raman-Streuung, S Stokes-, R Rayleigh- und $\overline{\text{S}}$ anti-Stokes-Linie. Alle hier dargestellten Prozesse (und ihre Umkehrprozesse) können statt mit Photonen auch mit Phononen gemacht werden, falls W'_{el} nicht zu hoch liegt (Phononen-Spektroskopie)

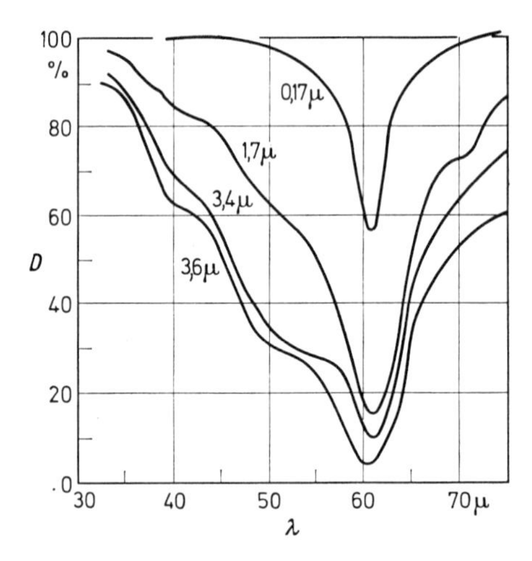

Abb. 9.2. Ultrarotabsorption durch die transversale optische Grenzschwingung mit der Frequenz $\omega^{TO}(0) = 3{,}1 \cdot 10^{13}\,\text{rad s}^{-1}$ an aufgedampften NaCl-Schichten. Aufgetragen ist die Durchlässigkeit D. Die Zahlen geben die Schichtdicke in μm an. Das Hauptmaximum bei $\lambda = 61\ \mu$m ist reell, die kurzwelligen Nebenmaxima können auf Interferenzen in der Kristallschicht beruhen. Nach Barnes 1932

mit den Schwingungsquantenzahlen v und $v + 1$ des Elekronengrundzustandes W''_{el} dar, die für alle $v = 0, 1, 2, \ldots$ denselben[37a] Abstand $\hbar\omega^{(i)} = \hbar\omega^{TO}(0)$ haben. Für URA-Prozesse gilt also die Auswahlregel $\Delta v = 1$.

Berücksichtigt man jetzt nach Gl. (8.51) die endliche Breite der Schwingungsniveaus, so bekommt auch die Absorptionsbande eine endliche Breite, s. Abb. 9.2 für NaCl. Sie rührt also von den nichtlinearen Kräften her.

[37a] Falls, wie vorausgesetzt, das Kraftgesetz rein linear ist.

Wie aus der Kristalloptik bekannt ist und in Ziffer 11 noch einmal diskutiert werden wird, ist ein *kubischer* Kristall *optisch isotrop*, d.h. die in Abb. 9.2 gezeigte Absorptionskurve ist unabhängig von der Richtung und der Polarisation der Lichtwelle. Daraus folgt aber, daß auch die Grenzfrequenzen $\omega^{TO}(0)$ der transversalen optischen Zweige unabhängig von der Richtung der Welle sein müssen (*Orientierungs-Entartung*)[38]. Wie ein Blick auf Abb. 9.16 zeigt, fallen tatsächlich für $q = 0$ alle transversalen optischen Zweige eines A^+B^--Kristalls zusammen, während für $q > 0$ die Entartung aufgehoben wird.

Die Absorption in der Grenzschwingungsbande ist sehr stark; man hat die Absorptionskonstante an sehr dünnen Schichten zu bestimmen. Es ist deshalb bequemer, das *Reflexionsspektrum* an polierten oder durch Spalten eines Einkristalls erzeugten Kristallflächen zu messen. Da aber das Reflexionsvermögen eines Festkörpers außer von der Absorptionskonstanten $\varkappa$ auch vom Brechungsindex abhängt (siehe Anhang D)

$$R = \frac{(n-1)^2 + \varkappa^2}{(n+1)^2 + \varkappa^2} \qquad (9.7)$$

fällt schon nach der klassischen Optik (den Fresnelschen Formeln) das Maximum von R nicht mit dem von $\varkappa$ zusammen, sondern liegt bei kürzeren Wellen[38a]; bei NaCl z.B. ist $\lambda_{Refl} = 52$ μm gegenüber $\lambda_{Abs} = 61$ μm. Während also die uns interessierende Grenzfrequenz $\omega^{TO}(0)$ aus dem Absorptionsspektrum unmittelbar bestimmt werden kann, ist das aus dem Reflexionsspektrum nicht möglich, sondern erfordert eine komplizierte Auswertung, auf die wir hier nicht eingehen können. Doch gibt das Reflexionsspektrum einen sehr guten Überblick, da die Reflexionsmaxima im allgemeinen sehr stark ($R \sim 95\%$) sind. Deshalb sind auch die ersten UR-Spektren von Kristallen in Reflexion gemessen worden (*Rubenssche Reststrahlenmethode*).

Die Wechselwirkung zwischen Lichtwellen und Gitterwellen wird in Ionenkristallen dadurch kompliziert, daß die von der Lichtwelle hoch aufgeschaukelte Gitterwelle ihrerseits ein elektrisches Feld erzeugt, das sich der eingestrahlten Welle überlagert und diese stark verändert. Die Situation in der Nähe der Resonanzstelle kann also mit zwei unabhängigen Wellen (Licht- und Gitterwelle) im Grunde nicht mehr richtig beschrieben werden, sondern nur mit einer gemischten Welle. Diese enthält sowohl einen elektromagnetischen wie einen mechanischen Anteil, die sich mit wachsendem Abstand von der Resonanzfrequenz wieder entmischen. Von dieser Wechselwirkung rührt auch die Frequenzverschiebung der Reflexion her. Wir können auf diese Zusammenhänge erst später näher eingehen (Ziffer 30).

Aufgabe 9.2. Versuche, die Verschiebung des Reflexionsmaximums gegen die Eigenfrequenz $\omega^{TO}(0)$ des Gitteroszillators durch dessen Wechselwirkung mit der Lichtwelle, insbesondere seine Phasenänderung beim Durchgang der Lichtfrequenz durch $\omega^{TO}(0)$, anschaulich zu erklären.

Aufgabe 9.3. Wie wäre die Reflexion eines Photons im Teilchenbild, also als Phonon-Photon-Wechselwirkung, zu beschreiben? Ordnung des Prozesses?

Die nächsten Abbildungen zeigen eine Reihe von Ergebnissen der UR-Spektroskopie als typische *Beispiele*.

Die Abb. 9.3 zeigt eine Auswahl von Reflexionsspektren aus den klassischen Untersuchungen von Liebisch und Rubens an kubi-

[38] UR-Absorption durch LO-Schwingungen gibt es nur an dünnen Schichten, deren Dicke klein gegen die Lichtwellenlänge ist, siehe Ziffer 30.

[38a] Näheres in Ziffer 30.

schen AB-Gittern. Wie zu erwarten, verschiebt sich das Reflexionsmaximum bei steigender Masse der Ionen zu niedrigeren Frequenzen, d.h. größeren Wellenlängen. Dasselbe wird in Abb. 9.4 noch einmal für eine größere Anzahl von Substanzen dargestellt. Der Verlauf der Kurven in Abhängigkeit von der reduzierten Masse entspricht etwa dem in Gl. (8.18) für die AB-Kette angegebenen[39].

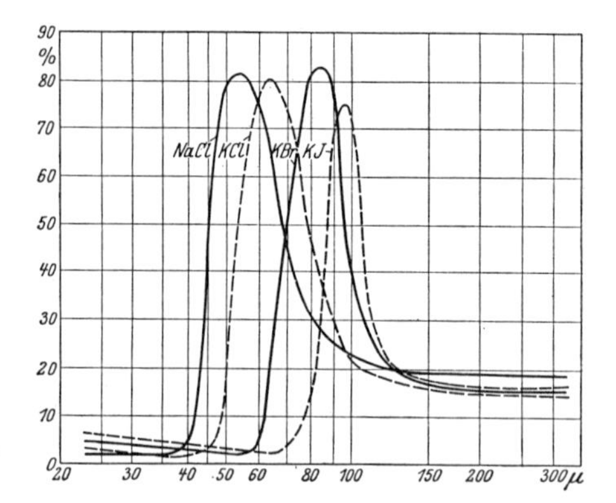

Abb. 9.3. Langwellige Reflexionsspektren an Alkalihalogeniden. Klassische Messungen von Rubens und Mitarbeitern 1900—1910

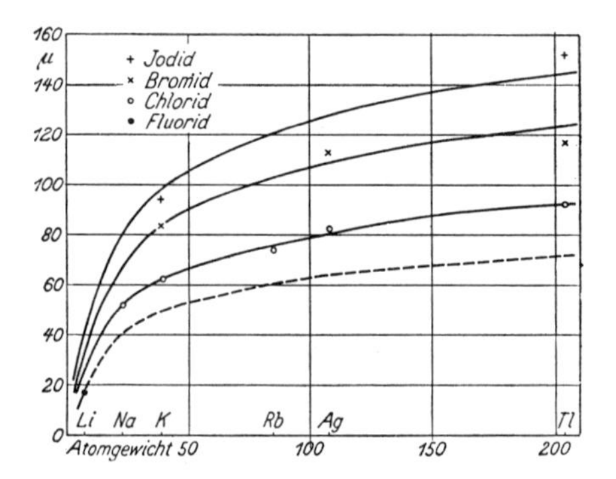

Abb. 9.4. Verschiebung des Reststrahlmaximums mit den Massen der Ionen in einfachen Halogeniden. Rubens 1910

Im Fall nichtkubischer Kristalle spalten die Grenzfrequenzen infolge der oben in Ziffer 8.3 behandelten Aufspaltung symmetrieentarteter Frequenzzweige in maximal 3 auf, im trigonalen Kalkspat $CaCO_3$, dessen optische Konstanten nach Kapitel D durch ein Rotationsellipsoid dargestellt werden, z.B. in zwei, bei deren einer (zweifach entarteten) das Dipolmoment senkrecht, bei der anderen (einfachen) parallel zur optischen Achse schwingt, siehe Abb. 9.5.

Dieselbe Erscheinung des *Dichroismus* zeigt noch einmal Abb. 9.6 für einen Ausschnitt aus dem Reflexionsspektrum des ebenfalls optisch einachsigen (trigonalen) Eisenspats ($FeCO_3$). Dagegen zeigt der optisch zweiachsige (orthorhombische) Cerussit ($PbCO_3$) *Trichroismus*, d.h. drei verschiedene Spektren, wenn der elektrische Lichtvektor parallel zu einer der drei rhombischen Achsen schwingt, siehe Abb. 9.7. Hier haben wir also schon in der Grenze $q = 0$ drei getrennte transversale optische Zweige, in denen jeweils der absorbierende elektrische Dipol parallel zu einer der drei orthogonalen Kristallachsen schwingt.

In Abb. 9.8 sind die im kurzwelligen UR beobachteten Reflexionsspektren mehrerer Karbonate zusammengestellt.

[39] Ein exakter Vergleich ist nicht möglich, da die Reflexionsmaxima nicht genau bei den Eigenfrequenzen liegen.

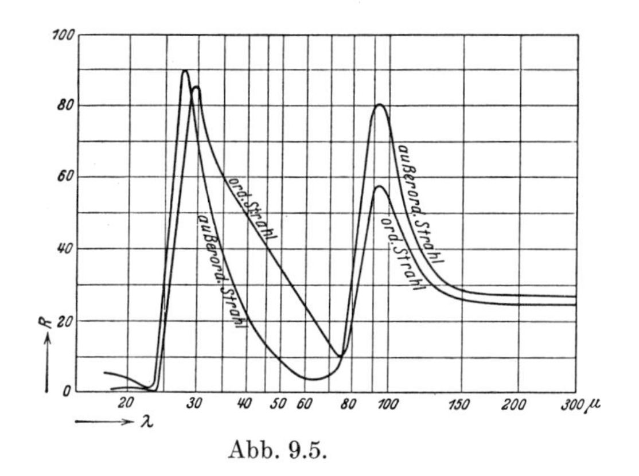

Abb. 9.5.

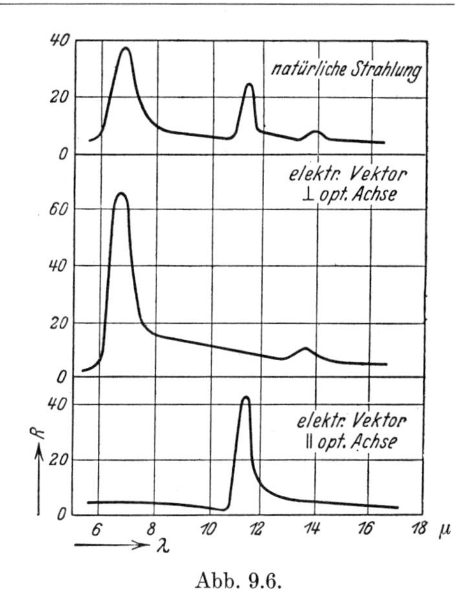

Abb. 9.6.

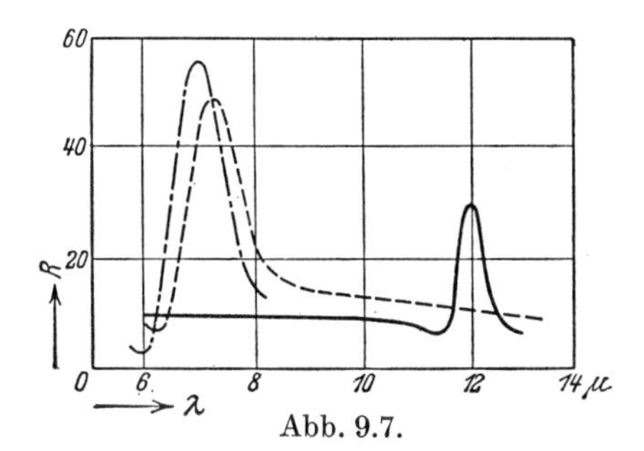

Abb. 9.7.

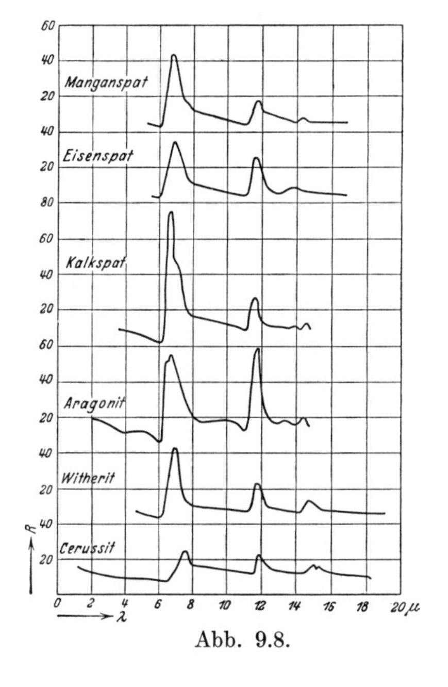

Abb. 9.8.

Abb. 9.5. Dichroismus im langwelligen URR-Spektrum des Kalkspats $CaCO_3$. Ordentlicher (außerordentlicher) Strahl: elektrischer Lichtvektor senkrecht (parallel) zur trigonalen Kristallachse. Die Maxima entsprechen Grenzfrequenzen von äußeren Gitterschwingungen. Nach Liebisch und Rubens

Abb. 9.6. Dichroismus im kurzwelligen URR-Spektrum von Eisenspat $FeCO_3$ (Kalkspat-Typ). Die Maxima entsprechen Grenzfrequenzen von inneren CO_3-Schwingungen. Nach Schäfer und Schubert 1916

Abb. 9.7. Trichroismus im kurzwelligen URR-Spektrum des orthorhombischen Cerussit $PbCO_3$. Polarisation jeweils parallel zu einer der drei orthogonalen Achsen. Nach Schäfer und Schubert 1916

Abb. 9.8. UR-aktive Grenzschwingungen des CO_3^{--}-Ions in verschiedenen Karbonaten MCO_3 (M = Mn, Fe, Ca, Ca, Ba, Pb). Nach Schäfer und Schubert 1916

Vergleicht man die drei letzten Abbildungen mit Abb. 9.5, so lassen sich sehr deutlich zwei Gruppen von UR-Banden unterscheiden: solche im langwelligen und solche im kurzwelligen Gebiet. Letztere sind für alle Karbonate dieselben, kommen also dem CO_3^{--}-Komplex zu. Sie liegen bei $\lambda = 7\ \mu m$, $11\ \mu m$ und $14\ \mu m$. Entsprechende Eigenfrequenzen beobachtet man bei den Sulfaten, Nitraten usw. Diese Gitterschwingungen kann man in erster Näherung als innere Schwingungen dieser Komplexe beschreiben; man nennt sie deshalb *innere* Gitterschwingungen. Die Banden im langwelligen UR dagegen gehören zu Schwingungen, bei denen die Komplexe (Inseln) als Ganze gegen das übrige Gitter schwingen; man nennt sie deshalb *äußere* Gitterschwingungen. Innere und äußere UR-aktive Schwingungen gehören natürlich zu optischen Frequenzzweigen des Raumgitters.

Da die inneren Schwingungen mit praktisch denselben Frequenzen auch in Lösungen vorkommen, ist zu schließen, daß derartige Komplexe auch im Kristall viel fester in sich gebunden sind als an die Umgebung. Dem entspricht in der Struktur, daß die Abstände innerhalb der Inseln kleiner als die Abstände zwischen den Inseln sind (vgl. Abb. 9.9).

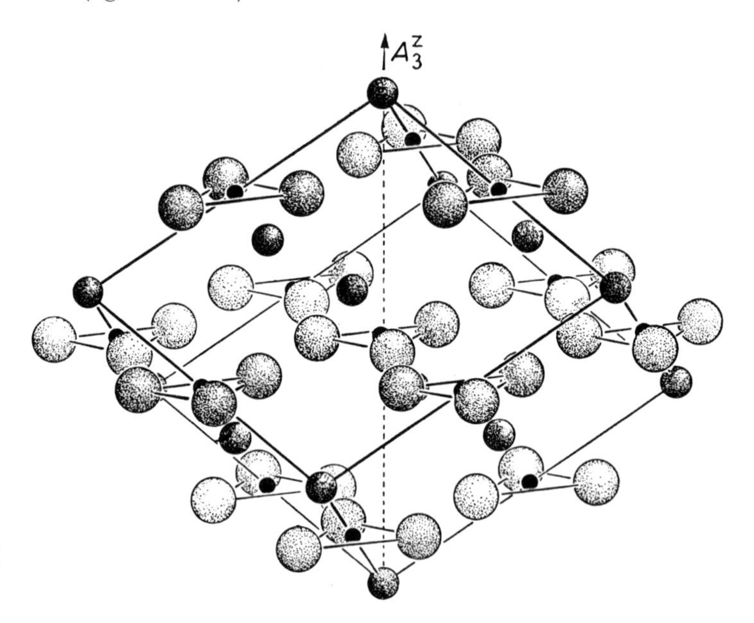

Abb. 9.9. Kalkspatgitter. Trigonaler GO1-Typ. CO_3^{--}-Inseln mit Abständen $d_{C...O} = 1{,}29$ Å. Dagegen ist der Abstand der Ca^{++}-Ionen zu den 6 benachbarten O-Atomen gleich $d_{Ca...O} = 2{,}37$ Å. Optisch einachsig: ordentliche Welle $\boldsymbol{E} \perp A_3^z$, außerordentliche Welle $\boldsymbol{E} \parallel A_3^z$ bei Poyntingvektor $\boldsymbol{S} \perp A_3^z$

Im Kristall hat man es nun aber nicht, wie im Gas oder in einer statistisch isotropen Flüssigkeit, mit den inneren Schwingungen von unabhängigen oder sogar freien Komplexen (Molekeln, Inseln) zu tun. Vielmehr sind folgende typischen *Gittereinflüsse* zu beachten:

1. Da wir bei UR-Absorption praktisch Grenzschwingungen $\omega^{TO}(0)$ beobachten, schwingen homologe Komplexe in allen Zellen in guter Näherung in Phase ($q = 0$). Es genügt also, nur *eine* Zelle zu betrachten.

2. Ein in isolierter Lage hochsymmetrisches Gebilde wie z.B. ein SO_4^{--}-Tetraeder oder ein gleichseitiges CO_3^{--}-Dreieck kann in einem Kristall auf einen Gitterplatz niedrigerer Symmetrie kommen, d.h. es wird *deformiert.* Hierbei spalten alle symmetrieentarteten inneren Schwingungen auf nach Maßgabe der Größe der Deformation und der Symmetrie des Gitterplatzes. Erstere kann aus der Größe der Aufspaltung abgeschätzt, letztere aus der Zahl der entstehenden (einfachen oder geringer entarteten) Komponenten bestimmt werden. Ein Beispiel zeigt Abb. 9.10. Wir betrachten von jetzt an nur noch eine einzelne einfache Aufspaltungskomponente.

3. Sind in einer Zelle mehrere (p) gleiche Komplexe an gleichwertigen Plätzen (z. B. p NO_3^--Ionen auf unsymmetrischen Plätzen um eine p-zählige Achse) vorhanden, so sind sie als gekoppelte mechanische Pendel gleicher Eigenfrequenz aufzufassen. Die Kopplung wird durch die chemischen Kräfte („Anstoßen der Nachbarn") und durch das elektrische Feld der schwingenden Dipole („Dipol-Dipol-Kopplung") bewirkt. Man hat also die Gesamtheit der p Komplexe als ein physikalisches System mit p-facher Zahl von Freiheitsgraden zu behandeln. Vor Einschalten der Kopplung ist die Schwingungsfrequenz die der einzelnen Komplexe, aber p-fach entartet, und es bestehen keine Phasenbeziehungen zwischen den einzelnen Komplexen. Nach Einschalten der Kopplung spaltet aber die p-fache Eigenfrequenz der Gesamtheit auf in p verschiedene einfache Frequenzen. Die zu diesen gehörenden Schwingungen sind dadurch gekennzeichnet, daß bei jeder von ihnen eine feste Phasenverschiebung zwischen den inneren Schwingungen zweier benachbarter Komplexe besteht. Diese konstante Phasenverschiebung hat bei jeder der p verschiedenen Eigenschwingungen des Gesamtsystems einen anderen Wert, und zwar kommen die und nur die p verschiedenen Phasenverschiebungen

$$\Delta\varphi = 0, \frac{2\pi}{p}, \quad 2\frac{2\pi}{p}, \ldots, (p-1)\frac{2\pi}{p} \tag{9.8}$$

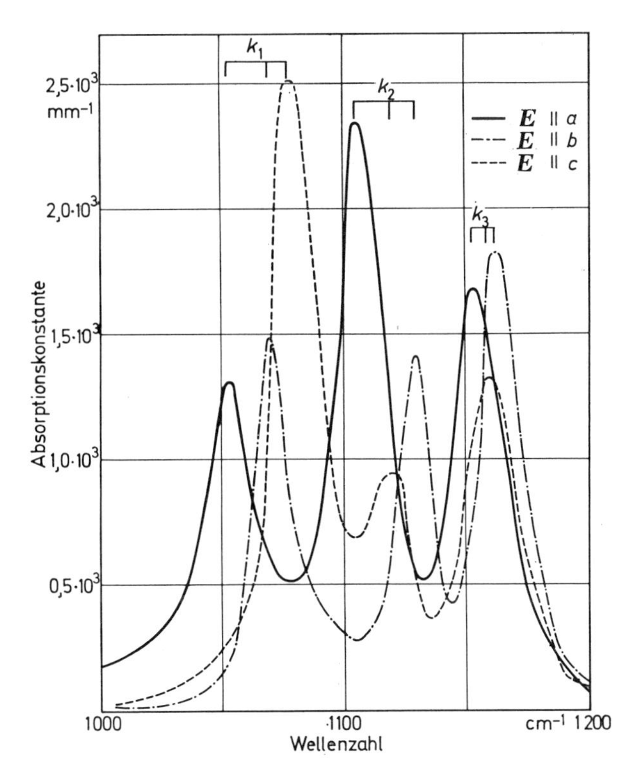

Abb. 9.10. Absorptionsspektrum des orthorhombischen Bittersalzes $MgSO_4 \cdot 7\,H_2O$ im Bereich der 3-fach entarteten UR-aktiven Schwingung des SO_4^{--}-Tetraeders bei $\tilde{\nu} = 1100\ \mathrm{cm}^{-1}$. Infolge der Deformation des Tetraeders auf einem Gitterplatz der Symmetrie C_1 spaltet die Schwingung auf in drei einfache Komponenten K_1, K_2, K_3. Da die Zelle 4 physikalisch gleichwertige SO_4^{--}-Ionen enthält, wird jede Komponente K_i durch Resonanz in 4 Zellenschwingungen aufgespalten. Die 3 UR-aktiven davon liefern 3 Absorptionsmaxima. Sie sind parallel zu den drei Zellenachsen polarisiert (Trichroismus)

vor. Diese Aufspaltung heißt *Resonanz-Aufspaltung*[40]. Ist das Gesamtsystem der p Komplexe sehr symmetrisch (mindestens dreizählig) aufgebaut, so können von den p Eigenschwingungen einige frequenzgleich sein (z. B. die mit der Phasenverschiebung

$$1 \cdot \frac{2\pi}{p} \quad \text{und} \quad (p-1)\frac{2\pi}{p} \triangleq (-1)\frac{2\pi}{p},$$

[40] Es handelt sich um nichts anderes als um das schon in der Mechanik behandelte Problem von p gekoppelten gleichen Pendeln.

die sich nur durch „rechtsherum" und „linksherum" unterscheiden), d.h. es gibt Symmetrieentartung, und man beobachtet weniger als p Komponenten. Dabei ist ferner zu berücksichtigen, daß nicht alle Komponenten UR-aktiv sind. In Abb. 9.10 ist gezeigt, wie eine dreifach symmetrieentartete Schwingung des SO_4^{--}-Tetraeders durch den Einbau in das nur orthorhombische $Mg(SO_4) \cdot 7\,H_2O$ in drei einfache Komponenten aufspaltet. Da die Zelle vier gleichwertige SO_4^{--}-Ionen enthält, spaltet jede dieser SO_4^{--}-Schwingungen noch einmal durch Resonanz in 4 Schwingungen der Zelle auf, von denen eine UR-inaktiv ist. Die drei UR-aktiven sind in der Abb. 9.10 zu erkennen.

Aufgabe 9.4. Realisiere die Resonanzkopplung am Beispiel von 2 und 3 längs x schwingenden mechanischen Pendeln. Gib die Bewegungsformen und die Phasenverschiebungen anschaulich an. Vergleiche das Ergebnis mit den Bewegungen einer Großperiode von $N = 2$ und $N = 3$ Zellen der A-Kette ($s = 1$), vgl. Ziffer 8.2.

Neben den starken *Hauptmaxima* der Ultrarotspektren, die den Grenzfrequenzen ($\boldsymbol{k}_0 = \boldsymbol{q} = 0$) der UR-aktiven optischen Dispersionszweige entsprechen, beobachtet man noch sehr viel schwächere *Nebenmaxima*. Auch hier sind die Lichtwellenlängen so groß, daß der Wellenvektor $\boldsymbol{k}$ noch praktisch Null ist. Man muß die Maxima aber wegen der geringen Intensität auf Mehrphononenprozesse nach dem Schema (8.52) zurückführen, bei denen zwei Phononen $\hbar\omega'$ und $\hbar\omega''$ mit entgegengesetzt gleichem Wellenvektor bei der Absorption

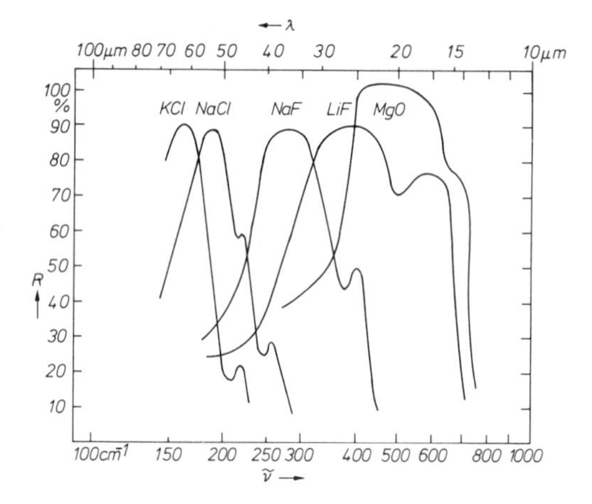

Abb. 9.11. Ultrarotreflexion einiger einfacher AB-Ionenkristalle: Hauptmaximum ≙ Grundschwingung (Einphonon-Prozeß) $\omega^{\mathrm{TO}}(0)$ und Nebenmaximum ≙ Kombinationsschwingung (Zwei-Phononen-Prozeß) $\omega^{\mathrm{TO}}(\pi/a) + \omega^{\mathrm{TA}}(\pi/a)$. Nach Hohls (1937) und Mitsuishi u. a. (1962)

eines Photons $\hbar\omega$ mit $\boldsymbol{k} \approx 0$ erzeugt werden. Die Übergänge erfolgen wie bei den Hauptmaxima bei Gitterfrequenzen maximaler Zustandsdichte, d.h. im allgemeinen an der Grenze der Brillouinzone. Die absorbierten Frequenzen sind nach (8.48) die Kombinationsfrequenzen[41] $\omega = \omega' + \omega''$, d.h. man hat die Summe der Phononenenergien zweier Zweige am Rand der Brillouinzone gemessen, siehe Abb. 9.11 und 9.12 (sogenannte *Zweiphononenabsorption*).

Zu dem Mechanismus dieser Absorption muß noch bemerkt werden, daß die Schwingungen an der Grenze der Brillouinzone im räumlichen Mittel kein Dipolmoment haben, da sie stehende Wellen mit gegen die Lichtwellenlänge sehr kleiner Wellenlänge sind und also streng genommen nicht absorbieren können. Jedoch ist die aus Gleichung (8.51) resultierende Breite

$$\Delta\omega = \frac{\Delta W_v}{\hbar} \sim \frac{1}{\tau_v} \tag{9.9}$$

[41] Sie treten hier wie in der klassischen Mechanik nur infolge der Nichtlinearität der Gitterkräfte auf.

des ultrarotaktiven Hauptmaximums bei $\omega^{\mathrm{TO}}(0)$ so groß, daß diese Bande bis in den Bereich $\omega' + \omega''$ hineinreicht. Dies bedeutet aber auch, daß der Frequenz $\omega' + \omega''$ von $\omega^{\mathrm{TO}}(0)$ her ein Dipolmoment beigemischt ist, das diese Absorption bewirkt. Wie Abb. 9.11 zeigt, liegt das Nebenmaximum[42] tatsächlich auf der Flanke des Hauptmaximums.

Der absorbierende Übergang ist in Abb. 9.12 schematisch in die transversalen Zweige der linearen AB-Kette eingezeichnet, und zwar, um die Durchmischung der Zustände anzudeuten, von $\boldsymbol{q} = 0$ schräg zu $\boldsymbol{q}\boldsymbol{a} = \pm\pi$.

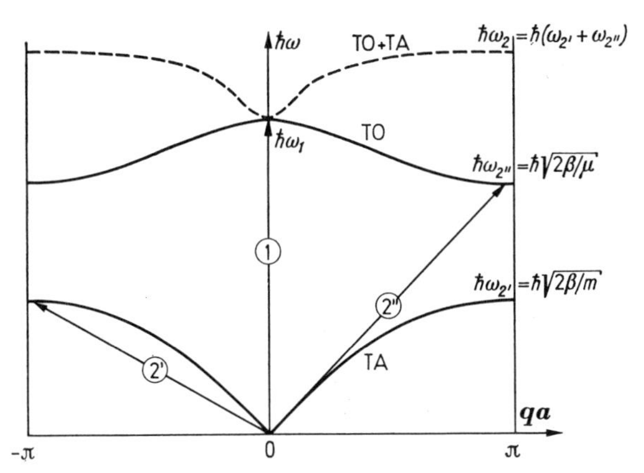

Abb. 9.12. Übergangsschema im Termschema der AB-Kette unter Einhaltung der $\boldsymbol{q}$-Auswahlregel. Grundschwingung ①, Kombinationsschwingung ②' + ②'' mit der Energie $\hbar\,\omega_2 = \hbar\,\omega_2' + \hbar\,\omega_2''$. β = Kraftkonstante für Transversalschwingungen

In komplizierteren Kristallen mit Inselstruktur treten naturgemäß auch *Ober*schwingungen und *Kombinations*schwingungen zwischen verschiedenen inneren Eigenschwingungen, aber auch zwischen inneren und äußeren optischen und akustischen Schwingungen auf. Dadurch werden die Spektren und ihre Deutung kompliziert, vgl. Abb. 9.13. Jedoch erhält man so mit relativ einfachen spektro-

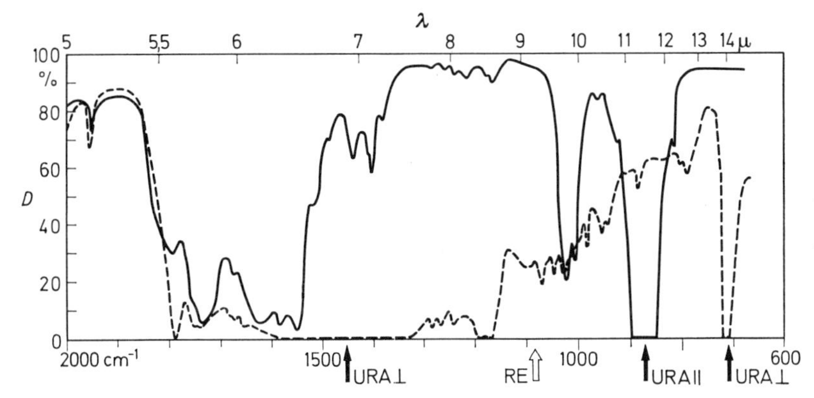

Abb. 9.13. Absorptionsspektrum von Kalkspat $CaCO_3$ im kurzwelligen Ultrarot. Aufgetragen ist die Durchlässigkeit einer Schicht der Dicke $d = 250\ \mu$m bei $T = 14$ K. Die drei UR-aktiven Schwingungen ($\tilde{\nu} = 706$; 880; 1470 cm^{-1}) und die Raman-aktive, UR-nichtaktive Schwingung ($\tilde{\nu} = 1090$ cm^{-1}) des CO_3^{2-}-Ions sind durch Pfeile gekennzeichnet. Gestrichelt: o. Spektrum, $\boldsymbol{E} \perp A_3^z$. Ausgezogen: a. o. Spektrum, $\boldsymbol{E} \parallel A_3^z$. Kombinationen zwischen inneren und zwischen diesen und äußeren Gitterschwingungen ergeben die übrigen Durchlässigkeitsminima

skopischen Hilfsmitteln Aufschluß nicht nur über die UR-aktiven Grenzfrequenzen ($q = 0$), sondern auch über die UR-inaktiven Zweige und über die Frequenzen am Rand der Brillouinzone, die sonst nur durch aufwendige Neutronenstreuungsexperimente zu bestimmen sind.

Aufgabe 9.5. Zeige mittels der Dispersionsformeln (8.9) für die lineare AB-Kette, daß das Nebenmaximum für alle in Abb. 9.11 enthaltenen Kristalle bei $\omega^{\mathrm{TO}}(\pi/a) + \omega^{\mathrm{TA}}(\pi/a) \sim 1{,}4 \cdot \omega^{\mathrm{TO}}(0)$ zu erwarten ist.

---

[42] Dieselbe Frequenz hat auch die in Fußnote 38 auf Seite 103 erwähnte LO-Absorption, so daß das beobachtete Nebenmaximum bei *schiefer* Reflexion die Überlagerung von 2 Banden ist (bei NaCl getrennt beobachtet).

9.2. Unelastische Streuung von Neutronen und Röntgenphotonen

Nach Tabelle 9.1 haben thermische Neutronen und Röntgenstrahlen Wellenlängen von der Größenordnung der Netzebenenabstände. Beide Strahlenarten können also *elastisch* nach der Bragg-Gleichung (4.18) im Gitter reflektiert werden. Daneben kommen aber auch *unelastische* Streuprozesse vor. Bei einem derartigen Prozeß wird ein Phonon mit dem reduzierten Wellenvektor $\boldsymbol{q}$ und der Energie $\hbar\omega^{(i)}(\boldsymbol{q})$ entweder erzeugt (Vorzeichen +) oder vernichtet (Vorzeichen −), und man hat an Stelle von (4.14) und (4.18) die beiden Erhaltungssätze

$$\boldsymbol{k}_0 - \boldsymbol{k}' = \pm\,\boldsymbol{q} + m\,\boldsymbol{g}_{hkl} \tag{9.10}$$

und

$$\hbar^2(\boldsymbol{k}_0^2 - \boldsymbol{k}'^2)/2\,m_n = \pm\,\hbar\,\omega^{(i)}(\boldsymbol{q}) \tag{9.12}$$

für Wellenzahlen und Energie. Dabei sind $\boldsymbol{q}$, $\boldsymbol{k}_0 = m_n\boldsymbol{v}_0/\hbar$, $\boldsymbol{k}' = m_n\boldsymbol{v}'/\hbar$ die Wellenvektoren von Phonon, eingestrahltem und unelastisch gestreutem Neutron[43]. Die Impulsänderung $\hbar(\boldsymbol{k}_0 - \boldsymbol{k}')$ des Neutrons wird auf das ganze schwingende (unbegrenzte) Gitter übertragen, und zwar der Teil $\pm\,\hbar\boldsymbol{q}$ auf das Phonon, der Teil $\hbar m\boldsymbol{g}_{hkl}$ auf das nichtschwingende Gitter[45]. Mit $\boldsymbol{q} = 0$ und $\hbar\omega^{(i)}(\boldsymbol{q}) = 0$ gehen (9.10/12) in die Bedingungen (4.14/16) für den Grenzfall der elastischen Bragg-Streuung über.

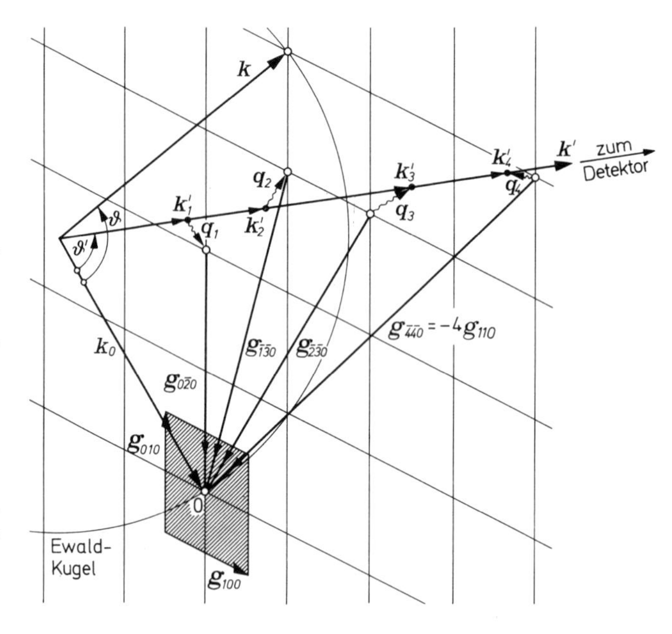

Abb. 9.14. Elastische und unelastische Neutronen- oder Röntgenstreuung, dargestellt im reziproken Gitter nach Abb. 8.5. $\boldsymbol{k}_0$ = Wellenvektor der eingestrahlten, $\boldsymbol{k}$ der der elastisch gestreuten, $\boldsymbol{k}_i'$ ($i = 1, \ldots, 4$) der der unelastisch gestreuten Teilchen. Die gestreuten Teilchen werden bei *einer* Aufstellung der Apparatur alle in derselben Richtung beobachtet, aber mit verschiedenen Energien und Impulsen $\hbar\boldsymbol{k}_i'$. $\boldsymbol{q}_i$ sind Wellenvektoren von Phononen, die Gl. 9.10 mit Vektoren $m\boldsymbol{g}_{hkl}$ des reziproken Gitters erfüllen

In Abb. 9.14 sind in das zu Abb. 3.10 *reziproke Gitter* Wellenvektoren für elastische und unelastische Streuung von Neutronen (oder Röntgenphotonen) eingezeichnet. Der Nullpunkt 0 liegt in der Mitte der Einheitszelle.

Die Vektoren $\boldsymbol{q}_i$ verbinden jeweils die Spitze des Streuwellenvektors $\boldsymbol{k}_i'$ mit der nächstbenachbarten Zellenmitte, d.h. sie sind auf die Einheitszelle reduziert und erfüllen den Erhaltungssatz (9.10). Jedoch werden nur solche Streuprozesse in Richtung $\boldsymbol{k}'$ wirklich beobachtet, bei denen auch der Energiesatz (9.12) erfüllt ist, der das gesuchte Dispersionsgesetz (8.40) enthält. Nach (9.12) kommt Phononenerzeugung nur vor, wenn $\boldsymbol{k}_i'$ innerhalb, Phononenvernichtung,

[43] Die unelastische Streuung von Röntgenphotonen siehe weiter unten.

[45] Vergleiche Ziffer 8.4.

wenn $\boldsymbol{k}'_i$ außerhalb der Ewald-Kugel für elastische Reflexion $\boldsymbol{k}' \equiv \boldsymbol{k}$ endet (siehe (4.14/16)).

Strahlt man also monochromatische Neutronen in einer bestimmten Richtung in eine kristalline Probe ein (festes $\boldsymbol{k}_0$) und mißt die Richtung (den Streuwinkel ϑ', Abb. 9.14) und die Änderung der Energie (Geschwindigkeit) der gestreuten Neutronen, so kann man die Wellenvektoren $\boldsymbol{q}$ und Energien $\hbar\omega^{(i)}(\boldsymbol{q})$ der Phononen, d.h. ihr *Dispersionsgesetz* durch alle Zweige bestimmen. Damit ist zugleich auch ihre Phasengeschwindigkeit $v^{(i)}(\boldsymbol{q}) = \omega^{(i)}(\boldsymbol{q})/|\boldsymbol{q}|$ bestimmt.

Die *Experimente* erfordern einen ziemlich großen Aufwand, nämlich einen starken Kernreaktor als Neutronenquelle und große 2- oder 3-achsige Goniometer. Da die Phononenenergie d.h. der Energieverlust der Neutronen von derselben Größenordnung ist wie die Neutronenenergie selbst, sind die relativen Änderungen sehr deutlich meßbar. Einige Ergebnisse siehe in den Abb. 9.15 und 9.16.

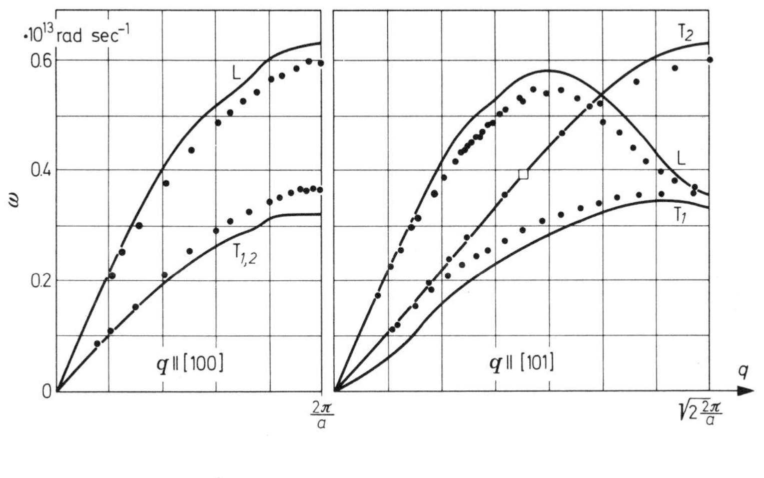

Abb. 9.15. Phononen-Dispersionszweige des kubisch-flächenzentrierten Aluminiums. Kurve: gerechnet (vgl. auch Abb. 8.6). Punkte: gemessen durch unelastische Neutronenstreuung (Anpassung von Theorie und Experiment bei dem Punkt □). Darstellung wie in Abb. 8.6. Nach Harrison, Phonons, 1966

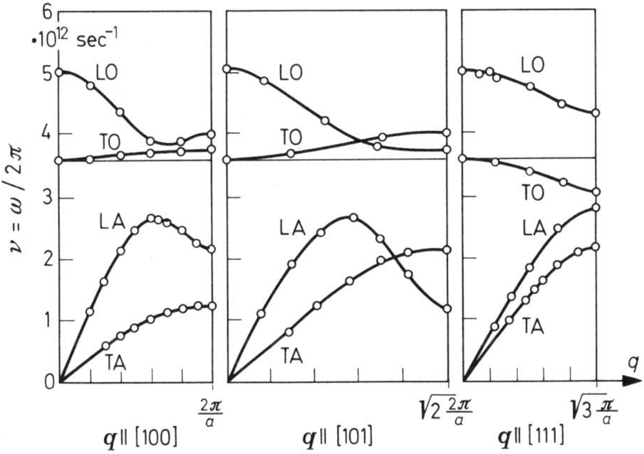

Abb. 9.16. Durch Neutronenstreuung bestimmte Phononen-Dispersionszweige des kubisch-flächenzentrierten KBr. Man beachte, daß wegen der optischen Isotropie die UR-aktiven TO-Zweige bei $q = 0$ unabhängig von der $\boldsymbol{q}$-Richtung dieselbe Frequenz haben (vgl. Ziffer 9.1). Darstellung wie in Abb. 8.6 Nach Harrison, Phonons, 1966.

Bei *Röntgenphotonen* liegt dagegen die Energie nach Tabelle 9.1 um mehrere Zehnerpotenzen über der Phononenenergie, so daß die nach dem Energiesatz

$$\hbar\omega_0 - \hbar\omega' = \pm\hbar\omega^{(i)}(\boldsymbol{q}) \qquad (9.13)$$

unelastisch gestreuten Photonen der Energie $\hbar\omega'$ im Spektrometer wegen der endlichen Linienbreite des Apparates nur schwer von den elastisch gestreuten Photonen der Energie $\hbar\omega_0 \equiv \hbar\omega'$ getrennt werden können[45a]. Trotzdem sind auch mit dieser Methode gute Ergebnisse erzielt worden.

9.3. Brillouin- und Ramanstreuung

Bei sichtbarem und ultraviolettem Licht ist die Wellenlänge groß gegen die Gitterkonstanten und Netzebenenabstände. Somit gilt $|\boldsymbol{k}_0| \approx 0$, $|\boldsymbol{k}'| \approx 0$ und also auch $|\boldsymbol{k}_0 - \boldsymbol{k}'| \approx 0$. Dann ist aber die Impulsbilanz (9.10), da $\boldsymbol{q}$ nach Voraussetzung in der 1. Brillouinzone liegt, nur erfüllbar mit $m = 0$, ein Reduktionsvektor $m\boldsymbol{g}_{hkl}$ wird nicht gebraucht. Es gelten also jetzt die Erhaltungssätze

$$\boldsymbol{k}_0 - \boldsymbol{k}' = \pm\,\boldsymbol{q} \tag{9.14}$$

für die Wellenvektoren und

$$\hbar\omega_0 - \hbar\omega' = \pm\,\hbar\omega^{(i)}(\boldsymbol{q}) \tag{9.15}$$

für die Energie, siehe Abb. 9.17. Ohne Beteiligung eines Phonons, d.h. wenn $\boldsymbol{q} = 0$, $\hbar\omega^{(i)}(\boldsymbol{q}) = 0$, gehen diese Gleichungen in die Gleichungen (4.14/16) für elastische Streuung mit $m = 0$ über. Da dann aber $\boldsymbol{k}' = \boldsymbol{k}_0$ und $\omega' = \omega_0$ ist, passiert die eingestrahlte Welle

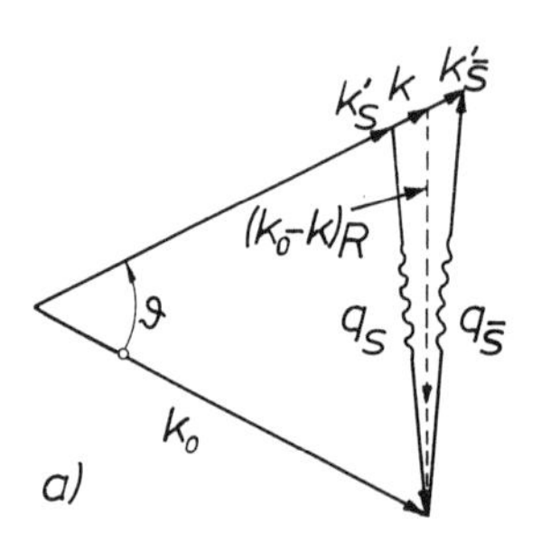

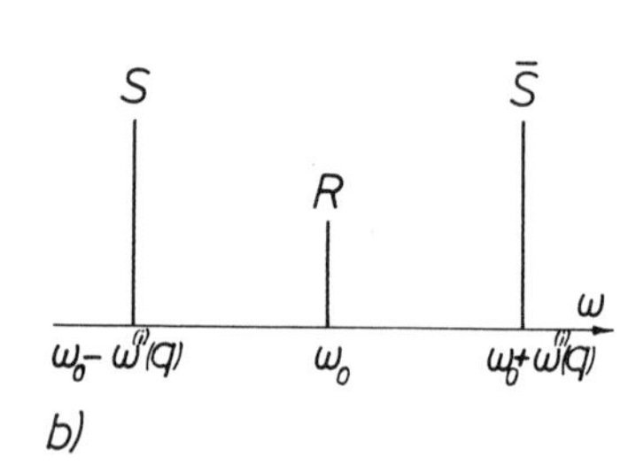

Abb. 9.17. a) Vektorendiagramm, b) Streuspektrum bei der Streuung von langwelligem Licht unter dem Streuwinkel ϑ. $\boldsymbol{k}_0$ = Wellenvektor der eingestrahlten, $\boldsymbol{k}$, $\boldsymbol{k}'$ = Wellenvektor der gestreuten Photonen. S: Stokes-, $\bar{\text{S}}$: anti-Stokes-, R: Rayleigh-Streuung. $\boldsymbol{q}_s$ = Wellenvektor des erzeugten, $\boldsymbol{q}_{\bar{s}}$ des vernichteten Phonons

den Kristall unabgelenkt und ohne Frequenzänderung. Das von einem Idealkristall *gestreute* (abgelenkte) Licht enthält also *nur* die beiden unelastisch gestreuten *verschobenen Frequenzen* $\omega' = \omega_0 \pm \omega^{(i)}(\boldsymbol{q})$ nach (9.15), nicht aber die unverschobene Frequenz $\omega' = \omega_0$[46].

Die im Spektrum nach der niederenergetischen Seite verschobene Streulichtlinie mit $\omega' = \omega_0 - \omega^{(i)}(\boldsymbol{q})$ heißt[47] die Stokes-Linie, die andere heißt die Anti-Stokes-Linie (Abb. 9.17). Die unelastische Streuung von optischem Licht heißt *Raman-Streuung*, wenn das dabei erzeugte oder vernichtete Phonon in einem optischen, und *Brillouin-Streuung*, wenn es in einem akustischen Phononenzweig liegt.

Die Erhaltungssätze (9.14/15) gelten im Innern des Kristalls. Zwischen den Frequenzen und den zugehörigen Wellenzahlen bestehen also *Dispersionsbeziehungen*, die wir hier nur für optische Isotropie, d.h. kubische Kristalle anschreiben. Für das Licht gilt

$$\omega_0 = (c/n_0)\,k_0\,, \qquad \omega' = (c/n')\,k' \tag{9.16}$$

($k_0 = |\boldsymbol{k}_0|$, $k' = |\boldsymbol{k}'|$; n_0, n' = Brechungsindizes für ω_0, ω'; c = Vakuumlichtgeschwindigkeit), und für die Gitterwellen

$$\omega^{(i)}(\boldsymbol{q}) = v^{(i)}(\boldsymbol{q}) \cdot q \tag{9.17}$$

($q = |\boldsymbol{q}|$, v = Schallgeschwindigkeit).

[45a] Sie bilden den „Untergrund“, der zur Abnahme der Zahl der elastisch gestreuten Photonen gemäß dem Debye-Waller-Faktor führt (Ziffer 4.3).

[46] Wird diese Frequenz dennoch beobachtet (sogenannte Rayleigh-Streuung), so erfolgt die Streuung an strukturellen Inhomogenitäten (Baufehlern) des Realkristalls. Auf diese wird auch die Impulsänderung $\hbar(\boldsymbol{k}_0 - \boldsymbol{k}')$ des Photons übertragen (Abb. 9.17).

[47] Aus historischen Gründen.

Die Schallgeschwindigkeit $v = v^{(i)}(\boldsymbol{q})$ hängt vom Phononenzweig $i = 1, \ldots, 3s$, und in jedem Zweig von Größe und Richtung des Wellenvektors $\boldsymbol{q}$ ab. Mißt man nun im Streuspektrum den Streuwinkel ϑ (Abb. 9.17) und die Frequenzen ω_0 und ω', so sind bei bekannten Brechungsindizes n_0, n' nach (9.16) die Wellenvektoren $\boldsymbol{k}_0$, $\boldsymbol{k}'$ der Photonen und damit nach (9.14) und Abb. 9.17 auch die Wellenvektoren $\boldsymbol{q}$ der Phononen nach Richtung $\boldsymbol{q}/q$ und Größe $q = |\boldsymbol{q}|$ gemäß

$$q^2 = k_0^2 + k'^2 - 2\,k_0\,k' \cos\vartheta \tag{9.18}$$

vollständig bekannt. Die Phononenenergie folgt unmittelbar aus der Frequenzverschiebung

$$\hbar\,\omega^{(i)}(\boldsymbol{q}) = \hbar\,|\,\omega' - \omega_0\,| \tag{9.19}$$

nach (9.15). Damit ist dann auch die *Schallgeschwindigkeit* $v^{(i)}(\boldsymbol{q})$ nach (9.17) bestimmt. Da für sichtbares Licht $\boldsymbol{k}_0$ und $\boldsymbol{k}'$ weit vom Rand der Brillouinzone nahe bei Null, d.h. auch die $\boldsymbol{q}$ nahe bei Null liegen, werden nur Frequenzen in der Nähe der *Grenzfrequenzen* $\omega^{(i)}(0)$ der Phononenzweige bestimmt.

Für die akustischen Zweige ist dann auch $\omega^{(i)}(\boldsymbol{q})$ sehr klein, so daß für die Messung des Brillouineffektes extrem monochromatisches Erregerlicht, z.B. von einem Laser, und sehr hoch auflösende Spektrometer erforderlich sind. Dagegen sind die Phononenenergien der optischen Zweige so groß, daß für die Messung des Ramaneffektes mittlere Spektrometer ausreichen.

Im allgemeinen ist die Frequenzverschiebung klein gegen die Erregerfrequenz, also $|\,\omega' - \omega_0\,| \ll \omega_0, \omega'$, so daß in Näherung $n' \approx n_0$ und

$$k' \approx k_0 \tag{9.20}$$

gesetzt werden kann. Damit wird (9.18) zu

$$q^2 = 2\,k_0^2(1 - \cos\vartheta) = 4\,k_0^2 \sin^2\vartheta/2\,, \tag{9.20'}$$

d.h. die Phononenwellenzahl bestimmt sich sehr einfach aus der Lichtwellenzahl und dem Streuwinkel:

$$q = 2\,k_0 \sin\vartheta/2\,. \tag{9.21}$$

Für die Wellenlängen $\lambda_0 = 2\pi/k_0$ und $\lambda_q = 2\pi/q$ von Licht- und Gitterwelle folgt daraus

$$2\,\lambda_q \sin\vartheta/2 = \lambda_0\,. \tag{9.22}$$

Nach Vergleich mit (4.13)[48] bedeutet dies nichts anderes als Braggsche spiegelnde Tiefenreflexion 1. Ordnung an einer Ebenenschar mit den inneren Abständen λ_q, d.h. an der mit der Gitterwellenlänge λ_q periodischen Dichteverteilung im Wellenfeld[49].

Damit ist auch der *Mechanismus des Streuprozesses* anschaulich beschrieben: Durch die Gitterwelle wird mit der Dichte auch der Brechungsindex räumlich (Periode λ_q) und zeitlich (Periode $\omega^{(i)}(\boldsymbol{q}) \ll \omega_0$) moduliert. Die räumliche Periodizität bewirkt die Tiefenreflexion der Lichtwelle und führt auf (9.14). Die zeitliche Periodizität bewirkt eine Amplitudenmodulation des Streulichts mit der Frequenz $\omega^{(i)}(\boldsymbol{q})$ und das Auftreten der Seitenbänder (9.15) im Streuspektrum[50].

Streuversuche müssen mit Licht gemacht werden, das nicht absorbiert wird[52], dessen Lichtquanten also nicht in das Termschema der untersuchten Substanz passen. Um trotzdem das Termschema zur Beschreibung heranziehen zu können, pflegt man einen *virtuellen* angeregten Term oder *Zwischenzustand* einzuzeichnen[53], zu dem keine Absorption führt, der also auch nicht einmal für kurze Zeit wirklich existiert. Man zeichnet den Streuvorgang dann als *einen* Übergang ein, der zu dem Zwischenzustand und sofort

[48] Oder von (9.14) mit (4.16).

[49] Das gilt in der Näherung (9.20). Die Richtung von $\boldsymbol{k}'$ ist, da $|\,\omega_0 - \omega'\,|/\omega_0$ *nicht exakt* verschwindet, *nicht exakt* die gespiegelte (vgl. Abb. 9.17 mit Abb. 4.2, wenn dort $m\,\boldsymbol{g}_{hkl}$ durch $\boldsymbol{q}$ und d_{hkl} durch λ_q ersetzt wird).

[50] In den akustischen Zweigen, die linear aus dem Nullpunkt herauskommen, ist nahe bei $q = 0$, $\omega = 0$ die Geschwindigkeit unabhängig von q, so daß hier (wie bei Licht im Vakuum) $\omega = vq$ mit konstantem v ist.

[52] Dasselbe gilt natürlich für Neutronen.

[53] In Anlehnung an die quantentheoretische Rechnung.

zum Ausgangsterm oder einem benachbarten Schwingungsterm zurückführt, siehe Abb. 9.1. Da die nach der kurzwelligen Seite verschobenen anti-Stokesschen Streulinien $\omega' = \omega + \omega^{(i)}(\boldsymbol{q})$ hiernach von angeregten Schwingungsniveaus ausgehen, sind sie bei normalen Temperaturen wesentlich schwächer als die vom tiefsten Zustand ausgehenden Stokesschen Streulinien $\omega'' = \omega_0 - \omega^{(i)}(\boldsymbol{q})$ auf der langwelligen Seite der Erregerlinie.

Die Bedeutung der Raman- und Brillouinstreuung für die Bestimmung der Phononenspektren liegt vor allem darin, daß sie aus Symmetriegründen häufig gerade die UR-inaktiven Schwingungen und auch die akustischen Wellen liefern. Es ist also möglich, durch parallele Untersuchung der Ultrarot- und der Raman-Spektren einen vollständigen Überblick über alle optischen Zweige eines Kristalls zu erhalten und durch Brillouinstreuung den Anfang der akustischen Zweige zu bestimmen. Die Abb. 9.18 bis 9.20 geben einige Beispiele.

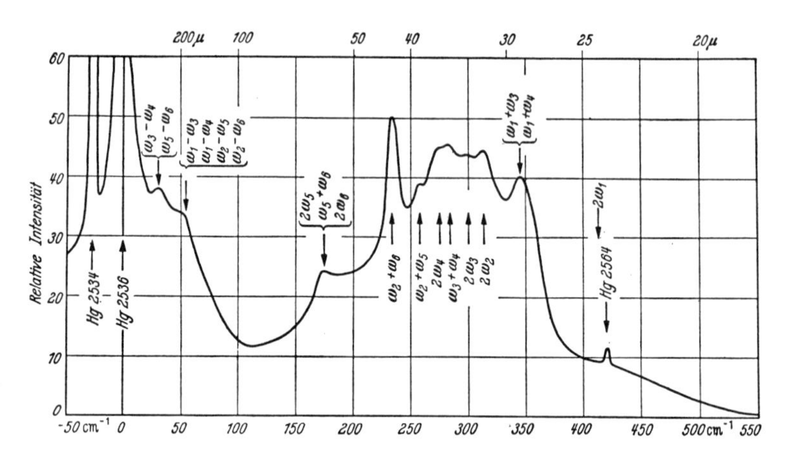

Abb. 9.19. Raman-Spektrum 2. Ordnung an Steinsalz. Nach Welsh u. a., 1949

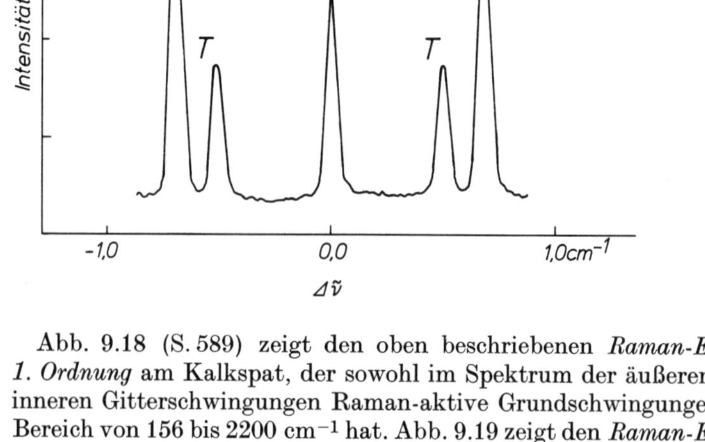

Abb. 9.20. Brillouinstreuung an Quarz bei einer speziellen Orientierung des Kristalls und dem Streuwinkel $\vartheta = \pi/2$. Die um $\Delta\tilde{\nu}$ verschobenen Streulinien entsprechen Prozessen mit Vernichtung (rechts) oder Erzeugung (links) eines Phonons der Energie $\hbar\omega^{(i)}(\boldsymbol{q}) = hc\,\Delta\tilde{\nu}$ aus dem longitudinalen(L) und dem transversalen (T) akustischen Phononenzweig. Die Rayleighstreuung (R) rührt von Gitterfehlern her. Nach Schoen und Cummins 1971.

Abb. 9.18 (S. 589) zeigt den oben beschriebenen *Raman-Effekt 1. Ordnung* am Kalkspat, der sowohl im Spektrum der äußeren wie inneren Gitterschwingungen Raman-aktive Grundschwingungen im Bereich von 156 bis 2200 cm^{-1} hat. Abb. 9.19 zeigt den *Raman-Effekt 2. Ordnung* von Steinsalz, dessen UR-aktive TO-Grundschwingung Raman-inaktiv ist[54], so daß nur Ober- und Kombinationsschwingungen auftreten (Zweiphononen-Ramaneffekt). In beiden Abbildun-

[54] In einem Kristall mit Inversionszentrum ist eine Schwingung entweder UR-aktiv oder Raman-aktiv, nicht beides.

gen ist Quecksilberlicht als Erregerstrahlung benutzt. Abb. 9.20 zeigt *Brillouinstreuung* mit Laser-Licht an Quarz.

Aufgabe 9.7. Beschreibe den Streumechanismus klassisch nach Cabannes und Rocard: Der Vektor $\boldsymbol{E}$ des eingestrahlten Lichtes erzeugt einen induzierten Dipol $\boldsymbol{p} = \alpha \boldsymbol{E}$. Die Polarisierbarkeit α schwankt um den Gleichgewichtswert α_e mit der Phononenfrequenz. Gib die Zeitabhängigkeit der Streuwelle (d.h. des Dipols) an. Welche Frequenzen sieht ein Spektrometer (= Fourieranalysator)? Vergleiche die Streuung durch den Gleichgewichtswert α_e eines fehlerfreien Kristalles mit der eines statistisch ungeordneten Molekelgases.

Aufgabe 9.8. Erkläre klassisch (vgl. Aufgabe 9.7), warum die TO-Grundschwingung des NaCl nicht mit der Frequenz $\omega^{TO}(0)$, sondern nur mit $2\,\omega^{TO}(0)$ (der Oberschwingung) im Raman-Effekt auftritt. Hinweis: [M], Ziffer 27.2.

9.4. Elektronen-Schwingungsspektren[55]

Diese Methode ist beschränkt auf Kristalle mit scharfen elektronischen Absorptions- und Emissionsspektren, vorwiegend im sichtbaren und ultravioletten Spektralbereich. Den Elektronentermen addieren sich gemäß Abb. 9.1 die Schwingungsterme des Gitters, so daß neben dem rein elektronischen Übergang ($v' = v''$) mit der Photonenenergie

$$\hbar\omega_0 = \Delta W_{el} = W'_{el} - W''_{el} \tag{9.28}$$

auch Übergänge mit Änderung des Schwingungszustandes, d.h. mit der Photonenenergie

$$\begin{aligned} \hbar\omega &= W'_{el} + (v' + \tfrac{1}{2})\hbar\omega^{(i)} - W''_{el} - (v'' + \tfrac{1}{2})\hbar\omega^{(i)} \\ &= \hbar\omega_0 + \Delta v\,\hbar\omega^{(i)} \end{aligned} \tag{9.29}$$

möglich sind. Dabei ist $\Delta v = v' - v''$ die Änderung der Schwingungsquantenzahl. Die Übergänge mit positivem (negativem) Δv führen zur Anregung (Vernichtung) von Phononen. Die zugehörigen optischen Spektrallinien (Frequenzen) liegen im Abstand $\Delta v \cdot \hbar\omega^{(i)}$ rechts und links neben der rein elektronischen Linie. Aus diesen Abständen können die Schwingungsfrequenzen bestimmt werden. In Abb. 9.1 sind die Fälle $\Delta v = 0, \pm 1$ für Absorption und $\Delta v = 2$ für Emission eingezeichnet. Ein Beispiel gibt Abb. 9.21 (S. 589).

Es handelt sich um Spektralaufnahmen mit sehr großer Dispersion (0,8 Å/mm) an trigonalen Kristallen von

$$Pr_2Zn_3(NO_3)_{12} \cdot 24\,H_2O \quad \text{und} \quad Nd_2Zn_3(NO_3)_{12} \cdot 24\,H_2O,$$

die sich in flüssigem H_2 befanden. Wegen der hohen Symmetrie der Zelle kommen einfache (A) und zweifach entartete (E) Schwingungen vor. Sie werden durch das ordentliche und außerordentliche Spektrum (polarisiertes Licht, $\boldsymbol{E}\perp$ und $\boldsymbol{E}\|$ optische Achse) getrennt. Beobachtet werden die äußeren optischen Schwingungen des Gitters und die inneren optischen Schwingungen der NO_3-Ionen (und auch der H_2O-Molekeln). Bei den NO_3-Schwingungen sind die Aufspaltung von Entartung durch Symmetrie-Erniedrigung und die Resonanzaufspaltung deutlich zu sehen. Die in Abb. 9.21 b gezeigte Pulsationsschwingung ist einfach, hier erscheint nur die Resonanzaufspaltung.

Anschaulich können die „Seitenbänder" rechts und links neben der schwingungsfreien Linie wie folgt verstanden werden: Die Frequenz der dem optischen Übergang nach Bohr korrespondierenden Elektronenschwingung wird vom Abstand der Elektronen zu den Kernen, in deren Feld sie sich bewegen, bestimmt. Die Elektronenschwingung wird also durch die (viel langsamere) Gitterschwingung frequenzmoduliert; die Fourieranalyse liefert die Seitenbänder (vgl. die Verhältnisse beim Raman-Effekt, wo Seitenbänder infolge Amplitudenmodulation auftreten (Ziffer 9.3); Aufgabe 9.7). Es handelt sich also um nichts anderes als die Schwingungsstruktur der Bandenspektren von Molekeln, außer daß im Kristall noch eine Abhängigkeit vom Wellenvektor zu berücksichtigen ist.

[55] Aus dem Englischen bürgert sich die Kurzform „vibronisch" für *vib*ration-elect*ronic* ein.

10. Das Schwingungssystem im thermischen Gleichgewicht

10.1. Statistische Grundlagen

Denkt man sich alle Eigenschwingungen eines Kristallgitters experimentell bestimmt, so kann man seine thermische Schwingungsenergie als Funktion der Temperatur leicht angeben. *Ein* harmonischer Oszillator der Kreisfrequenz ω hat die Energien (s. Ziffer 8.4)

$$W_v(\omega) = (v + \tfrac{1}{2})\hbar\omega\,, \qquad v = 0, 1, 2, \ldots, \tag{10.1}$$

d.h. bei der Temperatur T die Zustandssumme

$$\begin{aligned} Z(\omega, T) &= \sum_v e^{-(v+\frac{1}{2})\hbar\omega/kT} \\ &= \frac{e^{-\hbar\omega/2kT}}{1 - e^{-\hbar\omega/kT}}\,. \end{aligned} \tag{10.2}$$

Man überzeugt sich leicht, daß die *mittlere Anregungsenergie* des Oszillators bei der Temperatur T gegeben ist durch

$$\begin{aligned} \overline{W}(\omega,T) &= \frac{1}{Z}\sum_v W_v e^{-W_v/kT} = \sum_v \frac{n_v}{n} W_v \\ &= -\frac{d\ln Z}{d(1/kT)} = -\frac{1}{Z}\frac{dZ}{d(1/kT)}\,, \end{aligned} \tag{10.3}$$

wobei

$$\frac{n_v}{n} = \frac{e^{-W_v/kT}}{Z} = \bar{n}_v \tag{10.4}$$

die Anregungswahrscheinlichkeit (= mittlere Besetzungszahl) des Niveaus W_v bei der Temperatur T und $\sum_v \bar{n}_v = 1$ die Wahrscheinlichkeit dafür ist, daß der Oszillator *irgendeine* der Energien (10.1) besitzt. Mit (10.2) wird (10.3) zu

$$\overline{W}(\omega, T) = \frac{\hbar\omega}{e^{\hbar\omega/kT} - 1} + \tfrac{1}{2}\hbar\omega \tag{10.5}$$

oder

$$\overline{W}(\omega, T) = (\bar{v} + \tfrac{1}{2})\hbar\omega\,, \tag{10.6}$$

wobei

$$\bar{v} = \bar{v}(\omega, T) = \frac{1}{e^{\hbar\omega/kT} - 1} \tag{10.7}$$

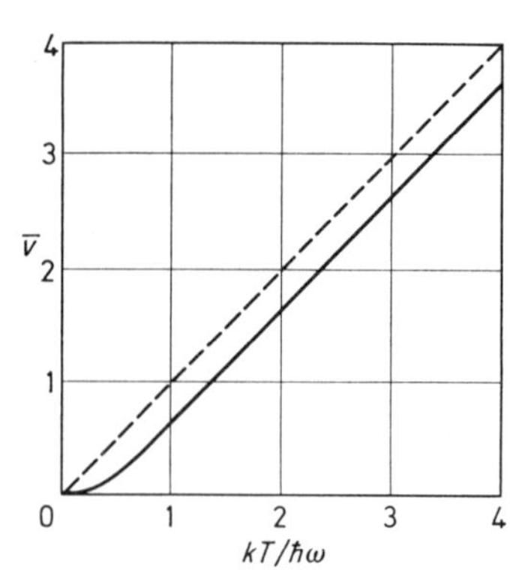

Abb. 10.1. Bose-Einstein-Verteilungsfunktion eines harmonischen Oszillators

die im Mittel bei der Temperatur T angeregte Schwingungsquantenzahl ist. Die Funktion auf der rechten Seite dieser Gleichung heißt die *Planck*- oder *Bose-Einstein-Verteilungsfunktion.* Sie ist in Abb. 10.1 dargestellt.

Aufgabe 10.1. Zeige, daß bei hohen Temperaturen $\bar{v}$ und damit $\overline{W}$ wie in der klassischen Physik proportional zu T werden. Wie groß wird der Fehler bei $kT \cong \hbar\omega$?

Eine sehr wichtige Größe erhält man durch Multiplikation von $\bar{v}$ mit der Anzahl $dZ = D(\omega)d\omega$ der Oszillatoren von Frequenzen nahe bei ω: das Produkt

$$\bar{v}(\omega, T) \cdot D(\omega)d\omega = \frac{D(\omega)\, d\omega}{e^{\hbar\omega/kT} - 1} \tag{10.8}$$

gibt an, wieviel Phononen mit Energien zwischen $\hbar\omega$ und $\hbar(\omega + d\omega)$ in einem Volum von N Gitterzellen bei der Temperatur T thermisch angeregt sind und also auch für die Wechselwirkung z.B. mit Elektronen, Leuchtzentren, Spins usw. zur Verfügung stehen. Sie ist demnach eine wichtige Größe bei der Berechnung der Temperaturabhängigkeit von Leitfähigkeit, Lumineszenz, Magnetisierung und anderen makroskopischen Größen.

Für $T = 0$ verschwindet das erste Glied in (10.5), es bleibt nur die *Nullpunktsenergie* übrig:

$$\overline{W}(\omega, 0) = W_0(\omega) = \tfrac{1}{2}\hbar\omega\,. \tag{10.9}$$

Die *gesamte* Schwingungsenergie im Kristall erhält man durch Summation von (10.5) über alle Eigenfrequenzen $\omega = \omega^{(i)}(\boldsymbol{q})$ oder, was dasselbe ist, durch Integration von $\overline{W}(\omega, T)$ über alle Zustände $dZ = D(\omega)d\omega$:

$$\begin{aligned}\overline{W}(T) &= \int \overline{W}(\omega, T)dZ = \int_0^\infty D(\omega)(\bar{v} + \tfrac{1}{2})\hbar\omega\, d\omega \\ &= \hbar\int_0^\infty \frac{D(\omega)\,\omega\, d\omega}{e^{\hbar\omega/kT} - 1} + \frac{\hbar}{2}\int_0^\infty D(\omega)\,\omega\, d\omega\,.\end{aligned} \tag{10.9'}$$

Leider ist heute erst für wenige Kristalle das Frequenzspektrum experimentell genügend gut bekannt (Ziffer 9). Man ist also auf theoretische Berechnungen angewiesen, die, wie in Ziffer 8 gezeigt, für einfache Kristalle die Frequenzzweige in recht guter Näherung liefern. In allen übrigen Fällen ist man noch heute auf die Kontinuumstheorie von Debye angewiesen, obwohl sie schwerwiegende und prinzipielle Mängel aufweist.

10.2. Die Debyesche Theorie der Schwingungswärme

In dieser Theorie wird der Kristall zunächst als Kontinuum, und zwar als *isotropes Kontinuum*, aufgegefaßt. Dann ist die Berechnung der Eigenschwingungen nicht mehr ein Problem der Gittertheorie, sondern eines der Elastizitätstheorie. Dabei werden noch folgende einschränkende Voraussetzungen gemacht: a) *lineares* Kraftgesetz, d.h. orthogonale, nicht untereinander gekoppelte elastische Wellen und b) *Dispersionsfreiheit*, d.h. die Phasengeschwindigkeit $v = \omega/q$ soll nicht von der Kreisfrequenz ω abhängen, die Dispersionskurve $\omega(q) = v \cdot q$ also linear sein. Alle diese Annahmen stehen im Widerspruch zur Gitterdynamik, d.h. der Gültigkeitsbereich der Theorie muß später diskutiert werden.

Wir betrachten also einen Würfel von der Kantenlänge L und in ihm eine ebene elastische Welle, die gemäß Abb. 10.2 in der xy-Ebene auf die zx-Ebene auftritt und an ihr reflektiert wird[57]. Die Überlagerung von einfallender und reflektierter Welle gibt eine parallel zur x-Achse laufende Welle mit der Wellenlänge $\lambda_x = \lambda/\cos\alpha_1$, wobei λ

[57] Wir benutzen also hier starre Würfelflächen als spezielle Randbedingung und deshalb die stehenden Wellen statt der laufenden, was physikalisch gleichberechtigt ist. Die exakte Lösung des hier nur skizzierten Problems ist eine Standardaufgabe der Elastizitätstheorie.

die Wellenlänge und $\cos\alpha_1$ der Richtungscosinus der Wellennormale $\boldsymbol{n}$ (des Wellenvektors $\boldsymbol{q}$) gegen die x-Achse ist. Die längs x laufende resultierende Welle wird an der Würfelfläche $\perp x$ reflektiert, und es bildet sich eine stehende Welle längs der x-Achse aus. Entsprechendes gilt für die y- und die z-Richtung infolge der Reflexion der ursprünglich betrachteten Welle an den zu y und z parallelen Würfel-

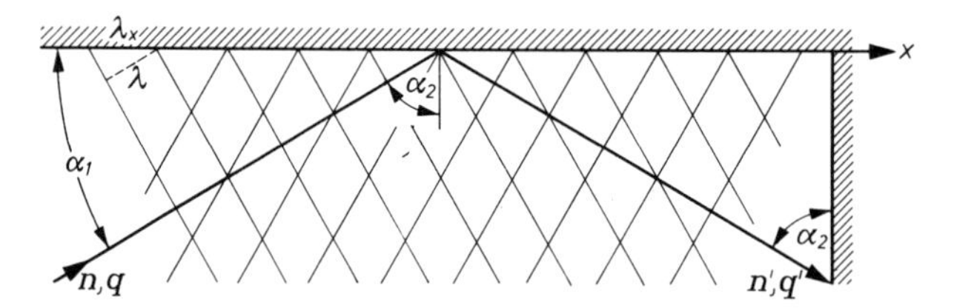

Abb. 10.2. Entstehung einer längs x laufenden Welle durch Spiegelung einer ebenen Welle in der Zeichenebene. $\boldsymbol{q} \parallel \boldsymbol{n}$, $\boldsymbol{q}' \parallel \boldsymbol{n}'$

flächen. Man kann also alle durch den Würfel laufenden und an den Begrenzungen reflektierten Wellen darstellen durch ein System von *stehenden Wellen* parallel zu den drei Koordinatenachsen. Damit diese Wellen aber wirklich stationäre Eigenschwingungen des Würfels sind, muß jede Würfelfläche eine Knotenebene sein, d.h. es muß jeweils die halbe Wellenlänge in die Würfelkanten hineinpassen. Somit müssen simultan die drei Bedingungen

$$
\begin{aligned}
L &= z_1 \frac{\lambda_x}{2} = z_1 \frac{\lambda}{2\cos\alpha_1}\,, \\
L &= z_2 \frac{\lambda_y}{2} = z_2 \frac{\lambda}{2\cos\alpha_2}\,, \\
L &= z_3 \frac{\lambda_z}{2} = z_3 \frac{\lambda}{2\cos\alpha_3}
\end{aligned}
\tag{10.10}
$$

$$(z_1, z_2, z_3 > 0 \text{ und ganze Zahlen})$$

von den Richtungswinkeln α_1, α_2, α_3 der Wellennormale der [dann mehrfach an den Wänden des Würfels reflektierten und die beschriebenen stationären stehenden Wellen aufbauenden] Welle erfüllt werden. Wegen der Normiertheit der Richtungskosinus gibt Quadratur und Summation der Gl. (10.10)

$$z_1^2 + z_2^2 + z_3^2 = \left(\frac{2L}{\lambda}\right)^2 \tag{10.11}$$

oder

$$z_1^2 + z_2^2 + z_3^2 = \left(\frac{qL}{\pi}\right)^2 = \left(\frac{\omega L}{\pi v}\right)^2, \tag{10.12}$$

wenn q die Wellenzahl und $v = \omega/q = \text{const.}$ die Phasengeschwindigkeit der Welle ist. Nur stehende Wellen mit den durch diese Gleichungen ausgewählten diskreten Wellenlängen $\lambda(z_1, z_2, z_3)$, Wellenzahlen $q(z_1, z_2, z_3)$ und Frequenzen $\omega(z_1, z_2, z_3)$ können als Eigenschwingungen vorkommen.

Aufgabe 10.2. Schreibe in komplexer Schreibweise die ebene Welle hin, deren Normale mit den Achsen (= Würfelkanten) die Richtungswinkel α_1, α_2, α_3 hat. Schreibe die an der yz-Ebene reflektierte, sowie die durch Überlagerung der reflektierten mit der eingestrahlten entstehende Welle an und diskutiere diese. Dieser Welle überlagere die nach Reflexion an der zx-Ebene entstehende. Die so entstehende Welle werde mit der an der xy-Ebene reflektierten überlagert. Zeige, daß das Ergebnis ein System von stehenden Wellen mit Normalen in den Achsenrichtungen ist, und daß die Randbedingung $L = z_i \cdot \frac{\lambda_i}{2}$ zu den Gln. (10.10) führt.

(10.12) stellt im z_1, z_2, z_3-Zahlenraum die Gleichung einer Kugel dar, auf deren Oberfläche die erlaubten Frequenzen ω liegen müssen. Größeren z_i entsprechen höhere Frequenzen und kleinere Wellenlängen, wenn v unabhängig von ω angenommen wird. Da jeder Frequenz wegen der Ganzzahligkeit der z_i ein Gitterpunkt in einem kubischen Raumgitter entspricht, ist die Zahl der Eigenschwingungen im Frequenzbereich zwischen ω und $\omega + d\omega$ gleich der Zahl der Gitterpunkte in der Kugelschale zwischen den Radien $\frac{L}{\pi v}\,\omega$ und $\frac{L}{\pi v}(\omega + d\omega)$, d.h. gleich dem Volum dieser Kugelschale, dividiert durch das dem einzelnen Gitterpunkt zur Verfügung stehende Volum. Letzteres hat den Zahlenwert 1, also ist die genannte Anzahl der Eigenschwingungen gleich

$$\begin{aligned} dZ = D(\omega)\,d\omega &= \frac{1}{8} \cdot \frac{4\pi}{3}\left(\frac{L}{\pi v}\right)^3 [(\omega + d\omega)^3 - \omega^3] \\ &= \frac{V}{2\pi^2 v^3}\,\omega^2\,d\omega\,, \end{aligned} \tag{10.13}$$

wobei $D(\omega)$ die spektrale Verteilungsfunktion oder *Zustandsdichte*[57a], $V = L^3$ das Würfelvolum ist, und wir durch den Faktor 1/8 berücksichtigt haben, daß die z_i alle positiv sind, die in Betracht kommenden Gitterpunkte also in einem Kugeloktanten liegen.

Diese einfache, in ω *quadratische Verteilungsfunktion* gilt für *eine* Art von elastischen Wellen, etwa die Longitudinalwellen mit $v = v_L$. In dem hier behandelten isotropen Kontinuum gibt es nach Ziffer 7.2 noch zwei miteinander entartete orthogonal zueinander polarisierte Transversalwellen mit $v = v_T$, d.h. wir haben die obige Verteilungsfunktion sinngemäß wie folgt zu erweitern (vgl. Ziffer 8.3):

$$\begin{aligned} dZ = D(\omega)\,d\omega &= dZ_L + dZ_T \\ &= \frac{V}{2\pi^2}\left(\frac{1}{v_L^3} + \frac{2}{v_T^3}\right)\omega^2\,d\omega \\ &= \frac{V}{2\pi^2}\,(q_L^2\,dq_L + 2\,q_T^2\,dq_T)\,, \end{aligned} \tag{10.14}$$

wobei $q_L = \omega/v_L$ und $q_T = \omega/v_T$ die Wellenzahlen der longitudinalen und der transversalen Wellen mit der Frequenz ω sind.

Aufgabe 10.3. Beweise im Anschluß an Aufgabe 8.9, daß die dort abgeleitete Verteilungsfunktion $D(\omega)$ der Gitterdynamik, wie es sein muß, für lange akustische Wellen ($q \to 0$, $\omega \to 0$) in die hier für elastische Kontinuumswellen abgeleitete quadratische Funktion übergeht. (Dieser Beweis zeigt auch die Unabhängigkeit der Abzählung von der Wahl der Randbedingungen auf der Oberfläche der Großperiode $V = L^3$.)

Dabei ist, wie für das folgende noch einmal betont sei, Dispersionsfreiheit vorausgesetzt, d.h. die v_L und v_T sollen von ω nicht abhängen. Dann existieren in dem Kontinuum unendlich viele Eigenschwingungen bis zu beliebig hohen Frequenzen, d.h. beliebig kleinen Wellenlängen der stehenden Wellen:

$$0 \leqq \omega \leqq \infty\,, \qquad \infty \geqq \lambda \geqq 0\,. \tag{10.15}$$

Tatsächlich haben wir in einer Großperiode des Kristalls mit N^3 Zellen der Basis s, also sN^3 Teilchen nur $3sN^3$ Eigenschwingungen. An dieser Stelle wird der atomistische Aufbau des Kristalls zum ersten Mal berücksichtigt, und zwar dadurch, daß die höchsten Kon-

[57a] Auch als *Frequenzspektrum* oder *Schwingungsspektrum* bezeichnet.

tinuumsfrequenzen oberhalb einer *Debyeschen Grenzfrequenz* ω_D einfach durch die Forderung

$$\int_0^{3sN^3} dZ = \int_0^{\omega_D} D(\omega)\, d\omega = \frac{V}{2\pi^2}\left(\frac{1}{v_L^3} + \frac{2}{v_T^3}\right)\int_0^{\omega_D} \omega^2\, d\omega = 3sN^3 \qquad (10.16)$$

abgeschnitten werden, so daß die Beziehungen

$$0 \leqq \omega \leqq \omega_D\,, \qquad \infty \geqq \lambda \geqq \lambda_D \qquad (10.17)$$

an die Stelle von (10.15) treten. Ausführen des Integrals liefert

$$\frac{V}{2\pi^2}\left(\frac{1}{v_L^3} + \frac{2}{v_T^3}\right)\frac{\omega_D^3}{3} = 3sN^3\,, \qquad (10.18)$$

d.h. es ist

$$\omega_D^3 = \frac{18\pi^2}{\left(\frac{1}{v_L^3} + \frac{2}{v_T^3}\right)} \cdot \frac{sN^3}{V}\,, \qquad (10.19)$$

so daß sich die Verteilungsfunktion auch einfach

$$\frac{dZ}{d\omega} = D(\omega) = \frac{9\,s\,N^3\,\omega^2}{\omega_D^3} \qquad (10.20)$$

schreiben läßt. Dabei ist die Debyesche Grenzfrequenz ω_D nicht vom gewählten Volum V abhängig, sie ist eine Materialkonstante, die nach (10.19) von der Teilchenzahldichte sN^3/V und von den Schallgeschwindigkeiten, also den elastischen Konstanten bestimmt ist. Im Debyeschen Modell werden verschiedene Substanzen nur durch den Wert dieser einen Konstanten unterschieden. — Die Gesamtzahl der Schwingungen ist natürlich proportional zur Teilchenzahl sN^3. Das Spektrum (10.20) ist für $s = 1$ in Abb. 10.3a dargestellt.

Die im *thermischen Gleichgewicht* in den Frequenzbereich $d\omega$ bei ω fallende Schwingungsenergie ist nach (10.20) und (10.5) gegeben durch

$$\begin{aligned} dU(\omega, T) &= dZ\,\overline{W}(\omega, T) = D(\omega)\,\overline{W}(\omega, T)\,d\omega \qquad (10.21)\\ &= \frac{9\,s\,N^3\,\hbar\,\omega^3}{\omega_D^3}\left(\frac{1}{2} + \frac{1}{e^{\hbar\omega/kT} - 1}\right)d\omega \end{aligned}$$

und die *Energiedichte* durch

$$\frac{dU(\omega, T)}{V} = u(\omega, T)\,d\omega\,. \qquad (10.22)$$

$u(\omega, T)$ heißt die *spektrale Energiedichte bei der Frequenz* ω.

Im folgenden betrachten wir nur noch den *thermischen*, d.h. den temperaturabhängigen Anteil der Energie, ziehen also die Nullpunktsenergie ab, so daß

$$[u(\omega, T) - u(\omega, 0)]\,d\omega = \frac{1}{2\pi^2}\left(\frac{1}{v_L^3} + \frac{2}{v_T^3}\right)\frac{\hbar\,\omega^3\,d\omega}{e^{\hbar\omega/kT} - 1}\,. \qquad (10.23)$$

Dividiert man das noch durch die Phononenenergie $\hbar\omega$, so erhält man die *Phononendichte*, die angibt, wieviel Phononen der Energien $\hbar\omega$ bis $\hbar(\omega + d\omega)$ in der Volumeinheit als Schwingungswärme gespeichert sind. Sie ist nach Multiplikation mit dem Volum von N^3 Gitterzellen der Debyesche Grenzfall der allgemein für jedes Modell gültigen Formel (10.8).

Die im gesamten Frequenzspektrum enthaltene *thermische Schwingungsenergie* ergibt sich durch Integration von Gl. (10.21):

$$U(T) - U(0) = \int_0^{\omega_D} (dU(\omega, T) - dU(\omega, 0)) \qquad (10.24)$$

mit

$$U(0) = (9/8)\, s N^3 \hbar\, \omega_D = (9/8)\, s N^3 k\, \Theta\,. \tag{10.24'}$$

Es ist also

$$U(T) - U(0) = \frac{9\, s N^3 k\, T}{\varepsilon_D^3} \int\limits_0^{\varepsilon_D} \frac{\varepsilon^3\, d\varepsilon}{e^{\varepsilon} - 1}\,, \tag{10.25}$$

wobei

$$\varepsilon = \frac{\hbar\, \omega}{k\, T}\,, \qquad \varepsilon_D = \frac{\hbar\, \omega_D}{k\, T} = \frac{\Theta}{T} \tag{10.26}$$

bedeutet.

Das vorkommende Integral läßt sich nicht elementar auswerten. Führt man die Funktion

$$\Psi(x) = \frac{1}{x^3} \int\limits_0^x \frac{y^3 dy}{e^y - 1} \tag{10.27}$$

ein, deren Werte in Tabellen aufgesucht werden können [C 21], so ist

$$U(T) - U(0) = 9\, s N^3 k\, T\, \Psi(\Theta/T)\,. \tag{10.28}$$

Dabei ist die charakteristische *Debye-Temperatur* definiert durch die Debyesche Grenzfrequenz gemäß

$$\hbar\, \omega_D = k\, \Theta\,. \tag{10.29}$$

Sie hat also einen um so höheren Wert, je höher im Mittel die Schwingungsfrequenzen eines Kristallgitters liegen, d.h., je leichter die Atome und je stärker die Bindungskräfte sind. Den höchsten bekannten Wert von Θ hat Diamant. — $U(T/\Theta)$ ist für $s = 1$ in Abb. 10.3b dargestellt.

Aus (10.28) folgt für die *Wärmekapazität* bei konstantem Volum eines Kristalls der Masse M

$$M\, C_V = \left(\frac{\partial U}{\partial T}\right)_V = 9\, s N^3 k \left[\Psi\left(\frac{\Theta}{T}\right) + T \frac{d}{dT} \Psi\left(\frac{\Theta}{T}\right)\right], \tag{10.30}$$

deren Temperaturabhängigkeit für $s = 1$ in Abb. 10.3c dargestellt ist. Innere Energie und Wärmekapazität sind bei gleichen Teilchenzahlen $s N^3$ universelle Funktionen der relativen Temperatur T/Θ; sie hängen also von der Anzahl $(3 s N^3)$ und der Frequenz (über Θ!) der Gitteroszillatoren ab.

Für Ψ ergeben sich folgende *asymptotische Entwicklungen*:

1. für sehr hohe Temperaturen $T \gg \Theta$, d.h. $\Theta/T \ll 1$:

$$\Psi\left(\frac{\Theta}{T}\right) = \frac{1}{3} - \frac{1}{8}\left(\frac{\Theta}{T}\right) + \frac{1}{60}\left(\frac{\Theta}{T}\right)^2 \mp \cdots \tag{10.31}$$

$$\lim_{\Theta/T \to 0} \Psi\left(\frac{\Theta}{T}\right) = \frac{1}{3}\,.$$

Hier ist also

$$U(T) - U(0) = 3\, s N^3 k\, T \tag{10.32}$$

und somit die *spezifische Wärme* bei konstantem Volum temperaturunabhängig und gleich

$$C_V = \frac{1}{M}\left(\frac{\partial U}{\partial T}\right)_V = 3\, k\, \frac{s N^3}{M}\,, \quad (M = \text{Masse})\,, \tag{10.33}$$

oder die *Molwärme* bei einer Substanz aus n-atomigen Molekeln gleich (N_L = Loschmidt-Konstante)

$$C_V^* = \frac{1}{M^*}\left(\frac{\partial U}{\partial T}\right)_V = n \cdot 3\, k\, N_L \quad (M^* = \text{Stoffmenge in Mol})\,. \tag{10.34}$$

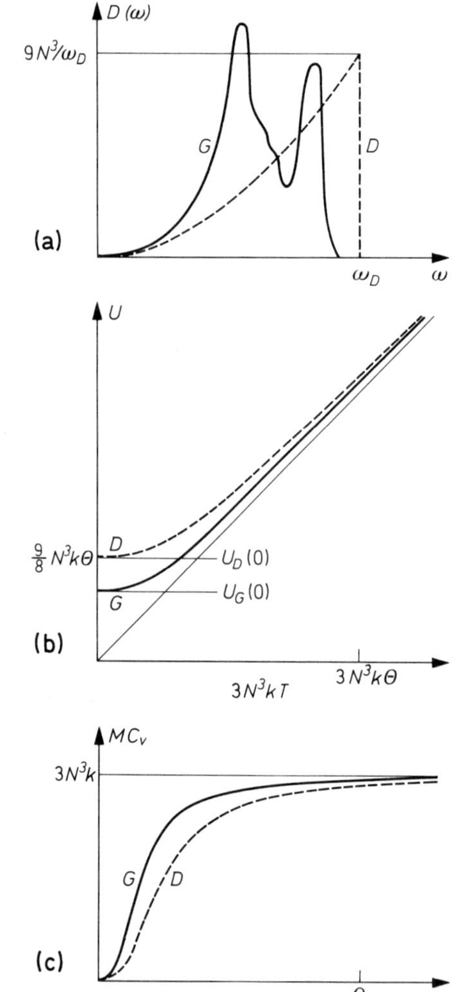

Abb. 10.3. Spektrum $D(\omega)$, Energieinhalt U und Wärmekapazität MC_V nach Debye (.....D.....) und nach der Gittertheorie (——G——) für Wolfram ($s = 1$). Θ ist die aus den elastischen Konstanten bestimmte Debye-Temperatur. Die Kurven nach Debye haben universellen, die nach der Gittertheorie individuellen Charakter. Die Flächen unter G und D in a) sind gleich groß.

Wegen

$$k \cdot N_L = 1{,}985 \text{ cal Mol}^{-1} \text{ grad}^{-1} \tag{10.35}$$

ist also

$$C^* \approx n \cdot 6 \text{ cal Mol}^{-1} \text{ grad}^{-1} . \tag{10.36}$$

Das ist das Dulong-Petitsche Gesetz der klassischen Thermodynamik, nach dem die Molwärmen (gleiche Molekelzahl N_L!) verschiedener Substanzen pro Atomsorte den temperaturunabhängigen universellen Wert 6 cal Mol^{-1} grad^{-1} haben. Es ist charakteristisch für ungequantelte Schwingungen und gilt deshalb für gequantelte Oszillatoren nur in der Grenze sehr hoher Temperaturen, bei denen die Schwingungsenergien $\overline{W}(\omega, T)$ groß sind gegenüber den einzelnen Schwingungsquanten $\hbar\omega$, die Quantenphysik also in die klassische Physik einmündet (Korrespondenzprinzip).

2. *für sehr niedrige Temperaturen* $T \ll \Theta$, $\Theta/T \gg 1$:

$$\Psi\left(\frac{\Theta}{T}\right) = 6\left(\frac{T}{\Theta}\right)^3\left(1 + \frac{1}{2^4} + \frac{1}{3^4} + \cdots\right) = \frac{\pi^4}{15}\left(\frac{T}{\Theta}\right)^3 . \tag{10.37}$$

Hier ist also

$$U(T) - U(0) = \frac{3}{5}\,\frac{\pi^4 s N^3 k}{\Theta^3} \cdot T^4 , \tag{10.38}$$

d.h. die Molwärme wird

$$C_V^* = \frac{1}{M^*}\left(\frac{\partial U}{\partial T}\right)_V = \frac{12}{5}\pi^4 k\, n\, N_L \left(\frac{T}{\Theta}\right)^3. \tag{10.39}$$

Dies ist das berühmte *Debyesche* T^3*-Gesetz.* Es gilt erst bei sehr tiefen Temperaturen $T \lesssim \Theta/100$.

In Abb. 10.3 sind für $s = 1$ die drei *universellen Funktionen*: Spektrum $D(\omega)$, innere Energie $U(T/\Theta)$ und Wärmekapazität $M C_V$ nach Debye gestrichelt eingetragen. Man erkennt deutlich die Abweichungen gegenüber den gleichen Größen aus der Gitterdynamik, die für den speziellen Fall des *Wolframs* maßstabsgerecht mit eingezeichnet sind. Θ ist die nach Gl. (10.26) und (10.19) aus den elastischen Konstanten bestimmte Debye-Temperatur, von der wir später auf andere Weise bestimmte Θ-Temperaturen unterscheiden werden (Ziffer 10.4).

10.3. Vergleich mit der Planckschen Hohlraumstrahlung

Nur aus methodischen Gründen sei hier angemerkt, daß die dargestellte Theorie sich *exakt* auf den mit *Strahlung* erfüllten spiegelnden *Hohlraum* anwenden läßt. Lichtwellen im Vakuum erfüllen die Grundvoraussetzungen des Modells, nämlich Isotropie und Kontinuität des Raumes sowie Orthogonalität und Dispersionsfreiheit der Wellen exakt. Insofern können alle geometrisch für Schallwellen abgeleiteten Formeln ohne weiteres auf Lichtwellen übertragen werden[58]. Aus der spezifischen Natur des Strahlungsfeldes folgen jedoch zwei Änderungen:

a) es gibt nur transversale Lichtwellen, und es ist $v_T = c$. Das Glied mit v_L in (10.14) wird weggelassen.

b) es handelt sich um ein echtes Kontinuum, d.h. es gibt keine obere Frequenzschranke, alle Frequenzen kommen vor.

Damit ergeben sich sofort die richtigen Strahlungsformeln für das *Photonengas.* Insbesondere wird

$$dZ = D(\omega)\,d\omega = \frac{V\omega^2}{\pi^2 c^3}\,d\omega \tag{10.40}$$

und unter Weglassung der Nullpunktsenergiedichte die spektrale Energiedichte

$$u(\omega, T) - u(\omega, 0) = \frac{\hbar\,\omega^3}{\pi^2 c^3 (e^{\hbar\omega/kT} - 1)}. \tag{10.41}$$

Das ist die *Plancksche Strahlungsformel.* Ferner läßt sich das Integral über das ganze Spektrum von $\omega = 0$ bis $\omega \to \infty$ explizit auswerten. Man erhält

$$\begin{aligned} \frac{U(T) - U(0)}{V} &= \int_0^\infty [u(\omega, T) - u(\omega, 0)]\,d\omega = \frac{\hbar}{\pi^2 c^3}\int_0^\infty \frac{\omega^3\,d\omega}{e^{\hbar\omega/kT} - 1} \\ &= \frac{\pi^2}{15(\hbar c)^3}(kT)^4 = \sigma T^4 \end{aligned} \tag{10.42}$$

als gesamte Energiedichte im Strahlungsfeld. Das ist das *Stefan-Boltzmannsche Gesetz.*

Zur Definition der Temperatur muß eine Kopplung zwischen den an sich unabhängigen Eigenschwingungen in das Modell eingeführt werden. Das geschieht bei Planck durch das in den Hohlraum eingebrachte „schwarze Stäubchen", im Kristall bei Debye durch die natürlichen Abweichungen vom linearen Kraftgesetz[59].

[58] Insbesondere gilt in beiden Fällen die Plancksche (oder Bose-Einsteinsche) Verteilungsfunktion (10.7).

[59] Man kann die Debyesche Theorie geradezu als Theorie der *schwarzen Phononenstrahlung* bezeichnen.

10.4. Experimentelle Prüfung der Debyeschen Theorie

Wie Abb. 10.3c zeigt, stimmt die nach Debye berechnete spezifische Wärme zwar in ihrem prinzipiellen Verlauf, nicht aber quantitativ mit der sicher richtigeren Kurve nach der Gittertheorie überein. Sie kann aber mit ihr recht gut zur Deckung gebracht werden, wenn man nicht das nach Gl. (10.19/26) aus der Elastizität bestimmte Θ, sondern ein kleineres $\overline{\Theta} < \Theta$ benutzt, wodurch die Kurve nach links verschoben wird. Derartige *kalorimetrische* $\overline{\Theta}$-Werte werden so bestimmt, daß mit ihrer Hilfe die gemessene Temperaturabhängigkeit der spezifischen Wärme[60] C_V^* über den gesamten Temperaturbereich im Mittel am besten durch die Debye-Formel wiedergegeben werden kann. Einige Messungen sind in Abb. 10.4, die aus ihnen abgeleiteten $\overline{\Theta}$-Werte in Tabelle 10.1 zusammengestellt.

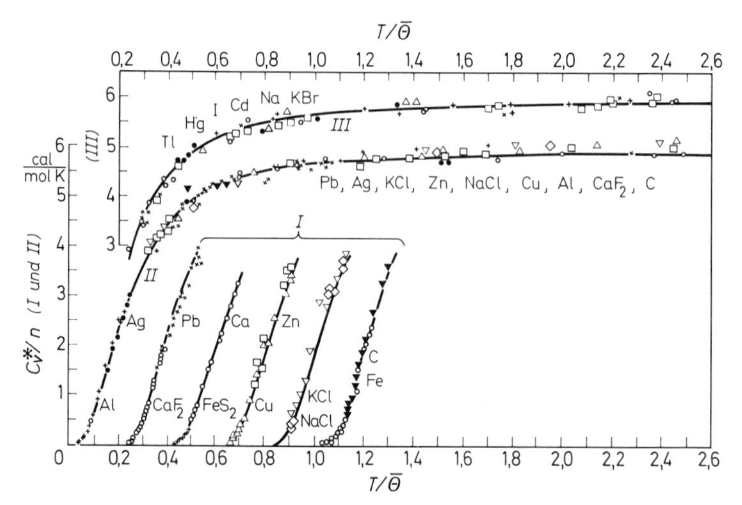

Abb. 10.4. Auf ein Atom bezogene spezifische Molwärme C_V^*/n einiger einfacher Kristalle in cal mol^{-1} K^{-1}, aufgetragen über relativen Temperaturen $T/\overline{\Theta}$. Alle Meßpunkte werden bei geeigneter Wahl von individuellen $\overline{\Theta}$-Werten für alle Substanzen recht gut durch die universelle Debye-Funktion wiedergegeben, es herrschen übereinstimmende Zustände in allen Substanzen bei demselben Wert von $T/\overline{\Theta}$. (Aus Gründen der Übersichtlichkeit sind die Kurven I in horizontaler, die Kurven III in vertikaler Richtung verschoben.) $\overline{\Theta}$ sind kalorimetrisch über größere Temperaturbereiche bestimmte mittlere Debye-Temperaturen

Tabelle 10.1. *Kalorimetrisch aus Abb. 10.4 bestimmte mittlere Debye-Temperaturen* (nach MacDonald 1952)

Substanz	Temperaturbereich K	$\overline{\Theta}$ K
Pb	14— 573	88
Hg	31— 232	97
Na	50— 240	172
KBr	79— 417	177
Ag	35— 873	215
KCl	23— 550	230
NaCl	25— 664	281
Cu	14— 773	315
Al	19— 773	398
Fe	32— 95	453
CaF_2	17— 328	474
FeS_2	22— 57	645
Diamant	30—1169	1860

Besonders bei hochsymmetrischen (kubischen) und einfachen (einatomigen) Kristallen, die dem von Debye vorausgesetzten isotropen Kontinuum am nächsten stehen, läßt sich die spezifische Wärme pro Atom im Mittel durch Angabe eines $\overline{\Theta}$-Wertes gut beschreiben. $\overline{\Theta}$ hängt in der erwarteten Weise von den Atommassen und den Gitterkräften ab.

[60] Gemessen wird nicht C_V^*, sondern $C_P^* > C_V^*$. Die für die thermische Ausdehnung des Kristalls verbrauchte Wärme muß als Korrektur abgezogen werden.

Bestimmt man aber nicht im Mittel über einen größeren Temperaturbereich einen $\bar{\Theta}$-Wert, sondern berechnet für jede Temperatur aus $C_V^*(T)/n$ das zugehörige $\Theta(T)$, so ergibt sich keineswegs ein konstanter Wert, sondern eine Abhängigkeit von der Temperatur. Für die *Alkalihalogenide* ist diese Abhängigkeit in Abb. 10.5 wiedergegeben. Hier zeigt sich, daß, wie zu erwarten, die Debyesche Theorie zu summarisch vorgeht, z. B. weil die einfache quadratische Zustandsdichte $Z(\omega) \sim \omega^2$ schon die verbotene Frequenzzone zwischen den akustischen und den optischen Zweigen nicht enthält ($s = n = 2$).

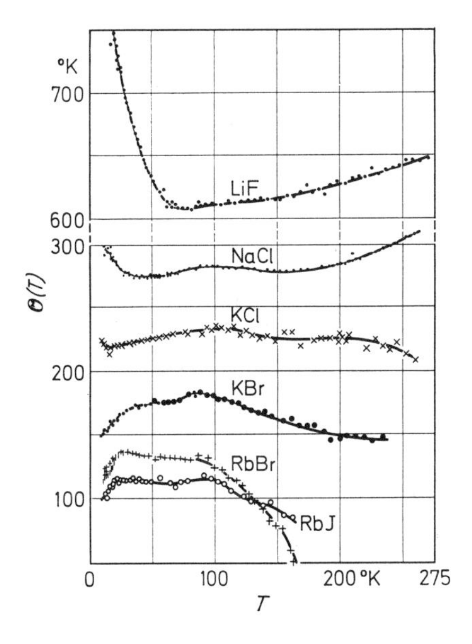

Abb. 10.5. Abhängigkeit der kalorimetrischen Debye-Temperatur $\Theta(T)$ von der absoluten Temperatur

Bei sehr kompliziert gebauten Kristallen, z. B. mit Inselstruktur und sehr verschiedenen Atommassen und Federkonstanten, läßt sich das kalorische Verhalten noch weniger gut durch eine einzige Konstante $\bar{\Theta}$ beschreiben. —Ferner ergeben sich in allen Fällen Änderungen bei Berücksichtigung der nichtlinearen Kräfte und der Dispersion der Schallwellen: Damit wird aber die summarische Debye-Theorie im Grunde bereits verlassen und ein Übergang zur früher behandelten Gitterdynamik wieder hergestellt.

10.5. Vielkörperproblem und modifiziertes Einatom-Modell von Einstein

Die Gitterdynamik ist ein typisches Vielkörperproblem: alle Atome sind durch Federkräfte aneinander gebunden, d.h. ihre Bewegungen sind nicht unabhängig voneinander, sondern miteinander gekoppelt. In der Bornschen Gitterdynamik und in der Debyeschen Kontinuumstheorie wird das durch Zerlegung der allgemeinsten Bewegung in Eigenschwingungen (Gitterwellen) berücksichtigt. Da diese orthogonal, d.h. voneinander unabhängig sind, kann die thermische Energie $U(T)$ nach der Bose-Einstein-Statistik auf die gequantelten Eigenschwingungen verteilt werden. Im konkreten Fall ist das, wie wir in Ziffer 8 angedeutet haben, eine schwierige und umfangreiche Aufgabe.

Aus diesem Grund hat Einstein versucht, das Vielkörperproblem auf ein *modifiziertes Einatommodell* zurückzuführen. Hierbei wird die Bewegung eines einzelnen Atoms betrachtet. Die Kopplung an alle anderen Atome wird sehr summarisch durch die Vorstellung ersetzt, daß das betrachtete Atom durch das starr gedachte Restgitter an seinem Gitterplatz eingesperrt ist und hier Schwingungen um die Gleichgewichtslage ausführt. Alle gleichen Atome sollen dabei dieselbe, durch das umgebende Gitter bestimmte Frequenz ω_E haben und als unabhängige Oszillatoren behandelt werden, deren mittlere thermische Energie unter Berücksichtigung des Entartungsgrades durch (10.5) gegeben ist.

Bei sehr hohen Temperaturen, wenn $kT \gg \hbar\omega^{(i)}(\mathfrak{q})$ oder $kT \gg \hbar\omega_E$ wird, liefert auch dieses Modell wie jedes andere den klassischen Dulong-Petitschen Wert der spezifischen Wärme, der nur von der Anzahl der Freiheitsgrade abhängt.

Dem hier geschilderten Versuch, ein schwieriges Vielatomproblem des Festkörpers durch summarische Behandlung der Wechselwirkung auf ein modifiziertes Einatomproblem zurückzuführen, werden wir im folgenden noch öfter begegnen (z.B. in Ziffer 24.2).

Aufgabe 10.4. Berechne Energieinhalt und spezifische Wärme eines einatomigen A-Kristalls nach Einstein mit der Zustandsdichte[61] (zeichnen!)

$$D_E(\omega) = 3N^3\,\delta(\omega - \omega_E)\,.$$

Diskutiere die Grenzfälle $\hbar\omega_E \gg kT$ und $\hbar\omega_E \ll kT$.

[61] Brauchbares Modell nur für isolierte Schwingungen, z.B. H-Valenzschwingungen in Kristallwasser, deren Frequenz praktisch unabhängig von $\boldsymbol{q}$ ist. Die Zustandsdichte $D(\omega)$ ist dann eine δ-Funktion bei $\omega = \omega_E$.

D. Kristalle in äußeren Feldern. Makroskopische Beschreibung

Wir denken uns einen Einkristall in ein homogenes *Vektorfeld*, z.B. ein elektrisches oder magnetisches Feld gebracht. Diese Vektoren erzeugen in der Materie eine elektrische oder magnetische *Polarisation*, d.h. neue Vektorfelder. Um von Oberflächenladungen, d.h. von dem Problem der Entelektrisierung oder Entmagnetisierung an speziellen Proben freizukommen, denken wir uns den Kristall zunächst beliebig ausgedehnt[1]. Ferner betrachten wir zunächst nur schwache Felder, so daß die Polarisationen als lineare Funktionen der Feldstärken behandelt werden dürfen[2]. In diesem Abschnitt interessiert uns allein das Symmetrieverhalten derartiger linearer Vektor-Vektor-Beziehungen, ganz ohne Rücksicht auf die atomistischen Modelle, die erst später behandelt werden. Als anschauliches Beispiel stellen wir die dielektrische Polarisation an den Anfang. Die hier gewonnenen Ergebnisse lassen sich später auf viele andere Fälle von *linearen Vektor-Vektor-Beziehungen* übertragen. — Als Beispiel einer *Vektor-Tensorbeziehung* behandeln wir kurz die Piezoelektrizität.

11. Kristalle im elektrischen Feld

11.1. Grundlagen. Statische Dielektrizitätskonstante

Wir betrachten zunächst einen isotropen Körper, in dem eine dielektrische Verschiebung $\boldsymbol{D}$ durch eine homogene elektrische Feldstärke $\boldsymbol{E}$ erzeugt wird. Ist die Feldstärke nicht zu groß, so ist der Zusammenhang linear ($\varepsilon^* = \varepsilon\,\varepsilon_0$, siehe Kap. G):

$$\boldsymbol{D} = \varepsilon^* \boldsymbol{E}, \tag{11.1}$$

wobei die Dielektrizitätskonstante (DK) ε^* wegen der Isotropie nicht von der Richtung von $\boldsymbol{E}$ abhängt. $\boldsymbol{D}$ und $\boldsymbol{E}$ sind also parallel und ε^* ist ein Skalar. Jedoch kann ε^* auch als Diagonalmatrix geschrieben werden: Gl. (11.1) ist identisch mit

$$\boldsymbol{D} = (\varepsilon^*)\,\boldsymbol{E}, \tag{11.2}$$

wenn

$$(\varepsilon^*) = \begin{pmatrix} \varepsilon^* & 0 & 0 \\ 0 & \varepsilon^* & 0 \\ 0 & 0 & \varepsilon^* \end{pmatrix}. \tag{11.3}$$

In anisotropen Körpern ist die elektrische Polarisierbarkeit a priori nicht isotrop, d.h. ε^* ist kein Skalar.

Aufgabe 11.1. Wie sieht der Zusammenhang aus für den hypothetischen Grenzfall, daß eine Polarisation nur parallel zur z-Achse möglich ist?

Wir machen deshalb den allgemeinen Tensor-Ansatz

$$\begin{aligned} D_x &= \varepsilon_{11}^* E_x + \varepsilon_{12}^* E_y + \varepsilon_{13}^* E_z \\ D_y &= \varepsilon_{21}^* E_x + \varepsilon_{22}^* E_y + \varepsilon_{23}^* E_z \\ D_z &= \varepsilon_{31}^* E_x + \varepsilon_{32}^* E_y + \varepsilon_{33}^* E_z \end{aligned} \tag{11.4}$$

oder

$$\boldsymbol{D} = (\varepsilon^*)\,\boldsymbol{E}, \tag{11.5}$$

wobei der Tensor (ε^*) durch die Koeffizientenmatrix (ε_{ik}^*) von Gl. (11.4) beschrieben ist. Wir wollen gleich (ohne Beweis) anmerken, daß der Tensor symmetrisch[3], d.h.

$$\varepsilon_{ik}^* = \varepsilon_{ki}^* \tag{11.6}$$

ist, sodaß er ein System von 6 unabhängigen Komponenten repräsentiert. Bekanntlich kann ein solcher Tensor immer durch Übergang zu einem speziellen Koordinatensystem diagonalisiert werden.

---

[1] Auf die Behandlung endlich großer Proben kommen wir später zurück.

[2] Damit sind ferroelektrische und ferromagnetische Effekte hier ausgeschlossen.

[3] Dies gilt nicht für optisch aktive Kristalle, d.h. solche, die die Schwingungsebene von linear polarisiertem Licht drehen (Beispiel: Quarz).

In diesem im Kristall festliegenden *dielektrischen Hauptachsensystem* (1, 2, 3) wird also

$$(\varepsilon^*) = \begin{pmatrix} \varepsilon_1^* & 0 & 0 \\ 0 & \varepsilon_2^* & 0 \\ 0 & 0 & \varepsilon_3^* \end{pmatrix}, \tag{11.7}$$

das heißt $\boldsymbol{D}$ ist nicht parallel zu $\boldsymbol{E}$ und es ist

$$D_1 = \varepsilon_1^* E_1, \quad D_2 = \varepsilon_2^* E_2, \quad D_3 = \varepsilon_3^* E_3. \tag{11.8}$$

ε_1^*, ε_2^*, ε_3^* heißen die *Hauptdielektrizitätskonstanten* der Substanz. Sie werden gemessen, wenn $\boldsymbol{E}$ parallel zu einer Hauptachse 1, 2, 3 liegt. Für isotrope Körper geht (11.7) in (11.3) über.

Hat $\boldsymbol{E}$ eine schiefe Richtung mit den Richtungswinkeln α, β, γ zu den Hauptachsen, so definieren wir *die DK in Richtung von* $\boldsymbol{E}$ durch die experimentell bestimmte Komponente D_E von $\boldsymbol{D}$ in Richtung von $\boldsymbol{E}$:

$$D_E = \varepsilon^*(\alpha\beta\gamma) \cdot E, \quad E = |\boldsymbol{E}|, \tag{11.9}$$

d.h. wegen $D_E = \boldsymbol{D}\boldsymbol{E}/E$ ist

$$\varepsilon^*(\alpha\beta\gamma) = \frac{D_E}{E} = \frac{\boldsymbol{D}\boldsymbol{E}}{E^2} = \frac{D_1E_1 + D_2E_2 + D_3E_3}{E^2},$$

$$\varepsilon^*(\alpha\beta\gamma) = \varepsilon_1^*\cos^2\alpha + \varepsilon_2^*\cos^2\beta + \varepsilon_3^*\cos^2\gamma. \tag{11.10}$$

(11.10) führt direkt zu der folgenden geometrischen Veranschaulichung: es ist

$$\frac{1}{r^2} = \frac{1}{a^2}\cos^2\alpha + \frac{1}{b^2}\cos^2\beta + \frac{1}{c^2}\cos^2\gamma \tag{11.11}$$

die Gleichung eines Ellipsoids im Hauptachsensystem, dessen Oberfläche man beschreibt, wenn man $r = 1/\sqrt{1/r^2}$ in Richtung $(\alpha\beta\gamma)$ des Ortsvektors $\boldsymbol{r}$ abträgt. Man erhält nach Vergleich mit (11.10) also ebenfalls ein Ellipsoid, wenn man $1/\sqrt{\varepsilon^*(\alpha\beta\gamma)}$ in Richtung $(\alpha\beta\gamma)$ von $\boldsymbol{E}$ abträgt. Dieses Ellipsoid heißt das (ε^*)-*Ellipsoid*, seine Achsen liegen in den dielektrischen Hauptachsen und haben die Längen $1/\sqrt{\varepsilon_1^*}$, $1/\sqrt{\varepsilon_2^*}$, $1/\sqrt{\varepsilon_3^*}$.

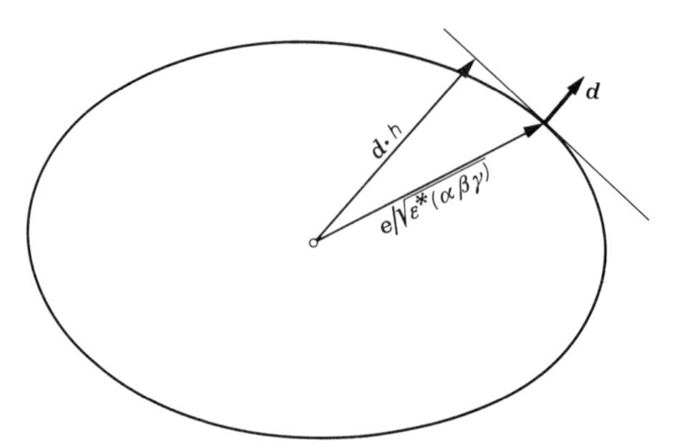

Abb. 11.1. Schnitt durch das (ε^*)-Ellipsoid in einer $\boldsymbol{E}-\boldsymbol{D}$-Ebene. Aufgetragen ist $1/\sqrt{\varepsilon^*(\alpha\beta\gamma)}$ in Richtung von $\boldsymbol{E} = E\boldsymbol{e}$. Es ist $\boldsymbol{D} = D\boldsymbol{d}$

Der Verschiebungsvektor $\boldsymbol{D} = D\boldsymbol{d}$ ergibt sich nach Länge und Richtung[5] mit Hilfe der Tangentialebenen des (ε^*)-Ellipsoids, siehe Abb. 11.1. Ist $\boldsymbol{e}$ der Einheitsvektor in Richtung von $\boldsymbol{E}$, so berührt

[5] Beweis: siehe etwa bei [A4] oder [D2].

der Vektor $\boldsymbol{v} = \boldsymbol{e}/\sqrt{\varepsilon^*(\alpha\beta\gamma)}$ die Oberfläche des Ellipsoids. Die Tangentialebene im Berührungspunkt definiert durch ihre Normale $\boldsymbol{d}$ die Richtung, durch ihren senkrechten Abstand h vom Mittelpunkt den Betrag von $\boldsymbol{D}$:

$$D = \frac{E\sqrt{\varepsilon^*(\alpha\beta\gamma)}}{h}\,. \tag{11.12}$$

Nur wenn das Feld in einer Hauptachse liegt, ist $\boldsymbol{D}$ parallel zu $\boldsymbol{E}$, und zwar ist jeweils

$$D = D_i = \frac{E_i\sqrt{\varepsilon_i{}^*}}{1/\sqrt{\varepsilon_i{}^*}} = \varepsilon_i^* E_i \qquad i = 1, 2, 3 \tag{11.13}$$

in Übereinstimmung mit Gl. (11.8).

Mit diesen Beziehungen kann man leicht zu einem zweiten, auf die Richtung des Verschiebungsvektors $\boldsymbol{D}$ bezogenen Ellipsoid kommen. Es ist nämlich (E_D = Komponente von $\boldsymbol{E}$ in Richtung von $\boldsymbol{D}$)

$$\frac{E_D}{D} = \frac{\boldsymbol{D}\,\boldsymbol{E}}{D^2} = \frac{D_1E_1 + D_2E_2 + D_3E_3}{D^2}\,, \tag{11.14}$$

d.h. wenn α', β', γ' die Richtungswinkel von $\boldsymbol{D}$ gegen die dielektrischen Hauptachsen sind und wir die linke Seite zur Definition der *DK in Richtung von* $\boldsymbol{D}$ benutzen,

$$\frac{1}{\varepsilon^*(\alpha'\beta'\gamma')} = \frac{1}{\varepsilon_1^*}\cos^2\alpha' + \frac{1}{\varepsilon_2^*}\cos^2\beta' + \frac{1}{\varepsilon_3^*}\cos^2\gamma'\,, \tag{11.15}$$

und das gibt ein Ellipsoid, wenn man $\sqrt{\varepsilon^*(\alpha'\beta'\gamma')}$ in Richtung von $\boldsymbol{D}$ aufträgt. Es hat dieselben Achsenrichtungen wie das ε^*-Ellipsoid und ist als (ε^{*-1})-Ellipsoid zu bezeichnen.

Beide Ellipsoide sind physikalisch gleichwertig; bei der Auswertung von Messungen kommt es darauf an, ob die Richtung von $\boldsymbol{E}$ oder die von $\boldsymbol{D}$ bekannt ist.

Ganz analog lassen sich auch zwei Ellipsoide für jede andere symmetrische Tensorgröße, die sich aus einer linearen Vektor-Vektor-Beziehung ergibt, konstruieren. Für alle diese Größen kann man a priori folgende Symmetrieeigenschaften feststellen:

1. Die Symmetrie eines Ellipsoids ist mindestens *orthorhombisch* (D_{2h}). Niedrigere Kristall-Symmetrien können also gar nicht als solche erkannt werden[6]. In orthorhombischen Kristallen liegen die Hauptachsen des Ellipsoids in den Kristallachsen, in monoklinen Kristallen liegt eine Hauptachse in der zweizähligen (meist $\boldsymbol{b}$-Achse genannten) Achse, die beiden anderen Hauptachsen liegen unbestimmt in der monoklinen $\boldsymbol{a}\,\boldsymbol{c}$-Ebene. In triklinen Kristallen sind alle drei Hauptachsen unbestimmt.

2. In allen *wirteligen*[7] (Hauptachse mit $p = 3, 4, 6$) Kristallen ist das Ellipsoid ein *Rotationsellipsoid* um die Hauptachse, da das Rotationsellipsoid zugleich trigonal oder tetragonal oder hexagonal ist. Man braucht also nur $\varepsilon_{\|}$ und $\varepsilon_{\perp}$ zu messen. Eine dielektrische Messung kann also trigonale, tetragonale, hexagonale Kristalle weder voneinander noch von einem System mit Rotationssymmetrie ($p = \infty$), z.B. einem gereckten Kunststoff-Stab, unterscheiden.

3. In *kubischen* Kristallen ist das Ellipsoid eine *Kugel*, da die Kugel das einzige Ellipsoid mit drei gleichen aufeinander senkrechten Achsen ist. Kubische Kristalle sind dielektrisch isotrop. Es genügt eine Messung mit beliebiger Feldrichtung. Sie kann kubische Symmetrieklassen weder untereinander noch von der völligen Isotropie unterscheiden[8].

---

[6] Allerdings lassen sich trikline, monokline und orthorhombische Kristalle an der Frequenzabhängigkeit der Achsenrichtungen unterscheiden, siehe „*Achsendispersion*".

[7] Aus der angelsächsischen Literatur bürgert sich hierfür das Wort *axial* ein.

[8] Was z.B., wie wir gesehen haben, mechanische Messungen, die auf linearen Tensor-Tensor-Beziehungen beruhen, durchaus können.

Wegen dieser Zusammenhänge ist es zweckmäßig, von den Richtungswinkeln α, β, γ auf *Polarwinkel* (ϑ, φ) überzugehen. Mit

$$\begin{aligned}\cos\alpha &= \sin\vartheta\cos\varphi\\ \cos\beta &= \sin\vartheta\sin\varphi\\ \cos\gamma &= \cos\vartheta\end{aligned} \tag{11.16}$$

erhält man in Hauptachsen nach (11.10) allgemein:

$$\varepsilon^*(\vartheta\,\varphi) = (\varepsilon_1^*\cos^2\varphi + \varepsilon_2^*\sin^2\varphi)\sin^2\vartheta + \varepsilon_3^*\cos^2\vartheta\,, \tag{11.17}$$

für das Rotationsellipsoid:

$$\varepsilon^*(\vartheta\,\varphi) = \varepsilon_\perp^*\sin^2\vartheta + \varepsilon_\parallel^*\cos^2\vartheta \tag{11.18}$$

und für die Kugel:

$$\varepsilon^*(\vartheta\,\varphi) = \varepsilon^*\,. \tag{11.19}$$

Spaltet man die DK auf in die Maßsystemskonstante

$$\varepsilon_0 = 8{,}854\cdot 10^{-12}\,\mathrm{A\,s\,V^{-1}\,m^{-1}} \tag{11.20}$$

und die ebenfalls DK (oder relative DK) genannte Materialkonstante (ε), so ist

$$(\varepsilon^*) = \varepsilon_0(\varepsilon)\,. \tag{11.21}$$

Auf die atomistische Deutung und auf Zahlenwerte von (ε) kommen wir in Kap. G zurück.

11.2. Materie im elektrischen Wechselfeld. Kristalloptik

Mit (11.21) wird (11.5) zu

$$\boldsymbol{D} = (\varepsilon)\,\varepsilon_0\,\boldsymbol{E}\,. \tag{11.22}$$

Durch die *Elektrisierung*

$$\boldsymbol{P} = (\varepsilon - 1)\,\varepsilon_0\,\boldsymbol{E} = (\xi)\,\varepsilon_0\,\boldsymbol{E} \tag{11.23}$$

ist dann das (ξ)-Ellipsoid der elektrischen *Suszeptibilität* definiert. In Wechselfeldern, z. B. bei der Ausbreitung elektromagnetischer Wellen (Licht) im Kristall, werden diese Größen frequenzabhängig und komplex, z.B.

$$\varepsilon(\omega) = \varepsilon'(\omega) - i\varepsilon''(\omega)\,. \tag{11.24}$$

Man hat also zwei Tensoren (ε') und (ε''). Ihre Achsenrichtungen stimmen überein, wenn sie durch die Kristallsymmetrie vorgegeben sind, nicht aber a priori in triklinen Kristallen oder in der monoklinen Ebene. Wegen des Faktors i ist ε''_{ik} gegen ε'_{ik} um $\pi/2$ phasenverschoben, so daß man die beiden Größen mit phasenempfindlichen Verfahren getrennt messen kann. (ε'') wird auch über die dielektrischen Verluste, z.B. den Verlustfaktor

$$\operatorname{tg}\delta = \frac{\varepsilon''}{\varepsilon'} \tag{11.25}$$

oder die Absorption einer Welle gemessen. Die Frequenzabhängigkeit beider Tensoren ist Gegenstand der Dispersions- und Relaxations-Theorie, auf die wir später zurückkommen. Neben der Länge der Hauptachsen sind auch deren Richtungen, sofern sie nicht von der Symmetrie festgelegt sind, frequenzabhängig (*Achsendispersion*).

Hat der Kristall eine elektrische *Leitfähigkeit*, so ist wegen der symmetrischen linearen Beziehung zwischen Stromdichte und Feldstärke

$$\boldsymbol{j} = (\sigma)\,\boldsymbol{E}\,,\qquad (\sigma) = \text{Leitfähigkeit}\,, \tag{11.26}$$

auch ein (σ)-Ellipsoid definiert. In Wechselfeldern führt (σ) ebenso wie (ε'') zu einer tensoriellen Absorption, kann also formal zu (ε'') addiert, d.h. in (ε'') mit berücksichtigt werden (siehe Anhang D).

Bei Lichtfrequenzen pflegt man die auch hier grundlegenden Tensoren (ε'), (ε'') und (σ) auf die meßbaren Ausbreitungsgrößen *Brechungsindex* $n(\omega)$ und *Absorptionskonstante* $K(\omega)$ der Lichtwellen umzurechnen. Wir können hier die Ausbreitung elektromagnetischer Wellen in absorbierenden Kristallen nicht behandeln, sondern nur einige Ergebnisse der Kristalloptik anführen, die im Grenzfall schwacher Absorption (also z.B. nicht für Metalle) gelten.

Zunächst existiert für jede absorbierte Frequenz $\omega = 2\pi\nu$ ein *Absorptionsellipsoid*

$$K(\alpha'\beta'\gamma') = K_1 \cos^2\alpha' + K_2 \cos^2\beta' + K_3 \cos^2\gamma', \quad (11.27)$$

bei dem $1/\sqrt{K(\alpha'\beta'\gamma')}$ in Richtung $(\alpha'\beta'\gamma')$ des Verschiebungsvektors $\boldsymbol{D}$ abgetragen wird. Die Durchlässigkeit einer Kristallplatte hängt also von der Polarisation des Lichtes ab. Haben die Absorptionsellipsoide für verschiedene Frequenzen ein verschiedenes Achsenverhältnis oder gar verschiedene Hauptachsenrichtungen, so muß auch der integrale Farbeindruck von der Polarisationsrichtung des Lichtes abhängen. Diese lange bekannte Erscheinung heißt *Dichroismus* von Platten oder *Trichroismus* von Kristallen.

Ist die Absorption auf scharfe Spektrallinien konzentriert, so ist auch die *Gesamtabsorption*

$$A = \int K(\omega)\, d\omega \quad (11.28)$$

jeder Linie nach dem Absorptionsellipsoid verteilt. Im trigonalen $Nd_2Zn_3(NO_3)_{12} \cdot 24\, H_2O$ z.B. wurde (s. Gl. (11.18))

$$A(\vartheta'\varphi') = A_\perp \sin^2\vartheta' + A_{||} \cos^2\vartheta' \quad (11.29)$$

mit folgenden Werten gemessen:

Linie $\tilde{\nu}$	$A_\perp$	$A_{\|\|}$	Einheit
17322 cm^{-1}	4,2 ·	47,9 ·	$10^{11}\,cm^{-1}\,sec^{-1}$
17372 cm^{-1}	22,4 ·	—	$10^{11}\,cm^{-1}\,sec^{-1}$
17386 cm^{-1}	—	39,7 ·	$10^{11}\,cm^{-1}\,sec^{-1}$
19182 cm^{-1}	12,0 ·	15,8 ·	$10^{11}\,cm^{-1}\,sec^{-1}$

Aufgabe 11.2. Es soll die Absorption von linear polarisiertem Licht der Frequenz ν in einigen p-zähligen Raumgittern aus unabhängig voneinander absorbierenden elektrischen Dipolen für den Fall schwacher Absorption untersucht werden. Die Gitter lassen sich wie folgt aufbauen:

Aus einem vorgegebenen (erzeugenden), beliebig gegen eine A_p^z geneigten Dipol der Eigenfrequenz ν entsteht bei der Drehung um die A_p^z eine Schar von p gleichartigen Dipolen. Diese Schar bestimmt bereits die gesuchte Absorption des p-zähligen Raumgitters, das man durch Translation dieser Schar parallel und senkrecht zu z erhält. Einziges Punktsymmetrieelement ist die (durch die Translation beliebig oft wiederholte) A_p^z.

Berechne das Absorptionsellipsoid für die Fälle $p = 1$ (triklin); 2 (monoklin) 3; 4; 6; (wirtelig) und diskutiere das Ergebnis als Funktion der Neigung ϑ zwischen erzeugendem Dipol und A_p^z. (Zweckmäßig beschreibt man die Dipolschar mit Polarkoordination r, ϑ, φ und die Richtung des $\boldsymbol{E}$-Vektors des einfallenden Lichtes durch die Richtungskosinus in rechtwinkligen Koordinaten x, y, z.)

Die Ausbreitung des Lichtes wird durch das *Strahlenellipsoid* oder das *Indexellipsoid* bestimmt. Beide Ellipsoide werden aus der reellen DK ε' abgeleitet, und zwar bei fehlender Absorption exakt, bei der hier vorausgesetzten schwachen Absorption in guter Näherung. Wegen

$$n^2(\omega) = \varepsilon'(\omega) \tag{11.30}$$

folgt aus dem (ε')-Ellipsoid nach (11.10) das *Fresnelsche* oder *Strahlenellipsoid*

$$n^2(\alpha\beta\gamma) = n_1^2\cos^2\alpha + n_2^2\cos^2\beta + n_3^2\cos^2\gamma\,, \tag{11.31}$$

das man erhält, wenn man den reziproken Brechungsindex $1/n(\alpha\beta\gamma)$ in Richtung des $\boldsymbol{E}$-Vektors der Lichtwelle abträgt[10]. Andererseits folgt aus dem (ε'^{-1})-Ellipsoid nach (11.15) das *Indexellipsoid* (die *Indikatrix*) oder das *Normalenellipsoid*

$$\frac{1}{n^2(\alpha'\beta'\gamma')} = \frac{\cos^2\alpha'}{n_1^2} + \frac{\cos^2\beta'}{n_2^2} + \frac{\cos^2\gamma'}{n_3^2}\,, \tag{11.32}$$

dessen Oberfläche durchlaufen wird, wenn man den Brechungsindex $n(\alpha'\beta'\gamma')$ in Richtung des zum Lichtvektor $\boldsymbol{E}$ gehörenden Verschiebungsvektors $\boldsymbol{D}$ aufträgt. n_1, n_2, n_3 heißen die *Hauptbrechungsindizes* des Kristalls.

Das Strahlenellipsoid gestattet die Bestimmung von $\boldsymbol{D}$ aus $\boldsymbol{E}$, das Indexellipsoid die Bestimmung von $\boldsymbol{E}$ aus $\boldsymbol{D}$. Die Richtungen dieser beiden Vektoren sind mit den experimentell leichter feststellbaren Richtungen der Wellennormalen (= Normale auf den Ebenen gleicher Phase, Einheitsvektor $\boldsymbol{n}$) und der Energieströmung (= Poynting-vektor, Einheitsvektor $\boldsymbol{s}$) gemäß Abb. 11.2 bei der Ausbreitung einer

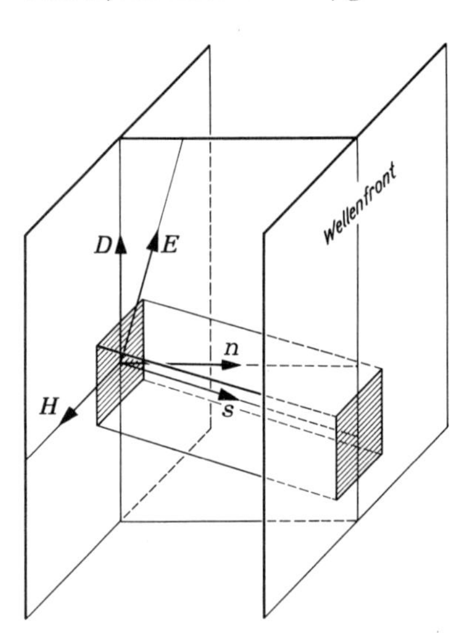

Abb. 11.2. Relative Orientierung von Normalen ($\boldsymbol{n}$)- und Strahlen ($\boldsymbol{s}$)-Richtung zu $\boldsymbol{D}$, $\boldsymbol{E}$ und $\boldsymbol{H}$ einer ebenen Welle im Kristall

ebenen Welle im Kristall gekoppelt. Es ist also $\boldsymbol{n} \perp \boldsymbol{D}, \boldsymbol{H}$ und $\boldsymbol{s} \perp \boldsymbol{E}, \boldsymbol{H}$. Ein abgegrenztes Stück einer ebenen Wellenfront bewegt sich längs $\boldsymbol{s}$, aber „schief", da seine Normale immer parallel $\boldsymbol{n}$ bleibt, und $\boldsymbol{n}$ und $\boldsymbol{s}$ nur in den Spezialfällen (s. Abb. 11.1 und das folgende) parallel stehen, in denen $\boldsymbol{D}$ parallel $\boldsymbol{E}$ ist. Da Brechungsindizes aus der Ablenkung von Wellen an Grenzflächen bestimmt werden, die Brechungsgesetze aber für die Normale $\boldsymbol{n}$ definiert sind und auch die mittels Kollimatoren und Fernrohren gemessenen Richtungen die von $\boldsymbol{n}$ sind, ist im allgemeinen $\boldsymbol{D}$ durch die Führung der Experimente gegeben. Wir benutzen im folgenden also das Indexellipsoid,

[10] Dividiert man die Gleichung durch c^2, das Quadrat der Lichtgeschwindigkeit im Vakuum, so ist die Lichtgeschwindigkeit $c/n(\alpha\beta\gamma)$ in Richtung von $\boldsymbol{E}$ abzutragen.

um uns einen Überblick über die Ausbreitung ebener Lichtwellen in Kristallen zu verschaffen (ohne Beweis im einzelnen, siehe die Literatur [D2 ... D5]).

Wir denken uns eine senkrecht zur Papierebene stehende Platte mit den senkrecht zur Zeichenebene stehenden Flächen P so aus einem Kristall geschnitten, daß das Indexellipsoid die in Abb. 11.3 gezeichnete allgemeine Lage hat. Die Normale $\boldsymbol{n}$ einer senkrecht in die Platte eingestrahlten ebenen und linear polarisierten Lichtwelle geht unabgelenkt durch die Oberflächen[11] hindurch, dasselbe gilt

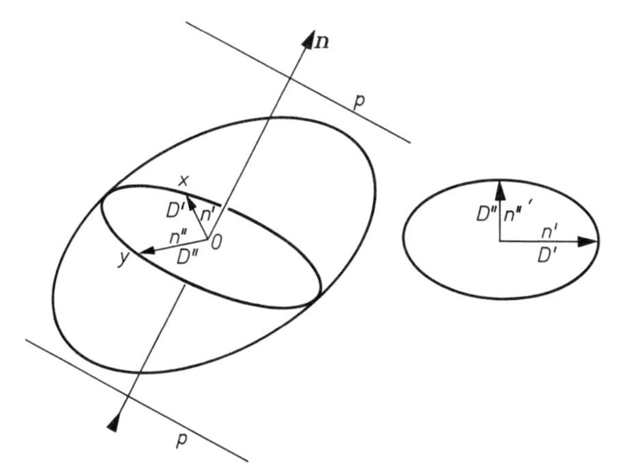

Abb. 11.3. Die beiden durch die Schnittellipse $\perp$ $\boldsymbol{n}$ des Indexellipsoids definierten linear polarisierten Teilwellen $\boldsymbol{D}'$ und $\boldsymbol{D}''$ bei allgemeiner Orientierung von $\boldsymbol{n}$ zum Kristall. Links perspektivische Ansicht, rechts Aufsicht der Schnittellipse

für $\boldsymbol{D} \perp \boldsymbol{n}$, das also in der Schnittellipse aus dem Ellipsoid und der Wellenfront liegt. In der Kristalloptik wird gezeigt, daß diese Welle bei Fortschreiten im allgemeinen nicht linear polarisiert bleibt. Dies ist nur für die beiden Polarisationsrichtungen der Fall, bei denen $\boldsymbol{D}$ parallel zu einer Achse der Schnittellipse ist ($D = D'$ oder $D = D''$), und zwar haben diese beiden Wellen verschiedene, durch die Achsenlängen gegebene Brechungsindizes n' und n''. Zerlegt man also $\boldsymbol{D}$ in zwei Teilwellen mit den Komponenten D' und D'', so laufen diese beiden orthogonalen Wellen verschieden schnell, erhalten eine dem Weg proportionale Phasenverschiebung und setzen sich zu einer elliptisch polarisierten $\boldsymbol{D}$-Welle zusammen, deren Elliptizität dem zurückgelegten Weg proportional ist[12].

Aufgabe 11.3. Wie würden Sie mit einer planparallelen Kalkspatplatte zirkular polarisiertes Licht aus linear polarisiertem machen?

Wir denken uns jetzt die parallele Platte so aus dem Kristall geschnitten, daß das Indexellipsoid die in Abb. 11.4 gezeichnete spezielle Lage hat: die Hauptachsen 1 und 3 sollen in der Papierebene liegen, die Hauptachse 2 soll senkrecht dazu stehen. 2 steht also parallel zu den Oberflächen PP in Abb. 11.3. Außerdem soll $n_1 < n_2 < n_3$ sein, d.h. n_2 soll der mittlere Wert sein. Die Normale einer senkrecht PP eingestrahlten Welle liegt also in der 3,1-Ebene und eine der Achsen der Schnittellipse der Wellenfront mit dem Ellipsoid ist die Hauptachse n_2. Da n_2 nach Voraussetzung der mittlere Hauptbrechungsindex ist, kann man durch Drehen von $\boldsymbol{n}$ (und PP) in der Papierebene zwei Richtungen relativ zum Indexellipsoid finden, für die die Schnittellipsen Kreise K_1, K_2 mit dem Radius n_2 sind. Diese, in der Ebene der größten und kleinsten Haupt-

[11] Das gilt nicht auch für $\boldsymbol{s}$, das nur außerhalb des Kristalls mit $\boldsymbol{n}$ zusammenfällt!

[12] Beim Experimentieren mit polarisiertem Licht muß also immer geprüft werden, ob die Lichtwelle im Kristall die gewünschte Polarisation, mit der sie eingestrahlt wird, auch beibehält, oder ob auf diese Forderung verzichtet werden kann.

achse und symmetrisch zu diesen Achsen liegenden Richtungen heißen die beiden *Binormalen* N_1, N_2 oder *optischen Achsen* A_1, A_2 des Kristalls. Sie sind dadurch ausgezeichnet, daß der Brechungsindex unabhängig von der Polarisation (der Richtung von $\boldsymbol{D}$) denselben Wert $n' = n'' = n_2$ hat.

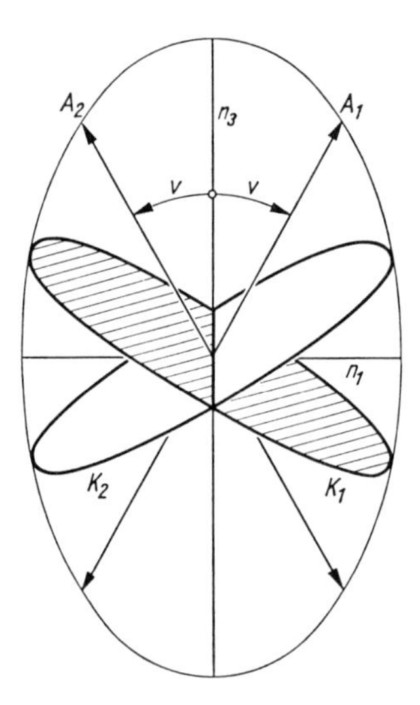

Abb. 11.4. Zur Definition der optischen Achsen. Der *spitze* Achsenwinkel $2V$ wird von der *längsten* Achse des Indexellipsoids halbiert, der Kristall heißt deshalb *positiv* doppelbrechend

Ist das Indexellipsoid ein Rotationsellipsoid, so fallen die optischen Achsen in die Rotationsachse, d.h. die kristallographische Hauptachse zusammen: wirtelige (axiale) Kristalle sind optisch einachsig. Hier ist $n'' = n_2 = n_\perp$, und die Teilwelle D'' (Abb. 11.3) heißt die *ordentliche* (o.), die Teilwelle D' die *außerordentliche* (ao.) Welle. Ist das Ellispoid eine Kugel, so ist jede Richtung optische Achse: kubische Kristalle sind wie Gläser optisch isotrop. Die Tabelle 11.1 gibt Zahlenwerte für die Hauptbrechungsindizes von $CaCO_3$ als Funktion der Frequenz (Dispersion).

Tabelle 11.1. *Hauptbrechungsindizes und spitzer Achsenwinkel von $CaCO_3$ als Calcit (Kalkspat, trigonal) und Aragonit (orthorhombisch)*

$\lambda(nm)$	Kalkspat		Aragonit			
	$n_\perp$	$n_\parallel$	n_1	n_2	n_3	$2V$*
486	1,66785	1,49074	1,53479	1,69053	1,69515	$-18°22'$
589	1,65835	1,48640	1,53013	1,68157	1,68589	$-18°11'$
656	1,65437	1,48459	1,52820	1,67779	1,68203	$-18°07'$

* Negativer (positiver) Achsenwinkel heißt, daß die Achse des kleinsten (größten) Brechungsindex den spitzen Winkel halbiert.

Auf die atomistische Interpretation der optischen Konstanten wird in Kap. G eingegangen werden.

11.3. Multipolstrahlung

Der wesentliche Inhalt von Ziffer 11 ist die Feststellung, daß alle von einer *symmetrischen linearen Vektor-Vektor-Beziehung* regierten Effekte die Kristallsymmetrie immer als die eines *Ellipsoids* „sehen“. Alle diese Effekte sind wohl in der Lage, rhombische (Ellipsoid fest), monokline (eine Achse des Ellipsoids fest, zwei Achsen mit

Dispersion) und trikline (alle drei Achsen des Ellipsoids mit Dispersion) Kristalle zu unterscheiden. Aber sie verwechseln alle Symmetrie-Achsen A_p oder I_p mit $p > 2$ mit einer A_∞ und alle kubischen Symmetrien mit Isotropie. Dies gilt natürlich auch für alle optischen Untersuchungen, einschließlich der Spektroskopie, und zwar solange, und nur solange die Absorption korrespondenzmäßig auf elektrische, E_1- (oder magnetische, M_1-) Dipole zurückgeführt werden kann, die gemäß den linearen Vektorbeziehungen

$$\begin{aligned} \boldsymbol{p}_{\text{ind}} &= (\alpha_e)\boldsymbol{E}, \quad & \alpha_e &= \text{elektrische Polarisierbarkeit} \\ \boldsymbol{m}_{\text{ind}} &= (\alpha_m)\boldsymbol{H}, \quad & \alpha_m &= \text{magnetische Polarisierbarkeit} \end{aligned} \tag{11.33}$$

vom elektrischen (magnetischen) Lichtfeld induziert werden und als Operatoren in die quantenmechanischen Übergangsmomente eingehen, siehe z.B. [D 6].

Liegt jedoch *Quadrupolstrahlung* ($E\,2$ oder $M\,2$) vor, so tritt an die Stelle des Vektors $\boldsymbol{p}_{\text{ind}}$ ein *tensorielles* Quadrupolmoment und die Verhältnisse werden viel komplizierter. Man kann theoretisch zeigen, daß Quadrupolstrahlung noch eine einzelne A_3 oder eine einzelne A_4 als solche erkennt und erst eine A_6 mit einer A_∞ verwechselt. Außerdem ist ein oktaedrischer kubischer Kristall für Quadrupolstrahlung nicht isotrop, sondern „optisch-siebenachsig".

Dies theoretisch vorhergesagte Verhalten ist experimentell an einer für die sonst viel stärkere Dipolstrahlung verbotenen und deshalb nur Quadrupolstrahlung absorbierenden Spektrallinie des kubischen Cu_2O zum ersten und bisher einzigen Mal beobachtet worden [D 7, 8].

Ganz allgemein gilt für *Multipolstrahlung*, daß 2^l-Polstrahlung ($l = 1, 2, 3, \ldots$) in der Lage ist, p-zählige Symmetrien mit $p \leqq 2^l$ als solche zu erkennen, $p > 2^l$ aber mit $p = \infty$ zu verwechseln. Um eine A_6^z optisch zu erkennen, muß man also mit mindestens Oktopol-Strahlung experimentieren.

Im Sinne dieser Betrachtung ist die auf der linearen Beziehung (11.9) basierende *klassische Kristalloptik* absorbierender Kristalle eine erste Näherung, die sich auf *elektrische Dipolstrahlung* beschränkt.

12. Kristalle im Temperaturfeld

12.1. Thermische Ausdehnung

Ändert man (homogen) die Temperatur, so ändert sich das Volum eines Kristalls. Zusammenhänge wie diese werden allgemein durch eine thermische Zustandsgleichung[13] beschrieben, die umgekehrt auch die Temperatureffekte bei Deformationen enthält und wovon unsere frühere Behandlung der Elastizitätstheorie (Ziffer 7) nur den isothermen Grenzfall $dT = 0$ darstellt.

Analog können wir auch die thermische Ausdehnung getrennt wie folgt behandeln: Eine Kugel vom Radius $|\boldsymbol{r}| = \sqrt{x^2 + y^2 + z^2}$ wird sich bei der homogenen Temperaturänderung um dT anisotrop in ein Ellipsoid verformen. Dabei gehen die Koordinaten eines Punktes (x, y, z) über in $(x + dx, y + dy, z + dz)$ gemäß (Näherungsgleichungen!)

$$\begin{aligned} \frac{dx}{dT} &= \beta_{11} x + \beta_{12} y + \beta_{13} z \\ \frac{dy}{dT} &= \beta_{21} x + \beta_{22} y + \beta_{23} z \\ \frac{dz}{dT} &= \beta_{31} x + \beta_{32} y + \beta_{33} z \end{aligned} \tag{12.1}$$

mit

$$\beta_{ik} = \beta_{ki}, \tag{12.2}$$

d.h. es gilt die *lineare Vektor-Vektor-Beziehung*

$$\frac{d\boldsymbol{r}}{dT} = (\beta)\,\boldsymbol{r} \tag{12.3}$$

Es ist also $d\boldsymbol{r}$ nicht parallel zu $\boldsymbol{r}$ außer in drei zueinander senkrechten Hauptachsenrichtungen. Wählt man diese *Hauptdilatationsachsen* als Koordinatenachsen, so ist also

$$\frac{d\boldsymbol{r}}{dT} = \begin{pmatrix} \beta_1 & 0 & 0 \\ 0 & \beta_2 & 0 \\ 0 & 0 & \beta_3 \end{pmatrix} \boldsymbol{r}. \tag{12.4}$$

Die nächste Tabelle gibt einige Werte für die Hauptausdehnungskoeffizienten β_i.

Tabelle 12.1. *Lineare thermische Ausdehnungskoeffizienten*

Kristall	Symmetrie	$\beta_\perp$ β_1	$\beta_\parallel$ β_2	— β_3	Einheit
NaCl	kub.	40	—	—	$10^{-6}/°C$
CaF_2	kub.	19	—	—	$10^{-6}/°C$
Cd	hexag.	17	49	—	$10^{-6}/°C$
Zn	hexag.	14	55	—	$10^{-6}/°C$
Kalkspat	trigonal	−6	26	—	$10^{-6}/°C$
Quarz	trigonal	19	9	—	$10^{-6}/°C$
Kunststoff*	axial ($D_{\infty h}$)	79,8	73,5	—	$10^{-6}/°C$
Aragonit	rhomb.	10	16	33	$10^{-6}/°C$
Chrysoberyll	rhomb.	6,0	6,0	5,2	$10^{-6}/°C$

* Polystyrol, auf die fünffache Länge verstreckt.

12.2. Wärmeleitung

Die durch die *lineare Vektor-Vektor-Beziehung*

$$\dot{\boldsymbol{q}} = -(\lambda)\,\mathrm{grad}\,T \tag{12.5}$$

zwischen der Wärmestromdichte $\dot{\boldsymbol{q}}$ und dem Temperaturgradienten grad T definierte Wärmeleitfähigkeitskonstante λ ist in Kristallen

[13] Zustandsgleichungen siehe z.B. in [C13].

ebenfalls symmetrisch-tensoriell, d.h. man erhält das Ellipsoid

$$\lambda(\alpha\beta\gamma) = \lambda_1 \cos^2\alpha + \lambda_2 \cos^2\beta + \lambda_3 \cos^2\gamma\,, \tag{12.6}$$

wenn man die Größe $1/\sqrt{\lambda(\alpha\beta\gamma)}$ in Richtung des Temperaturgradienten aufträgt. Dabei ist die *richtungsabhängige Wärmeleitfähigkeitskonstante* definiert durch die Komponente von $\dot{\boldsymbol{q}}$ nach grad T:

$$\lambda(\alpha\beta\gamma) = -\frac{\dot{\boldsymbol{q}}\,\mathrm{grad}\,T}{|\mathrm{grad}\,T|^2}\,. \tag{12.7}$$

Das (λ)-*Ellipsoid* gehört übrigens zu den am längsten experimentell bekannten Tensorgrößen. Einige Zahlenwerte gibt Tabelle 12.2; die atomistische Behandlung erfolgt in Kap. L.

Tabelle 12.2. *Hauptwärmeleitfähigkeiten*

Substanz	T	$\lambda_\perp$ λ_1	— λ_2	$\lambda_\parallel$ λ_3
Quarz	~ 20 °C	2,1 ·	—	3,4 · 10^{-2} cal/cm s grad
Kalkspat	0 °C	1,1 ·	—	1,3 · 10^{-2} cal/cm s grad
$SrSO_4$ (Coelestin) *	~ 20 °C	1,037	1,000	1,083 · 10^{-2} cal/cm s grad
Kunststoff **	~ 20 °C	3,69 ·	—	4,13 · 10^{-4} cal/cm s grad

* Auf $\lambda_2 = 1$ normierte relative Werte.
** Polystyrol, auf die fünffache Länge verstreckt.

13. Piezoelektrizität

Deformiert man einen Ionenkristall, so kann in bestimmten Fällen durch die Verschiebung der Ionen eine elektrische Verschiebung $\boldsymbol{D}$, d.h. eine Elektrisierung $\boldsymbol{P}$ = Dipolmoment je Volumeinheit entstehen, d.h. zwischen den Endflächen einer geeignet aus dem Kristall geschnittenen Platte kann eine elektrische Spannung auftreten. Notwendige Voraussetzung für diesen piezoelektrischen Effekt ist die Existenz von *polaren Achsen*[14]. Es sind also alle Symmetrien mit Inversionszentrum oder zu den Achsen senkrechten Spiegelebenen ausgeschlossen[15], da sich bei diesen die entgegengesetzt gerichteten Effekte aufheben, wie z.B. bei NaCl. Dagegen sind beim trigonalen α-Quarz (Abb. 13.1a) der Punktsymmetrie D_3

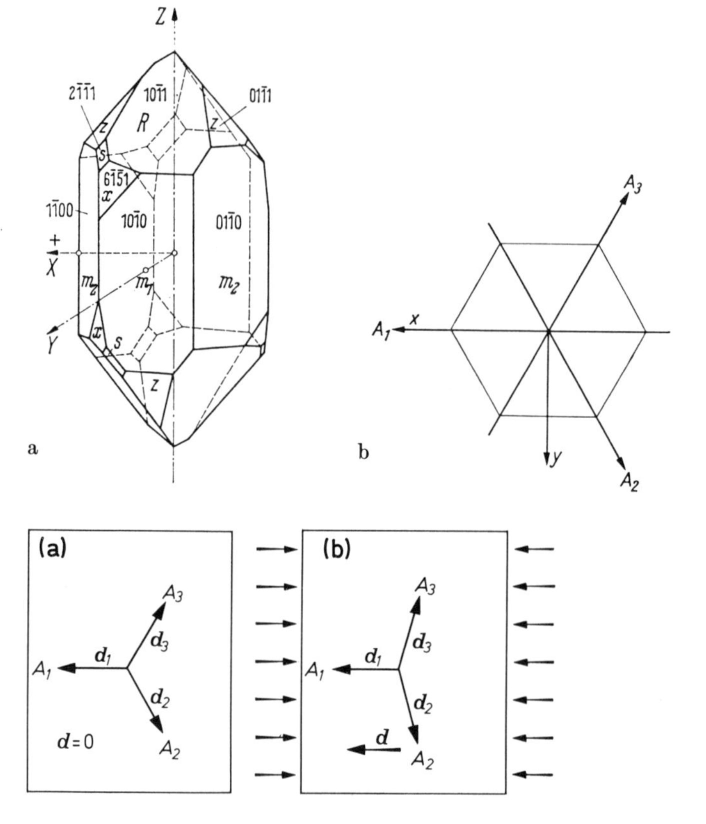

Abb. 13.1. α-Quarz, Symmetrie D_3. a) Einkristall. Es gibt hierzu eine zweite enantiomorphe Form, bei der dieselben Flächen im entgegengesetzten Drehsinn um die z-Achse angeordnet sind. b) Kristallquerschnitt senkrecht z mit den drei polaren Achsen A_1, A_2, A_3 und dem im Text benutzten Koordinatenkreuz

Abb. 13.2. Erzeugung einer piezoelektrischen Verschiebung im Quarz. a) Gleichgewichtslage, $\boldsymbol{d} = \boldsymbol{d}_1 + \boldsymbol{d}_2 + \boldsymbol{d}_3 = 0$ b) Kompression, $\boldsymbol{d} \neq 0$

die drei gegeneinander um $2\pi/3$ gedrehten Nebenachsen A_1, A_2, A_3 in der Ebene senkrecht zur Hauptachse polar (Abb. 13.1b). Die durch die Struktur des Gitters vorgegebenen Dipolmomente kompensieren sich wegen der Symmetrie dieser Achsenanordnung wohl in der Gleichgewichtslage, nicht aber bei Deformation, siehe Abb. 13.2.

In piezoelektrischen Kristallen stehen also elektrische Größen (die *Vektoren* $\boldsymbol{D}$ und $\boldsymbol{E}$) und elastische Größen, die *Tensoren*

$$(X_x, \ldots, X_y) \quad \text{und} \quad (x_x, \ldots, x_y)\,,$$

siehe Ziffer 7, in Wechselwirkung. Die zwischen diesen Größen bestehenden Gleichungen sind bei kleinen Effekten lineare Vektor-Tensor-Beziehungen. Zum Beispiel gilt für die elektrische Verschiebung

$$\boldsymbol{D} = ((e_{\alpha\beta}))\,(x_x) + (\varepsilon^*_{ik})\,\boldsymbol{E}\,, \tag{13.1}$$

[14] Das sind Achsen, bei denen Richtung und Gegenrichtung sich verschieden verhalten, was z.B. für eine isolierte Deck- oder Inversionsachse nach Definition der Fall ist.

[15] Insgesamt zeigen 20 der 32 Punktsymmetrieklassen piezoelektrisches Verhalten.

wobei der zweite Teil den Einfluß eines elektrischen Feldes (Ziffer 11), der erste, auf den wir uns hier beschränken wollen, den Einfluß der mechanischen Deformation beschreibt. (x_x) steht für $(x_x, \ldots, x_y)$. Die Konstanten $e_{\alpha\beta}$ in der *Matrix* $((e_{\alpha\beta}))$ heißen *piezoelektrische Moduln*. Ausgeschrieben wird (13.1) zu

$$\begin{aligned} D_x &= e_{11} x_x + e_{12} y_y + e_{13} z_z + e_{14} y_z + e_{15} z_x + e_{16} x_y \\ D_y &= e_{21} x_x + e_{22} y_y + e_{23} z_z + e_{24} y_z + e_{25} z_x + e_{26} x_y \\ D_z &= e_{31} x_x + e_{32} y_y + e_{33} z_z + e_{34} y_z + e_{35} z_x + e_{36} x_y , \end{aligned} \tag{13.2}$$

wobei speziell für α-Quarz die Modulnmatrix sich aus Symmetriegründen auf die einfache Form

$$((e_{\alpha\beta})) = \begin{pmatrix} e_{11} & -e_{11} & 0 & e_{14} & 0 & 0 \\ 0 & 0 & 0 & 0 & -e_{14} & -e_{11} \\ 0 & 0 & 0 & 0 & 0 & 0 \end{pmatrix} \tag{13.3}$$

mit nur zwei unabhängigen Moduln e_{11}, e_{14} reduziert. Dabei ist das in Abb. 13.1 eingezeichnete xyz-System zugrunde gelegt, und die Moduln haben die Zahlenwerte (bei Zimmertemperatur)

$$e_{11} = 1{,}7 \cdot 10^{-5}\,\mathrm{A\,s\,cm^{-2}}, \qquad e_{14} = 0{,}4 \cdot 10^{-5}\,\mathrm{A\,s\,cm^{-2}}. \tag{13.4}$$

Die $((e_{\alpha\beta}))$-Matrix ist, wie man sieht, nicht quadratisch und nicht symmetrisch.

Drückt man die Deformationen in (13.1) mit (7.4) über die Elastizitätskoeffizienten $s_{\mu\nu}$ durch die Spannungen $(X_x, \ldots, X_y)$ aus, so erhält man wieder eine lineare Gleichung

$$\boldsymbol{D} = ((d_{\mu\nu}))\,(X_x) + (\varepsilon^*_{ik})\,\boldsymbol{E}. \tag{13.5}$$

Die Konstanten $d_{\mu\nu}$ heißen *piezoelektrische Koeffizienten*. Für Quarz verschwinden alle bis auf

$$\begin{aligned} -\frac{d_{26}}{2} &= -d_{12} = d_{11} = 2{,}33 \cdot 10^{-10}\,\mathrm{V^{-1}\,cm}, \\ -d_{25} &= d_{14} = -0{,}67 \cdot 10^{-10}\,\mathrm{V^{-1}\,cm}. \end{aligned} \tag{13.6}$$

Weitere Einzelheiten entnehme man der angegebenen Spezialliteratur [D 12 ... 14].

Aufgabe 13.1: Ein Quarzwürfel von 1 cm Kantenlänge sei parallel zu den x, y, z-Richtungen (vgl. Abb. 13.1.) geschnitten. Wie groß sind die Ladungen auf den Oberflächen des Würfels, wenn eine Druckspannung

a) $X_x = 10\,\mathrm{kp/cm^2}$, b) $Y_y = 10\,\mathrm{kp/cm^2}$

aufgebracht wird? Welche Spannung zeigt ein angeschlossenes Elektrometer mit einer Kapazität von 5 pF?

E. Ionen in Kristallfeldern

Wir behandeln in diesem Kapitel die Elektronenterme und die optischen Spektren von Kristallen, die Ionen mit nicht abgeschlossenen („offenen") Elektronenschalen enthalten. Die Bedeutung gerade dieser Substanzen und ihre Abgrenzung gegen andere Ionenkristalle ergeben sich aus der Diskussion in Ziffer 14.1.

14. Qualitative Beschreibung eines Ions im Kristallgitter

14.1. Fallunterscheidung und Modell

Wir unterscheiden sehr schematisch folgende drei Fälle (Abb. 14.1 a, b, c):

a) Alle Ionen des Kristalls haben im Grundzustand abgeschlossene Elektronenschalen, wie z.B. beim NaCl (Abb. 14.1a). Dann überlappen sich die Eigenfunktionen benachbarter Ionen praktisch nicht, die Elektronen sind *lokalisiert*. Man kann deshalb von getrennten Ionen ausgehen und den Grundzustand von einem *Ein-Ion-Modell* her annähern. Dies gilt nicht mehr für die angeregten Elektronenzustände, da bei der Anregung ein Elektron aus der abgeschlossenen Außenschale in eine noch höhere, bisher leere Schale angehoben[1] wird, so daß es sehr stark mit den übrigen Ionen des Gitters in Wechselwirkung tritt. Hier ist das Ein-Ion-Modell nicht mehr anwendbar. Wegen der starken Wechselwirkung zwischen den Ionen ist der Anregungszustand nicht mehr auf ein Ion lokalisiert, sondern in einem sogenannten *Exziton-Zustand* über den ganzen Kristall verteilt[2]. Die Übergänge vom Grundzustand zu Exzitonzuständen liegen im allgemeinen im ultravioletten Spektralbereich.

b) Das Gitter enthalte Ionen mit einer abgeschlossenen äußeren, aber einer offenen inneren Schale, z.B. dreiwertige *Selten-Erd-Ionen*, bei denen die nicht abgeschlossene $4f$-Schale zwischen dem Elektronenrumpf aus abgeschlossenen inneren Schalen und der abgeschlossenen äußeren $5s^2p^6$-Schale liegt (Abb. 14.1b). Die Konfiguration $4f^n$ ($n = 1, \ldots, 13$) besitzt über dem Grundzustand auch angeregte Zustände, die sich nur durch eine andere Zusammensetzung der n Bahn- und Spindrehimpulse unterscheiden. Die Elektronen bleiben also auch bei Anregung in der $4f$-Schale lokalisiert, und das Ein-Ion-Modell ist auch für angeregte Terme brauchbar. Die Übergänge zwischen den verschiedenen Termen einer $4f^n$-Konfiguration liegen im optischen Spektral-Bereich vom nahen Ultrarot bis zum Ultraviolett.

c) Komplizierter ist der Fall von Ionen mit einer unabgeschlossenen Außenschale, z.B. der Ionen von *Übergangselementen* mit einer $3d^n$-Konfiguration ($n = 1, \ldots, 9$) wie Mn^{2+} in MnO (Abb. 14.1c). Hier ist stärkere Überlappung der Eigenfunktionen in den verschiedenen $3d^n$-Termen mit denen der Gitternachbarn, d.h. ein stärkerer Anteil an kovalenter Bindung möglich. Es gibt jedoch Fälle, in denen auch hier noch ein Ein-Ion-Modell brauchbar ist.

Für die beiden Fälle b) und c) werden wir zunächst ein *strenges Ein-Ion-Modell* durchführen. Dabei wird der das Ion umgebende Rest-Kristall einfach ersetzt durch ein inhomogenes *elektrisches Kristallfeld*[3], das von den Ladungen des Gitters in der Elektronenhülle des Aufions erzeugt wird. Den Einfluß dieses Feldes auf offene Elektronenschalen werden wir eingehend untersuchen. Seinen Einfluß auf die abgeschlossenen Schalen können wir im allgemeinen vernachlässigen[3a], da die für die Festkörperphysik wichtigsten Effekte von den nicht voll besetzten Schalen herrühren. Dies beruht auf folgenden Tatsachen:

[1] Es ändert sich also die Elektronenkonfiguration.

[2] Etwa so wie die Energie einer Gitterschwingung. Wir kommen später ausführlicher auf Exzitonen zurück (Kap. J).

[3] Das einfachste Modell für die Berechnung des Kristallfeldes ist das Punktionenmodell, in dem die Ladungen aller anderen Ionen jeweils auf Punktladungen im Kern konzentriert gedacht werden.

[3a] Die Deformation der abgeschlossenen Schalen (Abb. 4.9) trägt mit zum Kristallfeld für die offenen Schalen bei.

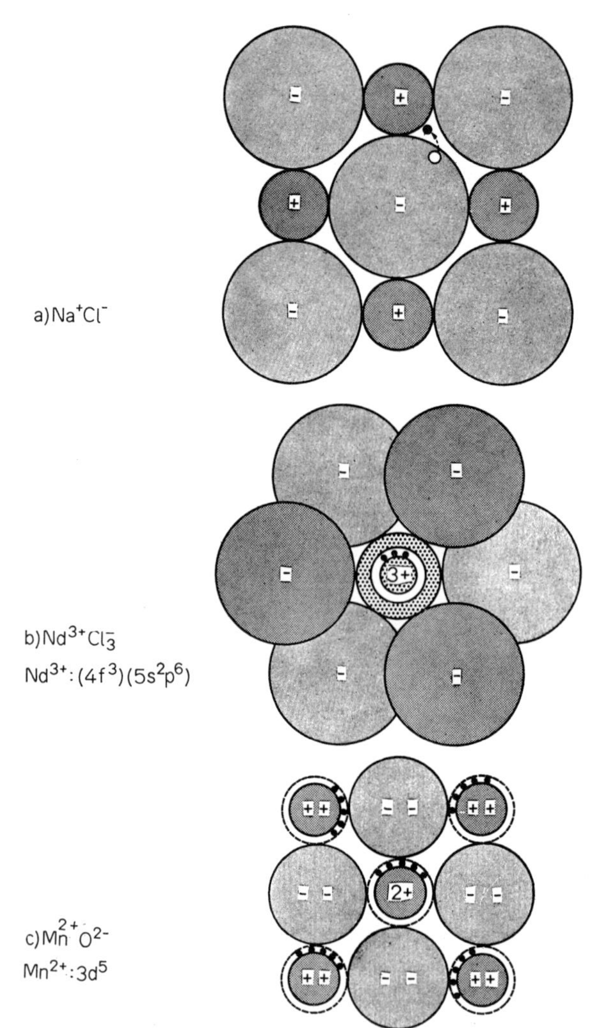

Abb. 14.1. Schema der elektronischen Struktur verschiedener Ionenkristalle. a) Nur abgeschlossene Schalen im Grundzustand (NaCl) Angeregte Zustände sind Exzitonzustände. Bei der Anregung kann ein Elektron von einem Cl^- zu einem Na^+ überführt werden. b) Eine innere Schale ist offen ($NdCl_3$, $Nd^{3+} \triangleq 4f^3$). Alle $4f^3$-Zustände können in 1. Näherung als Ein-Ion-Zustände behandelt werden. c) Die Außenschale eines Ions ist offen (MnO, $Mn^{2+} \triangleq 3d^5$). Ein-Ion-Zustände sind eine nicht so gute Näherung wie im Fall b)

a) Die Ladungsverteilung einer offenen Schale ist nicht kugelsymmetrisch wie die von abgeschlossenen Schalen, sondern enthält *elektrische Multipole*, die mit dem Kristallfeld wechselwirken. Da verschiedene Orientierungen der Elektronenhülle sich durch die elektrostatische Einstellenergie der Multipole im Kristallfeld unterscheiden, wird die Richtungsentartung der $(2J + 1)$-fach entarteten Elektronenterme (ganz oder teilweise) aufgehoben (Ziffern 14 und 15): aus dem entarteten Term des freien Ions entsteht ein *Kristallfeldmultiplett.*

b) Offene Schalen haben im allgemeinen ein *magnetisches Moment.* Mit den Ladungsmultipolen wird auch dieses im Kristallfeld orientiert (Ziffer 16).

c) Die Spektren von Ionen mit offenen Schalen haben meistens auch in Kristallen sehr *scharfe Linien.* Man kann derartige Ionen als optische Sonden in Kristallen ansehen (Ziffern 17, 18).

Solange der Kristall nur durch ein elektrostatisches Feld repräsentiert wird, sind die Gitterschwingungen[4], feinere Züge der chemischen Bindung[5], aber auch alle Wechselwirkungen zwischen gleich-

[4] Das schwingende Gitter wird in Ziffer 17 behandelt.

[5] Sie werden z. T. in der sogenannten Ligandenfeldtheorie behandelt, auf die wir hier nicht eingehen können, siehe z. B. [E30...32]. An den folgenden Ergebnissen ändert das nichts.

artigen Ionen im Gitter unterdrückt. In Wirklichkeit sind jedoch die Elektronenhüllen aller magnetischen Ionen untereinander durch verschiedene Wechselwirkungsmechanismen gekoppelt. Es handelt sich also um echte Vielteilcheneffekte, die nur solange vernachlässigt werden können, wie die Wechselwirkungsenergie klein ist gegen die Kristallfeldenergie[6]. Da dies bei einer Reihe von wichtigen Substanzen der Fall ist, behandeln wir zunächst das Kristallfeld allein und schieben die Besprechung der Ion-Ion-Kopplung auf bis zur Behandlung von Phänomenen, für die sie entscheidend ist (Ziffer 22).

Wir stellen den quantentheoretischen Rechnungen zunächst eine qualitative Plausibilitätsbetrachtung voran (Ziffer 14.2/3). Um an Bekanntes anzuknüpfen, behandeln wir zunächst den Fall eines Atoms in einem *homogenen* elektrischen Kondensatorfeld. Dabei werden wir aber die Ergebnisse so formulieren, daß sie sich auf Atome in beliebigen *inhomogenen* Feldern verallgemeinern lassen.

14.2. Atome im homogenen Kondensatorfeld (Stark-Effekt)

Das Atom habe den Gesamtdrehimpuls $\boldsymbol{J}$. Wir legen die z-Richtung parallel zum Feld $\boldsymbol{E}$, so daß Rotationssymmetrie ($p = \infty$) um z herrscht und die magnetische Quantenzahl $M = J, \ldots, -J$ scharf definiert ist. Das elektrische Feld wirkt auf die Ladungen q_k : zu dem Hamiltonoperator $\mathscr{H}_0$ des ungestörten Atoms kommt die potentielle Energie der Ladungen von Kern ($k = 0$) und Elektronen ($k = 1, \ldots, N$) im Feld hinzu, so daß

$$\mathscr{H} = \mathscr{H}_0 - \sum_{k=0}^{N} q_k z_k E = \mathscr{H}_0 + \mathscr{H}_1 \,. \tag{14.1}$$

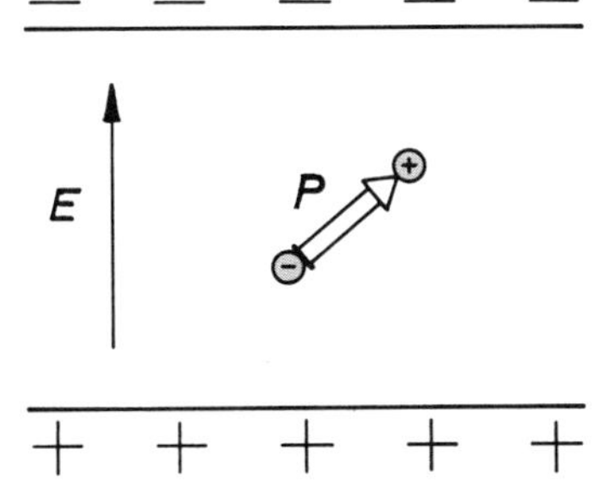

Abb. 14.1'. Elektrischer Dipol im Kondensatorfeld

Der Störoperator

$$\mathscr{H}_1 = -\boldsymbol{P}\boldsymbol{E} = -P_E E = -P_z E \tag{14.2}$$

beschreibt die potentielle Energie des Dipolmoments (Abb. 14.1')

$$\boldsymbol{P} = \sum_{k=0}^{N} q_k \boldsymbol{r}_k \tag{14.3}$$

im Feld. Die Energien[7] W_i sind Funktionen der Feldstärke E *(Stark-Effekt)*, als Reihe geschrieben also

$$\langle \mathscr{H} \rangle_i = W_i(E) = W_i(0) - \alpha_i^{(0)} E - \frac{\alpha_i^{(1)}}{2} E^2 - \cdots, \tag{14.4}$$

so daß die Eigenwerte des feldparallelen Dipolmoments gleich

$$\langle P_E \rangle_i = -\frac{dW_i}{dE} = \alpha_i^{(o)} + \alpha_i^{(1)} E + \cdots \tag{14.5}$$

sind. Im allgemeinen[8] ist $\alpha_i^{(o)} = 0$, d.h. es existiert kein permanentes Dipolmoment. Dagegen verschwinden die höheren Glieder nicht, d.h. es existiert ein *induziertes Dipolmoment*

$$\langle P_E \rangle_i^{\text{ind}} = \alpha_i^{(1)} E + \cdots, \tag{14.6}$$

[6] Also z.B. für magnetische Ionen, die in sehr kleiner Konzentration in diamagnetische Wirtsgitter eingebaut sind.

[7] Die Erwartungswerte von $\mathscr{H}$ in seinen durch i numerierten Eigenzuständen.

[8] Außer beim H-Atom, bei dem $\alpha_i^{(o)} \neq 0$ (Starkeffekt linear in E), weil die Energien des ungestörten Atoms nur von der Hauptquantenzahl n abhängen, so daß jeder Eigenwert n^2-fach entartet ist. Entscheidend ist, daß Zustände mit verschiedener Bahnquantenzahl l, d.h. wechselnder Parität energetisch zusammenfallen. Siehe z.B. [E6].

dessen erstes Glied der Feldstärke proportional ist ($\alpha_i^{(1)}$ = *Polarisierbarkeit*). Kern und Elektronenhülle werden also auseinandergezogen, das Atom wird polarisiert und die Energie ist zunächst proportional E^2 *(quadratischer Stark-Effekt)* [9].

Die Energie wird also bestimmt von der über die Elektronenbewegung gemittelten Ladungsverteilung. Diese ändert sich nicht, wenn wir die Bewegungsrichtung [10] der Elektronen oder, was dasselbe ist, die *Zeitrichtung umkehren*. Dabei geht aber ein Zustand mit der Quantenzahl M in den Zustand mit $-M$ über, d.h. die elektrische Feldenergie ist in beiden Zuständen dieselbe:

$$W_M(E) = W_{-M}(E) . \tag{14.7}$$

Die Richtungsentartung eines Terms mit der Drehimpulsquantenzahl J wird also durch das elektrische Feld nicht vollständig aufgehoben. Alle Stark-Komponenten sind noch *zweifach entartet* mit Ausnahme der Komponente mit $M = 0$, die natürlich einfach ist.

Für den Stark-Effekt gilt also der

Satz a: Im homogenen elektrischen Kondensatorfeld ($p = \infty$) fallen zwei Terme mit $\pm M$ energetisch zusammen ($\{\pm M\}$-Entartung). Die Terme eines Atoms mit ungerader Elektronenzahl (J, M halbzahlig!) spalten in Stark-Komponenten auf, die *alle* noch zweifach entartet sind. Bei den Termen eines Atoms mit gerader Elektronenzahl (J, M ganzzahlig) wird *eine* und nur eine Komponente, nämlich die mit $M = 0$ einfach. Einfache Stark-Komponenten haben also verschwindende, zwei miteinander entartete Stark-Komponenten haben entgegengesetzt gleiche Drehimpulse $\pm |M| \hbar$ und magnetische Momente $\mp |M| g_J \mu_B$ in Richtung des elektrischen Feldes.

Es werde jetzt ein zusätzliches *Magnetfeld* $\boldsymbol{H}$ parallel zum elektrischen Feld $\boldsymbol{E}$ eingeschaltet, so daß nach wie vor die z-Achse Quantisierungsachse mit $p = \infty$ ist und M definiert bleibt. Dann erhält jede Stark-Komponente die zusätzliche magnetische Energie (Zeeman-Energie) $W(H) = M g_J \mu_B H$, die proportional zu M ist. Für den zusätzlichen Zeeman-Effekt in parallelen homogenen Feldern gilt also der

Satz b: Eine einfache Stark-Komponente wird vom Magnetfeld nicht beeinflußt ($W(H) = 0$). Zwei miteinander entartete Stark-Komponenten spalten im Magnetfeld symmetrisch und proportional zur Feldstärke H auf (linearer Zeeman-Effekt):

$$W(H) = \pm |M| g_J \mu_B H . \tag{14.7'}$$

Wir denken uns jetzt das Magnetfeld in Richtung von z' schief, speziell senkrecht [11] zu $\boldsymbol{E}$, d.h. $\perp z$ angelegt. Ist das Magnetfeld zunächst sehr schwach gegen das elektrische Feld, so bleibt z Quantisierungsachse, die beiden zu $\pm |M|$ gehörigen magnetischen Momente liegen noch in der Richtung von $\boldsymbol{E}$, d.h. senkrecht zu $\boldsymbol{H}$ fest. Es existiert kein magnetisches Moment in Richtung von $\boldsymbol{H} \parallel z'$, d.h. es ist $M' = 0$, und die magnetische Einstellenergie ist Null.

In erster Näherung werden also die Stark-Komponenten durch das Magnetfeld nicht beeinflußt (kein linearer Zeeman-Effekt [12]), erst in der nächsten Näherung beginnt die Zeeman-Aufspaltung der entarteten und die Zeeman-Verschiebung der einfachen Stark-Komponenten mit einem quadratischen Glied $W(H) \sim H^2$.

Im anderen Grenzfall eines überwiegend starken Magnetfeldes kann das elektrische Feld zunächst vernachlässigt werden. Dann wird z' Quantisierungsachse, es ist $J_{z'} = M'\hbar$ und die Zeeman-

[9] Er ist ein Effekt 2. Näherung, die Störenergie 1. Näherung verschwindet.

[10] Einschließlich der Spin-Rotation!

[11] Bei beliebig schiefer Orientierung wird $\boldsymbol{H}$ in Komponenten H_z und $H_\perp$ zerlegt. Wir behandeln jetzt nur den Fall $H_z = 0$, $H_\perp = H$.

[12] Es gibt eine Ausnahme: Stark-Komponenten mit $M = \pm 1/2$ spalten linear auf.

Energie wird $W(H) = M' g_J \mu_B H$. Man hat also die sehr große lineare Zeeman-Aufspaltung der Atomterme, die dann nur geringfügig vom elektrischen Feld gestört wird.

Zwischen den beiden Grenzfällen mit *einem* stark überwiegenden Feld liegt der anschaulich nicht beschreibbare Feldstärkenbereich, in dem *beide* konkurrierenden Felder für sich allein Effekte gleicher Größenordnung machen würden[13]. Allgemein ergibt sich für den Zeeman-Effekt in einem unter beliebigem Winkel mit dem homogenen elektrischen Feld gekreuzten Magnetfeld der

Satz c: In gekreuzten Feldern kann die Zeeman-Aufspaltung bei kleinen Magnetfeldern mit oder ohne in H linearen Anteil erfolgen. Mit wachsendem Magnetfeld geht die Aufspaltung schließlich immer in die lineare Zeeman-Aufspaltung der vom elektrischen Feld praktisch ungestörten Terme des freien Atoms über.

14.3. Ionen im inhomogenen elektrischen Kristallfeld

Gehen wir jetzt vom homogenen Kondensatorfeld zum *inhomogenen elektrischen Kristallfeld* über, so ergeben sich folgende Änderungen. Die Definition der magnetischen Quantenzahl M ist an die Rotationssymmetrie ($p = \infty$) des homogenen Feldes gebunden. Im inhomogenen Kristallfeld ist die Quantenzahl M im allgemeinen nicht mehr definiert. An ihre Stelle treten, wie wir zeigen werden (Ziffer 15.3) eine durch die Hauptachse A_p^z (oder I_p^z) der Kristallfeldsymmetrie ($\equiv$ Punktsymmetrie am Gitterplatz des betrachteten Ions) definierte Symmetriequantenzahl μ (oder $\bar{\mu}$), sowie weitere Quantenzahlen, wenn weitere unabhängige ($\equiv$ erzeugende) Symmetrieelemente durch den Gitterplatz gehen. Ferner wird die Energie nicht vom Dipolmoment, sondern von den Multipolmomenten der Ladungsverteilung bestimmt[14]. An dieser Stelle ist für uns wichtig, daß sich, wie H. A. Kramers [1932] gezeigt hat, die drei oben für das Kondensatorfeld formulierten Sätze auf den Fall beliebiger inhomogener elektrischer Felder verallgemeinern lassen, und zwar in folgender Form:

Satz a: In beliebigen elektrischen Feldern spaltet ein Term mit halbzahliger Drehimpulsquantenzahl J in Komponenten auf, die noch zweifach entartet sind (Kramers-Dubletts $^2\Gamma$), d.h. der Term kann in höchstens $(2J + 1)/2$ Kristallfeld-Komponenten aufspalten[15]. Bei Termen mit ganzzahligem Drehimpuls ist mindestens eine Komponente einfach (Kramers-Singulett $^1\Gamma$), die andern sind zweifache (Kramers-Dubletts $^2\Gamma$); in Feldern genügend niedriger Symmetrie ($p \leqslant 2$) können alle Komponenten einfach sein. In diesem Fall wird also die Richtungsentartung schon durch das elektrische Feld vollständig aufgehoben (vollständige Aufspaltung in $2J + 1$ Komponenten). Kramers-Singuletts haben verschwindende, die beiden Komponenten eines Kramers-Dubletts haben entgegengesetzt gleiche Drehimpulse und magnetische Momente in Richtung der Hauptachse des Kristallfeldes.

Dieser Satz gilt unabhängig von der speziellen Art des Drehimpulses. Er darf z.B., wenn es zweckmäßig ist, auch auf den Bahndrehimpuls $\boldsymbol{L}$ und den Spin $\boldsymbol{S}$ getrennt angewendet werden[16]. Wann im Einzelfall $\boldsymbol{L}$, $\boldsymbol{S}$ oder $\boldsymbol{J}$ entscheidend ist, wird im folgenden diskutiert werden.

Satz b und c: bleiben vollständig gültig, sofern die Richtung des homogenen elektrischen Feldes durch die Richtung der Hauptachse des elektrischen Kristallfeldes am Ort des Ions ersetzt wird. Man vergleiche z.B. die Abb. 16.2.

---

[13] Es ist wohl klar, daß sich diese Effekte bei simultaner Wirkung beider Felder im allgemeinen nicht einfach addieren!

[14] Schon in 1. Näherung der Störungsrechnung.

[15] In Feldern von kubischer Symmetrie können 2 solcher Dubletts noch zu einem Quartett $^4\Gamma$ zusammenfallen.

[16] Auf den Spin wirkt das Kristallfeld nur über die Spin-Bahn-Kopplung. Wird diese vernachlässigt, so fallen alle $2S+1$ Spin-Zustände zusammen.

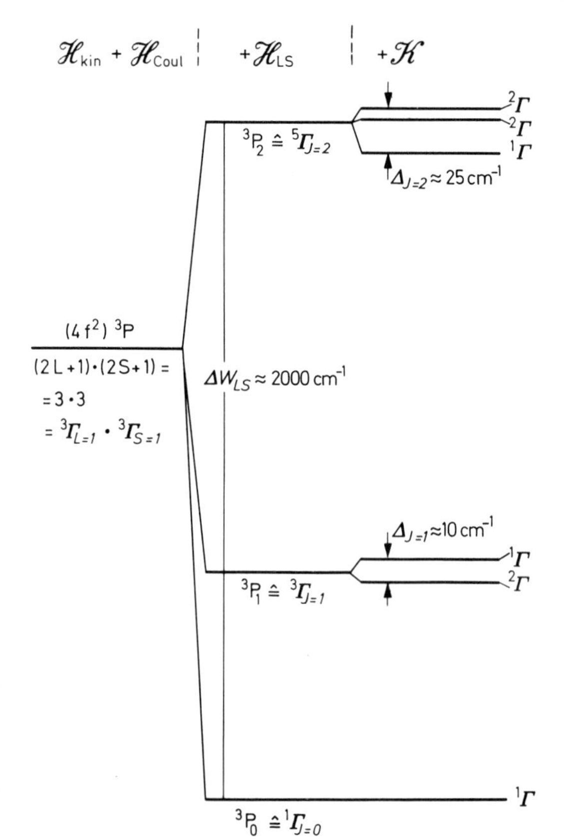

Abb. 14.2. Aufspaltung des $(4f^2)^3$P-Terms von Pr^{3+} im hexagonalen $Pr(C_2H_5SO_4)_3 \cdot 9H_2O$ durch Spin-Bahnkopplung und Kristallfeld. Die Symbole am rechten Bildrand geben den im Kristallfeld noch vorhandenen Entartungsgrad (Kramers-Dubletts $^2\Gamma$ oder Kramers-Singuletts $^1\Gamma$) an. Es ist $\Delta W_{LS} \gg \Delta_J$ (Δ_J ist der Deutlichkeit halber zu groß gezeichnet). Schematisch

Die *Größe* der durch das Kristallfeld erzeugten *Aufspaltung*, d.h. der Unterschied zwischen den Einstellenergien bei den verschiedenen Orientierungen der Multipolmomente der Ladungsverteilung relativ zum umgebenden Kristallgitter hängt von der Stärke des Feldes am Ort der unabgeschlossenen Elektronenschale des Ions und der Größe der dort vorhandenen Multipolmomente ab. Die tiefste (höchste) Energie wird diejenige Einstellung haben, bei der die Stellen größter Elektronendichte der Ladungsmultipole in Richtung auf positive (negative) Nachbarionen zeigen. Ist die Elektronenhülle kugelsymmetrisch[17], d.h. verschwinden alle Multipolmomente, so ist die Aufspaltung Null: S-Terme ($L = 0$) spalten (unabhängig von der Größe von $J \equiv S$) nicht auf[18].

Die Größe der Aufspaltung eines Terms des freien Ions im Kristallfeld variiert um Größenordnungen bei *verschiedenen Substanzen*. Das läßt sich anhand folgender Überlegung verstehen:

In allen hier interessierenden Ionen ist angenähert Russell-Saunders-Kopplung realisiert, d.h. wir gehen von der Existenz eines resultierenden Bahndrehimpulses $\boldsymbol{L}$ und eines resultierenden Spins $\boldsymbol{S}$ aus. Zwischen diesen beiden Vektoren besteht die magnetische Spin-Bahn-Kopplung, die die Energie-Abstände zwischen den Multiplettkomponenten mit verschiedenen J bestimmt. Andererseits wirkt das elektrische Kristallfeld auf die Multipole der Elektronenhülle. Da diese von der Bahnbewegung, d.h. von der Bahnquantenzahl L abhängen, steht der Bahndrehimpulsvektor unter den konkurrierenden Einflüssen von Kristallfeld und Spin. In den praktisch wichtigsten Fällen ist diese Konkurrenz eindeutig entschieden. Als Beispiel ver-

---

[17] Eine anschauliche Vorstellung von der Isotropie oder Anisotropie der Elektronenverteilung vermitteln für den Fall eines Einelektron-Atoms im homogenen Feld die bekannten Bilder der Elektronenverteilung im H-Atom, siehe z.B. [A], Abb. 21.

[18] Hierzu muß allerdings bemerkt werden, daß ein exakter S-Term ein nicht immer realisierter Idealfall ist. Wir werden also auch bei den als „S-Term" gekennzeichneten Termen ganz schwache Aufspaltungen durch das elektrische Kristallfeld erwarten, die dann ein Maß dafür sind, wie weit der kugelsymmetrische S-Zustand wirklich angenähert ist (Beispiel: der $^8S_{7/2}$-Grundzustand des Gd^{3+}-Ions).

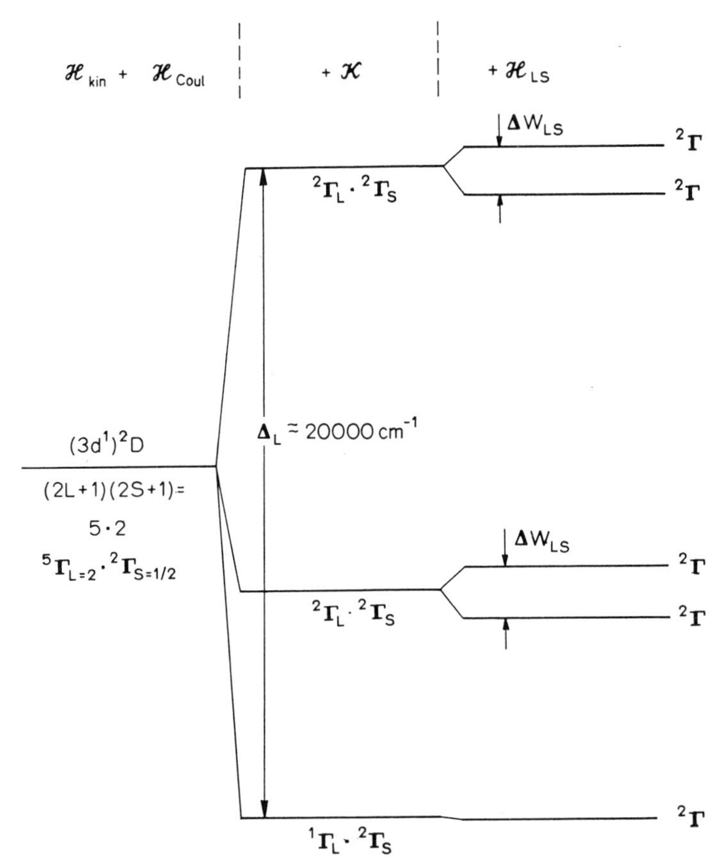

Abb. 14.3. Aufspaltung des $(3d^1)^2$D-Terms des Ti^{3+}-Ions durch ein trigonales Kristallfeld und die Spin-Bahn-Kopplung in Kramers-Dubletts. Es ist $\Delta_L \gg \Delta W_{LS}$. Schematisch

gleichen wir die Salze der Seltenen Erden („$4f$-Ionen“) mit den Salzen der Übergangselemente („$3d$-Ionen“).

Die Ionen der *Seltenen Erden* haben große Radien, nach Tab. 5.3 ist $R_{SE^{3+}} \approx 1{,}00 \ldots 1{,}22$ Å. Dabei liegen aber die $4f$-Elektronen tief im Innern der Elektronenhülle unter der abgeschlossenen $5s^2p^6$-Schale relativ nahe beim Kern und weit entfernt von den Nachbarionen (der Radius der $4f$-Bahnen ist im Mittel nur etwa gleich $r_{4f} \lesssim 1\, a_H = 0{,}5$ Å). Das hier wirksame effektive Kernfeld rührt von einer hohen effektiven Kernladung $(Z - \sigma)\, e \approx 10\, e$ her. Die Spin-Bahn-Kopplung der $4f$-Elektronen ist also sehr stark (die Kopplungskonstante hat die Größenordnung $\zeta_{4f}/hc \approx 10^3\, cm^{-1}$), das elektrische Kristallfeld dagegen schwach. Deshalb setzen sich zuerst $\boldsymbol{L}$ und $\boldsymbol{S}$ zu $\boldsymbol{J}$, d.h. zu Spin-Bahn-Multipletts zusammen, und erst in nächster Näherung werden die $(2J + 1)$-fach entarteten Multiplettkomponenten im Kristallfeld aufgespalten. Experimentell entsprechen dieser energetischen Abstufung eine große gesamte Multiplettaufspaltung $\Delta W_{LS}/hc \approx 10^3 \cdots 10^4\, cm^{-1}$ in Multiplettkomponenten (charakterisiert durch J) und eine kleine Kristallfeldaufspaltung $\Delta_J/hc \approx 20 \cdots 200\, cm^{-1}$ jeder einzelnen Multiplett-Komponente in ein Kristallfeldmultiplett.

Bei den *Übergangselementen* andererseits liegt die offene $3d$-Schale auf der Ionenoberfläche ($r_{3d} \approx R_{ÜE} \approx 0{,}66$ Å) in unmittelbarer Nähe der Gitternachbarn. Die effektive Kernladung ist nur etwa $(Z - \sigma)\, e \approx 5e$, und die Spinbahnkopplung ist relativ schwach (Kopplungskonstanten von der Größenordnung $\zeta_{3d}/hc \approx 100\, cm^{-1}$), gemessen durch eine gesamte Multiplettaufspaltung von $\Delta W_{LS}/hc \approx 10^2 \cdots 10^3\,\mathrm{cm}^{-1}$. Das Kristallfeld ist demgegenüber so stark, daß die Spin-Bahn-Kopplung zunächst vernachlässigt werden kann und die Aufspaltung der $(2L+1)$-fach entarteten reinen Bahnzustände im Kristallfeld allein zu behandeln ist. Die gesamte Aufspaltung dieser aus Bahnzuständen mit L entstehenden Kristallfeldmultipletts ist sehr groß: $\Delta_L/hc \approx 10^4 \cdots 10^5\,\mathrm{cm}^{-1}$. Zu den Komponenten dieser Kristallfeldmultipletts stellt sich dann in zweiter Näherung der Spin über die Spin-Bahn-Kopplung ein.

Da L ganzzahlig ist, gibt es unter den Bahn-Kristallfeldkomponenten auch einfache Kramers-Zustände (Kramers-Singuletts). Diese haben nach Satz a) keinen Bahn-Drehimpuls und kein magnetisches Moment, also auch keine Spin-Bahn-Wechselwirkung $\mathscr{H}_{LS} = \zeta(r)\,\boldsymbol{L}\boldsymbol{S}$ mit dem Spin, der sich demnach völlig frei zu einem äußeren Magnetfeld einstellen kann. Ist der Grundzustand von dieser Art, so muß der Magnetismus eines freien Spins (eines Atoms mit S-Zustand) beobachtet werden, der *Bahnmagnetismus* ist *unterdrückt* oder gelöscht[19]. In zweiter Näherung kann eine kleine Kristallfeldaufspaltung eintreten, siehe z.B. Abb. 18.11. Ist dagegen der tiefste Bahnkristallzustand ein Kramers-Dublett, so ist der Spin merklich an dessen beide Zeeman-Komponenten gekoppelt und man beobachtet ein aus Bahn- und Spinmoment gemischtes effektives magnetisches Moment.

Das Ergebnis dieser Überlegungen ist in Abb. 14.2 und Abb. 14.3 dargestellt. Dabei ist der *Hamilton-Operator* für ein Ion im Kristallfeld in der Form

$$\begin{aligned} \mathscr{H} &= \mathscr{H}_0 + \mathscr{K} \\ \mathscr{H}_0 &= \mathscr{H}_{\mathrm{kin}} + \mathscr{H}_{\mathrm{Coul}} + \mathscr{H}_{LS} \end{aligned} \tag{14.8}$$

geschrieben. $\mathscr{H}_0$ beschreibt die Energie des freien Ions, und zwar ist $\mathscr{H}_{\mathrm{kin}}$ die kinetische, $\mathscr{H}_{\mathrm{Coul}}$ die elektrostatische Energie von Kern und Elektronen, und $\mathscr{H}_{LS} = \zeta(r)\,\boldsymbol{L}\boldsymbol{S}$ ist die Spin-Bahn-Wechselwirkungsenergie. $\mathscr{K}$ beschreibt die Wechselwirkung mit dem Kristallfeld. Nach unseren Überlegungen ist

$$\text{für } 4f\text{-Ionen: } \mathscr{H}_{LS} \gg \mathscr{K} \tag{14.9}$$

$$\text{also: } \mathscr{H} = [\mathscr{H}_{\mathrm{kin}} + \mathscr{H}_{\mathrm{Coul}} + \mathscr{H}_{LS}] + \mathscr{K} \tag{14.9'}$$

$$\text{für } 3d\text{-Ionen: } \mathscr{K} \gg \mathscr{H}_{LS} \tag{14.10}$$

$$\text{also: } \mathscr{H} = [\mathscr{H}_{\mathrm{kin}} + \mathscr{H}_{\mathrm{Coul}} + \mathscr{K}] + \mathscr{H}_{LS} \tag{14.10'}$$

und der außerhalb der [ ] stehende Operator wird als kleine Störung des in [ ] vorangestellten Operators aufgefaßt.

Nach diesem qualitativen Überblick wollen wir jetzt die *quantentheoretische* Behandlung der Elektronenterme eines Ions im Kristall- und Magnetfeld wenigstens so weit durchführen, daß die oben formulierten Sätze a, b, c begründet und einige optische und magnetische *Anwendungen* durchgeführt werden können. Dabei soll $\boldsymbol{J}$ den im Kristallfeld zu quantelnden Drehimpuls bedeuten, bei der Anwendung der Theorie kann dann $\boldsymbol{J}$ sowohl mit dem Gesamtdrehimpuls wie auch mit dem Bahndrehimpuls $\boldsymbol{L}$ oder dem Spin $\boldsymbol{S}$ identifiziert werden.

Bei der formalen Durchführung wird weder die Gruppentheorie noch die Theorie der Tensoroperatoren als bekannt vorausgesetzt, sondern wir werden unmittelbar von den Eigenzuständen im Kristallfeld ausgehen und sie durch Drehimpulszustände beschreiben.

[19] Englisch: quenched orbital magnetism (van Vleck).

15. Termschema eines Ions im Kristallfeld

15.1. Das Kristallfeld

Im strengen Einatom-Modell wird der ein Ion umgebende Restkristall ersetzt durch ein *inhomogenes elektrostatisches Kristallfeld*, dessen Symmetrie mit der Punktsymmetrie des betrachteten Gitterplatzes übereinstimmt. Wir behandeln den Einfluß des Kristallfeldes nur für offene Elektronenschalen. Lassen sich nicht nur der Grundzustand (Fall 14.1 a) sondern auch angeregte Zustände mit dem Einatom-Modell beschreiben (vorwiegend Fall 14.1 b), so soll das Kristallfeld für alle betrachteten Zustände dasselbe sein, d.h. Rückwirkungen des Ions auf das Kristallgitter (und damit das Feld), etwa über die chemische Bindung, werden zunächst ebenso vernachlässigt wie die Gitterschwingungen. Das Potential des Kristallfeldes am Ort $\boldsymbol{r} = (r\,\vartheta\,\varphi)$ eines Elektrons der unabgeschlossenen Schale, wobei $\boldsymbol{r}$ vom Kern des Ions aus gemessen wird, läßt sich nach Kugelflächenfunktionen entwickeln:

$$\Phi(r\,\vartheta\,\varphi) = \sum_{l=0}^{\infty}\sum_{m=l}^{-l} g_{lm}(r)\, Y_{lm}(\vartheta\,\varphi) = \sum_{l,m} \Phi_{lm}(r\,\vartheta\,\varphi)\,. \qquad (15.1)$$

oder

$$\Phi = \sum_{l}\left[g_{l0}(r)\,Y_{l0}(\vartheta\,\varphi) + \sum_{m=1}^{l}\{g_{lm}(r)\,Y_{lm}(\vartheta\,\varphi) + g_{l-m}(r)\,Y_{l-m}(\vartheta\,\varphi)\}\right] \qquad (15.1')$$

Die Y_{lm} definieren wir als [21]

$$Y_{lm}(\vartheta\,\varphi) = \left[\frac{2l+1}{4\pi}\cdot\frac{(l-m)!}{(l+m)!}\right]^{\frac{1}{2}} P_l^m(\cos\vartheta)\,e^{im\varphi}\,. \qquad (15.2)$$

Dabei sind l und m ganze Zahlen

$$l = 0, 1, 2, \ldots$$
$$m = l, l-1, \ldots, -l \qquad (15.3)$$

und $P_l^m(x)$ ist die reelle Funktion

$$P_l^m(x) = (-1)^m \frac{(1-x^2)^{m/2}}{l!\,2^l}\left(\frac{d}{dx}\right)^{l+m}(x^2-1)^l\,. \qquad (15.4)$$

Die Y_{lm} sind orthogonal und auf 1 normiert. Außerdem gilt für jedes (ϑ, φ)

$$Y_{l-m}(\vartheta\,\varphi) = (-1)^m\, Y_{lm}^*(\vartheta\,\varphi) \qquad (15.5)$$

und

$$\sum_{m=l}^{-l} Y_{lm}^*(\vartheta\,\varphi)\,Y_{lm}(\vartheta\,\varphi) = \frac{2l+1}{4\pi}\,. \qquad (15.6)$$

Die einfachsten Kugelflächenfunktionen sind

$$Y_{00} = \sqrt{\frac{1}{4\pi}}\,, \qquad Y_{10} = \sqrt{\frac{3}{4\pi}}\cos\vartheta\,,$$

$$Y_{1\pm1} = \mp\sqrt{\frac{3}{8\pi}}\sin\vartheta\,e^{\pm i\varphi}\,, \qquad Y_{20} = \frac{1}{2}\sqrt{\frac{5}{4\pi}}(3\cos^2\vartheta - 1)\,,$$

$$Y_{2\pm1} = \mp\frac{1}{2}\sqrt{\frac{15}{2\pi}}\sin\vartheta\cos\vartheta\,e^{\pm i\varphi}\,, \qquad Y_{2\pm2} = \frac{1}{4}\sqrt{\frac{15}{2\pi}}\sin^2\vartheta\,e^{\pm 2i\varphi}\,,$$

$$Y_{30} = \frac{1}{2}\sqrt{\frac{7}{4\pi}}(5\cos^3\vartheta - 3\cos\vartheta)\,, \qquad Y_{3\pm1} = \mp\frac{1}{4}\sqrt{\frac{21}{4\pi}}\sin\vartheta\cdot(5\cos^2\vartheta - 1)\,e^{\pm i\varphi}\,,$$

$$Y_{3\pm2} = \frac{1}{4}\sqrt{\frac{105}{2\pi}}\sin^2\vartheta\cos\vartheta\,e^{\pm 2i\varphi}\,, \qquad Y_{3\pm3} = \mp\frac{1}{4}\sqrt{\frac{35}{4\pi}}\sin^3\vartheta\,e^{\pm 3i\varphi}\,,$$

$$Y_{40} = \frac{1}{8}\sqrt{\frac{9}{4\pi}}(35\cos^4\vartheta - 30\cos^2\vartheta + 3)\,,$$

$$Y_{4\pm1} = \mp\frac{3}{4}\sqrt{\frac{5}{4\pi}}(7\cos^3\vartheta - 3\cos\vartheta)\sin\vartheta\,e^{\pm i\varphi}\,,$$

[21] Die hier gewählte Definition stimmt überein mit der in den Büchern von Condon-Shortley, Edmonds*, Fick, Messiah, Rose, siehe [E1 ... 5], die sich durchzusetzen scheint. Sie unterscheidet sich um den Faktor $(-1)^m$ von der in [A] benutzten Definition von Bethe [E6], die auch in der früheren Literatur zur Kristallfeldtheorie angewandt worden ist.

* Vorausgesetzt, daß in $(1-\cos^2\vartheta)^{m/2} = [\pm\sqrt{\sin^2\vartheta}]^m = (\pm 1)^m \cdot \sin^m\vartheta$ nur das $+$-Zeichen benutzt, d.h. $(1-\cos^2\vartheta)^{m/2} = \sin^m\vartheta$ gesetzt wird.

$$Y_{4\pm 2} = \frac{3}{4}\sqrt{\frac{5}{8\pi}}\sin^2\vartheta(7\cos^2\vartheta - 1)\,e^{\pm 2i\varphi},$$

$$Y_{4\pm 3} = \mp\frac{3}{4}\sqrt{\frac{35}{4\pi}}\sin^3\vartheta\cos\vartheta\, e^{\pm 3i\varphi},$$

$$Y_{4\pm 4} = \frac{3}{8}\sqrt{\frac{35}{8\pi}}\sin^4\vartheta\, e^{\pm 4i\varphi}, \quad \text{usw.} \tag{15.2'}$$

Aufgabe 15.1. Schreibe diese Kugelfunktionen von Polarkoordinaten um auf kartesische Koordinaten x, y, z.

Die Φ_{lm} beschreiben die Potentiale von 2^l-Polen [22], die Reihe (15.1) stellt also eine Zerlegung des Kristallfeldes in *Multipolfelder* dar.

Da das Potential *reell*, d.h.

$$\Phi^* = \Phi \tag{15.7}$$

ist, müssen die Entwicklungskoeffizienten in (15.1) die Bedingung

$$g_{l-m}(r) = (-1)^m g^*_{lm}(r) \tag{15.8}$$

erfüllen und es ist

$$\Phi_{l-m}(r\,\vartheta\,\varphi) = \Phi^*_{lm}(r\,\vartheta\,\varphi)\,. \tag{15.9}$$

Genügt das Potential Φ der *Laplacegleichung*

$$\Delta\Phi = 0\,, \tag{15.10}$$

so ist der Entwicklungskoeffizient gleich [23]

$$-e\,g_{lm}(r) = A_l^m r^l\,, \tag{15.11}$$

wobei die *Kristallfeldparameter* A_l^m Konstanten sind, die nicht mehr vom Elektronen-Ort $\boldsymbol{r}$ abhängen, sondern nur noch vom Kristallfeld, d.h. vom Gitter bestimmt sind.

Um die *Symmetrie* des Kristallfeldes zu berücksichtigen, verlangen wir *Invarianz* von (15.1) gegen die (erzeugenden) *Symmetrieoperationen*.

Hierzu brauchen wir die Tatsache, daß sich bei beliebigen *Drehungen* des Koordinatensystems vom (xyz)- ins $(x'y'z')$-System die Kugelflächenfunktionen mit festem l linear unter sich transformieren:

$$Y_{lm}(\vartheta\,\varphi) = \sum_{m'=l}^{-l} D^{(l)}_{mm'}\, Y_{lm'}(\vartheta'\,\varphi') = Y'_{lm}(\vartheta'\,\varphi')\,, \tag{15.12}$$

wobei $(r\,\vartheta\,\varphi)$ und $(r'\,\vartheta'\,\varphi')$ die Koordinaten desselben Punktes in den beiden Koordinatensystemen sind und $Y'_{lm}(\vartheta'\,\varphi')$ abgekürzt für die Summe auf der rechten Seite der Gleichung steht. Geht die Drehung vom ungestrichenen zum gestrichenen System durch die Eulerschen Winkel $\{\gamma\beta\alpha\}$ [25], so ist diese Drehung beschrieben durch die Transformationsmatrizen

$$\begin{pmatrix} x' \\ y' \\ z' \end{pmatrix} = \begin{pmatrix} \cos\gamma & \sin\gamma & 0 \\ -\sin\gamma & \cos\gamma & 0 \\ 0 & 0 & 1 \end{pmatrix} \begin{pmatrix} \cos\beta & 0 & -\sin\beta \\ 0 & 1 & 0 \\ \sin\beta & 0 & \cos\beta \end{pmatrix} \begin{pmatrix} \cos\alpha & \sin\alpha & 0 \\ -\sin\alpha & \cos\alpha & 0 \\ 0 & 0 & 1 \end{pmatrix} \begin{pmatrix} x \\ y \\ z \end{pmatrix} \tag{15.13}$$

und die Y_{lm} transformieren sich nach (15.12) mit den Koeffizienten [26]

$$D^{(l)}_{mm'} = (-1)^{m-m'}\binom{2l}{l+m}^{1/2}\binom{2l}{l-m'}^{-1/2}\left(\cos\frac{\beta}{2}\right)^{2l}\left(\operatorname{tg}\frac{\beta}{2}\right)^{m-m'} e^{im\alpha} e^{im'\gamma}$$
$$\cdot\sum_{t\geq 0}(-1)^t\binom{l+m}{m-m'+t}\binom{l-m}{t}\left(\operatorname{tg}\frac{\beta}{2}\right)^{2t} \tag{15.14}$$

---

[22] Siehe etwa [E8].

[23] Die Elektronenladung $-e$ multiplizieren wir üblicherweise gleich hinein, um die Wechselwirkungsenergie zu bekommen.

[25] Dies Symbol heißt: drehe zuerst durch α um die z-Achse, dann durch β um die neue y-Achse, schließlich durch γ um die so erhaltene $z = z'$-Achse.

[26] Diese Transformationsformel gilt letztlich, weil die Y_{lm} Eigenzustände des Bahndrehimpulses $\boldsymbol{l}$ im H-Atom sind. Wir werden sie später generell für beliebige Drehimpulse $\boldsymbol{J}$ benutnutzen. Unsere Faktoren $D^{(l)}_{mm'}$ werden übrigens in der Literatur häufig mit $D^{(l)*}_{m'm}$ bezeichnet.

Wir betrachten hier nur folgende beiden *Spezialfälle*:

Die Drehung $\{0\;0\;2\pi/p\}$ ist die Symmetrieoperation einer *Hauptachse* A_p^z. Aus (15.14) und unmittelbar auch aus (15.2) folgt wegen $\varphi = \varphi' + 2\pi/p$

$$Y_{lm}(\vartheta\,\varphi) = e^{im(2\pi/p)}\,Y_{lm}(\vartheta'\,\varphi') = Y'_{lm}(\vartheta'\,\varphi')\,. \qquad (15.15)$$

A_2^y.

.5.16)

m und
vident
).

t, daß
Form

$(\vartheta'\,\varphi')$
(15.17)
Gliedes
s mit
(15.18)
) = 1,
(15.19)
deren
Haupt-
werden
neben
Koeffi-

trifft auf eine dünnen Al-Folie (Fläche A = 1cm² Massenbelegung ρ = 230 μg/cm²). Die Protonen werden an den $^{27}_{13}Al$ - Atomen entsprechend der Rutherford-Streuformel gestreut. Ein Zähler im Abstand von x = 10cm und einer empfindlichen Fläche von π cm² zählt die um ϑ = 120° gestreuten Protonen. Wie hoch ist die Zählrate?

Berechnen Sie dazu:

a) den diff. Streuquerschnitt $\frac{d\sigma}{d\Omega}$

b) den Raumwinkel $\Delta\Omega$

c) die Teilchenstreudichte j der Protonen

d) die Zahl der streuenden Al-Kerne N

e) die Zählrate ΔI

[$\frac{1}{4\pi\varepsilon_0} = 9\cdot10^9\,\frac{Vm}{As}$; $e = 1{,}6\cdot10^{-19}C$; $N_A = 6\cdot10^{23}/mol$]

$$g_{l-m}(r) = g_{lm}(r)\,(-1)^{l+m}\,, \qquad (15.20)$$

d.h. die Reihe (15.1) enthält Φ_{lm} und Φ_{l-m} immer in der Kombination

$$\Phi_{lm} + \Phi_{l-m} = g_{lm}(r)\,[Y_{lm}(\vartheta\,\varphi) + (-1)^{l+m}\,Y_{l-m}(\vartheta\,\varphi)]\,. \qquad (15.21)$$

Aus (15.20) und der Reellitätsforderung (15.8) folgt außerdem noch

$$g^*_{lm}(r) = (-1)^l\,g_{lm}(r)\,, \qquad (15.22)$$

d.h. $g_{lm}(r)$ ist reell für gerade, imaginär für ungerade l. Zu diesen Bedingungen kommt natürlich noch (15.19) hinzu. Diese Beispiele für Drehungssymmetrien sollen genügen.

Zur Beschreibung der Felder in Symmetrien mit Linksoperationen müssen wir noch die Transformation der Y_{lm} gegen *Inversion*

[27] $m \equiv a \pmod p$ bedeutet $m = a + zp$, wobei z eine beliebige ganze Zahl ist.

($\boldsymbol{r}' = -\boldsymbol{r}$) angeben[28]: wie man sich leicht überzeugt, ist wegen $\vartheta' = \pi - \vartheta$, $\varphi' = \varphi + \pi$

$$Y_{lm}(\vartheta\varphi) = (-1)^l Y_{lm}(\vartheta'\varphi') = Y'(\vartheta'\varphi'). \tag{15.23}$$

Enthält also die Feldsymmetrie ein Inversionszentrum, so können nach (15.17) in (15.1) nur Y_{lm} mit geradem l auftreten (das Potential hat gerade Parität). In allen anderen Fällen ist es zweckmäßig, das Potential in einen Anteil mit gerader (alle geraden l) und einen anderen mit ungerader (alle ungeraden l) Parität aufzuspalten, unabhängig von der Symmetrie.

Aufgabe 15.3. Berechne das Potential eines Punktionengitters, in dem alle Ionen (außer dem Aufion) als Punktladungen q_k an den Orten $\boldsymbol{R}_k = (R_k \vartheta_k \varphi_k)$ aufgefaßt werden. Zeige, daß hier, wie zu erwarten, $-e g_{lm}(r) = A_l^m r^l$ ist und berechne A_l^m.

Aufgabe 15.4. a) Gib die Transformation der Y_{lm} gegenüber der kubischen Raumdiagonalen A_3^{kub} an. b) Schreibe die Entwicklung des oktaedrisch-kubischen Kristallfeldes bis zu Gliedern mit $l \leqq 6$ an, und zwar sowohl in 4-zähliger (A_4^z) als auch in dreizähliger ($A_3^{kub} \equiv A_3^z$) Aufstellung.

15.2. Die Kristallfeldenergie 1. Näherung. Matrixelemente. Beispiel.

Mit dem angegebenen Kristallfeldpotential kann der $\mathscr{H}$-Operator eines Ions im Kristallfeld leicht angeschrieben werden. Numeriert $i = 1, 2, \ldots, N$ die an den Orten $\boldsymbol{r}_i$ befindlichen N Elektronen des Ions (der Kern sitzt auf $\boldsymbol{r}_0 = 0$), so ist (q_i = Ladungen)

$$\mathscr{K} = \sum_{i=0}^{N} q_i \Phi(\boldsymbol{r}_i) = \sum_l \sum_m \mathscr{K}_{lm} \tag{15.24}$$

mit

$$\mathscr{K}_{lm} = \sum_{i=0}^{N} q_i g_{lm}(r_i) Y_{lm}(\vartheta_i \varphi_i) \tag{15.25}$$

$$\mathscr{K}_{l-m} = \mathscr{K}^*_{lm} \tag{15.25'}$$

die Wechselwirkungsenergie des Ions mit dem Kristallfeld[29], und der $\mathscr{H}$-Operator hat die Form

$$\mathscr{H} = \mathscr{H}_0 + \mathscr{K}. \tag{15.26}$$

Dabei ist $\mathscr{H}_0$ der Operator des freien Ions, d.h. er ist vertauschbar mit $\boldsymbol{J}^2$, J_z und Operatoren Γ und es gilt in der $\gamma J M$-Darstellung

$$\mathscr{H}_0 |\gamma J M\rangle = W_{\gamma J} |\gamma J M\rangle \tag{15.27}$$
$$M = J, J-1, \ldots, -J.$$

Die Eigenwerte $W_{\gamma J}$ sind $(2J+1)$-fach richtungsentartet.

Die *Eigenzustände* $U_k = |k\rangle$ im Kristall sind Eigenzustände des Operators $\mathscr{H}$:

$$\mathscr{H} U_k = (\mathscr{H}_0 + \mathscr{K}) U_k = W_k U_k. \tag{15.28}$$

Sie können nach den $|\gamma J M\rangle$ entwickelt werden:

$$U_k = |k\rangle = \sum_{\gamma,J,M} a_{\gamma J}^{kM} |\gamma J M\rangle \tag{15.29}$$

mit

$$1 = \sum_{\gamma J M} |a_{\gamma J}^{kM}|^2, \tag{15.29'}$$

wobei k eine Laufzahl ist, die auch für die Symmetriequantenzahlen (siehe Ziffer 15.3) der Zustände stehen soll.

---

[28] Drehinversionen und Spiegelungen ergeben sich durch Kombination der Inversion mit Drehungen, siehe Ziffer 3.1.

[29] Bei vielen Effekten kann man sich darauf beschränken, nur über die Elektronen der unabgeschlossenen Schalen zu summieren.

Betrachten wir zunächst nur den Energiebeitrag des *Monopolfeldes*, d.h. sei (15.24) reduziert auf

$$\mathscr{K}_{00} = \frac{1}{\sqrt{4\pi}} \sum_{i=0}^{N} q_i g_{00}(r_i) = \frac{1}{\sqrt{4\pi}} [Ze\, g_{00}(0) - e \sum_{i=1}^{N} g_{00}(r_i)] \quad (15.30)$$

Da dies von ϑ und φ nicht abhängt, also isotrop ist, kann es keine Aufspaltung des ja gerade wegen der Isotropie von $\mathscr{H}_0$ entarteten Terms des freien Ions hervorrufen, sondern nur zu einer Verschiebung des entarteten Terms führen:

$$W_k^0 = \langle k | \mathscr{H}_0 + \mathscr{K}_{00} | k \rangle \quad (15.30')$$

bleibt $(2J+1)$-fach entartet, ist also identisch für $2J+1$ Werte des Index k.

Aufgabe 15.5. Berechne die Verschiebung durch (15.30). a) allgemein und b) für das Punktionen-Modell (vgl. Aufgabe 15.3). Zeige, daß die Verschiebung hier identisch ist mit der Gitterenergie von Ionenkristallen (Ziffer 6.2).

Die anisotropen *Multipolfelder* mit $l > 0$ bewirken eine Aufspaltung des Terms in sogenannte *Kristallfeld-Komponenten* mit den Energien $W_k - W_k^0$: nach (15.24) und (15.30') ist nämlich

$$W_k = \langle k | \mathscr{H} | k \rangle = W_k^{(0)} + \sum_{l>0} \sum_m \langle k | \mathscr{K}_{lm} | k \rangle . \quad (15.31)$$

Für die in der Summe stehenden Matrixelemente gilt dabei, da $\mathscr{K}_{lm}$ komplex und nur multiplikativ ist, mit (15.25)

$$\langle k | \mathscr{K}_{lm} | k \rangle = \langle \mathscr{K}_{lm}^* k | k \rangle = \langle \mathscr{K}_{l-m} k | k \rangle . \quad (15.31')$$

Berechnet man jetzt die *Summe der Energieverschiebungen* aller $2J+1$ Komponenten k von W_k^0 aus, so erhält man

$$\sum_{k=1}^{2J+1} (W_k - W_k^0) = \sum_{l>0} \sum_m \langle \mathscr{K}_{l-m} \sum_{k=1}^{2J+1} k | k \rangle . \quad (15.32)$$

Nun ist aber in voller Analogie zu (15.6) ebenso wie für die Y_{lm} auch für die Kristallzustände $|k\rangle$ für jedes Argument die Summe der Betragsquadrate der miteinander entarteten Zustände konstant, d.h. isotrop, was wir, ebenfalls analog zu (15.6), symbolisch so schreiben:

$$\sum_{k=1}^{2J+1} k | k \rangle = \text{konst.} \quad (15.33)$$

Die Summe hat also die Symmetrie von $Y_{00} = \frac{1}{\sqrt{4\pi}}$, die $\mathscr{K}_{lm}$ sind proportional zu Y_{lm} mit $l > 0$, also orthogonal zu Y_{00}, d.h. jedes Matrixelement in (15.32) verschwindet. Es ist also sowohl für jedes $l > 0$ und jedes m

$$\langle \mathscr{K}_{l-m} \sum_{k=1}^{2J+1} k | k \rangle = \sum_{k=1}^{2J+1} \langle k | \mathscr{K}_{lm} | k \rangle = 0 \quad (15.34)$$

wie auch nach Summation über $l > 0$ und m

$$\sum_{k=1}^{2J+1} (W_k - W_k^0) = 0 . \quad (15.35)$$

Das heißt, ein $(2J+1)$-fach entarteter Term $W_{\gamma J}$ des freien Ions wird durch $\mathscr{K}_{00}$ nicht aufgespalten, sondern verschoben, durch $\mathscr{K} - \mathscr{K}_{00}$, aber relativ zu dieser verschobenen Lage *symmetrisch* aufgespalten (Abb. 15.1), und dies gilt auch für jedes Multipolfeld $\mathscr{K}_{lm} (l > 0)$ einzeln.

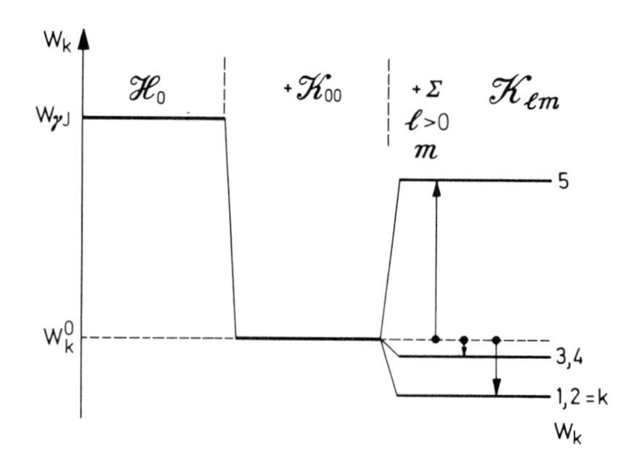

Abb. 15.1. Einfluß eines Kristallfeldes auf einen $(2J+1)$-fach richtungsentarteten Term $W_{\gamma J}$ eines freien Ions. Verschiebung durch den kugelsymmetrischen Anteil $\mathscr{K}_{00}$, symmetrische Aufspaltung durch die Multipolfelder $\sum_{l>0}\sum_m \mathscr{K}_{lm}$. Gezeichnet ist der Fall $J=2$ in einem Feld der Symmetrie C_p oder D_p mit $p \geqq 3$

Ist die Kristallfeldenergie $W_k - W_k^0$ klein gegen die Differenzen zwischen den ungestörten Energien $W_{\gamma J}$ (also z.B. klein gegen die Multiplettaufspaltung, wie bei den Seltenen Erden, siehe z.B. Ziffer 14.3), so genügt es, *in erster Näherung* bei den Eigenzuständen (15.29) nur über die M zu summieren, d.h. es werden bei festen γ und J nur die Richtungen durchmischt. Da hierbei γ und J definiert bleiben, gilt

$$u_k = |\gamma J k\rangle = \sum_M a_{\gamma J}^{kM} |\gamma J M\rangle \qquad (15.36)$$

und $|\gamma J k\rangle$ ist auf 1 normiert, wenn

$$\sum_M |a_{\gamma J}^{kM}|^2 = 1 \,. \qquad (15.37)$$

In dieser ersten Näherung wird der Energieeigenwert nach (15.28), (15.27), (15.36), (15.37) zu

$$W_k = \langle\gamma J k|\mathscr{H}_0 + \mathscr{K}\,|\gamma J k\rangle = W_{\gamma J} + W_{\gamma J k} \,. \qquad (15.38)$$

Die *Kristallfeldenergie 1. Näherung*

$$\langle\gamma J k|\mathscr{K}|\gamma J k\rangle = W_{\gamma J k} \qquad (15.39)$$

addiert sich also einfach zu der Energie $W_{\gamma J}$ des ungestörten (freien) Ions. Nach (15.36) läßt sie sich durch die Matrixelemente von $\mathscr{K}$ mit den $|\gamma J M\rangle$ ausdrücken:

$$W_{\gamma J k} = \sum_{M'} \sum_M a_{\gamma J}^{kM'*} a_{\gamma J}^{kM} \langle\gamma J M'|\,\mathscr{K}\,|\gamma J M\rangle \,. \qquad (15.40)$$

Führt man noch die Zerlegung von $\mathscr{K}$ nach Multipolpotentialen durch und läßt die festen Indizes γJ weg, so erhält man für die in der Summe stehenden Matrixelemente (in verschiedenen später gebrauchten Schreibweisen)

$$\langle M'|\mathscr{K}|\,M\rangle = K_{M'M} = \sum_{l,m} \langle M'|\mathscr{K}_{lm}|\,M\rangle = \sum_{l,m} (\mathscr{K}_{lm})_{M'M} \,. \qquad (15.41)$$

Zur Berechnung der Kristallfeldenergien nach (15.40) und (15.41) verschaffen wir uns zunächst einen Überblick über die *Matrixelemente* $(\mathscr{K}_{lm})_{M'M}$ und $K_{M'M}$ in der $|\gamma J M\rangle$-Darstellung. Als Drehimpulszustände transformieren sich die $|\gamma J M\rangle$ wie die Y_{lm}, d.h. nach (15.12/14), wenn man l, m, m' durch J, M, M' ersetzt. Gl. (15.12) geht also über in

$$|\gamma J M\rangle = \sum_{M'=J}^{-J} D_{MM'}^{(J)} |\gamma J M'\rangle\rangle \qquad (15.42)$$

wobei die in der Form $|\gamma JM'\rangle\rangle$ geschriebenen Zustände nichts anderes als die Zustände $|\gamma JM'\rangle$ im transformierten Koordinatensystem bedeuten[30].

Aus der Invarianz von Matrixelementen gegen alle[31] Koordinatentransformationen folgt bei *Drehung* durch einen beliebigen Winkel α um z nach (15.15)

$$\langle\gamma JM'|\mathcal{K}_{lm}|\gamma JM\rangle = (\mathcal{K}_{lm})_{M'M} = e^{-i(M'-m-M)\alpha}(\mathcal{K}_{lm})_{M'M}, \tag{15.42'}$$

d.h. das Matrixelement verschwindet, außer es ist

$$M' - M = m. \tag{15.43}$$

Bei der Koordinaten-*Inversion* multipliziert sich der Zustand $|\gamma JM\rangle$ mit einem *Paritätsfaktor* $I_{\gamma J}$, der von M nicht abhängt und einen der Werte $+1$ (gerade Parität) oder -1 (ungerade Parität) hat. Da er bei stetiger Änderung der inneren Kräfte im Atom nicht unstetig von einem in den anderen Wert springen kann, darf er für den Grenzfall entkoppelter Elektronen berechnet werden, wo $|\gamma JM\rangle$ ein Produkt von Wasserstoffeigenfunktionen, d.h. von Kugelfunktionen $Y_{l_i m_i}(\vartheta_i\varphi_i)$ und Spinfunktionen ist. Nach (15.23) ist also[32]

$$I_{\gamma J} = (-1)^{\sum_{i=1}^{N} l_i} \tag{15.44}$$

durch die Bahndrehimpulsquantenzahlen l_i gegeben. Abgeschlossene Schalen haben immer gerade Parität. Aus der Invarianz gegen Inversion folgt für die Matrixelemente, da die beiden Zustände sich nur in M unterscheiden, nach (15.23/44):

$$(\mathcal{K}_{lm})_{M'M} = I^2_{\gamma J}(-1)^l(\mathcal{K}_{lm})_{M'M}, \tag{15.45}$$

d.h. die Matrixelemente verschwinden, außer es ist

$$l = \text{gerade Zahl}. \tag{15.45'}$$

Zur Kristallfeldenergie trägt also in 1. Näherung *nur der gerade Anteil* (alle l gerade) des Feldes bei, nur dieser braucht in der Entwicklung (15.1) berücksichtigt zu werden.

Falls die Entwicklungskoeffizienten $g_{lm}(r)$ von der Form

$$-e\,g_{lm}(r) = \alpha_l^m G_l(r) \tag{15.46}$$

sind, d.h. falls die Funktion von r nicht mehr von m sondern nur von l abhängt und die α_l^m Konstanten sind, die von l und m abhängen dürfen[33], lassen sich die *winkelabhängigen Anteile* der Matrixelemente $(\mathcal{K}_{lm})_{M'M}$ explizit auswerten. Nach Racah ist dann

$$\begin{aligned}(\mathcal{K}_{lm})_{M'M} &\\ = (\mathcal{K}_{lm})_{M+m,M} &= \frac{\sum_{t\geq 0}(-1)^t\binom{2J-l}{J-M-t}\binom{l}{t}\binom{l}{t-m}}{\sqrt{\binom{2l}{l+m}\binom{2J}{J+M+m}\binom{2J}{J+M}}}\cdot\alpha_l^m\overline{\overline{G_l(\gamma J)}}\,,\end{aligned} \tag{15.47}$$

wobei $\overline{\overline{G_l(\gamma J)}}$ ein Faktor ist, der von M', M und m nicht mehr abhängt.

Diese Formel ist nur eine spezielle Schreibweise des *Wigner-Eckart-Theorems*

$$(\mathcal{K}_{lm})_{M'M} = (-1)^{J-M'}\begin{pmatrix} J & l & J\\ -M' & m & M\end{pmatrix}\alpha_l^m\langle\gamma J\|\sum_{i=1}^{N}G_l(r_i)\,Y_{lm}(\vartheta_i\varphi_i)\|\gamma J\rangle, \tag{15.47'}$$

wobei das sogenannte *reduzierte Matrixelement* $\langle\|\ \|\rangle$ von M', M, m nicht mehr abhängt, also $\overline{\overline{G_l(\gamma J)}}$ entspricht und das $3j$-*Symbol*[35] in (15.47) in der angeschriebenen Weise auf Binomialkoeffizienten zurückgeführt ist.

---

[30] Sie entsprechen den $Y_{lm}(\vartheta'\varphi')$ in (15.12), nicht den $Y'_{lm}(\vartheta'\varphi')$.

[31] Nicht nur gegen Symmetrietransformationen.

[32] Die Spinfunktionen transformieren sich mit $+1 = (-1)^0$, siehe etwa [E1].

[33] Diese Forderung ist nicht so scharf wie (15.11).

[35] Die Werte des $3j$-Symbols sind in Tabellen zu finden, siehe etwa [E36].

Nach Kramers ist in (15.47) immer

$$2J - l \geqq 0, \quad \text{also} \quad l \leqq 2J \tag{15.48}$$

d.h. es tragen zur Aufspaltung eines Terms mit gegebenem J *nur* 2^l*-Pole mit* $l \leqq 2J$ bei. Weiter braucht also die Reihe (15.1) nicht entwickelt zu werden. Umgekehrt formuliert: Ein Term mit gegebenem J kann nur 2^l-Pole bis zu $l \leqq 2J$ von der Isotropie unterscheiden. Zu einer genauen Kristallfeldanalyse braucht man also einen Term mit möglichst hohem J.

Läßt man wieder die inneren Wechselwirkungen (auch die Spin-Bahnkopplung) im Ion verschwinden, d.h. geht man auf entkoppelte Elektronen (die Konfiguration) zurück, so drückt sich $(\mathscr{K}_{lm})_{M'M}$ durch Matrixelemente aus, in denen die einzelnen Bahndrehimpulsquantenzahlen l_i an die Stelle von J treten. Das heißt aber, neben (15.48) ist auch

$$2l_i - l \geqq 0, \quad \text{also} \quad l \leqq 2l_i \tag{15.49}$$

eine Bedingung für nicht verschwindende Matrixelemente. Daraus folgt z.B., daß man (15.1) im Fall der $4f$-Elektronen ($l_i = 3$) nur bis zu $l = 6$ zu entwickeln braucht, bei $3d$-Ionen ($l_i = 2$) nur bis zu $l = 4$.

Aus (15.47) folgt ferner die wichtige Beziehung

$$(\mathscr{K}_{lm})_{-M-M'} = (-1)^{M'-M} (\mathscr{K}_{lm})_{M'M} \tag{15.50}$$

d.h. speziell

$$(\mathscr{K}_{lm})_{-M-M} = (\mathscr{K}_{lm})_{MM} \tag{15.50'}$$

für alle l, m. Damit gilt dasselbe auch für die Matrixelemente der gesamten Kristallfeldenergie $\mathscr{K} = \sum_{l,m} \mathscr{K}_{lm}$:

$$K_{-M-M'} = (-1)^{M'-M} K_{M'M} \tag{15.51}$$

$$K_{-M-M} = K_{MM}\,. \tag{15.51'}$$

Aufgabe 15.6. Beweise (15.50) mit Hilfe von (15.47).

Ferner bemerken wir noch, daß nach (15.25) die Operatoren $\mathscr{K}_{lm}$ komplex sind mit der Beziehung

$$\mathscr{K}_{l-m} = \mathscr{K}^*_{lm}, \tag{15.52}$$

bis auf $\mathscr{K}_{l0}$ und das gesamte $\mathscr{K}$, die reell sind. Es gilt also

$$(\mathscr{K}_{lm})^*_{M'M} = (\mathscr{K}^*_{lm})_{MM'} = (\mathscr{K}_{l-m})_{MM'} \tag{15.53}$$

sowie natürlich die Hermiteizität für $\mathscr{K}$:

$$K^*_{M'M} = K_{MM'}\,. \tag{15.54}$$

Die Beziehungen (15.43/45'/48/49) sind notwendige Voraussetzungen (Auswahlregeln) für das Nichtverschwinden von Matrixelementen; die Beziehungen (15.47) und (15.50) bis (15.54) sind Rekursionsformeln für ihre Berechnung.

Damit haben wir alle Hilfsmittel in der Hand, um die *Kristallfeldenergie 1. Näherung* $W_{\gamma Jk}$ zu berechnen. Man bräuchte die Matrixelemente nur in Gl. (15.40) einzusetzen und hätte $W_{\gamma Jk}$, wenn die Koeffizienten $a^{kM}_{\gamma J}$, mit denen die Zustände $|\gamma J M\rangle$ in die Kristallfeldzustände nullter Näherung $|\gamma J k\rangle$ eingehen, bereits bekannt wären. Leider ist das nicht der Fall. Nach den Regeln der Störungsrechnung[36] sind vielmehr zuerst die Energien $W_{\gamma Jk}$ aus

[36] Wir setzen sie hier als bekannt voraus.

der Säkulargleichung (15.56) zu bestimmen, was wir gleich für ein Beispiel durchführen werden, und dann aus den Gleichungen, für welche die Säkulargleichung die Lösbarkeitsbedingung darstellt, die $a_{\gamma J}^{kM}$, d.h. die Kristallzustände.

Als *Beispiel* betrachten wir ein Feld der Symmetrie C_3, d.h. $p = 3$. Dann ist der wirksame Kristallfeldoperator nach (15.19) und (15.45) gleich

$$\mathscr{K} = \mathscr{K}_{20} + \mathscr{K}_{40} + \mathscr{K}_{43} + \mathscr{K}_{4-3} + \mathscr{K}_{60} + \cdots, \tag{15.55}$$

wobei wir das nicht an der Aufspaltung beteiligte $\mathscr{K}_{00}$ gleich weglassen und nach (15.48) und (15.49) nur bis zu Gliedern mit $l \leqq 2J$ (oder $l \leqq 2l_i$) entwickeln. Nur die Glieder mit $m \neq 0$ lassen die 3-Zähligkeit der A_3^z erkennen, die Glieder mit $m = 0$ sind rotationssymmetrisch ($p = \infty$). Wegen (15.43) enthält die Säkulardeterminante nur in der Hauptdiagonalen und in den jeweils um die Zähligkeit $p = 3$ verschobenen Nebendiagonalen nichtverschwindende Elemente, d.h. die Energien $W_{\gamma Jk}$ sind die Lösungen der Gleichung (15.56), in der die Matrixelemente zunächst als naturgegebene Konstanten anzusehen sind. Mit Hilfe der Hermiteizität und der Gl. (15.51/51′) läßt sich die Zahl der unabhängigen Konstanten verringern, die Gleichung also vereinfachen. Sie ist eine Gleichung $(2J+1)$-ten Grades; die Wurzeln $W_{\gamma Jk}$ ($k = 1, \ldots, 2J+1$) brauchen nicht alle verschieden zu sein.

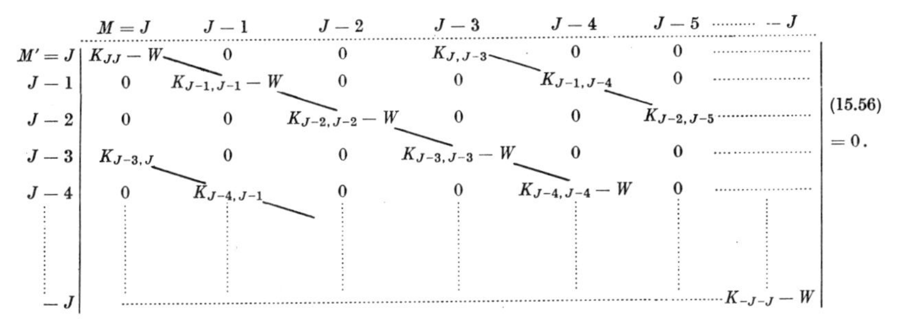

Ist z.B. $J = 1$, so wird wegen (15.48) der Kristallfeldoperator einfach $\mathscr{K} = \mathscr{K}_{20}$ und die Säkulargleichung (15.56) ist

$$\begin{array}{c|ccc|l} & M=1 & 0 & -1 & \\ M'=1 & K_{11}-W & 0 & 0 & \\ 0 & 0 & K_{00}-W & 0 & =0 \\ -1 & 0 & 0 & K_{-1-1}-W & \end{array} \tag{15.57}$$

und wegen $K_{-1-1} = K_{11}$ also

$$(K_{00} - W)(K_{11} - W)^2 = 0\,. \tag{15.58}$$

Der dreifach entartete Term wird also aufgespalten in eine einfache und eine zweifach entartete Kristallfeldkomponente[37]:

$$W_0 = K_{00}\,, \quad W_{\pm 1} = K_{11}\,, \tag{15.59}$$

und zwar allein durch den rotationssymmetrischen Feldanteil ($m = 0$); die trigonalen Feldanteile ($m = \pm 3, \pm 6, \ldots$) kann ein Term mit $J = 1$ nach (15.43) „noch nicht sehen", das können erst Terme mit $J \geqq 3/2$, da erst dann Nichtdiagonalglieder in der Säkulardeterminante (15.56) auftreten. Da die Aufspaltung zum Schwerpunkt symmetrisch[37a], nach (15.35) also

$$W_0 + 2\,W_{\pm 1} = 0 \tag{15.60}$$

sein muß, ist

$$K_{00} = -\,2\,K_{11} \tag{15.60'}$$

und die Aufspaltung kann beschrieben werden durch die eine Konstante (vgl. (15.47))

$$K_{00} = (\mathscr{K}_{20})_{00} = -\frac{2}{\sqrt{6}}\,\alpha_2^0\,\overline{\overline{G_2(\gamma 1)}}\,. \tag{15.61}$$

[37] Die Indizes an W bezeichnen die Werte der Quantenzahl M, die hier noch definiert bleibt, und die wir statt der Laufzahl k zur Kennzeichnung der $W_{\gamma Jk}$ benutzen.

[37a] Gleichung (15.33) gilt nicht nur für die $|k\rangle$, sondern auch für die Zustände nullter Näherung $|\gamma J k\rangle$.

Nehmen wir noch an, es handele sich um einen Zustand einer unabgeschlossenen Unterschale (gleiches n_i und l_i, also z.B. $4f^N$), und es gelte (15.11), so wird

$$K_{00} = -\frac{2}{\sqrt{6}} A_2^0 \overline{\overline{r^2}}, \tag{15.62}$$

d.h. die Kristallfeldaufspaltung wird, wie verständlich, um so größer, je größer der „mittlere Elektronenbahnradius" ist. K_{00} bestimmt man am direktesten spektroskopisch (Ziffer 18) aus der Größe der Aufspaltung

$$\Delta = W_0 - W_{\pm 1} = \frac{3}{2} K_{00} \tag{15.62'}$$

(siehe Abb. 16.2 bei $H = 0$). Man hat dann auch A_2^0 experimentell bestimmt, wenn man $\overline{\overline{r^2}}$ aus anderen Experimenten oder Berechnungen kennt. A_2^0 kann positiv oder negativ sein, im ersten Fall ist W_0, im zweiten Fall ist $W_{\pm 1}$ die tiefste der beiden Kristallfeldkomponenten.

Handelt es sich speziell um die Aufspaltung eines reinen Bahnzustandes (Ziffer 14.3), d.h. kann J mit L, M mit M_L identifiziert werden, so haben im Fall nur eines Elektrons die Zustände $M_L = 0$ und $M_L = \pm 1$ die Elektronenverteilungen der Abb. 15.2, S. 590. Je nach der Kristallstruktur hat der eine oder der andere Zustand die tiefere Energie, nämlich derjenige, dessen Elektronenwolke besonders nahe an positive Nachbarionen heranreicht.

Weitere *Beispiele* und *Ergebnisse* siehe in Ziffer 18.

Auf die Berechnung der *Eigenzustände* verzichten wir hier (siehe aber Aufgabe 15.9) zu Gunsten eines allgemeineren Überblicks anhand der Kristallfeldsymmetrie.

Aufgabe 15.7. Berechne die Aufspaltung von Termen mit $J = 1/2$, $J = 3/2$ und $J = 2$ in einem Feld der Symmetrie C_3.

Aufgabe 15.8. Was ändert sich, wenn das Feld die Symmetrie

$$D_3 \triangleq A_3^z + A_2^y$$

annimmt?

Aufgabe 15.9. Berechne in allen Fällen auch die Kristallfeldzustände $|\gamma J k\rangle$ nach der Störungsrechnung und mit (15.36/37).

15.3. Kristallfeldzustände und Symmetrieentartung

Wir stellen einen allgemeinen Satz über *Symmetrieentartung* im Kristallfeld voran. Da $\mathcal{H}_0$ isotrop ist, hat der Operator $\mathcal{H}$ in Gl. (15.26) dieselbe Symmetrie wie $\mathcal{K}$, d.h. $\mathcal{H}$ ist invariant gegen die Symmetrietransformationen des Kristallfeldes. Darunter ist folgendes zu verstehen: In der Eigenwertgleichung

$$\mathcal{H}(\boldsymbol{r})\, U_k(\boldsymbol{r}) = W_k\, U_k(\boldsymbol{r}) \tag{15.63}$$

hängen $\mathcal{H}$ und U_k von den Orts- und Spin-Koordinaten (die wir in $\boldsymbol{r}$ zusammenfassen) der Elektronen ab. In einem *beliebig* gedrehten oder gespiegelten Koordinatensystem habe das Atom die Koordinaten $\boldsymbol{r}'$. Es ist also $\boldsymbol{r}$ eine Funktion $\boldsymbol{r} = \boldsymbol{r}(\boldsymbol{r}')$, und $\mathcal{H}(\boldsymbol{r})$ und $U_k(\boldsymbol{r})$ sind neue Funktionen $\mathcal{H}(\boldsymbol{r}) = \mathcal{H}'(\boldsymbol{r}')$ und $U_k(\boldsymbol{r}) = U'_k(\boldsymbol{r}')$ in den gestrichenen Variablen, so daß gilt

$$\mathcal{H}'(\boldsymbol{r}')\, U'_k(\boldsymbol{r}') = W_k\, U'_k(\boldsymbol{r}') \,. \tag{15.64}$$

Wenn es sich aber um eine *Symmetrieoperation* handelt, muß der Energieoperator sich in den neuen Koordinaten analytisch genau so ausdrücken wie in den alten, d.h. es ist $\mathcal{H}'(\boldsymbol{r}') = \mathcal{H}(\boldsymbol{r}')$ und (15.64) wird

$$\mathcal{H}\, U'_k(\boldsymbol{r}) = W_k\, U'_k(\boldsymbol{r}) \,, \tag{15.65}$$

wobei wir die Variablen $\boldsymbol{r}'$ wieder $\boldsymbol{r}$ genannt haben[38].

[38] Das ist dasselbe, als wenn wir früher in den Gln. (15.12), (15.15), (15.16), (15.23) jeweils nur die rechte Gleichung benutzt und statt $(\vartheta' \varphi')$ wieder $(\vartheta \varphi)$ geschrieben hätten.

Mit $U_k(\boldsymbol{r})$ ist also auch $U'_k(\boldsymbol{r})$ Eigenzustand von $\mathscr{H}$, und zwar zum gleichen Eigenwert W_k. Ist nun dieser Eigenwert im Kristallfeld noch g-fach entartet, d.h. ist [39] $W_k = W_{k+1} = \cdots W_{k+g-1}$ mit den zugehörigen Zuständen U_j ($j = k, k+1, \ldots, k+g-1$), so muß jeder transformierte Zustand $U'_j(\boldsymbol{r})$ eine Linearkombination der g nicht transformierten Zustände $U_l(\boldsymbol{r})$ ($l = k, k+1, \ldots, k+g-1$) sein. Die noch im Kristallfeld miteinander *entarteten Zustände transformieren sich also bei einer Symmetrietransformation linear untereinander*:

$$\begin{pmatrix} U'_k(\boldsymbol{r}) \\ \cdot \\ \cdot \\ \cdot \\ U'_j(\boldsymbol{r}) \\ \cdot \\ \cdot \\ \cdot \\ U'_{k+g-1}(\boldsymbol{r}) \end{pmatrix} = \begin{pmatrix} A_k^k & \ldots & \ldots & A_k^{k+g-1} \\ \cdot & \ldots & & \cdot \\ \cdot & & & \cdot \\ \cdot & & & \cdot \\ A_j^k & \ldots & A_j^l \ldots & A_j^{k+g-1} \\ \cdot & & & \cdot \\ \cdot & & & \cdot \\ \cdot & & & \cdot \\ A_{k+g-1}^k & \ldots & \ldots \ldots & A_{k+g-1}^{k+g-1} \end{pmatrix} \begin{pmatrix} U_k(\boldsymbol{r}) \\ \cdot \\ \cdot \\ \cdot \\ \cdot \\ U_l(\boldsymbol{r}) \\ \cdot \\ \cdot \\ U_{k+g-1}(\boldsymbol{r}) \end{pmatrix} \tag{15.66}$$

und die Transformationsmatrix (A_j^l) ist unitär mit je g Zeilen und Spalten.

Wenn es umgekehrt also gelingt, Zustände $U_k(\boldsymbol{r})$ zu finden, die bei einer Symmetrietransformation (bis auf einen Phasenfaktor vom Betrag 1) *in sich übergehen*, so sind diese Zustände *einfach*. Transformieren sich zwei Zustände U_k, U_{k+1} linear untereinander, so fallen sie in einen zweifach entarteten Term zusammen, usw.

Wir behandeln zunächst die *zyklische Symmetrie* C_p. Symmetrieoperation ist $\{0\,0\,2\pi/p\}$, die Drehung durch $2\pi/p$ um z. Aus (15.42) folgt in Analogie zu (15.15)

$$|\gamma J M\rangle = e^{iM2\pi/p}\,|\gamma J M\rangle\rangle \tag{15.67}$$

und also aus $U(\boldsymbol{r})$ nach (15.29)

$$U'_k(\boldsymbol{r}) = \sum_{\gamma JM} a_{\gamma J}^{kM}\, e^{iM2\pi/p}\,|\gamma J M\rangle\,. \tag{15.68}$$

Dabei ist rechts wieder $|\gamma JM\rangle$ statt $|\gamma JM\rangle\rangle$ geschrieben, da wir in (15.65) und (15.66) und auf der linken Seite von (15.68) auch schon $\boldsymbol{r}$ statt $\boldsymbol{r}'$ geschrieben haben.

Wenn $U_k(\boldsymbol{r})$ einfach sein soll ($g = 1$), schrumpft (15.66) auf die Forderung

$$U'_k(\boldsymbol{r}) = A \cdot U_k(\boldsymbol{r})\,, \quad |A| = 1\,, \tag{15.69}$$

d.h.

$$\sum_{\gamma JM} a_{\gamma J}^{kM}\, e^{\,iM2\pi/p}|\gamma J M\rangle = A \sum_{\gamma JM} a_{\gamma J}^{kM}|\gamma J M\rangle \tag{15.70}$$

zusammen. Dies ist dann und nur dann erfüllt, wenn in der Summe nur Glieder vorkommen, die sich mit demselben Faktor

$$e^{\,iM2\pi/p} = e^{\,i\mu 2\pi/p} = A \tag{15.71}$$

multiplizieren, wobei μ eine Konstante ist. Das ist der Fall, wenn alle Glieder die Bedingung

$$\begin{aligned} M &\equiv \mu(\mathrm{mod.}\,p)\,, \quad \text{d.h.} \\ M &= \mu + zp\,, \quad z = 0, \pm 1, \pm 2, \ldots \end{aligned} \tag{15.72}$$

erfüllen. Mit μ bezeichnet man üblicherweise dasjenige in U_k vorkommende M, das den kleinsten Betrag hat. Ist (15.72) erfüllt, so

[39] Der Index $k = 1, 2, \ldots, 2J+1$ numeriert nach wie vor alle $2J+1$ aus einem Term mit der Drehimpulsquantenzahl J des freien Ions entstehenden Kristallzustände U_k. Fallen g von diesen auch im Kristallfeld noch zusammen, so werden sie durch die Indizes j oder l mit den Werten $k, k+1, \ldots, k+g-1$ unterschieden.

ist in der Tat für alle M

$$e^{iM2\pi/p} = e^{i(\mu+zp)2\pi/p} = e^{i\mu 2\pi/p},$$

wie verlangt, und (15.69) wird [40]

$$U'_k(\boldsymbol{r}) = e^{i\mu 2\pi/p}\, U_k(\boldsymbol{r}). \tag{15.73}$$

In einem Kristallzustand U_k, der sich bei der Symmetrieoperation mit $e^{i\mu 2\pi/p}$ multipliziert, kommen also nur solche $|\gamma J M\rangle$ vor, deren M-Werte von $M = \mu$ aus jeweils um $\pm p$ auseinanderliegen:

$$U_k^\mu = \sum_{\gamma J z} a_{\gamma J}^{kz}\, |\gamma J, \mu + zp\rangle. \tag{15.74}$$

Die Zahl μ heißt die der A_p^z zugeordnete *Symmetrie-* oder *Kristallquantenzahl*, sie ist nur definiert, wenn eine A_p^z existiert. Offensichtlich gibt es p und nur p verschiedene Werte von μ, die man zweckmäßigerweise in das Intervall

$$\mu = 0, \pm 1, \ldots \pm \left[\frac{p}{2}\right] \quad \text{bei ganzzahligem } J, \text{ und} \tag{15.75}$$

$$\mu = \pm 1/2, \pm 3/2, \ldots, \pm\left\{\left[\frac{p-1}{2}\right] + 1/2\right\} \text{bei halbzahligem } J \tag{15.76}$$

legt. Dabei bedeutet $\left[\frac{x}{2}\right]$ die nächste ganze Zahl $\leq \frac{x}{2}$. Bei den höchsten Werten von μ sind für gewisse Zähligkeiten p die beiden Vorzeichen äquivalent wegen $(+\mu) - (-\mu) = p$, d.h. es braucht dann nur ein Vorzeichen gezählt zu werden.

Beim Übergang zu Rotationssymmetrie, d.h. in der Grenze $p \to \infty$, wenn also in $\mathscr{K}$ nur $\mathscr{K}_{lm}$ mit $m = 0$ vorkommen (Rotationssymmetrie, sonst beliebig inhomogenes oder auch homogenes Feld beliebiger Stärke), wird nach (15.72) μ zu M und der Zustand U_k schrumpft nach (15.74) auf Glieder mit nur einem und demselben $M = \mu$ zusammen (nur $z = 0$ kann vorkommen, da M endlich):

$$\lim_{p\to\infty} \mu = M,$$

$$\lim_{p\to\infty} U_k^\mu = \sum_{\gamma J} a_{\gamma J}^{k0}\, |\gamma J, M = \mu\rangle. \tag{15.77}$$

Die magnetische Quantenzahl M ist also ein Grenzfall der Symmetriequantenzahl μ. Ist das Feld außerdem so schwach, daß außer $\mu = M$ auch noch γ, J gute Quantenzahlen bleiben, so schrumpft (15.77) auf ein einziges Glied zusammen:

$$\lim_{p\to\infty} U_k^\mu = \lim_{p\to\infty} u_k^\mu = |\gamma J, M = \mu\rangle. \tag{15.77'}$$

Der Transformation (siehe Fußnote 40)

$$U_k(\boldsymbol{r}) = e^{i\mu 2\pi/p}\, U_k(\boldsymbol{r}') \tag{15.73'}$$

entspricht dann (15.67)

$$|\gamma J M\rangle = e^{iM2\pi/p}\, |\gamma J M\rangle\rangle \tag{15.67}$$

als Spezialfall der für beliebige (auch beliebig kleine) α geltenden Gleichung

$$|\gamma J M\rangle = e^{iM\alpha}\, |\gamma J M\rangle\rangle. \tag{15.67'}$$

Durch diese Transformationsgleichungen sind μ und M definiert.

Da die eben durchgeführte Überlegung unabhängig von der Stärke des Feldes ist, können wir zu den Zuständen nullter Näherung $u_k = |\gamma J k\rangle$ nach Gl. (15.36) übergehen, in denen nur die $2J+1$ Glieder mit $M = J, J-1, \ldots, -J$ und festem J vorkommen. Die Abb. 15.3 zeigt anschaulich, wie bei $p = 3$ die Zustände $|\gamma J M\rangle$ für $J = 5$ auf die drei μ-Werte $\mu = 0, \pm 1$ verteilt werden. Von den $2J + 1 = 11$ Zuständen $|\gamma 5 M\rangle$ gehören 3 zu $\mu = 0$ und je 4 zu

[40] Oder, was dasselbe ist, $U_k(\boldsymbol{r}) = e^{i\mu 2\pi/p}\, U_k(\boldsymbol{r}')$.

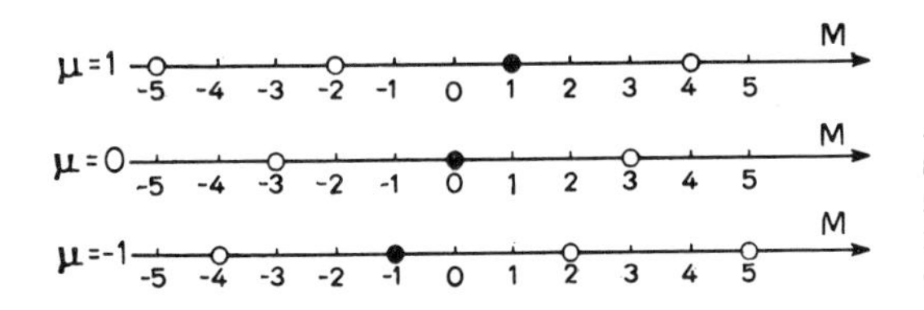

Abb. 15.3. Graphische Darstellung der zu den Kristallzuständen mit $\mu = 0, \pm 1$ im trigonalen Feld gehörenden $|\gamma J M\rangle$ bei $J = 5$

$\mu = 1$ und $\mu = -1$, d.h. man kann 3 einfache Kristallzustände mit $\mu = 0$ und je 4 einfache mit $\mu = 1$ und $\mu = -1$ durch Linearkombination aus den $|\gamma 5 M\rangle$ konstruieren. Jeder solche Zustand u_k^μ transformiert sich mit dem Phasenfaktor $e^{i\mu 2\pi/p}$ in sich selbst. Dasselbe gilt für die U_k^μ, in denen auch nur die aus Abb. 15.3 ersichtlichen M, aber *für alle* möglichen γ und J vorkommen. Das heißt aber, daß die Symmetrie keine Entartung verlangt: bei *zyklischer Symmetrie* ist vollständige Aufspaltung möglich, die Zustände sind *symmetrieeinfach.* Die Symmetriequantenzahl μ charakterisiert die möglichen Symmetrietypen oder Familien von Kristallzuständen.

Führt man die Symmetrieoperation $\{0\,0\,2\pi/p\}$ p-mal nacheinander durch, so befindet sich das Koordinatensystem wieder in der Ausgangslage. Dabei multipliziert sich der Zustand U_k mit dem Faktor $e^{i\mu 2\pi}$, d.h. mit $+1$ bei ganzzahligem J und μ (gerader Elektronenzahl), mit -1 bei halbzahligem J und μ (ungerader Elektronenzahl). Im letzteren Fall geht der Zustand erst bei zweimaliger voller Drehung um die z-Achse wieder in sich selbst über, er ist eine zweideutige Funktion des Drehwinkels[41].

Zu unserem *Beispiel* eines Terms mit $J = 1$ in C_3 (Ziffer 15.2) können wir jetzt folgende beiden Anmerkungen machen: a) Da in jedem der 3 Kristallzustände nur *ein* $|\gamma 1 M\rangle$ vorkommt, ist $\mu = M$ (kein Wunder, da $\mathcal{H} = \mathcal{H}_{00} + \mathcal{H}_{20}$ $(l \leqq 2J = 2)$ rotationssymmetrisch ist). b) Unmittelbar aus dem $\mathcal{H}$-Operator haben wir eine $\{\pm 1\}$-Entartung erhalten. Da andererseits, wie wir gesehen haben, alle Zustände symmetrieeinfach sind, kann diese Entartung nicht auf der Symmetrie beruhen. Sie ist eine Folge des Modells, in dem wir speziell ein rein elektrisches Feld angenommen haben *(Kramers-Entartung)*. Auf diesen Punkt kommen wir ausführlich zurück.

Aufgabe 15.10. Beweise, daß allgemein die $(2J + 1)$ aus dem Term $W_{\gamma J}$ des freien Ions hervorgehenden Kristallzustände sich nach dem Gesetz

$$Z_\mu = Z_{-\mu} = 1 + \left[\frac{J+\mu}{p}\right] + \left[\frac{J-\mu}{p}\right] \tag{15.77''}$$

auf die p Symmetrietypen μ verteilen.

Wir gehen jetzt zu den *Diederklassen* D_p über, indem wir zur Hauptachse A_p^z noch eine Nebenachse A_2^y hinzufügen. Es wird also von einem einfachen Zustand nicht nur

$$U'_k(\boldsymbol{r}) = e^{i\mu 2\pi/p}\, U_k(\boldsymbol{r}), \tag{15.78}$$

sondern zugleich auch mit einer neuen Quantenzahl ν ($\nu \triangleq$ Nebenachse)

$$U''_k(\boldsymbol{r}) = e^{i\nu 2\pi/2}\, U_k(\boldsymbol{r}) = e^{i\nu\pi}\, U_k(\boldsymbol{r}) \tag{15.79}$$

verlangt, wenn $U''_k(\boldsymbol{r})$ die Form von $U_k(\boldsymbol{r})$ in dem um die A_2^y gedrehten Koordinatensystem ist[42]. Nun ist aber nach (15.42) in Anlehnung an (15.16)

$$|\gamma J, M\rangle = (-1)^{J+M}\, |\gamma J, -M\rangle\rangle, \tag{15.80}$$

---

41 Anomalie des Spins.

42 Es ist also wieder $\boldsymbol{r}'' = \boldsymbol{r}$ gesetzt!

d.h. M geht in $-M$ über und umgekehrt. Ein Zustand $U_k(\boldsymbol{r})$ kann also wegen (15.29) nur dann in sich übergehen, wenn er neben $|\gamma J M\rangle$ auch $|\gamma J - M\rangle$ enthält, d.h. wenn er die Form

$$U_k(\boldsymbol{r}) = \sum_{\gamma J}[a_{\gamma J}^{k0}\,|\gamma J\,0\rangle + \sum_{M\geqq 1}(a_{\gamma J}^{kM}\,|\gamma J M\rangle + a_{\gamma J}^{k-M}\,|\gamma J - M\rangle)] \quad (15.81)$$

hat. Da die A_p^z nach (15.72) aber schon verlangt, daß in $U_k(\boldsymbol{r})$ nur

$$M \equiv \mu\,(\text{mod.}\ p) \quad (15.82)$$

vorkommen, muß wegen (15.81) neben (15.82) auch

$$-M \equiv \mu\,(\text{mod.}\ p)\,, \quad (15.83)$$

d.h. es muß

$$0 \equiv 2\,\mu\,(\text{mod.}\ p) \quad (15.84)$$

sein. *Einfach* können also nur Zustände in den beiden *Symmetrietypen*

$$\mu = 0 \quad \text{und} \quad \mu = \pm\frac{p}{2} \quad (15.85)$$

sein. Alle *anderen Symmetrietypen* sind *entartet*. Ist z.B. $p \leqq 2$, so hat bei gerader Elektronenzahl μ überhaupt nur den Wertevorrat $\mu = 0,\ \pm p/2$, d.h. in Feldern von höchstens zweizähliger Symmetrie sind alle Zustände symmetrieeinfach.

Führen wir jetzt die Transformation von $U_k(\boldsymbol{r})$ in (15.81) mit Hilfe von (15.80) durch und verlangen, daß (15.79) gilt, so folgt

$$\begin{aligned}\sum_{\gamma J}\,&[a_{\gamma J}^{k0}(-1)^J\,|\gamma J\,0\rangle + \sum_{M\geq 1}(a_{\gamma J}^{kM}(-1)^{J+M}\,|\gamma J - M\rangle + \\ &+ a_{\gamma J}^{k-M}(-1)^{J-M}\,|\gamma J M\rangle)] \qquad (15.86)\\ &= e^{i\nu\pi}\sum_{\gamma J}[a_{\gamma J}^{k0}|\gamma J\,0\rangle + \sum_{M\geq 1}(a_{\gamma J}^{kM}\,|\gamma J M\rangle + a_{\gamma J}^{k-M}\,|\gamma J - M\rangle)]\,,\end{aligned}$$

und Koeffizientenvergleich liefert die beiden Gleichungen (Indizes verkürzt, $M \geqq 1$)

$$\begin{aligned} e^{i\nu\pi}\,a^M &= (-1)^{J-M}\,a^{-M}\,,\\ e^{i\nu\pi}\,a^{-M} &= (-1)^{J+M}\,a^M\,. \end{aligned} \quad (15.87)$$

und die Gleichung

$$e^{i\nu\pi}\,a^0 = (-1)^J\,a^0. \quad (15.87')$$

Aus der ersten folgt das Amplitudenverhältnis

$$a^{-M}/a^M = e^{i\nu\pi}(-1)^{J-M}\,, \quad (15.88)$$

d.h. $U_k(\boldsymbol{r})$ hat nach (15.81) die Form

$$\begin{aligned}U_k(\boldsymbol{r}) = \sum_{\gamma J}\,&[a_{\gamma J}^{k0}\,|\gamma J\,0\rangle + \sum_{M\geq 1} a_{\gamma J}^{kM}\,\{|\gamma J M\rangle + \\ &+ e^{i\nu\pi}(-1)^{J-M}\,|\gamma J - M\rangle\}] \end{aligned} \quad (15.89)$$

mit

$$\sum_{\gamma J}[|a_{\gamma J}^{k0}|^2 + 2\sum_{M\geqq 1}|a_{\gamma J}^{kM}|^2] = 1\,. \quad (15.89')$$

Dabei folgt $e^{i\nu\pi}$ aus der Multiplikation der beiden Gln. (15.87): es ist

$$e^{2i\nu\pi} = (-1)^{2J}\,, \quad \text{also} \quad e^{i\nu\pi} = \pm(-1)^J\,, \quad (15.90)$$

d.h. $e^{i\nu\pi}$ hat den Wertevorrat $+1$ oder -1 bei ganzzahligem J (Elektronenzahl gerade) und $+i$ oder $-i$ bei halbzahligem J (Elektronenzahl ungerade). Das heißt, es gibt bezüglich der A_2^y zwei Symmetrietypen von einfachen Zuständen. Dies gilt für jeden nach (15.85) vorkommenden Symmetrietyp $\mu = 0,\ \pm p/2$ bezüglich der A_p^z. Es genügt also, die der *Nebenachse* zugeordnete *Symmetriequantenzahl* $\boldsymbol{\nu}$ auf den Wertevorrat

$$\begin{aligned} \nu &= 0,\,1 && \text{bei ganzzahligem } J\ (N \text{ gerade})\\ \nu &= \pm 1/2 && \text{bei halbzahligem } J\ (N \text{ ungerade}) \end{aligned} \quad (15.90')$$

zu beschränken[43]. Die bei Diedersymmetrie D_p *symmetrie-einfachen* Zustände sind also durch *zwei Quantenzahlen* μ *und* ν charakterisiert, gehorchen (15.78) und (15.79) und haben die Form (15.89). Da in ihnen die Drehimpulszustände $|\gamma J M\rangle$ und $|\gamma J -M\rangle$ mit (bis auf Phasenfaktoren) gleicher Amplitude vorkommen, haben diese Zustände weder einen Drehimpuls noch ein magnetisches Moment in z-Richtung[44] (man berechne den Erwartungswert $\langle U_k | J_z | U_k\rangle$ mit (15.89)!).

Aufgabe 15.11. Welche Symmetrietypen symmetrie-einfacher Zustände, d.h. welche Kombinationen von μ und ν nach (15.85) und (15.90′) kommen bei gerader, welche bei ungerader Elektronenzahl N in den Klassen D_p mit $p=2, 3, 4, 6$ wirklich vor? Was gibt die Wiederholung jeder der beiden Drehungen, bei der das Koordinatensystem die Ausgangslage wieder erreicht hat?

Wir behandeln jetzt die miteinander *entarteten Zustände*, die wir uns bereits an die A_p^z angepaßt denken, so daß μ definiert und $\mu \neq 0, \pm p/2$ ist. Wenn also ein Zustand $|\gamma J M\rangle$ in einem derartigen Kristallfeldzustand mit μ steht, steht $|\gamma J - M\rangle$ in einem anderen[45] Kristallfeldzustand mit $-\mu$, was wir durch die Schreibweise

$$\begin{aligned} U^{+\mu}(\boldsymbol{r}) &= \sum_{\gamma J M} a_{\gamma J}^{M} |\gamma J M\rangle \\ U^{-\mu}(\boldsymbol{r}) &= \sum_{\gamma J M} a_{\gamma J}^{-M} |\gamma J - M\rangle \end{aligned} \tag{15.91}$$

ausdrücken. Bei Drehung um die A_p^z multipliziert sich $U^{+\mu}(\boldsymbol{r})$ mit $e^{i\mu 2\pi/p}$, $U^{-\mu}(\boldsymbol{r})$ mit $e^{-i\mu 2\pi/p}$, die Quantenzahl μ ist definiert. Dagegen ist ν nicht definiert, da $|\gamma J M\rangle$ bei Drehung um die A_2^y in $|\gamma J - M\rangle$, also μ in $-\mu$ übergeht und umgekehrt, und wegen $\mu \neq 0, \pm p/2$ keiner der Zustände (15.91) (mit einem Faktor $e^{i\nu\pi}$) in sich selbst übergehen kann. Sie müssen also wechselseitig ineinander übergehen, d.h. sich gemäß

$$\begin{pmatrix} U^{+\mu''} \\ U^{-\mu''} \end{pmatrix} = \begin{pmatrix} 0 & A^{+-} \\ A^{-+} & 0 \end{pmatrix} \begin{pmatrix} U^{+\mu} \\ U^{-\mu} \end{pmatrix} \tag{15.92}$$

transformieren, wobei aus Normierungsgründen

$$|A^{+-}|^2 = |A^{-+}|^2 = 1 \tag{15.93}$$

ist und wir

$$A^{+-} = e^{i\alpha} \tag{15.94}$$

setzen. Führt man jetzt die Transformation (15.80) links in (15.92) durch[46] und ordnet neu nach den $|\gamma J M\rangle$, so findet man durch Koeffizientenvergleich die beiden Gleichungen

$$\begin{aligned} a_{\gamma J}^{M}(-1)^{J+M} &= a_{\gamma J}^{-M} A^{+-}, \\ a_{\gamma J}^{-M}(-1)^{J-M} &= a_{\gamma J}^{M} A^{-+} \end{aligned} \tag{15.95}$$

für die beiden Unbekannten $a_{\gamma J}^{-M}/a_{\gamma J}^{M}$ und $A^{+-}A^{-+}$. Die Lösungen sind (N = Elektronenzahl)

$$A^{+-}A^{-+} = (-1)^{2J} = (-1)^N$$

d.h.

$$A^{-+} = (-1)^N e^{-i\alpha} \tag{15.96}$$

und

$$\frac{a_{\gamma J}^{-M}}{a_{\gamma J}^{M}} = \frac{(-1)^{J+M}}{A^{+-}} = (-1)^{J+M} \cdot e^{-i\alpha}. \tag{15.97}$$

Der Zustand

$$U^{+\mu} = \sum_{\gamma J M} a_{\gamma J}^{M} |\gamma J M\rangle \tag{15.98}$$

---

[43] Ganz allgemein ist die Anzahl der möglichen Werte einer Symmetriequantenzahl gleich der Zähligkeit des erzeugenden Symmetrieelements.

[44] Und natürlich auch nicht senkrecht dazu, da die $|\gamma J M\rangle$ nur in z-Richtung einen nicht verschwindenden Erwartungswert des Drehimpulses haben.

[45] Stünden M und $-M$ im gleichen Zustand, so gehörte dieser zu $\mu = 0$ oder $\mu = \pm p/2$!

[46] Und schreibt wieder $|\;\rangle$ statt $|\;\rangle\rangle$

ist also mit dem Zustand

$$U^{-\mu} = e^{-i\alpha} \sum_{\gamma J M} a^M_{\gamma J} (-1)^{J+M} |\gamma J - M\rangle \qquad (15.98')$$

symmetrieentartet ($\{\pm\mu\}$-Entartung), wobei die relative Phase $e^{i\alpha}$ zwischen U^+ und U^- hier unbestimmt bleibt (ihr Wert ist für das folgende ohne Bedeutung). — Da diese Überlegung für *alle* Symmetrietypen mit $\mu \neq 0$, $\pm p/2$ gilt, wird höhere als zweifache Symmetrieentartung nicht verlangt[47]. Die miteinander entarteten Zustände haben ersichtlich entgegengesetzt gleiche Erwartungswerte von Drehimpuls und magnetischem Moment in z-Richtung. Für sie ist nur die eine Symmetriequantenzahl μ definiert.

Aufgabe 15.12. Zeige, daß die Transformationsmatrix in (15.92) unitär ist. Führe die Transformation zweimal (d.h. bis zur Ausgangslage des Koordinatensystems) durch. Diskutiere das Ergebnis für gerade und ungerade Elektronenzahl N.

Aufgabe 15.13. Wende diese Ergebnisse auf $J = 2$ in D_3 an und vergleiche das Ergebnis mit der Berechnung in Aufgabe 15.8/9.

Aufgabe 15.14. Berechne allgemein für die Zähligkeit p die Anzahl der einfachen Zustände $Z_{\mu\nu}$ und die der zweifachen Niveaus $Z_{\pm\mu}$ bei beliebigem J in D_p.

Aufgabe 15.15. Gib die Symmetrietypen an, wenn zu der A^z_p ein unabhängiges Symmetriezentrum hinzutritt. Wird Entartung erzwungen?

Auf noch *höhere* Symmetrien als D_p soll hier nicht eingegangen werden, da sie methodisch nichts Neues bringen[48]. Wir erwähnen nur, daß in jeder Symmetrie für die einfachen Zustände soviel Symmetriequantenzahlen definiert sind, wie es unabhängige (erzeugende) Symmetrieelemente gibt. Die untereinander entarteten Zustände werden dabei niederen, in der vorgegebenen Symmetrie enthaltenen Symmetrien angepaßt, damit sie eindeutig definiert sind. Für sie existieren also weniger Quantenzahlen als für die einfachen Zustände. Die Anzahl der möglichen Werte jeder Symmetriequantenzahl ist gleich der Zähligkeit des definierenden Symmetrieelements.

Aufgabe 15.16. Definiere die Symmetriequantenzahl $\overline{\mu}$ (lies mü minus) für die Drehinversionsachse I^z_p. Gib ihren Wertevorrat an und vergleiche ihn mit dem für μ bei der A^z_p.

15.4. Der Kramerssche Satz: Zeitumkehr

Der Kramers'sche Satz (H. A. Kramers 1930) begründet die schon in Ziffer 14 formulierte Tatsache, daß sich in rein elektrischen Feldern die Energie nicht ändert, wenn sich die Bewegungsrichtung der Elektronen[49] umkehrt, d.h. wenn die Impulse $\boldsymbol{p}_i$ durch $-\boldsymbol{p}_i$ (also auch die Bahndrehimpulse $\boldsymbol{l}_i$ durch $-\boldsymbol{l}_i$) und die Spins $\boldsymbol{s}_i$ durch $-\boldsymbol{s}_i$ ersetzt werden. Wir definieren also neben unserem Operator

$$\mathscr{H} = \mathscr{H}(\boldsymbol{r}_i, \boldsymbol{p}_i, \boldsymbol{s}_i) = \mathscr{H}_0 + \mathscr{K} \qquad (15.99)$$

einen zweiten Operator ,,mit umgekehrter Zeitrichtung" (E. Wigner, 1932)

$$\overline{\mathscr{H}}(\boldsymbol{r}_i, \boldsymbol{p}_i, \boldsymbol{s}_i) = \mathscr{H}(\boldsymbol{r}_i, -\boldsymbol{p}_i, -\boldsymbol{s}_i) = \overline{\mathscr{H}}_0 + \overline{\mathscr{K}}. \qquad (15.100)$$

Nach H. A. Kramers gilt der folgende Satz, den wir hier speziell für unsere Zwecke formulieren:

Ist

$$U_k = \sum_{\gamma J M} a^{kM}_{\gamma J} |\gamma J M\rangle \qquad (15.101)$$

[47] Bei kubischer Symmetrie kommt auch drei- und vierfache Entartung vor.

[48] Übersichten findet man an folgenden Stellen: [E 17,35].

[49] Oder, was dasselbe ist, die Zeitrichtung.

Eigenzustand von $\mathscr{H}$ zum Eigenwert W_k

$$\mathscr{H} U_k = W_k U_k \,, \tag{15.102}$$

so existiert zu U_k ein *Kramers-Zustand* $\overline{U}_k$, der Eigenzustand von $\overline{\mathscr{H}}$ ebenfalls zu W_k ist:

$$\overline{\mathscr{H}}\,\overline{U}_k = W_k \overline{U}_k \,. \tag{15.103}$$

Dabei kommt man von U_k zu dem „Zustand mit umgekehrter Zeitrichtung"[50] $\overline{U}_k$ durch die Vorschrift

$$\overline{U}_k = \sum_{\gamma J M} a_{\gamma J}^{kM*} \overline{|\gamma J M\rangle} \tag{15.104}$$

mit

$$\overline{|\gamma J M\rangle} = I_{\gamma J}(-1)^{J+M} |\gamma J - M\rangle \,, \tag{15.105}$$

also

$$\overline{U}_k = \sum_{\gamma J M} a_{\gamma J}^{kM*} I_{\gamma J}(-1)^{J+M} |\gamma J - M\rangle \tag{15.106}$$

$\overline{U}_k$ enthält die Drehimpulszustände $|\gamma J - M\rangle$, wenn U_k die $|\gamma J M\rangle$ enthält, gehört also zum Symmetrietyp $-\mu$, wenn U_k zu μ gehört: $\overline{U}_k$ und U_k haben entgegengesetzt gleiche Erwartungswerte von Drehimpuls und magnetischem Moment. Bei Durchführung der Symmetrieoperation Zeitumkehr geht U_k in $\overline{U}_k$ über, und umgekehrt (siehe unten).

Zweimalige Zeitumkehr führt nach (15.106) zum Zustand

$$\overline{\overline{U}}_k = (-1)^{2J} U_k = (-1)^N U_k \,, \tag{15.106'}$$

d.h. bei gerader Elektronenzahl N zurück zum Ausgangszustand U_k, bei ungeradem N aber zu $-U_k$. Hier muß die Zeitrichtung viermal umgekehrt werden, bis der Zustand wieder der Ausgangszustand ist (diese Anomalie ist eine unmittelbare Folge der Halbzahligkeit des Elektronenspins).

Aufgabe 15.16a. Zeige, daß für einen spinfreien Bahnzustand Kramers-konjugiert gleich komplex konjugiert ist, d.h. berechne $\overline{Y}_{lm}$ nach (15.105).

Das durch $\mathscr{H}$ beschriebene System ist dann *invariant gegen Zeitumkehr*, wenn

$$\overline{\mathscr{H}} = \mathscr{H} \,, \tag{15.107}$$

d.h. wenn die $\boldsymbol{p}_i$ (oder $\boldsymbol{l}_i$) und $\boldsymbol{s}_i$ in $\mathscr{H}$ nur in geraden Potenzen oder Produkten auftreten. In diesem Fall ist der zeittransformierte Zustand $\overline{U}_k$ ebenfalls Eigenzustand von $\mathscr{H}$ zu W_k, es gilt nach (15.103/107)

$$\mathscr{H}\,\overline{U}_k = W_k \overline{U}_k \,. \tag{15.108}$$

Es gehören also zwei nur durch die Zeitrichtung (Bewegungsrichtung, Drehsinn) unterschiedene und durch (15.101/106) gegebene Zustände U_k, $\overline{U}_k$ zum gleichen Eigenwert W_k des durch $\mathscr{H}$ beschriebenen Systems. Dabei sind zwei Fälle zu unterscheiden:

a) U_k und $\overline{U}_k$ sind linear unabhängig, d.h. zwei wesentlich verschiedene Funktionen. Dann ist der Eigenwert W_k zweifach entartet (*Kramers-Entartung*), und W_k muß gegeben sein durch

$$W_k = \langle U_k | \mathscr{H} | U_k \rangle = \langle \overline{U}_k | \mathscr{H} | \overline{U}_k \rangle \,. \tag{15.109}$$

b) U_k und $\overline{U}_k$ sind linear abhängig, d.h. sie sind identisch bis auf einen konstanten Faktor, der wegen der Normierung ein Phasen-

[50] Auch Kramers-konjugiert genannt.

faktor vom Betrag 1 sein muß. In diesem Fall ist W_k einfach und die rechte Hälfte von (15.109) ist trivial.

Aufgabe 15.17. Zeige, daß ein freies Atom invariant gegen Zeitumkehr ist und verifiziere (15.107) und (15.108) aus (15.102).

Aufgabe 15.18. Zeige dasselbe für ein Atom im homogenen elektrischen Feld parallel z.

Aufgabe 15.19. Zeige, daß ein Atom in einem homogenen Magnetfeld parallel z nicht invariant gegen Zeitumkehr ist. Verifiziere also (15.102) und (15.103).

Wir können den allgemeinen Beweis dieses *Kramersschen Satzes* hier nicht durchführen[51]. Wir müssen aber noch die Frage klären, ob und unter welchen Bedingungen zweifache (Fall a) und einfache (Fall b) Elektronenterme (= Kristallfeldkomponenten) im Kristallfeld vorkommen. Dazu gehen wir auf die Voraussetzung des Kramersschen Satzes zurück, nämlich die Invarianz gegen Zeitumkehr und behandeln die Zeitsymmetrie genau so wie in Ziffer 15.3 die Raumsymmetrie. Aus (15.108) und (15.102) folgt, daß bei g-facher Entartung jedes $\overline{U}_j$ eine Linearkombination aller zu $W_k = W_{k+1} = \cdots W_{k+g-1}$ gehörenden U_l $(j, l = k, k+1, \ldots, k+g-1)$ ist. Das heißt U_k ist *einfach* (ein *Kramers-Singulett*), wenn

$$\overline{U}_k = B\,U_k\,, \quad |B| = 1\,, \tag{15.110}$$

wenn also U_k zu sich selbst Kramers-konjugiert ist (bei Zeitumkehr in sich übergeht), zwei Zustände $U^{+\mu}$ und $U^{-\mu}$ bilden ein *Kramers-Dublett*, wenn sie wechselseitig Kramers-konjugiert sind:

$$\begin{pmatrix}\overline{U}^{+\mu}\\ \overline{U}^{-\mu}\end{pmatrix} = \begin{pmatrix}0 & B^{+-}\\ B^{-+} & 0\end{pmatrix}\begin{pmatrix}U^{+\mu}\\ U^{-\mu}\end{pmatrix}, \quad |B^{+-}| = |B^{-+}| = 1\,, \tag{15.111}$$

usw. Die Phasenkonstanten B, B^{+-}, B^{-+} folgen im konkreten Fall aus den Zuständen U_k, $U^{+\mu}$, $U^{-\mu}$ selbst.

Wir prüfen zunächst, ob ein Kristallzustand überhaupt Kramers-einfach sein kann.

In diesem Fall muß (15.110) gelten. Daraus folgt für zweimalige Zeitumkehr

$$\overline{\overline{U}}_k = \overline{B U_k} = B^*\,\overline{U}_k = B^* B U_k = U_k \tag{15.112}$$

und durch Vergleich mit (15.106′) die notwendige Voraussetzung für Einfachheit

$$(-1)^N = 1\,. \tag{15.113}$$

Diese ist nur bei gerader, nicht aber bei ungerader Elektronenzahl N erfüllt. In elektrischen Kristallfeldern können also nur Systeme (Atome, Ionen) mit *gerader* Elektronenzahl Kramers-einfache Elektronenniveaus (*Kramers-Singuletts*) besitzen. Dagegen sind die Niveaus von Systemen mit *ungerader* Elektronenzahl *immer zweifach Kramers-entartet* (*Kramers-Dubletts*), ihre beiden Zustände gehorchen also dem Transformationsschema (15.111). Auch die symmetrie-einfachen Zustände solcher Systeme fallen paarweise in Kramers-Dubletts zusammen. Liegt Symmetrieentartung vor, so kann bei Berücksichtigung von Raum- *und* Zeitsymmetrie der Entartungsgrad vierfach usw. sein, ist aber immer geradzahlig.

Bei *gerader* Elektronenzahl sind unter dem Einfluß von Raum- *und* Zeitsymmetrie sowohl entartete wie auch einfache Kramers-Zustände möglich[52a].

---

[51] Siehe etwa [E 9/17].

[52a] Speziell für Atomionen mit ungerader oder gerader Elektronenzahl hat sich die etwas irreführende Bezeichnung *Kramers-* oder *Nicht-Kramers-Ionen* eingebürgert.

Für die Konsequenzen aus der Kramers-Entartung geben wir zwei Beispiele:

1. Wird ein *einfacher* Kristallzustand beobachtet, so muß er symmetrieeinfach und außerdem ein Kramers-Singulett sein. Zum Beispiel sind alle Zustände in einem Feld der zyklischen Symmetrie C_p symmetrieeinfach (Ziffer 15.3) mit der Quantenzahl μ. Sie können aber nicht alle auch Kramers-einfach sein. Denn da beim Übergang von U nach $\overline{U}$ die $|\gamma JM\rangle$ in $|\gamma J-M\rangle$ übergehen, kann die Singulett-Bedingung (15.110) bei gerader Elektronenzahl nur erfüllt werden, wenn[52] $|\gamma JM\rangle$ und $|\gamma J-M\rangle$ beide in U_k vorkommen, d.h. wenn

$$\mu = 0 \quad \text{oder} \quad \mu = \pm p/2 \tag{15.114}$$

ist. Kramers-Singuletts haben also weder einen Drehimpuls noch ein magnetisches Moment. Die übrigen Zustände mit $\mu \neq 0$, $\pm p/2$ fallen paarweise in $\{\pm\mu\}$ — Kramers-Dubletts zusammen[53]. In allen Punktsymmetrieklassen mit $p \leq 2$ kommt überhaupt nur $\mu = 0$ und $\mu = p/2$ vor, d.h. alle Terme sind Kramers-Singuletts. Nach Ziffer 15.3 sind sie auch symmetrieeinfach. Tatsächlich werden auch nur einfache Niveaus beobachtet. — Bei ungerader Elektronenzahl kann die Singulett-Bedingung, wie wir allgemein bewiesen haben, in keinem Fall erfüllt werden.

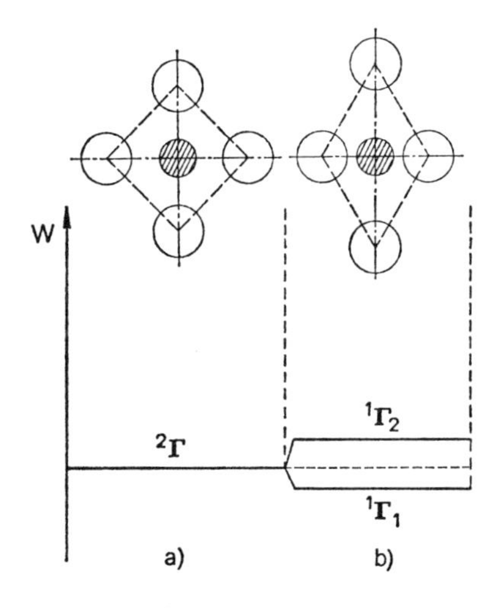

Abb. 15.4. Statischer Jahn-Teller-Effekt: Aufspaltung des Kramers-Dubletts $^2\Gamma$ in zwei Kramers-Singuletts $^1\Gamma_1$, $^1\Gamma_2$. Schematisch.
a) Struktur mit 4-zähliger Symmetrie (D_4) und Symmetrieentartung des Grundzustandes.
b) 2-zählige Symmetrie der deformierten Struktur, Aufspaltung der Symmetrieentartung bei gerader Elektronenzahl

2. Wir betrachten eine *zweifach symmetrieentartete* Kristallfeldkomponente, z.B. in der Symmetrie D_4, die wir in Abb. 15.4a durch ein quadratisches Schema von Nachbarionen um das betrachtete Zentralion repräsentieren. Durch Deformation der Umgebung (Abb. 15.4b) auf nur noch Zweizähligkeit, etwa durch einseitigen äußeren Druck, wird die Ursache der Symmetrieentartung beseitigt, der Term sollte aufspalten. Hat nun das Zentralion eine ungerade Elektronenzahl, so bleibt der Term jedoch entartet, da der Kramerssche Satz für solche Systeme keine einfachen Terme erlaubt. Ist dagegen die Elektronenzahl gerade, so kann durch Symmetrieverringerung eine Aufspaltung in einfache Komponenten erzwungen werden, wobei jede Komponente, wie alle Kramers-Singuletts, weder einen Drehimpuls noch ein magnetisches Moment behält. Wird speziell die tiefste Kristallfeldkomponente des Grundterms, also der elektronische Grundzustand des Ions überhaupt, zweifach symmetrie-entartet vorausgesetzt, so würde, wie Jahn und Teller (1937) gezeigt haben, die für die Aufhebung der Entartung nötige Deformation von selbst eintreten und die Energie des Systems sinken, d.h. statt des entarteten Grundzustands $^2\Gamma$ der einfache Grundzustand $^1\Gamma_1$ eingenommen[54], wie in Abb. 15.4 gezeigt *(statischer*[55] *Jahn-Teller-Effekt)*. Es bildet sich also von vornherein eine unsymmetrische Kristallstruktur, in der der Grundzustand nicht symmetrie-entartet ist.

Aufgabe 15.20. Beweise, daß die Transformationsmatrix in (15.111) die Form

$$\begin{pmatrix} 0 & B^{+-} \\ B^{-+} & 0 \end{pmatrix} = \begin{pmatrix} 0 & 1 \\ (-1)^N & 0 \end{pmatrix} e^{i\beta} \tag{15.115}$$

[52] Siehe die analoge Diskussion der symmetrieeinfachen Zustände in den Diederklassen, Ziffer 15.3.

[53] Siehe das Beispiel $J = 1$ in C_3, Ziffer 15.3.

[54] Es handelt sich also um die Grundfrage der Theorie der chemischen Bindung, nämlich: welche Struktur und welcher Elektronenzustand liefern die tiefste Energie?

[55] Es gibt auch einen dynamischen Jahn-Teller-Effekt, siehe z.B. [E 20]: Die zweizählige Struktur in Abb. 15.4 ist gleichwertig mit der um $\pi/2$ gedrehten, was zu Schwingungen der Umgebung zwischen diesen beiden Lagen, d.h. zur Beteiligung von Phononen führt.

hat (N = Elektronenzahl). Hinweis: die Transformation (15.111) zweimal durchführen und frühere Ergebnisse benutzen.

Aufgabe 15.21. Berechne die Koeffizientenverhältnisse $a_{\gamma J}^{k-M}/a_{\gamma J}^{kM}$ für die Kramers-Singuletts bei zyklischer Symmetrie C_p. Zeige auch so, daß alle $a_{\gamma J}^{kM} = 0$ sein müssen, wenn N ungerade (J, M halbzahlig) ist, d.h. daß dann keine einfachen Zustände existieren können.

Aufgabe 15.22. Zeige, daß bei Diedersymmetrie D_p die Symmetrieentartung und die Kramers-Entartung zusammenfallen. Bestimme die Bedingungen, denen die Koeffizienten $a_{\gamma J}^{kM}$ bei den einfachen und bei den entarteten Zuständen U_k genügen müssen, damit Invarianz gegen Symmetrieoperationen und Zeitumkehr besteht.

Mit den Überlegungen dieser Ziffer 15.4 haben wir den Satz a) aus Ziffer 14.1/2 nachträglich begründet. Wir wenden uns jetzt der Begründung der Sätze b) und c) zu und behandeln den *Zeeman-Effekt* von Ionen im Kristallfeld, d.h. die vollständige Aufspaltung eines zum Drehimpuls J gehörenden Term des freien Ions in $2J+1$ einfache Komponenten.

16. Zeeman-Effekt von Ionen in Kristallen

16.1. Hamilton-Operator und Störungsrechnung

Wird dem elektrischen Kristallfeld ein homogenes Magnetfeld[56]

$$\boldsymbol{H} = \tfrac{1}{2}(H_x - i H_y)(\boldsymbol{x} + i\boldsymbol{y}) + \tfrac{1}{2}(H_x + i H_y)(\boldsymbol{x} - i\boldsymbol{y}) + H_z \boldsymbol{z} \quad (16.1)$$

$(\boldsymbol{x}, \boldsymbol{y}, \boldsymbol{z}$ = Einheitsvektoren)

überlagert, so wird der Hamiltonoperator eines Ions zu

$$\mathscr{H} = \mathscr{H}_0 + \mathscr{K} + \mathscr{Z} + \mathscr{D}, \quad (16.2)$$

wobei[57]

$$\mathscr{Z} = -\boldsymbol{m}\boldsymbol{H} \quad (16.3)$$

den *paramagnetischen* Energieanteil (die *Zeeman-Energie*), d.h. die potentielle oder Einstellenergie des permanenten magnetischen Momentes

$$\boldsymbol{m} = -\frac{\mu_B}{\hbar}\sum_{i=1}^{N}(\boldsymbol{l}_i + 2\boldsymbol{s}_i) = -\frac{\mu_B}{\hbar}(\boldsymbol{L} + 2\boldsymbol{S}) = -\frac{\mu_B}{\hbar}(\boldsymbol{J} + \boldsymbol{S}) \quad (16.4)$$

im Feld und

$$\mathscr{D} = \frac{1}{2}\left(\frac{\mu_B}{\hbar}\right)^2 \Theta\, \boldsymbol{H}^2 \quad (16.5)$$

den *diamagnetischen* Energieanteil liefert. Dabei ist

$$\Theta = m_{e0}\sum_{i=1}^{N}\varrho_i^2 = m_{e0}\sum_{i=1}^{N} r_i^2\left[1 - \left(\frac{\boldsymbol{r}_i\boldsymbol{H}}{r_i H}\right)^2\right] \quad (16.6)$$

das Trägheitsmoment der N Elektronen um die Magnetfeldrichtung gemäß Abb. 16.1 (m_{e0} = Elektronenmasse).

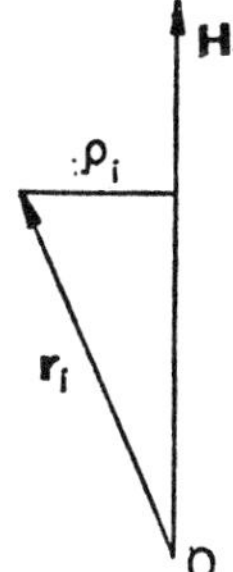

Abb. 16.1. Zur Definition des Elektronenträgheitsmomentes

Der diamagnetische Anteil ist im allgemeinen klein gegenüber dem paramagnetischen und wird hier vernachlässigt. Andererseits kann die Zeeman-Energie durchaus von derselben Größe wie die Kristallfeldaufspaltung werden, d.h.

$$\mathscr{F} = \mathscr{K} + \mathscr{Z} \quad (16.7)$$

ist als Störung zu $\mathscr{H}_0$ hinzuzufügen. Wir wollen wieder nur in erster Näherung rechnen (γ, J fest), d.h. wir haben in der Säkulargleichung die $K_{M'M}$ durch

$$F_{M'M} = K_{M'M} + \langle \gamma J M' \,|\, \mathscr{Z} \,|\, \gamma J M\rangle \quad (16.8)$$

zu ersetzen. Die $K_{M'M}$ sind uns bereits bekannt. Von $\mathscr{Z}$ verschwinden alle Matrixelemente mit Ausnahme von[58] solchen zwischen Zuständen mit $M' - M = 0, \pm 1$. Diese sind

$$\langle \gamma J M \mp 1 \,|\, \mathscr{Z} \,|\, \gamma J M\rangle = \tfrac{1}{2} g_{\gamma J}\mu_B \sqrt{(J \pm M)(J \mp M + 1)}\cdot H_{\pm}, \quad (16.9)$$

[56] In stark magnetisierten Proben ist für $\boldsymbol{H}$ das innere Feld $\boldsymbol{H}^{\text{int}}$ zu setzen, siehe Ziffer 19.2.

[57] Zum Maßsystem vgl. Ziffer 19 und den Anhang.

[58] Siehe z.B. Condon-Shortley [E1] und Lehrbücher des Magnetismus. Die Gln. (16.9) und (16.10) sind identisch mit der Aussage, daß in der $|\gamma J M\rangle$-Darstellung die Matrixelemente von

$$\boldsymbol{m} = -\frac{\mu_B}{\hbar}(\boldsymbol{J} + \boldsymbol{S})$$

gleich denen von

$-\frac{\mu_B}{\hbar} g_{\gamma J}\boldsymbol{J}$ sind.

Ersetzt man $\mathscr{Z}$ durch

$$\frac{\mu_B}{\hbar} g_{\gamma J}\boldsymbol{J}\boldsymbol{H} = \frac{\mu_B}{\hbar} g_{\gamma J} \cdot [\tfrac{1}{2}(J_x - iJ_y)(H_x + iH_y) + \tfrac{1}{2}(J_x + iJ_y)(H_x - iH_y) + J_z H_z],$$

so erhält man sofort (16.9/10). Dasselbe Ergebnis folgt auch aus dem Wigner-Eckart-Theorem (das wir schon für die Berechnung der $(\mathscr{K}_{lm})_{M'M}$ benutzt haben (15.47/47')).

wobei $H_\pm = H_x \pm i H_y$ und entweder das obere oder das untere Vorzeichen zu nehmen ist, und

$$\langle \gamma J M | \mathscr{Z} | \gamma J M \rangle = g_{\gamma J} \mu_B M H_z , \qquad (16.10)$$

$g_{\gamma J}$ ist der Landésche g-Faktor des freien Ions. Er ist unabhängig von M. Sein Wert hängt von der Kopplung zwischen den $\boldsymbol{l}_i$, $\boldsymbol{s}_i$ ab. Ferner ist $g_{\gamma J} = 1$ bei reinem Bahn- ($S = 0$) und $g_{\gamma J} = 2$ bei reinem Spinmagnetismus ($L = 0$). Die magnetische Energie liefert also Beiträge zu den Matrixelementen $F_{M'M}$ nur in der Hauptdiagonalen (Gl. (16.10)) und in den beiden ersten Nebendiagonalen (Gl. (16.9)) der Säkulargleichung (15.56).

Zum *Beispiel* wird in dem schon behandelten Fall $J = 1$ in der Symmetrie C_3 die Säkulargleichung (15.57) zu ($g_{\gamma J} = g$)

$$\begin{vmatrix} K_{11} + g\mu_B H_z - W & \frac{1}{\sqrt{2}} g\mu_B H_- & 0 \\ \frac{1}{\sqrt{2}} g\mu_B H_+ & K_{00} - W & \frac{1}{\sqrt{2}} g\mu_B H_- \\ 0 & \frac{1}{\sqrt{2}} g\mu_B H_+ & K_{11} - g\mu_B H_z - W \end{vmatrix} = 0, \qquad (16.11)$$

d.h.

$$(K_{11} - W)[(K_{11} - W)(K_{00} - W) - g^2 \mu_B^2 H_\perp^2] - (K_{00} - W) g^2 \mu_B^2 H_\parallel^2 = 0, \qquad (16.12)$$

wobei

$$H_\perp^2 = H_x^2 + H_y^2 = H^2 \sin^2\vartheta, \qquad H_\parallel^2 = H_z^2 = H^2 \cos^2\vartheta. \qquad (16.13)$$

Es ist also der Zeeman-Effekt unabhängig von φ, d.h. *rotationssymmetrisch* ($p = \infty$) um z, wie bei trigonaler Symmetrie zu erwarten (siehe Ziffer 11, Ziffer 19 und (16.26)).

Liegt speziell $\boldsymbol{H}$ *in der Kristallachse*, so ist $H_\perp = 0$, $H_\parallel = H$ und die Energien sind (vgl. Abb. 16.2)

$$\begin{aligned} W_0 &= K_{00} = -2K_{11}, \\ W_{\pm 1} &= K_{11} \pm g_{\gamma J} \mu_B H . \end{aligned} \qquad (16.14)$$

Das Kramers-Singulett bleibt also stehen ($\langle m_z \rangle_0 = 0$), das Kramers-Dublett spaltet *symmetrisch* und *linear* mit H auf, wobei die magnetischen Momente in z-Richtung $\langle m_z \rangle_{\pm 1} = \mp g_{\gamma J} \mu_B = \mp g_{\gamma J} J \mu_B$ die des freien Ions sind. Das ist in diesem Fall kein Wunder, da nach der Diskussion auf S. 161 für $J = 1$ und $p = 3$ die Kristallzustände u^μ noch die Zustände $|\gamma 1 M\rangle$ selbst sind und $\mu = M$ ist:

$$\begin{aligned} u^0 &= |\gamma 1 0\rangle, & \mu &= M = 0, \\ u^1 &= |\gamma 1 1\rangle, & \mu &= M = 1, \\ u^{-1} &= |\gamma 1 -1\rangle, & \mu &= M = -1. \end{aligned} \qquad (16.15)$$

Steht $\boldsymbol{H}$ *senkrecht* zur A_3^z, d.h. ist $H_\parallel = 0$, $H_\perp = H$, so sind die Lösungen von (16.12) gleich

$$W_1 = K_{11},$$

$$W_{\substack{0 \\ -1}} = \tfrac{1}{2}(K_{00} + K_{11}) \pm \tfrac{1}{2}\sqrt{(K_{00} - K_{11})^2 + (2 g_{\gamma J} \mu_B H)^2}. \qquad (16.16)$$

Da die Indizes von $K_{M'M} = K_{\mu'\mu}$ hier auch die μ-Werte bedeuten, sieht man am Auftreten von zwei Indizes 0 und 1, daß in den Zuständen W_0 und W_{-1} die μ-Zustände (16.15) durchmischt sind, im Gegensatz zum Fall $\boldsymbol{H} \| A_3^z$, wo auch mit Magnetfeld die C_3-Symmetrie erhalten bleibt. Das ist bei $\boldsymbol{H} \perp A_3^z$ nicht der Fall, μ ist nicht mehr definiert und die Indizes an den W in (16.16) bedeuten nur im Grenzfall $H \to 0$ wieder μ. Nach (16.16) ist jetzt W_1 unabhängig von H. Die $W_{-1}^{\,0}$ schreiben wir mit Hilfe von (15.60′) um auf

$$K_{00} = -2K_{11}, \quad \Delta_J = 3|K_{11}| = \frac{3}{2}|K_{00}|, \qquad (16.17)$$

$$W_{\substack{0 \\ -1}} = \frac{1}{2} K_{11} \left[-1 \mp 3 \sqrt{1 + \left(\frac{2 g_{\gamma J} \mu_B H}{3 K_{11}} \right)^2} \right] \qquad (16.18)$$

und entwickeln für kleine H, d.h. solange

$$2 g_{\gamma J} \mu_B H \ll \Delta_J \tag{16.19}$$

(Δ_J = Betrag der gesamten Kristallfeldaufspaltung, siehe Abb. 16.2):

$$W_{-1}(H) = W_{-1}(0) + \frac{g_{\gamma J}^2 \mu_B^2 H^2}{3 K_{11}} \tag{16.20}$$

$$W_0(H) = W_0(0) - \frac{g_{\gamma J}^2 \mu_B^2 H^2}{3 K_{11}}. \tag{16.21}$$

Man erhält also in der Nähe von $H = 0$ nur einen *quadratischen* Zeeman-Effekt, als Ergebnis der Konkurrenz von Kristallfeld und Magnetfeld[59] schon in 1. Näherung der Störungsrechnung. Für den Fall, daß $K_{00} > 0$, $K_{11} < 0$ sind in Abb. 16.2 die Energien über H aufgetragen. Da jeweils zwei Terme sich entgegengesetzt gleich stark verschieben, ist die Summe der Zeeman-Verschiebungen (bei jeder der beiden Orientierungen) immer Null: auch die Zeeman-Aufspaltung ist *symmetrisch*.

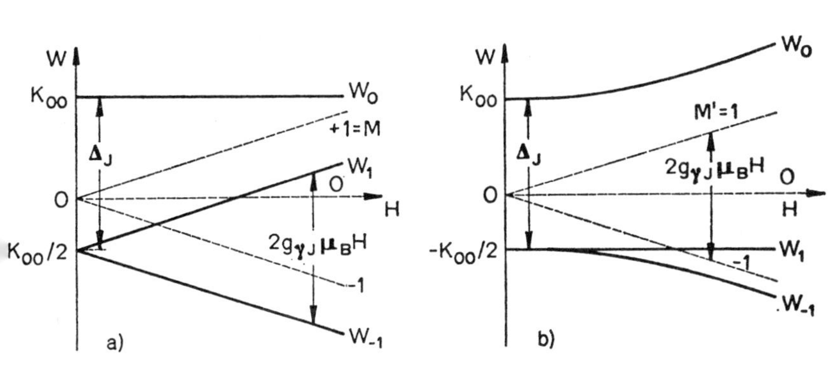

Abb. 16.2. Zeeman-Effekt eines Terms mit $J = 1$ im trigonalen, tetragonalen oder hexagonalen Kristallfeld, experimentell realisiert z.B. durch den Term $^5D_1$ des Eu^{3+} in $Eu(C_2H_5\,SO_4)_3 \cdot 9\,H_2O$, siehe Abb. 18.1. a) Linearer Effekt im achsenparallelen Feld $\boldsymbol{H} \| A_3^z$. b) Nichtlinearer Effekt im Querfeld $\boldsymbol{H} \perp A_3^z$. Δ_J = Kristallfeldaufspaltung des $(2J+1)$ = 3-fach richtungsentarteten Terms des freien Ions in ein Kramers-Dublett und ein Kramers-Singulett. Gestrichelt: Grenzfall $\Delta_J = 0$.

Da wir $\mathscr{F} = \mathscr{K} + \mathscr{Z}$ als Störung zu $\mathscr{H}_0$ eingeführt haben, verlassen wir die 1. Näherung der Störungsrechnung noch nicht, wenn wir auch den Fall

$$2 g_{\gamma J} \mu_B H \gg \Delta_J \tag{16.22}$$

anhand der Gln. (16.14) und (16.16) diskutieren. Bei genügend großem H können wir alle Matrixelemente des Kristallfeldes verschwinden lassen und erhalten, wie es sein muß, unabhängig von der Orientierung die drei Zeeman-Energien des freien Ions

$$W_M = M g_{\gamma J} \mu_B H\,, \quad M = 0, \pm 1\,. \tag{16.23}$$

Bei sehr großen Feldstärken wird also der Zeemaneffekt immer linear und isotrop. M ist dabei immer die magnetische Quantenzahl relativ zu $\boldsymbol{H}$ als Quantisierungsachse.

Zeigt das Magnetfeld in eine *beliebige* Richtung (ϑ, φ) zum Kristall[60], so wird die Energie eine komplizierte Funktion von (ϑ, φ) und $H = |\boldsymbol{H}|$, die man zweckmäßigerweise nach Potenzen der Energie $\mu_B H$ entwickelt:

$$W_k(\vartheta, \varphi, H) = W_k(H = 0) + s_k(\vartheta \varphi)\, \mu_B H + q_k(\vartheta \varphi)\, (\mu_B H)^2 + \cdots \tag{16.24}$$

s_k und q_k heißen der lineare und der quadratische *Aufspaltungsfaktor* für die jeweilige Feldrichtung. Man kann zeigen (H. A. Kramers 1930), daß

$$s_k(\vartheta \varphi) = \lim_{H \to O} \frac{d W_k(\vartheta \varphi H)}{d(\mu_B H)} \tag{16.25}$$

[59] Bei freien Atomen tritt ein quadratischer Zeeman-Effekt im starken Magnetfeld als Effekt zweiter Näherung auf; er hat mit dem hier besprochenen Effekt erster Näherung nur den Namen gemeinsam.

[60] Zu den Aufspaltungshauptachsen und über diese zu den Kristallachsen, siehe unten.

ein symmetrischer Tensor ist, d.h es gilt die Gleichung

$$s_k^2(\vartheta\,\varphi) = s_{k1}^2 \sin^2\vartheta \cos^2\varphi + s_{k2}^2 \sin^2\vartheta \sin^2\varphi + s_{k3}^2 \cos^2\vartheta\,. \qquad (16.26)$$

Man erhält also das *Aufspaltungsellipsoid*, wenn man den gemessenen reziproken Aufspaltungsfaktor $1/s(\vartheta, \varphi)$ in Richtung (ϑ, φ) des Magnetfeldes abträgt, wobei ϑ und φ gegen die Hauptachsen des Aufspaltungsellipsoides gemessen werden und s_{k1}^{-1}, s_{k2}^{-1}, s_{k3}^{-1} die Hauptachsenwerte von $s_k^{-1}(\vartheta\,\varphi)$ sind. Die Lage des Aufspaltungsellipsoides zu den Kristallachsen folgt den in Ziffer 11.1 formulierten Gesetzen. Ferner hat Kramers gezeigt, daß zwei zueinander Kramers-konjugierte Zustände $u^\mu = u_k$ und $\overline{u^\mu} = u^{-\mu} = u_{-k}$ entgegengesetzt gleiches $s(\vartheta, \varphi)$ haben, d.h. daß in der linearen Näherung von (16.24)

$$W_{-k}(\vartheta\,\varphi\,H) = W_k(\vartheta\,\varphi - H)\,, \qquad (16.27)$$

$$s_{-k}(\vartheta\,\varphi) = -\,s_k(\vartheta\,\varphi) \qquad (16.27')$$

ist.

Aufgabe 16.1. Löse die Säkulargleichung (16.12) für beliebige Winkel ϑ zwischen A_3^s und $\boldsymbol{H}$. Entwickle die Energien nach Potenzen von $\mu_B H$ und gib die linearen und quadratischen Aufspaltungsfaktoren $s_k(\vartheta)$ und $q_k(\vartheta)$ als Funktionen von ϑ an. Haben $s_k(\vartheta)$ und $q_k(\vartheta)$ Ellipsoidsymmetrie?

Aufgabe 16.2. Bestimme die Eigenzustände nullter Näherung zu den Energien (16.16).

Aufgabe 16.3. Behandle die Kristallfeldaufspaltung und den anisotropen Zeeman-Effekt eines Terms mit $J = 3/2$ und eines Terms mit $J = 1/2$ in einem trigonalen Feld der Symmetrie C_3.

Damit schließen wir die Behandlung des Zeeman-Effektes ab. Wesentlich für das folgende sind zwei allgemeine Ergebnisse: die starke *Anisotropie* und die Tatsache, daß die Zeeman-Verschiebung schon in 1. Näherung *keineswegs mehr linear* in H sein muß. Beides folgt unmittelbar aus der Existenz des elektrischen Kristallfeldes.

16.2. Beschreibung durch Spin-Hamilton-Operatoren

Die Beschreibung eines Ions im Kristallgitter durch seine Wechselwirkung mit einem elektrostatischen Kristallfeld ist nur eine Näherung. Sie liefert richtig die Anzahl und die Entartung der bei der Aufspaltung eines Terms des freien Ions entstehenden Kristallfeldkomponenten, sowie die Größe und die Anisotropie des Zeemaneffektes. Dagegen kann die Größe der Kristallfeldaufspaltung im allgemeinen nicht aus dem Hamilton-Operator $\mathscr{H}_0 + \mathscr{K}$ berechnet werden, da wohl die Symmetrie, nicht aber die Stärke des Kristallfeldes a priori angegeben werden kann. Nur in günstigen Fällen können die den Operator $\mathscr{K}$ bestimmenden Faktoren $g_{lm}(r)$ oder die A_l^m (vgl. Gl. (15.11)) aus dem Gitter abgeschätzt werden (siehe Aufgabe 15.3). In den meisten Fällen müssen die Konstanten $\alpha_l^m \overline{\overline{G(\gamma J)}}$ (siehe Gl. (15.47)) durch Vergleich der formalen Lösung der Eigenwertgleichung mit dem Experiment bestimmt werden.

Geht man noch einen Schritt weiter und verzichtet überhaupt auf die Aufstellung eines ortsabhängigen Kristallfeldoperators $\mathscr{K}$, so kommt man nach Abragam und Pryce [E 23] zu der Beschreibung der Aufspaltung eines Terms in Kristall- und/oder Magnetfeld durch einen diesem Term angepaßten *Spin-Hamilton-Operator* $\mathscr{H}'$.

Um diesen aufzustellen, definiert man einen „effektiven Spin" $\boldsymbol{S}'$, der gleich dem wirklichen Drehimpuls ($\boldsymbol{J}$, $\boldsymbol{L}$ oder $\boldsymbol{S}$) des freien Ions oder aber auch kleiner als dieser sein kann. Man findet ihn, indem man den Entartungsgrad des Elektronen-Terms, dessen Aufspaltung betrachtet wird, gleich $2S' + 1$ setzt (S' = effektive Spinquantenzahl).

Die Aufspaltung eines Terms mit $J = 1$ (unser Beispiel aus Ziffer 15.2 und 16.1) durch Kristall- und Magnetfeld würde $S'=J=1$ verlangen; interessiert man sich nur für die Aufspaltung eines $\{\pm\mu\}$-Kramers-Dubletts durch ein Magnetfeld, so genügt ein Spin-Hamilton-Operator mit $S' = 1/2$, so daß also $S' \leq J$. In jedem Fall kann eine effektive magnetische Quantenzahl $M' = S', S'-1, \ldots, -S'$ definiert werden. Der Spin-Hamilton-Operator $\mathscr{H}'$ muß so aus den Drehimpulsoperatoren S_x', S_y', S_z' aufgebaut werden, daß er die Aufspaltung des betrachteten Terms richtig wiedergibt. Dies ist immer möglich, wie hier nicht bewiesen werden kann[61]. Dabei werden von vornherein die Beträge der Aufspaltung im Kristallfeld als Konstanten D, E usw. eingeführt, die hinterher durch Vergleich der gemessenen Spektren mit den aus $\mathscr{H}'$ berechneten Termen experimentell bestimmt werden müssen. Analog werden für die Beschreibung der Aufspaltung im Magnetfeld Komponenten g_x', g_y', g_z' oder $g_{||}', g_\perp'$ eines g'-Tensors benutzt, auf deren Berechnung aus den Eigenschaften des Ionenterms im Kristallfeld zunächst ebenfalls verzichtet wird[62]. Weiter wird vorausgesetzt, daß es „effektive Eigenzustände" ψ' gibt, die Eigenzustände sowohl zu $\mathscr{H}'$ wie $\boldsymbol{S}'$ und, bei Berücksichtigung der Hyperfeinstruktur, auch des Kernspins $\boldsymbol{I}$ sind.

Ein schon recht allgemeiner Fall wird z.B. durch den folgenden Operator beschrieben:

$$\begin{aligned}\mathscr{H}' = D\{S_z'^2 - \tfrac{1}{3}S'(S'+1)\} + E\{S_x'^2 + S_y'^2\}\\ + \mu_B\{g_z' H_z S_z' + g_x' H_x S_x' + g_y' H_y S_y'\}\\ + A_z S_z' I_z + A_x S_x' I_x + A_y S_y' I_y\,.\end{aligned} \tag{16.28}$$

Dabei sind S_i' und I_i ($i = x, y, z$) Operatoren der Komponenten von effektivem Elektronenspin und wahrem Kernspin (allerdings, wie es hier üblich ist, dividiert durch den Faktor $\hbar$, der bereits in die Konstanten vorgezogen ist). Die erste Zeile gibt die Kristallfeldaufspaltung in einem nichtkubischen Kristallfeld, die zweite Zeile den Zeemaneffekt, die dritte Zeile die magnetische Kernhyperfeinstruktur an[63]. Die Konstanten D, E, g_i' und A_i sind dem Experiment zu entnehmen.

Für unser Beispiel $J = 1$ in einem C_3-Kristallfeld vereinfacht sich $\mathscr{H}'$ wegen

$$g_z' = g_{||}', \quad g_x' = g_y' = g_\perp' \tag{16.29}$$

und mit

$$S_\pm' = S_x' \pm i S_y'; \quad H_\pm = H_x \pm i H_y \tag{16.30}$$

zu (ohne Kernspin)

$$\mathscr{H}' = D(S_z'^2 - \tfrac{2}{3}) + \mu_B\{g_{||}' H_z S_z' + \tfrac{1}{2} g_\perp'(H_+ S_-' + H_- S_+')\}\,. \tag{16.31}$$

Hier ist schon hineingesteckt, daß die Kristallfeldaufspaltung rotationssymmetrisch ($p = \infty$) ist (vgl. (15.57)ff.), so daß nur das Glied mit $S_z'^2$ stehen bleibt, und daß auch der Zeeman-Effekt rotationssymmetrisch ist.

Wendet man diesen Operator auf Eigenzustände ψ' an, die Linearkombinationen von effektiven Zuständen $|S'M'\rangle$ mit $S' = 1$, $M' = \pm 1, 0$ sind, so erhält man eine zu (16.11) analoge dreizeilige Säkulargleichung, die durch Matrixelemente $\langle 1 M''|\mathscr{H}'|1 M'\rangle$ bestimmt ist. Aus ihr folgen dieselben Ergebnisse wie aus (16.11), wenn man für das Kristallfeld $D = -\Delta_J < 0$ (vgl. Abb. 16.2) und für den Zeeman-Effekt $g_{||}' = g_\perp' = g_{\gamma J}$ setzt.

Trotz dieses formalen Erfolges sei noch einmal betont, daß der Spin-Hamilton-Operator $\mathscr{H}'$ selbst keinerlei Begründung über die

[61] Der Beweis benutzt die „Vektoräquivalenzen", siehe die Spezialliteratur.

[62] Der g'-Tensor ist im allgemeinen weder identisch mit dem früher definierten Aufspaltungstensor (s), noch mit dem Landé-Faktor $g_{\gamma J}$ des freien Ions.

[63] Kernquadrupoleffekte und die magnetische Wechselwirkung des Kernspins mit dem äußeren Magnetfeld sind klein und hier weggelassen.

Größe der Aufspaltung enthält (wie es die Operatoren $\mathscr{K}$ und $\mathscr{H}^Z$ im Prinzip tun), wohl aber eine übersichtliche Beschreibung der Beobachtungen mit Hilfe von einfachen Drehimpulsoperatoren und experimentell bestimmten Konstanten erlaubt. Vor allem in der Hochfrequenzspektroskopie (Elektronen- und Kernspinresonanz) werden Spin-Hamilton-Operatoren deshalb allgemein benutzt.

Aufgabe 16.4. Löse die zum Operator (16.31) gehörende Säkulargleichung für $\boldsymbol{H} \| z$ und $\boldsymbol{H} \perp z$ und bestimme ihre Parameter $g_{\|}$, $g_{\perp}$ und D aus meßbaren Größen.

Aufgabe 16.5. Versuche, beim gleichen Beispiel den Spin-Hamilton-Operator nur für den Zeeman-Effekt der unteren zweifachen Kristallfeldkomponente ($\mu = \{\pm 1\}$) aufzustellen und bestimme die Parameter. Kommt auch hier der „quadratische Zeeman-Effekt 1. Ordnung" für $\boldsymbol{H} \perp A_3^z$ heraus?

17. Ionen in schwingenden Kristallen: Elektron-Phonon-Wechselwirkung

Wir behandeln jetzt die Wechselwirkung der Gitterschwingungen mit den Elektronenzuständen eines Ions. Auf dieser Wechselwirkung beruhen die *Schwingungsstruktur* der Elektronenterme (Ziffer 17.1) und die *strahlungslosen Übergänge* zwischen verschiedenen Elektronentermen (Ziffern 17.2/3/4). Die Elektron-Phononwechselwirkung beruht darauf, daß 1) das Kristallfeld, d.h. die Elektronenenergie eines Ions von der Lage der übrigen Gitterbausteine, also auch von deren Bewegungen abhängt, und 2) daß umgekehrt die chemische Bindungskraft, d.h. die Gleichgewichtslage aller Atome vom Elektronenzustand bestimmt wird.

17.1. Schwingungsstruktur der Elektronenterme

Wir nehmen zunächst an, daß die Lebensdauer τ der Elektronenterme groß ist gegen die Schwingungsdauer, d.h. die Termbreite klein gegen die Phononenenergie:

$$\hbar \cdot \frac{2\pi}{\tau} \ll \hbar\,\omega^{(i)}(\boldsymbol{q}) . \qquad (17.1)$$

Ist dann eine Gitterschwingung angeregt[64], so ändert sich das Kristallfeld zeitlich periodisch mit der Schwingungsfrequenz und bewirkt anschaulich eine Frequenzmodulation der Elektronenbewegung, der, wie schon bei den Elektronen-Schwingungsspektren in Ziffer 9.4 behandelt, die Addition der Schwingungsquanten (Phononenenergien) zu den Elektronenniveaus korrespondiert[65]. Ist (17.1) nicht erfüllt, so wird nach der Unbestimmtheitsrelation die Breite des Elektronenterms von der Größe der Schwingungsquanten, d.h. die Schwingungsstruktur geht in der Termbreite unter. Ein Beispiel für die spektroskopische Analyse der Schwingungsstruktur von Elektronentermen in Kristallen ist bereits in Ziffer 9.4 gegeben worden.

17.2. Strahlungslose Übergänge

Der energetische Abstand ΔW_e zwischen zwei Elektronenzuständen kann formal immer durch Addition einer gewissen Anzahl von im Gitter vorkommenden Phononen überbrückt werden, da die Phononenenergie kontinuierlich über die Dispersionszweige verteilt ist[66]. Infolge der Elektron-Phonon-Kopplung können Übergänge zwischen diesen beiden Zuständen erfolgen, bei denen je nach der Richtung die Elektronenanregungsenergie in Phononenenergie verwandelt wird, oder umgekehrt. Die Wahrscheinlichkeit derartiger *strahlungsloser Übergänge* ist um so größer, je kleiner die Anzahl der beteiligten Phononen und je stärker die Elektron-Phonon-Wechselwirkung ist. Diese variiert sehr stark von Substanz zu Substanz. Abb. 17.1 gibt eine Übersicht über die zwischen zwei im Kristallfeld aufgespaltenen Termen möglichen Prozesse[66a].

Der einfachste Prozeß ist der *Direkt-Prozeß* mit nur einem Phonon, so daß $W_e' - W_e'' = \hbar\omega^{(i)}(\boldsymbol{q})$. Er kann nur zwischen zwei Elektronentermen vorkommen, deren Abstand kleiner ist als die obere Grenze $k\Theta$ (siehe Gl. (10.29)) des Phononenspektrums, da $\hbar\omega^{(i)}(\boldsymbol{q}) \leqq k\Theta$ ist, und in Absorption nur bei Temperaturen, bei denen Phononen der erforderlichen Energie nach Gl. (10.7) thermisch angeregt sind. Derartige Absorptionsübergänge führen z.B. zur Anregung höherer Kristallfeldkomponenten II, III, ... des Elektronengrundterms. Da die Besetzung von II, III, ... im thermischen Gleichgewicht dem Boltzmannfaktor gehorcht, muß der Phononenabsorption sowohl eine *spontane* wie auch eine durch Phononen *erzwungene* Phononenemission entsprechen. Für die relativen Über-

[64] Es genügt, zunächst nur eine Eigenschwingung zu betrachten.

[65] Die Eigenzustände sind dann Produkte aus einem Elektronen- und einem Schwingungszustand (Separation von Elektronen- und schwingungsbewegung, vgl. [M] Ziffer 2).

[66] Die Nullpunktsenergie $\frac{1}{2}\sum \hbar\,\omega^{(i)}(\boldsymbol{q})$ aller Phononen addieren wir gleich zu den Elektronentermen hinzu, was den Abstand zweier Terme nicht ändert.

[66a] Es können nicht nur thermische Phononen absorbiert oder gestreut werden, sondern auch solche, die in einem Ultra- oder Hyperschallbündel von außen eingestrahlt werden. Es gibt also neben der Photonen- auch eine Phononenspektroskopie als experimentelle Technik.

gangswahrscheinlichkeiten aller drei Prozesse gelten die Einsteinschen Überlegungen für strahlende Übergänge[67], mit dem Unterschied, daß die Plancksche Zustandsdichte (10.40) durch die Phononenzustandsdichte (8.45) oder (10.14) zu ersetzen ist (vgl. Ziffer 23.3).

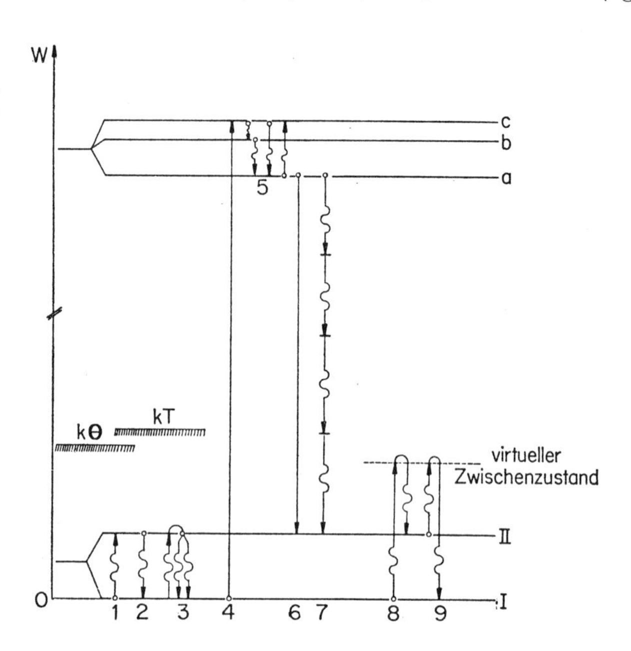

Abb. 17.1. Strahlungslose (und einige strahlende) Übergänge zwischen zwei Kristallfeldmultipletts und innerhalb ihrer Komponenten. (1) Absorption, (2) spontane und (3) erzwungene Emission eines Phonons (Einphonon- oder Direkt-Prozesse). (4) Anregung durch Absorption eines Photons. (5) Einphononprozesse im oberen Kristallfeldmultiplett. (6) Fluoreszenzübergang, spontane Emission eines Photons. (7) Mit (6) konkurrierender strahlungsloser spontaner 4-Phononen-Übergang. (8) Stokesscher, (9) anti-Stokesscher Zwei-Phononen-Prozeß (Phononen-Raman-Effekt). $k\Theta$ = Debyesche Grenzphononenenergie, kT = variable thermische Energie (die hier für alle eingezeichneten Prozesse ausreicht). Schematisch

Innerhalb eines hoch über kT liegenden Kristallfeldmultipletts a, b, c kann sich ein thermisches Gleichgewicht durch Einphonon-Prozesse nur ausbilden[67a], wenn die Terme so lange leben, daß zwischen ihnen genügend viele Einphonon-Prozesse abgelaufen sind, ehe sie durch Mehrphononen-Prozesse oder Emission von Strahlung in eine der Grundtermkomponenten I, II, III, ... übergehen (Abb. 17.1).

17.3. Phononen-Raman-Effekt

Außer durch Absorption eines Phonons kann der angeregte Term II auch durch *unelastische Streuung* eines „zu großen" Phonons über einen virtuellen Zwischenzustand angeregt werden, siehe Abb. 17.1. Dieser Übergang ist ein Stokesscher *Ramanprozeß* mit zwei Phononen, der analoge anti-Stokessche Prozeß führt von II nach I.

17.4. Lebensdauer und Breite eines Elektronenterms

Strahlungslose Übergänge verkürzen die Lebensdauer und vergrößern die Breite des Ausgangsterms. Selbst bei sehr tiefen Temperaturen ergibt schon die spontane Phononen-Emission, deren Übergangswahrscheinlichkeit nicht von der Temperatur abhängt, eine *natürliche Breite*. Die erzwungenen Prozesse bei höherer Temperatur führen zu einer weiteren Verbreiterung. Im allgemeinen gibt es für einen Elektronenterm mehrere parallel geschaltete strahlende und strahlungslose Prozesse, durch die er entvölkert werden kann. Sind w_j die Übergangswahrscheinlichkeiten für diese Prozesse, so ist die *mittlere Lebensdauer* τ des Terms gegeben durch

$$1/\tau = \sum_j w_j \qquad (17.2)$$

[67] Siehe z.B. [A], Ziffer 34/35.

[67a] Sogenannte Thermalisierung der Gruppe der angeregten Terme.

und die ihr entsprechende *Termbreite* durch

$$\Delta W = \hbar \frac{2\pi}{\tau} = h \sum_j w_j . \qquad (17.3)$$

Experimentelle Beispiele für die Elektron-Phonon-Kopplung werden in Ziffer 18.32 und 23.1 gegeben.

Aufgabe 17.1. Führe die Einsteinsche Überlegung über die relativen Wahrscheinlichkeiten der Phononen-Absorption und der spontanen und erzwungenen Phononen-Emission zwischen zwei Elektronentermen durch für a) beliebige und b) die Debyesche Zustandsdichte $Z(\omega)$ des Phononengases. Diskutiere im zweiten Fall besonders den Einfluß der Debyeschen Grenzfrequenz. Entwickle für $T \ll \Theta$ und $T \gg \Theta$ und diskutiere die Temperaturabhängigkeit.

18. Spektren von Ionen in Kristallfeldern

Die direkteste Methode zur Untersuchung eines Termschemas ist die spektroskopische Analyse der strahlenden Übergänge.

Wir stellen deshalb zunächst die *Auswahlregeln* für die Symmetriequantenzahlen auf, und zwar sowohl für *elektrische* wie für *magnetische Dipolstrahlung*. Anschließend werden wir einige wichtige *Ergebnisse* der Kristallspektroskopie diskutieren.

18.1. Auswahlregeln für elektrische Dipolstrahlung

Folgende Ergebnisse der Strahlungstheorie werden als bekannt vorausgesetzt[68]:

Wird bei einem Übergang zwischen zwei Zuständen U_n und U_m *elektrische Dipolstrahlung* (Symbol: $E1$)[68a] mit der Übergangsfrequenz

$$\omega_{mn} = \frac{W_n - W_m}{\hbar} \tag{18.1}$$

emittiert, so ist im Mittel über viele Emissionsakte das Strahlungsfeld (der $\boldsymbol{E}$-Vektor) gegeben durch das klassisch-physikalische Strahlungsfeld eines atomaren elektrischen Dipols $\boldsymbol{P}$ mit den Komponenten P_x, P_y, P_z oder (die positive Kernladung liegt bei $\boldsymbol{r} = 0$!)

$$\begin{aligned} P_z &= -e\sum_{i=1}^{N} z_i = -e\sum_{i=1}^{N} r_i \cos\vartheta_i\,, \\ P_\pm &= P_x \pm i\,P_y = -e\sum_{i=1}^{N}(x_i \pm i\,y_i) = -e\sum_{i=1}^{N} r_i \sin\vartheta_i\, e^{\pm i\varphi_i}\,, \end{aligned} \tag{18.2}$$

wobei die $(x_i\; y_i\; z_i) \equiv (r_i\,\vartheta_i\,\varphi_i)$ die Koordinaten der Elektronen sind und der Koordinatenanfang in den Atomkern gelegt ist. P_z beschreibt die Amplitude eines längs z schwingenden Dipols, P_+ und P_- sind die Amplituden von Dipolen, die bei konstanter Länge in der xy-Ebene umlaufen und sich durch den Drehsinn unterscheiden.[68b] Allerdings hat man diese Dipolkomponenten als Operatoren aufzufassen und in die klassische Strahlungsformel an ihrer Stelle die durch die Matrixelemente

$$\begin{aligned} (U_n, P_z U_m) &= \langle n | P_z | m \rangle \\ (U_n, P_\pm U_m) &= \langle n | P_\pm | m \rangle \end{aligned} \tag{18.3}$$

definierten Übergangsmomente für Übergänge zwischen U_n und U_m einzusetzen. Sind alle drei Übergangsmomente gleich Null, so ist der Übergang *verboten*, ist nur eines oder sind nur zwei nicht Null, so ist das Strahlungsfeld *anisotrop* und *polarisiert*. Sind die Eigenzustände U_n, U_m bekannt, so können die Matrixelemente (18.3) berechnet werden. Im allgemeinen ist das nicht der Fall; jedoch folgt bereits aus der Symmetrie, daß für gewisse Übergänge die Übergangsmomente (18.3) verschwinden müssen, d.h. es gibt symmetriebedingte Auswahlregeln für ,,verbotene,, und ,,erlaubte“ Übergänge. Sie lassen sich leicht angeben, da die Matrixelemente bestimmte Integrale, also gegen alle Koordinatentransformationen *invariant* sind. Um auf die Symmetriequantenzahlen zu kommen, führt man speziell die Symmetrieoperationen durch. Wir behandeln folgende 3 Fälle:

a) *Hauptachse* A_p^z, *Symmetriequantenzahl* μ.

Die Invarianz gegenüber Drehung des Koordinatensystems durch $2\pi/p$ um z $(\varphi_i' = \varphi_i - 2\pi/p)$ verlangt nach Gl. (15.73) und Gl. (18.2),

---

[68] Eine Zusammenstellung ohne Beweis siehe z. B. in [A], Kap. H.

[68a] Es bedeuten: El = elektrischer 2^l-Pol, Ml = magnetischer 2^l-Pol.

[68b] $P_\pm$ werden eingeführt, weil sie Drehungen um die z-Achse besser angepaßt sind, als P_x und P_y.

wenn wir die transformierten Funktionen durch einen Strich ′ bezeichnen:

$$(U'_n, P'_z U'_m) = e^{-i(\mu_n - \mu_m)2\pi/p}(U_n, P_z U_m) = (U_n, P_z U_m) \qquad (18.4)$$

$$(U'_n, P'_\pm U'_m) = e^{-i(\mu_n - \mu_m \mp 1)2\pi/p}(U_n, P_\pm U_m) = (U_n, P_\pm U_m). \qquad (18.5)$$

In jeder dieser drei Gleichungen kann das Matrixelement nur dann nicht verschwinden, wenn die in der Mitte stehende Transformationsphase jedes Mal gleich 1 ist. Das liefert sofort folgende *Auswahlregeln* für nicht verbotene Übergänge[69]:

$$\langle n|P_z|m\rangle \neq 0 \quad \text{nur wenn} \quad \Delta\mu = \mu_n - \mu_m \equiv 0\,(\text{mod.}\,p) \qquad (18.6\text{a})$$

$$\langle n|P_+|m\rangle \neq 0 \quad \text{nur wenn} \quad \Delta\mu = \mu_n - \mu_m \equiv 1\,(\text{mod.}\,p) \qquad (18.6\text{b})$$

$$\langle n|P_-|m\rangle \neq 0 \quad \text{nur wenn} \quad \Delta\mu = \mu_n - \mu_m \equiv -1\,(\text{mod.}\,p) \qquad (18.6\text{c})$$

Im Grenzfall der Rotationssymmetrie $p = \infty$, wo μ in M übergeht, gehen diese Auswahlregeln in die Regeln $\Delta M = 0, \pm 1$ für die magnetische Quantenzahl M über.

Die Amplitude $\boldsymbol{E}$ der jeweils emittierten Kugelwelle ist proportional zu den Matrixelementen, die Strahlungsleistung, d.h. die Zahl von Photonen pro sec, d.h. die Übergangswahrscheinlichkeit also proportional zu deren Betragsquadraten. Polarisation und Anisotropie des Strahlungsfeldes sind die der klassischen Dipole P_z und $P_\pm$.

Aufgabe 18.1. Entwickle U_n und U_m in erster Näherung nach den $|\gamma J M\rangle$ (siehe Gl. (15.30)) und die Matrixelemente (18.3) nach den Matrixelementen $\langle M'|P_z|M\rangle$, $\langle M'|P_\pm|M\rangle$. Für diese gelten die Auswahlregeln $\Delta M = 0, \pm 1$. Beweise so noch einmal die Auswahlregeln (18.6). Stelle das Ergebnis graphisch durch Einzeichnen der erlaubten Übergänge $M' \leftrightarrow M$ in Graphen nach Art von Abb. 15.2 für $J = 6$, $p = 4$ dar.

Aufgabe 18.2. Wie groß muß die Zähligkeit p ($p = 1, 2, 3, 4, 6$) der A_p^z mindestens sein, damit bei einem Übergang nur höchstens einer der drei Übergangsdipole (18.6) ungleich Null ist? Wie sieht in diesen Fällen das Absorptionsellipsoid (11.27) aus?

Aufgabe 18.3. Was folgt aus den Auswahlregeln (18.6) für Form und Orientierung des Absorptionsellipsoides für einen Übergang im triklinen ($p = 1$) und monoklinen ($p = 2$) Kristallfeld?

b) Nebenachse A_2^y, Symmetriequantenzahl ν.

Wegen der Auszeichnung der y-Achse ist es zweckmäßig P_x und P_y wieder zu trennen. Man erhält auf dieselbe Weise wie eben für μ die folgenden *Auswahlregeln für ν*:

$$\langle n|P_x|m\rangle \neq 0 \quad \text{nur wenn} \quad \Delta\nu = \nu_n - \nu_m \equiv 1\,(\text{mod.}\,2) \qquad (18.7\text{a})$$

$$\langle n|P_y|m\rangle \neq 0 \quad \text{nur wenn} \quad \Delta\nu = \nu_n - \nu_m \equiv 0\,(\text{mod.}\,2) \qquad (18.7\text{b})$$

$$\langle n|P_z|m\rangle \neq 0 \quad \text{nur wenn} \quad \Delta\nu = \nu_n - \nu_m \equiv 1\,(\text{mod.}\,2)\,. \qquad (18.7\text{c})$$

c) Inversionszentrum Z, Paritätsfaktor I.

Bei der Inversion multiplizieren sich die U_n mit dem Faktor $I = +1$ oder $I = -1$ und die Komponenten des Dipolmomentes wechseln das Vorzeichen. Die Invarianz gegen Inversion verlangt also für alle drei Matrixelemente (18.3) die Befolgung der *Paritätsregel*

$$-I_n I_m = 1\,, \qquad I_n = -I_m\,, \qquad (18.8)$$

d.h. elektrische Dipolstrahlung ist nur bei Paritätswechsel erlaubt.

[69] $\Delta\mu \equiv a$ (mod p) bedeutet $\Delta\mu = a + z p$, wobei z eine beliebige ganze Zahl ist.

Aufgabe 18.4. Stelle die Auswahlregeln für die der Drehinversionsachse I_p^z zugeordnete Quantenzahl $\overline{\mu}$ (lies: mü minus) auf und diskutiere sie für gerade und ungerade Elektronenzahl.

Enthält die Punktsymmetrie eines Ions *mehrere* unabhängige Symmetrieelemente, so gelten die von diesen definierten Auswahlregeln simultan für alle Quantenzahlen, die für *beide* beteiligten Terme definiert sind[70].

Für die *Dieder-Klassen* D_p z.B. führt das zu folgenden Ergebnissen: Die Zustände mit $\mu \neq 0, \pm p/2$ sind symmetrieentartet (Ziffer 15.3). Für Übergänge, an denen wenigstens ein derartiger Zustand beteiligt ist, gelten nur die Auswahlregeln (18.6) für μ, als ob, wie in den zyklischen Klassen C_p, die A_2^y nicht existiere. Für die einfachen Zustände mit $\mu = 0$ oder $\mu = \pm p/2$ dagegen ist auch noch ν definiert (Ziffer 15.3) und die Übergänge zwischen zwei einfachen Zuständen müssen die Auswahlregeln (18.6) für μ und (18.7) für ν simultan erfüllen. Nun folgt aus (18.7a, b), daß entweder $\langle n|P_x|m\rangle$ oder $\langle n|P_y|m\rangle$ gleich Null sein müssen (Einfluß der A_2^y). Andererseits verlangt die A_p^z für $p \geqq 3$ (siehe Aufgabe 18.3 und Gl. (18.6b, c)), daß das Matrixelement für P_- verschwindet, wenn das für P_+ ungleich Null ist und umgekehrt, d.h. es ist entweder mit dem einen oder dem anderen Vorzeichen

$$\begin{aligned} &\langle n|P_x \pm i P_y|m\rangle \neq 0\,, \\ &\langle n|P_x \mp i P_y|m\rangle = 0\,, \quad \text{also} \\ &\langle n|P_x|m\rangle = \pm i\langle n|P_y|m\rangle\,. \end{aligned} \tag{18.9}$$

Abgesehen von der Phase $\pm i$ haben also die Übergangsdipole in x- und y-Richtung dieselben Amplituden, d.h. sie müssen *beide* verschwinden: Übergänge zwischen einfachen Zuständen in D_p ($p \geq 3$) liefern lineare Übergangsdipole parallel z.

Bei den Übergängen zwischen entarteten Niveaus überlagern sich die Strahlungsfelder aller möglichen Übergänge zwischen den g_n Zuständen des einen und den g_m Zuständen des anderen Niveaus.

Aufgabe 18.5. Was für Übergangsdipole kommen im orthorhombischen Feld (D_2) vor? Wie sehen die Absorptionsellipsoide aus?

18.2. Auswahlregeln für magnetische Dipolstrahlung

Die *magnetische Dipolstrahlung* (Symbol: $M1$) erhält man formal aus der elektrischen Dipolstrahlung, wenn man den Operator $\varepsilon_0^{-1/2}\boldsymbol{P}$ ersetzt durch $\mu_0^{-1/2}\boldsymbol{M}$, wobei

$$\boldsymbol{M} = -\frac{\mu_B}{\hbar}\sum_{i=1}^{N}(\boldsymbol{l}_i + 2\,\boldsymbol{s}_i) = -\frac{\mu_B}{\hbar}(\boldsymbol{L} + 2\boldsymbol{S}) \tag{18.10}$$

das magnetische Moment der Elektronenhülle des Ions ist. Im Strahlungsfeld des elektrischen Dipols sind dann die Vektoren $\varepsilon_0^{1/2}\boldsymbol{E}$ und $\mu_0^{1/2}\boldsymbol{H}$ zu ersetzen durch $\mu_0^{1/2}\boldsymbol{H}$ und $-\varepsilon_0^{1/2}\boldsymbol{E}$. Im Vergleich zur elektrischen ist die magnetische Dipolstrahlung ein Effekt höherer Näherung und deshalb im allgemeinen schwach gegen die elektrische Dipolstrahlung (vgl. aber Ziffer 18.3.2).

Im Gegensatz zu $\boldsymbol{P}$ ist $\boldsymbol{M}$ kein polarer sondern ein axialer oder Drehvektor, d.h. während z.B. P_z durch eine Verschiebung längs z definiert ist, ist M_z definiert durch eine Drehung in der zu z senkrechten xy-Ebene und das Vorzeichen durch den Drehsinn. Dieser bleibt aber bei Inversion des Koordinatensystems erhalten, d.h. im Gegensatz zu $\boldsymbol{P}$ ändert $\boldsymbol{M}$ sein Vorzeichen nicht und es gilt die *Paritätsregel*

$$I_n I_m = 1\,, \qquad I_n = I_m\,. \tag{18.11}$$

Magnetische Dipolstrahlung ist nur bei Paritätserhaltung erlaubt.

[70] Diese Bemerkung ist wichtig, da nach Ziffer 15.3 für symmetrieentartete Zustände weniger Quantenzahlen definiert sind als für symmetrieeinfache Zustände.

Bei Drehungen verhält sich $\boldsymbol{M}$ wie $\boldsymbol{P}$: Zwar ist $\boldsymbol{M}$ nicht multiplikativ, aber da $\boldsymbol{M}$ proportional zu Drehimpulsen ist, transformiert sich $M_z|m\rangle$ wie $|m\rangle$ und $M_\pm|m\rangle$ wie $|m \pm 1\rangle$, und dasselbe gilt nach (18.2) auch für die Komponenten von $\boldsymbol{P}$. Die Auswahlregeln (18.6) für μ und (18.7) für ν gelten also unverändert auch für die Komponenten von $\boldsymbol{M}$. In die Auswahlregeln für $\overline{\mu}$ geht im Vergleich zur elektrischen Dipolstrahlung natürlich wieder die andere Paritäts-Auswahlregel ein, da die Operation I_p^z die Inversion enthält.

Aufgabe 18.6. Stelle die Auswahlregeln für $\overline{\mu}$ bei magnetischer Dipolstrahlung auf und diskutiere sie für gerade und ungerade Elektronenzahl. Vergleiche sie mit den Auswahlregeln für die elektrische Dipolstrahlung (Aufgabe 18.4).

Aufgabe 18.7. Gib die Kristallfeldmultipletts mit Symmetriequantenzahlen von drei Termen mit $J = 0, 1, 2$ im Kristallfeld der Symmetrien C_4 und S_4 an (qualitativ!). Zeichne alle durch die Auswahlregeln erlaubten Übergänge mit elektrischer und magnetischer Dipolstrahlung zwischen den drei Termen ein. Wie ist die Polarisation der Spektrallinien?

Aufgabe 18.8. Dasselbe für drei Terme mit $J = 1/2, 3/2, 5/2$.

18.3. Beispiele und Ergebnisse aus der Kristallspektroskopie

18.3.1. Vorbemerkung zur Analyse von Kristallspektren

Mit den in diesem Kapitel bereitgestellten theoretischen Hilfsmitteln können Termschema und Eigenzustände von Ionen im Kristallfeld spektroskopisch bestimmt werden. Der einfachste Fall liegt vor, wenn alle chemisch gleichen Ionen auch auf kristallographisch gleichwertigen (homologen) Gitterplätzen sitzen, und wenn außerdem die Punktsymmetrieelemente dieser Plätze parallel zueinander sind (Beispiel: die A_3^z in Abb. 3.8). In diesem Fall ist das von außen beobachtete Spektrum des Kristalls identisch mit dem Spektrum eines Ions.

Dieser Fall liegt jedoch nicht immer vor. Zum Beispiel haben die 8 außerhalb des Zentrums auf den Würfeldiagonalen sitzenden homologen Ionen einer kubischen Gitterzelle zwar kristallographisch gleichwertige, aber nicht parallelorientierte Kristallfelder trigonaler Symmetrie mit einer A_3 in der Würfeldiagonalen (Abb. 18.1′). Jedes Ion liefert also ein Spektrum mit parallel oder senkrecht zu dieser seiner Achse polarisierten Linien. Die Spektren aller homologen Ionen überlagern sich dann zu einem Gesamtspektrum der kubischen Zelle, das nach Kapitel D unpolarisiert und isotrop ist, also mit dem eines Ions nicht übereinstimmt. Diese Erscheinung wird gelegentlich

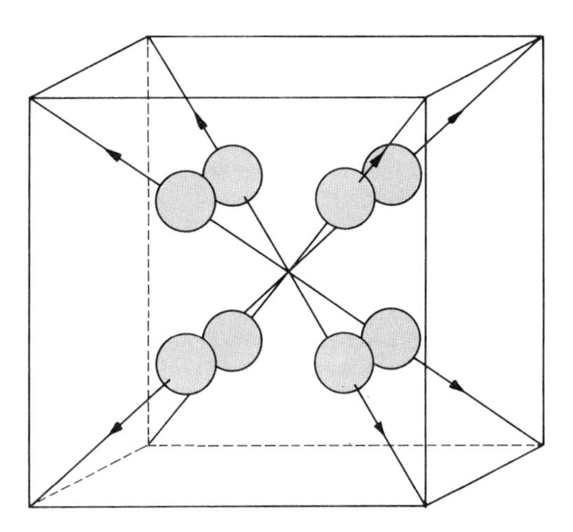

Abb. 18.1′. „Achtfache Orientierungsentartung" bei 8 homologen Ionen in einer kubischen Gitterzelle der Punktsymmetrie O_h

als *Orientierungsentartung* bezeichnet; man kann diese „Entartung" durch unsymmetrische äußere Einflüsse, z.B. einseitigen mechanischen Druck oder ein magnetisches Feld in beliebig schiefer Orientierung, aufheben.

Das Spektrum wird noch komplizierter, wenn auch noch Plätze anderer Symmetrie besetzt sind. Zum Beispiel hat Er_2O_3 eine kubische Zelle, in der 8 Er^{3+}-Ionen wie geschildert auf den Würfeldiagonalen A_3^{kub} und 24 Er^{+3}-Ionen auf zweizähligen Achsen A_2 und davon verschiedenen zweizähligen Achsen A_2', jeweils parallel x, y und z sitzen. Man hat also 3 kristallographisch verschiedene Gitterplätze, von denen jeder orientierungsentartet ist. Insgesamt existieren in einem schiefen Magnetfeld 10 magnetisch verschiedene Ionensorten, so daß sich 10 verschiedene Spektren überlagern, die experimentell durch Beobachtungen an verschieden orientierten Kristallen getrennt werden müssen (vgl. Abb. 18.10). Im folgenden denken wir uns diesen ersten Schritt der Spektrenanalyse immer schon getan.

18.3.2. Spektren von Verbindungen der Seltenen Erden[71]

Die Spektren der Selten-Erd-Verbindungen zeichnen sich durch extreme *Schärfe* aus. Es handelt sich um Übergänge innerhalb der an das Gitter relativ schwach gekoppelten (vgl. Ziffer 14.2) $4f$-Schale, also um $4f^n \to 4f^n$-Übergänge.

Da sich hierbei die Parität nicht ändert, ist nach (18.11) *magnetische* Dipolstrahlung erlaubt, aber nach (18.8) *elektrische* Dipolstrahlung verboten. Das gilt dann und nur dann, wenn der Paritätsfaktor $I_{\gamma J}$ definiert ist, d.h. wenn ein Symmetriezentrum vorliegt, also im freien Ion und auch auf zentralsymmetrischen Gitterplätzen, wo das Kristallfeld gerade ist (siehe Ziffer 15.1) und die Kristallzustände U_k nach (15.29) nur Zustände $|\gamma J M\rangle$ mit gleicher Parität enthalten (siehe Aufgabe 15.15). Auf allen anderen Gitterplätzen werden in U_k Zustände $|\gamma J M\rangle$ beider Paritäten durcheinander gemischt[72], so daß bei Übergängen $U_k \leftrightarrow U_l$ elektrische Dipolstrahlung auftritt. Wegen des geringen Einflusses des Kristallfeldes ist die Beimischung von Zuständen anderer Parität (Konfigurationsdurchmischung) zum Zustand des freien Ions aber sehr schwach. Man beobachtet die sogenannte *erzwungene Dipolstrahlung* (van Vleck 1937) mit Oszillatorstärken von nur $10^{-9} \cdots 10^{-6}$ gegenüber $\sim 10^{-1}$ bei erlaubter Dipolstrahlung freier Atome. Die magnetische Dipolstrahlung andererseits hat wegen der Geringfügigkeit der Durchmischung praktisch dieselbe Stärke wie im freien Ion, so daß im Kristall magnetische und erzwungene elektrische Dipolstrahlung mit vergleichbaren (kleinen!) Intensitäten auftreten. Für magnetische Dipolstrahlung gilt sehr gut noch die Auswahlregel $\Delta J = 0$[73], ± 1, während für elektrische Dipolstrahlung keine Auswahlregel für J gilt. Die Abb. 18.1, S. 590 zeigt elektrische und magnetische Dipolstrahlung im Absorptionsspektrum des hexagonalen $Eu(C_2H_5SO_4)_3 \cdot 9\,H_2O$.

Der Grundzustand $^7F_0$ ist einfach, die angeregten Multiplettkomponenten $^5D_{0,1,2}$ spalten im Kristallfeld der Symmetrie $C_{3h} \approx D_{3h}$ in Singuletts und Dubletts auf. Der Übergang $^7F_0 \to {}^5D_0$ ist für E1 und M1 verboten. $^7F_0 \to {}^5D_1$ gibt nur magnetische ($\Delta J = 1$!), $^7F_0 \to {}^5D_2$ ($\Delta J = 2$!) gibt nur erzwungene elektrische Dipolstrahlung. Die Polarisation der Linien und das Fehlen mancher Übergänge genügt den Auswahlregeln für die zu $D_{3h} \triangleq I_6^z + I_2^y$ gehörenden Symmetriequantenzahlen $\bar{\mu}$ und $\bar{\nu}$. Der Zeeman-Effekt ist der der angeregten Terme, da $^7F_0$ einfach ist. Für $^5D_1$ ist er bereits in Ziffer 16.1 ausgerechnet und in Abb. 16.2 dargestellt.

[71] Analog verhalten sich die Actiniden mit unabgeschlossener $5f$-Schale.

[72] Natürlich nur durch den ungeraden Teil des Kristallfeldes, der kein Symmetriezentrum enthält (vgl. Ziffer 15.1).

[73] Außer $J = 0 \leftrightarrow J = 0$.

Aufgabe 18.9. Führe die für die Übergangswahrscheinlichkeiten maßgebenden Matrixelemente $(U_n, P_z U_m)$ und $(U_n, M_z U_m)$ durch Entwicklung der U_n, U_m zurück auf die Matrixelemente $\langle\gamma' J' M'|P_z|\gamma J M\rangle$, $\langle\gamma' J' M'|M_z|\gamma J M\rangle$ und beweise so die obige Aussage über die ΔJ-Auswahlregel. Annahme: der überwiegende Teil von U_k ist u_k!

Aufgabe 18.10. Wie kann man auf Grund der Auswahlregeln elektrische und magnetische Dipolstrahlung in optisch einachsigen Kristallfeldern (Ionen auf der Achse von optisch einachsigen Kristallen) an der Polarisation und Intensitätsverteilung des Strahlungsfeldes experimentell unterscheiden?

Wegen der geringen Wahrscheinlichkeit für strahlende Übergänge muß die *Linienbreite* ($\equiv$ Summe zweier Termbreiten) vorwiegend auf *strahlungslose* Übergänge zurückgeführt werden. Deren Wahrscheinlichkeit nimmt mit sinkender Temperatur ab, da die *erzwungenen* Phononenprozesse seltener werden (Ziffer 17.4).

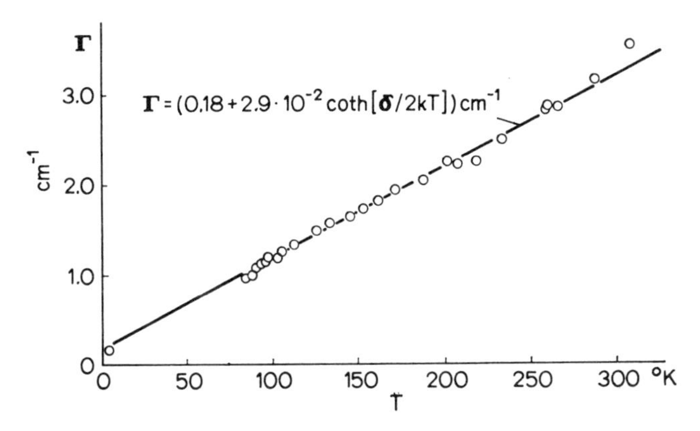

Abb. 18.2. Linienbreite Γ der beiden Übergänge von $^7F_0$ nach $\overline{\mu} = 0$ und $\overline{\mu} = \pm 1$ von $^5D_1$ in $Eu(C_2H_5SO_4)_3 \cdot 9\,H_2O$ (siehe Abb. 18.1) als Funktion der Temperatur. $\delta = 4\ \mathrm{cm}^{-1}$ = Abstand der beiden Kristallfeldkomponenten. Ausgezogene Kurve: nur 1-Phonon-Direktprozesse. (Diss. Hill, 1969)

Abb. 18.2 zeigt das für den Übergang $^7F_0 \to {}^5D_1$ in $Eu(C_2H_5SO_4)_3 \cdot 9\,H_2O$, siehe Abb. 18.1. Beide Linien haben dieselbe Breite. Sie ist gleich der Breite der beiden Kristallfeldkomponenten des $^5D_1$-Terms, da der Grundzustand $^7F_0$ wegen $\tau = \infty$ beliebig scharf ist. Die ausgezogene Kurve ist berechnet unter der Annahme, daß die Termbreite auf Einphonon-*Direktprozesse* zwischen den beiden Kristallfeldkomponenten zurückzuführen ist[74] (vgl. (5) in Abb. 17.1). Die Restbreite bei $T = 0$ K beruht dann nur noch auf der Wahrscheinlichkeit für *spontane* Phononenemission von $\overline{\mu} = 0$ nach $\overline{\mu} = \{\pm 1\}$ (Abb. 18.1a)[75].

Spontane Phononenemissionsprozesse spielen auch für die *Lumineszenz* eine große Rolle.

Wird z.B. das Eu^{3+}-Ion im Europiumnitrat $Eu(NO_3)_3 \cdot 6\,H_2O$ durch kurzwelliges Licht angeregt ((1) in Abb. 18.3a), so gelangt das Ion zunächst sehr schnell durch Mehr-Phononen-Emmission (2) nach[76] $^5D_1$ oder $^5D_0$. Der Term $^5D_1$ entvölkert sich durch einen Einphononprozeß nach $^5D_0$, wobei der Termabstand $\Delta W/hc = 1760\ \mathrm{cm}^{-1}$ gerade ein Quant der Eigenschwingung $\tilde{\nu}_2 = 1684\ \mathrm{cm}^{-1}$ in einer Molekel des Kristallwassers anregt[77]. Diesem Prozeß sind strahlende Übergänge (4) und strahlungslose Mehrphononenprozesse (5) nach den ^7F_J ($J = 0, 1, \ldots, 6$) parallel geschaltet. Nach (17.2) ist die Lebensdauer von $^5D_1$, das ist aber auch die Abklingdauer der von $^5D_1$ ausgehenden Fluoreszenz, durch die Summe der 3 Wahrscheinlichkeiten gegeben. Da der Einphononprozeß der bei weitem schnellste der 3 Prozesse ist, bestimmt er $\tau(^5D_1)$ praktisch allein. Die Wahrscheinlichkeit für Strahlung ist die kleinste, nur etwa jeder hunderste Übergang ist ein strahlender. Die Lebensdauer $\tau(^5D_1)$ wird aus dem Abklingen der Lumineszenz gemessen zu $\tau(^5D_1) = 7{,}9\ \mu\mathrm{sec}$ (siehe Abb. 18.3b) und

$$1/7{,}9\ \mu\mathrm{sec} = 1{,}3 \cdot 10^5\ \mathrm{sec}^{-1} = w(^5D_1 \to {}^5D_0)$$

[74] Thermalisierung! Zur Berechnung der in Abb. 18.2 angegebenen Formel siehe Ziffer 23.3.

[75] Abgesehen von einer „inhomogenen" Verbreiterung durch innere Spannungen und andere Baufehler der individuellen Einkristalle.

[76] Die Kristallfeldaufspaltung der Elektronenterme wird hier nicht berücksichtigt, sie ist etwa von der Größenordnung der Strichdicke in Abb. 18.3a.

[77] Die angegebenen scharfen Wellenzahlen stimmen nicht genau überein, jedoch geht die Energiebilanz bei Berücksichtigung der endlichen Breite von Elektronentermen und Schwingungsfrequenz auf.

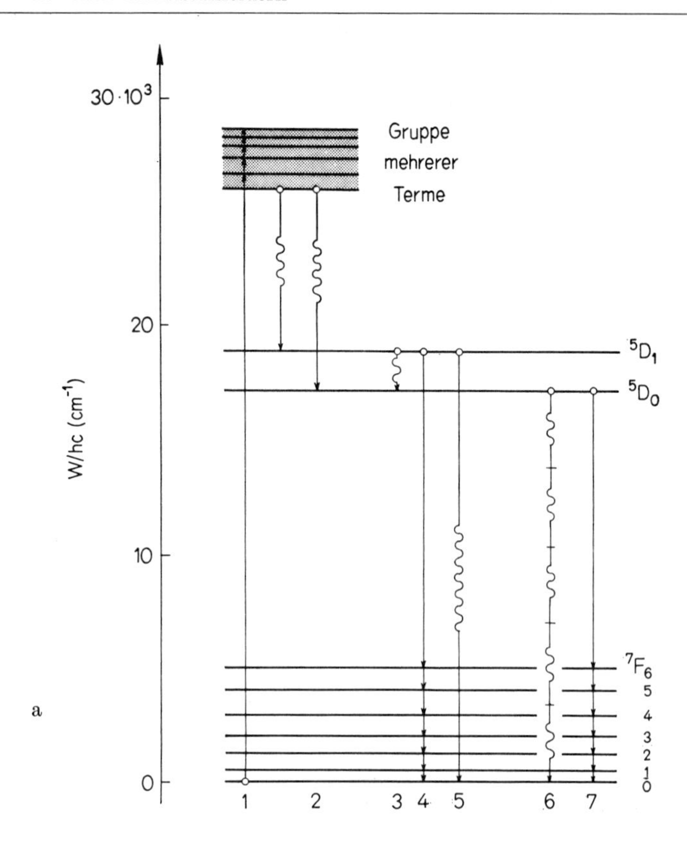

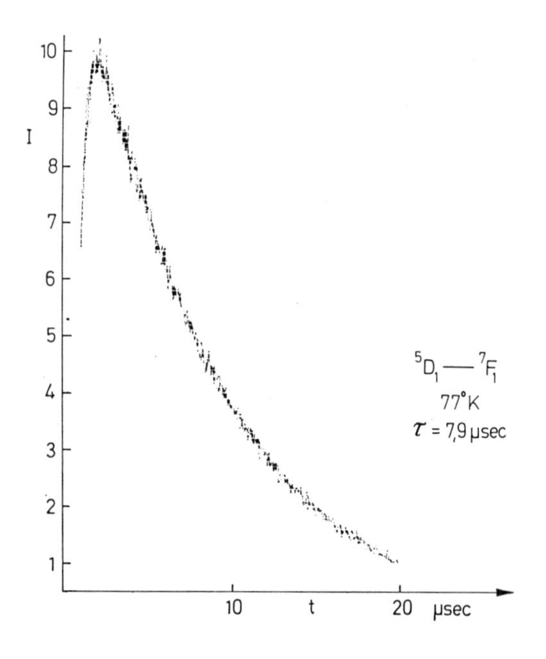

Abb. 18.3. Strahlende und strahlungslose Übergänge im fluoreszierenden $Eu(NO_3)_3 \cdot 6\,H_2O$. a) Termschema und Übergänge. b) Exponentielles An- und Abklingen der durch einen Lichtblitz angeregten Fluoreszenz ${}^5D_1 \rightarrow {}^7F_1$. Die Abklingkonstante $1/\tau$ im Abklinggesetz $\dot{W}(t)/\dot{W}(0) = \exp(-t/\tau)$ ist praktisch gleich der Übergangswahrscheinlichkeit $w({}^5D_1 \rightarrow {}^5D_0)$ für den zur Lichtemission parallellaufenden Einphononübergang ${}^5D_1 \rightarrow {}^5D_0$. (Nach Heber, 1968)

ist also die Übergangswahrscheinlichkeit für den Einphonon-Direktprozeß $^5D_1 \to {}^5D_0$. Ganz analog wird $\tau(^5D_0)$ aus der Abklingzeit der Lumineszenzübergänge (7) bestimmt zu $\tau(^5D_0) = 177$ µsec. Die Lebensdauer von $^5D_0$ ist also wesentlich länger als die von $^5D_1$. Sie wird bestimmt durch den spontanen 5-Phononen-Prozeß (6), bei dem die Anregungsenergie $\Delta W/hc = 17265 \text{ cm}^{-1}$ in 5 Quanten der Valenzschwingung $\tilde{\nu}_3 = 3430 \text{ cm}^{-1}$ einer Kristallwassermolekel umgewandelt wird. Die von der Hydrathülle aufgenommene Schwingungsenergie wird immer sehr schnell über die Phononenkopplung auf das gesamte Schwingungssystem verteilt[78].

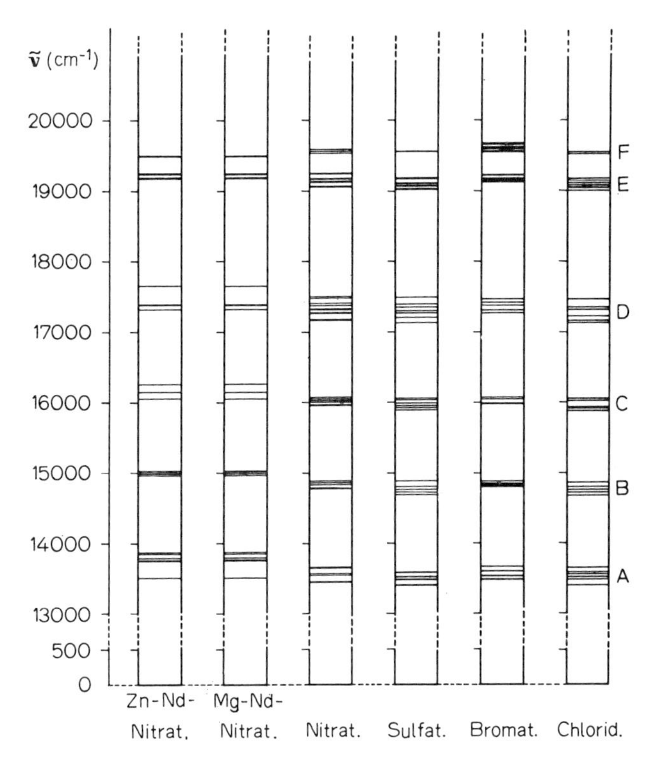

Abb. 18.4. Verschiedene Kristallfeldaufspaltung der Nd^{3+}-Terme in verschiedenen Kristallgittern. Die Kristallfeld-Multiplets sind enger als die Spin-Bahn-Multipletts: $\boldsymbol{J}$ stellt sich zum Kristallfeld ein. (Nach Ewald, 1937)

Wir wenden uns jetzt der *Aufspaltung* der Terme durch das statische Kristallfeld zu.

Zunächst zeigt Abb. 18.4 die verschiedenartige Aufspaltung der Terme *eines* Ions in verschiedenen Gittern, soweit sie optisch beobachtet werden können.

Vergleicht man umgekehrt die Kristallfeld-Aufspaltung der Terme der *verschiedenen* dreiwertigen Selten-Erd-Ionen im gleichen Gitter, so kommt man zu folgender Gesetzmäßigkeit: die leere ($f^0 La^{3+}$) und die volle ($f^{14} Lu^{3+}$) Schale haben keinen Drehimpuls und keine Ladungsmultipole, es gibt keine $4f$-Terme. Hinzufügen eines negativen ($f^1 Ce^{3+}$) oder positiven[79] ($4f^{14-1} Yb^{3+}$) Elektrons führt zum gleichen Bahndrehimpuls, d.h. zu den gleichen Ladungsmultipolen, allerdings mit umgekehrtem Vorzeichen. Setzt man dies Verfahren fort, so erhält man den Satz: Die Terme der Konfiguration $4f^{14-n}$ erleiden dieselbe Kristallfeldaufspaltung wie die der Konfiguration $4f^n$, allerdings mit umgekehrter energetischer Lage der Komponenten. In der Mitte der Periode bei ($f^{14-7} = f^7$) Gd^{3+} sollte also nach dieser rohen qualitativen Überlegung die Aufspaltung verschwinden[80]: $\Delta = -\Delta = 0$. Tatsächlich beobachtet man in der Mitte

[78] Man beachte, daß H_2O besonders hohe Schwingungsfrequenzen hat, so daß in hydratisierten Kristallen Mehrphononenprozesse relativ niedriger Ordnung auftreten können, die relativ wahrscheinlich sind: Kristallwasser ist ein guter Lumineszenzlöscher.

[79] Wegnahme einer negativen Ladung kann durch Hinzufügen einer positiven ersetzt werden; die Konfigurationen $4f^1$ und $4f^{14-1}$ haben dieselben Drehimpulse.

[80] Die Kristallfeldmultipletts verhalten sich in dieser Hinsicht analog zu den Spin-Bahn-Multipletts, vgl. z.B. [A], Ziffer 40.

der Periode ein Minimum nicht nur der Aufspaltung (≙ mittleres statisches Kristallfeld), sondern auch aller anderen Effekte der Elektronen-Kristallfeld-Kopplung, wie z.B. Elektron-Phonon-Kopplung (≙ schwingendes Kristallfeld), Linienbreite, relative Intensität der Elektronen-Schwingungslinien und Wahrscheinlichkeit spontaner strahlungsloser Übergänge, so daß z.B. in hydratisierten Salzen nur die drei mittleren Ionen Eu^{3+}, Gd^{3+}, Tb^{3+} mit bemerkenswerten Intensitäten fluoreszieren (siehe Abb. 18.5).

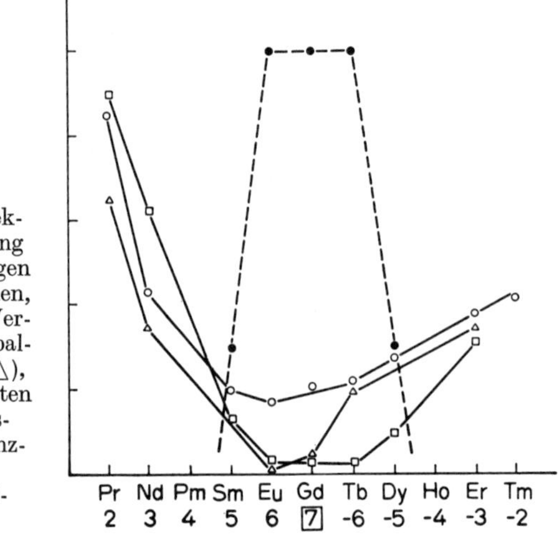

Abb. 18.5. Stärke der Elektron-Kristallfeld-Kopplung in den kristallwasserhaltigen Salzen der Seltenen Erden, gemessen an mittleren Werten von Kristallfeldaufspaltung (○), Linienbreite (△), Intensität der überlagerten Elektronen-Schwingungslinien (□) und Fluoreszenzhelligkeit (●). Stark schematisch. (Nach Hellwege, 1941)

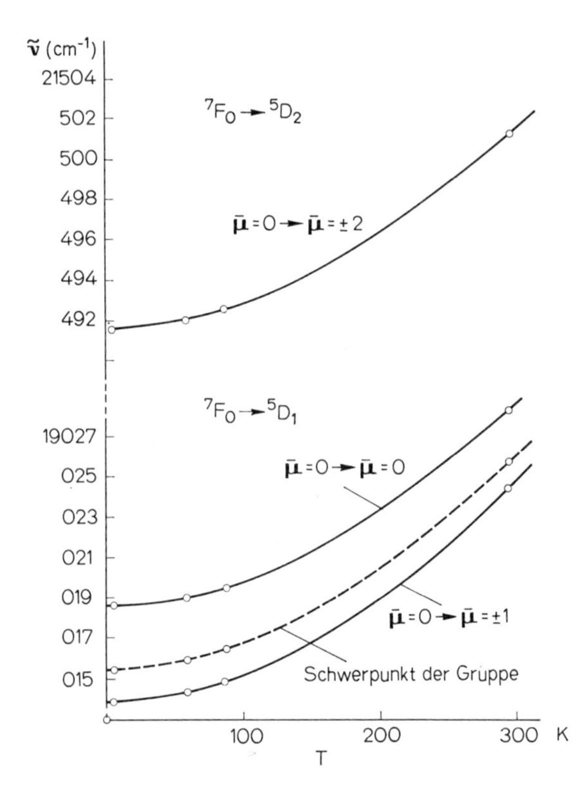

Abb. 18.6. Temperaturverschiebung der Absorptionslinien von $Eu(C_2H_5SO_4)_3 \cdot 9\,H_2O$. Siehe Abb. 18.1, S. 590. (Nach Hellwege u. Mitarb., 1957)

Diesem allgemeinen Gang überlagern sich natürlich individuelle Besonderheiten einzelner Ionen, z. B. wenn, wie oben beim Eu-Nitrat geschildert, zufällige Resonanzen von Termabständen mit H_2O-Schwingungsquanten existieren.

Wegen der *thermischen Ausdehnung* des Gitters ändert sich das durch die Aufspaltung gemessene mittlere (statische) Kristallfeld, und somit die Lage des Schwerpunkts und die Aufspaltung der Kristallfeldmultipletts mit der Temperatur. Die daraus resultierende Temperaturverschiebung der Spektrallinien zeigt die Abb. 18.6 am Beispiel des $Eu(C_2H_5SO_4)_3 \cdot 9H_2O$ (vergleiche Abb. 18.1).

Erst bei sehr tiefen Temperaturen, wenn das Gitter bis auf die Nullpunktschwingung ruht, werden die Kurven horizontal, d.h. bleiben die Frequenzen konstant.

Als *Beispiel* für die Bestimmung von Kristallfeldparametern und Eigenzuständen u_k behandeln wir den Fall des Pr^{3+}-Ions mit der Konfiguration $4f^2$ im trigonalen $Pr_2Mg_3(NO_3)_{12} \cdot 24\,H_2O$, und zwar den Absorptionsübergang ${}^3H_4 \to {}^1D_2$. Abb. 18.7, S. 592 zeigt das Spektrum bei den Temperaturen $T = 77$ K und $T = 4.2$ K und das Termschema einschließlich des linearen Zeeman-Effektes bei $T = 20{,}4$ K.

Die von den angeregten Kristallfeldkomponenten II und III ausgehenden Linien verschwinden bei tiefen Temperaturen; sie sind gegen die von I ausgehenden Linien um die Wellenzahlen (alle Werte bei $T = 58$ K)

$$(W_{\mathrm{II}} - W_{\mathrm{I}})/hc = 37{,}8\ \mathrm{cm}^{-1} \quad \text{und} \quad (W_{\mathrm{III}} - W_{\mathrm{I}})/hc = 95{,}5\ \mathrm{cm}^{-1}$$

nach niedrigen Wellenzahlen verschoben. An diesen im Spektrum mehrfach auftretenden Wellenzahldifferenzen werden sie erkannt, und aus ihnen wird die Lage der Komponenten II und III bestimmt. Die Lage der Kristallfeldkomponenten a, b, c folgt unmittelbar aus den Frequenzen der von I ausgehenden Übergänge. Die Werte der Quantenzahl $\mu = 0, \pm 1$ folgen aus der Polarisation der Linien und den Auswahlregeln (18.6) für elektrische Dipolstrahlung. Sie sind an den Termen angegeben. Damit ist auch der Entartungsgrad aller Kristallfeldkomponenten bekannt, und für ${}^1D_2$ können ihre Energien vom Schwerpunkt $\tilde{\nu}_s = 16903{,}2\ \mathrm{cm}^{-1}$ des Kristallfeldmultipletts aus gemessen werden[81]. Es ergeben sich die Werte (zwei Indizes für die entarteten Terme)

$$W_{\pm a}/hc = -31{,}2\ \mathrm{cm}^{-1}; \quad W_{\pm b}/hc = 15{,}8\ \mathrm{cm}^{-1}, \quad W_c/hc = 30{,}9\ \mathrm{cm}^{-1}. \tag{18.12}$$

Da a und b zweifach sind, c einfach ist, ist die Aufspaltung wie von Gl. (15.41) verlangt, symmetrisch:

$$2\,W_{\pm a} + 2\,W_{\pm b} + W_c = 0. \tag{18.13}$$

Berechnet man andererseits die Energien für $J = 2$ in C_3, so erhält man unter Benutzung von (15.51), (15.53) und (15.54) die Säkulargleichung (15.56)

$$\begin{vmatrix} K_{22} - W & 0 & 0 & K_{2-1} & 0 \\ 0 & K_{11} - W & 0 & 0 & -K_{2-1} \\ 0 & 0 & K_{00} - W & 0 & 0 \\ K^*_{2-1} & 0 & 0 & K_{11} - W & 0 \\ 0 & -K^*_{2-1} & 0 & 0 & K_{22} - W \end{vmatrix} = 0, \tag{18,14}$$

d.h. die Energien

$$\begin{aligned} W_0 &= K_{00}, & \mu &= 0, \quad \text{einfach} \\ W^+ &= \tfrac{1}{2}(K_{11} + K_{22}) + \tfrac{1}{2}\sqrt{(K_{11} - K_{22})^2 + 4\,|K_{2-1}|^2}, & & \\ & & \mu &= \{\pm 1\}, \quad \text{zweifach} \\ W^- &= \tfrac{1}{2}(K_{11} + K_{22}) - \tfrac{1}{2}\sqrt{(K_{11} - K_{22})^2 + 4\,|K_{2-1}|^2}, & & \\ & & \mu &= \{\pm 1\}, \quad \text{zweifach.} \end{aligned} \tag{18.15}$$

Die Zuordnung der Symmetriequantenzahlen μ zu den Energien folgt aus den als Indizes an den $K_{M'M}$ auftretenden M-Werten und aus (15.72). Da die

[81] Das Kristallfeldmultiplett des Grundterms ${}^3H_4$ müßte $2 \cdot 4 + 1 = 9$ Komponenten haben, wovon erst 5 bekannt sind. Es sind also noch höhere Komponenten und auch der Termschwerpunkt unbekannt.

Aufspaltung nach (15.41) symmetrisch erfolgt, muß

$$\begin{aligned} W_0 + 2W^+ + 2W^- &= 0, \quad \text{also} \\ K_{00} + 2(K_{11} + K_{22}) &= 0 \end{aligned} \tag{18.16}$$

sein. Der Vergleich mit den experimentellen Werten (18.12) zeigt jetzt sofort

$$\begin{aligned} W_0 &= W_c = K_{00} = hc \cdot 30{,}9\,\text{cm}^{-1}, \\ W^+ &= W_{\pm b} = -\frac{K_{00}}{4} + \tfrac{1}{2}\sqrt{(K_{11} - K_{22})^2 + 4|K_{2-1}|^2} = hc \cdot 15{,}8\,\text{cm}^{-1}, \\ W^- &= W_{\pm a} = -\frac{K_{00}}{4} - \tfrac{1}{2}\sqrt{(K_{11} - K_{22})^2 + 4|K_{2-1}|^2} = -hc \cdot 31{,}2\,\text{cm}^{-1}, \end{aligned} \tag{18.17}$$

so daß wir leider nur die zwei experimentellen Daten

$$-2(K_{11} + K_{22}) = K_{00} = hc \cdot 30{,}9\,\text{cm}^{-1} = \alpha \tag{18.18}$$

und

$$\sqrt{(K_{11} - K_{22})^2 + 4|K_{2-1}|^2} = hc \cdot 47{,}0\,\text{cm}^{-1} = \beta \tag{18.19}$$

für die drei noch unbekannten Konstanten K_{11}, K_{22}, $|K_{2-1}|$ haben. Die noch fehlende dritte Gleichung verschaffen wir uns aus dem linearen Zeeman-Effekt (siehe unten).

Vorher bestimmten wir aber noch die *Kristallfeldzustände* nullter Näherung u_k nach (15.30).

Die Entwicklungskoeffizienten a^{kM} lassen sich leicht angeben, wenn man folgende Forderungen berücksichtigt: a) die Symmetrieforderung (15.72) mit $p = 3$, b) die Normierung nach (15.31), c) die Kramerssche $\{\pm\mu\}$-Entartung nach Gl. (15.106). Schließlich müssen sich die Werte (18.17) der Kristallfeldenergien unmittelbar als Erwartungswerte von $\mathscr{K}$[82] mit den u_k ergeben ($k = c, \pm b, \pm a$)

$$\begin{aligned} W_c &= \langle u_c|\mathscr{K}|u_c\rangle, \\ W_{\pm b} &= \langle u_b|\mathscr{K}|u_b\rangle = \langle u_{-b}|\mathscr{K}|u_{-b}\rangle, \\ W_{\pm a} &= \langle u_a|\mathscr{K}|u_a\rangle = \langle u_{-a}|\mathscr{K}|u_{-a}\rangle. \end{aligned} \tag{18.20}$$

$u_{-k} = \bar{u}_k$ ist Kramers-konjugiert zu u_k[82a]. Aus diesen Forderungen folgen, wie man sich leicht überzeugt (siehe Aufgabe 18.11), die Zustände (γ weggelassen):

$$\begin{aligned} u_c &= |20\rangle, & \mu &= 0, \\ u_b &= \frac{1}{\sqrt{1+|a|^2}}(|22\rangle + a|2-1\rangle), & \mu &= -1, \\ u_{-b} &= \frac{1}{\sqrt{1+|a|^2}}(|2-2\rangle - a^*|21\rangle), & \mu &= 1, \\ u_a &= \frac{-1}{\sqrt{1+|a|^2}}(a^*|22\rangle - |2-1\rangle), & \mu &= -1, \\ u_{-a} &= \frac{-1}{\sqrt{1+|a|^2}}(a|2-2\rangle + |21\rangle), & \mu &= 1 \end{aligned} \tag{18.21}$$

mit nur noch einer unbekannten Konstanten a, die wir durch die Matrixelemente ausdrücken:

$$\begin{aligned} a &= \frac{W^+ - K_{22}}{K_{2-1}} = -\frac{W^- - K_{11}}{K_{2-1}} \\ &= \frac{(K_{11} - K_{22}) + \sqrt{(K_{11} - K_{22})^2 + 4|K_{2-1}|^2}}{2K_{2-1}} \end{aligned} \tag{18.22}$$

Aufgabe 18.11. Zeige, daß die Eigenzustände (18.21) mit (18.20) wirklich die Eigenwerte (18.15) geben und daß die Transformationsmatrix zwischen den u_i und den $|2M\rangle$ unitär ist.

Mit diesen Zuständen können wir jetzt die lineare Zeeman-Aufspaltung der Terme a und b berechnen, d.h. die linearen Aufspaltungsfaktoren nach (16.25)

$$s_k^{||} = \lim_{H\to 0} \frac{dW_k^{||}(H)}{d(\mu_B H)} \tag{18.23}$$

für den Fall $H_x = H_y = 0$, $H_z = H$ des achsenparallelen Magnetfeldes. Da wir das Magnetfeld nach (18.23) beliebig klein annehmen dürfen, wird die

[82] Nach Weglassen von $\mathscr{K}_{00}$!

[82a] Durch die Definition $u_{-k} = \bar{u}_k$ wird die Phase von u_{-k} festgelegt.

Energie im Magnetfeld in 1. Näherung nach (16.24) einfach die Summe aus Kristallfeldenergie und Zeeman-Energie

$$W_k(H) = W_k(0) + s_k^{||} \mu_B H. \tag{18.24}$$

Dabei sind die $W_k(0)$ schon in (18.17) angeschrieben, und die Zeeman-Energie können wir mit den Kristallfeldzuständen nullter Näherung u_k direkt berechnen: nach (16.3/4) wird

$$s_k \mu_B H = \langle u_k | \mathscr{H}^z | u_k \rangle, \quad k = c, \pm b, \pm a, \tag{18.25}$$

und dies nach Gl. (15.30) unter Berücksichtigung von (16.10) zu ($M = 0, \pm 1, \pm 2$)

$$s_k^{||} = g_{\gamma J} \sum_M |a^{kM}|^2 \cdot M. \tag{18.26}$$

Mit den Zuständen (18.21) ergeben sich so die Aufspaltungsfaktoren

$$\begin{aligned} s_c^{||} &= 0, \\ s_{\pm b}^{||} &= \pm g_{\gamma J} \frac{2 - |a|^2}{1 + |a|^2} = \pm 0{,}358, \\ s_{\pm a}^{||} &= \pm g_{\gamma J} \frac{2|a|^2 - 1}{1 + |a|^2} = \pm 0{,}91. \end{aligned} \tag{18.27}$$

Aus den Vorzeichen in diesen Gleichungen und (18.21) folgt, daß die beiden entarteten Terme im Magnetfeld mit „negativem Vorzeichen" aufspalten, d. h. daß die Komponente $\mu = -1$ nach oben geht, in Übereinstimmung mit dem Experiment (siehe Abb. 18.7). Mit den rechts angeschriebenen experimentellen Werten für $s_a^{||}$, $s_b^{||}$ sind die Gln. (18.27) zwei Bestimmungsgleichungen für $|a|^2$ und $g_{\gamma J}$. Ihre Lösungen sind

$$|a|^2 = 1{,}340, \tag{18.28}$$

$$g_{\gamma J}(^1D_2) = 1{,}27^{83}. \tag{18.29}$$

Aus dem Zahlenwert für $|a|^2$ folgt mit (18.22)

$$1{,}34\,|K_{2-1}|^2 = \tfrac{1}{4}\left(K_{11} - K_{22} + \sqrt{(K_{11} - K_{22})^2 + 4\,|K_{2-1}|^2}\right)^2. \tag{18.30}$$

Ersetzen wir hier die Wurzel durch die Konstante β aus Gl. (18.19), quadrieren Gl. (18.19) und schreiben sie noch einmal an, so haben wir die zwei quadratischen Gleichungen

$$\begin{aligned} 1{,}34\,|K_{2-1}|^2 &= \tfrac{1}{4}(K_{11} - K_{22} + \beta)^2, \\ 4\,|K_{2-1}|^2 &= \beta^2 - (K_{11} - K_{22})^2 \end{aligned} \tag{18.31}$$

für die zwei Unbekannten $(K_{11} - K_{22})$ und $|K_{2-1}|$. Es gibt also zwei Lösungen. Zusammen mit dem Wert (18.18) für $K_{11} + K_{22}$ ergeben sie folgende beiden Sätze von Matrixelementen: es ist entweder

$$K_{11}/hc = -4{,}3\ \text{cm}^{-1}, \quad K_{22}/hc = -11{,}3\ \text{cm}^{-1}, \quad |K_{2-1}|/hc = 23{,}3\ \text{cm}^{-1} \tag{18.32}$$

oder

$$K_{11}/hc = -31{,}2\ \text{cm}^{-1}, \quad K_{22}/hc = 15{,}8\ \text{cm}^{-1}, \quad |K_{2-1}|/hc \approx 0{,}0\ \text{cm}^{-1}. \tag{18.33}$$

Der zweite Fall würde bedeuten, daß der trigonale Feldanteil $\mathscr{H}_{43}$ (siehe Gl. (18.34)) verschwindend klein wäre. Das widerspricht anderen Beobachtungen, also ist der Satz (18.32) der richtige.

Wir rechnen nun noch den winkelabhängigen Anteil der Matrixelemente mit Gl. (15.47) aus. Das aufspaltende Feld ist durch den Operator

$$\mathscr{H} = \mathscr{H}_{20} + \mathscr{H}_{40} + \mathscr{H}_{43} + \mathscr{H}_{43}^* \tag{18.34}$$

gegeben (vgl. Ziffer 15), so daß

$$\begin{aligned} K_{00} &= (\mathscr{H}_{20} + \mathscr{H}_{40})_{00} = -\frac{1}{\sqrt{6}} G_2^0 + \frac{6}{\sqrt{70}} G_4^0, \\ K_{11} &= (\mathscr{H}_{20} + \mathscr{H}_{40})_{11} = -\frac{1}{2\sqrt{6}} G_2^0 - \frac{4}{\sqrt{70}} G_4^0, \\ K_{22} &= (\mathscr{H}_{20} + \mathscr{H}_{40})_{22} = \frac{1}{\sqrt{6}} G_2^0 + \frac{1}{\sqrt{70}} G_4^0, \\ K_{2-1} &= (\mathscr{H}_{43})_{2-1} = -\frac{1}{\sqrt{2}} G_4^3, \end{aligned} \tag{18.34'}$$

[83] Dieser Wert weicht stark vom Russell-Saunders Wert $g_{\gamma J} = 1$ für Singulettzustände ab; $4f$-Elektronen haben mittlere Kopplung.

wobei zur Abkürzung

$$G_l^m = \alpha_l^m \overline{\overline{G_l(\gamma J)}} \tag{18.35}$$

gesetzt ist. Mit den Werten (18.32) und (18.18) ergeben sich die folgenden Werte der Konstanten (wir verzichten auf die Berechnung der A_l^m nach (15.11)):

$$G_2^0/hc = -34{,}5\,\mathrm{cm}^{-1}, \quad G_4^0/hc = 23{,}4\,\mathrm{cm}^{-1}, \quad |G_4^3|/hc = 33{,}0\,\mathrm{cm}^{-1}. \tag{18.36}$$

Mit diesen nur noch drei Konstanten ist die Aufspaltung des Terms $^1D_2$ des Pr^{3+}-Ions im trigonalen PrMg-Nitrat in 1. Näherung vollständig beschrieben, und mit den zusätzlichen Konstanten $s_a^{\|}$, $s_b^{\|}$, $s_c^{\|}$ und $g_{\gamma J}$ auch der Zeeman-Effekt im achsenparallelen Magnetfeld. So weit unser Beispiel einer Spektrenanalyse.

Die *Anisotropie des Zeeman-Effektes* demonstriert noch einmal Abb. 18.8, S. 593 für das Sm^{3+}-Ion im hexagonalen Sm-Äthylsulfat (Kristallfeldsymmetrie C_{3h}) und Abb. 18.9 für die Grundtermkomponente I des Dy^{3+}-Ions im monoklinen $DyCl_3 \cdot 6\,H_2O$. Dargestellt ist hier der Schnitt des *Aufspaltungsellipsoides* (16.26) mit der monoklinen $\boldsymbol{ac}$-Ebene; die Hauptachsen fallen nicht zusammen mit den kristallographischen Achsen $\boldsymbol{a}$, $\boldsymbol{c}$ oder den Hauptachsen X, Y der optischen Indikatrix für sichtbares Licht.

Zum Schluß zeigt Abb. 18.10 die Anisotropie des linearen Zeeman-Effektes von $f^{11}Er^{3+}$ in Er_2O_3, gemessen mit Mikrowellen (*paramagnetische Elektronen-Resonanz, EPR*). Das absorbierte Mikrowellenquant $\hbar\omega$ überbrückt den Abstand zwischen den beiden Zeeman-Komponenten des tiefsten Kramers-Dubletts. Da diese beiden Komponenten entgegengesetzt gleiches s haben (Gl. (16.27′)), ist nach (16.24)

$$\hbar\omega = 2\,|s(\vartheta\varphi)|\,\mu_B H_{\mathrm{res}}(\vartheta\varphi)\,. \tag{18.37}$$

In der Mikrowellenspektroskopie wird die Frequenz ω aus technischen Gründen festgehalten. Bei Drehung des Kristalls im Magnetfeld muß also die Änderung von $s(\vartheta, \varphi)$ durch eine Änderung in der Magnetfeldstärke $H_{\mathrm{res}}(\vartheta, \varphi)$ kompensiert werden, damit Resonanz nach (18.37) eintritt. Die so definierte Resonanzfeldstärke $H_{\mathrm{res}}(\vartheta, \varphi)$

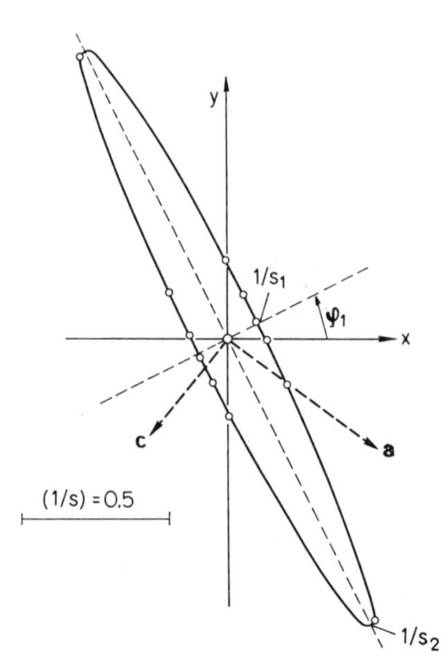

Abb. 18.9. Aufspaltungsellipsoid der tiefsten Grundtermkomponente I $^6H_{15/2}$ des Dy^{3+} im monoklinen $DyCl_3 \cdot 6\,H_2O$. Schnitt durch die monokline Ebene. $\boldsymbol{a}$, $\boldsymbol{c}$ = kristallographische Achsen, X, Y = Indikatrixachsen. (Nach Gramberg, 1960)

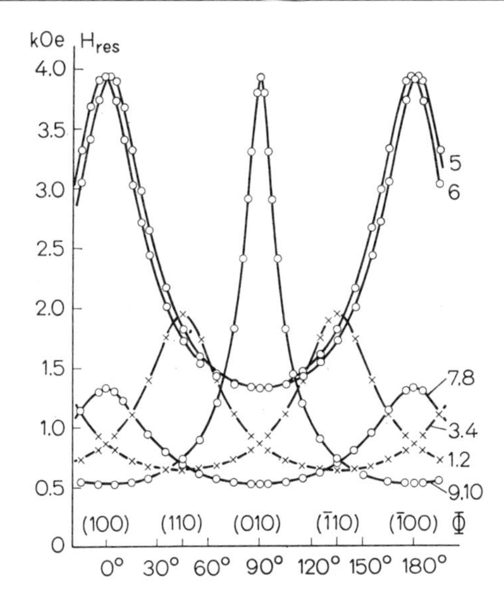

Abb. 18.10. Anisotropie des EPR-Spektrums des kubischen Er_2O_3 bei $T = 4{,}2$ K. Resonanzfeldstärke über dem Drehwinkel in der (100)-Ebene. Bei dieser speziellen Orientierung sind 4mal je 2 von den insgesamt 10 magnetisch verschiedenen Gitterplätzen magnetisch äquivalent (Ziffern rechts an den Kurven). (Nach Schäfer, **1968**)

ist über dem Drehwinkel aufgetragen, sie geht reziprok zu $s(\vartheta, \varphi)$. Bei dem Experiment hatte die Ebene, in der $\boldsymbol{H}$ liegt und der Kristall gedreht wurde, eine spezielle Lage im Gitter, bei der einige der 10 verschiedenen Gitterplätze (s. Ziffer 18.31) magnetisch äquivalent sind, einige der 10 EPR-Spektren also zusammenfallen *(Orientierungsentartung)*.

Aufgabe 18.12. Kann man die Resonanzfeldstärke $H_{\text{res}}(\vartheta, \varphi)$ durch ein Ellipsoid darstellen?

18.3.3. Spektren von Verbindungen mit offenen d-Schalen

Wir beschränken uns auf ein typisches Beispiel, nämlich den trigonalen *Rubin*, d.h. einen Mischkristall mit Cr^{3+}-Ionen auf Al^{3+}-Plätzen im diamagnetischen Korund α-Al_2O_3.

Das Kristallfeld ist annähernd oktaedrisch, es wird durch die Überlagerung eines starken kubischen und eines schwachen trigonalen Feldes beschrieben. Spin und Bahn werden zunächst als entkoppelt betrachtet. Das kubische Feld spaltet die Bahnzustände in einfache ($^1\Gamma_L = A$), zweifache ($^2\Gamma_L = E$) und dreifache ($^3\Gamma_L = T$) Kristallfeldkomponenten auf [84] (Abb. 18.11, nach Tanabe u. Sugano). Wird noch die Symmetrie durch Hinzunahme des trigonalen Feldes verringert und gleichzeitig der Spin durch den Spin-Bahn-Operator $\mathscr{H}_{LS}$ angekoppelt, so spalten die entarteten Terme weiter auf in lauter Kramers-Dubletts $^2\Gamma$ [85]. Von diesen sind die A-Terme, wie z.B. der Grundzustand, Bahn-Singuletts, so daß die Spinquantenzahl M_S hier gut definiert ist (Abb. 18.11 rechts und Abb. 23.10). Die Aufspaltung in Kramers-Dubletts ist nicht gezeichnet für die drei ^4T-Zustände, da diese zu Energiebändern verbreitert sind, in denen die weitere Aufspaltung untergeht. Lichtabsorption in diese Bänder führt zu breiten und sehr intensiven Absorptionsbanden X, Y, U (Abb. 18.12), denen der Rubin seine rote Farbe verdankt, und über die der *Rubin-Laser* [86] „optisch gepumpt" wird. Die anschließenden strahlungslosen Übergänge (Abb. 18.11) bevölkern den metastabilen (mittlere Lebensdauer: $\tau = 4 \cdot 10^{-3}$ sec) Term ^2E, von dem strahlende Übergänge zum Grundzustand führen. Ihnen entsprechen bei normaler Anregung die beiden scharfen Fluoreszenzlinien R_1 und R_2 bei $\tilde{\nu}_1 = 14419\ \text{cm}^{-1}$ und $\tilde{\nu}_2 = 14448\ \text{cm}^{-1}$, die jede wieder aus zwei Komponenten im Abstand der Grundtermaufspaltung von nur $\delta/hc = \Delta\tilde{\nu} = 0{,}38\ \text{cm}^{-1}$ besteht. Im Laser-Betrieb werden aus diesen Emissionslinien noch schärfere Frequenzen durch die Eigenschwingungen des optischen Resonators ausgesiebt. Die R-Linien und andere scharfe Linien, z.B. die B-Linien, treten auch in Absorption auf (Abb. 18.12). Ihre Gesamtabsorption [87] ist aber wesentlich kleiner als die der Banden, d.h. die Über-

[84] A, E, T sind aus der Molekelspektroskopie stammende Bezeichnungen für Bahnzustände. Es ist üblich, die Vielfachheit des noch entkoppelten Spinzustandes als „Spin-Multiplizität" oben an diese Symbole heranzuschreiben.

[85] Aus Bahn und Spin gemischt. In Abb. 18.11 nicht gekennzeichnet.

[86] Siehe z.B. [E33].

[87] Die Fläche unter der Linienkontur.

Abb. 18.11. Termschema des Cr^{3+} in α-Al_2O_3 (Rubin). Das Kristallfeld ist trigonal mit einem überwiegenden kubischen Anteil ($\mathcal{K}_{kub}$). Alle Terme sind Kramers-Dubletts. Der Grundzustand $^4A_2$ hat kein magnetisches Bahnmoment. Absorptionsbanden (Übergänge Ba) und scharfe Linien (Übergänge *L*). (Nach Tanabe und Sugano)

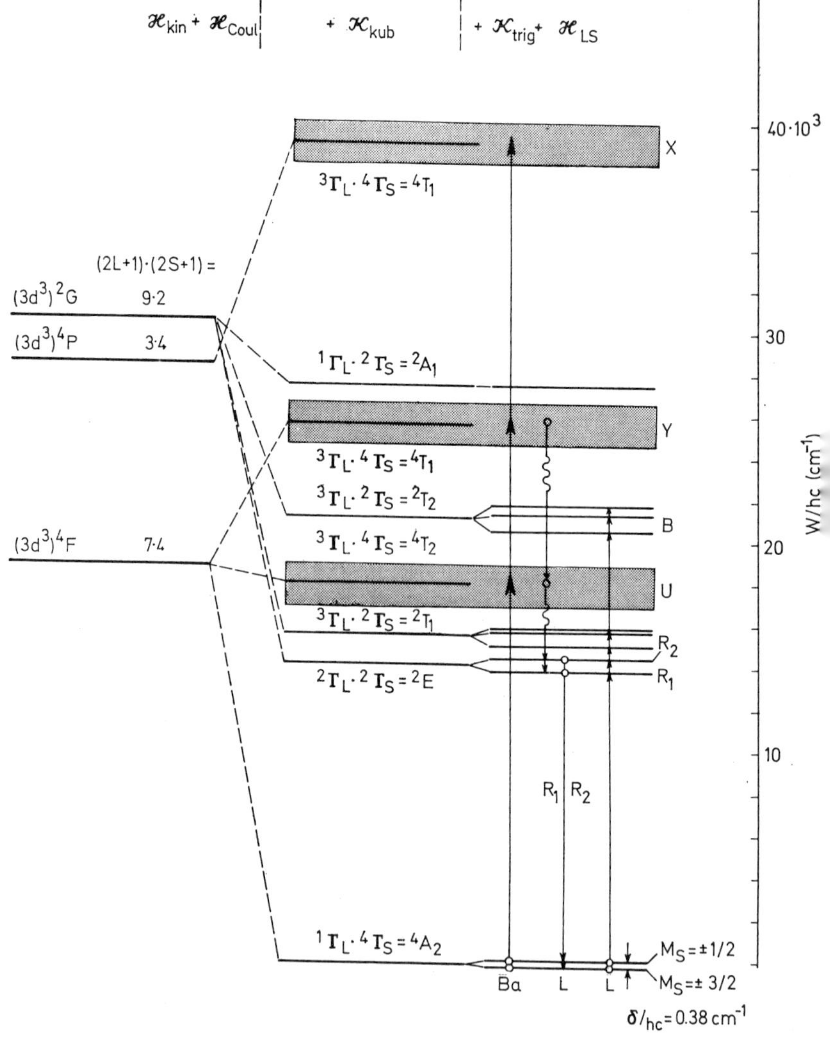

Abb. 18.12. Absorptionsspektrum des trigonalen Rubins in beiden Polarisationsrichtungen: unten ordentliches, oben außerordentliches Spektrum. $\boldsymbol{E}$ = elektrischer Lichtvektor. Scharfe Linien *R*, *B* und breite Banden *X*, *Y*, *U*. Ein Rubin-Laser wird durch Einstrahlung in *U*, *Y* optisch gepumpt und emittiert in *R*. Bei * Andeutung von Schwingungslinien. Die Absorption bei $\tilde{\nu} > 40000$ cm^{-1} gehört nicht ins Termschema der Abb. 18.11, sondern zu Übergängen mit Konfigurationsänderung. Bezeichnungen wie in Abb. 18.11. (Nach McClure)

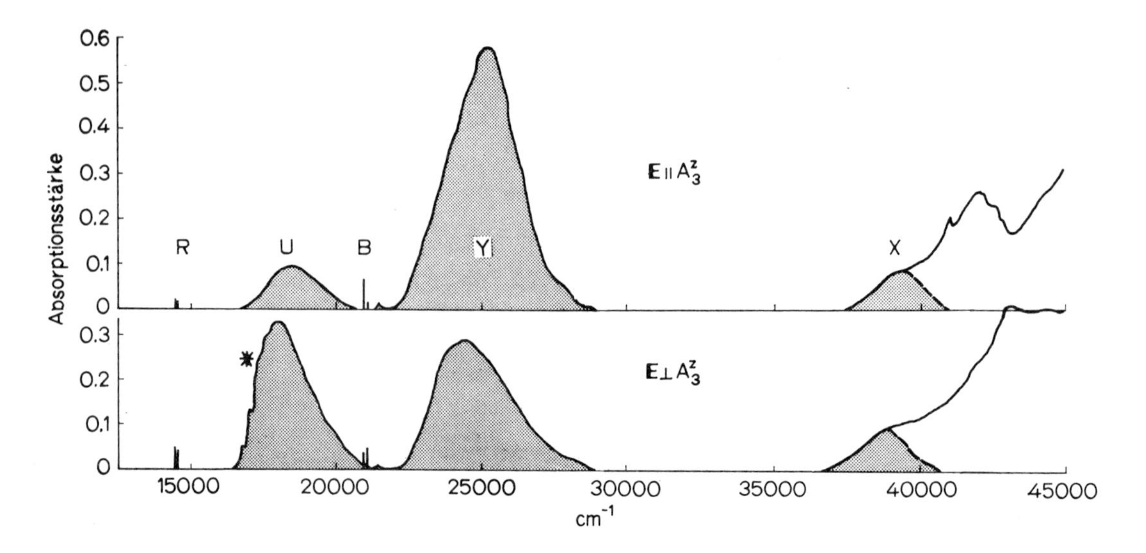

gangswahrscheinlichkeit ist sehr viel kleiner. Das führt einerseits zu der hohen Lebensdauer der metastabilen ^2E-Terme R_1 und R_2 (Abb. 18.11) und andererseits zu der großen Pumpleistung in den Banden U und Y. Beides zusammen macht den Rubin zu einer günstigen Laser-Substanz.

Offenbar sind die $3d$-Elektronen in den schmalen Termen größenordnungsmäßig schwächer vom Gitter gestört, als in den breiten Bändern. Auch im Termschema anderer $3d$-Ionen (sowie $4d$- und $5d$-Ionen) in Kristallen kommen scharfe und breite Terme nebeneinander vor, so daß wir die Ergebnisse am Rubin als repräsentativ für alle Kristalle mit d-Ionen ansehen dürfen.

18.4. Spektren und elektronische spezifische Wärme

Hat ein Kristall angeregte elektronische Zustände, deren Energien jedoch nicht groß gegen kT sind, so tritt zu der thermischen Schwingungsenergie $U_G(T)$ des Gitters (Ziffer 10) thermische Elektronenenergie $U_e(T)$ hinzu, die von der Temperatur und wegen des Zeeman-Effekts der Terme auch von einem etwa eingeschalteten konstanten Magnetfeld abhängt:

$$U(H, T) = U_G(T) + U_e(H, T). \tag{18.38}$$

Demnach setzt sich auch die spezifische Wärme C_V bei konstantem Volum aus der spezifischen Schwingungswärme und der spezifischen elektronischen Wärme zusammen (M = Masse des Probekörpers):

$$C_V = C_{VG} + C_{Ve} = \frac{1}{M}\frac{\partial}{\partial T}[U_G(T) + U_e(H, T)]. \tag{18.39}$$

Letztere wird durch das Termschema bestimmt. Ist

$$Z(H, T) = \sum_j e^{-W_j(H)/kT} \tag{18.40}$$

die Zustandssumme eines Ions, wobei die $W_j(H)$ nach Gl. (16.24) von Richtung und Stärke des Magnetfeldes abhängen[88], so wird

$$U_e(H, T) = N k T^2 \frac{\partial}{\partial T} \log Z(H, T),$$
$$C_{Ve} = \frac{N}{M}\left[2 k T \frac{\partial}{\partial T}\log Z + k T^2 \frac{\partial^2}{\partial T^2}\log Z\right]. \tag{18.41}$$

Dabei ist N/M die Anzahl der Ionen je Masseneinheit. Ist nun das Termschema mit Einschluß des Zeemaneffektes spektroskopisch bekannt, so läßt sich $C_{Ve}(H, T)$ berechnen und mit direkt kalorimetrisch gemessenen Werten vergleichen[89].

Ein Beispiel gibt die Abb. 18.13 für das $HoCl_3 \cdot 6H_2O$, und zwar bei H = 0.

Von der gemessenen gesamten spezifischen Wärme dieses Salzes wurde die des isomorphen $LuCl_3 \cdot 6\,H_2O$ abgezogen, nach einer kleinen Korrektur wegen des geänderten Atomgewichts. Da Lu^{3+} keine $4f$-Elektronen und also keine niedrigen Elektronenterme, d.h. *nur* Schwingungswärme, besitzt, hat man auf diese Weise die elektronische Wärme des $HoCl_3 \cdot 6\,H_2O$ experimentell isoliert (Meßpunkte in Abb. 18.13). Von den $2J + 1 = 17$ einfachen Kristallfeldkomponenten des Grundterms $^5I_8$ sind nur die 4 tiefsten spektroskopisch bekannt[90], und zwar ist bei H = 0:

$$W_{\mathrm{I}} = 0, \quad W_{\mathrm{II}} = hc \cdot 8{,}69\ \mathrm{cm}^{-1} = k \cdot 12{,}50\ \mathrm{K},$$
$$W_{\mathrm{III}} = hc \cdot 17{,}68\ \mathrm{cm}^{-1} = k \cdot 25{,}44\ \mathrm{K},$$
$$W_{\mathrm{IV}} = hc \cdot 30{,}63\ \mathrm{cm}^{-1} = k \cdot 44{,}1\ \mathrm{K}.$$

Setzt man diese Werte in Gl. (18.41) ein, so wird das scharfe Maximum von C_{Ve} bei $\sim$ 10 K richtig wiedergegeben (ausgezeichnete Kurve), jedoch tragen diese Termkomponenten zu dem breiten Maximum bei $\sim$ 100 K praktisch nicht mehr bei. Aus der gesamten Kurve lassen sich umgekehrt aber ange-

[88] Wechselwirkungen der magnetischen Momente verschiedener Ionen untereinander werden hier nicht berücksichtigt. Vgl. (21.6′).

[89] Die Abhängigkeit der $W_j(H)$ von T selbst wird dabei im allgemeinen vernachlässigt, da sie bei konstant gehaltenem Volum und tiefen Temperaturen klein ist.

[90] Die höheren Komponenten sind erst bei Temperaturen besetzt, bei denen die Absorptionslinien für genaue Messungen schon zu breit sind.

näherte Werte für die höheren Komponenten ableiten: sie liegen zwischen $k \cdot 60$ K und $k \cdot 360$ K. Dies Beispiel möge genügen, um den engen Zusammenhang zwischen Spektroskopie und Kalorimetrie zu kennzeichnen.

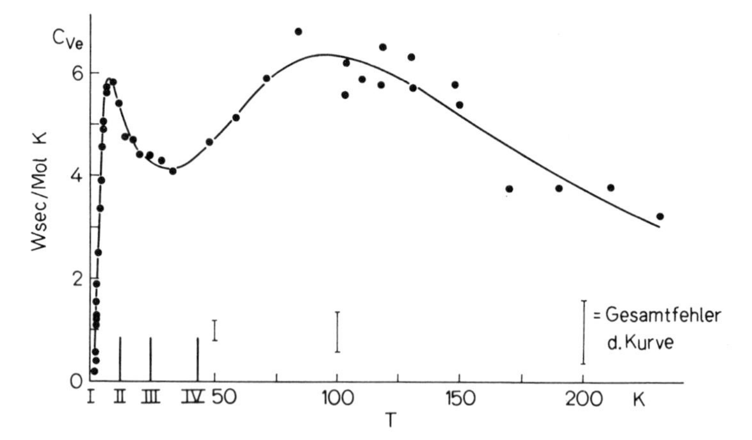

Abb. 18.13. Spezifische elektronische Wärme von $HoCl_3 \cdot 6\,H_2O$. ● gemessene Werte, —— optimale theoretische Kurve, zu deren Berechnung die spektroskopisch bestimmten Kristallfeldkomponenten I, ..., IV (unterer Bildrand) benutzt wurden. (Nach Pfeffer, 1961)

Aufgabe 18.13. Berechne und zeichne den Beitrag eines g-fach entarteten angeregten Terms der Energie W zur elektronischen spezifischen Wärme als Funktion der Temperatur. Wo liegt das Maximum? Der Grundterm bei $W = 0$ sei g_0-fach entartet.

Aufgabe 18.14. Gegeben seien zwei Kramers-Dubletts im Kristallfeld, die in einem achsenparallelen Magnetfeld einen linearen Zeeman-Effekt zeigen. Der Grundterm bei $W(0) = 0$ habe die linearen Aufspaltungsfaktoren $\pm s_0$, der angeregte Term bei $W(0) = \Delta$ habe die linearen Aufspaltungsfaktoren $\pm s$. Berechne die spezifische Wärme dieses Systems als Funktion von T und H.

F. Magnetismus von Kristallen

Wir behandeln in diesem Kapitel vor allem solche Kristalle, deren makroskopische magnetische Eigenschaften sich auf *isolierte magnetische Momente* und deren Wechselwirkung zurückführen lassen. Das sind *dia-*, *para-*, *ferro-*, *ferri-* und *antiferromagnetische* Isolatoren und Halbleiter und als Vergleichsbeispiele einige ferromagnetische Metalle. Der Magnetismus der Metallelektronen selbst wird erst in Kapitel H behandelt werden. Magnetische Kernmomente werden vernachlässigt, bis auf Ziffer 23.6.

19. Maßsysteme. Grundlagen

19.1. Maßsysteme

Wir rechnen wie in den früheren Kapiteln in demjenigen rational geschriebenen 4-Größensystem (Anhang A), in dem das magnetische Moment $\boldsymbol{M}$ einer makroskopischen Probe vom Volum V durch die Änderung dF der freien Energie bei der isothermen ($dT = 0$) Magnetfeldänderung $d\boldsymbol{H}$ definiert ist:

$$dF = -\boldsymbol{M}\,d\boldsymbol{H} = -M_{dH}\,dH\,, \tag{19.1}$$

M_{dH} ist die Komponente von $\boldsymbol{M}$ in Richtung von $d\boldsymbol{H}$. Dabei ist vorausgesetzt, daß $\boldsymbol{M}$ ein *mittleres Moment* ist, das sich nach den Gesetzen der Statistik aus atomaren Momenten $\boldsymbol{m}_i$ zusammensetzt und deshalb im allgemeinen eine Funktion $\boldsymbol{M}(\boldsymbol{H}, T)$ von Feldstärke und Temperatur ist. Dann ist auch $F = F(\boldsymbol{H}, T)$ und die Forderung $dT = 0$ führt zu (19.1).

Das so definierte Moment besitzt im Feld $\boldsymbol{H}$ die potentielle Energie (= *Orientierungs-* oder *Einstellenergie*)

$$W_{\text{pot}} = -\boldsymbol{M}\boldsymbol{H} = -M_H H \tag{19.1a}$$

(M_H = Komponente von $\boldsymbol{M}$ in Richtung von $\boldsymbol{H}$).

Die *Gesamtenergie* W setzt sich aus W_{pot} und der inneren Energie[1] $U = U(\boldsymbol{H}, T)$ zusammen:

$$W = W_{\text{pot}} + U\,. \tag{19.1b}$$

Im Grenzfall eines *einzelnen* ($\triangleq$ Unabhängigkeit von T) und *permanenten* ($\triangleq$ Unabhängigkeit von $\boldsymbol{H}$) Momentes ist $U = 0$, die Energie ist reine Einstellenergie. Das gilt z.B. für atomare magnetische Dipolmomente und ist schon in (16.3) benutzt. Umgekehrt: ist $W = W_{\text{pot}} = -\boldsymbol{M}\boldsymbol{H}$, so ist die Energie reine Einstellenergie von (atomaren) Permanentmagneten.

Die Umrechnung von den in diesem Buch verwendeten Formeln und Einheiten auf die des Système International d'Unités (SIU), in dem (19.1) ersetzt wird durch

$$dF = -\boldsymbol{M}^{+}\,d(\mu_B \boldsymbol{H}) = -\boldsymbol{M}^{+}\,d\boldsymbol{B}^{\text{ext}} \tag{19.1'}$$

und die des oft benutzten Gaußschen 3-Größensystems ist mit dem in Anhang A, Tabelle 3 angegebenen Schlüssel leicht möglich.

19.2. Grundgrößen und Definitionen

Ganz *allgemein* ist das in den (makroskopischen) Maxwell-Gleichungen stehende Magnetfeld immer das mittlere (mindestens über eine Gitterzelle gemittelte) Feld in der Materie. In einem *homogen magnetisierten Ellipsoid* ist es das nach Ziffer 22.1 berechnete innere Feld $\boldsymbol{H}^{\text{int}}$.

Wir denken uns zunächst die magnetischen Messungen an beliebig langen gestreckten Spulen durchgeführt. Das magnetische Feld $\boldsymbol{H}^{\text{int}}$ im *Innern* einer derartigen, homogen mit Materie gefüllten

[1] Siehe Ziffer 24.4.

Spule ist gleich dem in der leeren Spule herrschenden *äußeren Feld*[2] $\boldsymbol{H}^{\text{ext}}$:

$$\boldsymbol{H}^{\text{int}} = \boldsymbol{H}^{\text{ext}} = \boldsymbol{H}. \tag{19.2}$$

Dies Feld sei zunächst zeitlich konstant (statisches Feld). Es erzeugt eine homogene *magnetische Flußdichte* oder *Induktion*

$$\boldsymbol{B} = \mu_0 \boldsymbol{H} + \boldsymbol{J} = \boldsymbol{B}^{\text{ext}} + \boldsymbol{M}/V = \mu\,\mu_0 \boldsymbol{H}, \tag{19.3}$$

die sich aus der Flußdichte $\boldsymbol{B}^{\text{ext}} = \mu_0 \boldsymbol{H}$ in der leeren Spule und der homogenen *Magnetisierung* der Materie zusammensetzt, die als das magnetische Moment je Volumeinheit $\boldsymbol{J} = \boldsymbol{M}/V$ definiert ist[3], d.h. nach (19.1) durch die isotherme Änderung der Energiedichte

$$d\left(\frac{F}{V}\right) = -\frac{\boldsymbol{M}}{V}\,d\boldsymbol{H} = -\frac{M_{dH}}{V}\,dH. \tag{19.5}$$

$\boldsymbol{M}$ und $\boldsymbol{M}/V$ hängen von der Temperatur T, von der Feldstärke H und in anisotropen Substanzen auch von den Richtungswinkeln α, β, γ oder ϑ, φ des Feldvektors relativ zu einem in der Substanz festliegenden Koordinatensystem ab:

$$\boldsymbol{M}/V = \boldsymbol{M}(\boldsymbol{H}, T)/V = \boldsymbol{M}(\alpha\beta\gamma H, T)/V. \tag{19.6}$$

(19.1) und (19.5) gelten für beliebige vektorielle Feldänderungen $d\boldsymbol{H}$. In der mit Materie gefüllten beliebig langen Spule können homogene Feldänderungen nur durch Änderungen der Feldstärke ohne Änderung der Feldrichtung durchgeführt werden. Es ist also $d\boldsymbol{H}$ parallel zu $\boldsymbol{H}$, $M_{dH} = M_H$ und (19.5) wird zu

$$d\left(\frac{F}{V}\right) = -\frac{M_H(\alpha\beta\gamma H, T)}{V}\,dH. \tag{19.7}$$

Durch derartige Experimente wird die feldparallele Komponente M_H/V der Magnetisierung bestimmt und damit auch die *Volum-Suszeptibilität χ in Richtung von* $\boldsymbol{H}$, die durch die Gleichung

$$\chi(\alpha\beta\gamma H, T) = \frac{M_H(\alpha\beta\gamma H, T)}{V \cdot \mu_0 H} \tag{19.8}$$

definiert ist[4] und nach (19.3) mit der *Permeabilität* μ durch die Gleichung

$$\mu = 1 + \chi \tag{19.8'}$$

zusammenhängt. Im Vakuum (außerhalb der Festkörperprobe) ist $\chi = 0$, $\mu = 1$.

Aus χ abgeleitet[5] werden die *spezifische* oder *Massen-Suszeptibilität*

$$\chi^{(s)} = \chi/\varrho, \quad \varrho = \text{Massendichte}, \tag{19.8a}$$

und die *Molsuszeptibilität*

$$\chi^{(m)} = \chi^{(s)} \cdot (M) = \chi\,\frac{N_L}{N/V}, \tag{19.8b}$$

wobei (M) = Molekulargewicht, N_L = Loschmidt-Konstante und N/V = Teilchendichte.

In Spezialfällen (*Diamagnetismus*, *Paramagnetismus* bei niedrigen Feldstärken und hohen Temperaturen) ist die Magnetisierung eine *lineare* Funktion der Feldstärke, d.h. in Gl. (19.8) hängt χ nicht mehr von der Feldstärke H ab:

$$\chi = \chi(\alpha\beta\gamma, T). \tag{19.9}$$

[2] Bezeichnung im Anschluß an de Klerk [F 31]. Das äußere Feld wird als homogenes Feld gemessen *vor* Einbringen einer materiellen Probe.

[3] Bei inhomogen verteilter Magnetisierung zu ersetzen durch $\boldsymbol{J}(\boldsymbol{r}) = \Delta \boldsymbol{M}/\Delta V$.

[4] In den Abbildungen und Tabellen ist gelegentlich auch die nichtrationale Suszeptibilität $\chi^* = \chi/4\pi$ angegeben, vgl. den Anhang. Außerdem im Anschluß an die Originalliteratur die Feldstärke in Oe oder G, wobei unterlassen wurde, H^* statt H zu schreiben.

[5] Die Dimensionen sind:

$$[\chi] = 1 = \frac{\text{cm}^3}{\text{cm}^3}; \quad [\chi^{(s)}] = \frac{\text{cm}^3}{\text{g}}; \quad [\chi^{(m)}] = \frac{\text{cm}^3}{\text{mol}}.$$

In diesem Fall muß χ nach Kapitel D ein reeller symmetrischer Tensor (χ) sein, d.h. es ist

$$\boldsymbol{M}/V = (\chi)\,\mu_0\,\boldsymbol{H}. \tag{19.10}$$

Für die Komponenten von (χ) in einem beliebigen, im Probekörper festen Koordinatensystem gilt

$$\chi_{\mu\nu}(T) = \chi_{\nu\mu}(T) \tag{19.11}$$

und nach Kapitel D existiert ein *Suszeptibilitätsellipsoid*, in dessen Hauptachsensystem *(Hauptsuszeptibilitätsachsen)*

$$\chi(\alpha\beta\gamma,\,T) = \chi_1(T)\cos^2\alpha + \chi_2(T)\cos^2\beta + \chi_3(T)\cos^2\gamma \tag{19.12}$$

ist. χ_1, χ_2, χ_3 sind die *Hauptsuszeptibilitäten*. An pulverförmigen oder statistisch isotropen Proben wird der Mittelwert über alle Raumrichtungen

$$\bar{\bar{\chi}} = (\chi_1 + \chi_2 + \chi_3)/3 \tag{19.12'}$$

aus den drei Hauptsuszeptibilitäten, bei axialen Kristallen also

$$\bar{\bar{\chi}} = (2\,\chi_\perp + \chi_\parallel)/3 \tag{19.12''}$$

gemessen.

Mißt man nicht in einer vollständig mit Materie gefüllten beliebig langen Spule, sondern an einer Probe endlicher Größe in einem homogenen äußeren Feld, so ist das im Innern der Materie wirkende *innere Feld* $\boldsymbol{H}^{\text{int}}$ verschieden vom äußeren Feld $\boldsymbol{H}^{\text{ext}}$. Damit die Magnetisierung und $\boldsymbol{H}^{\text{int}}$ *homogen* sind, muß die Probe die Gestalt eines Ellipsoids haben. Ist (N) der Entmagnetisierungstensor des Ellipsoids, so ist $\boldsymbol{H}^{\text{int}}$ definiert durch

$$\boldsymbol{H}^{\text{int}} = \boldsymbol{H}^{\text{ext}} - \frac{(N)}{\mu_0}\frac{\boldsymbol{M}}{V}, \tag{19.13}$$

wobei das letzte Glied das *Entmagnetisierungsfeld* ist. Jetzt gilt (19.3) mit $\boldsymbol{H}^{\text{int}}$:

$$\boldsymbol{B} = \mu_0\,\boldsymbol{H}^{\text{int}} + \boldsymbol{M}/V = (1+\chi)\,\mu_0\,\boldsymbol{H}^{\text{int}}. \tag{19.13'}$$

Die Suszeptibilität χ ist jetzt durch das innere Feld definiert, da dieses das im Innern der Materie wirkende makroskopische Feld ist[6]:

$$M_{H^{\text{int}}}/V = \chi(\alpha\beta\gamma H^{\text{int}},\,T)\,\mu_0\,H^{\text{int}}. \tag{19.14}$$

Nehmen wir wieder speziell an, daß χ ein symmetrischer Tensor ist, so wird mit (19.13)

$$\boldsymbol{H}^{\text{ext}} = [1 + (N)(\chi)]\,\boldsymbol{H}^{\text{int}}, \tag{19.15}$$

und

$$\boldsymbol{M}/V = (\chi)\,\mu_0\,\boldsymbol{H}^{\text{int}} = \frac{(\chi)}{1+(N)(\chi)}\,\mu_0\,\boldsymbol{H}^{\text{ext}} \tag{19.15'}$$

oder in Komponenten (i, j, m durchlaufen jedes die x, y, z eines äußeren Koordinatensystems)

$$H_i^{\text{ext}} = \sum_j \left[\delta_{ij} + \sum_m N_{im}\,\chi_{mj}\right] H_j^{\text{int}}. \tag{19.16}$$

Diese Beziehungen werden sehr vereinfacht, wenn die Probe so präpariert wird, daß die Achsen des Ellipsoids mit den Hauptsuszeptibilitätsachsen zusammenfallen. Für die drei Achsenrichtungen $n = 1, 2, 3$ gilt dann

$$H_n^{\text{ext}} = [1 + N_n\,\chi_n]\,H_n^{\text{int}} \tag{19.17}$$

mit

$$N_1 + N_2 + N_3 = 1, \tag{19.18}$$

[6] (19.8) ist der Grenzfall $N = 0$ von (19.14).

und das innere Feld ist jeweils bestimmt durch

$$H_n^{\text{int}} = \frac{H_n^{\text{ext}}}{1 + N_n \chi_n}. \tag{19.19}$$

Die Werte der Entmagnetisierungsfaktoren N_n sind formelmäßig darstellbar und tabelliert [F 24, F 31, F 38]. Wir geben hier nur die Werte $N_n = \frac{1}{3}$ für eine Kugel, $N_1 = 1$ für eine unendlich ausgedehnte dünne Platte senkrecht zu $\boldsymbol{H}$ und $N_1 = 0$ für eine ∞ ausgedehnte Platte oder einen ∞ langen Stab parallel zum Feld.

Das innere Feld ist aus den makroskopischen Größen $\boldsymbol{H}^{\text{ext}}$ und $\boldsymbol{M}/V$ abgeleitet, also selbst eine makroskopische Größe: es ist[7] das Feld in einem Längskanal parallel zur Richtung von $\boldsymbol{H}$. Es ist nicht identisch mit dem am Ort eines bestimmten Atoms l in der Probe herrschenden „lokalen Feld"

$$\boldsymbol{H}_l^{\text{lok}} = \boldsymbol{H}^{\text{ext}} + \sum_k \bar{\boldsymbol{h}}_{kl}, \tag{19.20}$$

das sich aus dem äußeren Feld und den von den magnetischen Momenten aller anderen, durch k numerierten Atome (Ionen) am Ort des Aufatoms im statistischen Mittel erzeugten Feldern $\bar{\boldsymbol{h}}_{kl}$ zusammensetzt. Näheres über die Berechnung des lokalen Feldes siehe unter Ziffer 22.1.

Mißt man die Magnetisierung nicht in einem statischen Magnetfeld, sondern in einem *Wechselfeld*, so hängen $\boldsymbol{M}/V$, μ und χ auch von der Frequenz ω des Wechselfeldes ab, und μ und χ werden komplex. Näheres hierzu siehe unter Ziffer 23.1.

19.3. Modellmäßige Einteilung der Substanzen

Unsere Aufgabe wird im folgenden sein, die makroskopisch gemessenen Größen $M_H(\alpha\beta\gamma H, T)$ oder $\chi(\alpha\beta\gamma H, T)$ aus atomistischen Modellen zu berechnen, die Ergebnisse mit dem Experiment zu vergleichen und so die Berechtigung der zugrundegelegten Modellvorstellungen zu prüfen. Dabei sind im wesentlichen folgende Fälle zu unterscheiden:

a) *Diamagnetismus* (Ziffer 20). Die Substanz enthält keine permanenten magnetischen Momente. Beim Einschalten eines äußeren Magnetfeldes wird in allen Atomen, Ionen und Molekeln des Kristallgitters ein diamagnetisches Moment induziert, das nach der Lenzschen Regel dem Magnetfeld entgegengerichtet ist. Die Suszeptibilität ist temperaturunabhängig und negativ:

$$\chi^{\text{dia}} < 0, \quad |\chi^{\text{dia}}| \ll 1. \tag{19.22}$$

Da dieser Mechanismus unabhängig davon ist, ob etwa auch permanente Momente vorhanden sind, besitzt jede Substanz im Magnetfeld immer auch ein diamagnetisches Moment. Ihm überlagern sich die permanenten Momente.

b) *Paramagnetismus* (Ziffer 21). Die Substanz enthält permanente magnetische Momente. Diese sollen sich nur relativ zu dem makroskopischen äußeren (oder inneren[8]) Magnetfeld einstellen, ihre Wechselwirkung wird vernachlässigt. Da die Momente sich bevorzugt parallel zum Feld orientieren, ist die Suszeptibilität positiv:

$$\chi^{\text{para}} > 0. \tag{19.23}$$

Sie ist stark temperaturabhängig[9]. Die experimentell bestimmte Suszeptibilität ist

$$\chi = \chi^{\text{para}} + \chi^{\text{dia}} = \chi^{\text{para}} - |\chi^{\text{dia}}| < \chi^{\text{para}}. \tag{19.24}$$

Im allgemeinen ist $|\chi^{\text{dia}}| \ll \chi^{\text{para}}$ und kann vernachlässigt werden, außer wenn χ^{para} sehr klein ist oder/und wenn nur wenige Ionen im

[7] Bei Gültigkeit von (19.19).

[8] Die Berücksichtigung der Entmagnetisierung wird hier als makroskopische Korrektur am angelegten Feld aufgefaßt, nicht als mikrophysikalischer Wechselwirkungseffekt.

[9] Bei manchen Substanzen kommt eine sehr kleine temperaturunabhängige paramagnetische Suszeptibilität hinzu (van Vlecksche 2. Näherung, 1934).

Kristallgitter ein magnetisches Moment besitzen („magnetisch verdünnte" Substanzen), wie z.B. bei $Nd_2Mg_3(NO_3)_{12} \cdot 24\,H_2O$, bei dem alle Bausteine zu χ^{dia} und nur die Nd^{3+}-Ionen zu χ^{para} beitragen.

c) *Kollektiver Magnetismus.* Die Wechselwirkung zwischen den magnetischen Momenten (Ziffer 22) ist entscheidend. Sie führt unterhalb einer Ordnungs-Temperatur zu einer spontanen Ordnung aller Momente entweder parallel zueinander (*Ferromagnetismus*, Ziffer 24) oder paarweise antiparallel (*Ferri-* und *Antiferromagnetismus*, Ziffern 25 und 26) oder zu komplizierten *Spinstrukturen* (Ziffer 26). In allen Fällen ist die Suszeptibilität eine komplizierte Funktion von Magnetfeldstärke und Temperatur.

20. Diamagnetismus von Isolatoren

Beim Einschalten eines Magnetfeldes wird in der Elektronenhülle eines Atoms (Ions) ein Induktionsstrom erzeugt, dessen magnetisches Moment nach der Lenzschen Regel dem Magnetfeld entgegengerichtet ist. Die gesamte Elektronenbewegung kann dann beschrieben werden als die ungestörte Bewegung mit einer überlagerten *Larmor*-Präzession um die Magnetfeldrichtung. Diese Vorstellung führt zu dem Hamilton-Operator $\mathscr{D}$ in (16.5/6) für die potentielle Energie des diamagnetischen Moments im Magnetfeld. Legen wir die z-Richtung in die Feldrichtung, so wird $\varrho_i^2 = x_i^2 + y_i^2$, und das feldparallele Moment ist der Erwartungswert im Grundzustand[10] des Operators (vgl. (19.1))

$$m_H^D = -\frac{d\mathscr{D}}{dH} = -\left(\frac{\mu_B}{\hbar}\right)^2 m_{e_0} \sum_i (x_i^2 + y_i^2)\, H\,, \tag{20.1}$$

also

$$\langle m_H^D \rangle = -\left(\frac{\mu_B}{\hbar}\right)^2 m_{e_0} \sum_i \langle x_i^2 + y_i^2 \rangle\, H\,. \tag{20.2}$$

Es ist proportional zur Feldstärke, d.h. ein *induziertes Moment.*

In einem *freien* Atom (Ion) sind die Eigenzustände isotrop, d.h es ist

$$\langle x_i^2 \rangle = \langle y_i^2 \rangle = \langle z_i^2 \rangle = \langle r_i^2 \rangle / 3\,, \tag{20.3}$$

das Moment

$$\langle m_H^D \rangle = -\frac{2}{3}\left(\frac{\mu_B}{\hbar}\right)^2 m_{e_0} \sum_i \langle r_i^2 \rangle \cdot H \tag{20.4}$$

ist unabhängig von der Temperatur, und die isotrope Suszeptibilität wird

$$\chi^{\text{dia}} = \frac{N \langle m_H^D \rangle}{V \mu_0 H} = -\frac{2\, m_{e_0}}{3\, \mu_0} \frac{N}{V} \left(\frac{\mu_B}{\hbar}\right)^2 \sum_i \langle r_i^2 \rangle\,. \tag{20.5}$$

χ^{dia} kann also über $\sum_i \langle r_i^2 \rangle$ quantentheoretisch berechnet werden. In Übereinstimmung mit dem Experiment ergibt sich die Größenordnung $\chi^{\text{dia}} \approx -10^{-6}$, vgl. Tabelle 20.1. In Molekeln und Kristallen ist χ^{dia} im allgemeinen ein symmetrischer Tensor mit ungleichen Achsen.

Tabelle 20.1. *Rationale*[a] *Mol-Hauptsuszeptibilitäten einiger diamagnetischer Kristalle, nach Landolt-Börnstein, 6. Aufl., Band II/10, 1967*

Substanz	Struktur	$\chi_\parallel^{(m)}$ / $\chi_1^{(m)}$	$\chi_\perp^{(m)}$ / $\chi_2^{(m)}$	— / $\chi_3^{(m)}$	Einheit
NaCl	kubisch	− 379	—	—	$\cdot 10^{-6}$ cm³/mol
NaJ	kubisch	− 716	—	—	$\cdot 10^{-6}$ cm³/mol
CsJ	kubisch	−1075	—	—	$\cdot 10^{-6}$ cm³/mol
Al_2O_3	hexagonal	− 320	− 267	—	$\cdot 10^{-6}$ cm³/mol
$NaNO_3$	trigonal	—	− 330	—	$\cdot 10^{-6}$ cm³/mol
$CaCO_3$ *	trigonal	− 446	− 498	—	$\cdot 10^{-6}$ cm³/mol
$CaCO_3$ **	orthorhomb.	− 528	− 531	− 478	$\cdot 10^{-6}$ cm³/mol
$B_3N_3H_3Cl_3$	orthorhomb.	−1274	−1225	−1397	$\cdot 10^{-6}$ cm³/mol
C_6H_6	orthorhomb.	− 815	− 471	− 778	$\cdot 10^{-6}$ cm³/mol
C_6Cl_6	monoklin	−1635	−1710	−2150	$\cdot 10^{-6}$ cm³/mol

* Kalkspat. — ** Aragonit.

[a] Sehr häufig wird statt $\chi^{(m)}$ die nichtrationale Mol-Suszeptibilität $\chi^{(m)*} = \chi^{(m)}/4\pi$ mit der Einheit 10^{-6} emE/mol angegeben. Siehe Anhang (emE = elektromagnetische Einheiten).

[10] Angeregte Zustände mit anderen Werten von $\sum_i \langle r_i^2 \rangle$ sollen nicht besetzt sein.

Man erkennt deutlich durch Vergleich chemisch verwandter Substanzen die Zunahme der Suszeptibilität mit zunehmender Größe und Elektronenzahl der Atome, wie es (20.5) verlangt. In komplizierter gebauten Kristallen mit chemisch verschiedenen Bausteinen kann die diamagnetische Suszeptibilität aus derjenigen der in der Zelle vorhandenen Ionen (Na^+, Cl^-, ...), Komplexe (NO_3^-, CO_3^{2-}, ...) und Molekeln (H_2O, C_6H_6, ...) additiv zusammengesetzt werden. Dabei ist zu berücksichtigen, daß Komplexe und Molekeln mit nichtkubischer Symmetrie (H_2O, C_6H_6, NO_3^-, ...) selbst diamagnetisch anisotrop sind, so daß ihre Orientierung relativ zu den Kristallachsen bei der Berechnung der Kristallsuszeptibilität berücksichtigt werden muß. Näheres hierzu siehe in der Spezialliteratur, z.B. [F 37].

21. Paramagnetismus von Ionenkristallen

Wir denken uns ein makroskopisches System von N gleichen Atomen, Ionen oder Molekeln. Insbesondere interessieren wir uns für Ionen in Kristallen. Die Gleichheit ist dadurch definiert, daß alle Ionen dasselbe Termschema haben. Chemisch gleiche Ionen auf physikalisch ungleichartigen Gitterplätzen eines Kristalls haben verschiedene Termschemata, werden hier also zu getrennten Systemen gerechnet. In solchen Fällen sind die folgenden Überlegungen für jedes System (Termschema) getrennt durchzuführen.

Wir setzen zunächst voraus, daß *keine Wechselwirkung* zwischen den Ionen existiert[11], so daß wir von isolierten Ionen ausgehen können *(Einion-Modell)*.

21.1. Statistische Grundlagen

Bringt man den Kristall in ein Magnetfeld, so spalten noch entartete Kristallfeld-Terme der Ionen auf (Ziffern 14 und 16), und die Energie der (einfachen) Zeeman-Komponenten, die wir mit $i = 1, 2, \ldots$ numerieren, hängt von den Richtungswinkeln $(\alpha\beta\gamma) \equiv (\vartheta\varphi)$ relativ zu einem im Kristall festen Achsensystem und der Stärke H des Feldes ab, siehe Abb. 21.1 und Abb. 16.2.

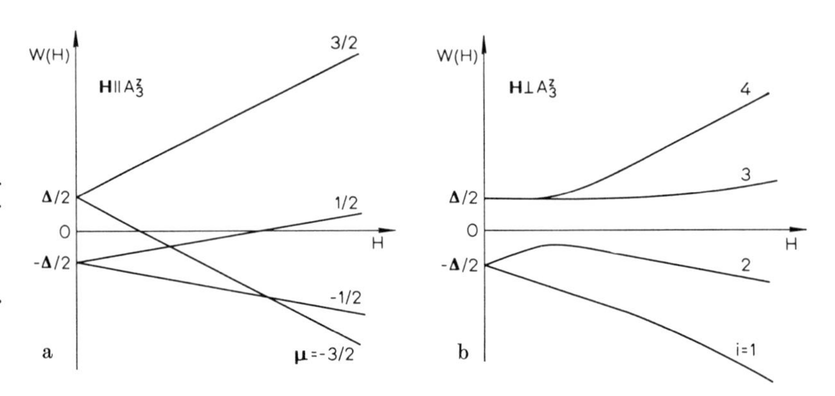

Abb. 21.1. Aufspaltung eines Terms mit $J = 3/2$ in einem Kristallfeld der Punktsymmetrie C_3 und in einem äußeren Magnetfeld parallel (a) und senkrecht (b) zur Kristallfeldachse. Δ = Abstand der beiden Kramers-Dubletts = Kristallfeldaufspaltung. Im Fall a) ist die Symmetriequantenzahl μ definiert

Wenden wir jetzt Gl. (19.7) auf *ein* Atom an, das sich in dem einfachen Zeeman-Niveau i befindet, so ist die Entropie $S = k \ln w = 0$, da die Anzahl der Realisierungsmöglichkeiten dieses Zustandes $w = 1$ ist. Somit ist die freie Energie gleich der Energie $W_i(H)$ und also der quantentheoretische Erwartungswert $\langle m_H \rangle_i$ des feldparallelen Momentes in diesem Zustand gleich der negativen Ableitung des Energie-Erwartungswertes nach der Feldstärke:

$$\langle m_H \rangle_i = -\frac{dW_i}{dH}, \tag{21.1}$$

d.h. bestimmt durch die negative Tangente an die Terme in Abb. 21.1. Das feldparallele Moment $\langle m_H \rangle_i$ hängt also von der Feldstärke H ab und kann bei wachsendem Feld sogar das Vorzeichen wechseln. Übernehmen wir die Reihenentwicklung (16.24)

$$W_i(\vartheta\varphi H) = W_i(0) + s_i(\vartheta\varphi)\mu_B H + q_i(\vartheta\varphi)(\mu_B H)^2 + \cdots, \tag{21.1'}$$

so ist

$$\langle m_H \rangle_i = -s_i(\vartheta\varphi)\mu_B - 2q_i(\vartheta\varphi)\mu_B^2 H - \cdots. \tag{21.2}$$

Dieses Moment hängt vom zweiten Glied an von H ab und ist anisotrop, wobei das erste Glied, das ist das *permanente* Moment, der

[11] Die Wechselwirkung wird unter Ziffer 22 behandelt.

Gl. (16.26) gehorcht, die Anisotropie der höheren Glieder aber nicht allgemein angegeben werden kann.

Das im Experiment nach (19.7) bestimmte makroskopische *magnetische Moment* M_H ist der thermische Mittelwert[12] bei der Temperatur T des gesamten Momentes aller N in der Probe enthaltenen Atome:

$$M_H(\vartheta\,\varphi H, T) = \sum_i N_i \langle m_H \rangle_i = N\overline{\langle m_H \rangle}, \tag{21.3}$$

wobei

$$N_i = \frac{N\,e^{-W_i/kT}}{Z} \tag{21.4}$$

die Besetzungszahl des i-ten Zustands bei der Temperatur T und

$$Z = Z(\vartheta\,\varphi H, T) = \sum_i e^{-W_i/kT} \tag{21.5}$$

die *Zustandssumme*[13] eines Ions[14] ist. Wie man leicht nachrechnet, ist (21.3) identisch mit

$$M_H = -\frac{\partial F}{\partial H} = N\,\mu_B\,k\,T\,\frac{\partial \ln Z}{\partial(\mu_B H)}\,. \tag{21.6}$$

Ebenso einfach lassen sich die thermischen Mittelwerte der *Energie* W, der *freien Energie* $F = W - TS$ und der *Entropie* S *des* Spinsystems aus der Zustandssumme ableiten:

$$W(H, T) = \sum_i N_i W_i = N(kT)^2\,\frac{\partial \ln Z}{\partial(kT)} \tag{21.6'}$$

$$F(H, T) = W - TS = -N\,k\,T \ln Z \tag{21.6''}$$

$$S(H, T) = -\frac{\partial F}{\partial T} = \frac{\partial}{\partial T}(N\,k\,T \ln Z), \tag{21.6'''}$$

die wir für spätere Anwendungen vormerken.

Bricht man, was fast immer erlaubt ist, die Reihe (21.2) nach dem zweiten Glied ab, so erhält man durch Einsetzen in (21.6) die van Vlecksche *Näherungsformel*[15] für die Suszeptibilität

$$\chi(\vartheta\,\varphi H, T) = \frac{M_H}{V\mu_0 H} = \frac{N\mu_B^2}{V\mu_0 k T}\cdot\frac{\sum_i (s_i^2 - 2q_i k T)\,e^{-W_i(0)/kT}}{\sum_i e^{-W_i(0)/kT}}, \tag{21.7}$$

die bei der Auswertung von Experimenten oft benutzt wird. Sie gilt, solange

$$s_i\left(\frac{\mu_B H}{kT}\right) \ll 1 \quad \text{und} \quad q_i\,k\,T\left(\frac{\mu_B H}{kT}\right)^2 \ll 1\,. \tag{21.8}$$

Berücksichtigt man nur das lineare Glied ($q_i = 0$!), so wird mit (16.26) auch χ ein symmetrischer Tensor.

Aufgabe 21.1. Beweise, daß $W = -M_H H$, die Energie also reine Einstellenergie permanenter atomarer Magnete ist, wenn Z nur vom Verhältnis $\mu_B H/kT$ abhängt. Wie muß der Zeeman-Effekt von H abhängen, damit dies der Fall ist? Hinweis: (21.1'/2).

Aufgabe 21.2. Beweise (21.7) aus (21.6) und diskutiere die Gültigkeitsgrenzen.

---

[12] Auch thermischer Erwartungswert genannt.

[13] Streng genommen hängt sie auch noch vom Volum V als Zustandsvariabler ab. Wir denken uns aber hier und im folgenden das Volum konstant gehalten. Druckeffekte und die thermische Ausdehnung werden also vernachlässigt, so daß die W_i unabhängig von V und T sind. Die thermodynamischen Beziehungen (21.6 ... 6''') gelten unabhängig von dieser Einschränkung.

[14] Nur weil alle Wechselwirkungen zwischen den Ionen vernachlässigt sind, ist es sinnvoll, mit den Zustandssummen der einzelnen Ionen zu rechnen.

[15] Vom Standpunkt der quantenmechanischen Störungsrechnung ist dies eine erste Näherung. In zweiter Näherung (Durchmischung verschiedener Eigenzustände durch das Magnetfeld) ergibt sich nach van Vleck noch ein temperaturunabhängiger Paramagnetismus, siehe z.B. [F 1, F 4].

21.2. Paramagnetismus freier Atome

Als erstes Beispiel behandeln wir ein isotropes Gas aus gleichen *freien* Atomen, da die Ergebnisse später gebraucht werden (Ziffer 24).

Jeder Zustand eines freien Atoms wird durch die Drehimpulsquantenzahlen J und $M = J, J-1, \ldots, -J$ des Gesamtdrehimpulsoperators $\boldsymbol{J}$ gekennzeichnet. Mit diesem Drehimpuls ist das permanente magnetische Moment

$$\boldsymbol{m} = -\frac{\mu_B}{\hbar} g_J \boldsymbol{J} \tag{21.10}$$

verbunden[16], wobei der Landésche Aufspaltungsfaktor g_J durch die innere Kopplung zwischen den Bahn- und Spindrehimpulsen $\boldsymbol{l}_k$ und $\boldsymbol{s}_k$ aller Elektronen k des Atoms bestimmt ist. Solange die Einwirkung des äußeren Magnetfeldes schwach gegen die der inneren Kopplungskräfte ist, ist g_J eine von H unabhängige Konstante[17] und die Feldabhängigkeit der Terme läßt sich exakt aus (21.10) angeben: der $(2J+1)$-fach entartete Term spaltet in die $2J+1$ Komponenten ($i \triangleq M$, $\boldsymbol{H}$ in z-Richtung)

$$W_M(H) = W(0) + M g_J \mu_B H \tag{21.11}$$

linear auf (Abb. 21.2). Der lineare Aufspaltungsfaktor

$$s_M = M g_J \tag{21.12}$$

und das feldparallele magnetische Moment (vgl. (16.10)!)

$$\langle m_H \rangle_M = \langle m_z \rangle_M = -M g_J \mu_B \tag{21.13}$$

werden durch die magnetische Quantenzahl M (Abb. 21.2), der Betrag des magnetischen Momentes wird durch die Drehimpulsquantenzahl J bestimmt:

$$\langle \boldsymbol{m}^2 \rangle = J(J+1) g_J^2 \mu_B^2 . \tag{21.14}$$

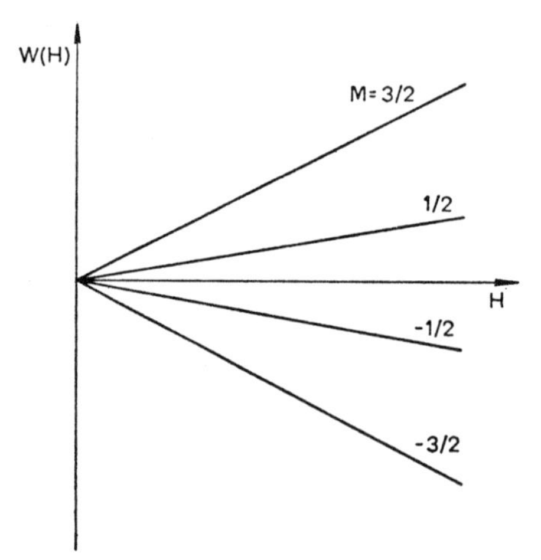

Abb. 21.2. Zeeman-Effekt desselben Terms mit $J = 3/2$ wie in Abb. 21.1, aber ohne Kristallfeld, d.h. für $\Delta = 0$. Hier ist $\mu = \mathrm{M}$

Wir setzen jetzt voraus, daß bei der Temperatur T nur die Zeeman-Komponenten des Grundterms besetzt seien (angeregte Elektronenterme liegen zu hoch). Dann ist $W(0) = 0$ und

$$Z = \sum_{M=J}^{-J} e^{-M g_J \mu_B H/kT} . \tag{21.16}$$

[16] Dies gilt in der $|JM\rangle$-Darstellung, die im folgenden benutzt wird. Allgemein gilt (16.4).

[17] Noch kein Übergang zum Paschen-Back-Effekt, vgl. [A], Ziff. 29.

Dies ist eine Funktion der Zustandsvariablen H und T, in die nur das Verhältnis der magnetischen Energie $\mu_B H$ zur thermischen Energie kT eingeht:

$$Z(H, T) = Z(\mu_B H/kT). \tag{21.17}$$

Da das Magnetfeld die Momente ordnet, die Temperatur die Ordnung stört, wird die Gleichgewichtsmagnetisierung vom Verhältnis beider Energien bestimmt.

Im allereinfachsten Fall eines $^2S_{1/2}$-Terms ($L=0$, $J=S=\frac{1}{2}$, $g_J = g_S = 2$) ist $M = \pm\frac{1}{2}$, d.h. es gibt nur zwei Zeeman-Komponenten mit den Energien

$$W_M = \pm\,\mu_B H \tag{21.18}$$

und den zugehörigen feldparallelen Momenten

$$\langle m_H \rangle_{\pm 1/2} = \mp\,\mu_B. \tag{21.19}$$

Die Zustandssumme ist

$$Z = e^{-\mu_B H/kT} + e^{\mu_B H/kT} = 2\,\mathrm{Cos}(\mu_B H/kT), \tag{21.20}$$

und also nach (21.6) der thermische Erwartungswert der Magnetisierung in Feldrichtung gleich

$$\frac{M_H}{V} = \frac{N\mu_B}{V}\,\mathrm{Tg}(\mu_B H/kT). \tag{21.21}$$

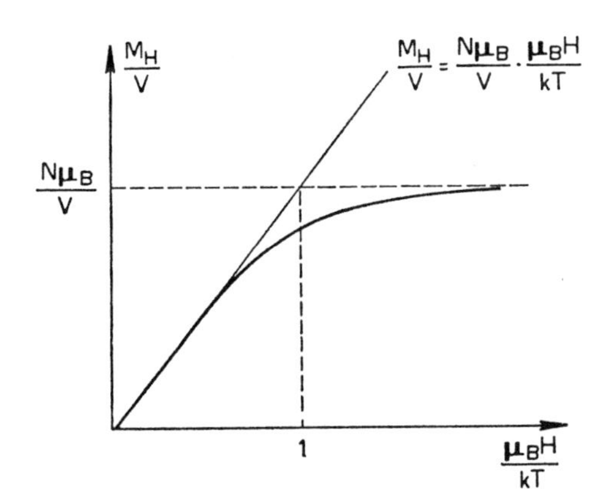

Abb. 21.3. Magnetisierung eines Atomgases. Grundzustand: $J = 1/2$

Diese Funktion ist in Abb. 21.3 über dem Verhältnis $\mu_B H/kT$ aufgetragen. Wegen der Grenzwerte

$$\lim_{x \ll 1} \mathrm{Tg}\, x = x, \qquad \lim_{x\to\infty} \mathrm{Tg}\, x = 1$$

gilt bei $kT \ll \mu_B H$ für die Magnetisierung die *Tieftemperaturnäherung*:

$$\frac{M_H}{V} = \frac{N\mu_B}{V} = \frac{M_{\max}}{V} \tag{21.22}$$

und bei $kT \gg \mu_B H$ die *Hochtemperaturnäherung*:

$$\frac{M_H}{V} = \frac{N\mu_B}{V}\cdot\frac{\mu_B H}{kT} = \frac{M_{\max}}{V}\cdot\frac{\mu_B H}{kT}. \tag{21.23}$$

Am absoluten Nullpunkt, wenn nur die Zeeman-Komponente mit $M = -\frac{1}{2}$ besetzt ist, hat nach (21.19) jedes Moment in Feldrichtung die größtmögliche Komponente $\langle m_H \rangle_{-1/2} = \mu_B$, d. h. die Magnetisierung hat den maximal möglichen Wert (21.22): die Probe ist paramagnetisch gesättigt. Bei genügend hohen Temperaturen bleibt nach (21.23) die Magnetisierung um den Faktor $\mu_B H/kT$ unter dem Maximalwert. Trägt man also M_H/V über $\mu_B H/kT$ auf, so verläßt die Kurve in Abb. 21.3 den Nullpunkt linear mit der Steigung $N\mu_B/V$.

Aufgabe 21.3. Diskutiere M_H/V als Funktion von H mit verschiedenen Werten von T und als Funktion von T mit verschiedenen Werten von H als Kurvenschar-Parametern.

Bei Atomen mit *beliebigen* J und g_J ergibt sich auf dieselbe Weise aus der Zustandsfunktion die thermisch gemittelte makroskopische Magnetisierung in der Form ($\boldsymbol{H} \| z$, $M_H = M_z$)

$$\frac{M_H(\mu_B H/kT)}{V} = \frac{N}{V} J g_J \mu_B B_J\left(\frac{J g_J \mu_B H}{kT}\right) = \frac{M_{\max}}{V} B_J\left(\frac{J g_J \mu_B H}{kT}\right), \tag{21.24}$$

wobei B_J die zu J gehörige *Brillouinfunktion*

$$B_J(x) = \frac{2J+1}{2J} \operatorname{Cotg} \frac{(2J+1)x}{2J} - \frac{1}{2J} \operatorname{Cotg} \frac{x}{2J} \tag{21.25}$$

ist und

$$\frac{M_{\max}}{V} = \frac{N}{V} J g_J \mu_B \tag{21.26}$$

die maximal mögliche Magnetisierung *(Sättigungsmagnetisierung)* bedeutet. Sie wird erreicht bei $T = 0$, da alle N Atome sich in der tiefsten Zeeman-Komponente befinden, für die $M = -J$ und nach (21.13)

$$\langle m_H \rangle_{-J} = J g_J \mu_B \tag{21.27}$$

ist. Bei Temperaturen $kT \ll \mu_B H$ erlaubt (21.24) die *Tieftemperaturnäherung*

$$\frac{M_H}{V} = \frac{M_{\max}}{V} = \frac{N J g_J \mu_B}{V} \tag{21.28}$$

und bei Temperaturen $kT \gg \mu_B H$ die *Hochtemperaturnäherung*

$$\frac{M_H}{V} = \frac{N J(J+1) g_J^2 \mu_B^2 H}{V \cdot 3kT} \tag{21.29}$$

oder nach (21.14)

$$\frac{M_H}{V} = \frac{N\langle \boldsymbol{m}^2 \rangle H}{V \cdot 3kT}. \tag{21.29'}$$

In der Hochtemperaturnäherung befolgt also die Suszeptibilität[18] das *Curiesche Gesetz*

$$\chi(T) = \frac{1}{\mu_0 H} \cdot \frac{M_H}{V} = \frac{N\langle \boldsymbol{m}^2 \rangle}{V \cdot 3\mu_0 kT} = \frac{C}{T}, \tag{21.30}$$

d.h. man bekommt eine Gerade über $1/T$ mit der *Curie-Konstanten*

$$C = \frac{N}{V} \frac{\langle \boldsymbol{m}^2 \rangle}{3\mu_0 k} = \frac{N}{V} \frac{J(J+1) g_J^2 \mu_B^2}{3\mu_0 k} = \frac{N}{V} \frac{p^2 \mu_B^2}{3\mu_0 k} \tag{21.31}$$

als Steigung[19], aus der experimentell der Betrag

$$\sqrt{\langle \boldsymbol{m}^2 \rangle} = g_J \sqrt{J(J+1)}\, \mu_B = p\,\mu_B \tag{21.31'}$$

des magnetischen Moments bestimmt werden kann (p = paramagnetische *Magnetonenzahl*).

[18] Diese ist bei einem isotropen Gas natürlich skalar, d.h., es existiert nur ein Moment in Feldrichtung: $M_x = M_y = 0$, $M_z = M_H = \chi V \mu_0 H$.

[19] Oft wird auch $1/\chi = T/C$ über T aufgetragen.

Wie man sich leicht überzeugt, ist

$$\frac{\langle \boldsymbol{m}^2\rangle}{3} = \frac{\sum\limits_{M=J}^{-J} M^2 g_J^2 \mu_B^2}{2J+1} = \frac{\sum\limits_{M} \langle m_H\rangle_M^2}{2J+1} = \overline{\overline{\langle m_H\rangle^2}} \tag{21.32}$$

wobei $\overline{\overline{\langle m_H\rangle^2}}$ das über alle $(2J+1)$ Zeeman-Komponenten gemittelte Quadrat der feldparallelen Komponenten des magnetischen Moments ist. Da die $\langle m_H\rangle_M$ unmittelbar in die gemessene Größe M_H eingehen, ist es oft sinnvoll, statt (21.31) lieber

$$C = \frac{N}{V}\frac{\overline{\overline{\langle m_H\rangle^2}}}{\mu_0 k} = \frac{N}{V}\frac{\langle \boldsymbol{m}^2\rangle}{3\mu_0 k} = \frac{N}{V}\frac{p^2\mu_B^2}{3\mu_0 k} \tag{21.33}$$

zu schreiben. Diese allgemeinere Formel kann auch auf Fälle angewandt werden, in denen M nicht mehr definiert, und der bei $H = 0$ sonst $(2J+1)$-fach entartete Term durch eine andere Wechselwirkung (z. B. das Kristallfeld) schon ganz, oder teilweise und schwach gegenüber kT in Komponenten $k = 1, \ldots, 2J+1$ mit Energien W_k nach (16.24) aufgespalten ist. Hier gilt also bei *jeder* derartigen anderen Wechselwirkung (21.33) mit

$$\frac{\langle \boldsymbol{m}^2\rangle}{3} = \overline{\overline{\langle m_H\rangle^2}} = (2J+1)\sum_{k=1}^{2J+1} \langle m_H\rangle_k^2, \tag{21.33'}$$

solange nur $kT \gg \mu_B H$, $kT \gg W_{2J+1} - W_1$ ist (van Vleck, 1934), und dieser Wert muß gleich dem für das freie Ion sein.

Für $J = \frac{1}{2}$ gehen die Formeln (21.25) $\cdots$ (21.29), wie es sein muß, in die Formeln (21.21) $\cdots$ (21.23) über.

Aufgabe 21.4. Leite Gl. (21.25) aus der Zustandssumme und die Gln. (21.28) und (21.29) aus Gl. (21.25) ab.

Aufgabe 21.5. Beweise Gl. (21.21) unmittelbar anschaulich aus der Tatsache, daß M_H durch den Überschuß der „parallel zum Felde stehenden" magnetischen Momente gegeben ist.

Aufgabe 21.6. Beweise, daß auch die van Vlecksche Näherungsformel für freie Atome bei hohen Temperaturen das Curie-Gesetz liefert.

Aufgabe 21.7. Prüfe, ob sich das Curie-Gesetz mit der Curie-Konstanten nach (21.33) auch auf alle Fälle verallgemeinern läßt, in denen nicht die $(2J+1)$-fache Entartung eines Terms im freien Ion, sondern allgemein ein ohne Magnetfeld noch g-fach entarteter Term im Magnetfeld in g Komponenten aufspaltet. Beispiel: Kramers-Dublett, $g = 2$, im Kristallfeld.

21.3. Magnetische Ionen im Kristallfeld

Wie in der Einleitung zu Kapitel E auseinandergesetzt, sind die magnetischen Eigenschaften von Kristallen, die Ionen mit einer offenen Elektronenschale enthalten, besonders interessant. Am intensivsten untersucht sind Ionenkristalle mit 3*d-Ionen* (offene 3*d*-Schale) und 4*f-Ionen* (offene 4*f*-Schale). Wir diskutieren einige Beispiele aus beiden Substanzenklassen.

21.3.1. Ionen mit offener 3d-Schale

Wir behandeln nur den Spezialfall, daß der Grundzustand, der im allgemeinen allein thermisch besetzt ist und deshalb das magnetische Moment bestimmt, kein magnetisches Bahnmoment besitzt. Dann ist das magnetische Moment das des Spins $\boldsymbol{S}$, und man spricht von *reinem Spinmagnetismus*. Er liegt immer dann vor, wenn der Grundzustand ein S-Zustand ist ($L = 0$, $J = S$) oder wenn das magnetische Bahnmoment nach Ziffer 14.3 durch ein genügend starkes Kristallfeld gelöscht ist. Dieser Fall ist bei den Kristallen mit $3d$-Ionen so häufig, daß wir uns hier auf ihn beschränken können[20]. Die Tabelle 21.1 gibt eine Reihe von Beispielen.

Tabelle 21.1. *Reiner Spinmagnetismus von Ionen im Kristallfeld*

Substanz	Ion	offene Konfiguration und Grundzustand	p_J	p_S	p_{exp}
$CsTi(SO_4)_2 \cdot 12\,H_2O$	Ti^{3+}	$d^1\ ^2D_{3/2}$	1,35	1,73	1,8
$KCr(SO_4)_2 \cdot 12\,H_2O$	Cr^{3+}	$d^3\ ^4F_{3/2}$	0,77	3,87	3,9
$NH_4Fe(SO_4)_2 \cdot 12\,H_2O$	Fe^{3+}	$d^5\ ^6S_{5/2}$	5,92	5,92	5,8
$Gd_2(SO_4)_3 \cdot 8\,H_2O$	Gd^{3+}	$f^7\ ^8S_{7/2}$	7,94	7,94	7,9

Die in den letzten Spalten angegebene *effektive Magnetonenzahl* ist durch den Betrag des magnetischen Momentes (21.31′)

$$\langle \boldsymbol{m}^2 \rangle = p^2 \mu_B^2 \tag{21.34}$$

definiert. Bei freien Atomen kann also p nach (21.31) experimentell aus der Curie-Konstanten, d. h. aus einer χ-Messung bestimmt werden:

$$p_{\text{exp}} = \frac{\sqrt{3\mu_0 k C V/N}}{\mu_B} \tag{21.35}$$

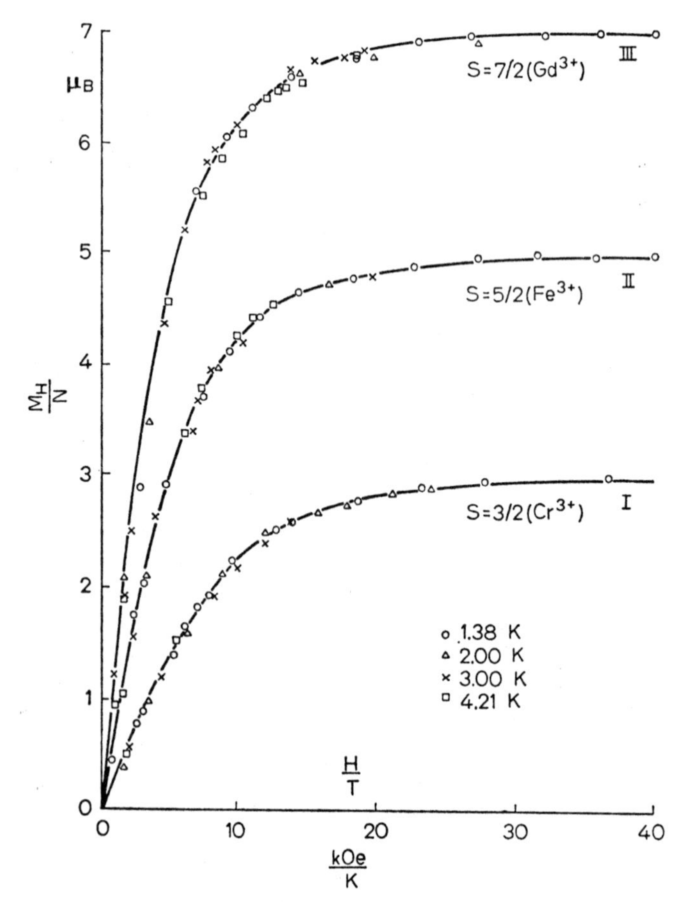

Abb. 21.4. Mittleres magnetisches Moment je Ion als Funktion von H/T. Kurve I: $KCr(SO_4)_2 \cdot 12\,H_2O$. Kurve II: $NH_4Fe(SO_4)_2 \cdot 12\,H_2O$. Kurve III: $Gd_2(SO_4)_3 \cdot 8\,H_2O$. Die ausgezogenen Kurven sind die Brillouinkurven B_S mit den Sättigungswerten $M_{\max}/N = 2\,S\,\mu_B$ nach (21.28). (Nach Henry, 1952)

[20] Dagegen ist das magnetische Bahnmoment bei den Kristallen mit $4f$-Ionen wesentlich.

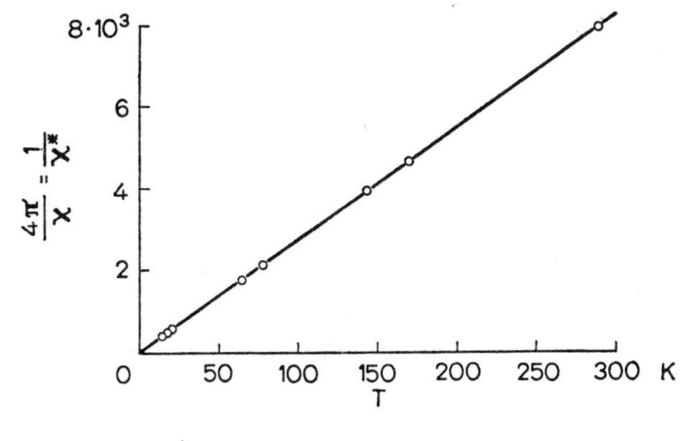

Abb. 21.5. Curie-Gerade für $KCr(SO_4)_2 \cdot 12\,H_2O$ bei $T \geqq 14$ K. Aufgetragen ist die nichtrationale reziproke Suszeptibilität $1/\chi^* = 4\pi/\chi$ über T. (Nach de Haas u. Wiersma, 1932)

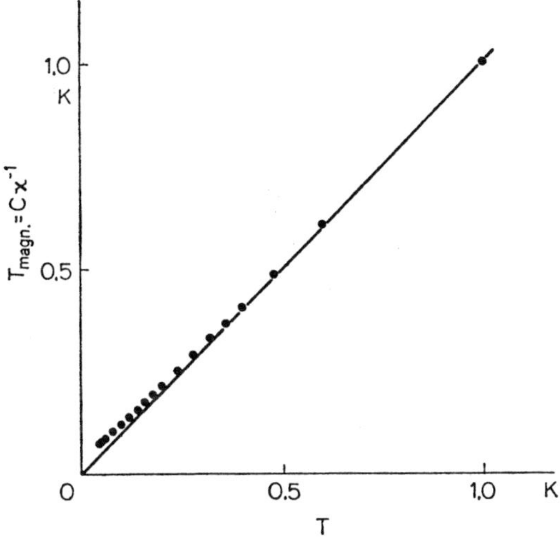

Abb. 21.6. Abweichungen vom Curie-Gesetz $C\,\chi^{-1} = T$ für $T < 0{,}5$ K bei $KCr(SO_4)_2 \cdot 12\,H_2O$. Da die Extrapolation des Curie-Gesetzes nach tiefen Temperaturen hin zur Temperaturmessung benutzt wird, heißt $T_{\text{magn}} = C\,\chi^{-1}$ die *magnetische Temperatur*. Unterhalb von $T = 0{,}5$ K ist $T_{\text{magn}} \neq T$, also falsch. (Nach Bleaney, 1953)

oder, wenn der Gesamtdrehimpuls des Grundzustands bekannt ist, nach (21.14) berechnet werden. Es ist

$$p_J = g_J \sqrt{J(J+1)} \tag{21.36}$$

im allgemeinen Fall und speziell

$$p_S = 2\sqrt{S(S+1)}\,, \tag{21.37}$$

wenn $J = S$, $g_J = g_S = 2$, d.h. wenn reiner Spinmagnetismus vorliegt. Auf Ionen in Kristallen kann dies Verfahren nur dann angewandt werden, wenn die Suszeptibilität das Curie-Gesetz mit guter Genauigkeit befolgt[21], wie bei den Substanzen in Tabelle 21.1. Der Vergleich der in der Tabelle angegebenen p-Werte zeigt $p_{\text{exp}} \approx p_S$, d. h. es wird praktisch reiner Spinmagnetismus freier Ionen gemessen. Das ist bei Fe^{3+} und Gd^{3+} eine Folge des S-Zustandes; bei Ti^{3+} und Cr^{3+} ist der Bahnmagnetismus unterdrückt, der tiefste Bahnzustand also ein Kramers-Singulett, so daß der Zeeman-Effekt des Grundzustands des Ions hier einfach der eines freien Atoms mit $J = S$ ist. Wie Abb. 21.4 und Abb. 21.5 zeigen, befolgt die Magnetisierung in solchen Fällen wirklich die Theorie für freie Atome ohne Bahndrehimpuls, d.h. Gl. (21.24) für $J = S$, und die Suszeptibilität folgt dem Curie-Gesetz bis zu sehr tiefen Temperaturen.

Dies gilt allerdings nur, solange die Spin-Bahn-Kopplung ganz vernachlässigt werden kann, d.h. selbst für die Bahnsinguletts nur in 1. Näherung,

[21] Das ist keineswegs immer der Fall, siehe Ziffer 21.3.2.

da streng genommen Kristallfeld und Spin-Bahn-Kopplung simultan und nicht in zwei Näherungen nacheinander berücksichtigt werden müssen. Das Termschema wird dann vom Typ der Abb. 18.11 mit einer zwar sehr kleinen, aber doch endlichen Kristallfeldaufspaltung δ des Grundterms. Abweichungen vom ideal paramagnetischen Verhalten treten auf, sobald nicht mehr $kT \gg \delta$ ist. Wie Abb. 21.6 zeigt, ist dies beim Chromkaliumalaun unterhalb von $T = 0{,}5\,\mathrm{K}$ der Fall, d.h. es ist $\delta \approx k \cdot 0{,}5\,\mathrm{K} = hc \cdot 0{,}35\ \mathrm{cm}^{-1}$. Da $S = {}^3/_2$, spaltet der 4-fach entartete Term in zwei Kramers-Dubletts auf[22]. Von diesen hat das tiefere das kleinere magnetische Moment[23], da mit sinkender Temperatur χ kleiner wird als nach dem Curie-Gesetz, dessen Konstante durch das mittlere Momentenquadrat beider Dubletts bestimmt wird.

21.3.2. Ionen mit offener 4f-Schale

Bei den Selten-Erd-Verbindungen ist nach der Diskussion von Ziffer 14.3 das Kristallfeld nicht stark genug, um Spin und Bahn zu entkoppeln. Der Gesamtdrehimpuls $\boldsymbol{J} = \boldsymbol{L} + \boldsymbol{S}$ bleibt auch im Kristall noch gut gequantelt, und das magnetische Moment setzt sich aus *Spin- und Bahnmoment* zusammen[24]. Letzteres ist an das Kristallfeld gekoppelt. Da die gesamte Kristallfeldaufspaltung nach Ziffer 14.3 relativ klein ist ($\Delta \lesssim k \cdot 500\,\mathrm{K}$), sind bei den üblichen Experimentiertemperaturen mehrere Kristallfeldkomponenten thermisch besetzt. Da diese verschieden große und überdies stark anisotrope magnetische Momente haben, wird das magnetische Verhalten kompliziert. Die Abb. 21.7 ··· 21.9 geben einige charakteristische Beispiele für die *Temperaturabhängigkeit* und die *Anisotropie* der Suszeptibilität. Ein einfaches Curie-Gesetz wie bei den $3d$-Salzen wird nicht beobachtet. Ist das Termschema einschließlich des Zeeman-Effektes bekannt, also z. B. spektroskopisch bestimmt, so kann die Magnetisierung nach Gl. (21.6) oder Gl. (21.7) aus den magnetischen Momenten und den Besetzungszahlen der Terme berechnet und mit magnetischen Messungen verglichen werden. Es ergibt sich in allen Fällen gute Übereinstimmung. Wir wollen hier versuchen, an einem Beispiel die $\chi^{-1}(T)$-Kurve anschaulich aus dem Termschema zu verstehen.

Die Abb. 21.7 gibt $\chi(T)$-Messungen am trigonalen $Nd_2Mg_3(NO_3)_{12} \cdot 24\,H_2O$ wieder, dessen magnetisches Ion das Nd^{3+} mit dem Grundzustand $(f^3)\,{}^4I_{9/2}$ ist. Dieser spaltet im Kristallfeld in $(2J + 1)/2 = 5$ Kramers-Dubletts auf, von denen bisher nur die beiden tiefsten bekannt sind. Tabelle 21.2 gibt ihre spektroskopisch bestimmten Lagen und linearen Aufspaltungsfaktoren für zur Achse paralleles und senkrechtes Magnetfeld an. Die quadratischen Aufspaltungen $q_i\,(\mu_B H)^2$ waren bei den zur χ-Messung benutzten relativ kleinen magnetischen Feldstärken zu vernachlässigen. Auch war die Zeemanaufspaltung beider Kristallfeldkomponenten klein gegen ihren Abstand.

Tabelle 21.2. *Spektroskopisch bestimmte Kristallfeldenergie $W(0)$ und lineare Aufspaltungsfaktoren in $Nd_2Mg_3(NO_3)_{12} \cdot 24\,H_2O$. Grundterm ${}^4I_{9/2}$. Nach Dieke und Heroux* (1956)

Kristallfeld-komponente	$W(0)/hc$ (cm^{-1})	$s_\parallel$	$s_\perp$	Quanten-zahlen
I	0	$\pm\,0{,}21$	$\pm\,1{,}315$	$\mu = \pm\frac{1}{2}$
II	33,13	$\pm\,1{,}69$	0	$\mu = \pm\frac{3}{2}$

Wir betrachten zunächst den Fall $\boldsymbol{H} \parallel A_3^z$. Bei den tiefsten Temperaturen ist nur das tiefste Dublett I besetzt, mit den magnetischen Momenten (Gl. 21.2)

$$\langle m_\parallel \rangle^{\mathrm{I}} = s_\parallel{}^{\mathrm{I}}\,\mu_B = \pm\,0{,}21\,\mu_B\,,$$

wobei die beiden Vorzeichen je zu einer der beiden Zeeman-Komponenten gehören[25]. Dem entspricht im Experiment mit sehr kleiner Temperatur (Ab-

[22] Wahrscheinlich überlagern sich sogar zwei derartige Termsysteme von zwei Ionensorten auf nicht ganz gleichwertigen Gitterplätzen.

[23] Also umgekehrte Termlage wie im Rubin, Abb. 18.11.

[24] Außer natürlich bei S-Termen, z.B. Gd^{3+} (Tabelle 21.1).

[25] Vergleiche den Fall eines freien Atoms mit $J = \frac{1}{2}$, Ziffer 21.2.

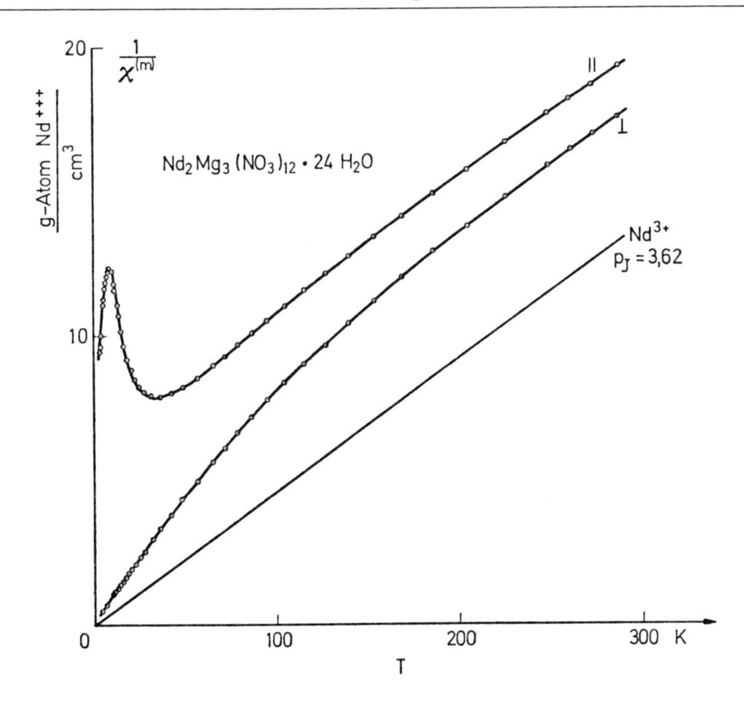

Abb. 21.7. Kehrwert der rationalen paramagnetischen Mol-Suszeptibilität im trigonalen NdMg-Nitrat für achenparalleles und achsensenkrechtes Magnetfeld als Funktion der Temperatur. Zum Vergleich freie Nd^{3+}-Ionen ohne Kristallfeld mit dem effektiven Moment im Grundzustand $^4I_{9/2}$ von $p_J\,\mu_B = 3{,}62\,\mu_B$. (Nach Hellwege u. Mitarb., 1962)

bildung 21.7 ganz links) zunächst eine sehr steile Curie-Gerade, deren Steigung nach (21.30) und (21.32/3) gleich

$$\frac{1}{C^{\mathrm{I}}} = \left(\frac{N}{V}\,\frac{|\langle m_\parallel\rangle^{\mathrm{I}}|^2}{\mu_0 k}\right)^{-1} = \left(\frac{N}{V}\,\frac{0{,}044\,\mu_B^2}{\mu_0 k}\right)^{-1}$$

ist. Gemittelt ist über die beiden Zeeman-Komponenten des Kramers-Dubletts I, deren Momente sich aber nur durch das Vorzeichen unterscheiden. Bei steigender Temperatur wird schließlich auf Kosten dieser Komponente I die Komponente II mit den achtmal größeren Momenten

$$\langle m_\parallel\rangle^{\mathrm{II}} = s_\parallel^{\mathrm{II}}\,\mu_B = \pm\,1{,}69\,\mu_B$$

besetzt, so daß χ steigt[26], χ^{-1} also jetzt sinkt. Dabei wird das Maximum von χ^{-1} bei $T = 9\,\mathrm{K}$ überschritten, und nach Durchlaufen eines Minimums bei $T = 33\,\mathrm{K}$ steigt χ^{-1} mit der Steigung

$$\frac{1}{C^{\mathrm{II}}} = \left(\frac{N}{V}\,\frac{|\langle m_\parallel\rangle^{\mathrm{II}}|^2}{\mu_0 k}\right)^{-1} = \left(\frac{N}{V}\,\frac{2{,}85\,\mu_B^2}{\mu_0 k}\right)^{-1}$$

wieder an, die um den Faktor $0{,}044/2{,}85 = 0{,}0154 = 1/65$ kleiner ist als die des ersten Anstiegs bei $T \approx 0$.

Aufgabe 21.8. Bei dieser Betrachtung ist etwas vereinfachend angenommen worden, daß zuerst nur die beiden Zeeman-Komponenten des Kramers-Dubletts I besetzt werden ohne Besetzung von II, zuletzt nur das Dublett II ohne merkliche Änderung der Besetzung von I, d.h., daß sich nur dasjenige Zeeman-Dublett magnetisch bemerkbar macht, das bei steigender Temperatur „gerade von kT passiert wird“. a) Zeige, daß dies erlaubt ist und daß deshalb in Gl. (21.33) $|\langle m_H\rangle|^2 = |\langle m_\parallel\rangle^{\mathrm{I}}|^2$ oder $= |\langle m_\parallel\rangle^{\mathrm{II}}|^2$ gesetzt werden darf. b) Was geschieht, wenn kT gerade zwischen I und II liegt?

Steht das Feld senkrecht zur Achse ($\boldsymbol{H} \perp A_3^z$), so ist der obere Kristallfeldterm unmagnetisch ($s_\perp^{\mathrm{II}} = 0$!), man beobachtet bis hinauf zu $T \approx 50\,\mathrm{K}$ die den Momenten

$$\langle m_\perp\rangle^{\mathrm{I}} = s_\perp^{\mathrm{I}}\,\mu_B = \pm\,1{,}35\,\mu_B$$

des unteren Kramers-Dubletts I entsprechende Curie-Gerade.

Oberhalb von $T = 200\,\mathrm{K}$ gehen die Kurven für beide Feldrichtungen in Geraden mit einer Steigung über, die mit der Steigung der Curie-Geraden für

[26] In den folgenden Abbildungen ist nicht $1/\chi$, sondern die reziproke Molsuszeptibilität $1/\chi^{(m)}$ aufgetragen, die sich von $1/\chi$ nur durch einen konstanten Faktor unterscheidet (Gl. (19.8b)).

das freie Ion übereinstimmt (Abb. 21.7/8). Das ist verständlich, da bei genügend hohen Temperaturen die thermische Energie ausreicht, um die Energiedifferenzen zwischen den verschiedenen Kristallfeldkomponenten des Grundterms zu überwinden, so daß die magnetischen Momente $\langle \boldsymbol{m} \rangle_J$ sich frei zum Magnetfeld einstellen können. Allerdings gehen die Geraden nicht durch den Nullpunkt, sondern sind parallel dazu verschoben.

Man kann deshalb bei genügend hohen Temperaturen, d.h. immer wenn $kT \gg \Delta$ (Δ = Kristallfeldaufspaltung) wird, die Suszeptibilität durch ein Curie-Weiß-Gesetz[26a]

$$\chi = \frac{C}{T - \Theta} \qquad (21.38)$$

annähern. Dabei hat die Curie-Konstante C denselben Wert wie bei einem freien Ion, d.h. die effektive Magnetonenzahl nach (21.35) ist die aus der Kristallfeldaufspaltung nach (21.33′) oder die aus der Drehimpuls-Quantenzahl J des Grundzustandes berechnete (21.36):

$$p_{\mathrm{exp}} = \frac{\sqrt{3\mu_0 kCV/N}}{\mu_B} = g_J \sqrt{J(J+1)} = p_J . \qquad (21.38')$$

Nach Tabelle 21.3 stimmt das ausgezeichnet, mit Ausnahme der Verbindungen von Sm^{3+} und Eu^{3+}. Hier sind aber bei Zimmertemperatur schon höhere Elektronenterme über dem Grundterm angeregt, die andere Momente haben, und das temperaturunabhängige Moment 2. Näherung hat eine merkliche Größe (Fußnote 9, S. 198). Berücksichtigt man das, so erhält man die eingeklammerten Werte, die mit den experimentellen Werten übereinstimmen. Die Temperatur Θ tritt in (21.38) auf, damit die $\chi^{-1}(T)$-Geraden bei tiefen Temperaturen in den oben diskutierten komplizierten Kurvenverlauf übergehen können[27].

Tabelle 21.3. *Magnetismus der bei hohen Temperaturen ($kT \gg \Delta$) quasifreien 4f-Ionen im Kristallfeld. Die experimentellen Magnetonenzahlen sind Mittelwerte aus verschiedenen Kristallen*

Ion	Konfiguration	Grundzustand	g_J	p_J	p_{exp}
La^{3+}	$4f^0$	$^1S_0$	0	0	0
Ce^{2+}	$4f^1$	$^2F_{5/2}$	6/7	2,54	2,5
Pr^{3+}	$4f^2$	$^3H_4$	4/5	3,58	3,6
Nd^{3+}	$4f^3$	$^4I_{9/2}$	8/11	3,62	3,6
Pm^{3+}	$4f^4$	$^5I_4$	3/5	2,68	—
Sm^{3+}	$4f^5$	$^6H_{5/6}$	2/7	0,84 (1,55)	1,6
Eu^{3+}	$4f^6$	$^7F_0$	0	0 (3,50)	3,6
Gd^{3+}	$4f^7$	$^8S_{7/2}$	2	7,94	7,9
Tb^{3+}	$4f^8$	$^7F_6$	3/2	9,72	9,7
Dy^{3+}	$4f^9$	$^6H_{15/2}$	4/3	10,6	10,6
Ho^{3+}	$4f^{10}$	$^5I_8$	5/4	10,6	10,6
Er^{3+}	$4f^{11}$	$^4I_{15/2}$	6/5	9,58	9,5
Tu^{3+}	$4f^{12}$	$^3H_6$	7/6	7,56	7,5
Yb^{3+}	$4f^{13}$	$^2F_{7/2}$	8/7	4,54	4,5
Lu^{3+}	$4f^{14}$	$^1S_0$	0	0	0

Zum Vergleich mit Abb. 21.7 ist in Abb. 21.8 der analoge Fall des Pr^{3+} im gleichen Kristallgitter dargestellt. Die tiefste Kristallfeldkomponente I des Grundterms $4f^2\ ^3H_4$ ist nach spektroskopischen Messungen (vgl. Ziffer 18.32) ein Kramers-Dublett, die nächsthöhere Komponente II bei 38,5 cm^{-1} ein Kramers-Singulett, wodurch der Verlauf der Kurven bei tiefen Temperaturen bereits exakt bestimmt ist.

[26a] Bei sehr hoher Temperatur $T \gg \Theta$ geht es in das Curie-Gesetz (21.30/33′) über.

[27] Das Auftreten einer Curie-Weiß-Temperatur Θ bedeutet also keineswegs immer Ferromagnetismus oder andere magnetische Ordnungszustände, wie in den Ziffern 24, 25 und 26. Hier ist Θ nur ein Parameter des Kristallfeldeinflusses.

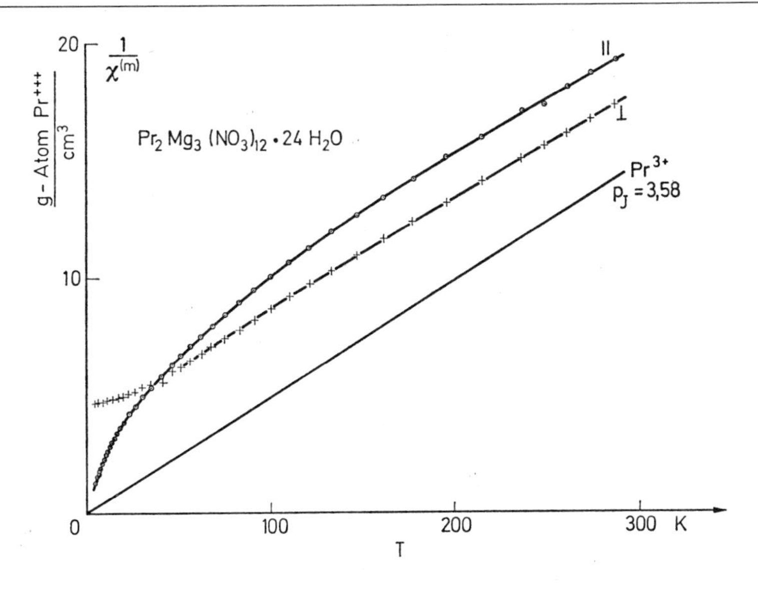

Abb. 21.8. Wie Abb. 21.7, für das isomorphe Praseodymsalz. Das freie Pr^{3+}-Ion hat im Grundzustand $^3H_4$ das effektive Moment $p_J\,\mu_B = 3{,}58\,\mu_B$. (Nach Hellwege u. Mitarb., 1962)

Aufgabe 21.9. Was folgt qualitativ aus dem Verlauf von $1/\chi$ in Abb. 21.8 bei $T = 0$ für die linearen Aufspaltungsfaktoren $s_\parallel$ und $s_\perp$? Wie erklärt sich der weitere Kurvenverlauf?

Für die paramagnetische Anisotropie axialsymmetrischer Kristalle gilt nach Gl. (19.12)

$$\begin{aligned}\chi(\vartheta) &= \chi_\perp \sin^2\vartheta + \chi_\parallel \cos^2\vartheta \\ &= \tfrac{1}{2}(\chi_\parallel + \chi_\perp) + \tfrac{1}{2}(\chi_\parallel - \chi_\perp)\cos 2\vartheta .\end{aligned} \tag{21.39}$$

Da nun

$$\bar{\chi} = \tfrac{1}{2}(\chi_\parallel + \chi_\perp) \tag{21.40}$$

die mittlere Suszeptibilität in einer die Hauptachse enthaltenden Ebene ist, gilt für die hierauf normierte anisotrope Suszeptibilität

$$\frac{\chi(\vartheta)}{\bar{\chi}} = 1 + \frac{\chi_\parallel - \chi_\perp}{2\bar{\chi}}\cos 2\vartheta . \tag{21.41}$$

Mit dieser Funktion sind in Abb. 21.9 Messungen am hexagonalen Pr-Äthylsulfat dargestellt. Obwohl die relative Anisotropie

$$\frac{\Delta\chi}{\bar{\chi}} = \frac{\chi_\parallel - \chi_\perp}{2\bar{\chi}} \tag{21.42}$$

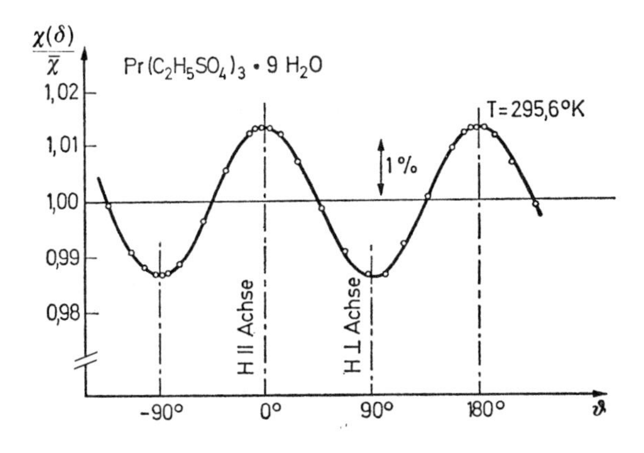

Abb. 21.9. Relative paramagnetische Anisotropie des hexagonalen Pr-Äthylsulfats $Pr(C_2H_5SO_4)_3 \cdot 9\,H_2O$. (Nach Hellwege u. Mitarb., 1962)

dieses Salzes bei Zimmertemperatur nur etwa 1% beträgt, ist sie sehr genau meßbar.

Aufgabe 21.10. Zeige den Zusammenhang zwischen Gl. (21.39) und Gl. (16.26) auf.

Aus den behandelten Beispielen folgt: Der Paramagnetismus von Ionenkristallen kann aus dem Termschema der einzelnen Ionen im Kristallfeld hergeleitet werden, solange keine Wechselwirkungen zwischen den magnetischen Momenten verschiedener Ionen berücksichtigt werden *(Einionmodell)*. Tatsächlich existieren jedoch solche Wechselwirkungen. Mit ihnen und mit ihren Konsequenzen für die magnetischen Eigenschaften eines Festkörpers beschäftigen sich die nächsten Kapitel. Ihre Berücksichtigung bedeutet den Übergang zu *Vielionenmodellen*.

22. Kopplung magnetischer Momente untereinander und mit den Gitterschwingungen

Folgende *Mechanismen* stellen eine *Kopplung* der in einem Festkörper vorhandenen magnetischen Momente untereinander und mit den Phononen her[28]:

1. die *magnetische Dipol-Dipol-Wechselwirkung*,
2. die *elektrostatische Multipol-Wechselwirkung*,
3. die *Austauschwechselwirkung* und
4. die *Elektron-Phonon-Wechselwirkung*, durch die alle Spins an das Gitter (Ziffer 17) und damit auch untereinander gekoppelt sind.

Die Wechselwirkungen 1., 2., 3. bewirken:

a) die Einstellung des thermischen Gleichgewichts im *Spinsystem* und die Definition einer *Spintemperatur* durch sogenannte Spin-Spin- und Kreuzrelaxationsprozesse (siehe Ziffer 23).

b) die Einstellung einer *ferro-, ferri oder antiferromagnetischen Ordnung* der magnetischen Momente unterhalb einer magnetischen Ordnungs- oder Umwandlungstemperatur T_C. Hier ist die mittlere thermische Energie $kT < kT_C$ kleiner als die Wechselwirkungsenergie zwischen den Momenten, so daß sich *magnetische Strukturen (Spinstrukturen)* ausbilden können (siehe Ziffern 24...26).

Die Elektron-Phonon-Wechselwirkung 4. bewirkt

c) die Einstellung eines *thermischen Gleichgewichtes*, in dem Spinsystem und Phononensystem dieselbe Temperatur haben. Dies erfolgt durch *Spin-Gitter-Relaxationsprozesse* (siehe Ziffern 17 und 23)[29].

Alle genannten Wechselwirkungsmechanismen bewirken schließlich

d) eine Vergrößerung der energetischen *Term-* oder *Bandbreite* (siehe Ziffern 18.2 und 24.3.4).

Die Berücksichtigung der Wechselwirkungen in einem Festkörper ist ein Vielteilchenproblem, das wir nicht exakt behandeln können. Wir werden uns daher auf mehr oder weniger vereinfachende Modelle oder Näherungen beschränken.

Zunächst behandeln wir aber die Wechselwirkungsmechanismen selbst, mit Ausnahme der Elektron-Phonon- oder Spin-Gitter-Wechselwirkung, die schon in Ziffer 17 beschrieben worden ist.

[28] Das magnetische Moment eines Ions gehört zu einem Elektronenterm mit dem Drehimpuls $\boldsymbol{J}$, in Grenzfällen zu Bahn- ($S=0$) oder Spindrehimpulsen ($L=0$) allein. Alle diese Fälle faßt man in dem hier interessierenden Zusammenhang gern unter dem Namen *Spins* zusammen. Man spricht dann auch von der Spin-Spin- und Spin-Gitter-Wechselwirkung. Gemeint ist immer die Wechselwirkung von Atomen, Ionen oder auch freien Elektronen in bestimmten Quantenzuständen untereinander und mit dem Gitter. Die Kernspins werden im allgemeinen nicht berücksichtigt.

[29] Außerdem werden verschiedene Spins durch virtuelle Phononenübergänge direkt miteinander gekoppelt.

22.1. Magnetische Dipol-Dipol-Wechselwirkung

Nach der klassischen Magnetostatik besteht zwischen zwei magnetischen Momenten $\boldsymbol{m}_k$ und $\boldsymbol{m}_l$ im Abstand $\boldsymbol{r}_{kl}$ (Abb. 22.1) die *Wechselwirkungsenergie*[30] (= potentielle Energie des einen Momentes im Feld des anderen)

$$\begin{aligned}\mathscr{H}^d_{kl} &= \frac{1}{4\pi\mu_0}\left\{\frac{\boldsymbol{m}_k\boldsymbol{m}_l}{r^3_{kl}} - 3\,\frac{(\boldsymbol{m}_k\boldsymbol{r}_{kl})(\boldsymbol{m}_l\boldsymbol{r}_{kl})}{r^5_{kl}}\right\}\\ &= -\,\boldsymbol{m}_k\boldsymbol{h}^d_{lk} = -\,\boldsymbol{m}_l\boldsymbol{h}^d_{kl}\,,\end{aligned} \tag{22.1}$$

wobei $r_{kl} = |\boldsymbol{r}_{kl}| > 0$. Die experimentell beobachtete Wechselwirkungsenergie ist der Erwartungswert dieses Hamilton-Operators:

$$W^d_{kl} = \langle\mathscr{H}^d_{kl}\rangle\,, \tag{22.2}$$

d.h. der quantentheoretische Mittelwert über die Bewegungen von $\boldsymbol{m}_k$, $\boldsymbol{m}_l$ und $\boldsymbol{r}_{kl}$.

Das erste Glied in (22.1) hängt nicht von der Richtung des Abstandsvektors $\boldsymbol{r}_{kl}$ ab und sei deshalb der *isotrope*, das zweite, von $\boldsymbol{r}_{kl}$ abhängige Glied sei der *anisotrope Anteil* der dipolaren Wechsel-

[30] Der obere Index d bedeutet „dipolar“.

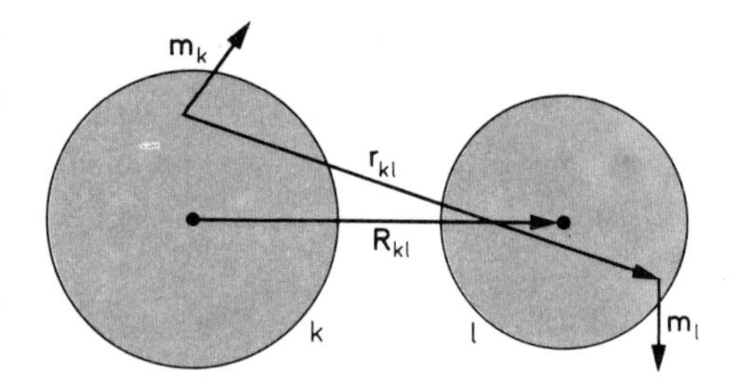

Abb. 22.1. Zur Dipol-Dipol-Wechselwirkung zwischen den Momenten zweier nicht überlappender Atome (Ionen). Gezeichnet ist der Fall ohne Bahnmagnetismus, bei dem die Momente die zweier Elektronen im Abstand $\boldsymbol{r}_{kl}$ sind (Definition des Wechselwirkungsoperators)

wirkungsenergie genannt. Die Wechselwirkungsenergie des l-ten Momentes mit allen anderen ist also gegeben durch

$$W_l^d = \sum_k W_{kl}^d = \frac{1}{4\pi\mu_0}\left\langle \boldsymbol{m}_l \sum_k \left\{\frac{\boldsymbol{m}_k}{r_{kl}^3} - 3\,\frac{\boldsymbol{r}_{kl}(\boldsymbol{m}_k \boldsymbol{r}_{kl})}{r_{kl}^5}\right\}\right\rangle. \quad (22.3)$$

Sie ist gleich dem Erwartungswert der potentiellen magnetischen Energie

$$W_l^d = -\langle \boldsymbol{m}_l \boldsymbol{H}_l^d \rangle \quad (22.4)$$

des Momentes $\boldsymbol{m}_l$ in dem von allen anderen Momenten am Ort von $\boldsymbol{m}_l$ erzeugten *dipolaren Magnetfeld*

$$\boldsymbol{H}_l^d = \sum_k \boldsymbol{h}_{kl}^d = \frac{1}{4\pi\mu_0} \sum_k \left\{3\,\frac{\boldsymbol{r}_{kl}(\boldsymbol{m}_k \boldsymbol{r}_{kl})}{r_{kl}^5} - \frac{\boldsymbol{m}_k}{r_{kl}^3}\right\}. \quad (22.4')$$

Dies ist ein Feldoperator am Ort von $\boldsymbol{m}_l$, der sich mit den Bewegungen der Momente $\boldsymbol{m}_k$ zeitlich ändert und natürlich auch räumliche Schwankungen an den Orten verschiedener Momente $\boldsymbol{m}_{l'}$ aufweist.

Wir setzen jetzt voraus, daß die beiden Momente, wie in Abb. 22.1 gezeichnet, zu zwei verschiedenen Ionen gehören, deren Abstand $\boldsymbol{R}_{kl}$ so groß ist, daß sich die Elektronenhüllen nicht überlappen[31].

Dann sind die Erwartungswerte der Momente jeweils in einem der beiden Ionen zu bilden und es kann $\boldsymbol{r}_{kl} = \boldsymbol{R}_{kl}$ gesetzt werden, so daß

$$W_l^d = -\langle \boldsymbol{m}_l \rangle \langle \boldsymbol{H}_l^d \rangle \quad (22.5)$$

ist, mit dem *quantentheoretisch gemittelten Magnetfeld*

$$\langle \boldsymbol{H}_l^d \rangle = \frac{1}{4\pi\mu_0} \sum_k \left\{\frac{3\,\boldsymbol{R}_{kl}(\langle \boldsymbol{m}_k \rangle \boldsymbol{R}_{kl})}{R_{kl}^5} - \frac{\langle \boldsymbol{m}_k \rangle}{R_{kl}^3}\right\}. \quad (22.5')$$

Die quantentheoretisch gemittelten Momente $\langle \boldsymbol{m}_k \rangle$ sind jeweils im Zentrum eines Ions lokalisiert zu denken ($\boldsymbol{r}_{kl} = \boldsymbol{R}_{kl}$!); sie können aus Spin- und Bahnmagnetismus gemischt sein (siehe Fußnote[28]).

Mit (22.5/5') ist die Bestimmung der dipolaren Wechselwirkungsenergie und des dipolaren Feldes zurückgeführt auf die Bestimmung der Erwartungswerte der einzelnen magnetischen Momente[32], d.h. für Ionenkristalle auf die Ergebnisse von Ziffer 16 und Ziffer 21.1.

Der Erwartungswert $\langle \boldsymbol{m}_k \rangle$ des Momentes im k-ten Ion hat, wie wir früher gesehen haben, in verschiedenen Zuständen i des Ions verschiedene Werte $\langle \boldsymbol{m}_k \rangle_i$. Bei einer nicht verschwindenden Temperatur $T > 0$ finden in allen Ionen k immer Übergänge zwischen verschiedenen Zuständen i statt[33], d.h. auch die magnetischen Momente der Ionen und das Dipolfeld am Ort eines Aufions ändern sich mit der Zeit.

Herrscht *thermisches Gleichgewicht*, d.h. sind die Zustände im Mittel nach der Boltzmann-Verteilung (21.4) besetzt, so bestehen die

---

[31] Diese Voraussetzung ist zumindest in Ionenkristallen wie $PrCl_3$, MnO, MnF_2 und den Kristallwasser enthaltenden Kristallen, in denen die magnetischen Ionen durch diamagnetische Ionen getrennt sind, erlaubt.

[32] Das heißt die ihrer Komponenten $\langle m_x \rangle$, $\langle m_y \rangle$, $\langle m_z \rangle$.

[33] Derartige Übergänge können durch alle oben unter Ziffer 22 aufgeführten Wechselwirkungsmechanismen induziert werden, da prinzipiell jede Kopplung zweier Systeme dazu führen kann, daß Energie von einem zum anderen übergeht. Die Übergänge infolge von Elektron-Phonon-Wechselwirkung sind schon in Ziffer 17 näher behandelt. Zu den übrigen siehe Ziffer 23.

zeitlichen Änderungen nur in statistischen Schwankungen um die konstanten thermischen Mittelwerte $\langle\overline{\boldsymbol{m}_k}\rangle$ und $\langle\overline{\boldsymbol{H}_l^d}\rangle$. Dabei ist es völlig gleichgültig, welcher Natur die Übergänge zwischen verschiedenen Zuständen der Ionen sind, sofern nur sichergestellt ist, daß sie die Boltzmann-Verteilung einstellen. Wir brauchen die Übergänge selbst also nicht zu diskutieren und können bei der Beschreibung von Gleichgewichten, z. B. der Gleichgewichtsmagnetisierung (Ziffern 24/25/26) schon von mikrophysikalischen Mittelwerten ausgehen.

Befindet sich dagegen der Kristall *nicht* im thermischen Gleichgewicht, so ist die mittlere Besetzung der Zustände i nicht konstant, sondern ändert sich zeitlich nach einer *Relaxationsfunktion*, bis die Boltzmannsche Gleichgewichtsverteilung hergestellt ist[34]. Die dafür erforderliche Zeit hängt entscheidend von der Häufigkeit der vorkommenden Übergänge, d. h. von den speziellen Übergangsprozessen ab. Bei der Behandlung von Relaxationserscheinungen müssen also die Prozesse selbst diskutiert werden (Ziffern 23 und 24.34).

Für die spätere Beschreibung von Gleichgewichten stellen wir hier noch die nötigen *Mittelwerte* zusammen. Das dipolare Feld (22.5) wird nach thermischer Mittelung zu

$$\overline{\boldsymbol{H}_l^d} = \sum_k \overline{\boldsymbol{h}_{kl}^d} = \frac{1}{4\pi\mu_0} \sum_k \left\{ \frac{3\,\boldsymbol{R}_{kl}(\overline{\boldsymbol{m}_k}\,\boldsymbol{R}_{kl})}{R_{kl}^5} - \frac{\overline{\boldsymbol{m}_k}}{R_{kl}^3} \right\} \qquad (22.5'')$$

Dabei sind zur Vereinfachung bei den thermisch gemittelten Erwartungswerten die $\langle\ \rangle$ weggelassen und $\boldsymbol{R}_{kl} \equiv \overline{\boldsymbol{R}_{kl}}$ bedeutet den über die Gitterschwingungen gemittelten (kristallographischen) Abstandsvektor.

Betrachten wir vorübergehend den einfachsten Fall eines Kristalls mit nur einer Sorte von magnetischen Ionen (Momenten), d. h. verteilen wir das makroskopisch gemessene magnetische Moment der Probe gleichmäßig[35] auf alle N magnetischen Ionen, so ist unabhängig vom Index k für alle Ionen (i = Numerierung der Zustände eines Ions)

$$\overline{\langle\boldsymbol{m}_k\rangle} = \overline{\langle\boldsymbol{m}\rangle} = N^{-1} \sum_i N_i \langle\boldsymbol{m}\rangle_i = N^{-1}\boldsymbol{M}\,. \qquad (22.6)$$

Führen wir noch die Magnetisierung $\boldsymbol{M}/V$ ein, so ist

$$\overline{\boldsymbol{m}} = \frac{\boldsymbol{M}/V}{N/V} \qquad (22.7)$$

und es ergibt sich ein räumlich und zeitlich konstantes *mittleres Dipolfeld*

$$\overline{\boldsymbol{H}_l^d} = \frac{1}{4\pi\mu_0 N/V} \sum_k \left[\frac{3\,\boldsymbol{R}_{kl}(\boldsymbol{R}_{kl}\,\boldsymbol{M}/V)}{R_{kl}^5} - \frac{\boldsymbol{M}/V}{R_{kl}^3} \right], \qquad (22.8)$$

das in dieser Näherung den Restkristall repräsentiert, und zu dem sich das Moment $\boldsymbol{m}_l$ mit der *potentiellen Energie*

$$W_l^d = -\langle\boldsymbol{m}_l\rangle\,\overline{\boldsymbol{H}_l^d} \qquad (22.9)$$

einstellt. Nach (22.7) hat diese Energie im thermischen Mittel für alle Ionen denselben Wert

$$\overline{W_l^d} = -\frac{\boldsymbol{M}/V}{N/V}\,\overline{\boldsymbol{H}_l^d}, \qquad (22.10)$$

da wegen unserer speziellen Voraussetzungen auch das Feld $\overline{\boldsymbol{H}_l^d}$ für jedes Ion dasselbe ist, in (22.8) also der Index l weggelassen werden könnte.

[34] Im Gleichgewicht erfolgen zwischen zwei Termen je Zeiteinheit im Mittel gleich viel Übergänge in beiden Richtungen, also: konstante mittlere Termbesetzung mit überlagerten statistischen Schwankungen. Außerhalb des Gleichgewichts sind die in Richtung auf das Gleichgewicht führenden Übergänge im Mittel häufiger als die inversen, also: zeitlich veränderliche mittlere Termbesetzung mit überlagerten statistischen Schwankungen.

[35] Wir setzen homogene Magnetisierung, also eine ellipsoidförmige Probe voraus.

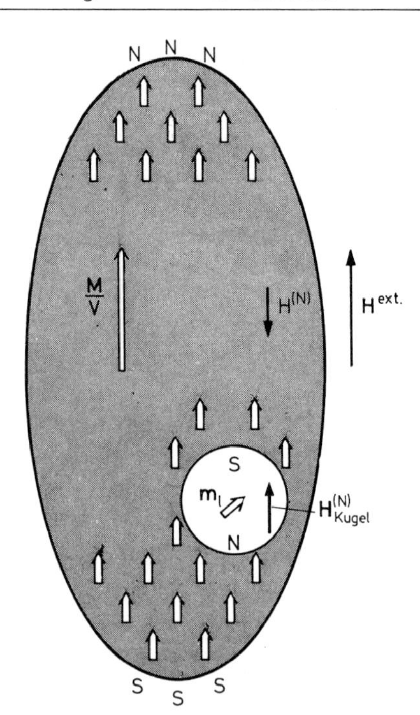

Abb. 22.2. Zur Definition des lokalen Feldes. Gezeichnet ist eine spezielle Lage des äußeren Feldes parallel zu einer Achse des Probenellipsoids [37]

Wir setzen jetzt unsere allgemeinen Überlegungen für einen beliebig zusammengesetzten Kristall fort. Das mittlere Dipolfeld (22.5'') am Ort l läßt sich berechnen, wenn folgende Größen bekannt sind: die magnetischen Momente $\overline{\boldsymbol{m}_k}$, d.h. die Magnetisierungen $\boldsymbol{M}_j/V$ in den $j = 1, \ldots, n$ mit jeweils einer der n chemisch oder physikalisch verschiedenen Ionensorten besetzten Untergittern nach Größe und Richtung, die Abstandsvektoren $\boldsymbol{R}_{kl}$, d.h. die Kristallstruktur, und die Summationsgrenzen, d.h. Größe und Form der Probe[38]. Zu summieren ist dabei über alle mit magnetischen Ionen besetzten Gitterplätze in der Probe[39].

Diese Summation läßt sich nach Abb. 22.2 teilweise durch Integrationen ersetzen, wenn man noch einige weitere magnetische Felder einführt. Ist ein *äußeres Feld* $\boldsymbol{H}^{\text{ext}}$ eingeschaltet, so ist das *lokale Feld* am Ort von $\boldsymbol{m}_l$ definiert als

$$\boldsymbol{H}_l^{lok} = \boldsymbol{H}^{\text{ext}} + \overline{\boldsymbol{H}_l^d} = \boldsymbol{H}^{\text{ext}} + \sum_{k,\,\text{Probe}} \overline{\boldsymbol{h}_{kl}}\,, \tag{22.11}$$

wobei die $\overline{\boldsymbol{h}_{kl}}$ von den mittleren Momenten $\overline{\langle \boldsymbol{m}_k \rangle} = \overline{\boldsymbol{m}_k}$ erzeugt werden[40]. Treiben wir nun zunächst etwas klassische Kontinuumsphysik, so ersetzen wir das Gitter der $\overline{\boldsymbol{m}_k}$ näherungsweise durch eine kontinuierliche Magnetisierung. Im Innern der Probe kompensieren sich dann alle Magnetpole, nur an den beiden Probenenden bleibt je eine kontinuierliche Verteilung von Nord- oder Südpolen auf der Oberfläche übrig. Diese Magnetpole erzeugen ein homogenes, dem Außenfeld entgegengerichtetes *entmagnetisierendes Feld* (vergleiche (19.13))

$$\boldsymbol{H}^{(N)} = -\frac{(N)}{\mu_0}\frac{\boldsymbol{M}}{V}\,, \tag{22.12}$$

das an die Stelle von $\overline{\boldsymbol{H}_l^d}$ tritt. Dabei setzt sich die Magnetisierung $\boldsymbol{M}/V$ aus den Magnetisierungen $\boldsymbol{M}_j/V$ der n Untergitter zusammen:

$$\boldsymbol{M}/V = \sum_{j=1}^{n} \boldsymbol{M}_j/V. \tag{22.12'}$$

[37] Zeichnung und Diskussion beziehen sich auf den paramagnetischen Fall $\chi > 0$. Bei rein diamagnetischen Substanzen kann die Entmagnetisierung vernachlässigt werden. Wegen des Vorzeichens vergleiche Aufgabe 22.5'.

[38] Von vornherein als Ellipsoid vorausgesetzt.

[39] Bildung der sogenannten *Gittersumme*.

[40] $\boldsymbol{H}^{\text{lok}}$ ist also bereits thermisch gemittelt und zeitlich konstant.

Überall im Innern der Probe herrscht dann das *innere Feld*

$$\boldsymbol{H}^{\text{int}} = \boldsymbol{H}^{\text{ext}} + \boldsymbol{H}^{(N)} = \boldsymbol{H}^{\text{ext}} - \frac{(N)}{\mu_0}\frac{\boldsymbol{M}}{V}, \tag{22.13}$$

in das $\boldsymbol{H}^{\text{lok}}$ übergeht. Im diskontinuierlichen Kristallgitter ist aber $\boldsymbol{H}^{(N)}$ eine gute Näherung nur für den Beitrag aller $\overline{\boldsymbol{m}}_k$, die sehr weit von $\overline{\boldsymbol{m}}_l$ entfernt sind. Die Kontinuumstheorie macht also den Fehler, auch im Innern einer gewissen Kugel um das Ion l noch kontinuierlich nach (22.13) statt diskontinuierlich nach (22.11) zu rechnen. Dieser Fehler läßt sich leicht kompensieren: man zieht vom entmagnetisierenden Feld den von der Kugel herrührenden Anteil[41]

$$\boldsymbol{H}^{(N)}_{\text{Kugel}} = -\frac{1/3}{\mu_0}\cdot\frac{\boldsymbol{M}}{V} \tag{22.14}$$

wieder ab und ersetzt ihn durch den von den Momenten in dieser *Lorentzschen Kugel* erzeugten Anteil

$$\overline{\boldsymbol{H}^{d}_{\text{Kugel}}} = \sum_{k,\,\text{Kugel}} \overline{\boldsymbol{h}}_{kl} \tag{22.15}$$

nach (22.5″).

Für das *lokale Feld* ergibt sich also

$$\begin{aligned} \boldsymbol{H}^{\text{lok}}_l &= \boldsymbol{H}^{\text{ext}} + \boldsymbol{H}^{(N)}_{\text{Probe}} - \boldsymbol{H}^{(N)}_{\text{Kugel}} + \overline{\boldsymbol{H}^{d}_{\text{Kugel}}} \\ &= \boldsymbol{H}^{\text{ext}} - \frac{[(N) - 1/3]\,\boldsymbol{M}}{\mu_0 V} + \sum_{\substack{k\\ \text{Kugel}}} \overline{\boldsymbol{h}}_{kl} \end{aligned} \tag{22.16}$$

oder nach (22.13)

$$\begin{aligned} \boldsymbol{H}^{\text{lok}}_l &= \boldsymbol{H}^{\text{int}} + \frac{1/3}{\mu_0}\frac{\boldsymbol{M}}{V} + \sum_{\substack{k\\ \text{Kugel}}} \overline{\boldsymbol{h}}_{kl} \\ &= \boldsymbol{H}^{\text{int}}\left[1 + \frac{1}{3}(\chi)\right] + \sum_{\substack{k\\ \text{Kugel}}} \overline{\boldsymbol{h}}_{kl} \end{aligned} \tag{22.17}$$

in Übereinstimmung mit (19.13) und (19.14). Der Radius der Lorentzschen Kugel ist groß gegen die Gitterkonstante und klein gegen den Probendurchmesser zu wählen; die Summe konvergiert mit wachsendem Kugelradius gegen einen festen Endwert, der praktisch schon erreicht wird, wenn der Kugelradius die Größenordnung von 10 bis 100 Gitterkonstanten hat. Abgesehen von Gitterplätzen, die weniger als diesen kritischen Abstand von der Probenoberfläche entfernt sind, herrscht also an allen gleichwertigen Plätzen des Gitters auch dasselbe lokale Magnetfeld.

Aus Symmetriegründen verschwindet die Summe in (22.16/17), die allein von der Gitterstruktur abhängt, für Gitterplätze mit kubischer Punktsymmetrie sowie in statistisch isotropen Medien.

Aufgabe 22.1. Führe den Beweis hierfür durch.

Aufgabe 22.2. Beweise, daß in einem axialsymmetrischen Kristall der Punktsymmetrieklasse C_p ($p \geqq 2$) mit dem äußeren Feld auch das Dipolfeld in der A^z_p liegt. Gilt dasselbe auch senkrecht zur Achse?

Aufgabe 22.3. Berechne das thermisch gemittelte dipolare Magnetfeld am Ort eines Ions in einem tetragonalen Gitter, in dem die Ecken der Zelle ($a = b \neq c$) durch gleiche magnetische Ionen besetzt sind, als Funktion der Magnetisierung a) für $\boldsymbol{M}/V = \boldsymbol{M}_{\|}/V \,\|\, \boldsymbol{c}$, b) für $\boldsymbol{M}/V = \boldsymbol{M}_{\perp}/V \,\|\, \boldsymbol{a}$, c) für beliebige Richtungen von $\boldsymbol{M}/V$. Führe den Übergang zum kubischen Gitter $a = b = c$ durch.

Aufgabe 22.4. Berechne für Kristalle mit nur einer Sorte von magnetischen Ionen die gesamte mittlere Dipol-Dipol-Energie

$$\overline{W^{\text{d}}} = \tfrac{1}{2}\sum_k \overline{W^{d}_k}$$

[41] $\boldsymbol{H}^{(N)}_{\text{Kugel}}$ ist immer parallel zu $-\boldsymbol{M}/V$, was für $\boldsymbol{H}^{(N)}$ nach (22.12) bei beliebig orientierten Ellipsoiden nicht gilt.

der Probe als Funktion der Magnetisierung M/V. Hinweis: Man führt den Begriff der Gittersumme ein, indem man in (22.8) den Betrag der Magnetisierung vorzieht.

Aufgabe 22.5. Schreibe den Operator $\mathscr{H}^d_{kl}$ als Spin-Hamilton-Operator für die Fälle a) „Spin" ≡ Gesamtdrehimpuls $\boldsymbol{J}$ und b) „Spin" ≡ Gesamtspin $\boldsymbol{S}$ eines Ions.

Aufgabe 22.5′. Berechne die Verhältnisse $\boldsymbol{H}^{\text{int}}/\boldsymbol{H}^{\text{ext}}$ und $\boldsymbol{B}^{\text{int}}/\boldsymbol{B}^{\text{ext}}$ als Funktionen von χ für paramagnetische ($\chi > 0$) und diamagnetische ($\chi < 0$) Substanzen. Vergleiche und diskutiere die Ergebnisse physikalisch.

Die *Größenordnung* der magnetischen Dipol-Dipol-Wechselwirkungsenergie ergibt sich aus einer Abschätzung des isotropen Anteils zwischen zwei Nachbarionen, indem man etwa

$$\bar{m}_x = \bar{m}_y = 0\,, \qquad \bar{m}_z = \mu_B\,, \qquad R_{kl} \approx 3\ \text{Å}$$

setzt. Dann wird

$$\begin{aligned}\overline{|W^d_{kl}|} = \frac{\bar{m}_z^2}{4\pi\mu_0 R_{kl}^3} &= 2{,}14 \cdot 10^{-6}\,eV = hc \cdot 1{,}7 \cdot 10^{-2}\ \text{cm}^{-1} \\ &= k \cdot 2{,}45 \cdot 10^{-2}\ \text{K}\,,\end{aligned} \tag{22.18}$$

und die Dipolfeldstärke, die das eine Moment am Ort des anderen erzeugt, ist gleich

$$\overline{H^d_{kl}} = \frac{\overline{|W^d_{kl}|}}{\mu_B} = 2{,}9 \cdot 10^4\ \text{Am}^{-1} \mathrel{\hat{=}} 365\ \text{Oe}\,. \tag{22.18′}$$

Summiert man die von allen andern Momenten am Ort eines Ions erzeugten Feldstärken, so hängt das Ergebnis sehr stark von der Kristallstruktur (der Gittersumme, Aufgabe 22.4) ab und kann, wie schon gesagt, sogar verschwinden. Im allgemeinen erhält man dipolare Feldstärken der Größenordnung $\approx 10^3$ Oe.

22.2. Elektrische Multipol-Wechselwirkung

Seien zwei Ionen (Atome) k und l im Kristall so weit entfernt, daß ihre Eigenfunktionen ψ_k und ψ_l sich nicht überlappen (Abb. 22.3). Dann ist die elektrostatische Wechselwirkung der beiden Elektronenhüllen gegeben durch das Integral

$$W^e_{kl} = \frac{e^2}{4\pi\varepsilon_0}\langle k\,l\,|\,r_{kl}^{-1}\,|\,k\,l\rangle = \frac{e^2}{4\pi\varepsilon_0}\int\limits_k\int\limits_l \frac{|\psi_k|^2\,d\tau_k\,|\psi_l|^2\,d\tau_l}{r_{kl}}\,, \tag{22.19}$$

da in erster Näherung $\psi_{kl} = \psi_k \cdot \psi_l$.

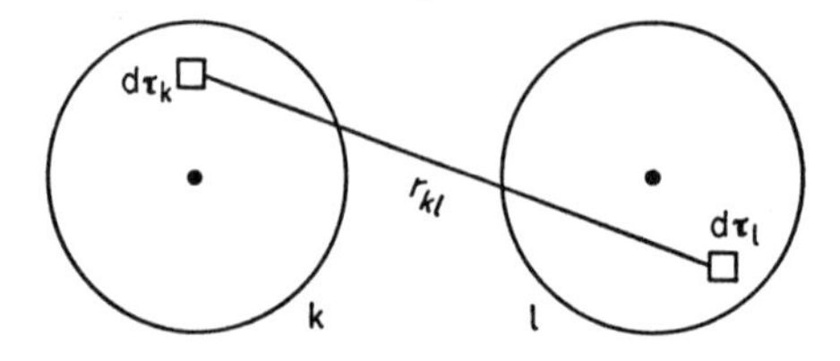

Abb. 22.3. Zur elektrostatischen Wechselwirkung zweier getrennter Atome (Ionen)

Da sich der Integrand r_{kl}^{-1} nach Produkten von Kugelfunktionen in der Umgebung der beiden Kerne entwickeln läßt, kann W^e_{kl} als Summe der Wechselwirkungsenergien zwischen den Ladungsmultipolen in den beiden Ionen dargestellt werden, wobei die Wechselwirkung der höheren Multipole mit einer so hohen Potenz des Ionenabstandes abfällt, daß nur Multipole niedriger Ordnung wirksam bleiben. Experimentell ist die Wechselwirkung zwischen Quadrupolmomenten von offenen Schalen (z.B. $4f^1$ in Ce^{3+}-Ionen) untereinander und mit den Dipolmomenten von Kristallwassermolekeln nachgewiesen.

22.3. Austauschwechselwirkung

22.3.1. Direkter Austausch

Überlappen sich die Elektronenhüllen der beiden Ionen (Abb. 22.4), so tritt zu der Energie nach (22.19) noch die *Austauschenergie* hinzu. Die Austauschwechselwirkung beruht auf dem Pauli-Prinzip, nach dem die Eigenfunktion ψ_{kl} des vereinigten Systems antimetrisch sein muß. Es muß sich also bei symmetrischem[43] Spinanteil von ψ_{kl} eine antimetrische[43] Ortsfunktion einstellen und umgekehrt. Da die Ladungsverteilung in den beiden Zuständen mit symmetrischer oder antimetrischer Ortsfunktion verschieden ist, hängt die elektrostatische Wechselwirkungsenergie von der Spinfunktion, d.h. von der Spinorientierung ab. Setzen wir speziell voraus, daß wir reinen Spinmagnetismus haben (S-Zustände,

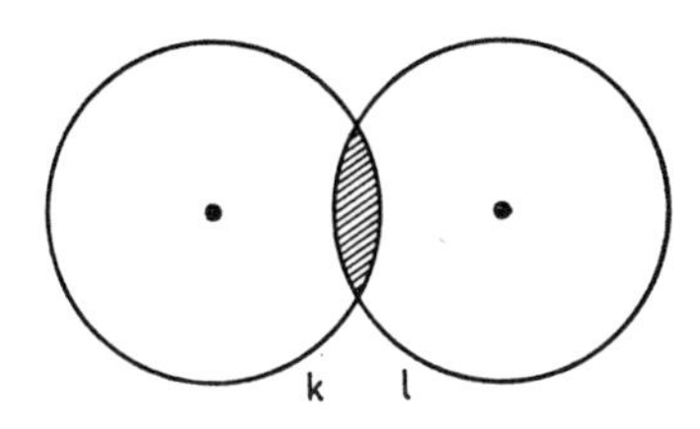

Abb. 22.4. Zur Austauschwechselwirkung zweier überlappender Atome (Ionen)

oder gelöschte magnetische Bahnmomente, siehe Ziffer 14.2), so läßt sich die Austauschwechselwirkung (bis auf einen hier nicht interessierenden Anteil) nach Heisenberg durch den *isotropen*[44] *Spin-Hamilton-Operator*

$$\mathcal{H}^a_{kl} = -\frac{2A_{kl}}{\hbar^2}\,\boldsymbol{S}_k\boldsymbol{S}_l = -\frac{2A_{kl}}{\hbar^2}\,(S^x_k S^x_l + S^y_k S^y_l + S^z_k S^z_l)\,, \qquad (22.20)$$

die Austauschenergie also durch den Erwartungswert

$$W^a_{kl} = -\frac{2A_{kl}}{\hbar^2}\,\langle \boldsymbol{S}_k\boldsymbol{S}_l\rangle \qquad (22.20')$$

beschreiben, wobei die Integration der elektrostatischen Wechselwirkungsenergie über die Ortsfunktion bereits ausgeführt und in der Konstanten A_{kl} berücksichtigt ist. $\boldsymbol{S}_k$, $\boldsymbol{S}_l$ sind die Spins der beiden Ionen, und A_{kl} heißt das *Austauschintegral* oder die *Austauschkonstante*. Der Betrag von A_{kl} hängt sehr empfindlich von der Größe der Überlappungszone in Abb. 22.4 ab, d.h die Austauschkräfte haben eine sehr kurze Reichweite, sie wirken im allgemeinen nur zwischen nahe benachbarten Atomen. Der Wert der Austauschkonstanten A_{kl} kann im Einzelfall positiv oder negativ sein (*positiver* oder *negativer Austausch*).

Der Erwartungswert $\langle \boldsymbol{S}_k\boldsymbol{S}_l\rangle$ andererseits kann nach den Regeln der Vektoraddition (siehe z.B. [E 7]) $2S_l + 1$ verschiedene Werte annehmen, wenn S_k, S_l die zu den Vektoren $\boldsymbol{S}_k$, $\boldsymbol{S}_l$ gehörenden Spinquantenzahlen sind und die Bezeichnung so gewählt ist, daß $S_k \geqq S_l$. Führt man nämlich den Gesamtspin $\boldsymbol{S} = \boldsymbol{S}_k + \boldsymbol{S}_l$ ein, so ist

$$2\,\boldsymbol{S}_k\boldsymbol{S}_l = \boldsymbol{S}^2 - \boldsymbol{S}_k^2 - \boldsymbol{S}_l^2 \qquad (22.21)$$

[43] Die Symmetrie ist gemeint in bezug auf die Vertauschung zweier Elektronen.

[44] Das heißt die Energie hängt nur von den Richtungen der Spins, nicht von der Richtung der Verbindungslinie zwischen den beiden Ionen ab.

und also

$$\langle \boldsymbol{S}_k \boldsymbol{S}_l \rangle = \frac{\hbar^2}{2} [S(S+1) - S_k(S_k+1) - S_l(S_l+1)], \qquad (22.21')$$

wobei die zu $\boldsymbol{S}$ gehörende Spinquantenzahl S die $2S_l + 1$ Werte

$$S = S_k + S_l, \quad S_k + S_l - 1, \ldots, S_k - S_l \qquad (22.21'')$$

annehmen kann. Der Erwartungswert $\langle \boldsymbol{S}_k \boldsymbol{S}_l \rangle$ hat also den größten (kleinsten) Wert, wenn $S = S_k + S_l$ ($S = S_k - S_l$) ist, d.h. „wenn die beiden Spins parallel (antiparallel) stehen". Bei positivem (negativem) Vorzeichen von A_{kl} liefert die parallele (antiparallele) Spinstellung nach (22.20') die tiefste Austauschenergie, d.h. den Grundzustand. Dieser ist also gekennzeichnet durch eine *magnetische Ordnung* oder *Spinstruktur*, die *ferromagnetisch* bei paralleler, *antiferromagnetisch* bei antiparalleler Orientierung[45] der beiden wechselwirkenden Spins heißt.

Aufgabe 22.6. Berechne die Erwartungswerte $\langle \boldsymbol{S}_k \boldsymbol{S}_l \rangle$ für den Fall a) von zwei Ionen mit je einem ungepaarten Elektron, d.h. den Spinquantenzahlen $S_k = S_l = \frac{1}{2}$ und b) für $S_k = S_l = 1$. Berechne die Energiedifferenzen zwischen den jeweils vorkommenden Spinzuständen für beide Vorzeichen von A_{kl}. Zeige, daß bei beliebigen S_k, S_l die Landésche Intervallregel der Termmultipletts befolgt wird.

Aufgabe 22.7. Berechne die Eigenwerte des *Isingschen* Spin-Hamilton-Operators

$$\mathscr{H}^a_{kl} = -\frac{2A_{kl}}{\hbar^2} S_{kz} S_{lz}, \qquad (22.20'')$$

in dem nur die z-Komponenten der wechselwirkenden Spins vorkommen.

Wir behandeln jetzt die Austauschwechselwirkung eines Ions mit allen im Gitter *nächstbenachbarten Ionen* derselben Ionensorte[46]. Diese mögen eine Koordinationsschale von z Ionen auf gleichwertigen Gitterplätzen bilden. Wir vernachlässigen die Austauschwechselwirkung mit weiter entfernten Gitterbausteinen. Dann ist der Austauschoperator gegeben durch ($A_{kl} = A$)

$$\mathscr{H}^a_l = -\frac{2A}{\hbar^2} \boldsymbol{S}_l \sum_{k=1}^{z} \boldsymbol{S}_k \qquad (22.22)$$

oder, wenn wir die magnetischen Momente

$$\boldsymbol{m}_k = -\frac{g\mu_B}{\hbar} \boldsymbol{S}_k \qquad (22.23)$$

einführen[47], durch

$$\mathscr{H}^a_l = -\frac{2A}{g^2\mu_B^2} \boldsymbol{m}_l \sum_{k=1}^{z} \boldsymbol{m}_k = -\boldsymbol{m}_l \boldsymbol{H}^a_l \qquad (22.24)$$

mit dem formal eingeführten *Austauschfeld* (Index a) am Ort l

$$\boldsymbol{H}^a_l = \frac{2A}{g^2\mu_B^2} \sum_{k=1}^{z} \boldsymbol{m}_k = -\frac{2A}{g\mu_B\hbar} \sum_{k=1}^{z} \boldsymbol{S}_k. \qquad (22.25)$$

In dem Wechselwirkungsoperator $\mathscr{H}^a_k$ sind noch alle Bewegungen der $\boldsymbol{m}_k$, $\boldsymbol{m}_l$ (oder $\boldsymbol{S}_k$, $\boldsymbol{S}_l$) berücksichtigt, in der zugehörigen Austauschenergie

$$W^a_l = -\langle \boldsymbol{m}_l \boldsymbol{H}^a_l \rangle = -\frac{2A}{\hbar^2} \left\langle \boldsymbol{S}_l \sum_{k=1}^{z} \boldsymbol{S}_k \right\rangle \qquad (22.26)$$

[45] Beispiele für die beiden Spinorientierungen sind die Grundzustände der Molekeln H_2 (antiparallele Spins, Singulett) und O_2 (parallele Spins, Triplet). Die oben eingeführten magnetischen Begriffe werden üblicherweise erst bei der Wechselwirkung vieler Spins benutzt, jedoch besteht kein physikalischer Grund, sie nicht auch auf zwei Spins, z.B. zweiatomige Molekeln anzuwenden.

[46] Wir beschränken uns hier auf den Spezialfall nur einer Ionensorte. Im allgemeinen Fall müssen die Wechselwirkungen zwischen den verschiedenen Untergittern berechnet werden (Aufgabe 22.8a)

[47] Da bei der Einführung der Heisenberg-Wechselwirkung reiner Spinmagnetismus vorausgesetzt wurde, kann $g = 2$ angenommen werden. Wir schreiben allgemein g für spätere Zwecke und um die formale Anpassung an die übliche Schreibweise der Spin-Hamilton-Operatoren herzustellen.

also z. B. auch die Wechselwirkungen der jeweils um ihre Erwartungswerte umlaufenden Quer- oder Transversalkomponenten der Momente (oder Spins)[48]. Verzichtet man jetzt auf deren Berücksichtigung, so kann man die $\boldsymbol{m}_k$ durch ihre Erwartungswerte ersetzen, d.h. zu

$$\mathscr{H}_l^a \approx -\boldsymbol{m}_l \langle \boldsymbol{H}_l^a \rangle = -\frac{2A}{g^2 \mu_B^2} \boldsymbol{m}_l \sum_{k=1}^{z} \langle \boldsymbol{m}_k \rangle \tag{22.27}$$

übergehen. Die Austauschenergie wird dann[49]

$$W_l^a = -\langle \boldsymbol{m}_l \rangle \langle \boldsymbol{H}_l^a \rangle . \tag{22.28}$$

Sie erleidet, ebenso wie das quantentheoretisch gemittelte Austauschfeld

$$\langle \boldsymbol{H}_l^a \rangle = \frac{2A}{g^2 \mu_B^2} \sum_{k=1}^{z} \langle \boldsymbol{m}_k \rangle = -\frac{2A}{g \mu_B \hbar} \left\langle \sum_{k=1}^{z} \boldsymbol{S}_k \right\rangle \tag{22.29}$$

allerdings noch die statistischen Schwankungen infolge der thermischen Umbesetzung verschiedener Energiezustände i der Ionen, in denen $\langle \boldsymbol{m}_l \rangle$ und die $\langle \boldsymbol{m}_k \rangle$ verschiedene Werte $\langle \boldsymbol{m}_l \rangle_i$, $\langle \boldsymbol{m}_k \rangle_j$ haben. Mittelt man auch noch über diese, d.h. benutzt man wieder (22.6/7), so erhält man ein konstantes, auch thermisch gemitteltes Austauschfeld (wir lassen jetzt wieder die $\langle\ \rangle$ weg)

$$\overline{\boldsymbol{H}_l^a} = \frac{2A}{g^2 \mu_B^2} \sum_{k=1}^{z} \overline{\boldsymbol{m}_k} = \frac{2zA}{g^2 \mu_B^2} \frac{\boldsymbol{M}/V}{N/V} = \frac{\alpha^a}{\mu_0} \frac{\boldsymbol{M}}{V}, \tag{22.30}$$

das der Magnetisierung proportional (also an jedem Ort gleich) ist und dessen Größe und Vorzeichen durch die *Austauschfeldkonstante*

$$\alpha^a = \frac{2zA\mu_0}{g^2 \mu_B^2 N/V}, \tag{22.31}$$

d.h. durch das Austauschintegral A bestimmt wird. Die mittlere Austauschenergie zwischen dem l-ten Moment (Ion) und seinen z nächsten Nachbarn ist dann gegeben durch (vgl. (22.6/7))

$$\overline{W_l^a} = -\overline{\boldsymbol{m}_l}\, \overline{\boldsymbol{H}_l^a} = -\frac{\alpha^a}{\mu_0} \overline{\boldsymbol{m}} \frac{\boldsymbol{M}}{V} = -\frac{2zA}{g^2 \mu_B^2} \left(\frac{\boldsymbol{M}/V}{N/V} \right)^2 \tag{22.32}$$

und die gesamte Austauschenergiedichte durch

$$\frac{\overline{W^a}}{V} = \tfrac{1}{2} \sum_l \overline{W_l^a} = -\frac{\alpha^a}{2\mu_0} \left(\frac{\boldsymbol{M}}{V} \right)^2 . \tag{22.33}$$

Liegt kein reiner Spinmagnetismus, sondern ein mit dem Gesamtdrehimpuls $\boldsymbol{J} = \boldsymbol{L} + \boldsymbol{S}$ verknüpftes Moment vor, so ist es im allgemeinen nicht mehr möglich, die Austauschwechselwirkung mit einem isotropen Heisenbergschen Spin-Operator (22.20) zu beschreiben. Denn wenn ein Bahnmoment existiert, ist der Spin über die Spin-Bahnkopplung an die Elektronenverteilung und über diese an das anisotrope Kristallfeld gekoppelt. Es ist also zu erwarten, daß der isotrope Operator (22.20) durch einen anisotropen Operator ersetzt werden muß, dessen analytische Form die Punktsymmetrie am Ort des Aufspins erkennen läßt[50].

Aufgabe 22.8. Das magnetische Moment $\boldsymbol{m}_{Jk}$ sei mit dem Gesamtdrehimpuls $\boldsymbol{J} = \boldsymbol{L} + \boldsymbol{S}$ verknüpft. Sei trotzdem vorausgesetzt, daß die Austauschwechselwirkung durch den Heisenberg-Operator (22.20) beschrieben werden darf. Zeige, daß dann in der $|JM\rangle$-Darstellung der Heisenberg-Operator auf die Form

$$\mathscr{H}_l^a = -\frac{2A}{\hbar^2} (g_J - 1)^2 \boldsymbol{J}_l \sum_{k=1}^{z} \boldsymbol{J}_k = -\boldsymbol{m}_{Jl} \boldsymbol{H}_l^{aJ}$$

umgeschrieben werden kann, wobei die hier eingeführte Austauschfeldstärke mit der früher in (22.25) für reinen Spinmagnetismus eingeführten durch die

[48] Erwartungswert von Skalarprodukten.

[49] Skalarprodukt von Erwartungswerten.

[50] Analog zur Entwicklung des elektrischen Kristallfeldes, siehe Ziffer 15.1. In vielen Fällen liefert schon die Einführung eines Austauschtensors (A) eine gute Näherung, so daß (22.20) zu

$$\mathscr{H}_{kl}^a = -\frac{2}{\hbar^2} \boldsymbol{S}_k (A) \boldsymbol{S}_l$$

wird.

Beziehung

$$H_i^{aJ} = \frac{2(g_J - 1)}{g_J} H_i^a \tag{22.35}$$

zusammenhängt.

Zum Schluß merken wir noch an, daß der *Wert* des *Austauschintegrals* A_{kl} sich nicht sehr einfach abschätzen läßt[51]. Deshalb werden wir das Austauschintegral im folgenden als zunächst unbekannte Konstante behandeln, deren Wert nachträglich experimentell bestimmt wird.

22.3.2. Indirekter Austausch

Man beobachtet starke Spinwechselwirkung auch in Fällen, in denen die magnetischen Ionen so große Abstände haben, daß weder direkter Austausch durch Überlappung der Elektronenhüllen noch die Dipol-Dipol-Kopplung zur Erklärung ausreichen. Beispiele sind Verbindungen wie das MnO (siehe Ziffer 25.1.1), in dem magnetische Mn^{2+}-Ionen mit offener $3d$-Schale durch diamagnetische O^{2-}-Ionen getrennt sind, oder die Selten-Erd-Metalle (Ziffer 26.2), in denen magnetische Ionen mit offener $4f$-Schale große Abstände in einem See von Leitungselektronen haben. In beiden Fällen wird die Spin-Kopplung *indirekt* durch die *zwischen* den magnetischen Ionen vorhandenen Elektronen bewirkt und so eine Spinorientierung hergestellt (Ziffern 25 und 26).

Der Fall des MnO und ähnlicher Verbindungen von $3d$-Ionen wird durch Abb. 22.5 veranschaulicht, in der die räumlichen Elektroneneigenfunktionen für je ein unpaariges $3d$-Elektron im Mn^{2+} und zwei gepaarte p-Elektronen im O^{2-} dargestellt sind.

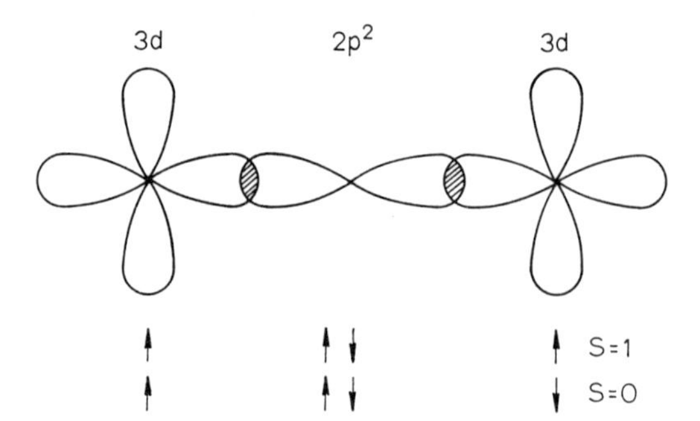

Abb. 22.5. Zum Superaustausch zwischen zwei $3d^1$-Ionen über ein O^{2-}-Ion.

Wäre die Bindung rein ionisch, so würden sich die Eigenfunktionen nicht überlappen. Tatsächlich existiert aber eine schwache Überlappung zwischen den beiden Mn^{2+} und dem O^{2-}, d.h. ein schwacher Anteil kovalenter Bindung. Man kann also das System $Mn^{2+}—O^{2-}—Mn^{2+}$ als kovalent gebundene Molekel auffassen, in der sich die Spins zum Gesamtspin $S = 1$ oder $S = 0$ zusammensetzen. Dabei ist wegen der nur geringfügigen Überlappung die Störung der Elektronenbewegung selbst nur schwach, so daß die Elektronen praktisch bei den Ionen lokalisiert bleiben und sich die beiden in Abb. 22.5 dargestellten möglichen Spinstrukturen mit $S = 1$ und $S = 0$ ergeben. Ihnen entspricht im Grundzustand eine ferromagnetische oder antiferromagnetische Ordnung der $3d$-Spins, je nachdem ob der Triplettzustand $S = 1$ oder der Singulettzustand $S = 0$ die tiefere Energie hat. In MnO und in den meisten ähnlichen

[51] Die Berechnung bedeutet im Grunde die Berechnung der chemischen Bindungsenergie, siehe die Beispiele H_2 und O_2, Fußnote [45].

Verbindungen von $3d$-Ionen (z.B. mit Cl, F, Te anstelle von O) ist die Ordnung antiferromagnetisch[52], (vgl. Ziffer 25). Der hier geschilderte sogenannte *Superaustausch* (H. A. Kramers 1934) läßt sich wie der direkte Austausch durch einen Heisenberg-Operator beschreiben, so daß wir die Ergebnisse der vorigen Ziffer hier übernehmen können.

Analog funktioniert auch die Austauschkopplung in Metallen über die Leitungselektronen: Das magnetische Moment eines Ions „*polarisiert*" die Spins der in der Nähe vorbeilaufenden Leitungselektronen, und diese orientieren dann die Momente aller anderen Ionen.

22.4. Molekularfeld und Anisotropiefeld

Häufig[53] faßt man das thermisch gemittelte Dipol- und Austauschfeld zum sogenannten *Molekularfeld*

$$\boldsymbol{H}_l^m = \overline{\boldsymbol{H}_l^d} + \overline{\boldsymbol{H}_l^a} \tag{22.39}$$

am Ort l zusammen, so daß

$$W_l^m = -\langle \boldsymbol{m}_l \rangle \boldsymbol{H}_l^m \tag{22.40}$$

der quantentheoretische Erwartungswert der Wechselwirkungsenergie des l-ten Momentes mit dem Restgitter ist, das in dieser Näherung durch das Molekularfeld repräsentiert wird. Nimmt man zunächst an, daß die Austauschwechselwirkung durch einen isotropen Heisenberg-Operator (22.20) beschrieben werden kann, und setzt man nur eine Sorte von magnetischen Momenten (Ionen) voraus[53], so erhält das Molekularfeld nach (22.8) und (22.30) einen *isotropen* Anteil

$$\boldsymbol{H}_l^{\text{is}} = \left\{\frac{\alpha^a}{\mu_0} - \frac{\sum_k R_{kl}^{-3}}{4\pi\mu_0 N/V}\right\}\frac{\boldsymbol{M}}{V} = \frac{\alpha^m}{\mu_0}\frac{\boldsymbol{M}}{V}, \tag{22.41}$$

der der Magnetisierung proportional ist und je nach dem Vorzeichen der Molekularfeldkonstanten α^m parallel oder antiparallel zu $\boldsymbol{M}/V$ zeigt.

Diesem isotropen Feld überlagert sich der anisotrope Teil des dipolaren Feldes und, falls die Spins über die Spin-Bahnkopplung an die Bahnmomente und über diese an das anisotrope Kristallfeld gekoppelt sind (siehe S. 106), auch ein anisotroper Anteil des Austauschfeldes. Beide brauchen nicht in Richtung oder Gegenrichtung von $\boldsymbol{M}/V$ zu zeigen. Gelegentlich wird nur der isotrope Teil als Molekularfeld und der Rest als *Anisotropiefeld* $\boldsymbol{H}_l^{\text{an}}$ bezeichnet. Das isotrope Molekularfeld hat nach (22.40) und (22.41) die Tendenz, alle Momente parallel oder antiparallel zur Magnetisierung $\boldsymbol{M}/V$ zu stellen, und zwar ganz ohne Rücksicht auf die Anisotropie der Kristallstruktur, die in (22.41) gar nicht eingeht. Das Anisotropiefeld dagegen hängt nach Definition von der Kristallstruktur ab. Es hat die Tendenz, die Momente parallel zu einer ausgezeichneten Kristallrichtung einzustellen, was wir später (Ziffer 24.4) benutzen werden.

Ist noch ein äußeres Feld $\boldsymbol{H}^{\text{ext}}$ eingeschaltet, so ist das auf ein Moment $\langle \boldsymbol{m}_l \rangle$ insgesamt wirkende *effektive Magnetfeld* in der Molekularfeldnäherung gegeben durch

$$\boldsymbol{H}_l^{\text{eff}} = \boldsymbol{H}^{\text{ext}} + \boldsymbol{H}_l^m . \tag{22.42}$$

[52] Die durch Superaustausch bewirkte antiferromagnetische Ordnung ist wohl überhaupt der am häufigsten vorkommende magnetische Ordnungszustand.

[53] Falls die Kristallstruktur bekannt ist, wird das dipolare Feld besser getrennt berechnet (Ziffer 22.1) und nicht mit zum Molekularfeld gezählt, das dann mit dem Austauschfeld identisch ist. — Zum Fall von mehreren magnetischen Untergittern vergleiche Ziffer 25.

Es läßt sich je nach Zweckmäßigkeit in verschiedene Teilfelder aufspalten:

$$\begin{aligned} \boldsymbol{H}_l^{\text{eff}} &= \boldsymbol{H}^{\text{ext}} + \overline{\boldsymbol{H}_l^d} + \overline{\boldsymbol{H}_l^a} = \boldsymbol{H}^{\text{ext}} + \boldsymbol{H}_l^{\text{is}} + \boldsymbol{H}_l^{\text{an}} \\ &= \boldsymbol{H}_l^{\text{lok}} + \overline{\boldsymbol{H}_l^a} = \boldsymbol{H}^{\text{int}}[1 + \tfrac{1}{3}(\chi)] + \sum_{k,\,\text{Kugel}} \overline{\boldsymbol{h}}_{kl} + \overline{\boldsymbol{H}_l^a}. \end{aligned} \tag{22.43}$$

Man beachte, daß nach unserer Definition die Austauschwechselwirkungen wohl zum effektiven Feld $\boldsymbol{H}_l^{\text{eff}}$, nicht aber zum lokalen Feld $\boldsymbol{H}_l^{\text{lok}}$ am Ort des l-ten Momentes und zur Entmagnetisierung beitragen[54]. Ferner ist $\boldsymbol{H}_l^{\text{eff}}$ in der nach Voraussetzung ellipsoidförmigen Probe mit nur einer Ionensorte unabhängig vom Platz l.

Aufgabe 22.9. In dem Kristallgitter der Aufgabe 22.3 sei ein Ion ersetzt durch ein Fremdion, dessen Grundzustand ein Kramers-Dublett mit den linearen Aufspaltungsfaktoren $\pm s = \pm g/2$ ist. Das Ion stehe mit den Nachbarionen durch einen Heisenberg-Operator mit der Austauschkonstanten A in Wechselwirkung. Berechne die Größe der linearen Zeeman-Aufspaltung des Grundterms des Fremdions als Funktion der Magnetisierung im effektiven Feld $\boldsymbol{H}^{\text{eff}}$, wenn das außen angelegte Feld $\boldsymbol{H}^{\text{ext}}$ parallel zur vierzähligen Achse liegt.

Zum Schluß noch eine allgemeine Bemerkung im Anschluß an die Diskussion in Ziffer 22.1:

Durch die Einführung des Molekularfeldes wird der das Aufion umgebende Kristall ersetzt durch eine gemittelte zeitlich konstante magnetische Feldstärke $\boldsymbol{H}^m$, und das schwierige Vielkörperproblem wird zurückgeführt auf ein einfacheres modifiziertes Einatomproblem im Sinne von Ziffer 10.5. Diese Vereinfachung wird aber erkauft durch den generellen Verzicht auf die Berücksichtigung von statistischen Schwankungen im Spinsystem. Deshalb kann die Molekularfeldnäherung auch nicht zur Beschreibung von Relaxationserscheinungen (siehe Ziffer 23) benutzt werden, da diese auf denselben Übergängen beruhen wie die statistischen Schwankungen. Dagegen liefert die Molekularfeldnäherung ein brauchbares und sehr bequemes Modell zur Beschreibung der Gleichgewichtsmagnetisierung in magnetisch geordneten (ferro- und antiferromagnetischen) Zuständen (siehe die Ziffern 24, 25 und 26, wo sich auch Werte für die Austausch- und Molekularfeldstärke und die Austauschkonstante finden).

---

54 $\boldsymbol{H}^{\text{lok}}$ ist das effektive Feld, wenn nur die dipolare Wechselwirkung existiert.

23. Paramagnetische Relaxation

23.1. Makroskopische Beschreibung

Unter *Relaxation* versteht man allgemein den Übergang eines physikalischen Systems aus einem Nichtgleichgewichtszustand in das thermodynamische Gleichgewicht. Beim Spezialfall der *paramagnetischen Relaxation* betrachten wir einen paramagnetischen Kristall und prüfen seinen Zustand durch Messung der Magnetisierung. Diese makroskopische Zustandsgröße ist nach (19.6) im Gleichgewicht eindeutig bestimmt durch die Zustandsvariablen magnetische Feldstärke[55] und Temperatur:

$$M_H/V = M_H(H,T)/V \,. \tag{23.1}$$

Dabei ist T die Temperatur eines Wärme- oder Kühlbades, in dem sich der Kristall befindet, und dessen Temperatur er im Gleichgewicht angenommen hat. Ändert man jetzt die Feldstärke, so muß sich nach (23.1) auch die Magnetisierung ändern, damit der Kristall im Gleichgewicht bleibt. Es müssen also die magnetischen Momente im Kristall relativ zum Feld umorientiert werden. Diese mikrophysikalischen *Relaxationsprozesse* haben allerdings keine beliebig große, sondern nur eine endliche Wahrscheinlichkeit, so daß die makroskopische Magnetisierung der Feldstärkenänderung nicht spontan folgen kann, sondern den neuen Gleichgewichtswert nach (23.1) erst mit einer gewissen zeitlichen Verzögerung erreicht. Die hierfür maßgebende Zeitkonstante τ heißt die *Relaxationszeit*[56]. Sie hängt im allgemeinen von der Größe der äußeren Parameter H und T und vor allem von der Natur der die Einstellung des Gleichgewichtes bewirkenden Relaxationsprozesse ab. Ehe wir diese näher diskutieren können, müssen wir uns einen Überblick über die wichtigsten experimentellen Methoden verschaffen.

Hierzu benutzen wir das *Maxwellsche Relaxationstheorem*, nach dem die Geschwindigkeit, mit der ein System dem Gleichgewicht zustrebt, um so größer ist, je weiter entfernt vom Gleichgewicht das System noch ist. In der Nähe des Gleichgewichtes geht die Änderungsgeschwindigkeit gegen Null, d.h. das Gleichgewicht wird asymptotisch erreicht. Für die feldparallele Magnetisierung lautet die *Relaxationsgleichung* (Index H weggelassen)

$$\frac{d\hat{M}/V}{dt} = \frac{(M - \hat{M})/V}{\tau} \tag{23.2}$$

Dabei ist $\hat{M}(t)/V$ der momentane oder Istwert, und M/V der Gleichgewichts- oder Sollwert nach Gl. (23.1). Auch dieser ist zeitabhängig, wenn die Feldstärke nach einem vorgegebenen Zeitgesetz $H = H(t)$ geändert wird:

$$M/V = M(H(t), T)/V \,. \tag{23.3}$$

Nach (23.2) ist die Änderungsgeschwindigkeit des Istwertes proportional zur Abweichung $(M - \hat{M})/V$ vom Sollwert und umgekehrt proportional zur Relaxationszeit τ[57]. Ist diese klein, so wird der Sollwert schnell erreicht, in der Grenze $\tau \to 0$ würde die Magnetisierung jeder Feldänderung spontan folgen und nur Gleichgewichtszustände nach (23.3) durchlaufen[58]. Für den realen Fall $\tau > 0$ diskutieren wir jetzt zwei auch meßtechnisch wichtige *Experimente* bei konstanter Badtemperatur T.

a) *Sprunghafte Änderung der Feldstärke* bei $t = 0$ von H_0 auf H. Dem entsprechen folgende Gleichgewichtswerte der Magnetisierung nach (23.1): der Anfangswert

$$M(H_0)/V = M_0/V \qquad \text{für} \qquad t < 0 \tag{23.4}$$

[55] Die Richtung $(\alpha\beta\gamma)$ des Magnetfeldes halten wir fest, wir messen also die feldparallele Komponente M_H/V als Funktion von H. Da Gleichgewicht vorausgesetzt ist, bestimmt man die Funktion (23.1) mit statischen Magnetfeldern. Der Einfachheit halber sei ein so lang gestrecktes Probenellipsoid vorausgesetzt, daß $N = 0$ und $H^{\text{int}} = H^{\text{ext}} = H$ ist.

[56] Hier wird also vorausgesetzt, daß sich die Relaxation des Kristalls durch nur eine Zeitkonstante beschreiben läßt. Es wird sich später zeigen, daß das nicht immer möglich ist.

[57] Ihr Kehrwert τ^{-1} heißt *Relaxationsfrequenz*.

[58] Umgekehrt formuliert: Als Sollwert ist in (23.2) immer diejenige Magnetisierung einzusetzen, die sich im Fall $\tau \to 0$ sofort einstellen würde.

und der Sollwert

$$M(H)/V = M/V\,, \tag{23.5}$$

der sich im Falle $\tau = 0$ sofort einstellen würde. (23.2) wird also zu

$$\frac{d\hat{M}/V}{dt} = \frac{(M(H) - \hat{M})/V}{\tau}\,, \tag{23.6}$$

ihre Lösung ist

$$\frac{\hat{M}(t) - M(H)}{V} = \frac{M(H_0) - M(H)}{V}\,e^{-t/\tau}\,. \tag{23.7}$$

Die Magnetisierung bewegt sich also exponentiell mit der Relaxationszeit τ als Zeitkonstante vom Anfangsgleichgewichtswert $M(H_0)/V$ auf den Endgleichgewichtswert (= Sollwert) $M(H)/V$ hin, (siehe Abb. 23.1.) Experimentell wird $\hat{M}(t)$ gemessen und τ aus der Expontialfunktion bestimmt.

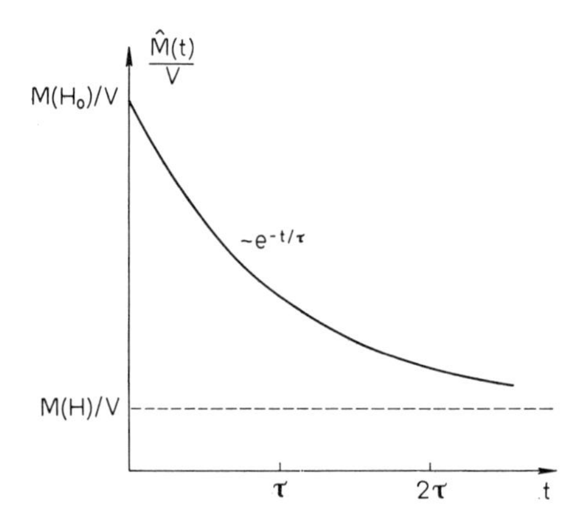

Abb. 23.1. Exponentielle Relaxation bei sprunghafter Verkleinerung der Feldstärke. Abklingkonstante ist die Relaxationsfrequenz τ^{-1}

Aufgabe 23.1. Beweise (23.7). Wie groß ist die Magnetisierung bei $t = \tau$ und $t = \tau/2$? Wie verläuft $\hat{M}(t)/V$, wenn $H > H_0$?

Aufgabe 23.2. Warum unterdrückt die Relaxationsgleichung (23.2) die der monotonen Änderung der Magnetisierung doch sicher überlagerten statistischen Schwankungen der Spinorientierung, d.h. was sind die Voraussetzungen für die Gültigkeit von (23.2)?

b) Stationäre Messung der Suszeptibilität im magnetischen Wechselfeld: *Dispersions-Absorptionsmethode.*

Wir überlagern einem konstanten Magnetfeld $\boldsymbol{H}_c$ ein dazu paralleles schwaches Wechselfeld $\boldsymbol{H}_1 e^{i\omega t}$, so daß der Betrag der Feldstärke

$$H = H_c + H_1 e^{i\omega t}\,, \qquad H_1 \ll H_c\,, \tag{23.8}$$

mit der (variablen) Kreisfrequenz ω zwischen den Grenzen $H_c \pm H_1$ um den Mittelwert H_c schwankt, (vgl. Abb. 23.8.) Wäre die Relaxationszeit beliebig klein ($\tau \to 0$), so würde die Magnetisierung diesem Feld ohne Phasenverzögerung folgen und dabei nur Gleichgewichtszustände nach (23.3) durchlaufen. Diese können also in der Form

$$M/V = M_c/V + \chi_T\,\mu_0\,H_1\,e^{i\omega t} = M(t)/V \tag{23.9}$$

geschrieben werden, falls H_1 so klein gewählt wird, daß eine Reihenentwicklung von (23.1) in der Umgebung von $H = H_c$ nach dem ersten Glied abgebrochen werden darf. Dabei ist die *differentielle*

Suszeptibilität bei $H = H_c$

$$\chi_T = \left.\frac{dM/V}{d(\mu_0 H)}\right|_{\substack{H=H_c \\ T=\text{const}}} \tag{23.10}$$

wegen des vorausgesetzten Fehlens einer Phasenverschiebung zwischen M und H eine *reelle* Suszeptibilität[59]. Die zeitliche Änderung von $\hat{M}(t)/V$ bei nichtverschwindender Relaxationszeit ergibt sich aus der Relaxationsgleichung, wenn wir (Fußnote[58]) $M(t)/V$ aus (23.9) als Sollwert in (23.2) einsetzen. Wir erhalten die Relaxationsgleichung

$$\frac{d\hat{M}/V}{dt} = \frac{M_c/V + \mu_0 \chi_T H_1 e^{i\omega t} - \hat{M}/V}{\tau}. \tag{23.11}$$

Im stationären Bereich, d.h. nach Ablauf des Einschwingvorgangs muß die Lösung $\hat{M}/V$ auch eine Zeitabhängigkeit mit $e^{i\omega t}$ haben, jedoch wird $\hat{M}/V$ eine frequenzabhängige Phasenverzögerung gegenüber H erleiden, d.h. man muß jetzt eine *komplexe* Suszeptibilität

$$\chi(\omega) = \chi'(\omega) - i\,\chi''(\omega) \tag{23.12}$$

einführen und den Lösungsansatz

$$\hat{M}(t)/V = M_c/V + \mu_0(\chi' - i\,\chi'')\,H_1\, e^{i\omega t} \tag{23.13}$$

versuchen. Der zu χ' proportionale Teil der Wechselmagnetisierung $\hat{M}/V$ ist mit dem Wechselfeld in Phase, der zu χ'' proportionale Anteil gegen das Feld um $-\pi/2$ phasenverschoben. Er bewirkt, daß die Energie je Zeit- und Volumeinheit

$$\frac{dW}{V\,dt} = \frac{1}{2}\,\mu_0\,\omega\,\chi''\,H_1^2 \tag{23.14}$$

absorbiert wird. Einsetzen von (23.13) in (23.11) führt zu den frequenzabhängigen Suszeptibilitäten

$$\chi'(\omega) = \frac{1}{1+\omega^2\tau^2}\,\chi_T \tag{23.15}$$

$$\chi''(\omega) = \frac{\omega\tau}{1+\omega^2\tau^2}\,\chi_T = \omega\,\tau\,\chi'(\omega)\,. \tag{23.15'}$$

Sie haben als Funktionen von ω den in Abb. 23.2 gezeigten Verlauf:

[59] Der Index T bedeutet isotherm, weil Gleichgewicht, d.h. beliebig guter Wärmekontakt zwischen Spinsystem und Bad vorausgesetzt ist. χ_T hängt nach Definition von der Feldstärke H_c und von T ab.

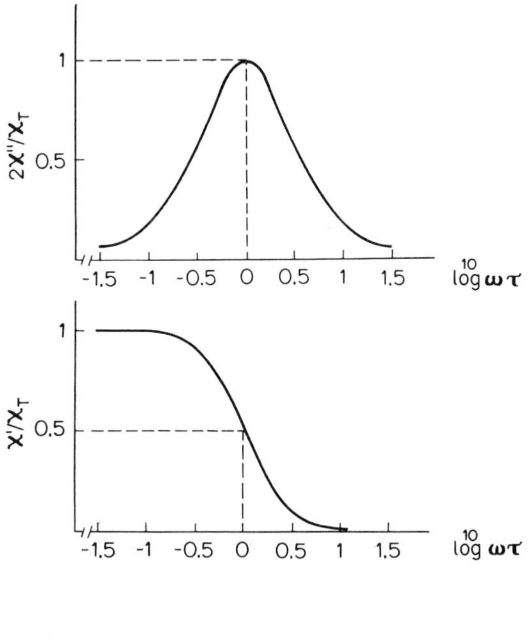

Abb. 23.2. Komplexe paramagnetische Suszeptibilität im magnetischen Wechselfeld: *Debye-Kurven* über einer logarithmischen Frequenzskala

Im Grenzfall $\omega \to 0$ wird $\chi'(0) = \chi_T$, $\chi''(0) = 0$. Die normierte *Dispersionskurve* $\chi'(\omega)/\chi_T$ über ω fällt vom Wert 1 bei $\omega \ll \tau^{-1}$ auf den Wert 0 bei $\omega \gg \tau^{-1}$ ab, die halbe „Stufenhöhe" ist bei $\omega = \tau^{-1}$ erreicht. Anschaulich bedeutet dies, daß die Magnetisierung dem Wechselfeld nicht mehr zu folgen vermag, wenn die Kreisperiode ω^{-1} des Magnetfeldes von der Größenordnung der Relaxationszeit oder sogar kleiner als diese wird. Die *Absorptionskurve* $\chi''(\omega)/\chi_T$ über ω hat ein Maximum bei $\omega = \tau^{-1}$ und verschwindet bei sehr großen und sehr kleinen Frequenzen, wo die Magnetisierung verschwindet (bei $\omega \to \infty$) oder mit dem Feld in Phase ist (bei $\omega \to 0$). In einer Wechselinduktionsbrücke können mit einem phasenempfindlichen Nachweisinstrument χ' und χ'' getrennt gemessen werden. τ bestimmt sich dann aus der Lage der Stufe von χ'/χ_T oder des Maximums von χ''/χ_T, χ_T aus den Absolutwerten von χ' und (oder) χ'' (sogenannte Dispersions-Absorptionsmethode).

Aufgabe 23.3. a) Beweise (23.15) und (23.15'). b) Was passiert anschaulich während einer Periode des magnetischen Wechselfeldes?

Aufgabe 23.4. Bestimme den *Cole-Kreis* durch Eliminieren von ω aus (23.15/15') und Auftragen von χ''/χ_T über χ'/χ_T. Wie kann τ aus dem Cole-Kreis bestimmt werden?

Aufgabe 23.5. Vergleiche die Relaxationsgleichung (23.2) mit der Resonanzgleichung für den Fall, daß eine magnetische Resonanzfrequenz ω_0 existiert. Löse die Resonanzgleichung und vergleiche die Lösung mit (23.15/15') und Abb. 23.2. Diskutiere den Unterschied zwischen Dispersion und Absorption infolge von Relaxation mit denen infolge von Resonanz a) anschaulich und b) anhand der Differentialgleichungen und ihrer Lösungen. Hinweis: Vergleiche die Abbildungen 23.2 und 24.16.

Aufgabe 23.6. Berechne $\chi_T(H, T)$ nach der Definitionsgleichung (23.10) für den Fall des reinen Spin-Paramagnetismus ohne merkliche Wechselwirkung und Kristallfeldeinflüsse (Ziffern 21.2 und 21.31). Diskutiere die Näherungen für hohe und tiefe Temperaturen.

Die Abb. 23.3 zeigt als experimentelles Beispiel Absorptions-Dispersionsmessungen an Eisenammoniumalaun $NH_4Fe(SO_4)_2 \cdot 12\,H_2O$ bei $T = 2{,}88$ K und verschiedenen Feldstärken H_c.

Die bei verschiedenen H_c gemessenen Kurven sind nicht auf das zugehörige $\chi_T(H_c)$, sondern einheitlich auf $\chi_T(H_c \to 0) = \chi_0$ normiert. Die Dispersionskurven gehen deshalb bei $\nu = 0$ nicht alle durch den Wert 1, sondern liegen darunter und demonstrieren hierdurch, daß $\chi_T(H_c)$ mit wachsendem H_c abnimmt. Ferner erkennt man, daß die Dispersionskurven bei hohen Frequenzen $\omega \gg \tau^{-1}$ nicht, wie nach den *Debye-Formeln* (23.15/15') erwartet, auf Null abfallen, sondern daß noch jeweils eine endliche Restsuszeptibilität χ_{ad}[60] übrigbleibt, die wie χ_T reell ist und deren Wert ebenfalls mit wachsender Magnetfeldstärke H_c abnimmt. Bei noch höheren Frequenzen beobachtet man dann ein zweites *Debyesches Dispersionsgebiet* (siehe Abb. 23.4).

Das paramagnetische Verhalten in Wechselfeldern läßt sich also nicht, wie bisher vorausgesetzt, durch eine einzige Relaxationszeit beschreiben. Offenbar existieren zwei[61] verschiedene Relaxationsmechanismen, und zwar, wie wir zeigen werden, die *Spin-Gitter-Relaxation* mit der Relaxationszeit τ_G (Ziffer 23.3) und die *Spin-Spin-Relaxation* mit der Relaxationszeit τ_S (Ziffer 23.4). Man bestimmt τ_G und τ_S, indem man die Debye-Formeln (23.15/15') auf die

[60] χ_{ad} heißt *adiabate* Suszeptibilität, weil sie noch bei sehr hohen Frequenzen beobachtet wird, bei denen kein Energieaustausch zwischen Spinsystem und Gitter mehr möglich ist, das Spinsystem also als isoliertes System aufgefaßt werden kann.

[61] Manchmal mehr als zwei, siehe Ziffer 23.5.

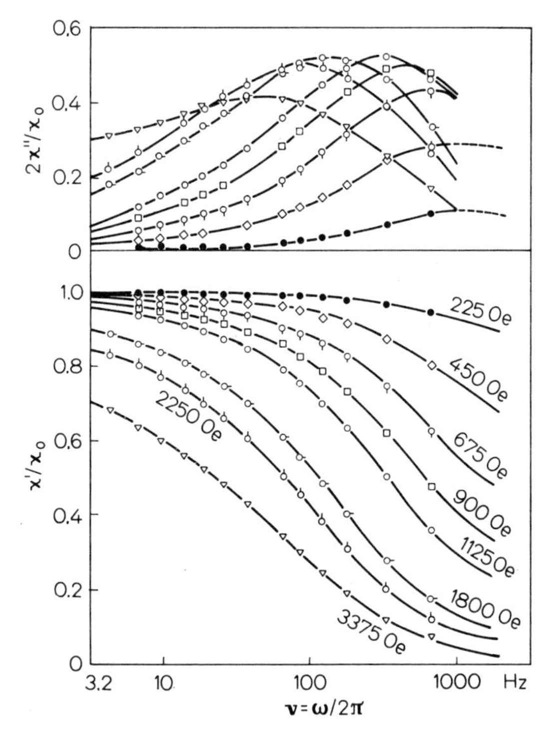

Abb. 23.3. Komplexe paramagnetische Suszeptibilität von Ammonium-Eisen-Alaun bei $T = 2{,}88$ K und verschiedenen magnetischen Feldstärken H_c. Normierung der Dispersionskurven auf $\chi_0 = \chi_T(H_c \rightarrow 0, T)$. Logarithmische Frequenzskala. (Nach van der Marel, van den Broek u. Gorter, 1957)

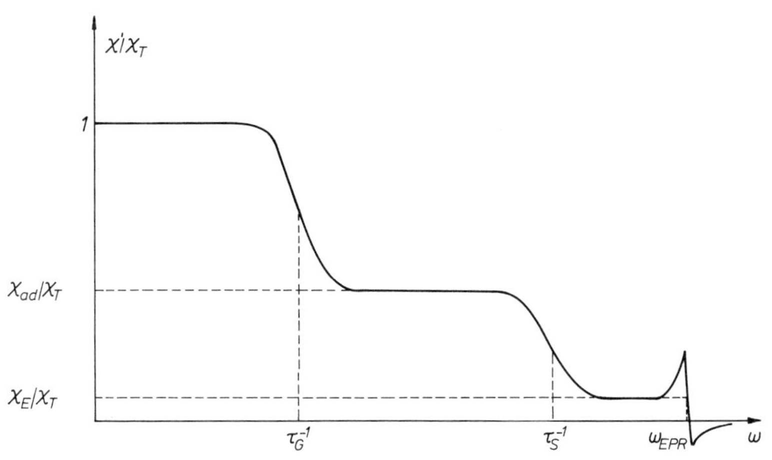

Abb. 23.4. Dispersionskurve bei Spin-Gitter- und Spin-Spin-Relaxation sowie paramagnetischer Resonanz (EPR), schematisch. Die Absorptionskurve hat Maxima bei $\omega = \tau_G^{-1}$ und $\omega = \tau_S^{-1}$ sowie $\omega = \omega_{EPR} = 2\, s\, \mu_B H/\hbar$ (Abb. 23.5)

beiden Stufen in Abb. 23.4 getrennt anwendet. Man erhält τ_G aus der niederfrequenten Stufe mit den Gleichungen

$$\frac{\chi' - \chi_{\mathrm{ad}}}{\chi_T} = \frac{1 - \chi_{\mathrm{ad}}/\chi_T}{1 + \omega^2 \tau_G^2} \qquad (23.15\,\mathrm{a})$$

$$\frac{\chi''}{\chi_T} = \frac{\omega\, \tau_G (1 - \chi_{\mathrm{ad}}/\chi_T)}{1 + \omega^2 \tau_G^2} . \qquad (23.15'\mathrm{a})$$

und τ_S aus der höherfrequenten Stufe mit den Gleichungen[62]

$$\frac{\chi'}{\chi_{\mathrm{ad}}} = \frac{1}{1 + \omega^2 \tau_S^2} \qquad (23.15\,\mathrm{b})$$

$$\frac{\chi''}{\chi_{\mathrm{ad}}} = \frac{\omega\, \tau_S}{1 + \omega^2 \tau_S^2} . \qquad (23.15'\mathrm{b})$$

[62] Hier ist die paramagnetische Resonanz vernachlässigt: $\chi_E/\chi_T = 0$.

Zur vollständigen Analyse der Relaxationsmechanismen müssen χ' und χ'' über große Bereiche der Variablen ω, H_c und T gemessen werden. Die Anwendung von (23.15a $\cdots$ 15′b) ergibt dann, daß χ_T, τ_G, χ_{ad}, τ_S Funktionen der äußeren Parameter H_c und T sind:

$$\begin{aligned} \chi_T &= \chi_T(H_c, T), \qquad \tau_G = \tau_G(H_c, T) \\ \chi_{\text{ad}} &= \chi_{\text{ad}}(H_c, T), \qquad \tau_S = \tau_S(H_c, T). \end{aligned} \tag{23.16}$$

Außerdem hängen sie von der Richtung von $\boldsymbol{H}$ zum Kristall ab. Um diese Abhängigkeiten zu verstehen, muß man die verschiedenen Relaxationsprozesse im einzelnen untersuchen.

23.2. Verschiedene Relaxationsarten

Man unterscheidet die verschiedenen Arten von paramagnetischer Relaxation nach dem Energiereservoir, mit dem die Spins bei der Magnetisierung oder Entmagnetisierung ihre Zeeman-Energie [63] austauschen. Bei der Magnetisierung werden zusätzliche magnetische Momente in die Feldrichtung gedreht, es wird Zeeman-Energie frei, und diese muß in eine andere Energieform umgewandelt werden [64]. Die beim Umklappen *eines* Spins frei werdende Energie wird umgewandelt in

1. Phononen-Energie bei der *Spin-Gitter-Relaxation.*
2. Wechselwirkungsenergie zwischen *allen* Spins bei der *Spin-Spin-Relaxation.*
3. Zeeman-, Kristallfeld- oder Kernspinenergie desselben Ions oder von *endlich vielen* anderen Ionen bei der *Kreuzrelaxation.*

Alle diese Relaxationsmechanismen laufen parallel zueinander ab. Jedoch dominiert häufig einer in bestimmten Bereichen der äußeren Parameter H und T und kann deshalb in diesem Bereich für sich allein gemessen werden.

[63] Das ist die potentielle oder Einstell-Energie der magnetischen Momente im Magnetfeld, (siehe (16.24) oder (21.1′)).

[64] Bei Entmagnetisierung wird umgekehrt die Zeeman-Energie vergrößert auf Kosten der anderen Energieformen.

23.3. Spin-Gitter-Relaxation

Wir betrachten einen paramagnetischen Kristall mit nur einer Sorte von magnetischen Ionen im gleichen Kristallfeld (Voraussetzung wie in Ziffer 21). Die tiefste Kristallfeldkomponente des Grundterms eines Ions sei ein $\{\pm\mu\}$-*Kramers-Dublett.* Das Magnetfeld liege parallel zur Hauptachse des Kristallfeldes ($\boldsymbol{H}\|z$), so daß wir die Zeeman-Aufspaltung des Dubletts als linear in H voraussetzen können [65]. Die Zeeman-Energien der beiden Komponenten sind dann nach (16.24) und (16.27′) gleich ($s = s_\mu > 0$ angenommen)

$$W^Z_{\pm\mu} = \pm s\,\mu_B H\,, \tag{23.17}$$

ihr Abstand $\hbar\omega$ ist also

$$W^Z_\mu - W^Z_{-\mu} = 2\,s\,\mu_B H = \hbar\omega \tag{23.17′}$$

(siehe Abb. 23.5.) Die Temperatur sei so niedrig, daß im wesentlichen nur diese beiden Zeeman-Komponenten besetzt sind. Durch ihre Besetzungszahlen [66] $\hat{N}_+$ und $\hat{N}_-$ ist die Spintemperatur T_S nach der Gleichung

$$\hat{N}_+/\hat{N}_- = e^{-2s\mu_B H/kT_S} = e^{-\hbar\omega/kT_S} \tag{23.18}$$

definiert.

Im thermodynamischen Gleichgewicht ist die Spintemperatur T_S ebenso wie die Gitter- oder Phononentemperatur T_G gleich der Temperatur T des Temperierbades, in dem sich der Kristall be-

[65] Vgl. die Ziffern 14 und 16. Unter H ist, wenn nötig, H^{lok} verstanden. Schiefe Lagen des Magnetfeldes zur Kristallachse bringen, abgesehen vom nichtlinearen Zeeman-Effekt, physikalisch nichts Neues.

[66] $\hat{N}_+$, $\hat{N}_-$ sind momentane Besetzungszahlen (Istwerte) in einem beliebigen Zustand, die im thermischen Gleichgewicht in N_+, N_- (Sollwerte) übergehen.

findet[67], also $T_S = T_G = T$, und die Besetzungszahlen genügen der Gleichgewichtsbedingung

$$\frac{\hat{N}_+}{\hat{N}_-} = \frac{N_+}{N_-} = e^{-2s\mu_B H/kT}. \tag{23.18'}$$

Zunächst sei kein Magnetfeld vorhanden, es ist $N_+ = N_-$ nach (23.18'). Wird jetzt ein konstantes Magnetfeld eingeschaltet (Abb. 23.5), so spaltet das Dublett auf, aber die Komponenten sind zunächst noch gleich stark besetzt, d.h. nach (23.18) wird am Anfang $T_S = \infty$, $T_S \gg T_G$. Zur Wiederherstellung des thermischen Gleichgewichts muß also Energie vom Spinsystem ins Gitter fließen, bis beide Systeme wieder dieselbe Temperatur T wie das Bad haben[68]. Es müssen also Übergänge von der oberen in die untere

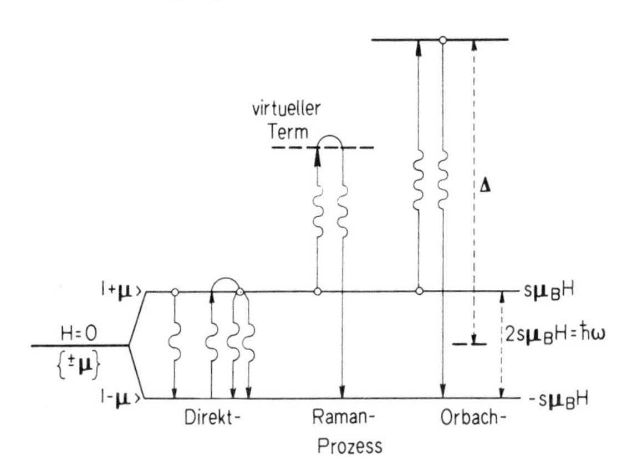

Abb. 23.5. Die drei Spin-Gitter-Relaxationsprozesse im Zeeman-Termschema. Eingetragen sind nur die von $|\mu\rangle$ nach $|-\mu\rangle$ führenden Übergänge, aber alle Prozesse laufen immer auch in umgekehrter Richtung ab. Nicht maßstabsgerecht, es ist $\Delta \gg 2s\mu_B H$. Der Kreis ○ in einem Energieniveau bedeutet, daß das Niveau am Anfang des Prozesses besetzt sein muß. Bei den Experimenten wird der Abstand der beiden Zeeman-Komponenten sprunghaft oder zeitlich periodisch geändert. Die eingezeichneten und die dazu inversen Prozesse versuchen, die Besetzung der Terme diesen Änderungen folgen zu lassen. Die Längen der Wellenpfeile bedeuten die Energien der bei den Relaxationsprozessen umgesetzten Phononen

Zeeman-Komponente stattfinden, bei denen die Anregungsenergie als Phononenenergie ins Gitter fließt. Gleichzeitig wird dabei die Probe magnetisiert, da die beiden Terme $|\pm\mu\rangle$ entgegengesetzt gleiche magnetische Momente $\mp s\mu_B$ haben und also die momentane Magnetisierung gleich

$$\frac{\hat{M}}{V} = \frac{(\hat{N}_- - \hat{N}_+)\, s\,\mu_B}{V} = \frac{\hat{N}_- - \hat{N}_+}{V} \cdot \frac{\hbar\omega}{2H} \tag{23.19}$$

ist. Dabei ist $N_- - \hat{N}_+$ die (momentane) Besetzungszahlendifferenz zwischen unterer und oberer Zeeman-Komponente und

$$\hat{N}_- + \hat{N}_+ = N. \tag{23.20}$$

Im thermischen Gleichgewicht geht $\hat{M}/V \to M/V$, $\hat{N}_+, \hat{N}_- \to N_+, N_-$.

Die drei wesentlichen *Spin-Gitter-Relaxationsprozesse* sind in Abb. 23.5 zusammengestellt: es sind

1. *Der Direkt-Prozeß*[69]. Es handelt sich um die spontane und die erzwungene Emission [oder die Absorption] von Phononen der Energie $\hbar\omega = 2s\,\mu_B H$.

2. *Der Raman-Prozeß*[69]. Es handelt sich um den anti-Stokesschen [Stokesschen] Phononen-Raman-Prozeß.

3. *Der Orbach-Prozeß*. Es handelt sich um eine Phononen-Fluoreszenz. Durch Absorption eines Phonons von der oberen [unteren] Zeeman-Komponente aus wird die nächsthöhere Kristallfeldkomponente des Ions angeregt, und von hier aus erfolgt ein Übergang in die untere [obere] Zeeman-Komponente unter Emission eines Phonons.

[67] Das Phononensystem ist wegen des direkten thermischen Kontaktes stark an das Bad gekoppelt, so daß im allgemeinen $T_G = T$. Dagegen ist die Spin-Phonon-Kopplung schwach und es kann $T_S \neq T_G$ werden. Zur Definition von T_G und T_S vergleiche die Ziffern 8.5 und 22.

[68] Bei dieser thermodynamischen Betrachtungsweise ist nicht die Magnetisierung wie in Ziffer 23.1, sondern der Energieinhalt der Teilsysteme die Größe, mit der der Zustand des Systems geprüft wird (Casimir und du Pré, 1938).

[69] Schon in Abb. 17.1 dargestellt.

Nach dem Prinzip des *detaillierten Gleichgewichtes* laufen gleichzeitig auch die *inversen* Prozesse (in Klammern [ ] angegeben) in umgekehrter Richtung ab, jedoch beim Einschalten des Feldes mit geringerer, beim Ausschalten des Feldes mit größerer Häufigkeit, so daß der Zustand des Kristalls sich immer in Richtung auf das Gleichgewicht verändert. Die drei aufgeführten Prozesse sind parallel geschaltet, die gesamte *Spin-Gitter-Relaxationsfrequenz* ist also die Summe [70]

$$1/\tau_G = 1/\tau_D + 1/\tau_R + 1/\tau_O \tag{23.21}$$

der Relaxationsfrequenzen der drei Einzelprozesse. Jedoch dominiert häufig einer in einem bestimmten Temperaturbereich, und die Prozesse können an ihrer Temperaturabhängigkeit experimentell identifiziert werden.

Für den *Direkt-Prozeß* läßt sich die Abhängigkeit $\tau_D = \tau_D(H, T)$ der Relaxationszeit von den äußeren Parametern leicht angeben. Wir berechnen dazu den Überschuß der in Richtung auf den Gleichgewichtszustand laufenden Direktprozesse gegenüber den inversen Prozessen, d.h. wir stellen eine *Übergangsbilanz* auf, oder, was dasselbe ist, eine Bilanz für die Änderung der Besetzungszahlen der Zeeman-Komponenten.

Bezeichnen wir mit $\Delta N(t)$ die Abweichung der momentanen Besetzung von der Boltzmannschen Gleichgewichtsbesetzung (23.18′), so ist wegen (23.20)

$$\begin{aligned} \hat{N}_+(t) &= N_+ + \Delta N(t) \\ \hat{N}_-(t) &= N_- - \Delta N(t) \end{aligned} \tag{23.22}$$

und

$$\hat{N}_+ - \hat{N}_- = N_+ - N_- + 2\Delta N\,. \tag{23.23}$$

Für die Änderungsgeschwindigkeit der Besetzungszahlen gelten die Bilanzgleichungen

$$\frac{d\hat{N}_-}{dt} = -\frac{d\hat{N}_+}{dt} \tag{23.24}$$

$$\begin{aligned} \frac{d\hat{N}_+}{dt} &= -w_{-+}\hat{N}_+ + w_{+-}\hat{N}_- \\ &= -w_{-+}N_+ + w_{+-}N_- \\ &\quad -(w_{-+} + w_{+-})\,\Delta N\,, \end{aligned} \tag{23.25}$$

wobei w_{-+} [w_{+-}] die *Wahrscheinlichkeit* für Übergänge von oben nach unten [unten nach oben] ist. Die erste Zeile rechts in (23.25) verschwindet, da $\hat{N}_+ \to N_+$ für $\Delta N \to 0$ und da wegen des Gleichgewichtes $dN_+/dt = 0$. Berücksichtigt man noch (23.24), so gilt also für die Besetzungszahlendifferenz die Bilanzgleichung

$$\frac{d(\hat{N}_+ - \hat{N}_-)}{dt} = -(w_{-+} + w_{+-})\cdot 2\Delta N\,,$$

d.h. mit (23.23)

$$\frac{d(\hat{N}_+ - \hat{N}_-)}{dt} = (w_{-+} + w_{+-})[(N_+ - N_-) - (\hat{N}_+ - \hat{N}_-)]\,. \tag{23.26}$$

Dies ist aber eine Relaxationsgleichung für die Besetzungszahldifferenz mit

$$w_{-+} + w_{+-} = 1/\tau_D\,. \tag{23.27}$$

Die Relaxationsfrequenz τ_D^{-1} ist also einfach gleich der Summe der Übergangswahrscheinlichkeiten in beiden Richtungen. Nach (23.19)

[70] Die Indizes bedeuten die Spin-*G*itter-Relaxation und *D*irekt-, *R*aman- und *O*rbach-Prozesse.

ist (23.26) identisch mit der Relaxationsgleichung für die Magnetisierung:

$$\frac{d}{dt}\left(\frac{\hat{M}}{V}\right) = (w_{-+} + w_{+-})\left(\frac{M}{V} - \frac{\hat{M}}{V}\right). \tag{23.28}$$

Führt man jetzt die Wahrscheinlichkeiten A_{-+} für *spontane Emission*, $B_{-+}u(\omega)$ für *erzwungene Emission* und $B_{+-}u(\omega)$ für *Absorption* eines resonanten Phonons der Energie $\hbar\omega$ ein, so ist

$$\begin{aligned} w_{-+} &= A_{-+} + B_{-+}u(\omega) \\ w_{+-} &= B_{+-}\,u(\omega)\,. \end{aligned} \tag{23.29}$$

$u(\omega)$ ist der thermische Anteil der spektralen Phononenenergiedichte. Im allgemeinen ist bei normalen Magnetfeldstärken die Zeeman-Aufspaltung (23.17′) so klein, daß $\hbar\omega$ im Energiebereich der akustischen Phononen liegt. Man kann also die Debyesche Theorie als sehr gute Näherung benutzen. Dann ist [71]

$$u(\omega) = u(\omega, T) - u(\omega, 0)$$

nach (10.23) gleich

$$u(\omega) = \frac{P(\hbar\omega)^3}{e^{\hbar\omega/kT} - 1} \quad \text{mit} \quad P = \frac{(v_L^{-3} + 2\,v_T^{-3})}{2\pi^2\hbar^2}\,, \tag{23.30}$$

und zwischen den Übergangswahrscheinlichkeiten gelten die Beziehungen

$$\begin{aligned} B_{-+} &= B_{+-}\,, \\ A_{-+} &= P(\hbar\omega)^3 B_{+-}\,. \end{aligned} \tag{23.31}$$

Damit erhält man sofort die Relaxationsfrequenz τ_D^{-1} als Funktion der Phononenenergie:

$$\tau_D^{-1} = [P(\hbar\omega)^3 + 2\,u(\omega)]\,B_{+-} = B_{+-}P(\hbar\omega)^3 \mathrm{Cotg}\,\frac{\hbar\omega}{2\,kT}\,, \tag{23.32}$$

oder als Funktion von H und T:

$$\tau_D^{-1} = B_{+-}\frac{(v_L^{-3} + 2\,v_T^{-3})\,(2\,s\,\mu_B H)^3}{2\,\pi^2\hbar^2}\,\mathrm{Cotg}\,\frac{2\,s\,\mu_B H}{2\,kT}\,. \tag{23.33}$$

Bei kleinen Werten des Argumentes, also wenn $kT \gg 2\,s\,\mu_B H$, d.h. wenn auch der obere Term stark thermisch besetzt wird, geht (23.33) näherungsweise über in

$$\tau_D^{-1} = \frac{B_{+-}(v_L^{-3} + 2\,v_T^{-3})\,(2\,s\,\mu_B H)^2\,kT}{\pi^2\hbar^2} \tag{23.34}$$

und verschwindet bei $H \to 0$.

Im umgekehrten Grenzfall $kT \ll 2s\mu_B H$, wenn die obere Komponente nur schwach besetzt werden kann, ergibt sich die Näherung

$$\tau_D^{-1} = \frac{B_{+-}(v_L^{-3} + 2\,v_T^{-3})\,(2\,s\,\mu_B H)^3}{2\pi^2\hbar^2}\,, \tag{23.35}$$

d.h. die Relaxation wird temperaturunabhängig (siehe Abb. 23.6 ganz rechts).

Die eigentliche Unbekannte in diesen Gleichungen ist die Wahrscheinlichkeitskonstante B_{+-}. Sie ergibt sich experimentell aus Messungen der Relaxationszeit bei verschiedenen Feldstärken und Temperaturen, theoretisch aus der Elektron-Phonon-Wechselwirkung. Wir beschränken uns hier auf das Experiment.

[71] Die Debyesche Theorie des *schwarzen Phononengases* läuft völlig parallel zur Planckschen Theorie der *schwarzen Strahlung*. Man kann also auch die Einsteinsche Theorie des Strahlungsgleichgewichtes auf Debyesche Phononen übertragen. (Vgl. [A], Ziffer **35**; man beachte, daß $u(\nu)\,d\nu = u(\omega)\,d\omega$ ist.)

Bei gegebenem B_{+-} nimmt nach (23.33/34/35) die Relaxationsfrequenz zu mit wachsendem H, d.h. wachsender Phononenenergie $\hbar\omega$, und mit wachsendem T. Die Zunahme mit H rührt vom Anstieg der Debyeschen Phononendichte mit $(\hbar\omega)^2$ [(10.14) und Abb. 10.3a], die Zunahme mit T von der mit wachsender Temperatur zunehmenden Anregung der Phononen her.

Die Feldstärkeabhängigkeit $\sim H^2$ in (23.34) ist übrigens nur richtig für Ionen mit *gerader* Elektronenzahl und wird bei diesen auch beobachtet. Bei *ungerader* Elektronenzahl sind Direktprozesse in 1. Näherung quantenmechanisch verboten. Es ist $A_{-+} = B_{+-} = 0$, und zwar, weil das Kristallfeld bei ungerader Elektronenzahl auch bei den Deformationen durch eine Gitterwelle weder ein Kramers-Dublett aufspalten[74] noch in 1. Näherung Übergänge zwischen seinen Komponenten erzeugen kann. Erst in 2. Näherung werden $A_{-+}, B_{+-} \neq 0$. Da aber die 2. Näherung noch einmal H^2 mitbringt, wird $\tau_D^{-1} \sim H^4$, in Übereinstimmung mit dem Experiment.

Aufgabe 23.7. Berechne mit Hilfe von Gl. (23.30) die Häufigkeit der Phononen mit der Energie $\hbar\omega = 2s\,\mu_B H$ unter der Nebenbedingung $\hbar\omega \ll kT$. Erkläre so die H- und T-Abhängigkeit in Gl. (23.34).

Aufgabe 23.8. Zeige, daß bei sehr tiefen Temperaturen (Gl. (23.35)) die erzwungenen Emissionsprozesse aussterben und die direkte Spin-Gitter-Relaxation nur über Absorption und spontane Emission von Phononen abläuft (ganz rechts in Abb. 23.6).

Orbach-Prozesse können erst bei Temperaturen beobachtet werden, bei denen die nächsthöhere Kristallfeldkomponente im Energieabstand Δ über der tiefsten Komponente (s. Abb. 23.5) thermisch merklich angeregt werden kann. Ihre Häufigkeit muß also der Häufigkeit der zur Besetzung dieses Terms nötigen Phononen der Energie $\hbar\omega = \Delta$ proportional sein. Nach (10.8) ist demnach τ_O^{-1} proportional zu

$$\tau_O^{-1} \sim \frac{1}{e^{\Delta/kT} - 1} \approx e^{-\Delta/kT}, \qquad (23.36)$$

wobei die Annahme $kT \ll \Delta$ den experimentellen Gegebenheiten entspricht. Der Orbach-Prozeß kann nur in Kristallen auftreten, in denen durch einen Direktprozeß thermisch erreichbare, reelle Zwischenterme existieren, d.h. Elektronenterme, die noch innerhalb des Phononenspektrums liegen, für die also

$$s\,\mu_B H < \Delta < k\Theta \qquad (23.37)$$

gilt (Θ = Debye-Temperatur), also z.B. bei Salzen der Seltenen Erden.

Die in (23.33) und (23.36) angegebenen Temperaturabhängigkeiten stimmen mit den experimentell beobachteten überein, siehe z.B. Abb. 23.6, in der Messungen an Nd^{3+}-Ionen in LaMg-Nitrat zusammengestellt sind. Bei den tiefsten Temperaturen laufen offenbar *nur Direktprozesse* ab[75]. Bei steigender Temperatur überlagern sich ihnen zunehmend *Orbach-Prozesse* mit einer so steilen Temperaturabhängigkeit, daß sie oberhalb $T \approx 4$ K völlig dominieren. Im Termschema des Nd^{3+} in LaMg-Nitrat ist $\Delta = hc \cdot 33{,}1\ \mathrm{cm}^{-1} = k \cdot 47{,}6$ K spektroskopisch bestimmt, und genau dieser Wert ergibt sich auch aus der Steigung der halblogarithmischen Geraden links in Abb. 23.6[76].

Die Temperaturabhängigkeit der *Phononen-Raman-Prozesse* ist etwas komplizierter herzuleiten, es gelten die Potenzgesetze ($T < \Theta$)

$$\tau_R^{-1} \sim \begin{cases} T^7 \text{ bei Ionen mit gerader Elektronenzahl,} \\ T^9 \text{ bei Ionen mit ungerader Elektronenzahl.} \end{cases}$$

[74] Siehe den Jahn-Teller-Effekt, Ziffer 15.4.

[75] Bei den allertiefsten Temperaturen nur noch mit spontaner Emission, siehe Aufgabe 23.8.

[76] Historisch wurde natürlich umgekehrt der Mechanismus des Orbach-Prozesses aus der beobachteten T-Abhängigkeit der Relaxation und dem spektroskopischen Δ-Wert abgeleitet.

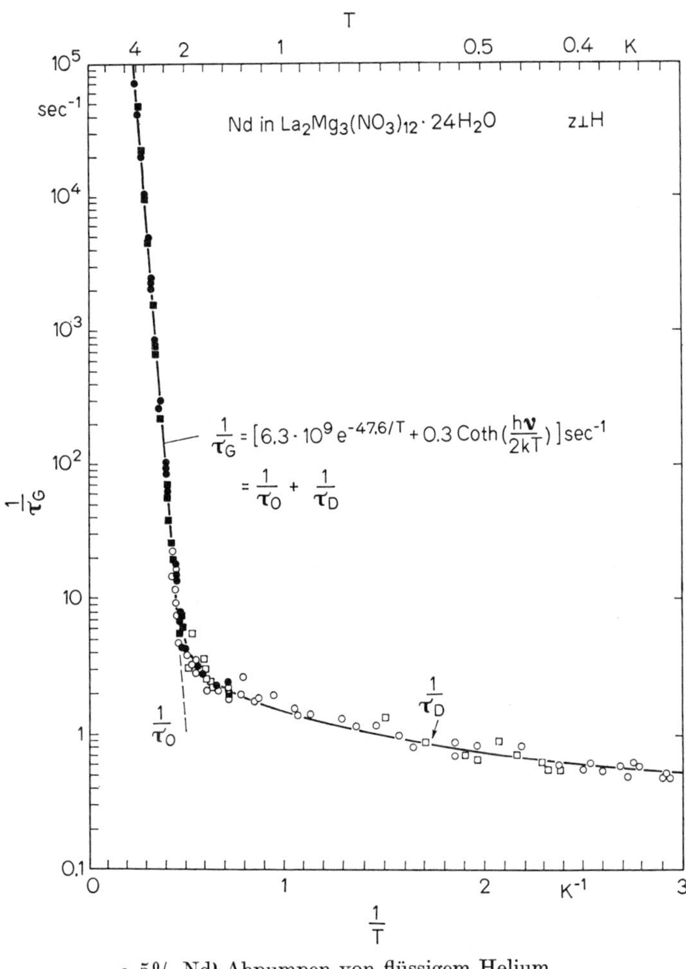

Abb. 23.6. Spin-Gitter-Relaxationsfrequenz von Nd^{3+}-Ionen in $La_2Mg_3(NO_3)_{12} \cdot 24\,H_2O$ bei verschiedenen Temperaturen und (fast) konstanter Feldstärke. Magnetfeld senkrecht zur Kristallachse, so daß die Kristallfeldkomponente I linear, die Komponente II im Abstand Δ nicht aufspaltet (siehe Tabelle 12.2; auch in Abb. 23.5 so gezeichnet). Überlagerung von Orbach- und Direktprozessen. (Nach Ruby, Benoit u. Jeffries, 1962)

Man erwartet also Geraden bei der doppeltlogarithmischen Darstellung der gemessenen Relaxationsfrequenz τ_R^{-1} über T.

Abb. 23.7 gibt als Beispiel die Relaxationsfrequenz von Ce^{3+}-Ionen in LaF_3. Den bei $T > 2$ K weit überwiegenden Raman-Prozessen überlagern sich Direktprozesse[77], bei den tiefsten Temperaturen sogar mit konkurrenzfähiger Häufigkeit. Raman-Prozesse werden, also wie Orbach-Prozesse, erst bei etwas höheren Temperaturen beobachtet, am deutlichsten, wenn sich keine Orbach-Prozesse überlagern, also z. B. wenn Δ zu groß ist (wie beim Ce^{3+} im Fall der Abb. 23.7), oder wenn keine höheren Kristallfeldkomponenten existieren, wie bei $3d$-Ionen mit einem S-Term als Grundzustand.

Aufgabe 23.9. Gib an, wie sich die Spintemperatur während einer Periode $2\pi/\omega$ des Wechselfeldes bei einem Dispersions-Absorptions-Experiment mit fester Gitter- und Badtemperatur $T_G = T$ ändert (ω durchlaufe den ganzen Dispersionsbereich).

Zusammenfassend kann man feststellen: Die *Spin-Gitter-Relaxation* ist sehr stark temperaturabhängig: schon im Tieftemperatur-

[77] Und Kreuzrelaxationsprozesse (Ziffer 23.5) mit wenigen Nd^{3+}-Ionen, die als Verunreinigung vorhanden sind.

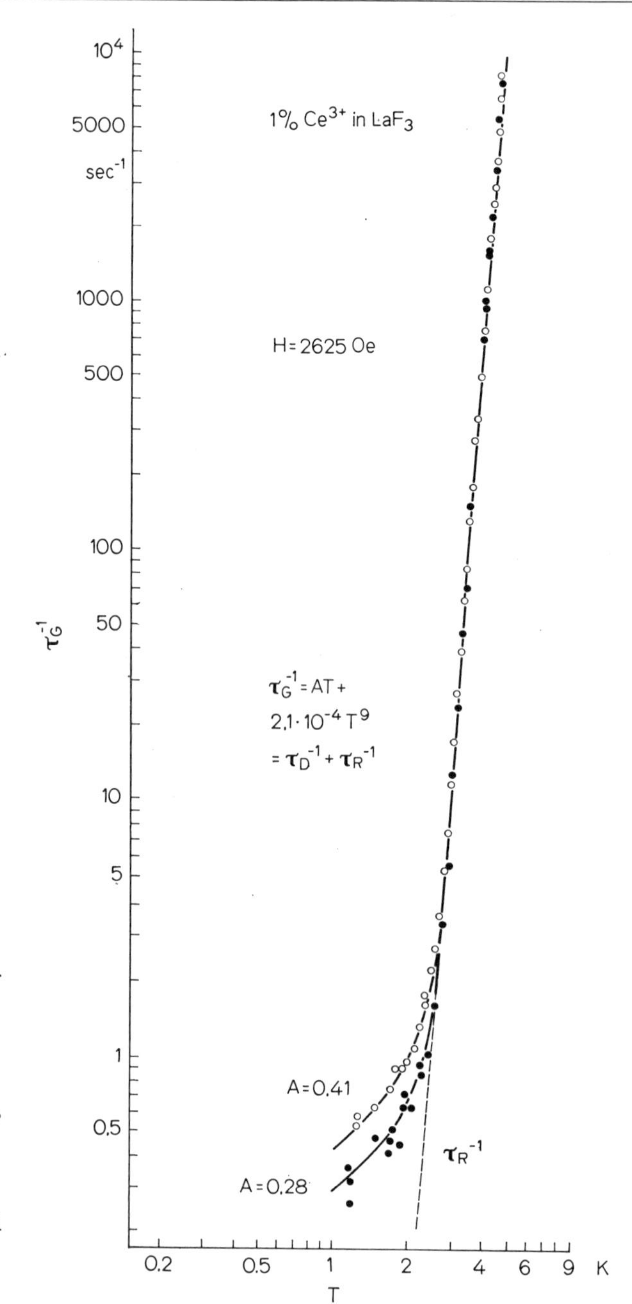

Abb. 23.7. Temperaturabhängigkeit der Spin-Gitter-Relaxationsfrequenz von Ce^{3+} in LaF_3, an 2 Proben verschiedener Herstellung. Magnetfeld parallel zur Achse. Überlagerung von Raman- und Direktprozeß, sowie eines schwachen Orbach-Prozesses mit $\tau_o^{-1} = [5{,}8 \cdot 10^8 \cdot e^{-56\,\mathrm{K}/T}]\,\mathrm{sec}^{-1}$, der über eine Verunreinigung mit Nd^{3+} abläuft und in der Zeichenungenauigkeit untergeht. (Nach Schulz u. Jeffries, 1966)

bereich ($T \leqq 4{,}2\,\mathrm{K}$) nimmt die Relaxationsfrequenz bei steigender Temperatur um viele Zehnerpotenzen zu. Die Abhängigkeit von der Temperatur und auch von der Magnetfeldstärke wird von der Theorie voll beherrscht. Dabei haben wir allerdings zwei Beobachtungen noch nicht erklärt: die Existenz einer paramagnetischen Relaxation ohne Magnetfeld, d.h. bei $H_c = 0$, wo $\hbar\omega = 0$ ist und die Spin-Gitter-Relaxationsprozesse aussterben sollten; und die Existenz einer adiabaten Restsuszeptibilität bei so hohen Frequenzen, daß die Spin-Gitter-Relaxationsprozesse zu langsam für die Einstellung der Wechselfeldmagnetisierung sind. In beiden Fällen wird die Magnetisierung durch die *Spin-Spin-Relaxation* eingestellt, der wir uns jetzt zuwenden. Sie tritt stets neben der Spin-Gitter-Relaxation auf, jedoch dominiert letztere in den oben behandelten Fällen relativ hoher Magnetfeldstärke und Temperatur.

23.4. Spin-Spin-Relaxation

Bei der Behandlung der Spin-Gitter-Relaxation haben wir die Spin-Spin-Wechselwirkung zunächst außer acht gelassen, jetzt wollen wir sie berücksichtigen. Wir behandeln dasselbe System wie in 23.3, behalten also alle dort gemachten Voraussetzungen bei. In Abb. 23.8 ist der lineare Zeeman-Effekt des Grundterms noch einmal dar-

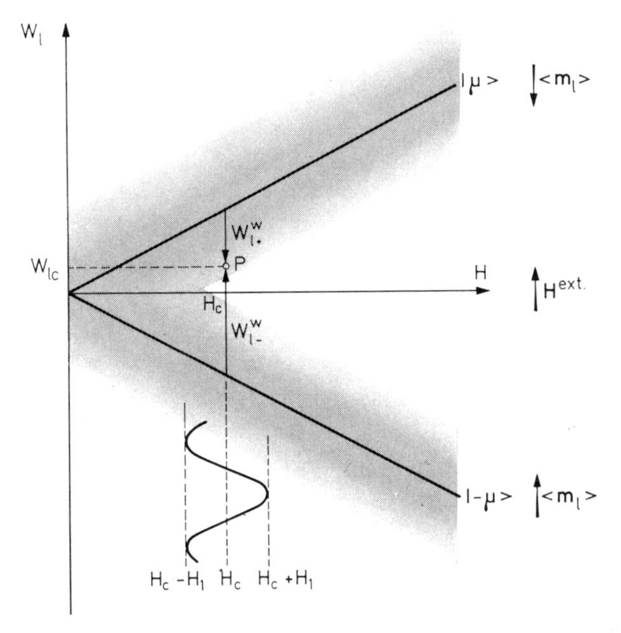

Abb. 23.8. Zeeman- und Wechselwirkungsenergie eines Ions bei linearem Zeeman-Effekt eines $\{\pm\mu\}$-Dubletts. Bei einem Dispersions-Absorptionsversuch ist $H = H_c + H_1 \cos \omega t$ die zeitlich variable äußere Feldstärke

gestellt (vgl. auch Abb. 23.5). Im Grenzfall verschwindender Ion-Ion-Kopplung sind die Terme scharf[78], und jede Zeeman-Komponente ist N-fach entartet (N = Anzahl der Ionen). Werden jetzt die in Ziffer 22 ausführlich behandelten Wechselwirkungsmechanismen eingeschaltet, so wird die Entartung aufgehoben: die Terme werden zu pseudokontinuierlichen *Bändern* verbreitert, siehe Abb. 23.8, in der die möglichen Werte der Gesamtenergie des l-ten Ions[79] dargestellt sind. Sie setzt sich aus der *Zeeman-Energie* W_l^Z und der Summe aller unter Ziffer 22 behandelten (nicht gemittelten!) *Wechselwirkungsenergien* zusammen:

$$\begin{aligned} W_l &= W_l^Z + W_l^w \\ W_l^w &= W_l^d + W_l^a + \cdots . \end{aligned} \tag{23.40}$$

Die Wechselwirkungsenergie wird von der Lage der Nachbarionen und deren Spinrichtung und -bewegung bestimmt, die verschiedenen möglichen Energiezustände sind also durch die verschiedenen möglichen Spinanordnungen im Restkristall gegeben; aus ihnen ergibt sich auch die Zustandsdichte $Z(W_l)$, nach der die N möglichen zu

[78] Wie in Ziffer 23.3 immer vorausgesetzt.

[79] Der Anschaulichkeit halber benutzen wir die Sprache eines Einatommodells, indem wir wie in Ziffer 22 das l-te Ion als Aufion ins Auge fassen.

einer Zeeman-Komponente gehörenden Zustände über die Energie verteilt sind.

Diese Zustandsdichte ist im allgemeinen symmetrisch[80] zu den Zeeman-Termen ohne Wechselwirkung und in Abb. 23.8 durch die Schattierung gekennzeichnet. Im Gleichgewicht bei der Bad-Temperatur T sind alle Zustände nach dem Boltzmann-Faktor $e^{-W_l/kT}$ besetzt, wobei infolge der statistischen Schwankungen auch jedes Ion im Laufe der Zeit alle Zustände annimmt. Die *Gesamtenergie* des Systems

$$W = \sum_l (W_l^Z + \tfrac{1}{2} W_l^w) \tag{23.41}$$

bleibt bei den (nur auf inneren Wechselwirkungen beruhenden) Übergängen zwischen zwei Zuständen und damit bei allen statistischen Schwankungen erhalten. Dies gilt jedoch nicht für das gesamte feldparallele magnetische Moment[81], d.h. die *Magnetisierung* ist

$$\frac{\hat{M}_H}{V} = \frac{\Sigma_l \langle m_{Hl} \rangle}{V}. \tag{23.42}$$

Betrachtet man etwa den Punkt P in Abb. 23.8, so ist evident, daß die Energie W_{lc} des Ions im äußeren Feld H_c insofern noch entartet ist, als sie auf zwei verschiedene Weisen aus Zeeman-Energie und Wechselwirkungsenergie zusammengesetzt sein kann, nämlich

$$W_{lc} = W^Z_{+\mu} - W^w_{l+} = W^Z_{-\mu} + W^w_{l-}, \tag{23.43}$$

wobei sich nach (23.17/17′) die Zeeman-Energien

$$W^Z_{\pm\mu} = \pm\, s\, \mu_B H_c = -\langle m_H \rangle_{\pm\mu} H_c \tag{23.44}$$

und die magnetischen Momente

$$\langle m_H \rangle_{\pm\mu} = \mp\, s\, \mu_B \tag{23.44'}$$

der beiden Komponenten durch das Vorzeichen unterscheiden und die Wechselwirkungsenergien aus Abb. 23.8 zu entnehmen sind. An einem beliebigen Punkt P kann also der l-te Spin ohne Änderung der Gesamtenergie von $|+\mu\rangle$ nach $|-\mu\rangle$ umklappen, wobei die Änderung $W^Z_{+\mu} - W^Z_{-\mu}$ der Zeeman-Energie durch eine Änderung $W^w_{l-} - W^w_{l+}$ der Wechselwirkungsenergie kompensiert wird. Bei einem solchen Prozeß ändert sich das magnetische Moment des Ions und damit die Magnetisierung der Probe. Im thermischen Gleichgewicht kommen im Mittel ebenso viele Umklapp-Prozesse in der einen wie in der umgekehrten Richtung vor, die Magnetisierung ist die Gleichgewichtsmagnetisierung (23.1)

$$\frac{M_H(H_c T)}{V} = \frac{\Sigma_l \overline{\langle m_{Hl} \rangle}}{V} = \frac{N \overline{m}_H}{V}. \tag{23.45}$$

Bringt man aber das Spinsystem aus dem thermischen Gleichgewicht heraus, z.B. durch eine Änderung der magnetischen Feldstärke H_c, d.h. erzeugt man eine momentane Magnetisierung (23.42), so strebt das System der nach (23.45) zu dem neuen Magnetfeld gehörenden Gleichgewichtsmagnetisierung zu, bei vergrößertem H_c also einer größeren Magnetisierung. Das geschieht dadurch, daß jetzt die Umklapp-Prozesse, bei denen das magnetische Moment sich vergrößert ($|+\mu\rangle \to |-\mu\rangle$), häufiger vorkommen als die inversen Prozesse ($|-\mu\rangle \to |+\mu\rangle$).

Die *Wahrscheinlichkeit* dafür, daß der l-te Spin überhaupt umklappt, hängt davon ab, wie schnell die Wechselwirkung der Spins untereinander die beiden Spinstrukturen mit den Wechselwirkungs-

[80] Sie ist im allgemeinen eine Gauß-Verteilung.

[81] Gemeint ist der Momentanwert $\hat{M}_H$, der nicht der thermische Mittelwert M_H nach (21.3) sein muß.

energien W_{l+}^w und W_{l-}^w (Abb. 23.8) ineinander überführen kann. Dies geht sicher um so leichter, je größer die Zustandsdichten bei der Energie W_{lc} sind, d.h. je stärker sich die beiden Energiebänder überlappen, am allerbesten also in der Nähe von $H_c = 0$. Andererseits ist bei $H \to 0$ (und sehr tiefen Temperaturen) auch die Spin-Gitter-Relaxation nur noch infolge der endlichen Breite der Zeeman-Terme möglich[83], und es ist $\chi_{ad}(H_c \to 0) = \chi_T(H_c \to 0) = \chi_0$. Bei endlicher Magnetfeldstärke ist

$$\chi_T(H_c, T) < \chi_T(H_c = 0, T) = \chi_0(T), \tag{23.46}$$

$$\chi_{ad}(H_c, T) < \chi_T(H_c, T). \tag{23.47}$$

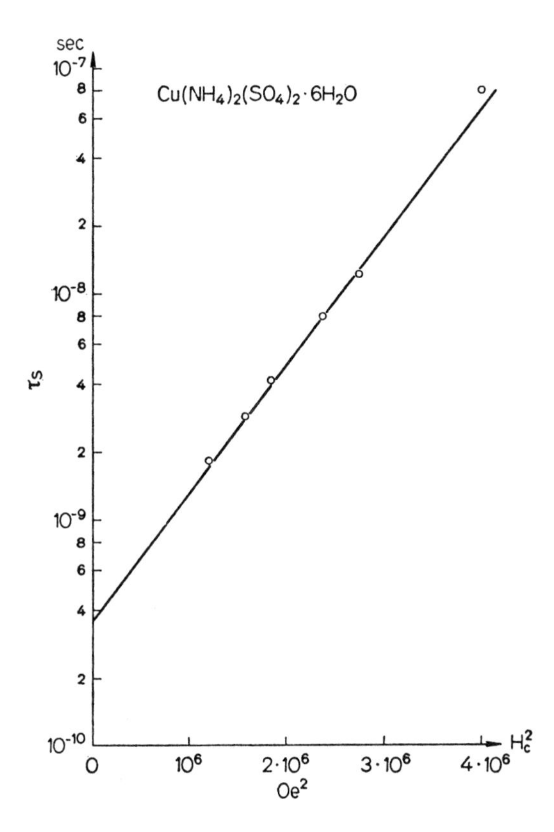

Abb. 23.9. Spin-Spin-Relaxationszeit τ_S von $Cu(NH_4)_2(SO_4)_2 \cdot 6\,H_2O$ bei $T = 20{,}4$ K als Funktion der Feldstärke. Es ist $\tau_S = 3{,}5 \cdot 10^{-10}$ sec $\cdot \exp[H^2/0{,}74 \cdot 10^6\,\mathrm{Oe}^2]$. (Nach Verstelle)

(23.46) gilt, weil der Differentialquotient (23.10) mit wachsendem H_c abnimmt und bei Annäherung an die Sättigung verschwindet[84]. (23.47) gilt, weil bei niedrigen Frequenzen ($\omega < \tau_G^{-1}$) Wechselwirkungs- *und* Phononenenergie, bei hohen Frequenzen ($\omega > \tau_G^{-1}$) nur noch Wechselwirkungsenergie für die Umwandlung in Zeeman-Energie zur Verfügung stehen, so daß die Zahl der maximal möglichen Prozesse für die Einstellung von χ_{ad} sehr viel kleiner ist als für die Einstellung von χ_T.

Experimentelle Ergebnisse für das Tutton-Salz $Cu(NH_4)_2(SO_4)_2 \cdot 6H_2O$ sind in Abb. 23.9 und zusammen mit Werten der Spin-Gitter-Relaxationszeit in Tabelle 23.1 enthalten.

Das Cu^{2+}-Ion hat den Spin $S = \frac{1}{2}$, also ein Kramers-Dublett als Grundzustand, so daß unsere früheren Überlegungen angewendet werden dürfen. Abb. 23.9 zeigt, daß die Spin-Spin-Relaxationszeit wirklich annähernd nach

[83] Wegen $T \to 0$ keine Raman- und Orbach-Prozesse. Wegen $H = 0$ nach (23.24) keine Direktprozesse bei Annahme scharfer Zeeman-Terme. Bei größerer Termbreite steht auch bei $H = 0$ Energie für die Emission von Phononen zur Verfügung (Abb. 23.8).

[84] Siehe etwa Abb. 21.3.

Tabelle 23.1. *Spin-Gitter- und Spin-Spin-Relaxationszeiten für* $Cu(NH_4)_2(SO_4)_2 \cdot 6H_2O$

T/K	H_c/Oe	τ_S/sec	τ_G/sec
0,97	280 ··· 430		$40 \cdots 50 \cdot 10^{-3}$
2,18	280 ··· 430		$10 \cdot 10^{-3}$
20,4	0	$0{,}35 \cdot 10^{-9}$	
	2000	$80 \cdot 10^{-9}$	
77	0	$0{,}4 \cdot 10^{-9}$	
	$\to 0$		$60 \cdot 10^{-9}$
	$\to \infty$		$110 \cdot 10^{-9}$
90	$\to 0$		$40 \cdot 10^{-9}$
	$\to \infty$		$60 \cdot 10^{-9}$

einer Gaußfunktion[86] $\tau_S \sim e^{\alpha H^2}$ von der Feldstärke, d.h. vom Termabstand, und also von der Überlappung der Energiebänder abhängt, mit einem Wert von nur $\tau_S = 3{,}5 \cdot 10^{-10}$ sec bei $H = 0$. Die Messungen sind bei $T = 20{,}4$ K im Frequenzbereich $\nu = 1 \cdots 100$ MHz durchgeführt. Nach Tabelle 23.1 kann die Spin-Gitter-Relaxation bei $T = 20{,}4$ K diesen hohen Frequenzen sicher noch nicht folgen, das Phononensystem ist vom Spinsystem abgekoppelt. Man mißt also nur die Spin-Spin-Relaxation, und zwar nach (23.15b).

τ_S ist von der Badtemperatur unabhängig. Wird die Frequenz des magnetischen Wechselfeldes zunehmend erniedrigt, so läuft parallel zu der schnellen Spin-Spin-Relaxation in zunehmendem Maße auch die langsamere Spin-Gitter-Relaxation ab, bis das Gitter angekoppelt ist und die maximale Suszeptibilität χ_T gemessen wird (Abb. 23.4). Damit ist das in Ziffer 23.1 geschilderte Meßverfahren zur getrennten Messung von τ_S und τ_G auch mikrophysikalisch begründet. Es versagt natürlich bei hohen Temperaturen, wo die Spin-Gitter-Relaxation ebenso schnell wie die Spin-Spin-Relaxation wird.

23.5. Kreuzrelaxation

Die Verhältnisse werden komplizierter, wenn nicht, wie bisher angenommen, nur die beiden Zeeman-Komponenten eines Kramers-Dubletts, sondern *mehrere Terme besetzt* sind. Wir behandeln als Beispiel den *Rubin*, d.h. einen Mischkristall mit (wenigen) Cr^{3+}-Ionen auf Al^{3+}-Plätzen im trigonalen Korund Al_2O_3. Das Termschema des Cr^{3+} im Kristallfeld wurde schon besprochen (siehe Abb. 18.11). Wir betrachten nur die beiden Spindubletts $\{\pm\ 3/2\}$ und $\{\pm\ 1/2\}$ des Bahngrundzustandes. Ihr Zeeman-Effekt im achsenparallelen Magnetfeld ist in Abb. 23.10 über der Feldstärke H dargestellt.

Die Kristallfeldaufspaltung Δ beträgt nur $\Delta = k \cdot 0{,}57$ K. Die untere Bildhälfte gibt die Suszeptibilität χ'/χ_0 ebenfalls über H, gemessen bei der konstanten Temperatur $T = 1{,}24$ K mit zwei verschiedenen Frequenzen, die so hoch sind, daß bei der sehr tiefen Temperatur die Spin-Gitter-Relaxationsprozesse „schon nicht mehr mitkommen“.

Das Phononensystem wird also als abgekoppelt vorausgesetzt, und wir betrachten nur Relaxationsprozesse *innerhalb des Spinsystems*. Genügend schnelle derartige Prozesse, die in der Lage sind, die Magnetisierung dem Wechselfeld folgen zu lassen, gibt es offenbar nur bei den sogenannten *harmonischen Feldstärken* $H_0 = 0$, $H_1, \ldots, H_6$, an denen χ'/χ_0 ein Maximum hat. Bei diesen Feldstärken verhalten sich die Termabstände (oberer Bildteil) wie kleine ganze Zahlen, und das magnetische Moment der Probe kann unter Erhaltung der Energie durch Zusammenwirken nur *weniger* Ionen

[86] Abgesehen von der schwachen H-Abhängigkeit des Vorfaktors
$$H_L^2/(H^2 + H_L^2),$$
wo H_L eine Konstante ist.

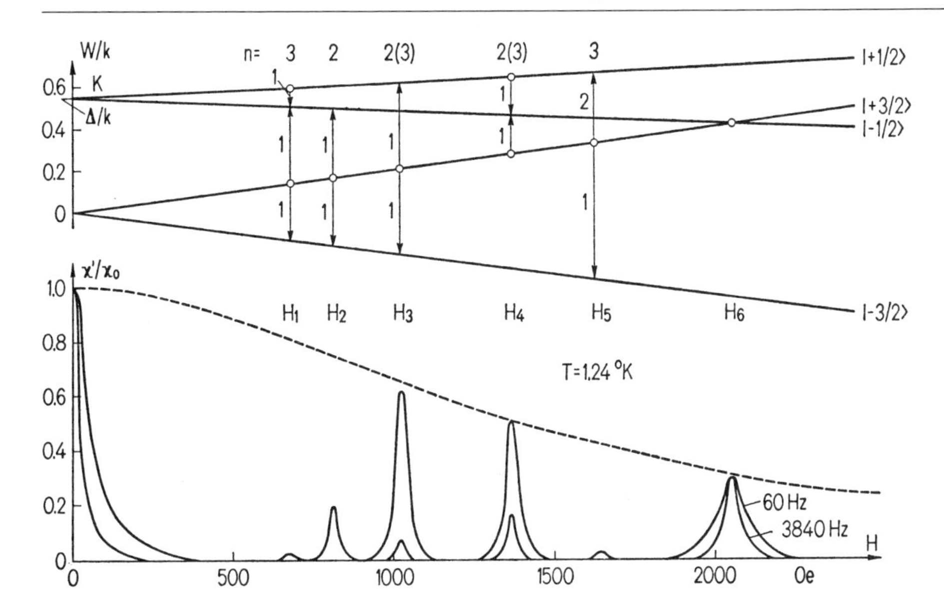

Abb. 23.10. Kreuzrelaxation im trigonalen Rubin (0,08% Cr^{3+} in Al_2O_3). Oben: Termschema im achsenparallelen Magnetfeld. Die eingezeichneten Pfeile verbinden die Ausgangszustände (— ○ —) mit den Endzuständen, ohne Rücksicht darauf, ob die Übergänge tatsächlich auf dem eingezeichneten Weg erfolgen (siehe Aufgabe 23.14). n = Mindestzahl der bei einem Kreuzrelaxationsprozeß am Ausgleich der Energiebilanz beteiligten Ionen. Unten: Mit der Dispersionsmethode bei zwei Frequenzen gemessene Suszeptibilität. $T = 1{,}24$ K. (Nach Cremer, 1969)

geändert werden. Diese Erscheinung heißt *Kreuzrelaxation*. Zum Beispiel kann bei $H = H_4$ das feldparallele Moment vergrößert[87] werden, wenn ein Ion aus dem Zustand $|1/2\rangle$ und ein anderes aus dem Zustand $|3/2\rangle$ nach $|-1/2\rangle$ übergeht. Da zwei Ionen an der Energiebilanz beteiligt sind[88], wollen wir von einem 2-Spin-Prozeß sprechen. Bei $H = H_5$ können 2 Übergänge nach oben den einen Übergang nach unten kompensieren, so daß ein 3-Spin-Prozeß vorliegt, usw. Durch die inversen Prozesse mit umgekehrter Richtung wird die Magnetisierung verringert. Diese folgt dem äußeren Wechselfeld dadurch, daß die Prozesse in der einen Richtung periodisch häufiger oder seltener sind als die in der anderen.

Weicht das äußere Feld geringfügig von einer harmonischen Feldstärke ab, so geht die Energiebilanz allein mit *Kristallfeld-* und *Zeeman-Energien* nicht mehr auf und der n-Spinprozeß könnte nicht stattfinden, wenn die Terme nicht in Wirklichkeit verbreitert wären (Abb. 23.8). Die fehlende Energiedifferenz kann so (wie bei der Spin-Spin-Relaxation) durch Änderung der *Wechselwirkungsenergie* im *ganzen* Spinsystem aufgebracht werden. Da diese Prozesse nach Ziffer 23.3 mit abnehmender Überlappung der Terme, also wachsendem $|H - H_i|$, schnell abnehmen, sinkt die Suszeptibilität zwischen den harmonischen Feldstärken auf sehr kleine Werte ab. Durch relativ kleine Feldstärkenänderungen werden also die Relaxationszeiten im Spinsystem sehr stark verändert.

Aufgabe 23.11. Bei einigen H_i in Abb. 23.10 können parallel zu den eingezeichneten noch andere Kreuzrelaxationsprozesse ablaufen. Ihre Ordnung (n) ist am oberen Bildrand in Klammern angegeben. Zeichne diese Prozesse ins Termschema ein.

Aufgabe 23.12. Gib die Ordnung n für $H_0 = 0$ und H_6 an.

Aufgabe 23.13. a) Schätze die Kreuzrelaxationszeit τ_K an den harmonischen Feldstärken H_0, H_3, H_4 und H_6 aus dem Höhenverhältnis der beiden Suszeptibilitäten für $\nu_1 = 60$ Hz und $\nu_2 = 3840$ Hz ab. Dabei kann angenommen werden, daß die Magnetisierung einem Wechselfeld mit der Frequenz ν_1 noch ohne Phasenverschiebung folgt. Hinweis: siehe Abb. 23.1 und 23.4. b) Wie müßte die $\chi'(\omega)$-Kurve für Substanzen mit Kreuzrelaxation aussehen, wenn $\tau_G^{-1} < \tau_K^{-1} < \tau_S^{-1}$?

[87] Übergang von steigenden in fallende Zeeman-Geraden, siehe (21.2).

[88] In vielen Fällen sind die in Abb. 23.10 eingezeichneten Übergänge infolge von Übergangsregeln verboten, so daß die Endzustände auf Umwegen über dritte Niveaus erreicht werden. In diesen Fällen ist die Anzahl der beteiligten Spins größer als die angegebene (vgl. Aufgaben 23.14/15).

Aufgabe 23.14. Prüfe für alle H_i, ob die Übergänge in Abb. 23.10 wirklich auf dem eingezeichneten kürzesten Weg möglich sind, oder ob die Endzustände vielleicht nur durch Kombination von mehreren anderen Übergängen (von mehreren anderen Spins) erreicht werden können. Benutze dazu die Tatsache, daß in einem Ion nur Übergänge mit $\Delta M = \pm 1$ vorkommen können. Gib die wirklichen Übergänge und die Anzahl der beteiligten Spins an. Wie hängt die Höhe der Suszeptibilitätsmaxima in Abb. 23.10 mit dieser Anzahl zusammen?

Aufgabe 23.15. Leite die Auswahlregel $\Delta M = \pm 1$ ab. Hinweis: Die Übergänge werden durch die Wechselwirkungsenergie der Spins erzwungen. Diese hat die Form

$$\mathscr{H} = \sum_{i<j} \{\alpha_{ij} \boldsymbol{S}_i \boldsymbol{S}_j + \beta_{ij} (\boldsymbol{r}_{ij} \boldsymbol{S}_i)(\boldsymbol{r}_{ij} \boldsymbol{S}_j)\},$$

wobei in α_{ij} auch der isotrope Austausch berücksichtigt ist. Führe die Spinkomponenten S_i^z, $S_i^x \pm S_i^y = S_i^\pm$ ein und diskutiere die Matrixelemente

$$\langle M_i M_j | S_i^z S_j^z | M_i' M_j' \rangle \qquad \text{usw.}$$

23.6. Magnetische Kühlung

In der Tieftemperaturphysik werden Temperaturen bis hinunter zu 0,3 K durch Abpumpen über flüssigem Helium erzeugt, und zwar von 4,2 K bis 1,0 K mit dem gewöhnlichen ^{4}He, von 1,0 K bis 0,3 K mit dem Isotop ^{3}He. Noch tiefere Temperaturen erzeugt man mit Hilfe des ^{4}He—^{3}He-Mischungskühlers (London 1951) oder durch *adiabate Entmagnetisierung* von paramagnetischen Salzen (Debye 1926, Giauque 1926/27). Bei letzterer spielen die oben besprochenen Relaxationsprozesse eine entscheidende Rolle.

Man beschreibt den Effekt am zweckmäßigsten durch die Entropie, die sich aus der Entropie $S_G(T)$[89] des Gitters (der Phononen) und der elektronischen oder Spinentropie $S_S(H, T)$ des Spinsystems zusammensetzt, so daß

$$S(H, T) = S_G(T) + S_S(H, T) \tag{23.50}$$

und

$$dS = \frac{\delta Q}{T} = \frac{\partial S}{\partial T} dT + \frac{\partial S}{\partial H} dH. \tag{23.51}$$

Da die statistische Unordnung des Systems und damit die Entropie mit steigender Temperatur und abnehmender Feldstärke zunimmt, ist

$$\frac{\partial S}{\partial T} > 0, \quad \frac{\partial S}{\partial H} < 0. \tag{23.52}$$

Ändert man die Magnetisierung *isotherm*, d.h., wenn der Körper in einer Kühlflüssigkeit auf der Badtemperatur T gehalten wird (Abb. 23.11a), so ist $dT = 0$ und nach (23.51) wird die Wärmemenge

$$\delta Q = T \frac{\partial S}{\partial H} dH \tag{23.53}$$

von der Probe aufgenommen. Bei Magnetisierung ($dH > 0$) ist $\delta Q < 0$, der Körper gibt Wärme an das Bad ab. Unterbricht man jetzt den Wärmekontakt zum Bad und *entmagnetisiert adiabat* (Abb. 23.11b/c), so ist $dS = \delta Q = 0$ und nach (23.51) ändert sich die Temperatur um

$$dT = -\frac{\partial S_S/\partial H}{\partial(S_G + S_S)/\partial T} dH, \tag{23.54}$$

und nach den Vorzeichen in (23.52) ist $dT < 0$ wenn $dH < 0$, der Körper kühlt sich ab. Die bei einem Experiment insgesamt erzielte

[89] Nur abhängig von T, da wir alle Volumänderungen vernachlässigen.

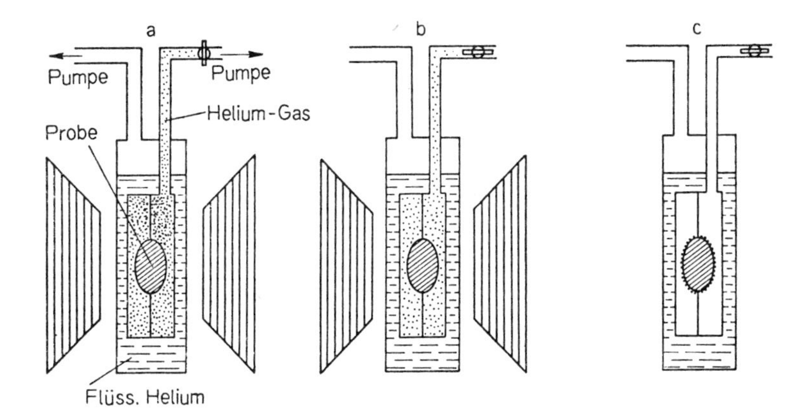

Abb. 23.11. Experimentelle Durchführung der magnetischen Kühlung. a) Abkühlung der Probe im Magnetfeld über das Heliumkontaktgas auf die Temperatur des flüssigen Heliums. b) Abpumpen des Kontaktgases. c) Abschalten des Magnetfeldes. Der Rest des Kontaktgases kondensiert auf der magnetisch gekühlten Probe

Temperaturänderung ergibt sich durch Integration von (23.54). Um eine möglichst tiefe Endtemperatur zu erreichen, muß man also bereits bei einer tiefen Temperatur anfangen (z.B. $T_A \approx 1$ K, abgepumptes Helium) und ein möglichst starkes Magnetfeld (z.B. $H \approx 50$ kOe) abschalten. Ferner sollte eine Substanz benutzt werden, die in dem interessierenden Temperaturbereich einen möglichst großen Vorfaktor auf der rechten Seite von (23.54) liefert. Man muß also den Verlauf der Entropie $S(H, T)$ als Funktion von Feldstärke und Temperatur kennen.

Die *Phononenentropie* S_G kann bei $T \leqq 1$ K nach dem Debye-Modell berechnet werden. Nach (10.38) ist die Wärmekapazität gleich

$$C_G = \frac{12\pi^4 s N k}{5}\left(\frac{T}{\Theta}\right)^3 \tag{23.55}$$

und also

$$S_G(T) = \int_0^T \frac{C_G dT}{T} = \frac{4\pi^4 s N k}{5}\left(\frac{T}{\Theta}\right)^3 . \tag{23.55'}$$

Sie ist wegen $T \ll \Theta$ bei allen praktisch benutzten Substanzen klein gegen die *Spinentropie*.

Diese berechnet sich nach (21.6‴) aus der Zustandssumme $Z(H, T)$, d.h. aus dem Termschema. Der allein besetzte Grundterm habe ungerade [90] Elektronenzahl und die Drehimpulsquantenzahl J. Betrachten wir zunächst die Temperaturabhängigkeit allein, ohne äußeres Magnetfeld ($H = 0$). Dann werden die Energien (21.1′) zu

$$W_i = W_i(0) \qquad i = 1, \ldots, 2J+1 . \tag{23.56}$$

Setzen wir die Ionen zuerst als frei, d.h. die Kristallfeldaufspaltung Δ (siehe z.B. Abb. 21.1) als verschwindend klein voraus, so sind alle $W_i(0) = 0$ und es ist unabhängig von der Temperatur nach (21.5) und (21.6‴) $Z = 2J + 1$ und

$$S_S = Nk \ln(2J+1) . \tag{23.58}$$

Die Entropie würde also auch bei $T = 0$ K nicht verschwinden [91], die ihr entsprechende statistische Unordnung beruht darauf, daß die $2J+1$ miteinander entarteten Zustände $i = 1, \ldots, 2J+1$ gleich wahrscheinlich besetzt sind, so daß $w = (2J+1)^N$ die Anzahl der Verteilungsmöglichkeiten der N-Spins auf diese Zustände und also $S = k \ln w$ der obige Wert der Entropie ist. Wird die Ent-

[90] Es interessieren hier nur Kramers-Dubletts, da nur sie ein magnetisches Moment haben.

[91] Im Widerspruch zum Nernstschen Wärmesatz.

artung jetzt durch ein Kristallfeld aufgehoben ($\Delta > 0, J + \frac{1}{2}$ Kramers-Dubletts), so bleibt Gleichverteilung, d.h. der Wert der Entropie erhalten, solange $kT \gg \Delta$ ist. Sinkt die Temperatur unter diese Grenze, so werden die oberen Kristallfeldkomponenten entvölkert, die statistische Ordnung nimmt zu, bis sich schließlich alle Ionen im tiefsten Kramers-Dublett befinden, das nur noch 2fach entartet ist, und die Spinentropie den Wert

$$S_S = Nk \ln 2 \tag{23.58'}$$

angenommen hat. Auch diese Entartung wird noch aufgehoben durch die Wechselwirkungen zwischen den Spins, die zu einer zunehmenden ferro- oder antiferromagnetischen Ordnung unterhalb des Curie-Punktes T_C (Ziffer 24) oder des Néel-Punktes T_N (Ziffer 25) führt[92]. Daher fällt die Entropie an dieser Stelle weiter ab und erreicht den Wert $S_S = 0$, sobald sich das Spinsystem bei $T = 0$ K in dem nur auf eine Weise realisierbaren ($w = 1$) Zustand maximaler Ordnung befindet. Abb. 23.12 gibt den geschilderten Verlauf wieder.

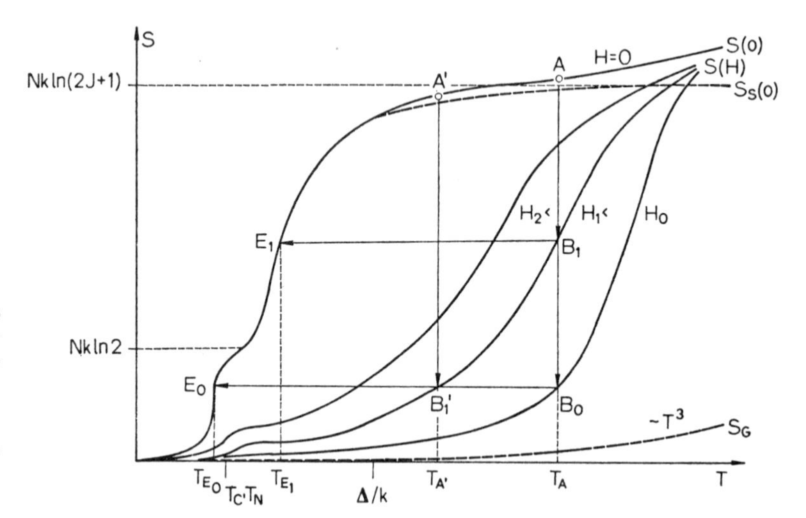

Abb. 23.12. Entropie eines paramagnetischen Kristalls als Funktion von Temperatur und äußerer Feldstärke. Verschiedene Experimentierwege von den Anfangssituationen $A(T_A)$ und $A'(T_{A'})$ zu den Endsituationen $E_0(T_{E_0})$ und $E_1(T_{E_1})$. Einzelheiten siehe im Text

Durch Einschalten eines äußeren *Magnetfeldes* werden die Kramer-Dubletts aufgespalten. Da im Gleichgewicht jeweils die tiefere Zeeman-Komponente stärker besetzt ist, ist die statistische Unordnung kleiner als ohne Feld[93]. Die Entropiekurven[94] liegen demnach unter derjenigen für $H = 0$. Bei genügend hohen Temperaturen wird wieder Gleichbesetzung und deshalb der Maximalwert der Entropie erreicht. Einige derartige Kurven sind ebenfalls in Abb. 23.12 eingetragen. In dieser Kurventafel verläuft das Kühlexperiment in zwei Schritten: Zuerst isotherme Magnetisierung bei der Temperatur T_A vom Anfangspunkt A nach B unter Abgabe der Wärmemenge $Q_{AB} = T_A(S_A - S_B)$ an das Kühlbad, dann adiabate Entmagnetisierung bei $S = S_B = S_E$ vom Punkt B zum Endpunkt E, in dem die Temperatur T_E erreicht ist. Diese liegt um so tiefer, je mehr einerseits die Entropie durch das Feld erniedrigt wird, d.h. je größer das magnetische Moment der Substanz[95] und je stärker das Magnetfeld ($T_{E0} < T_{E1}$ da $H_0 > H_1$) ist, und je tiefer andererseits die Temperaturen liegen, bei der die Entropiekurve für $H = 0$ abfällt. Man muß also Substanzen mit niedrigen Werten von Δ

[92] Dabei wird jeder bisher als scharf behandelte Einionterm in ein Energieband des Vielionensystems aufgespalten, das eine endliche Breite δ hat.

[93] Anschaulicher: die Spins sind zum Feld teilweise orientiert.

[94] Wir verzichten hier auf die Berechnung aus der Zustandssumme nach (21.6‴).

[95] Siehe Aufgabe 23.17.

und $T_C(T_N)$, d.h. mit kleiner Kristallfeldaufspaltung und schwachen Wechselwirkungen benutzen. Brauchbar sind z.B. $3d$-Salze mit S-Zuständen oder unterdrücktem Bahnmagnetismus und/oder magnetisch stark verdünnte Salze wie $Ce_2Mg_3(NO_3)_{12} \cdot 24\,H_2O$. Die tiefsten mit adiabater Elektronenhüllen-Entmagnetisierung erreichten Temperaturen liegen bei $\approx 10^{-3}$ K.

Mikrophysikalisch laufen bei dem Experiment folgende *Prozesse* ab:

Bei zunehmender isothermer Aufspaltung der Kramers-Dubletts im wachsenden Magnetfeld müssen alle Terme neu besetzt werden. Das geschieht zunächst innerhalb des Spinsystems durch die schnellen *Spin-Spin-* und *Kreuzrelaxationsprozesse*. Durch die bei den tiefen Temperaturen langsamere *Spin-Gitter-Relaxation* kann dann Energie aus dem Spinsystem über das Phononensystem an das Kühlbad abgeführt und isotherme Magnetisierung realisiert werden. Bei der adiabaten Entmagnetisierung wird dem Kristall keine Energie von außen zugeführt. Beim Abschalten des Magnetfeldes verringern sich die Termabstände bis auf die durch die Wechselwirkung bestimmte Größe $\approx \delta$. Dabei soll wegen der vorausgesetzten Adiabasie die statistische Ordnung, d.h. die Entropie (21.6‴) konstant bleiben. Die hierfür erforderliche Umbesetzung der Terme erfolgt praktisch allein im Spinsystem, da bei der tiefen Temperatur die Phononenentropie gegenüber der Spinentropie vernachlässigt werden kann.

Aufgabe 23.16. Beweise, daß bei adiabater Entmagnetisierung überhaupt keine Umbesetzung der Terme erforderlich ist, wenn die Abstände zwischen den Termen proportional zur Feldstärke H sind. Wann ist das der Fall?

Aufgabe 23.17. Interpretiere den für den Kühleffekt maßgebenden Faktor in Gl. (23.54) etwas anschaulicher durch den Nachweis, daß

$$\frac{\partial S_S}{\partial H} = \frac{\partial M}{\partial T}, \qquad \frac{\partial (S_G + S_S)}{\partial T} = \frac{(C_G + C_S)_H}{T}$$

ist. Dabei sind $(C_G)_H$ und $(C_S)_H$ die Wärmekapazitäten von Gitter und Spinsystem bei konstanter Feldstärke H.

Aufgabe 23.18. Wie hängt prinzipiell die Spin-Wärmekapazität $(C_S)_H$ einer Substanz mit $S = 3/2$ von der Temperatur ab, wenn der Zeeman-Effekt im Kristallfeld durch Abb. 21.1 gegeben ist und die Breite der Terme infolge Wechselwirkung (Abb. 23.8) gleich δ gesetzt wird? Zeichne schematische Kurven $C_S(T)_H$ für $H = 0$ und $H > 0$ als Kurvenparameter.

Eine noch weitere Abkühlung läßt sich mit Hilfe der *magnetischen Kernmomente* erreichen. Da diese um den Faktor $\sim 10^3$ kleiner sind als die Momente der Elektronenhülle, ist die Änderung der Kernspinentropie im Magnetfeld vergleichsweise schwach. Man muß also, um merkliche Temperaturänderungen zu erreichen, besonders starke Felder anwenden und die Wärmekapazität (23.55) des Gitters dadurch klein halten, daß man als Ausgangstemperatur bereits eine durch adiabate Entmagnetisierung des Elektronenspinsystems erreichte Temperatur von $\lesssim 10^{-1}$ K benutzt. Andererseits ist aber auch die Wechselwirkungsenergie δ_K der Kernmomente sehr viel kleiner als die der Hüllenmomente, d.h. es existiert noch eine steile Entropiestufe bei Temperaturen $T_K \ll T_C(T_N)$, bei der die Kernspins geordnet werden und die durch *adiabate Kernentmagnetisierung* erreicht werden kann (Kürti, Simon, u.a., 1956). Die tiefsten erreichten Temperaturen liegen bei $\approx 10^{-6}$ K.

24. Ferromagnetismus

Die klassischen ferromagnetischen Substanzen sind die Metalle Eisen, Kobalt, Nickel und einige Legierungen, die alle bei Zimmertemperatur ferromagnetisch sind. Inzwischen sind zahlreiche weitere metallische und nichtmetallische Substanzen bekannt geworden, die bei tiefen Temperaturen ferromagnetisch werden (Tabelle 24.1). Als repräsentatives Beispiel für ferromagnetisches Verhalten nehmen wir zunächst das Nickel.

24.1. Grundtatsachen und Modell

Das grundlegende experimentelle Ergebnis ist in Abb. 24.1 enthalten, in der die Magnetisierung von polykristallinem metallischem Nickel über der magnetischen Feldstärke H [96] mit der Temperatur als Kurvenscharparameter aufgetragen ist.

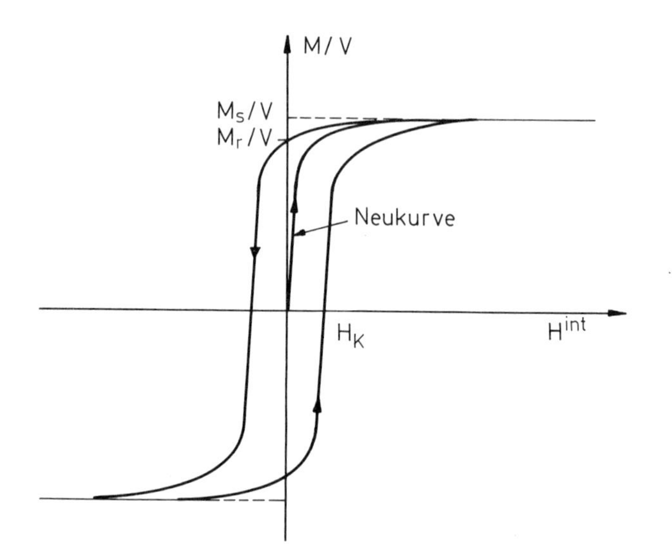

Abb. 24.1a. Hysteresisschleife und Neukurve eines Ferromagneten bei $T < T_C$, schematisch. Definition der ferromagnetischen Spontanmagnetisierung durch Extrapolation der Sättigungsmagnetisierung auf $H \to 0$

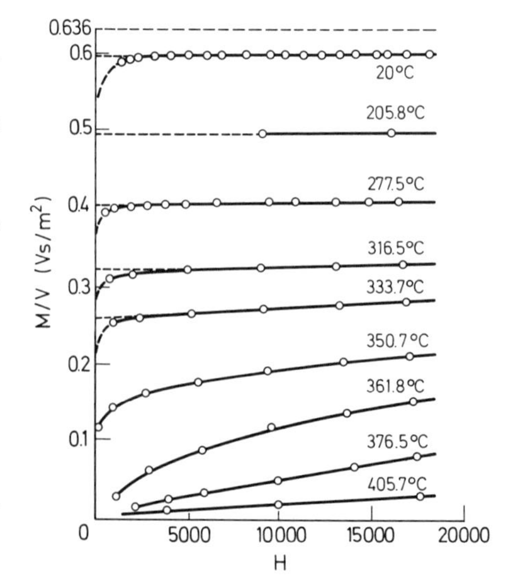

Abb. 24.1b. Magnetisierung von polykristallinem Nickel. Oberes Ende der Neukurve bei verschiedenen Temperaturen. Alle Kurven gehen durch $M/V = 0$ bei $H = 0$ und gegen $M/V = M_{\max}/V = 0{,}636\ \text{Vs m}^{-2}$ bei $H \to \infty$. (Nach Weiss u. Forrer, 1926)

---

[96] H ist die innere Feldstärke H^{int} und nur in einer Ringspule gleich der äußeren Feldstärke H^{ext}.

Zwei Temperaturbereiche mit verschiedenem magnetischem Verhalten sind zu unterscheiden:

Bei Temperaturen *oberhalb* einer *paramagnetischen Curie-Temperatur* Θ verhält sich eine ferromagnetische Substanz so wie eine gewöhnliche paramagnetische Substanz oberhalb von $T = 0$ K, d.h. sie befolgt in der Hochtemperaturnäherung das *Curie-Weißsche Gesetz* (Abb. 24.2)

$$\chi = \frac{C}{T - \Theta}. \tag{24.1}$$

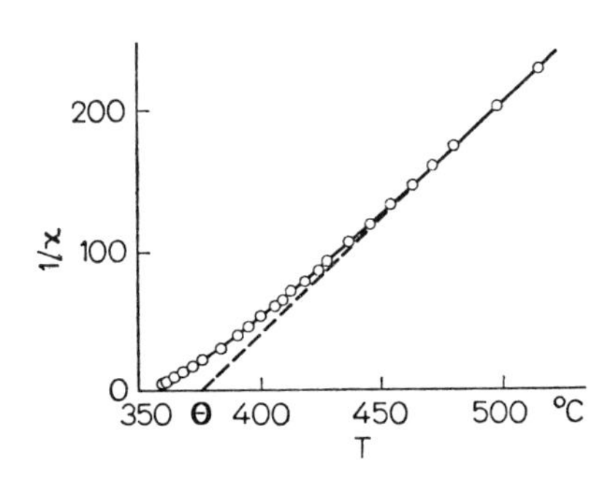

Abb. 24.2. Reziproke Suszeptibilität von Ni im paramagnetischen Bereich $T > \Theta$. In der Nähe des paramagnetischen Curie-Punktes Θ wird die Curie-Weiß-Gerade verlassen, es erfolgt der Übergang zum ferromagnetischen Verhalten. (Nach Weiss u. Forrer, 1926)

Aus Abb. 24.2 lassen sich für Nickel die folgenden Werte für Θ, C und aus (21.31/33) die effektive Magnetonenzahl pro Atom p_{exp} entnehmen:

$$\Theta = 376\ ^\circ\text{C} = 649\ \text{K}; \quad C = 0{,}59\ \text{K};$$
$$p_{\text{exp}} = \mu_B^{-1}\sqrt{3\,\mu_0 k C\, V/N} = 1{,}61. \tag{24.2}$$

Dabei ist die Atomzahldichte

$$N/V = 0{,}926 \cdot 10^{23}\,\text{cm}^{-3} \tag{24.3}$$

aus der Kristallstruktur (kubisch flächenzentriert, $s = 4$, $a = 3{,}51$ Å) bestimmt.

Mit wachsender Feldstärke steigen die Magnetisierungskurven merklich an (Abb. 24.1), und bei $H \to \infty$ wird die *maximale* oder *Sättigungsmagnetisierung* (wir schreiben im folgenden M statt M_H)

$$\frac{M_{\text{max}}}{V} = \frac{N}{V} n\,\mu_B \tag{24.4}$$

erreicht, bei der jedes Moment die größtmögliche Komponente $n\,\mu_B$ in Feldrichtung hat[97], also alle Momente ausgerichtet sind[98].

Bei deutlich *tieferen Temperaturen* $T < \Theta$ bekommt man bereits mit sehr kleinen Feldstärken eine sehr große Magnetisierung, die aber dann bei weiter wachsendem Magnetfeld nur noch sehr langsam weiter ansteigt[99]: die Substanz verhält sich so, als sei sie bereits durch eine innere Ursache, d.h. *spontan*, vormagnetisiert. Die auf $H \to 0$ linear extrapolierte ferromagnetische Sättigungsmagnetisierung

$$\frac{M_s(T)}{V} = \lim_{H=0} \frac{M(H > 0,\, T)}{V} \tag{24.5}$$

ist als die entscheidende physikalische Größe anzusehen. Zu ihr trägt das äußere Feld nicht bei. Sie wird deshalb die *Spontanmagnetisierung*[100] genannt. Sie steigt mit sinkender Temperatur an und erreicht bei $T = 0$ K ihren größten Wert, nämlich die maximale Magnetisierung (24.4):

$$\frac{M_s(0)}{V} = \frac{M_{\text{max}}}{V} = \frac{N}{V} n\,\mu_B. \tag{24.6}$$

[97] n ist die maximale Magnetonenzahl der feldparallelen Komponente des Momentes. Sie darf nicht verwechselt werden mit der paramagnetisch bestimmten effektiven Magnetonenzahl p_{exp}, die den Betrag des Momentes angibt.

[98] Anschaulich: die Momente präzedieren um die Feldrichtung mit maximaler feldparalleler Komponente.

[99] Wegen der nur noch sehr geringen Abhängigkeit der Magnetisierung von H nennt man diesen Teil der Kurven auch den Bereich der *ferromagnetischen* oder *technischen Sättigung* bei der Temperatur T. Sie darf nicht mit der völligen Sättigung bei $T = 0$ K oder $H \to \infty$ verwechselt werden (Gl. 24.4/6).

[100] Daher der Index s.

Maximale Magnetisierung, bei der jedes magnetische Moment die größtmögliche Komponente in Feldrichtung hat (vollständige ferromagnetische Ordnung), stellt sich also bei $T = 0$ K *spontan* ein. Bei wachsender Temperatur $0 < T < \Theta$ wird die spontane Magnetisierung zunehmend kleiner als die maximale, da sie durch die Temperaturbewegung gestört wird, und maximale Magnetisierung erfordert zusätzlich ein ∞ starkes äußeres Feld. Die Temperatur T_C, bei der die Spontanmagnetisierung Null wird, heißt die *ferromagnetische Curie-Temperatur* oder *Übergangstemperatur*. Auch im paramagnetischen Bereich $T > \Theta$ existiert nach dem oben Gesagten keine spontane Magnetisierung mehr, d.h. es gibt überhaupt keine Magnetisierung ohne äußeres Feld. Demnach ist $T_C \leqq \Theta$ zu erwarten, in Übereinstimmung mit der Erfahrung, s. Tabelle 24.1.

Wenn das einzelne magnetische Moment einem Atomzustand mit dem Drehimpuls $\boldsymbol{J}$ zugeordnet werden kann, d.h. wenn die Momente *lokalisierte Momente* von bestimmten Ionen oder Atomen im Gitter sind, muß nach (21.13/14) und (21.36)

$$n = J g_J \tag{24.7}$$

$$p_{\text{exp}} = g_J \sqrt{J(J+1)} = p_J \tag{24.8}$$

und also

$$n = \frac{J}{\sqrt{J(J+1)}} p_{\text{exp}} \tag{24.9}$$

sein, was eine experimentelle Prüfung des Elektronenzustandes der Substanz erlaubt (siehe unten).

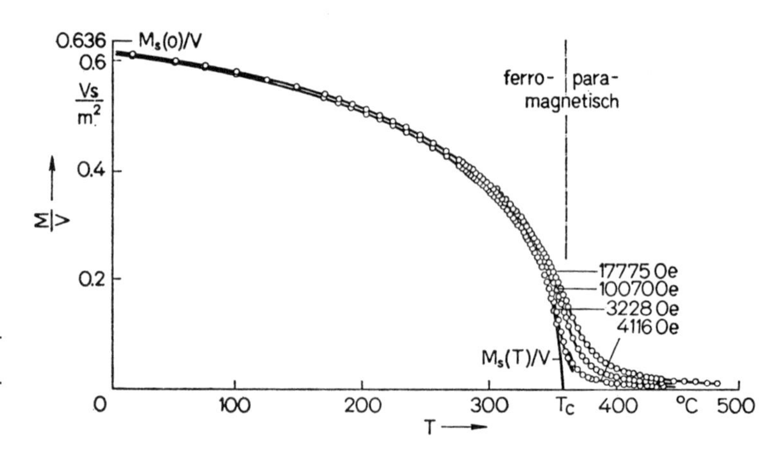

Abb. 24.3. Magnetisierung von Ni bei verschiedenen Feldstärken H über der Temperatur T in °C. Die Kurven konvergieren bei $H \to 0$ gegen die Spontanmagnetisierung $M_s(T)/V$. Nach links laufen alle Kurven zusammen und erreichen bei $T = 0$ K den maximalen Wert $M_s(0)/V = 0{,}636$ Vs m^{-2}

Die Abb. 24.3 zeigt die Temperaturabhängigkeit der Magnetisierung $M(H, T)/V$ von Nickel, gemessen bei verschiedenen Feldstärken, einschließlich der extrapolierten Grenzkurve für $M_s(T)/V$ bei $H \to 0$, die bei der ferromagnetischen Curie-Temperatur

$$T_C = 356\,°\text{C} = 629\,\text{K} \tag{24.10}$$

auf die Abszisse stößt[101]. Es ist

$$M_S(0)/V = 0{,}635\ \text{Vsm}^{-2} \tag{24.11}$$

und also mit (24.3/6)

$$n = 0{,}6\,. \tag{24.12}$$

Aus dem geschilderten Befund müssen die folgenden Schlüsse gezogen werden:

[101] Paramagnetischer und ferromagnetischer Curie-Punkt fallen also nicht exakt zusammen, $T_C < \Theta$.

a) Im Innern der ferromagnetischen Substanz bewirkt die *Wechselwirkung* zwischen den Momenten (Spins) eine Ausrichtung der Momente, d.h. sie erzeugt die spontane Magnetisierung. Bei $T = 0\,\mathrm{K}$ sind alle Momente ausgerichtet, mit wachsender Temperatur sind zunehmend mehr Momente in angeregten Zuständen und nicht mehr parallel zu $\boldsymbol{M}_s$ orientiert, bei $T \geqq T_C$ ist die Richtungsverteilung im Mittel isotrop.

b) Kühlt man den Körper aus der paramagnetischen Phase auf eine Temperatur $T < T_C$ ab, so bilden sich an verschiedenen Stellen *Keime*[102] der Spontanmagnetisierung, die beim Wachsen schließlich zusammenstoßen. Die Magnetisierung hat in allen so gebildeten *Weißschen Bezirken* oder *Domänen* den gleichen, von der Temperatur bestimmten Betrag. Dagegen wechselt die Magnetisierungsrichtung von Domäne zu Domäne. Sie zeigt in bestimmte energetisch bevorzugte Kristallrichtungen. Da ohne äußeres Feld Richtung und Gegenrichtung energetisch gleichwertig sind, kommen jeweils beide Richtungen gleich häufig vor: die Probe ist insgesamt unmagnetisch. Schon in einem sehr schwachen äußeren Feld erhalten jedoch fast alle Domänen die gleiche Magnetisierungsrichtung; hierauf allein beruht der steile Anstieg der Magnetisierungskurve in der Nähe von $H = 0$ (in Abb. 24.1b nur angedeutet, siehe Ziffer 24.4).

Die Wechselwirkung in einem Vielspin-System läßt sich exakt nicht behandeln. Wir beschränken uns deshalb auf zwei brauchbare Näherungen: die *Molekularfeldnäherung* und die *Spinwellennäherung*.

24.2. Die Molekularfeldnäherung

In der Molekularfeldnäherung (P. Weiss, 1907) wird der Ferromagnetismus zurückgeführt auf den schon behandelten Paramagnetismus eines Gases mit freien Momenten. Dabei wird die Wechselwirkung des Momentes eines Aufions mit allen anderen Momenten ersetzt durch seine Wechselwirkung mit einem Molekularfeld[103], das wir, da das Gas statistisch isotrop ist, von vornherein ebenfalls isotrop ansetzen können[104]. Das auf einen Spin wirkende effektive Magnetfeld ist also nach (22.41/43) anzusetzen als

$$H^{\text{eff}} = H^{\text{ext}} + H^{m} = H^{\text{ext}} + H^{\text{is}} = H^{\text{ext}} + \frac{\alpha^m}{\mu_0} \cdot \frac{M}{V}, \tag{24.13}$$

wobei wir die Molekularfeldkonstante α^m zunächst als experimentell zu bestimmende Materialkonstante behandeln. Die feldparallele Magnetisierungskomponente des so definierten modifizierten Paramagnetikums muß also der Gl. (21.24) mit H^{eff} an Stelle von H genügen, d.h. es ist (wegen der Isotropie ist $M_H = M$)

$$\frac{M}{V} = \frac{M_{\max}}{V} \cdot B_J\left(\frac{J\, g_J\, \mu_B H^{\text{eff}}}{kT}\right) \tag{24.14}$$

mit der maximal möglichen Magnetisierung

$$\frac{M_{\max}}{V} = J g_J\, \mu_B \frac{N}{V}, \tag{24.15}$$

die beim absoluten Nullpunkt auch erreicht wird.

In der *Hochtemperaturnäherung* für $kT \gg \mu_B H^{\text{eff}}$ wird die Brillouinfunktion zum Curie-Gesetz, d.h. wir erhalten (21.29/31), aber wieder mit H^{eff} an Stelle von H:

$$\frac{M}{V} = \frac{C\,\mu_0 H^{\text{eff}}}{T} = \frac{C(\mu_0 H^{\text{ext}} + \alpha^m M/V)}{T} \tag{24.16}$$

[102] Etwa analog zu den Kristallkeimen beim Unterschreiten des Schmelzpunktes.

[103] In der Molekularfeldnäherung wird das Ferromagnetikum auf ein modifiziertes Paramagnetikum, das Vielspinproblem auf ein modifiziertes Einspinproblem reduziert.

[104] Unsere Näherung gilt also zunächst nur für polykristalline Proben. Anisotropieeffekte in Einkristallen behandeln wir später, (siehe Ziffer 24.4). Außerdem setzen wir nur eine Sorte von Spins voraus, so daß der Index l in (22.41/42) wegfallen kann.

mit der Curie-Konstanten (21.31/33). Denken wir uns M/V in einer ∞ langen oder ringförmigen Spule gemessen, so ist die Suszeptibilität definiert als[105]

$$\chi = \frac{M/V}{\mu_0 H^{\text{ext}}} \tag{24.17}$$

und man erhält aus (24.16)

$$\chi = \frac{C}{T - \alpha^m C} = \frac{C}{T - \Theta} \,. \tag{24.18}$$

Es ergibt sich also wirklich in Übereinstimmung mit dem Experiment ein Curie-Weiß-Gesetz, und zwar mit der *paramagnetischen Curie-Temperatur*

$$\Theta = \alpha^m C > 0 \,. \tag{24.19}$$

Demnach ist wie α^m auch Θ ein Maß für die Wechselwirkung der Momente: Substanzen mit starker (schwacher) Wechselwirkung haben eine hohe (niedrige) Curie-Temperatur. Damit ist das paramagnetische Verhalten richtig beschrieben.

Aufgabe 24.1. Führe die Ableitung des Curie-Weißschen Gesetzes für eine endliche ellipsoidförmige Probe durch, deren eine Ellipsoidachse parallel zum äußeren Feld liegt. Vergleiche das so bestimmte Curie-Gesetz mit (24.18/19). Hinweis: die dem Experiment angepaßte makroskopische Feldstärke ist H^{int}, die also statt H^{ext} zur Definition von $\chi = \chi^{\text{int}}$ zu benutzen ist, (siehe (22.13)).

Mit (24.19) läßt sich die Molekularfeldkonstante leicht bestimmen.

Für Nickel erhält man

$$\alpha^m = \frac{\Theta}{C} = \frac{649}{0{,}59} = 1100 \,. \tag{24.20}$$

Mit der Spontanmagnetisierung aus (24.11) erhält man nach (24.19) für die maximale Molekularfeldstärke, nämlich die bei $T = 0$ K

$$H^m(0) = \frac{\alpha^m}{\mu_0} \frac{M_s(0)}{V} = \frac{\Theta M_s(0)}{\mu_0 C V} \,. \tag{24.21}$$

Für Nickel gibt das den Wert

$$H^m(0) = 0{,}55 \cdot 10^9 \,\text{A}\,\text{m}^{-1} \triangleq 7{,}0 \cdot 10^6 \,\text{Oe} \,. \tag{24.22}$$

Das Molekularfeld ist also bei $T = 0$ K viel stärker als das mit normalen Mitteln erreichbare äußere Feld, so daß dieses bei tiefen Temperaturen $T \ll T_C$ nur wenig zur Magnetisierung $M_s(H, T)/V$ beitragen kann, siehe Abb. 24.1. Es ist auch viel stärker als das in (22.18′) abgeschätzte Dipolfeld, es muß also auf Austausch zurückgeführt werden, d.h. es ist $H^m \approx H^a$ und $\alpha^m \approx \alpha^a$. Dann ist aber auch das Austauschintegral experimentell zugänglich, da nach (22.31)

$$A = \alpha^a \frac{g^2 \mu_B^2 N/V}{2 z \mu_0} \,. \tag{24.22′}$$

Für Ni ($z = 12$) ist

$$A = g^2 \cdot 2{,}7 \cdot 10^{-3} \,\text{eV} \,, \tag{24.23}$$

wobei allerdings der g-Faktor noch unbestimmt bleibt[106].

Da nach (24.21) die Curie-Temperatur proportional zur Molekularfeldstärke ist, kann das magnetische Dipolfeld $\boldsymbol{H}^d$ nach (22.18′) überhaupt nur bei Substanzen mit extrem niedriger Curie-Temperatur für die ferromagnetische Ordnung der Spins mitverantwortlich gemacht werden, z.B. bei $GdCl_3$ mit $\Theta = 2{,}3$ K.

Wir behandeln jetzt die *Spontanmagnetisierung* in Abhängigkeit von der Temperatur, d.h. wir gehen auf die Gleichung (24.14) zurück. Da die Definition von M_s den Übergang $H \to 0$ verlangt, soll

[105] Durch $H^{\text{int}} \equiv H^{\text{ext}}$, nicht H^{eff}!

[106] Vergleiche den aus der Spinwellennäherung abgeleiteten Wert (24.101).

generell für $T < T_C$

$$M(H, T)/V = M_s(T)/V$$
$$H^{\mathrm{eff}} = H^m = \frac{\alpha}{\mu_0} \frac{M_s(T)}{V} \tag{24.24}$$

gesetzt werden (α statt α^m geschrieben), und (24.14) wird

$$\frac{M_s/V}{M_{\max}/V} = B_J\left(\frac{J g_J \mu_B \alpha M_s/V}{\mu_0 k T}\right). \tag{24.25}$$

Hier kommt die Unbekannte M_s/V auf der linken Seite und im Argument von B_J vor, und die Lösung $M_s(T)/V$ ist nicht explizit als Funktion von T anschreibbar. Wir lösen die Gleichung graphisch, nachdem wir die linke Seite etwas erweitert haben, und zwar so, daß die erste Klammer in (24.26) gleich dem Argument x von B_J wird: man erhält so die Identität

$$\begin{aligned} \frac{M_s/V}{M_{\max}/V} &= \left(\frac{J g_J \mu_B \alpha M_s/V}{\mu_0 k T}\right)\left(\frac{\mu_0 k T}{J g_J \mu_B \alpha M_{\max}/V}\right) \\ &= x \cdot \left(\frac{\mu_0 k T}{J g_J \mu_B \alpha M_{\max}/V}\right). \end{aligned} \tag{24.26}$$

Tragen wir nun über dem Argument x einmal B_J nach (21.25) und einmal $M_s/M_{\max}$ nach (24.26) auf, so erhalten wir die Lösungen von (24.25) als Schnittpunkte einer Brillouinkurve mit einer Geraden, deren Steigung nach (24.26) proportional zu T ist (Abb. 24.4).

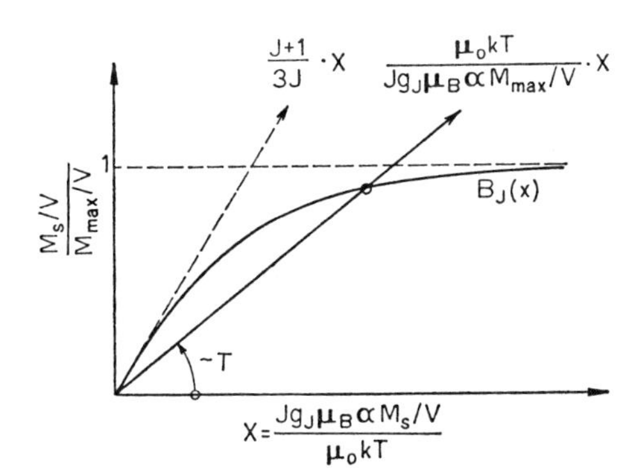

Abb. 24.4. Graphische Bestimmung der Temperaturabhängigkeit der Spontanmagnetisierung $M_s(T)/V$ aus der Brillouinfunktion

Schnittpunkte existieren nur, solange die Steigung der Geraden kleiner ist als die der Anfangstangente der Brillouinfunktion, d.h. solange

$$T \leqq \frac{(J+1)\, g_J\, \mu_B\, \alpha\, M_{\max}/V}{3\,\mu_0\, k}. \tag{24.27}$$

Das Gleichheitszeichen definiert offenbar die *ferromagnetische Curie-Temperatur*[107], bei der die Spontanmagnetisierung zusammenbricht ($M_s(T_C)/V = 0$). Also ist mit (24.15)

$$T_C = \frac{\alpha J(J+1)\, g_J^2\, \mu_B^2\, N/V}{3\,\mu_0\, k}, \tag{24.28}$$

und das ist nach (21.31) gleich

$$T_C = \alpha C. \tag{24.28'}$$

Vergleich von (24.28′) mit (24.19) liefert $T_C = \Theta$. In der Molekularfeldnäherung fallen also der ferromagnetische und der paramagnetische Curie-Punkt zusammen.

[107] Wir definieren sie hier durch Annäherung von tiefen Temperaturen her.

Aufgabe 24.2. Gleichung (24.28′) kann auch durch Annäherung von hohen Temperaturen her abgeleitet werden. Führe den Beweis in zwei Schritten: a) In der Grenze $H \to 0$ gilt die Hochtemperaturnäherung (24.16) für alle Temperaturen $T \geqq T_C$. b) Definiere T_C durch die Annahme, daß bei $T \leqq T_C$ eine von Null verschiedene Spontanmagnetisierung M_s/V existiert, so daß bei $T = T_C$ beide Bedingungen erfüllt sind.

Führt man mit Hilfe von (24.28) die Curie-Temperatur T_C in das Argument von (24.25) ein, so erhält man die *universelle Gleichung*

$$\frac{M_s(T)/V}{M_s(0)/V} = B_J\left(\frac{3J}{J+1} \cdot \frac{T_C}{T} \cdot \frac{M_s(T)/V}{M_s(0)/V}\right), \tag{24.30}$$

in der nur die relative Temperatur und die relative Magnetisierung und sonst keine Abhängigkeit von der speziellen Substanz enthalten ist, d.h., man erhält universelle Kurven, deren Gestalt nur von dem Wert von J abhängt, wenn man

$$\frac{M_s(T)/V}{M_s(0)/V}$$

über T/T_C aufträgt. Längs einer solchen Kurve nimmt der *Ordnungsgrad* des Spinsystems von links nach rechts kontinuierlich ab. Der Übergang ferro- $\to$ paramagnetisch ist vom *Ordnung* $\to$ *Unordnungs-Typ*. Die Abb. 24.5 gibt als Beispiele die Kurven für Ni ($T_C = 631$ K), Fe ($T_C = 1043$ K) und Abb. 24.7a für Gd ($T_C = 290$ K). Die Meßpunkte für Ni und Fe liegen recht gut auf

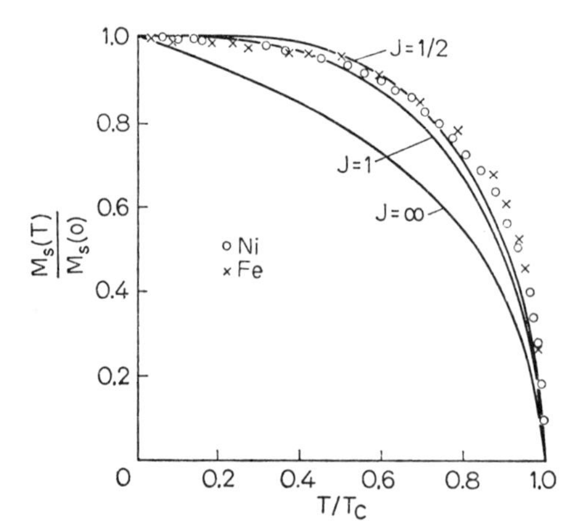

Abb. 24.5. Relative Spontanmagnetisierung von Ni und Fe über T/T_C, verglichen mit dem Verlauf nach der Molekularfeldnäherung. (Nach Landolt-Börnstein, 6. Aufl., Bd.II/9)

den Kurven für $J = 1/2$, die für Gd recht gut auf der Kurve $J = 7/2$. Doch bestehen in allen drei Fällen deutliche Abweichungen. Insbesondere fällt die Magnetisierung in der Nähe des Nullpunktes schneller ab als die Brillouinkurve, und zwar gilt für $T \ll T_C$ die *Entwicklung*

$$\frac{M_s(T)}{V} = \frac{M_s(0)}{V}\{1 - C_{3/2}\,T^{3/2} - C_{5/2}\,T^{5/2} - \cdots\}. \tag{24.31}$$

Für *Nickel* hat die Konstante $C_{3/2}$ den Wert

$$C_{3/2} = 7{,}5 \cdot 10^{-6}\,\mathrm{K}^{-3/2} \tag{24.31′}$$

und es ist

$$C_{5/2}, C_{7/2} \ll C_{3/2}.$$

Ein anderes Beispiel gibt Abb. 24.6. Diese Abweichung liegt an der Unzulänglichkeit des Modells, sie kann erst durch die *Spinwellen* erklärt werden, die wir in der folgenden Ziffer 24.3 behandeln.

Aufgabe 24.3. Entwickle $M_s(T)/V$ nach der Brillouinfunktion B_J in der Nähe von $T = 0$ K und vergleiche das Ergebnis mit (24.31).

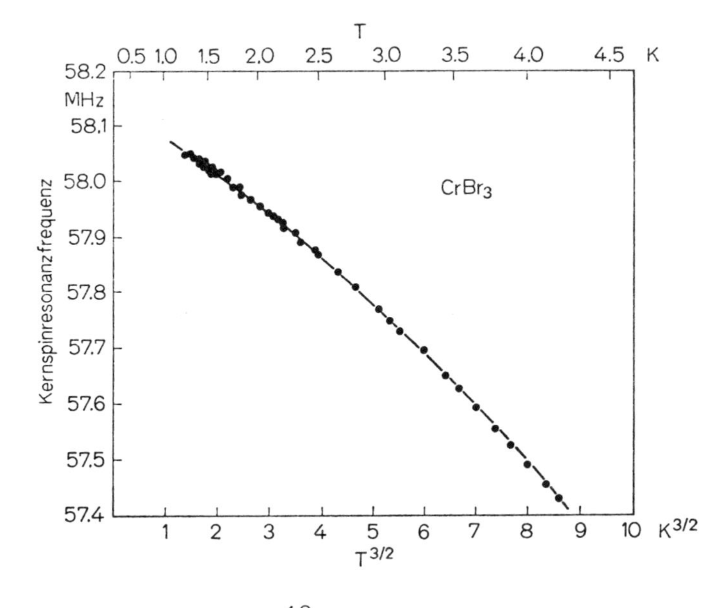

Abb. 24.6. Abhängigkeit der Kernspinresonanzfrequenz von Cr^{53} in $CrBr_3$ von der Temperatur für $T \leqq 0{,}1\ T_C$. Die Resonanzfrequenz ist dem Magnetfeld am Kernort, dieses dem mittleren Moment der Elektronenhülle und also der Spontanmagnetisierung $M_s(T)/V$ proportional. Die gemessene Temperaturabhängigkeit ist also die von $M_s(T)/V$. Sie wäre linear, wenn (24.31) nach dem $T^{3/2}$-Glied abbräche. (Nach Gossard, Jaccarino u. Remeika, 1961). — Das Magnetfeld am Kernort kann auch mit dem Mößbauer-Effekt gemessen werden.

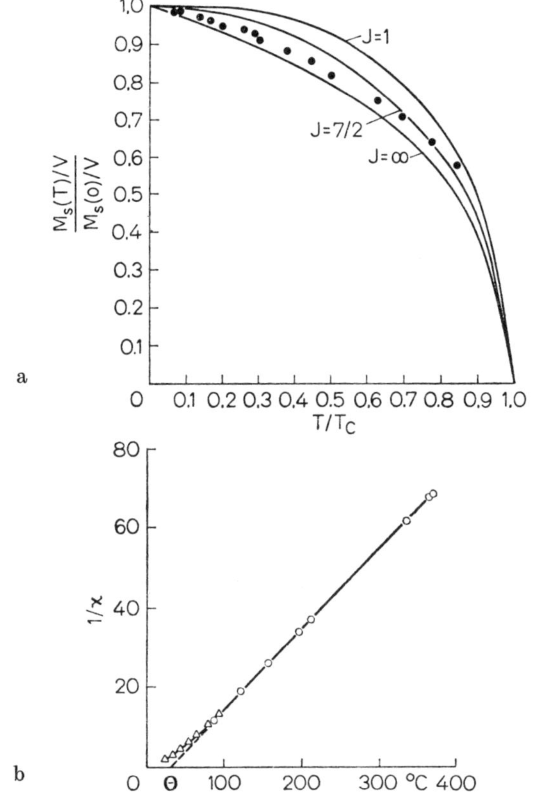

Abb. 24.7. a) Relative Spontanmagnetisierung von Gd über T/T_C. (Nach Elliott, Legvold u. Spedding, 1953). b) Reziproke Suszeptibilität von Gd im paramagnetischen Bereich. (Nach Trombe)

Vorher wollen wir aber noch versuchen, die beobachtete Magnetisierung auf *isolierte atomare Momente* zurückzuführen, und zwar für die Metalle Nickel und Gadolinium und einige nichtmetallische Europiumverbindungen.

Akzeptieren wir für *Nickel* aus Abb. 24.5 den Wert $J = \frac{1}{2}$, so folgt $g_J = 1{,}2$ aus (24.7) und (24.12), ein Wert, der unter der Annahme isolierter Ni-Ionen schwer zu verstehen ist. Ferner folgt aus (24.9) $p_{\text{exp}} = p_J = 1{,}04$, in Widerspruch zum paramagnetisch bestimmten Wert $p_{\text{exp}} = 1{,}61$. Für Nickel lassen sich also keine isolierten atomaren Momente angeben. Tatsächlich muß die Bandstruktur der Elektronenterme (Ziffer 43.3.2) zur Beschreibung herangezogen werden, was bei $3d$-Metallen mit außen liegender magnetischer Elektronenschale verständlich ist. Dagegen sind bei den *Selten-Erd-Metallen* die magnetischen Momente die der tiefliegenden $4f$-Schale, sie kommen den Selten-Erd-Ionen zu. Abb. 24.7 zeigt das Beispiel des *Gadolinium-Metalls.* Die Kurven werden (bis auf den $T^{3/2}$-Abfall bei $T = 0$ K in Abb. 24.7a) recht gut erklärt durch den Grundzustand $^8S_{7/2}$ des Gd^{3+}-Ions, der $n = 7$, $p_J = 7{,}94$ liefert, während $n = 7{,}2$ und $p_{\text{exp}} = 7{,}97$ beobachtet werden. Auch das *nichtmetallische EuO* befolgt unterhalb von $T_C = 77$ K die Brillouinkurve für $S = J = 7/2$, da das Eu^{2+} ebenfalls den Grundzustand $^8S_{7/2}$ besitzt (Abb. 24.8a). Dem entspricht auch die Steigung der molaren Curie-Weiß-Geraden in Abb. 24.8b, die, wie es bei isolierten Eu^{2+}-Momenten sein muß,

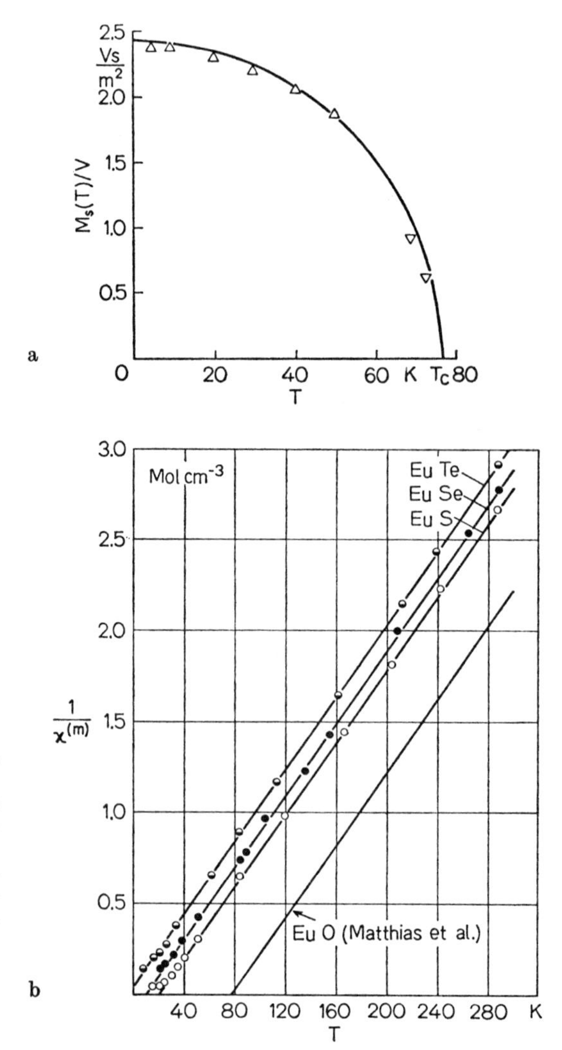

Abb. 24.8. Magnetisierung von EuO. a Spontanmagnetisierung im ferromagnetischen Bereich. Die ausgezogene Kurve ist $B_{7/2}$. Der Grundzustand des Eu^{2+} ist $^8S_{7/2}$. (Nach Matthias u. Mitarb., 1961). b Reziproke Mol-Suszeptibilität im paramagnetischen Bereich, zusammen mit der der übrigen Eu-Chalkogenide. Alle Kurven haben dieselbe Steigung, d.h. in allen Verbindungen ist das Europium zweiwertig mit dem Grundzustand $^8S_{7/2}$. (Nach Busch u. Mitarbeitern)

für alle Eu^{2+}-Chalkogenide parallel laufen[108]. Gemessen wird $n = 6{,}9$ und $p_{\exp} = 7{,}95$. Wahrscheinlich sind die nichtmetallischen [109] Eu-Chalkogenide die heute am besten verstandenen Ferromagnetika. In diesen Substanzen ist das Molekularfeld auch spektroskopisch bestimmt worden, da es sowohl auf die Elektronenzustände (Lichtspektroskopie, Zeeman-Effekt im Molekularfeld) wie auf die Kernspins einwirkt (Kernspinresonanz, Mössbauer-Effekt).

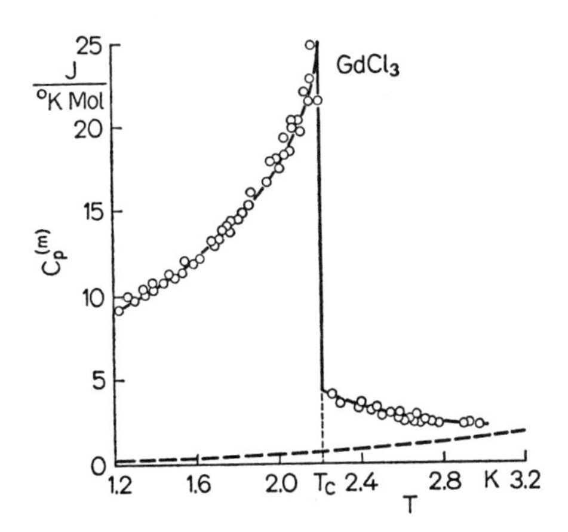

Abb. 24.9. Molwärme des $GdCl_3$ in der Umgebung der Curie-Temperatur $T_C =$ 2,2 K. Der magnetische Anteil liegt oberhalb der schematisch gestrichelt eingezeichneten Gitterwärme. Der Ausläufer oberhalb T_C rührt von magnetischer Nahordnung her. (Nach Leask, Wolf u. Wyatt, 1963)

Auch die *spezifische Wärme* ist ein direktes Maß für die Spontanmagnetisierung. Deren Beitrag zur inneren Energie der Substanz ist nach (22.40) gegeben durch die potentielle Energie[110]

$$W^m = -\tfrac{1}{2} \sum_l \langle \boldsymbol{m}_l \rangle \boldsymbol{H}_l^m \tag{24.32}$$

aller Momente $\langle \boldsymbol{m}_l \rangle$ in dem an ihrem Ort wirkenden Molekularfeld. Setzen wir wieder lauter gleiche Momente voraus und benutzen (24.24), so wird im thermischen Gleichgewicht

$$\begin{aligned}\frac{W^m}{V} &= -\frac{\alpha}{2\mu_0} \frac{M_s(T)}{V} \sum_l \overline{\langle m_{H^m,l} \rangle} / V \\ &= -\frac{\alpha}{2\mu_0} \left(\frac{M_s(T)}{V} \right)^2\end{aligned} \tag{24.33}$$

und somit die magnetische Molwärme gleich ($\varrho =$ Dichte, $(M) =$ Molekulargewicht)

$$C^m = \frac{(M)}{\varrho} \frac{d}{dT} \left(\frac{W^m}{V} \right) = -\frac{(M)}{\varrho} \frac{\alpha}{\mu_0} \frac{M_s(T)}{V} \frac{d}{dT} \left(\frac{M_s(T)}{V} \right). \tag{24.34}$$

Wendet man diese Gleichung auf eine Brillouinfunktion an, so muß die magnetische spezifische Wärme ein scharfes Maximum von endlicher Höhe bei $T = T_C$ haben, wo M_s/V verschwindet und $-\dfrac{dM_s/V}{dT}$ unendlich wird. Das wird auch beobachtet, wie Abb. 24.9 zeigt. Die Fläche unter der Kurve nach Abzug der übrigen Anteile gibt wieder $(M)\,W^m/\varrho V$. Da die spezifische Wärme einen endlichen Sprung, die Energie also einen Knick ohne latente Wärme bei $T = T_C$ macht, handelt es sich bei der ferromagnetischen Umwandlung um eine *Umwandlung* 2. *Ordnung*[111].

Übrigens zeigt die spezifische Wärme der meisten Ferromagnetika einen auch in Abb. 24.9 erkennbaren „Ausläufer" oberhalb von T_C, der mit dem Molekularfeldmodell nicht erklärt werden kann. Er beruht auf einer *Nahordnung* in kleinen Bereichen (auch *Schwarmbildung* genannt), die erst bei Temperaturen merklich oberhalb T_C

---

108 Die Curie-Temperatur von EuTe ist negativ, d.h. diese Substanz ist *antiferromagnetisch*, (siehe Ziffer 25.12). EuSe ist ohne äußeres Feld sogar *metamagnetisch*, d.h. es hat in verschiedenen Temperaturbereichen unterhalb 4,2 K verschiedene magnetische Ordnungszustände.

109 Halbleiter, also nur geringe Schwierigkeiten mit der Bandstruktur von Leitungselektronen.

110 Der Faktor 1/2 vermeidet doppelte Zählung jedes wechselwirkenden Paares von Momenten bei der Summation.

111 Das folgt eben daraus, daß der Ordnungsparameter M_s/V bei $T = T_C$ nicht unstetig, sondern stetig auf null geht.

Tabelle 24.1. *Daten für einige typische ferromagnetische Substanzen*

Substanz	$\frac{M_s(0)}{V} \Big/ \mathrm{Vsm}^{-2}$	n	T_C/K	Θ/K	C/K	p_{exp}	α	$H^m(0)$/kOe
Ni	0,635	0,605	629	649	0,588	1,61	1100,0	7000
Co (ε)	1,815	1,71	$\sim$1130					
Co (γ)		1,74	1395	$\sim$1415	2,24	3,15		
Fe (α)	2,17	2,218	1043	1100	2,22	3,20	495,5	10740
Gd[a]	2,54	7,12	289 ± 2	302		7,9		
Dy[b]	3,67	10,0	87	157		10,64		
$CrBr_3$	0,35	3,0	32,56	47	(0,079)	3,84	594,9	2080
EuO	2,4	6,80	67	76	4,68	7,8	16,2	390
EuS		6,87	16,3	19	3.06	7,9		
$GdCl_3$	0,845	7,0	2,20	2,6	1,72		1,5	12

[a] Metamagnetisch, [b] Metamagnetisch, $T_N = 179$ K

zusammenbricht und mit den statistischen Schwankungen im Spinsystem zusammenhängt, deren Behandlung außerhalb des Bereiches der Molekularfeldtheorie liegt.

Tabelle 24.1 stellt die Daten zusammen für eine Auswahl aus der sehr großen Reihe von ferromagnetischen Substanzen.

24.3. Ferromagnetische Spinwellen

In der Molekularfeldtheorie des Ferromagnetismus haben wir die folgende Inkonsequenz begangen: Wir haben zunächst die Existenz des auf ein isoliertes magnetisches Moment wirkenden Molekularfeldes durch die Wechselwirkung (Ziffer 22) zwischen Nachbarspins begründet. Die aus dieser Wechselwirkung folgende Kopplung zwischen den *Bewegungen* benachbarter Spins haben wir aber unterdrückt. Jetzt soll gerade die Kopplung der Bewegungen im Spinsystem untersucht werden. Es wird sich zeigen, daß es *Spinwellen* und ihnen zugeordnete Anregungen oder Quasiteilchen, die *Magnonen*, gibt, in weitgehender Analogie zu den in Ziffer 8 behandelten Gitterwellen und Phononen (F. Bloch, 1931).

24.3.1. Die lineare Spinkette mit isotropem Austausch

Wir behandeln zuerst (wie auch bei den Gitterwellen) eine *lineare Kette* mit periodischen Randbedingungen nach N Spins, die alle gleichartig und in gleichen Abständen an Punkten $\boldsymbol{t} = l\boldsymbol{d}$ ($l = 0, \pm 1, \ldots$) angeordnet sein sollen (Abb. 24.11). Der Einfachheit halber setzen wir zunächst eine spezielle Wechselwirkung, nämlich *isotropen Austausch* nach (22.20) nur zwischen *nächsten Nachbarn* voraus. Dann ist die Wechselwirkungsenergie des l-ten Spins mit seinen beiden Nachbarspins beschrieben durch den Spin-Hamilton-Operator

$$\mathscr{H}_l^a = -\frac{2A}{\hbar^2} \boldsymbol{S}_l(\boldsymbol{S}_{l-1} + \boldsymbol{S}_{l+1}), \qquad (l = \text{ganze Zahl}). \tag{24.41}$$

Gehen wir mit (22.23) von $\boldsymbol{S}_l$ zum magnetischen Moment $\boldsymbol{m}_l$ über:

$$\boldsymbol{m}_l = -\frac{g\,\mu_B}{\hbar} \boldsymbol{S}_l \tag{24.42}$$

und führen formal das Austauschfeld

$$\boldsymbol{H}_l^a = -\frac{2A}{\hbar\, g\, \mu_B} (\boldsymbol{S}_{l-1} + \boldsymbol{S}_{l+1}) \tag{24.43}$$

ein, so ist, wenn wir noch ein äußeres Feld $\boldsymbol{H}$ einschalten, die Energie des Spins $\boldsymbol{S}_l$ gegeben durch

$$\begin{aligned}\mathscr{H}_l &= -\boldsymbol{m}_l(\boldsymbol{H}+\boldsymbol{H}_l^a)\\ &= \frac{g\mu_B}{\hbar}\boldsymbol{S}_l\boldsymbol{H} - \frac{2A}{\hbar^2}\boldsymbol{S}_l(\boldsymbol{S}_{l-1}+\boldsymbol{S}_{l+1}).\end{aligned} \tag{24.44}$$

In einer konsequenten Theorie müßte man jetzt durch Summation über l zur Austauschenergie eines N-Spin-Systems übergehen. Bei N gekoppelten Spins ist allein der *Gesamtspin* $\sum_{l=1}^{N} \boldsymbol{S}_l$ gequantelt. Im Grundzustand, d.h., bei $T=0$ K ist der Erwartungswert der z-Komponente gleich $\langle\sum_l S_l^z\rangle = -NS\hbar$. Dabei ist S die *Spinquantenzahl*, und es ist vorausgesetzt, daß die mit der Ausrichtung der Spins verbundene Magnetisierung in $+z$-Richtung zeigt[112]. Der Betrag des Erwartungswertes nimmt bei steigender Temperatur, d.h. bei Anregung höherer Energiezustände ab, da die Ausrichtung der Spins gestört wird. Diese Abnahme kann man nach Heller und Kramers (1934) anschaulich beschreiben, indem man den Erwartungswert $\langle\sum_l S_l^z\rangle$ gleichmäßig auf alle N Spins verteilt und die wahren Spins[113] ersetzt durch klassische Spinvektoren $\tilde{\boldsymbol{S}}_l$ der konstanten *Länge* $S\hbar$, die im Grundzustand exakt antiparallel zu z stehen und sich bei steigender Energie (Temperatur) mehr und mehr aus dieser Richtung herausdrehen. Die in diesem halbklassischen Modell möglichen Spinwellen haben (bei großer Wellenlänge) dieselben Drehimpulse und magnetischen Momente wie die exakt berechneten angeregten Zustände des Vielspinsystems, wodurch die Verwendung des anschaulichen Modells für unsere Zwecke legitimiert wird.

Von jetzt an fassen wir also die $\boldsymbol{S}_l$ als *klassische* Drehimpulse, die $\boldsymbol{m}_l$ als *klassische* magnetische Momente auf. Für sie sollen die bisherigen Gleichungen auch gelten. Wir schreiben aber, um deutlich zu sein, $\tilde{\boldsymbol{S}}_l$ und $\tilde{\boldsymbol{m}}_l$ für die klassischen Größen und $\boldsymbol{S}_l$ und $\boldsymbol{m}_l$ für die Operatoren.

Das effektive Feld $\boldsymbol{H}_l^{\text{eff}} = \boldsymbol{H} + \boldsymbol{H}_l^a$ übt auf $\tilde{\boldsymbol{m}}_l$ das *Drehmoment* $\tilde{\boldsymbol{m}}_l \times (\boldsymbol{H}+\boldsymbol{H}_l^a)$ aus, so daß sich $\tilde{\boldsymbol{S}}_l$ mit der Geschwindigkeit[114]

$$\frac{d\tilde{\boldsymbol{S}}_l}{dt} = \tilde{\boldsymbol{m}}_l \times (\boldsymbol{H}+\boldsymbol{H}_l^a) \tag{24.45}$$

ändert, d.h., der Spin $\tilde{\boldsymbol{S}}_l$ befolgt die *Bewegungsgleichung*

$$\frac{d\tilde{\boldsymbol{S}}_l}{dt} = -\frac{g\mu_B}{\hbar}\tilde{\boldsymbol{S}}_l \times \boldsymbol{H} + \frac{2A}{\hbar^2}\tilde{\boldsymbol{S}}_l \times (\tilde{\boldsymbol{S}}_{l-1}+\tilde{\boldsymbol{S}}_{l+1}) \tag{24.46}$$

oder in Komponenten

$$\begin{aligned}\frac{d\tilde{S}_l^z}{dt} &= -\frac{g\mu_B}{\hbar}(\tilde{S}_l^y H^z - \tilde{S}_l^z H^y)\\ &\quad + \frac{2A}{\hbar^2}[\tilde{S}_l^y(\tilde{S}_{l-1}^z+\tilde{S}_{l+1}^z) - \tilde{S}_l^z(\tilde{S}_{l-1}^y+\tilde{S}_{l+1}^y)]\end{aligned} \tag{24.47}$$

usw. zyklisch in x, y, z.

Diese Gleichungen enthalten Produkte von Spinkomponenten, sind also nichtlinear. Wir erzwingen die *Linearität* durch die Annahme fast vollständiger Magnetisierung in $(+z)$-Richtung, d.h. fast vollständiger Ausrichtung der Spins in $(-z)$-Richtung. Dies ist nur bei $T \approx 0$ K (angenähert noch bis $T \lesssim T_C/2$) der Fall, und nur hier gelten die folgenden Überlegungen[116]. Es sei also für alle l

$$|\tilde{S}_l^x|, |\tilde{S}_l^y| \ll |\tilde{S}_l^z| = \sqrt{S^2\hbar^2 - \tilde{S}_l^{x2} - \tilde{S}_l^{y2}}, \tag{24.48}$$

was bedeutet, daß die Vektoren $\tilde{\boldsymbol{S}}_l$ nur wenig gegen die $(-z)$-Achse geneigt sein sollen. Dann sind $\tilde{S}_l^x$ und $\tilde{S}_l^y$ von 1. Ordnung klein,

[112] Diese Voraussetzung gilt auch für später, wir legen $\boldsymbol{H} || z$.

[113] Die wegen $|\langle S^z\rangle| < \sqrt{\langle \boldsymbol{S}^2\rangle}$ nicht exakt antiparallel zur z-Achse stehen können!

[114] Die Bewegung der „klassischen" Ersatzspins erfolgt nach genau denselben Bewegungsgleichungen wie die der wahren Spins, jedoch repräsentiert $\tilde{\boldsymbol{S}}$ die räumliche und zeitliche Bewegung der mit der wahren Spinbewegung verknüpften Erwartungswerte (oder die Bewegung einer kontinuierlich verteilten Spindichte, d.h. der Magnetisierung).

[116] Lineare Spinwellennäherung.

$\tilde{S}_l^z$ weicht aber erst in 2. Ordnung von dem Wert bei Einstellung parallel zu $-z$, d.h. von dem negativ größtmöglichen Wert $\tilde{S}_l^z = -|\tilde{\boldsymbol{S}}_l| = -S\hbar$ ab (S = Spinquantenzahl). Wir setzen deshalb in den Bewegungsgleichungen generell für alle Werte von l

$$\tilde{S}_l^z \approx -|\tilde{\boldsymbol{S}}_l| = -S\hbar \tag{24.49}$$

und erhalten, wenn wir quadratisch kleine Glieder weglassen,

$$\begin{aligned}
\frac{d\tilde{S}_l^x}{dt} &= -\frac{g\,\mu_B H}{\hbar}\tilde{S}_l^y - \frac{2AS}{\hbar}[2\tilde{S}_l^y - \tilde{S}_{l-1}^y - \tilde{S}_{l+1}^y] \\
\frac{d\tilde{S}_l^y}{dt} &= \frac{g\,\mu_B H}{\hbar}\tilde{S}_l^x + \frac{2AS}{\hbar}[2\tilde{S}_l^x - \tilde{S}_{l-1}^x - \tilde{S}_{l+1}^x] \\
\frac{d\tilde{S}_l^z}{dt} &= 0\,,
\end{aligned} \tag{24.50}$$

wobei $H^x = H^y = 0$, $H^z = H$ benutzt ist.

Die letzte Gl. (24.50) bedeutet, daß die z-Komponente jedes Spins während der Bewegung konstant bleibt. Für die beiden ersten Gleichungen setzen wir *Bloch-Wellen* längs $\boldsymbol{t}$ als Lösungen an ($\boldsymbol{d}$ = Basisvektor der Spinkette, siehe Abb. 24.11a, S. 262):

$$\begin{aligned}
\tilde{S}_l^x &= \tilde{S}^x\, e^{-i(\omega t - l\boldsymbol{k}\boldsymbol{d})} \\
\tilde{S}_l^y &= \tilde{S}^y\, e^{-i(\omega t - l\boldsymbol{k}\boldsymbol{d})}
\end{aligned} \tag{24.51}$$

mit noch unbekannten Amplituden $\tilde{S}^x$, $\tilde{S}^y$, Wellenvektoren $\boldsymbol{k}$ (Spinwellenlängen $\lambda = 2\pi/|\boldsymbol{k}| \geqq 2\cdot d$) und Frequenzen ω. Der Wellenvektor kann auf die 1. *Brillouinzone* beschränkt bleiben, so daß

$$-\pi < \boldsymbol{k}\boldsymbol{d} \leqq \pi \tag{24.52}$$

und wegen der Randbedingungen $\tilde{\boldsymbol{S}}_{l+N} = \tilde{\boldsymbol{S}}_l$ (N = gerade)

$$\boldsymbol{k}\boldsymbol{d} = z\cdot\frac{2\pi}{N}\,, \qquad z = 0, \pm 1, \ldots, \overset{+}{(-)}\frac{N}{2}\,. \tag{24.53}$$

Da N beliebig groß gewählt werden kann, darf $\boldsymbol{k}$ als kontinuierliche Variable behandelt werden. Einsetzen von (24.51) in (24.50) gibt die beiden linearen Gleichungen

$$\begin{aligned}
i\,\omega\,\tilde{S}^x - \beta\,\tilde{S}^y &= 0 \\
\beta\,\tilde{S}^x + i\,\omega\,\tilde{S}^y &= 0
\end{aligned} \tag{24.54}$$

mit

$$\beta = \frac{g\,\mu_B H}{\hbar} + \frac{4AS}{\hbar}(1 - \cos\boldsymbol{k}\boldsymbol{d}) \tag{24.54'}$$

für $\tilde{S}^x$ und $\tilde{S}^y$, die nichttriviale Lösungen nur haben, wenn die Koeffizientendeterminante verschwindet. Aus dieser Forderung folgt sofort das *Dispersionsgesetz* $\omega^2 = \beta^2$, d.h., wenn wir nur positive ω zulassen,

$$\hbar\,\omega = \hbar\,|\beta| = g\,\mu_B H + 4AS(1 - \cos\boldsymbol{k}\boldsymbol{d})\,, \tag{24.55}$$

das angibt, wie die Frequenz ω vom Wellenvektor $\boldsymbol{k}$ abhängt (Abb. 24.10). Es gibt also *einen Dispersionszweig*[117].

Aufgabe 24.4. Diskutiere Phasen- und Gruppengeschwindigkeit der Spinwellen der Kette in Analogie zu den Aufgaben 8.3/4 für Kettenschwingungen.

Die Frequenzen liegen oberhalb der *Larmorfrequenz* $g\,\mu_B H/\hbar$ und wachsen mit dem Austauschintegral und der Spinquantenzahl.

[117] Jeder Spin hat nur *einen* die Energie bestimmenden Freiheitsgrad, nämlich die Öffnung des Präzessionskegels und es gibt nur *einen* Spin in der Zelle. Der analoge Fall bei den Schwingungen wäre eine A-Kette mit nur longitudinalen Schwingungen.

In der Nähe von $\boldsymbol{k} = 0$, d.h., wenn $\cos \boldsymbol{k d} \approx 1 - (\boldsymbol{k d})^2/2$, wird

$$\hbar \omega \approx g \mu_B H + 2 A S (\boldsymbol{k d})^2 , \tag{24.56}$$

d.h., die Frequenz wächst wie k^2.

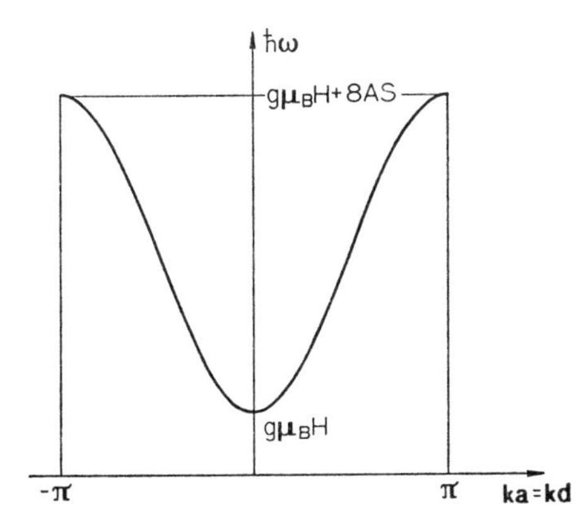

Abb. 24.10. Dispersionskurve einer linearen Spinkette mit isotropem Austausch. 1. Brillouinzone

Einsetzen von (24.55) in (24.54) gibt das *Amplitudenverhältnis*

$$\tilde{S}^y = i \tilde{S}^x , \tag{24.57}$$

$$|\tilde{S}^y| = |\tilde{S}^x| = \tilde{S}^\perp , \tag{24.57'}$$

d.h. $\tilde{S}_l^x$ und $\tilde{S}_l^y$ sind von gleichem Betrag $\tilde{S}^\perp$ und um $- \pi/2$ phasenverschoben, jeder Vektor $\tilde{S}_l$ präzediert um die $(- z)$-Achse mit der Frequenz ω, wobei die *Amplitude*[118] $\tilde{S}^\perp$ konstant bleibt (Abb. 24.11 a) und der Drehsinn durch (24.46) und (24.51/57) festgelegt ist. Wegen

$$\begin{aligned} \tilde{S}_{l+1}^x &= \tilde{S}_l^x e^{i \boldsymbol{k d}} = \tilde{S}_l^x e^{-i(-\boldsymbol{k d})} , \\ \tilde{S}_{l+1}^y &= \tilde{S}_l^y e^{i \boldsymbol{k d}} = \tilde{S}_{l+1}^x e^{-i(-\pi/2)} \end{aligned} \tag{24.58}$$

sind zwei *benachbarte Spins* in ihrer Präzession um den Winkel $- \boldsymbol{k d}$ gegeneinander *phasenverschoben.*

Der Neigungswinkel σ zwischen Nachbarspins (vgl. Abb. 24.11 b) ist dann gegeben durch

$$\sin \frac{\sigma}{2} = \frac{\tilde{S}^\perp}{S \hbar} \sin \frac{|\boldsymbol{k d}|}{2} , \tag{24.59}$$

so daß

$$\cos \sigma = 1 - 2 \left(\frac{\tilde{S}^\perp}{S \hbar} \right)^2 \sin^2 \frac{\boldsymbol{k d}}{2} . \tag{24.60}$$

Der Neigungswinkel ist also nach unserer Voraussetzung $\tilde{S}^\perp / S \hbar \ll 1$ (vgl. (24.48/49)) immer klein. Er ist Null für $\boldsymbol{k} = 0$ und wächst mit $|\boldsymbol{k}|$. Bei $\boldsymbol{k} = 0$ stehen also alle Spins (und damit auch alle Momente) untereinander parallel, d.h. der Gesamtspin (das gesamte makroskopische magnetische Moment) präzediert als Ganzes[119] um die Feldrichtung, und zwar nach dem Dispersionsgesetz (24.55) mit der Larmorfrequenz $g \mu_B H / \hbar$. Da σ mit $|\boldsymbol{k}|$ wächst, erfordern Wellen mit größerem $|\boldsymbol{k}|$ nach (24.41) eine größere Arbeit gegen die Austauschkräfte, d.h., die Energie $\hbar \omega$ muß mit $|\boldsymbol{k}|$ zunehmen, in Übereinstimmung mit dem Dispersionsgesetz.

Die *Energie* der Welle je Großperiode von N Spins ist nach (24.44) und (24.48/49)

$$W = \sum_l W_l = W^Z + W^a , \tag{24.61}$$

---

[118] Das heißt die Öffnung des Präzessionskegels.

[119] *Gleichförmige Präzession.* Englisch: *uniform precession.*

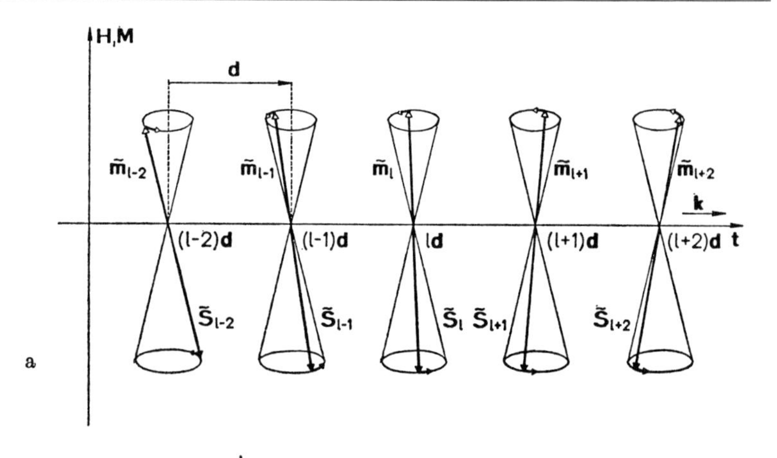

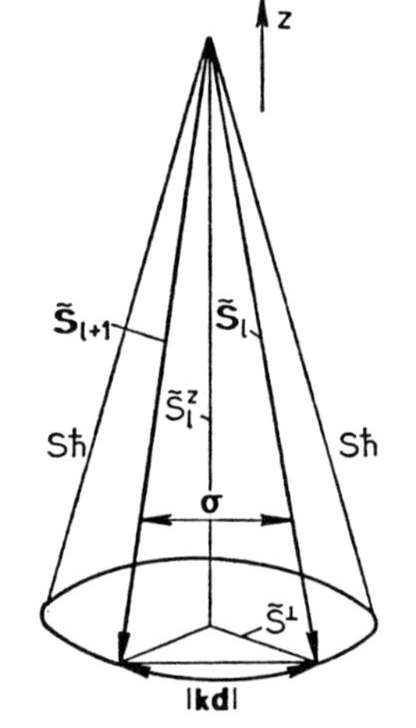

Abb. 24.11. Halbklassische Spinwelle. Magnetisierung senkrecht zur Kette (zu $\boldsymbol{k}$). a) Bewegungsform, b) Zur Ableitung des Neigungswinkels σ zwischen benachbarten Spins

wobei W^Z die *Zeeman-Energie* im äußeren Feld[120]

$$W^Z = \frac{N g \mu_B H \tilde{S}_l^z}{\hbar} = -N g \mu_B H (S^2 - \tilde{S}^{\perp 2}/\hbar^2)^{1/2}$$
$$\approx -N S g \mu_B H \left[1 - \frac{1}{2}\left(\frac{\tilde{S}^{\perp}}{S\hbar}\right)^2\right] \tag{24.62}$$

bedeutet und W^a die *Austauschenergie*[120, 121] nach (24.41)

$$W^a = -\frac{N}{2} 4 A S^2 \cos\sigma,$$

d.h. mit (24.60)

$$W^a = -2NAS^2 + 4NA(\tilde{S}^{\perp}/\hbar)^2 \sin^2 \boldsymbol{k}\boldsymbol{d}/2$$
$$= -2NAS^2 + 2NA(\tilde{S}^{\perp}/\hbar)^2(1 - \cos \boldsymbol{k}\boldsymbol{d}) \tag{24.63}$$

ist. Mit dem Dispersionsgesetz (24.55) wird das zu

$$W^a = -2NAS^2 - \frac{N g \mu_B H}{2S}\left(\frac{\tilde{S}^{\perp}}{\hbar}\right)^2 + \frac{N}{2S}\left(\frac{\tilde{S}^{\perp}}{\hbar}\right)^2 \hbar\omega(\boldsymbol{k}), \tag{24.64}$$

so daß die Gesamtenergie wegen (24.62) gleich

$$W = W^Z + W^a = -NSg\mu_B H - 2ANS^2 + \frac{N}{2S}\left(\frac{\tilde{S}^{\perp}}{\hbar}\right)^2 \hbar\omega(\boldsymbol{k}) \tag{24.65}$$

oder

$$W = W(0) + n_{\boldsymbol{k}} \hbar\omega(\boldsymbol{k}) \tag{24.66}$$

[120] Wir rechnen mit klassischen Spins, also $\mathscr{H} = W$. Wegen der Translationssymmetrie sind alle W_l gleich groß (vgl. Abb. 24.11 b).

[121] Jede Wechselwirkung darf nur einmal gezählt werden, also Faktor 1/2.

wird. Dabei ist

$$W(0) = -NSg\mu_B H - 2NAS^2 \tag{24.67}$$

die Energie des *Grundzustandes*, die sich für $\tilde{S}^\perp = 0$ ergibt. Hier ist also $\tilde{S}_l^z = -|\tilde{\boldsymbol{S}}_l| = -S\hbar$, d.h., alle Spins sind antiparallel zum Magnetfeld ausgerichtet[122]. Das zweite Glied von (24.65/66) ist die für die *Anregung* einer Spinwelle der Frequenz $\omega(\boldsymbol{k})$ aufgewendete Energie. Da die Spinwellen als harmonische Oszillatoren angesetzt und also gequantelt sind, ist sie ein Vielfaches der *Magnonenenergie* $\hbar\omega(\boldsymbol{k})$, d.h., die *Magnonenquantenzahl* $n_{\boldsymbol{k}}$ ist die Anzahl der je Großperiode angeregten Magnonen der Frequenz $\omega(\boldsymbol{k})$. Sie hängt mit der Amplitude $\tilde{S}_{\boldsymbol{k}}^\perp$ der klassischen Spinwelle durch die Gleichung

$$\frac{N}{2S}\left(\frac{\tilde{S}_{\boldsymbol{k}}^\perp}{\hbar}\right)^2 = n_{\boldsymbol{k}} \tag{24.68}$$

zusammen. Bei gegebenem $n_{\boldsymbol{k}}$ ist also die klassische Amplitude $\tilde{S}_{\boldsymbol{k}}^\perp$ (d.h. die Öffnung des Präzessionskegels) um so kleiner, je größer N gewählt, d.h., auf je mehr Spins die Energie $\hbar\omega(\boldsymbol{k})$ „verteilt" wird.

Sind Spinwellen mit verschiedenen Wellenzahlen (Frequenzen) angeregt, so sind ihre Energien zu addieren:

$$W = W(0) + \sum_{\boldsymbol{k}} n_{\boldsymbol{k}} \cdot \hbar\omega(\boldsymbol{k}), \tag{24.69}$$

in der linearen Näherung überlagern sich verschiedene Magnonen (ebenso wie Phononen) ohne gegenseitige Störung.

Parallel zu der Erhöhung der Energie durch Anregung einer Spinwelle der Frequenz $\omega(\boldsymbol{k})$ geht eine *Erniedrigung des Spins* und des *magnetischen Moments*. Ist nämlich im Grundzustand die z-Komponente eines (klassischen!) Spins nach (24.67) gleich dem negativen Betrag $-S\hbar$, so ist sie in einer Spinwelle der Amplitude $\tilde{S}^\perp$ nur noch (vgl. (24.48) und Abb. 24.11 b) gleich

$$\tilde{S}_l^z = -(S^2\hbar^2 - \tilde{S}^{\perp 2})^{1/2} \approx -S\hbar\left[1 - 2\left(\frac{\tilde{S}^\perp}{2S\hbar}\right)^2\right] \tag{24.70}$$

oder mit (24.68)

$$\tilde{S}_l^z = -\hbar\left(S - \frac{n_{\boldsymbol{k}}}{N}\right) \tag{24.71}$$

und insgesamt in einer Großperiode gleich[123]

$$\sum_{l=1}^{N} \tilde{S}_l^z = -\hbar(NS - n_{\boldsymbol{k}}). \tag{24.72}$$

Dann wird mit (24.42) und (24.72) das spontane magnetische Moment in z-Richtung gleich

$$M_s = \sum_{l=1}^{N} \tilde{m}_l^z = -\frac{g\mu_B}{\hbar}\sum_{l=1}^{N} \tilde{S}_l^z = g\mu_B(NS - n_{\boldsymbol{k}}), \tag{24.73}$$

$$M_s = M_s(0) - n_{\boldsymbol{k}} \cdot g\mu_B. \tag{24.74}$$

Sind Spinwellen mit verschiedenen $\omega(\boldsymbol{k})$ angeregt, so ist

$$\sum_{l=1}^{N} \tilde{S}_l^z = -\hbar\left(NS - \sum_{\boldsymbol{k}} n_{\boldsymbol{k}}\right), \tag{24.75}$$

$$M_s = M_s(0) - g\mu_B \sum_{\boldsymbol{k}} n_{\boldsymbol{k}}, \tag{24.76}$$

wobei $\sum_{\boldsymbol{k}} n_{\boldsymbol{k}}$ die Gesamtzahl der angeregten Magnonen in einer

[122] Anwendung von (24.44) auf diesen Zustand gibt sofort (24.67).

[123] Denselben Eigenwert liefert auch die exakte quantentheoretische Theorie. Nur deshalb darf unsere halbklassische anschauliche Beschreibung benutzt werden.

Großperiode ist. Je Großperiode wird also bei Anregung eines Magnons der Betrag des gesamten Spins um $1 \cdot \hbar$ und das magnetische Moment um $1 \cdot g\mu_B$ kleiner, gleichgültig, wie groß die Magnonenenergie $\hbar\omega(\boldsymbol{k})$ ist. Diese Änderungen werden gleichmäßig auf *alle* N Spins verteilt[124] und *nicht* durch Umklappen *eines* Spins erreicht. Da ohne äußeres Feld das Magnonenspektrum bei $\hbar\omega(0) = 0$ beginnt, können in diesem Fall schon bei beliebig kleinen Temperaturen Magnonen thermisch angeregt, d. h. Gesamtspin und Magnetisierung verkleinert werden.

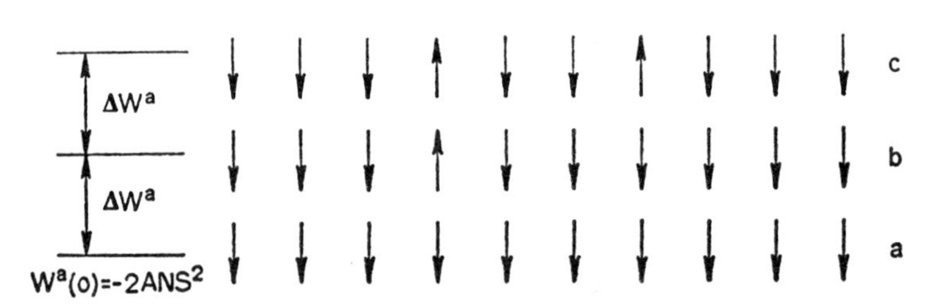

Abb. 24.12. Grundzustand a) und angeregte Zustände b), c) einer Spinkette mit $S = 1/2$ nach dem Molekularfeldmodell. Die angeregten Zustände sind hoch entartet (kein äußeres Feld)

Demgegenüber werden in der *Molekularfeldtheorie* die nächsthöheren möglichen Energiezustände über dem Grundzustand (bei $S = \frac{1}{2}$) durch Umklappen eines, eines zweiten, usw. Spins (Abb. 24.12) erreicht, wozu jeweils dieselbe[125] endliche Energie ΔW^a (Aufgabe 24.5) gebraucht wird. Es ergibt sich also ein diskretes Energieschema, dessen Niveaus erst bei endlicher Temperatur angeregt werden können. Somit ist es also mit weniger Energie möglich, in einer Spinwelle *alle* Spins etwas gegeneinander zu neigen, als *einen* Spin gegen das Molekularfeld, d.h. gegen fast alle anderen Spins umzuklappen[126]. Bei $T \approx 0$ K ist die Spinwellennäherung besser als die Molekularfeldnäherung.

Dem entspricht der folgende quantentheoretische Sachverhalt: Wir betrachten eine Großperiode mit N gleichen Atomen an den Plätzen $\boldsymbol{t}_l = l\boldsymbol{d}$ $(l = 1, \ldots, N)$ vom Spin $S = \frac{1}{2}$ in einem äußeren Magnetfeld parallel z. Die Zustände mit $m_s = \pm\frac{1}{2}$ des l-ten Atoms seien $\varphi_+(l)$ und $\varphi_-(l)$. Ohne Wechselwirkung zwischen den Spins ist der geordnete Zustand

$$\varphi_0 = \varphi_-(1)\,\varphi_-(2)\cdots\varphi_-(l)\cdots\varphi_-(N) \tag{24.76'}$$

der Grundzustand der Großperiode. Im tiefsten angeregten Zustand ist der Spin irgendeines, z.B. des l-ten, Atoms umgeklappt, d.h. es ist

$$\varphi_l = \varphi_-(1)\cdots\varphi_-(l-1)\,\varphi_+(l)\,\varphi_-(l+1)\cdots\varphi_-(N)\,, \tag{24.76''}$$

wobei die N Zustände φ_l $(l = 1, \ldots, N)$ miteinander entartet sind. Wird jetzt die Heisenberg-Austauschkopplung als Störung eingeführt, so wird diese Entartung aufgehoben, und die Zustände werden Linearkombinationen

$$\Phi(\boldsymbol{k}) = N^{-1/2}\sum_l C_l\,\varphi_l \tag{24.76'''}$$

mit (hier ohne Beweis)

$$C_l = e^{-i(\omega t - \boldsymbol{k}\boldsymbol{t}_l)}\,.$$

Diese Zustände haben Wellencharakter mit Frequenzen $\omega = \omega(\boldsymbol{k})$, die vom Wellenvektor $\boldsymbol{k}$ abhängen. Wegen $|C_l| = 1$ kommen in jedem Zustand $\Phi(\boldsymbol{k})$ alle φ_l mit gleicher Amplitude vor, d.h. jeder der N Spins „ist mit derselben Wahrscheinlichkeit $1/N$ umgeklappt".

Aufgabe 24.5. Berechne bei $H = 0$ die Umklappenergie für einen Spin in einer Kette von ausgerichteten Spins ($S = \frac{1}{2}, g = 2$) bei Austauschwechselwirkung zwischen nächsten Nachbarn plus Dipol-Dipol-Kopplung. Die Orientierungsrichtung sei a) senkrecht, b) parallel zur Kettenrichtung.

Aufgabe 24.6. Berechne für eine Kette mit Großperioden $N\boldsymbol{d} = \boldsymbol{L}$ und der Dispersion (24.55) die Zustandsdichte $D(\omega)$ der Spinwellen.

Aufgabe 24.7. Berechne mit Hilfe von $D(\omega)$ (Aufgabe 24.6) die Energiedichte $L^{-1}W$, die Spindichte $L^{-1}\sum_l \tilde{S}_l^z$ und die Magnetisierung $L^{-1}M_s$ als Funktion der Temperatur. Hinweis: Magnonen sind Bosonen, sie gehorchen der Bose-Einstein-Verteilung (10.8).

---

[124] Anschaulich: die Öffnung aller Präzessionskegel wird etwas vergrößert.

[125] Wenn nur wenige von sehr vielen Spins umgeklappt sind, $T \approx 0$ K.

[126] Der Übergang von der Molekularfeldtheorie zum Spinwellenmodell entspricht also anschaulich dem Übergang von der Einsteinschen zur Bornschen Behandlung der Gitterschwingungen.

24.3.2. Spinwellen im Raumgitter

Wir erweitern ohne Beweis zunächst das *Dispersionsgesetz* auf ein unendliches *kubisches* Gitter aus gleichen Spins mit isotroper Austauschwechselwirkung nur zwischen nächsten Nachbarn. Dann tritt an die Stelle von (24.55) die Gleichung

$$\hbar\,\omega(\boldsymbol{k}) = g\,\mu_B H + 2AS \sum_{i=1}^{z} (1 - \cos \boldsymbol{k}\,\boldsymbol{d}_i). \qquad (24.77)$$

z ist die Anzahl der nächstbenachbarten Spins, und die $\boldsymbol{d}_i$ $(i = 1, \ldots, z)$ sind die vom Zentralatom zu diesen Nachbarn führenden Vektoren. Dabei ist $z = 6$ für das primitive, $z = 8$ für das raumzentrierte, $z = 12$ für das flächenzentrierte kubische Gitter. Für genügend kleine Wellenzahlen gilt auch hier ein quadratisches Dispersionsgesetz

$$\hbar\,\omega(\boldsymbol{k}) = g\,\mu_B H + 2ASa^2k^2 = g\,\mu_B H + Dk^2, \qquad (24.78)$$

wobei a jetzt die kubische Gitterkonstante ist[127]. Es existiert bei nur einer Spinsorte (A-Gitter) nur ein Dispersionszweig für jede $\boldsymbol{k}$-Richtung. Baut man die genannten kubischen A-Gitter aus kubischen Zellen mit[128] $s = 1, 2, 4$ gleichen Spins auf und ist N^3 die Anzahl derartiger Elementarzellen in einer Großperiode, so werden die Gln. (24.69/75/76) erweitert zu:

$$W = -sN^3Sg\,\mu_B H - zsN^3AS^2 + \sum_{\boldsymbol{k}} n_{\boldsymbol{k}}\hbar\,\omega(\boldsymbol{k}), \qquad (24.79)$$

$$\sum_l \tilde{S}_l^z = -\hbar\left(sN^3S - \sum_{\boldsymbol{k}} n_{\boldsymbol{k}}\right), \qquad (24.80)$$

$$M_s = g\,\mu_B\left(sN^3S - \sum_{\boldsymbol{k}} n_{\boldsymbol{k}}\right), \qquad (24.81)$$

wobei jeweils die von n_k freien Glieder den Wert bei $T = 0\,\mathrm{K}$ angeben. Diese Erweiterung ist leicht verständlich, da die Anzahl der Spins je Großperiode bei der Kette gleich N, beim Gitter gleich sN^3 ist und jeder Spin nicht 2 sondern z nächste Nachbarn hat.

Enthält die Gitterzelle $s > 1$ wirklich physikalisch verschiedene Spins (ungleiche Atome oder gleiche Atome an ungleichwertigen Plätzen), so ist die Spinstruktur im allgemeinen komplizierter als in einem einfachen Ferromagneten und es existieren auch s Magnonenzweige, (siehe Ziffer 27).

Die allgemeinste Spinbewegung wird dargestellt als Überlagerung der angeregten Spinwellen über den Grundzustand, analog zur linearen Theorie der Phononen. Allerdings bedarf die Frage der *Nullpunktsbewegung* einer Erläuterung.

In unserem halbklassischen Modell stehen die klassischen Spins $\tilde{\boldsymbol{S}}_l$ im Grundzustand streng geordnet antiparallel zur Feldrichtung. Überlagert man diesem Grundzustand die Nullpunktsbewegung aller möglichen Spinwellen, die wir bei der Quantelung (22.66) weggelassen haben[129], so entsteht ein Zustand, in dem die Spins mit unabhängigen Phasen präzedieren. Das ist aber in der Tat der ferromagnetische Grundzustand eines Gitters aus wahren Spins $\boldsymbol{S}_l$ der Länge $\sqrt{S(S+1)}\,\hbar$.

Aufgabe 24.8. Entwickle (24.77) für kleine $\boldsymbol{k}$ und beweise (24.78).

Aufgabe 24.9. Wegen (24.57) liegt es nahe, von vornherein $\tilde{S}_l^{\pm} = \tilde{S}_l^x \pm i\tilde{S}_l^y$ in die Bewegungsgleichungen (24.46) einzuführen. Führe diese Transformation durch und löse die Gleichungen.

127 Ein quadratisches Dispersionsgesetz der Form $\hbar\,\omega = g\,\mu_B H + Dk^2$ gilt bei kleinem k auch für nichtkubische Kristalle, jedoch mit einer anderen Bedeutung des Faktors D.

128 Jedes dieser Gitter kann auch aus Primitivzellen mit $s = 1$ aufgebaut werden, daher nur ein Dispersionszweig!

129 Vergleiche (24.66) mit (8.46)!

24.3.3. Magnonen im thermischen Gleichgewicht

Wir haben bisher die Amplituden $\tilde{S}_{\boldsymbol{k}}^{\pm}$ d.h. nach (24.69) die Magnonenzahl $n_{\boldsymbol{k}}$ in einer Großperiode so klein angenommen, daß nichtlineare Glieder in den Bewegungsgleichungen vernachlässigbar sind. Nur dann sind die *Magnonen separierbar* und existieren mit beliebig großer Lebensdauer. Berücksichtigt man nun die *nichtlineare* Kopplung, so gilt das in Ziffer 8.5 für Phononen Gesagte entsprechend für Magnonen. Insbesondere laufen *Umwandlungsprozesse* (Zerfall und Zusammenstöße) von Magnonen ab, die für die Einstellung einer *Magnonentemperatur* sorgen. Damit diese sich mit der Phononen- oder Schwingungstemperatur ins Gleichgewicht setzen kann, müssen auch Umwandlungsprozesse zwischen Magnonen und *Phononen* möglich sein. Alle derartigen Prozesse laufen ab unter Befolgung des Energiesatzes (8.48) und des Erhaltungssatzes (8.49), in dem einer oder mehrere der $\boldsymbol{q}$-Vektoren nach Bedarf durch Wellenvektoren $\boldsymbol{k}$ von Magnonen zu ersetzen sind.

Ferner treten die Magnonen auch mit den *Elektronenzuständen* in Wechselwirkung, ebenfalls in voller Analogie zu den Phononen, d.h. zu den Elektronenzuständen addieren sich neben Phononen auch Magnonen, und diese beteiligen sich auch an Relaxationsprozessen und sorgen also ebenfalls für die thermische Besetzung aller im Gitter vorhandenen Energieniveaus. Im folgenden denken wir uns das thermische Gleichgewicht immer bereits eingestellt.

Wir betrachten als Beispiel einen *kubischen Kristall*, der nur *gleichartige Spins* enthalten soll und in dem wir Großperioden aus $N_1 \cdot N_2 \cdot N_3 = N^3$ kubischen Elementarzellen der Größe a^3 wählen. Die Komponenten der vorkommenden Wellenvektoren müssen den Periodizitätsbedingungen

$$\begin{aligned} k_x a &= z_1 \cdot 2\pi/N \\ k_y a &= z_2 \cdot 2\pi/N \\ k_z a &= z_3 \cdot 2\pi/N \end{aligned} \tag{24.90}$$

mit

$$z_i = 0, \pm 1, \ldots, \pm N/2 \qquad (i = 1, 2, 3)$$

genügen[130]. Das sind, da z_1, z_2, z_3 unabhängig je N Werte durchlaufen, N^3 Wellenvektoren[131], deren Spitzen auf einem primitiv kubischen Punktgitter mit dem Punktabstand $2\pi/Na$ liegen und die symmetrisch um den Nullpunkt gelegte, ebenfalls kubische Einheitszelle (Kantenlänge $2\pi/a$) des Fouriergitters gerade ausfüllen. Innerhalb einer Kugelschale zwischen den Radien $k = |\boldsymbol{k}|$ und $k + dk$, die ganz im Innern der Einheitszelle liegen soll ($k < \pi/a$), befinden sich also die Gitterpunkte von

$$\begin{aligned} dZ &= \frac{4\pi}{3} [(k + dk)^3 - k^3]/(2\pi/Na)^3 \\ &= 4\pi (Na/2\pi)^3 k^2 \, dk = D(k) \, dk \end{aligned} \tag{24.91}$$

$\boldsymbol{k}$-Vektoren. Dies ist schon gleich der *Anzahl der Spinwellenzustände*, da nur ein Dispersionszweig für jede $\boldsymbol{k}$-Richtung existiert. Beschränkt man sich auf tiefe Temperaturen, bei denen nur Magnonen mit kleinen k angeregt sind, so gilt (24.78) und somit in dem uns hier allein interessierenden feldfreien Fall $H = 0$:

$$dZ = D(\omega) d\omega = D(k) \frac{dk}{d\omega} d\omega \tag{24.92}$$

mit der *Zustandsdichte*

$$D(\omega) = \frac{N^3}{4\pi^2} \left(\frac{\hbar}{2AS}\right)^{3/2} \omega^{1/2}. \tag{24.93}$$

[130] Anwendung von (24.53) auf jede der drei Raumrichtungen, mit der Periode a statt d.

[131] Also ein Wellenvektor je Einheitszelle der Großperiode des Raumgitters.

Nach Gl. (10.8)[132] sind bei der Temperatur T im thermodynamischen Gleichgewicht insgesamt[133]

$$\sum_{\boldsymbol{k}} n_{\boldsymbol{k}} = \int \bar{n}_{\boldsymbol{k}} D(\omega)\,d\omega = \int \frac{D(\omega)\,d\omega}{e^{\hbar\omega/k_B T}-1} = \frac{N^3}{4\pi^2}\left(\frac{\hbar}{2AS}\right)^{3/2}\int \frac{\omega^{1/2}\,d\omega}{e^{\hbar\omega/k_B T}-1} \tag{24.94}$$

Magnonen angeregt, wobei das Integral über den im Dispersionsgesetz enthaltenen Frequenzbereich $\omega(k) \leqq \omega(\pi/a)$ zu erstrecken ist. Da aber bei tiefen Temperaturen der Integrand mit wachsendem ω sehr schnell gegen Null geht, darf ohne großen Fehler bis $\omega \to \infty$ integriert werden, so daß mit $x = \hbar\omega/k_B T$

$$\sum_{\boldsymbol{k}} n_{\boldsymbol{k}} = \frac{N^3}{4\pi^2}\left(\frac{k_B T}{2AS}\right)^{3/2}\int_0^\infty \frac{x^{1/2}dx}{e^x-1} \tag{24.95}$$

ist. Das Integral hat den Wert $\Gamma(3/2)\cdot\zeta(3/2) = 0{,}0587\cdot 4\pi^2$. Andererseits ist die Gesamtzahl von Spins in der Großperiode gleich sN^3, wobei $s = 1, 2, 4$ im kubisch-primitiven, — raumzentrierten und -flächenzentrierten Gitter ist[134], und das *magnetische Moment* nach (24.81) am Nullpunkt gleich

$$M_s(0) = sN^3 g\,\mu_B S \tag{24.96}$$

und bei der Temperatur T gleich

$$M_s(T) = M_s(0) - g\,\mu_B \sum_{\boldsymbol{k}} n_{\boldsymbol{k}} \tag{24.97}$$

ist. Mit (24.95) folgt also

$$M_s(T) - M_s(0) = -\,0{,}0587\,g\,\mu_B \frac{N^3 s}{s}\left(\frac{k_B T}{2AS}\right)^{3/2}, \tag{24.98}$$

oder die relative Magnetisierungsänderung

$$\frac{M_s(0)/V - M_s(T)/V}{M_s(0)/V} = \frac{0{,}0587}{sS}\left(\frac{k_B T}{2AS}\right)^{3/2}. \tag{24.99}$$

Dies ist das berühmte *Blochsche $T^{3/2}$-Gesetz* [F. Bloch, 1931].

Es gibt im Gegensatz zur Molekularfeldtheorie die experimentelle T-Abhängigkeit (24.31) in 1. Näherung richtig wieder, wobei

$$\frac{0{,}0587}{sS}\left(\frac{k_B}{2AS}\right)^{3/2} = C_{3/2} \tag{24.100}$$

ist. Mit dieser Beziehung kann die Austauschkonstante A experimentell über $C_{3/2}$ bestimmt werden.

Für Ni ist ($S = \frac{1}{2}$, $s = 4$, $C_{3/2} = 7{,}5\cdot 10^{-6}\,\mathrm{K}^{-3/2}$)

$$A_{Ni} = k_B \cdot 248\,\mathrm{K} = 2{,}14\cdot 10^{-2}\,\mathrm{eV}, \tag{24.101}$$

ein Wert, mit dem sich der aus der Molekularfeldtheorie für isolierte Momente bestimmte Wert (24.23) nur in Übereinstimmung bringen läßt, wenn man $g = 2{,}82$ setzt, was dem aus der Sättigungsmagnetisierung bestimmten Wert $g = 1{,}2$ widerspricht. Man sieht hier noch einmal die Schwierigkeiten, das magnetische Verhalten von metallischem Ni auf lokalisierte Spins und Momente zurückzuführen.

Eine weitere Bestimmungsmöglichkeit für A ergibt sich aus der *spezifischen Wärme* des Spinsystems bei sehr tiefen Temperaturen.

[132] Magnonen gehorchen ebenso wie Photonen und Phononen der Bose-Einstein-Statistik, sie sind Bosonen.

[133] Um Verwechslungen mit der Wellenzahl k zu vermeiden, bezeichnen wir die Boltzmann-Konstante hier mit k_B.

[134] Wir haben oben zur Abzählung der vorkommenden $\boldsymbol{k}$-Vektoren kubische Zellen mit den angegebenen s-Zahlen benutzt, weil das einfacher ist als die Benutzung der nichtkubischen Elementarzellen mit $s = 1$. Trotzdem gibt es natürlich nur einen Magnonenzweig!

Für die Magnonenenergie in einer Großperiode folgt in Analogie zu (24.94/95) aus (24.79)

$$W^a(T) = W^a(0) + \int \bar{n}_{\boldsymbol{k}} D(\omega) \cdot \hbar\,\omega\, d\omega$$

$$= W^a(0) + \frac{N^3}{4\pi^2} \frac{(k_B T)^{5/2}}{(2AS)^{3/2}} \int\limits_0^\infty \frac{x^{3/2} dx}{e^x - 1}. \tag{24.102}$$

Das Integral hat den Wert $\Gamma(5/2) \cdot \zeta(5/2) = 1{,}783$. Der Beitrag der Magnonen zur Wärmekapazität einer Großperiode wird also

$$C_M = \frac{dW^a(T)}{dT} = \frac{5 \cdot 1{,}783 \cdot N^3 k_B}{8\pi^2} \left(\frac{k_B T}{2AS}\right)^{3/2}, \tag{24.103}$$

oder, wenn wir noch das Volum $V = N^3 a^3$ der Großperiode herausziehen und dadurch auf das Einheitsvolum beziehen:

$$\frac{C_M}{V} = 0{,}113\, k_B \left(\frac{k_B T}{2ASa^2}\right)^{3/2}. \tag{24.104}$$

Fügt man noch die Gitterwärme $C_G/V = bT^3$ hinzu (vgl. (10.39)), so wird die gesamte im Experiment bestimmte Wärmekapazität je Volumeinheit gleich

$$\frac{C}{V} = \frac{C_M}{V} + \frac{C_G}{V} = a\,T^{3/2} + b\,T^3, \tag{24.105}$$

so daß

$$\frac{C}{V} T^{-3/2} = a + b\,T^{3/2} \tag{24.106}$$

eine Gerade über $T^{3/2}$ ergibt, aus deren Ordinatenabschnitt und Steigung die Konstanten a (d.h. A) und b (d.h. Θ) bestimmt werden können. Abb. 27.8, Seite 315 gibt ein Beispiel, allerdings für zwei *ferrimagnetische* Stoffe. Bei diesen ist aber die Energie der langwelligen Magnonen ebenfalls proportional k^2, so daß die hier durchgeführten Überlegungen auch dort gelten (vgl. Ziffer 27.2).

24.3.4. Experimenteller Nachweis von Spinwellen

Obwohl die Spinwellen theoretisch schon vor mehr als 30 Jahren behandelt wurden, konnten sie erst sehr viel später experimentell nachgewiesen werden, und zwar z. T. mit Methoden[136], die analog auch zur Bestimmung von Phononen (Ziffer 9) dienen, wie die *Absorptionsspektroskopie*, die *Überlagerung* von Magnonen über elektronische Übergänge[137], die *Brillouinstreuung* und die *unelastische Neutronenstreuung*. Für letztere gelten wieder die Erhaltungssätze (9.12) für die Energie:

$$\hbar^2 (\boldsymbol{k}_{0n}^2 - \boldsymbol{k}_n'^2)/2m_n = \pm\, \hbar\,\omega\,(\boldsymbol{k}_M) \tag{24.107}$$

und (9.10) für den Wellenvektor

$$\boldsymbol{k}_{0n} - \boldsymbol{k}_n' = \pm\, \boldsymbol{k}_M + m\boldsymbol{g}_{hkl}, \tag{24.108}$$

wenn $\boldsymbol{k}_{0n}$, $\boldsymbol{k}_n'$, $\boldsymbol{k}_M$ die Wellenvektoren des eingestrahlten und des gestreuten Neutrons sowie des angeregten oder vernichteten (Vorzeichen + oder − in (24.107/108)) Magnons sind.

Ein Beispiel zeigt Abb. 24.13. Sowohl das quadratische Dispersionsgesetz wie die (kleine) Energielücke $g\,\mu_B H^{\text{eff}}$, die wir formal durch ein effektives Feld H^{eff} beschreiben, werden beobachtet, ebenso die in (24.78) ausgedrückte Unabhängigkeit von der Richtung von $\boldsymbol{k}_M$.

Eine spektroskopische Nachweismethode ist die durch *ferromagnetische Resonanz*. Hier befindet sich ein Probenellipsoid end-

[136] Abgesehen vom Nachweis aus der T-Abhängigkeit von Magnetisierung und spezifischer Wärme, siehe Ziffer 24.3.3.

[137] Analog zu Abb. 9.21.

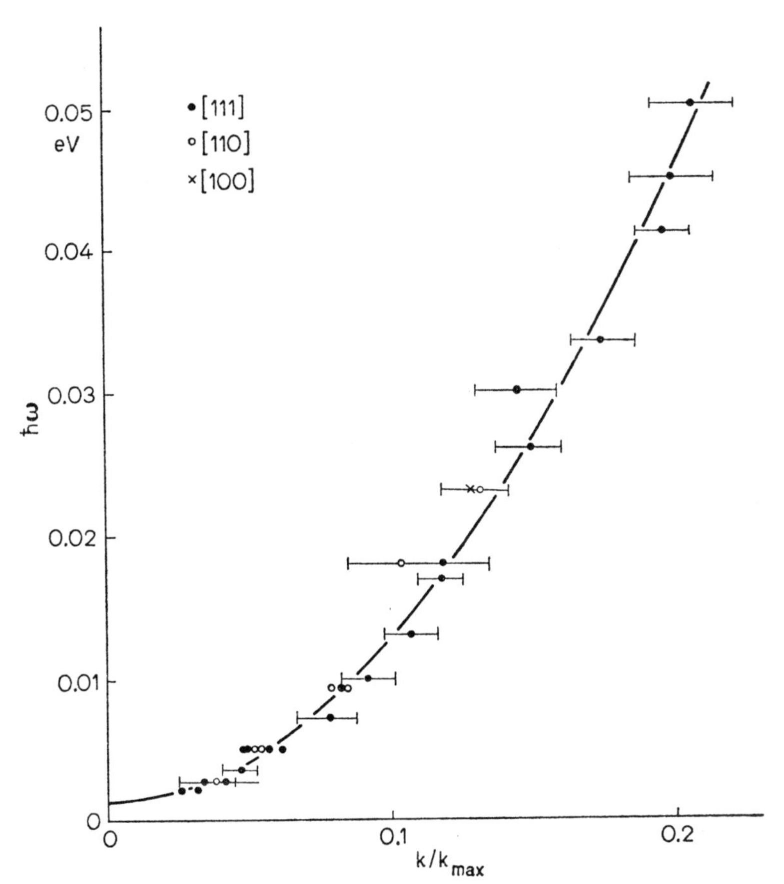

Abb. 24.13. Mit unelastischer Neutronenstreuung bestimmtes Magnonenspektrum einer Kobalt-Eisen-Legierung (92 Co, 8 Fe, kubisch flächenzentriert) in der Nähe von $k=0$. Zimmertemperatur. (Nach Sinclair u. Brockhouse, 1960)

licher Größe im Hohlraum eines Mikrowellenspektrometers, und man beobachtet Absorption, wenn die Mikrowellenfrequenz ω gleich der Magnonenfrequenz $\omega(\boldsymbol{k})$ ist. Die Probe sei so klein, daß nicht nur das statische äußere Feld H^{ext}, sondern auch das Mikrowellenfeld in der Probe homogen ist. Wir nehmen eine spezielle Lage mit einer Achse des Ellipsoids parallel zum Außenfeld (z-Achse) an. Wegen der starken ferromagnetischen Magnetisierung (wir setzen $T \ll T_C$ voraus) wird das entmagnetisierende Feld sehr wichtig. Machen wir zunächst noch die Voraussetzung, daß auch die Magnetisierung homogen sei (was nur für die statische Magnetisierung und für die gleichförmige Präzession, nicht aber für Spinwellen mit $\boldsymbol{k} \neq 0$ der Fall ist), so wirkt auf jeden klassischen Spin ein effektives Feld (22.43) das sich aus dem isotropen Austauschfeld (22.25)[139] und dem lokalen Feld (22.16) zusammensetzt. Setzen wir noch *kubische* Struktur oder statistische *Isotropie* voraus, so verschwindet die Summe in (22.16) und an die Stelle des äußeren Feldes in der Bewegungsgleichung tritt das lokale Feld (22.17)

$$\boldsymbol{H}^{\text{lok}} = \boldsymbol{H}^{\text{int}} + \frac{1}{3\mu_0}\frac{\boldsymbol{M}}{V}, \tag{24.109}$$

wobei

$$H_x^{\text{int}} = H_y^{\text{int}} = 0, \quad H_z^{\text{int}} = H^{\text{ext}} - \frac{N_z M_z}{\mu_0 V} \tag{24.110}$$

[139] Ist der Austausch anisotrop, so kann diese Anisotropie durch ein zusätzliches Anisotropiefeld $\boldsymbol{H}^{\text{an}}$ berücksichtigt werden.

ist. Das innere Feld steht also in z-Richtung, während das Lorentz-Feld $\frac{1}{3\mu_0}\frac{\boldsymbol{M}}{V}$ parallel zu $\boldsymbol{M}$ steht. Wir haben demnach die Bewegungsgleichung (analog zu (24.45)) für den Spin $\tilde{\boldsymbol{S}}_l$

$$\frac{d\tilde{\boldsymbol{S}}_l}{dt} = -\frac{g\,\mu_B}{\hbar}\,\tilde{\boldsymbol{S}}_l \times \left(\boldsymbol{H}^{\text{int}} + \frac{1}{3\mu_0}\frac{\boldsymbol{M}}{V} + \boldsymbol{H}_l^a\right). \tag{24.111}$$

Da homogene Magnetisierung vorausgesetzt ist, stehen die klassischen Spins antiparallel zur Magnetisierung, d.h. es ist $\tilde{\boldsymbol{S}}_l \times \boldsymbol{M}/V = 0$ und (24.111) geht über in

$$\frac{d\tilde{\boldsymbol{S}}_l}{dt} = -\frac{g\mu_B}{\hbar}\,\tilde{\boldsymbol{S}}_l \times (\boldsymbol{H}^{\text{int}} + \boldsymbol{H}_l^a)\,. \tag{24.112}$$

Diese Bewegungsgleichung unterscheidet sich von der bisher für das unbegrenzte Medium benutzten nur dadurch, daß $\boldsymbol{H}^{\text{int}}$ anstelle von $\boldsymbol{H}^{\text{ext}} = \boldsymbol{H}$ steht[140]. Ihre Lösungen gehorchen also der Dispersionsgleichung (24.78) mit H^{int} statt H. Mit (24.110) wird sie zu

$$\hbar\,\omega(\boldsymbol{k}) = g\,\mu_B(H - N_z M_z/\mu_0 V) + 2AS\,a^2k^2\,. \tag{24.113}$$

Bei der Ableitung dieser Gleichung haben wir allerdings eine schwerwiegende Vernachlässigung gemacht: Sie berücksichtigt nur die homogene Entmagnetisierung in z-Richtung, also das vom statischen Außenfeld über die Pole N und S in Abb. 22.2 erzeugte entmagnetisierende Feld. Nun erzeugt aber eine durch das Ellipsoid laufende Spinwelle selbst auf der ganzen Oberfläche Pole, deren Vorzeichen im Abstand von $\approx \lambda/2$ wechselt. Diese Polverteilung erzeugt ein inhomogenes Entmagnetisierungsfeld im Innern der Probe, das wir vernachlässigt haben. In Wirklichkeit gilt also die erste der beiden Gleichungen (24.110) nicht. Berücksichtigt man das, so kommt man zu folgenden Ergebnissen (hier ohne Beweis):

Fall a) *Spinwellenbereich*, $\lambda \ll d$, $k \gg 2\pi/d$. Die Spinwellenlänge ist klein gegen die Probendimensionen d. Dann heben sich wegen des Vorzeichenwechsels die quer zur z-Achse stehenden Entmagnetisierungsfelder in der Probe auf, abgesehen von einer Oberflächenschicht der kleinen Dicke $\lambda \ll d$, die vernachlässigt werden kann. Man hat also im Innern der Probe laufende Spinwellen, deren Energie in erster Näherung durch die starke Austauschenergie $2ASa^2k^2$ gegeben ist. Solange die Polverteilung symmetrisch ist, d.h. für $\boldsymbol{k}\parallel z$ bleibt sogar (24.113) gültig. Läuft die Spinwelle jedoch schief zur Feldrichtung mit einem Winkel ϑ zwischen $\boldsymbol{H}$ und $\boldsymbol{k}$, so wird (24.113) ersetzt durch die allgemeine Gleichung

$$\begin{aligned}\hbar\,\omega(\boldsymbol{k}) = g\,\mu_B &\left[H - \frac{N_z M_z}{\mu_0 V} + \frac{2A\,S\,a^2\,k^2}{g\,\mu_B}\right]^{1/2} \\ &\cdot\left[H - \frac{N_z M_z}{\mu_0 V} + \frac{2A\,S\,a^2\,k^2}{g\,\mu_B} + \frac{M_z \sin^2\vartheta}{\mu_0 V}\right]^{1/2}.\end{aligned} \tag{24.114}$$

Im Spinwellenbereich, d.h. bei genügend großen $k = \frac{2\pi}{\lambda} \gg \frac{2\pi}{d}$ wird also die Dispersionskurve in ein *Band* aufgefächert, dessen unterer (oberer) Rand gegeben ist durch die Magnonenenergie der Spinwellen mit der Richtung $\vartheta = 0$ ($\vartheta = \pi/2$), siehe Abb. 24.14.

Fall b) *Gleichförmige Präzession*, $\boldsymbol{k} = 0$. Die Präzession des gesamten magnetischen Momentes um die Feldrichtung erzeugt eine Oberflächenpolverteilung, die eine stationäre Komponente in Feldrichtung und eine umlaufende Querkomponente hat, so daß außer

[140] Man erweitere (24.46) auf die Wechselwirkung mit z (statt 2) nächsten Nachbarn!

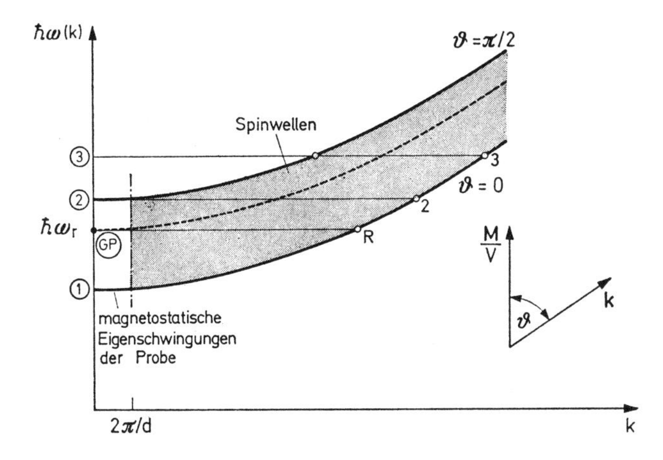

Abb. 24.14. Auffächerung des Magnonenbandes durch Entmagnetisierungsfelder (Dipol-Dipol-Kopplung) und Bereich der magnetostatischen Schwingungen einer ellipsoidförmigen Probe. Äußeres Feld $\boldsymbol{H}$ und eine Ellipsoidachse parallel zur z-Achse. GP = gleichförmige Präzession. Weitere Erläuterungen siehe im Text

N_z auch N_x und N_y auftreten. Die Frequenz wird gegeben durch

$$\omega_r = \frac{g\mu_B}{\hbar}\left[H + \frac{(N_x - N_z)\,M_z}{\mu_0 V}\right]^{1/2}\left[H + \frac{(N_y - N_z)\,M_z}{\mu_0 V}\right]^{1/2} \qquad (24.115)$$

(Kittel, 1948; siehe Aufgabe 24.10). Sie wird durch Resonanz mit der Eigenfrequenz ω eines Mikrowellenspektrometers bestimmt und deshalb hier ω_r genannt. Im unbegrenzten Medium ($N_x = N_y = N_z = 0$) geht $\hbar\omega_r$ in $\hbar\omega(0) = g\mu_B H$, d.h. in die Magnonenenergie (24.78) bei $\boldsymbol{k} = 0$ über.

Fall c) *Magnetostatische Schwingungen*, $k \lesssim 2\pi/d$. Ist die Spinwellenlänge vergleichbar mit den Probendimensionen, so bilden sich im Ellipsoid stehende[142] Wellen aus, d.h. die Entmagnetisierung wird auch im Probeninneren inhomogen und die Magnetisierung führt stehende Eigenschwingungen aus. Die Eigenfrequenzen hängen ebenso wie die Verteilung der Magnetisierung von der Gestalt der Probe ab, auf deren Oberfläche die Randbedingungen für $\boldsymbol{B}$ erfüllt sein müssen. Auch die gleichförmige Präzession gehört als Grenzfall zu den magnetostatischen Schwingungen.

Auch bei dieser Einteilung besteht anschauliche Analogie zu den Gitterschwingungen: den Magnonen im Fall a) entsprechen Phononen im praktisch unbegrenzten Kristall (die wir in Ziffer 8 allein behandelt haben), den magnetostatischen Schwingungen entsprechen Eigenschwingungen eines endlichen Kristalls, z.B. eines piezoelektrischen Schwingquarzes.

Wir behandeln hier nur zwei Anwendungsbeispiele für unsere Überlegungen, nämlich magnetostatische Schwingungen in einer ebenen Platte und die Linienbreite der ferromagnetischen Resonanz als Folge der Magnonenbandbreite.

Die Abb. 24.15 erläutert die Resonanzabsorption durch Anregung *stehender Spinwellen* ($\boldsymbol{k}\,\|\,z$) in einer dünnen Permalloyschicht[143], deren Fläche groß gegen die Dicke ist. Bei diesem Experiment steht das äußere Feld senkrecht zur Schichtdicke, so daß $N_z = 1$, $N_x = N_y = 0$. Es ist also nach (24.113) mit $M_z = M$

$$\hbar\omega(\boldsymbol{k}) = 2ASa^2k^2 + g\mu_B(H - M/\mu_0 V)\,. \qquad (24.116)$$

Bei genügend tiefen Temperaturen $T \ll T_C$ kann

$$M/V \approx M_s(0)/V \qquad (24.117)$$

[142] Daher die Bezeichnung magnetostatische Schwingungen.

[143] Permalloy = polykristalline Legierung aus Fe, Ni und gelegentlich Mo. A bedeutet ein mittleres Austauschintegral.

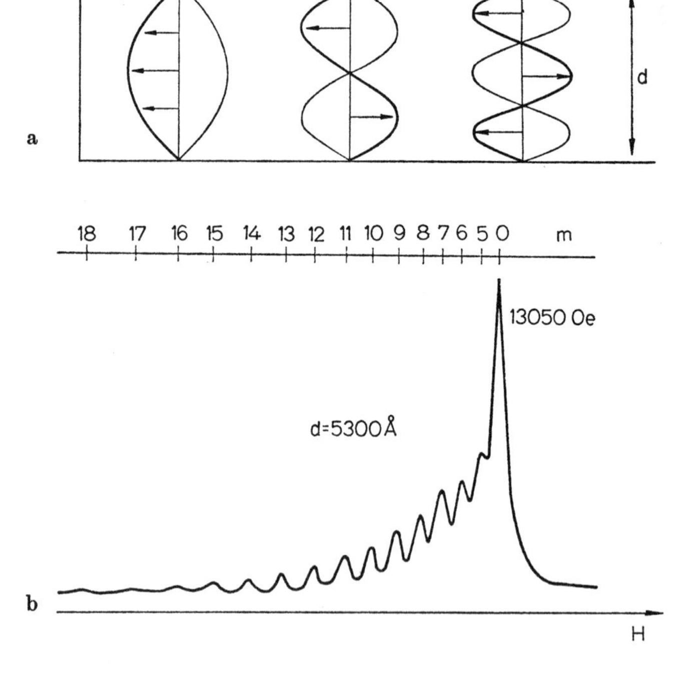

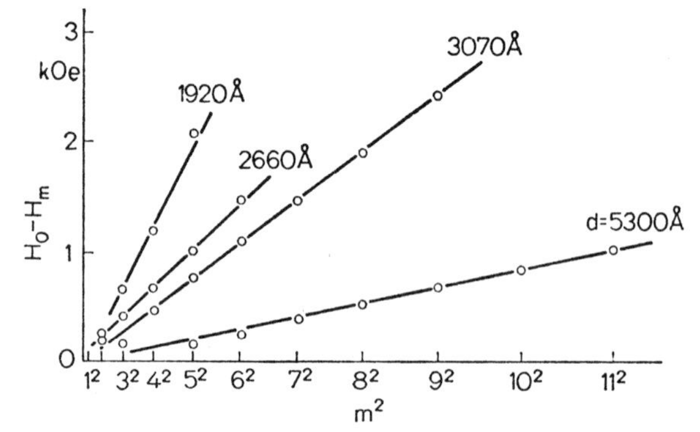

Abb. 24.15. Stehende Spinwellen senkrecht zur Fläche in einer dünnen Permalloy-Schicht. a) Wellenformen, schematisch. b) Resonanzspektrum. $m = 0$ ist die gleichförmige Präzession. $m > 0$ sind magnetostatische Schwingungen (bei dieser Probengeometrie stehende Wellen). Für die Anregung der geraden Ordnungen darf das Mikrowellenfeld in der Schicht nicht homogen sein, da sonst das gesamte schwingende Dipolmoment verschwindet. c) Resonanzfeldstärke als Funktion der Ordnungszahl und Schichtdicke. (Nach Gärtner, 1966)

gesetzt werden. Damit in einer Schicht der Dicke d stehende Spinwellen mit Knoten auf den Oberflächen[144] bestehen können, muß die halbe Wellenlänge „in die Schicht passen" gemäß

$$m\,\lambda/2 = d\,, \qquad m = 0, 1, 2, \ldots,$$

d.h. es kommen nur die Wellenzahlen

$$k = m\,\pi/d \tag{24.118}$$

und damit nur Magnonen der Energien

$$\hbar\,\omega_m = g\,\mu_B\left(H - \frac{M_s(0)}{\mu_0 V}\right) + 2\pi^2 A S m^2 \left(\frac{a}{d}\right)^2 \tag{24.119}$$

vor. Der Fall $m = 0$ bedeutet $\lambda = \infty$, liefert also die gleichförmige Präzession. Resonanz mit der durch die Apparatur vorgegebenen

[144] Durch diese Randbedingung und die Forderung $\boldsymbol{k} \parallel z$ werden die magnetostatischen Schwingungen festgelegt. Die Spins an der Oberfläche werden durch ein Anisotropiefeld festgehalten, da sie nur auf einer Seite Nachbarn haben (Kittel, 1959).

festen[146] Mikrowellenfrequenz ω tritt ein bei

$$\hbar\,\omega_m = \hbar\,\omega\,, \tag{24.119'}$$

d.h. bei den Resonanzfeldstärken $H = H_m$, die nach den beiden vorigen Gleichungen gegeben sind durch

$$\begin{aligned} H_m &= \frac{\hbar\omega}{g\,\mu_B} + \frac{M_s(0)}{\mu_0 V} - \frac{2\pi^2 A\,S\,a^2}{g\,\mu_B\,d^2}\,m^2 \\ &= H_0 - \frac{2\pi^2 A\,S\,a^2}{g\,\mu_B\,d^2}\,m^2\,. \end{aligned} \tag{24.120}$$

Der Faktor $(a/d)^2$ muß möglichst groß, d.h. die Schichtdicke d möglichst klein gemacht werden, damit H_m deutlich von H_0 verschieden wird[147]. Trägt man also die Differenz $H_0 - H_m$ der

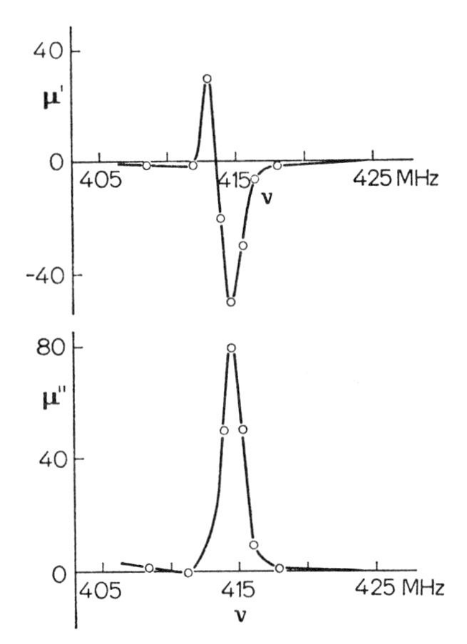

Abb. 24.16. Dispersions- und Absorptionsteil der komplexen Permeabilität $\mu' - i\,\mu''$ von polykristallinem Nickel in Abhängigkeit von der Frequenz bei 20 °C, gemessen an einer flachen Scheibe. Wird mit fester Frequenz und variabler Feldstärke experimentiert, so ergeben sich analoge Kurven über der Feldstärke. Die Halbwertsbreite ist die Breite der Absorptionskurve auf halber Höhe oder der Abstand der Spitzen der Dispersionskurve. (Nach Anderson u. Donovan, 1959)

Resonanzfeldstärken für die Spinwellen nullter und m-ter Ordnung über m^2 auf, so muß sich eine Gerade ergeben, was nach Abb. 24.15c auch erfüllt ist. Ihre Steigung liefert unmittelbar einen Wert für das Austauschintegral A, wenn die Werte von S und g bekannt sind.

Die *Halbwertsbreite* einer Absorptionskurve ist der Abstand der Halbwertspunkte, entweder gemessen bei konstanter Feldstärke H mit variabler Frequenz ($\Delta\nu$, Abb. 24.16) oder bei konstanter Frequenz mit variabler Feldstärke (ΔH, Abb. 24.17/18).

Die Halbwertsbreite (Abb. 24.16) einer ferromagnetischen Resonanzlinie hängt von der *Lebensdauer* des angeregten Zustandes ab, d.h. von der Summe der Wahrscheinlichkeiten aller Prozesse, durch die der angeregte Zustand entvölkert werden kann, falls er durch irgendein Experiment stärker besetzt war, als dem thermischen Gleichgewicht entspricht *(ferromagnetische Relaxation)*.

Sei z.B. die gleichförmige Präzession (*GP* in Abb. 24.14) durch starke Mikrowellenabsorption stark angeregt[148] und liege ihre Resonanzfrequenz zunächst im Bereich des Mikrowellenbandes[149] (Abb. 24.14), so sind alle auf der horizontalen Geraden zwischen *GP* und dem Rand *R* liegenden Spinwellen (sogenannte Suhl-

[146] In einem handelsüblichen Elektronenspinresonanzspektrometer ist die Frequenz ω fest vorgegeben, jedoch kann die Feldstärke H variiert werden.

[147] Im Feld H_0 wird die gleichförmige Präzession ($m = 0$) angeregt. Dieser Fall wird gewöhnlich als *ferromagnetische Resonanz* bezeichnet.

[148] Zu viele Magnonen mit $k = 0$.

[149] Die Resonanzfrequenz ω_r kann durch geeignete Wahl der Feldstärke H und der Probenform, d.h. der Werte N_x, N_y, N_z variiert werden, siehe (24.114) und (24.115). Sie soll zunächst zwischen den Punkten ① und ② in Abb. 24.14 liegen.

Magnonen) mit der gleichförmigen Präzession entartet. Es besteht also energetisch die Möglichkeit einer direkten Umwandlung eines Magnons $\hbar\omega_r(0)$ in ein Magnon $\hbar\omega(\boldsymbol{k})$ mit $k \neq 0$, und zwar ist dieser Prozeß um so wahrscheinlicher, je größer der zur Verfügung stehende Magnonenbereich $GP-R$ ist. Die Relaxationszeit (die Halbwertsbreite) hängt also von der Lage von GP relativ zum Band, d.h. von der Resonanzfrequenz ab[150] (Abb. 24.17). Vorausgesetzt ist dabei,

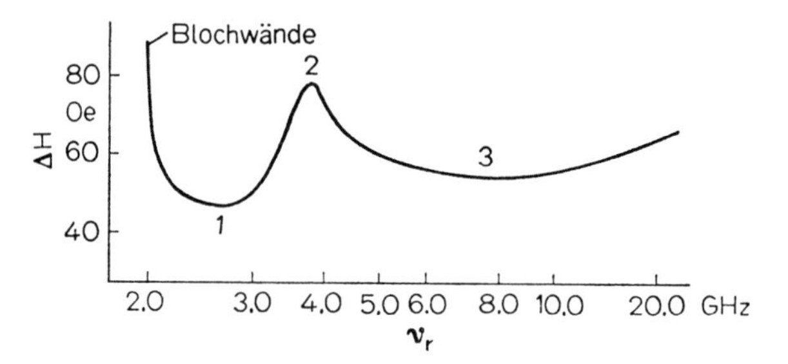

Abb. 24.17. Linienbreite der ferrimagnetischen Resonanz von Yttrium-Eisen-Granat (YIG) von der Frequenz $\nu_r = \omega_r/2\pi$. Die Ziffern 1, 2, 3 entsprechen denselben Ziffern der Abb. 24.14. Bei 2 hat der mit der gleichförmigen Präzession entartete Suhl-Magnonenbereich die größte Breite. (Nach Buffler, 1959)

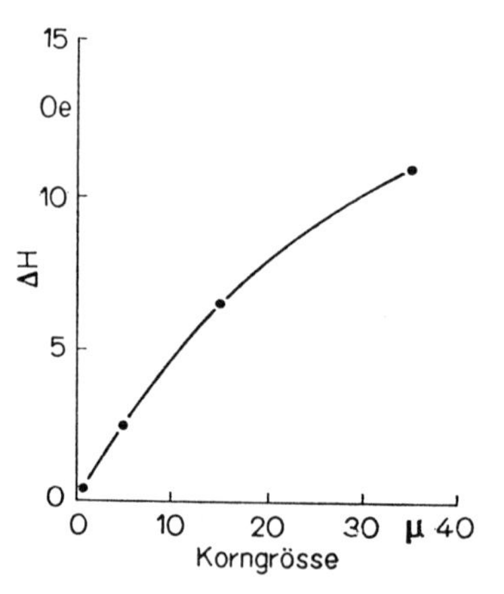

Abb. 24.18. Abhängigkeit der Linienbreite der ferrimagnetischen Resonanz am Yttrium-Eisen-Granat (YIG) von der Oberflächenpolitur der Probe (Korngröße des Polierpapiers). (Nach Le Craw u. a. 1958)

daß überhaupt ein Umwandlungsmechanismus existiert. Ein solcher Mechanismus ist auf Inhomogenitäten in der Probe angewiesen, da er ja zu Lasten einer Spinbewegung mit homogener Spinrichtung (gleichförmige Präzession, $\lambda = \infty$) eine Bewegung mit inhomogener Spinrichtung (Spinwelle mit $\lambda = 2\pi/k$, $k > 0$) erzeugen soll. Tatsächlich hängt die Linienbreite, d.h. die Relaxationszeit stark ab z.B. von der Rauhigkeit der Probenoberfläche, von chemischen (Fremdatome) und physikalischen (Spannungen, Versetzungen) Inhomogenitäten des Gitters und von der Existenz von Domänen in noch nicht „gesättigten" Proben (siehe[151] Abb. 24.17 und Abb. 24.18).

Die durch den geschilderten *Direktprozeß*[152] entstandenen Magnonen mit $k > 0$ können in andere zerfallen und mit anderen zusammenstoßen (Ziffer 24.33), bis thermisches Gleichgewicht im Spinsystem herrscht, und dieses sich über Spin-Gitter-Relaxationsprozesse auch mit dem Phononensystem ins Gleichgewicht gesetzt hat.

Man beachte, daß beim Fehlen von dipolarer Kopplung das Magnonenband sich auf eine Kurve nach Art der gestrichelt gezeichneten in Abb. 24.14 zusammenziehen würde, an dessen tiefstem Punkt die Magnonen mit $k = 0$

[150] Bei flachen Scheiben liegt GP am unteren Rand des Bandes, tatsächlich ist auch bei dieser Probenform die Linienbreite am kleinsten.

[151] Die Kurven beziehen sich auf eine ferrimagnetische Substanz, jedoch sind die Ergebnisse übertragbar.

[152] Auch *2-Magnonen-Prozeß* genannt.

liegen. Umwandlung in andere Magnonen wäre also energetisch nicht möglich, und man könnte die gleichförmige Präzession durch Resonanzeinstrahlung sehr hoch anregen[153], ohne das ganze Spinsystem thermisch anzufuheizen. Dipolare Kopplung ist also entscheidend für die Einstellung einer *Magnonentemperatur*.

Aufgabe 24.10. Leite (24.115) für die gleichförmige Präzession in einem beliebigen Ellipsoid ab. Das statische äußere Feld $\boldsymbol{H}$ liege parallel zu einer Achse des Ellipsoids (z-Achse), das Wechselfeld $H^{\perp} e^{i\omega t}$ des Mikrowellenspektrometers liege in der xy-Ebene. Es ist $H^{\perp} \ll H$. Hinweis: Man führt den Beweis in folgenden Schritten: a) Umrechnung von (24.112) auf eine Bewegungsgleichung für die Magnetisierung $\boldsymbol{M}/V$. b) In den Bewegungsgleichungen für die drei Komponenten ist zu benutzen, daß die *Eigenfrequenz* der Präzession im äußeren Feld definiert ist durch den Grenzfall $H^{\perp} \to 0$, der $M_z = |\boldsymbol{M}| = M$ nach sich zieht. Aus Symmetriegründen ist $dM_z/Vdt = 0$.

24.4. Anisotropie und Domänenstruktur

24.4.1. Ferromagnetische Anisotropie

Die *Magnetisierungskurve*[153a], d.h. der Zusammenhang zwischen Magnetisierung und magnetischer Feldstärke in ferromagnetischen Einkristallen hängt von der Magnetisierungsrichtung ab. Da diese *ferromagnetische Anisotropie* auch an kubischen Kristallen beobachtet wird (siehe Abb. 24.20), kann sie im Gegensatz zur paramagnetischen Anisotropie (vgl. etwa Ziffer 21.32) nicht auf eine tensorielle Suszeptibilität zurückgeführt werden. Um sie zu beschreiben, geht man auf die innere Energie eines *homogen magnetisierten Ellipsoids* vom Volum V zurück, das in einem äußeren Feld $\boldsymbol{H}^{\text{ext}} = \boldsymbol{H}$ das magnetische Moment $\boldsymbol{M}$ besitzt. Die potentielle Energie $-\boldsymbol{MH}$ der Probe im Magnetfeld soll nicht mit zur inneren Energie gerechnet werden. Dann sind Änderungen der inneren Energie nach dem 1. Hauptsatz gegeben durch

$$d\,U(\boldsymbol{M}, T, V) = T\,dS - p\,dV + \boldsymbol{H}d\boldsymbol{M}. \qquad (24.121)$$

Auf der rechten Seite stehen die vom Probekörper aufgenommene Wärmemenge $T\,dS$, die an ihm geleistete mechanische Arbeit[154] und die bei der Änderung seines magnetischen Moments geleistete Magnetisierungsarbeit oder magnetische Energie. Letztere kann man durch folgendes Gedankenexperiment ableiten:

Ein kleiner ferromagnetischer Probekörper befinde sich im Abstand $\boldsymbol{r}$ vor dem einen Pol eines permanenten Stabmagneten in dessen inhomogenem Magnetfeld $\boldsymbol{H}(\boldsymbol{r})$. Ist $\boldsymbol{M} = \boldsymbol{M}(\boldsymbol{r})$ sein magnetisches Moment, so wird er vom Magneten mit der Kraft

$$\boldsymbol{K} = \boldsymbol{M}d\boldsymbol{H}/d\boldsymbol{r} \qquad (24.121')$$

angezogen. Folgt er der Kraft von $\boldsymbol{r}$ nach $\boldsymbol{r} - d\boldsymbol{r}$, so wird an ihm die magnetische Arbeit

$$\delta A_{\text{magn}} = -\boldsymbol{M}d\boldsymbol{H} = -d(\boldsymbol{MH}) + \boldsymbol{H}d\boldsymbol{M} \qquad (24.121'')$$

geleistet, und sein magnetisches Moment wächst um $d\boldsymbol{M}$. Das erste Glied in (24.121″) ist die Änderung der äußeren potentiellen Einstellenergie und gehört nicht zur inneren Energie, das zweite Glied steht in (24.121). Die mechanische Arbeit lassen wir im folgenden fort[155]. Dann gilt für die innere[156] freie Energie $F = U - TS$

$$\begin{aligned} dF &= dU - T\,dS - S\,dT \\ &= \boldsymbol{H}d\boldsymbol{M} - S\,dT, \end{aligned} \qquad (24.122)$$

d.h. wenn wir noch voraussetzen, daß die Temperatur konstant gehalten wird ($dT = 0$, *isothermes* Experiment)

$$dF = \boldsymbol{H}d\boldsymbol{M} = \boldsymbol{H}(\boldsymbol{M})\,d\boldsymbol{M}. \qquad (24.123)$$

---

[153] Abgesehen von direkter Umwandlung von Anregungsenergie in Phononenenergie, die existiert, aber relativ unwahrscheinlich ist.

[153a] Ihre grundsätzliche Form sowie die Existenz von Hysterese werden als bekannt vorausgesetzt. Vgl. Abb. 24.1 a.

[154] Für den einfachsten Fall, daß sie durch eine Volumänderung vollständig beschrieben werden kann. Im Fall beliebiger Verformung steht hier eine aus (7.9) abzuleitende differentielle Verformungsarbeit (vgl. etwa [F 19]).

[155] Damit lassen wir auch alle magnetoelastischen Effekte, wie z.B. die Magnetostriktion, fort und verweisen auf die Spezialliteratur, z.B. [F 13⋯19].

[156] Nicht verwechseln mit der ebenfalls F genannten freien Gesamtenergie in (19.1).

Arbeitet man statt dessen *adiabat*, d.h. ist $dS = 0$, so ist nach (24.121)

$$dU = \boldsymbol{H}\, d\boldsymbol{M} = \boldsymbol{H}(\boldsymbol{M})\, d\boldsymbol{M}\,, \tag{24.123'}$$

und alle folgenden Ergebnisse gelten für die innere Energie U an Stelle der freien inneren Energie F.

Dabei ist der Zusammenhang (die Magnetisierungskurve)

$$\boldsymbol{H} = \boldsymbol{H}(\boldsymbol{M}) \tag{24.123''}$$

zwischen dem magnetischen Moment $\boldsymbol{M}$ der Probe und dem *äußeren* Feld $\boldsymbol{H}$ noch von der Gestalt (Anisotropie) des Probenellipsoids abhängig und beschreibt noch keine Substanzeigenschaft, wie es der Zusammenhang

$$\boldsymbol{H}^{\text{int}} = \boldsymbol{H}^{\text{int}}(\boldsymbol{M}) \tag{24.123'''}$$

zwischen Moment und *innerem* Feld tut.

Um also die Gestaltanisotropie abzutrennen von der gesuchten Substanzanisotropie, gehen wir mit (19.13) vom äußeren zum inneren Feld über:

$$\mu_0 \boldsymbol{H} = \mu_0 \boldsymbol{H}^{\text{int}} + (N)\, \boldsymbol{M}/V\,, \tag{24.124}$$

so daß für die Komponenten in Richtung der Ellipsoidachsen gilt

$$\mu_0 H_n = \mu_0 H_n^{\text{int}} + N_n\, M_n/V \qquad (n = 1, 2, 3)\,. \tag{24.125}$$

Hiermit wird (24.123) zu

$$\begin{aligned} dF = \boldsymbol{H}\, d\boldsymbol{M} &= (\boldsymbol{H}^{\text{int}} - \boldsymbol{H}^{(N)})\, d\boldsymbol{M} = \boldsymbol{H}^{\text{int}} d\boldsymbol{M} + \frac{(N)}{\mu_0 V} \boldsymbol{M}\, d\boldsymbol{M} \\ &= \boldsymbol{H}^{\text{int}} d\boldsymbol{M} + \frac{1}{2\mu_0 V} \sum_n N_n\, d(M_n^2)\,. \end{aligned} \tag{24.126}$$

Das zweite Glied ist die *Entmagnetisierungsenergie*, d.h. die bei der Magnetisierung gegen das dabei entstehende Entmagnetisierungsfeld $\boldsymbol{H}^{(N)}$ geleistete Arbeit. Sie beschreibt die Gestaltanisotropie[157]. Das erste Glied hängt nur vom Material ab, ist also charakteristisch für den ferromagnetischen Magnetisierungsprozeß. Im Experiment wird ein Ellipsoid längs einer Achse (Entmagnetisierungsfaktor N) magnetisiert, am besten eine Kugel, die im Magnetfeld gedreht werden kann, so daß jeweils die interessierende Gitterrichtung in die Feldrichtung kommt und immer $N = \frac{1}{3}$ bleibt. Magnetisiert man in jeder Kristallrichtung von $M/V = 0$ bis zur technischen Sättigung, d.h. bei $T \ll T_C$ praktisch bis zur Spontanmagnetisierung[158] $M_s(T)/V$, so wächst die freie Energiedichte nach (24.126) um

$$\begin{aligned} \frac{F(M_s(T)/V)}{V} - \frac{F(0)}{V} &= \int_0^{\boldsymbol{M}_s(T)/V} \boldsymbol{H}^{\text{int}}\, d\boldsymbol{M}/V + \frac{N}{2\mu_0}\left(\frac{M_s(T)}{V}\right)^2 \\ &= \int_0^{M_s(T)/V} H^{\text{int}}\, dM_{\text{H}}/V + \frac{N}{2\mu_0}\left(\frac{M_s(T)}{V}\right)^2 \end{aligned} \tag{24.127}$$

Die Entmagnetisierungsenergie auf der rechten Seite ist isotrop. Das Integral dagegen ist im allgemeinen anisotrop. Es bedeutet die in Abb. 24.19 schraffierte Fläche, und diese hängt nach Abb. 24.20 selbst in kubischen Kristallen wie Eisen und Nickel von der Richtung von $\boldsymbol{M}/V$ im Kristall ab. Die oberste Kurve gibt jeweils die *leichte Richtung* an, das ist diejenige, in der durch ein gegebenes Feld die größte Magnetisierung erzielt wird. Leichte Richtung ist[159] [100] in Eisen, [111] in Nickel und die hexagonale Achse in Kobalt.

---

[157] Sie verschwindet in der unbegrenzten Materie, da dann alle $N_n = 0$.

[158] Hier wird vorausgesetzt, daß der Betrag $M_s(T)/V$ der Spontanmagnetisierung richtungsunabhängig ist, was nicht immer erfüllt sein muß.

[159] Kristallographisch gleichwertige Richtungen und jeweils die Gegenrichtung sind natürlich auch magnetisch gleichwertig.

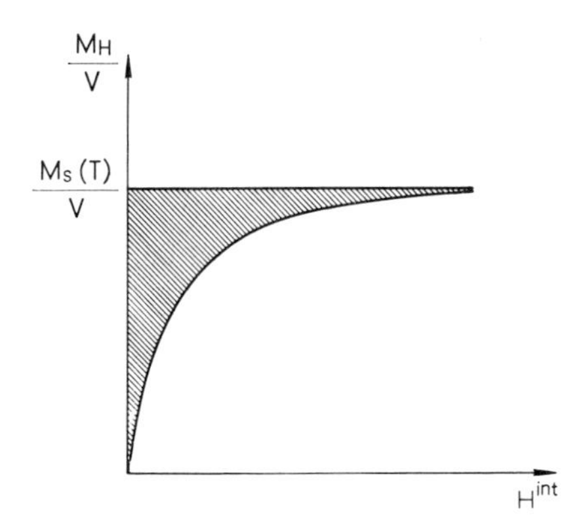

Abb. 24.19. Zur Definition der freien Anisotropie-Energie

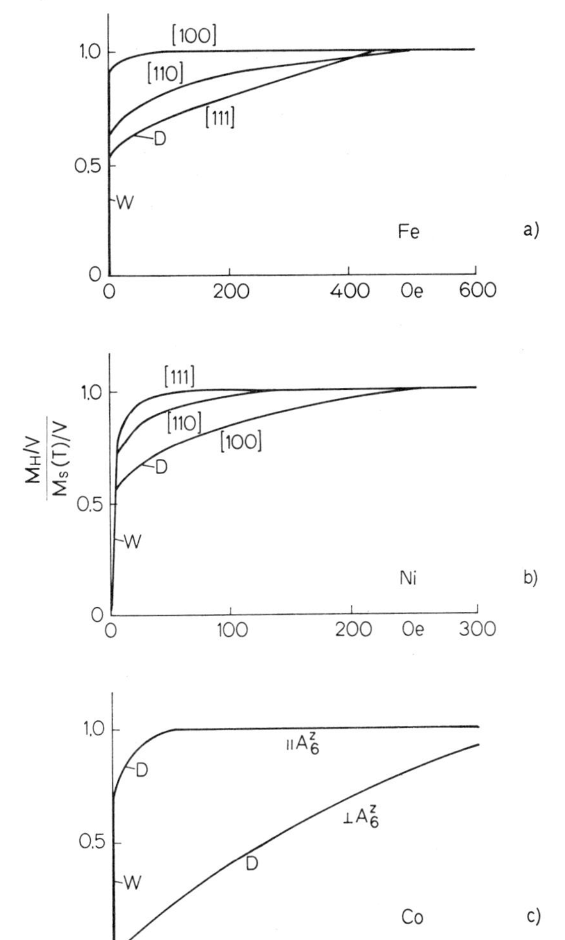

Abb. 24.20. Anisotropie der Magnetisierung von a) Eisen, b) Nickel, c) Kobalt. Fe und Ni sind kubisch, Co ist hexagonal. Äußeres (und inneres) Feld sowie die gemessene Magnetisierungskomponente liegen parallel zu den angegebenen Kristallgitterrichtungen. Neukurven. (Nach Honda u. Kaya, 1926)

Die freie innere Energiedichte läßt sich nach den *Richtungswinkeln* von $\boldsymbol{M}$ gegen die Kristallachsen entwickeln. Sind z. B. $\cos\alpha_i$ $(i = 1, 2, 3)$ die Richtungscosinus von $\boldsymbol{M}$ gegen die drei rechtwinkligen Achsen $\left(\sum_i \cos^2\alpha_i = 1\right)$ eines kubischen Kristalls, so verlangt die Gleichwertigkeit dieser Achsen, daß F/V symmetrisch in 1, 2, 3 ist. Ferner sind Richtung und Gegenrichtung von $\boldsymbol{M}$ gleichwertig, d.h. die $\cos\alpha_i$ können nur in geraden Potenzen auftreten. Die ersten Glieder[160] der Reihe sind

$$F/V = K_0 + K_1(\cos^2\alpha_1\cos^2\alpha_2 + \cos^2\alpha_2\cos^2\alpha_3 + \\ + \cos^2\alpha_3\cos^2\alpha_1) + K_2\cos^2\alpha_1\cos^2\alpha_2\cos^2\alpha_3 + \cdots. \tag{24.128}$$

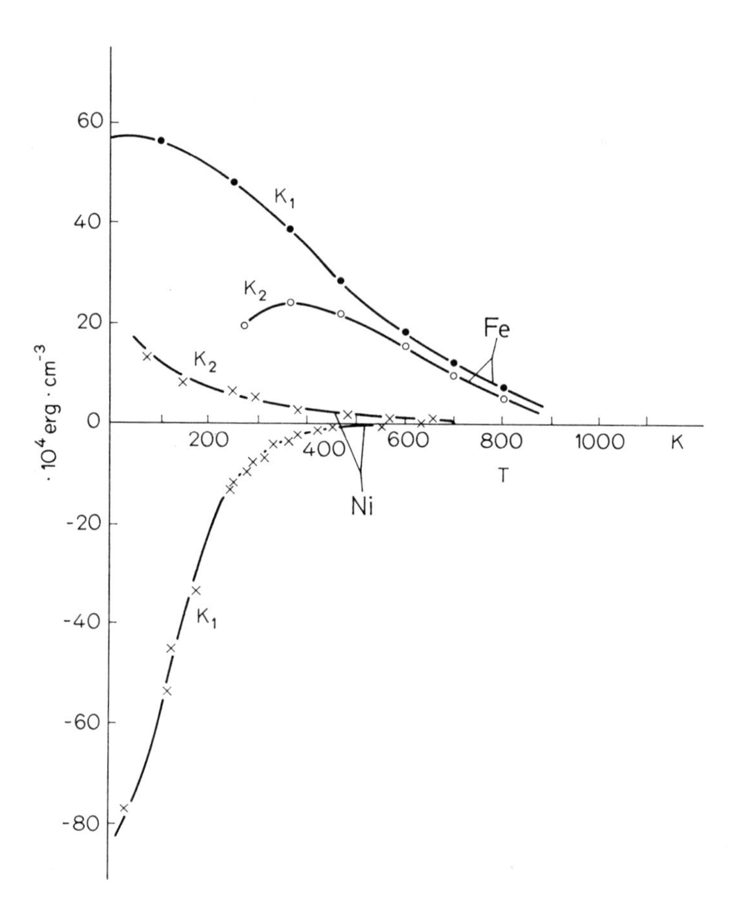

Abb. 24.21. Temperaturabhängigkeit der ersten und zweiten Anisotropie-Konstanten von Fe und Ni. (Aus Landolt-Börnstein, 6. Aufl., Bd. II/9)

Der anisotrope Anteil heißt *Anisotropie-* oder *Kristallenergie*. Sie hat ein Minimum, wenn $\boldsymbol{M}$ in einer leichten Richtung liegt (was ohne Außenfeld der Fall ist) und gibt die beim Herausdrehen von $\boldsymbol{M}$ in die Richtung $(\alpha_1, \alpha_2, \alpha_3)$ zu leistende Arbeit an. Die isotropen Faktoren $K_1, K_2, \ldots$ heißen *Anisotropie-* oder *Kristallenergiekonstanten*. Sie hängen wie F von der Integrationsgrenze $M_s(T)/V$ und deshalb von der Temperatur ab: $K_i = K_i(T)$, wie Abb. 24.21 zeigt. Die ferromagnetische Anisotropie verschwindet am Curie-Punkt, wo die (anisotrope) Austauschkopplung von der thermischen Energie überwunden wird: $K_1(T_C) = K_2(T_C) = 0$. Sie ist also charakteristisch für ferromagnetisches Verhalten. — Die *Werte* der K_i

[160] Sie reichen im allgemeinen aus.

lassen sich aus den Differenzen von F/V, d.h. aus den Differenzen der Flächen $\int \boldsymbol{H}^{\text{int}} d\boldsymbol{M}/V$ für verschiedene Magnetisierungsrichtungen experimentell aus den Magnetisierungskurven bestimmen[161].

Aufgabe 24.11. a) Führe dieses Verfahren für Fe und Ni formal durch, d.h. drücke die Differenzen zwischen den durch die jeweils 3 Kurven in Abb. 24.20a, b abgegrenzten Flächen durch die K_i aus.

Für das hexagonale Kobalt[162] hat die Reihe für die freie Energiedichte die Form

$$F/V = K_0 + K_1 \sin^2 \vartheta + K_2 \sin^4 \vartheta + \cdots, \qquad (24.129)$$

wobei ϑ der Polarwinkel von $\boldsymbol{M}$ gegen die hexagonale Achse ist.

Aufgabe 24.12. Wie die vorhergehende Aufgabe, für Kobalt, Abb. 24.20c.

Aufgabe 24.13. Die Gl. (24.129) enthält nicht den Drehwinkel φ um die hexagonale Achse, d.h. F/V ist in dieser Näherung rotationssymmetrisch ($p = \infty$ statt $p = 6$). Führe die Entwicklung bis zu so hohen Gliedern, daß auch die 6-zählige Symmetrie zum Ausdruck kommt. Hinweis: Man benutze, daß die Kugelflächenfunktionen $Y_{lm}(\vartheta\varphi)$ ein vollständiges Orthogonalsystem bilden, Ziffer (15.1).

Die Anisotropie der magnetischen Kristallenergie wird gelegentlich auch durch ein *effektives magnetisches Anisotropiefeld* $\boldsymbol{H}_{\|}^{\text{an}}$ beschrieben, das in der leichten Richtung liegt und dessen Stärke von der Richtung von $\boldsymbol{M}/V$ abhängt (vgl. Ziffer 22.4). Ist z.B. nach (24.129) unter Vernachlässigung höherer Glieder

$$\frac{F}{V} = K_0 + K_1 \sin^2 \vartheta \qquad (24.130)$$

die freie Energiedichte eines axialen Ferromagneten, so wirkt auf den Magnetisierungsvektor $\boldsymbol{M}/V$ die Drehmomentdichte

$$\frac{T}{V} = \frac{dF/V}{d\vartheta} = 2K_1 \sin\vartheta \cos\vartheta \qquad (24.131)$$

in Richtung auf die Lagen $\vartheta = 0$ oder $\vartheta = \pi$. Andererseits ist die Stärke des Anisotropiefeldes definiert durch die Drehmomentdichte

$$\frac{T}{V} = \left| \frac{\boldsymbol{M} \times \boldsymbol{H}_{\|}^{\text{an}}}{V} \right| = \frac{M}{V} H_{\|}^{\text{an}} \sin\vartheta. \qquad (24.132)$$

Vergleicht man die beiden Drehmomente, so muß die Anisotropiefeldstärke gleich

$$H_{\|}^{\text{an}} = \frac{2K_1 \cos\vartheta}{M/V} = H^{\text{an}} \cos\vartheta \qquad (24.133)$$

mit

$$H^{\text{an}} = \frac{2K_1}{M/V} \qquad (24.133')$$

sein, d.h. explizit von der Richtung von $\boldsymbol{M}/V$ abhängen.

Ursachen der ferromagnetischen Anisotropie sind die anisotrope Dipol-Dipol-Kopplung (Ziffer 22.1) und (vor allem) die Kopplung der Elektronenbahnen an das elektrische Kristallfeld. Diese bewirkt zusätzlich eine Anisotropie sowohl der elektrischen Multipolwechselwirkung (Ziffer 22.2) als auch der Austauschwechselwirkung (Ziffer 22.3).

Zum Schluß noch eine einschränkende Bemerkung: Wir haben die Magnetisierung als Funktion des inneren Feldes betrachtet und mußten, um dieses

[161] Es gibt noch weitere Methoden, z.B. Drehmomentmessungen.

[162] Und andere axiale Kristalle, deren leichte Richtung parallel zur Achse liegt.

zu definieren, homogene Magnetisierung voraussetzen. Diese Voraussetzung ist aber streng genommen nicht erfüllt[163], da das Spingitter aus Domänen mit verschiedenen Magnetisierungsrichtungen besteht. Insbesondere ist die Anfangsmagnetisierung $M/V = 0$ nur durch die isotrope Orientierung von Domänen mit nichtverschwindenden Spontanmagnetisierungen $\boldsymbol{M}_s(T)/V$ von gleichem Betrag $M_s(T)/V$ realisiert. Bei der Magnetisierung der Probe bis zur technischen Sättigung, bei der die Magnetisierung überall in der Probe dieselbe Richtung und Größe $\boldsymbol{M}/V = \boldsymbol{M}_s(T)/V$ hat, erfolgen also starke Änderungen der Domänenstruktur (siehe die nächste Ziffer 24.4.2). Von ihnen hängen die Form der Magnetisierungskurven und damit, wenn wir die obigen Formeln anwenden, die magnetisch bestimmten Werte der Anisotropiekonstanten und der Anisotropiefeldstärke ab.

24.4.2. Domänenstruktur

In Ziffer 24.1c war schon betont worden, daß die Magnetisierung der sich beim Abkühlen unterhalb des Curie-Punktes bildenden Domänen in energetisch bevorzugte Richtungen zeigen sollte. Nach den Ergebnissen der vorigen Ziffer sind dies die *leichten Richtungen*, also z.B. beim Eisen [100], [010], [001] und die Gegenrichtungen dazu: [$\bar{1}$00], [0$\bar{1}$0], [00$\bar{1}$]. Ohne äußeres Feld kommen diese Magnetisierungsrichtungen gleich häufig vor, und eine makroskopische Probe ist unmagnetisch. In einem äußeren Feld parallel zu einer leichten Richtung wachsen jedoch die jetzt energetisch bevorzugten Domänen auf Kosten der übrigen, wie schematisch in Abb. 24.22 gezeigt: die

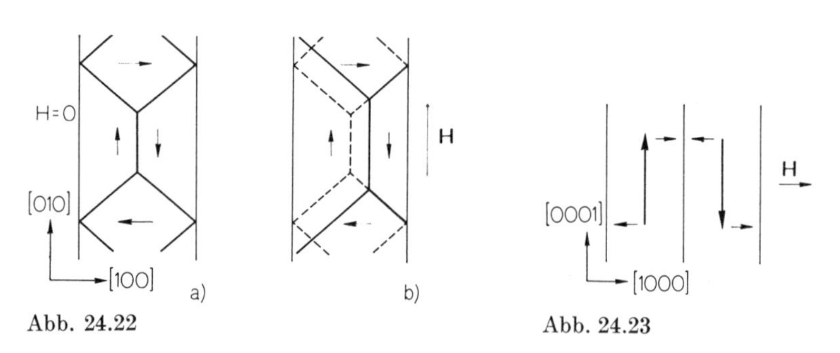

Abb. 24.22 Abb. 24.23

Abb. 24.22. Magnetisierung durch Wandverschiebung. a) Ohne äußeres Feld. b) Das äußere Feld liegt parallel zu einer leichten Richtung. Die in Richtung von $\boldsymbol{H}$ magnetisierte (Pfeile bedeuten $\boldsymbol{M}_s/V$) Domäne wächst auf Kosten der anderen. Beispiel: Eisen

Abb. 24.23. Magnetisierung durch Drehung von $\boldsymbol{M}_s/V$. Das äußere Feld steht senkrecht auf der leichten Richtung. Beispiel: Kobalt

Spins klappen an der Wand sukzessive in die neue leichte Richtung um, d.h. die Wände zwischen den Domänen verschieben sich. Dieser Prozeß der *Wandverschiebung* läuft in physikalisch und chemisch fehlerfreien Einkristallen[164] bereits in sehr kleinen Feldern (Größenordnung: wenige Oe) ab und ist bei Abschalten des Feldes reversibel.

Auf ihm beruht der steile Anstieg der Magnetisierungskurve (Abb. 24.20, Buchstabe W) beim Einschalten eines Feldes. Wird keine leichte Richtung durch ein Feld bevorzugt, wie z.B. in Kobalt, wenn $\boldsymbol{H}$ senkrecht zur hexagonalen Achse steht (siehe Abb. 24.20c, 24.23), so kann eine makroskopische Magnetisierung nur durch Drehen der magnetischen Momente der Domänen aus der leichten Richtung zur Feldrichtung hin erzwungen werden. Diese *Drehprozesse* erfordern höhere Feldstärken als eine Wandverschiebung (siehe die flacheren Kurventeile bei D in Abb. 24.20), da das zur leichten Richtung zurückdrehende Anisotropiefeld überwunden werden muß (in Fe und Ni $\approx 10^2$ Oe, in Co $\approx 10^4$ Oe)[165].

Man kann die *Domänenstruktur* experimentell sichtbar machen, z.B. durch Mikroskopie in polarisiertem Licht (Magnetooptik), Elektronenmikroskopie oder Bittersche Streifen, d.h. Kennzeichnung der Domänengrenzen oder -wände durch magnetische kolloi-

[163] Exakt nur bei Messungen an Proben mit nur einer Domäne; sonst höchstens im statistischen Mittel

[164] Magnetisch *weiche* Substanzen mit sehr hoher Anfangspermeabilität $\mu = \lim_{H \to 0} B/\mu_0 H$ und schwacher *Hysteresis*. Durch Einbau von Gitterfehlern (Fremdatome, Ausscheidungen, Versetzungen, innere Spannungen), an denen die im Feld verschobenen Wände beim Abschalten des Feldes hängen bleiben (irreversible Wandverschiebungen) stellt man magnetisch und mechanisch *harte* Werkstoffe mit starker *Hysteresis* her. Sie zeigen *Remanenz* und haben hohe *Koerzitivkraft*, werden also für Per-

dale Fe_3O_4-Teilchen, die in einer wäßrigen Suspension auf der Oberfläche des Ferromagneten in die starken Streufelder an den Domänengrenzen gezogen werden. Wie die Abb. 24.24 und 24.25, S. 594 zeigen, ist die Domänenstruktur im allgemeinen komplizierter als in den schematischen Abb. 24.22 und 24.23. Da Domänenstrukturen ohne äußeres Feld stabil sind, entsprechen sie offenbar jeweils einem Minimum der freien Gesamtenergie einer endlichen Probe (Landau und Lifschitz, 1935). Diese freie Energie setzt sich aus mehreren Anteilen zusammen:

Die *Austauschenergie* hat ihren tiefsten (negativen) Wert, wenn alle Spins parallel stehen, d.h. wenn die ganze Probe ein einziger Bezirk ist (Abb. 24.26a). Bei Aufteilung in mehrere antiparallele Domänen (Abb. 24.26b) muß zu der Erzeugung von Wänden zwischen den Domänen Arbeit gegen die Austauschkräfte geleistet werden (*Wandenergie*), da die Spins hier nicht zueinander parallel stehen[166]. Die gesamte Austauschenergie steigt also proportional zur erzeugten Wandfläche an. Gleichzeitig sinkt aber die im Magnetfeld der Probe[167] gespeicherte *Feldenergie* $\frac{\mu_0}{2}\int H^2 dV$, die man sich von den Nord- und Südpolen der Domänen erzeugt denken kann, etwa umgekehrt proportional mit der steigenden Domänenzahl. Die Summe von Austausch- und Feldenergie sollte also bei einer bestimmten *mittleren Unterteilung* in Domänen ein Minimum haben, wobei die Austauschenergie sich aus negativer Volumenergie im Innern und positiver Wandenergie an der Grenze der Domänen zusammensetzt. Eine solche Domänenstruktur ist *stabil*. Bei weiterer Unterteilung müßte mehr Wandenergie aufgebracht werden als Feldenergie gewonnen würde, und umgekehrt bei Verringerung der Domänenzahl. Reichen die antiparallel magnetisierten Domänen nicht bis zur Probenoberfläche, sondern werden sie durch sogenannte *Abschlußdomänen* (Abb. 24.26c) begrenzt, so verschwindet die magnetische Feldenergie ganz. Der Magnetisierungsvektor liegt überall parallel zur Oberfläche. In den Domänengrenzen geht seine Normalkomponente stetig über, wenn die Wände der Abschlußdomänen unter 45° zu den beidseitigen Magnetisierungsvektoren stehen (sogenannte 90°-Wände, da die $\boldsymbol{M}/V$-Vektoren an der Grenze senkrecht aufeinander stehen). Es gibt dann weder auf der Probenoberfläche noch auf den Wänden magnetische Pole, und der magnetische Fluß ist in der Probe geschlossen[168]. Durch die Ausbildung von Abschlußbereichen werden also Strukturen mit wenigen großen Domänen (Magnetfeldenergie und Wandenergie klein) begünstigt (vgl. Abb. 24.26c und 24.24).

Zum Schluß diskutieren wir noch die *Spin-Struktur einer Domänenwand.*

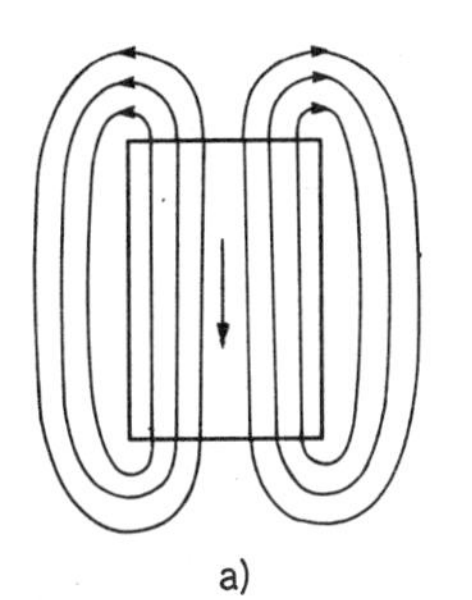

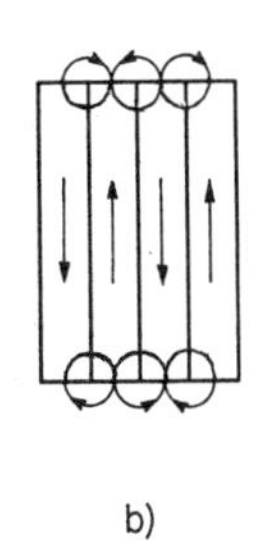

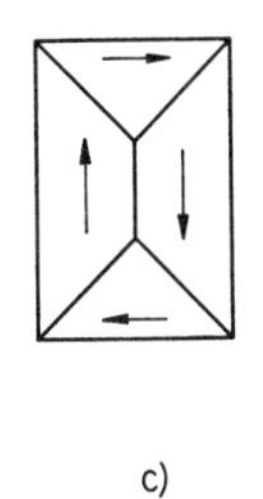

Abb. 24.26. Magnetische Domänenstruktur eines endlichen Probekörpers, schematisch mit magnetischen Feldlinien. Die Pfeile bedeuten die Magnetisierungen. a) Eine einzige Domäne. b) Zunehmende Unterteilung durch 180°-Wände. c) Unterteilung durch 180°- und 90°-Wände mit Abschlußdomänen

manentmagnete gebraucht. Magnetisch weiche Materialien werden z.B. für Transformatorenkerne verwendet. Siehe Abb. 24.1a

[165] Bei verschwindender Anisotropie ($H^{an} = 0$, $K_i = 0$) und ideal weichem Material würden alle Kurven in Abb. 24.20 bei $H = 0$ auf den Wert $M_H/M_s(T) = 1$ springen.

[166] Näheres siehe weiter unten.

[167] Es rührt vom klassischen Dipolfeld der magnetischen Momente her, d.h. makroskopisch von den auf den Probenenden sitzenden magnetischen Polen. — Bei der Berechnung der Wandenergie kann die Dipol-Dipol-Energie neben der Austauschenergie im allgemeinen vernachlässigt werden (vgl. Ziffer 24.1).

[168] Daher der Name „Abschlußdomäne“.

Wir gehen gleich von der Vermutung aus, daß es energetisch ungünstig sein wird, an der Grenze zwischen zwei antiparallel magnetisierten Bereichen die Spins ohne Übergang plötzlich umzuklappen (Wanddicke = 0). Wir werden im Gegenteil einen stetigen Übergang nach Abb. 24.27 voraussetzen, wobei benachbarte Spins nur um einen kleinen Winkel $\sigma = \pi/z$ gegeneinander geneigt sind, wenn die Dicke der 180°-*Bloch-Wand* (F. Bloch, 1931) z Spinabstände beträgt[169].

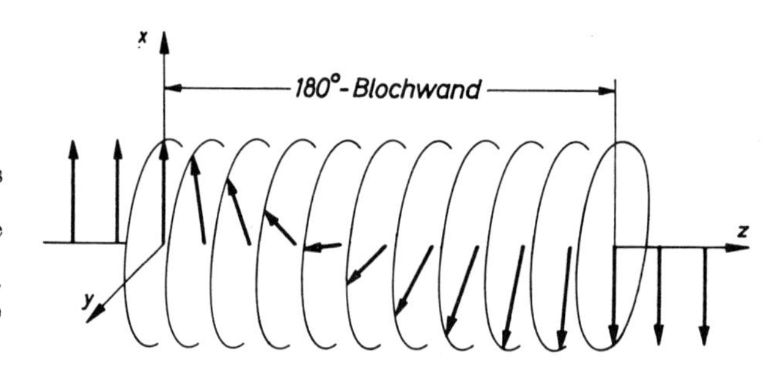

Abb. 24.27. Spinstruktur einer 180°-Blochwand. Die Wand steht senkrecht auf der Zeichenebene. Die Spins drehen in der Wandebene von Atomlage zu Atomlage um einen kleinen Winkel weiter, so daß die 180°-Drehung eine große Wanddicke erfordert

Ist z genügend groß, so stehen Nachbarspins fast parallel und die *Austauschenergie* zwischen zwei Spins ist bei diesem Neigungswinkel nach (22.20′) gleich[170]

$$W^a = -2AS^2 \cos\sigma = -2AS^2(1-\sigma^2/2)\,. \tag{24.135}$$

Die für die Herstellung dieser Neigung aus der Parallelstellung aufzubringende Arbeit ist gleich

$$\Delta W^a = AS^2\sigma^2 = AS^2\pi^2/z^2\,, \tag{24.136}$$

und die Wandenergie je quer durch die Wand laufende Spinkette ist

$$z\,\Delta W^a = \pi^2 AS^2/z, \tag{24.137}$$

die Austauschenergie je Flächeneinheit Wand also gleich

$$w^a = \pi^2 AS^2/z\,a^2\,, \tag{24.138}$$

wenn a die Gitterkonstante in einem kubisch primitiven Gitter, d.h. a^2 der Platzbedarf für eine Spinkette auf der Wand ist. Diese Energie wird um so kleiner je größer z wird, d.h. die Wanddicke sollte beliebig groß werden und es könnte überhaupt keine Domänen geben. Dieses Dilemma wird durch die Anisotropie- oder Kristallenergie beseitigt: auf beiden Seiten der Wand zeigt die Magnetisierung in eine leichte Richtung, in der Mitte der Wand also quer dazu. Es muß also für die Wand auch noch *Kristall-* oder *Anisotropie-Energie* aufgebracht werden. Sie wird von der Dicke der Wand und den Kristallenergiekonstanten der Substanz abhängen. Wir schätzen sie je Flächeneinheit Wand näherungsweise ab durch den Ansatz

$$w^{an} = \tfrac{1}{2}K_1\,z\,a\,, \tag{24.139}$$

so daß die gesamte Wandenergie je Flächeneinheit gegeben ist durch

$$w_W = w^a + w^{an} = \pi^2 AS^2/z\,a^2 + K_1\,z\,a/2\,. \tag{24.140}$$

Es stellt sich diejenige Wanddicke za ein, für die $\partial w_W/\partial z = 0$, also

$$-\frac{\pi^2 AS^2}{z^2a^2} + \frac{K_1\,a}{2} = 0$$

[169] Man beachte die Analogie zu den langwelligen Spinwellen, die auf demselben Mechanismus beruhen (Ziffer 24.3).

[170] Wir rechnen wie bei den Spinwellen wieder mit klassischen Spins der Länge $S\hbar$.

ist, d.h. es wird die Wanddicke

$$z\,a \approx \sqrt{\frac{2\pi^2 A S^2}{K_1 a}} \tag{24.141}$$

und damit die *Wandenergie* pro Flächeneinheit

$$w_W = \sqrt{\frac{2\pi^2 K_1 A S^2}{a}}\,. \tag{24.142}$$

Diese Ergebnisse stimmen mit genaueren Rechnungen bis auf einen Zahlenfaktor von der Größe $\approx 1 \cdots 2$ überein. Für eine 180°-Wand in Eisen ergeben sich aus unserer Abschätzung die Zahlenwerte

$$\begin{aligned} z\,a &\approx 400\ \text{Å} \\ w_W &\approx 1\ \text{erg/cm}^2\,. \end{aligned} \tag{24.143}$$

Die Wände sind nach (24.141) um so dünner, d.h. der Übergang von einer Magnetisierungsrichtung in die andere erfolgt um so schroffer, je größer die Anisotropiekonstante K_1 ist: scharf begrenzte Domänen sind nur in magnetisch anisotropen Substanzen möglich. Der Durchmesser stabiler Domänen ist nach den Abb. 24.24/25 groß gegen die Wanddicke.

In Proben, deren Durchmesser merklich *kleiner* als einige 10^2 Å ist, können sich *keine* Wände ausbilden. Derartige Teilchen wie z.B. Kolloidteilchen in Suspensionen oder Ausscheidungen in Legierungen sind einheitlich magnetisiert und durch ihr magnetisches Moment charakterisiert. Ein System aus vielen gleichen derartigen Teilchen verhält sich demnach wie ein paramagnetisches Gas aus Riesenmolekeln. Dieser sogenannte *Superparamagnetismus* ist experimentell wohl begründet (vgl. etwa [F. 15a]).

25. Antiferromagnetismus

25.1. Kollinear-antiferromagnetische Strukturen mit zwei Untergittern

25.1.1. Beispiele

Wir betrachten einen Kristall mit nur einer Sorte von magnetischen Ionen und setzen voraus, daß ihre Wechselwirkung beherrscht wird von einem Austauschoperator[171] (22.20) mit *negativer Austauschkonstante* A_{kl}. Eine derartige Wechselwirkung liefert nach Ziffer 22.3 für den Grundzustand einer eindimensionalen Kette die *antiferromagnetische* Struktur der Abb. 25.1 mit abwechselnd antiparallelen Momenten (und Spins).

Das spontane magnetische Moment einer solchen, kollinear-antiferromagnetisch genannten, Struktur ist Null. Man kann die Kette auch beschreiben durch zwei ineinandergestellte kristallographisch gleiche *Unterketten A* und *B*, die in sich spontan ferromagnetisch geordnet, aber gegeneinander antiferromagnetisch orientiert sind

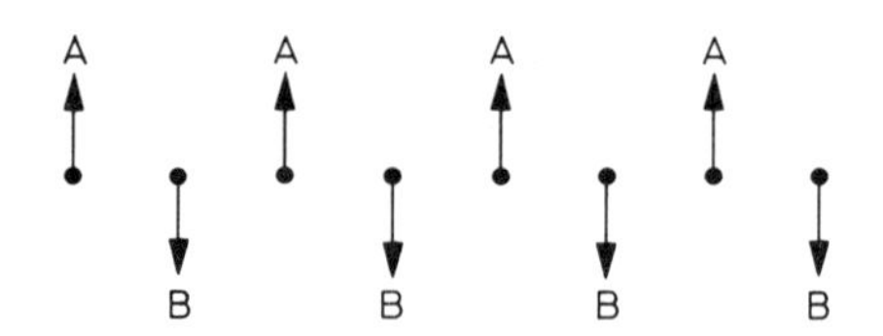

Abb. 25.1. Kollinear-antiferromagnetische Struktur in einer Spinkette aus gleichen Spins. Grundzustand, $T = 0$ K. Die Unterketten A und B sind in sich ferromagnetisch geordnet

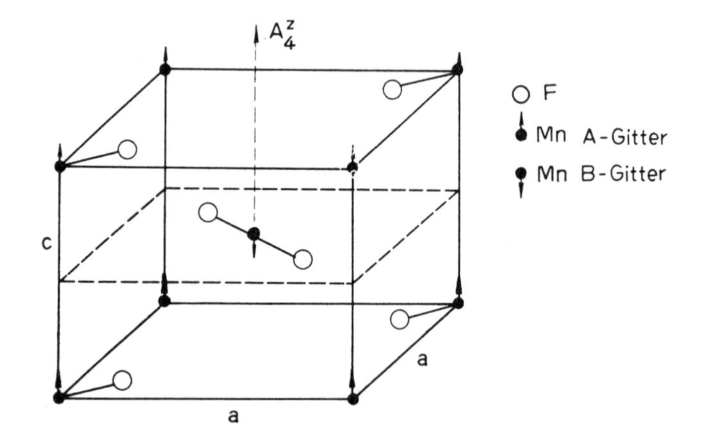

Abb. 25.2. Antiferromagnetische Spinstruktur des tetragonalen MnF_2 (Rutilstruktur, $s = 2$, raumzentrierte Zelle). Zwei gleichwertige, in sich ferromagnetische Untergitter sind linear antiferromagnetisch zueinander orientiert. Es existiert eine starke antiferromagnetische Kopplung zwischen A- und B-Ionen, und wahrscheinlich eine schwache ferromagnetische Kopplung zwischen den Ionen eines Untergitters

(Néel 1932). Eine *dreidimensionale* antiferromagnetische Struktur, die des MnF_2, zeigt Abb. 25.2. Die leichte Magnetisierungsrichtung ist die tetragonale Achse.

Die tetragonale Zelle ist raumzentriert. Die beiden ineinandergestellten Untergitter sind kristallographisch gleichwertig. Ihre magnetischen Momente sind antiparallel gegeneinander orientiert, jedes Untergitter ist in sich ferromagnetisch geordnet. Die entscheidende Wechselwirkung ist die antiferromagnetische Kopplung zwischen einem Ion des einen und den benachbarten Ionen des anderen Untergitters[172]. Diese Kopplung bricht zusammen bei der *Néel-Temperatur* T_N, die der Curie-Temperatur T_C bei der ferromagnetischen Kopplung entspricht.

Magnetische Strukturen können mit Hilfe der *elastischen Neutronenstreuung* analysiert werden, da die Neutronenstrahlung nicht nur den Ort eines Ions anzeigt (Kernstreuung über die Kernkräfte), sondern auch die Spinrichtung (über das magnetische Moment), im Gegensatz zur Röntgenstrahlung, die nur den Ort des Ions „sieht".

---

[171] Ob direkter oder indirekter Austausch vorliegt, ist hier noch unwichtig.

[172] Sie stellt automatisch auch die ferromagnetische Ordnung innerhalb der Untergitter her. Umgekehrt könnte eine ferromagnetische Kopplung innerhalb jedes Untergitters allein niemals die Antiparallelstellung zweier Untergitter liefern. Allerdings können a priori auch beide Kopplungsarten nebeneinander bestehen, z. B. antiferromagnetische Kopplung zwischen nächsten und ferromagnetische zwischen übernächsten Nachbarn. Im Einzelfall ist die Analyse der Wechselwirkungen die interessanteste aber auch schwierigste Aufgabe.

Nach den in Ziffer 4.3 für raumzentrierte Gitter abgeleiteten Auslöschungsgesetzen fehlen im Röntgenstreudiagramm von MnF_2 alle ungeraden Reflexe ($h + k + l =$ ungerade). Dasselbe gilt für Neutronenstreuung oberhalb der Néel-Temperatur, wo die Momente nicht geordnet sind, die Neutronen also an jedem Gitterplatz dasselbe mittlere Moment sehen. Unterhalb der Néel-Temperatur treten infolge der beginnenden spontanen Magnetisierung die (100)- und (010)-Reflexe[173] mit zunehmender Intensität auf, denn die Neutronen können die beiden Spinrichtungen unterscheiden, die Atomformfaktoren f_A und f_B in (4.33) sind verschieden groß. Wie Abb. 25.3 zeigt, wird durch die Intensität dieser Reflexe der Ordnungsgrad, d.h. die Spontanmagnetisierung in den Untergittern als Funktion der Temperatur unmittelbar gemessen. Es ergibt sich eine Temperaturabhängigkeit, die analog zu der der ferromagnetischen Spontanmagnetisierung in guter Näherung die einer Brillouinfunktion (vgl. Abb. 24.5) ist.

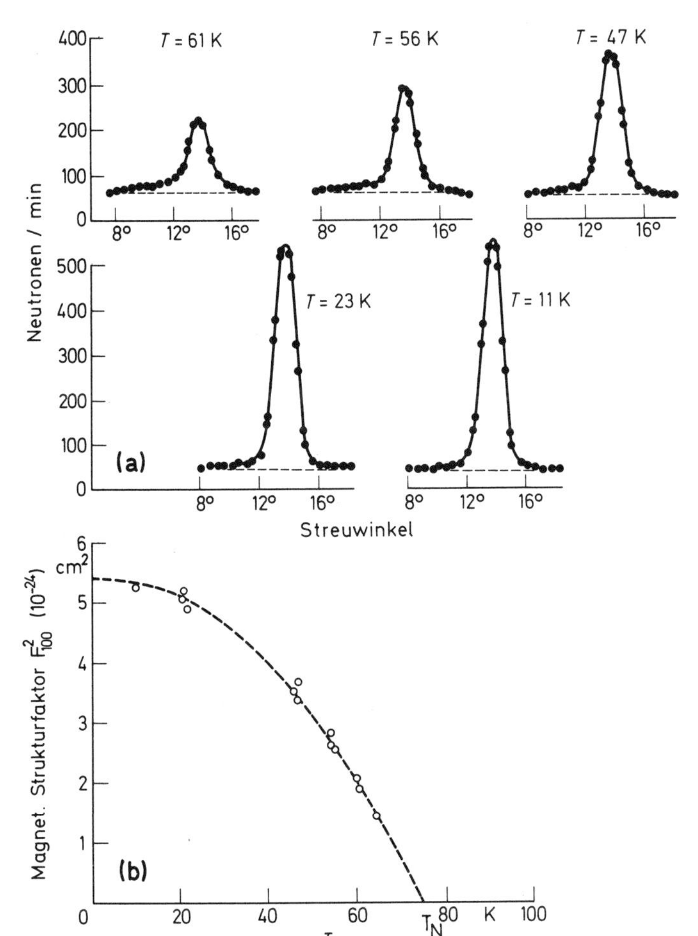

Abb. 25.3. a) Temperaturabhängigkeit der Intensität des magnetischen (100)-Neutronenreflexes an MnF_2. b) Diese Intensität ist bestimmt durch die temperaturabhängige Spontanmagnetisierung eines Untergitters. Die eingezeichnete Kurve für den Strukturfaktor ist berechnet unter der Annahme, daß die Spontanmagnetisierung der Brillouinfunktion $B_{5/2}$ folgt. (Nach Erickson, 1953)

Ein weiteres Beispiel, das kubisch-flächenzentrierte MnO, zeigt die Abb. 25.4. Das kubisch-flächenzentrierte Mn^{2+}-Gitter besteht aus zwei ineinandergestellten ebenfalls kubisch-flächenzentrierten Untergittern, die antiferromagnetisch gegeneinander und ferromagnetisch in sich geordnet sind.

Die magnetische Zelle hat die doppelte Kantenlänge wie die kristallographische, deshalb treten kleinere Neutronenbeugungswinkel bei Temperaturen unterhalb von $T_N = 118$ K auf. Die magnetischen Momente liegen in den (111)-Ebenen zueinander parallel, benachbarte Netzebenen sind antiferromagnetisch gekoppelt. Da es 4 äquivalente derartige Ebenenscharen und in jeder Ebene 3 äquivalente Richtungen und ihre 3 Gegenrichtungen gibt,

[173] Die Intensität der Reflexe hängt von dem Winkel zwischen dem magnetischen Moment und der reflektierenden Netzebene ab. Die (001)-Reflexe fehlen, weil die magnetischen Momente senkrecht zu den (001)-Ebenen stehen. In diesem Fall ist $f_A = f_B = 0$.

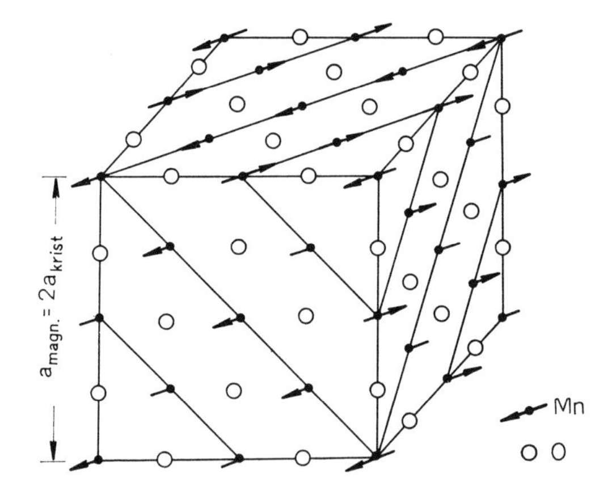

Abb. 25.4. Spinstruktur des antiferromagnetischen MnO (NaCl-Struktur). Die Spins innerhalb einer (111)-Ebene sind ferromagnetisch, zwei aufeinander folgende (111)-Ebenen antiferromagnetisch zueinander geordnet. Die überwiegende Wechselwirkung ist antiferromagnetischer Superaustausch zwischen zwei Mn^{2+}-Ionen über ein dazwischenliegendes O^{2-}-Ion. (Nach Roth, 1960)

gibt es eine große Zahl von gleichwertigen Möglichkeiten für antiferromagnetische Spontanmagnetisierung in einer leichten Richtung. Das bewirkt beim Abkühlen unter den Néel-Punkt die Ausbildung von Domänen mit verschiedenen Magnetisierungsrichtungen, die erst durch Wandverschiebungs- und Drehprozesse in einem äußeren Feld ausgerichtet werden können. Im folgenden denken wir uns das immer geschehen, d.h. die Probe soll „technisch gesättigt" sein, oder wir diskutieren nur die Magnetisierung im Innern einer Domäne.

25.1.2. Molekularfeldnäherung

Wie beim Ferromagnetismus diskutieren wir die Temperaturabhängigkeit der Spontanmagnetisierung zunächst in der Molekularfeldnäherung unter Vernachlässigung des anisotropen Anteils von $\boldsymbol{H}^m$. Wir bezeichnen die Untergitter mit Indizes A und B. Dann ist das auf ein Ion des A-Gitters (oder des B-Gitters) wirkende Molekularfeld $\boldsymbol{H}_A^m$ (oder $\boldsymbol{H}_B^m$) nach Ziffer (22.3) und in Analogie zu (24.13) gegeben durch

$$\begin{aligned} \mu_0 \boldsymbol{H}_A^m &= \alpha_{AA} \boldsymbol{M}_A/V + \alpha_{AB} \boldsymbol{M}_B/V\,, \\ \mu_0 \boldsymbol{H}_B^m &= \alpha_{BA} \boldsymbol{M}_A/V + \alpha_{BB} \boldsymbol{M}_B/V\,. \end{aligned} \tag{25.1}$$

Dabei beschreiben die Molekularfeldkonstanten α_{AB}, α_{BA} jeweils die Wechselwirkung mit dem anderen Untergitter, die Konstanten α_{AA}, α_{BB} die Wechselwirkungen mit den übrigen Ionen desselben Untergitters[174]. Mit diesem Ansatz werden also nicht nur Wechselwirkungen eines Ions mit Nachbarn, die zum jeweils anderen Untergitter gehören, sondern auch (im allgemeinen schwächere) Wechselwirkungen mit Ionen des gleichen Untergitters berücksichtigt. Die α_{AB}, α_{AA}, α_{BB} berücksichtigen Austausch- und dipolare Wechselwirkungen, siehe Ziffer 22. Setzen wir jetzt voraus, daß wie in den oben behandelten Beispielen die beiden Untergitter kristallographisch gleichwertig sind, so ist

$$\alpha_{AB} = \alpha_{BA}\,, \qquad \alpha_{AA} = \alpha_{BB} \tag{25.2}$$

und wegen der vorausgesetzten antiferromagnetischen Ordnung ist $\alpha_{AB} < 0$. Ist noch ein äußeres Feld $\boldsymbol{H}$ eingeschaltet, so wirken auf die Ionen der Untergitter A, B die effektiven Felder

$$\begin{aligned} \boldsymbol{H}_A^{\text{eff}} &= \boldsymbol{H} + \boldsymbol{H}_A^m = \boldsymbol{H} + \mu_0^{-1}(\alpha_{AA} \boldsymbol{M}_A/V + \alpha_{AB} \boldsymbol{M}_B/V)\,, \\ \boldsymbol{H}_B^{\text{eff}} &= \boldsymbol{H} + \boldsymbol{H}_B^m = \boldsymbol{H} + \mu_0^{-1}(\alpha_{AB} \boldsymbol{M}_A/V + \alpha_{AA} \boldsymbol{M}_B/V)\,, \end{aligned} \tag{25.3}$$

von denen die Magnetisierungen $\boldsymbol{M}_A/V$ und $\boldsymbol{M}_B/V$ in den beiden Untergittern erzeugt werden. Ihre Beträge M_i/V $(i = A, B)$, er-

174 Die α_{AB}, α_{AA}, α_{BB} werden skalar angesetzt, d.h. die ganze Theorie ist zunächst isotrop. Die Einflüsse der anisotropen Kristallstruktur werden später durch ein Anisotropiefeld zusätzlich berücksichtigt.

geben sich analog zu (24.14) aus den Brillouingleichungen

$$\frac{M_i/V}{M_{i\max}/V} = B_J\left(\frac{J g_J \mu_B H_i^{eff}}{\mu_0 kT}\right), \qquad i = A, B. \qquad (25.4)$$

Wir behandeln zunächst den Fall $\boldsymbol{H} = 0$. Dann sind die beiden Momente spontane Momente[175] und aus Symmetriegründen gleich groß und antiparallel gerichtet:

$$\boldsymbol{M}_B = -\boldsymbol{M}_A \qquad (25.5)$$

und aus (25.3) folgt

$$\begin{aligned} \mu_0 \boldsymbol{H}_A^{\text{eff}} &= \mu_0 \boldsymbol{H}_A^m = (\alpha_{AA} - \alpha_{AB}) \boldsymbol{M}_A/V, \\ \mu_0 \boldsymbol{H}_B^{\text{eff}} &= \mu_0 \boldsymbol{H}_B^m = (\alpha_{AA} - \alpha_{AB}) \boldsymbol{M}_B/V, \end{aligned} \qquad (25.6)$$

d.h.

$$\boldsymbol{H}_B^m = -\boldsymbol{H}_A^m. \qquad (25.6')$$

Jede der beiden Gleichungen (25.6) gilt in einem Untergitter und ist identisch mit (24.24) für den ferromagnetischen Fall, wenn man nur α durch $\alpha_{AA} - \alpha_{AB}$ ersetzt. Es gelten also auch hier die Lösungen (24.25) für die Beträge der *spontanen Magnetisierungen* ($i = A, B$)

$$\frac{M_i/V}{M_{i\max}/V} = B_J\left(\frac{J g_J \mu_B(\alpha_{AA} - \alpha_{AB}) M_i/V}{\mu_0 kT}\right) \qquad (25.7)$$

mit[177]

$$M_{i\max}/V = J g_J \mu_B N/2V. \qquad (25.8)$$

In der letzten Gleichung ist berücksichtigt, daß jedes Untergitter nur $N/2$ magnetische Ionen enthält. Die Spontanmagnetisierung innerhalb eines Untergitters soll also einer Brillouinfunktion genügen, in Übereinstimmung z.B. mit dem Neutronenstreuexperiment von Abb. 25.3.

Die *Néel-Temperatur*, bei der sie zusammenbricht, ist dann gegeben durch (24.28) mit $\alpha_{AA} - \alpha_{AB}$ anstelle von α und $N/2$ anstelle von N:

$$\begin{aligned} T_N &= \frac{1}{2} \frac{J(J+1) g_J^2 \mu_B^2 (\alpha_{AA} - \alpha_{AB}) N/V}{3\mu_0 k} \\ &= \frac{1}{2}(\alpha_{AA} - \alpha_{AB}) C, \end{aligned} \qquad (25.9)$$

wobei C die Curie-Konstante (21.31) ist.

Die *experimentelle Prüfung* der Behauptungen (25.7) und (25.9) durch direkte magnetische Messungen *ohne* äußeres Feld ist nicht möglich, da ja dann die gemessene spontane Gesamtmagnetisierung

$$\boldsymbol{M}/V = (\boldsymbol{M}_A + \boldsymbol{M}_B)/V = 0 \qquad (25.10)$$

nach (25.5) verschwindet. Man muß durch ein äußeres Feld Richtung oder/und Größe von $\boldsymbol{M}_A$ und $\boldsymbol{M}_B$ so beeinflussen, daß (25.5) und (25.10) nicht mehr gelten, d.h. man hat die allgemeinen Gleichungen (25.4) mit $H > 0$ zu lösen. Wir verzichten auf die allgemeine Behandlung dieses Problems zu Gunsten zweier Spezialfälle mit speziellen Richtungen von $\boldsymbol{H}$ relativ zum anisotropen Gitter.

Es sei zunächst $\boldsymbol{H}$ *senkrecht* auf der leichten Magnetisierungsrichtung (der Richtung des *Anisotropiefeldes*) (Abb. 25.5), z.B. senkrecht zur tetragonalen Achse von MnF_2 (Abb. 25.2)[179].

Das äußere Feld dreht die Momente $\boldsymbol{M}_A$ und $\boldsymbol{M}_B$ gegen die rückdrehende Wirkung des Molekularfeldes[180] aus der antiparallelen Orientierung heraus, und zwar bis zu einer Gleichgewichtslage bei dem im allgemeinen kleinen[181] Winkel φ, siehe Abb. 25.5b. Die

---

[175] Wir verzichten hier auf den Index s.

[177] In den meisten Fällen ist der Bahnmagnetismus unterdrückt (Ziffer 14.3), d.h. es kann $J = S$, $g_J \approx 2$ gesetzt werden.

[179] Wir beschränken uns also auf axiale Kristalle.

[180] Außerdem gegen das rückdrehende Anisotropiefeld. Von diesem setzen wir zunächst nur voraus, daß es die leichte Richtung definiert, vernachlässigen aber noch seinen energetischen Beitrag, auf den wir erst unten zurückkommen.

[181] Deshalb ist die Änderung des Betrages $|\boldsymbol{M}_i/V|$ durch $\boldsymbol{H}$ von 2. Ordnung klein und kann unberücksichtigt bleiben.

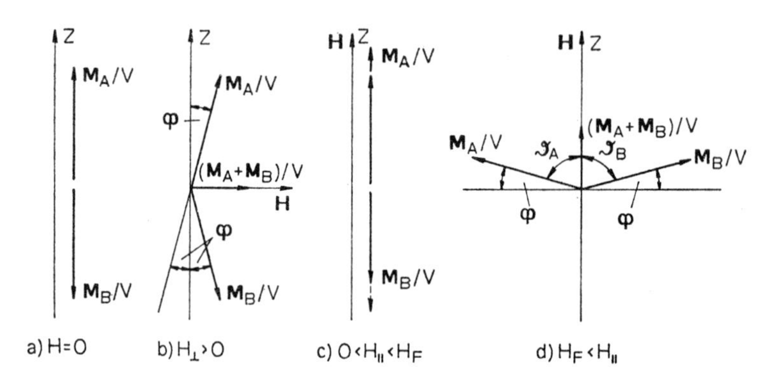

Abb. 25.5. Zur Ableitung der antiferromagnetischen Suszeptibilität bei verschiedener Feldrichtung relativ zu $\boldsymbol{M}_A$ und $\boldsymbol{M}_B$, die durch ein sehr kleines Anisotropiefeld in z-Richtung orientiert werden. a) $H = 0$, b) $H \perp z$, c) schwaches Feld $H \parallel z$, d) überkritisches Feld $H \parallel z$, Spin-Flop

Dichte der Einstellenergie von $\boldsymbol{M}_A$ und $\boldsymbol{M}_B$ gegeneinander und gegen das äußere Feld ist dann gegeben durch

$$\begin{aligned}\frac{W(\varphi)}{V} &= -\frac{\alpha_{AB}}{\mu_0 V^2}\boldsymbol{M}_A\boldsymbol{M}_B - \boldsymbol{H}(\boldsymbol{M}_A + \boldsymbol{M}_B)/V \\ &= \frac{\alpha_{AB}}{\mu_0}\left(\frac{M_A}{V}\right)^2 \cos 2\varphi - \frac{2H\,M_A}{V}\sin\varphi \\ &\approx \frac{\alpha_{AB}}{\mu_0}\left(\frac{M_A}{V}\right)^2 (1 - 2\varphi^2) - \frac{2H\,M_A}{V}\varphi\,.\end{aligned} \tag{25.11}$$

Dabei ist das erste Glied rechts in der ersten Zeile identisch mit $-(\boldsymbol{M}_A/V)\boldsymbol{H}_B^m = -(\boldsymbol{M}_B/V)\boldsymbol{H}_A^m$.
Wegen des vorausgesetzten Gleichgewichts ist $dW/Vd\varphi = 0$, d.h.

$$\varphi = -\frac{\mu_0 H}{2\alpha_{AB} M_A/V}\,, \tag{25.12}$$

und die Magnetisierung parallel zu $\boldsymbol{H}$ wird

$$\frac{M_H}{V} = \frac{M_\perp}{V} = \left(\frac{M_A + M_B}{V}\right)\sin\varphi \approx \frac{2M_A}{V}\varphi = -\frac{\mu_0 H}{\alpha_{AB}}\,. \tag{25.13}$$

Damit wird die *antiferromagnetische Suszeptibilität*

$$\chi_\perp = \frac{M_\perp/V}{\mu_0 H} = -\frac{1}{\alpha_{AB}} = \frac{1}{|\alpha_{AB}|} \tag{25.14}$$

temperaturunabhängig (Néel, 1936), in Übereinstimmung mit dem experimentellen Befund in Abb. 25.6. Ihr Wert gibt unmittelbar die antiferromagnetische Molekularfeldkonstante.

Legt man andererseits das Feld *parallel* zur leichten Magnetisierungsrichtung (Abb. 25.5c), so werden die Richtungen von $\boldsymbol{M}_A$ und $\boldsymbol{M}_B$ nicht geändert, wohl aber wird $|\boldsymbol{M}_A|$ auf Kosten von $|\boldsymbol{M}_B|$ etwas zunehmen, so daß eine resultierende Magnetisierung $\boldsymbol{M}_\parallel/V = (\boldsymbol{M}_A + \boldsymbol{M}_B)/V$ in Richtung von $\boldsymbol{M}_A$ und somit eine *antiferromagnetische Suszeptibilität*

$$\chi_\parallel = \frac{M_\parallel/V}{\mu_0 H} \tag{25.15}$$

gemessen wird.

Um sie zu berechnen, muß man (25.4) für diese spezielle Richtung von $\boldsymbol{H}$ lösen und $M_A(H)$ und $M_B(H)$ ausrechnen. Das Ergebnis der etwas längeren Rechnung[182] stimmt ebenfalls mit dem experimentellen Befund in Abb. 25.6 überein: es ist $\chi_\parallel = 0$ bei $T = 0\,\mathrm{K}$ und $\chi_\parallel = \chi_\perp$ bei $T = T_N$, so daß $\chi_\parallel \leqq \chi_\perp$ ist[183].

[182] Man entwickelt für schwache Felder nach Potenzen von H.

[183] Man beachte, daß die Molekularfeldnäherung noch isotrop angesetzt ist. Die Richtungsangaben $\parallel$ und $\perp$ bestimmen im Prinzip nur die Orientierung von $\boldsymbol{H}$ zu $\boldsymbol{M}_A, \boldsymbol{M}_B$. Die Kristallachsen kommen nur dadurch herein, daß sie die leichten Richtungen von $\boldsymbol{M}$ festlegen.

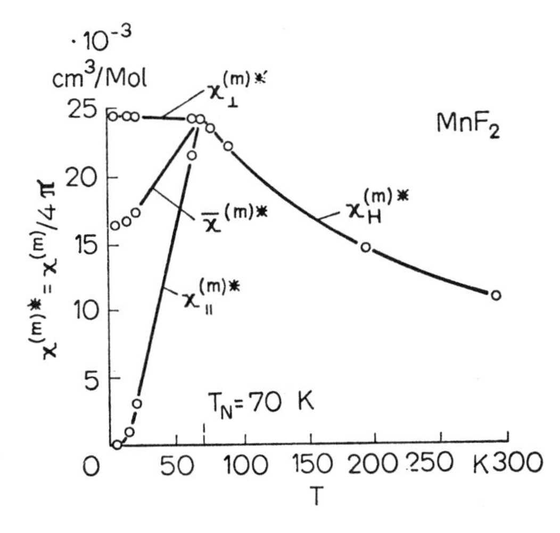

Abb. 25.6. Nichtrationale Mol-Suszeptibilität eines kollinearen Antiferromagneten mit 2 gleichen Untergittern und axialer Symmetrie (nur eine leichte Magnetisierungsrichtung parallel zur A_p^z). $\overline{\chi}$ = mittlere Suszeptibilität eines Pulvers. Experimentelles Beispiel: das tetragonale MnF_2

Aufgabe 25.1. Führe die Berechnung von $\chi_\parallel$ für kleines H durch.

Aufgabe 25.2. Berechne die antiferromagnetische Suszeptibilität für folgende Fälle:

a) „Gesättigter" Einkristall; $\boldsymbol{H}$ hat einen Winkel ϑ mit der leichten Richtung.

b) Pulverförmige Probe; jedes Korn sei eine Domäne.

c) „Ungesättigter" Einkristall mit einer großen Zahl von Domänen, deren jede in einer leichten Richtung magnetisiert ist.

Es genügt jeweils die Zurückführung auf $\chi_\parallel$ und $\chi_\perp$ eines „gesättigten" Einkristalls.

Zum Schluß berechnen wir noch die *„paramagnetische" Suszeptibilität* für $T > T_N$. Da sich keine paramagnetische Magnetisierung ohne äußeres Feld H ausbildet, mit H also auch M/V und damit auch H^{eff} verschwindet, kann man immer $\mu_B H^{\text{eff}}$ so klein gegen kT wählen, daß die Brillouinfunktion durch das Argument ersetzt werden darf *(Hochtemperaturnäherung)*. Die beiden Gln. (25.4) werden also $(i = A, B)$

$$\frac{M_i}{V} = \frac{M_{iH}}{V} = \frac{C_i\,\mu_0 (H + H_i^m)}{T} = \frac{C_i\,\mu_0\,H_i^{\text{eff}}}{T} \tag{25.16}$$

mit (siehe (21.31) und (25.8))

$$C_A = C_B = \frac{C}{2}. \tag{25.16'}$$

Wir dürfen ferner voraussetzen, daß jedes Untergitter parallel zum äußeren Feld magnetisiert wird[184], so daß (im Gegensatz zu (25.5)) hier

$$\boldsymbol{M}_B = \boldsymbol{M}_A\,,$$

also

$$H_B^{\text{eff}} = H_A^{\text{eff}} = H + H_A^m = H + \frac{\alpha_{AA} + \alpha_{AB}}{\mu_0} \cdot \frac{(M_A)_H}{V} \tag{25.17}$$

ist. Das gesamte magnetische Moment ist dann

$$\boldsymbol{M} = \boldsymbol{M}_A + \boldsymbol{M}_B = 2\,\boldsymbol{M}_A\,, \tag{25.18}$$

d.h. mit (25.16/16') ist

$$\frac{M_H}{V} = \frac{C[\mu_0\,H + \frac{1}{2}(\alpha_{AA} + \alpha_{AB})\,M_H/V]}{T}. \tag{25.19}$$

[184] Das gilt immer solange $|\alpha_{AB}|\,M_B/V < \mu_0 H$, was bei der schwachen paramagnetischen Magnetisierung im allgemeinen erfüllt ist, und wenn außerdem Anisotropiefelder vorläufig vernachlässigt werden.

Löst man nach M_H/V auf, so erhält man die paramagnetische Suszeptibilität

$$\chi_H = \frac{M_H}{V \cdot \mu_0 H} = \frac{C}{T - \frac{1}{2} C (\alpha_{AA} + \alpha_{AB})} = \frac{C}{T - \Theta}. \tag{25.20}$$

Sie befolgt also ein *Curie-Weiß-Gesetz* mit der Curie-Konstanten nach (21.31)

$$C = \frac{N}{V} \frac{m_J^2}{3 \mu_0 k} = \frac{N}{V} \frac{J(J+1) g_J^2 \mu_B^2}{3 \mu_0 k} \tag{25.21}$$

und der *paramagnetischen Néel-Temperatur*

$$\Theta = \tfrac{1}{2} C (\alpha_{AA} + \alpha_{AB}). \tag{25.22}$$

Das Experiment liefert (im Gegensatz zum Verhalten ferromagnetischer Stoffe oberhalb des Curie-Punktes) negative Werte von Θ (siehe Tabelle 25.1 sowie Abb. 25.6 und 25.7), und zwar ist im allgemeinen

$$0 < -T_N/\Theta < 1. \tag{25.23}$$

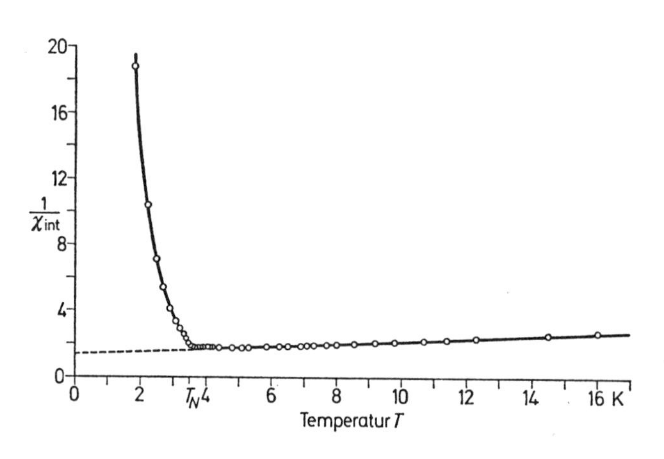

Abb. 25. 7. Reziproke Suszeptibilität des antiferromagnetischen Perowskits $DyAlO_3$. Orthorhombisch, insgesamt 4 Untergitter, davon je 2 linear antiparallel orientiert (Abb. 26.13). $T_N = 3{,}5$ K. Der Kurvenverlauf ist derselbe wie bei einem einfachen AB-Antiferromagnetikum. Gemessen in Richtung von maximalem χ. Korrektur auf inneres Feld. (Nach Schuchert u. a., 1969)

Paramagnetische und antiferromagnetische Néel-Temperatur fallen also keineswegs zusammen. Aus unserem Modell folgt nach (25.22) und (25.9)

$$-\frac{T_N}{\Theta} = \frac{\alpha_{AB} - \alpha_{AA}}{\alpha_{AB} + \alpha_{AA}}, \tag{25.24}$$

wobei nach Voraussetzung $\alpha_{AB} < 0$. Gilt außerdem noch (25.23), so folgt für α_{AA} die Bedingung

$$\alpha_{AB} < \alpha_{AA} < 0. \tag{25.25}$$

Im allgemeinen besteht also auch innerhalb eines Untergitters eine antiferromagnetische Kopplung. Für sich allein würde sie das Untergitter antiferromagnetisch ordnen, jedoch sorgt die stärkere antiferromagnetische Kopplung zwischen den Untergittern für ferromagnetische Ordnung in den sich durchdringenden Untergittern[185].

Der *Mechanismus*, der der negativen Molekularfeldkonstanten α_{AB} zugrundeliegt, ist im allgemeinen Superaustausch über die diamagnetischen Ionen des Gitters (Ziffer 22.32), die α_{AA} sind komplizierter zu erklären.

Aufgabe 25.3. Zeige, daß für $T = T_N$ gilt $\chi_\parallel = \chi_\perp = \chi_H$. (Benutze das Ergebnis von Aufgabe 25.1).

[185] Gl. (25.25) und die daraus gezogenen Schlüsse gelten im Rahmen unserer isotropen Molekularfeldnäherung und können z. B. bei Berücksichtigung der Kristallanisotropie durchbrochen werden.

Jedoch können wir hier ohne großen Aufwand im Anschluß an Néel die Erscheinung des *Spin-Flops* erklären. Bei diesem *magnetischen Umwandlungsprozeß* bleibt die Substanz antiferromagnetisch[186], jedoch klappen die Untergitter aus der leichten Richtung $\parallel z$ (Abb. 25.5c) in die schwere Richtung $\perp z$ (Abb. 25.5d) um, sobald das parallel zur leichten Richtung angelegte äußere Feld eine kritische Feldstärke H_F überschreitet. In jeder der beiden Lagen existiert eine feldparallele Gesamtmagnetisierung $(\boldsymbol{M}_A + \boldsymbol{M}_B)/V$, jedoch ist sowohl die potentielle Energie im äußeren Feld als auch die *Anisotropieenergie* verschieden groß. Für die Beschreibung der Anisotropie benutzen wir sowohl die thermodynamisch eingeführten Anisotropiekonstanten als auch die Molekularfeldnäherung.

Hierzu erweitern wir die früher für Ferromagnetika abgeleiteten Gln. (24.130) und (24.131) in folgender Weise auf kollineare AB-Antiferromagnetika: Die Dichte der inneren *freien Magnetisierungsenergie* sei

$$\frac{F}{V} = K_0 + \frac{1}{2} K_1 (\sin^2 \vartheta_A + \sin^2 \vartheta_B)\,, \tag{25.31}$$

dann wirken auf die Magnetisierungsvektoren $\boldsymbol{M}_i/V$, $(i = A, B)$, die Drehmomentdichten

$$\frac{T_i}{V} = \frac{dF/V}{d\vartheta_i} = K_1 \sin\vartheta_i \cos\vartheta_i\,. \tag{25.32}$$

Führen wir andererseits analog (24.132) *Anisotropiefelder* $\boldsymbol{H}_i^{\text{an}}$ ein durch die Definitionsgleichung

$$\frac{T_i}{V} = \left|\frac{\boldsymbol{M}_i}{V} \times \boldsymbol{H}_i^{\text{an}}\right| = \frac{M_i}{V} H_i^{\text{an}} \sin\vartheta_i\,, \tag{25.33}$$

so folgt durch Vergleich, wenn wir noch die Spontanmagnetisierung M_s in einem Untergitter einführen und

$$M_A \approx M_B \approx M_s \tag{25.34}$$

setzen,

$$H_i^{\text{an}} = \frac{K_1}{M_s/V} \cos\vartheta_i = H^{\text{an}} \cdot \cos\vartheta_i\,. \tag{25.35}$$

Schaltet man jetzt ein äußeres Feld $\boldsymbol{H}$ parallel zur leichten Richtung ein, so kommt zu (25.31) noch die freie Energie im Außenfeld hinzu, d.h. es wird nach (19.5) und nach der Definition von $\chi_\parallel$ und $\chi_\perp$ zunächst im Fall der Abb. 25.5c, wo $\vartheta_A = 0$, $\vartheta_B = \pi$, die gesamte freie Energiedichte gleich

$$\frac{F_\parallel}{V} = K_0 - \int_0^H \frac{\boldsymbol{M}_A + \boldsymbol{M}_B}{V}\, d\boldsymbol{H} = K_0 - \frac{\mu_0}{2} \chi_\parallel H^2 \tag{25.36}$$

und ebenso im Fall der Abb. 25.5d mit $\vartheta_A = \vartheta_B \approx \pi/2$

$$\frac{F_\perp}{V} = K_0 + K_1 - \frac{\mu_0}{2} \chi_\perp H^2\,. \tag{25.37}$$

Hier berücksichtigt das letzte Glied die Verkantung der Untergitter. Deren Beitrag zu den beiden anderen Gliedern ist von 2. Ordnung klein und deshalb durch die Annahme $\vartheta_A = \vartheta_B \approx \pi/2$ vernachlässigt. Die Energiedifferenz

$$\frac{F_\perp - F_\parallel}{V} = K_1 - \frac{\mu_0}{2} (\chi_\perp - \chi_\parallel) H^2 \tag{25.38}$$

ist für kleine H positiv, da $K_1 > 0$, wird aber bei großen H negativ, da $(\chi_\perp - \chi_\parallel) > 0$. Das heißt in kleinen Feldern ist die feldparallele

[186] Im Gegensatz zu den *metamagnetischen* Umwandlungen, bei denen eine Spinstruktur in eine andere, z.B. eine antiferromagnetische in eine ferromagnetische umklappt.

Untergitterorientierung der Abb. 25.5c die stabile, in großen Feldern dagegen die zum Feld senkrechte der Abb. 25.5d. Die *Umwandlung* (der *Spin-Flop*) findet statt, wenn

$$\frac{F_\perp - F_\parallel}{V} = 0,$$

d.h. bei der kritischen oder *Flop-Feldstärke* (siehe (25.14))

$$H_F(T) = \left(\frac{2K_1}{\mu_0(\chi_\perp - \chi_\parallel)}\right)^{1/2} = \left(\frac{2K_1\,|\alpha_{AB}|}{\mu_0\left(1 - \dfrac{\chi_\parallel}{\chi_\perp}\right)}\right)^{1/2}, \tag{25.39}$$

die bei $T \to 0$ K wegen $\chi_\parallel \to 0$ in

$$H_F(0) = \sqrt{2K_1\,|\alpha_{AB}|/\mu_0} \tag{25.40}$$

übergeht.

Ersetzt man jetzt mit (25.35) die Anisotropiekonstante K_1 durch das Anisotropiefeld H^{an} und das Molekularfeld[187] H^m, so wird

$$K_1 = H^{\mathrm{an}} M_s/V = H^{\mathrm{an}} \cdot \frac{\mu_0}{|\alpha_{AB}|} H^m \tag{25.41}$$

und

$$H_F(T) = \sqrt{\frac{2H^{an}H^m}{1 - \chi_\parallel/\chi_\perp}} \tag{25.42}$$

$$H_F(0) = \sqrt{2H^{\mathrm{an}}H^m}. \tag{25.43}$$

Bei fehlender Anisotropie ($H^{an} = 0$) stellen sich also die Untergitter wegen $\chi_\perp > \chi_\parallel$ immer quer zum äußeren Magnetfeld, bei end-

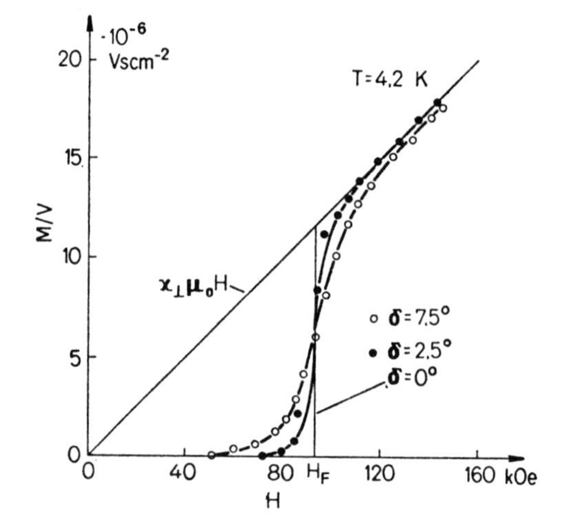

Abb. 25.8. Spin-Flop an MnF_2 bei $T = 4{,}2$ K. $\chi_\parallel \approx 0$; $\chi_\perp = 12{,}6 \cdot 10^{-3}$. Das äußere Feld war um den Winkel δ gegen die leichte Richtung (≡ Kristallachse) geneigt. Bei scharfer Orientierung ($\delta = 0$) würde M/V bei $H_F = 93$ kOe unstetig übergehen. Gemessen in gepulsten Feldern. (Nach Jacobs, 1961)

licher Anisotropie werden sie erst bei Feldstärken $H \geqq H_F$ von der leichten Richtung entkoppelt und quer zum Außenfeld gestellt.

Der Spin-Flop bei $H = H_F$ macht sich magnetisch dadurch bemerkbar, daß die *Magnetisierung* von $M/V = \chi_\parallel \mu_0 H \approx 0$ auf

$$\frac{M}{V} = \chi_\perp \mu_0 H = \frac{\mu_0 H}{|\alpha_{AB}|}$$

springt (siehe Abb. 25.8).

Zum Vergleich ist in Abb. 25.9 die Magnetisierungsänderung bei einer *metamagnetischen Umwandlung* wiedergegeben. Bei der kritischen Feldstärke klappen die beiden magnetischen Untergitter des

[187] Unter Molekularfeld wird hier nur der isotrope Anteil $\boldsymbol{H}^{\mathrm{is}}$ im Sinne von (22.43) verstanden.

$FeBr_2$ aus der antiferromagnetischen Orientierung mit verschwindender spontaner Gesamtmagnetisierung in die ferromagnetische Orientierung mit maximaler[189] spontaner Gesamtmagnetisierung um. Während sich also in Abb. 25.8 bei $H = H_F$ praktisch nur die Orientierung der beiden Untergitter relativ zu den Kristallachsen ändert, ändert sich in Abb. 25.9 bei $H = H_C$ ihre Orientierung zueinander. Hier hängt also die magnetische Struktur von der Feldstärke ab.

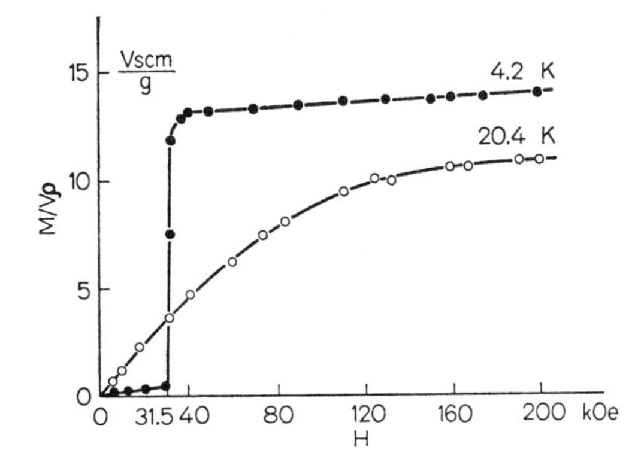

Abb. 25.9. Spezifische Magnetisierung des tetragonalen $FeBr_2$. $H \| c$-Achse. $T_N = 11$ K. Metamagnetische Umwandlung aus der antiferromagnetischen in die ferromagnetische Struktur bei $H_c = 31{,}5$ kOe (obere Kurve). Paramagnetismus bei $T > T_N = 11$ K (untere Kurve). (Nach Jacobs und Lawrence, 1964)

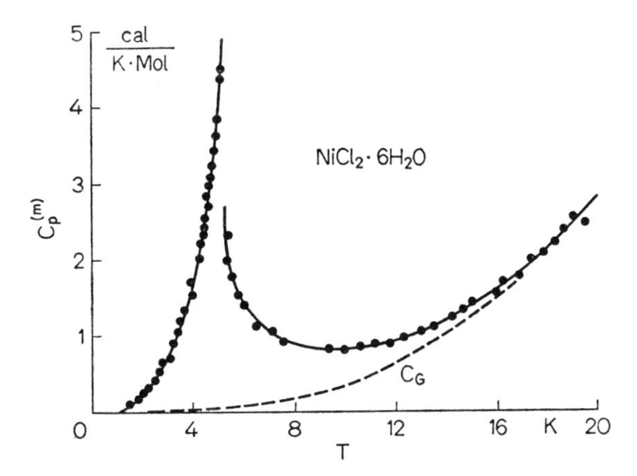

Abb. 25.10. Mol-Wärme von $NiCl_2 \cdot 6\,H_2O$ in der Umgebung des Néel-Punktes $T_N = 6{,}2$ K. Die gestrichelte Kurve gibt die Gitterwärme $\sim T^3$. (Nach Robinson und Friedberg, 1960)

Zum Schluß sei noch darauf hingewiesen, daß ebenso wie am Curie-Punkt (Abb. 24.9) auch am Néel-Punkt das Aufbrechen der magnetischen Ordnung zu einem Maximum der *spezifischen Wärme* führt. Abb. 25.10 zeigt als Beispiel die spezifische Wärme des $NiCl_2 \cdot 6\,H_2O$, das bei $T_N = 6{,}2$ K antiferromagnetisch ordnet. Der magnetische Anteil liegt oberhalb der gestrichelt gezeichneten spezifischen Gitterwärme. Im Umwandlungspunkt macht die spezifische Wärme einen endlichen Sprung: die Umwandlung ist von 2. Ordnung (vgl. Abb. 24.9 und Ziffer 24.2).

Aufgabe 25.4. Berechne die magnetische spezifische Wärme eines kollinearen Antiferromagneten aus zwei gleichen Untergittern in der Molekularfeldnäherung (analog zu (24.34)).

[189] Bei $T = 0$ K.

In Tabelle 25.1 sind Daten für einige repräsentative antiferromagnetische Kristalle zusammengestellt.

Tabelle 25.1. *Daten für einige repräsentative antiferromagnetische Kristalle*

Substanz	Struktur	Moment/μ_B		Temperatur		
		p_{exp}	n	Θ/K	T_N/K	$-\Theta/T_N$
MnO	kub. fl. zentr.	5,95	5	− 610	122	5,0
FeO	kub. fl. zentr.	7,0	3,3	− 570	185	3,1
α-Fe_2O_3[b]	rhomboedrisch			− 2000	953	2,1
MnF_2	tetragonal	5,71	5	− 113	74	1,5
NiF_2[b]	tetragonal	3,5	2	− 116	80	1,5
$FeBr_2$[a]	hexagonal	5,62	4	6	11	− 0,5
CrF_3	rhomboedrisch	3,9	3	− 125	80	1,6
$CrCl_3$	hexagonal	3,69	3	− 31	16,8	
$FeCl_2 \cdot 4\,H_2O$		3,4		− 2	1,6	1,2

[a] Metamagnetisch, [b] Verkantete Untergitter, s. Ziffer 26.1.

26. Kompliziertere magnetische Strukturen. Ferrimagnetismus

Der Ferromagnetismus von gleichen Spins (Ziffer 24) und der kollineare Antiferromagnetismus mit zwei gleichen Untergittern (Ziffer 25.1) sind die einfachsten Beispiele von kollektivem Magnetismus. Sie haben auch die einfachsten magnetischen oder Spinstrukturen und können bereits durch die einfachste Wechselwirkung, nämlich isotropen Austausch nur zwischen nächsten Nachbarn, prinzipiell erklärt werden. Daneben sind aber auch viele Substanzen mit sehr viel komplizierteren Spinstrukturen bekannt. Es handelt sich dabei um Ionenkristalle mit mehreren chemisch oder physikalisch verschiedenen Ionensorten (Ziffer 26.3), aber auch um Substanzen mit nur einer Ionensorte (Ziffer 26.1/2), unter ihnen auch Metalle (Ziffer 26.2).

Die *magnetischen Strukturen* werden experimentell z.B. durch folgende Methoden bestimmt:

a) *Elastische Neutronenstreuung.* Aus der Richtung der Reflexe folgen die Dimensionen der magnetischen Zelle, aus den Intensitäten die Lage der magnetischen Ionen und die Magnetisierung der Untergitter nach Größe und Richtung.

b) Aus *magnetischen* Messungen folgt die integrale Magnetisierung in verschiedenen Kristallrichtungen. Sie muß sich aus den Magnetisierungen der Untergitter (siehe a) zusammensetzen lassen. Die Magnetisierung bei $T = 0$ K ist weder die maximal mögliche wie beim Ferromagnetismus noch verschwindet sie wie beim kollinearen Antiferromagnetismus.

c) Aus *spektroskopischen* Messungen (einschließlich Mößbauer-Effekt) ergeben sich das elektrische Kristallfeld und das Molekularfeld am Ort der verschiedenen Ionenarten.

Zur Erklärung derartiger Strukturen reicht die Annahme von nur isotroper Austauschwechselwirkung allein zwischen nächsten Nachbarn nicht aus. Berücksichtigt man aber vollständig 1) die Einstellung der Momente zum elektrischen Kristallfeld, 2) alle in Ziffer 22 behandelten Wechselwirkungsmechanismen zwischen den Momenten einschließlich ihrer Anisotropie, und 3) die Wechselwirkung nicht nur zwischen nächstbenachbarten, sondern auch zwischen weiter entfernten Momenten, so kann man auch die kompliziertesten magnetischen Strukturen verstehen. Wir müssen uns hier auf die Beschreibung einiger wichtiger magnetischer Strukturtypen beschränken.

26.1. Antiferromagnetismus mit verkanteten Spins

Läßt die anisotrope Wechselwirkung, z.B. das elektrische Kristallfeld eine genaue Antiparallelstellung durch antiferromagnetischen Austausch ($A_{kl} < 0$) nicht zu, so können sich *verkantete* (oder *schraubenförmige*) Spinstrukturen einstellen. In diesen Fällen bleibt ein resultierendes magnetisches Moment bestehen, die Substanzen zeigen unterhalb des Néelpunktes also ferromagnetisches Verhalten, jedoch mit einem viel kleineren magnetischen Moment als bei ferromagnetischer Spinanordnung (sogenannter *schwacher Ferromagnetismus*). Abb. 26.1 zeigt das für das historische Beispiel des α-Fe_2O_3 (Hämatit). Die Momente der 4 in der Zelle vorhandenen Fe^{3+}-Ionen sind paarweise um 0,06° aus der Antiparallelstellung zu [111] herausgedreht, so daß ein schwaches Moment von nur 0,005 μ_B je Fe^{3+}-Ion senkrecht zur [111]-Richtung resultiert. Allgemein wird der Verkantungswinkel von dem Verhältnis zwischen anisotropen und isotropen Wechselwirkungsenergien bestimmt.

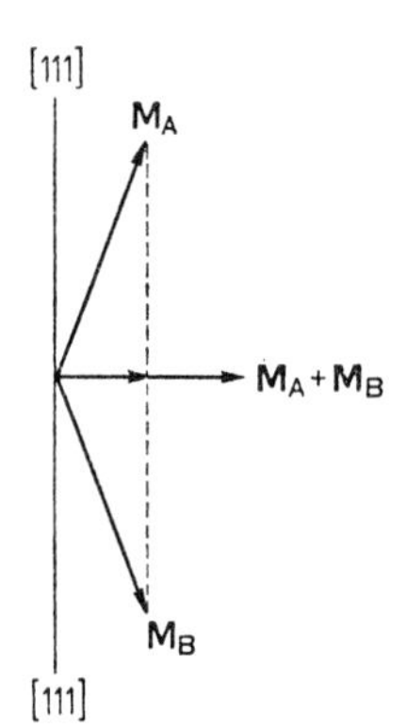

Abb. 26.1. Schwacher Ferromagnetismus bei einem Antiferromagneten mit gering verkanteten Untergittern. Beispiel des α-Fe_2O_3 mit [111] als leichter Richtung (die Verkantung ist viel zu groß gezeichnet)

Das anschaulichste Beispiel ist NiF_2. Es hat dieselbe Struktur wie MnF_2 (Abb. 25.2), jedoch liegen die Spins nicht parallel zur A_4^z, sondern in den Ebenen senkrecht dazu. Aus der Lage der F^--Ionen folgt, daß das Kristallfeld an den Ni^{2+}-Plätzen in übereinanderliegenden Ebenen abwechselnd verschiedene (um $\pi/2$ verdrehte) Richtungen hat, zu denen es die Spins orientiert. Tritt dieser Effekt zu der starken negativen Austauschkopplung hinzu, so wird insgesamt eine verkantete Spinordnung als stabile magnetische Struktur erzeugt.

Tabelle 26.1 gibt einige Daten für Substanzen mit schwachem Ferromagnetismus.

Tabelle 26.1.*: *Daten für einige „schwache Ferromagnetika"*

Substanz	T_N/K	Verkantungswinkel φ
α-Fe_2O_3	953	0,06°
$MnCO_3$	32,4	0,4°
$CoCO_3$	18,1	7°
FeF_3	394	0,5°
NiF_2	80	0,39°
CuF_2	69	0.01°
$KMnF_3$	88,3	0,08°

* Vergleiche Tabelle 25.1

26.2. Modulierte Strukturen in Selten-Erd-Metallen

Besonders komplizierte magnetische Strukturen bei nur einer Ionensorte haben die *Selten-Erd-Metalle.* Hier werden die isolierten[190] magnetischen Momente der $4f$-Schale untereinander durch die Leitungselektronen und an das elektrische Kristallfeld über die Ladungsmultipole gekoppelt. Abb. 26.2 zeigt schematisch die durch Neutronenstreuung nachgewiesenen magnetischen Strukturen für die hexagonalen Elemente der zweiten Periodenhälfte. Im allgemeinen werden außer der paramagnetischen Phase sogar (mindestens) zwei magnetisch geordnete Phasen beobachtet[191], die Substanzen sind *metamagnetisch.* Das Spinsystem geht beim Abkühlen zunächst bei $T = T_N$ in eine antiferromagnetische (Umwandlung 2. Ordnung) und dann bei $T = T_C < T_N$ in eine insgesamt ferromagnetische (Umwandlung 1. Ordnung) Struktur über (siehe Tabelle 26.2). Die Spins können parallel zur Achse (Abb. 26.2a/b) oder senkrecht zur Achse (Abb. 26.2e/f) liegen oder Komponenten parallel und senkrecht zur Achse haben, d.h. schräg zur Achse stehen (Ab-

[190] Der Radius der $4f$-Schalen beträgt nur etwa 1/10 des Ionenabstandes.

[191] Deshalb kann der Name eines Elements in Abb. 26.2 mehrmals vorkommen.

bildung 26.2 c/d). Charakteristisch für die Strukturen ist eine *Modulation* längs der hexagonalen Achse, die allerdings in den dargestellten Fällen verschiedenartig ist. Es kommen vor: eine Folge von antiparallelen *Sequenzen*[192] $4\,\bar{3}\,4\,\bar{3}$ (Abb. 26.2a), eine sinusförmige *Oszillation* der Momentengröße (Abb. 26.2b), eine *Schraubung*[193] um z (Abb. 26.2d/e) und Kombinationen davon (Abb. 26.2c).

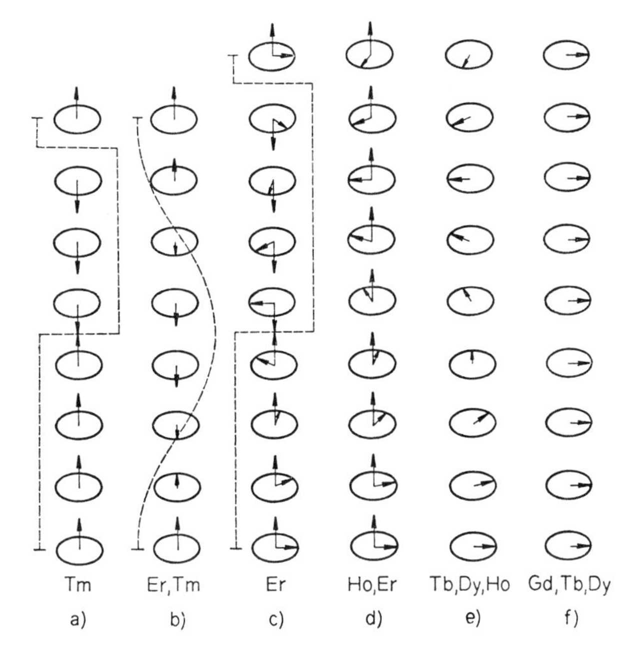

Abb. 26.2. Magnetische Strukturen längs der Kristallachse in den hexagonalen Selten-Erd-Metallen. Innerhalb einer hexagonalen Ebene stehen alle Momente parallel. Einige Modulationsperioden sind eingezeichnet. (Nach Will, 1971)

Tabelle 26.2. *Daten für einige Selten-Erd-Metalle* (nach Will, 1969)

Substanz	T_C/K	T_N/K
Tb	216	226
Dy	87	179
Ho	19,4	133
Er	20	80
Tm	38	56

Die Modulationsperiode und der Schraubungswinkel α brauchen nicht in ganzzahligen Verhältnissen zur Gitterperiode zu stehen, α ändert sich sogar stark mit der Temperatur.

Innerhalb einer hexagonalen Ebene $\perp A_6^z$ herrscht ferromagnetische Ordnung, d.h. stehen die Spins parallel.

[192] Auch *Antiphase* oder *Antidomänenordnung* genannt.

[193] Hierfür bürgert sich das Wort *Helimagnetismus* ein.

26.3. Ferrimagnetische Strukturen

In einer *ferrimagnetischen* Substanz sind mehrere Untergitter mit *verschieden* großen magnetischen Momenten paarweise antiparallel zueinander orientiert[195], so daß ein resultierendes Moment übrigbleibt (Néel, 1948). Ferrimagnetische Substanzen zeigen also ferromagnetisches Verhalten, jedoch mit einer kleineren Spontanmagnetisierung als bei ferromagnetischer Ordnung aller Momente. Die Substanzen müssen mehrere Ionensorten enthalten, die entweder chemisch verschieden sind oder doch auf physikalisch ver-

[195] Der kollineare AB-Antiferromagnetismus (Ziffer 25.1) ist also ein Grenzfall für gleichgroße Momente. Verkantete oder spiralige Spinstrukturen, die manchmal auch als ferrimagnetisch bezeichnet werden, haben wir gesondert behandelt (Ziffer 26.1/2).

schiedenen Gitterplätzen sitzen. Die wichtigsten *Beispiele*[196] sind *Metall-Oxide*; der vorwiegende Kopplungsmechanismus zwischen den Momenten ist negativer Superaustausch über die Sauerstoffionen. Da das Kristallgitter hier im wesentlichen durch die großen O^{2-}-Ionen aufgebaut wird (siehe Ziffer 5.4), können die Metallionen weitgehend durch andere ersetzt werden, so daß sehr viele *Substitutionsmischkristalle* hergestellt und die magnetischen Eigenschaften stark variiert werden können. Eine Übersicht gibt [F 37]. Wir behandeln hier nur einige *Ferrite, Granate* und *Perowskite* als Beispiele.

26.3.1. Ferrite. Molekularfeldnäherung

Die einfachsten *Ferrite* haben die Formel $MO \cdot Fe_2O_3$, wobei M ein zweiwertiges Metall ist. Liegt die kubisch-flächenzentrierte Spinell-Struktur vor[197], so befinden sich 2 Formeleinheiten in der primitiven rhomboedrischen Zelle[198], d.h. 2 M^{2+}-Ionen und 4 Fe^{3+}-Ionen. Für die Metallionen stehen 2 A-Plätze mit tetraedrischer O^{2-}-Umgebung und 4 B-Plätze mit oktaedrischer O^{2-}-Umgebung zur Verfügung. Die A-Plätze werden besetzt von 2 Fe^{3+}, die B-Plätze statistisch von 2 M^{2+} und den restlichen 2 Fe^{3+}[199]. Die bei weitem stärkste Wechselwirkung ist negativer Superaustausch zwischen A- und B-Plätzen, so daß A- und B-Plätze zwei in sich ferromagnetisch geordnete, aber gegeneinander kollinear antiferromagnetisch orientierte Untergitter bilden (siehe die schematische Abb. 26.3). Wir haben also den einfachen Fall von *kollinearem AB-Ferrimagnetismus*.

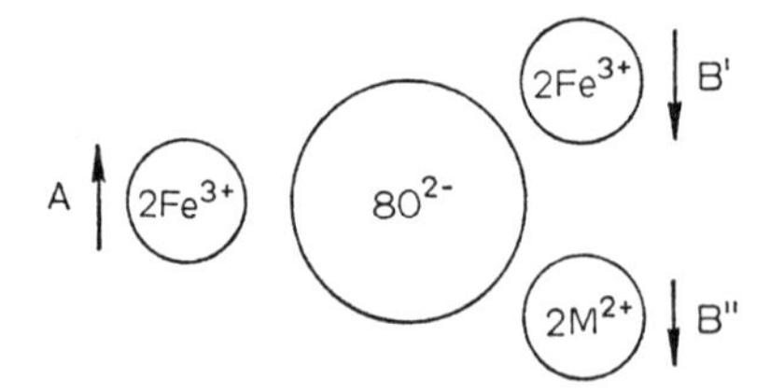

Abb. 26.3. Ferrimagnetische Struktur eines Ferrits mit inverser kubischer Spinellstruktur, schematisch. Die Spins an den Plätzen A, B', B'' sind durch negativen Superaustausch über die O^{2-}-Ionen gekoppelt, so daß zwei antiparallel orientierte Untergitter A und $B' + B'' = B$ entstehen. Gezeichnet für 2 Formeleinheiten $MO \cdot Fe_2O_3$ in der primitiven Zelle

Die Fe^{3+}-Ionen haben den Spin $S = 5/2$ und also in der Quantisierungsrichtung das Moment $5\mu_B$. Diese Momente heben sich gegenseitig auf. Im Magnetit $FeOFe_2O_3 = Fe_3O_4$ ist $M^{2+} = Fe^{2+}$ mit $S = 2$ und einem Moment von $4\mu_B$, so daß insgesamt ein ferrimagnetisches Moment von $n\mu_B = 2\times 4\mu_B = 8\,\mu_B$ je Primitivzelle zu erwarten ist. Aus der Spontanmagnetisierung bei $T \to 0$ K folgt experimentell $n\mu_B = 8{,}2\,\mu_B$, worin noch ein Rest von Bahnmagnetismus enthalten ist. Ersetzt man das Fe^{2+} durch das diamagnetische Zn^{2+}, so ist die maximale Magnetisierung $M_s(0)/V = 0$, die Substanz $ZnO \cdot Fe_2O_3$ ist kollinear antiferromagnetisch.

Die einfache Addition der Momente gilt für vollständige Spontanmagnetisierung bei $T = 0$ K. Die *Temperaturabhängigkeit* für $T > 0$ K diskutieren wir im Anschluß an Néel in der *Molekularfeldnäherung*, wobei wir gleich die Wechselwirkungen innerhalb der Untergitter als klein gegenüber der AB-Wechselwirkung vernachlässigen.

Auf die A- und B-Spins wirken dann die effektiven Felder $\boldsymbol{H}_A^{\text{eff}}$ und $\boldsymbol{H}_B^{\text{eff}}$ gemäß

$$\begin{aligned}\mu_0 \boldsymbol{H}_A^{\text{eff}} &= \mu_0 \boldsymbol{H} + \mu_0 \boldsymbol{H}_A^m = \mu_0 \boldsymbol{H} + \alpha_{AB} \boldsymbol{M}_B/V \\ \mu_0 \boldsymbol{H}_B^{\text{eff}} &= \mu_0 \boldsymbol{H} + \mu_0 \boldsymbol{H}_B^m = \mu_0 \boldsymbol{H} + \alpha_{AB} \boldsymbol{M}_A/V\,.\end{aligned} \qquad (26.1)$$

---

[196] Sie sind z. T. Halbleiter und auch technisch sehr wichtig.

[197] Nach dem Mineral Spinell $MgAl_2O_4$. Es gibt auch hexagonale Ferrite.

[198] Oder, was dasselbe ist, $4 \cdot 2 = 8$ Formeleinheiten in der kubischen Zelle.

[199] Dies ist die sogenannte *inverse* Spinell-Struktur $Fe(MFe)O_4$. In der sogenannten *normalen* Spinellstruktur sitzen die Fe^{3+} alle auf den B-Plätzen und die M^{2+} auf den A-Plätzen. Es gibt auch *gemischte* Strukturen.

Dabei ist wieder wie im ferro- und antiferromagnetischen Fall das System als isotrop vorausgesetzt. $\boldsymbol{H}$ ist das äußere Feld, $\alpha_{AB} < 0$ die Molekularfeldkonstante. Im *paramagnetischen* Bereich gilt die Hochtemperaturnäherung, d.h. man hat in jedem Untergitter ein *Curiegesetz* (vgl. (25.16)). Da im paramagnetischen Bereich die Untergitter durch die thermische Energie entkoppelt werden, stehen $\boldsymbol{M}_A$ und $\boldsymbol{M}_B$ beide parallel zu $\boldsymbol{H}$ und (26.1) gilt auch für die Beträge der Vektoren. Es ist also

$$\begin{aligned} M_A/V &= T^{-1} C_A \mu_0 H_A^{\text{eff}} = T^{-1} C_A(\mu_0 H + \alpha_{AB} M_B/V) \\ M_B/V &= T^{-1} C_B \mu_0 H_B^{\text{eff}} = T^{-1} C_B(\mu_0 H + \alpha_{AB} M_A/V) \end{aligned} \tag{26.2}$$

solange $kT \gg g\,\mu_B H^{\text{eff}}$. Im Temperaturbereich oberhalb der *Ordnungstemperatur* T_C[200], d.h. für $T > T_C$ läßt sich diese Bedingung immer, also auch nahe bei $T = T_C$, dadurch erfüllen, daß man H beliebig klein macht, da hier mit H auch M/V und also auch H^{eff} verschwindet. Bei $T = T_C$ allerdings setzt die *Spontanmagnetisierung* ein, und die Bedingung wird bei weiterem Abkühlen durchbrochen. Man bekommt also die *ferrimagnetische Curietemperatur* T_C aus (26.2), wenn man $T = T_C, H = 0$ und trotzdem $M_A/V = M_{sA}/V \neq 0$, $M_B/V = M_{sB}/V \neq 0$ setzt[201]. Das liefert

$$\frac{M_{sA}/V}{M_{sB}/V} = \frac{C_A\,\alpha_{AB}}{T_C}, \qquad \frac{M_{sB}/V}{M_{sA}/V} = \frac{C_B\,\alpha_{AB}}{T_C} \tag{26.3}$$

und durch Multiplikation

$$T_C = |\alpha_{AB}|\sqrt{C_A C_B} = |\alpha_{AB}|\, C_{AB}\,. \tag{26.4}$$

T_C ist, wie zu erwarten, ein Maß für die Molekularfeldkonstante α_{AB}, d.h. für die negative Wechselwirkung. C_A und C_B sind die Curie-Konstanten in den beiden Untergittern. Nach (21.31) sind sie $(l = A, B)$ gleich

$$C_l = \frac{N_l}{V}\frac{\langle m_l^2\rangle}{3\mu_0 k} = \frac{N_l}{V}\frac{J_l(J_l+1)\,g_l^2\,\mu_B^2}{3\mu_0 k}\,. \tag{26.5}$$

Sie unterscheiden sich durch die Anzahl und die Momente der magnetischen Ionen.

Der Zusammenhang zwischen Curietemperatur, Molekularfeldkonstante und magnetischen Momenten entspricht also ganz dem bei ferromagnetischen Substanzen (siehe (24.28′)), wenn man die *mittlere Curiekonstante* $C_{AB} = \sqrt{C_A C_B}$ einführt.

Aufgabe 26.1. Berechne die Molekularfeldkonstante α_{AB} für Magnetit Fe_3O_4 aus folgenden Daten: Grundzustand des Fe^{3+} ist $^6S_{5/2}$; Grundzustand des Fe^{2+} liefert reinen Spinmagnetismus mit $S = 2$; ferrimagnetischer Curie-Punkt $T_C = 858\,°K$, Dichte der Substanz $\varrho = 5{,}18\ \text{g cm}^{-3}$.

Die „*paramagnetische*“ *Suszeptibilität* für $T > T_C$ ergibt sich als Lösung von (26.2), wenn man berücksichtigt, daß hier die AB-Kopplung von der thermischen Energie überwunden wird und beide Untergitter parallel zum Außenfeld magnetisiert sind:

$$\chi_H = \frac{M/V}{\mu_0 H} = \frac{M_A/V + M_B/V}{\mu_0 H} = \frac{(C_A + C_B)\,T - 2\,|\alpha_{AB}|\,C_A C_B}{T^2 - T_C^2}\,. \tag{26.6}$$

In der Grenze für sehr große Temperaturen $T \gg T_C$ wird das asymptotisch zu

$$\chi_H = \frac{C_A + C_B}{T - \Theta} \tag{26.7}$$

[200] Entweder wegen des resultierenden Ferromagnetismus T_C oder wegen des antiferromagnetischen Kopplungsmechanismus T_N oder T_{FN} genannt.

[201] Annäherung von höheren Temperaturen her (vgl. Fußnote [107], S. 253 und Aufgabe 24.2).

mit

$$\Theta = -\frac{2\,|\alpha_{AB}|\,C_A\,C_B}{C_A + C_B} < 0\,. \tag{26 7'}$$

Das ist ein Curie-Weiß-Gesetz mit *negativer paramagnetischer Curie-Temperatur*, wie auch bei antiferromagnetischen Stoffen. Aus dem Verlauf der $\chi(T)$-Kurve (26.6) oder aus dem Abszissenabschnitt Θ und der Steigung $(C_A + C_B)^{-1}$ der $\chi^{-1}(T)$-Geraden (26.7/7') und dem Wert von T_C können C_A und C_B, d. h. die magnetischen Momente in den Untergittern und die Molekularfeldkonstante α_{AB}[202] experimentell bestimmt werden. Abb. 26.4 zeigt den prinzipiellen Verlauf[203] von $\chi^{-1}(T)$, Abb. 26.5 einige experimentelle Beispiele.

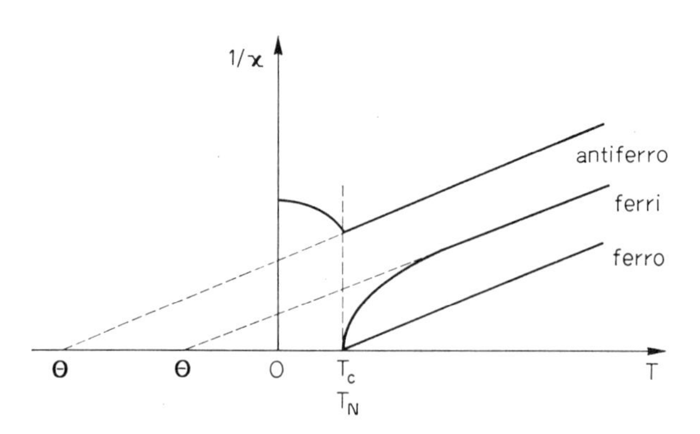

Abb. 26.4. Temperaturabhängigkeit der reziproken Suszeptibilität bei ferro-, antiferro- und ferrimagnetischen Stoffen. Schematisch. Unterhalb der Ordnungstemperatur ist die Suszeptibilität nur bei antiferromagnetischen Stoffen eine zweckmäßige Größe.

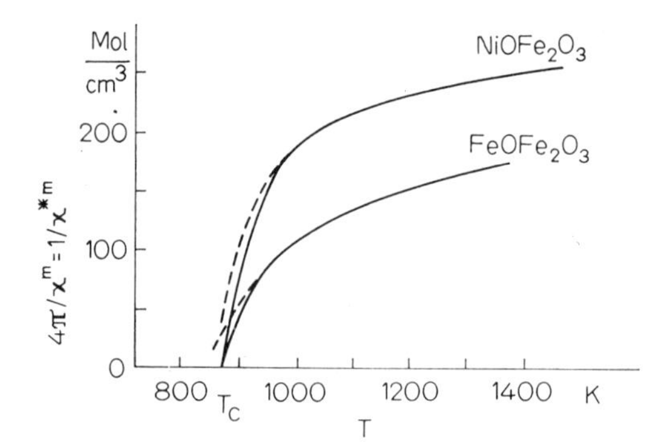

Abb. 26.5. Reziproke nichtrationale Mol-Suszeptibilität der inversen Spinell-Ferrite $FeO \cdot Fe_2O_3$ und $NiO \cdot Fe_2O_3$. Gestrichelt: theoretische Kurven

Aufgabe 26.2. a) Beweise (26.7/7') aus (26.6) und b) stelle den Übergang zum antiferromagnetischen Grenzfall mit 2 gleichen Untergittern her. c) Zeichne die relative Lage der Vektoren $\boldsymbol{H}$, $\boldsymbol{M}_A/V$, $\boldsymbol{M}_B/V$, $\boldsymbol{H}_A^m$, $\boldsymbol{H}_B^m$ für den paramagnetischen und für den ferrimagnetischen Zustand.

Im Temperaturbereich $T < T_C$ *unterhalb des Curiepunktes* werden die Magnetisierungen $(l = A, B)$ gegeben durch die Brillouinfunktionen (24.24):

$$\frac{M_l}{V} = \frac{M_{l\max}}{V}\,B_{J_l}\left(\frac{J_l\,g_l\,\mu_B\,H_l^{\text{eff}}}{k\,T}\right) \tag{26.8}$$

mit

$$\frac{M_{l\max}}{V} = J_l\,g_l\,\mu_B\,\frac{N_l}{V}\,. \tag{26.8'}$$

Da die beiden Untergitter sich im allgemeinen durch J_l, g_l, N_l/V unterscheiden, sind auch die effektiven Feldstärken H_l^{eff} und die

[202] Bei überwiegender Austauschwechselwirkung also nach (22.30) das Austauschintegral A_{AB}!

[203] Zum Vergleich zusammen mit dem ferro- und antiferromagnetischen Fall.

maximalen Magnetisierungen $M_{l\max}/V = M_l(T=0)/V$ verschieden. Die Antiparallelstellung der Untergitter führt dann zu einer resultierenden Magnetisierung, wie sie schematisch in Abb. 26.6 dargestellt ist. Es kann (aber muß nicht) eine *Umkehr-* oder *Kompensationstemperatur* T_K geben, bei der die Gesamtmagnetisierung ihr Vorzeichen wechselt, also durch Null geht.

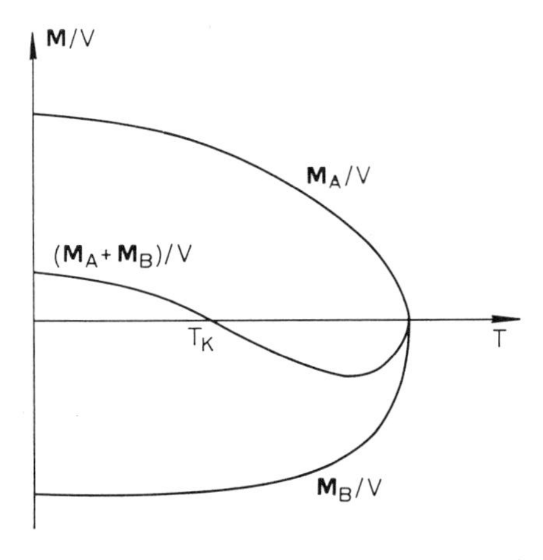

Abb. 26.6. Temperaturabhängigkeit der spontanen Untergittermagnetisierungen und der Gesamtmagnetisierung eines AB-Ferrimagneten. Schematisch, gezeichnet für den Fall, daß eine Kompensationstemperatur T_K existiert

Abb. 26.7 gibt die Gesamtmagnetisierung und das ihr entsprechende magnetische Moment je Formeleinheit $MOFe_2O_3$ für dieselben Substanzen wie in Abb. 26.5. Tabelle 26.3 gibt die Daten für eine Auswahl von *Spinell-Ferriten.*

Tabelle 26.3. *Daten für einige ferrimagnetische Spinell-Ferrite*

Substanz	Struktur	Momente[a] in μ_B je Formeleinheit				T_C/K
		n_A	n_B	$n_B - n_A = n$	$n_{\exp}$	
Fe_3O_4	invers	5	4 + 5	4	4,1	858
$CoFe_2O_4$	invers	5	3 + 5	3	3,7	793
$NiFe_2O_4$	invers	5	2 + 5	2	2,3	858
$CuFe_2O_4$	gemischt	5	1 + 5	1	1,3	728
$ZnFe_2O_4$	normal	0	5 − 5	0	paramagnetisch	

[a] $n\,\mu_B \triangleq$ Spontanmagnetisierung je Formeleinheit bei $T = 0$ K.

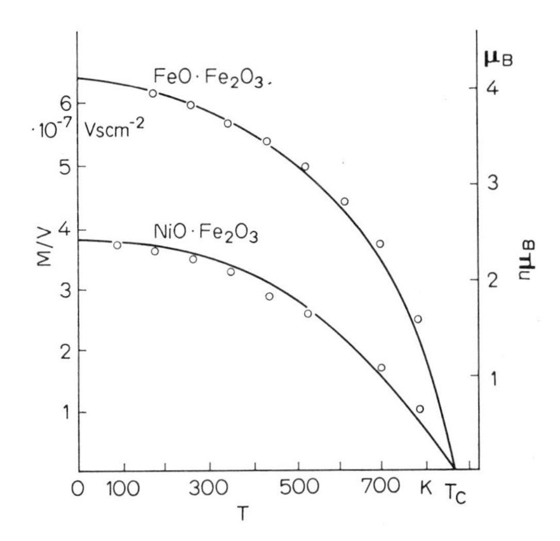

Abb. 26.7. Temperaturabhängigkeit der Spontanmagnetisierung und des mittleren magnetischen Moments je Formeleinheit der Ferrite $FeO \cdot Fe_2O_3$ und $NiO \cdot Fe_2O_3$

26.3.2. Granate

Die ferrimagnetischen *Granate* haben die chemische Formel $M_3N_5O_{12}$, wo M und N dreiwertige Metallionen sind. Eine Sondergruppe bilden die Eisengranate mit $N = Fe^{3+}$. Ihre bekanntesten Vertreter sind der *Yttrium-Eisen-Granat* $Y_3Fe_5O_{12}$ [204] und die *Selten-Erd-Eisen-Granate* [205] $(SE)_3Fe_5O_{12}$, die man mittels Substitution des diamagnetischen Y^{3+} durch magnetische $(SE)^{3+}$-Ionen erhält. Man kann auch das magnetische Fe^{3+}-Ion durch diamagnetische Ionen wie Al^{3+}, Ga^{3+} usw. ersetzen.

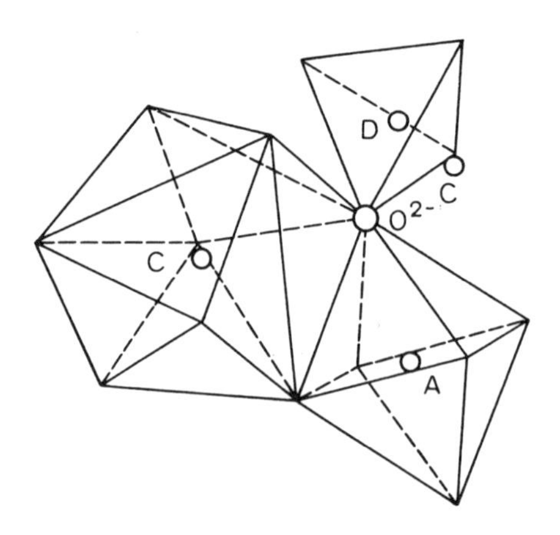

Abb. 26.8. Zur Kristallstruktur der Granate. Die Ecken der eingezeichneten Polyeder sind ebenfalls mit O^{2-} besetzt. Die Kationen auf den *D*-Plätzen haben tetraedrische, auf den *A*-Plätzen oktaedrische und auf den *C*-Plätzen pseudododekaedrische Umgebung (nur für einen *C*-Platz gezeichnet). (Nach Gilleo und Geller, 1958)

Die Granate bilden ein kubisches Gitter mit 8 Formeleinheiten in der kubischen Zelle. Von den Metallionen können 3 verschiedene Arten von Gitterplätzen besetzt werden, und zwar je Formeleinheit $M_3N_5O_{12}$ 2 oktaedrische *A*-Plätze, 3 tetraedrische *D*-Plätze und ebenfalls 3 pseudo-dodekaedrische *C*-Plätze (Abb. 26.8). In den SE-Fe-Granaten besetzen die Fe^{3+}-Ionen die *A*- und *D*-Plätze und die $(SE)^{3+}$-Ionen (oder Y^{3+}) die *C*-Plätze. Alle Ionen sind durch Superaustausch über die O^{2-}-Ionen gekoppelt. Nach Pauthenet (1958) bilden die 3 Platzsorten jede für sich ein magnetisches Untergitter. Das *A*-Gitter ($2\,Fe^{3+}$-Ionen) und das *D*-Gitter ($3\,Fe^{3+}$-

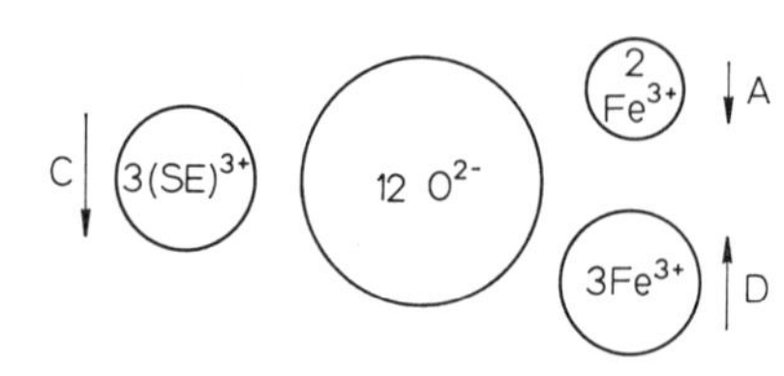

Abb. 26.9. Ferrimagnetische Struktur eines Selten-Erd-Eisen-Granats, schematisch. Die Spins an den Plätzen *A*, *C*, *D* sind durch negativen Superaustausch über die O^{2-}-Ionen gekoppelt. Für eine Formeleinheit $(SE)_3Fe_5O_{12}$ gezeichnet. 4 Formeleinheiten sind in einer primitiven magnetischen Zelle, 2 derartige Primitivzellen in einer kubischen Gitterzelle enthalten

Ionen) sind sehr stark negativ gekoppelt, so daß bei $T = 0$ K das Moment von einem Fe^{3+}-Ion, d.h. $5\,\mu_B$ [206] als ferrimagnetisches Moment resultiert. Das Moment der $(SE)^{3+}$-Ionen auf den *C*-Plätzen ist wieder negativ an das Moment der Fe^{3+} auf den *D*-Plätzen gekoppelt (Abb. 26.9). Diese *CD*-Kopplung ist jedoch sehr schwach gegenüber der *AD*-Kopplung zwischen den beiden Eisen-Untergittern. Deshalb wird der ferrimagnetische Curie-Punkt allein von letzterer bestimmt, und liegt wegen der Stärke der *AD*-Kopplung recht hoch: $T_C \approx 560$ K. Unterhalb dieser Temperatur genügen die Magnetisierungen M_l/V ($l = A, C, D$) jede einer Brillouinfunktion, wobei jedoch das effektive Feld von den *beiden* anderen Untergittern miterzeugt wird.

---

[204] Englisch: *Y*ttrium *I*ron *G*arnet, abgekürzt „YIG".

[205] Englisch: *R*are earth *I*ron *G*arnet, abgekürzt „RIG".

[206] Siehe S. 298.

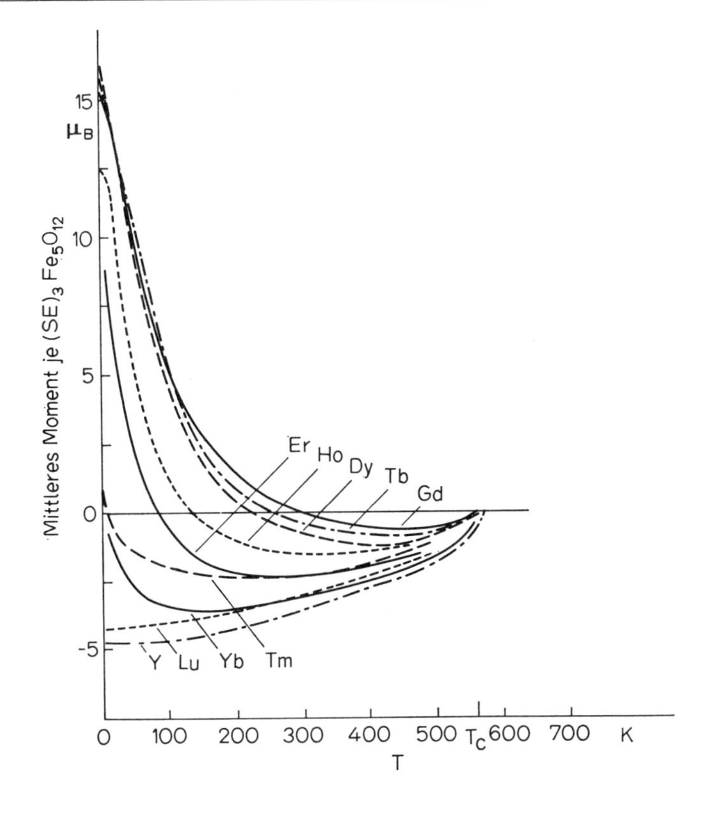

Abb. 26.10. Temperaturabhängigkeit des mittleren spontanen Moments je Formeleinheit von Y—Fe- und (SE)—Fe-Granaten. (Nach Pauthenet, 1958). Man beachte den systematischen Gang der Kompensationstemperaturen mit dem Moment des $(SE)^{3+}$-Ions und den gemeinsamen Curie-Punkt (siehe Tabelle 26.4). In einem äußeren Feld erscheinen natürlich die unteren Kurventeile um die Nullinie nach oben umgeklappt

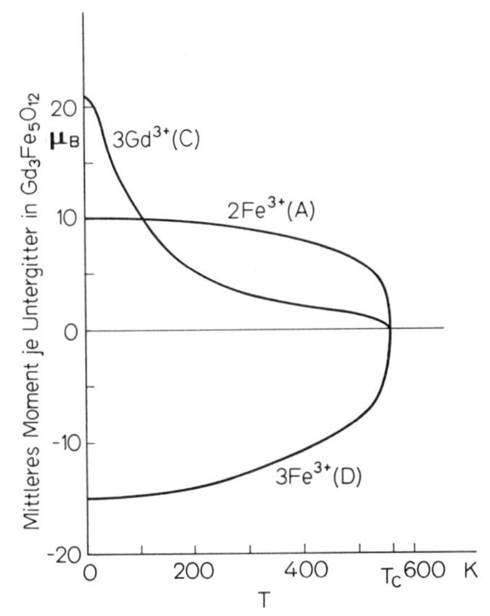

Abb. 26.11. Temperaturabhängigkeit der mittleren spontanen Momente der drei Untergitter je Formeleinheit $Gd_3Fe_5O_{12}$ in Gadolinium-Eisen-Granat

Die ferrimagnetische Spontanmagnetisierung von einigen (SE)-Fe-Granaten und Y-Fe-Granat ist in Abb. 26.10 gegeben. Man beachte den gemeinsamen Curie-Punkt und die Lage der Umkehr- oder Kompensationspunkte, in denen die Substanzen diamagnetisch sind. Abb. 26.11 gibt für den Gd-Fe-Granat die Temperaturabhängigkeit der drei Untergittermagnetisierungen an. Bei $T = 0$ K sind die magnetischen Momente je Formeleinheit im C-Gitter ($3Gd^{3+}$): $3 \times 7\ \mu_B = 21\ \mu_B$, im D-Gitter ($3Fe^{3+}$): $-3 \times 5\ \mu_B = -15\ \mu_B$ und im A-Gitter ($2Fe^{3+}$): $+2 \times 5\ \mu_B = 10\ \mu_B$. Das Gd^{3+}-Moment überkompen-

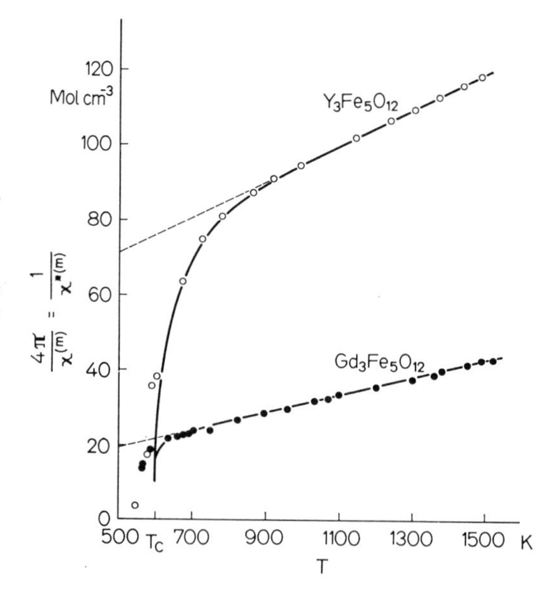

Abb. 26.12. Reziproke nichtrationale Mol-Suszeptibilität von $Y_3Fe_5O_{12}$ und $Gd_3Fe_5O_{12}$ oberhalb des Curie-Punktes. Für $T \gg T_C$ gehen die Kurven in Curie-Weiß-Geraden mit negativem Θ über. Die Abweichungen der Meßpunkte in der Nähe von T_C von den angepaßten theoretischen Kurven beruhen auf dem Übergang zur ferrimagnetischen Ordnung. (Nach Landolt-Börnstein, 6. Aufl., Band II/9)

siert also die Fe^{3+}-Momente. Bei steigender Temperatur nehmen die mittleren magnetischen Momente der drei Untergitter (je Formeleinheit) ab, und zwar am schnellsten in dem nur schwach gekoppelten Gd^{3+}-Gitter. Die Suszeptibilität oberhalb von T_C gibt Abb. 26.12 für einige Beispiele.

Tabelle 26.4. *Selten-Erd*[a]*-Eisengranate* $(SE)_3Fe_5O_{12}$

SE	Y	Sm	Eu	Gd	Tb	Dy	Ho	Er	Tm	Yb	Lu
n_{exp}[b]	4,96	4,7	2,6	15,2	15,7	16,2	13,7	11,6	1,0	0	4,2
T_C/K	560	580	566	564	568	563	567	556	549	548	549
T_K/K	—	—	—	290	246	220	136	84	$4 \cdots 20{,}4$	0	—

[a] Zusätzlich Yttrium.
[b] $n_{exp}\,\mu_B \triangleq$ Spontanmagnetisierung je Formeleinheit bei $T = 0$ K.

Aufgabe 26.3. Bestimme das theoretische maximale Moment $n\mu_B$ je Formeleinheit $(SE)_3Fe_5O_{12}$ der Selten-Erd-Eisengranate unter folgenden Annahmen: a) der *Spin* S_z des $(SE)^{3+}$-Ions stellt sich antiparallel zum resultierenden Fe^{3+}-Spin, oder b) der *Gesamtdrehimpuls* J_z des $(SE)^{3+}$-Ions stellt sich antiparallel zum resultierenden Fe^{3+}-Spin. Vergleiche die Ergebnisse mit den experimentellen Werten.

26.3.3. Selten-Erd-Perowskite

Die magnetischen *Selten-Erd-Perowskite* sind orthorhombische Oxide der Formel $(SE)MO_3$, wobei SE eine Seltene Erde und M ein anderes dreiwertiges Metall, z.B. Al bedeutet. Wir behandeln nur das $DyAlO_3$, dessen magnetische Struktur in Abb. 26.13 dargestellt ist.

Da Al^{3+} diamagnetisch ist, tragen nur die Dy^{3+}-Ionen magnetische Momente. Sie verteilen sich auf 4 in sich ferromagnetisch geordnete Untergitter 1, 2, 3, 4, die nach Neutronenbeugungsaufnahmen paarweise antiparallel orientiert sind ($1 \leftrightarrow 2$, $3 \leftrightarrow 4$). Die Substanz muß also antiferromagnetisch sein, wie Abb. 25.7 bestätigt. Da die Neel-Temperatur $T_N = 3{,}5$ K sehr niedrig ist, und andererseits das magnetische Moment des Dy^{3+}-Ions besonders groß (hier 9,2 μ_B), muß für diese antiferromagnetische Ordnung auch das dipolare Feld nach Ziffer 22.1 mitverantwortlich gemacht werden[207]. Es liefert etwa die Hälfte der Wechselwirkungsenergie eines Momentes mit allen

[207] Da die magnetische und die Kristallstruktur bekannt sind, kann das Dipolfeld berechnet werden.

anderen Momenten. Die andere Hälfte rührt von negativer Austauschwechselwirkung zwischen annähernd übereinander (längs der c-Achse) liegenden Nachbarmomenten her, während die Austauschkopplung innerhalb einer ab-Ebene sehr schwach ist. Die Orientierung der Momente in der ab-Ebene längs Richtungen, die um den Winkel $\alpha = 33{,}5°$ gegen die b-Achse gedreht sind, wird durch das elektrische Kristallfeld bewirkt, an das das magnetische Moment durch seinen großen Bahnanteil gekoppelt ist (Dy^{3+} hat den Grundzustand $^6H_{15/2}$ mit $L = 5!$). Die in Abb. 26.13 gezeichnete magnetische Struktur ist also das Ergebnis einer Konkurrenz zwischen Kristallfeld, Dipol-Dipol-Feld und negativem Austauschfeld.

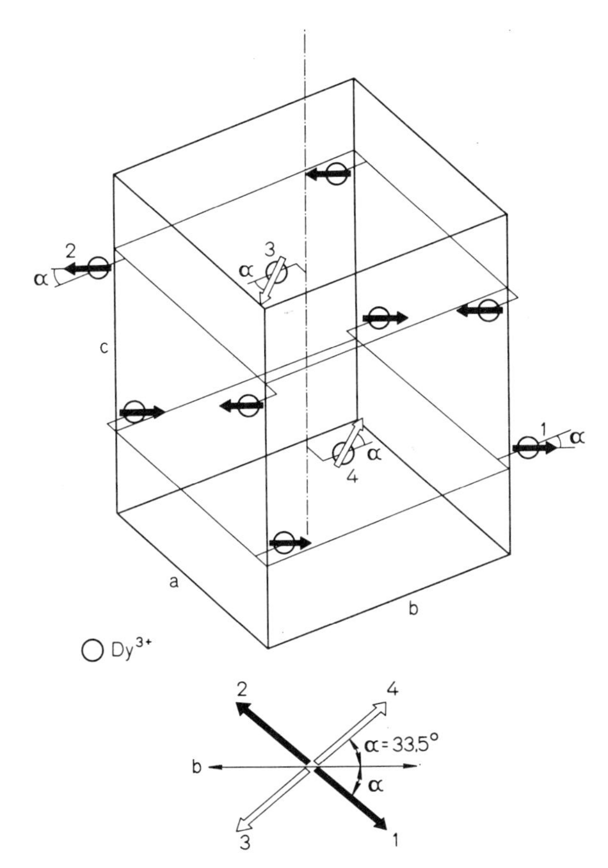

Abb. 26.13. Magnetische Struktur des orthorhombischen Perowskits $DyAlO_3$. 4 paarweise antiparallel orientierte Untergitter 1, 2, 3, 4. Die Momente sind um die Winkel $\alpha = \pm 33{,}5°$ gegen die b-Achse verdreht. (Nach Bideaux u. Mériel, 1968)

Überlagert man nun noch ein äußeres Magnetfeld, so kann eine andere Spinstruktur stabiler sein, d.h. bei einer bestimmten kritischen Feldstärke H_c klappt die beschriebene in eine neue Struktur um, bei der die gesamte feldparallele Komponente aller magnetischen Momente größer ist als vorher. Die Abb. 26.14, S. 595 zeigt eine derartige sogenannte *metamagnetische Umwandlung* bei $H_c = 5940$ Oe. Da das Feld symmetrisch zu den Momenten liegt, klappen die Untergitter 2 und 3 beide in ihre Gegenrichtung um.

Die antiferromagnetische Orientierung zwischen 1, 2 und 3, 4 geht also in die ferromagnetische Orientierung über. Diese Umwandlung in eine neue magnetische Substanz zeigt sich hier deutlich am Zeeman-Effekt des Dy^{3+}-Spektrums. Bei $H > H_c$ haben die 4 Untergitter gleiche, bei $H < H_c$ paarweise entgegengesetzte gleiche Momente in Richtung des Außenfeldes.

27. Ferrimagnetische und antiferromagnetische Spinwellen

27.1. Die lineare AB-Spinkette

Wir führen dieselbe halbklassische Spinwellentheorie, die wir in Ziffer 24.3.1 für eine ferromagnetische Kette mit einer Spinsorte (A-Kette) durchgeführt haben, für eine *AB-Kette* mit *zwei Spinsorten* $\tilde{\boldsymbol{S}}_A$ und $\tilde{\boldsymbol{S}}_B$ durch, allerdings zunächst ohne äußeres Feld ($H = 0$). Der Abstand zwischen den Spins sei $\boldsymbol{d}$, der Zellenvektor also $\boldsymbol{a} = 2\boldsymbol{d}$ (Abb. 27.1). Die Spins des A-Gitters befinden sich an den Stellen $\boldsymbol{t}_A = 2l\boldsymbol{d} = l\boldsymbol{a}$ und werden mit geraden Indizes $2l$ ($l = 0, \pm 1, \ldots$) bezeichnet, die Spins des B-Gitters tragen ungerade Indizes $2l \pm 1$ und befinden sich an den Stellen $\boldsymbol{t}_B = (2l \pm 1)\,\boldsymbol{d} = (l \pm \frac{1}{2})\,\boldsymbol{a}$. Die Querkomponenten der Spins seien wieder klein gegen die z-Komponenten[208], d.h. es sei für alle l mit konstanten $\tilde{S}^z_A$, $\tilde{S}^z_B$

$$|\tilde{S}^x_{2l}|, |\tilde{S}^y_{2l}| \ll |\tilde{S}^z_{2l}| = \sqrt{S^2_A\,\hbar^2 - \tilde{S}^{x2}_{2l} - \tilde{S}^{y2}_{2l}} = |\tilde{S}^z_A| \approx S_A\,\hbar$$

$$|\tilde{S}^x_{2l\pm1}|, |\tilde{S}^y_{2l\pm1}| \ll |\tilde{S}^z_{2l\pm1}| = \sqrt{S^2_B\,\hbar^2 - \tilde{S}^{x2}_{2l\pm1} - \tilde{S}^{y2}_{2l\pm1}} = |\tilde{S}^z_B| \approx S_B\,\hbar. \quad (27.1)$$

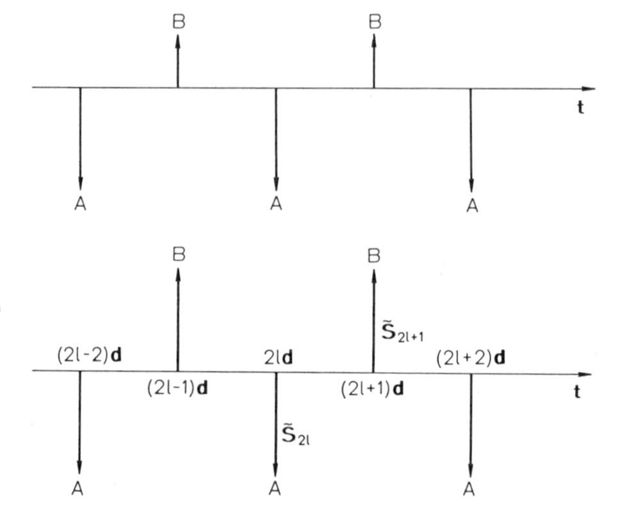

Abb. 27.1. Ferrimagnetische ($S_B < S_A$) und antiferromagnetische ($S_B = S_A$) „klassische" AB-Spinkette im Grundzustand, d.h. bei vollständiger Orientierung. Die Bezeichnung der Vektoren gilt für beide Teilbilder

Die beiden Spinvektoren $\tilde{\boldsymbol{S}}_A$ und $\tilde{\boldsymbol{S}}_B$ sollen die Längen $S_A\,\hbar$ und $S_B\,\hbar$ haben, wobei S_A, S_B die beiden Spinquantenzahlen sind. Wir setzen wieder nur Heisenbergsche Austauschkopplung zwischen nächsten Nachbarn voraus, so daß die Wechselwirkungsenergie eines Spins mit seinen Nachbarn gleich[209]

$$W^a_{2l} = -\frac{2A}{\hbar^2}\,\tilde{\boldsymbol{S}}_{2l}(\tilde{\boldsymbol{S}}_{2l+1} + \tilde{\boldsymbol{S}}_{2l-1})$$
$$W^a_{2l\pm1} = -\frac{2A}{\hbar^2}\,\tilde{\boldsymbol{S}}_{2l\pm1}(\tilde{\boldsymbol{S}}_{2l\pm2} + \tilde{\boldsymbol{S}}_{2l}) \quad (27.2)$$

ist. Setzt man eine negative Austauschkonstante $A < 0$ voraus, so daß die beiden Untergitter A und B antiparallel gekoppelt sind, dann ist

$$\tilde{S}^z_A \approx -S_A\,\hbar, \qquad \tilde{S}^z_B \approx S_B\,\hbar. \quad (27.3)$$

Ist $S_A \neq S_B$, so liegt die *ferrimagnetische Kette* der Abb. 27.1 vor, ist speziell $S_A = S_B$, so erhält man die *antiferromagnetische Kette*, deren magnetisches Moment bei $T = 0\,\text{K}$ verschwindet. Ist andererseits $A > 0$, so liegt *ferromagnetische* Ordnung vor, die Untergitter sind

[208] Wir behandeln also wieder nur hochgeordnete Zustände in der Nähe des Grundzustandes.

[209] Wir rechnen mit klassischen Spins, also $\mathscr{H}^a \equiv W^a$.

parallel gekoppelt und es ist

$$\tilde{S}^z_A \approx -S_A\hbar\,,\qquad \tilde{S}^z_B \approx -S_B\hbar\,. \tag{27.3'}$$

$S_A = S_B = S$ gibt den schon in Ziffer 24.31 behandelten Fall[210] einer *ferromagnetischen Kette* mit gleichen Spins, $S_A \neq S_B$ die Kette mit zwei ferromagnetisch gekoppelten ungleichen Untergittern.

Wir werden zunächst allgemein mit beliebig orientierten $\tilde{\boldsymbol{S}}_A$, $\tilde{\boldsymbol{S}}_B$ rechnen und erst später die Vorzeichen aus (27.3) und (27.3') zur Unterscheidung der verschiedenen Fälle einführen. Wir setzen also zunächst beide Spins positiv an:

$$\tilde{S}^z_{2l} = \tilde{S}^z_{2l\pm 2} \approx S_A\hbar\,,\qquad \tilde{S}^z_{2l\pm 1} \approx S_B\hbar \tag{27.4}$$

und fügen später zu S_A und S_B die Vorzeichen aus (27.3/3') hinzu. In Analogie zu (24.46/47/50) folgen aus (27.1) und (27.2) die Bewegungsgleichungen

$$\begin{aligned}\frac{d\tilde{\boldsymbol{S}}_{2l}}{dt} &= \frac{2A}{\hbar^2}\tilde{\boldsymbol{S}}_{2l}\times(\tilde{\boldsymbol{S}}_{2l-1}+\tilde{\boldsymbol{S}}_{2l+1})\\ \frac{d\tilde{\boldsymbol{S}}_{2l\pm1}}{dt} &= \frac{2A}{\hbar^2}\tilde{\boldsymbol{S}}_{2l\pm1}\times(\tilde{\boldsymbol{S}}_{2l}+\tilde{\boldsymbol{S}}_{2l\pm2})\,,\end{aligned} \tag{27.5}$$

d.h. in Komponenten

$$\begin{aligned}\frac{\hbar}{2A}\frac{d\tilde{S}^x_{2l}}{dt} &= 2S_B\tilde{S}^y_{2l} - S_A(\tilde{S}^y_{2l-1}+\tilde{S}^y_{2l+1})\\ \frac{\hbar}{2A}\frac{d\tilde{S}^y_{2l}}{dt} &= S_A(\tilde{S}^x_{2l-1}+\tilde{S}^x_{2l+1}) - 2S_B\tilde{S}^x_{2l}\\ \frac{\hbar}{2A}\frac{d\tilde{S}^z_{2l}}{dt} &= 0\\ \frac{\hbar}{2A}\frac{d\tilde{S}^x_{2l\pm1}}{dt} &= 2S_A\tilde{S}^y_{2l\pm1} - S_B(\tilde{S}^y_{2l\pm2}+\tilde{S}^y_{2l})\\ \frac{\hbar}{2A}\frac{d\tilde{S}^y_{2l\pm1}}{dt} &= S_B(\tilde{S}^x_{2l\pm2}+\tilde{S}^x_{2l}) - 2S_A\tilde{S}^x_{2l\pm1}\\ \frac{\hbar}{2A}\frac{d\tilde{S}^z_{2l\pm1}}{dt} &= 0\,.\end{aligned} \tag{27.6}$$

Die Lösungen für die z-Komponenten sind sofort anzugeben: die z-Komponenten aller Spins bleiben während der Bewegung *konstant* gleich $\tilde{S}^z_A$, $\tilde{S}^z_B$, siehe (27.1). Für die beiden anderen Komponenten setzen wir *Bloch-Wellen* mit noch unbekannten Amplituden $\tilde{S}^x_A$, $\tilde{S}^y_A$, $\tilde{S}^x_B$, $\tilde{S}^y_B$ und Präzessionsfrequenzen ω an:

$$\begin{aligned}\tilde{S}^x_{2l} &= \tilde{S}^x_A\, e^{-i[\omega t - 2l\boldsymbol{kd}]}\\ \tilde{S}^y_{2l} &= \tilde{S}^y_A\, e^{-i[\omega t - 2l\boldsymbol{kd}]}\\ \tilde{S}^x_{2l\pm1} &= \tilde{S}^x_B\, e^{-i[\omega t - (2l\pm1)\boldsymbol{kd}]}\\ \tilde{S}^y_{2l\pm1} &= \tilde{S}^y_B\, e^{-i[\omega t - (2l\pm1)\boldsymbol{kd}]}\,.\end{aligned} \tag{27.7}$$

Einsetzen in die Bewegungsgleichungen (27.6) liefert die 4 Bestimmungsgleichungen

$$\begin{aligned}-\frac{i\hbar\omega}{4A}\tilde{S}^x_A &= \tilde{S}^y_A S_B - \tilde{S}^y_B S_A\cos\boldsymbol{kd}\\ -\frac{i\hbar\omega}{4A}\tilde{S}^y_A &= -\tilde{S}^x_A S_B + \tilde{S}^x_B S_A\cos\boldsymbol{kd}\\ -\frac{i\hbar\omega}{4A}\tilde{S}^x_B &= -\tilde{S}^y_A S_B\cos\boldsymbol{kd} + \tilde{S}^y_B S_A\\ -\frac{i\hbar\omega}{4A}\tilde{S}^y_B &= \tilde{S}^x_A S_B\cos\boldsymbol{kd} - \tilde{S}^x_B S_A\end{aligned} \tag{27.8}$$

[210] Hier als AA-Kette, in Ziffer 24.3.1 als A-Kette behandelt.

für die unbekannten Amplitudenverhältnisse. Sie haben nichttriviale Lösungen nur, wenn die Säkulardeterminante verschwindet:

$$\begin{vmatrix} iS_\omega & S_B & 0 & -S_A\cos\boldsymbol{kd} \\ -S_B & iS_\omega & S_A\cos\boldsymbol{kd} & 0 \\ 0 & -S_B\cos\boldsymbol{kd} & iS_\omega & S_A \\ S_B\cos\boldsymbol{kd} & 0 & -S_A & iS_\omega \end{vmatrix} = 0\,, \quad (27.9)$$

wobei

$$\frac{\hbar\,\omega}{4A} = S_\omega \quad (27.10)$$

gesetzt ist. Entwickeln der Determinante gibt die biquadratische Gleichung

$$S_\omega^4 - S_\omega^2[(S_A+S_B)^2 - 2S_A S_B\sin^2\boldsymbol{kd}] + S_A^2 S_B^2\sin^4\boldsymbol{kd} = 0 \quad (27.11)$$

für S_ω mit den 4 Lösungen

$$4AS_\omega = \hbar\,\omega$$
$$= \pm 2A[(S_A+S_B) \pm \sqrt{(S_A+S_B)^2 - 4S_A S_B\sin^2\boldsymbol{kd}}]\,, \quad (27.12)$$

die sich durch die Vorzeichenkombinationen $++$, $+-$, $-+$ und $--$ unterscheiden, und, wie es sein muß, in S_A und S_B symmetrisch sind. Sie geben die Frequenzen in Abhängigkeit vom Wellenvektor $\boldsymbol{k}$, d.h. die Dispersion der Spinwellen an. Da $\boldsymbol{a} = 2\boldsymbol{d}$ der Zellenvektor ist, bleibt der Wellenvektor $\boldsymbol{k}$ auf die erste Brillouinzone der Breite $2\pi/a$ beschränkt, d.h. es ist (vgl. 8.10)

$$-\pi \leqq \boldsymbol{ka} = 2\boldsymbol{kd} \leqq \pi\,. \quad (27.13)$$

Wir diskutieren hier nur die beiden Fälle mit negativer Austauschkonstante[211] $A < 0$, ersetzen also wegen Gl. (27.3) in unseren bisherigen Gleichungen

$$S_A \quad \text{durch} \quad -S_A \quad \text{und} \quad S_B \quad \text{durch} \quad S_B\,,$$

wobei wir $S_A \geqq S_B > 0$ voraussetzen dürfen, und erhalten aus (27.12) die 4 Lösungen

$$\hbar\,\omega = \pm 2|A|\,[(S_A - S_B) \mp \sqrt{(S_A-S_B)^2 + 4S_A S_B\sin^2\boldsymbol{kd}}]\,, \quad (27.14)$$

von denen nur diejenigen physikalisch sinnvoll sind, die positive Frequenzen ω liefern. Da der Betrag der Wurzel größer ist als $(S_A - S_B)$, ist das nur bei den Vorzeichenkombinationen $--$ und $++$ der Fall, d.h. man erhält die beiden *Dispersionsgleichungen*

$$\hbar\,\omega(\boldsymbol{k}) = 2|A|\,[\sqrt{(S_A-S_B)^2 + 4S_A S_B\sin^2\boldsymbol{kd}} \pm (S_A - S_B)]\,, \quad (27.15)$$

wobei die Wurzel positiv zu nehmen ist. Das Magnonenspektrum der AB-Kette (2 verschiedene Spins in der Zelle) zerfällt in *zwei Dispersionszweige*[212]. Diese haben bei $\boldsymbol{k} = 0$ die Grenzenergien

$$\begin{aligned} \hbar\,\omega^+(0) &= 4|A|\,(S_A - S_B)\colon && \textit{optischer Zweig}\,, \\ \hbar\,\omega^-(0) &= 0\colon && \textit{akustischer Zweig} \end{aligned} \quad (27.16)$$

und die Energien

$$\begin{aligned} \hbar\,\omega^+(\pm\pi/2) &= 4|A|\,S_A\,, \\ \hbar\,\omega^-(\pm\pi/2) &= 4|A|\,S_B \end{aligned} \quad (27.17)$$

am Rand der Brillouinzone bei $\boldsymbol{kd} = \boldsymbol{ka}/2 = \pm\pi/2$. Die Bezeichnung der Zweige ist analog der der Phononenzweige (Ziffer 8.1). Es existiert eine *Magnonenlücke* zwischen den beiden Zweigen, falls

---

211 Den ferromagnetischen Fall siehe in Aufgabe 27.4.

212 Im folgenden bedeutet immer das obere (untere) Vorzeichen den optischen (akustischen) Zweig.

$\hbar\omega^-(\pm\pi/2) < \hbar\omega^+(0)$, also wenn $S_A - S_B > S_B$, sonst überlappen sich die Energiebereiche der Zweige, siehe Abb. 27.2.

In der Nähe von $\boldsymbol{k} = 0$ wird

$$\hbar\,\omega(k) = 2\,|A|\,(S_A - S_B)\left[1 \pm 1 + 2\,\frac{S_A S_B\,d^2\,k^2}{(S_A - S_B)^2}\right], \qquad (27.18)$$

d.h. die Magnonenenergien wachsen in beiden Zweigen mit k^2, wie im ferromagnetischen Fall.

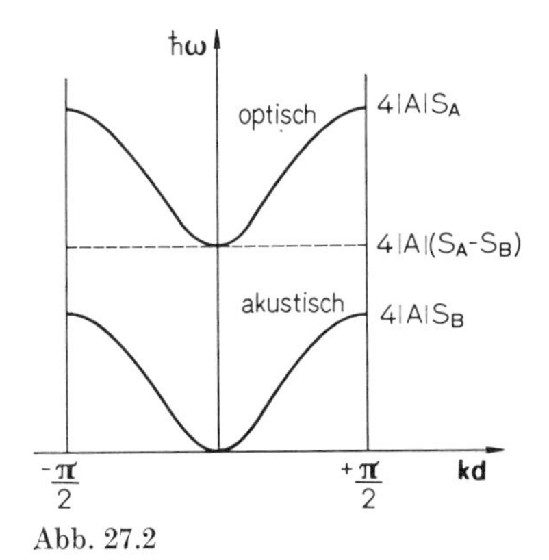

Abb. 27.2

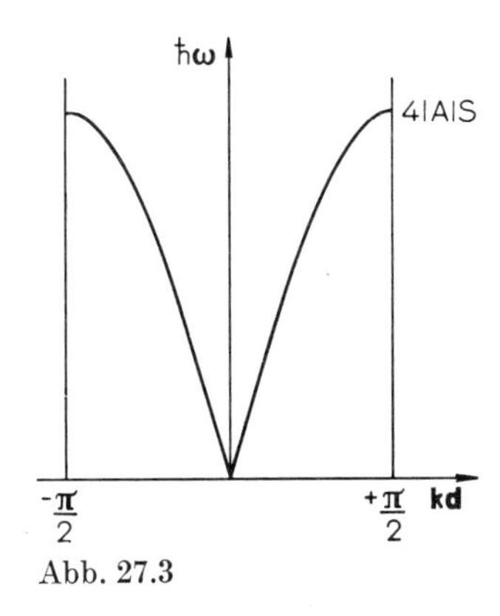

Abb. 27.3

Abb. 27.2. Optischer und akustischer Magnonenzweig einer ferrimagnetischen AB-Spinkette mit isotroper Austauschwechselwirkung

Abb. 27.3. Entarteter Magnonenzweig einer antiferromagnetischen AA-Spinkette mit isotroper Austauschwechselwirkung

Im Spezialfall der *linear antiferromagnetischen Kette* wird noch $S_A = S_B = S$ und aus (27.15) wird

$$\hbar\,\omega(\boldsymbol{k}) = 4\,S\,|A\sin\boldsymbol{k}\boldsymbol{d}|\,. \qquad (27.19)$$

Die beiden Zweige der ferrimagnetischen Kette fallen jetzt in *einen entarteten*[213] *Zweig* zusammen (Abb. 27.3).

In der Nähe von $\boldsymbol{k} = 0$ wird das zu

$$\hbar\,\omega(k) = 4\,|A|\,S\,k\,d\,, \qquad (27.20)$$

d.h. die antiferromagnetische Magnonenenergie beginnt linear mit k: langwellige antiferromagnetische Spinwellen haben[214] eine *konstante Phasen-* und *Gruppengeschwindigkeit*

$$v = \omega/k = d\omega/dk = 4\,|A|\,S\,d/\hbar\,. \qquad (27.21)$$

Nachdem nun die Magnonenenergien $\hbar\,\omega$ bekannt sind, kann man sie in die homogenen Gleichungen (27.8) einsetzen und die *Amplitudenverhältnisse* berechnen.

Eliminiert man zunächst $\tilde{S}_B^y$ aus den beiden letzten Gleichungen und setzt in das Ergebnis $\tilde{S}_B^x$ aus der zweiten Gleichung ein, so erhält man für positive S_A, S_B

$$i\,\frac{\tilde{S}_A^y}{\tilde{S}_A^x} = \frac{[S_\omega^2 - S_A^2\sin^2\boldsymbol{k}\boldsymbol{d}]\,S_B}{[S_\omega^2 - S_A^2 - S_A S_B\cos^2\boldsymbol{k}\boldsymbol{d}]\,S_\omega}\,. \qquad (27.22)$$

Das gibt im Fall der ferrimagnetischen Kette, wenn man nach (27.3) S_A durch $-S_A$ ersetzt,

$$i\,\frac{\tilde{S}_A^y}{\tilde{S}_A^x} = \frac{S_B[S_\omega^2 - S_A^2\sin^2\boldsymbol{k}\boldsymbol{d}]}{S_\omega[S_\omega^2 - S_A^2 + S_A S_B\cos^2\boldsymbol{k}\boldsymbol{d}]} \qquad (27.23)$$

und, wenn man $S_\omega = \hbar\,\omega/4A$ nach (27.15) einsetzt,

$$\tilde{S}_A^y = \mp\,i\,\tilde{S}_A^x\,. \qquad (27.24)$$

[213] Siehe die Aufgabe 27.1.

[214] Wie langwellige akustische Phononen.

Dabei gilt das obere (untere) Vorzeichen im optischen (akustischen) Zweig. Die Spins präzedieren also mit konstanter Querkomponente[215]

$$\tilde{S}_A^{\perp} = |\tilde{S}_A^x| = |\tilde{S}_A^y| \tag{27.25}$$

auf Kreiskegeln um die z-Achse, wobei der Drehsinn in den beiden Zweigen entgegengesetzt ist[216]. Ganz analog beweist man auch

$$\tilde{S}_B^y = \mp i \tilde{S}_B^x, \tag{27.26}$$

d.h. die B-Spins präzedieren im gleichen Drehsinn wie die A-Spins mit konstanter Amplitude $\tilde{S}_B^{\perp}$. Dabei besteht nach (27.7) zwischen den Präzessionsbewegungen eines A- und des benachbarten B-Spins die Phasenverschiebung $-\boldsymbol{kd} = -\boldsymbol{ka}/2$, da

$$\frac{\tilde{S}_{2l+1}^x}{\tilde{S}_{2l}^x} = \frac{\tilde{S}_B^x}{\tilde{S}_A^x} e^{i\boldsymbol{kd}} \tag{27.27}$$

und, wie sich sofort zeigen wird, das Amplitudenverhältnis $\tilde{S}_B^x/\tilde{S}_A^x$ reell ist.

Zwei gleichartige Nachbarspins haben also die Phasenverschiebung $-2\boldsymbol{kd} = -\boldsymbol{ka}$. Bei $\boldsymbol{k} = 0$ liegt auch hier gleichförmige Präzession vor.

Um das Amplitudenverhältnis von A- und B-Spins zu bestimmen, eliminieren wir $\tilde{S}_A^y$ mittels (27.24) aus der zweiten Gleichung (27.8) und erhalten für positive S_A, S_B

$$\frac{\tilde{S}_B^x}{\tilde{S}_A^x} = \frac{S_B \mp S_\omega}{S_A \cos \boldsymbol{kd}}, \tag{27.28}$$

d.h. für den ferrimagnetischen Fall mit $-S_A$ anstelle von S_A

$$\frac{\tilde{S}_B^x}{\tilde{S}_A^x} = \xi = -\frac{S_B \mp S_\omega}{S_A \cos \boldsymbol{kd}}. \tag{27.29}$$

Mit der Dispersionsgleichung (27.15) wird das zu

$$\xi = -\frac{S_A + S_B \pm \sqrt{(S_A - S_B)^2 + 4 S_A S_B \sin^2 \boldsymbol{kd}}}{2 S_A \cos \boldsymbol{kd}}. \tag{27.30}$$

Ferner folgt aus (27.24) und (27.26), daß auch

$$\frac{\tilde{S}_B^y}{\tilde{S}_A^y} = \xi. \tag{27.29'}$$

A- und B-Spins liegen also in der gleichen Ebene durch z, präzedieren aber im allgemeinen nicht mit gleicher Amplitude, und das Amplitudenverhältnis hängt von $\boldsymbol{k}$ ab, d.h. von der Wellenlänge oder von der Phasenverschiebung $\boldsymbol{kd}$ zwischen benachbarten Spins. Die nachstehende Tabelle 27.1 gibt das Amplitudenverhältnis für die ferrimagnetische ($S_A > S_B$) und die antiferromagnetische ($S_A = S_B = S$) Kette im Zentrum ($\boldsymbol{kd} = 0$), am Rande ($\boldsymbol{kd} = \pm \pi/2$) und an einem Innenpunkt ($\boldsymbol{kd} = \pm \pi/4$) der Brillouinzone.

Für die ferrimagnetische Kette sind die drei Fälle in der Abb. 27.4 wiedergegeben. Da die Längen der Spins nach Voraussetzung gleich $S_A \hbar$ und $S_B \hbar$ sind, stehen die A- und B-Spins bei $\boldsymbol{k} = 0$ im akustischen Zweig antiparallel, im optischen Zweig dagegen nicht; deshalb liegt dieser Zweig energetisch höher als der akustische (Abb. 27.2). Am Rand der Zone ist die Amplitude der kleineren (größeren) Spins im akustischen (optischen) Zweig verschwindend klein.

[215] Da nach Voraussetzung die Länge der Spins konstant ist, steht dies in Übereinstimmung mit dem früheren Ergebnis, daß auch $\tilde{S}_A^z$ konstant bleibt: $\tilde{S}_A^{z\,2} + \tilde{S}_A^{\perp\,2} = S_A^2 \hbar^2$.

[216] Im antiferromagnetischen Grenzfall unterscheiden sich also die miteinander entarteten Zweige durch den Drehsinn der Präzession.

Tabelle 27.1. *Amplitudenverhältnis* $\xi = \tilde{S}_B^x/\tilde{S}_A^x = \tilde{S}_B^y/\tilde{S}_A^y$ *von B- und A-Spins in der ferrimagnetischen AB-Kette und der antiferromagnetischen AA-Kette*

Struktur	kd	ξ akustisch	ξ optisch
AB (ferrim.) $S_A > S_B$	0	$-S_B/S_A$	-1
	$\pm\pi/4$	$-\frac{S_A + S_B - \sqrt{S_A^2 + S_B^2}}{\sqrt{2}\,S_A}$	$-\frac{S_A + S_B + \sqrt{S_A^2 + S_B^2}}{\sqrt{2}\,S_A}$
	$\pm\pi/2$	-0	$-\infty$
AA (antiferr.) $S_A = S_B$	0	-1	-1
	$\pm\frac{\pi}{4}$	$-0{,}415$	$-2{,}415$
	$\pm\frac{\pi}{2}$	-0	$-\infty$

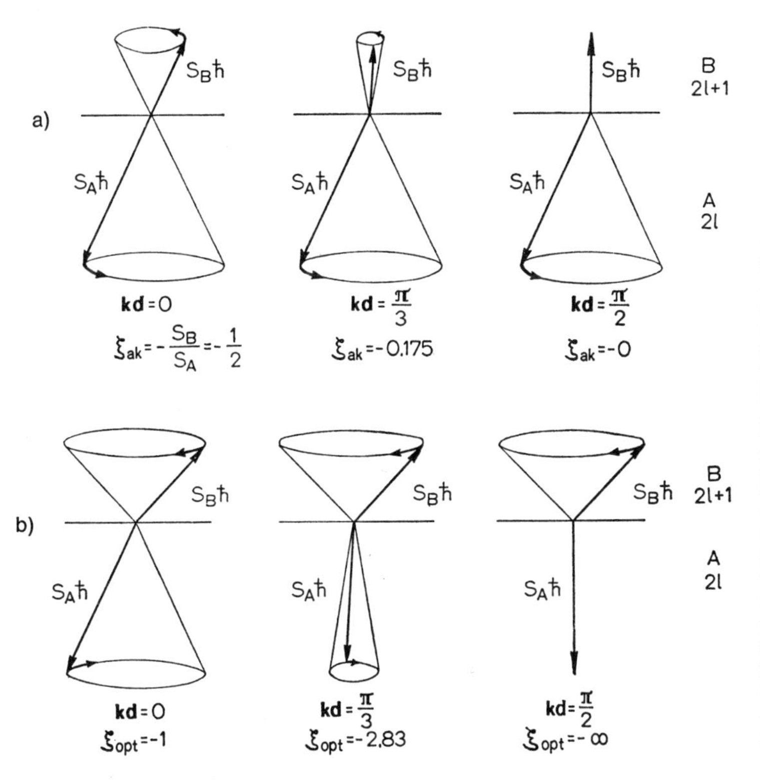

Abb. 27.4. Bewegungsformen einer ferrimagnetischen AB-Spinkette ($S_A : S_B \approx 2:1$) mit isotroper Austauschkopplung im Zentrum ($\boldsymbol{k}\boldsymbol{d} = 0$), an einem Innenpunkt ($\boldsymbol{k}\boldsymbol{d} = \pi/3$) und am Rand ($\boldsymbol{k}\boldsymbol{d} = \pi/2$) der Brillouinzone. In jedem Fall sind nur zwei Spins der Kette gezeichnet, und zwar der A-Spin an der Stelle $2l\,\boldsymbol{d}$ und der B-Spin an der Stelle $(2l+1)\,\boldsymbol{d}$, jeweils übereinander. a) Akustische Spinwellen, b) Optische Spinwellen. Bei den optischen Spinwellen sind die Spins stärker gegeneinander geneigt, die Wechselwirkungsenergie und damit die Frequenz ist größer als bei den akustischen Wellen

Aufgabe 27.1. Beweise, daß in der antiferromagnetischen Kette die beiden miteinander entarteten Zweige sich dadurch unterscheiden, daß A- und B-Spins ihre Rolle vertauschen und daß sich dabei der Drehsinn umkehrt. Hinweis: Berechne das Verhältnis von ξ_{opt} zu ξ_{akust} und diskutiere das Ergebnis.

Aufgabe 27.2. Beweise mit Hilfe der Bewegungsgleichungen (27.5) anschaulich, daß bei beliebigem Phasenwinkel $\pm\,\boldsymbol{k}\boldsymbol{d}$ zwischen benachbarten A- und B-Spins sogar in der antiferromagnetischen Kette die beiden Spinsorten nur bei verschiedener Amplitude im gleichen Drehsinn präzedieren können. Hinweis: konstruiere zeichnerisch die auf die Spins wirkenden Drehmomente.

Aufgabe 27.3. Beweise mit Hilfe der Bewegungsgleichungen (27.5) für die ferrimagnetische Kette anschaulich, daß die Spins in den beiden Dispersionszweigen mit entgegengesetztem Umlaufsinn präzedieren. Hinweis: wie Aufgabe 27.2.

Aufgabe 27.4. Führe die Überlegungen dieser Ziffer auch für die allgemeine AB-Kette mit positivem Austausch ($S_A < 0$, $S_B < 0$) durch und spezialisiere das Ergebnis auf die ferromagnetische AA-Kette ($S_A = S_B = -S$). Vergleiche das Ergebnis mit dem der Ziffer 24.31 für $H = 0$. Gibt es entartete Dispersionszweige?

Aufgabe 27.5. Beweise, daß in einem Magnetfeld $\boldsymbol{H} \| z$ die Dispersionsgleichungen (27.12) der allgemeinsten AB-Kette übergehen in

$$\hbar\omega = \pm 2A\left[S_A^* + S_B^* \pm \sqrt{(S_A^* - S_B^*)^2 + 4\, S_A S_B \cos^2 \boldsymbol{kd}}\right]$$

mit

$$S_A^* = S_A + \frac{g_B\, \mu_B H}{4A}, \qquad S_B^* = S_B + \frac{g_A\, \mu_B H}{4A}$$

und diskutiere die Spezialfälle der ferri-, antiferro- und ferromagnetischen Kette (μ_B = Bohrsches Magneton).

Aufgabe 27.6. Mit elektromagnetischer Strahlung treten die Spinwellen bei $\boldsymbol{k} \approx 0$ in Wechselwirkung nach Maßgabe des in der xy-Ebene mit der Frequenz ω umlaufenden resultierenden magnetischen Quermomentes (Absorption magnetischer Dipolstrahlung bei magnetischer Resonanz). Gib diese Momente für die ferro-, ferri- und antiferromagnetische Kette an a) für $T = 0$ K, b) für $T > 0$ K. Hinweis: Führe die Spontanmagnetisierungen je Großperiode L, d.h. $M_A(T)/L$ und $M_B(T)/L$ ein.

27.2. Spinwellen im Raumgitter

Die Verallgemeinerung unserer Ergebnisse von der AB-Spinkette auf reale dreidimensionale Spingitter mit zwei Untergittern A, B in einem äußeren Magnetfeld erfordert die Berücksichtigung der folgenden drei Punkte:

a) Die Austauschwechselwirkung eines Spins erfolgt mit z *nächsten Gitternachbarn* statt mit 2 Nachbarn in der Kette.

b) Es muß berücksichtigt werden, daß neben der isotropen Austauschkopplung auch noch *anisotrope* Wechselwirkungen existieren (siehe Ziffer 22). Diese führen dazu, daß es eine[217] leichte Richtung für die magnetischen A- und eine für die B-Momente gibt. Wir bleiben mit der bisherigen Bezeichnung in Übereinstimmung, wenn wir die z-Richtung als leichte Richtung der A-Momente und also die $-z$-Richtung als leichte B-Richtung annehmen. Die Stärke der Kopplung an diese Richtungen beschreiben wir durch zwei Anisotropiefelder $\boldsymbol{H}_{\|A}^{\text{an}} \| z$ und $\boldsymbol{H}_{\|B}^{\text{an}} \| -z$ in den beiden Untergittern. Sie üben bei gleichen Amplituden $\tilde{S}_A^{\perp} = \tilde{S}_B^{\perp}$ Drehmomente in *entgegengesetzter* Richtung auf A- und B-Spins aus, ebenso wie bereits die isotrope Austauschkopplung[218]. Die Anisotropie verlangt also *zusätzlich* verschiedene Amplituden der beiden Spinsorten, wenn eine stabile Spinwelle mit gleichem Drehsinn aller Spins bestehen soll. Dies führt dazu, daß auch bei $\boldsymbol{k} = 0$ in keinem Fall mehr die Spins der beiden Untergitter antiparallel stehen, so daß eine endliche magnetische Anisotropieenergie resultiert und in jedem Zweig $\hbar\omega(0) > 0$ wird (siehe Abb. 27.5). Da durch die zusätzliche Verdrehung der beiden Untergitter aus der antiparallelen Lage auch die Austauschwechselwirkung (22.26) geändert wird, hängt $\hbar\omega(0)$ nicht nur von $\boldsymbol{H}_{\|A}^{\text{an}}$ und $\boldsymbol{H}_{\|B}^{\text{an}}$, sondern auch noch von der Austauschkonstante A ab, siehe Gl. (27.33).

[217] Bei höherer Symmetrie mehr als eine, siehe Ziffer 24.4.

[218] Siehe Aufgabe 27.2.

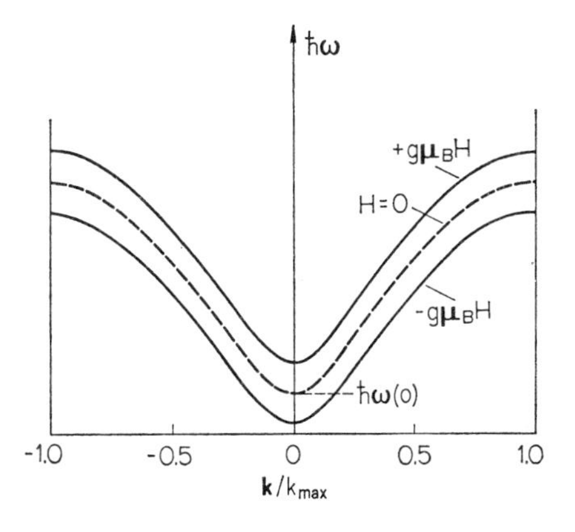

Abb. 27.5. Magnonenzweige einer antiferromagnetischen Substanz mit zwei gleichartigen Untergittern. Verschiebung (gestrichelte Kurve) des entarteten Zweiges durch das Anisotropiefeld und Aufspaltung der Entartung durch ein äußeres Feld $H < H_F$

c) Wir legen ein *äußeres Feld* parallel z. Dieses übt auf die Spins beider Untergitter Drehmomente im *gleichen* Drehsinn aus. Da im feldfreien Fall, wie wir gesehen haben, der Umlaufsinn in den beiden Dispersionszweigen entgegengesetzt ist, wird durch das äußere Feld die Präzession des einen Zweiges gebremst, die des anderen gefördert.

Bei Berücksichtigung der angeführten Punkte erhält man *Dispersionsgleichungen,* die wir nur für den *kollinear-antiferromagnetischen* Fall eines Gitters mit zwei gleichwertigen ($S_A = S_B = S$) Untergittern[219] und ohne Beweis angeben[220]. Dabei führen wir in Anlehnung an (22.29) den maximalen Betrag der Austauschfeldstärke

$$H^a = \frac{2z\,|A|\,S}{g\,\mu_B} \tag{27.31}$$

ein, die von allen z Nachbarspins abhängt (siehe oben unter a)). Dann ist bei $T = 0$ K mit H^{an} nach (25.35)

$$\hbar\,\omega(\boldsymbol{k}) = g\,\mu_B \left[(H^{\mathrm{a}} + H^{\mathrm{an}})^2 - \left(\frac{H^{\mathrm{a}}}{z}\sum_{i=1}^{z} \cos \boldsymbol{k}\,\boldsymbol{d}_i\right)^2\right]^{\frac{1}{2}} \pm g\,\mu_B H. \tag{27.32}$$

Ohne äußeres Feld ($H = 0$) existiert wie in der Kette *ein* entarteter Zweig mit der niedrigsten Magnonenenergie bei $\boldsymbol{k} = 0$:

$$\hbar\,\omega(0, H = 0) = g\,\mu_B [H^{\mathrm{an}}(2H^{\mathrm{a}} + H^{\mathrm{an}})]^{1/2}. \tag{27.33}$$

(Abb. 27.5). Die Energielücke unterhalb von $\hbar\,\omega(0)$ ist, wie schon oben unter b) diskutiert, durch das Anisotropiefeld hervorgerufen und verschwindet deshalb mit $H^{\mathrm{an}} = 0$. Sie wird aber durch das Austauschfeld H^{a} verstärkt und kann deshalb in manchen Fällen recht groß sein. Im MnF_2 zum Beispiel ist $\hbar\omega(0) = k_B \cdot 12{,}5$ K $\approx k_B \cdot T_N/6$, so daß in dieser Substanz die Spinwellen bereits „einfrieren", wenn $T < 12{,}5$ K wird (siehe Abb. 27.6).

Durch ein äußeres Feld ($H > 0$) wird der entartete Zweig nach (27.32) symmetrisch aufgespalten (Abb. 27.5). Dies gilt allerdings nur solange die Magnonenenergie des unteren Zweiges nicht negativ wird, d.h. solange H kleiner als die kritische Feldstärke H_F bleibt, die den einen Zweig auf Null herunterdrückt, also nach (27.32/33) durch

$$\hbar\,\omega(0, H = 0) = g\,\mu_B H_F \tag{27.34}$$

definiert ist. Wird[221]

$$H \geqq H_F = \sqrt{H^{\mathrm{an}}(2H^{\mathrm{a}} + H^{\mathrm{an}})} \approx \sqrt{2H^{\mathrm{a}} H^{\mathrm{an}}}\,, \tag{27.35}$$

219 Magnetische Struktur analog MnF_2 (siehe Abb. 25.2).

220 Näheres siehe z.B. bei [F 5···9, 20].

221 Die Näherung gilt, solange $H^{\mathrm{a}} \gg H^{\mathrm{an}}$.

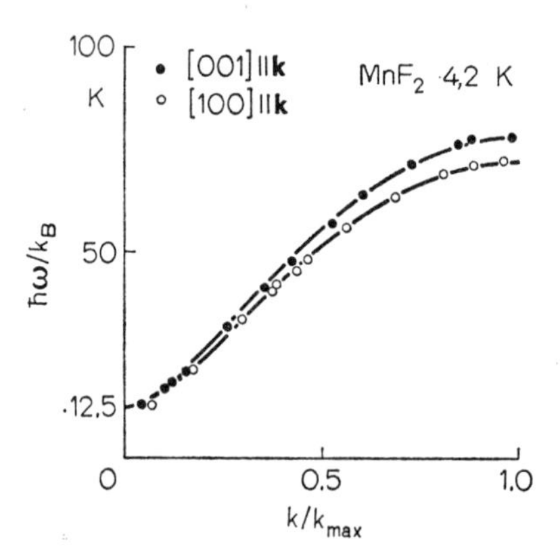

Abb. 27.6. Magnonenzweige für $\boldsymbol{k} \parallel [100]$ und $\boldsymbol{k} \parallel [001]$ im tetragonalen antiferromagnetischen MnF_2. Gemessen mit unelastischer Neutronenstreuung. Ohne äußeres Feld, jeder Zweig ist noch zweifach entartet. Ausgezogene Kurven nach (27.32). (Nach Okazaki u. a. 1964)

so wird die Spinstruktur instabil und die beiden Untergitter klappen in neue stabile Richtungen senkrecht zum äußeren Feld um, wie aus dem Vergleich von (27.35) mit (25.43) hervorgeht. Wir erhalten also die früher in der Molekularfeldnäherung abgeleitete *Spin-Flop-Feldstärke* auch aus der Spinwellennäherung.

Für kleine Wellenzahlen $|\boldsymbol{k}\boldsymbol{d}| \ll \pi/2$ hängt die Magnonenenergie im Spezialfall eines *kubisch-raumzentrierten* Gitters ($z = 8$) wie

$$\hbar\,\omega(k) = g\,\mu_B\left[(H^{\mathrm{a}} + H^{\mathrm{an}})^2 - H^{\mathrm{a}^2}\left(1 - \frac{2a^2 k^2}{z}\right)\right]^{\frac{1}{2}} \pm g\,\mu_B H$$

$$= g\,\mu_B\left[H_{\mathrm{F}}^2 + \frac{2H^{\mathrm{a}^2} a^2 k^2}{z}\right]^{\frac{1}{2}} \pm g\,\mu_B H \qquad (27.36)$$

von k^2 ab (vgl. Aufgabe 24.8). Ist das erste Glied unter der Wurzel klein gegen das zweite (d.h. bei kleiner Anisotropie und k merklich größer als Null), so wird das linear, im umgekehrten Fall quadratisch mit k.

Im allgemeinen hängt die Magnonenenergie nach (27.32) vom Vektor $\boldsymbol{k}$, also auch von der Spinwellenrichtung ab (siehe z. B. Abb. 27.6).

Bei der Absorption von elektromagnetischer Strahlung werden Übergänge in der Nähe von $k = 0$ induziert[222], d.h. die Resonanzfrequenz ist nach (27.32/35) gegeben durch

$$\hbar\,\omega_{\mathrm{r}} = \hbar\,\omega(0) = g\,\mu_B(H_F \pm H)\,. \qquad (27.37)$$

Es gibt also 2 Frequenzen, die bei starker magnetischer Anisotropie, d.h. hoher Flop-Feldstärke H_F im hochfrequenten Mikrowellenbereich *(antiferromagnetische Resonanz)* oder gar im Ultrarot liegen und bei wachsender äußerer Feldstärke auseinanderrücken. Abb. 27.7 gibt ein Beispiel, das überdies noch eine metamagnetische Umwandlung zeigt.

Die angegebenen Gleichungen gelten, wie die ganze Spinwellennäherung, für $T \approx 0$ K. Mit wachsender Temperatur nimmt $\hbar\,\omega(0)$ ab wie die Magnetisierung in einem Untergitter, also nach einer Brillouinfunktion (Keffer u. Kittel, 1952).

Aufgabe 27.7. a) Berechne die Resonanzfrequenzen bei $T = 0$ K für MnF_2 bei Verwendung von üblichen Laboratoriumsmagneten ($H \leqq 30$ kOe). Hinweis: H_F aus Abb. 25.8 und Begleittext.

b) Wie groß ist bei $T = 0$ K die Austauschfeldstärke H^{a}, wenn in Übereinstimmung mit der Erfahrung $H^{\mathrm{an}} \approx 0{,}015\ H^{\mathrm{a}}$ angenommen wird?

[222] Es werden fast gleichförmige Präzessionen angeregt.

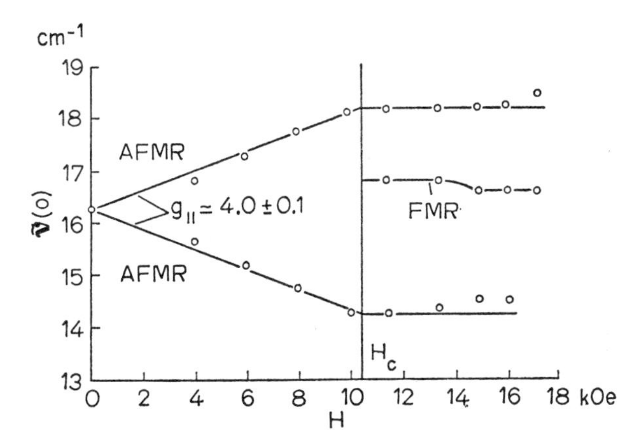

Abb. 27.7. Antiferromagnetische Resonanz in hexagonalem $FeCl_2$ bei 4,2 K. Äußeres Feld $\boldsymbol{H} \parallel A_6^z$. Bei $H_c = 10{,}5$ kOe metamagnetische Umwandlung aus der antiferromagnetischen in die ferromagnetische Spinstruktur. Die Umwandlung erfolgt zunächst in einzelnen Bereichen, deren Volum mit wachsendem H zunimmt, so daß zunächst ferromagnetische und antiferromagnetische Resonanz nebeneinander beobachtet wird, wobei das Intensitätsverhältnis von der Feldstärke abhängt. Die Konstanz der antiferromagnetischen Frequenz beruht auf der Form der Bereiche in der Probe. (Nach Jacobs u. a., 1965)

Aufgabe 27.8. Berechne die Temperaturabhängigkeit der spezifischen Wärme eines nur sehr schwach anisotropen AB-Antiferromagneten. Hinweis: Was ist auf Grund der Magnonen-Dispersion zu erwarten?

Die für die *ferrimagnetische* Kette abgeleiteten Ergebnisse können wir hier nicht auf drei Dimensionen erweitern, sondern müssen auf die Spezialliteratur verweisen. Wir bemerken hier nur, daß die Energie der langwelligen akustischen Magnonen wie in der Kette mit k^2 ansteigt. Das Dispersionsgesetz ist also dasselbe wie bei den ferromagnetischen Magnonen, so daß auch hier die *spezifische Wärme* bei sehr tiefen Temperaturen (24.105) genügen muß. Wie Abb. 27.8 zeigt, ist das auch der Fall.

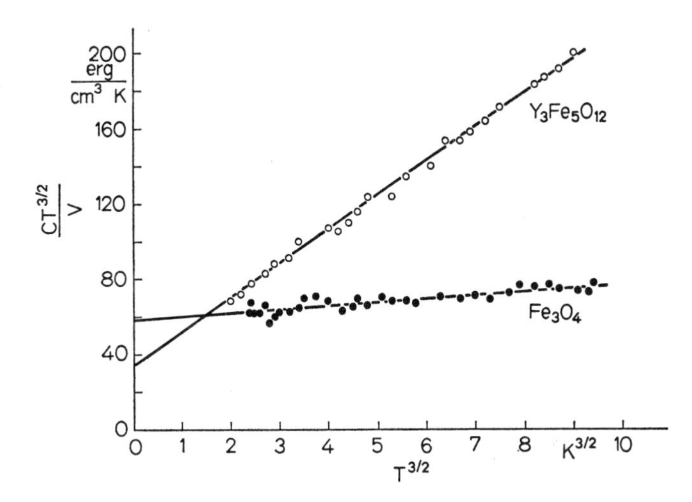

Abb. 27.8. Volum-Phononen- und Magnonenwärme von Magnetit Fe_3O_4 und Yttrium-Eisen-Granat $Y_3Fe_5O_{12}$ (YIG). Aufgetragen nach (24.106). (Nach Kouvel, 1956 und Shinozaki, 1961)

Im allgemeinen enthalten ferrimagnetische Stoffe mehr als 2 magnetische Ionen in der kleinsten Zelle (siehe die Beispiele in Ziffer 26). Bei s Ionen enthält das Magnonenspektrum also nicht 2 sondern s *Zweige*.

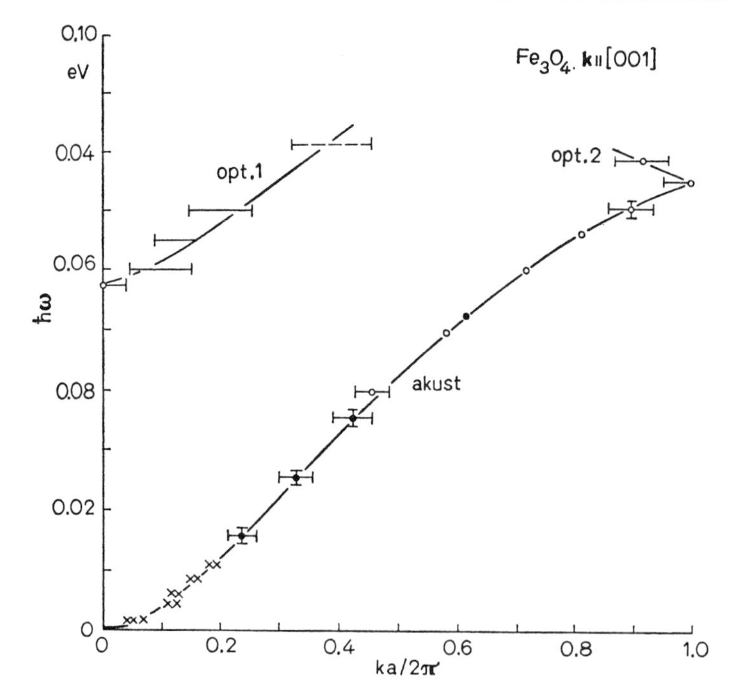

Abb. 27.9. Akustischer Magnonenzweig und Teile von 2 optischen Magnonenzweigen des kubisch-flächenzentrierten ferrimagnetischen Magnetits Fe_3O_4. Gemessen mit unelastischer Neutronenstreuung. (Nach Brockhouse u. Watanabe, 1963). Zum Wertebereich von ***ka*** vgl. Abb. 8.6

Magnetit Fe_3O_4 z.B. enthält 6 magnetische Ionen in der primitiven Zelle[223]. Von den 6 Magnonenzweigen sind der akustische Zweig und 2 von den insgesamt 5 optischen Zweigen in Abb. 27.9 wiedergegeben. Der optische Zweig 1 hat bei $k = 0$ bereits die Magnonenenergie $\hbar\omega(0) \approx 0{,}06$ eV $= hc \cdot 480\ \text{cm}^{-1}$, so daß Anregung durch elektromagnetische Strahlung bereits ultrarotes Licht erfordert.

Die Änderung der Magnetisierung durch Anregung von Spinwellen in einem Ferrimagneten ist ziemlich kompliziert zu berechnen: sie hängt von der Zahl der Untergitter, der Zahl der Ionen und den magnetischen Momenten in den Untergittern ab. Wir verweisen deshalb auf die Literatur.

[223] $4 \times 6 = 24$ Ionen in der kubisch-flächenzentrierten Zelle.

G. Elektrische Polarisation von Kristallen

Wir behandeln in diesem Kapitel diejenigen Kristalle, deren makroskopische elektrische Polarisation auf im Gitter lokalisierte elektrische Dipole zurückgeführt werden kann. Das sind dielektrische, parelektrische, ferro- und antiferroelektrische *Isolatoren*. Substanzen, die *permanente Dipole* (z.B. Dipolmolekeln) enthalten, heißen *parelektrisch*, Substanzen mit spontan *geordneten* Dipolen heißen *pyro-*, *ferro-* oder *antiferroelektrisch*. Alle anderen Substanzen nennen wir *dielektrisch*[1]. Die elektrische Polarisation von *Leitern* und *Halbleitern* durch Verschiebung freier Ladungsträger wird hier nicht behandelt (siehe Ziffer 44.2.3.2).

28. Grundlagen

28.1. Maßsysteme

Wir rechnen im rationalen Viergrößensystem (Anhang A). Die Umrechnung von den in diesem Buch verwendeten Formeln und Einheiten auf die des nichtrational geschriebenen Gaußschen 3-Größensystems (CGS-System) ist mit dem in Anhang A, Tabelle 3 angegebenen Schlüssel leicht möglich.

28.2. Grundgrößen und Definitionen

Bei der formalen Behandlung der *elektrischen Polarisation* (= *Elektrisierung*) kann man auf die frühere Darstellung der magnetischen Polarisation (= *Magnetisierung*) in Kapitel F zurückgreifen, indem man die magnetischen Größen in den dortigen Formeln nach dem Schema in Tabelle 28.1 durch elektrische Größen ersetzt. Dabei

Tabelle 28.1. *Übersetzungsschema*

magnetisch	$\boldsymbol{H}$	$\boldsymbol{B}$	$\boldsymbol{h}_{kl}$	$\boldsymbol{H}^{\text{int}}$	$\boldsymbol{H}^{\text{ext}}$	$\boldsymbol{H}^{(N)}$	$\boldsymbol{H}^{\text{lok}}$
elektrisch	$\boldsymbol{E}$	$\boldsymbol{D}$	$\boldsymbol{e}_{kl}$	$\boldsymbol{E}^{\text{int}}$	$\boldsymbol{E}^{\text{ext}}$	$\boldsymbol{E}^{(N)}$	$\boldsymbol{E}^{\text{lok}}$
magnetisch	μ_0	μ	χ	$\boldsymbol{M}$	$\boldsymbol{m}_k$	$\overline{\boldsymbol{m}}_k$	
elektrisch	ε_0	ε	ξ	$\boldsymbol{P}$	$\boldsymbol{p}_k$	$\overline{\boldsymbol{p}}_k$	

sind $\boldsymbol{E}$, $\boldsymbol{D}$ und $\boldsymbol{P}$ die mindestens über eine Gitterzelle gemittelten makroskopischen Größen, die in den Maxwellschen Gleichungen stehen. Im Innern einer ellipsoidförmigen Probe, die sich in einem homogenen (vor Einbringen der Probe gemessenen) äußeren elektrischen Feld $\boldsymbol{E}$ befindet, sind die *Verschiebungsdichte* $\boldsymbol{D}$ und die *Elektrisierung* (= elektrische Polarisation) $\boldsymbol{P}/V$ ebenfalls homogen verteilt. V ist das Volum und $\boldsymbol{P}$ das elektrische Dipolmoment des Ellipsoids. Enthält V die Punktladungen q_i an den Stellen $\boldsymbol{r}_i$ ($i = 1, 2, \ldots$), so ist

$$\boldsymbol{P} = \sum_i q_i \boldsymbol{r}_i \tag{28.1}$$

und $\boldsymbol{P}$ ist unabhängig von der Wahl des Koordinatenursprungs, wenn V elektrisch neutral, d.h.

$$\sum_i q_i = 0 \tag{28.2}$$

ist. Die Richtung von $\boldsymbol{P}$ ist die vom Schwerpunkt der negativen zum Schwerpunkt der positiven Ladungen. *Alle* elektrischen Momente (auch die nichtpermanenten, von einem Feld induzierten Momente dielektrischer Körper) zeigen *parallel* zu $\boldsymbol{E}^{\text{int}}$, d.h. die *dielektrische Suszeptibilität* ξ in (vgl. (19.14))

$$P_{E^{\text{int}}}/V = \xi(\alpha, \beta, \gamma, E^{\text{int}}, T)\, \varepsilon_0 E^{\text{int}} \tag{28.3}$$

[1] Das Wort „dielektrisch" wird allgemeiner gebraucht. Z.B. wird der Name „Dielektrizitätskonstante" für ε bei allen Substanzen verwendet. Ferner heißt auch der Zustand ferro- und antiferroelektrischer Stoffe oberhalb ihrer Umwandlungstemperatur parelektrisch.

ist immer *positiv*[2] und die *Dielektrizitätskonstante* (DK)

$$\varepsilon = 1 + \xi \tag{28.4}$$

in

$$\boldsymbol{D} = \varepsilon\,\varepsilon_0\,\boldsymbol{E} \tag{28.4'}$$

immer größer als 1. Im Vakuum ist $\varepsilon = 1$, $\xi = 0$.

Wird die Dielektrizitätskonstante nicht im Gleichfeld, sondern in einem Wechselfeld $E = E_c + E_1\,e^{i\omega t}$ gemessen[3], so werden ε und ξ frequenzabhängig und komplex (und abhängig vom Gleichfeld E_c):

$$\varepsilon(\omega) = \varepsilon'(\omega) - i\,\varepsilon''(\omega)\,, \tag{28.5}$$

$$\begin{aligned}\varepsilon(\omega) - 1 = \xi(\omega) &= \xi'(\omega) - i\xi''(\omega)\\ &= (\varepsilon'(\omega) - 1) - i\,\varepsilon''(\omega)\,.\end{aligned} \tag{28.6}$$

Oft werden auch Betrag und Phasenwinkel von $\varepsilon = |\varepsilon|\,e^{-i\delta}$ angegeben, d.h. der *Betrag*[4]

$$|\varepsilon| = (\varepsilon'^2 + \varepsilon''^2)^{1/2} \tag{28.7}$$

und der *Verlustfaktor*

$$\operatorname{tg}\delta = \varepsilon''/\varepsilon'\,, \tag{28.8}$$

oder die bei einem derartigen Experiment in Wärme verwandelte Leistungsdichte

$$V^{-1}\,dW/dt = \omega\,\varepsilon''\,\varepsilon_0\,E_1^2/2\,. \tag{28.9}$$

Die Ausbreitung einer elektromagnetischen Welle in einer dielektrischen Substanz ist ausführlich im Anhang D dargestellt.

28.3. Dipolares, inneres und lokales elektrisches Feld

Wir setzen jetzt voraus, daß sich das Dipolmoment $\boldsymbol{P}$ aus lokalen Dipolmomenten $\boldsymbol{p}_l$ zusammensetzt, die als ausdehnungslose Punktdipole auf den Gitterplätzen der Atome, Ionen und Molekeln im Gitter fixiert sein sollen. Dann wird der Operator (28.1) zu

$$\boldsymbol{P} = \sum_l \boldsymbol{p}_l \tag{28.16}$$

und zwischen zwei Dipolmomenten $\boldsymbol{p}_l$ und $\boldsymbol{p}_k$ im Abstand $\boldsymbol{r}_{kl}$ besteht eine elektrostatische Dipol-Dipol-Wechselwirkung, die durch den Energieoperator (22.1) mit Tabelle 28.1 beschrieben wird. Im Anschluß daran ergeben sich genau wie in Ziffer 22.1 die für das folgende wichtigen Größen, insbesondere das auf ein elektrisches Moment im Innern der Materie wirkende lokale elektrische Feld $\boldsymbol{E}^{\text{lok}}$. Wir werden deshalb im allgemeinen einfach auf Ziffer 22.1 und Tabelle 28.1 zurückgreifen.

Jedoch muß die physikalische Struktur der in Kristallen vorkommenden verschiedenen Arten von elektrischen Dipolmomenten an dieser Stelle ausführlich diskutiert werden (Ziffer 29).

Aufgabe 28.3. Berechne das lokale Feld an einem kubischen Gitterplatz im Innern eines Kristalls aus lauter gleichen Molekeln, die alle dasselbe elektrische Moment $\boldsymbol{p}$ tragen. Die Probe sei a) eine Kugel, b) eine beliebig ausgedehnte dünne Platte, die 1. parallel, 2. senkrecht zu ihrer Ebene polarisiert sei.

Hinweis: Bei dieser Aufgabe ist vorausgesetzt, daß sich die Probe in einem homogenen Feld im Innern eines Plattenkondensators befindet, von dem die Batterie nach Aufladen auf die Spannung U und vor Einbringen der Kristallplatte abgeschaltet wurde. Es wird also die Spannung, nicht aber die Ladung durch Einbringen des Dielektrikums geändert.

Aufgabe 28.4. Wie die vorige Aufgabe, aber die Batterie bleibt angeschaltet, U bleibt konstant. Wie ändert sich die Ladung? Wie wird $\boldsymbol{E}^{\text{lok}}$ in den drei Proben?

---

[2] Gegensatz: die magnetische Suszeptibilität von diamagnetischen Substanzen ist negativ.

[3] Oft wird im Exponenten $-i$ statt i geschrieben, wie z.B. in (8.4) und (24.51). Würde man das auch hier tun, so müßte auch in (28.5/6) das Vorzeichen von i gewechselt werden. Wir tun das nicht mit Rücksicht auf (11.24) und (23.12).

[4] Gelegentlich einfach ε genannt, also Vorsicht!

29. Dipolmomente und elektrische Polarisierbarkeiten. Dispersion

29.1. Übersicht

Als Träger von elektrischen Dipolmomenten können in einem Kristallgitter Atome (Ar, C), Atomionen (Na^+, Cl^-), Molekeln (H_2O, N_2) und Molekelionen (NO_3^-, CN^-) zur Verfügung stehen.

Von diesen besitzen nur unsymmetrisch gebaute Molekeln (H_2O) und Molekelionen (CN^-), sogenannte *polare* oder Dipol-Molekeln, *permanente* Dipolmomente[5] $\boldsymbol{p}$ (Abb. 29.1). Alle anderen Gitterbausteine erhalten erst bei Gitterschwingungen oder in einem elektrischen Feld *induzierte* Dipolmomente. Folgende drei *Polarisationsarten* werden unterschieden:

a) Orientierungspolarisation

Die Richtungen der permanenten Dipole seien in einem, keinen äußeren Kräften ausgesetzten, Kristallgitter so verteilt, daß das resultierende Moment verschwindet[6]: $\boldsymbol{P} = \sum_l \boldsymbol{p}_l = 0$. In einem elektrischen Feld jedoch werden die Dipole umorientiert, so daß ein resultierendes Moment $\boldsymbol{P} > 0$ entsteht (sogenannte *Orientierungs-*

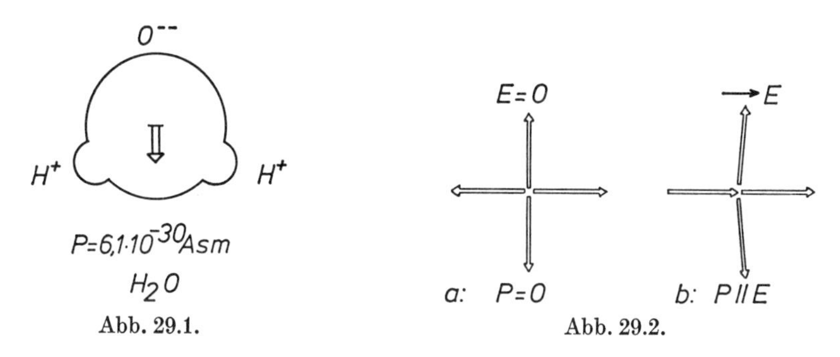

Abb. 29.1.　　Abb. 29.2.

Abb. 29.1. Elektrisches Dipolmoment der unsymmetrischen (polaren) H_2O-Molekel, schematisch

Abb. 29.2. Orientierungspolarisation bei symmetrischer Anordnung von Permanentdipolen im Kristallgitter, schematisch. a) Vierzählige Anordnung, $\boldsymbol{P} = 0$. b) Orientierungspolarisation durch Umklappen und Verdrehen von Dipolen in einem elektrischen Feld, $\boldsymbol{P} \parallel \boldsymbol{E}$

polarisation, Abb. 29.2). Dabei erhält jede Dipolmolekel i im Mittel[7] ein zusätzliches Moment $\overline{\boldsymbol{p}}_i^{\text{dip}}$, das zu dem an dem Gitterplatz wirkenden lokalen Feld[7] proportional ist[8]:

$$\overline{\boldsymbol{p}}_i^{\text{dip}} = (\alpha_i^{\text{dip}})\, \boldsymbol{E}_i^{\text{lok}}. \tag{29.1}$$

Der Faktor (α_i^{dip}) ist eine Materialkonstante und heißt die *dipolare elektrische Polarisierbarkeit,* da sie auf der Orientierung permanenter Dipole beruht. Sie ist eine Eigenschaft der Molekel und des Gitterplatzes und auf physikalisch verschiedenen Gitterplätzen verschieden groß. Sie ist anisotrop und wird oft als symmetrischer Tensor angesetzt. Da die Temperaturbewegung der Orientierung entgegenwirkt, ist (α_i^{dip}) stark temperaturabhängig (Ziffer 29.2.1).

b) Ionenpolarisation

In Ionenkristallen werden bei Anlegen eines Feldes die positiven und negativen Ionen aus ihren normalen Gleichgewichtslagen verschoben (und dabei zusätzlich zum Prozeß c) noch durch die Änderung der Umgebung deformiert). Dadurch wird jede Gitterzelle zum Träger eines *ionischen Dipolmoments.* Wie Abb. 29.3 zeigt, kann die so erzeugte Polarisation auch so beschrieben werden, als ob jedes Ion in der Gleichgewichtslage bleibt, aber zum Träger eines eigenen induzierten ionischen mittleren Dipolmomentes $\overline{\boldsymbol{p}}^{\text{ion}}$ wird, deren Summe das Dipolmoment der Zelle ergibt.

Auch diese Momente sind in 1. Näherung der jeweiligen lokalen Feldstärke proportional:

$$\overline{\boldsymbol{p}}_i^{\text{ion}} = (\alpha_i^{\text{ion}})\, \boldsymbol{E}_i^{\text{lok}}, \tag{29.2}$$

[5] Vereinfachte Schreibweise analog zu Ziffer 22.1. Es steht $\boldsymbol{p}$ für den quantentheoretischen Erwartungswert $\langle \boldsymbol{p} \rangle$ und $\overline{\boldsymbol{p}}$ für dessen temperaturabhängigen thermischen Mittelwert $\overline{\langle \boldsymbol{p} \rangle}$.

[6] Ferro- und antiferroelektrische Substanzen mit spontaner Elektrisierung werden hier also noch ausgeschlossen (siehe Ziffer 31)

[7] Polarisierbarkeiten α sind also ebenso wie $\boldsymbol{E}^{\text{lok}}$ quantentheoretisch und thermisch bereits gemittelte Größen für einzelne Gitterplätze.

[8] In erster Näherung, nämlich solange $\boldsymbol{E}^{\text{lok}}$ genügend klein ist. Das ist nicht mehr der Fall, wenn spontane Polarisation vorliegt, siehe Ziffer 31. Im folgenden wird dieser Fall zunächst ausgeschlossen.

wobei die *ionische Polarisierbarkeit* (α_i^{ion}) des Ions, wie in (29.2) bereits geschrieben, im allgemeinen tensoriell ist. Bei polaren Gitterschwingungen wird ein lokales Wechselfeld $\boldsymbol{E}_i^{\text{lok}}$ auch ohne äußeres Feld bereits durch die Schwingungsbewegung selbst erzeugt. (α_i^{ion}) ist praktisch temperaturunabhängig.

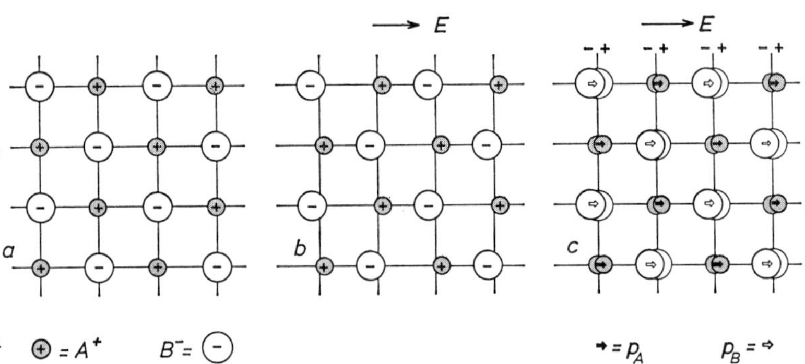

Abb. 29.3. Ionenpolarisation in einer (001)-Ebene des Steinsalzgitters. a) Gleichgewichtsstruktur ohne elektrisches Feld, $\boldsymbol{P}/V = 0$ b) Verzerrung der Struktur durch Verschiebung der Teilgitter in einem elektrischen Feld; $\boldsymbol{P}/V \parallel \boldsymbol{E}$. c) Induziertes Dipolfeld, das die verzerrte Struktur b) ergibt, wenn es der Gleichgewichtsstruktur a) überlagert wird. Es ist $\boldsymbol{P}/V = \sum (\boldsymbol{p}_A + \boldsymbol{p}_B)/V_Z$, wobei über alle Dipole im Volum V_Z der Gitterzelle summiert wird. Beachte: alle induzierten Dipole zeigen in Feldrichtung

c) Elektronenpolarisation

In *allen* Atomen, Ionen und Molekeln des Gitters werden durch ein elektrisches Feld die Elektronen gegen die Kerne verschoben, so daß jeder Gitterbaustein ein mittleres *elektronisches induziertes Moment* $\overline{\boldsymbol{p}}_i^{\text{el}}$ erhält (Abb. 29.4). Für dieses gilt analog zu (29.1) und (29.2)

$$\overline{\boldsymbol{p}}_i^{\text{el}} = (\alpha_i^{\text{el}})\, \boldsymbol{E}_i^{\text{lok}}, \tag{29.3}$$

und auch die elektronische Polarisierbarkeit (α_i^{el}) ist im allgemeinen tensoriell. Sie ist temperaturunabhängig.

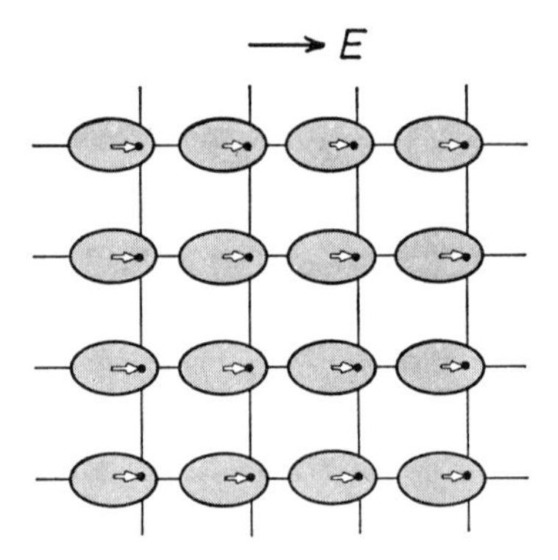

Abb. 29.4. Elektronische Polarisation in der (100)-Ebene eines kubischen *A*-Gitters, schematisch. Alle induzierten Dipole zeigen in Feldrichtung

d) Gesamtpolarisation

Insgesamt kann also am *i*-ten Gitterplatz das mittlere Dipolmoment[9]

$$\overline{\boldsymbol{p}}_i = (\alpha_i)\, \boldsymbol{E}_i^{\text{lok}} = ((\alpha_i^{\text{dip}}) + (\alpha_i^{\text{ion}}) + (\alpha_i^{\text{el}}))\, \boldsymbol{E}_i^{\text{lok}} \tag{29.4}$$

induziert werden. Dabei ist $(\alpha_i^{\text{dip}}) \neq 0$ nur auf einem Platz mit Permanentdipol, $(\alpha_i^{\text{ion}}) \neq 0$ nur auf einem Ionenplatz, $(\alpha_i^{\text{el}}) \neq 0$ auf jedem Gitterplatz. Die *Polarisation* ist also gegeben durch

$$\boldsymbol{P}/V = V^{-1} \sum_i \overline{\boldsymbol{p}}_i = V^{-1} \sum_i (\alpha_i)\, \boldsymbol{E}_i^{\text{lok}} \tag{29.5}$$

[9] Als Punktdipol vorzustellen!

oder, wenn wir physikalisch gleichwertige, d.h. chemisch gleiche und an gleichwertigen Gitterplätzen sitzende Gitterbausteine jeweils zu einer Sorte k zusammenfassen, durch

$$\boldsymbol{P}/V = V^{-1} \sum_k N_k (\alpha_k) \boldsymbol{E}_k^{\mathrm{lok}} . \tag{29.6}$$

Dabei ist N_k/V die Teilchendichte, (α_k) die gesamte Polarisierbarkeit der Bausteinsorte k.

Als wichtigen *Spezialfall* betrachten wir einen *kubischen* Kristall, in dem auch jeder Baustein auf einem kubischen Gitterplatz sitzt, wie z.B. NaCl. Dann verschwindet die Summe auf der rechten Seite von (22.17), und an jedem Gitterplatz herrscht dasselbe lokale Feld (siehe Tabelle 28.1)

$$\boldsymbol{E}_k^{\mathrm{lok}} = \boldsymbol{E}^{\mathrm{lok}} = \boldsymbol{E}^{\mathrm{int}} + (1/3\,\varepsilon_0)\,\boldsymbol{P}/V . \tag{29.7}$$

Außerdem werden die α_k isotrop, d.h. skalar. Einsetzen von (29.7) in (29.6) und Benutzung der Definitionen (28.3/4) liefert sofort die Polarisation

$$\boldsymbol{P}/V = 3\,\varepsilon_0\,\mathsf{A}\,\boldsymbol{E}^{\mathrm{lok}} \tag{29.8a}$$

und die *Clausius-Mossottische Beziehung*

$$\mathsf{A} = \xi/(\xi + 3) = (\varepsilon - 1)/(\varepsilon + 2) \tag{29.8}$$

und umgekehrt

$$\xi = 3\,\mathsf{A}/(1 - \mathsf{A}) \tag{29.9a}$$

$$\varepsilon = (1 + 2\,\mathsf{A})/(1 - \mathsf{A}) . \tag{29.9b}$$

Dabei ist A die Abkürzung

$$\mathsf{A} = (1/3\,\varepsilon_0)\,(N/V)\,\alpha = \sum_k \mathsf{A}_k \tag{29.9'}$$

mit

$$\mathsf{A}_k = (1/3\,\varepsilon_0)\,(N_k/V)\,\alpha_k \tag{29.9''}$$

und α die gemäß

$$(N/V)\,\alpha = V^{-1} \sum_i \alpha_i = \sum_k (N_k/V)\,\alpha_k \tag{29.10}$$

über alle Gitterbausteine i oder alle Bausteinsorten k gemittelte *Gesamtpolarisierbarkeit* der Substanz (= der Zelle).

(29.7) bis (29.10) gelten auch für *statistisch isotrope* Systeme, also ungeordnete *Flüssigkeiten* und vor allem *Gase*. Bei letzteren vereinfachen sich die Gleichungen noch; wegen der sehr geringen Teilchendichte N/V wird $\varepsilon_0^{-1}\ P/V \ll E^{\mathrm{ext}}$, $\xi = \varepsilon - 1 \ll 1$, so daß nach (29.8/9)

$$\varepsilon - 1 = \xi \approx (N/V)\,(\alpha/\varepsilon_0) . \tag{29.10a}$$

In *allen* Substanzen werden mit ξ und ε auch die α_k, α, A_k, A komplexe Funktionen der Frequenz:

$$\alpha_k(\omega) = \alpha_k'(\omega) - i\,\alpha_k''(\omega), \quad \text{usw.} \tag{29.11}$$

Diese *Frequenzabhängigkeit* diskutieren wir jetzt getrennt für die drei Polarisationsmechanismen an Hand spezieller Modelle.

29.2. Orientierungspolarisation

29.2.1. Statische Elektrisierung und Polarisierbarkeit

Ohne Einschränkung der Allgemeinheit betrachten wir nur eine Sorte von gleichen Dipolen mit $\langle \boldsymbol{p}_i^2 \rangle = \boldsymbol{p}^2$. Ihr Beitrag zum Gesamtmoment $\boldsymbol{P}$ hängt von ihrer Richtungsverteilung relativ zum orientierenden Feld $\boldsymbol{E}^{\mathrm{lok}}$ und damit zu $\boldsymbol{E}^{\mathrm{int}}$ und $\boldsymbol{E}^{\mathrm{ext}}$ ab. Andererseits sind permanente elektrische Dipole an Dipolmolekeln gebunden, ihre Umorientierung kann nur durch Verschiebungen der Atome in der Molekel und deren Umgebung gegen die chemischen Gitterkräfte erfolgen, also etwa durch kontinuierliche elastische Deformation der nächsten Umgebung oder diskontinuierliche Platzwechsel in andere stabile Lagen. Der Mechanismus und die Größe dieser Gitterdeformationen sind von Substanz zu Substanz sehr verschieden und noch nicht sehr gut bekannt. Es bestehen daher große Schwierigkeiten, die konkurrierenden Einflüsse von Gitterkräften, angelegtem elektrischen Feld und thermischer Bewegung *allgemeingültig* anzusetzen[10]. Wir müssen deshalb darauf verzichten, die statische Elektrisierung $\boldsymbol{P}/V$ im thermischen Gleichgewicht bei beliebigem Feld $\boldsymbol{E}$ und beliebiger Temperatur T zu berechnen.

Nur für genügend *hohe Temperaturen* kann *allgemein* das *Curie-Gesetz* von der paramagnetischen auf die parelektrische Polarisation übertragen werden. Nach (21.30) und (21.33′) gilt mit Tabelle 28.1

$$\varepsilon - 1 = \xi = (P/V)/\varepsilon_0 E^{\text{int}} = C/T \tag{29.12}$$

mit

$$C = (N/V)\,\boldsymbol{p}^2/3\,\varepsilon_0 k\,, \tag{29.12′}$$

sobald die thermische Energie kT groß ist gegen die Unterschiede der potentiellen Energie eines Dipols $\boldsymbol{p}_i$ in seinen verschiedenen Lagen relativ zum Kristallgitter und zum elektrischen Feld.

Dies Ergebnis ist unabhängig von der individuellen Situation; man kann es deshalb sogar unter der Annahme herleiten, daß alle Richtungen der $\boldsymbol{p}_i$ gleich wahrscheinlich sind (klassisches Dipolgas, Aufgabe 29.1).

In vielen Fällen kann die dipolare Wechselwirkung der $\boldsymbol{p}_i$ untereinander vernachlässigt, d.h. $E^{\text{lok}} = E^{\text{int}} = E$ gesetzt werden. Dann folgt aus (29.4/5/12)

$$\varepsilon_0(\varepsilon - 1) = \varepsilon_0 \xi = (N/V)\,\alpha^{\text{dip}} \tag{29.13}$$

und somit aus (29.12′) die *statische dipolare Polarisierbarkeit*

$$\alpha^{\text{dip}} = \boldsymbol{p}^2/3\,kT = \varepsilon_0 C/(N/V)\,T\,. \tag{29.14}$$

Nach (29.1) erwarten wir in Festkörpern in der Hochtemperaturnäherung auch dann ein *Curie-Gesetz*, wenn die Dipole nicht frei drehbar sind, sondern nur verschiedene Gleichgewichtslagen in verschiedenen diskontinuierlichen Gitterrichtungen einnehmen können. Allerdings gilt dies nur, solange die zwischen diesen Richtungen liegenden Potentialberge der Gitterkräfte, d.h. die für die Umorientierung zu leistenden Aktivierungsarbeiten[11] nicht zu groß gegen kT sind. Sonst wird die Relaxationszeit τ beliebig groß (Ziffer 29.2.2), die Dipole erreichen die Gleichgewichtsverteilung nicht und $\boldsymbol{P}/V$ wird kleiner als in der Schmelze.

Ein Beispiel hierfür (Nitromethan, CH_3NO_2) gibt Abb. 29.5 zusammen mit einem Gegenbeispiel (Schwefelwasserstoff, H_2S) für Orientierbarkeit der Dipole, d.h. Curie-Gesetz auch im festen Aggregatzustand[11].

Abb. 29.6 gibt einige Beispiele für *polare Gase*, bei denen ungehinderte Orientierung sicher vorausgesetzt werden darf und (29.12/12′) mit (29.14) für den dipolaren Anteil der DK gilt.

Die *gemessene DK* enthält außerdem die elektronische Polarisation, so daß (29.4) mit (29.13/14) zu

$$\varepsilon - 1 = \varepsilon_0^{-1}(N/V)\,(\alpha^{\text{el}} + \alpha^{\text{dip}}) = \varepsilon_0^{-1}(N/V)\,\alpha^{\text{el}} + C/T \tag{29.15}$$

wird, oder, nach Multiplikation mit T, zu

$$(\varepsilon - 1)\,T = C + \varepsilon_0^{-1}(N/V)\,\alpha^{\text{el}}\,T\,. \tag{29.15′}$$

Mißt man $\varepsilon = \varepsilon(T)$ als Funktion der Temperatur, so erhält man eine Gerade[13] bei Auftragung von $\varepsilon - 1$ über $1/T$ (oder von $(\varepsilon - 1)\,T$ über T) und bestimmt

[10] Bei lokalisierten *magnetischen* Momenten tritt eine solche Schwierigkeit nicht auf, solange der ein Moment umgebende Kristall *allgemein* durch ein elektrisches Kristallfeld (Ziffer 21.3) und ein Molekularfeld (Ziffer 22.4) ersetzt werden kann.

[11] Die Energien der Dipole in den Gleichgewichtslagen im Gitter plus ihre Energie im elektrischen Feld bestimmen die Orientierungsverteilung im thermischen Gleichgewicht. Die auf dem Wege dahin zu leistenden Aktivierungsarbeiten bestimmen die Geschwindigkeit des Relaxationsprozesses (Ziffer 29.2.2)

[13] Unter der experimentell bestätigten Annahme, daß α^{el} nicht von T abhängt.

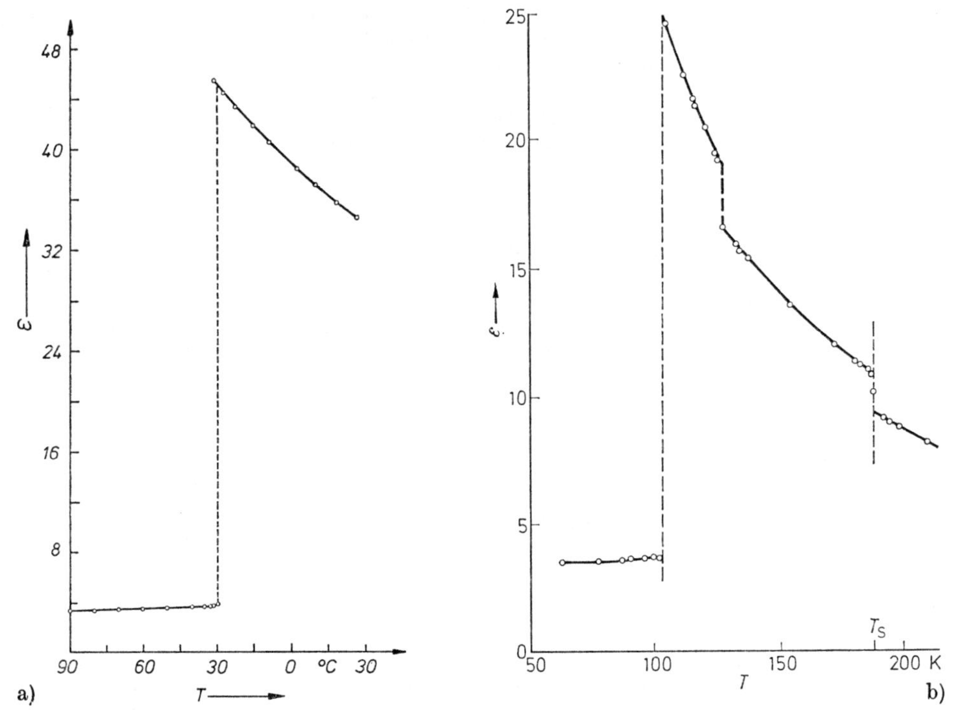

Abb. 29.5. Dielektrizitätskonstante polarer Substanzen in flüssigem und festem Zustand. $T_S =$ Schmelztemperatur.

a) Nitromethan CH_3NO_2: Curie-Gesetz, wenn $T > T_S$, eingefrorene Dipole, wenn $T < T_S = -30°$ C. Nach Smyth u. Wells, 1935.

b) H_2S: Curie-Gesetz in der Schmelze ($T > T_S$) und im Festkörper im Temperaturbereich 104 K$< T < 183$ K $= T_S$. Eingefrorene Dipole erst, wenn $T < 105$ K. Aus Landolt-Börnstein, 6. Aufl. Band II/6, 1959

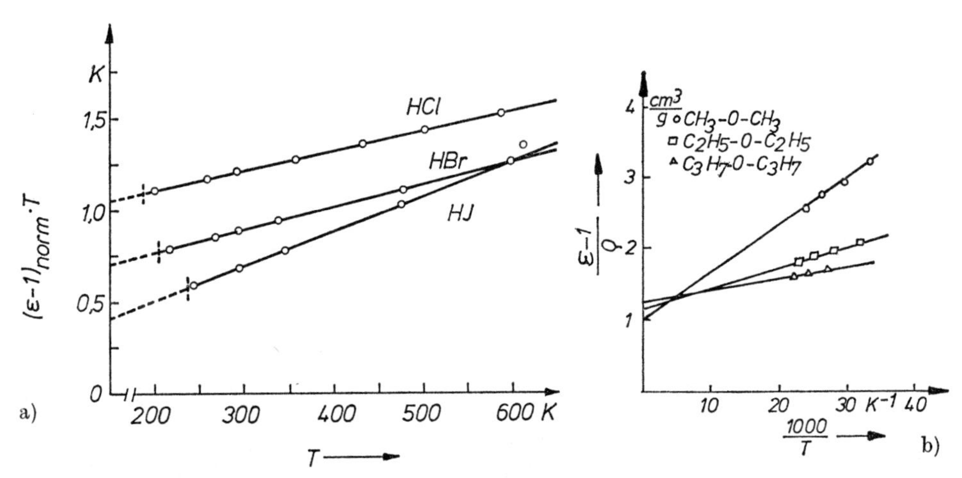

Abb. 29.6. Dielektrische Suszeptibilität $\xi = \varepsilon - 1$ polarer Gase.

a) Halogenwasserstoffe. Die gemessenen Werte $\varepsilon - 1$ sind reduziert auf Normalbedingungen $T = 0$ °C und $p \triangleq 760$ mm Hg-Säule, d. h. auf gleiche Molekelzahldichte $(N/V)_{\text{norm}} = N_L/22{,}4 \cdot 10^3$ cm³ mol⁻¹. Die so erhaltenen Werte $(\varepsilon - 1)_{\text{norm}}$ sind aufgetragen. Nach Zahn, 1924.

b) Dimethyl-, Diäthyl- und Dipropyläther. Mittels Division durch die Dichte sind die gemessenen Werte $\varepsilon - 1$ reduziert auf das spezifische Dipolmoment $\boldsymbol{p}/m$ einer Molekel. Nach Sänger, Steiger und Gächter, 1932.

α^{el} (oder C) und $C \approx \boldsymbol{p}^2$ (oder α^{el}) aus Ordinatenabschnitt und Steigung der Geraden. Elektronen- und Orientierungspolarisation werden also über ihre verschiedene Temperaturabhängigkeit experimentell getrennt.

Aufgabe 29.1. Beweise für ein verdünntes klassisches Dipolgas aus N/V gleichen Dipolmomenten $\boldsymbol{p}$, $|\boldsymbol{p}| = p$ die Langevinsche Elektrisierung

$$P/V = (N/V)\, p\, \overline{\cos\vartheta} = (P_{\max}/V)\, \overline{\cos\vartheta} \tag{29.16}$$

mit

$$\overline{\cos\vartheta} = L(p\,E/k\,T) \tag{29.16'}$$

und der Langevin-Funktion

$$L(x) = \operatorname{Cos} x - 1/x\,. \tag{29.17}$$

Diskutiere (zeichne) P/V als Funktion von pE/kT. Zeige, daß für $pE/kT \ll 1$ (29.16) in (29.12/12′) übergeht. Zeige ferner mit (21.25), daß ein Zusammenhang zwischen $L(x)$ ($\triangleq$ kontinuierliche Verteilung von ϑ) und den $B_J(x)$ ($\triangleq$ diskrete Verteilung von ϑ) in der Grenze $J \to \infty$ besteht.

Hinweise: a) $E^{\text{lok}} = E^{\text{int}} = E^{\text{ext}} = E$. b) alle Winkel ϑ zwischen $\boldsymbol{p}$ und $\boldsymbol{E}$ sind erlaubt, $\overline{\cos\vartheta}$ nach Boltzmann. c) potentielle Energie gegeben durch

$$W = -\,\boldsymbol{p}\,\boldsymbol{E} = -\,p\,E\cos\vartheta\,. \tag{29.18}$$

Aufgabe 29.2. Bestimme aus Abb. 29.6 für die dort angegebenen Molekeln die Dipolmomente p und die elektronischen Polarisierbarkeiten α^{el}. Diskutiere den Gang der Werte in den beiden Reihen von chemisch ähnlichen Substanzen.

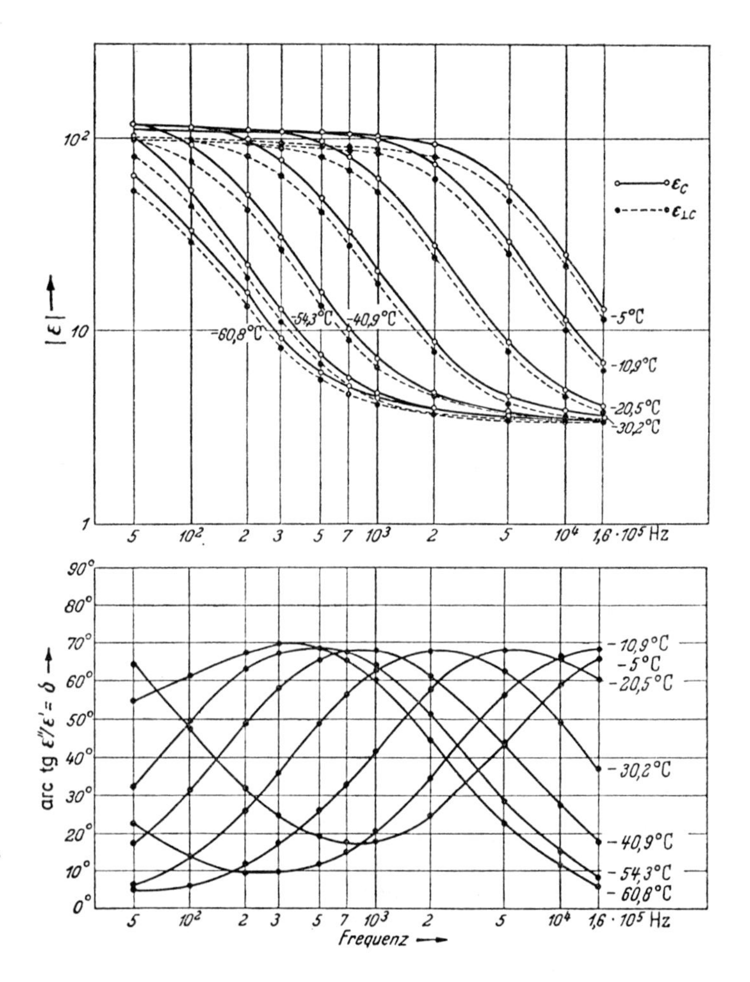

Abb. 29.7. Dielektrische Relaxation von Eis H_2O. Die Kurven können durch die Debye-Gleichungen (29.19) beschrieben werden. Siehe den magnetischen Vergleichsfall in Abb. 23.3. Aus Landolt-Börnstein, 6. Aufl., Band II/6, 1959

29.2.2. Orientierungs-Relaxation

Die *Frequenzabhängigkeit* der Orientierungspolarisation in einem elektrischen Wechselfeld ist, wie schon oben ausgeführt, die eines Relaxationsprozesses: Die Temperaturbewegung kann bei einer Änderung der orientierenden Feldstärke E die dazugehörige Änderung der Elektrisierung P/V nur nach einer *Relaxationszeit* τ einstellen. Wegen der Analogie zur paramagnetischen Relaxation können wir die Ergebnisse von Ziffer 23.1 auf die *parelektrische Relaxation* übertragen und erhalten so für die Suszeptibilität aus (23.15/15′) die *Debyesche Formel*

$$\varepsilon(\omega) - 1 = \xi(\omega) = \xi'(\omega) - i\xi''(\omega) = \frac{\xi(0)\,(1 - i\,\omega\,\tau)}{1 + \omega^2\,\tau^2} \tag{29.19}$$

$\xi(0)$ ist die (statische) Suszeptibilität bei $\omega = 0$ und nach (29.12) proportional zu $1/T$. Auch die Relaxationszeit τ nimmt mit steigender Temperatur ab, da eine zufällige Aufweitung des Gitters in der Umgebung einer Dipolmolekel, die eine Umorientierung des Dipols ermöglicht[14], bei stärkerer Temperaturbewegung eher eintreten wird. Aus demselben Grund ist im allgemeinen τ in Festkörpern größer als in Flüssigkeiten. Abb. 29.7 zeigt experimentelle Ergebnisse für Eis. Sie lassen sich durch die Debye-Formel (29.19) beschreiben.

Falls die dipolare Wechselwirkung sehr schwach ist, gilt (29.13), und deshalb gilt (29.19) auch für α^{dip}, wobei $\alpha^{\text{dip}}(0, T)$ durch (29.14) gegeben ist.

Aufgabe 29.3. Bestimme aus Abb. 29.7 die Relaxationszeit für die Elektrisierung von Eis als Funktion der Temperatur.

29.3. Ionen- und Elektronenpolarisation

29.3.1. Das Lorentz'sche Modell

Wir betrachten in einem Kristallgitter nur eine Sorte[15] von lauter gleichen ionischen oder elektronischen Dipolmomenten[16] $\overline{\boldsymbol{p}} = q\,\boldsymbol{u}$ an den physikalisch gleichwertigen Gitterpunkten $\boldsymbol{r}$ (siehe z.B. den kubischen Speziallfall in Abb. 29.3 oder Abb. 29.4). Ein Dipol entsteht hier durch die kleine Verschiebung $\boldsymbol{u}$ einer Ladung q aus der Gleichgewichtslage $\boldsymbol{u} = 0$ gegen eine lineare Rückstellkraft[17] $-\beta_r \boldsymbol{u}$. Ist die Ladung q an die Masse m gebunden, so gilt die Bewegungsgleichung

$$m\,\ddot{\boldsymbol{u}} = -\,\beta_r \boldsymbol{u} = -\,m\,\omega_r^2\,\boldsymbol{u}\,. \tag{29.21}$$

Dabei ist ω_r die Eigenfrequenz, mit der jeder Dipol ungedämpft um die Gleichgewichtslage $\boldsymbol{u} = 0$ schwingen würde. In Wirklichkeit gibt ein schwingender Dipol jedoch Energie ab (z.B. durch Strahlung) und ist also gedämpft. Berücksichtigt man die Dämpfung roh durch ein zu (29.21) addiertes Reibungsglied mit der Dämpfungskonstanten γ und nimmt man noch an, daß die Dipole durch ein elektrisches Wechselfeld (z.B. einer Lichtwelle) der Kreisfrequenz ω zu erzwungenen Schwingungen angeregt werden, so wird die Bewegungsgleichung zu der *Lorentzschen gedämpften Schwingungsgleichung*

$$m\,\ddot{\boldsymbol{u}} + m\,\gamma\,\dot{\boldsymbol{u}} + m\,\omega_r^2\,\boldsymbol{u} = q\,\boldsymbol{E}^{\text{lok}}\,. \tag{29.22}$$

Dabei ist ($\boldsymbol{k}$ = Wellenvektor)

$$\boldsymbol{E}^{\text{lok}} = \boldsymbol{E}_0^{\text{lok}}\,e^{i(\omega t - \boldsymbol{k}\boldsymbol{r})} \tag{29.23a}$$

das am Ort $\boldsymbol{r}$ erzeugte *lokale* Wechselfeld. Der Lösungsansatz

$$\boldsymbol{u} = \boldsymbol{u}_0\,e^{i(\omega t - \boldsymbol{k}\boldsymbol{r})}\,, \tag{29.23b}$$

$$\overline{\boldsymbol{p}} = q\,\boldsymbol{u} = \overline{\boldsymbol{p}}_0\,e^{i(\omega t - \boldsymbol{k}\boldsymbol{r})} \tag{29.23c}$$

---

[14] Anders ausgedrückt: kT bleibt nicht klein gegen die Aktivierungsenergie (Ziffer 29.2.1).

[15] Der Index k wird weggelassen. Die Ergebnisse gelten für jede Sorte und nach Addition für die Gesamtpolarisierbarkeit des Kristalls, ohne den dipolaren Anteil.

[16] $\boldsymbol{u}$ ist ein thermischer Mittelwert. Wir verzichten in diesem mechanischen Modell jedoch darauf, ihn $\overline{\boldsymbol{u}}$ zu schreiben, obowhl wir im Anschluß an frühere Gleichungen $q\,\boldsymbol{u} = \overline{\boldsymbol{p}}$ schreiben.

[17] Auf den physikalischen Mechanismus dieser Kraft kommt es hier noch nicht an, es genügt die Linearität in $\boldsymbol{u}$. Näheres siehe in Ziffer 30.

liefert die frequenzabhängige komplexe Amplitude

$$\boldsymbol{u}_0 = \frac{(q/m)\,\boldsymbol{E}_0^{\mathrm{lok}}}{\omega_r^2 - \omega^2 + i\,\gamma\,\omega} \tag{29.24}$$

mit Resonanz[18] für $\omega \approx \omega_r$. Aus (29.23c) und (29.4) folgt das frequenzabhängige Dipolfeld

$$\overline{\boldsymbol{p}} = q\,\boldsymbol{u}_0\,e^{i(\omega t - \boldsymbol{k}\,\boldsymbol{r})} = \alpha\,\boldsymbol{E}_0^{\mathrm{lok}}\,e^{i(\omega t - \boldsymbol{k}\,\boldsymbol{r})} \tag{29.25}$$

mit der *komplexen Polarisierbarkeit* nach (29.24)

$$\alpha = q\,u_0/E_0^{\mathrm{lok}} = \frac{q^2/m}{\omega_r^2 - \omega^2 + i\,\gamma\,\omega} = \alpha'(\omega) - i\,\alpha''(\omega)\,, \tag{29.26}$$

$$\alpha'(\omega) = \frac{q^2}{m}\,\frac{\omega_r^2 - \omega^2}{(\omega_r^2 - \omega^2)^2 + \gamma^2\,\omega^2}\,, \tag{29.27a}$$

$$\alpha''(\omega) = \frac{q^2}{m}\,\frac{\gamma\,\omega}{(\omega_r^2 - \omega^2)^2 + \gamma^2\,\omega^2}\,. \tag{29.27b}$$

Für $\omega = 0$ erhält man die *statische Polarisierbarkeit*

$$\alpha'(0) = q^2/m\,\omega_r^2\,, \qquad \alpha''(0) = 0\,, \tag{29.28}$$

mit der man den Vorfaktor q^2/m aus (29.26/27) eliminieren kann:

$$q^2/m = \alpha'(0)\cdot\omega_r^2\,. \tag{29.28'}$$

Bei sehr hohen Frequenzen $\omega \gg \omega_r$ wird

$$\alpha'(\infty) = \alpha''(\infty) = 0 \tag{29.29}$$

und schließlich an der Resonanzstelle $\omega = \omega_r$

$$\alpha'(\omega_r) = 0\,, \qquad \alpha''(\omega_r) = \alpha'(0)\cdot\omega_r/\gamma\,. \tag{29.30}$$

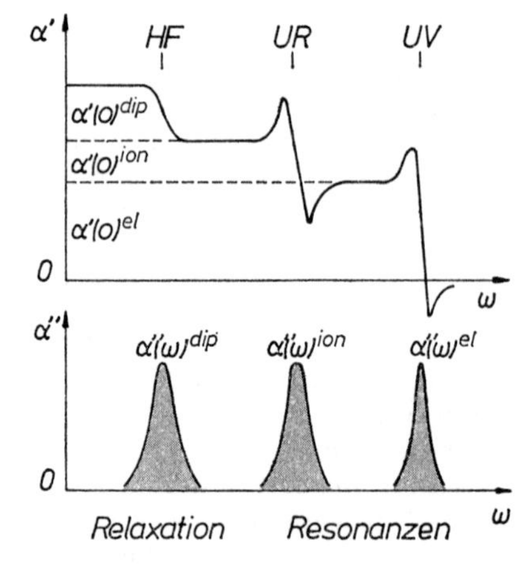

Abb. 29.8. Frequenzabhängigkeit der komplexen Polarisierbarkeit $\alpha = \alpha' - i\,\alpha''$, schematisch. Es ist jeweils nur eine Relaxationsfrequenz für Dipolorientierung (Hochfrequenzbereich), eine Resonanzfrequenz für optische Gitterschwingungen (ultraroter Spektralbereich) und eine elektronische Resonanzfrequenz (ultravioletter Spektralbereich) gezeichnet

Die hier skizzierte Frequenzabhängigkeit wird sowohl von α^{ion} wie von α^{el} in Abb. 29.8 repräsentiert.

Mit α (und A) sind nach (29.9) auch die *Suszeptibilität* $\xi = \xi' - i\,\xi''$ und *die DK* $\varepsilon = 1 + \xi = \varepsilon' - i\,\varepsilon''$ komplex und frequenzabhängig. Dasselbe gilt nach Anhang D für den *Brechungsindex* einer sich in der Substanz ausbreitenden elektromagnetischen Welle. Kann die Magnetisierung vernachlässigt, d.h. $\mu = 1$ gesetzt werden, so gilt in einem *Isolator* wegen $\sigma = 0$ die *Maxwellsche Dispersionsbeziehung*[19]

$$n' - i\,n'' = (\varepsilon' - i\,\varepsilon'')^{1/2}\,, \tag{29.30'}$$

[18] Die Frequenzabhängigkeit von Ionen- und Elektronenpolarisation wird also *nicht* — wie die der Orientierungspolarisation — durch *Relaxation, sondern* durch *Resonanz* bestimmt (daher die Bezeichnung ω_r für die Eigenfrequenz).

[19] Anhang D, (27/29).

deren Frequenzabhängigkeit nach (29.9) aus (29.27a/b) folgt. Die Welle ist gedämpft[20] und zeigt starke Änderungen von $n'(\omega)$ ($\equiv$ *anomale Dispersion*) und Maxima von $n''(\omega)$ ($\equiv$ *Absorptionsbanden*) in der Nähe der Eigenfrequenzen $\omega = \omega_r$ (siehe die Aufgaben 29.4 und 29.5).

Die *optischen* Eigenschaften der Materie werden also zurückgeführt auf die Resonanzfrequenzen von elektrischen Dipolen.

Das ist das *klassische Lorentzsche Modell.* Es kann mit Erfolg benutzt werden, wenn das Spektrum nach Voraussetzung aus scharfen, diskreten Eigenfrequenzen ω_r besteht. Das ist *nicht* der Fall bei den breiten Absorptionsbanden von *Metallen* (Ziffer 43.5) und *Halbleitern* (Ziffer 46.5), sowie manchen *Exzitonenspektren* (Ziffer 48), die deshalb später behandelt werden. Für die meisten *Isolatorkristalle* gibt das Modell jedoch einen guten Überblick über das gesamte elektromagnetische Spektrum[21]. Wir behandeln für diesen Fall zunächst die Elektronen- und Ionenpolarisation getrennt und abschließend den Spezialfall einer polaren Gitterschwingung mit Berücksichtigung der Elektronenpolarisation.

Aufgabe 29.4. Berechne für eine kubische Modellsubstanz mit nur einer einzigen Dipolsorte der Eigenfrequenz $\omega_r = \omega_0$ auf kubischen Gitterplätzen die Dielektrizitätskonstante $\varepsilon(\omega)$ aus der Polarisierbarkeit $\alpha(\omega)$. Zeige, daß $\varepsilon(\omega)$ eine andere Resonanzfrequenz als $\alpha(\omega)$ hat, d.h. beweise

$$\varepsilon(\omega) = \varepsilon(\infty) + \frac{\varepsilon(0) - \varepsilon(\infty)}{1 - (\omega/\omega_T)^2 + i\,\omega\,\gamma/\omega_T^2} \qquad (29.30'')$$

und gib ω_T/ω_0 als Funktion von α oder ε an.
Hinweis: Clausius-Mossotti-Gleichung.

Aufgabe 29.5. Berechne Brechzahl $n'(\omega)$ und Absorptionskonstante $K(\omega)$ für die in Aufgabe 29.4 definierte Substanz. Wie groß ist die Halbwertsbreite der Absorptionsbande, d.h. der Abstand der beiden Frequenzen $\omega_{1,2}$, für die $K_1 = K_2 = K_{\max}/2$ ist?

29.3.2. Elektronische Spektren

Den Eigenschwingungsfrequenzen der Elektronenpolarisation korrespondieren in der Quantentheorie die Übergangsfrequenzen in den Emissions- und Absorptionsspektren der Elektronenhüllen[22]. Die Linien liegen vorwiegend im sichtbaren und ultravioletten Spektralbereich[23], ihre Eigenfrequenzen z.B. bei NaCl oberhalb von $\omega_r \approx 2\pi \cdot 2 \cdot 10^{15}\,\mathrm{s}^{-1}$. Da selbst ein Einelektronsystem[24] viele Spektrallinien hat, erhält man die gesamte elektronische Polarisierbarkeit auf einem Gitterplatz durch Summation von (29.27) über alle optischen Eigenfrequenzen ω_r. Dabei wird jeder Eigenfrequenz auch eine eigene bewegte Masse m_r und Ladung q_r zugeordnet, die zweckmäßigerweise in den Einheiten e und m_e für ein Elektron gemessen werden, da es sich immer um bewegte Elektronen handelt. Man definiert deshalb die *Oszillatorstärken* f_r durch folgende Festsetzung des Vorfaktors in (29.27/28)

$$(q^2/m)_r = \alpha'_r(0) \cdot \omega_r^2 = (e^2/m_e)\,f_r\,. \qquad (29.31)$$

Sie sind Zahlen zwischen 0 und 1. Enthält ein Gitterbaustein Z Elektronen, so sind die durch r numerierten elektronischen Eigenfrequenzen des Bausteins diesen Elektronen zuzuordnen, und nach (29.31) muß der Summensatz

$$\sum_r f_r = Z \qquad (29.31')$$

---

[20] Ihre Amplitude nimmt exponentiell längs der Wellennormale ab.

[21] Abgesehen von dem Beitrag von Relaxationsprozessen (Ziffern 23 und 29.2.2).

[22] Sofern sie elektrische Dipolstrahlung sind, (Ziffer 18.2).

[23] Die Röntgenspektren lassen wir hier außer acht, da sie nur zu den inneren Elektronenschalen gehören, deren Polarisierbarkeit sehr klein ist. Es soll also immer noch die Wellenlänge groß gegen die Gitterkonstante sein (keine Bragg-Reflexion).

[24] Siehe das H-Atom. Hier ist $\sum_r f_r = 1$.

gelten. Damit erhält man für die elektronische Polarisierbarkeit eines einzelnen von allen auf homologen Gitterplätzen sitzenden gleichwertigen Gitterbausteinen schließlich die Ausdrücke

$$\alpha^{\mathrm{el}}(\omega) = \alpha'^{\mathrm{el}}(\omega) - i\,\alpha''^{\mathrm{el}}(\omega) \tag{29.32}$$

mit

$$\alpha'^{\mathrm{el}}(\omega) = \frac{e^2}{m_e}\sum_r \frac{f_r(\omega_r^2-\omega^2)}{(\omega_r^2-\omega^2)^2+\gamma_r^2\,\omega^2}\,, \tag{29.33'}$$

$$\alpha''^{\mathrm{el}}(\omega) = \frac{e^2}{m_e}\sum_r \frac{f_r\,\gamma_r\,\omega}{(\omega_r^2-\omega^2)^2+\gamma_r^2\,\omega^2}\,. \tag{29.33''}$$

Hieraus ergibt sich die *Polarisierbarkeit einer Gitterzelle* als Materialkonstante durch nochmalige Summation von (29.31′/32/33′/33″) über alle Bausteine einer Zelle[25].

Die Konstanten f_r und γ_r bestimmen die maximale *Absorptionskonstante* und die *Halbwertsbreite* der Absorptionslinie bei ω_r und werden aus diesen Meßgrößen experimentell bestimmt[26]. In Abb. 29.8 sind α' und α'' für nur *ein* ω_r gezeichnet. In Wirklichkeit sind mehrere derartige Kurven zu addieren.

Setzt man $\omega = 0$, so erhält man die *statische Elektronenpolarisierbarkeit* (29.28)

$$\alpha^{\mathrm{el}}(0) \equiv \alpha'^{\mathrm{el}}(0) = \frac{e^2}{m_e}\sum_r \frac{f_r}{\omega_r}\,. \tag{29.34}$$

Zu ihr tragen die niedrigsten Frequenzen ω_r des elektronischen Spektrums am meisten bei. Dieser Wert bleibt praktisch konstant für alle Frequenzen $\tilde{\omega}$ im Bereich $0 \leqq \tilde{\omega} \ll \omega_r$ $\alpha^{\mathrm{el}}(\tilde{\omega}) \approx \alpha^{\mathrm{el}}(0)$.

29.3.3. Schwingungsspektren

Eine *ionische Polarisation* ist nur mit den Gitterschwingungen der *polaren* optischen Phononenzweige verbunden. Nach Ziffer 9.1 liegen die Frequenzen dieser Schwingungen im ultraroten Spektralbereich. Die Frequenzabhängigkeit der Polarisation, d.h. $\varepsilon(\omega)$ oder $\alpha(\omega)$, kann also nur mit ultrarotem Licht gemessen werden, das nach Ziffer 9.1 nur mit den ultrarot aktiven polaren Grenzschwingungen (Index $S = 1, 2, \ldots$) bei $\boldsymbol{q}_S \approx 0$ in Wechselwirkung tritt, deren Frequenzen $\omega_S(\boldsymbol{q}_S) = \omega_S(0) = \omega_S$ praktisch noch die Grenzfrequenzen der Zweige bei $\boldsymbol{q}_S = 0$ sind. Für komplizierter gebaute Kristalle mit mehreren ultrarotaktiven (inneren und äußeren) Schwingungszweigen erhält man die mit Ultrarotstrahlung gemessene Ionenpolarisierbarkeit einer Gitterzelle durch Addition von Gleichungen (29.26) unter Benutzung von (29.28′)

$$\alpha^{\mathrm{ion}}(\omega) = \sum_S \alpha_S^{\mathrm{ion}}(\omega) = \sum_S \frac{\alpha_S^{\mathrm{ion}}(0)\,\omega_S^2}{\omega_S^2-\omega^2+i\,\gamma_S\,\omega}\,. \tag{29.35}$$

Auf den Spezialfall, daß nur *ein* ultrarotaktiver Schwingungszweig existiert, kommen wir ausführlich zurück. Er ist schematisch in Abb. 29.8 dargestellt.

---

[25] Oder, was dasselbe ist: r numeriert alle elektronischen Eigenfrequenzen der Substanz, und Z ist die Elektronenzahl in den äußeren Schalen aller Atome der Zelle.

[26] In der Quantentheorie ist f_r proportional zu der Übergangswahrscheinlichkeit zwischen zwei Elektronentermen im Energieabstand $\hbar\,\omega_r$.

29.4. Die Gesamtpolarisation

Die gesamte Polarisierbarkeit α_i an einem Gitterplatz i setzt sich schließlich nach (29.4) aus den drei Anteilen additiv zusammen:

$$\alpha_i(\omega) = \alpha_i^{\text{dip}}(\omega) + \alpha_i^{\text{ion}}(\omega) + \alpha_i^{\text{el}}(\omega). \qquad (29.37)$$

Dabei hängt $\alpha_i^{\text{dip}}(\omega)$ stark, $\alpha_i^{\text{el}}(\omega)$ und auch $\alpha_i^{\text{ion}}(\omega)$ praktisch nicht von der Temperatur ab. In Abb. 29.8 ist $\alpha_i(\omega)$ schematisch für einen Gitterplatz gezeichnet, an dem alle drei Anteile nicht verschwinden, also für den Platz einer ionisierten Dipolmolekel. Bei von $\omega = 0$ an steigender Wechselfeldfrequenz ω fällt zuerst der Relaxationsprozeß der Dipolorientierung aus, dann können auch die schweren Ionen dem Wechselfeld nicht mehr folgen, bis schließlich auch die Elektronen zu träge werden und die Polarisierbarkeit überhaupt verschwindet.

Aus der *Gesamtpolarisierbarkeit* $\alpha(\omega)$ lassen sich im Prinzip die *Gesamtsuszeptibilitäten* $\xi'(\omega)$, $\xi''(\omega)$, d.h. die unmittelbar meßbaren *Dielektrizitätskonstanten* $\varepsilon'(\omega) = 1 + \xi'(\omega)$, $\varepsilon''(\omega) = \xi''(\omega)$ und die *optischen Konstanten* n', n'' durch den ganzen technischen und optischen Frequenzbereich $0 \leqq \omega$ berechnen[27].

[27] Die Rechnungen sind im allgemeinen Fall mühsam und physikalisch wenig ertragreich. Wichtige Spezialfälle siehe in Ziffer 9.1 und den nächsten Ziffern, die klassische Kontinuumstheorie in Anhang D.

30. Kopplung zwischen Lichtwellen und ultrarotaktiven Schwingungen in Ionenkristallen

30.1. Freie Schwingungen: Lyddane-Sachs-Teller-Theorem

Wir lösen jetzt die Lorentzsche Bewegungsgleichung (29.22) für den Fall der *polaren optischen Gitterschwingungen* in einem *kubischen* A^+B^--*Kristall* vom NaCl-Typ ($s = 2$). Dabei beschränken wir uns zunächst auf das Zentrum der Brillouinzone, d.h. den Wellenvektor $\boldsymbol{q} = 0$[28].

Nach Ziffer 8.3 gibt es hier zwei Grenzfrequenzen: eine Grenzfrequenz ω_L des longitudinalen Schwingungszweiges (LO) und eine entartete Grenzfrequenz ω_T der transversalen Zweige (TO). Die Transversalwellen sind ultrarotaktiv (Ziffer 9.1), während die Longitudinalwellen im unendlich ausgedehnten Kristall, den wir hier allein betrachten, von Lichtwellen nicht angeregt werden können. Wir stellen uns die Aufgabe, das Frequenzverhältnis ω_L/ω_T zu berechnen.

In beiden Wellentypen schwingen bei $\boldsymbol{q} = 0$ das A^+-Gitter und das B^--Gitter starr gegeneinander, so daß wir die Schwingung wie die eines Systems aus zwei elastisch gebundenen Massen m_A und m_B behandeln können. Vernachlässigen wir zunächst die Tatsache, daß die gegeneinander schwingenden Gitter entgegengesetzt geladen sind und daß deshalb mit der Schwingung eine Polarisation $\boldsymbol{P}/V$ und ein lokales elektrisches Feld $\boldsymbol{E}_i^{\text{lok}}(\boldsymbol{u})$ am Gitterplatz $\boldsymbol{i}$ verbunden sind, so gilt einfach die „elastische" Bewegungsgleichung[30]

$$\mu \ddot{\boldsymbol{u}} + \beta_0 \boldsymbol{u} = 0 \tag{30.1}$$

wobei $\mu = m_A m_B/(m_A + m_B)$ die reduzierte Masse einer Elemantarzelle und

$$\boldsymbol{u} = \boldsymbol{u}_A - \boldsymbol{u}_B \tag{30.2}$$

die relative[31] Verschiebung der beiden Gitter gegeneinander ist. β_0 ist eine durch die elastischen Gitterkräfte gegebene Kraftkonstante. Nach (30.1) können die Gitter freie Schwingungen gegeneinander mit der Eigenfrequenz

$$\omega_{LO} = \omega_{TO} = \omega_0 = (\beta_0/\mu)^{1/2} \tag{30.3}$$

ausführen. In unseren früheren Überlegungen über Gitterschwingungen (Ziffer 8) wurde immer vorausgesetzt, daß die Schwingungen Bewegungsgleichungen vom Typ (30.1) befolgen.

Aufgabe 30.1. Leite (30.1) für den Fall einer linearen A^+B^--Kette ab. Hinweis: Benutze (8.2/3) und $\boldsymbol{q} = 0$.

Diese Voraussetzung ist aber bei Ionenkristallen nicht erfüllt. Hier wird durch die Verschiebung (und die Polarisation) der Ionen an jedem Ionenplatz $\boldsymbol{i}$ ein lokales Feld $\boldsymbol{E}_i^{\text{lok}}$ erzeugt, das auf das Ion mit der zusätzlichen Kraft $q_i \boldsymbol{E}_i^{\text{lok}}$ zurückwirkt. In einem Kristall mit lauter kubischen Gitterplätzen herrscht an jedem Platz dasselbe lokale Feld, so daß die Bewegungsgleichung (30.1) zu erweitern ist zu

$$\mu \ddot{\boldsymbol{u}} + \beta_0 \boldsymbol{u} = q_A \boldsymbol{E}^{\text{lok}}, \tag{30.4}$$

wobei $q_A > 0$ die Ladung des positiven Ions ist. Dies ist die für unseren Fall spezialisierte[32] *Lorentzsche Bewegungsgleichung* (29.22), vergleiche die Aufgabe 30.2.

Aufgabe 30.2. Beweise (30.4) für die lineare Kette im Anschluß an Aufgabe 30.1.

[28] Wellenvektor $\boldsymbol{q}$ nicht verwechseln mit den Ladungen q!

[30] Dämpfung und nichtlineare Kräfte werden hier vernachlässigt.

[31] Ohne Beschränkung der Allgemeinheit haben wir das positive (negative) Ion als $A^+(B^-)$ und das Vorzeichen von $\boldsymbol{u}$ durch (30.2) eindeutig festgelegt.

[32] Die Dämpfung ist wieder vernachlässigt, ebenfalls soll kein Wechselfeld von außen angelegt sein.

Das mit der Ionenverschiebung verbundene *Dipolmoment*[33] je A^+B^--Einheit ist gleich

$$\boldsymbol{p}_{AB} = q_A \boldsymbol{u}_A + q_B \boldsymbol{u}_B = q_A \boldsymbol{u}\,, \tag{30.5}$$

die *Ionen-Polarisation* also gleich

$$\boldsymbol{P}^{\text{ion}}/V = (N/V)\, q_A \boldsymbol{u}\,, \tag{30.6}$$

wenn N/V die Anzahl von AB-Einheiten je Volumeinheit ist.

Wird speziell eine Verschiebung $\boldsymbol{u}$ durch Anlegen eines statischen Feldes festgehalten, so ist nach (30.4) wegen $d/dt = 0$, $\omega = 0$

$$\boldsymbol{u} = (q_A/\beta_0)\, \boldsymbol{E}^{\text{lok}}\,, \tag{30.7}$$

also der Dipol je AB-Einheit gleich

$$\boldsymbol{p}^{\text{ion}} = q_A \boldsymbol{u} = (q_A^2/\beta_0)\, \boldsymbol{E}^{\text{lok}}\,, \tag{30.8}$$

und die *statische Ionenpolarisierbarkeit* gleich

$$\alpha^{\text{ion}}(0) = p^{\text{ion}}/E^{\text{lok}} = q_A^2/\beta_0 = q_A^2/\mu\,\omega_0^2 \tag{30.9}$$

unter Benutzung von (30.3) und in Übereinstimmung mit (29.28′) und (29.35).

Die *Gesamtpolarisation* ist wegen des Fehlens von permanenten Dipolen gleich

$$\boldsymbol{P}/V = \boldsymbol{P}^{\text{ion}}/V + \boldsymbol{P}^{\text{el}}/V \tag{30.10}$$

mit dem ionischen Anteil (30.6) und dem elektronischen Anteil

$$\begin{aligned}\boldsymbol{P}^{\text{el}}/V &= (N/V)\, \alpha^{\text{el}}(0)\, \boldsymbol{E}^{\text{lok}} \\ &= (N/V)\, (\alpha_A^{\text{el}}(0) + \alpha_B^{\text{el}}(0))\, \boldsymbol{E}^{\text{lok}}\,.\end{aligned} \tag{30.11}$$

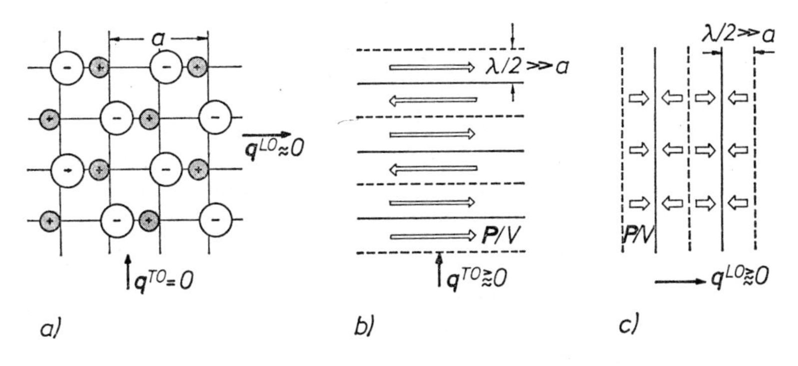

Abb. 30.1. Durch eine ultrarote Lichtwelle ($\lambda \gg a$) bei der Anregung einer ultrarotaktiven optischen Gitterwelle ($\boldsymbol{q} \approx 0$) erzeugte elektrische Polarisation. Schematische Darstellung der (001)-Ebene eines A^+B^- Kristalls vom Steinsalztyp. a) Verschiebung der Ionen im Fall $\boldsymbol{q} = 0$ sowohl bei einer longitudinalen (LO) wie auch bei einer transversalen optischen (TO) Grenzwelle. b) Richtungsverteilung der elektrischen Polarisation $\boldsymbol{P}/V$ relativ zu den Wellenfronten in einer TO-Welle bei $|\boldsymbol{q}| \ll \pi/a$. c) wie b), für eine LO-Welle. Homogen ist die Polarisation nur in Schichten, deren Dicke klein gegen $\lambda/2$ ist (s. Text)

Hier ist $\alpha^{\text{el}}(\omega) \approx \alpha^{\text{el}}(0)$ gesetzt, da wir uns nur für Frequenzen ω in der Nähe der Gitterschwingungsfrequenzen interessieren, die klein gegen die ω_r in (29.33) sind, vergleiche (29.34) und Abb. 29.8.

Werden die Verschiebungen der Ionen nicht durch ein äußeres elektrisches Feld, sondern durch eine *Gitterschwingung* aus einem der optischen Zweige hervorgerufen, dann ist die Polarisation homogen in genügend dünnen Schichten[34] parallel zu den Wellenfronten. Diese Schichten können wir als Grenzfälle von homogen polarisierten, durch bekannte Entpolarisierungsfaktoren N gekennzeichneten Ellipsoiden auffassen.

Der in Abb. 30.1a für einen kleinen Teil des Kristalls schematisch gezeichnete Bewegungszustand kann sowohl zu einer ebenen *transversal-optischen* Welle mit dem Wellenvektor $\boldsymbol{q}^T$ als auch zu einer ebenen *longitudinal-optischen* Welle mit dem Wellenvektor $\boldsymbol{q}^L$ ge-

[33] Wir schreiben in diesem Modell $\boldsymbol{p}$ statt $\overline{\boldsymbol{p}}$.

[34] Wir haben die Bewegungsgleichungen oben nur für den Grenzfall Wellenvektor $\boldsymbol{q} = 0$ ($\lambda = \infty$) abgeleitet. Die hier angestellten Überlegungen für $\boldsymbol{E}^{\text{lok}}$ gelten auch noch, wenn $\boldsymbol{q} \gtrsim 0$, so daß $\lambda \gg a$ (a = Gitterkonstante) ist. Dann sind die Dicken der hier betrachteten homogen polarisierten Schichten zwar klein gegen die Wellenlänge, aber immer noch groß gegen die Gitterkonstante.

hören. In der transversalen Welle (Abb. 30.1b) sind die Schichten *in* ihrer Ebene polarisiert, d.h. der Entpolarisierungsfaktor ist $N^T = 0$. In der longitudinalen Welle steht $\boldsymbol{P}/V$ senkrecht auf den Schichten, d.h. der Entpolarisierungsfaktor ist $N^L = 1$[35]. Demnach sind aber die von den beiden Wellentypen erzeugten lokalen Felder verschieden. Und zwar ist nach (22.16) mit Tabelle 28.1 sowie (30.6/10/11)

$$\begin{aligned} \boldsymbol{E}_T^{\text{lok}} &= (1/3\,\varepsilon_0)\,\boldsymbol{P}/V \\ &= (1/3\,\varepsilon_0)\,(N/V)\,[q_A\,\boldsymbol{u} + \alpha^{\text{el}}(0)\,\boldsymbol{E}_T^{\text{lok}}], \end{aligned} \tag{30.12'}$$

$$\begin{aligned} \boldsymbol{E}_L^{\text{lok}} &= -\,(2/3\,\varepsilon_0)\,\boldsymbol{P}/V \\ &= -\,(2/3\,\varepsilon_0)\,(N/V)\,[q_A\,\boldsymbol{u} + \alpha^{\text{el}}(0)\,\boldsymbol{E}_L^{\text{lok}}] \end{aligned} \tag{30.12''}$$

woraus

$$\boldsymbol{E}_T^{\text{lok}} = \frac{(N/V)\,q_A\,\boldsymbol{u}}{3\,\varepsilon_0 - (N/V)\,\alpha^{\text{el}}(0)} = B_T\,\boldsymbol{u}, \tag{30.13'}$$

$$\boldsymbol{E}_L^{\text{lok}} = -\,\frac{2(N/V)\,q_A\,\boldsymbol{u}}{3\,\varepsilon_0 + 2(N/V)\,\alpha^{\text{el}}(0)} = B_L\,\boldsymbol{u} \tag{30.13''}$$

folgt[36]. Damit wird die Bewegungsgleichung (30.4) von $\boldsymbol{E}^{\text{lok}}$ befreit. Sie wird zu

$$\mu\ddot{\boldsymbol{u}} + (\beta_0 - q_A\,B_{T,L})\,\boldsymbol{u} = 0 \tag{30.14}$$

oder

$$\mu\ddot{\boldsymbol{u}} + \beta_{T,L}\,\boldsymbol{u} = 0 \tag{30.15}$$

mit

$$\beta_{T,L} = \beta_0 - q_A\,B_{T,L}\,. \tag{30.15'}$$

Wegen der Vorzeichen in (30.13) wird die rücktreibende Kraft β_L durch das lokale Feld verstärkt gegenüber β_T. Man erwartet deshalb $\omega_L > \omega_T$. Aus (30.15/15′) ergeben sich mit dem Ansatz

$$\boldsymbol{u} = \boldsymbol{u}_0\,e^{i(\omega t - \boldsymbol{q}\,\boldsymbol{r})} \tag{30.16}$$

sofort die *Eigenfrequenzen* (Grenzfrequenzen, $\boldsymbol{q} \approx 0$)

$$\omega_{T,L}^2 = \beta_{T,L}/\mu_0 = (\beta_0/\mu_0)\,(1 - q_A\,B_{T,L}/\beta) \tag{30.17}$$

mit den durch (30.13) definierten Konstanten B_T und B_L. Für einen *nicht-ionischen* Vergleichskristall ist $q_A = q_B = 0$ zu setzen, und man erhält, wie es sein muß, für beide Wellen dieselbe Grenzfrequenz

$$\omega_T = \omega_L = (\beta_0/\mu)^{1/2} = \omega_0 \tag{30.18}$$

der „elastischen" Bewegungsgleichung (30.1). Durch die Polarisation werden die Frequenzen geändert und es wird $\omega_L > \omega_T$.

Zur Berechnung von ω_L und ω_T benutzen wir wieder die bequeme Abkürzung (29.9′)

$$(1/3\,\varepsilon_0)\,(N/V)\,\alpha(\omega) = \mathsf{A}(\omega) = \mathsf{A}^{\text{ion}}(\omega) + \mathsf{A}^{\text{el}}(\omega) \tag{30.19}$$

sowie die Clausius-Mossotti-Gleichung (29.8)

$$\mathsf{A}(\omega) = (\varepsilon(\omega) - 1)/(\varepsilon(\omega) + 2) \tag{30.20}$$

und berechnen zunächst deren Wert für die beiden Frequenzen $\omega = 0$ und $\omega = \tilde{\omega}$. Dabei ist $\tilde{\omega}$ eine mittlere Frequenz, die weit oberhalb der ionischen, aber weit unterhalb aller elektronischen Eigenfrequenzen liegen soll[37] (Abb. 30.2), so daß $\omega_{T,L} \ll \tilde{\omega} \ll \omega_r$ ist. Bei beiden Frequenzen ist α und damit A reell (vgl. (29.27)), und zwar ist

$$\mathsf{A}(0) = \mathsf{A}^{\text{ion}}(0) + \mathsf{A}^{\text{el}}(0)\,, \tag{30.22}$$

$$\mathsf{A}(\tilde{\omega}) = \mathsf{A}^{\text{el}}(0) \tag{30.23}$$

[35] Der Kristall und die Wellenfront sind als beliebig groß vorausgesetzt.

[36] Das lokale Feld ist also proportional zur Verschiebung $\boldsymbol{u}$ der Ionen und verschwindet in der Gleichgewichtslage $\boldsymbol{u} = 0$. Auf diesen wichtigen Punkt werden wir noch zurückkommen.

[37] Bei NaCl ist $\tilde{\omega}$ also eine Frequenz im sichtbaren Spektralbereich, in dem der Kristall durchsichtig ist, und fast konstante Brechzahl $n'(\omega) \approx n'(\omega_{\text{NaD}})$ besitzt.

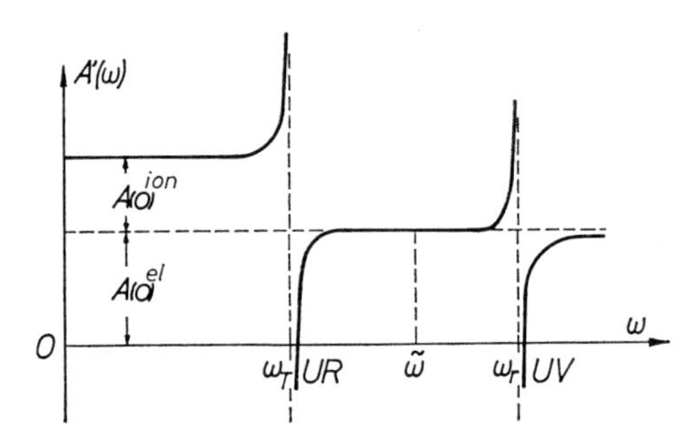

Abb. 30.2. Realteil von $\mathsf{A} = (1/3\,\varepsilon_0)\,(N/V)\,\alpha(\omega)$ in Abhängigkeit von der Frequenz für einen A^+B^--Ionenkristall vom NaCl-Typ. Schematisch für äußerst geringe Dämpfung. ω_T = ultrarote Resonanzfrequenz, ω_r = ultraviolette Resonanzfrequenzen (nur eine gezeichnet), $\tilde{\omega}$ = „optische" Frequenz im Zwischenbereich

(30.23) folgt aus (29.34), und es ist

$$\mathsf{A}^{\mathrm{ion}}(0) = (1/3\,\varepsilon_0)\,(N/V)\,(q_{\mathrm{A}}^2/\beta_0) \tag{30.24}$$

nach (30.9). Mit Hilfe dieser Beziehungen folgen aus (30.17) für die Eigenfrequenzen die einfachen Beziehungen

$$\frac{\omega_T^2}{\omega_0^2} = \frac{1-\mathsf{A}(0)}{1-\mathsf{A}(\tilde{\omega})} = \frac{\varepsilon(\tilde{\omega})+2}{\varepsilon(0)+2} = \frac{\beta_T}{\beta_0} < 1\,, \tag{30.25}$$

$$\frac{\omega_L^2}{\omega_0^2} = \frac{1+2\,\mathsf{A}(0)}{1+2\,\mathsf{A}(\tilde{\omega})} = \frac{\varepsilon(\tilde{\omega})+2}{\varepsilon(0)+2}\cdot\frac{\varepsilon(0)}{\varepsilon(\tilde{\omega})} = \frac{\beta_L}{\beta_0} > 1\,. \tag{30.26}$$

Division dieser Gleichungen gibt die elegante Lyddane-Sachs-Teller-(LST)-Relation

$$\omega_L^2/\omega_T^2 = \varepsilon(0)/\varepsilon(\tilde{\omega}) > 1 \tag{30.27}$$

für das Verhältnis der beiden Eigenfrequenzen.

$\omega_0 = (\beta_0/\mu)^{1/2}$ ist eine rein „elastische" Frequenz. Die elastische Kraftkonstante β_0 kann z.B. aus der Kompressibilität des Kristalls unter allseitigem Druck bestimmt werden (Ziffer 6.2). Dabei wird ein kubischer Kristall mit nur kubischen Gitterplätzen *ähnlich* verformt, es treten keine Verschiebungen $\boldsymbol{u}$ aus den kubischen Gleichgewichtslagen auf, d.h. es ist $\boldsymbol{E}^{\mathrm{lok}} = \boldsymbol{B}\boldsymbol{u} = 0$. Es gibt aus Symmetriegründen nur rein „elastische" Kräfte. Dagegen sind $\omega_T = (\beta_T/\mu)^{1/2}$ und $\omega_L = (\beta_L/\mu)^{1/2}$ durch ein lokales Feld beeinflußt, und zwar verschieden stark. ω_T und ω_L werden durch Neutronenstreuung oder aus der Kombination von spektroskopischen und dielektrischen Messungen bestimmt. Sind z.B. die ultrarote Absorptionsfrequenz ω_T, die statische DK $\varepsilon(0)$ und die optische DK $\varepsilon(\tilde{\omega}) = n^2(\tilde{\omega})$, d.h. die Brechzahl im nicht absorbierten sichtbaren Spektralbereich (etwa bei den NaD-Linien) bekannt, so kann die Frequenz ω_L berechnet werden.

Zum Beispiel ist bei KBr gemessen: elektrisch $\varepsilon(0) = 4{,}78$, optisch $\varepsilon(\tilde{\omega})^{1/2} = n_D = 1{,}559$ und[38] $\omega_T = 2\pi\cdot 3{,}45\cdot 10^{12}\,\mathrm{s}^{-1}$. Also wird

$$\omega_L = 2\pi\cdot 4{,}34\cdot 10^{12}\,\mathrm{s}^{-1} = 1{,}40\,\omega_T\,.$$

In guter Übereinstimmung damit ergibt sich unmittelbar aus unelastischer Neutronenstreuung $\omega_L = 1{,}39\,\omega_T$ (vgl. Abb. 9.16).

Man kann denselben Sachverhalt noch einmal unter einem etwas anschaulicheren Gesichtspunkt diskutieren, indem man mit (22.17) und Tabelle 28.1 das makroskopische innere Feld $\boldsymbol{E}^{\mathrm{int}}$ berechnet. Wegen der kubischen Symmetrie auf allen Gitterplätzen ist

$$\boldsymbol{E}_{T,L}^{\mathrm{int}} = \boldsymbol{E}_{T,L}^{\mathrm{lok}} - (1/3\,\varepsilon_0)\,\boldsymbol{P}/V \tag{30.28}$$

also nach (30.12′/12″)

$$\boldsymbol{E}_T^{\mathrm{int}} = 0\,, \tag{30.29}$$

$$\boldsymbol{E}_L^{\mathrm{int}} = (3/2)\,B_L\,\boldsymbol{u}\,. \tag{30.30}$$

[38] Frequenz maximaler Absorptionskonstante $K = K_{\max}$, aus dem Ultrarot-Reflexionsspektrum berechnet, siehe den Anhang D.

Im transversalen Wellenfeld existiert kein derartiges Feld, wohl aber im longitudinalen Wellenfeld. Es ist parallel zur Wellennormalen gerichtet und hat dieselbe zeitliche und räumliche Periodizität wie die Ionenverschiebung $\boldsymbol{u}$: es ist ein Wechselfeld mit der Frequenz ω_L und der Wellenlänge der longitudinalen Gitterwelle. In der Nähe der Grenzschwingung ($\boldsymbol{q}_L \to 0$, $\lambda_L \to \infty$) ist das Feld also homogen über makroskopische Abstände. Dieses makroskopische Feld verursacht die Frequenzerhöhung $\omega_L - \omega_T$ der longitudinalen gegenüber der transversalen Welle. Es wird erzeugt von den Ladungsdichteänderungen längs der Wellennormalen, während in der Transversalwelle die Ladungsdichte homogen verteilt bleibt (siehe Abb. 30.1).

Das LST-Theorem wurde hier für das spezielle NaCl-Gitter abgeleitet. Es kann aber auch für kompliziertere Ionengitter und auf physikalisch andersartige Fälle von polaren Schwingungen verallgemeinert werden.

30.2. Erzwungene Schwingungen und anomale Dispersion. Polaritonen

Nachdem wir in der vorigen Ziffer die Eigenfrequenzen $\omega_{TO}(0)$ und $\omega_{LO}(0)$[39] der polaren optischen Grenzschwingungen für den NaCl-Gittertyp berechnet haben, untersuchen wir jetzt die erzwungenen Schwingungen dieser Frequenzzweige unter dem Einfluß einer in den Kristall eingestrahlten Lichtwelle einer vorgegebenen Frequenz ω. Wir setzen also eine Welle

$$\boldsymbol{E}^{\text{lok}} = \boldsymbol{E}_0^{\text{lok}}\, e^{i(\omega t - \boldsymbol{k}\boldsymbol{r})}, \tag{30.31}$$

$$\boldsymbol{u} = \boldsymbol{u}_0\, e^{i(\omega t - \boldsymbol{k}\boldsymbol{r})} \tag{30.32}$$

mit vorgegebenem ω an und suchen das Dispersionsgesetz[40] $\omega = \omega(\boldsymbol{k})$. Dafür berechnen wir zunächst die Frequenzabhängigkeit der *Dielektrizitätskonstante*.

Aus der Bewegungsgleichung (30.4) folgt mit (30.32)

$$\boldsymbol{u} = \frac{q_{\text{A}}\,\boldsymbol{E}^{\text{lok}}}{\beta_0 - \mu\,\omega^2} \tag{30.33}$$

hiermit aus (30.3/6/8/11)

$$\boldsymbol{P}/V = \frac{N}{V}\left(\frac{q_{\text{A}}^2/\beta_0}{1 - \omega^2/\omega_0^2} + \alpha^{\text{el}}(0)\right)\boldsymbol{E}^{\text{lok}}, \tag{30.34}$$

weiter mit (30.19/23/24) sowie (29.8a)

$$\mathsf{A}(\omega) = \frac{\mathsf{A}^{\text{ion}}(0)}{1 - \omega^2/\omega_0^2} + \mathsf{A}^{\text{el}}(0) \tag{30.35}$$

und mit (30.19/23) schließlich

$$\mathsf{A}(\omega) = \frac{\omega_0^2\,\mathsf{A}(0) - \omega^2\,\mathsf{A}(\tilde{\omega})}{\omega_0^2 - \omega^2}. \tag{30.36}$$

Jetzt kann man mit der Clausius-Mossotti-Gleichung (29.8) leicht zu den Dielektrizitätskonstanten $\varepsilon(\omega)$, $\varepsilon(0)$, $\varepsilon(\tilde{\omega})$ übergehen. Wenn man noch die „elastische" Frequenz ω_0 mittels (30.25/26) durch ω_T und ω_L ersetzt, erhält man schließlich die frequenzabhängige DK

$$\varepsilon(\omega) = \varepsilon(\tilde{\omega})\,\frac{\omega_L^2 - \omega^2}{\omega_T^2 - \omega^2} = \varepsilon(\tilde{\omega}) + \frac{\varepsilon(0) - \varepsilon(\tilde{\omega})}{1 - \omega^2/\omega_T^2} \tag{30.37}$$

für den Fall ungedämpfter Wellen[41]. Sie ist reell ($\varepsilon'' = 0$) mit einer Nullstelle bei $\omega = \omega_L$ und einer Singularität bei $\omega = \omega_T$:

$$\varepsilon(\omega_L) = 0, \qquad \varepsilon(\omega_T) = \infty. \tag{30.37'}$$

Im Zwischenbereich $\omega_T < \omega < \omega_L$ ist $\varepsilon(\omega)$ negativ, siehe Abb. 30.3.

---

[39] Im folgenden wieder einfach ω_T und ω_L geschrieben.

[40] Wir bezeichnen von jetzt an die Wellenvektoren von Licht- und Gitterwellen, da sie nicht immer getrennt werden können, beide mit $\boldsymbol{k}$.

[41] Wir haben in der Bewegungsgleichung $\gamma = 0$ gesetzt, der Fall mit Dämpfung ($\gamma > 0$) wird anschließend behandelt.

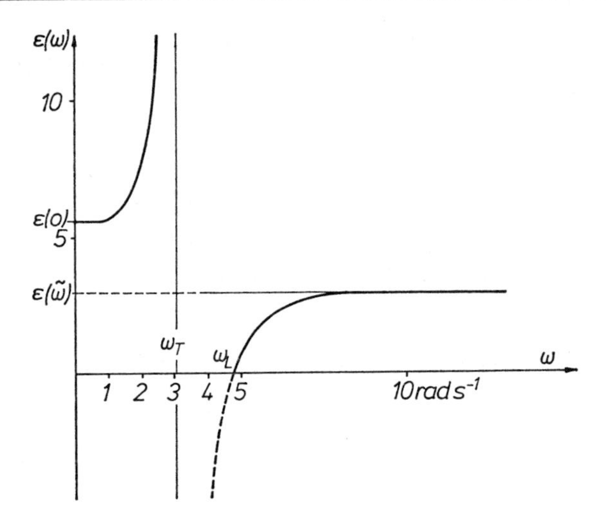

Abb. 30.3. Dielektrizitätskonstante für NaCl, nach (30.37) ohne Dämpfung, also reell berechnet mit den Werten $\varepsilon(0) = 5{,}62$; $\varepsilon(\tilde{\omega}) = 2{,}25$; $\omega_T = 3{,}1 \cdot 10^{13}\,\mathrm{rad\,s^{-1}}$

Von jetzt an müssen wir Longitudinal- und Transversalwellen getrennt behandeln. Da ihre Frequenzen im ultraroten Spektralbereich liegen, können wir uns wegen der Größe der Lichtwellenlänge auf die nächste Umgebung des Zentrums der Brillouinzone, etwa $k \lesssim 10^{-3}\pi/a$ (a = Gitterkonstante), beschränken (vgl. Ziffer 9.1), wo die „elastischen Frequenzen" noch unabhängig von k sind, also $\omega_0(k) \approx \omega_0(0) = \omega_0$ ist.

Die *longitudinale Grenzschwingung* $\omega_{LO}(0)$ und die Wellen des anschließenden *LO*-Zweiges sind nach Ziffern 9.1 und 30.1 ultrarotinaktiv. Weder beeinflussen sie die Lichtwelle noch werden sie von ihr verändert. Die ihnen zugeordneten Teilchen sind reine *LO-Phononen*. In dem interessierenden k-Bereich sind ihre Frequenzen unabhängig[42] von k: $\omega_{LO}(k) = \omega_{LO}(0) = \omega_L$, wie in Abb. 30.4 gezeichnet, die Longitudinalwellen sind dispersionsfrei.

Die *Transversalwellen* dagegen sind nach Ziffer 9.1 sehr stark mit der transversalen Gitterschwingung gekoppelt und zeigen starke Dispersion. Nach Anhang D, (26.27) gilt auf Grund der Maxwell-Gleichungen für Transversalwellen in einem unmagnetischen, isolierenden Dielektrikum universell der Zusammenhang

$$c_0^2 k^2/\omega^2 = \varepsilon(\omega) = n^2(\omega)\,. \tag{30.38}$$

In unserem Fall liefert das die *optischen Konstanten*

$$n^2(\omega) = (n'(\omega) - i n''(\omega))^2 = \varepsilon(\tilde{\omega})\,\frac{\omega_L^2 - \omega^2}{\omega_T^2 - \omega^2} \tag{30.39}$$

und das *Dispersionsgesetz*

$$c_0^2 k^2 = \varepsilon(\tilde{\omega})\,\omega^2\,\frac{\omega_L^2 - \omega^2}{\omega_T^2 - \omega^2}\,. \tag{30.40}$$

Wir diskutieren zuerst die Frequenzabhängigkeit der *optischen Konstanten* an Hand von (30.39/37) und Abb. 30.3. Am interessantesten ist der Frequenzbereich $\omega_T < \omega < \omega_L$, zwischen den beiden Grenzfrequenzen. Hier ist $\varepsilon(\omega)$ negativ, der Brechungsindex also imaginär

$$n' = 0\,, \qquad n = -i n''\,. \tag{30.41}$$

Eine auf die Kristalloberfläche eingestrahlte Welle entartet nach (36), Anhang D, zu einer in einer Oberflächenschicht der Dicke $(n'' k_0)^{-1}$ abklingenden Schwingung, d.h. die Welle kann nicht ein-

[42] Hier ohne Beweis.

dringen: der Zwischenbereich ist für laufende Wellen *verboten*. Tatsächlich wird die eingestrahlte Energie *total reflektiert*: nach (39), Anhang D, ist das *Reflexionsvermögen*

$$R = 1\,. \tag{30.42}$$

Außerhalb des „verbotenen" Frequenzbereiches ist $n = n'$ reell und $R < 1$.

Dies ist die näherungsweise Erklärung für die breite, starke *Reststrahlenbande* der Alkalihalogenidkristalle, vgl. Ziffer 9.1.

Das Modell ist für die Erklärung *aller* optischen Eigenschaften noch zu einfach, da durch die Voraussetzung $\gamma = 0$ jede Dämpfung, d.h. auch jede Absorption von vornherein ausgeschlossen wurde. Diese Vernachlässigung wird weiter unten wieder aufgehoben werden.

Vorher diskutieren wir noch das *Dispersionsgesetz* (30.40) für den ungedämpften Fall.

Das ist eine quadratische Gleichung für ω^2 als Funktion von k^2, d.h. für jedes k gibt es zwei Werte von ω: das Dispersionsgesetz $\omega = \omega(k)$ liefert *zwei Frequenzzweige* über k, siehe die ausgezogene Kurve in Abb. 30.4 und Aufgabe 30.4.

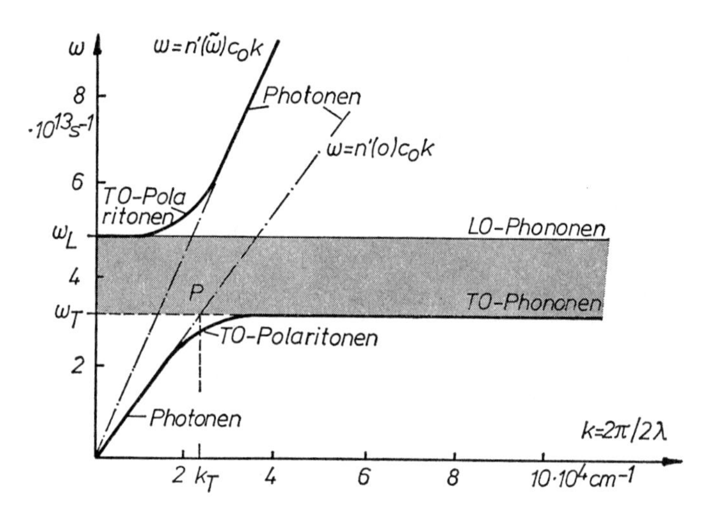

Abb. 30.4. Dispersion für ultrarotes Licht in einem Ionenkristall des NaCl-Typs in der Umgebung der polaren optischen Grenzfrequenzen. Die Quasiteilchen der sich im Kristall ausbreitenden Wellen sind angegeben. Zahlenwerte für NaCl (berechnet mit den DK-Werten aus Abb. 30.3) Schattiert: verbotener Frequenzbereich.

Aufgabe 30.4. Berechne $\omega = \omega(k)$ aus (30.40) und diskutiere den Verlauf von ω über k mathematisch.

Das Dispersionsgesetz (30.40/37) ist physikalisch wie folgt zu interpretieren (Abb. 30.4).

Für die niedrigsten Frequenzen $\omega \ll \omega_T$ ist nach (30.37) $\varepsilon(\omega) \approx \varepsilon(0)$ unabhängig von ω. Das Dispersionsgesetz (30.38) ist hier linear

$$\omega = \varepsilon(0)^{-1/2} c_0\, k = (c_0/n'(0))\, k\,, \tag{30.43}$$

wobei $c_0/n'(0)$ und $k = 2\pi/\lambda$ die Lichtgeschwindigkeit und Wellenzahl in der Substanz sind. Zum statischen Brechungsindex $n'(0)$ liefern Elektronen- und Ionenpolarisation ihre statischen Beiträge. Analog gilt für die hohen Frequenzen $\omega_T \ll \omega \ll \omega_r$ unabhängig von ω nach (30.39) $n(\omega) \approx n(\tilde{\omega}) = \varepsilon(\tilde{\omega})^{1/2}$ und das Dispersionsgesetz ist wieder linear

$$\omega = (c_0/n'(\tilde{\omega}))\,k\,. \tag{30.44}$$

Zu $n'(\tilde{\omega})$ liefert nur noch die Elektronenpolarisation ihren (statischen) Beitrag, die Ionen können diesen hohen Frequenzen nicht mehr folgen. Die Dispersionsgeraden (30.43/44) sind in Abb. 30.4 gestrichelt eingezeichnet.

Solange die *Dispersionskurve* (30.40) sehr nahe an diesen *Grenzgeraden* liegt, werden keine Gitterschwingungen durch die Lichtwelle angeregt, da die beiden Wellenarten bei gleichem k sehr verschiedene Frequenzen ($\omega \neq \omega_T$) haben[44]. Dann gibt es keine Photon-Phonon-Wechselwirkung, die Welle ist rein elektromagnetisch, die ihr zugeordneten Teilchen sind *Photonen*.

Dies gilt in jedem der beiden Frequenzbereiche $\omega \ll \omega_T$ und $\omega \gg \omega_T$ nur für *einen* der beiden Dispersionszweige. Der jeweils andere Zweig liegt dann sehr nahe an einem der beiden ungestörten (horizontalen) Phononenzweige, die Teilchen sind reine *Phononen* (Abb. 30.4 und Aufgabe 30.4).

Im *Resonanzbereich* ($k \approx k_T$ in Abb. 30.4) haben Licht- und Gitterwelle bei gleichem k auch gleiche Frequenz ω, d.h. nach Ziffer 9.1 wird die Gitterwelle durch Absorption von Lichtenergie stark angeregt, strahlt aber gleichzeitig wegen ihrer Polarität Lichtenergie gleicher Frequenz wieder aus[45]. Die sich ausbreitende Welle ist ein Mischzustand aus einer mechanischen und einer elektromagnetischen Transversalwelle und enthält sowohl elektromagnetische wie Schwingungsenergie. Da die Mischung von der Polarisation herrührt, werden die diesem Wellentyp zugeordneten Quasiteilchen als *Polaritonen* bezeichnet. In diesem Wellenzahlbereich geht jeder Dispersionszweig stetig aus einem reinen Photonen- in einen reinen Phononenzweig über.

Im Grenzfall $q_A = q_B = 0$ des nicht-ionischen Gitters würden die beiden Geraden (30.43/44) zusammenfallen, es würde $\omega_L = \omega_T$, und die gekrümmten Kurvenäste würden sich auf einen Punkt P zusammenziehen, den Kreuzungspunkt von nur mehr je einer Dispersionsgeraden für unabhängige Licht- und Gitterwellen. Diese Kreuzung wird infolge der *Photon-Phonon-Wechselwirkung* zwischen transversaler *Licht- und Gitterwelle* vermieden.

Um jetzt noch die bisher vernachlässigte *Absorption* in das Modell einzuführen, muß man die durch ein Dämpfungsglied $\gamma\dot{\boldsymbol{u}}$ ergänzte Bewegungsgleichung (30.4) neu lösen. Wir ersparen uns das durch Rückgriff auf das Ergebnis (29.30″) von Aufgabe 29.4, in der die Rechnung für den Fall *nur einer isolierten* Resonanzfrequenz[46] ω_T durchgeführt wurde. In diesem Fall ist aber $\varepsilon(\tilde{\omega}) \equiv \varepsilon(\infty)$ und (29.30″) für $\gamma = 0$ identisch mit (30.37). Umgekehrt führt Berücksichtigung von Dämpfung in unserem Fall von (30.37) auf die *komplexe DK*

$$\begin{aligned}\varepsilon(\omega) &= \varepsilon(\tilde{\omega}) + \frac{\varepsilon(0) - \varepsilon(\tilde{\omega})}{1 - (\omega/\omega_T)^2 + i(\omega/\omega_T)(\gamma/\omega_T)} \\ &= \varepsilon'(\omega) - i\,\varepsilon''(\omega)\,,\end{aligned} \tag{30.45}$$

die wie es sein muß, für $\gamma = 0$ in (30.37) übergeht. $\varepsilon''(\omega) \neq 0$ liefert eine *Absorptionsbande*[47] mit dem Maximum bei $\omega \approx \omega_T$. Das *Reflexionsvermögen*[47] wird im Zwischenbereich $\omega_T \leqq \omega \leqq \omega_L$ jetzt kleiner als 1 und abhängig von ω, wobei das Maximum der *Reststrahlenbande* deutlich oberhalb von ω_T liegt, mit einem Wert von $R_{\max} < 1$ (Ziffer 9.1).

[44] Die Bedingungen (9.1) und (9.2) können nicht simultan erfüllt werden.

[45] Im Teilchenbild: Kopplung durch Umwandlung von Photonen in *TO*-Phononen und umgekehrt.

[46] Die Bezeichnung ω_T wurde schon dort vorsorglich eingeführt.

[47] Siehe den Anhang D.

Bei den Alkalihalogeniden ist die maximale Absorption so stark, daß nur Schichten, die dünner sind als $(n'' k_0)^{-1}$ noch genügend Licht für eine Absorptionsmessung hindurch lassen (Abb. 30.5, LiF). Man erkennt deutlich das „klassische“ Absorptionsmaximum bei $\omega = \omega_{TO}$ und ein zweites Maximum bei $\omega = \omega_{LO}$. Die *Reststrahl-Reflexionsbande* an einer massiven LiF-Oberfläche füllt den ganzen

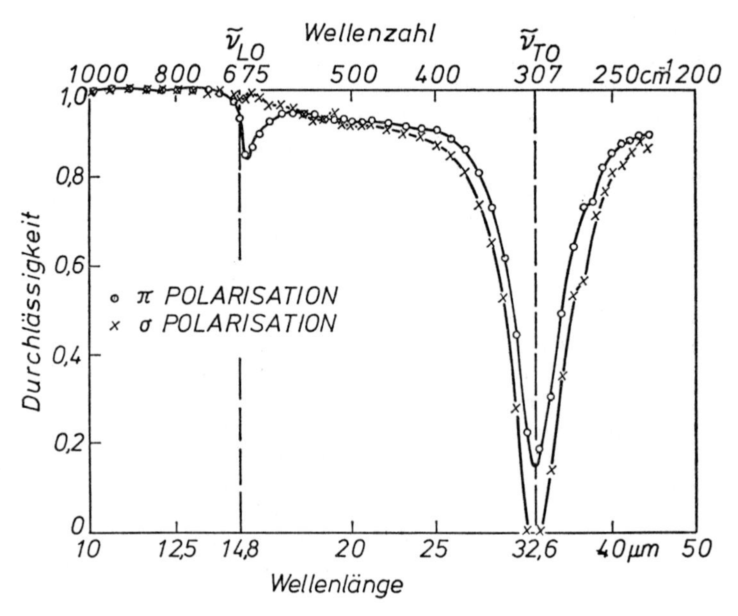

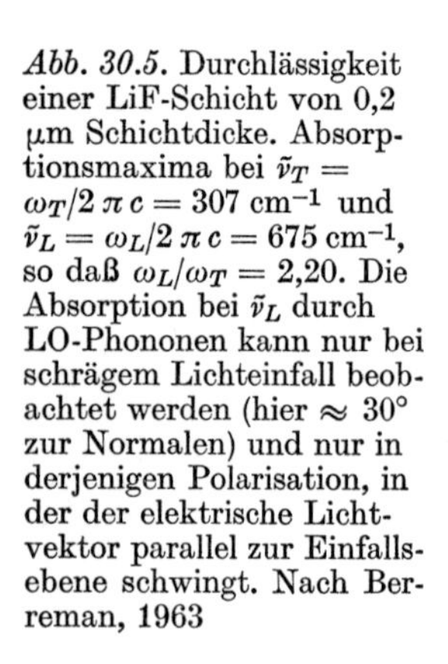

Abb. 30.5. Durchlässigkeit einer LiF-Schicht von 0,2 µm Schichtdicke. Absorptionsmaxima bei $\tilde{\nu}_T = \omega_T/2\pi c = 307\ \mathrm{cm}^{-1}$ und $\tilde{\nu}_L = \omega_L/2\pi c = 675\ \mathrm{cm}^{-1}$, so daß $\omega_L/\omega_T = 2{,}20$. Die Absorption bei $\tilde{\nu}_L$ durch LO-Phononen kann nur bei schrägem Lichteinfall beobachtet werden (hier $\approx 30°$ zur Normalen) und nur in derjenigen Polarisation, in der der elektrische Lichtvektor parallel zur Einfallsebene schwingt. Nach Berreman, 1963

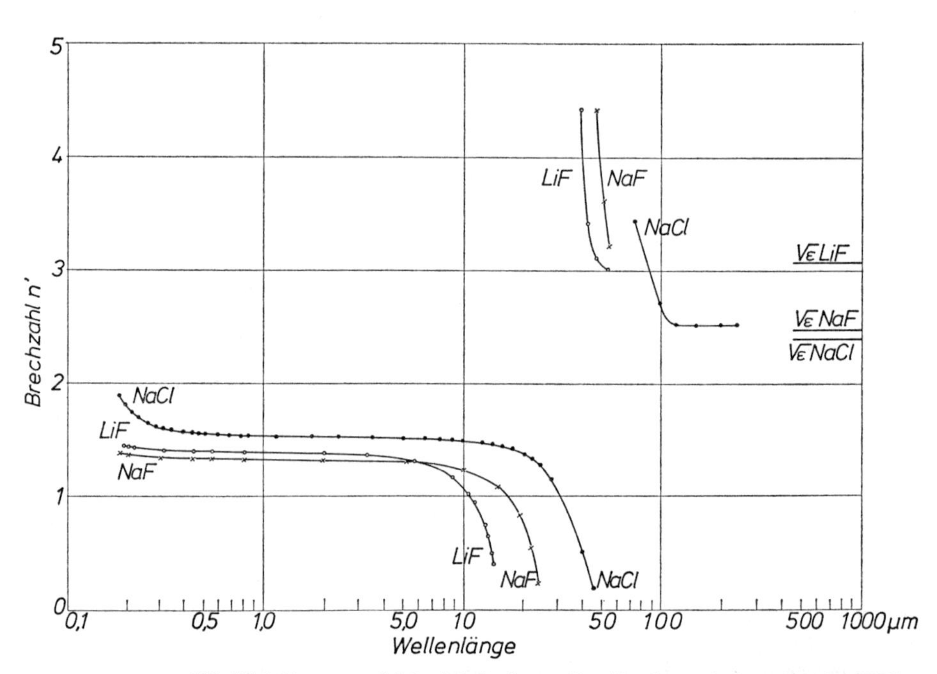

Abb. 30.6. Frequenzabhängigkeit des reellen Brechungsindex $n'(\omega)$ im Wellenlängenbereich vom Beginn der ultravioletten elektronischen bis durch die ultrarote Schwingungsabsorption einiger Alkalihalogenide. Nach Landolt-Börnstein, 6. Aufl., Band II/8, 1962

Bereich zwischen ω_{TO} und ω_{LO} aus und zeigt ebenfalls beide Maxima (Abb. 9.11)[48]. Ein experimentelles Beispiel für die Frequenzabhängigkeit von $n'(\omega)$ in der Nähe von $\omega \approx \omega_T$ gibt Abb. 30.6.

Aufgabe 30.5. Berechne den komplexen Brechungsindex $n(\omega) = n'(\omega) - i\,n''(\omega)$ und die Absorptionskonstante $K(\omega)$ aus (30.45) und diskutiere die Frequenzabhängigkeit von $n'(\omega)$, $K(\omega)$ und $R(\omega)$.
Hinweise: Anhang D, Näherung für schwache Absorption.

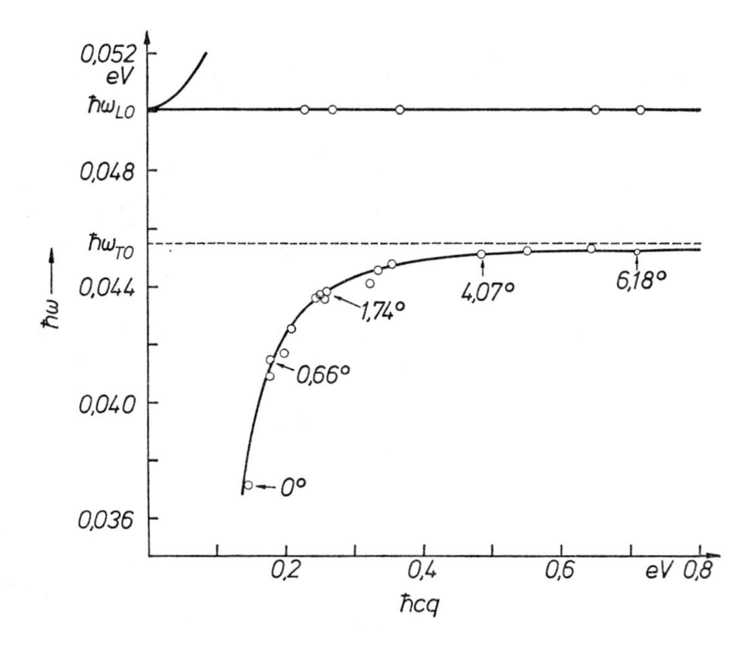

Abb. 30.7. Dispersion der Polaritonen und LO-Phononen von GaP aus dem Raman-Effekt bei Vorwärtsstreuung. Einige Streuwinkel ϑ sind bei den zugehörigen Meßpunkten angegeben. q = Wellenzahl, $\hbar\omega$ = Energie von Polaritonen und Phononen. Die ausgezogenen Kurven sind nach (30.40/37) aus unabhängigen UR- und DK-Messungen berechnet. Nach Henry und Hopfield, 1965

Ein experimentelles Beispiel für die Polaritonendispersion im Resonanzgebiet gibt Abb. 30.7.

Die kubische Struktur von GaP hat kein Inversionszentrum. Deshalb sind die Schwingungen einschließlich des *LO*-Zweiges und des Polaritonenbereiches Raman-aktiv. Allerdings muß das Streuexperiment nach Ziffer 9.3 bei sehr kleinen Streuwinkeln ϑ ausgeführt werden (Vorwärtsstreuung), da der Wellenvektor[49] $\boldsymbol{q}$ im Polaritonenbereich so dicht bei $\boldsymbol{q} = 0$ liegt, daß (9.18) nur ganz nahe bei $\vartheta = 0$ erfüllt werden kann (vgl. auch Abb. 9.17).

---

[48] Es sei daran erinnert, daß ω_{LO} nach Ziffer 9.1 beinahe mit der Kombinationsfrequenz eines Zweiphononenüberganges zusammenfällt. Nur bei NaCl sind neuerdings zwei getrennte Nebenmaxima gemessen worden.

[49] Wir nennen ihn hier wieder $\boldsymbol{q}$ zur Unterscheidung von den Wellenvektoren $\boldsymbol{k}_0$ und $\boldsymbol{k}'$ des eingestrahlten und gestreuten Laserlichts.

31. Spontanpolarisation

Ausnahmslos *alle* Substanzen zeigen elektrische Polarisation nach Anlegen eines äußeren elektrischen Feldes. Dagegen tritt *spontane elektrische Polarisation* nur in *Kristallen* auf, die außerdem ganz speziellen Symmetrieklassen angehören müssen. Diese werden in Ziffer 31.1 bestimmt. Anschließend werden die Phänomene der *Ferro-* und *Antiferroelektrizität* definiert und gegen die Phänomene der *Elektrostriktion*, der *Piezoelektrizität* und der *Pyroelektrizität* abgegrenzt.

31.1. Symmetrie und spontane elektrische Polarisation

Es genügt hier, die Raumgruppe eines Kristalls außer acht zu lassen und nur seine Zugehörigkeit zu einer der 32 Punktsymmetrieklassen zu berücksichtigen.

Elf Punktsymmetrieklassen enthalten ein Inversionszentrum, d.h. Richtung und Gegenrichtung sind immer gleich gebaut. Diese *zentrosymmetrischen* Kristalle können also *keine polaren* Eigenschaften haben. Zum Beispiel wird durch einen Feldvektor $\boldsymbol{E}$ ein Polarisationsvektor $\boldsymbol{P}/V$ erzeugt[50], der sich bei Umkehrung von $\boldsymbol{E}$ ebenfalls umkehrt. Außerdem ist mit der Polarisation $\boldsymbol{P}/V$ eine mechanische Deformation[51] verbunden, die sich, da tensoriell, bei der Umkehrung von $\boldsymbol{P}/V$ *nicht* ändert. Sie kann also nur von geraden Potenzen von $\boldsymbol{P}/V$ und $\boldsymbol{E}$ abhängen und ist bei den experimentell anwendbaren Feldstärken in sehr guter Näherung proportional $\boldsymbol{E}^2$. Dieser Effekt heißt *Elektrostriktion*. Kehrt man ihn um, d.h. erzeugt man dieselbe Deformation durch äußere mechanische Kräfte, so könnte eine etwa erzeugte Polarisation nach dem Vorhergesagten „nicht wissen, welche Richtung sie haben sollte", d.h. sie muß den Betrag Null haben. Mit anderen Worten: die mit der Deformation verbundenen Verschiebungen der Ladungen im Kristall kompensieren sich wegen der Inversionssymmetrie, so daß keine Polarisation und damit auch kein dipolares Feld in der Probe entsteht[52].

Dies ändert sich sofort, wenn ein Inversionszentrum fehlt, d.h. in den restlichen 21 Punktsymmetrieklassen. Diese Klassen haben *eine* oder *mehrere polare Achsen* und zeigen deshalb polare Effekte. Alle (mit einer Ausnahme) sind *piezoelektrisch*, d.h. sie erhalten unter dem Einfluß einer mechanischen Deformation eine elektrische Polarisation.

Die Ausnahme ist die Oktaederklasse O $\equiv$ 432, die kein Inversionszentrum besitzt, wohl aber viele Deckachsen, deren Kombination die Piezoelektrizität verhindert.

Dieser Effekt befolgt nach Ziffer 13 eine *lineare Tensor-Vektor-Beziehung*: Zug ($\triangleq$ Dehnung) und Druck ($\triangleq$ Stauchung) erzeugen Polarisationen in, d.h. elektrische Spannungen über der Probe, mit entgegengesetzter Richtung. Umgekehrt hat Umpolen einer äußeren elektrischen Spannung den Wechsel von Dehnung und Stauchung zur Folge. (Näheres siehe in Ziffer 13, wo die Verschiebungsdichte $\boldsymbol{D}$ anstelle von $\boldsymbol{P}/V$ nach (28.1) zur Beschreibung benutzt wird.)

Unter den 21 nicht zentrosymmetrischen Klassen gibt es *10 polare Klassen*, das sind diejenigen, die *nur eine* polare Achse haben. Man kann leicht einsehen (Aufgabe 31.1), daß nur Kristalle mit einer dieser 10 Symmetrien in der Lage sind, polare makroskopische Effekte zu zeigen, ohne daß sie vektoriellen oder tensoriellen Einwirkungen, also z.B. einem elektrischen Feld oder einer mechanischen Spannung ausgesetzt werden. Insbesondere sind sie bereits

[50] Experimentell: Durch Anlegen einer Spannung an zwei Elektroden auf den Oberflächen einer Kristallplatte.

[51] Wir haben sie bisher vernachlässigt.

[52] Das heißt experimentell: keine Spannung zwischen den Elektroden.

ohne elektrisches Feld, d.h. *spontan* elektrisch polarisiert. Natürlich muß die *Spontanelektrisierung* $\boldsymbol{P}_s/V$ längs der polaren Achse liegen. Gewöhnlich sind die mit dieser Spontanpolarisation verbundenen Ladungen auf der Kristalloberfläche nicht nachzuweisen, da sie mit der Zeit durch Volum- oder Oberflächenleitung kompensiert werden. Ihr Betrag hängt jedoch von der Temperatur ab, so daß bei Temperaturänderungen beobachtbare Ladungen auftreten. Dieser Effekt heißt *Pyroelektrizität*, die polaren Symmetrieklassen heißen deshalb auch *pyroelektrische Klassen*.

Aufgabe 31.1. Suche aus den 32 Punktsymmetrieklassen a) die zentrosymmetrischen, b) die polaren heraus.

Demonstriere, daß bei allen Kristallen mit mehreren polaren Achsen diese so symmetrisch liegen, daß makroskopische polare Phänomene, wie z.B. eine Spontanpolarisation, ausgeschlossen sind.

31.2. Ferroelektrizität

31.2.1. Phänomenologische Beschreibung

Bei manchen polaren (= pyroelektrischen) Kristallen kann die Richtung der spontanen Polarisation durch ein antiparallel zu $\boldsymbol{P}_s/V$ angelegtes genügend starkes elektrisches Feld in die Gegenrichtung umgeklappt werden. Diese Kristalle heißen *ferroelektrisch*. Ein ferroelektrischer Kristall ist also ein pyroelektrischer Kristall mit umklappbarer Polarisation[53]. Die ferroelektrische spontane Polarisation (*Spontanelektrisierung*) $\boldsymbol{P}_s/V$ ist um viele Größenordnungen stärker als die dielektrische Polarisation $\boldsymbol{P}/V$ von nichtferroelektrischen Substanzen. Die Umklappbarkeit von $\boldsymbol{P}_s/V$ zeigt bereits, daß in einem ferroelektrischen Kristall die Spontanpolarisation parallel und antiparallel zur polaren Achse liegen kann und daß es also auch *Domänen* geben muß. Dies wird experimentell dadurch bewiesen, daß die in einem elektrischen Feld gemessene Elektrisierung $\boldsymbol{P}/V$ mit dem inneren Feld in der Probe keineswegs reversibel wie bei dielektrischen Substanzen zusammenhängt, sondern nach einer *Elektrisierungskurve* mit *Hysterese*, wie in Abb. 31.1.

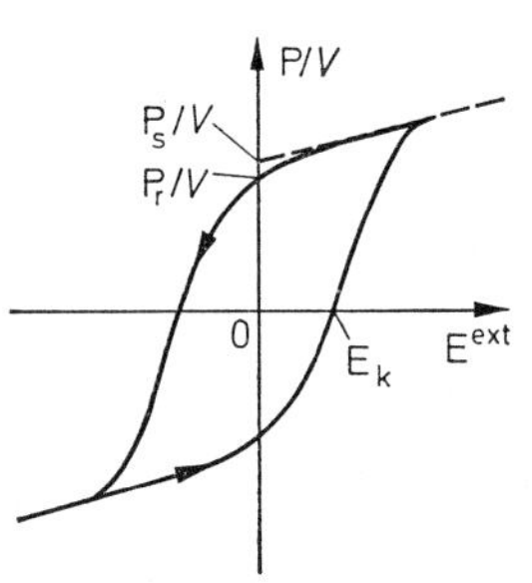

Abb. 31.1. Elektrisierungskurve eines Ferroelektrikums, schematisch. P_s/V = Spontanelektrisierung, P_r/V = Remanenz, E_k = Koerzitivfeld

Eine vorgegebene Substanz ist im allgemeinen nur unterhalb einer sogenannten *Übergangs-* oder *ferroelektrischen Curie-Temperatur* T_C ferroelektrisch, bei der die Spontanelektrisierung zusammenbricht, und oberhalb derer die Substanz sich wie ein unpolarer[54] Kristall verhält. Unterhalb der Curie-Temperatur können weitere elektrische Umwandlungstemperaturen existieren, bei deren Unterschreitung der Kristall in einen anderen Zustand (eine andere Phase) mit anderer Stärke und/oder Richtung der Spontanpolarisation übergeht.

Die hier gegebene phänomenologische makroskopische Beschreibung der Ferroelektrizität steht in Analogie zu der des Ferromagnetismus. Dem entspricht auch die historisch entstandene Bezeich-

[53] Pyroelektrizität ist eine notwendige, aber noch keine hinreichende Voraussetzung für Ferroelektrizität.

[54] Diese Phase wird in Analogie zum Ferromagnetismus oft auch „parelektrisch" genannt, auch wenn keine permanenten elektrischen Dipole existieren (vgl. Kap. G, Anfang).

nungsweise. Es muß aber darauf hingewiesen werden, daß sich diese Analogie nicht auch auf die atomphysikalischen Mechanismen erstreckt, durch die sich eine spontane Polarisation einstellt. Ehe wir jedoch diese diskutieren (Ziffer 21.2.3), wollen wir uns zunächst einen Überblick über die experimentellen Ergebnisse verschaffen.

31.2.2. Experimentelle Ergebnisse

Zur Zeit sind mehr als 600 ferro- und antiferroelektrische Kristalle bekannt, wovon 150 chemisch reine Verbindungen, die übrigen Mischkristalle sind. Tabelle 31.1 gibt Daten für eine Auswahl von typischen Ferroelektrika. Besonders eingehend ist das *Bariumtitanat* $BaTiO_3$ untersucht worden. Abb. 31.2 zeigt die Temperaturabhän-

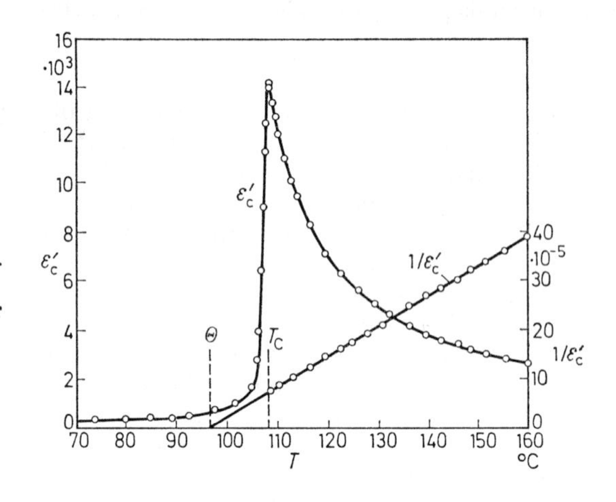

Abb. 31.2. Dielektrizitätskonstante ε' von $BaTiO_3$, gemessen parallel c im Wechselfeld der Frequenz $f = 1$ kHz. Extrem reiner synthetischer Einkristall. $a = b$, c sind die tetragonalen Achsenrichtungen. T_C variiert mit der Qualität der Probe. Mittlere Literaturwerte der Konstanten: $T_C = 128\,°C$, $\Theta = 115\,°C$, $C_\varepsilon = 1{,}5 \cdot 10^5$ K. Aus Landolt-Börnstein, Neue Serie, Band III/3, 1969

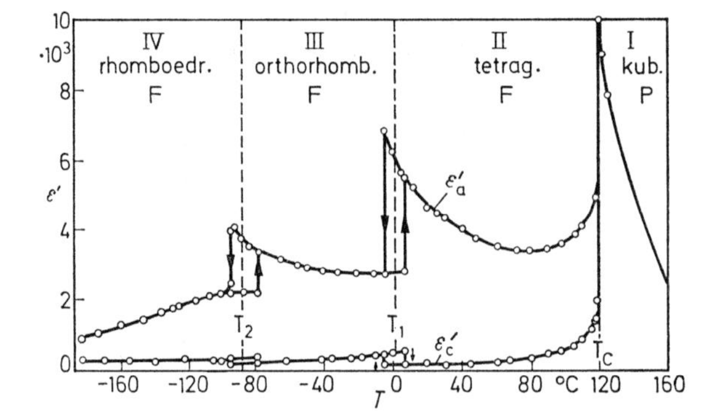

Abb. 31.3. Dielektrizitätskonstante ε von $BaTiO_3$, gemessen in Richtung der a- und c-Achsen der tetragonalen Phase (siehe Abb. 31.5). P = parelektrische, F = ferroelektrische Phase(n). Aus Landolt-Börnstein, Neue Serie Bd. III/3, 1969

gigkeit der Dielektrizitätskonstante mit einem Maximalwert von $\varepsilon' = 14200$ bei der Curie-Temperatur $T_C = 128\,°C$. Im parelektrischen Bereich für $T > T_C$, wo der Kristall kubisch ist, befolgt $\xi(0) = \varepsilon(0) - 1$ und wegen $\varepsilon(0) \gg 1$ auch die statische DK $\varepsilon(0)$ ein *Curie-Weiß-Gesetz*[55] (Argument $\omega \approx 0$ ist weggelassen!)

$$\xi \approx \varepsilon = \frac{C_\varepsilon}{T - \Theta} \tag{31.1}$$

mit der parelektrischen Curie-Konstanten $C_\varepsilon = 1{,}5 \cdot 10^5$ K und der parelektrischen Curie-Temperatur $\Theta = 115\,°C$. Es ist also $\Theta < T_C$. Die sehr hohen Werte von ε' und C_ε sind charakteristisch für den Übergang vom parelektrischen in den ferroelektrischen Zustand[56]. Wie Abb. 31.3 zeigt, geht die ferroelektrische Ordnung bei den Um-

[55] Es gilt für alle Ferroelektrika. Hier ist ein sehr kleiner temperaturunabhängiger additiver Anteil wie üblich vernachlässigt worden.

[56] Diese Tatsache wird bei der theoretischen Interpretation sehr stark benutzt.

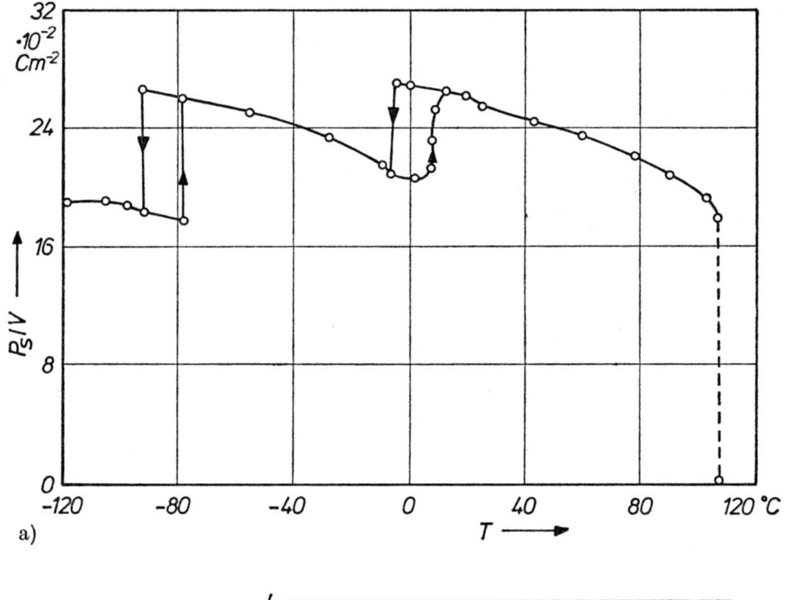

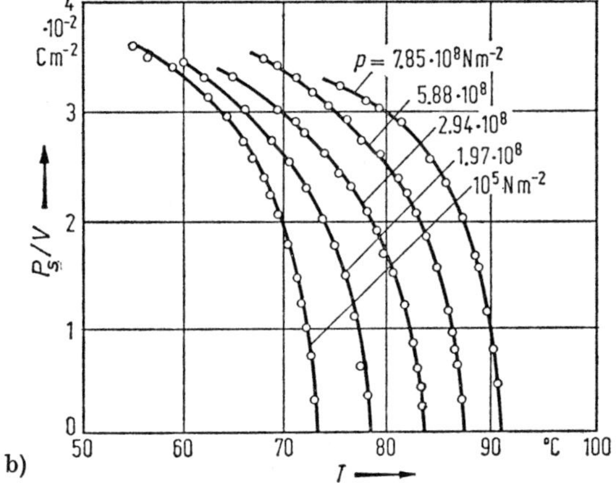

Abb. 31.4. Spontanelektrisierung P_s/V als Funktion der Temperatur. a) $BaTiO_3$: diskontinuierlich bei $T = T_C \approx 110$ °C, Umwandlung 1. Ordnung. b) Triglyzinfluoberyllat: kontinuierlich bei $T = T_C$, Umwandlung 2. Ordnung. T_C wird durch allseitigen äußeren Druck p verschoben. Aus Landolt-Börnstein Neue Serie Bd. III/9, 1975

wandlungstemperaturen $T_1 = 5$ °C und $T_2 = -90$ °C jeweils in einen neuen Ordnungszustand über, der wieder ferroelektrisch ist. Auch bei diesen beiden Umwandlungen wird ein Maximum der DK beobachtet, verbunden mit einer thermischen Hysterese. Diese bedeutet, daß die Umwandlungen eine Art Keimbildung erfordern; deshalb kann man jeweils die Hochtemperaturphase unterkühlen, die Tieftemperaturphase überhitzen, bis die Umwandlung eintritt. — Abb. 31.4a zeigt den Verlauf der Spontanpolarisation $\boldsymbol{P}_s/V$ über der Temperatur. Sie hat in jeder der drei ferroelektrischen Phasen eine andere Größe und Richtung und springt bei den Umwandlungstemperaturen T_1 und T_2 mit einer thermischen Hysterese von einer in die andere um. Beim Unterschreiten der Curie-Temperatur T_C *springt* sie vom Wert null *diskontinuierlich* auf den beträchtlichen Wert $P_s(T_C)/V = 18$ C m^{-2}. Dieser Sprung der Elektrisierung[57] bedeutet, daß es sich hier um eine *Umwandlung 1. Ordnung* handelt. Dagegen geht die Spontanpolarisation von *Triglyzinfluoberyllat* $(NH_2CH_2COOH)_3 \cdot H_2BeF_4$ (Abb. 31.4b) und chemisch ähnlichen Substanzen bei steigender Temperatur *kontinuierlich* gegen den

[57] Allgemein: ein Sprung des *Ordnungsparameters*, der hier durch P_s/V gemessen wird.

Wert $P_s(T_C)/V = 0$. Das kennzeichnet eine *Umwandlung 2. Ordnung*[58]. Da beide Umwandlungstypen vorkommen[59], ist die Ferroelektrizität offenbar ein weniger einheitliches Phänomen als der Ferromagnetismus.

Da in Ionenkristallen die elektrische Polarisation mit einer Verschiebung von Ionen verknüpft ist (Ziffern 28.3 und 29.3) ist zu erwarten, daß sich am Curie-Punkt T_C und an den elektrischen Umwandlungspunkten des $BaTiO_3$ auch die *Kristallstruktur* ändert. Dies ist auch der Fall. Abb. 31.5 zeigt, wie sich die kubische Elementarzelle der parelektrischen Perowskit-Struktur (I) nacheinander

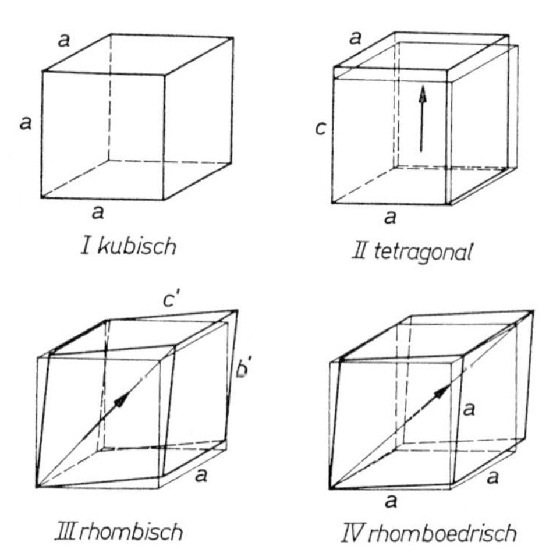

Abb. 31.5. Deformation der kubischen Zelle der Perowskitstruktur beim Übergang des $BaTiO_3$ vom parelektrischen Zustand I in die ferroelektrischen Phasen II, III, IV. Aus Landolt-Börnstein, Neue Serie Bd. III/3, 1969

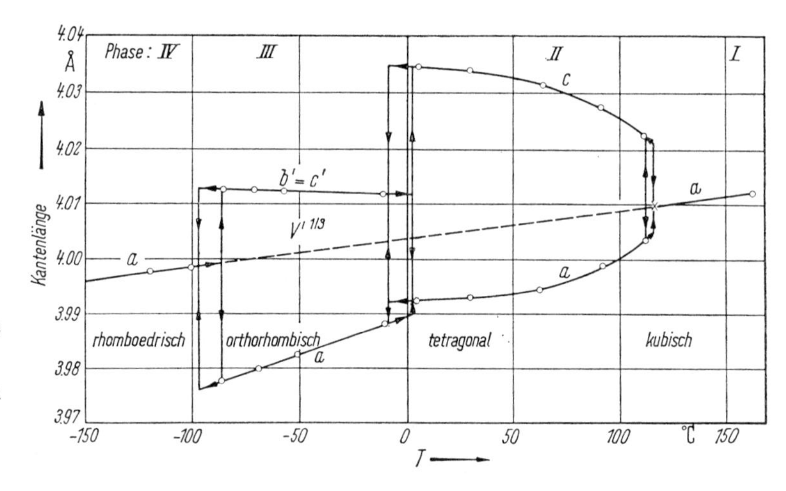

Abb. 31.6. Änderung der Kantenlängen der pseudokubischen Zelle des $BaTiO_3$ an den elektrischen Umwandlungstemperaturen. Bedeutung der Buchstaben siehe Abb. 31.5. Aus Landolt-Börnstein, Neue Serie Bd. III/3, 1969

in die tetragonale (II), orthorhombische (III) und rhomboedrische (IV) Zelle der ferroelektrischen Phasen deformiert, Abb. 31.6 gibt dabei auftretende Änderungen der Zelldimensionen an. Sie bleiben unterhalb 1%, so daß die Zelle pseudokubisch bleibt. In ihr liegt die Spontanpolarisation parallel zur Würfelkante (Phase II), Flächendiagonale (Phase III) und Raumdiagonale (Phase IV), (siehe Abb. 31.5); das ist in jedem Fall die (eine) polare Achse der deformierten Zelle, wie es nach den Symmetriebetrachtungen von Ziffer 31.1 auch sein muß.

---

[58] Wie im magnetischen Vergleichsfall (Ziffer 24.2), jedoch befolgt P_s/V keine Brillouinfunktion.

[59] Es ist nicht sicher, ob nicht auch noch andere Umwandlungstypen vorkommen.

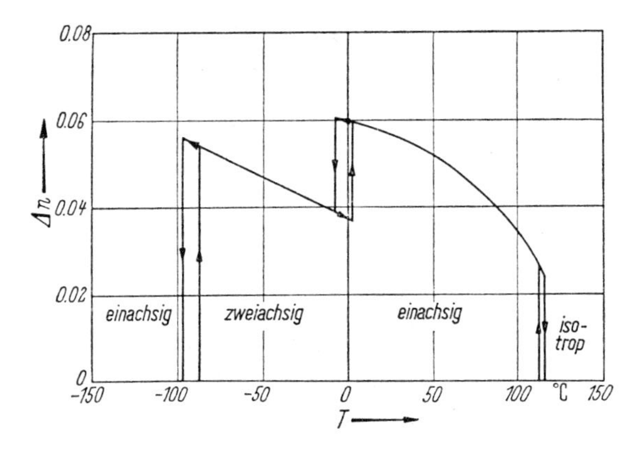

Abb. 31.7. $BaTiO_3$. Doppelbrechung $\Delta n = n_a - n_c$ als Funktion der Temperatur. Aus Landolt-Börnstein, Neue Serie, Bd. III/3, 1969

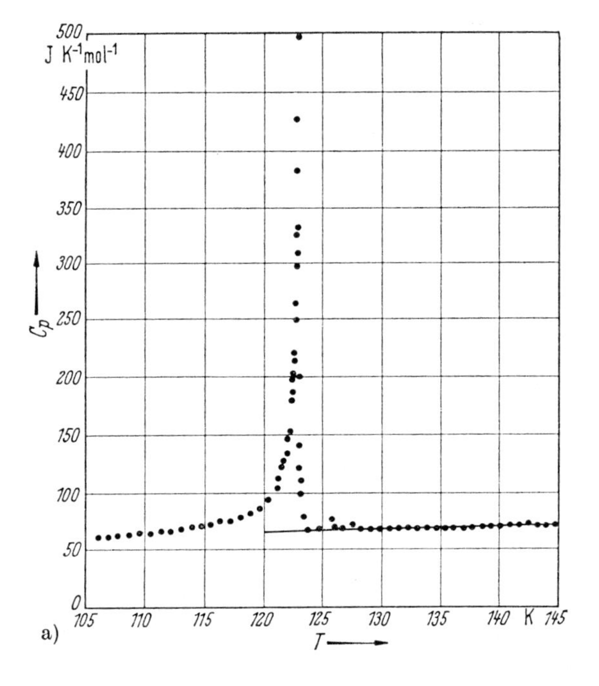

Abb. 31.9. Anomalien der spezifischen Wärme an ferroelektrischen Umwandlungspunkten.
a) KH_2PO_4 (abgek. „KDP"): $C_p(T_C) = \infty$, Umwandlung 1. Ordnung.
b) $(NH_2CH_2COOH)_3 \cdot H_2SeO_4$: $C_p(T_C) = 0{,}55 \cdot 10^3$ cal kg^{-1} K^{-1} endlich, Umwandlung 2. Ordnung.
Aus Landolt-Börnstein, Neue Serie, Band III/3 und Band III/9, 1975

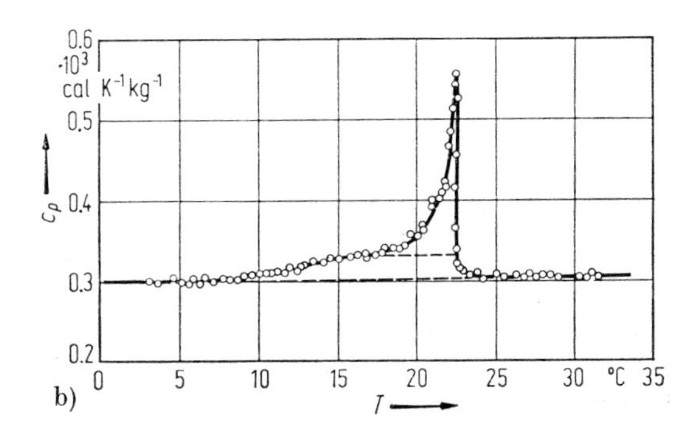

Tabelle 31.1. *Ferroelektrische Substanzen.* Aus Landolt-Börnstein, Neue Serie, Band III/3 und Band III/9

Gruppe	Substanz	Symmetrie $T < T_C$	$T > T_C$	T_C in K	Θ in K	C_ε in 10^3 K	P_s/V in 10^{-2} Cm^{-2}	$\varepsilon(0)$ bei $T = T_C$
1	$NaKC_4H_4O_6 \cdot 4\,H_2O$ [a]	monokl.	orthorh.	297	298	1,5	0,25 [f]	3000
	KH_2PO_4 [b]	orthorh.	tetrag.	123	121,1	3,3	4,7	50000
	KD_2PO_4	orthorh.	tetrag.	215	214,3	3,8	5,5	30 000
	KH_2AsO_4	orthorh.	tetrag.	96,3	92	3,3	$\geqq 5$	60 000
	$Ca_2B_6O_{11} \cdot 5\,H_2O$ [c]		monokl.	266	266	0,5	$> 0{,}65$	$> 10\,000$
	$CH_3NH_3Al(SO_4)_2 \cdot 12\,H_2O$ [d]	monokl.	kub.	169	120	1,2	1,3	50
	$(NH_2CH_2COOH)_3 \cdot H_2SO_4$ [e]	monokl.	monokl.	322,6	322,6	3,56	3,15	4.10^5
2	$NaNO_2$	orthorh.	orthorh.	437	435	4,7	8	
3	$BaTiO_3$	tetrag.	kub.	401 [g]	388 [g]	150	26	14 200
	$PbTiO_3$	tetrag.	kub.	763		110	> 50	9 300
	$KNbO_3$	tetrag.	kub.	708	633	240	30	4 400
4	$LiNbO_3$	trigon.	trigon.	1483			50	$>$ 200
	$YMnO_3$	hexag.	hexag.	913			5,5	
5	HCl	orthorh.	kub.	116,8				17,5
6	GeTe	rhomb.	kub.	673				

[a] NaK-Tartrat (Seignette- oder Rochelle-Satz). [b] K-dihydrogenphosphat, abgekürzt KDP. [c] Colemanit. [d] Methylammoniumaluminium-Alaun. [e] Triglyzinsulfat. [f] Maximalwert zwischen T_C und einem Umwandlungspunkt bei $T_1 = 255$ K. [g] Extrem reiner Kristall, gewöhnlich liegen die Werte $\sim$ 10 K tiefer.

Die Strukturänderungen bei der spontanen Elektrisierung spiegeln sich makroskopisch auch im *optischen Verhalten* wieder: die Kristalle werden doppelbrechend, und an den Umwandlungstemperaturen werden Sprünge der Brechungsindizes beobachtet (Abb. 31.7). An durchsichtigen Kristallen, wie z.B. *Seignettesalz* oder $BaTiO_3$ bietet die Doppelbrechung die Möglichkeit, die *ferroelektrischen Domänen* unter dem Polarisationsmikroskop zwischen gekreuzten Polarisatoren zu beobachten. Abb. 31.8, S. 596 gibt ein Beispiel. Wie immer bei Umwandlungstemperaturen, treten auch an den ferroelektrischen Umwandlungspunkten Anomalien der *spezifischen Wärme* auf (Abb. 31.9). Die Frage, von welcher Ordnung diese Umwandlungen sind, führt unmittelbar auf die Frage nach dem Mechanismus der Umwandlungen, der wir uns jetzt zuwenden.

31.2.3. Mikrophysikalisches Modell

Wie Tabelle 31.1 zeigt, hat der *chemische Aufbau* einer Substanz sehr großen Einfluß auf ihr ferroelektrisches Verhalten. Wir beschränken uns auf den Vergleich der Substanzengruppen 1 und 3.

Gruppe 1 vereinigt Substanzen mit *Wasserstoffatomen* und H-Brückenbindung. Hier ist die Umlagerung von H^+-Ionen (Protonen) wesentlich für die Polarisation[60], was sich schon an dem starken Einfluß des Ersatzes von H^+ durch D^+ zeigt (siehe Tabellen 31.1 und 31.2). Aus Neutronenstreuexperimenten (Ziffer 4.4) ist bekannt, daß die Protonen im parelektrischen Bereich $T > T_C$ statistisch so über mehrere gleichberechtigte mögliche Punktlagen verteilt sind, daß ihr Beitrag zur Polarisation aus Symmetriegründen verschwindet. Im ferroelektrischen Bereich $T < T_C$ besetzen die Protonen bevorzugt eine der möglichen Lagen. Der Übergang para- $\rightarrow$ ferroelektrisch, ist vom *Unordnung-* $\rightarrow$ *Ordnungs-Typ*[61]. Sowohl die Curie-Temperaturen T_C und Θ wie die Curie-Konstanten C_ε und Spontanpolarisationen P_s/V sind deutlich kleiner als bei den Substanzen der Gruppe 3.

[60] Wir diskutieren hier anschaulich nur die ionische Polarisation und vernachlässigen dabei den immer mitgemessenen elektronischen Anteil.

[61] Wie beim magnetischen Vergleichsfall, siehe Ziffer 24.2.

Diese kristallisieren in der einfachen *Perowskit-Struktur* ABO_3. Hier wird die Polarisation durch eine Verschiebung der positiven A^{2+}- und B^{4+}-Untergitter gegen das negative Untergitter der das B^{4+}-Ion oktaedrisch umgebenden O^{2-}-Ionen bewirkt[62]. Diese Verschiebung zeigt Abb. 31.10 für den Übergang von der parelektrischen kubischen Struktur (I) in die ferroelektrische tetragonale Struktur (II). Die Umwandlung para- → ferroelektrisch ist vom sogenannten *Verschiebungstyp*.

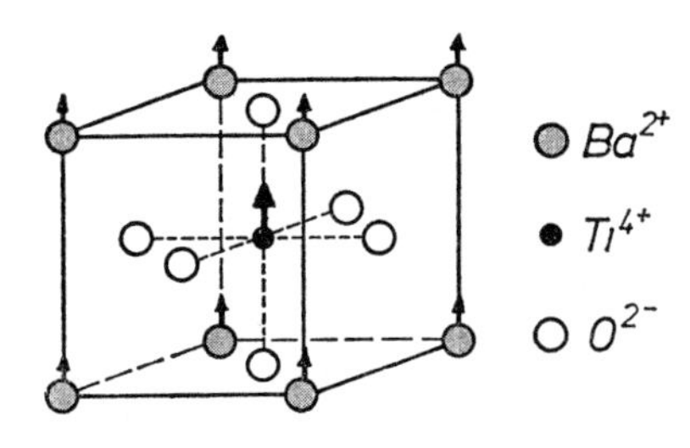

Abb. 31.10. Elementarzelle des kubischen $BaTiO_3$ (Perowskit-Struktur, Phase I). Das zentrale Ti^{4+}-Ion ist umgeben von sechs oktaedrisch angeordneten O^{2-}-Ionen. Die Pfeile geben schematisch die Verschiebungen der Ionen beim Übergang in die tetragonale ferroelektrische Struktur (Phase II) an. Die Zelle erhält spontan ein Dipolmoment parallel $+z$. Ebenso wahrscheinlich wären Deformationen mit einem spontanen Dipolmoment parallel $-z$, $\pm x$, $\pm y$

Bei beiden Umwandlungstypen kann die Spontanpolarisation auf folgende Weise erklärt werden: das durch eine Ionenpolarisation erzeugte lokale Feld wirkt den in die Gleichgewichtslagen zurücktreibenden Gitterkräften entgegen, soll aber in einer ferroelektrischen Substanz *schneller* mit der Verschiebung $\boldsymbol{u}$ der Ionen anwachsen als die lineare Rückstellkraft $\beta \boldsymbol{u}$[63]. Dann kann sich das in der Bewegungsgleichung (29.22) beschriebene Gleichgewicht nicht einstellen. Bildet sich also bei der thermischen Bewegung zufällig eine kleine Polarisation, so müßten diese und die Ionenverschiebung sofort beliebig große Werte annehmen. Diese *Polarisationskatastrophe* wird allerdings durch die nichtlinearen Gitterkräfte verhindert, aber die zufällige Anfangspolarisation wird stabilisiert, solange $T < T_C$ ist.

Andererseits führt derselbe Mechanismus im parelektrischen Bereich $T > T_C$ auch zu sehr starken Verschiebungen in einem von außen angelegten elektrischen Feld, d.h. die statischen Polarisierbarkeiten $\alpha_i^{\text{ion}}(0)$ werden groß. Damit kann aber auch $\varepsilon(0)$ sehr groß werden. Dies nun wird vom Experiment wegen der Gültigkeit des Curie-Weiß-Gesetzes (31.1) bei der parelektrischen Curie-Temperatur $T = \Theta$ auch verlangt. In Kristallen mit nur kubischen Ionenplätzen bedeutet dies wegen (29.9b/9′)

$$\varepsilon = (1 + 2\,\mathsf{A})/(1 - \mathsf{A}) \tag{31.2}$$

die Forderung, daß A hier einem *kritischen Wert*

$$\mathsf{A}(T_C) = (1/3\,\varepsilon_0) \sum_k (N_k/V)\,\alpha_k^{\text{ion}}(0) = +1 \tag{31.3}$$

sehr nahe kommt, und daß A von der Temperatur T abhängen muß. Denkt man sich $\mathsf{A}(T)$ in der Nachbarschaft von Θ entwickelt, so kann nach dem linearen Glied

$$\mathsf{A}(T) = 1 - (3/C_\varepsilon)(T - \Theta) + \cdots \tag{31.4}$$

abgebrochen werden, wenn bereits

$$(3/C_\varepsilon)(T - \Theta) \ll 1 \tag{31.5}$$

ist. Unter dieser Annahme wird, wie verlangt, (31.2) zum Curie-Weiß-Gesetz

$$\varepsilon \approx \frac{3}{(3/C_\varepsilon)(T - \Theta)} = \frac{C_\varepsilon}{T - \Theta}\,. \tag{31.6}$$

[62] Die Größenordnung der Verschiebungen für $BaTiO_3$ ergibt sich aus Abb. 31.6.

[63] Vergleiche das parelektrische Gegenbeispiel am Anfang von Ziffer 29.3.1.

Damit ist das *Curie-Weiß-Gesetz* erklärt bis auf die sogenannte *Curie-Konstante* C_ε. Diese ist charakteristisch für die individuelle Kristallstruktur[64], und ihre Interpretation ist verschieden für die Substanzengruppen 1 und 3, d.h. für die beiden oben genannten Umwandlungstypen. Außerdem ist (hier ohne Beweis) $\Theta < T_C$ bei einer Umwandlung 1. Ordnung und $\Theta = T_C$ bei einer Umwandlung 2. Ordnung. Bei letzterer ist $1/\xi \approx 1/\varepsilon$ beidseitig von $T_C = \Theta$ linear in $T - \Theta$, siehe Abb. 31.11.

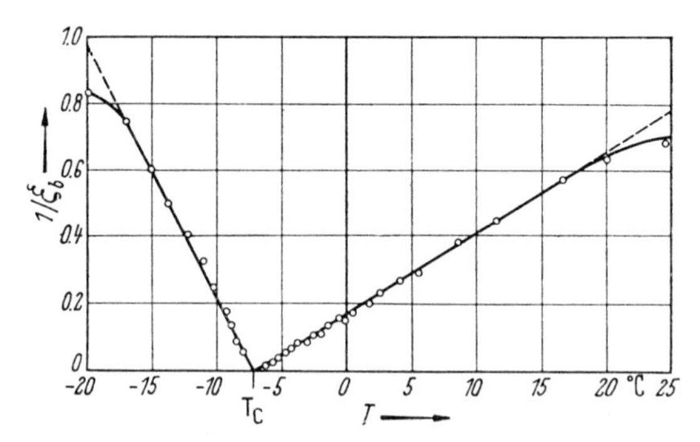

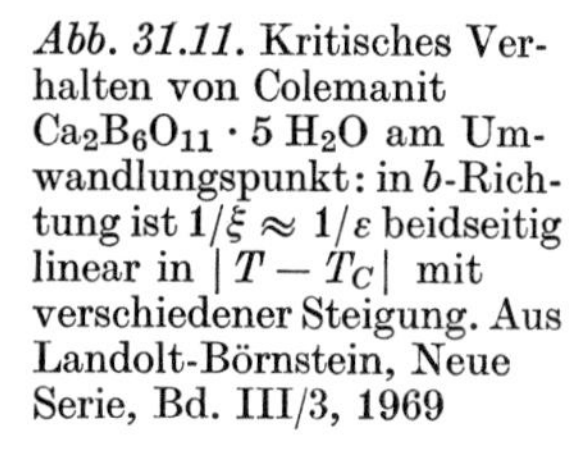

Abb. 31.11. Kritisches Verhalten von Colemanit $Ca_2B_6O_{11} \cdot 5\,H_2O$ am Umwandlungspunkt: in b-Richtung ist $1/\xi \approx 1/\varepsilon$ beidseitig linear in $|T - T_C|$ mit verschiedener Steigung. Aus Landolt-Börnstein, Neue Serie, Bd. III/3, 1969

Der geschilderte Mechanismus der „Aufweichung der Gitterkräfte durch Polarisation" hat folgende interessante Konsequenz für die *Umwandlungen vom Verschiebungstyp*. Hierbei verschieben sich die positiven Untergitter starr gegen die negativen. Dasselbe geschieht bei den polaren optischen Grenzschwingungen des Gitters mit den Grenzfrequenzen $\omega_O(\boldsymbol{q}) = \omega_O(0)$ (O bedeutet die optischen Zweige). Man kann sich also die ferroelektrische Umwandlung als den Grenzfall $\omega_O = 0$ einer sogenannten *weichen Schwingung*[65] vorstellen. Führt man, um die sehr große DK am Umwandlungspunkt zu garantieren, für $T > T_C$ die Temperaturabhängigkeit von $\varepsilon(0)$ nach (31.6) in die Lyddane-Sachs-Teller-Relation (30.27) ein, so erhält man

$$\omega_T^2 = \varepsilon(\tilde{\omega})\,\omega_L^2 \cdot \varepsilon(0)^{-1} = \varepsilon(\tilde{\omega})\,\omega_L^2 \cdot (T - \Theta)/C_\varepsilon . \qquad (31.7)$$

Dabei ist der Faktor $\varepsilon(\tilde{\omega})\,\omega_L^2$ praktisch temperaturunabhängig, d.h. ω_T geht proportional zu $\varepsilon(0)^{-1/2}$ und ω_T^2 proportional zu $T - \Theta$ gegen Null, wenn man sich dem Umwandlungspunkt von höheren Temperaturen her nähert. Dies ist in der Tat beobachtet. Die Abb. 31.12a zeigt die erstgenannte Proportionalität bei Annäherung an den ferroelektrischen Umwandlungspunkt 1. Ordnung $T_C = 113$ K von BiSJ, Abb. 31.12b die letztgenannte bei Annäherung an einen Umwandlungspunkt 2. Ordnung bei $T_0 = 108$ K des $SrTiO_3$. Mit dieser Umwandlung ist jedoch keine Spontanpolarisation verbunden, d.h. Strukturumwandlungen über weiche Schwingungen sind nicht auf ferroelektrische Substanzen beschränkt, sondern ein allgemeineres Phänomen.

Aufgabe 31.2. Berechne für $BaTiO_3$ aus den Verschiebungen der Ionen unterhalb des Curiepunktes den maximalen Wert von P_s/V in der tetragonalen Phase II und vergleiche ihn mit dem beobachteten Wert. Diskutiere das Ergebnis.

Hinweis: Die Änderung der Zelldimensionen aus Abb. 31.6 wird als Verschiebung des positiven Ladungsschwerpunktes gegen den negativen in c-Richtung interpretiert. P_s/V aus Abb. 31.4a.

---

[64] Sie kann nicht immer nach (29.14) auf die Orientierung permanenter Dipole zurückgeführt werden.

[65] Englisch: soft mode.

Aufgabe 31.3. Das Molekularfeld in einem unbegrenzten System von orientierbaren elektrischen Dipolmomenten ist rein dipolar, d. h. es ist identisch mit dem lokalen Feld. Beweise, daß nach der Molekularfeldnäherung flüssiges Wasser bei Zimmertemperatur ferroelektrisch sein müßte, was es nicht ist. Demonstriere so, daß Ferroelektrizität eine individuellere Eigenschaft einer Substanz ist als der Ferromagnetismus. $p = 6{,}1 \cdot 10^{-30}$ Asm, $\varepsilon(0) = 81$ bei Zimmertemperatur.

Hinweis: Ziffer 24.2. Berechne Θ.

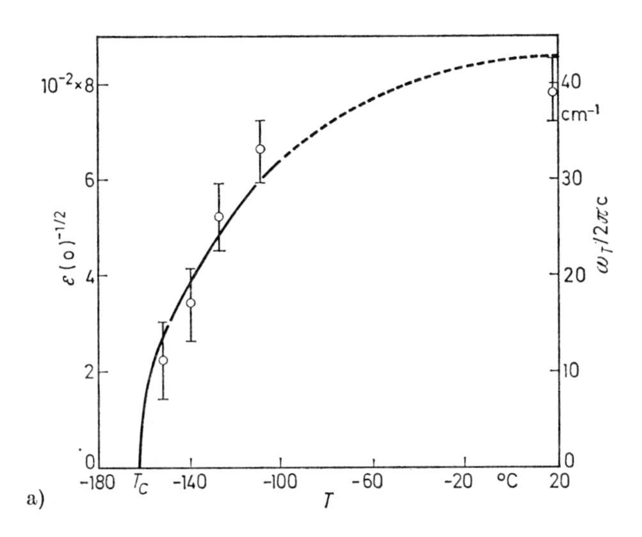

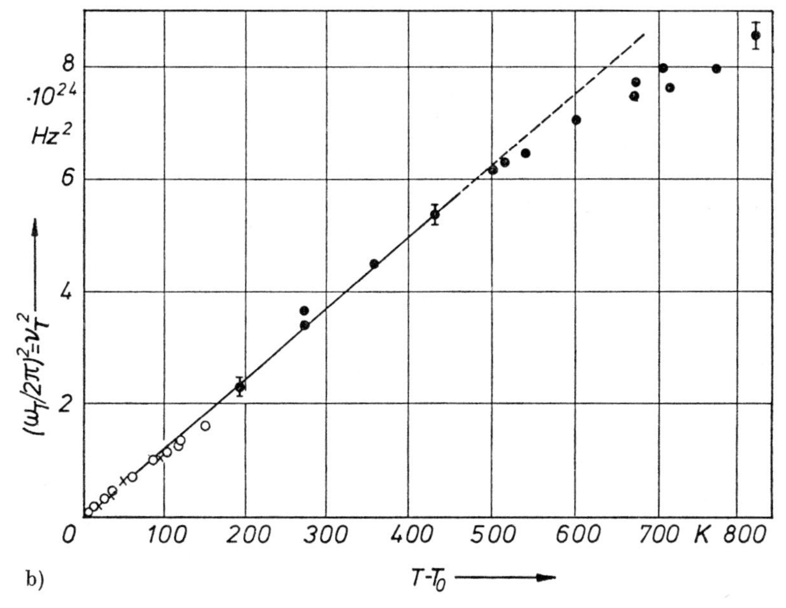

Abb. 31.12. Strukturumwandlung über eine weiche Schwingung. a) Umwandlung 1. Ordnung parelektrisch → ferroelektrisch des BiSJ bei $T_C = 113$ K. Ausgezogene Kurve: $\varepsilon(\nu)^{-1/2} \approx \varepsilon(0)^{-1/2}$ bei $\nu = 10^4\ \mathrm{s}^{-1}$. Meßpunkte: Wellenzahlen der weichen Schwingung aus der Kramers-Kronig-Analyse des UR-Reflexionsspektrums. Anpassung der Ordinatenmaßstäbe, um die gleiche Temperaturabhängigkeit zu demonstrieren. Nach Siapkas, 1974.
b) Umwandlung 2. Ordnung ohne Spontanpolarisation des $SrTiO_3$ bei $T_0 = 108$ K. Aus Landolt-Börnstein, Neue Serie, Bd. III/3, 1969

31.3. Antiferroelektrizität

Der in Abb. 31.13a schematisch dargestellte Ordnungszustand einer Perowskit-Struktur heißt *antiferroelektrisch*. Benachbarte Ketten von Elementarzellen sind immer antiparallel zueinander orientiert (was nicht mit antiparallelen ferroelektrischen Domänen (Abb. 31.13b) verwechselt werden darf, die verschiedene Größen haben können). Es bestehen also zwei antiparallel elektrisierte Untergitter, und die makroskopisch gemessene Spontanpolarisation ist Null.

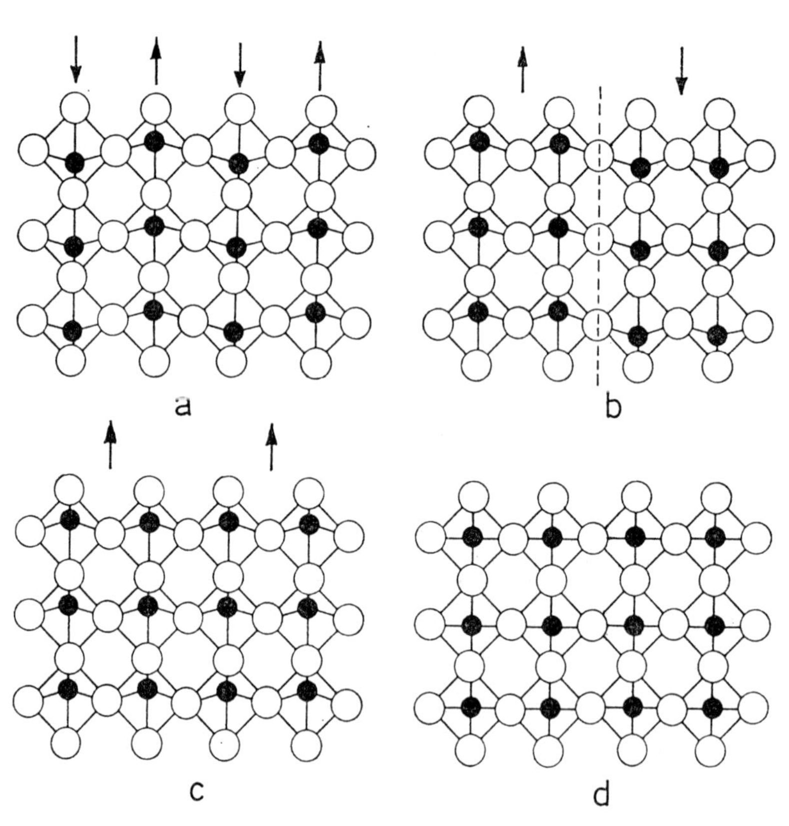

Abb. 31.13. Schematische zweidimensionale Darstellung der möglichen Perowskitstrukturen. Die weißen Kreise repräsentieren das O^{2-}-Untergitter, die schwarzen Kreise die Untergitter mit positiven Ladungen, in guter Näherung also die Lage der Ti^{4+}-Ionen innerhalb der O^{2-}-Oktaeder. Die Größe der Verschiebungen in Pfeilrichtung ist stark übertrieben gezeichnet.
a) $T < T_N$: antiferroelektrische Struktur.
b) $T < T_C$: zwei entgegengesetzt spontan ferroelektrisch polarisierte Domänen.
c) $T < T_C$: alle Domänen in einer Richtung, der ferroelektrische Kristall ist technisch gesättigt.
d) $T > T_C$: kubische parelektrische Struktur. Nach Handbuch der Physik, Band XVII, 1956

Macht man für die elektrische Ordnung nur das Molekularfeld (= lokales Feld) d.h. die dipolare Wechselwirkung (22.1) mit Tabelle 28.1 von Punktdipolen verantwortlich, so hat in einem kubischen Kristall die antiferroelektrische Anordnung der Ketten eine niedrigere Energie als die ferroelektrische Anordnung. Alle Perowskite sollten also antiferroelektrisch, nicht ferroelektrisch ordnen, im Gegensatz zur Erfahrung (Tabellen 31.1/2). Dies zeigt noch einmal, daß die Wechselwirkung von Punktdipolen für die Erklärung der elektrischen Ordnung nicht ausreicht, sondern daß die Gitterkräfte und Gitterdeformationen mit entscheidend sind.

In einem, z.B. parallel zur spontanen Polarisationsachse angelegten, äußeren elektrischen Feld $\boldsymbol{E}$ wird ein antiferroelektrischer Kristall zunächst wie eine gewöhnliche dielektrische Substanz polarisiert, bis bei einer kritischen Feldstärke $\boldsymbol{E}_c$ die antiparallel zum Feld polarisierten Ketten in die energetisch günstigere Richtung umklappen und der Kristall ferroelektrisch (Abb. 31.13c) wird[66]. Aus Symmetriegründen ist dasselbe auch bei Umkehrung der Feldrichtung möglich. Die Elektrisierungskurve hat also den in Abb. 31.14 dargestellten Verlauf mit zwei, den jeweils induzierten ferroelektrischen Zustand anzeigenden Hysteresisschleifen.

[66] In manchen Fällen gibt es günstigere andere Feldrichtungen, in die dann beide Untergitter umklappen. Vergleiche den Spin-Flop in antiferromagnetischen Substanzen, Ziffer 25.1.

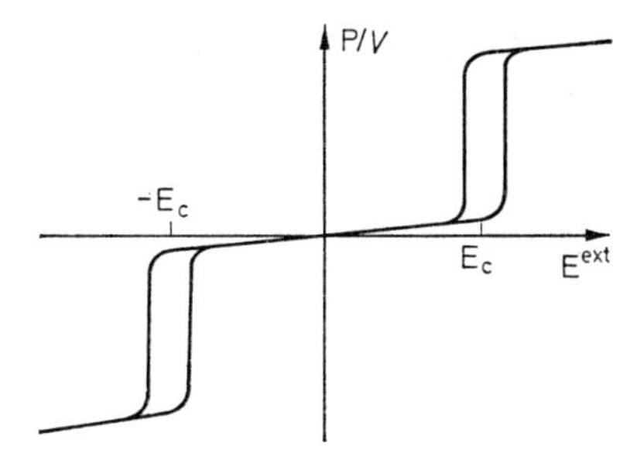

Abb. 31.14. Antiferroelektrische Hystereseschleife. Bei $|\boldsymbol{E}| \geqq E_c$ erfolgt der Umschlag in den induzierten ferroelektrischen Zustand. Schematisch. Aus Landolt-Börnstein, Neue Serie, Band III/3, 1956

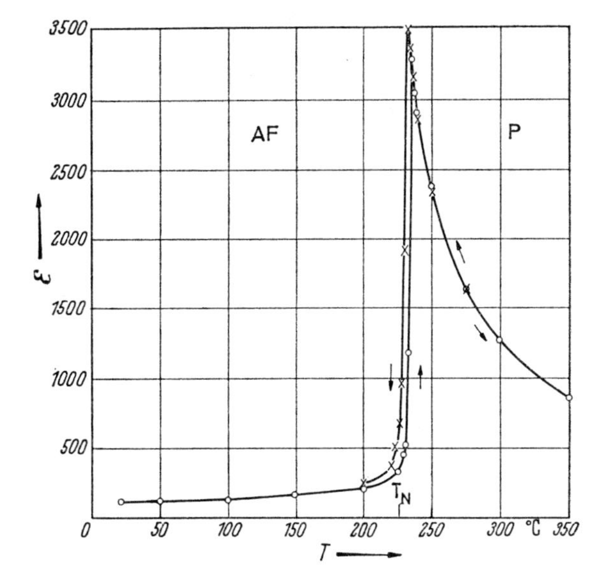

Abb. 31.15. Dielektrizitätskonstante des antiferroelektrischen $PbZrO_3$ in der Nähe des Néelpunktes $T = T_N$ (Perowskitstruktur, Keramik). P = parelektrischer, AF=antiferroelektrischer Bereich. Aus Landolt-Börnstein, Neue Serie, Band III/3, 1969

Ein Beispiel für diese Substanzenklasse ist das $NaNbO_3$, das bei[67] $T_N = 354$ °C aus dem parelektrischen in den antiferroelektrischen Zustand übergeht. Bei Zimmertemperatur genügt eine kritische Feldstärke von $E_c = 10^5\,\mathrm{V\,cm^{-1}}$ zur Erzeugung des induzierten ferroelektrischen Zustandes. Bei $T = -200$ °C wird die antiferroelektrische Ordnung instabil und klappt spontan in die ferroelektrische Ordnung um. Wie Abb. 31.15 am Beispiel des $PbZrO_3$ zeigt, hat die Dielektrizitätskonstante als Funktion der Temperatur am antiferroelektrischen Umwandlungspunkt $T = T_N$ ein Maximum und befolgt ein Curie-Weiß-Gesetz für $T > T_N$. Da dies auch für eine ferroelektrische Substanz bei $T = T_C$ gilt[68] (Abb. 31.2), ist eine $\varepsilon(T)$-Messung nicht ausreichend für die Unterscheidung. Es muß auch eine einfache oder doppelte Hysteresisschleife (die $\varepsilon(E)$-Abhängigkeit) gemessen werden.

In Tabelle 31.2 sind Daten für einige repräsentative antiferroelektrische Substanzen zusammengestellt. Wie die ferroelektrischen gehören auch die antiferroelektrischen Substanzen zu verschiedenen Substanzenklassen mit sehr unterschiedlichen strukturellen und chemischen Eigenschaften.

[67] Wir benutzen hier wie bei den antiferromagnetischen Substanzen das Symbol T_N für die Umwandlungs- oder Néeltemperatur.

[68] Auch die *spezifische Wärme* hat bei beiden Umwandlungen ein Maximum.

Tabelle 31.2. *Antiferroelektrische Substanzen.* Aus Landolt-Börnstein, Neue Serie, Band III/3 und Band III/9

Gruppe	Substanz	Symmetrie $T < T_N$	$T > T_N$	T_N [K]	Θ [K]	C [K]	Bemerkungen
1	$NH_4H_2PO_4$	orthorh.	tetrag.	148	-14	$2{,}67 \cdot 10^3$	„ADP“
	$ND_4D_2PO_4$	orthorh.	tetrag.	242			„D-ADP“
	$NH_4H_2AsO_4$	orthorh.	tetrag.	216			„ADA“
	$ND_4D_2AsO_4$	orthorh.	tetrag.	304			„D-ADA“
	$Cu(COOH)_2 \cdot 4\,H_2O$		monoklin	235,5	115	$3{,}2 \cdot 10^4$	wird bei $T \leqq 17$ K auch antiferromagnetisch
	$Cu(COOH)_2 \cdot 4\,D_2O$		monoklin	245,7			
2	$RbNO_3$	kubisch	tetrag.	492	474,3	$5{,}3 \cdot 10^2$	
3	$NaNbO_3$	ortho-rhomb.	pseudo-tetrag.	627	$333 \cdots 353$	$2 \cdots 4 \cdot 10^5$	wird bei $T = 73$ K auch ferroelektr., weitere SPT bei $T = 835$ K, 913 K
	$PbZrO_3$	orthorh.	kubisch	503		$1{,}36 \cdot 10^5$	
	$PbHfO_3$	pseudo-tetrag.	tetragonal	436		$9{,}5 \cdot 10^4$	
	$Pb(Mg_{1/2}W_{1/2})O_3$	orthorh.	kubisch	311			
4	$Pb_2Nb_2O_7$	rhomboedrisch		15,4	-166	$6{,}26 \cdot 10^4$	
5	Pb_4SiO_6			428	277	10^3	

H. Leitungselektronen: Metalle

40. Das Modell: Übersicht

Der Physik der Metallelektronen wird folgendes Modell zugrundegelegt:

In einem dicht gepackten Metallkristall sind die zwischenatomaren Wechselwirkungen so stark, daß die Metallatome ihre Valenzelektronen verlieren und zu *Ionen* mit einem Elektronenrumpf aus abgeschlossenen Schalen werden[1]. Die Valenzelektronen werden *Leitungselektronen.* Sie können sich an jedem beliebigen Ort $\boldsymbol{r}$ im Gitter, also sowohl zwischen wie in den Ionenrümpfen aufhalten. Jedes Leitungselektron bewegt sich im elektrostatischen Feld aller anderen Teilchen des Gitters; das sind die übrigen Leitungselektronen sowie die Kerne und Elektronen in den Ionenrümpfen.

Wird das Gitter zunächst als ruhend und fehlerfrei vorausgesetzt und werden Spin-Wechselwirkungen vernachlässigt, so genügt das System der Leitungselektronen $i = 1, 2, \ldots$ der *Schrödinger-Gleichung*

$$\mathcal{H}\Psi(\boldsymbol{r}_1, \ldots) = \Big(\sum_i (\boldsymbol{p}_i^2/2m_e) + P(\boldsymbol{r}_1, \ldots)\Big)\Psi(\boldsymbol{r}_1, \ldots) = W\Psi(\boldsymbol{r}_1, \ldots) \tag{40.1}$$

mit

$$P(\boldsymbol{r}_1, \ldots) = \sum_i P^{\text{ion}}(\boldsymbol{r}_i) + \sum_i \sum_{j<i} e^2/4\pi\varepsilon_0 |\boldsymbol{r}_i - \boldsymbol{r}_j| \tag{40.2}$$

$\sum_i (\boldsymbol{p}_i^2/2m_e)$ ist die kinetische, $P(\boldsymbol{r}_1, \ldots)$ die potentielle Energie der Leitungselektronen an den Orten $\boldsymbol{r}_1, \ldots \boldsymbol{r}_i, \boldsymbol{r}_j, \ldots$ Letztere ist nach (40.2) die Energie der Coulomb-Wechselwirkung der Leitungselektronen mit allen Ionen und untereinander.

Die Schrödinger-Gleichung (40.1) ist (auch bei Beschränkung des Kristallvolums auf eine endliche Großperiode) nur in Näherungen lösbar. Daß überhaupt physikalisch vernünftige Näherungen existieren beruht wesentlich darauf, daß sich, vom i-ten Leitungselektron aus gesehen, die positiven und negativen Ladungen aller Kerne und Elektronen im Zeitmittel weitgehend gegenseitig abschirmen, so daß Anziehungs- und Abstoßungskräfte sich kompensieren und das Elektron fast kräftefrei, die potentielle Energie also näherungsweise konstant wird. Dies gilt, solange mit zeitlich gemittelten Potentialen gerechnet werden darf.

Je nach der Art der benutzten Näherung unterscheiden wir folgende *Modelle,* die wir später ausführlich behandeln werden.

a) *Modell der freien Elektronen.* Es wird vollständige Kräftefreiheit vorausgesetzt, die potentielle Energie (40.2) wird eine ortsunabhängige Konstante, die gleich Null gesetzt werden kann:

$$P(\boldsymbol{r}_1, \ldots) = \text{const} \equiv 0\,. \tag{40.3}$$

Mit (40.3) zerfällt (40.1) in die Schrödingergleichungen einzelner (separierter) Elektronen. Diese sind also unabhängig voneinander und physikalisch gleichwertig. Es liegt ein *Eineleklronmodell* vor. Da nur noch die kinetische Energie in (40.1) berücksichtigt wird, ist das Energiespektrum kontinuierlich. In elektromagnetischen Feldern befolgen die Elektronen die klassische Dynamik. Das Gesamtsystem der Leitungselektronen heißt das *Fermi-Sommerfeld-Gas.* In ihm gelten wegen des Elektronenspins das *Pauli-Prinzip* und die *Fermi-Dirac-Statistik.* Mit dieser (gröbsten) Näherung können bereits manche makroskopischen Eigenschaften gut beschrieben werden (Ziffern 42 und 44).

b) *Modell der Kristallelektronen im periodischen Gitterpotential.* Vorausgesetzt wird Kräftefreiheit (konstantes Potential) nur noch näherungsweise zwischen den Ionen, nicht mehr im Innern der Ionenrümpfe (Abb. 41.1). Jedoch sollen die Elektronen noch *unabhängig voneinander* (separiert) sein, d.h. das zweite Glied in (40.2) soll die Summe von lauter gleichen Energien $P^{\text{el}}(\boldsymbol{r}_i)$ der Einzelelektronen sein. Dann wird (40.2) zu der Summe

$$P(\boldsymbol{r}_1, \ldots) = \sum_i (P^{\text{ion}}(\boldsymbol{r}_i) + P^{\text{el}}(\boldsymbol{r}_i)) = \sum_i P(\boldsymbol{r}_i) \tag{40.4}$$

[1] Das ist der Fall der *normalen Metalle,* die nur wenige Valenzelektronen über abgeschlossenen inneren Schalen besitzen, (z. B. Na, Al). Bei *Übergangsmetallen* ist es problematisch, ob die Elektronen der unabgeschlossenen Schale (z.B. $3d$-Elektronen bei Fe) noch mit zu dem Ion oder schon mit zu den Leitungselektronen zählen. Wir behandeln zunächst nur normale Metalle.

aus gleichen Summanden $P(\boldsymbol{r}_i)$. Dieses $P(\boldsymbol{r}_i)$ heißt das *Kristall-* oder *Gitterpotential* für *ein* Leitungselektron. Die Ortsabhängigkeit von $P(\boldsymbol{r}_i)$ kann kaum explizit angeschrieben werden, vor allem nicht für das Innere der Ionenrümpfe (wo $P(\boldsymbol{r}_i)$ deshalb besser durch ein versuchsweise eingeführtes *Pseudo-Potential* ersetzt wird). $P(\boldsymbol{r}_i)$ besitzt die Symmetrie des Kristallgitters. Charakteristisch für dies Modell ist die *Bragg-Reflexion* der Elektronenwellen an den Netzebenen des Gitters und das Auftreten von potentieller Energie in den Energie-Eigenwerten. Das Energiespektrum zerfällt in Energiebänder, die durch verbotene Zonen getrennt sind (*Einelektron-Bändertheorie*). In elektromagnetischen Feldern befolgen die Elektronen eine halbklassische Dynamik: es gelten die klassischen Gleichungen für freie Elektronen, aber mit einer variablen scheinbaren oder effektiven Masse (Ziffer 43.4). Mit diesem Modell können weitere Erscheinungen verstanden werden (Ziffer 43). In der Grenze $P(\boldsymbol{r}_i) \to 0$ ergibt sich wieder Fall a).

c) *Modell der pseudofreien Elektronen.* Dies ist der Spezialfall das Modells b) für ein *sehr schwaches* Kristallpotential. Die Existenz der Bragg-Reflexionen wird mit allen Konsequenzen berücksichtigt. Die potentielle Energie ist klein gegenüber der kinetischen und wird oft vernachlässigt.

d) *Die Elektron-Elektron-Wechselwirkung* hebt die Separierbarkeit der Elektronen auf und ist deshalb die Hauptursache für die Kompliziertheit der Schrödingergleichung (40.1) des Vielelektronensystems. In a), b), c) wird angenommen, daß die über die Elektronenbewegung gemittelte Wechselwirkung zwischen den Leitungselektronen mit zum Gitterpotential für unabhängige Elektronen gerechnet werden darf. In Wirklichkeit sind die Bewegungen der Elektronen infolge der Coulombschen Abstoßung jedoch *korreliert*. In dieser Einführung müssen wir uns auf Hinweise beschränken, wo der Einfluß der Elektron-Elektron-Wechselwirkung wesentlich ist (Ziffer 44.2.4).

e) Grundlage der beschriebenen Modelle ist die *Translationssymmetrie des Idealkristalls*. In einem Idealkristall breiten sich ebene Elektronenwellen ungestört aus. Es gibt keinen elektrischen Widerstand. Für das Verständnis des elektrischen Widerstandes muß noch vorausgesetzt werden, daß die Elektronen(wellen) an Störungen der strengen Periodizität durch Gitterbaufehler und thermische Dichteschwankungen gestreut werden. Die Erweiterung der Modelle durch derartige *Streuprozesse* erfolgt in Ziffer 44.1.

41. Einelektronzustände

41.1. Ein Kristallelektron im eindimensionalen Gitter

41.1.1. Translationssymmetrie und Bloch-Zustände

Wir vernachlässigen die Elektron-Elektron-Wechselwirkung (Ziffer 40.1 d). Die Elektronen sind dann unabhängig voneinander und dürfen getrennt behandelt werden (*Einelektron-Modell*). Zunächst betrachten wir ein Elektron in einem *eindimensionalen*[2a] *Potential*, anschaulich etwa einer metallischen Atomkette mit dem Basisvektor $\boldsymbol{a} = (a, 0, 0)$ parallel zu $\boldsymbol{x}$. Wir verlangen also, daß die Schrödinger-Gleichung die Form

$$\mathscr{H}(x)\,\psi(x) = (p_x^2/2\,m_e + P(x))\,\psi(x) = W\,\psi(x) \tag{41.1}$$

hat und nur von x abhängt. Das elektrostatische Potential $P(x)$ setzt sich aus dem Potential der Metallionen und einem mittleren Potential aller anderen noch vorhandenen Leitungselektronen zusammen, so daß jedes der Leitungselektronen in der Kette derselben

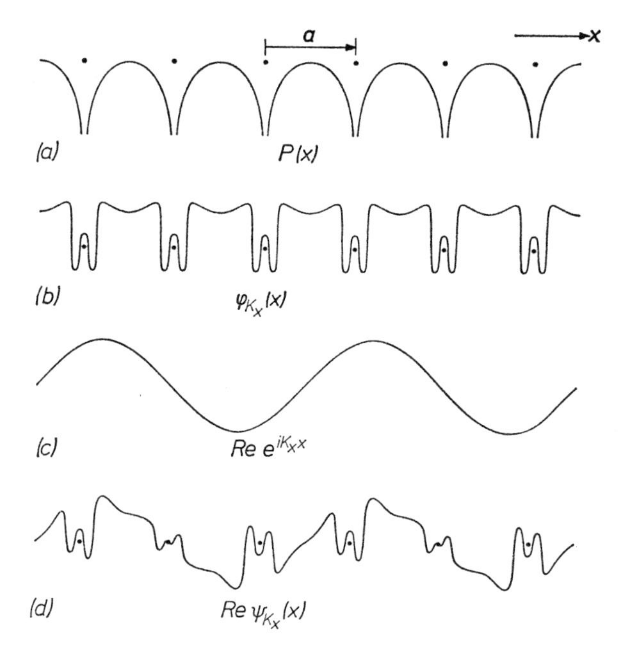

Abb. 41.1. Ein Elektron im periodischen Potential eines „eindimensionalen Gitters". Zwischen den Atomen ist $P(x) \approx$ konstant.
a) Potential $P(x)$ für eine A-Kette (Basis $s = 1$), schematisch.
b) Amplitude $\varphi_{K_x}(x)$.
c) Realteil $\boldsymbol{Re}\; e^{iK_x x}$ des Wellenfaktors.
d) Realteil $\boldsymbol{Re}\; \psi_{K_x}(x)$ eines Blochschen Eigenzustands (Aus Harrison, W. A., Solid State Theory, McGraw-Hill 1970)

Gleichung (41.1) gehorcht. Das Potential habe etwa die in Abb. 41.1 dargestellte Form. Wir benutzen zunächst nur seine Periodizität: es soll sein

$$P(x + a) = P(x)\,. \tag{41.2}$$

Da die kinetische Energie $p_x^2/2\,m_e = -(\hbar^2/2\,m_e)\,\partial^2/\partial x^2$ invariant gegen alle Koordinatenverschiebungen ist, ist mit $P(x)$ auch $\mathscr{H}(x)$ invariant gegen die Symmetrie-Translation: es ist

$$\mathscr{H}(x + a) \equiv \mathscr{H}(x)\,. \tag{41.3}$$

Dann gilt neben (41.1) auch

$$\mathscr{H}(x + a)\,\psi(x + a) = W\,\psi(x + a)\,,$$
$$\mathscr{H}(x)\,\psi(x + a) = W\,\psi(x + a)\,, \tag{41.4}$$

d.h. mit $\psi(x)$ ist auch $\psi(x + a)$ Eigenzustand von $\mathscr{H}(x)$ zum gleichen Eigenwert W.[2] Nach Bloch sind die Eigenzustände ebene Wellen[3]

$$\psi_{K_x}(x) = \varphi_{K_x}(x)\,e^{i\,K_x x} \tag{41.5}$$

[2a] Obwohl es in der Natur nicht vorkommt, müssen wir oft hierauf zurückgreifen.

[2] Vergleiche die allgemeinere Diskussion symmetrischer $\mathscr{H}$-Operatoren unter Ziffer 15.3.

[3] Der Zeitfaktor $e^{-W_{K_x} t/\hbar}$ ist auf beiden Seiten von (41.5) weggelassen, da hier nur die *zeitunabhängige* Schrödingergleichung diskutiert wird.

längs x, wobei K_x die x-Komponente des Wellenvektors $\boldsymbol{K} = (K_x, 0, 0)$ ist. Die Wellenzahl K_x kann zunächst beliebige Werte $K_x \gtreqless 0$ annehmen; wir charakterisieren jeden Blochzustand durch seinen Wert von K_x. Da nach Voraussetzung das auf das Elektron wirkende Potential periodisch mit der Gitterkonstanten a ist, muß dasselbe auch für die Aufenthaltswahrscheinlichkeit $|\psi_{K_x}(x)|^2 = |\varphi_{K_x}(x)|^2$ des Elektrons und deshalb für die Amplitude selbst gelten: es muß sein

$$|\psi_{K_x}(x+a)|^2 = |\psi_{K_x}(x)|^2 \tag{41.6a}$$

und also[4]

$$\varphi_{K_x}(x+a) = \varphi_{K_x}(x), \tag{41.6b}$$

siehe Abb. 41.1. Die Amplituden $\varphi_{K_x}(x)$ hängen vom speziellen Verlauf des Potentials $P(x)$ im Innern einer Zelle ab, während K_x die Phasenverschiebung von Zelle zu Zelle längs x beschreibt. Im Fall $K_x = 0$, d.h. $\lambda = 2\pi/|K_x| = \infty$ ist der Zustand in jeder Zelle derselbe (Phasenverschiebung null).

Führt man die *Symmetrieoperation* $x \to x + a$ durch, so gehen die Zustände ψ_{K_x} wegen (41.6) bis auf Phasenfaktoren in sich über: es ist

$$\psi_{K_x}(x+a) = e^{iK_x a}\varphi_{K_x}(x)\,e^{iK_x x} = C\,\psi_{K_x}(x) \tag{41.7}$$

mit

$$C = e^{iK_x a}, \qquad |C|^2 = 1. \tag{41.8}$$

Sie sind also *translationssymmetrie-einfach*[5].

Für die Klassifikation und Abzählung der Eigenzustände führen wir, wie schon bei den Schwingungen und Spinwellen der Kette (Ziffern 8.2 und 24.3.1), das unendliche Problem durch Einführung periodischer Randbedingungen auf ein endliches Problem zurück. Wir verlangen also Periodizität von ψ mit einer Großperiode der Länge

$$L = Na \tag{41.9}$$

wobei N eine gerade und im allgemeinen große Zahl sein soll. Aus der Forderung

$$\psi_{K_x}(x+L) = \psi_{K_x}(x+Na) = \psi_{K_x}(x) \tag{41.10}$$

folgt völlig analog zu Ziffer 8.2, daß nur Wellenvektoren ($\boldsymbol{g} = 2\pi\boldsymbol{a}/a^2$ = Basisvektor der reziproken Kette)

$$\boldsymbol{K} = h_1\boldsymbol{g}/N, \qquad h_1 = 0, \pm 1, \pm 2, \ldots, \pm\infty \tag{41.11}$$

mit den Komponenten

$$K_x = h_1 2\pi/Na \tag{41.12}$$

vorkommen können und daß der Symmetriefaktor C in (41.8) eine N-te Einheitswurzel ist[6]:

$$C^N = 1. \tag{41.13}$$

Die nach (41.12) erlaubten Zustände haben die Form

$$\psi_{K_x}(x) \equiv \psi_{h_1}(x) = \varphi_{h_1}(x)\,e^{i2\pi h_1 x/L} \tag{41.14}$$

oder vektoriell geschrieben

$$\psi_{\boldsymbol{K}}(\boldsymbol{x}) \equiv \psi_{h_1}(\boldsymbol{x})\,e^{ih_1\boldsymbol{g}\boldsymbol{x}/N}. \tag{41.15}$$

Sie können nach dem Wert von h_1 klassifiziert werden, so daß man h_1 als *Translationssymmetriequantenzahl* auffassen kann[7]. Durch (41.12) wird die Elektronenwellenlänge auf die diskreten Werte

$$\lambda = 2\pi/|K_x| = L/|h_1| = \infty, L, L/2, \ldots, 0 \tag{41.16}$$

beschränkt.

---

[4] Ein etwaiger Phasenfaktor bei $\varphi_{K_x}(x)$ darf gleich 1 gesetzt werden.

[5] Siehe Fußnote [2]

[6] Obwohl C nur N verschiedene Werte annehmen kann, besteht noch kein physikalischer Grund, die Laufzahl h_1 auf nur N Werte zu beschränken. — Die Bezeichnung h_1 ist an die im dreidimensionalen Fall (Ziffer 41.2) gebrauchte angepaßt.

[7] Analog μ bei Drehungssymmetrie, vgl. (15.73) mit (41.7/12).

Wir berechnen jetzt noch die *Verteilung* der vorkommenden Elektronenzustände über die K_x-Skala. Dabei berücksichtigen wir durch einen Faktor 2 die zwei möglichen, durch die Werte $m_s = \pm 1/2$ der magnetischen Spinquantenzahl unterschiedenen Spinzustände, die ein Elektron im gleichen Blochzustand (= Bahnzustand) annehmen kann. Die Anzahl der überhaupt möglichen Elektronenzustände ist also doppelt so groß wie die der Blochzustände. In unserem rein elektrostatischen Modell sind die nur durch das Vorzeichen von m_s unterschiedenen Zustände miteinander $\{\pm m_s\}$-Kramers-entartet.

Die Abzählung der Blochwellen kann von derjenigen der Gitterwellen (Ziffer 8.2) übernommen werden. Hier wie dort handelt es sich nur um die Abzählung der erlaubten Wellenvektoren bei periodischen Randbedingungen und die Benutzung der Invarianz der Wellenenergie gegen Umkehr der Ausbreitungsrichtung, d.h. der Zeit. Tatsächlich entspricht der mit $\hbar$ multiplizierten Phononeninvarianz (8.33′) die Elektroneninvarianz[8] ($K = |K_x| = |\boldsymbol{K}|$)

$$W(K_x) = W(-K_x) = W(K). \tag{41.17}$$

Deshalb gilt (8.36) mit geänderten Buchstaben auch für die Dichte der Blochwellen (= Elektronenbahnzustände)

$$D(W)^{\text{Bahn}} = Na/\pi(dW/dK). \tag{41.17′}$$

Die *Zustandsdichte aller* erlaubten Elektronenzustände (= Spinzustände) ist wegen der beiden möglichen Spinrichtungen doppelt so groß, also gleich

$$D(W) = 2Na/\pi(dW/dK). \tag{41.17″}$$

Zu ihrer Berechnung muß die Energie als Funktion $W = W(K)$ der Wellenzahl bekannt, d.h. die Schrödinger-Gleichung (41.1) für das vorgegebene Potential $P(x)$ gelöst sein. Als Beispiel behandeln wir in der nächsten Ziffer den Grenzfall der *freien Elektronen.*

41.1.2. Energieschema und Zustandsdichte eines freien Elektrons

Im Grenzfall eines kräftefreien Elektrons wird das Potential konstant, d.h. wir können

$$P(x) \equiv 0 \tag{41.18}$$

setzen, und die Schrödinger-Gleichung (41.1) wird die eines Teilchens mit nur kinetischer Energie:

$$-\frac{\hbar^2}{2m_e}\frac{d^2\psi}{dx^2} = W\psi. \tag{41.19}$$

Mit dem Potential wird auch die Wellenamplitude φ_{K_x} konstant, und die Zustände (41.5) haben die Form

$$\psi_{K_x}(x) = \varphi_{K_x}\cdot e^{iK_x x} = L^{-1/2}\cdot e^{iK_x x}, \tag{41.20}$$

wenn wir sie über die Großperiodenlänge $L = Na$ auf 1 normieren. Die Aufenthaltswahrscheinlichkeitsdichte des Elektrons $|\psi_{K_x}(x)|^2 = 1/L$ wird dann an jeder Stelle x gleich groß und umgekehrt proportional zur Großperiodenlänge L; die Aufenthaltswahrscheinlichkeit überhaupt in der Großperiode also gleich 1. Die Zustände liefern mit (41.19) die Eigenwerte

$$W = \hbar^2 K_x^2/2m_e = (\hbar\boldsymbol{K})^2/2m_e = W_{\boldsymbol{K}}, \tag{41.21}$$

d.h. mit (41.11/12)

$$W_{h_1} = h_1^2(2\pi/L)^2(\hbar^2/2m_e) = (h_1\boldsymbol{g}/N)^2(\hbar^2/2m_e). \tag{41.21′}$$

[8] Elektronenwellen, die sich nur durch Richtung und Gegenrichtung unterscheiden, sind $\{\pm\boldsymbol{K}\}$-Kramers-entartet, siehe Ziffer 41.1.2 und Ziffer 43.1.1.

Hier wird explizit demonstriert, daß jeder Eigenwert zweifach Kramers-entartet[9] ist, da

$$W_{\boldsymbol{K}} = W_{-\boldsymbol{K}}, \qquad W_{h_1} = W_{-h_1}. \tag{41.22}$$

Die Eigenwerte liegen über K_x auf einer Parabel und um so dichter, je größer die Großperiode $L = Na$ gewählt wird; in der Grenze $L \to \infty$ gilt (41.21) mit kontinuierlichem K_x, siehe Abb. 41.2a.

Die *Verteilung* der Zustände (und Eigenwerte) über die Energieskala ergibt sich nach (41.17″) durch Differentiation von (41.21). Man erhält die *Zustandsdichte*

$$D(W) = Na(2m_e)^{1/2}(\hbar\pi)^{-1}W^{-1/2}. \tag{41.25}$$

Da letztlich die Zustände abgezählt wurden, ist dabei jede Energie so oft gezählt wie sie entartet ist.

Aufgabe 41.1. Wie groß ist die Energiedifferenz zwischen zwei aufeinander folgenden Eigenwerten (41.21′), wenn man $L = 1$ cm wählt, im Vergleich mit den in makroskopischen Experimenten vorkommenden Energien? Führe den Vergleich a) auf der e-Voltskala, b) auf der Temperaturskala.

41.1.3. Das reduzierte Energieschema

Wir wollen jetzt, wie schon bei den Gitterwellen (vgl. (8.11/12)) und den Spinwellen (vgl. (27.13)) die Wellenvektoren auf die *1. Brillouinzone* (1. BZ) der reziproken Kette beschränken, d.h. die Zahl h_1 in (41.11) auf die N Werte (N = gerade Zahl)

$$h_1 = 0, \pm 1, \pm 2, \ldots, {}_{(}\pm{}_{)} N/2 \tag{41.26}$$

und damit $\boldsymbol{K}$ auf die N Vielfachen von $\boldsymbol{g}/N$

$$\boldsymbol{k} = h_1 \boldsymbol{g}/N = 0, \pm \boldsymbol{g}/N, \pm 2\boldsymbol{g}/N, \ldots, {}_{(}\pm{}_{)} \boldsymbol{g}/2 \tag{41.27}$$

mit

$$\boldsymbol{g} = 2\pi \boldsymbol{a}/a^2. \tag{41.27′}$$

Sie liefern bereits alle N Werte der N-ten Einheitswurzeln C in (41.13), wobei $h_1 = -N/2$ weggelassen werden darf, da $h_1 = \pm N/2$ denselben Wert $C = -1$ liefern. Im Gegensatz zu den Gitterwellen (Phononen) und Spinwellen (Magnonen) liefern diese N $\boldsymbol{K}$-Vektoren bei den Elektronenwellen (Elektronen) aber *nicht* auch *alle* Energien und Eigenzustände.

Der physikalische Grund hierfür ist einfach: Gitter- und Spinwellen sind nur an den diskreten Gitterpunkten definiert und können deshalb nicht „zwischen den Atomen schwingen“. Aus diesem physikalischen Grund bleibt die Wellenlänge oberhalb von $\lambda = 2a$ und der Wellenvektor im Innern der 1. BZ zwischen $-\boldsymbol{g}/2$ und $+\boldsymbol{g}/2$. Die Elektronenwellen sind aber auch *zwischen* den Atomen definiert, und es besteht von vornherein *kein* physikalischer Grund für die Ausschließung von Wellenlängen $\lambda < 2a$, d.h. die Beschränkung von $\boldsymbol{K}$ auf die 1. BZ.

Es muß also geprüft werden, welche Konsequenzen die Beschränkung (41.26) für die Eigenwerte und Eigenzustände der Schrödinger-Gleichung (41.1) hat. Im folgenden bedeutet der Buchstabe $\boldsymbol{k}$ immer einen Wellenvektor in der 1. BZ. Sei also $\boldsymbol{K}$ ein Vektor außerhalb der 1. BZ, wie in Abb. 41.2a, so gibt es wegen der Translationssymmetrie des reziproken Gitters immer einen bestimmten reziproken Gittervektor $l_1\boldsymbol{g}$ ($l_1 = 0, \pm 1, \pm 2, \ldots$ = ganze Zahl) der $\boldsymbol{K}$ auf die 1. BZ reduziert, d.h. dem Vektor $\boldsymbol{K}$ durch Addition einen Vektor $\boldsymbol{k}$ im Inneren der 1. BZ zuordnet:

$$\boldsymbol{k} = \boldsymbol{K} - l_1\boldsymbol{g}, \qquad \boldsymbol{K} = \boldsymbol{k} + l_1\boldsymbol{g}, \tag{41.28}$$

[9] Siehe den Kramersschen Satz unter Ziffer 15.4. Diese Entartung bleibt auch bestehen, wenn $P(x) \neq 0$, siehe Ziffer 43.1.1.

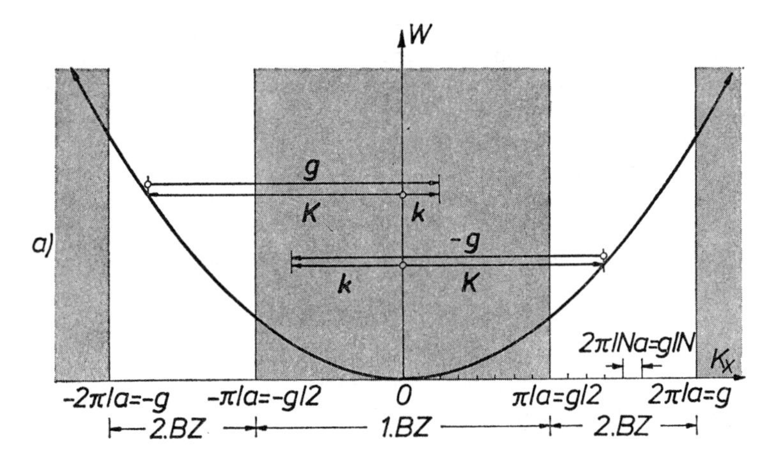

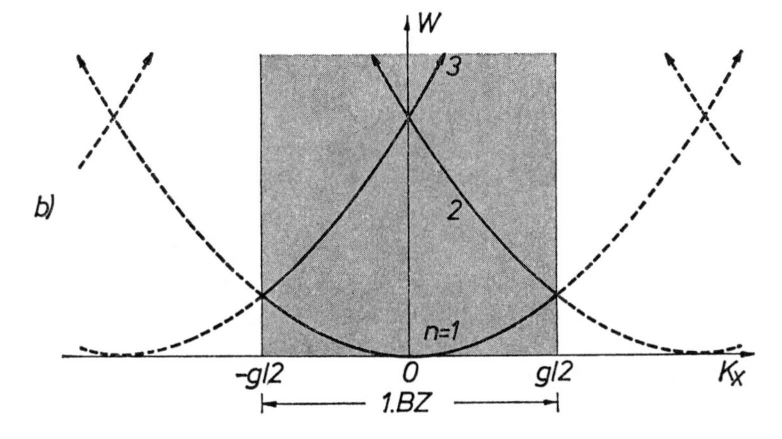

Abb. 41.2. Energie eines freien Elektrons.
a) *Ausgedehntes* oder *Brillouinsches Energieschema* durch mehrere Brillouinzonen (BZ) eines eindimensionalen Gitters. Von jeder Zone liegt die eine Hälfte auf der positiven, die andere Hälfte auf der negativen K_x-Achse. Die erlaubten Wellenzahlen im Abstand $2\pi/Na$ sind eingezeichnet.
b) Ausgezogen gezeichnet: Auf die 1. BZ *reduziertes Energieschema* mit Energiebändern. Das n-te Band entsteht aus Bild a) durch Reduktion der n-ten Brillouinzone mit $\pm [n/2]\,\boldsymbol{g} = l_1\,\boldsymbol{g}$, wobei $[n/2]$ die nächstbenachbarte ganze Zahl $\leqq n/2$ ist. Die Reduktionsvektoren $\pm\,\boldsymbol{g} = l_1\,\boldsymbol{g}$ für das zweite Band sind in Bild a) eingezeichnet. Gestrichelt gezeichnet: das Bild der 1. BZ wird periodisch nach rechts und links wiederholt. Man erhält so das *periodische Energieschema*

$\boldsymbol{k}$ heißt der *reduzierte* Wellenvektor zum *freien* Wellenvektor $\boldsymbol{K}$. Ist speziell $\boldsymbol{K}$ der eine Randpunkt der 1. BZ, so ist $\boldsymbol{k}$ der andere Randpunkt und $l_1 = 1$ oder $l_1 = -1$. In diesem Fall ist $|\boldsymbol{k}| = |\boldsymbol{K}|$, d.h. (41.28) ist die Bedingung (4.16) für *Bragg-Reflexion* der Welle an den Randpunkten („Netzebenen"); Wellen, deren $\boldsymbol{K}$-Vektor *auf dem Zonenrand* liegt, werden *reflektiert.*

Die Reduktion (41.28) *aller* Vektoren $\boldsymbol{K}$ bedeutet geometrisch die Verschiebung der höheren Brillouinzonen über die 1. BZ, siehe Abb. 8.1a und Abb. 41.2b. Da alle BZ gleich groß sind, führt das zu lückenloser Überdeckung. Nun wächst aber die *Energie* eines Elektrons mit wachsendem *freiem* Wellenvektor $\boldsymbol{K}$ über alle Grenzen. Dies gilt, wie wir sehen werden, für Elektronen in einem beliebigen Gitterpotential $P(x)$. Bei der Verschiebung[10] einer höheren BZ muß also die Energiekurve von dort „in die 1. BZ mitgenommen" werden. Das so entstehende *reduzierte Energieschema* ist für den Grenzfall eines *freien* Elektrons in Abb. 41.2b gezeichnet.

Man erhält sogenannte *Energiebänder* übereinander, die in der Mitte oder am Rande der 1. Zone zusammenhängen und mit zunehmender Energie breiter werden. Wenn man den Wellenvektor nach (41.28) auf die erste Brillouinzone reduziert, muß man die Energie in jedem Band als eine andere Funktion $W_{n\boldsymbol{k}}$ des reduzierten Wellenvektors $\boldsymbol{k}$ auffassen. Im Grenzfall *freier* Elektronen z.B. ist nach (41.21) und (41.28)[11]

$$W_{\boldsymbol{K}} = \frac{\hbar^2 \boldsymbol{K}^2}{2\,m_e} = \frac{\hbar^2 (\boldsymbol{k} + l_1\,\boldsymbol{g})^2}{2\,m_e} = W_{n\boldsymbol{k}}\,. \tag{41.29}$$

[10] Oder *Reduktion,* wie auch hier gesagt wird.

Wir werden später zeigen, daß die Energiebänder durch *Lücken* (*verbotene Zonen*) getrennt werden, wenn das Elektron nicht frei ist, sondern sich in einem periodischen Potential von endlicher Stärke bewegt.

Ganz allgemein numeriert man die Bänder von unten nach oben durch eine Laufzahl $n = 1, 2, \ldots$, den Bandindex[11] und schreibt, wie schon im Spezialfall (41.29) getan, $W_{\boldsymbol{K}} = W_{n\boldsymbol{k}}$. Auch die *Zustandsdichten* müssen für jedes Band getrennt als Funktion von k angegeben werden: $D(K) = D_n(k)$, $D(W_{\boldsymbol{K}}) = D_n(W_{n\boldsymbol{k}})$.

Sei nun

$$\psi_{\boldsymbol{K}}(\boldsymbol{x}) = \varphi_{\boldsymbol{K}}(\boldsymbol{x})\, e^{i\boldsymbol{K}\boldsymbol{x}} \tag{41.30}$$

der (vektoriell geschriebene) Blochzustand (41.5) mit dem Wellenvektor $\boldsymbol{K}$ ein *Eigenzustand* von (41.1) zur Energie $W_{\boldsymbol{K}} = W_{n\boldsymbol{k}}$. Durch die Reduktion (41.28) wird er zu

$$\psi_{\boldsymbol{K}}(\boldsymbol{x}) = \varphi_{\boldsymbol{K}}(\boldsymbol{x})\, e^{i l_1 \boldsymbol{g}\boldsymbol{x}}\, e^{i\boldsymbol{k}\boldsymbol{x}}. \tag{41.31}$$

Das ist eine Welle mit dem *reduzierten Wellenvektor* $\boldsymbol{k}$, die wir

$$\psi_{n\boldsymbol{k}}(\boldsymbol{x}) = \varphi_{n\boldsymbol{k}}(\boldsymbol{x})\, e^{i\boldsymbol{k}\boldsymbol{x}} \tag{41.31'}$$

schreiben. Da die *reduzierte Amplitude*

$$\varphi_{n\boldsymbol{k}}(\boldsymbol{x}) = \varphi_{\boldsymbol{K}}(\boldsymbol{x})\, e^{i l_1 \boldsymbol{g}\boldsymbol{x}} \tag{41.32}$$

die Blochsche Periodizitätsforderung

$$\varphi_{n\boldsymbol{k}}(\boldsymbol{x}+\boldsymbol{a}) = \varphi_{\boldsymbol{K}}(\boldsymbol{x}+\boldsymbol{a})\, e^{i l_1 \boldsymbol{g}(\boldsymbol{x}+\boldsymbol{a})} = \varphi_{\boldsymbol{K}}(\boldsymbol{x})\, e^{i l_1 \boldsymbol{g}\boldsymbol{x}} = \varphi_{n\boldsymbol{k}}(\boldsymbol{x}) \tag{41.33}$$

(bei $\varphi_{\boldsymbol{K}}(\boldsymbol{x})$ nach Voraussetzung und bei der Exponentialfunktion nach (41.27')) erfüllt, ist $\psi_{n\boldsymbol{k}}(\boldsymbol{x})$ wieder ein Blochzustand. Wir nennen ihn den in die 1. BZ *reduzierten Zustand* zu $\psi_{\boldsymbol{K}}(\boldsymbol{x})$. Die beiden Zustandsfunktionen sind identisch:

$$\psi_{\boldsymbol{K}}(\boldsymbol{x}) = \psi_{n\boldsymbol{k}}(\boldsymbol{x}). \tag{41.35}$$

Der ganze Unterschied zwischen ihnen besteht nur darin, daß der Faktor $e^{i l_1 \boldsymbol{g}\boldsymbol{x}}$ links in (41.35) zum periodischen Wellenfaktor und rechts zur periodischen Amplitude gerechnet wird. Da beides natürlich erlaubt ist, ist der Wellenvektor eines Blochzustandes überhaupt nur bis auf Vielfache des reziproken Gittervektors $\boldsymbol{g}$ definiert: alle Wellenvektoren

$$\boldsymbol{K} \equiv \boldsymbol{k} (\operatorname{mod} \boldsymbol{g}), \tag{41.36}$$

d.h. alle Vektoren $\boldsymbol{K}$ nach (41.28) mit beliebigen ganzen Zahlen $l_1 = 0, \pm 1, \pm 2, \ldots$ sind in diesem Sinn äquivalent. Durch die Reduktion aller dieser Vektoren auf den einen Repräsentanten $\boldsymbol{k}$ in der 1. BZ wird eine *eindeutige* Angabe des Wellenvektors und der Blochzustände erreicht. Darin liegt die wesentliche Bedeutung der Reduktion.

Die Schrödinger-Gleichung (41.1) zerfällt durch die Reduktion auf die 1. BZ in die Gleichungen

$$\mathscr{H}\,\psi_{n\boldsymbol{k}}(\boldsymbol{x}) = W_{n\boldsymbol{k}}\,\psi_{n\boldsymbol{k}}(\boldsymbol{x}), \qquad n = 1, 2, \ldots \tag{41.37}$$

für die einzelnen Energiebänder. Es ist also möglich, *alle* Eigenzustände und *alle* Energieeigenwerte in den Bändern als Funktion des reduzierten Wellenvektors $\boldsymbol{k}$ über der 1. BZ darzustellen.

Geht man umgekehrt vom reduzierten Energieschema aus und transformiert *innerhalb der einzelnen Bänder* von den reduzierten Wellenvektoren $\boldsymbol{k}$ auf beliebige äquivalente Vektoren $\boldsymbol{k}' = \boldsymbol{k} + l_1' \boldsymbol{g}$,

[11] n ist eine Funktion von, aber nicht identisch mit $|l_1|$, vgl. Abb. 41.2.

so entsteht durch die „Mitnahme der Energien" das *periodisch wiederholte Energieschema*. In der Tat sind die Lösungen von (41.37) für jedes vorgegebene n periodisch im $\boldsymbol{k}$-Raum (vgl. Abb. 41.2 b):

$$W_{n\boldsymbol{k}'} = W_{n\boldsymbol{k}}, \qquad \psi_{n\boldsymbol{k}'}(\boldsymbol{x}) = \psi_{n\boldsymbol{k}}(\boldsymbol{x}). \tag{41.37'}$$

Aufgabe 41.2. Zeige durch Übergang zum Teilchenbild a) über den Impuls $-i\hbar\, d/dx$, b) über die Teilchengeschwindigkeit $v_x = dW/\hbar dK_x$, daß die Energien (41.21) wirklich kinetische Energien sind.

Aufgabe 41.3. Berechne die Zustände, Eigenwerte und Zustandsdichten für den Fall, daß ein freies Elektron in ein Intervall der Länge L „eingesperrt" ist. Es soll also $P(x) = 0$ im Innern, $P(0) = P(L) = \infty$ und damit $\psi(0) = \psi(L) = 0$ am Rand und außerhalb des Intervalls sein.
Hinweis: laufende oder stehende Wellen? Aufenthaltswahrscheinlichkeit?

41.2. Ein Elektron im dreidimensionalen Gitter

41.2.1. Translationssymmetrie und Bloch-Zustände a

Ist (vgl. Ziffer 3.2)

$$\boldsymbol{t} = t_1\boldsymbol{a} + t_2\boldsymbol{b} + t_3\boldsymbol{c}, \qquad t_i = 0, \pm 1, \pm 2, \ldots \tag{41.40}$$

ein beliebiger Translationsvektor in dem von den Basisvektoren $\boldsymbol{a}$, $\boldsymbol{b}$, $\boldsymbol{c}$ aufgespannten ruhenden Raumgitter, so ist das Potential periodisch mit $\boldsymbol{t}$: es ist

$$P(\boldsymbol{r}) = P(\boldsymbol{r} + \boldsymbol{t}) \tag{41.41}$$

und damit auch der Hamilton-Operator

$$\mathcal{H}(\boldsymbol{r}) = \boldsymbol{p}^2/2m_e + P(\boldsymbol{r}) \tag{41.42}$$

eines Elektrons invariant gegen $\boldsymbol{t}$. Es ist also

$$\mathcal{H}(\boldsymbol{r}) = \mathcal{H}(\boldsymbol{r} + \boldsymbol{t}), \tag{41.43}$$

und die Eigenzustände der Schrödinger-Gleichung

$$\mathcal{H}(\boldsymbol{r})\psi(\boldsymbol{r}) = W\psi(\boldsymbol{r}) \tag{41.44}$$

müssen die Symmetriebedingung

$$|\psi(\boldsymbol{r} + \boldsymbol{t})|^2 = |\psi(\boldsymbol{r})|^2, \tag{41.45a}$$

$$\psi(\boldsymbol{r} + \boldsymbol{t}) = C\psi(\boldsymbol{r}), \qquad |C|^2 = 1 \tag{41.45b}$$

erfüllen, falls sie gegenüber der Translation $\boldsymbol{t}$ symmetrieeinfach sind. Dies ist der Fall: die Zustände sind wieder *Blochzustände*, d.h. ebene Wellen der Form[12]

$$\psi_{\boldsymbol{K}}(\boldsymbol{r}) = \varphi_{\boldsymbol{K}}(\boldsymbol{r}) \cdot e^{i\boldsymbol{K}\boldsymbol{r}} \tag{41.46}$$

mit einem zunächst beliebigen Wellenvektor $\boldsymbol{K}$ und einer periodischen Amplitude

$$\varphi_{\boldsymbol{K}}(\boldsymbol{r}) = \varphi_{\boldsymbol{K}}(\boldsymbol{r} + \boldsymbol{t}), \tag{41.47}$$

so daß die Wellen die Symmetrietransformation

$$\psi_{\boldsymbol{K}}(\boldsymbol{r} + \boldsymbol{t}) = e^{i\boldsymbol{K}\boldsymbol{t}}\psi_{\boldsymbol{K}}(\boldsymbol{r}) = C\psi_{\boldsymbol{K}}(\boldsymbol{r}) \tag{41.48}$$

befolgen. Sie sind durch den Wellenvektor $\boldsymbol{K}$ charakterisiert, der die Transformationskonstante $C = e^{i\boldsymbol{K}\boldsymbol{t}}$ bestimmt. Den zu einem Zustand $\psi_{\boldsymbol{K}}(\boldsymbol{r})$ gehörenden Eigenwert von (41.44) bezeichnen wir in Zukunft mit $W_{\boldsymbol{K}}$.

Für die *Abzählung* dieser Zustände führen wir wieder periodische Randbedingungen ein, und zwar längs der drei Kanten $\boldsymbol{L}_1 = N\boldsymbol{a}$, $\boldsymbol{L}_2 = N\boldsymbol{b}$, $\boldsymbol{L}_3 = N\boldsymbol{c}$ (N = große gerade Zahl) einer zur Elementar-

[12] Es ist wieder nur die räumliche Welle angeschrieben, der die zeitliche Periodizität liefernde Faktor $\exp[-i(W_{\boldsymbol{K}}/\hbar)t]$, $W_{\boldsymbol{K}}$ = Energieeigenwert zum Wellenvektor $\boldsymbol{K}$, ist auf beiden Seiten von (41.46) fortgelassen. — Die Analogie zum eindimensionalen Fall (Ziffer 41.1) ist überall ersichtlich, worauf wir gelegentlich zurückgreifen.

zelle ähnlichen Großperiode, d.h. wir verlangen von allen Zuständen die Invarianz

$$\begin{aligned}\psi_{\boldsymbol{K}}(\boldsymbol{r}+N\boldsymbol{a}) &= \psi_{\boldsymbol{K}}(\boldsymbol{r}+N\boldsymbol{b})\\ &= \psi_{\boldsymbol{K}}(\boldsymbol{r}+N\boldsymbol{c}) = \psi_{\boldsymbol{K}}(\boldsymbol{r}). \end{aligned} \tag{41.49}$$

Wie bei den Phononen (Ziffer 8.3) werden dadurch diskrete Eigenvektoren

$$\begin{aligned}\boldsymbol{K} \equiv \boldsymbol{K}_{\boldsymbol{h}} &= (h_1 \boldsymbol{g}_{100} + h_2 \boldsymbol{g}_{010} + h_3 \boldsymbol{g}_{001})/N\\ &= \boldsymbol{g}_{h_1 h_2 h_3}/N = m\,\boldsymbol{g}_{hkl}/N \end{aligned} \tag{41.50}$$

ausgewählt. Durch sie sind die allein vorkommenden Blochzustände

$$\psi_{\boldsymbol{K}}(\boldsymbol{r}) \equiv \psi_{\boldsymbol{h}}(\boldsymbol{r}) = \varphi_{\boldsymbol{h}}(\boldsymbol{r})\, e^{im\,\boldsymbol{g}_{hkl}\,\boldsymbol{r}/N} \tag{41.51}$$

definiert.

Dabei ist die Bezeichnung dieselbe wie in den Ziffern 3.4, 4.1 und 9.2. Der Vektor $\boldsymbol{h}$ ist definiert als $\boldsymbol{h} = (h_1, h_2, h_3) = m(h, k, l)$ mit beliebigen ganzzahligen Komponenten $h_1, h_2, h_3 = 0, \pm 1, \pm 2, \ldots$, aus denen ein gemeinsamer (positiver) Faktor $m > 0$ herausgezogen werden kann. In einem Raumgitter mit Großperioden aus N^3 Einheitszellen können sich also nur solche Blochwellen ausbreiten, deren Wellenvektoren $\boldsymbol{K}_{\boldsymbol{h}}$ gleich einem N-tel von beliebigen Gittervektoren $m\boldsymbol{g}_{hkl}$ im reziproken Gitter sind. Ein zweidimensionales Beispiel[13] gibt Abb. 41.5. Wegen (41.48/51) sind die h_1, h_2, h_3 *Translationssymmetriequantenzahlen.*

Dies benutzen wir gleich für die *Abzählung* der möglichen Zustände. Die Spitzen der nach (41.50) erlaubten $\boldsymbol{K}$-Vektoren $\boldsymbol{K}_{\boldsymbol{h}}$ bilden ein Punktgitter im $\boldsymbol{K}$-Raum, das von den Vektoren $\boldsymbol{g}_{100}/N$, $\boldsymbol{g}_{010}/N$ und $\boldsymbol{g}_{001}/N$ aufgespannt wird. Einem derartigen Vektor steht also der (reziproke) Volumanteil

$$\Delta V_Z^* = N^{-3} V_Z^* = N^{-3} \boldsymbol{g}_{100}(\boldsymbol{g}_{010} \times \boldsymbol{g}_{001}) \tag{41.52}$$

zur Verfügung. Dabei ist

$$\begin{aligned}V_Z^* &= N^3 \Delta V_Z^* = \boldsymbol{g}_{100}(\boldsymbol{g}_{010} \times \boldsymbol{g}_{001})\\ &= (2\pi)^3/\boldsymbol{a}(\boldsymbol{b} \times \boldsymbol{c}) = (2\pi)^3/V_Z \end{aligned} \tag{41.53}$$

das Volum der Einheitszelle im reziproken Gitter, V_Z das Volum der Einheitszelle im Raumgitter.

Uns interessiert die Anzahl $dZ_{\boldsymbol{K}}$ der $\boldsymbol{K}$-Vektoren aller Zustände, deren *Energien* zwischen W und $W + dW$ liegen. Die Spitzen dieser $\boldsymbol{K}$-Vektoren liegen im $\boldsymbol{K}$-Raum in der Flächenschale zwischen den beiden Flächen konstanter Energie[14] $W(\boldsymbol{K}) = W = \text{const}$ und $W(\boldsymbol{K}) = W + dW = \text{const}$. Der senkrechte Abstand $dK_\perp$ zweier solcher Flächen (siehe Abb. 41.3) ist gegeben durch die Beziehung

$$dW = |\operatorname{grad}_{\boldsymbol{K}} W|\, dK_\perp. \tag{41.56}$$

Ist dA^* das Flächenelement der Oberfläche an der Spitze von $\boldsymbol{K}$, so erhält man das Volum der Schale durch Integration über alle Zylinder $dA^* dK_\perp$, und die Anzahl $dZ_{\boldsymbol{K}}$ der darin liegenden $\boldsymbol{K}$-Vektoren nach Division durch ΔV_Z^*. Es ist also

$$dZ_{\boldsymbol{K}} = \frac{1}{\Delta V_Z^*} \int_{A^*} \frac{dA^*\, dW}{|\operatorname{grad}_{\boldsymbol{K}} W|} \tag{41.57}$$

Division durch dW liefert mit (41.52/53) die *Zustandsdichte* $D(W) = dZ/dW = 2\,dZ_{\boldsymbol{K}}/dW$ in der allgemeinen Form

$$D(W) = \frac{dZ}{dW} = \frac{2V}{(2\pi)^3} \int_{A^*} \frac{dA^*}{|\operatorname{grad}_{\boldsymbol{K}} W|}. \tag{41.58}$$

[13] Gezeichnet sind dort nur die innerhalb der 1. BZ endenden Vektoren, alle anderen sind fortgelassen.

[14] Da W im allgemeinen nicht nur vom Betrag, sondern auch von der Richtung von $\boldsymbol{K}$ abhängt, sind die Flächen konstanter Energie im allgemeinen keine Kugeln.

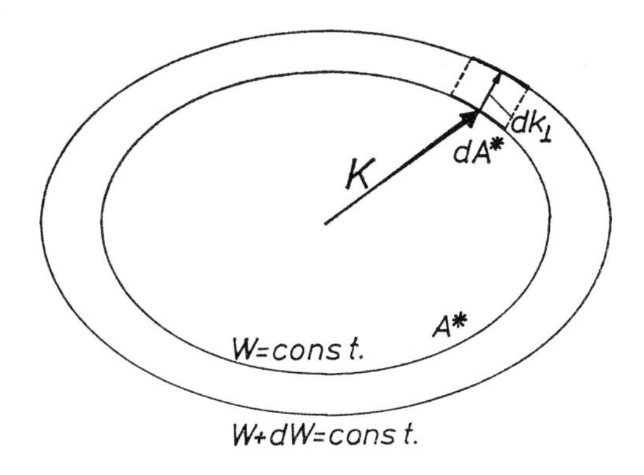

Abb. 41.3. Zur Bestimmung der Zustandsdichte $D(W)$. Schnitt durch zwei benachbarte Flächen konstanter Energie im **K**-Raum. Schematisch

Dabei ist $V = N^3 V_Z$ das Volum der Großperiode im Raumgitter, und der Faktor 2 berücksichtigt die beiden möglichen Spinzustände je Bahnzustand. Das Integral hängt von der Form der Flächen A^* konstanter Energie, d.h. von der Anisotropie der Energie $W(\boldsymbol{K})$ im **K**-Raum ab, und ist a priori nicht bekannt[15].

Nur im *isotropen Grenzfall* läßt sich $D(W)$ leicht angeben. Hier hängt die Energie nur vom Betrag $|\boldsymbol{K}| = K$ ab, und $A^* = 4\pi K^2$ ist die Oberfläche der Kugel mit dem Radius K. Daraus folgt, daß

$$\mathrm{grad}_{\boldsymbol{K}} W = dW/dK \tag{41.59}$$

und konstant über A^* ist, so daß (41.58) zu

$$D(W) = (V/\pi^2)\, K^2/(dW/dK) \tag{41.60}$$

wird. Der isotrope Grenzfall wird z.B. von *freien Elektronen* realisiert, denen wir uns jetzt zuwenden.

Aufgabe 41.4. Beweise die Beziehung (41.53) mit Hilfe von (3.8).

41.2.2. Der Grenzfall des freien Elektrons

Im Grenzfall eines freien Elektrons ist $P(\boldsymbol{r}) \equiv 0$, der Hamilton-Operator ist rein kinetisch, d.h. die *Eigenwerte* haben hier (vgl. (41.21)) die einfache Form

$$W_{\boldsymbol{K}} = \hbar^2 \boldsymbol{K}^2/2m_e = \hbar^2(K_x^2 + K_y^2 + K_z^2)/2m_e \tag{41.61}$$

mit zunächst beliebigem **K**, und in den *Blochzuständen* wird die Amplitude $\varphi_{\boldsymbol{K}}$ unabhängig vom Ort: es ist

$$\psi_{\boldsymbol{K}}(\boldsymbol{r}) = \varphi_{\boldsymbol{K}} \cdot e^{i\boldsymbol{K}\boldsymbol{r}}. \tag{41.62}$$

Diese Zustände sind auch Eigenzustände des Impulsoperators[16] $\boldsymbol{p} = -i\hbar\,\mathrm{grad}_{\boldsymbol{r}} = -i\hbar\nabla$: Wegen

$$\boldsymbol{p}\,\psi_{\boldsymbol{K}}(\boldsymbol{r}) = \hbar\boldsymbol{K}\psi_{\boldsymbol{K}}(\boldsymbol{r}) \tag{41.63}$$

haben freie Elektronen im Zustand $\psi_{\boldsymbol{K}}(\boldsymbol{r})$ den *Impuls* $\hbar\boldsymbol{K} = \langle \boldsymbol{p} \rangle$.

Bei Einführung der *periodischen Randbedingungen* werden die Zustände über das Volum $V = N^3 \boldsymbol{a}(\boldsymbol{b} \times \boldsymbol{c})$ der Großperiode normiert, d.h. es wird

$$\varphi_{\boldsymbol{K}} = V^{-1/2} \tag{41.63'}$$

gesetzt, und **K** kann nur die Werte $\boldsymbol{K}_{\boldsymbol{h}}$ nach (41.50) annehmen. Die Eigenwerte (41.61) sind *explizit* $\{\pm \boldsymbol{h}\}$*-Kramers-entartet*[17], sie sind invariant gegen Zeitumkehr, d.h. Vorzeichenwechsel von **K** und **h**: es ist, mit Index **K** oder **h** geschrieben,

$$W_{-\boldsymbol{K}} = W_{\boldsymbol{K}} = W_{\boldsymbol{h}} = W_{-\boldsymbol{h}}, \tag{41.64}$$

[15] Experimentelle Methoden zur Bestimmung dieser Flächen siehe in Ziffer 43.4.4.

[16] Dies gilt nicht im periodischen Kristallpotential, siehe Aufgabe 41.7 und Ziffer 43.4.

[17] Dies ist eine Kramerssche Bahnentartung; jeder der beiden Bahnzustände ist noch einmal $\{\pm m_s\}$-Kramers-spinentartet. Jedes Energieniveau ist also 4fach Kramers-entartet, solange keine Spin-Bahn-Kopplung und kein äußeres Magnetfeld berücksichtigt sind.

und mit zwei Zuständen $\psi_{\boldsymbol{K}}(\boldsymbol{r})$ und $\psi_{-\boldsymbol{K}}(\boldsymbol{r})$ ist auch jede normierte Linearkombination

$$\psi = a\,\psi_{\boldsymbol{K}} + b\,\psi_{-\boldsymbol{K}}, \qquad |a|^2 + |b^2| = 1 \tag{41.65}$$

Eigenzustand zum gleichen Eigenwert $W_{\boldsymbol{K}}$. Ein Zustand mit $\boldsymbol{K} = 0$ ist natürlich Kramers-einfach.

Aus (41.60) und (41.61) erhält man die *Zustandsdichte*

$$D(W) = (V/2\pi^2)\,(2\,m_e/\hbar^2)^{3/2}\,W^{1/2}, \tag{41.66}$$

siehe Abb. 41.4. Sie ist proportional zu $W^{1/2}$ und wächst proportional V, da die erlaubten $\boldsymbol{K}$-Vektoren nach (41.50) um so enger zusammenrücken, je größer die Großperiode V gewählt wird[18].

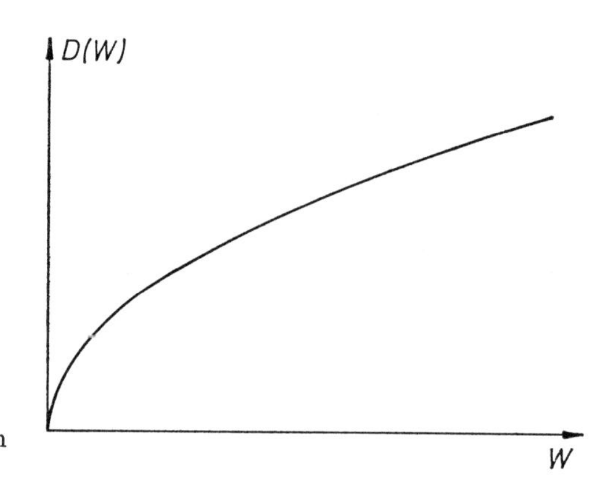

Abb. 41.4. Zustandsdichte $D(W)$ der Einelektronzustände freier Elektronen im dreidimensionalen Gitter.

Umrechnung auf die K-Skala (für spätere Zwecke) liefert mit (41.61)

$$D(K) = D(W)\,dW/dK = (V/\pi^2)\,K^2. \tag{41.67}$$

Aufgabe 41.7. Zeige, daß die Zustände (41.46) von Kristallelektronen nicht auch Eigenzustände des Impulsoperators $\boldsymbol{p} = -\,i\hbar\,\mathrm{grad}_{\boldsymbol{r}}$ sind.

Hinweis: Prüfe die Konsequenz aus der probeweisen Annahme, es existiere doch ein reeller Eigenwert.

Aufgabe 41.8. Berechne die Zustände, Energie-Eigenwerte und Zustandsdichten für den Fall eines in einem Würfel vom Volum $L^3 = V$ „eingesperrten" freien Elektrons (vgl. Aufgabe 41.3). Vergleiche das Ergebnis mit der Debyeschen Behandlung der Phononenzustände in Ziffer 10.2.

41.2.3. Das reduzierte Energieschema

Auch im dreidimensionalen Fall führen wir das auf eine Einheitszelle oder eine Brillouinzone[19] des reziproken Gitters *reduzierte Energieschema* ein, um eindeutig definierte $\boldsymbol{K}$-Vektoren $\boldsymbol{k}$ zu bekommen (vgl. Ziffer 41.1.3).

Hierzu beschränken wir zunächst die Quantenzahlen h_1, h_2, h_3 auf die je N Werte ($i = 1,2,3$)

$$h_i = 0, \pm 1, \ldots, {}_{(-)}^{+} N/2. \tag{41.68}$$

Dann liegen alle erlaubten Wellenvektoren[20] $\boldsymbol{k}_h$ im Innern oder auf dem Rand eines Volums des $\boldsymbol{k}$-Raums, das sich nach (41.50) in $\boldsymbol{g}_{100}$-Richtung von $-\boldsymbol{g}_{100}/2$ bis $+\boldsymbol{g}_{100}/2$, in $\boldsymbol{g}_{010}$-Richtung von $-\boldsymbol{g}_{010}/2$ bis $+\boldsymbol{g}_{010}/2$ und in $\boldsymbol{g}_{001}$-Richtung von $-\boldsymbol{g}_{001}/2$ bis $+\boldsymbol{g}_{001}/2$ erstreckt. Das ist gerade eine Einheitszelle des reziproken Gitters, wobei der Koordinatenanfang in die Mitte dieser Zelle gelegt ist.

---

[18] Es ist darauf zu achten, daß dies willkürlich gewählte Volum bei der Anwendung auf konkrete Probleme wieder herausfällt.

[19] Definition siehe Ziffer 3.2 und unten.

[20] In dieser Ziffer werden die Wellenvektoren des reduzierten Volums (im allgemeinen der 1. BZ) mit $\boldsymbol{k}$, beliebige Wellenvektoren mit $\boldsymbol{K}$ bezeichnet.

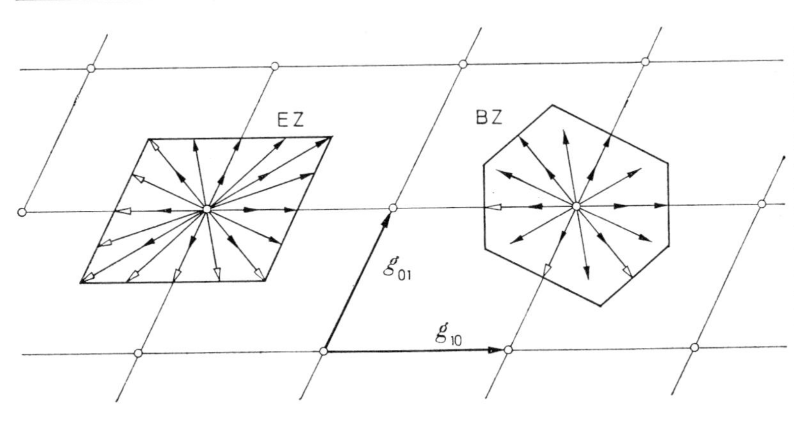

Abb. 41.5. Die N^2 erlaubten $\boldsymbol{k}$-Vektoren in der Einheitszelle (EZ) und der 1. Brillouinzone (1. BZ) eines schiefwinkligen zweidimensionalen reziproken Gitters. Periodische Randbedingungen an einer Großperiode aus $N^2 = 4^2$ Einheitszellen des zugehörigen Flächengitters. Jeder $\boldsymbol{k}$-Vektor ist 1/4 eines reziproken Gittervektors $h_1 \boldsymbol{g}_{10} + h_2 \boldsymbol{g}_{01} = \boldsymbol{g}_{h_1 h_2}$. Die mit leeren Pfeilen gezeichneten Vektoren werden nicht mitgezählt, da sie auf andere, mit gefüllten Pfeilen gezeichnete Vektoren reduziert werden können. Für die EZ sind sie gegeben durch das eingeklammerte Minuszeichen (−) in (41.27). $\boldsymbol{k} = 0$ ist mitzuzählen. Mit wachsendem N liegen die $\boldsymbol{k}$-Vektoren immer dichter

Sie enthält nach (41.68) (wo das eingeklammerte Minuszeichen[21] nicht mitzuzählen ist) und (51.50) N^3 verschiedene $\boldsymbol{k}$-Vektoren, d.h. ebensoviele Vektoren, wie Einheitszellen in der zugrunde gelegten Großperiode des Raumgitters enthalten sind. Ein Beispiel für ein schiefwinkliges Flächengitter ist in Abb. 41.5 gegeben, und zwar sowohl mit der *Einheitszelle* (EZ) wie mit der *1. Brillouinzone*[22] (1. BZ) als reduziertem Volum. Aus beiden läßt sich das reziproke oder Fouriergitter durch Translation mit $\boldsymbol{g}_{100}$, $\boldsymbol{g}_{010}$, $\boldsymbol{g}_{001}$ lückenlos aufbauen. Häufig wird für den zweiten Fall, für den Abb. 43.9b ein dreidimensionales Beispiel gibt, der spezielle Name *periodisch wiederholte Zonenstruktur*[23] benutzt.

Er dient zur Unterscheidung von der *vollständigen* oder *ausgedehnten Brillouinzonenstruktur*[24]. Diese entsteht, wenn die in Ziffer 3.2 für die Wigner-Seitz-Zelle des Raumgitters beschriebene Konstruktion im Fouriergitter durchgeführt und auf *alle*, auch die weiter entfernten, Gitterpunkte ausgedehnt wird. Die durch die Mitten aller Gittervektoren $\boldsymbol{g}_{h_1 h_2 h_3}$ senkrecht auf ihnen errichteten *Brillouinebenen* ($\mathrm{BE}_{h_1 h_2 h_3}$) begrenzen die *Brillouinzonen* (BZ). Die 1. BZ wird von der 2. BZ allseitig umgeben, diese von der 3. BZ, und so fort. Abb. 41.6 gibt ein Beispiel für ein Flächengitter, Abb. 41.7 die Außenansichten der ersten vier Brillouinzonen des einatomigen kubisch-flächenzentrierten Raumgitters. Alle Brillouinzonen sind gleich groß, in jeder liegen, wie in der Einheitszelle, im dreidimensionalen Fall N^3 $\boldsymbol{K}$-Vektoren.

Die ausgedehnte Brillouinzonenstruktur hat gegenüber der periodisch wiederholten den Nachteil, die Translationssymmetrie nicht unmittelbar anschaulich zu machen, aber den großen Vorteil, die *Braggsche Tiefenreflexion* an Netzebenenscharen anschaulich zu beschreiben. Nach Konstruktion (siehe Abb. 41.8) ist die zum Vektor $\boldsymbol{g}_{h_1 h_2 h_3} = m\,\boldsymbol{g}_{hkl}$ gehörende Brillouinebene $\mathrm{BE}_{h_1 h_2 h_3}$ der geometrische Ort für alle Wellenvektoren[25] $\boldsymbol{K}_0$, die mit dem gespiegelten Vektor $\boldsymbol{K}$ ($|\boldsymbol{K}| = |\boldsymbol{K}_0|$) die Gleichung

$$\boldsymbol{K}_0 - \boldsymbol{K} = \boldsymbol{g}_{h_1 h_2 h_3} = m\,\boldsymbol{g}_{hkl} \qquad (41.69)$$

erfüllen, und das ist gerade die Braggsche Reflexionsbedingung (4.16). Mit anderen Worten: Wellen, deren Wellenvektoren auf einer BE enden, können nicht durch das Gitter laufen, sondern werden reflektiert[26]. Diese physikalische Auszeichnung der BE ist der Grund, weshalb man das reziproke Gitter im allgemeinen lieber in Brillouinzonen als in Einheitszellen unterteilt.

---

[21] Oder das +-Zeichen! Da N als gerade Zahl eingeführt ist, unterscheiden sich die $\boldsymbol{k}$-Vektoren für $h_1 = N/2$ und $h_1 = -N/2$ nach (41.54) gerade um $\boldsymbol{g}_{100}$ und sind deshalb äquivalent. (Analog für die $\boldsymbol{g}_{010}$- und die $\boldsymbol{g}_{001}$-Richtung).

[22] Die Quantenzahlen h_i der erlaubten $\boldsymbol{k}$-Vektoren sind dann ebenfalls die in (41.68) angegebenen, jedoch werden nicht mehr unbedingt die Werte $-N/2$, sondern dafür andere weggelassen, vgl. Abb. 41.5.

[23] Englisch: repeated zone scheme.

[24] Englisch: extended zone scheme.

[25] Im folgenden bedeuten $\boldsymbol{K}$ beliebige, $\boldsymbol{k}$ auf die 1. BZ reduzierte Wellenvektoren.

[26] Natürlich nur bei $P(\boldsymbol{r}) \neq 0$!

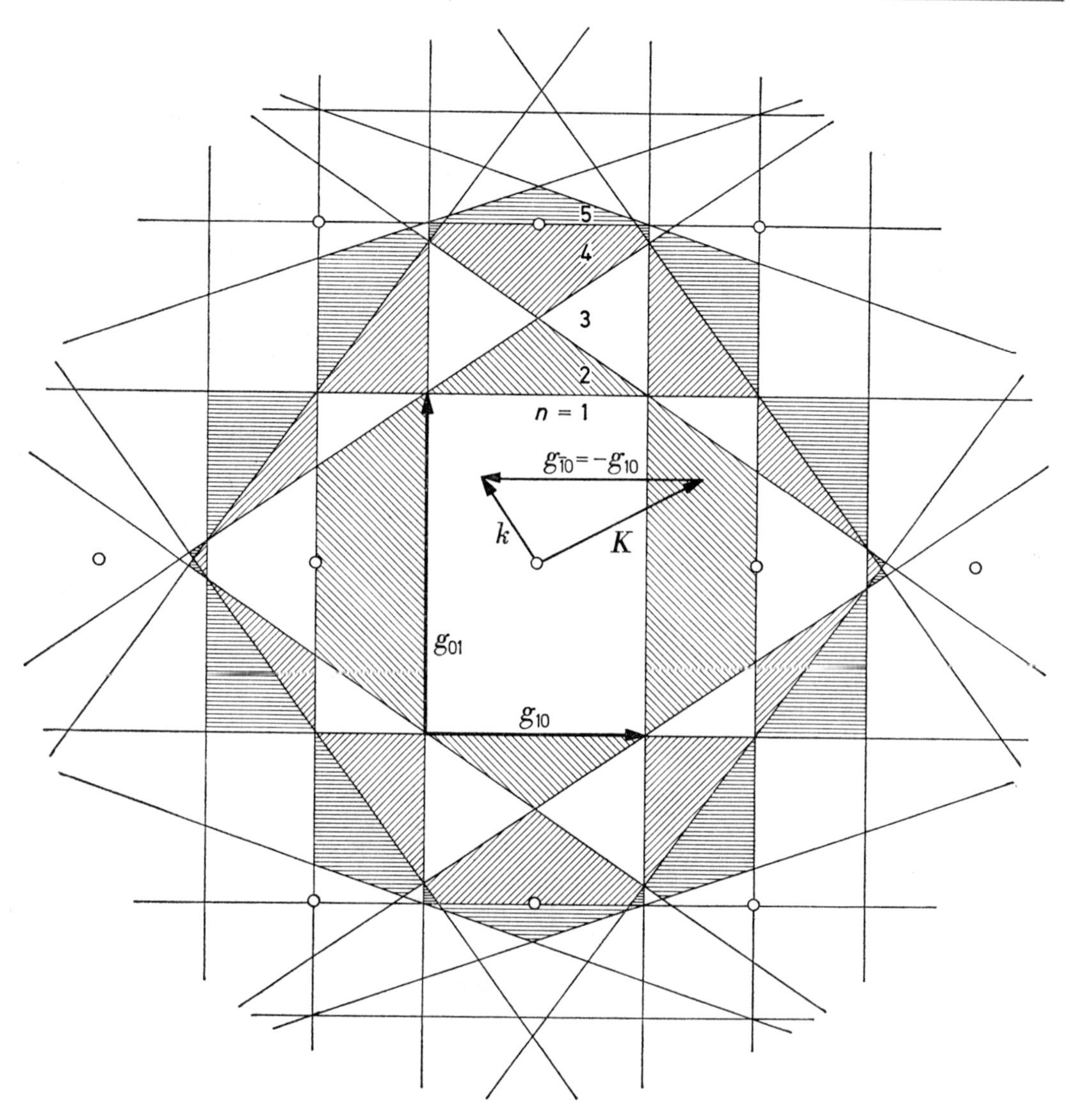

Abb. 41.6. Brillouinzonen eines rechtwinkligen Flächengitters um einen Punkt des reziproken Gitters: Die ersten 5 Zonen und Reduktion eines Wellenvektors $\boldsymbol{K}$ der zweiten Zone in einen Wellenvektor $\boldsymbol{k}$ der 1. Zone.

Jeder Wellenvektor $\boldsymbol{K}$, dessen Spitze außerhalb der 1. Brillouinzone liegt, kann durch Addition eines geeigneten reziproken Gittervektors auf einen Vektor $\boldsymbol{k}$ innerhalb der 1. BZ[27] *reduziert* werden:

$$\boldsymbol{K} = \boldsymbol{k} + \boldsymbol{g}_{l_1 l_2 l_3} = \boldsymbol{k} + m\,\boldsymbol{g}_{hkl}\,. \tag{41.70}$$

Durch die Reduktion *aller* Vektoren $\boldsymbol{K}$ entsteht die *reduzierte Zonenstruktur*, die gestattet, alle Zonen formal über der 1. BZ zu diskutieren. Wegen der gleichen Größe aller Zonen wird dabei jede höhere BZ vollständig und lückenlos auf die 1. BZ geometrisch übertragen, wie man sich anhand von Abb. 41.6 leicht überzeugt.

Bei der Reduktion (= Verschiebung) höherer Zonen auf die 1. BZ muß „die Energie mitgenommen" werden, da sie vom *freien* Wellenvektor $\boldsymbol{K}$ abhängt. Man erhält, wie im eindimensionalen Fall, durch den *Bandindex n* numerierte *Energiebänder* über der 1. BZ.

[27] Ist speziell $\boldsymbol{K}$ ein *Randpunkt* der BZ, so ist $|\boldsymbol{k}| = |\boldsymbol{K}|$ und (41.70) ist identisch mit (41.69), wie es sein muß.

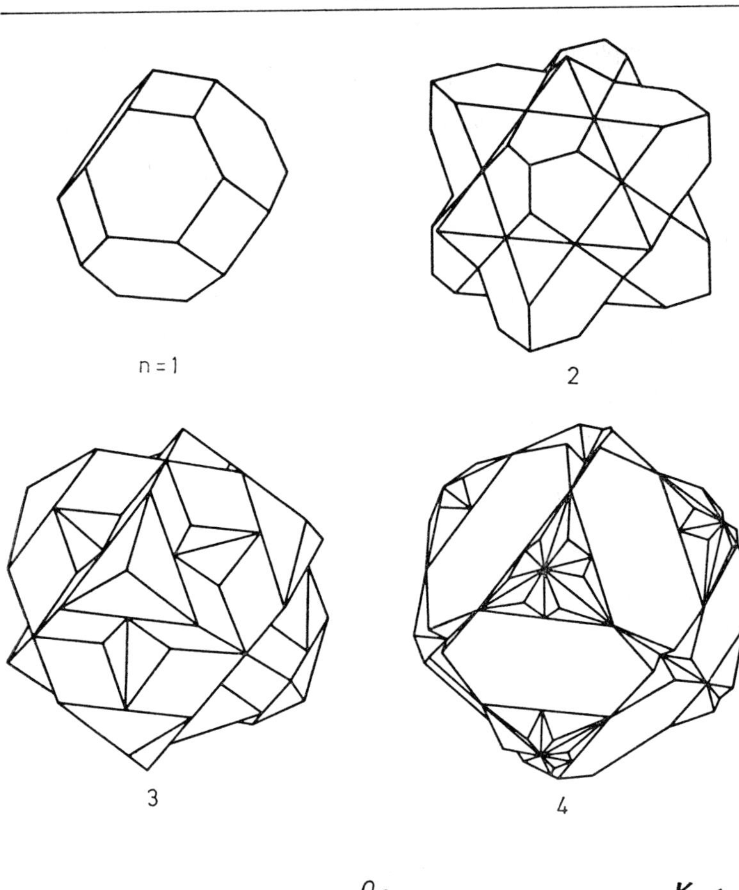

Abb. 41.7. Außenansicht der vier ersten Brillouinzonen des kubisch-flächenzentrierten Gitters im reduzierten Energieschema. Dem Raumgitter ist die kleinste mögliche Elementarzelle, nämlich die rhomboedrische Zelle nach Abb. 3.9b zugrundegelegt. (Nach Nicholas, 1951)

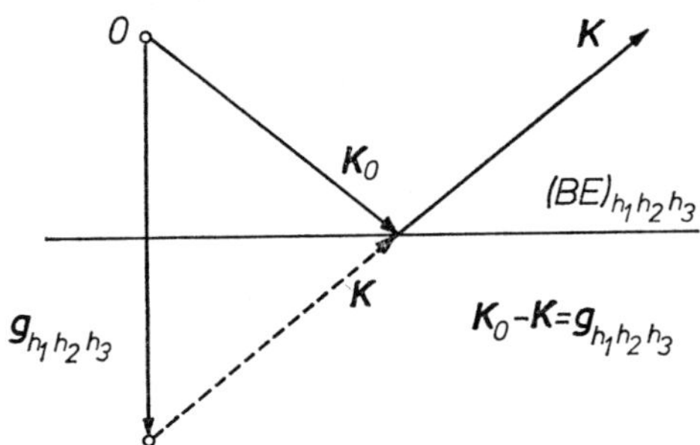

Abb. 41.8. Darstellung der Bragg-Reflexion an der Netzebenenschar $(h_1h_2h_3) = m(hkl)$ durch Spiegelung des $\boldsymbol{K}_0$-Vektors an der zu $\boldsymbol{g}_{h_1h_2h_3}$ gehörenden Brillouinebene $\mathrm{BE}_{h_1h_2h_3}$

Sie bilden das *reduzierte Energieschema*, in der jede vorkommende Energie $W_{\boldsymbol{K}} = W_{n\boldsymbol{k}}$ durch den reduzierten Wellenvektor und die Bandnummer gekennzeichnet ist.

Die Reduktionsvorschrift (41.70) transformiert, wie man sich durch Einsetzen leicht überzeugt, den zum Wellenvektor $\boldsymbol{K}$ und zum Eigenwert $W_{\boldsymbol{K}}$ gehörenden Eigenzustand

$$\psi_{\boldsymbol{K}}(\boldsymbol{r}) = \varphi_{\boldsymbol{K}}(\boldsymbol{r})\, e^{i\boldsymbol{K}\boldsymbol{r}} \tag{41.71}$$

der Schrödinger-Gleichung

$$\mathscr{H}\psi_{\boldsymbol{K}}(\boldsymbol{r}) = W_{\boldsymbol{K}}\psi_{\boldsymbol{K}}(\boldsymbol{r}) \tag{41.72}$$

in den zu $\psi_{\boldsymbol{K}}(\boldsymbol{r})$ gehörenden auf die 1. BZ *reduzierten Zustand* ($n = 1, 2, \ldots$ ist die Energieband-Nummer)

$$\psi_{n\boldsymbol{k}}(\boldsymbol{r}) = \varphi_{n\boldsymbol{k}}(\boldsymbol{r})\, e^{i\boldsymbol{k}\boldsymbol{r}} \tag{41.73}$$

mit der Amplitude

$$\varphi_{n\boldsymbol{k}}(\boldsymbol{r}) = \varphi_{\boldsymbol{K}}(\boldsymbol{r})\, e^{i\boldsymbol{g}_{l_1 l_2 l_3}\boldsymbol{r}} \tag{41.74}$$

und dem *reduzierten Wellenvektor* $\boldsymbol{k}$. Der Wellenvektor ist durch die Schrödinger-Gleichung also nur modulo $\boldsymbol{g}_{hkl}$ definiert. Mit

$$\psi_{\boldsymbol{K}}(\boldsymbol{r}) = \psi_{n\boldsymbol{k}}(\boldsymbol{r}), \qquad W_{\boldsymbol{K}} = W_{n\boldsymbol{k}} \tag{41.75}$$

zerfällt aber die Schrödinger-Gleichung (41.44) in getrennte Gleichungen

$$\mathscr{H}\psi_{n\boldsymbol{k}}(\boldsymbol{r}) = W_{n\boldsymbol{k}}\,\psi_{n\boldsymbol{k}}(\boldsymbol{r}), \qquad n = 1, 2, \ldots \tag{41.76}$$

für die einzelnen Bänder. Für ein gegebenes Band n sind ihre Eigenwerte und -zustände eindeutige Funktionen des Wellenvektors $\boldsymbol{k}$ in der 1. BZ. Außerdem sind diese Lösungen nach Konstruktion *periodisch im* $\boldsymbol{k}$*-Raum*: mit jedem beliebigen $\boldsymbol{k}' = \boldsymbol{k} + m\boldsymbol{g}_{hkl}$ gilt[28] *innerhalb eines Bandes*

$$\psi_{n\boldsymbol{k}'}(\boldsymbol{r}) = \psi_{n\boldsymbol{k}}(\boldsymbol{r}), \qquad W_{n\boldsymbol{k}'} = W_{n\boldsymbol{k}}. \tag{41.76'}$$

In diesem sogenannten *Bändermodell* können also alle Eigenwerte und -zustände eindeutig über der 1. BZ oder (nach (41.76')) in dem periodisch fortgesetzten Zonenschema diskutiert werden. $\hbar\boldsymbol{k}$ heißt der *Pseudo-* oder *Kristallimpuls* des Elektrons.

Im Grenzfall eines *freien* Elektrons z.B. ist nach (41.61) und (41.70)

$$W_{\boldsymbol{K}} = W_{n\boldsymbol{k}} = \hbar^2(\boldsymbol{k} + \boldsymbol{g}_{l_1 l_2 l_3})^2/2m_e, \tag{41.77}$$

$\boldsymbol{k}$ ist nur in der 1. BZ definiert, während $\boldsymbol{g}_{l_1 l_2 l_3}$ von Band zu Band und innerhalb eines Bandes von Zonenstück zu Zonenstück variiert (vgl. Abb. 41.6).

Aufgabe 41.11. Beweise, daß alle Zonen gleich groß sind und daß in jeder die Spitzen von N^3 $\boldsymbol{K}$-Vektoren liegen. Zeichne in Abb. 41.6 die Reduktion der 3. BZ auf die 1. BZ vollständig ein.

Aufgabe 41.12. a) Beweise, daß bei der Braggreflexion außer $\boldsymbol{K}_0$ auch der Wellenvektor $\boldsymbol{K}$ der reflektierten Welle auf dem Zonenrand liegt, und zwar auf einer anderen BE derselben BZ wie $\boldsymbol{K}_0$.

b) Zeichne in Abb. 41.6 zusammengehörige Vektoren $\boldsymbol{K}_0$, $\boldsymbol{K}$ und $\boldsymbol{g}_{l_1 l_2 l_3} = m\boldsymbol{g}_{hkl}$ ein.

[28] In voller Analogie zu (8.42) für Phononen, für die allerdings nur ein Band existiert (auch wenn es in mehrere Zweige zerfällt). Dasselbe gilt für Magnonen, da Gitter- und Spinwellen nur auf den Gitterpunkten definiert sind. Innerhalb eines jeden Energiebandes besitzen die Elektronenzustände also dieselbe Translationssymmetrie wie die Phononen- und Magnonenzustände.

42. Das Fermi-Sommerfeld-Gas freier Elektronen

42.1. Das Modell

Wir betrachten jetzt das Gesamtsystem aller Leitungselektronen in der räumlichen Großperiode.

Wenn eine Gitterzelle s Atome enthält und das j-te Atom n_j Leitungselektronen abgibt, enthält jede Zelle

$$n_e = \sum_{j=1}^{s} n_j \,, \tag{42.1}$$

jede Großperiode aus N^3 Zellen

$$N_e = N^3 n_e \tag{42.1'}$$

Leitungselektronen, und die *Elektronenzahldichte* ist

$$N_e/V = n_e/V_Z \tag{42.2}$$

(V_Z = Zellvolum).

Da die Wechselwirkung der Elektronen untereinander im Mittel bereits durch einen Beitrag zum Potential $P(\boldsymbol{r})$ für die Einzelelektronen berücksichtigt wurde (siehe Ziffer 40d), soll die restliche Wechselwirkung hier vernachlässigt werden. Die Elektronen sind in diesem Modell also *unabhängig* voneinander[29], sie haben alle dasselbe Termschema, und die *Gesamtenergie* des Elektronensystems ist die Summe der Einzelenergien:

$$W = \sum_{i=1}^{N_e} W(i) \,. \tag{42.3}$$

Der *Gesamtzustand* ist das Produkt der Einzelzustände:

$$\Psi = \prod_i \psi(i) \,. \tag{42.4}$$

In dieser Ziffer behandeln wir nur den Grenzfall *freier Elektronen*, das sogenannte *Fermi-Sommerfeld-Gas*. Hier ist die Energie rein kinetisch, das Termschema ist durch (41.61) gegeben, wobei nur die $\boldsymbol{K}$-Vektoren nach (41.50) vorkommen sollen. Wir setzen ferner den Spin und die Bahnbewegung eines Elektrons als unabhängig voneinander voraus. Dann sind die Zustände $\psi(i)$ der einzelnen Elektronen Produkte[30] aus einem Bloch-Bahnzustand (41.62) und einem Spinzustand:

$$\psi(i) = \psi_{\boldsymbol{K}}(\boldsymbol{r}_i) \cdot \eta_{m_s}(\sigma_i) \tag{42.5}$$

$\psi_{\boldsymbol{K}}$ ist nach (41.51) durch die 3 Quantenzahlen h_1, h_2, h_3 (einen Punkt im $\boldsymbol{K}$-Raum) festgelegt, η_{m_s} durch die Spinquantenzahl m_s, jeder Zustand $\psi(i)$ also durch vier Quantenzahlen h_1, h_2, h_3, m_s.

Faßt man jetzt alle N_e Elektronen zu einem System zusammen, so wird der Gesamtzustand eine antimetrische Linearkombination von Produkten (42.4). Daraus folgt, wie wir hier ohne Beweis übernehmen, die mehr anschauliche Forderung des *Pauliprinzips*, daß zwei beliebige, mit einem Elektron besetzte Einelektronzustände sich in mindestens einer der Quantenzahlen h_1, h_2, h_3, m_s unterscheiden müssen. Anders ausgedrückt: jeder Zustand darf nur mit *einem* Elektron und jeder durch den Wellenvektor $\boldsymbol{K}$ bestimmte Bahnzustand $\psi_{\boldsymbol{K}}(\boldsymbol{r})$ nur mit 2 Elektronen mit entgegengerichteten Spins besetzt sein[31], so daß bei gleicher Bahn die beiden Zustände $\psi_{\boldsymbol{K}}(\boldsymbol{r}_i)\,\eta_{+1/2}(\sigma_i)$ und $\psi_{\boldsymbol{K}}(\boldsymbol{r}_j)\,\eta_{-1/2}(\sigma_j)$ erlaubt sind.

Die tiefstmögliche Energie $W = W^0$ (*der Grundzustand*) des Elektronengases ist eingestellt, wenn die erlaubten Einelektronzustände (42.5) in energetischer Reihenfolge, mit $W(1) = 0$ beginnend, von unten her mit Elektronen besetzt und alle N_e Elektronen untergebracht sind [32]. Da $W(i) = W_{\boldsymbol{K}}$ nach (41.61) mit

---

[29] Deshalb spricht man vom *Elektronen-Gas*.

[30] Verschwindende Spin-Bahn-Kopplung: der Spin liefert keinen Beitrag zur Energie, außer es wird ein Magnetfeld eingeschaltet (siehe Ziffer 42.4.1). Bei $H = 0$ ist $W(i) = W_{\boldsymbol{K}i}$.

[31] Wie im Atom, dessen Einelektronzustände durch die 4 Quantenzahlen n, l, m_l, m_s oder n, l, j, m_j festgelegt sind, und wobei je zwei Elektronen sich ebenfalls in mindestens einer Quantenzahl unterscheiden müssen.

[32] Das entspricht der Auffüllung der Elektronenschalen in einem Atom (*Bohrsches Aufbauprinzip*).

$|\boldsymbol{K}| = K$ wächst, sind bei $T = 0$ alle Niveaus $W_{\boldsymbol{K}} < W_F$[33] mit $K < K_F$ besetzt und alle Niveaus mit $K > K_F$ leer. K_F ist der Betrag des Wellenvektors des obersten besetzten Zustandes. Da die Energie rein kinetisch ist, müssen die Elektronen hiernach schon bei $T = 0$ eine von null verschiedene mittlere Geschwindigkeit haben[34]. Wird $T > 0$, so können Elektronen aus den höchsten besetzten Niveaus in noch höhere, bei $T = 0$ nicht besetzte Niveaus thermisch angeregt werden.

Das Modell des freien Fermi-Sommerfeld-Gases enthält prinzipielle Vernachlässigungen (Ziffer 40.1 a). Trotzdem können manche makroskopischen Phänomene mit ihm in guter Näherung beschrieben werden. Diesen Phänomenen wenden wir uns jetzt zu.

42.2. Die Fermi-Fläche

Wir betrachten das Elektronengas zunächst nur bei $T = 0$. Dabei soll das Volum V der Großperiode so groß gewählt sein, daß die Spitzen der $\boldsymbol{K}$-Vektoren im $\boldsymbol{K}$-Raum und die Energien $W_{\boldsymbol{K}}$ als kontinuierlich dicht angenommen und Summen durch Integrale ersetzt werden dürfen. Da jeder einfache Zustand mit einem Elektron besetzt wird, muß die Anzahl der besetzten Zustände gleich der Elektronenzahl, d.h. nach (41.67) gleich

$$Z = \int dZ = \int D(K)\,dK = V\pi^{-2}\int_0^{K_F} K^2\,dK = VK_F^3/3\pi^2 = N_e \qquad (42.7)$$

sein. Daraus folgt

$$K_F = (3\pi^2 N_e/V)^{1/3}, \qquad (42.8)$$

d.h. der höchste besetzte Zustand ist durch die *Elektronenzahldichte*, eine, wie es sein muß, von der willkürlichen Wahl von V wieder unabhängige Größe bestimmt. K_F ist der Radius derjenigen Kugel im $\boldsymbol{K}$-Raum, die die $\boldsymbol{K}$-Vektoren aller besetzten Zustände im Innern enthält und außerhalb derer bei $T = 0$ kein Zustand besetzt ist (Abb. 42.1). Diese Kugel heißt *Fermi-Kugel*, ihre Oberfläche *Fermi-Fläche*. Sie ist (wie jede Kugel im $\boldsymbol{K}$-Raum) eine Fläche konstanter Energie. Die Energie aller auf ihr liegenden Zustände ist die größte bei $T = 0$ vorkommende, die *Fermi-Energie*

$$W_F = (\hbar K_F)^2/2m_e = (3\pi^2 N_e/V)^{2/3}\hbar^2/2m_e, \qquad (42.9)$$

die ebenfalls von der Elektronendichte N_e/V bestimmt und außerdem der Elektronenmasse umgekehrt proportional ist. Ihr entsprechen die *Fermi-Temperatur*[35] (k_B = Boltzmann-Konstante)

$$T_F = W_F/k_B \qquad (42.10)$$

und die *Fermi-Geschwindigkeit*[36]

$$v_F = dW_F/\hbar\,dK_F = \hbar K_F/m_e. \qquad (42.11)$$

Die Energie W^0 des *Grundzustandes*, das ist die *gesamte kinetische Energie* der N_e Elektronen in einer Großperiode bei $T = 0$ ist nach (41.66) gleich

$$W^0 = \int_0^{N_e} W\,dZ = \int_0^{W_F} W\,D(W)\,dW = \frac{V}{2\pi^2}\left(\frac{2m_e}{\hbar^2}\right)^{3/2}\int_0^{W_F} W^{3/2}\,dW$$
$$= \frac{V}{5\pi^2}\left(\frac{2m_e}{\hbar^2}\right)^{3/2} W_F^{5/2}. \qquad (42.12)$$

Division durch V führt zu der physikalisch allein interessierenden Energiedichte W^0/V, die von dem willkürlich gewählten Volum V wieder unabhängig ist.

---

[33] Index $F \triangleq$ *Fermi*.

[34] Im Gegensatz zur klassischen Statistik, nach der *alle* Teilchen bei $T = 0$ im energetisch tiefsten Einteilchenzustand sind. Wegen des Spins befolgen die Elektronen die Fermi-Dirac-Statistik.

[35] Sie ist im wesentlichen nur eine die Größenordnung von W_F veranschaulichende Rechengröße. Die thermodynamische Temperatur ist $T = 0$ nach Voraussetzung.

[36] Allgemein ist die Teilchengeschwindigkeit gleich der Gruppengeschwindigkeit der Wellen: $v = d\omega/dK = dW/\hbar\,dK$. Bei freien Teilchen ist $\hbar\boldsymbol{K} = m\boldsymbol{v}$ der Impuls, $m v^2/2$ die Energie.

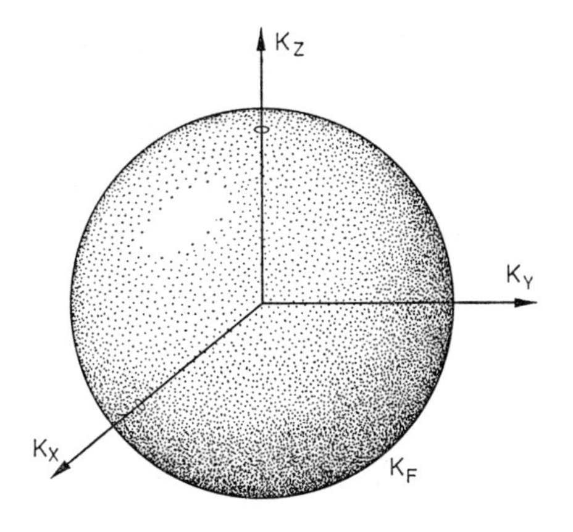

Abb. 42.1. Fermi-Kugel freier Elektronen. Bei $T=0$ sind alle Einelektronzustände mit

$\boldsymbol{K}^2 = K_x^2 + K_y^2 + K_z^2 < K_F^2$

besetzt. Die Flächen konstanter Energie sind Kugeln mit beliebigen Radien $|\boldsymbol{K}| \lesseqgtr K_F$

Wie man mit (42.9) leicht nachrechnet, ist W^0 gleich

$$W^0 = N_e \cdot 3\, W_F/5 = N_e \overline{W^0}\,, \tag{42.12'}$$

d.h.

$$\overline{W^0} = W^0/N_e = 3\, W_F/5 \tag{42.12''}$$

ist die *mittlere kinetische Energie* der Elektronen bei $T = 0$. Schließlich ergibt sich noch durch Kombination von (42.9) und (41.66)

$$D(W_F) = (3/2)\, N_e/W_F \tag{42.13}$$

für die bei manchen Vorgängen entscheidende Zustandsdichte bei der Fermienergie.

Wendet man die in dieser Ziffer abgeleiteten Formeln auf ein Fermi-Gas von der Elektronenzahldichte etwa des Kupfers an, so erhält man (unter der Annahme eines freien Elektrons je Atom, $n_e = 1$) als entscheidende Größe die

Elektronenzahldichte	$N_e/V = 8{,}5 \cdot 10^{22}\,\mathrm{cm}^{-3}$
und hieraus alle weiteren Größen bei $T = 0$: die	
größte Wellenzahl	$K_F = 1{,}35 \cdot 10^8\,\mathrm{cm}^{-1}$
kleinste Wellenlänge	$\lambda_F = 2\pi/K_F = 4{,}65 \cdot 10^{-8}\,\mathrm{cm}$
größte Geschwindigkeit	$v_F = 1{,}56 \cdot 10^{10}\,\mathrm{cm\,s}^{-1}$
größte kinetische Energie = Fermi-Energie	$W_F = 7\,\mathrm{eV}$
mittlere kinetische Energie	$\overline{W^0} = 4{,}2\,\mathrm{eV}$
Energiedichte	$W^0/V = \overline{W^0}\, N_e/V = 3{,}6 \cdot 10^{23}\,\mathrm{eV\,cm}^{-3}$
Fermi-Temperatur	$T_F = 8{,}2 \cdot 10^4\,\mathrm{K}$.

Analoge Daten für verschiedene einfache Metalle sind zum Vergleich unter plausiblen Annahmen über die Elektronenzahlen in Tabelle 42.1 zusammengestellt.

Tabelle 42.1. *Fermi-Sommerfeld-Modell für einige einfache Metalle. Elektronenzahldichten aus der Anzahl der Valenzelektronen*

Metall	s	n_j	$\frac{N_e}{V} = \frac{s\,n_j}{V_Z}$ [$10^{22}\,\mathrm{cm}^{-3}$]	W_F [eV]	T_F [10^4 K]	v_F [$10^8\,\mathrm{cm\,s}^{-1}$]	K_F [$10^8\,\mathrm{cm}^{-1}$]	λ_F [10^{-8} cm]
Li	2	1	4,60	4,7	5,5	1,30	1,10	0,91
Na	2	1	2,50	3,1	3,7	1,10	0,90	1,11
K	2	1	1,34	2,1	2,4	0,85	0,73	1,37
Rb	2	1	1,08	1,8	2,1	0,80	0,68	1,47
Cs	2	1	0,86	1,5	1,8	0,73	0,63	1,59
Mg	2	2	8,6	7,0	8,3	1,65	1,35	0,74
Ca	4	2	4,6	4,7	5,6	1,35	1,11	0,90
Al	4	3	18,0	11,6	13,8	2,12	1,74	0,58
Ag	4	1	5,76	5,5	6,4	1,38	1,19	0,84
Au	4	1	5,90	5,5	6,4	1,39	1,20	0,83
Cu	4	1	8,50	7,0	8,2	1,56	1,35	0,74

Bei einem durch den gemeinsamen Namen „Gas" nahegelegten Vergleich mit einem normalen Atomgas ergeben sich für das Fermigas sehr abweichende[37] Eigenschaften, insbesondere hohe kinetische Energie (hohe Fermitemperatur) schon am absoluten Nullpunkt. Wir rekapitulieren noch einmal, daß dies die Folge von a) der Existenz des Spins, b) der kleinen Elektronenmasse und c) der großen Elektronenzahldichte ist: Wegen des Spins darf jeder Zustand nur mit 1 Elektron besetzt werden, die meisten Elektronen befinden sich also in angeregten Zuständen, und zwar in um so höheren, je mehr Elektronen vorhanden sind. Deshalb, und weil die Elektronenmasse so klein ist, werden die Energien so groß: (42.9) enthält N_e/V im Zähler und m_e im Nenner. Damit wird aber auch die Elektronenwellenlänge vergleichbar mit der Gitterkonstanten (die Wellenzahl vergleichbar mit der Breite der Brillouinzone), und die Elektronenwellen können Bragg-Reflexionen an den Netzebenen erleiden.

Aufgabe 42.1. Berechne das Volumverhältnis $V_F^*/V_{EZ}^* = V_F^*/V_{BZ}^*$ von Fermikugel zu einer Brillouinzone (oder Einheitszelle im $\boldsymbol{K}$-Raum) unter der Voraussetzung, daß die Einheitszelle des Raumgitters s gleiche Atome enthält und jedes Atom n_f freie Elektronen liefert.

42.3. Die thermische Energie

Lassen wir jetzt Temperaturen $T > 0$ zu, so werden Elektronen aus besetzten Niveaus in bisher unbesetzte höhere Niveaus angeregt. Bei gewöhnlichen Temperaturen ist $T \ll T_F$, d.h. nur die Niveaus in unmittelbarer Nähe der Fermi-Energie werden von der Umbesetzung erfaßt oder, was dasselbe ist, nur die schnellsten Elektronen sind an der Einstellung des thermischen Gleichgewichts, durch das die Temperatur T definiert ist, beteiligt. Nach der Fermi-Dirac-Statistik ist die *Besetzungswahrscheinlichkeit* eines nicht entarteten Zustandes, d.h. die mittlere Elektronenzahl in einem[38] Zustand der Energie W bei der Temperatur T gegeben durch die Verteilungsfunktion (= *Fermi-Funktion*)

$$f(W, T) = \frac{1}{e^{(W-\mu)/k_B T} + 1} \qquad (42.14)$$

(k_B = Boltzmann-Konstante, μ = chemisches Potential, Fermikante oder *Fermigrenze*). Die gesamte Elektronenzahl ist dann durch das Integral

$$\int_0^\infty f(W, T) D(W) dW = \int_0^\infty N(W, T) dW = N_e \qquad (42.15)$$

gegeben. Der Integrand ist die Dichte auf der Energieskala der bei der Temperatur T *besetzten* einfachen Zustände, d.h. die *Besetzungs- oder Elektronenzahl-Dichte* $N(W, T)$ bei der Energie W, und das Integral liefert die Gesamtzahl der mit Elektronen besetzten Zustände, d.h. N_e. Die Elektronenzahl N_e wird im Modell des Elektronengases als temperaturunabhängig angenommen[39]. Dann folgt aus (42.15), daß die Fermigrenze μ schwach von T abhängt[40], und zwar ist unter Weglassung höherer Potenzen von T/T_F

$$\mu(T) = W_F[1 - (\pi^2/12)(T/T_F)^2 + \cdots]. \qquad (42.16)$$

Bei $T = 0$ ist $\mu = W_F$ und weicht von diesem Wert wegen $T/T_F \ll 1$ im ganzen experimentell zugänglichen Temperaturbereich nur wenig ab. Die Funktion (42.14) ist in Abb. 42.2 über der Energie W aufgetragen. Im Fall $T = 0$ springt sie an der Stelle $W = W_F$ von $f = 1$ auf $f = 0$; in Übereinstimmung mit unserer bisherigen Betrachtung ist also jedes Niveau unterhalb der Fermi-Energie besetzt, jedes oberhalb davon ist leer. Bei jeder Temperatur $T > 0$ ist für $W = \mu$

$$f(\mu, T) = 1/2, \qquad (42.17)$$

[37] Oft auch „entartet" genannt, siehe z.B. Ziffer 45.2.1.

[38] Haben mehrere Zustände dieselbe Energie, so sind sie getrennt zu zählen. Bei der Bestimmung der Zustandsdichte ist das bereits geschehen.

[39] Das ist berechtigt für gut leitende Metalle, im Gegensatz z.B. zu den Halbleitern (Ziffer 45.2).

[40] Die physikalische Ursache ist die Abhängigkeit der Zustandsdichte $D(W)$ von W, siehe Abb. 41.4. Wäre $D(W)$ unabhängig von W konstant, so wäre $\mu = W_F$ für alle T (siehe die thermodynamische Spezialliteratur).

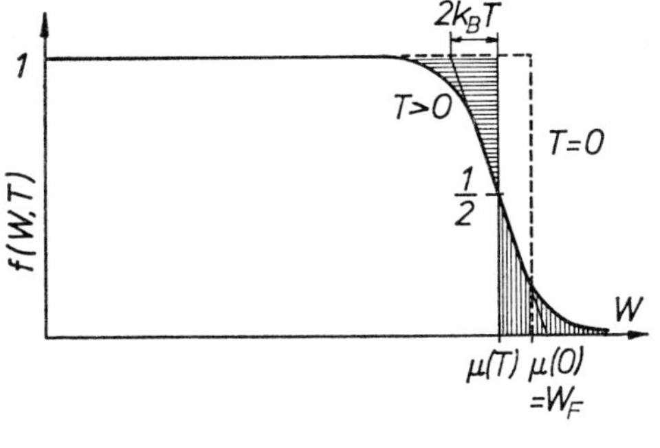

Abb. 42.2. Fermifunktion $f(W, T)$ = Besetzungswahrscheinlichkeit eines Einelektronzustandes der Energie W bei der Temperatur T. Die beiden schraffierten Flächen sind bei $T = 0$ gleich groß und etwa gleich $k_B T$. Nicht maßstabsgerecht: in Wirklichkeit ist $k_B T \approx 10^{-3} W_F$

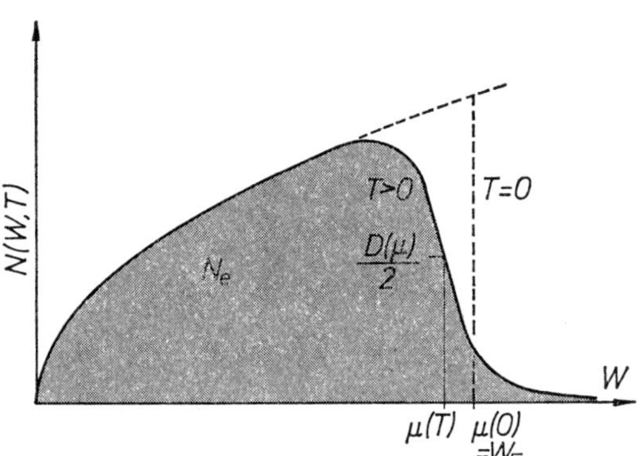

Abb. 42.3. Besetzungsdichte $N(W, T) = f(W, T)\, D(W)$ einer Großperiode mit N_e Elektronen. Bei $T > 0$ sind die N_e Zustände in der schattierten Fläche besetzt, bei $T = 0$ die N_e Zustände links von der gestrichelten Kurve. Nicht maßstabsgerecht: es gilt $(W_F - \mu(T)) \ll W_F$

und die Kurve läuft so durch diesen Punkt, daß die horizontal schraffierte Fläche gleich der vertikal schraffierten ist, da die in Niveaus dicht oberhalb der Fermi-Grenze thermisch angeregten Elektronen in den Niveaus dicht unterhalb der Grenze fehlen[41]. Die Dichte der im Gleichgewicht *besetzten* Zustände im freien Elektronengas erhält man durch Multiplikation von Abb. 41.4 mit Abb. 42.2, siehe Abb. 42.3. Beim Heizen von $T = 0$ auf die Temperatur T erhalten also nur die wenigen Elektronen in der Nähe der Fermi-Grenze thermische Energie[42]. Diese ist im Mittel von der Größenordnung $k_B T$. Andererseits ist nach Abb. 42.3 der Bruchteil der angeregten Elektronen proportional zum Verhältnis $k_B T / W_F = T/T_F$, d.h. die thermische Energie ergibt sich bis auf einen Proportionalitätsfaktor zu[43]

$$U(T) \sim k_B T \cdot N_e (T/T_F), \tag{42.18}$$

so daß die Wärmekapazität der Elektronen in der Probe

$$C_e = dU/dT \sim 2 N_e k_B T/T_F \tag{42.19}$$

proportional zu T/T_F wird. Diese rohe Abschätzung ist schon recht gut, die genaue Rechnung (A. Sommerfeld 1928) liefert den Proportionalitätsfaktor $\pi^2/2$, so daß

$$C_e = (\pi^2/2)\, N_e k_B T/T_F \tag{42.20}$$

wird. Die Wärmekapazität des Elektronengases ist also linear in T, sie verschwindet am absoluten Nullpunkt. Wegen der Kleinheit von T/T_F ist C_e im allgemeinen sehr klein gegen die Wärmekapazität C_G der Phononen. Nur in der Nähe von $T = 0$, wo die „Gitterwärme" C_G wie $\sim T^3$ verschwindet, wird C_e vergleichbar mit oder sogar größer als C_G, so daß C_e nur bei sehr tiefen Temperaturen gemessen werden kann.

[41] Nach (42.16) verschiebt sich μ mit wachsender Temperatur von $\mu = W_F$ aus etwas nach links. $W = \mu(T)$ ist die Energie, bis zu der die Zustände bei der Temperatur T *im Mittel* aufgefüllt sind (Aufgabe 42.2); daher der Name *Fermigrenze.* Bei $T = 0$ ist Fermigrenze = Fermienergie. Die Flächengleichheit gilt exakt bei $T = 0$.

[42] Im Gegensatz zum idealen Gas der klassischen Gaskinetik, in dem alle Teilchen im Mittel dieselbe Energie $3\, k_B T/2$ gewinnen, wird hier nur „die Oberfläche der Fermikugel aufgelockert".

[43] Statt streng alle Elektronen nach der Fermi-Statistik zu behandeln, behandeln wir hier die angeregten nach der Boltzmannstatistik und lassen alle übrigen fort! Dies grobe Verfahren liefert qualitativ das richtige Ergebnis.

Im allgemeinen wird die Wärmekapazität pro Mol (die *Molwärme*) $C^* = C/M^*$ des Metalls gemessen (C = Wärmekapazität, M^* = Stoffmenge in mol in der Probe). Ihr elektronischer Anteil ist im Fall eines einatomigen Metalles ($s = 1$)

$$C_e^* = C_e/M^* = C_e N_L/N_A = \gamma T \tag{42.21}$$

(N_A = Atomzahl in der Probe, $N_e = n_e N_A$, $N_L = 6 \cdot 10^{23}$ mol^{-1}), mit der Materialkonstanten

$$\gamma = (\pi^2/2)\, n_e N_L k_B/T_F = (\pi^2/2)\,(N_L/N_A)\, k_B^2\, D(W_F)\,, \tag{42.22}$$

die mit (42.9/10) leicht auf die Elektronenzahldichte $N_e/V = n_e N_A/V$ der Substanz zurückgeführt werden kann.

Bei genügend tiefen Temperaturen wird die Gitterwärme nach (10.39) bei $n = 1$

$$C_G^* = G\,T^3 \tag{42.23}$$

mit

$$G = 12\,\pi^4 k_B N_L/5\,\Theta^3\,, \tag{42.24}$$

so daß die gesamte gemessene Molwärme gleich

$$C^* = C_e^* + C_G^* = \gamma T + G T^3 \tag{42.25}$$

oder

$$C^*/T = \gamma + G T^2 \tag{42.26}$$

wird. Trägt man die gemessenen Werte C^*/T über T^2 auf, so erhält man eine Gerade, deren Steigung G, d.h. die Debye-Temperatur Θ liefert, und deren Ordinatenabschnitt ein experimenteller Wert γ_{exp} ist. Ein Beispiel gibt Abb. 42.4, eine Zusammenstellung von Werten die Tabelle 42.2.

Tabelle 42.2. *Elektronischer Anteil der Molwärme pro Grad bei einigen kubischen Metallen.* γ_{exp} *gemessen,* γ_{theor} *berechnet nach* (42.22) *unter der Annahme eines freien Elektrons je Valenz*

Metall	in Joule mol^{-1} K^{-2} γ_{exp}	γ_{theor}	$\gamma_{\text{exp}}/\gamma_{\text{theor}} = m^*_{\text{kal}}/m_e$
Na	$1{,}38 \cdot 10^{-3}$	$1{,}13 \cdot 10^{-3}$	1,22
K	2,08	1,65	1,25
Rb	2,41	1,95	1,26
Cs	3,20	2,31	1,43
Cu	0,688	0,80	0,86
Ag	0,61	1,03	0,59
Au	0,743	1,03	0,72
Al	1,35	1,01	1,34

Theoretische Werte γ_{theor}, die unter vernünftigen Annahmen über die Elektronenzahlen berechnet werden, ergeben die richtige Größenordnung, weichen aber doch systematisch von den experimentellen Werten γ_{exp} ab. Bei den Alkalimetallen z.B. ist $n_e = 1$

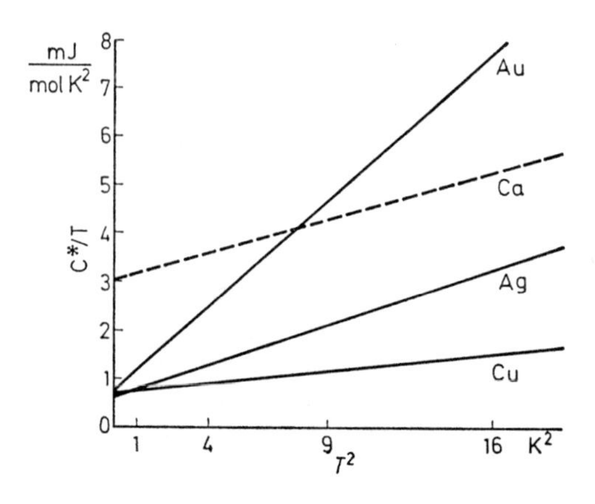

Abb. 42.4. Molwärmen einiger Metalle, aufgetragen nach Gleichung (42.26). Cu, Ag, Au besitzen fast denselben Wert für γ (d.h. dieselbe Elektronenkonzentration von 1 Elektron je Gitterzelle), Ca hat einen höheren Wert. Die Steigungen der Geraden entsprechen den Werten der Debye-Temperatur in Tabelle 10.1. Aus Landolt-Börnstein, 6. Aufl., Band II/4, 1961

die größtmögliche Anzahl von Leitungselektronen pro Atom (und Zelle), müßte also den größten in unserem Modell möglichen Wert für γ_{theor} liefern. Selbst dieser Wert (Tabelle 42.2) ist aber noch kleiner als γ_{exp}. Diese Diskrepanz muß darauf beruhen, daß das Modell nicht ausreicht, da die Leitungselektronen in Wirklichkeit nicht frei sind und die Zustandsdichte $D(W_F)$ in (42.22) nicht die Werte für freie Elektronen hat. Man rechnet aber trotzdem mit den einfachen Formeln für freie Elektronen und bringt das theoretische Ergebnis durch eine Korrektur am Wert der Elektronenmasse in Übereinstimmung mit dem Experiment. Die so kalorimetrisch definierte *scheinbare* oder *effektive Masse* $m^*_{\text{kal}} \neq m_e$ erhält den Index kal zur Unterscheidung von anders definierten[44].

Bei den Übergangselementen Cu, Ag, Au ist $m^*_{\text{kal}} < m_e$, im Gegensatz zu den Alkalimetallen, für die $m^*_{\text{kal}} > m_e$ ist.

Aufgabe 42.2. Beweise, daß $W = \mu(T)$ die Grenzenergie ist, bis zu der die Einelektronzustände bei der Temperatur T im Mittel besetzt sind, d.h. daß $\int_0^\infty f(W,T)\,dW = 1 \cdot \mu(T)$ ist.

Aufgabe 42.3. Leite die Näherung (42.19) ab durch Entwicklung des richtigen Ausdrucks

$$U(T) = \int_0^\infty \frac{W \cdot D(W)\,dW}{e^{(W-\mu)/k_B T} + 1}$$

für die Gesamtenergie unter der Annahme $k_B T \ll W_F = k_B T_F$.

42.4. Die magnetischen Eigenschaften

Zur *Magnetisierung* des freien Elektronengases tragen sowohl die Spins wie die Bahnen bei.

42.4.1. Paulischer Spinmagnetismus

Wir behandeln zunächst den *Spinmagnetismus* in einem Magnetfeld $\boldsymbol{H}$ bei $T = 0$. Die Richtung von $\boldsymbol{H}$ ist Quantisierungsachse (z-Achse), und die N_e Elektronen sind aufzuteilen in eine Teilmenge mit Spins parallel ($\uparrow$, $m_s = 1/2$) und eine Teilmenge mit Spins antiparallel ($\downarrow$, $m_s = -1/2$) zu $\boldsymbol{H}$. Solange $|\boldsymbol{H}| = H = 0$ ist, gehört je eines der beiden Elektronen mit gleichem Wellenvektor $\boldsymbol{K}$, d.h. gleicher Energie $W_{\boldsymbol{K}}$ zu den beiden Spinmengen; es ist also

$$N_e^\uparrow = N_e^\downarrow = N_e/2\,, \tag{42.29a}$$

$$D(W)^\uparrow = D(W)^\downarrow = D(W)/2\,, \tag{42.29b}$$

und die Magnetisierung ist Null. Abb. 42.5a gibt die Zustandsdichten für beide Spinmengen als Funktion von W wieder. Wird $H > 0$, so kommt zu der kinetischen Energie der Elektronen die nur von der Spinrichtung abhängige potentielle magnetische Energie

$$W_{m_s} = m_s g_s \mu_B H \approx m_s \cdot 2\,\mu_B H \tag{42.30a}$$

(siehe (21.11/18) mit $g_s = 2{,}0023 \approx 2{,}00$) hinzu, d.h. es wird

$$W = W_{\boldsymbol{K}} + m_s g_s \mu_B H\,. \tag{42.30}$$

Alle Elektronen der einen Spinmenge gewinnen, die der anderen verlieren die gleiche magnetische Energie, und die Kurven von Abb. 42.5a verschieben sich um $\mp \mu_B H$ (Abb. 42.5b), so daß jetzt

$$D(W)^\uparrow = D(W - \mu_B H)/2\,,$$
$$D(W)^\downarrow = D(W + \mu_B H)/2 \tag{42.31}$$

[44] In Ziffer 43.4 wird allgemein gezeigt, daß Kristallelektronen im periodischen Gitterpotential $P(\boldsymbol{r}) \neq 0$ wie freie Elektronen mit einer effektiven Masse $m^* \neq m_e$ behandelt werden dürfen. Umgekehrt bedeutet das Auftreten einer Masse $m^* \neq m_e$ immer, daß das Modell freier Elektronen ($P(\boldsymbol{r}) = 0$) nicht ausreicht.

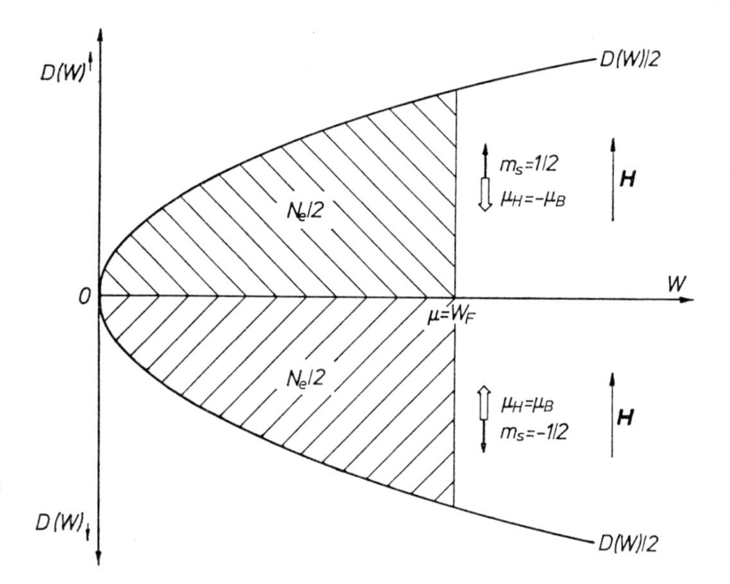

Abb. 42.5a. Bei $T=0$ und $H=0$ besteht das Elektronengas aus zwei gleich großen Elektronenmengen mit entgegengesetztem Spin und magnetischem Moment. Erläuterung im Text

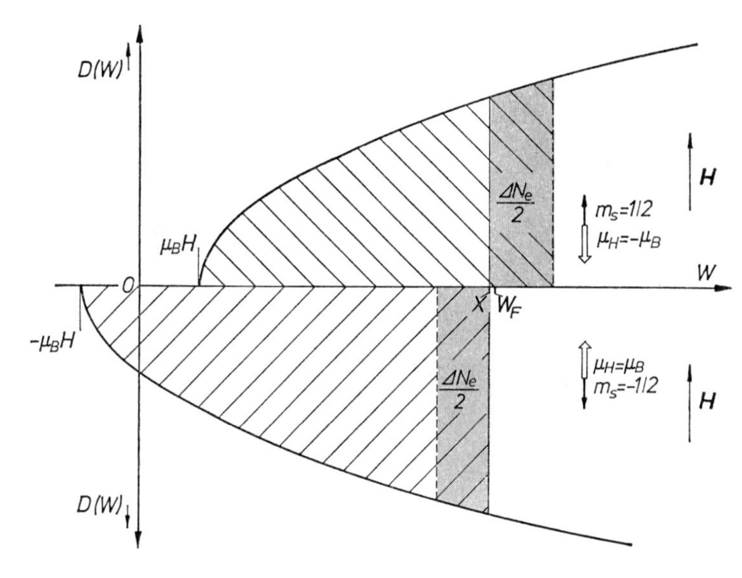

Abb. 42.5b. Bei $T=0$ und $H>0$ besteht das Elektronengas aus zwei verschieden großen Elektronenmengen mit entgegengesetztem Spin und gemeinsamer Fermigrenze X. Die schattierten Flächen haben verschiedene Form und gleiche Größe, so daß X nicht exakt mit W_F zusammenfällt. In ihnen liegen die $\Delta N_e/2$ Zustände, deren Spins umklappen. Nicht maßstabsgerecht. Relativ zu W_F ist $\mu_B H$ um einen Faktor $\approx 10^3$ zu groß gezeichnet

ist. Zur Wiederherstellung des Gleichgewichtes (= Energieminimums) klappen so viele ($\Delta N_e/2$) magnetische Momente aus der Gegenrichtung in die Feldrichtung um, bis sich eine gemeinsame Fermi-Grenze $W = X$ für beide Spinmengen einstellt, d.h. alle Zustände, wie es bei $T = 0$ sein muß, nach steigender Energie bis zu einer scharfen Grenze X besetzt sind. Bei dieser Relaxation wird insgesamt magnetische in kinetische Energie umgewandelt. Im neuen Gleichgewicht gibt es dann

$$N_e^{\downarrow} - N_e^{\uparrow} = (N_e/2 + \Delta N_e/2) - (N_e/2 - \Delta N_e/2) = \Delta N_e \qquad (42.32)$$

mehr magnetische Momente μ_B *in* Feldrichtung, und die paramagnetische *Magnetisierung* ist gleich

$$\frac{M}{V} = \mu_B \frac{\Delta N_e}{V}. \qquad (42.33)$$

Die eigentliche Aufgabe ist jetzt die Berechnung von ΔN_e. Sie ist bei $T = 0$ einfach, da dann alle Zustände mit $W < X$ besetzt ($f = 1$) und alle Zustände mit $W > X$ leer ($f = 0$) sind. Die Anzahl der mit Elektronen besetzten Zustände ist also einfach die Anzahl der vorhandenen Zustände links von $W = X$ in Abb. 42.5b, d.h. es ist mit (42.31) und (41.66)

$$\begin{aligned} N_e^{\downarrow} &= \frac{1}{2}\int_{-\mu_B H}^{X} D(W + \mu_B H)\,dW = \frac{a}{2}\int_{-\mu_B H}^{X} (W + \mu_B H)^{1/2}\,dW \\ &= \frac{a}{3}(X + \mu_B H)^{3/2}, \\ N_e^{\uparrow} &= \frac{1}{2}\int_{\mu_B H}^{X} D(W - \mu_B H)\,dW = \frac{a}{2}\int_{\mu_B H}^{X} (W - \mu_B H)^{1/2}\,dW \\ &= \frac{a}{3}(X - \mu_B H)^{3/2}, \end{aligned} \tag{42.34}$$

wobei

$$a = \frac{V}{2\pi^2}\left(\frac{2m_e}{\hbar^2}\right)^{3/2}. \tag{42.35}$$

Berücksichtigt man noch, daß sicher $\mu_B H \ll W_F$ ist[45], so kann $X \approx W_F$ angenommen und die rechte Seite von (42.34) nach $\mu_B H/W_F$ entwickelt werden. Die elementare Rechnung liefert unter Vernachlässigung sehr kleiner höherer Glieder mit (42.32/33) die Magnetisierung ($M(0) = M(T = 0)$)

$$\frac{M(0)}{V} = \frac{a\,\mu_B^2 H\, W_F^{1/2}}{V}. \tag{42.36}$$

Wie man sich durch Benutzung von (42.35) und (42.9) leicht überzeugt, ist das gleich

$$\frac{M(0)}{V} = \frac{3}{2}\,\frac{N_e}{V}\,\frac{\mu_B^2 H}{W_F} = \frac{N_e \mu_B}{V}\cdot\frac{3}{2}\,\frac{\mu_B H}{k_B T_F} \tag{42.37}$$

und die magnetische Suszeptibilität wird (Index $P \triangleq$ W. Pauli)

$$\chi_P(0) = \frac{M(0)/V}{\mu_0 H} = \frac{3}{2}\,\frac{N_e}{V}\,\frac{\mu_B^2}{\mu_0 k_B T_F}. \tag{42.38}$$

Die Magnetisierung ist hiernach gleich dem Wert (21.22) für ein klassisches Spingas derselben Teilchenzahldichte, multipliziert mit dem sehr kleinen Faktor $(3/2)(\mu_B H/W_F)$. Es handelt sich also um einen sehr schwachen Paramagnetismus, dessen genaue Messung die sorgfältige Berücksichtigung des immer mit gemessenen Diamagnetismus sowohl der Atomrümpfe (Ziffer 20) wie auch der Leitungselektronen (siehe unten) verlangt.

Mit wachsender Temperatur $T > 0$ wird die Fermi-Grenze jeder der beiden Spinmengen deformiert, wie in Abb. 42.3. Dabei ändern sich die Spinkonzentrationen $N_e^{\uparrow}/V$ und $N_e^{\downarrow}/V$ in 1. Näherung nicht, so daß die Temperaturabhängigkeit sich erst in 2. Näherung in einem Beitrag von der Größenordnung $(T/T_F)^2 \ll 1$ zeigt: es ist (hier ohne Beweis; dieselbe Gleichung gilt auch für $\chi(T)$)

$$\frac{M(T)}{V} = \frac{M(0)}{V}\left[1 - \frac{\pi^2}{12}\left(\frac{T}{T_F}\right)^2\right]. \tag{42.39}$$

Mit steigender Temperatur nimmt die Magnetisierung ab. Im Bereich normaler Experimentiertemperaturen $T \ll T_F$ ist aber $M(T)/V$ praktisch T-unabhängig (*temperaturunabhängiger Spin-Paramagnetismus*).

[45] Vergleiche die Werte für W_F in Tabelle 42.1. In einem starken Supramagneten ist dagegen die magnetische Energie nur $\mu_B \cdot 10^5\,\text{Oe} = 5{,}8 \cdot 10^{-4}\,\text{eV}$.

Aufgabe 42.4. Führe die hier für $T=0$ skizzierte Rechnung für $T>0$ durch. Hinweise: a) Die Gleichungen (42.34) gelten nur bei $T=0$ und müssen erweitert werden. b) Entwickeln, da $\mu_B H \ll W_F$ und $k_B T \ll W_F$.

Aufgabe 42.5. Schätze $M(T)/V$ ab unter der Annahme, daß die Spins im Innern der Fermikugel wegen der Besetztheit aller Zustände nicht umklappen können, so daß nur die Spins an der Fermigrenze zur Magnetisierung beitragen, und zwar nach der Boltzmannstatistik für hohe Temperaturen.
Hinweis: siehe Ziffer 42.2 und Ziffer 21.2.

42.4.2. Elektronenspin-Resonanz

Zwischen zwei Zuständen mit entgegengesetzter Spinorientierung sind *strahlende Übergänge* mit *magnetischer Dipolstrahlung* erlaubt, wobei das magnetische Wechselfeld der Strahlung senkrecht zu $\boldsymbol{H}$ liegt (σ-Polarisation). Da wir vorausgesetzt haben, daß Spin und Bahn nicht wechselwirken, bleibt die kinetische Energie ungeändert, wenn der Spin bei dem Übergang umklappt. Daraus folgt für das absorbierte oder emittierte Strahlungsquant[46] die Größe

$$\hbar\,\omega_R = 2\,|m_s|\,g_s\,\mu_B H = g_s\,\mu_B H \approx 2\,\mu_B H\,. \tag{42.41}$$

Die Frequenz

$$\nu_R = \omega_R/2\pi \approx 2\,\mu_B H/h = H\cdot 3{,}5\cdot 10^4\ \mathrm{Hz/A\,m^{-1}} = H\cdot 2{,}8\cdot 10^6\ \mathrm{Hz/Oe} \tag{42.41'}$$

liegt im Mikrowellengebiet; sie kann durch Variation von H in Resonanz mit einer bekannten Spektrometerfrequenz gebracht und so gemessen werden (Elektronenspin-Resonanz ESR). Abweichungen der gemessenen von der soeben berechneten Frequenz zeigen an, daß die Elektronen in Wirklichkeit nicht frei sind; sie werden im allgemeinen durch eine Abweichung des g-Faktors vom Wert $g_s = 2{,}002319277$ für freie Elektronen beschrieben. Tabelle 42.3 gibt einige Beispiele.

Tabelle 42.3. *Spin-g-Faktoren von Leitungselektronen aus ESR-Messungen.* Nach S. Schultz u.a.

Metall	g	g/g_s
Kalium	1,9997	0,99869
Rubidium	1,999	0,99834
Cäsium	2,013	1,00533
Kupfer	2,031	1,01432
Silber	1,983	0,99035
Gold	2,0024	1,00004

[46] H ist das innere Feld H^{int} in der Probe. Da die Magnetisierung in einem nicht ferromagnetischen Metall klein ist, kann im allgemeinen $H^{\mathrm{int}} \approx H^{\mathrm{ext}} = H$ gesetzt werden.

Aufgabe 42.6. a) Zeichne analog Abb. 42.5b qualitativ die Zustandsdichte und die Fermigrenze im Gleichgewicht bei $T>0$ für beide Spinmengen. Beachte dabei die Größenordnungen $\mu_B H \approx k_B T \ll W_F$.

42.4.3. Zyklotron-Resonanz

Auch die Bahnbewegung eines freien Elektrons in einem Magnetfeld führt zu einer Resonanzerscheinung, der *Zyklotron-Resonanz*. Die Resonanzfrequenz kann bereits mit der klassischen Elektronenbewegung richtig berechnet werden[47]. Zerlegt man nämlich (siehe [A] Ziffern 5 und 22) den Geschwindigkeitsvektor $\boldsymbol{v}$ eines klassischen Elektrons in eine Komponente $\boldsymbol{v}_\parallel$ parallel und eine Komponente $\boldsymbol{v}_\perp$ senk-

[47] Das quantenmechanische Ergebnis von Landau siehe unten in Ziffer 42.4.5.

recht zu $\boldsymbol{H}$, so besteht die Bewegung des Elektrons[48] in der Überlagerung einer ungestörten Bewegung mit $\boldsymbol{v}_\parallel$ parallel $\boldsymbol{H}$ und einer Bewegung unter dem Einfluß der Lorentzkraft mit $v_\perp = |\boldsymbol{v}_\perp|$ auf einem Kreise vom Radius

$$r_\perp = m_e v_\perp / e \mu_0 H\,, \tag{42.42}$$

der in der Zeit

$$T = 2\pi r_\perp / v_\perp = 2\pi m_e / e \mu_0 H \tag{42.42'}$$

durchlaufen wird (Abb. 42.6). Die Umlaufsfrequenz $\nu_Z = 1/T$ oder die Kreisfrequenz

$$\omega_Z = 2\pi\nu_Z = e\mu_0 H/m_e = 2\mu_B H/\hbar \tag{42.43}$$

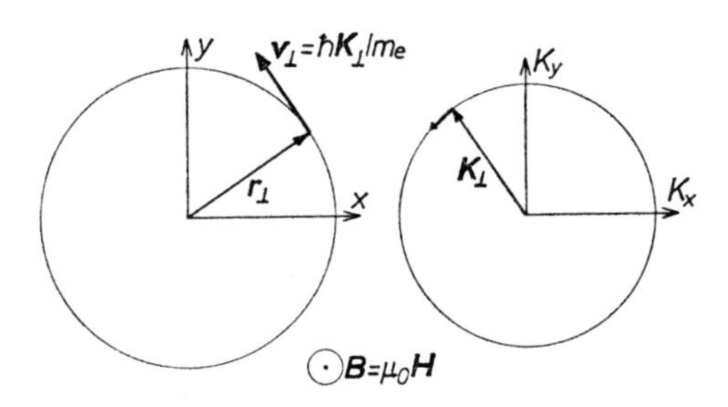

Abb. 42.6. Zyklotronbahn eines freien Elektrons in der Projektionsebene senkrecht auf $\boldsymbol{H}$. a) im Ortsraum und b) im $\boldsymbol{K}$-Raum. Dem Ortskreis mit dem Radius $r_\perp$ entspricht der $\boldsymbol{K}_\perp$-Kreis mit dem Radius $K_\perp = 2e\mu_0 H r_\perp/\hbar$. Beide Kreise werden mit gleicher Frequenz ω_Z im gleichen Sinn und mit 90° Phasenverschiebung durchlaufen

heißt *Zyklotronfrequenz*. Sie wächst proportional H und enthält im übrigen nur universelle Konstanten. ν_Z kann in einem elektrischen Wechselfeld gleicher Frequenz und bei Orientierung von $\boldsymbol{E}$ senkrecht zum statischen Magnetfeld $\boldsymbol{H}$ in Resonanz gemessen werden, da das umlaufende Elektron einen elektrischen Dipol darstellt (Absorption von *elektrischer Dipolstrahlung*). Bei freien Elektronen ist (siehe 42.41/43)

$$\omega_Z = (2/g_s)\,\omega_R \approx \omega_R\,. \tag{42.44}$$

Berücksichtigt man die Wechselwirkung der Elektronen mit dem periodischen Kristallpotential und die Spin-Bahn-Wechselwirkung, so verschieben sich beide Frequenzen, und zwar verschieden stark, da sie auf verschiedenen Mechanismen beruhen. Beobachtete Abweichungen von (42.43) und (42.44) geben Hinweise auf die Stärke der Wechselwirkungen. Man beschreibt diese durch Einführung einer scheinbaren Elektronenmasse (*Zyklotronmasse*), die durch (42.43) definiert ist:

$$m_z^* = e\mu_0 H/\omega_z^{\text{exp}} \tag{42.44'}$$

und die wir in Ziffer 43.4.3 theoretisch bestimmen werden. Experimentelle Ergebnisse siehe in Ziffer 43.4.4.1.

42.4.4. Landau'sches Niveauschema

Die beiden soeben anschaulich abgeleiteten Resonanzenergien $\hbar\omega_R$ und $\hbar\omega_Z$ müssen sich systematisch als Energiedifferenzen in dem *Termschema* ergeben, das man als Lösung der Schrödinger-Gleichung für freie Elektronen in einem äußeren Magnetfeld $\boldsymbol{H}\|z$ erhält (L. Landau). Wir führen die Rechnung hier nicht durch, sondern interpretieren sie nur.

Die *Bahnbewegung* wird wie folgt gequantelt: Die von $\boldsymbol{H}$ ungestörte Bewegung in z-Richtung hat die kinetische Energie $m_e v_z^2/2 = p_z^2/2m_e$ mit dem Eigenwert (siehe (41.21)):

$$W_{Kz} = (\hbar K_z)^2/2m_e\,. \tag{42.45}$$

[48] Die klassisch eingeführte Bahngeschwindigkeit $\boldsymbol{v}_\perp$ fällt wieder heraus. Das Bohrsche Magneton $\mu_B = e\mu_0\hbar/2m_e$ wird hier formal eingeführt, s. [A], (22.9).

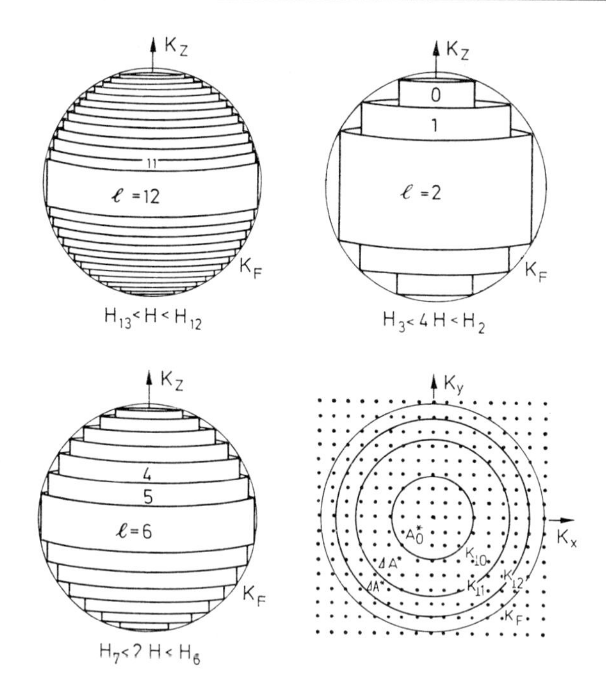

Abb. 42.7. Freie Leitungselektronen im Magnetfeld. Alle erlaubten Bahnzustände gehören zu $\boldsymbol{K}$-Vektoren, deren Spitzen mit konstanter feldparalleler Komponente auf einem der Landau-Zylinder im $\boldsymbol{K}$-Raum um die Feldrichtung mit der Zyklotronfrequenz ω_Z umlaufen. Nur die innerhalb der von H ungestörten Fermikugel liegenden Teile der Zylinder sind bei drei verschiedenen Feldstärken H gezeichnet. Bei $H = H_l$ tangiert der Zylinder mit der Landau-Quantenzahl l die ungestörte Fermikugel. — Die Querschnittsflächen A_l^* unterscheiden sich um $\Delta A^* = 2\,A_0^*$

Die Zyklotronbewegung in der xy-Ebene wird als Oszillator gequantelt[49]:

$$W_l(H) = \hbar\,\omega_Z(l + 1/2)\,, \qquad l = 0, 1, \ldots \tag{42.46}$$

mit der Zyklotronfrequenz (42.43).

Da die Lorentzkraft die kinetische Energie nicht ändert und kein räumliches Potential existieren soll ($P(\boldsymbol{r}) = 0$), ist die Energie auch im Magnetfeld rein kinetisch und gleich

$$W_l(H) = (\hbar\,\boldsymbol{K}_{\perp l})^2/2\,m_e = \hbar^2(K_{xl}^2 + K_{yl}^2)/2\,m_e\,. \tag{42.47}$$

Das bedeutet mit der vorigen Gleichung und Abb. 42.6, daß nur *diskrete Kreisbahnen* vorkommen können. Das sind im $\boldsymbol{K}$-Raum die Kreise mit den umfaßten Flächen $A_l^*(H) > A_{l-1}^*(H)$

$$\begin{aligned} A_l^*(H) &= \pi\,\boldsymbol{K}_{\perp l}^2 = 2\,\pi\,m_e\hbar^{-1}\,\omega_Z(l + 1/2) \\ &= 4\,\pi\,m_e\hbar^{-2}\,\mu_B\,H(l + 1/2)\,, \end{aligned} \tag{42.48}$$

die mit wachsendem Magnetfeld ebenfalls wachsen, und im Ortsraum nach (42.42) Kreise mit den umfaßten Flächen

$$\begin{aligned} A_l(H) &= \pi\,\boldsymbol{r}_{\perp l}^2 = \pi(\hbar\,\boldsymbol{K}_{\perp l}/e\,\mu_0\,H)^2 = (\hbar/e\,\mu_0\,H)^2 A_l^*(H) \\ &= \pi\,\hbar^2(m_e\,\mu_B\,H)^{-1}(l + 1/2)\,, \end{aligned} \tag{42.49}$$

die bei wachsendem Magnetfeld schrumpfen. Wir diskutieren im folgenden nur noch den $\boldsymbol{K}$-Raum. Hier rotieren also die Spitzen der erlaubten $\boldsymbol{K}$-Vektoren mit der Zyklotronfrequenz bei konstant bleibendem K_z auf den zur K_z-Achse parallelen Kreiszylindern (den *Landau-Zylindern*), siehe Abb. 42.7. Zu jedem derartigen $\boldsymbol{K}$-Vektor[50] gehört die linear mit H anwachsende Bahnenergie

$$W_{\boldsymbol{K}} = W(K_z, l) = (\hbar\,K_z)^2/2\,m_e + \hbar\,\omega_Z(l + 1/2)\,, \tag{42.50}$$

so daß noch die Entartung

$$W(-K_z, l) = W(K_z, l) \tag{42.51}$$

[49] Keine Drehimpulsquantelung wie beim H-Atom oder Mott-Exziton, deren Elektron sich in einem Coulomb-Potential um ein Kraftzentrum bewegt! Die Landausche Quantenzahl l hat nichts mit der Bahndrehimpulsquantenzahl l des H-Atoms zu tun, sondern entspricht der Schwingungsquantenzahl v des Oszillators. Siehe auch Ziffer 43.4.4.

[50] Wegen der Rotation sind nur K_z und $K_\perp = |\boldsymbol{K}_\perp|$ nicht aber K_x und K_y definiert. $K_\perp$ entspricht l.

dieser sogenannten *Landau-Niveaus* besteht. Die beiden zum gleichen $\boldsymbol{K}$-Vektor gehörigen Spinzustände $m_s = \pm 1/2$ unterscheiden sich in der *Spinenergie*

$$W_{m_s} = m_s g_s \mu_B H = \hbar \omega_R \cdot m_s . \tag{42.52}$$

Damit wird die *Gesamtenergie* eines Einelektronzustandes gleich

$$\begin{aligned} W(K_z, l, m_s) &= \hbar^2 K_z^2/2 m_e + \hbar \omega_Z (l + 1/2) + \hbar \omega_R m_s \\ &= W(-K_z, l, m_s), \end{aligned} \tag{42.53}$$

siehe das Termschema in Abb. 42.8.

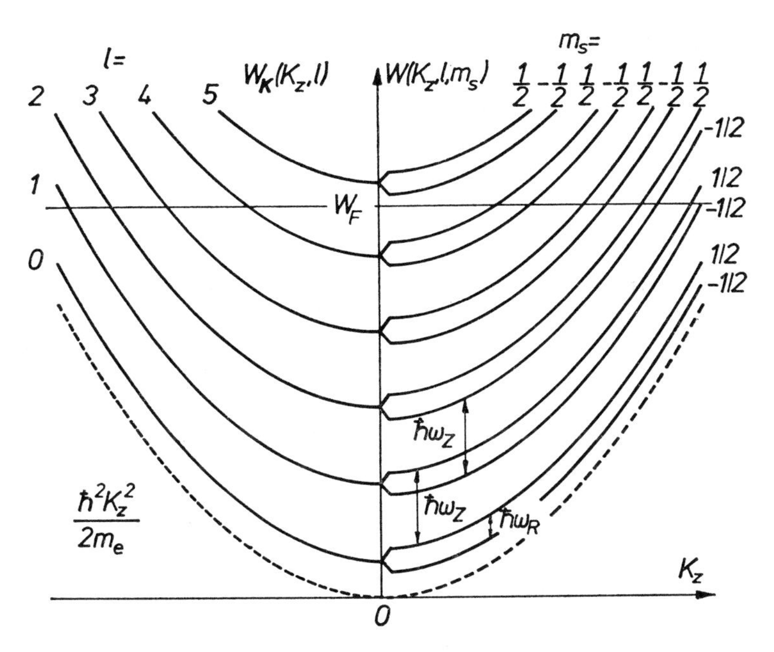

Abb. 42.8. Termschema für freie Elektronen im Magnetfeld, über der von $\boldsymbol{H}$ unbeeinflußten Wellenzahl $K_H = K_z$. Links: Landausche Bahnenergie $W_{\boldsymbol{K}}$ nach (42.50). Rechts: Gesamtenergie einschließlich der Spinenergie W_{m_s} nach (42.53). Zwei Zyklotronresonanzübergänge und ein Elektronenspinresonanzübergang sind eingezeichnet, unter der willkürlichen Annahme $\omega_Z = 3\,\omega_R$. Gestrichelt: von $\boldsymbol{H}$ unbeeinflußte Teilenergie W_{Kz} nach (42.45)

In der Grenze $H \to 0$ verschwinden beide Resonanzfrequenzen: $\omega_Z = \omega_R = 0$. Damit verschwindet auch die potentielle Spinenergie (42.52), es tritt $\{\pm m_s\}$-Entartung ein. Dagegen verschwindet die kinetische Bahnenergie (42.46) nicht: beim Grenzübergang $H \to 0$ werden die Kreise nach (42.49) beliebig groß, d.h. gestreckte Bahnen, die durch den Vektor $\boldsymbol{K}$ beschrieben werden. Es tritt also (42.47) an die Stelle von (42.46), und die kinetische Energie nimmt richtig die isotrope Form (41.61)

$$W_{\boldsymbol{K}} = W(K_x, K_y, K_z) = \hbar^2 (K_x^2 + K_y^2 + K_z^2)/2\, m_e \tag{42.53'}$$

an (siehe Ziffer 42.4.6). Umgekehrt formuliert: das Energiekontinuum (Energieband) der freien Elektronen wird durch das Magnetfeld in Teilkontinua (Teilbänder) mit den Quantenzahlen $l = 0, 1, 2, \ldots$ *aufgespalten.*

Die *Zyklotronfrequenz* (42.43) ergibt sich offenbar als die von elektrischer Dipolstrahlung bei Übergängen mit konstantem K_z zwischen benachbarten Landau-Niveaus, d.h. mit der Auswahlregel[51]

$$\Delta K_z = 0, \quad \Delta l = \pm 1, \quad \Delta m_s = 0, \tag{42.54}$$

die *Spinresonanzfrequenz* als die von magnetischer Dipolstrahlung bei Übergängen zwischen benachbarten Spinniveaus, d.h. mit der Auswahlregel

$$\Delta K_z = 0, \quad \Delta l = 0, \quad \Delta m_s = \pm 1 . \tag{42.55}$$

Einige derartige Resonanzübergänge sind in das Termschema Abb. 42.8 eingezeichnet.

[51] Bei Wechselwirkung mit $P(\boldsymbol{r})$ und aus experimentellen Gründen (Skineffekt) werden auch $\Delta l = \pm 2, \pm 3, \ldots$ erlaubt.

42.4.5. Der Bahnmagnetismus

Wir betrachten jetzt das Gesamtsystem aller N_e Elektronen in einer Großperiode vom Volum

$$V = N^3 V_Z = N^3 \boldsymbol{a}(\boldsymbol{b} \times \boldsymbol{c}), \tag{42.56}$$

wobei V_Z das Volum einer Zelle ist, und berechnen seine *Energie* und sein *magnetisches Moment* zunächst für den absoluten Nullpunkt $T = 0$. Beide Größen hängen von der magnetischen Feldstärke ab, da dies sowohl für die Energie (42.53) eines Elektrons als auch für die Verteilung der vorkommenden $\boldsymbol{K}$-Vektoren auf die mit H wachsenden Zylinderflächen im $\boldsymbol{K}$-Raum (Abb. 42.7) gilt. Wir diskutieren zunächst diese *Verteilung*[52].

Vor Einschalten des Magnetfeldes bilden die erlaubten $\boldsymbol{K}$-Vektoren ein Punktgitter, in dem jedem Punkt ($\boldsymbol{K}$-Vektor) nach (41.52/53) der Volumanteil

$$\Delta V_Z^* = N^{-3} V_Z^* = (2\pi)^3/V \tag{42.57}$$

zur Verfügung steht. Andererseits unterscheiden sich die Flächen aufeinander folgender Landau-Kreise nach (42.48) um die von l unabhängige Kreisringfläche (Abb. 42.7)

$$\Delta A^*(H) = A_{l+1}^* - A_l^* = 2\pi m_e \omega_Z/\hbar = 2A_0^*(H). \tag{42.58}$$

Die Fläche zwischen zwei Kreisen ist doppelt so groß wie die Fläche $A_0^*(H)$ des kleinsten Kreises. In dem Raum zwischen zwei benachbarten Zylindern liegen also in jeder Ringscheibe der Höhe dK_z, d.h. des Volums $\Delta V^* = dK_z \Delta A^*(H)$, vor Einschalten des Magnetfeldes gerade

$$\Delta Z_K = \Delta V^*/\Delta V_Z^* = 2V\,dK_z A_0^*(H)/(2\pi)^3 \tag{42.59}$$

$\boldsymbol{K}$-Vektoren. Beim Einschalten des Magnetfeldes müssen diese auf die allein erlaubten Zylinderflächen der Abb. 42.7 wandern[53]. Dabei „kondensieren" wegen des Faktors 2 rechts in (42.58) $\Delta Z_K/2$ Vektoren von innen und ebensoviele von außen auf die Zylinder, so daß auf jedem Zylinderring der Höhe dK_z gleich viel (ΔZ_K) Vektoren liegen[54]. Die feldparallele Komponente K_z bleibt dabei konstant. Da zu jedem $\boldsymbol{K}$-Vektor 2 Spinzustände mit $m_s = \pm 1/2$ gehören, ist die Anzahl der auf einem Zylinderring liegenden Spinzustände gleich

$$\Delta Z = 2\Delta Z_K. \tag{42.60}$$

Sind N_e Elektronen in der Großperiode vorhanden, so werden bei $T = 0\,\mathrm{K}$ die N_e Zustände mit den tiefsten Energien (42.53) besetzt. Dabei vernachlässigen wir zunächst die Spinenergie W_{m_s} und besetzen wegen (42.60) jeden $\boldsymbol{K}$-Vektor nach Maßgabe der Bahnenergie $W = W_{\boldsymbol{K}}$ nach (52.50) mit 2 Elektronen[55]. Die höchste dabei erreichte Energie heißt wieder *Fermienergie*. Sie hängt über ω_Z von H ab und wird deshalb mit $W_F(H)$ bezeichnet[56]. Sie ist in Abb. 42.9 über $\hbar\omega_Z/W_F = 2\mu_B H/W_F$ aufgetragen und mit $W_F = (\hbar K_F)^2/2m_e$ verglichen.

Bei $H \to 0$ liegen die Zylinder beliebig dicht, alle erlaubten Vektoren auf den Zylinderflächen rücken in die Gitterpunkte der ungestörten Verteilung, es geht $W_F(H) \to W_F$ wie es sein muß, und die besetzten Zustände liegen im Innern der Fermikugel (Abb. 42.7). Mit wachsendem H wandern die Zylinder nach außen und verlassen sukzessive die ungestörte Fermikugel bei denjenigen Feldstärken H_l, bei denen nach (42.46/47) $K_{\perp l} = K_F$, also

$$A_l^*(H_l) = A_F^* = \pi K_F^2 \tag{42.61}$$

und

$$W_l(H_l) = \hbar\omega_Z(H_l)(l + 1/2) = W_F \tag{42.62}$$

[52] Die rechnerische Durchführung wird hier nur angedeutet.

[53] Die Anzahl der $\boldsymbol{K}$-Vektoren bleibt dabei konstant, sie ist durch die Wahl der Großperiode $V = N^3 V_Z$ festgelegt.

[54] Diese Anzahl wird mit steigendem H sehr groß. Die Energieniveaus mit gegebenem l werden sehr hoch *entartet*.

[55] Wir gehen also vor wie in Ziffer 42.4.1, aber mit $W_F(H)$ anstelle von W_F, und behandeln die Spinenergie nachträglich.

[56] In Übereinstimmung mit der bisherigen Bezeichnung setzen wir $W_F(0) = W_F$.

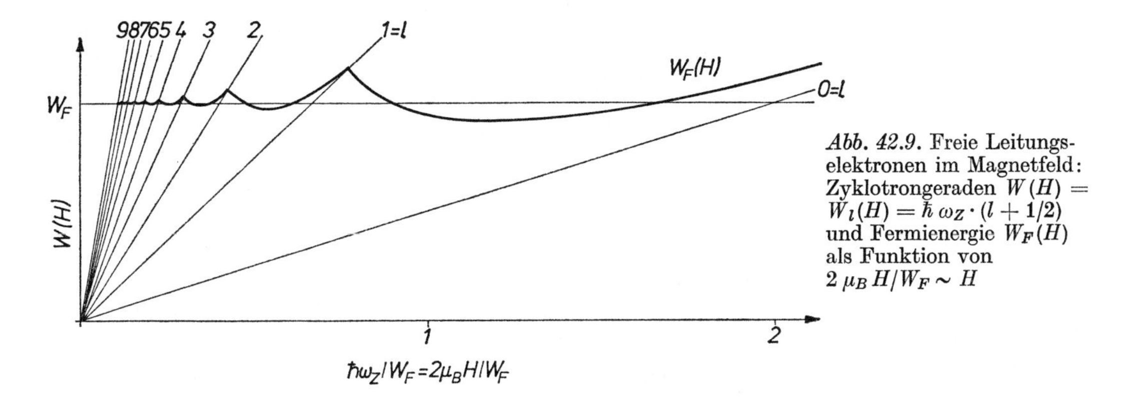

Abb. 42.9. Freie Leitungselektronen im Magnetfeld: Zyklotrongeraden $W(H) = W_l(H) = \hbar\,\omega_Z \cdot (l + 1/2)$ und Fermienergie $W_F(H)$ als Funktion von $2\,\mu_B\,H/W_F \sim H$

ist, d.h. in Abb. 42.9 in den Schnittpunkten der Geraden $W = W_F$ mit den *Zyklotrongeraden* $W = W_l(H) = \hbar\,\omega_Z(l + 1/2)$. Mit wachsender Feldstärke H wächst auch die magnetische Energie $W_l(H)$ der Elektronen. Die Gesamtenergie des Elektronensystems würde also $\sim H$ steigen, wenn jedes Elektron in seinem Zustand (K_z, l) bleiben müßte. Das ist aber nicht der Fall: da auch der Abstand zwischen den Bahnzylindern wächst, sind auf ihnen zunehmend mehr erlaubte Zustände „kondensiert“, die zunächst unbesetzt sind und von Elektronen höherer Energie besetzt werden können. Deshalb gehen laufend Elektronen von äußeren Zylindern auf nachrückende innere Zylinder über[57], und auf jedem Zylinder Elektronen aus Zuständen mit größeren K_z, in Zustände mit kleineren K_z[58]. Durch beide Prozesse wird laufend die Gesamtenergie auf dem tiefstmöglichen Wert gehalten. Das führt im wesentlichen nur zu einer Umbesetzung im Innern der ursprünglichen ungestörten Fermikugel, d.h. nur Zustände auf den (in Abb. 42.7 allein gezeichneten) im Innern der Kugel liegenden Teilen der Zylinderflächen sind besetzt. Immer wenn ein Bahnzylinder die Kugel tangiert, existiert auf ihm eine maximale Dichte besetzter Zustände am Äquator, die aber durch Abwanderung der Elektronen auf nachrückende innere Zylinder abgebaut wird, sobald der Zylinder die Kugel verlassen hat. Das ist allerdings nicht mehr der Fall, wenn der *letzte* Zylinder $(l = 0)$ den Äquator passiert, da dann im Innern der Kugel keine erlaubten Zustände mehr existieren. In der Grenze $H \to \infty$ liegen deshalb *alle N_e besetzten* Zustände auf dem Zylinder $l = 0$, und die Bahnenergie aller Elektronen ist wegen $K_z \to 0$ gleich

$$W_K(H \to \infty) = \hbar\,\omega_Z/2 \to \infty\,. \tag{42.63}$$

Dies ist dann auch die Fermienergie $W_F(H)$, so daß

$$W_F(H \to \infty) > W_F\,.$$

$W_F(H)$ geht also bei $H \to \infty$ von oben her asymptotisch in $W_0(H)$ über (rechts in Abb. 42.9).

Ganz analog verhält sich $W_F(H)$ auch bei der Äquator-Passage der Zylinder $l > 0$ bei entsprechend niedrigen Feldstärken H_l. Hier fällt jedoch, im Gegensatz zu $l = 0$, wie oben gezeigt, die Fermienergie nach der Passage wieder ab, da immer noch mindestens ein Zylinder mit erlaubten Bahnzuständen im Innern der Fermikugel existiert. Zwischen den Schnittpunkten der Zyklotrongeraden mit $W = W_F$ ist sogar $W_F(H) < W_F$. Insgesamt wechselt $W_F(H)$ bei wachsendem H zwischen Maxima und Minima, siehe Abb. 42.9.

[57] Anschaulich im Ortsraum: von weiten auf engere Schraubenbahnen.

[58] Anschaulich im Ortsraum: von Schraubenbahnen mit großer auf solche mit kleiner Ganghöhe, bei gleichem Durchmesser.

Man überzeugt sich leicht, daß diese ganze Überlegung auch am Termschema Abb. 42.8 durchgeführt werden kann. Mit wachsendem H verschieben sich die Teilbänder $l = 0, 1, 2, \ldots$ nach oben, und die Loslösung des l-ten Parabelminimums vom Ferminiveau W_F entspricht der Loslösung des l-ten Landau-Zylinders von der Fermikugel in Abb. 42.7.

Aufgabe 42.7. Berechne für ein freies Elektronengas von der Elektronenzahldichte des Kupfers a) die Anzahl der Zyklotronzylinder im Innern der Fermikugel bei $\mu_0 H = 1\ \mathrm{Vs\,m^{-2}} \triangleq 10^4$ Gauss, b) die magnetische Feldstärke H_0, bei der der letzte Zylinder ($l = 0$) die Fermikugel verläßt.

Aufgabe 42.8. Berechne im Anschluß an die vorige Aufgabe den Bahndurchmesser im Ortsraum für $l = 0$ sowohl im dortigen Fall a) wie im Fall b). Diskutiere das Ergebnis.

Aufgabe 42.9. Beweise, daß mit der Fläche $A_l(H)$ der Zyklotronkreise auch der sie durchsetzende magnetische Fluß nach

$$\Phi = \mu_0 H A_l(H) = \overline{\Phi}(l + 1/2)$$

gequantelt ist. Berechne das *magnetische Flußquantum* $\overline{\Phi}$.

Aufgabe 42.10. a) Rechne die Zustandsdichte (42.60) mit $dK = dW \cdot (dK/dW)$ von der $\boldsymbol{K}$-Skala um auf die Energieskala. Beweise, daß $\Delta Z = D(W)\,dW$ mit

$$D(W) = \sum_l D_l(W),$$

$$D_l(W) = \frac{3\,N_e \hbar\,\omega_Z}{8\,W_F^{3/2}\sqrt{W - \hbar\,\omega_Z\,(l + 1/2)}}.$$

b) Bestimme $W_F(H)$ aus der Forderung

$$\int_0^{W_F(H)} D(W)\,dW = N_e.$$

Hinweis: jedes $D_l(W)$ wird erst berücksichtigt, wenn $W > \hbar\omega_Z(l + 1/2)$ ist.

Trägt man die Fermienergie $W_F(H)$ nicht über H, sondern über H^{-1} auf, so erhält man eine Funktion, deren Extrema die Abstände (n = ganze Zahlen)

$$\frac{1}{H_{n+1}} - \frac{1}{H_n} = p = \frac{2\,\mu_B}{W_F(H)} \tag{42.64}$$

haben. Sie liegen also in derjenigen Näherung äquidistant, in der die H-Abhängigkeit der „Periode" p vernachlässigt, d.h. $W_F(H) = W_F$ gesetzt werden kann[59]. Dies ist ein wichtiges experimentelles Kriterium, siehe unten.

Die *Energie* $W_{\mathbf{K}}^0$ des *Bahngrundzustandes*, d.h. die *gesamte Bahnenergie bei* $T = 0$ erhält man (wie im feldfreien Fall (42.12)) durch Aufsummieren aller Elektronenenergien bis zur Fermienergie $W_F(H)$. Es hängt also auch $W_{\mathbf{K}}^0 \equiv W_{\mathbf{K}}^0(H)$ ähnlich wie $W_F(H)$ pseudoperiodisch von H ab. Dasselbe gilt dann auch für die *Bahn-Magnetisierung* $M_{\mathbf{K}}^0(H)/V$ bei $T = 0$, die sich nach (21.6) und (21.6'') aus der Ableitung

$$M_{\mathbf{K}}^0(H)/V = V^{-1}\,\partial W_{\mathbf{K}}^0/\partial H \tag{42.65}$$

ergibt. Die Bahn-Magnetisierung wechselt hiernach periodisch mit der Steigung von $W_{\mathbf{K}}^0(H)$ das Vorzeichen (Abb. 42.9); wenn es nur Bahnmagnetismus gäbe, wäre das Elektronengas periodisch in H^{-1} abwechselnd para- und diamagnetisch.

An dieser Stelle müssen jetzt die bisher vernachlässigte Energie und Magnetisierung der *Spins* berücksichtigt werden[60]. Die *Gesamtenergie* wird

$$W^0 = W_{\mathbf{K}}^0 + W_{m_s}^0 \tag{42.65'}$$

[59] Oder, was dasselbe ist, die Extremalfeldstärken H_n gleich den Feldstärken H_l nach (42.62).

[60] Streng genommen auch eine Spin-Bahn-Kopplung zwischen Spins und Zyklotronbahnen, was aber hier zu weit führen würde.

und die Magnetisierung nach (42.37)

$$M^0/V = M^0_K(H)/V + (3/2)(N_e/V)\mu_B^2 H/W_F\,. \qquad (42.65'')$$

Das letzte paramagnetische Glied wächst linear in H, die Magnetisierung wird insgesamt positiv, das paramagnetische Moment ist aber durch das erste Glied periodisch in H^{-1} mit der Periode (42.64) moduliert. Das ist der *de Haas-van Alphen-Effekt.*

Man mißt die Periode (42.64), die man mit $W_F(H) \approx W_F = (\hbar K_F)^2/2m_e$ und $A_F^* = \pi K_F^2$ in die Form

$$p = 4\pi m_e \mu_B/\hbar^2 A_F^* \qquad (42.66)$$

bringen kann, und bestimmt daraus A_F^*, das ist der maximale Querschnitt der Fermikugel senkrecht zum Magnetfeld. Hieraus würde K_F und daraus mit (42.7) die Elektronenzahldichte N_e/V folgen.

In Wirklichkeit sind die Elektronen aber nicht frei ($P(\boldsymbol{r}) \not\equiv 0$), und die Fermifläche ist keine Kugel mehr. Jedoch bleibt (42.66) erhalten, mit A^* statt A_F^*, und A^* bedeutet *jeden extremalen Querschnitt* der Fermifläche senkrecht $\boldsymbol{H}$. Hierauf und auf Experimente kommen wir in Ziffern 43.4.3 und 43.4.4 zurück.

In schwachen Magnetfeldern können die Perioden nicht mehr aufgelöst werden. Es wird bei nicht zu tiefen Temperaturen ein Mittelwert der Bahnmagnetisierung gemessen, der diamagnetisch ist und nach Landau gerade 1/3 der Paulischen Spinmagnetisierung wieder aufhebt. Die *gesamte paramagnetische Suszeptibilität* der freien Elektronen bei $H \to 0$ und $T = 0\,K$ wird also mit (42.38) zu

$$\begin{aligned}\chi(0) &= \chi_P(0) + \chi_L(0) = (2/3)\,\chi_P(0)\\ &= (N_e/V)\,\mu_B^2/\mu_0 W_F \qquad (42.67)\end{aligned}$$

und dieser Wert bleibt, wie aus der Herleitung und (42.39) folgt, auch bei höherer Temperatur praktisch erhalten (*temperaturunabhängiger Paramagnetismus*).

Die experimentelle Prüfung von (42.67) ist schwierig. Der theoretische Wert ist klein, nach Tabelle 42.1 ist z.B. für Kupfer der Wert $\chi(0) = +8 \cdot 10^{-6}$ zu erwarten. Von derselben Größenordnung ist aber auch die negative Sus-

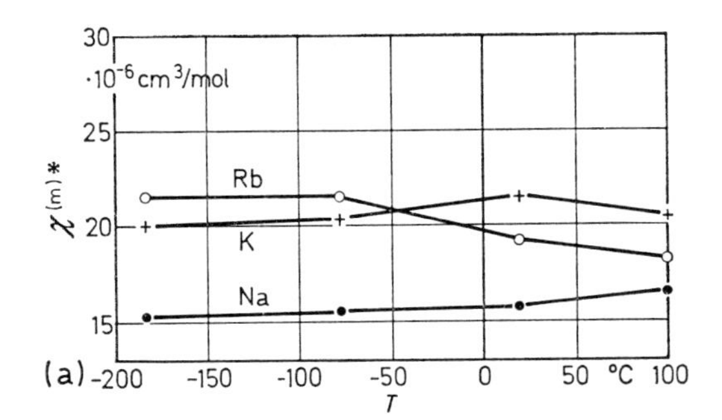

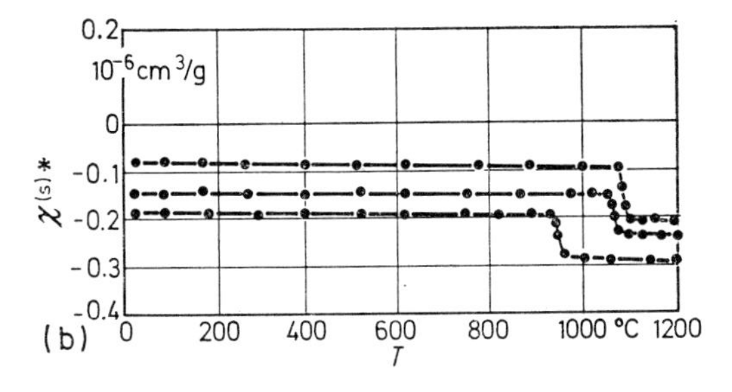

Abb. 42.10. Gesamtsuszeptibilität normaler einwertiger Metalle. Die Alkalimetalle (a) sind para-, die Edelmetalle (b) sind diamagnetisch. Nichtrationale Mol- und Massensuszeptibilität in CGS-Einheiten, siehe den Anhang. Aus Landolt-Börnstein, 6. Aufl., Band II/9.

zeptibilität der diamagnetischen *Ionenrümpfe*, so daß die *Gesamtsuszeptibilität* sowohl positiv (Alkalimetalle) wie negativ (Edelmetalle) werden kann. Da der Diamagnetismus der Ionen nicht sehr gut bekannt ist und weil außerdem auch geringfügige Verunreinigungen der Proben mit Fremdmetallen große experimentelle Fehler verursachen, beschränken wir uns auf die Angabe einiger Meßergebnisse für die Gesamtsuszeptibilität (Abb. 42.10).

Wenn die Leitungselektronen nicht mehr als frei zu betrachten sind, weil die Fermifläche in der Nähe des Zonenrandes liegt, muß (42.67) korrigiert werden. Dann muß beim diamagnetischen Anteil χ_L, weil es sich um Bahnmagnetismus handelt, eine effektive Masse m_χ^* anstelle von m_e, d.h. ein effektives Magneton $\mu_B^* = \mu_0 e\hbar/2m_\chi^*$ eingeführt werden. Das Moment des Spins in χ_P dagegen bleibt $\mu_B = \mu_0 e\hbar/2m_e$.

Auf die Beteiligung der Leitungselektronen am *Ferromagnetismus* wurde bereits in Ziffer 24.2 hingewiesen (siehe auch Ziffer 43.3.2).

43. Das Kristallelektronengas im Gitterpotential

Wir betrachten das Elektronengas jetzt unter dem Einfluß eines periodischen Gitterpotentials $P(\boldsymbol{r}) = P(\boldsymbol{r} + \boldsymbol{t})$ und nennen es das *Kristallelektronen*-Gas. Folgende Änderungen gegenüber dem Grenzfall $P(\boldsymbol{r}) \equiv 0$ des Fermi-Sommerfeld-Gases freier Elektronen sind zu erwarten:

1. Die Amplitude $\varphi_{\boldsymbol{K}}(\boldsymbol{r})$ der Blochwellen (41.46) ist nicht mehr konstant, sondern eine periodische Funktion (41.47) des Ortes (siehe Abb. 41.1). Dasselbe gilt für die Aufenthaltswahrscheinlichkeit

$$|\psi_{\boldsymbol{K}}(\boldsymbol{r})|^2 dV = |\varphi_{\boldsymbol{K}}(\boldsymbol{r})|^2 dV$$

eines Elektrons.

2. Die Blochwellen (41.46) sind nicht mehr auch Eigenzustände des kontinuierlichen Impulsoperators $\boldsymbol{p} = -i\hbar\,\mathrm{grad}_{\boldsymbol{r}}$ mit den Eigenwerten $\hbar\boldsymbol{K}$. Umgekehrt ist $\hbar\boldsymbol{K}$ nicht mehr ein eindeutiger Teilchenimpuls. $\hbar\boldsymbol{K}$ und speziell die auf die 1. BZ reduzierte Größe $\hbar\boldsymbol{k}$ werden als *Quasi-* oder *Kristallimpuls* des Elektrons bezeichnet (vgl. Ziffer 8.4, Phononen).

3. Die Energie ist nicht mehr rein kinetisch, (41.61) gilt nicht mehr. Es entstehen *verbotene Zonen* zwischen den Energiebändern.

4. Die Fermifläche ist keine Kugel mehr.

Die auftretenden Änderungen hängen von der *speziellen* Form und Stärke des Potentials $P(\boldsymbol{r})$ ab, siehe z.B. Abb. 41.1. Ihre Berechnung ist im Einzelfall schwierig, so daß wir uns öfter auf qualitative Überlegungen beschränken werden. Dabei werden wir vor allem die räumliche und zeitliche *Symmetrie* des Problems ausnützen und stellen deshalb einige Symmetriebetrachtungen über die Einelektronzustände voran.

43.1. Einelektronzustände II

43.1.1. Zeitumkehr

Auch bei Kristall-Elektronen bleibt die *Kramers-Entartung* (41.64) der Energieniveaus bestehen, da das Potential als rein elektrisch, d.h. als reelle Ortsfunktion, angesehen werden kann.

Dann ist der $\mathscr{H}$-Operator (41.42) (wie auch bei freien Elektronen) *reell*, $\mathscr{H}^*(\boldsymbol{r}) = \mathscr{H}(\boldsymbol{r})$ und die zu (41.44) konjugiert komplexe Gleichung wird zu

$$\mathscr{H}(\boldsymbol{r})\,\psi_{\boldsymbol{K}}^*(\boldsymbol{r}) = W_{\boldsymbol{K}}\,\psi^*(\boldsymbol{r})\,, \tag{43.1}$$

so daß neben dem Blochzustand $\psi_{\boldsymbol{K}}(\boldsymbol{r})$ nach (41.46) auch der konjugiert komplexe Zustand

$$\psi_{\boldsymbol{K}}^*(\boldsymbol{r}) = \varphi_{\boldsymbol{K}}^*(\boldsymbol{r})\,e^{-i\boldsymbol{K}\boldsymbol{r}} = \overline{\psi}_{\boldsymbol{K}}(\boldsymbol{r}) \tag{43.2}$$

Eigenzustand von $\mathscr{H}$ zum gleichen Eigenwert $W_{\boldsymbol{K}}$ ist. Er hat die umgekehrte $\boldsymbol{K}$-Richtung (Zeitrichtung), ist also der *Kramers-konjugierte* Zustand $\overline{\psi}_{\boldsymbol{K}}(\boldsymbol{r})$ zu $\psi_{\boldsymbol{K}}(\boldsymbol{r})$, und wir definieren durch ihn den Zustand $\psi_{-\boldsymbol{K}}(\boldsymbol{r})$[61]:

$$\psi_{-\boldsymbol{K}}(\boldsymbol{r}) = \overline{\psi}_{\boldsymbol{K}}(\boldsymbol{r}) = \psi_{\boldsymbol{K}}^*(\boldsymbol{r}) \tag{43.2'}$$

so daß

$$W_{-\boldsymbol{K}} = W_{\boldsymbol{K}} \tag{43.3}$$

geschrieben werden kann.

Aus $\psi_{\boldsymbol{K}}$ und $\psi_{-\boldsymbol{K}}$ lassen sich mit Koeffizienten a, b zwei neue orthonormierte Zustände

$$\begin{aligned} \psi_1(\boldsymbol{r}) &= a\,\psi_{\boldsymbol{K}}(\boldsymbol{r}) + b\,\psi_{-\boldsymbol{K}}(\boldsymbol{r})\,, \\ \psi_2(\boldsymbol{r}) &= -b^*\,\psi_{\boldsymbol{K}}(\boldsymbol{r}) + a^*\,\psi_{-\boldsymbol{K}}(\boldsymbol{r})\,, \\ 1 &= |a|^2 + |b|^2 \end{aligned} \tag{43.4}$$

bilden, deren jeder wieder Eigenzustand zu $W_{\boldsymbol{K}}$ ist. Dasselbe gilt für ihre Kramers-Konjugierten $\overline{\psi}_1(\boldsymbol{r})$ und $\overline{\psi}_2(\boldsymbol{r})$. Bei Zeitumkehr gehen also $\psi_{\boldsymbol{K}}$, ψ_1, ψ_2 in *andere* Funktionen $\overline{\psi}_{\boldsymbol{K}}$, $\overline{\psi}_1$, $\overline{\psi}_2$ über (und umgekehrt), mit denen sie jeweils entartet sind (zweifache *Kramers-Entartung*, siehe Ziffer 15.4). Ist jedoch speziell $a = b^* = e^{i\alpha}/\sqrt{2}$ mit beliebigem α, d.h. sind die Zustände (43.4) reell oder imaginär:

$$\begin{aligned} \psi_1 &= (1\sqrt{2})\,(e^{i\alpha}\,\psi_{\boldsymbol{K}} + e^{-i\alpha}\,\psi_{-\boldsymbol{K}})\,, \\ \psi_2 &= -(1/\sqrt{2})\,(e^{i\alpha}\,\psi_{\boldsymbol{K}} - e^{-i\alpha}\,\psi_{-\boldsymbol{K}})\,, \end{aligned} \tag{43.5}$$

[61] Die Definition (43.2′) ist eigentlich nur die willkürliche Festlegung der Phase des Zustandes $\psi_{-\boldsymbol{k}}(\boldsymbol{r})$. Vgl. hiermit Gl. (15.105): bei Drehimpulszuständen ist eine kompliziertere Phasenbeziehung festgelegt worden.

so ist

$$\bar{\psi}_1 = \psi_1^* = \psi_1, \quad \bar{\psi}_2 = \psi_2^* = -\psi_2, \tag{43.5'}$$

d.h., jeder Zustand geht bei Zeitumkehr in *sich* über[62], ist also *Kramers-einfach* (siehe Ziffer 15.4). Anschaulich stellen sie die Überlagerung von einander mit beliebiger Phase entgegenlaufenden Wellen gleicher Wellenlänge und Amplitude, also stehende Elektronenwellen dar. Der resultierende Kristallimpuls

$$|a|^2 \hbar \boldsymbol{K} + |b|^2 \hbar(-\boldsymbol{K}) = (|a|^2 - |b|^2) \hbar \boldsymbol{K} \tag{43.6}$$

der Zustände (43.4) hat den Wert Null, wenn diese Zustände Kramers-einfach sind[63] (43.5).

Aufgabe 43.1. Zeige, daß umgekehrt alle Kramers-einfachen Linearkombinationen von $\psi_{\boldsymbol{K}}$ und $\psi_{-\boldsymbol{K}}$ (abgesehen von einem willkürlichen Phasenfaktor) die Form (43.5) haben müssen.

Aufgabe 43.2. Zeige, daß die beiden Kramers-einfachen Zustände (43.5) doch zum gleichen Energieeigenwert gehören. Diskutiere die physikalische Bedeutung dieses Paradoxons.

43.1.2. Translationssymmetrie b

Die räumliche Translationssymmetrie (41.43) hat folgende Konsequenzen für jede beliebige Form des Potentials (also auch für freie Elektronen):

Die Eigenzustände sind laufende Blochwellen (41.46). Sie sind, wie schon gezeigt, translationseinfach (siehe (41.48)). Dies gilt fur Wellen, deren $\boldsymbol{K}$-Vektoren im Innern einer Brillouinzone liegen.

Liegt jedoch der $\boldsymbol{K}$-Vektor ($\boldsymbol{K}_0$) auf einem Zonenrand (auf einer Brillouinebene $\mathrm{BE}_{h_1h_2h_3}$, siehe Abb. 41.8), so erfolgt Braggreflexion, und es entstehen neue Zustände durch Überlagerung der eingestrahlten Welle $\psi_{\boldsymbol{K}_0}(\boldsymbol{r})$ und der reflektierten Welle $\psi_{\boldsymbol{K}}(\boldsymbol{r})$, wobei nach (41.69) die Bragg-Beziehung

$$\boldsymbol{K}_0 - \boldsymbol{K} = \boldsymbol{g}_{h_1h_2h_3} = m\, \boldsymbol{g}_{hkl} \tag{43.8}$$

und

$$|\boldsymbol{K}_0| = |\boldsymbol{K}| \tag{43.8'}$$

gilt. Man hat also aus $\psi_{\boldsymbol{K}_0}$ und $\psi_{\boldsymbol{K}}$ linear unabhängige Kombinationen

$$\begin{aligned} \psi_1(\boldsymbol{r}) &= a\, \psi_{\boldsymbol{K}_0}(\boldsymbol{r}) + b\, \psi_{\boldsymbol{K}}(\boldsymbol{r}), \\ \psi_2(\boldsymbol{r}) &= -b^*\, \psi_{\boldsymbol{K}_0}(\boldsymbol{r}) + a^*\, \psi_{\boldsymbol{K}}(\boldsymbol{r}) \end{aligned} \tag{43.9}$$

zu bilden und ihr Translationsverhalten zu prüfen. Nach (41.48) ist nach einer beliebigen Translation $\boldsymbol{t} = t_1 \boldsymbol{a} + t_2 \boldsymbol{b} + t_3 \boldsymbol{c}$,

$$\psi_1(\boldsymbol{r}+\boldsymbol{t}) = a\, e^{i\boldsymbol{K}_0\boldsymbol{t}}\, \psi_{\boldsymbol{K}_0}(\boldsymbol{r}) + b\, e^{i\boldsymbol{K}\boldsymbol{t}}\, \psi_{\boldsymbol{K}}(\boldsymbol{r}). \tag{43.10}$$

Wegen (43.8) und (3.20) ist aber $e^{i\boldsymbol{K}_0\boldsymbol{t}} = e^{i\boldsymbol{K}\boldsymbol{t}}$, d.h es ist

$$\psi_1(\boldsymbol{r}+\boldsymbol{t}) = e^{i\boldsymbol{K}_0\boldsymbol{t}}\, \psi_1(\boldsymbol{r}). \tag{43.11}$$

Der Zustand geht bei Translation bis auf einen Phasenfaktor in sich über, auch er ist translationseinfach. Dasselbe gilt für $\psi_2(\boldsymbol{r})$.

Für spätere Anwendungen merken wir noch den Spezialfall senkrechter Braggreflexion an. Hier ist $\boldsymbol{K}_0 = -\boldsymbol{K}$ und aus Symmetriegründen $a = b = 1/\sqrt{2}$, also

$$\begin{aligned} \psi_1(\boldsymbol{r}) &= 2^{-1/2}(\psi_{\boldsymbol{K}}(\boldsymbol{r}) + \psi_{-\boldsymbol{K}}(\boldsymbol{r})), \\ \psi_2(\boldsymbol{r}) &= -2^{-1/2}(\psi_{\boldsymbol{K}}(\boldsymbol{r}) - \psi_{-\boldsymbol{K}}(\boldsymbol{r})), \end{aligned} \tag{43.12}$$

wobei $\psi_{-\boldsymbol{K}}(\boldsymbol{r})$ durch (43.2') definiert ist. Das sind stehende Wellen[64]. — Es sei ausdrücklich darauf hingewiesen, daß die Zustände (43.9) und (43.12) ebenso wie die laufenden Wellen im ganzen Gitter (für alle $\boldsymbol{r}$) definiert sind und nicht etwa, wie im klassischen Bild, „nur vor dem Spiegel".

Mit diesen Überlegungen ist gezeigt, daß nur translationseinfache Einelektronzustände im Translationsgitter vorkommen: die *Translationssymmetrie verlangt keine Entartung.*

Symmetrie-Entartung tritt erst auf, wenn, was in den meisten Raumgittern der Fall ist, *Punktsymmetrieelemente* zur Translationssymmetrie hinzutreten. So hat z.B. in einem kubischen Gitter das Potential längs jeder der drei zueinander senkrechten Symmetrie-

[62] Abgesehen von Phasenfaktoren (hier $+1$ und -1).

[63] Vergleiche das Verschwinden des Drehimpulses von Kramers-einfachen Zuständen bei Drehungssymmetrie, Ziffer 15.4.

[64] Nach Ziffer 43.1.1 sind diese (und nur diese) auch Kramers-einfach (Aufgabe 43.5).

achsen denselben Verlauf, d.h. Elektronenzustände, die sich nur durch die Richtung von $\boldsymbol{K}$ parallel zu einer dieser drei Achsen unterscheiden, haben dieselbe Energie. Derartige, von Punktsymmetrieelementen (hier von der A_3^{kub}) erzeugte Entartungen lassen wir hier zunächst außer Betracht.

Aufgabe 43.4. Untersuche allgemein, wann Linearkombinationen $\psi(\boldsymbol{r}) = a\,\psi_{\boldsymbol{K}_0}(\boldsymbol{r}) + b\,\psi_{\boldsymbol{K}}(\boldsymbol{r})$ mit zunächst beliebigen a, b, $\boldsymbol{K}_0$, $\boldsymbol{K}$ translationseinfach sind. Diskutiere das Ergebnis für $\boldsymbol{K}_0$ im Innern und auf dem Rand einer BZ im Zusammenhang mit der Reduktion von Wellenvektoren auf die 1. BZ.

Aufgabe 43.5. Untersuche, wann ein Zustand $\psi(\boldsymbol{r}) = a\,\psi_{\boldsymbol{K}_0}(\boldsymbol{r}) + b\,\psi_{\boldsymbol{K}}(\boldsymbol{r})$ mit zunächst beliebigen $\boldsymbol{K}_0$, $\boldsymbol{K}$, a, b Kramers-einfach ist.
Hinweis: Vergleiche den Kramers-konjugierten Zustand $\overline{\psi}(\boldsymbol{r})$ mit $\psi(\boldsymbol{r})$.

Aufgabe 43.6. Diskutiere die Zeit- und Translations-Symmetrie aller möglichen Zustände mit $\boldsymbol{K} = 0$. Diskutiere diese Zustände anschaulich.

Die Ergebnisse dieser Ziffer wenden wir jetzt an, und zwar zunächst auf das eindimensionale (Ziffer 43.2), dann auf das dreidimensionale Gitter (Ziffer 43.3).

43.2. Energiebänder im eindimensionalen Gitter

Wir denken uns ein Elektron, das zunächst frei sein soll ($P(x) \equiv 0$), in einem eindimensionalen Gitter (Ziffer 41.1). Wir fragen nach der Änderung seiner Energie beim Einschalten eines schwachen periodischen Potentials $P(x)$. Diese Energieänderung ist eine potentielle Energie, nämlich der Erwartungswert $\langle\psi|P(x)|\psi\rangle$ von $P(x)$, gemittelt über diejenigen Eigenzustände ψ des freien Elektrons, die der Störung durch $P(x)$ mit der richtigen Symmetrie in nullter Näherung angepaßt sind[65]. Die Zustände müssen also translationseinfach sein. Das sind für $\boldsymbol{K}$-Vektoren, die im Innern einer Brillouinzone enden, nach der vorigen Ziffer laufende Blochwellen (41.20), wobei beide Laufrichtungen gleichberechtigt sind:

$$\begin{aligned} \psi_{K_x} &= L^{-1/2}\,e^{i K_x x}\,, \\ \psi_{-K_x} &= L^{-1/2}\,e^{-i K_x x}\,. \end{aligned} \tag{43.16}$$

Für $\boldsymbol{K}$-Vektoren mit der Spitze auf dem Rand einer Brillouinzone sind jedoch die aus ihnen überlagerten stehenden Wellen

$$\begin{aligned} \psi_1 &= (2L)^{-1/2}(e^{iK_x x} + e^{-iK_x x}) = 2(2L)^{-1/2}\cos K_x x\,, \\ \psi_2 &= -(2L)^{-1/2}(e^{iK_x x} - e^{-iK_x x}) = -2i(2L)^{-1/2}\sin K_x x \end{aligned} \tag{43.17}$$

mit

$$\begin{aligned} \boldsymbol{K} &= \pm\, n\,\boldsymbol{g}/2 = \pm\, n\cdot 2\pi\,\boldsymbol{a}/2a^2\,, \\ K_x &= \pm\, n\,\pi/a\,, \\ n &= 1, 2, 3, \ldots \end{aligned} \tag{43.17'}$$

die richtigen der Störung angepaßten translationseinfachen Zustände, da bei Einschalten von $P(x)$ Bragg-Reflexion eintritt, die durch die laufenden Wellen (43.16) nicht beschrieben werden kann. Solange die Elektronen noch frei sind, gehören ψ_1 und ψ_2 zum gleichen Eigenwert (41.21), sind also miteinander entartet.

Man erhält (43.17) durch Spezialisierung von (43.12) auf unser Problem. Bei nur einer Dimension sind die Gittervektoren $m\,\boldsymbol{g}_{hkl}$ nur Vielfache von $\boldsymbol{g} = 2\pi\,\boldsymbol{a}/a^2$, siehe (8.12). Dies gibt für jedes n die $\boldsymbol{K}$-Vektoren (43.17') auf den beiden Grenzen zwischen der n-ten und der $(n+1)$-ten Zone, siehe Abb. 8.1a.

[65] Die Grundlagen der Störungstheorie werden hier als bekannt vorausgesetzt.

In den laufenden Wellen ist die Elektronendichte

$$\psi^*_{K_x}\psi_{K_x} = \psi^*_{-K_x}\psi_{-K_x} = 1/L \qquad (43.18)$$

unabhängig von x, also überall gleich groß. In den stehenden Wellen gilt das nicht, es ist mit (43.17')

$$\begin{aligned}\psi^*_1\psi_1 &= (2/L)\cos^2(n\pi x/a)\,,\\ \psi^*_2\psi_2 &= (2/L)\sin^2(n\pi x/a)\,.\end{aligned} \qquad (43.19)$$

Wir führen zunächst eine anschauliche Betrachtung für den Rand der 1. Brillouinzone, d.h. mit $n = 1$ durch. Dann hat die Welle 1 Maxima der negativen Ladungsdichte $-e|\psi_1|^2$ bei $x = 0$, $\pm a$, $\pm 2a, \ldots$ am Ort der positiven Ionen, die Welle 2 negative Ladungsanhäufungen bei $x = \pm a/2$, $\pm 3a/2, \ldots$ zwischen den Ionen (Abb. 43.1). Wird jetzt das Potential schwach eingeschaltet, so wird die

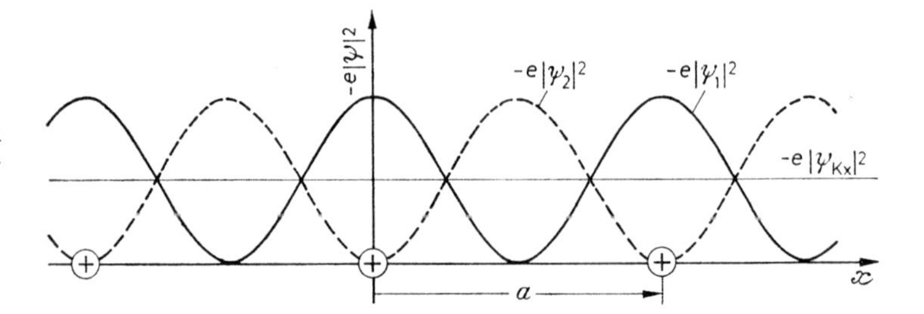

Abb. 43.1. Ladungsdichte $-e|\psi|^2$ eines Elektrons in einem eindimensionalen Potential (*A*-Kette). ψ_{k_x} = laufende Welle, k_x im Innern der 1. Brillouinzone. ψ_1, ψ_2 stehende Wellen infolge Braggreflexion

Energie aller drei Wellenformen geändert: die laufenden Wellen im Innern der Zone erhalten eine mittlere Wechselwirkungsenergie, die Welle 1 von ihr aus gemessen eine negative, die Welle 2 eine positive Wechselwirkungsenergie[66] ΔW zusätzlich zu der kinetischen Energie $\hbar^2 K_x^2/2m_e$. Das bedeutet eine konstante Energieverschiebung aller Zustände mit **K**-Vektoren im Innern und eine zusätzliche Aufspaltung der zu den Zuständen (43.17) gehörenden entarteten Energie am Rand der Zone: Am Zonenrand entsteht ein Energiesprung. Das ist das wesentliche Ergebnis dieser Überlegung.

Die Rechnung liefert zunächst mit (43.18) für das Innere der Zonen

$$\Delta W(K_x) = \Delta W(-K_x) = \langle\psi_{K_x}|P(x)|\psi_{K_x}\rangle = \frac{1}{L}\int_0^L P(x)\,dx = \bar{P}\,. \qquad (43.20)$$

Diese Störenergie ist das mittlere Potential über die Großperiode L. Sie ist von K_x unabhängig[67]. Auf den Zonenrändern wird mit (43.19) (wir rechnen gleich mit beliebigem n für alle Zonenränder)

$$\Delta W_1^{(n)} = \langle\psi_1|P(x)|\psi_1\rangle = \frac{2}{L}\int_0^L P(x)\cos^2(n\pi x/a)\,dx \qquad (43.21)$$

und

$$\Delta W_2^{(n)} = \langle\psi_2|P(x)|\psi_2\rangle = \frac{2}{L}\int_0^L P(x)\sin^2(n\pi x/a)\,dx\,, \qquad (43.22)$$

so daß

$$(\Delta W_1^{(n)} + \Delta W_2^{(n)})/2 = \bar{P} \qquad (43.23)$$

wird. $\Delta W_1^{(n)}$ und $\Delta W_2^{(n)}$ liegen also symmetrisch zu $\bar{P}$:

$$-(\Delta W_1^{(n)} - \bar{P}) = \Delta W_2^{(n)} - \bar{P} = \Delta W^{(n)} - \bar{P}\,. \qquad (43.24)$$

[66] Anschaulich: die laufenden Wellen „sehen“ das mittlere Potential, die stehenden Wellen 1 bevorzugen demgegenüber die anziehenden negativen Teile des Potentials bei den positiven Ionen, die Wellen 2 die positiven Teile zwischen den Ionen.

[67] Man kann den Nullpunkt von $P(x)$ immer so legen, daß $\bar{P} = 0$ wird. Das ist z.B. in Abb. 43.2 benutzt.

Der Index n bezeichnet den Rand zwischen der n-ten und der $(n+1)$-ten Zone. Im allgemeinen ist $\Delta W^{(1)} > 0$. Die Gesamtenergie des Elektrons wird also nach dieser Näherung im Innern der Zonen

$$W(K_x) = (\hbar K_x)^2/2\,m_e + \bar{P} = W_n(k_x) \tag{43.25}$$

und auf dem Rand zwischen der n-ten und $(n+1)$-ten Zone $(K_x = \pm\, n\, g/2)$

$$W_{\pm}^{(n)} = (\hbar\, n\, g)^2/8\,m_e + \bar{P} \pm (\Delta W^{(n)} - \bar{P})\,, \tag{43.26}$$

wobei $g = 2\pi/a$ die Breite einer Brillouinzone ist.

In höherer Näherung ist der Übergang der Energie von den Werten (43.25) im Innern der Brillouinzonen zu den Werten (23.26) auf den Zonenrändern stetig. Setzt man noch voraus, daß die Funktion $W(K_x) = W_n(k_x)$ überall differenzierbar ist, so folgt in unserem Fall aus der Kramers-Entartung (43.3) für alle k_x der 1. BZ

$$W_n(k_x) = W_n(-k_x)\,, \tag{43.27}$$

$$\frac{dW_n(k_x)}{dk_x} = \frac{dW_n(-k_x)}{d(-k_x)} = -\frac{dW_n(-k_x)}{dk_x} \tag{43.27'}$$

und aus der Periodizität (41.37′) im Innern eines Bandes

$$W_n(k_x) = W_n(k_x + l\,2\pi/a)\,, \qquad (l = 0, 1, 2, \ldots)\,, \tag{43.28}$$

$$\frac{dW_n(k_x)}{dk_x} = \frac{dW_n(k_x + l\,2\pi/a)}{dk_x}\,. \tag{43.28'}$$

Für $k_x = 0$ liefert (43.27′)

$$\left.\frac{dW_n(k_x)}{dk_x}\right|_0 = 0\,, \tag{43.29}$$

d.h. im Zentrum der BZ hat die Energie ein Extremum. Am Rand $k_x = \pm\,\pi/a$ der Zone liefert (43.27′)

$$\left.\frac{dW_n(k_x)}{dk_x}\right|_{+\frac{\pi}{a}} = -\left.\frac{dW_n(k_x)}{dk_x}\right|_{-\frac{\pi}{a}}\,. \tag{43.29'}$$

Aber aus (43.28′) folgt mit $l = \pm 1$ widersprüchlich

$$\left.\frac{dW_n(k_x)}{dk_x}\right|_{+\frac{\pi}{a}} = \left.\frac{dW_n(k_x)}{dk_x}\right|_{-\frac{\pi}{a}}\,, \tag{43.29''}$$

so daß auch am Rand

$$\left.\frac{dW_n(k_x)}{dk_x}\right|_{\pm\frac{\pi}{a}} = 0 \tag{43.29'''}$$

ist: die Energiekurven stoßen in allen Bändern *senkrecht* auf den Zonenrand (Abb. 43.2).

Die Bänder werden also durch verbotene Zonen der Breite $2\,\Delta\,W^{(n)}$ getrennt (Abb. 43.3): infolge der Bragg-Reflexion kann es keine ebenen Wellen mit Energien aus diesem Energiebereich in der Kette geben. Die aus diesem Bereich „verdrängten" Zustände häufen sich an den Zonenrändern, wo die Energiekurven horizontal laufen, die Zustandsdichte $D(W) = dZ/dW$ also beliebig groß wird.

Mit wachsendem $P(x)$ nimmt nach (43.21/22/24) die Breite der verbotenen Zone zu, die verbleibende Bandbreite also ab. Andererseits bestimmt $P(x)$ im Verhältnis zur kinetischen Energie die Bindungsfestigkeit der Elektronen an das Gitter: stärker gebundene Elektronen haben also schmälere Bänder und größere Bandabstände als schwächer gebundene. Im Grenzfall *freier* Elektronen $(P(x) \equiv 0)$, geht der *Bandabstand*, im Grenzfall sehr fest *gebundener* (lokalisierter) Elektronen $(|P(x)| \gg \boldsymbol{p}^2/2m_e)$, geht die *Bandbreite* gegen Null.

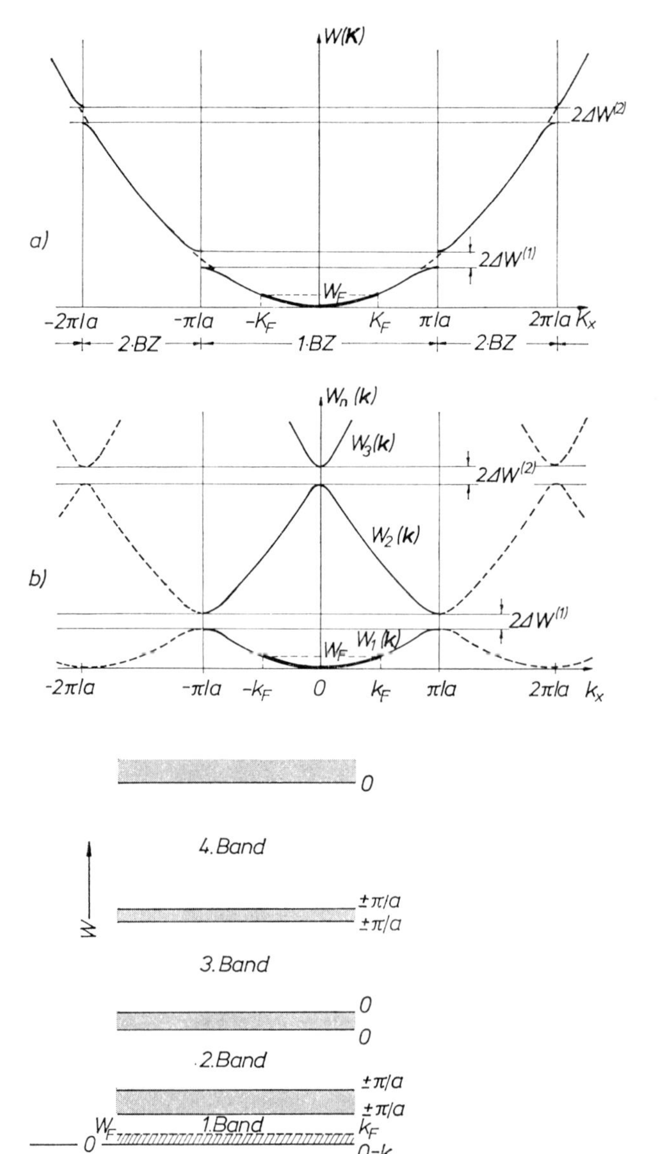

Abb. 43.2. Energiebänder für ein Kristallelektron in einem eindimensionalen Potential (A-Kette). Bänderstruktur a) im ausgedehnten Brillouinschema, b) im reduzierten (——) und dann periodisch fortgesetzten (- - -) Bänderschema. Das mittlere Potential $\bar{P}$ ist durch die Wahl des Energienullpunktes unterdrückt. Im Fall einer A-Kette ($s = 1$) mit $n_e = 1$ freiem Elektron je Atom sind bei $T = 0$ die Zustände mit $|\boldsymbol{k}| = |k_x| \leq k_F$ und $W_1(\boldsymbol{k}) \leq W_F$ besetzt, die auf dem dicker gezeichneten Kurvenstück liegen (siehe Text)

Abb. 43.3. Termschema ohne Darstellung der Bandstruktur für Kristallelektronen nach dem reduzierten Bänderschema in Abb. 43.2 bis zum vierten Band. Die schraffierten Niveaus sind bei $T = 0$ besetzt, wenn $n_e = 1$ (ein Leitungselektron je Zelle). Schattiert: verbotene Energiebereiche

Im ersten Energieband liegt der Einelektronzustand mit dem kleinsten k_x-Wert ($k_x = 0$) unten, der mit dem größten ($k_x = \pm\,\pi/a$) oben. In den folgenden Bändern kehrt sich diese Reihenfolge sukzessive um.

In jedem Band liegen so viel Blochzustände wie Zellen in der Großperiode der Kette, nämlich N; das gibt $2\,N$ Spinzustände. Diese können alle besetzt werden, wenn 2 Elektronen je Gitterzelle zur Verfügung stehen[68]. Enthält z. B. jede Zelle nur ein Atom (A-Kette), das $n_e = 1$ freies Elektron abgibt, so ist $N_e = N$, d. h. halb so groß wie die Anzahl der Spinzustände in einem Band. Bei $T = 0$ ist also nur die untere Hälfte des Bandes besetzt, das sind die Zustände im Fermi-Intervall $|k_x| < \pi/2a = k_F$, und die Oberfläche dieses Intervalls (die „Fermifläche") besteht aus den beiden Punkten $\pm\,k_F = \pm\,\pi/2\,a$ (siehe Abb. 43.2).

[68] Oder umgekehrt: in jedem Band können 2 Elektronen je Gitterzelle untergebracht werden.

43.3. Energiebänder im dreidimensionalen Gitter

43.3.1. Fermiflächen

Wenn wir die Ergebnisse der vorigen Ziffer (ohne Beweis) auf drei Dimensionen übertragen, ergibt sich für das Verhalten schwach gebundener Elektronen im periodischen Potential $P(\boldsymbol{r}) = P(\boldsymbol{r} + \boldsymbol{t})$ das folgende Bild:

Im Innern der Brillouinzonen, solange also die Spitze des Wellenvektors nicht auf einer Brillouinebene (BE) liegt ($\boldsymbol{K} \neq \boldsymbol{K}_{BE}$), verhalten sich die Elektronen annähernd wie freie Elektronen, d.h. ihre Energie ist angenähert gleich (41.61/70)

$$W_{\boldsymbol{K}} = \frac{(\hbar \boldsymbol{K})^2}{2\, m_e} = \frac{\hbar^2 (\boldsymbol{k} + m\, \boldsymbol{g}_{hkl})^2}{2\, m_e} = W_{nk} \qquad (43.30)$$

und die Zustandsdichte $D(W) = dZ/dW$ ist durch (41.66/67) gegeben. An den Rändern der Brillouinzonen ($\boldsymbol{K} \approx \boldsymbol{K}_{BE}$) gelten (43.30) und (41.66/67) dagegen nicht mehr. Die Energie weicht hier vom parabolischen Verlauf ab, es entstehen *Energielücken* zwischen den *Energiebändern* und an ihren Rändern wird die Zustandsdichte beliebig groß. Dem entspricht, daß die *Flächen konstanter Energie* $W = \text{const}$ im $\boldsymbol{K}$-Raum, die für freie Elektronen nach (43.30) Kugeln mit den Radien

$$|\boldsymbol{K}| = \hbar^{-1} (2\, m_e W_{\boldsymbol{K}})^{1/2} \qquad (43.31)$$

sind, an den Zonengrenzen ($\boldsymbol{K} = \boldsymbol{K}_{BE}$) von der Kugelgestalt abweichen.

Die wichtigste Fläche konstanter Energie ist die *Fermifläche* $W = W_F$, da sie mit denjenigen Elektronen besetzt[69] ist, die für die makroskopisch beobachtbaren Effekte im wesentlichen verantwortlich sind. Sie verdient deshalb besondere Aufmerksamkeit, insbesondere in der Nähe der Zonengrenze. Ob sie diese überhaupt berührt, hängt von der Elektronenkonzentration ab. In jeder Brillouinzone liegen N^3 $\boldsymbol{K}$-Vektoren (Ziffer 41.2), d.h. in jedem Band $2N^3$ Einelektronzustände. Ist andererseits N_e die Elektronenzahl in der Großperiode, so sind N_e Elektronenzustände besetzt, d.h. $N_e/2$ $\boldsymbol{K}$-Vektoren liegen im Innern der Fermifläche, und zwar unabhängig von deren Form. Da jedem $\boldsymbol{K}$-Vektor dasselbe Elementarvolum zur Verfügung steht, verhalten sich die Volume von Fermifläche und Brillouinzone (oder reziproker Einheitszelle) wie die Anzahlen ihrer Vektoren oder ihrer Elektronenzustände. Es ist also nach (42.1)

$$V_F^* / V_{EZ}^* = V_F^* / V_{BZ}^* = N_e / 2\, N^3 = n_e / 2\,, \qquad (43.32)$$

d.h. einfach gleich der *halben Elektronenzahl je Zelle*. Im einfachsten Fall $n_e = s = 1$ enthält also die Fermifläche nur das halbe Volum wie die Brillouinzone und berührt deshalb den Zonenrand höchstens an wenigen Stellen (z.B. Cu, siehe unten).

Im folgenden soll der starke Einfluß der Elektronenkonzentration $N_e/V = n_e/V_Z$ auf das Verhalten schwach gebundener Kristallelektronen etwas ausführlicher erläutert werden.

Wir behandeln nur den Fall orthogonaler Achsen[70] $\boldsymbol{a} \perp \boldsymbol{b} \perp \boldsymbol{c} \perp \boldsymbol{a}$. Dann ist das reziproke Gitter wieder orthogonal und die erste Brillouinzone ist mit der (symmetrisch zum Nullpunkt gelegten) Einheitszelle im $\boldsymbol{K}$-Raum identisch. Sie wird von den höheren Brillouinzonen allseitig umgeben. Für die zeichnerische Darstellung müssen wir uns allerdings zunächst auf den zweidimensionalen Fall beschränken, d.h. wir zeichnen ein hypothetisches orthorhombisches ebenes Gitter, dessen Brillouinzonen schon in Abb. 41.6 dargestellt sind.

Es läßt alle wesentlichen Eigenschaften auch des dreidimensionalen Falles bereits erkennen und stellt qualitativ das Verhalten derjenigen Elektronen dar, die sich in der $\boldsymbol{a}\,\boldsymbol{b}$-Ebene des orthorhombischen Raumgitters bewegen, deren $\boldsymbol{K}$-Vektoren also in der von den Vektoren $\boldsymbol{g}_{100}$ und $\boldsymbol{g}_{010}$ aufgespannten Ebene des $\boldsymbol{K}$-Raumes liegen würden ($K_z = 0$).

[69] Der Einfachheit halber setzen wir $T \to 0$, also $\mu \to W_F$ voraus.

[70] Wegen der zeichnerischen Einfachheit.

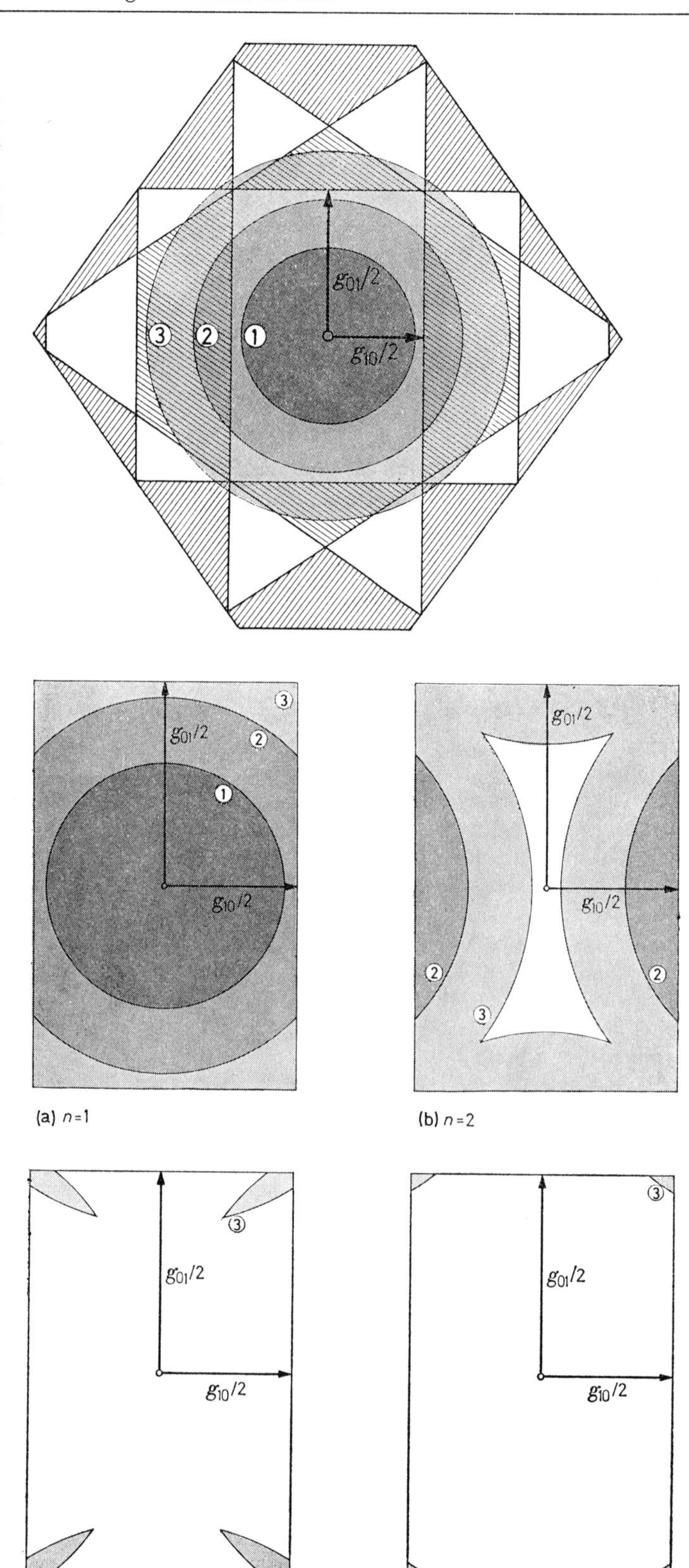

Abb. 43.4. Kreise konstanter Energie für freie Elektronen in einem rechtwinkligen Flächengitter. Ausgedehntes Brillouinschema bis zur 4. Brillouinzone. Bei einer Elektronenkonzentration von $n_{e1} = 1$ oder $n_{e2} = 2$ oder $n_{e3} = 4$ freien Elektronen je Gitterzelle sind bei $T = 0$ gerade die Zustände im Innern der Kreise ① ② oder ③ besetzt. Diese sind also die Fermikreise für diese Konzentrationen. Die Fläche für die kleinste (größte) Elektronenkonzentration ist am stärksten (schwächsten) schattiert. Die 2. und 4. Brillouinzone sind schraffiert. Bei der Konzentration n_{e1}/V_Z ist die 1. BZ halb besetzt, bei n_{e2}/V_Z sind die 1. BZ und die 2. BZ jede teilweise besetzt, bei n_{e3}/V_Z ist die 1. BZ ganz besetzt, die 2., 3. und 4. BZ jede teilweise besetzt

Abb. 43.5. Wie Abb. 43.4, aber reduziert auf die 1. BZ (reduziertes Zonenschema): a) für das erste Energieband ($n = 1$), ≙ 1. BZ; b) für das zweite Energieband ($n = 2$), aus der 2. BZ reduziert; c) für das dritte Energieband ($n = 3$), aus der 3. BZ reduziert; d) für das vierte Energieband ($n = 4$), aus der 4. BZ reduziert. Die von Teilen der Kreise ①, ②, ③ begrenzten schattierten Zustandsbereiche der 1. BZ sind bei den Elektronen-Konzentrationen n_{e1}/V_Z, n_{e2}/V_Z, n_{e3}/V_Z mit Elektronen besetzt. Man beachte, daß immer die auf der konkaven Seite der Fermioberflächen liegenden Teile des $\boldsymbol{k}$-Raumes besetzt sind. Näheres im Text

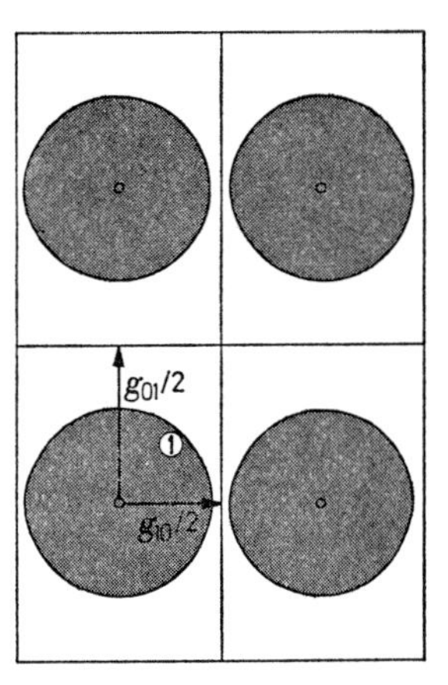

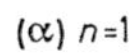
(α) $n=1$

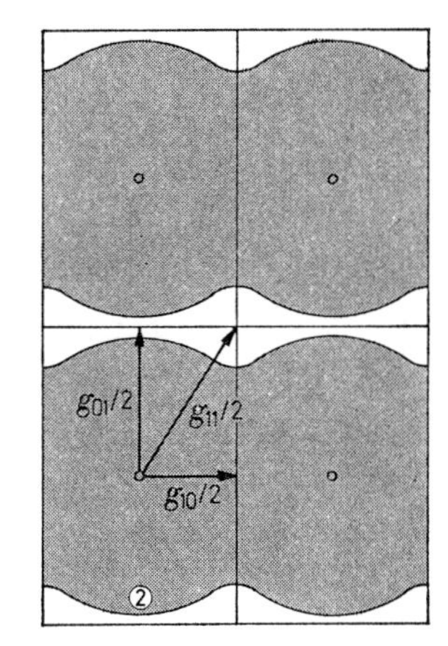

(β) $n=1$

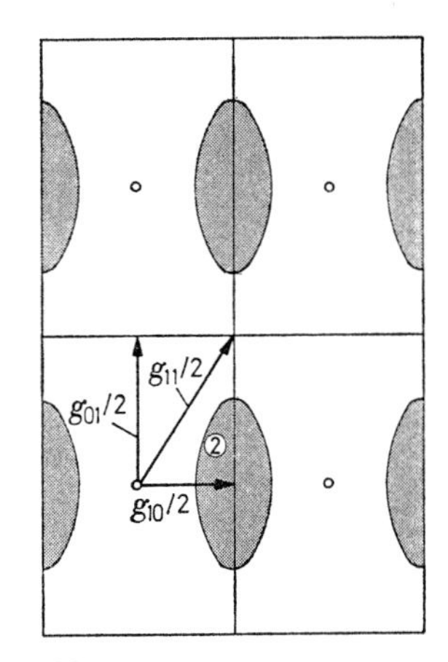

(β) $n=2$

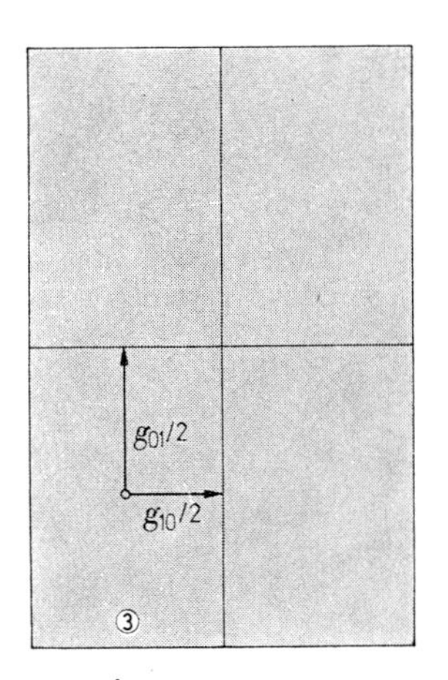

(γ) $n=1$

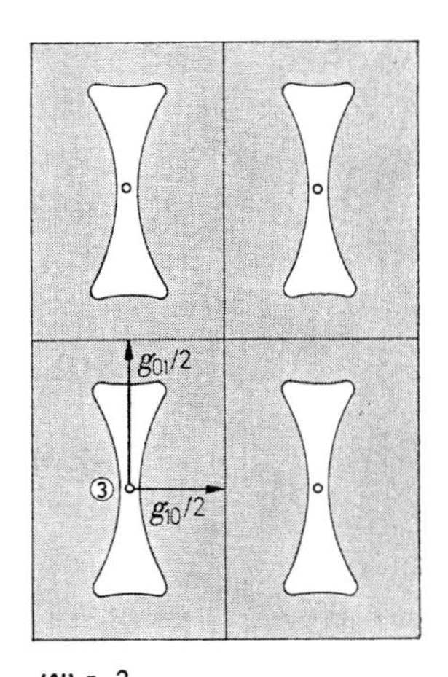

(γ) $n=2$

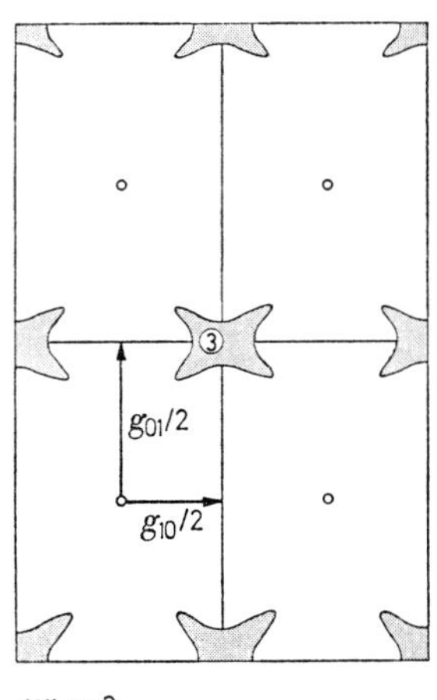

(γ) $n=3$

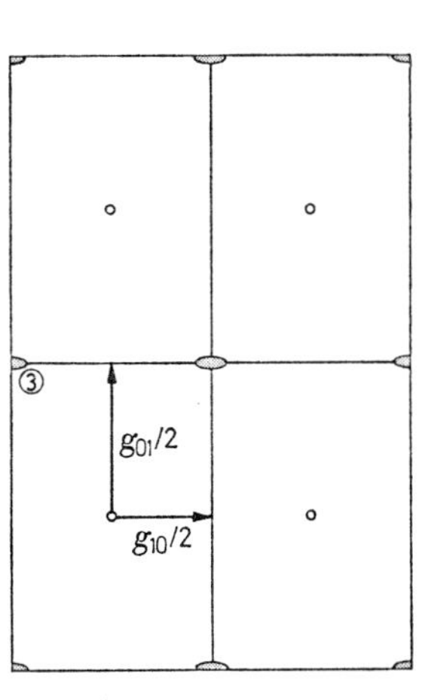

(γ) $n=4$

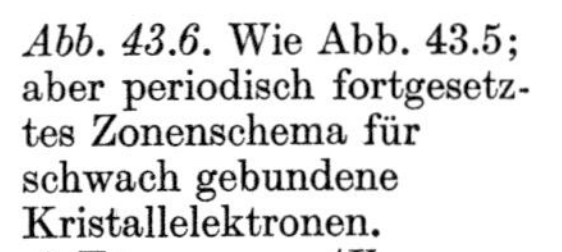
Abb. 43.6. Wie Abb. 43.5; aber periodisch fortgesetztes Zonenschema für schwach gebundene Kristallelektronen.
α) Für $c_1 = n_{e1}/V_Z$ Elektron je Gitterzelle,
β) für $c_2 = n_{e2}/V_Z$ Elektronen je Gitterzelle,
γ) für $c_3 = n_{e3}/V_Z$ Elektronen je Gitterzelle.
Einzelheiten siehe im Text und in den Unterschriften zu Abb. 43.4 und Abb. 43.5.
n = Bandindex

In Abb. 43.4 sind in dieses ausgedehnte Brillouinschema für den Grenzfall *freier Elektronen* drei *Kreise konstanter Energie* eingezeichnet. Sie sind die *Fermioberflächen*[71] für diejenigen Elektronenkonzentrationen, bei denen (bei $T = 0$) gerade alle $\boldsymbol{K}$-Vektoren in ihrem Innern mit je 2 Elektronen besetzt sind. Die Kreise ①, ②, ③ in Abb. 43.4 entsprechen Elektronenkonzentrationen n_e/V_Z, die sich wie $n_{e1} : n_{e2} : n_{e3} = 1 : 2 : 4$ verhalten. Bei der kleinsten Konzentration ($n_{e1} = 1$) liegt die Fermifläche im Innern der 1. Brillouinzone, bei den höheren Konzentrationen zum Teil auch in höheren Zonen. Deshalb erhält man bei der Reduktion des Brillouinschemas auf die erste Brillouinzone (vgl. z.B. Abb. 41.6) nur *ein* (teilweise) besetztes Energieband bei der Elektronenkonzentration $c_1 = 1/V_Z$ aber *mehrere* (teilweise) besetzte Energiebänder bei den höheren Elektronenkonzentrationen $c_2 = 2/V_Z$ und $c_3 = 4/V_Z$. Die mit Elektronen besetzten reduzierten $\boldsymbol{k}$-Vektoren enden in den schattierten Bereichen der Abb. 43.5a—d. Die zugehörigen Energien sind wegen der vorausgesetzten Freiheit der Elektronen durch (43.30) gegeben[72]. Zu jedem Energieband gehört eine eigene Fermifläche[71]. Die Fermiflächen verschiedener Energiebänder haben eine sehr verschiedene Gestalt. Sie bestehen für freie Elektronen aus Kreisbögen $\hbar^2 (K_x^2 + K_y^2)/2m_e = W_F$. Man kann aus ihnen sofort Größe und Richtung der $\boldsymbol{k}$-Vektoren derjenigen Elektronen ablesen, deren Verhalten die makroskopisch beobachteten elektronischen Effekte bestimmt. Es sei ausdrücklich betont, daß die begrenzenden Stücke des Zonenrandes nicht mit zur Fermifläche zählen, da die dortigen Zustände nicht die maximale Energie W_F besitzen.

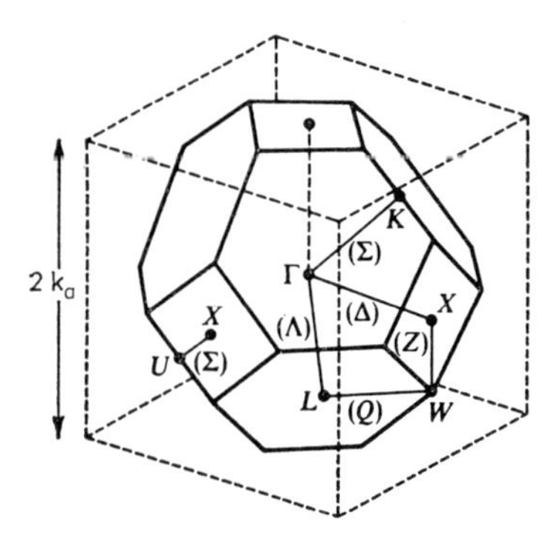

Abb. 43.7. Erste Brillouinzone des kubisch flächenzentrierten Raumgitters mit Symmetriepunkten (große Buchstaben) und Symmetrielinien (eingeklammerte große Buchstaben). Die Punkte K und U werden durch $\boldsymbol{g}_{111}$ aufeinander reduziert, die Linie UX ist die auf den Zonenrand reduzierte Verlängerung des Weges ΓK über K hinaus (man denke sich die BZ nach vorne periodisch wiederholt). Der gestrichelt gezeichnete Würfel veranschaulicht die Symmetrie; seine Kanten sind parallel zu denen einer kubischen EZ. k_a wird in Abb. 43.17/27 erklärt

Wird jetzt ein genügend schwaches *Potential* $P(\boldsymbol{r})$ berücksichtigt, so ändert sich das bisherige Bild merklich nur an den Zonenrändern. Setzt man (wie im eindimensionalen Fall, Ziffer 43.2) stetige Differenzierbarkeit der Funktionen $W(\boldsymbol{K}) = W_n(\boldsymbol{k})$ auch an den Zonenrändern voraus, so verlangt die Kramers-Entartung (43.3) zusammen mit der Periodizitätsbedingung (41.76′), daß die Flächen konstanter Energie die Zonengrenzen *senkrecht* schneiden. Außerdem werden die Schnittpunkte der Kreisbögen[73] abgerundet. Die Abb. 43.6 zeigen diesen Effekt, und zwar diesmal im *periodisch fortgesetzten* Zonenschema gezeichnet. Man unterscheidet *geschlossene* Fermiflächen wie in Abb. 43.6α oder 43.6β, 2. Band, und *offene* Fermiflächen wie in Abb. 43.6β, 1. Band. Bei offenen Flächen existieren Richtungen, in denen vom besetzten Inneren her die Oberfläche nie erreicht wird. Eine im n-ten Band offene Richtung ist im $(n + 1)$-ten Band besetzt[74], siehe Abb. 43.6β und 43.6γ, jeweils das 1. und 2. Band.

Man beachte, daß alle Fermiflächen in diesen Abbildungen *Inversionssymmetrie* im $\boldsymbol{k}$-Raum besitzen. Dies ist der graphische Ausdruck der Kramers-Entartung $W_n(\boldsymbol{k}) = W_n(-\boldsymbol{k})$, vgl. (43.3).

Diese Symmetrie zeigen auch die in Abb. 43.8 und Abb. 43.9 wiedergegebenen dreidimensionalen Fermiflächen von Kupfer und Aluminium im reduzierten und im periodisch fortgesetzten Zonenschema.

Beide Metalle kristallisieren im kubisch-flächenzentrierten Gitter, dessen kleinste mögliche Zelle ($s = 1$) in Abb. 3.9b dargestellt ist. Sie haben also dieselben Brillouinzonen, siehe Abb. 43.7. Sie unterscheiden sich aber in der Elektronenzahl: das einwertige Cu liefert[75] $n_e = 1$, das dreiwertige Al

---

[71] Die Begriffe Fermifläche und Brillouinebene werden auch bei nur 2 Dimensionen verwendet, obwohl es sich hier um Kurven und Geraden handelt.

[72] Man beachte, daß verschiedene Teile einer höheren Zone (Zonennummer = Energiebandnummer = n) durch verschiedene Vektoren $m\, \boldsymbol{g}_{hkl}$ reduziert werden. n hat nichts mit m zu tun!

[73] In 3 Dimensionen: Schnittlinien der Kugeln.

[74] Unter Aussparung der Bandlücken.

[75] Das ist eine Näherung: Cu ist ein Übergangselement. Vgl. Ziffer 40, Fußnote 1.

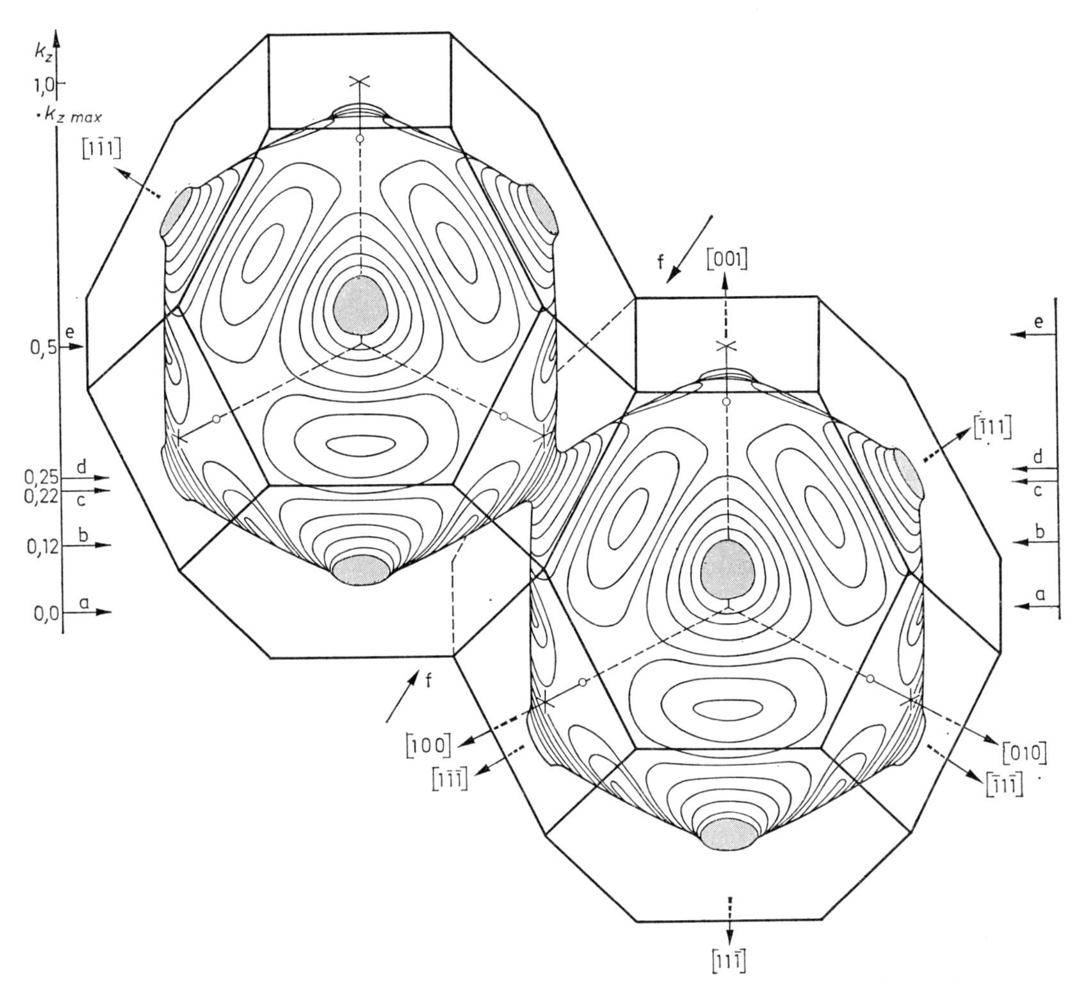

Abb. 43.8. Fermifläche des Kupfers in zwei Brillouinzonen des periodisch wiederholten Zonenschemas. Die auf der Oberfläche eingezeichneten Kurven sind Kurven gleichen Abstandes von derZonenmitte, also Ortskurven für **k**-Vektoren mit konstantem Betrag k. Sie veranschaulichen die Gestalt der Fermifläche, insbesondere ihre Symmetrie und den ,,Hals" zwischen den Flächen längs den trigonalenRichtungen. (Nach Pippard). Die Skala und die Angaben a, b, ..., f beziehen sich auf Abb. 43.17/27, siehe dort. $[hkl]$ = Richtungen im kubisch-flächenzentrierten Raumgitter. Topologisch dieselbe Fermifläche wie Cu haben Ag und Au. Nach Harrison (Ed.), The Fermi Surface, 1960

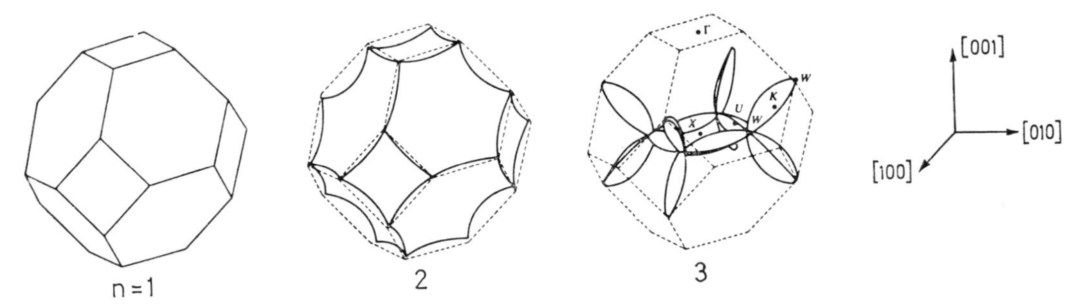

Abb. 43.9. Fermiflächen des kubisch-flächenzentrierten dreiwertigen Aluminiums im reduzierten Energieschema. Berechnet für $s = 1$, $n_e = 3$, in guter Übereinstimmung mit dem Experiment (Abb. 43.27). Die Bereiche auf den konkaven Seiten der Fermiflächen sind bei $T = 0$ von Elektronen besetzt. Die erste (voll besetzte) Zone und die zweite Fläche sind um den Mittelpunkt Γ der 1. BZ gezeichnet, die dritte um den Symmetriepunkt X (Abb. 43.7), um den Zusammenhang darzustellen, der sich im periodischen Zonenschema zeigen würde (vgl. Abb. 43.8). Nach Harrison (Ed.), The Fermi Surface, 1960

$n_e = 3$ Leitungselektronen je Atom und Zelle. Nach (43.32) ist also das von Elektronen besetzte Volum des $\boldsymbol{K}$-Raums beim Cu halb so groß, beim Al aber einundeinhalb mal so groß wie das Volum einer Brillouinzone. Mit Elektronen besetzte Zustände gibt es demnach beim Cu nur in der 1. BZ (Abb. 43.8), beim Al aber in drei BZ, die bei der Reduktion auf die 1. BZ drei Energiebänder und zu jedem Band eine Fermifläche (Abb. 43.9) geben (Einzelheiten in Ziffer 43.3.2). Bei Cu und bei Al liegen die weitaus größten Teile der Fermiflächen in jeder Zone relativ weit vom Zonenrand, sind also relativ ungestörte Kugelflächen. Deshalb verhalten sich die Elektronen in den meisten Zuständen wie freie Elektronen (s. Ziffer 43.3.2). Ausnahmen sind z.B. die Elektronenzustände von Cu, deren $\boldsymbol{k}$-Vektoren auf dem „Hals" der Fermifläche enden.

Aufgabe 43.12. Zeichne in die vollständige Brillouinzonenstruktur für freie Elektronen der Abb. 43.4 die Änderungen ein, die sich bei Berücksichtigung eines schwachen Gitterpotentials $P(\boldsymbol{r})$ ergeben.

Aufgabe 43.13. Die Wahl des Nullpunktes im $\boldsymbol{K}$-Raum ist willkürlich, er darf um einen beliebigen Vektor $\overline{\boldsymbol{K}}$ verschoben werden, so daß ein Elektron statt durch den Vektor $\boldsymbol{K}$ durch $\boldsymbol{K}'$ mit $\boldsymbol{K} = \overline{\boldsymbol{K}} + \boldsymbol{K}'$ beschrieben wird. Im allgemeinen geht bei einer solchen Transformation die Evidenz der räumlichen und zeitlichen Symmetrie des Elektronensystems verloren. Zeige, daß im periodisch wiederholten Zonenschema dann und nur dann die Inversionssymmetrie $W(\boldsymbol{K}) = W(-\boldsymbol{K})$ erhalten bleibt, d.h. daß auch $W(\overline{\boldsymbol{K}} + \boldsymbol{K}') = W(\overline{\boldsymbol{K}} - \boldsymbol{K}')$ gilt, wenn $\overline{\boldsymbol{K}} = (m/2)\,\boldsymbol{g}_{hkl}$ die Hälfte eines beliebigen Gittervektors ist.

Hinweis: Benutze noch die Bedingungsgleichung für die periodische Wiederholung des Energieschemas.

43.3.2. Struktur der Energiebänder

Anders als bei freien Elektronen hängt die Energie bei Kristallelektronen nicht nur vom Betrag K, sondern auch von der Richtung des Wellenvektors $\boldsymbol{K}$ ab. Im reduzierten Energieschema ist

$$W_{n\boldsymbol{k}} = W_n(\boldsymbol{k}) \tag{43.33}$$

in jedem Band n eine andere analytische Funktion des reduzierten Wellenvektors $\boldsymbol{k}$. Man nennt $W_n(\boldsymbol{k})$ die *Struktur* des n-ten Bandes, die Gesamtheit aller $W_n(\boldsymbol{k})$ die *Bandstruktur* der Substanz. Um sie zeichnerisch darzustellen, muß man die Energien W_n bei festgehaltener Richtung von $\boldsymbol{k}$ über dem Betrag k auftragen und dies für verschiedene Richtungen durchführen [76]. Dabei wird der Überblick über das gesamte räumliche Verhalten durch die Kenntnis der *Fermiflächen* vermittelt.

Wir veranschaulichen uns diese Zusammenhänge an dem schon in der vorigen Ziffer 43.3.1 behandelten rechtwinkligen Flächengitter, und zwar für den Fall sehr schwach gebundener Elektronen. Dann weicht die Energie von der Parabel $W = \hbar^2 \boldsymbol{K}^2/2\,m_e = \hbar^2(\boldsymbol{k} + m\,\boldsymbol{g}_{hkl})^2/2\,m_e$ nur an den Zonenrändern ($\boldsymbol{K} \approx \boldsymbol{K}_{BE}$) ab. Die Energie steigt also $\sim \boldsymbol{K}^2$ zu um so höheren Werten an, je länger der Vektor $\boldsymbol{K}$ in einer bestimmten Richtung werden kann, bis er einen Zonenrand erreicht und die Energie einen Sprung macht. Nach den Abb. 43.6 erreicht also die Energie in jedem Band des reduzierten Schemas höhere Werte parallel zur längeren ($\boldsymbol{k} = \boldsymbol{k}_{01} \parallel \boldsymbol{g}_{01}$) als zur kürzeren ($\boldsymbol{k} = \boldsymbol{k}_{10} \parallel \boldsymbol{g}_{10}$) Kante der Brillouinzone [77], und noch höhere Werte parallel zur Diagonalen ($\boldsymbol{k} = \boldsymbol{k}_{11} \parallel \boldsymbol{g}_{11}$), siehe Abb. 43.10, in der $W_n(\boldsymbol{k})$ für diese drei Richtungen aufgetragen ist. Man sieht, daß in $\boldsymbol{g}_{10}$-Richtung die Energielücke zwischen dem 1. und 2. Band energetisch tiefer liegt als in den beiden anderen Richtungen. Die beiden Bänder überlappen sich also energetisch. Diese *Überlappung* ist allein eine Folge der verschiedenen Länge von $\boldsymbol{g}_{10}$ und $\boldsymbol{g}_{01}$, also der *Anisotropie* des Gitters. Sie würde auch bei freien Elektronen (ohne Energielücke) auftreten. Aus der Überlappung wieder folgt, daß z.B. bei der Konzentration $c_2 = 2/V_Z$ (siehe die Abb. 43.5 und 43.6), zu der die Fermienergie W_{F2} gehört, das ($n = 2$)-te Band bereits in $\boldsymbol{g}_{10}$-Richtung laufende Elektronen enthält, während im ($n = 1$)-ten Band noch in den beiden anderen Richtungen laufende Elek-

[76] Vergleiche z.B. Abb. 43.2 für den eindimensionalen Fall.

[77] Anschauliche Bedeutung im Raumgitter: die kürzere Kante der BZ bedeutet einen größeren Netzebenenabstand, d.h. Bragg-Reflexion tritt schon bei größeren Wellenlängen λ, d.h. kleinerer Wellenzahl $k = 2\,\pi/\lambda$ ein.

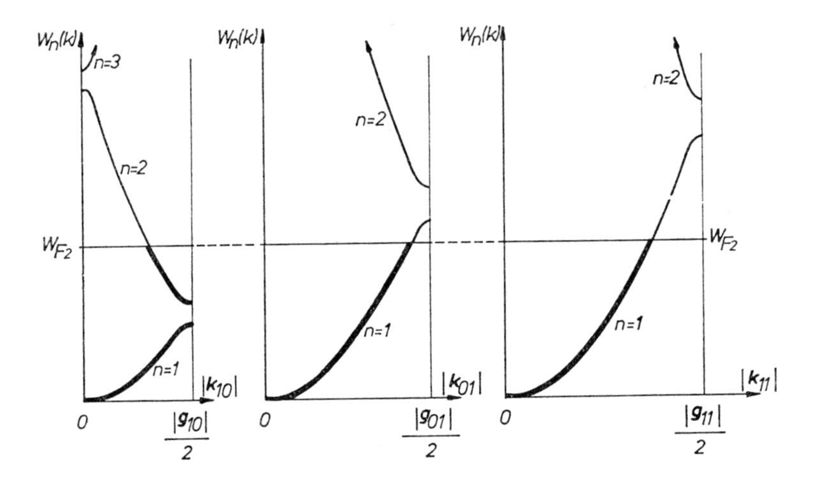

Abb. 43.10. Wie Abb. 43.6 β. Es sind die ersten Energiebänder ($n = 1, 2, 3$) für Wellenvektoren $\boldsymbol{k}_{10}$ parallel $\boldsymbol{g}_{10}$, $\boldsymbol{k}_{01}$ parallel $\boldsymbol{g}_{01}$ und $\boldsymbol{k}_{11}$ parallel $\boldsymbol{g}_{11}$ für die Hälfte der 1. BZ gezeichnet unter der Annahme, daß die Elektronenenergie $W_n(\boldsymbol{k})$ nur am Zonenrand von der Energie $W_{\boldsymbol{K}} = \hbar^2 \boldsymbol{K}^2/2\,m_e$ freier Elektronen abweicht (vgl. Abb. 41.2 und 43.2). Die stark gezeichneten Teile ($W < W_{F_2}$) der Bänder sind bei der Elektronenkonzentration $c_2 = 2/V_Z$ Elektronen/Zelle bei $T = 0$ besetzt. Sie entsprechen den schattierten Bereichen im Innern der Fermioberfläche in Abb. 43.6 β

tronen fehlen. Die $\boldsymbol{k}$-Vektoren der im 2. Band vorhandenen Elektronen enden in dem schattierten Innenbereich der Fermifläche für das 2. Band[78] (Abb. 43.6 β), die $\boldsymbol{k}$-Vektoren der im ($n = 1$)-ten Band fehlenden Elektronen in dem nicht schattierten Außenbereich der Fermifläche für das 1. Band. — In allen drei Richtungen nimmt bei wachsender Energie der Betrag k des reduzierten Wellenvektors von Band zu Band abwechselnd zu oder ab.

Aufgabe 43.14. Konstruiere zu Abb. 43.10 die Zustandsdichte $D(W) = dZ/dW$ und trage sie nach links über W auf (Analogie: Abb. 8.4).

Aufgabe 43.15. Zeichne in Abb. 43.10 auch die besetzten Zustände für die Konzentrationen $c_1 = 1/V_Z$ und $c_3 = 4/V_Z$ ein. Benutze Abb. 43.4.

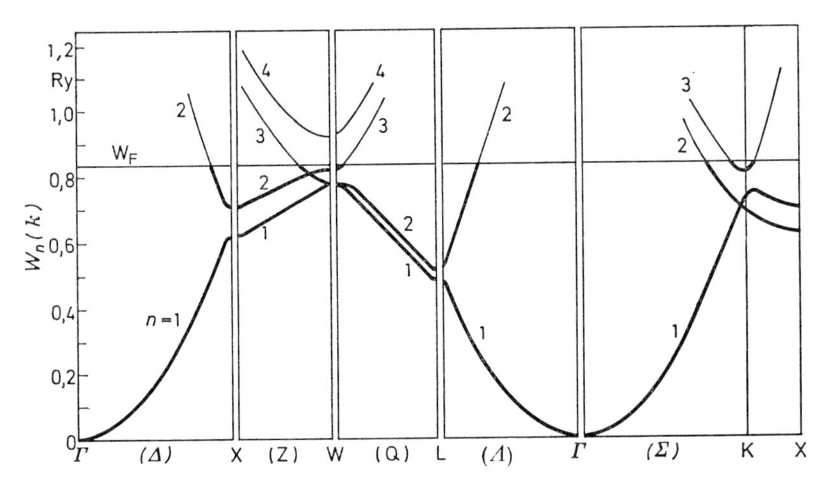

Abb. 43.11. Bandstruktur des Aluminiums. Symmetriepunkte und -linien nach Abb. 43.7. Die dicker gezeichneten Bandbereiche unterhalb der Fermienergie W_F sind bei $T = 0$ besetzt. 1 Ry = 1 Rydberg = 13,53 eVolt. (Nach Segall 1961)

In der Abb. 43.11 schließlich ist die Bandstruktur für Aluminium wiedergegeben, dessen Fermiflächen schon aus Abb. 43.9 bekannt sind.

Wegen der hohen Symmetrie (siehe Abb. 43.7) ist dabei die Energie nur für einige ausgezeichnete Symmetrie-Richtungen von $\boldsymbol{k}$, z.B. längs der vierzähligen Richtung (Δ) vom Mittelpunkt Γ zum Oberflächenpunkt X oder längs der dreizähligen Richtung (Λ) von Γ nach L über dem Betrag k von $\boldsymbol{k}$ aufgetragen, und dann für $\boldsymbol{k}$-Vektoren, deren Spitzen von L über W nach X und von dort über $U \triangleq K$ wieder nach Γ wandern. Auf den ersten Blick erkennt man in Abb. 43.11 die nur geringe Abweichung vom Bild für freie Elektronen: die Energie verläuft sehr gut $\sim k^2$ sowohl von Γ nach X wie von Γ nach L,

[78] Ihre Richtungen zeigen vom Nullpunkt auf das „offene Fenster“ in der Fermifläche des 1. Bandes.

erleidet beim Überschreiten des Zonenrandes in denselben Richtungen nur einen relativ kleinen Sprung und verläuft dann wieder parabolisch im Band $n = 2$ (vgl. Abb. 43.10). Längs (Z) und (Q) nach W nimmt die Länge von $\boldsymbol{k}$ nur langsam zu, d.h. die Energie wächst nur wenig, bis sie bei W den höchsten Wert im 1. Band erreicht. In der Nähe von W liegen auch das $(n = 3)$-te und das $(n = 4)$-te Band relativ niedrig. Man beachte die von der Symmetrie herrührende Entartung des 2. Bandes mit dem 3. Band[79] bei W und die zufällige Entartung (Kreuzung) des 2. und 3. Bandes an einem Punkt des Weges (Z). Wie die eingezeichnete Fermienergie (Fermigrenze) W_F anzeigt, ist das 1. Band (die 1. BZ) ganz, das 2. und 3. Band (die 2. BZ und 3. BZ) teilweise, das 4. Band (die 4. BZ) schon nicht mehr mit Elektronen besetzt. Man verifiziert leicht, daß die zugehörigen Fermiflächen genau die in Abb. 43.9 angegebenen sind.

Die Bandstruktur von Kupfer ist völlig analog, mit dem einzigen Unterschied, daß die Fermigrenze wegen der kleineren Elektronenzahl viel tiefer liegt als beim Aluminium.

Aufgabe 43.16. Zeichne ein einfaches Bänderschema ohne Richtungsabhängigkeit (analog zu Abb. 43.3) für Al. Welche Bänder überlappen sich?

Aufgabe 43.17. Zeichne in Abb. 43.11 die Fermienergie W_F so ein, daß es nur *eine* Fermifläche gibt und diese genau die Form der Fermifläche von Cu aus Abb. 43.8 hat.

Aufgabe 43.18. Welche Bänder in Abb. 43.11 würden bei einem zweiwertigen Metall wie z.B. Kalzium ($s = 1$, $n_e = 2$) besetzt sein?

Eine besondere Stellung nehmen in diesem Zusammenhang die Metalle mit *kollektivem Magnetismus* ein. Hier ist die $\{\pm m_s\}$-Entartung der Spinzustände aufgehoben, und die Leitungselektronen tragen zur kollektiven Magnetisierung bei.

Beim Nickel z.B. sind die 10 Elektronen der äußeren Schalen $3d^8 4s^2$ auf ein 3d-Band und ein 4s-Band verteilt, die beim Zusammenbau des Kristalls aus dem 3d-Term und dem 4s-Term des Ni-Atoms hervorgehen (vgl. Ziffer 47). Durch das Molekularfeld ($\triangleq$ Austauschwechselwirkung, Ziffern 22.3.2 und 23.4) wird das 3d-Band in ein $3d\uparrow$ - und ein $3d\downarrow$ -Band mit entgegengesetzten Spinrichtungen aufgespalten, das 4s-Band dagegen praktisch nicht. Die drei Bänder überlappen sich, und die Fermigrenze liegt oberhalb des $3d\downarrow$ -Bandes und durchsetzt das $3d\uparrow$ -und das 4s-Band. Demnach ist das $3d\downarrow$ Band mit 5 Elektronen voll besetzt, des $3d\uparrow$ Band mit $5 - 0{,}6 = 4{,}4$ Elektronen und das 4s-Band mit 0,6 Elektronen teilweise besetzt. Da die Momente der 4s-Elektronen sich paarweise kompensieren, existiert ein Überschuß von $5 - 4{,}4 = 0{,}6$ Momenten der 3d-Elektronen in Feldrichtung. Dies erklärt den Ferromagnetismus des Nickels (Vgl. Ziffer 24.2).

43.3.3. Isolatoren, Halbleiter, Metalle, Schmelzen

Die in der vorigen Ziffer behandelten Metalle sind dadurch charakterisiert, daß mindestens eines (Cu) oder sogar mehrere (Al) der Energiebänder (Brillouinzonen) nur *teilweise* mit Elektronen besetzt sind. Tatsächlich ist dies das charakteristische Kennzeichen der *Metalle* überhaupt. Liegt nämlich die Fermienergie im Innern eines Bandes (die Fermioberfläche im Innern einer Brillouinzone) so liegen unmittelbar über den höchsten besetzten Zuständen noch hinreichend viele unbesetzte Zustände, in die Elektronen von der Fermioberfläche bereits durch eine beliebig kleine Energiezufuhr angehoben werden können. Dies ist aber eine notwendige Voraussetzung für metallische Leitung, da ja bereits beliebig schwache elektrische Felder einen Strom erzeugen, d.h. den Metallelektronen Energie zuführen. Nach diesem Kriterium kann aus der Elektronenkonfiguration der Gitterbausteine verstanden werden, warum bestimmte Substanzen Metalle sind, und andere Substanzen nicht.

[79] Die in einem Symmetriepunkt zusammenfallenden Bänder werden auch als Teilbänder bezeichnet, und ihre Gesamtheit wird Band genannt.

Wir behandeln eine Reihe von Beispielen unter der vereinfachenden Annahme, daß die Valenzelektronen der zum Kristall zusammentretenden Atome[80] zu Leitungselektronen werden. Dann darf in (43.32) die Anzahl n_e der Leitungselektronen in einer Zelle als ganze Zahl angesehen werden. Da in jeder Brillouinzone (in jedem Energieband) für die Elektronen einer Raumgitterzelle gerade 2 erlaubte Zustände zur Verfügung stehen (siehe (43.32)), ergibt sich folgende einfache Abzählung: ist die Elektronenzahl je Zelle *gerade*, so können eine oder mehrere Brillouinzonen (Energiebänder) ganz mit Elektronen besetzt werden (Abb. 43.12a), bei *ungerader* Elektronenzahl bleibt eine Zone zur Hälfte unbesetzt (Abb. 43.12c). Im letzten Fall haben wir also ein *Metall* vor uns, im ersten Fall einen *Isolator*. Hier stehen unbesetzte Zustände erst im nächsthöheren Band jenseits einer Energielücke zur Verfügung, die durch Energieaufnahme

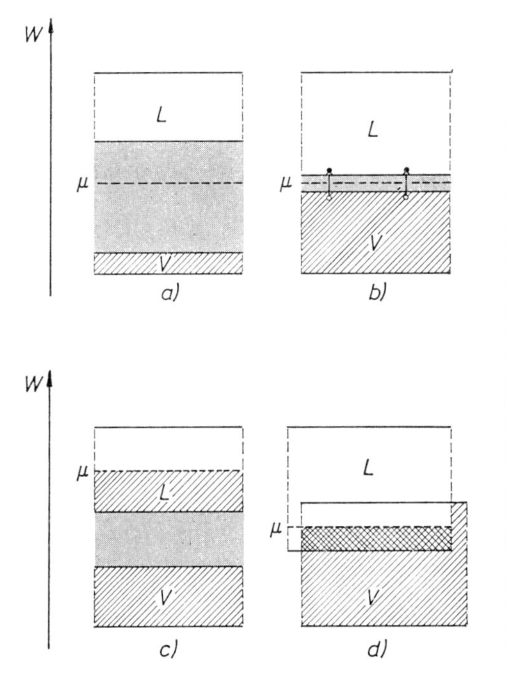

Abb. 43.12. Relative Lage von Valenz (V)- und Leitungs (L)-Band, schematisch. Schaffiert: mit Elektronen besetzte Bandteile. Schattiert: verbotener Energiebereich (Energielücke). a) Isolatoren, b) Halbleiter mit thermisch angeregten Elektronen, c) Alkali- und Edelmetalle, d) Erdalkali- und Halbmetalle. Hier denke man sich ein besetztes und ein leeres Band von rechts und links zusammengeschoben zu einem teilweise besetzten Band im Überlappungsbereich. Bei Halbmetallen ist die Überlappung sehr viel schmäler als gezeichnet! Die Fermigrenze μ liegt bei Metallen im Innern des Leitungsbandes, bei Isolatoren und Halbleitern zwischen Valenz- und Leitungsband

aus einem elektrischen Feld nicht überbrückt werden kann. Diese sehr grobe Klassifikation wird verfeinert durch Berücksichtigung der individuellen Bandstrukturen der zu vergleichenden Substanzen, wie die folgenden *Beispiele* zeigen:

Extrem ionisch gebundene Kristalle wie NaCl ($n_e = 0$, $s = 2$) sind Isolatoren. Dasselbe gilt für den kovalent gebundenen Diamanten, da $s = 8$ C-Atome der Konfiguration (He) $2\,s^2p^2$ je 4 Elektronen der L-Schale ($n = 2$) freistellen, so daß $n_e = 32$ ist und 16 Energiebänder voll besetzt werden (Abb. 43.12a). Ebenfalls in der Diamantstruktur kristallisieren Silizium mit der Konfiguration (Ne) $3\,s^2p^2$ und Germanium mit der Konfiguration (Ar) $3d^{10}4s^2p^2$. In beiden Fällen stehen die Elektronen der äußersten ns^2p^2-Konfiguration (Hauptquantenzahl $n = 3$ oder 4) zur Verfügung, $n_e = 32$ ist gerade, d.h. beide Substanzen sollten Isolatoren sein. Das ist bei sehr tiefen Temperaturen $T \to 0$ auch der Fall. Die Energielücke zwischen dem obersten besetzten und dem darüber liegenden leeren Band ist aber so klein, daß mit wachsender Temperatur mehr und mehr Elektronen durch die thermische Energie $k_B T$ aus dem höchsten besetzten Niveau über die Energielücke[82] hinweg in das leere Band angehoben werden (Abb. 43.12b). Da sie hier von

---

[80] Oder Ionen, z.B. in Ionenkristallen wie NaCl.

[82] Auch *Bandabstand* genannt.

einem elektrischen Feld beschleunigt werden können, heißt dieses Band auch *Leitungsband*, das darunter liegende Band auch *Valenzband*. Derartige Substanzen mit einer temperaturabhängigen Konzentration von Elektronen im Leitungsband und unbesetzten Zuständen oder Löchern im Valenzband, die bei $T \to 0$ Isolatoren werden, heißen *Halbleiter*. Sie haben im allgemeinen nicht nur kleinere Bandabstände, sondern auch breitere Bänder als die echten Isolatoren, in Übereinstimmung mit Ziffer 43.2. Abb. 43.13. zeigt als Beispiel die Bandstruktur von *Germanium* ($n = 4$). Die Bänder überlappen sich vielfach. Das resultierende, bei $T = 0$ voll besetzte Valenzband liegt unter dem schattierten verbotenen Bereich. Der Abstand von seinem höchsten Niveau (im Zentrum Γ der 1. BZ) zum tiefsten Niveau des resultierenden Leitungsbandes oberhalb des verbotenen Bereiches (am trigonalen Symmetriepunkt L auf dem Rand der 1. BZ) beträgt 0,6 eV. Er ist größer beim *Silizium* ($n = 3$) und noch größer beim *Diamant* ($n = 2$), der deshalb kein Halbleiter ist.

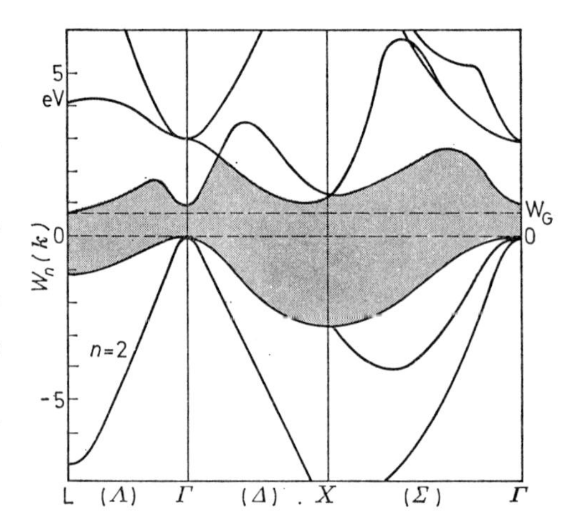

Abb. 43.13. Ausschnitt aus der Bandstruktur des Germaniums. Symmetriepunkte und -linien nach Abb. 43.7. Der bei gegebenem $\boldsymbol{k}$ verbotene Energiebereich ist schattiert. Die darunterliegenden, bei $T = 0$ besetzten Bänder bilden das resultierende Valenzband, die darüberliegenden, bei $T = 0$ leeren Bänder das resultierende Leitungsband. Der Bandabstand (gestrichelte Linien) liegt zwischen der Oberkante des Valenzbandes beim Punkt Γ, wo sich zwei Bänder berühren, und der Unterkante des Leitungsbandes beim Punkt L. Nullpunkt der Energieskala am oberen Rand des Valenzbandes. (Nach Rechnungen von Herman, Kortum, Kuglin und Short, 1967)

Andererseits haben z.B. *Natrium* ($s = 1$, $n_e = 1$), *Aluminium* ($s = 1$, $n_e = 3$), *Kupfer* ($s = 1$, $n_e = 1$) eine ungerade Elektronenzahl je Zelle und sind wirklich gut leitende Metalle (Abb. 43.12c). Dasselbe gilt für die *Edelmetalle*. Dagegen sollte eigentlich *Magnesium* mit der Konfiguration (Ne) $3s^2$ und $s = 2$, also mit $n_e = 4$ Elektronen je Zelle ein Isolator sein. Jedoch ist die Struktur von Mg hexagonal und stark anisotrop, so daß das Valenz- und das Leitungsband sich überlappen und das Leitungsband mit Elektronen besetzt wird, die dann im Valenzband fehlen (Abb. 43.12d). Deshalb sind auch die *Erdalkalien* Metalle[83].

Prinzipiell analog, nur quantitativ anders ist die Situation bei den sogenannten *Halbmetallen* wie Arsen, Antimon und Wismut. Sie kristallisieren mit $s = 2$ Atomen, von denen jedes 5 Außenelektronen besitzt, so daß $n_e = 10$ ist und 5 Bänder voll besetzt sein können. Dies ist auch der Fall, abgesehen wieder von einer Überlappung mit einem unbesetzten Band (wie beim Mg). Diese Überlappung ist jedoch so geringfügig, daß z.B. beim Bi nur etwa 10^{-5} Elektronen je Atom sich im Leitungsband befinden. Diese wenigen Elektronen ergeben nur eine geringe elektrische Leitfähigkeit, die aber im Gegensatz zu der der Halbleiter bei $T \to 0$ nicht verschwindet.

Da es nur auf die Elektronenzahl n_e je Zelle ankommt, sollte man Metalle mit einer beliebigen, nicht ganzen Elektronenzahl einfach durch *Legieren* von zwei normalen Metallen verschiedener Wertigkeit herstellen können. Dann ist

$$n_e = c\, n_{e1} + (1 - c)\, n_{e2}\,, \qquad (43.33')$$

wenn c und $1 - c$ die Atomkonzentrationen der Komponenten sind. Diese Vermutung ist durch direkte Bestimmung von n_e mittels des Hall-Effektes (Ziffer 44.2.5.1) mehrfach bestätigt worden, z.B. an dem System Ag:Sn mit $n_{e1} = 1$, $n_{e2} = 4$, siehe Abb. 44.13. Diese

[83] „Metalle infolge von Bandüberlappung" im Gegensatz zu den „Metallen infolge der Bandbesetzung".

Messungen sind an *Schmelzen* durchgeführt worden, da nur flüssige Metalle sich in beliebigen Konzentrationen mischen lassen[84].

Damit ist die prinzipielle Frage gestellt, ob unser Kriterium für metallisches Verhalten überhaupt auf den flüssigen Zustand angewendet werden darf. *Flüssigkeiten* sind statistisch isotrop (Ziffer 2). Beim Schmelzen geht also die Translationssymmetrie des Gitters verloren. Damit verlieren aber die Brillouinzonen, der Wellenvektor $\boldsymbol{K}$ und die Bänderstruktur ihre exakte Definition und unser Entscheidungskriterium seine exakte Begründung. Es bleibt aber in der folgenden Näherung gültig:

An die Stelle der Gitterkonstanten $\boldsymbol{a}, \boldsymbol{b}, \boldsymbol{c}$ tritt der mittlere Atomabstand $\bar{a}$, der auch in Flüssigkeiten durch die Atomradien mit einer gewissen Schwankungsbreite definiert und von der Größenordnung von $|\boldsymbol{a}|$ ist. Bei *normalen* festen Metallen liegt die Fermifläche im Innern der Brillouinzone (Ziffer 43.3.1) und ist angenähert eine Kugel, deren Durchmesser kleiner ist als die reziproken Gittervektoren:

$$2\,K_F < g_{100}\,,\, g_{010}\,,\, g_{001} \qquad (43.33'')$$

oder was dasselbe ist, die Fermi-Wellenlänge ist größer als die doppelten Gitterkonstanten:

$$\lambda_F > 2\,a,\, 2\,b,\, 2\,c\,. \qquad (43.33''')$$

Deshalb erfolgen keine Bragg-Reflexionen, die Elektronen „sehen die Struktur" in 1. Näherung nicht, sondern nur ein konstantes mittleres Potential (siehe Ziffer 43.2) und verhalten sich *fast* wie *freie* Elektronen. In der Schmelze treten die Relationen

$$2\,K_F < 2\,\pi/\bar{a}\,, \qquad (43.33'''')$$

$$\lambda_F > 2\,\bar{a} \qquad (43.33''''')$$

an die Stelle von (43.33'') und (43.33'''), und es tritt keine Beugung an den Atomabständen $\bar{a}$ ein. Wegen der statistischen Isotropie ist aber die Fermifläche *exakt* eine Kugel, und die Elektronen verhalten sich wie *freie* Elektronen, siehe Abb. 44.12.

Wird $2K_F$ vergleichbar mit $2\pi/\bar{a}$, so treten auch bei flüssigen Metallen ähnliche *Zonenrandeffekte* auf, wie im festen Metall, wenn $\boldsymbol{K}$ auf dem Zonenrand liegt. Es erfolgt eine „diffuse" Beugung der Elektronenwellen an den einzelnen statistisch (inkohärent) richtungsverteilten Atomabständen, im Gegensatz zu der scharfen (kohärenten) Laue-Bragg-Beugung an den mit gleicher Orientierung exakt wiederholten Gitterzellen des Kristalls. Deshalb macht sich auch in der Schmelze eine individuelle Bandstruktur der verschiedenen Metalle bemerkbar, jedoch sind die Abweichungen vom Verhalten freier Elektronen in einer Metallschmelze im allgemeinen kleiner als in dem zugehörigen Metallgitter (Ziffer 44.2.5.1).

43.4. Das Teilchenbild der Kristallelektronen: Effektivmassen-Dynamik

Bisher haben wir die Leitungselektronen konsequent im Wellenbild behandelt. Für manche Zwecke ist jedoch das anschaulichere Teilchenbild ebenso zweckmäßig, z.B. zur Beschreibung von Änderungen der Elektronenzustände unter dem Einfluß äußerer Kräfte. Wir gehen deshalb jetzt zum *Teilchenbild* über. Dabei wird ein im Kristallgitter festliegendes Koordinatensystem verwendet, d.h. die Bewegung der Elektronen wird relativ zum Gitter beschrieben.

[84] Zum Verhalten fester Legierungen siehe Ziffer 44.2.2.

43.4.1. Dynamik eines Kristallelektrons

Die Wellentheorie hatte uns als wichtigstes Ergebnis die Bandstruktur (43.33) geliefert. Von ihr kommt man wie folgt zum Teilchenbild: Ein Elektron im n-ten Band[85] wird repräsentiert durch ein *Wellenpaket* aus Blochwellen mit Wellenvektoren $\boldsymbol{k} + \Delta\boldsymbol{k}$, die sehr dicht um den Wellenvektor $\boldsymbol{k}$, und mit Energien

$$W_{n,\boldsymbol{k}+\Delta\boldsymbol{k}} = W_n(\boldsymbol{k} + \Delta\boldsymbol{k}) = \hbar\,\omega_n(\boldsymbol{k} + \Delta\boldsymbol{k}),$$

die sehr dicht bei $W_n(\boldsymbol{k}) = \hbar\,\omega_n(\boldsymbol{k})$ liegen. Dann ist das Wellenpaket durch $\boldsymbol{k}$ und $W_n(\boldsymbol{k})$ bestimmt und dem Elektron kann die Energie $W_n(\boldsymbol{k})$ zugeschrieben werden. Seine *Teilchengeschwindigkeit* ist gleich der Gruppengeschwindigkeit des Wellenpakets. Für ihre i-te Komponente ($i = x, y, z$) gilt

$$v_n^{(i)}(\boldsymbol{k}) = \partial\omega_n(\boldsymbol{k})/\partial k_i = \hbar^{-1}\,\partial W_n(k_x, k_y, k_z)/\partial k_i \tag{43.35}$$

d.h. es ist vektoriell geschrieben:

$$\boldsymbol{v}_n(\boldsymbol{k}) = \hbar^{-1}\,\mathrm{grad}_{\boldsymbol{k}}\, W_n(\boldsymbol{k}) = \hbar^{-1}\, dW_n(\boldsymbol{k})/d\boldsymbol{k}. \tag{43.36}$$

Die Teilchengeschwindigkeit zeigt also senkrecht zu derjenigen Fläche konstanter Energie im $\boldsymbol{k}$-Raum, die durch die Spitze des Wellenvektors $\boldsymbol{k}$ geht, und braucht deshalb keineswegs parallel zu $\boldsymbol{k}$ zu sein. Sie hängt von der Bandnummer n und dem reduzierten Wellenvektor $\boldsymbol{k}$ ab. Beispiele sind in Abb. 43.15/16 eingezeichnet.

Die so definierte Teilchengeschwindigkeit hängt nur vom Wellenvektor $\boldsymbol{k}$ im $\boldsymbol{k}$-Raum, nicht aber vom momentanen Ort des Elektrons oder von der Zeit ab. Sie beschreibt also nicht etwa die klassische Geschwindigkeit eines Elektrons bei der Bahnbewegung durch das periodische Gitterpotential nach Raum und Zeit, sondern ist ein *Mittelwert* über den Zustand $\psi_{n\boldsymbol{k}}(\boldsymbol{r})$. Da dieser nach (43.36) ebenso wie die Bandstruktur $W_n(\boldsymbol{k})$ zeitlich konstant ist, erfolgt die Bewegung *im Mittel kräftefrei* (siehe unten). Dies gilt nur, solange *keine äußeren Kräfte* wirken.

Wir betrachten das Elektron jetzt unter dem Einfluß einer *äußeren Kraft* $\boldsymbol{F}$, etwa nach Einschalten eines elektrischen Feldes $\boldsymbol{E}$. In der Zeit dt werde es durch $\boldsymbol{F}$ um $d\boldsymbol{r}$ verschoben. Dabei ändert es seine Energie um

$$dW_n(\boldsymbol{k}) = \boldsymbol{F}\,d\boldsymbol{r} = \boldsymbol{F}\,\boldsymbol{v}_n(\boldsymbol{k})\,dt, \tag{43.38}$$

so daß nach (43.36) die Änderungsgeschwindigkeit der Energie gleich

$$\frac{dW_n(\boldsymbol{k})}{dt} = \frac{1}{\hbar}\,\frac{dW_n(\boldsymbol{k})}{d\boldsymbol{k}}\cdot\boldsymbol{F} \tag{43.39}$$

wird. Andererseits ist aber[86]

$$\frac{dW_n(\boldsymbol{k})}{dt} = \frac{dW_n(\boldsymbol{k})}{d\boldsymbol{k}}\cdot\frac{d\boldsymbol{k}}{dt}, \tag{43.40}$$

und aus dem Vergleich folgt die *Bewegungsgleichung* für den $\boldsymbol{k}$-Vektor im $\boldsymbol{k}$-Raum

$$\hbar\,\dot{\boldsymbol{k}} = \boldsymbol{F}. \tag{43.41}$$

Links steht die Änderung des *Kristall-* oder *Pseudoimpulses*, der, wie wir schon wissen, nur bei freien Elektronen, nicht aber bei Kristallelektronen mit dem Teilchenimpuls $m_e\,\boldsymbol{v}_n(\boldsymbol{k})$ übereinstimmt (Ziffer 41.2.2). Deshalb gilt auch nur für freie Elektronen der Newtonsche Impulssatz in der Form

$$m_e\,\dot{\boldsymbol{v}}_n(\boldsymbol{k}) = \hbar\,\dot{\boldsymbol{k}} = \boldsymbol{F}. \tag{43.41a}$$

Dies ist zugleich die Bewegungsgleichung des Elektrons im Ortsraum. Für Kristallelektronen ergibt sie sich wie folgt:

[85] Hier wird vorausgesetzt, daß das n-te Band nicht mit anderen Bändern überlappt.

[86] Hier wird vorausgesetzt, daß bei der Energieaufnahme nur Energien $W_n(\boldsymbol{k})$ mit Blochzuständen $\psi_{n\boldsymbol{k}}(\boldsymbol{r})$ durchlaufen werden, d.h. daß die äußere Störung durch $\boldsymbol{F}$ das Elektron nur in andere ungestörte Niveaus überführt, die Niveaus selbst aber nicht verschiebt. Das gilt, solange die äußeren Kräfte klein gegen die inneren Kräfte im Gitter sind, also praktisch immer. Ausnahmen heißen *Zener-Effekt*.

Der Änderung der Energie entspricht nach (43.35) eine Änderung der Geschwindigkeit, d.h. eine *Beschleunigung*. Sie hat die Komponenten

$$\frac{dv_n^{(i)}(\boldsymbol{k})}{dt} = \frac{1}{\hbar}\frac{d}{dt}\frac{\partial W_n(k_x,k_y,k_z)}{\partial k_i} = \frac{1}{\hbar}\frac{\partial}{\partial k_i}\frac{dW_n(k_x,k_y,k_z)}{dt} =$$
$$= \frac{1}{\hbar}\left(\frac{\partial^2 W_n}{\partial k_i\,\partial k_x}\dot{k}_x + \frac{\partial^2 W_n}{\partial k_i\,\partial k_y}\dot{k}_y + \frac{\partial^2 W_n}{\partial k_i\,\partial k_z}\dot{k}_z\right), \qquad (43.42\text{a})$$

d.h. mit (43.41) ergibt sich die *Bewegungsgleichung* in Komponenten:

$$\frac{dv_n^{(i)}(\boldsymbol{k})}{dt} = \left(\frac{1}{m_n^*}\right)_{ix} F_x + \left(\frac{1}{m_n^*}\right)_{iy} F_y + \left(\frac{1}{m_n^*}\right)_{iz} F_z \qquad (43.42)$$

oder vektoriell geschrieben:

$$\dot{\boldsymbol{v}}_n(\boldsymbol{k}) = (1/m_n^*)\,\boldsymbol{F}. \qquad (43.43)$$

Dabei hat der symmetrische Tensor $(1/m_n^*)$ die Komponenten

$$(1/m_n^*)_{ij} = \hbar^{-2}\,\partial^2 W_n(\boldsymbol{k})/\partial k_i\,\partial k_j = (1/m_n^*)_{ji} \qquad (43.44)$$

und die Dimension einer reziproken Masse. Man nennt ihn die reziproke *scheinbare* oder *effektive Masse*[87]. Sie ist im allgemeinen nicht mit der gewöhnlichen reziproken Elektronenmasse $1/m_e$ identisch. Sie hängt nach (43.44) von der Krümmung der Energiefunktion $W_n(k_x, k_y, k_z)$ im $\boldsymbol{k}$-Raum ab und kann sehr groß oder sehr klein und sogar negativ werden (Abb. 43.14). Der Tensorcharakter von $(1/m_n^*)$ bedeutet, daß die Beschleunigung $\dot{\boldsymbol{v}}_n(\boldsymbol{k})$ nach (43.42) im allgemeinen nicht parallel zur Kraft $\boldsymbol{F}$ erfolgt, sondern daß dies nur in den Hauptachsenrichtungen des Tensors der Fall ist. Legt man das Koordinatensystem in diese Hauptachsen und benennt sie zur Unterscheidung mit 1, 2, 3, so wird der Tensor diagonal mit den drei Elementen ($i = 1, 2, 3$)

$$(1/m_n^*)_{ii} = 1/m_{ni}^*. \qquad (43.44\text{a})$$

Die m_{ni}^* sind die drei *effektiven Hauptmassen*. Durch sie wird der Tensor $(1/m_n^*)$ bereits vollständig bestimmt.

Durch Kombination von (43.41) und (43.43) folgt die Beziehung

$$(1/m_n^*)^{-1}\,\dot{\boldsymbol{v}}_n(\boldsymbol{k}) = \hbar\,\dot{\boldsymbol{k}} = \boldsymbol{F} \qquad (43.44\text{b})$$

für die Änderung des Kristallimpulses.

Nach (43.43/44b) wird ein Kristallelektron im periodischen Gitterpotential $P(\boldsymbol{r})$ durch die Kraft $\boldsymbol{F}$ so gegen das Gitter beschleunigt, wie ein freies Elektron mit einer von $\boldsymbol{k}$ abhängigen, d.h. während der Bewegung veränderlichen und anisotropen Masse $1/(1/m_n^*)$. Dies ist eine unmittelbare Folge der Translationssymmetrie des Potentials $P(\boldsymbol{r})$. Ist $\boldsymbol{F} = 0$, so ist die mittlere Geschwindigkeit $\boldsymbol{v}_n(\boldsymbol{k})$ konstant, wie schon aus der Definition ersichtlich.

Im Grenzfall des *freien Elektrons* ist die Energie isotrop, es ist nicht nötig, Bänder zu unterscheiden und $\boldsymbol{k} \equiv \boldsymbol{K}$ läuft über alle Grenzen:

$$W(\boldsymbol{K}) = (\hbar\,\boldsymbol{K})^2/2\,m_e. \qquad (43.45)$$

Dann ist nach (43.36)

$$\boldsymbol{v} = \hbar\,\boldsymbol{K}/m_e \qquad (43.45')$$

parallel zu $\boldsymbol{K}$ und

$$\boldsymbol{p} = m_e\,\boldsymbol{v} = \hbar\,\boldsymbol{K} \qquad (43.45'')$$

ist der Impuls des freien Elektrons. Die Gl. (43.44b) geht also bei freien Elektronen über in die Newtonsche Bewegungsgleichung (43.41a) für einen

[87] Es ist also $(1/m^*)$, nicht (m_n^*) die hier definierte Größe!

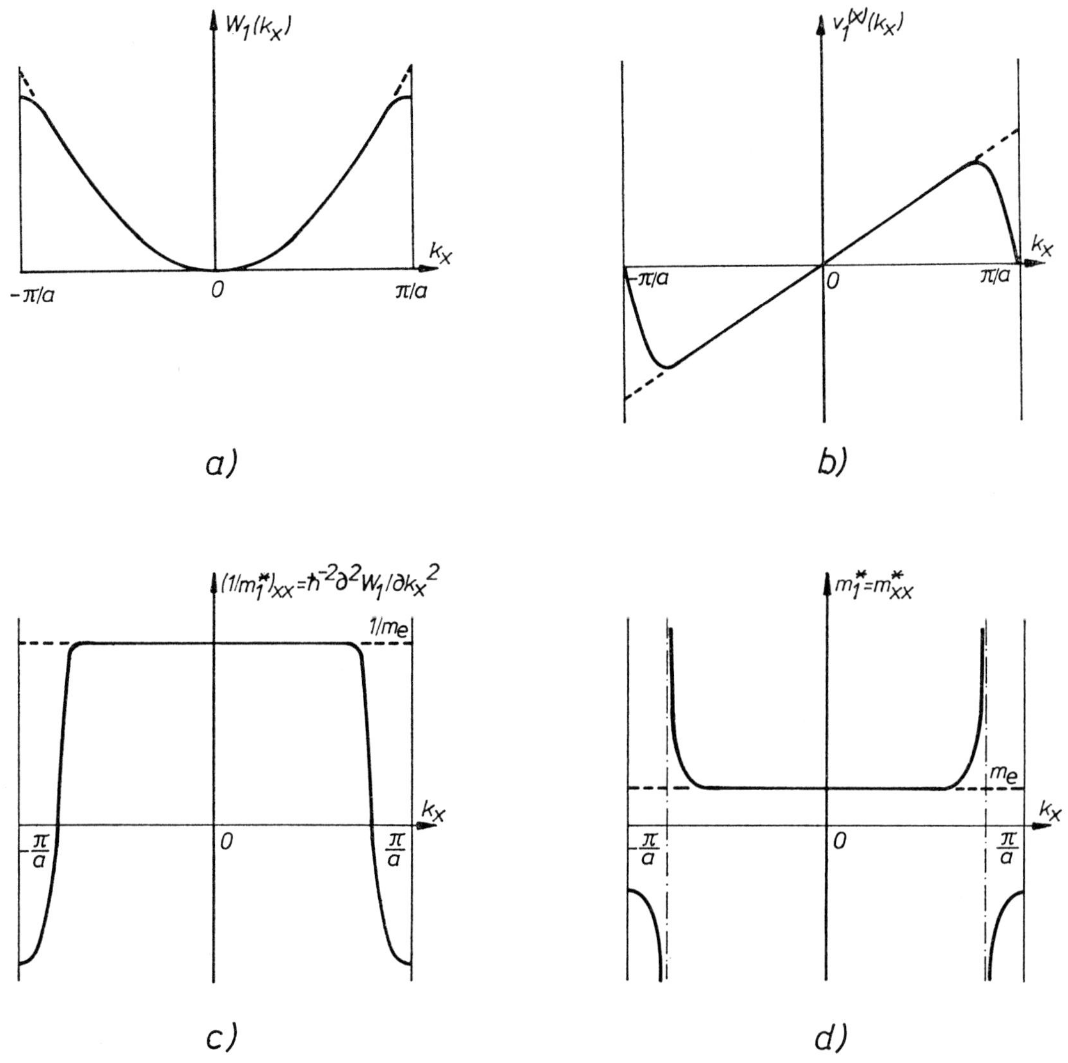

Abb. 43.14. Energie $W_1(k_x)$, Geschwindigkeit $v_1^{(x)}(k_x)$, reziproke scheinbare Masse $1/m_1^*$ und scheinbare Masse m_1^* eines schwach gebundenen Elektrons im tiefsten Energieband ($n = 1$) eines eindimensionalen Kristalls (schematisch). Gestrichelt: Grenzfall eines freien Elektrons

klassischen Massenpunkt, wie es sein muß. Die Elemente der reziproken scheinbaren Masse sind nach (43.44) gleich

$$(1/m^*)_{ij} = (1/m_e)\,\delta_{ij}\,, \tag{43.45'''}$$

d.h. der Tensor ist diagonal und konstant, die reziproke scheinbare Masse ist skalar mit dem klassischen Wert $1/m_e$.

Bei nur schwach gebundenen Elektronen gilt dies mit guter Näherung noch im Innern der 1. Brillouinzone, erst in der Nähe des Zonenrandes weicht $(1/m^*)$ von $(1/m_e)$ ab. Zum Beispiel wird im eindimensionalen Fall ($\partial/\partial k_y = \partial/\partial k_z = 0$) der Abb. 43.2 im tiefsten Energieband die Elektronengeschwindigkeit nach einem Maximum im Innern der Zone am Rand wieder Null und die reziproke Masse $1/m_{xx}^* = 1/m^* = \hbar^{-2}\,d^2W/dk_x^2$ wechselt am Rand von positiven durch Null zu negativen Werten, siehe Abb. 43.14. Die effektive Masse m^* selbst wird also bei Annäherung von k_x an den Zonenrand zunächst beliebig groß und klappt dann um auf negative Werte. — Der Betrag $|m^*|$ der Effektivmasse kann in schmalen Energiebändern größere Werte annehmen als in breiten, da in letzteren die $W_n(k_x)$-Kurven größere Krümmungen $\sim d^2W_n(k_x)/dk_x^2$ erreichen. Nach der in Ziffer 43.2 festgestellten Korrelation zwischen Bandbreite und Bindungsfestigkeit reagieren also stärker gebundene Elektronen mit größeren effektiven trägen Massen m^* auf eine äußere Kraft. Dies gilt auch im dreidimensionalen Fall längs jeden Durchmessers durch die 1. BZ.

Für spätere Anwendungen diskutieren wir noch den Massentensor speziell in der Umgebung eines Punktes $\boldsymbol{k}_0$ der 1. BZ, an dem die Energie $W_n(\boldsymbol{k})$ ein *Extremum*, also ein Maximum, ein Minimum oder einen Sattelpunkt besitzt. Entwickeln von $W_n(\boldsymbol{k}) = W_n(k_1, k_2, k_3)$ in der Umgebung von $\boldsymbol{k}_0$ nach den Komponenten von $(\boldsymbol{k} - \boldsymbol{k}_0)$ in Richtung der Hauptachsen $i = 1, 2, 3$ von $(1/m^*)$ und Abbrechen nach dem quadratischen Glied führt nach der Voraussetzung

$$\left.\frac{\partial W_n(\boldsymbol{k})}{\partial k_i}\right|_{\boldsymbol{k}_0} = 0 \qquad (43.46)$$

und der Diagonalitätsbedingung für (43.44)

$$\left.\frac{\partial^2 W_n(\boldsymbol{k})}{\partial k_i\, \partial k_j}\right|_{\boldsymbol{k}_0} = \delta_{ij}\, \hbar^2 (1/m_n^*)_{ij} \qquad (43.47)$$

sofort zu

$$W_n(\boldsymbol{k}) - W_n(\boldsymbol{k}_0) = \sum_{i=1}^{3} \hbar^2 (k_i - k_{0i})^2 / 2\, m_{ni}^* \,. \qquad (43.48)$$

Die Flächen konstanter Energie $W_n(\boldsymbol{k}) = \text{const}$ sind demnach Flächen zweiten Grades mit dem kritischen Punkt [88] $\boldsymbol{k}_0$ als Zentrum. Ihre Form wird festgelegt durch Vorzeichen und Größe der Haupteffektivmassen m_i^*. Bei *axialer Symmetrie* sind zwei davon gleich groß ($m_{n1}^* = m_{n2}^* = m_{nt}^*$, $m_{n3}^* = m_{nl}^*$) und man spricht von einer *transversalen* und einer *longitudinalen* Masse. Bei *kubischer* Symmetrie wird $m_{n1}^* = m_{n2}^* = m_{n3}^* = m_n^*$ und man darf mit einer isotropen Masse rechnen.

Aufgabe 43.19. a) Zeichne dieselben Größen wie in Abb. 43.14 als Funktion von k_x auch für das $(m = 2)$-te Energieband des eindimensionalen Kristalls.
b) Wo in einem beliebigen Energieband liegen die Einelektron-Zustände mit positiver und wo die mit negativer scheinbarer Masse?

Zur Erzeugung äußerer Kräfte $\boldsymbol{F}$ werden *elektromagnetische Felder* eingeschaltet. Die auf ein Elektron wirkende Kraft ist dann

$$\boldsymbol{F} = -\, e(\boldsymbol{E} + \boldsymbol{v} \times \boldsymbol{B})\,. \qquad (43.49)$$

Dabei sind $\boldsymbol{E}$ und $\boldsymbol{B}$ die nach Berücksichtigung der Entpolarisierung in der Probe wirksamen makroskopischen Feldgrößen. Wir behandeln zunächst elektrische und magnetische Felder getrennt.

[88] Die Bezeichnung drückt aus, daß hier die Zustandsdichte sehr groß wird.

43.4.2. Ein Kristallelektron im elektrischen Feld

Der Anschaulichkeit wegen betrachten wir das zweidimensionale Gitter der Abb. 41.6 in einem zeitlich konstanten homogenen elektrischen Feld $\boldsymbol{E}$.

Wir betrachten zunächst die *Bewegung des Wellenvektors* $\boldsymbol{k}$. Nach (43.41) wächst $\boldsymbol{k}$ linear mit der Zeit parallel zu $\boldsymbol{F} = -\, e\boldsymbol{E}$, bis seine Spitze den Zonenrand berührt. Hier erfolgt Bragg-Reflexion, d.h. $\boldsymbol{k}$ klappt um auf den gegenüberliegenden Zonenrand, usw. wie in Abb. 43.15a für ein bei $t = 0$ zunächst ruhendes (Wellenvektor $\boldsymbol{k} = 0$) Elektron gezeichnet[90]. Dabei ist der Einfachheit halber nur *ein* Elektron angenommen, d.h. nur *ein* Zustand ist besetzt, alle anderen Zustände sind leer und können bei Zustandsänderungen des

[90] Im periodisch fortgesetzten Zonenschema würde $\boldsymbol{k}$ einfach über A hinaus fortzusetzen sein. Die Grenzüberschreitung ist physikalisch identisch mit dem Umklapp-Prozeß im reduzierten Zonenschema.

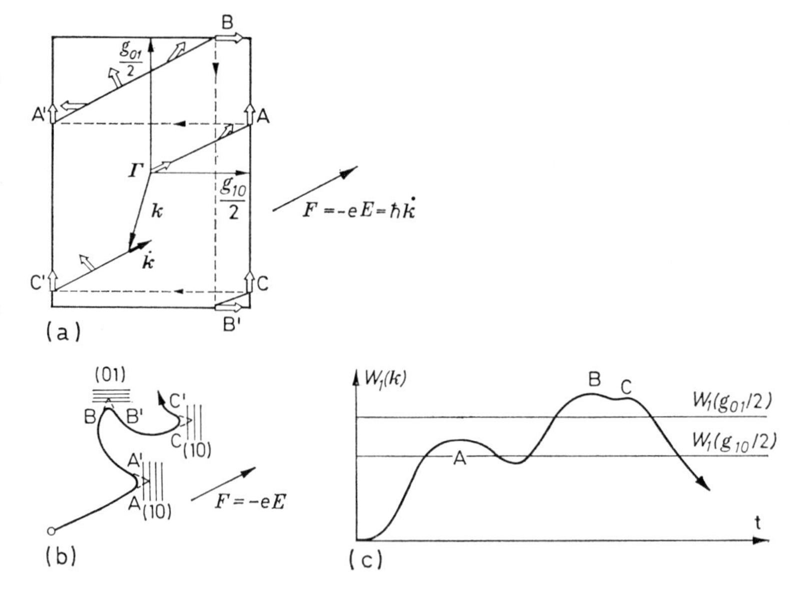

Abb. 43.15. Bewegung eines zunächst im Punkt Γ ruhenden ($\boldsymbol{k} = 0$) einzelnen Elektrons in einem orthogonalen zweidimensionalen Gitter unter dem Einfluß eines elektrischen Feldes, schematisch: a) Bewegung des $\boldsymbol{k}$-Vektors im $\boldsymbol{k}$-Raum. Die Spitze von $\boldsymbol{k}$ bewegt sich längs der Geraden. An die Spitze von $\boldsymbol{k}$ ist als offener Pfeil der jeweilige Geschwindigkeitsvektor $\boldsymbol{v}$ im Ortsraum gezeichnet. b) Bewegung des Elektrons im Ortsraum: Bahnkurve. c) Zeitliche Änderung der Energie $W_1(\boldsymbol{k})$. Die Bandstruktur ist wie für $n = 1$ in Abb. 43.10 vorausgesetzt. Erläuterungen im Text

Elektrons besetzt werden. Während der ganzen Bewegung ist $d\boldsymbol{k}/dt$ konstant, und zwar trotz der Umklapp-Prozesse auch an den Zonenrändern[90].

Bei der Bewegung ändert sich die Energie wie in Abb. 43.15c, vgl. Abb. 43.10.

Im *Teilchenbild* läuft derselbe Vorgang wie folgt ab (vgl. den eindimensionalen Fall der Abb. 43.14): das Elektron erleidet zunächst eine konstante Beschleunigung $\boldsymbol{F}/m_e$ parallel zu $\boldsymbol{F}$, bis $\boldsymbol{k}$ in die Nähe des Zonenrandes kommt. Dann wird es scheinbar immer schwerer[91], die Beschleunigung $(1/m^*)\,\boldsymbol{F}$ wird schließlich null und dann negativ, wenn $(1/m^*) < 0$ wird. Hier wird also das Elektron gebremst, d.h. es leistet Arbeit gegen das äußere Feld, obwohl der Wellenvektor $\boldsymbol{k}$ in Richtung von $\boldsymbol{F}$ weiter wächst. Es muß durch die innere Kraft[92] $-\operatorname{grad}_{\boldsymbol{r}} P(\boldsymbol{r})$ ein negativer Impuls auf das Elektron übertragen werden, der die Impulsaufnahme aus dem äußeren Feld überkompensiert. Der Geschwindigkeitsvektor $\boldsymbol{v}$ ändert sich dabei nach Größe und Richtung wie in Abb. 43.15a eingezeichnet. Wenn $\boldsymbol{k}$ bei A den Zonenrand erreicht hat, hat das Elektron nur noch eine Geschwindigkeit parallel zu den reflektierenden (10)-Netzgeraden, und der Elektronenzustand ist die Überlagerung einer laufenden Welle parallel und einer stehenden Welle senkrecht zu diesen Netzgeraden (siehe Aufgabe 43.21). Der Umklapp-Prozeß $A \to A'$ von $\boldsymbol{k}$ bedeutet die Braggreflexion der Welle an den (10)-Geraden des Flächengitters. Dem entspricht eine Richtungsänderung des Elektrons, das die Energielücke nicht überspringen kann. Es schließt sich wieder eine Beschleunigung an, die zunächst wegen $m^* < 0$, d.h. überwiegender Impulsaufnahme aus dem Gitter, antiparallel und erst dann, wenn $m^* > 0$ wird, parallel zu $\boldsymbol{F} = -e\,\boldsymbol{E}$ erfolgt. Der starke Impulsaustausch des Elektrons mit dem ganzen Gitter in Zuständen nahe am Zonenrand ist das dynamische Analogon im Teilchenbild zur Braggreflexion der Elektronenwelle.

Die dabei insgesamt im Ortsraum durchlaufene mittlere *Elektronenbahn* hängt von der Bandstruktur $W_n(\boldsymbol{k})$ ab, da der Geschwindigkeitsvektor $\boldsymbol{v}_n(\boldsymbol{k})$ nach (43.36) in jedem Punkt der Bahn hiervon abhängt. Sie kann recht kompliziert aussehen. Sie wird einfacher, wenn die Elektronen nicht nur als schwach gebunden, sondern sogar als *pseudofrei* vorausgesetzt werden, d.h. wenn sie *überall* im Innern der BZ *freie* Elektronen sein, aber doch nach Bragg *reflektiert* werden sollen[93]. Dann entspricht der Abb. 43.15a im $\boldsymbol{k}$-Raum schematisch die in Abb. 43.15b dargestellte Bahn im Ortsraum, wobei gleiche Buchstaben gleiche Bewegungsphasen bedeuten sowie die Umkehrpunkte scharf und die dazwischen liegenden Bahnen Teile von Wurfparabeln sind. Geht man dann zu schwach gebundenen Elektronen über, so werden die Spitzen der Bahn an den Reflexionsstellen A, B, C abgerundet.

---

[91] Die scheinbare Masse wird der Einfachheit halber skalar angenommen.

[92] Diese inneren Kräfte treten in (43.43) nicht explizit auf, sondern werden durch die Abhängigkeit der scheinbaren Masse von $\boldsymbol{k}$ repräsentiert.

[93] Die Anomalien in Abb. 43.13 sollen auf einen verschwindend schmalen Bereich am Zonenrand zusammengedrängt sein: „scharfer“ Zonenrand.

Das Elektron durchläuft also eine Art *Pendelbahn*, auf der es periodisch seine Richtung wechselt und abwechselnd Energie aus dem angelegten Feld entnimmt ($\boldsymbol{k}$ im Innern der Zone) und an das Feld wieder abgibt ($\boldsymbol{k}$ am Zonenrand). Dem entspricht eine periodisch wechselnde Impulsübertragung vom Elektron an das Gitter und umgekehrt. Im Mittel wird also weder Energie aus dem Feld entnommen noch an das Gitter abgegeben[94]. Das Elektron erzeugt also keine makroskopische Stromwärme und wegen seiner Richtungsänderungen auch keinen makroskopischen elektrischen Strom.

Dies gilt allerdings nur im theoretischen Grenzfall des *Idealkristalls*. In *Realkristallen* werden die beschriebenen Elektronenbahnen durch thermische und strukturelle Abweichungen von der idealen Translationssymmetrie unterbrochen. Erst dadurch entsteht ein makroskopischer Ladungsstrom und eine makroskopische Stromwärme[95], siehe Ziffer 44.2.

Aufgabe 43.20. Diskutiere die Bewegung des Wellenvektors im $\boldsymbol{k}$-Raum und des Elektrons im Ortsraum für folgende Spezialfälle:

a) $\boldsymbol{E}$ parallel zu einer Kante,

b) $\boldsymbol{E}$ parallel zur Diagonalen eines zweidimensionalen orthogonalen Gitters. In beiden Fällen soll $\boldsymbol{k} = 0$ der Anfangszustand sein, und die Überlegung soll für das ($n = 1$)-te und das ($n = 2$)-te Energieband durchgeführt werden, unter besonderer Berücksichtigung der Mitwirkung der inneren Gitterkräfte. Wie ändert sich die Energie bei der Bewegung? Zeichne die Bewegung des Elektrons durch das Energieband $W_n(t)$.

Aufgabe 43.21. Gib den Eigenzustand eines Elektrons im dreidimensionalen Gitter an, dessen Vektor a) senkrecht, b) schief den Zonenrand berührt. Gib für beide Fälle qualitativ den Vektor der Teilchengeschwindigkeit $\boldsymbol{v}(\boldsymbol{k})$ an (benutze Ziffer 43.1).

43.4.3. Ein Kristallelektron im magnetischen Feld

Mit (43.49) und (43.36) lautet die *Bewegungsgleichung* (43.41) *im $\boldsymbol{k}$-Raum* ($\boldsymbol{B} = \mu_0 \boldsymbol{H}$)

$$\hbar \dot{\boldsymbol{k}} = -e \boldsymbol{v}_n \times \boldsymbol{B} = +e \mu_0 \hbar^{-1} \boldsymbol{H} \times \operatorname{grad}_{\boldsymbol{k}} W_n(\boldsymbol{k}). \qquad (43.50)$$

Der $\boldsymbol{k}$-Vektor bewegt sich also senkrecht zu $\operatorname{grad}_{\boldsymbol{k}} W_n(\boldsymbol{k})$, d.h. auf einer Fläche konstanter Energie, z.B. der Fermioberfläche. Ferner bewegt er sich senkrecht zu $\boldsymbol{H}$, d.h. die Spitze des $\boldsymbol{k}$-Vektors läuft längs der Schnittlinie der Fläche konstanter Energie mit der zu $\boldsymbol{H}$ senkrechten Ebene $k_H = \text{const}$, die feldparallele Komponente k_H bleibt bei der Bewegung konstant. Im reduzierten Zonenschema klappt der $\boldsymbol{k}$-Vektor um, sobald seine Bahn den Zonenrand berührt. Tut sie dies nicht, so durchläuft er eine *geschlossene* Bahn. Im periodisch fortgesetzten Zonenschema ist das Umklappen von $\boldsymbol{k}$ identisch mit der Grenzüberschreitung. Hierbei können sogenannte *offene*, aber auch wieder *geschlossene* Bahnen entstehen, siehe das zweidimensionale Beispiel in Abb. 43.16. Geschlossene Bahnen haben nach (43.50) entgegengesetzten Umlaufsinn, wenn die Energie nach außen oder nach innen wächst. — In Abb. 43.17 sind mehrere mögliche Bahnen in verschiedenen Schnittebenen $k_H = \text{const}$ mit der dreidimensionalen Fermifläche von Cu, Ag, Au wiedergegeben. Zu ihrer experimentellen Erzeugung muß das Magnetfeld senkrecht zur gewünschten Bahnebene gelegt werden.

Die Bewegung des Elektrons *im Ortsraum* läßt sich nach (43.36) konstruieren, da die Geschwindigkeit des Elektrons in jedem Augenblick der Bewegung von $\boldsymbol{k}$, und die Bahn von $\boldsymbol{k}$ bekannt sind. Man zerlegt die Bahn zweckmäßig

[94] Abgesehen vom Anfang einer Bewegung nach Abb. 43.15a aus dem Zustand $\boldsymbol{k} = 0$, $W = 0$. Hier wird zunächst Energie aufgenommen, bis die mittlere Energie nach Abb. 43.15c erreicht ist. Diese „Anfahrphase" kann bei einer beliebig lange ungestörten Bahn, die hier vorausgesetzt wird, vernachlässigt werden. Vergleiche aber Ziffer 44.2.1.

[95] Die „Anfahrphase" wird ein merklicher Teil der Bahn.

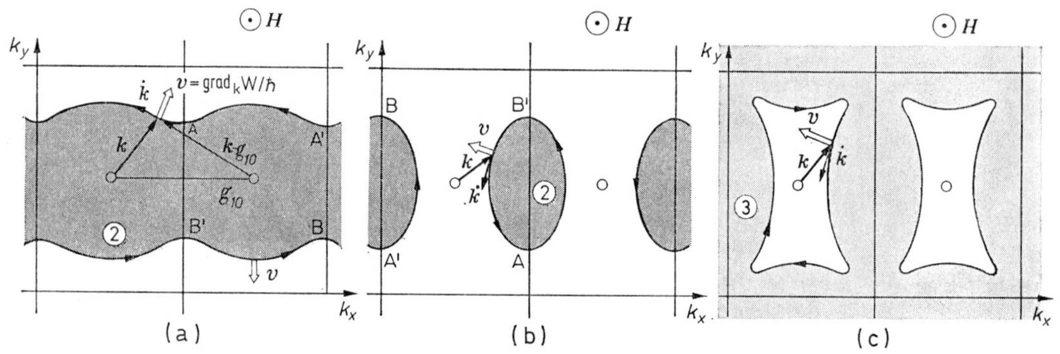

Abb. 43.16. Bewegung des $\boldsymbol{k}$-Vektors eines Elektrons auf der Fermifläche eines orthogonalen zweidimensionalen Gitters in einem Magnetfeld senkrecht zur Zeichenebene nach vorn. Periodisch fortgesetztes Zonenschema wie in Abb. 43.6 β, γ. Es ist gleichgültig, von welchem Zellenmittelpunkt aus die Wellenvektoren gemessen werden. Schattierte Bereiche sind mit Elektronen besetzt.
a) offene Bahn, b) geschlossene Bahn, die Energie wächst nach außen, c) geschlossene Bahn, die Energie wächst nach innen, umgekehrter Umlaufsinn wie in b). Der Vektor der Teilchengeschwindigkeit $\boldsymbol{v} = \hbar^{-1} \cdot \text{grad}_{\boldsymbol{k}}\, W_n(\boldsymbol{k})$ ist eingezeichnet

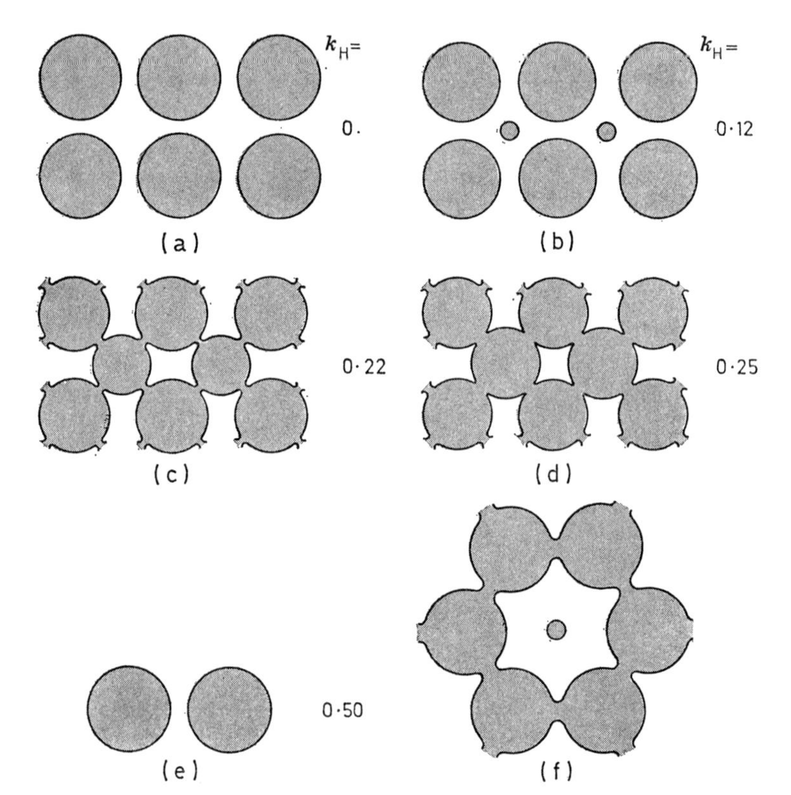

Abb. 43.17. Zyklotronbahnen von $\boldsymbol{k}$ auf der Fermifläche von Kupfer. Periodisch wiederholtes Zonenschema. Bei a) bis e) steht das Magnetfeld parallel zur vierzähligen, bei f) parallel zur dreizähligen Symmetrieachse, in jedem Fall senkrecht zur Zeichenebene. Man erkennt Bauch-, Hals-, Hundeknochen- sowie 4- und 6-zählige Rosettenbahnen auf der Grenze der schattierten Querschnitte der Fermiflächen. Die bei der Bewegung von $\boldsymbol{k}$ konstant bleibenden Werte der feldparallelen Komponente k_H in relativen Einheiten k_H/k_a ($k_H = k_{z\,\max} = 2\,k_a$ entspricht der Kantenlänge des die BZ umfassenden Würfels, Abb. 43.7) sind auch am Rand der räumlichen Abb. 43.8 angegeben, so daß die Übereinstimmung von Abb. 43.17 mit Abb. 43.8 nachgeprüft werden kann. Nach Pippard [H 74]

in Komponenten nach einem Koordinatensystem mit der z-Achse in Magnetfeldrichtung. Mit $\boldsymbol{v}_n = \dot{\boldsymbol{r}}$ wird aus (43.50)

$$\hbar\,\dot{\boldsymbol{k}} = -\,e\,\dot{\boldsymbol{r}} \times \boldsymbol{B}\,, \tag{43.51}$$

und also, wenn man auch gleich integriert:

$$\begin{aligned} (\hbar/e\,B)\,\dot{k}_x &= -\,\dot{y} & (\hbar/e\,B)\,(k_x - k_{x0}) &= -\,(y - y_0)\,, \\ (\hbar/e\,B)\,\dot{k}_y &= \dot{x} & (\hbar/e\,B)\,(k_y - k_{y0}) &= (x - x_0)\,, \\ (\hbar/e\,B)\,\dot{k}_z &= 0 & k_z - k_{z0} &= 0\,. \end{aligned} \tag{43.52}$$

Über die Bewegung in z-Richtung sagen diese Gleichungen nichts aus. Die beiden ersten Gleichungen beschreiben die Projektion der Bahn auf die xy-Ebene. Da sich, bis auf den Eichfaktor $\hbar/eB$ die Komponenten x wie k_y und y wie $-k_x$ bewegen, hat die Projektion der Bahn auf eine Ebene senkrecht zu $\boldsymbol{B}$ dieselbe Gestalt wie die Bahn von $\boldsymbol{k}$ auf der Fläche konstanter Energie, nur um 90° nach rechts gedreht, siehe Abb. 43.18. Dieser Bewegung überlagert sich noch eine Bewegung parallel zu $\boldsymbol{B}$, deren Geschwindigkeit nicht zeitlich konstant sein muß, sondern nach (43.36) von der Gestalt der Fläche konstanter Energie abhängt. Abb. 43.19 gibt die zu Abb. 43.16 gehörenden Elektronenbahnen für das zweidimensionale Gitter ($k_z = v_z = 0$) wieder. Die Bahnen entsprechen genau den Bahnen von $\boldsymbol{k}$ im periodisch fortgesetzten Zonenschema der Abb. 43.16. Man überzeugt sich leicht, daß, wie es sein muß, dieselben

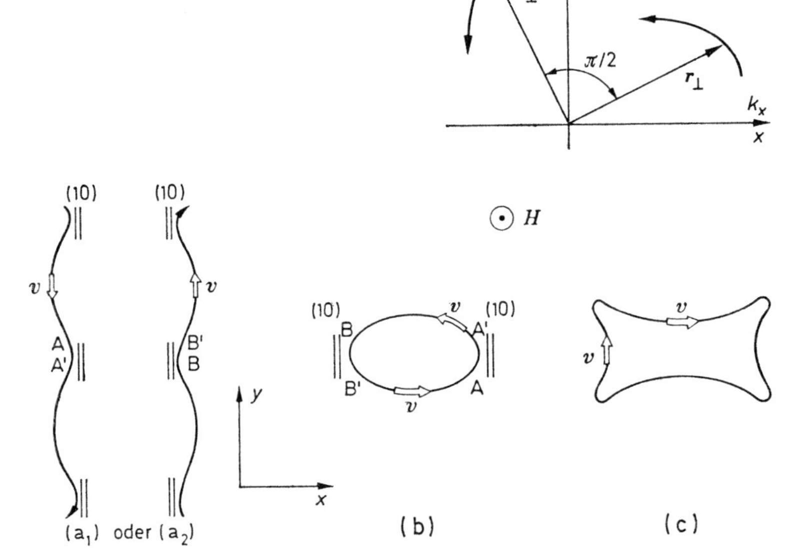

Abb. 43.18. Korrespondierende Elemente der auf eine senkrecht zum Magnetfeld liegende Ebene projizierten Bahnen des Wellenvektors $\boldsymbol{k}$ im $\boldsymbol{k}$-Raum und des Elektronenortes $\boldsymbol{r}$ im Ortsraum. $\boldsymbol{k}_\perp = (k_x, k_y, 0)$, $\boldsymbol{r}_\perp = (x, y, 0)$. Im Grenzfall freier Elektronen sind beide Bahnen Kreise (Abb. 42.6)

Abb. 43.19. Zu Abb. 43.16 gehörende Elektronenbahnen in einem orthogonalen Flächengitter. Das Magnetfeld zeigt aus der Zeichenebene senkrecht nach vorn. a) Periodische offene Bahnen, b) und c) periodische geschlossene Bahnen mit entgegengesetztem Umlaufsinn. Die Bahnen setzen die in Abb. 43.16 eingezeichneten $\boldsymbol{v}$-Vektoren fort. Reflektierende Netzgeradenscharen sind eingezeichnet

Elektronenbahnen auch bei Verwendung des reduzierten Zonenschemas herauskommen, d.h. wenn $\boldsymbol{k}$ in einer Zone bleibt und an den Rändern umklappt ($A \to A'$, $B \to B'$). Den Umklapp-Prozessen ($\equiv$ Bragg-Reflexionen der Welle) entsprechen starke Ablenkungen des Teilchens; die hierfür verantwortlichen Netzgeraden sind angedeutet. Bahn a) ist eine offene periodische Bahn, b) und c) sind geschlossene periodische Bahnen mit entgegengesetztem Umlaufsinn, der bei b) dem eines negativ geladenen, bei c) dem eines positiv geladenen freien Teilchens (positive Masse ist vorausgesetzt) entspricht[96]. — Im dreidimensionalen Kristall würde sich jeder dieser Bewegungen eine Bewegung parallel $\boldsymbol{B}$, also senkrecht zur Zeichenebene überlagern, die sich mit derselben Periodendauer wiederholt, deren Geschwindigkeit innerhalb einer Periode aber nicht konstant ist (siehe Aufgabe 43.24).

Die geschilderten Bahnen — sowohl im Ortsraum wie im $\boldsymbol{k}$-Raum — heißen *Zyklotronbahnen*. Sie sind, im Gegensatz zu denen freier Elektronen, im allgemeinen keine Kreise.

Aufgabe 43.23. Sind an der Bewegung von $\boldsymbol{k}$ in Abb. 43.16c auch Bragg-reflexionen beteiligt? Wenn ja, an welchen Netzebenen, und wie liegen sie in Abb. 43.19? Hinweis: Abb. 43.4/5/6.

Aufgabe 43.24. Bestimme die Bewegung von $\boldsymbol{k}$ im $\boldsymbol{k}$-Raum und des Teilchens ($\boldsymbol{r}$) im Ortsraum für ein freies Elektron durch Spezialisierung der für ein Kristallelektron abgeleiteten Ergebnisse.

[96] Auf diese wichtige Unterscheidung kommen wir in Ziffer 43.4.5 zurück.

Die Frequenz der periodischen Elektronenbewegung im Magnetfeld ist die *Zyklotronfrequenz*, die für den Grenzfall freier Elektronen schon in Ziffer 42.4.3 abgeleitet wurde. Wir bestimmen sie jetzt für ein beliebiges Gitterpotential, und zwar im $\boldsymbol{k}$-Raum, da sich $\boldsymbol{k}$ mit derselben Frequenz wie $\boldsymbol{r}$ bewegt. Abb. 43.20 zeigt die Bahn des Vektors $\boldsymbol{k}$ auf der Fermifläche des n-ten Bandes bei der konstanten Energie W_n. Das Magnetfeld steht senkrecht auf der Zeichenebene, die Spitze von $\boldsymbol{k}$ läuft mit der Geschwindigkeit $d\boldsymbol{k}/dt$ in der Zeichen-

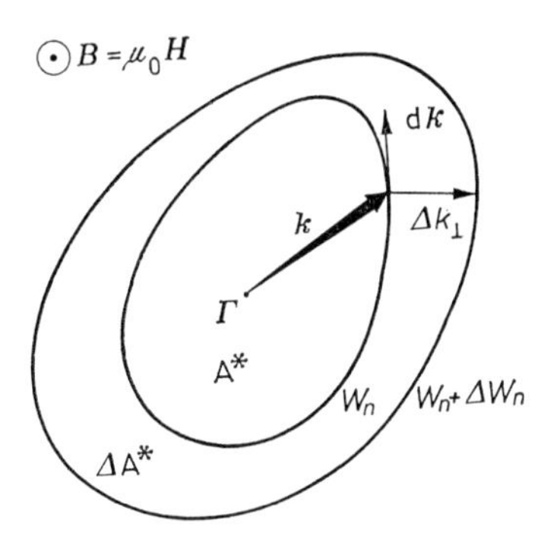

Abb. 43.20. Zur Ableitung der Zyklotronfrequenz. Die Zeichenebene geht durch die Spitze von $\boldsymbol{k}$ und liegt senkrecht zum Magnetfeld. Zwei Bahnen auf zwei benachbarten Flächen konstanter Energien W und $W+\Delta W$ umfassen in der Zeichenebene die Flächen A^* und $A^*+\Delta A^*$. Der Ursprung Γ liegt um k_H hinter, $d\boldsymbol{k}$ und $\Delta\boldsymbol{k}_\perp$ liegen in der Zeichenebene

ebene um. Diese schneidet auch die Fläche mit der etwas größeren konstanten Energie $W_n + \Delta W_n$, die von der Fläche konstanter Energie W_n bei $\boldsymbol{k}$ den sehr kleinen *zu den Flächen senkrechten* Abstand $\Delta\boldsymbol{k}$ hat. Dann folgt aus (43.36) für die *zum Feld senkrechten* Komponenten von $\boldsymbol{v}_n$ und $\Delta\boldsymbol{k}$

$$v_{\perp n} = \hbar^{-1}\Delta W_n/\Delta k_\perp \tag{43.53}$$

und also aus (43.50)

$$dk/dt = e\,B\,\hbar^{-2}\Delta W_n/\Delta k_\perp$$

oder

$$dk\,\Delta k_\perp = e\,B\,\hbar^{-2}\Delta W_n\,dt\,. \tag{43.54}$$

Integration über einen Umlauf liefert links die umlaufene Fläche ΔA^* in der Bahnebene zwischen den beiden Energieflächen und rechts bis auf einen Faktor die Zyklotronperiode T_{Zn}, so daß in der Grenze $\Delta W_n \to 0$ sich schließlich die Zyklotronfrequenz

$$\omega_{Zn} = \frac{2\pi}{T_{Zn}} = \frac{2\pi e\,B}{\hbar^2(\partial A^*/\partial W)_n} = \frac{e\,B}{m^*_{Zn}} \tag{43.55}$$

für die Elektronen des n-ten Bandes ergibt. Hier ist in Analogie zu der Beziehung (42.43) für die Zyklotronfrequenz freier Elektronen die reziproke scheinbare Masse (*Zyklotronmasse*) im n-ten Band eingeführt:

$$1/m^*_{Zn} = 2\pi\hbar^{-2}(\partial A^*/\partial W)_n^{-1}\,. \tag{43.56}$$

Sie hängt davon ab, wie stark die Bahnen von verschiedenen $\boldsymbol{k}$-Vektoren mit gleicher feldparalleler Komponente k_H, aber etwas verschiedener umlaufener Fläche A^* sich energetisch unterscheiden. Da dies von der Feldrichtung abhängt, ist $1/m^*_{Zn}$ anisotrop.

Aufgabe 43.25. Beweise, daß im Grenzfall eines freien Elektrons die Zyklotronfrequenz (43.55) in (42.43) und $1/m^*_{Zn}$ in $1/m_e$ übergeht.

Aufgabe 43.26. Zeige, daß sich umgekehrt (43.55) ergibt, wenn man von „freien" Elektronen mit den Energien $W = \hbar^2\boldsymbol{k}^2/2m^*_Z$ oder von Elektronen in einem anisotropen Minimum (= *Energietal*) nach (43.48) ausgeht.

Die Gleichung (43.55) läßt sich wie folgt anschaulich interpretieren:

Auch für Kristallelektronen im Gitterpotential gilt die *Quantisierung* (42.46) und ist das Strahlungsquant $\hbar\omega_{Zn}$ die Differenz zweier benachbarter Energieniveaus, also nach (43.55)

$$\hbar\omega_{Zn} = W_{l+1} - W_l = \Delta W_n = 2\pi e B \hbar^{-1} (\partial A^*/\partial W)_n^{-1} \qquad (43.56')$$

oder

$$(\partial A^*/\partial W)_n \Delta W_n = \Delta A^* = 2\pi e B/\hbar . \qquad (43.56'')$$

Die gequantelten Bahnen von $\boldsymbol{k}$ in der Ebene $k_z = k_H$ sind also durch den konstanten Flächenabschnitt ΔA^* getrennt, wenn man die Abb. 43.20 neu interpretiert und unter den Kurven W_n und $W_n + \Delta W_n$ die *Zyklotronbahnen* von $\boldsymbol{k}$ mit den Energien W_l und W_{l+1} versteht. Nach (43.52) entsprechen diesen Bahnen im Ortsraum *Schraubenbahnen* der Elektronen, deren Projektionen auf die Ebene senkrecht $\boldsymbol{B}$ dieselbe Gestalt wie die Bahnen von $\boldsymbol{k}$, aber wegen des Eichfaktors $(\hbar/eB)$ um den Faktor $(\hbar/eB)^2$ andere Flächen, d.h. Flächenunterschiede

$$\Delta A = (\hbar/eB)^2 \Delta A^* = 2\pi\hbar/eB = h/eB \qquad (43.57)$$

haben. Multiplikation mit B gibt die Differenz der *magnetischen Flüsse* durch zwei benachbarte Elektronenbahnen:

$$\Delta\Phi = B\Delta A = h/e = \overline{\Phi}. \qquad (43.57')$$

Dabei ist die universelle Konstante

$$\overline{\Phi} = 4{,}1357 \cdot 10^{-15}\ \mathrm{Vs} \mathrel{\hat{=}} 4{,}1357 \cdot 10^{-7}\ \mathrm{Gauss\ cm^2}$$

das *magnetische Flußquantum*. Die erlaubten, gequantelten Elektronenbahnen sind also Schraubenbahnen um die Feldrichtung, die magnetische Flüsse umfassen, die sich von Bahn zu Bahn um $\overline{\Phi}$ unterscheiden. Der magnetische Fluß durch die engste Bahn $l = 0$ bleibt hier unbestimmt, so daß mit einer unbestimmten Konstante γ

$$\Phi_l = (l + \gamma)\overline{\Phi} = (l + \gamma)\, h/e \qquad (43.58)$$

ist und die Flächen

$$A_l = \Phi_l/B = (l + \gamma)\, h/eB \qquad (43.58')$$

von den Bahnen umfaßt werden. Im Grenzfall freier Elektronen wird $\gamma = 1/2$ (Ziffer 42.4.6).

43.4.4. Experimentelle Bestimmung der Fermiflächen von Metallen

Notwendige Voraussetzung für die experimentelle Bestimmung der Gestalt einer Fermifläche ist die Möglichkeit, beliebige Richtungen im Kristall physikalisch auszuzeichnen. Das geschieht bei allen bekannten Methoden durch elektromagnetische Gleich- oder Wechselfelder, zu denen die Kristallprobe beliebig orientiert werden kann. Wir behandeln im folgenden als Beispiele die *Zyklotronresonanz* und den *de Haas-van Alphen-Effekt* (Ziffer 43.4.4.1) sowie die *Dämpfung von Ultraschallwellen* im Magnetfeld (Ziffer 43.4.4.2). Weitere ebenso wichtige Methoden beruhen auf dem *anomalen Skineffekt* (Ziffer 44.2.3.3) und den *galvanomagnetischen Effekten* (Ziffer 44.2.5), auf die wir später in anderem Zusammenhang zurückkommen.

43.4.4.1. Elektromagnetische Zyklotronresonanz und de Haas-van Alphen-Effekt

Bei der Zyklotronresonanz wird die Frequenz ω_Z der Elektronen auf Bahnen im Magnetfeld mit einer bekannten elektromagnetischen Frequenz durch Resonanz verglichen. Dabei muß die Streuung der Elektronen an Gitterfehlern oder thermischen Dichteschwankungen möglichst vermieden werden, da derartige Prozesse die Periodizität der Elektronenbahnen im Magnetfeld unterbrechen und Resonanz verhindern. Das erfordert chemisch sehr saubere und möglichst fehlerfrei gewachsene Einkristalle sowie die Anwendung von sehr tiefen Temperaturen. Da die Durchmesser der Elektronenbahnen mit wachsendem Magnetfeld schrumpfen, werden die Streuprozesse auch seltener bei Gebrauch von sehr starken und homogenen Magnetfeldern.

Abb. 43.21 zeigt eine typische Anordnung, bei der eine linear polarisierte Mikrowelle senkrecht zur Probenoberfläche und zum Magnetfeld eingestrahlt wird[98]. Der Bahndurchmesser ist größer als die Eindringtiefe ζ der Mikrowelle (Skineffekt), so daß nur diejenigen Elektronen vom Wechselfeld erfaßt werden können, deren Bahnen genügend nahe an die Oberfläche kommen, aber auch

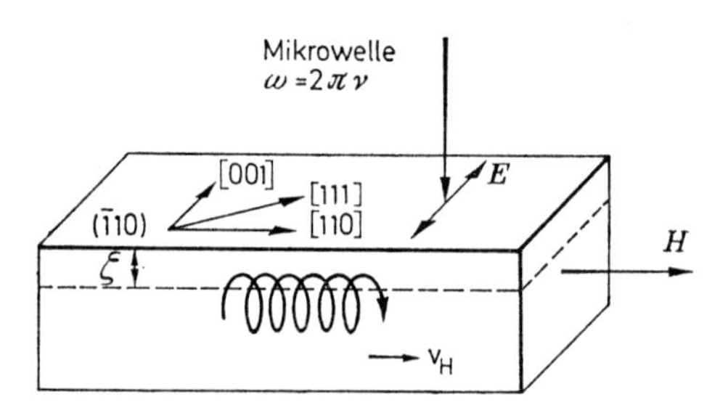

Abb. 43.21. Gebräuchliche Anordnung nach Azbel-Kaner zur Bestimmung der Zyklotronfrequenz. ***E***-Feld der Mikrowelle tangential zum Elektronenumlauf (dieser für freie Elektronen gezeichnet). Die Eindringtiefe ζ der Mikrowelle ist kleiner als der Bahndurchmesser. Die Probe kann in der Oberflächenebene gedreht werden. Der eingezeichnete spezielle kristallographische Schnitt der Probe (Oberfläche in der ($\bar{1}10$)-Ebene) ist der bei den Messungen für Abb. 43.23 benutzte. Nach Kip, Langenberg und Moore, 1961

diese nur im obersten Bahnteil. Bei günstiger (ungünstiger) Phase werden sie dort beschleunigt (gebremst), nämlich dann, wenn während eines Bahnumlaufs des Elektrons das Mikrowellenfeld eine oder auch mehrere Schwingungen ausführt. Die *zeitliche Resonanzbedingung* ist also

$$\omega_Z = \omega / j, \quad j = 1, 2, \ldots . \tag{43.59}$$

ω ist die feste Mikrowellenfrequenz. ω_Z kann über das Magnetfeld variiert werden, so daß nach (43.55) Resonanz bei den Flußdichten

$$\mu_0 H_j = B_j = \omega m_Z^* / ej \tag{43.59'}$$

auftritt. Gemessen wird die Absorption der Mikrowellen, oder besser deren Ableitung nach H, als Funktion von H. Absorptionsminima[99] bedeuten Resonanz[100]. Nur wenn mehrere aufeinanderfolgende Resonanzen beobachtet werden, kann j bestimmt werden. Dann ergibt sich die Zyklotronmasse aus der Steigung der Geraden, die man durch Auftragen von H_j über $1/j$ (oder besser von j über $1/H_j$) nach (43.59′) erhält (Abb. 43.23c).

Diese Überlegungen gelten für *ein* Elektron mit *einem* Wellenvektor $\boldsymbol{k}$. Die Metallprobe enthält aber viele Elektronen mit ganz verschiedenen $\boldsymbol{k}$, $W_n(\boldsymbol{k})$ und also nach (43.56) verschiedenen m_Z^*. Nach (43.55) sollte also bei jedem H immer Resonanz irgendwelcher Elektronen bestehen, so daß sich keine resultierenden Resonanzmaxima herausheben würden. Tatsächlich werden aber bestimmte Elektronen durch das Experiment bevorzugt, nämlich

a) die Elektronen *auf der Fermifläche*. Das folgt aus der Tatsache, daß der soeben klassisch beschriebene Energieaustausch mit dem Mikrowellenfeld nach Ziffer 42.4 auf Übergängen zwischen den Landau-Niveaus beruht. Von diesen stehen besetzte und unbesetzte nur an der Fermioberfläche zur Verfügung.

---

[98] Es gibt auch andere Anordnungen, z.B. mit $\boldsymbol{E} \parallel \boldsymbol{H}$ oder mit $\boldsymbol{H}$ senkrecht oder schräg zur Oberfläche.

[99] Nicht bei Halbleitern, siehe Ziffer 45.4.

[100] Bei Resonanz sieht die Welle die wiederkehrenden, nicht gestreuten Elektronen, d.h. ein Metall mit erhöhter Leitfähigkeit, also erhöhtem Reflexionsvermögen! Vgl. Anhang D.

b) Elektronen in *Extremalbahnen* auf der Fermifläche, siehe Abb. 43.22. Alle Bahnen in einem Bereich Δk_H sowohl um die größte (die „Bauch"-Bahn B) wie auch um die kleinste (die „Hals"-Bahn H) liegenden Bahnen umfassen jeweils dieselbe Fläche A^* und haben dieselbe scheinbare Masse (43.56), also auch dieselbe Resonanzfrequenz wie die jeweilige Extremalbahn, die somit verstärkt beobachtet wird. Eine solche Verstärkung findet auf den übrigen Teilen (z.B. bei F) der Fermifläche nicht statt. Das Experiment liefert also für jede Richtung von $\boldsymbol{H}$ die Resonanzen der in Ebenen senkrecht auf $\boldsymbol{H}$ vorhandenen Extremalbahnen, über einem

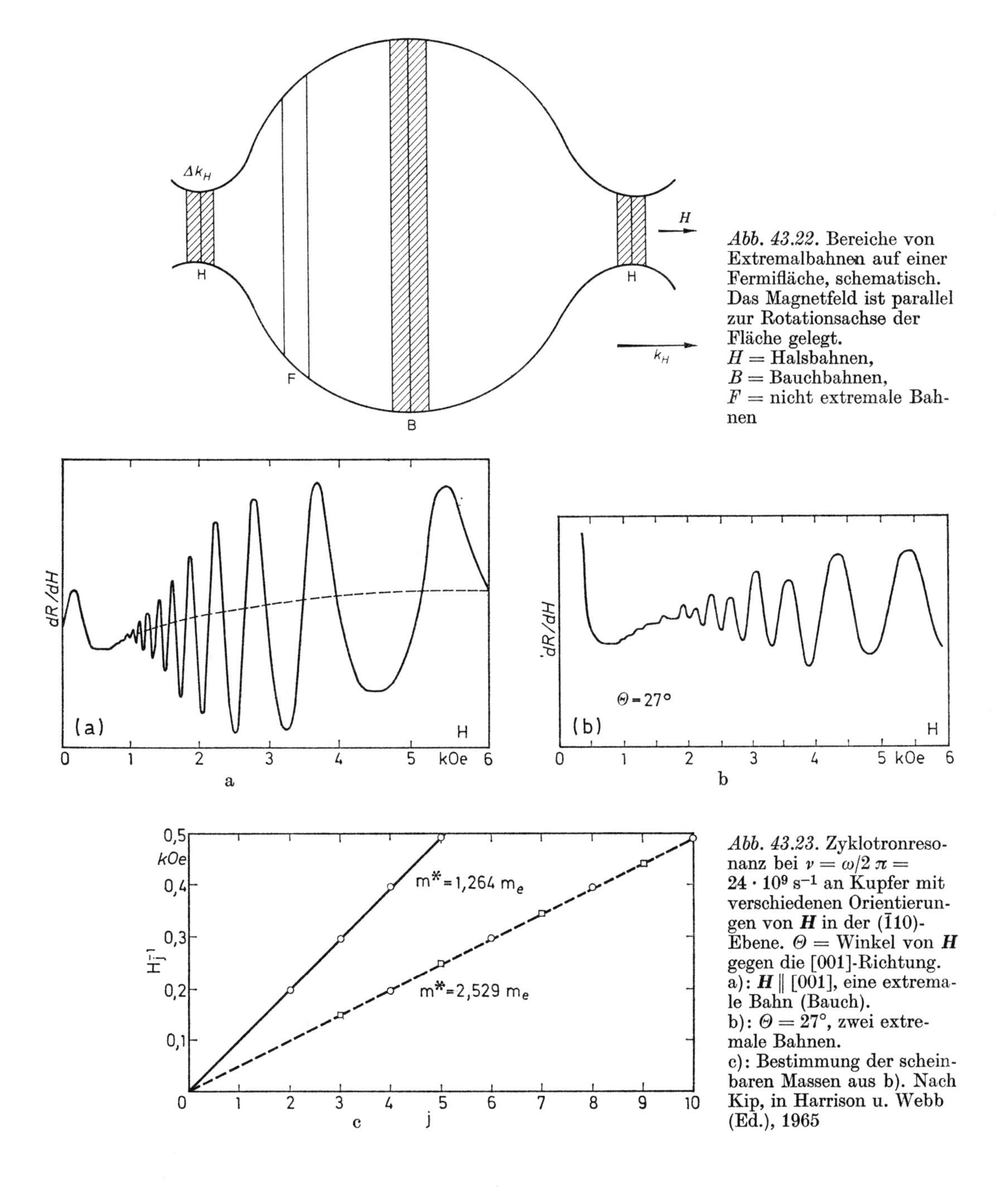

Abb. 43.22. Bereiche von Extremalbahnen auf einer Fermifläche, schematisch. Das Magnetfeld ist parallel zur Rotationsachse der Fläche gelegt. H = Halsbahnen, B = Bauchbahnen, F = nicht extremale Bahnen

Abb. 43.23. Zyklotronresonanz bei $\nu = \omega/2\pi = 24 \cdot 10^9\ \mathrm{s}^{-1}$ an Kupfer mit verschiedenen Orientierungen von $\boldsymbol{H}$ in der $(\bar{1}10)$-Ebene. Θ = Winkel von $\boldsymbol{H}$ gegen die [001]-Richtung. a): $\boldsymbol{H} \parallel [001]$, eine extremale Bahn (Bauch). b): $\Theta = 27°$, zwei extremale Bahnen. c): Bestimmung der scheinbaren Massen aus b). Nach Kip, in Harrison u. Webb (Ed.), 1965

Untergrund von Resonanzen anderer Bahnen. Durch Messungen bei möglichst vielen verschiedenen Orientierungen des Magnetfeldes $\boldsymbol{H}$ kann man die Umlauffrequenzen der Extremalbahnen und $1/m_z^* \sim \partial A^*/\partial W$ als Funktion der Richtung von $\boldsymbol{H}$ und damit über (43.44) schließlich die Gestalt der Fermifläche bestimmen. Allerdings ist das Verfahren mühsam und erfordert auch die Beiziehung der Resultate von unabhängigen anderen Messungen.

Abb. 43.23 gibt einige *Beispiele* für Kupfer, gemessen mit $\boldsymbol{H}$ in der $(\bar{1}10)$-Ebene (Abb. 43.21) und $\omega/2\pi = \nu = 24 \cdot 10^9\,\mathrm{s}^{-1}$. Bei $\boldsymbol{H} \| [001]$ $(\Theta = 0)$ erscheint nur eine Extremalbahn, nämlich die Bahn des Bauches aus Abb. 43.17a mit $m_z^* = 1{,}39\,m_e$. Wird $\boldsymbol{H}$ in $(\bar{1}10)$ aus dieser Richtung herausgedreht $(\Theta > 0)$, so verschiebt sich die Resonanz und es erscheint die einer zweiten Extremalbahn $(\Theta = 27°$, Teilbild b). Teilbild c) gibt die Bestimmung der beiden hierzu gehörigen scheinbaren Massen nach (43.59′), sie verhalten sich etwa wie 1 : 2. Die Bahn mit der größeren scheinbaren Masse kommt dem Zonenrand näher als die Bauch-Bahn; sie läuft im periodisch wiederholten Zonenschema durch mehrere Zonen (wie Hundeknochen- und Rosettenbahnen, Abb. 43.17).

Die Querschnitte A^* der Extremalbahnen auf der Fermioberfläche lassen sich unmittelbar aus dem *de Haas-van Alphen-Effekt* bestimmen, da die Zyklotronumläufe der Elektronen nach Ziffer 42.4.6 die Oszillationen der Magnetisierung hervorrufen. Man erwartet große (kleine) Perioden (42.64/66) bei kleinen (großen) Bahnquerschnitten A^* im $\boldsymbol{k}$-Raum, in Übereinstimmung mit dem Experiment. Abb. 43.24 gibt ein Beispiel.

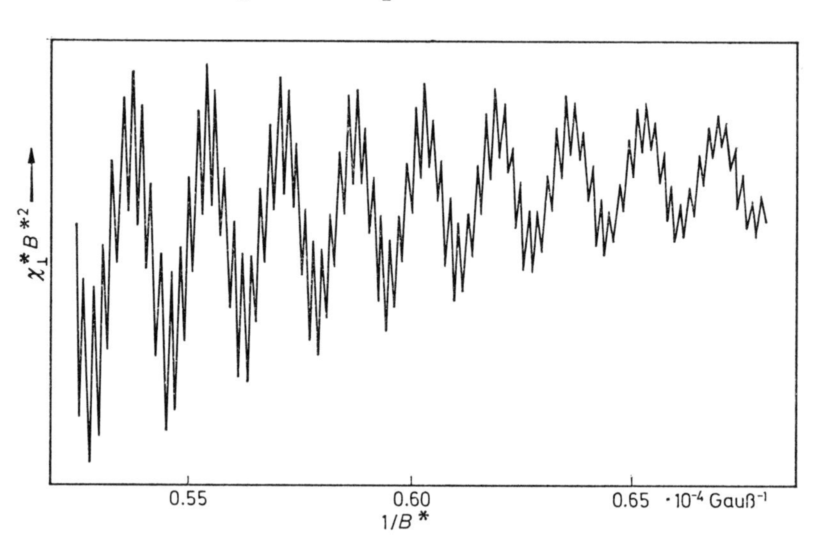

Abb. 43.24. de Haas-van Alphen-Effekt an hexagonalem Zink, gemessen mit Torsionsschwingungen im Magnetfeld. Aufgetragen ist das vom Feld auf das induzierte magnetische Moment ausgeübte Drehmoment $\chi_\perp^* B^{*2}$ über $1/B^*$ (alles in CGS-Einheiten, siehe den Anhang). Man erkennt eine große und eine ihr überlagerte kleine Periode, denen eine enge und eine weite Extremalbahn entsprechen. Die Fermifläche von Zn ist sehr kompliziert. Nach Joseph und Gordon 1962.

Aufgabe 43.27. Berechne für freie Elektronen: a) das für Zyklotronresonanz mit einer Spektrometerfrequenz von $\nu = 3 \cdot 10^{10}\,\mathrm{s}^{-1}$ erforderliche Magnetfeld,

b) den Radius $r_\perp$ der Zyklotronbahnen bei diesem Feld (Vergleich mit der Gitterkonstante von Cu).

c) die Eindringtiefe ζ (in Einheiten $r_\perp$) der Mikrowellen in Cu bei normalem Skineffekt.

d) Liegt bei einem Zyklotronversuch normaler Skineffekt vor?

Aufgabe 43.28. Bei einem Zyklotronresonanzversuch sei (anders als in Abb. 43.21) auch das Magnetfeld senkrecht zur Probenoberfläche orientiert. Elektronen mit einer genügend großen feldparallelen Geschwindigkeitskomponente $v_\|$ laufen dann aus der Eindringschicht ζ der Mikrowellen heraus und entgehen der Messung. Diskutiere $v_\|$ für die verschiedenen Bereiche der Fermifläche in Abb. 43.22. Zeige, daß die Extremalbahnen stationär sind.

43.4.4.2. Dämpfung von Ultraschall im Magnetfeld [101]

Bei diesem Experiment wird eine *räumliche Resonanz* zwischen dem Durchmesser D von Elektronenbahnen im Magnetfeld und der Wellenlänge λ einer Ultraschallwelle beobachtet. In Abb. 43.25 ist der Anschaulichkeit halber eine Transversalwelle gezeichnet. In Abständen von einer halben Wellenlänge ist das Kristallgitter und damit $P(\boldsymbol{r})$ nach entgegengesetzten Richtungen etwas aus der Ruhelage verschoben, wodurch eine räumlich periodische zusätzliche Kraft $-e\boldsymbol{E}_{\text{vibr}}$ auf die Elektronen erzeugt wird. Wird ein Magnetfeld senkrecht zur Schallwelle eingeschaltet ($\boldsymbol{H} \perp \boldsymbol{q}$), so durchlaufen die

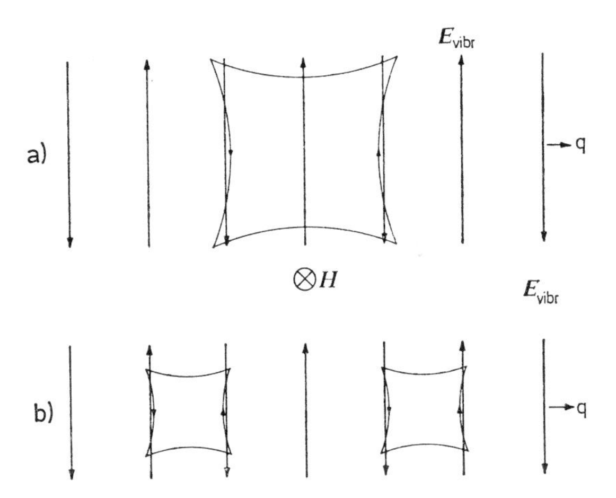

Abb. 43.25. Dämpfung einer Ultraschallwelle im Magnetfeld. Wellenvektor $\boldsymbol{q}$ der Schallwelle parallel, Magnetfeld $\boldsymbol{H}$ senkrecht zur Zeichenebene. a) Elektronenbahn mit schwacher Elektron-Phonon-Wechselwirkung, starke Dämpfung der Schallwelle. b) Bahnen mit starker Elektron-Phonon-Wechselwirkung, schwache Dämpfung. Die Bahnen sind für freie Elektronen mit Bragg-Reflexion gezeichnet (Modell des „scharfen Zonenrandes"). Nach Harrison [A 11]

Elektronen Zyklotronbahnen [102], deren Gestalt von der Gestalt der Fermifläche abhängt und mit der Größe von $\boldsymbol{H}$ stark variiert. In jedem Fall schrumpft die Bahn nach (43.52) mit steigendem Magnetfeld proportional zu H^{-1} zusammen, so daß

$$DH = D_0 H_0 \qquad (43.60)$$

eine Konstante ist. Da die Umlaufgeschwindigkeit der Elektronen groß gegen die Schallgeschwindigkeit ist, kann die Verteilung von $\boldsymbol{E}_{\text{vibr}}$ als zeitlich konstant angesehen werden. Der Einfluß von $\boldsymbol{E}_{\text{vibr}}$ hebt sich auf gegenüberliegenden Seiten der Bahn gerade auf (schwache resultierende Elektron-Phonon-Wechselwirkung), wenn der Bahndurchmesser ein Vielfaches der Wellenlänge ist (Abb. 43.25a):

$$D = D_m = m\lambda, \qquad m = 1, 2, \ldots \qquad (43.61\,\text{a})$$

er verstärkt sich (starke resultierende Elektron-Phonon-Wechselwirkung), wenn (Abb. 43.25b)

$$D = (m - 1/2)\lambda = D_m - \lambda/2, \qquad (43.61\,\text{b})$$

wobei je nach Phasenlage das Elektron auf beiden Seiten der Bahn mit oder gegen $\boldsymbol{E}_{\text{vibr}}$ läuft. Im Fall b) „sieht" die Schallwelle eine höhere effektive Leitfähigkeit des Metalls als im Fall a) und wird deshalb weniger stark gedämpft (absorbiert). Bei kontinuierlicher Änderung der Magnetfeldstärke müssen sich also abwechselnd Maxima und Minima der Schallabsorption ergeben (Abb. 43.26). Nach (43.60) und (43.61) sind sie äquidistant über H^{-1}, da

$$\begin{aligned} \Delta D_m &= D_m - D_{m-1} = D_0 H_0 (H_m^{-1} - H_{m-1}^{-1}) \\ &= D_0 H_0 \Delta H_m^{-1} = \lambda, \end{aligned} \qquad (43.62)$$

[101] Englisch: magnetoacoustic effect.

[102] Gemeint ist die hier allein interessierende Projektion der Bahn auf eine Ebene senkrecht zu $\boldsymbol{H}$.

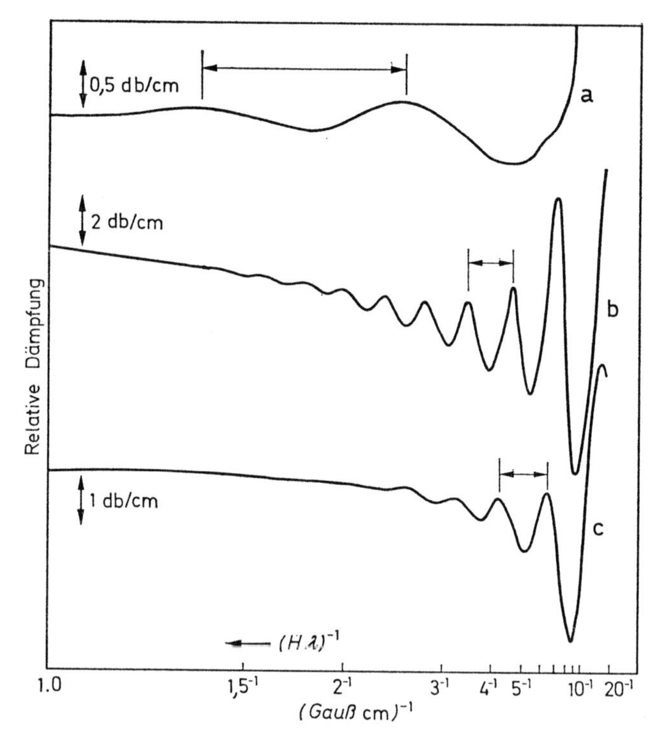

Abb. 43.26. Relative Dämpfung von Ultraschallwellen (Wellenvektor $\boldsymbol{q}$, Frequenz ν) in Gold und Silber (Fermifläche wie Kupfer, Abb. 43.8). Die Magnetfeldrichtung variiert in der $(\bar{1}10)$-Ebene wie in Abb. 43.21. Abszisse: $(\lambda H)^{-1}$. Die Periode $\Delta(1/\lambda H)$ ist angezeichnet. a) Gold, $\boldsymbol{H} \| [111]$, $\boldsymbol{q} \| [\bar{1}10]$, $\nu = 91$ MHz: Hals-Bahn. b) Gold, $\boldsymbol{H} \| [110]$, $\boldsymbol{q} \| [001]$, $\nu = 133$ MHz: Hundeknochen-Bahn. c) Silber, $\boldsymbol{H} \| [110]$, $\boldsymbol{q} \| [001]$, $\nu = 154$ MHz: Hundeknochen-Bahn. Nach R. W. Morse, in Harrison u. Webb (ed.), The Fermi Surface, 1960

d.h. der Abstand zweier Absorptionsmaxima (die Periode)

$$p = \Delta H_m^{-1} = \lambda / D_0 H_0 \tag{43.63}$$

unabhängig von m ist.

Dieser Abstand wird gemessen, siehe Abb. 43.26. Jedem Punkt einer der dargestellten Meßkurven entspricht eine andere Bahn mit von links nach rechts abnehmendem Durchmesser[103], aber allen diesen Bahnen im Ortsraum entspricht dieselbe Umlaufsbahn von $\boldsymbol{k}_\perp$ im $\boldsymbol{k}$-Raum, wobei $\boldsymbol{k}_\perp$ die in der Ebene $k_H = \text{const}$ umlaufende Komponente von $\boldsymbol{k}$ ist. Nach (43.52) entspricht nämlich dem Bahndurchmesser D im Ortsraum der Bahndurchmesser $D^* = e\,\mu_0 H \cdot \hbar^{-1} D$ im $\boldsymbol{k}$-Raum, so daß nach (43.60/63)

$$D^* = e\,\mu_0\,\hbar^{-1} H_0 D_0 = e\,\mu_0\,\hbar^{-1}\,\lambda/p \tag{43.64}$$

eine Konstante wird, unabhängig von H und m. Man überlegt ebenso wie bei der elektromagnetischen Zyklotronresonanz, daß es sich hierbei wieder um eine Extremalbahn handeln muß.

Großen Abständen p entsprechen kleine Extremalbahnen, und umgekehrt, was die Zuordnung sehr erleichtert, siehe die Beispiele in Abb. 43.26 für Gold und Silber, deren Fermiflächen dieselbe Gestalt wie die uns schon bekannte Fermifläche von Kupfer haben. Abb. 43.27 gibt Messungen in der (110)-Ebene von Aluminium wieder, die mit der theoretisch vorhergesagten Fermifläche des zweiten Bandes übereinstimmen, vergleiche Abb. 43.9.

Aufgabe 43.29. Berechne die Wellenlänge der Ultraschallwelle und den Durchmesser der Elektronenbahnen für die in Abb. 43.26 angegebenen Bedingungen, d.h. gib für die Dämpfungsmaxima ungefähre Werte von m an. Die Bahndurchmesser können für freie Elektronen berechnet werden. Schallgeschwindigkeit $c^T \approx 2{,}5 \cdot 10^3\,\mathrm{m\,s^{-1}}$.

Aufgabe 43.30. Es gibt auch eine akustische Zyklotronresonanz, bei der die Ultraschallwelle die Rolle der Mikrowelle aus Ziffer 43.4.4.1 übernimmt und (zeitliche) Resonanz zwischen der Zyklotronfrequenz und der Schallfrequenz beobachtet wird. Da aber die Schallwellenlänge vergleichbar mit der Ganghöhe der Elektronenbahn im Magnetfeld ist (Abb. 43.21), kommt Energieaustausch

[103] Dabei steigt die Zyklotronfrequenz ω_Z. Da es sich aber um eine *geometrische* Resonanz handelt, kommt es auf ω_Z ebensowenig an wie auf die Ultraschallfrequenz ν. Es ist nur $2\pi\nu \ll \omega_Z$ vorausgesetzt.

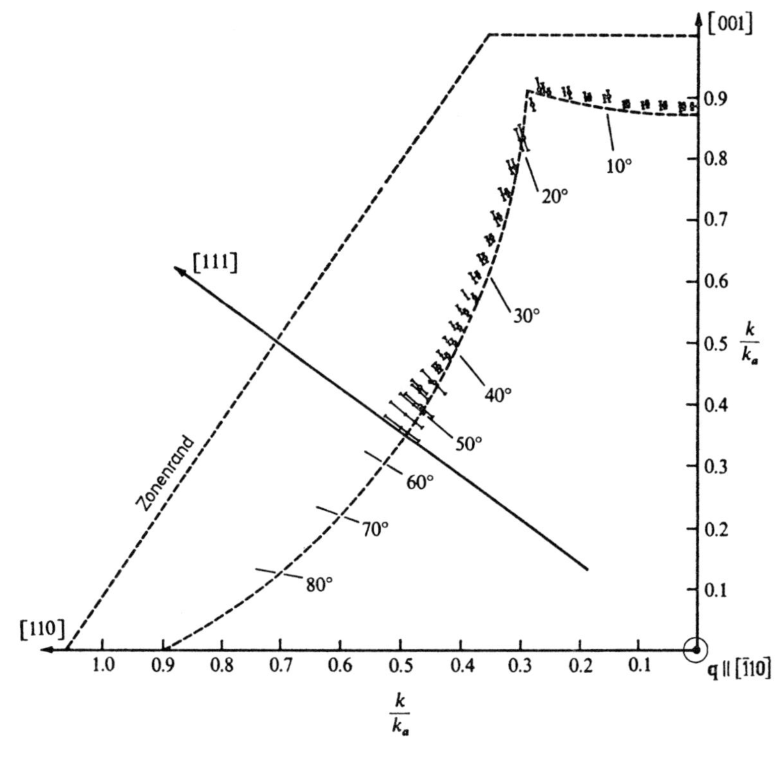

Abb. 43.27. Fermifläche für das zweite Energieband von Aluminium aus Messungen der Ultraschalldämpfung, nach G. N. Kamm u. H. V. Bohm (1963). $\boldsymbol{q} \| [\bar{1}10] \perp \boldsymbol{H}$. $\boldsymbol{H}$ dreht in der $(\bar{1}10)$-Ebene (Abb. 43.21). Gestrichelt eingezeichnet sind der Rand der Brillouinzone und der Schnitt der $(\bar{1}10)$-Ebene mit der für freie Elektronen berechneten Fermifläche aus Abb. 43.9. Da der Zonenrand nicht erreicht wird, ist die Übereinstimmung zwischen Meßpunkten und Rechnung sehr gut: die Elektronen verhalten sich wie freie Elektronen. k_a = Wellenzahl am [001]-Zonenrand, vgl. Abb. 43.7/17.

nur zustande, wenn die Phase zwischen $\boldsymbol{E}_{vibr}$ und der Elektronenbahn längs $\boldsymbol{H}$ erhalten bleibt. Man suche die anstelle von (43.61) zu fordernde Resonanzbedingung für beliebige Winkel ϑ zwischen $\boldsymbol{H}$ und Wellenvektor $\boldsymbol{q}$.

Hinweis: Verwende Energie- und Impulssatz analog Ziffer 9.1. Setze m^* statt m_e.

43.4.5. Elektronen oder/und Löcher

Wir haben bisher nur die Dynamik von einzelnen Elektronen behandelt. Das ist zweckmäßig, solange nur wenige Elektronen im Leitungsband vorhanden sind, nicht aber, wenn das Band bis auf nur wenige freie Plätze besetzt ist. In diesem Fall ist es oft zweckmäßiger, das Band nicht durch die vielen vorhandenen, sondern durch die wenigen fehlenden Elektronen, d. h. wenige Löcher zu charakterisieren und eine Dynamik für diese zu entwickeln. Wir gehen dabei aus von einem mit $2N^3$ Elektronen voll besetzten Valenzband, aus dem wir ein Elektron entfernen. Den zurückbleibenden Zustand des Bandes nennen wir einen Lochzustand, das diesem zugeordnete Teilchen ein *zum voll besetzten Band hinzugefügtes Loch.*

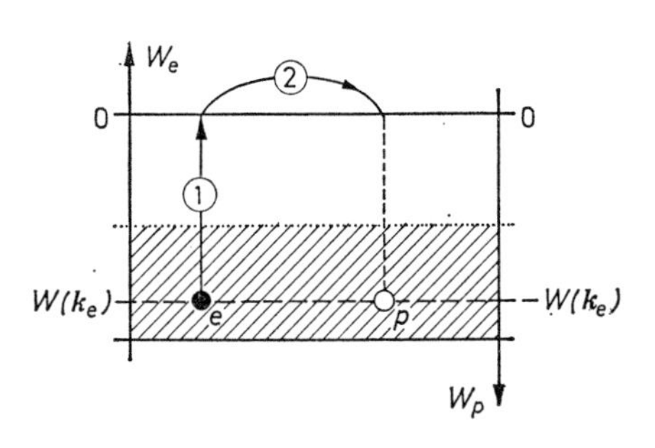

Abb. 43.28. Halb mit Elektronen gefülltes Leitungsband. Erzeugung eines Loches p durch Entfernen eines Elektrons e in zwei Schritten: (1) Anheben des Elektrons an den oberen Bandrand $W = 0$, d.h. Erzeugung einer Elektronenlücke im besetzten Bandteil (der Kristall ist noch elektrisch neutral). (2) Vernichten der Elektronenladung, d.h. Umwandlung der Elektronenlücke in ein positives Loch (der Kristall hat einen positiven Ladungsüberschuß). Die Elektronenenergie wächst nach oben, die Löcherenergie nach unten

Unter „Entfernen aus dem Band" wird folgendes Gedankenexperiment verstanden: Das Elektron wird zuerst in den Zustand mit der Energie $W = 0$ gebracht, z.B. auf den oberen Rand des Bandes, wenn wir die Energie wie üblich von hier aus messen (Abb. 43.28). Dann wird seine Ladung vernichtet.

Das Verfahren ist das auch sonst bei fast ganz (oder mehr als zur Hälfte) besetzten Schalen benutzte, z.B. bei den Röntgentermen und verkehrten Multipletts der Atome ([A] Ziffer 40) oder bei der Aufspaltung von Termen offener Schalen (Ziffer 18.3) im Kristallfeld. Es wird hier nur etwas komplizierter durch die Berücksichtigung der Translationssymmetrie. Wie sonst wird auch hier der energetische Abstand des Elektronenzustands von dem (höheren!) Niveau $W = 0$ die *Bindungsenergie* des Elektrons genannt.

In einem vollständig besetzten (abgeschlossenen) Band heben sich alle Spins und alle Wellenvektoren der Elektronenzustände paarweise auf:

$$\sum m_{se} = 0\,, \tag{43.65}$$

$$\sum \boldsymbol{k}_e = 0\,. \tag{43.66}$$

Die erste Gleichung folgt aus dem Pauli-Prinzip, die zweite aus der Konstruktion der Brillouinzonen, die Inversionssymmetrie im $\boldsymbol{k}$-Raum, d.h. zu jedem Vektor $\boldsymbol{k}$ auch den Vektor $-\boldsymbol{k}$ liefert.

Das aus dem Band entfernte Elektron möge in dem Zustand mit dem Spin m_{se}, dem Wellenvektor $\boldsymbol{k}_e$ und der Energie

$$W_e = W(\boldsymbol{k}_e) = W(-\boldsymbol{k}_e) \tag{43.66'}$$

gewesen sein, wobei $W(\boldsymbol{k}_e) \leqq 0$ gilt, wenn der Energienullpunkt am oberen Rand des Bandes liegt.

Dann bleiben nach (43.66) der *Wellenvektor*

$$\boldsymbol{k}_p = -\boldsymbol{k}_e \tag{43.67}$$

und nach (43.65) der *Spin*

$$m_{sp} = -m_{se} \tag{43.68}$$

beim Band zurück. Diese beiden Quantenzahlen werden dem Lochzustand zugeschrieben. Das entstandene Loch wird sukzessive durch Elektronen aus energetisch höheren Zuständen des Bandes aufgefüllt, d.h. das Loch steigt an die obere Bandkante. In dieser Richtung nimmt die Lochenergie um ebensoviel ab, wie die Elektronenenergie zunimmt. Wenn man beide Energien vom gleichen Nullpunkt aus mißt, hat man also dem Lochzustand die *Energie*

$$W_p = -W_e = -W_e(\boldsymbol{k}_e) > 0\,, \tag{43.69}$$

d.h.

$$W_p(\boldsymbol{k}_p) = W_p(-\boldsymbol{k}_p) = -W_e(-\boldsymbol{k}_e) = -W_e(\boldsymbol{k}_e) \tag{43.69'}$$

zuzuschreiben, siehe Abb. 43.28. Hierbei ist wieder die Kramers-Entartung benutzt.

Damit ist auch die *Teilchengeschwindigkeit* des Loches bereits festgelegt: sie ist nach Definition die Gruppengeschwindigkeit eines aus Lochzuständen gebildeten Wellenpakets, also nach (43.36/67)

$$\begin{aligned} \boldsymbol{v}_p(\boldsymbol{k}_p) &= dW_p(\boldsymbol{k}_p)/d(\hbar\boldsymbol{k}_p) \\ &= dW_e(\boldsymbol{k}_e)/d(\hbar\boldsymbol{k}_e) = \boldsymbol{v}_e(\boldsymbol{k}_e)\,. \end{aligned} \tag{43.70}$$

Das Loch hat also *dieselbe* Teilchengeschwindigkeit wie das Elektron.

In einem elektromagnetischen Feld wirkt auf ein Elektron die *Kraft* (43.49), aus der sich mit den soeben abgeleiteten Beziehungen die Kraft auf das zurückbleibende Loch ergibt: aus

$$\boldsymbol{F}_e = \hbar\,\dot{\boldsymbol{k}}_e = -\,e(\boldsymbol{E} + \boldsymbol{v}_e \times \boldsymbol{B})$$
$$= -\,\hbar\,\dot{\boldsymbol{k}}_p = -\,e(\boldsymbol{E} + \boldsymbol{v}_p \times \boldsymbol{B}) \qquad (43.71)$$

folgt

$$\boldsymbol{F}_p = \hbar\,\dot{\boldsymbol{k}}_p = +\,e(\boldsymbol{E} + \boldsymbol{v}_p \times \boldsymbol{B}) = -\,\boldsymbol{F}_e\,. \qquad (43.72)$$

Dies ist die Kraft auf ein positiv geladenes Teilchen; Löcher sind also *positiv* geladen (daher der Index p):

$$q_p = +\,e = -\,q_e\,. \qquad (43.73)$$

Ebenso folgt aus (43.70/72) und (43.43) das Verhältnis der *Beschleunigungen* und der *scheinbaren Massen*: es ist

$$\dot{\boldsymbol{v}}_p(\boldsymbol{k}_p) = \dot{\boldsymbol{v}}_e(\boldsymbol{k}_e) \qquad (43.74)$$

und also

$$(1/m_p^*)\,\boldsymbol{F}_p = (1/m_e^*)\,\boldsymbol{F}_e = -\,(1/m_e^*)\,\boldsymbol{F}_p\,, \qquad (43.74')$$

d.h. die *(reziproken) Massen*

$$(1/m_p^*) = -\,(1/m_e^*) \qquad (43.75)$$

haben entgegengesetztes Vorzeichen und somit die *spezifischen Ladungen*

$$(q_p/m_p^*) = (q_e/m_e^*) = (q/m^*) \qquad (43.75')$$

gleiche Werte. Es gilt also für beide Teilchen *dieselbe Bewegungsgleichung*

$$\dot{\boldsymbol{v}} = (q/m^*)\,(\boldsymbol{E} + \boldsymbol{v} \times \boldsymbol{B}) \qquad (43.76)$$

im elektromagnetischen Feld, einschließlich des Vorzeichens. Zwei solche Teilchen sind also nur durch Messung ihrer Bahn in einem elektromagnetischen Feld nicht zu unterscheiden[104]. Sie durchlaufen in einem Magnetfeld gleiche Bahnen in gleichem Umlaufssinn. In einem elektrischen Feld werden sie in der gleichen Richtung und gleich stark beschleunigt.

Befinden sich beide Teilchen z.B. nahe am oberen Rand des ($n = 1$)-ten Bandes, also im $\boldsymbol{k}$-Raum nahe am Zonenrand, so hat das Elektron negative, das Loch positive Masse und Ladung. Während der Beschleunigung leistet nach Ziffer 43.4.2 das Elektron Arbeit gegen das äußere Feld, während das Loch der auf die Ladung wirkenden Kraft folgt und Energie aus dem Feld aufnimmt. Am unteren Rand des Bandes vertauschen die beiden Teilchen ihre Rollen, da die Massen das Vorzeichen wechseln. Da die Elektronenenergie nach oben wächst, ist ein einzelnes Elektron am oberen Rand eines leeren Bandes unstabil und sinkt nach unten, während ein einzelnes Loch in einem sonst mit Elektronen besetzten (d.h. von Löchern leeren) Band vom unteren zum oberen Rand steigt. Dabei wird frei werdende Energie an das Gitter abgegeben.

Zusammenfassung. Wird aus einem mit $2N^3$ Elektronen voll besetzten Band ein Elektron mit den in der ersten Zeile von Tabelle 43.1 angegebenen Zustandsgrößen entfernt, so kann das zurückbleibende Band beschrieben werden entweder als das System der $2N^3 - 1$ zurückbleibenden Elektronen oder als das mit $2N^3$ Elektronen voll besetzte Band plus einem positiven Loch mit den in der zweiten Zeile der Tabelle angeschriebenen Zustandsgrößen[105]. Anschaulich darf man sich also das auf einem unbesetzten Zustand in einem Energieband fehlende Elektron repräsentieren durch ein diesen Zustand besetzendes Elektron und das nach Tabelle 43.1 dazugehörige Loch (Wegnehmen eines Elektrons $\equiv$ Hinzufügen eines Loches).

[104] Hierfür muß unabhängig noch das Vorzeichen der Ladung des Teilchens gemessen werden, etwa durch den *Halleffekt* (Ziffer 44.2.5.1).

[105] Durch diese Tabelle sind ein Elektron und ein Loch „am selben Platz im Energieband“ definiert, da beide Teilchen im Bänderschema auf gleicher Höhe gezeichnet werden.

Tabelle 43.1. *Elektronen und Löcher*

Zustandsgrößen	m_s	$\boldsymbol{k}$	W	$\boldsymbol{v}$	q	$(1/m^*)$	(q/m^*)
für ein entferntes Elektron	m_{se}	$\boldsymbol{k}_e$	$W(\boldsymbol{k}_e)$	$\boldsymbol{v}_e$	$-e$	$(1/m_e^*)$	$-(e/m_e^*)$
für das zurückbleibende Loch	$-m_{se}$	$-\boldsymbol{k}_e$	$-W(\boldsymbol{k}_e)$	$\boldsymbol{v}_e$	$+e$	$-(1/m_e^*)$	$-(e/m_e^*)$

Es ist eine reine Frage der Zweckmäßigkeit, ob im Teilchenbild Elektronen oder Löcher eingeführt werden: fast leeren Bändern sind Elektronen, fast vollen Bändern Löcher adäquat. Bei Halbleitern ist die Verwendung beider Teilchenarten angebracht, da das zur Erzeugung des Loches aus dem Valenzband „entfernte“ Elektron dem Kristall „wieder zugeführt“ wird (allerdings in einem anderen Band), so daß beide Teilchen simultan beobachtet werden und simultan das Verhalten des Kristalls bestimmen (Kapitel I).

43.5. Optische Eigenschaften und spektroskopische Bestimmung der Bandstruktur

43.5.1. Übersicht

Die optischen Eigenschaften eines Metalls[106] beruhen auf den strahlenden Übergängen zwischen den verschiedenen Niveaus seines Termschemas. Dabei sind zu unterscheiden (Abb. 43.30/31):

1. *Intrabandübergänge* $W_n(\boldsymbol{k}) \rightarrow W_n(\boldsymbol{k}')$ zwischen verschiedenen Niveaus innerhalb eines und desselben Bandes n. Da nach dem Pauliprinzip das Ausgangsniveau besetzt und das Endniveau leer sein muß, können Intrabandübergänge nur im Leitungsband zwischen Zuständen unterhalb und oberhalb der Fermigrenze vorkommen. Hier liegen die Niveaus als Funktion von $\boldsymbol{k}$ beliebig dicht, so daß ein Übergang $\boldsymbol{k} \rightarrow \boldsymbol{k}'$ anschaulich klassisch als Beschleunigung eines pseudofreien Elektrons durch das elektrische Wechselfeld der Strahlung beschrieben werden kann. Die so übertragene Strahlungsenergie wird dann durch Stöße der überschnellen Elektronen mit dem Gitter in Phononenenergie umgewandelt. Dies gilt für alle Frequenzen $0 < \omega < \omega_P$ unterhalb der sogenannten *Plasmafrequenz* ω_P (Einzelheiten siehe in Ziffer 44.2.3.2).

Im quantentheoretischen Teilchenbild erfolgt die so beschriebene Umwandlung eines Photons in ein Phonon in einem einzigen Prozeß, der als *indirekter Absorptionsübergang* zwischen zwei Elektronenzuständen $\boldsymbol{k}$ und $\boldsymbol{k}'$ bezeichnet wird, und für den insgesamt Energie- und Impulssatz gelten müssen (siehe unten (43.80)und (43.81)).

2. *Interbandübergänge* $W_n(\boldsymbol{k}) \rightarrow W_{n'}(\boldsymbol{k}')$ zwischen zwei Niveaus in verschiedenen Bändern n und n'. Die Bestimmung ihrer Abstände aus den Absorptions-, Emissions- und Reflexionsspektren sowohl im optischen wie im Röntgengebiet stellt die unmittelbarste Methode zur experimentellen Bestimmung der Bänderstruktur dar. Deshalb müssen sie hier ausführlicher beschrieben werden (Ziffer 43.5.2).

3. *Auslöse-Übergänge*, bei denen ein Elektron durch Übertragung einer Energie, die größer als die Austrittsarbeit ist, aus dem Metall befreit wird. Die Energie kann als Photonenenergie (Photoeffekt mit energiereicher Strahlung) oder als kinetische Energie von primären Elektronen eingestrahlt werden. Gemessen wird in beiden Fällen die kinetische Energie der ausgelösten Photo- oder Sekundärelektronen bei bekannter Energie der eingestrahlten Teilchen. Die Differenz der beiden Energien gibt den Energieabstand des vorher vom Elektron besetzten Niveaus von der Vakuumenergie (Ziffer 43.6) und, bei bekannter Austrittsarbeit, von der Fermigrenze, siehe Abb. 43.32.

[106] Halbleiter werden in Ziffer 45.5, Isolatoren in Ziffer 48.5 behandelt. Die hier entwickelten Bilanzgleichungen gelten auch dort.

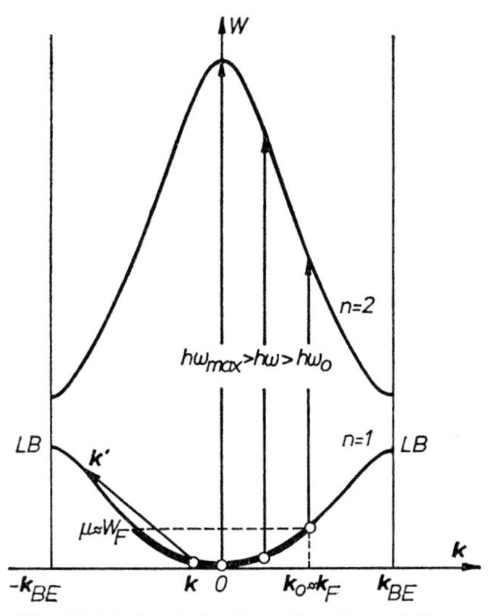

Abb. 43.30. Optische Intraband- und Interbandübergänge von besetzten (dick gezeichnet) Zuständen des Leitungsbandes (*LB*) aus. Nur direkte (vertikale) Interbandübergänge sind gezeichnet. Intrabandübergänge sind immer indirekte (schiefe) Übergänge. Schematische Darstellung über einem Durchmesser der 1. BZ eines einfachen normalen Metalles

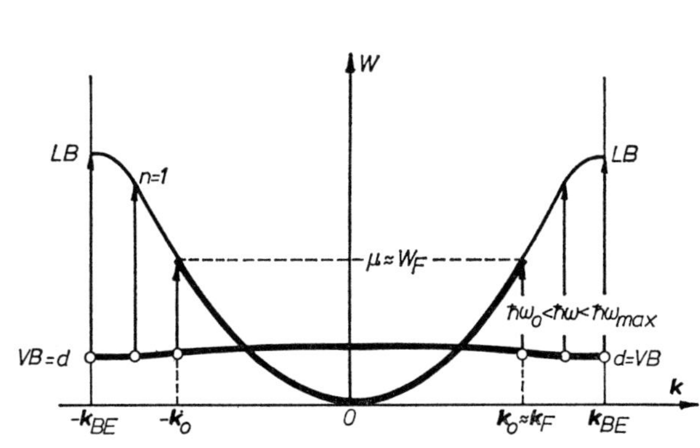

Abb. 43.31. Direkte Absorptionsübergänge vom besetzten Valenzband (*VB*) zum halbbesetzten (besetzte Bandbereiche sind dick gezeichnet) Leitungsband (*LB*). Spezialfall eines Edelmetalls, bei dem das Leitungsband und das Valenzband (= *d*-Band) überlappen. — $\hbar\,\omega_0$ = Abstand des *d*-Bandes von der Fermigrenze. Schematische Darstellung über einem Durchmesser der 1. BZ

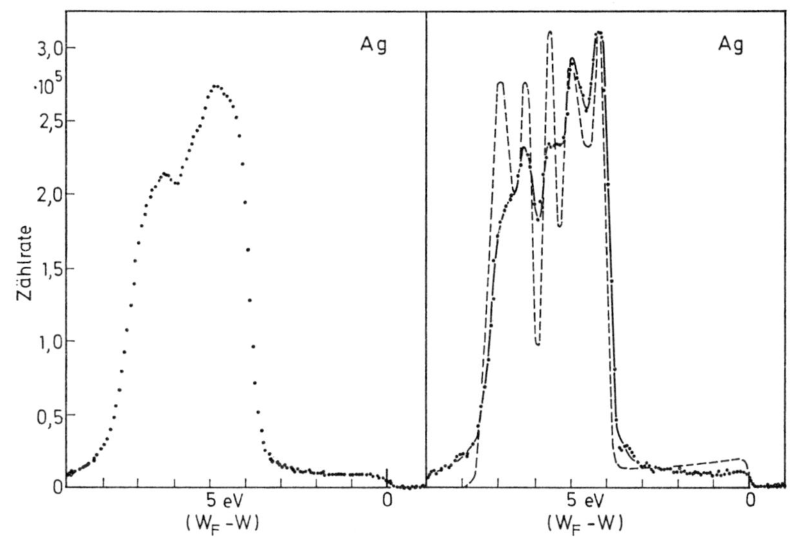

Abb. 43.32. Röntgen-Photoeffekt an Silber bei Einstrahlung von Al-K-Strahlung ($\hbar\,\omega = 1559$ eV). Abszisse: Bindungsenergie ($W_F - W$) (= Energieabstand von der Fermigrenze) der ausgelösten Elektronen, Ordinate: Auslösewahrscheinlichkeit. ($W_F - W$) = 0: Auslösung von Leitungselektronen von der Fermigrenze. ($W_F - W$) = W_d = 3,9 eV: Schwellenenergie für die Auslösung von 4*d*-Elektronen = Abstand des 4*d*-Bandes (vgl. Abb. 43.31 und 43.33) von der Fermigrenze. Links Originalmessung, rechts nach Auflösung in Teilbanden; gestrichelt: Zustandsdichte. Nach Wertheim, Buchanan, Smith und Traun, 1974

43.5.2. Interbandübergänge

Der Einfachheit halber diskutieren wir hier zunächst *Absorptionsübergänge*; für Emission verläuft die Diskussion analog. Bei einem Übergang müssen *Energie* und *Impuls* erhalten bleiben. Das ist nicht immer ohne Mitwirkung eines *Phonons* möglich, wie wir sofort sehen werden. Sind also $\boldsymbol{k}_L$ und $\boldsymbol{q}$ die Wellenvektoren von Photon (Licht) und Phonon im Kristall und führt der Übergang ein Elektron vom Punkt $\boldsymbol{k}$ des n-ten Bandes zum Punkt $\boldsymbol{k}'$ des n'-ten Bandes, so ist

$$\boldsymbol{k}' - \boldsymbol{k} = \boldsymbol{k}_L \pm \boldsymbol{q} + m\,\boldsymbol{g}_{hkl} \qquad (43.80)$$

bis auf den Faktor $\hbar$ der dem Elektron zugeführte *Kristallimpuls* und

$$W_{n'}(\boldsymbol{k}') - W_n(\boldsymbol{k}) = \hbar\,\omega \pm \hbar\,\omega^{(i)}(\boldsymbol{q}) \tag{43.81}$$

ist die ihm zugeführte *Energie.* $\hbar\omega$ ist die Energie des absorbierten Photons, $\hbar\,\omega^{(i)}(\boldsymbol{q})$ die Energie des Phonons. Das obere Vorzeichen gilt, wenn beim Übergang ein vorhandenes Phonon vernichtet, das untere, wenn ein Phonon erzeugt wird. Der Impulsanteil $\hbar m \boldsymbol{g}_{hkl}$ wird rückstoßfrei auf den beliebig schweren Kristall übertragen.

Übergänge ohne Phononenbeteiligung heißen *phononfreie* oder *direkte Übergänge*[107]. Für sie ist $\boldsymbol{q} = 0$, $\hbar\,\omega^{(i)}(\boldsymbol{q}) = 0$ zu setzen, und die Bilanzen werden zu

$$\boldsymbol{k}' - \boldsymbol{k} = \boldsymbol{k}_L + m\,\boldsymbol{g}_{hkl}\,, \tag{43.82}$$

$$W_{n'}(\boldsymbol{k}') - W_n(\boldsymbol{k}) = \hbar\,\omega\,. \tag{43.83}$$

Die *indirekten* Übergänge *mit* Phononenbeteiligung gehen wegen der relativen Kleinheit der Übergangswahrscheinlichkeiten im allgemeinen im direkten Spektrum der Metalle[108] unter. Wir behandeln deshalb hier nur *direkte* Übergänge.

Von jetzt an müssen *optische* und *Röntgenübergänge* unterschieden werden.

Bei *optischen* Übergängen ist die Wellenzahl des Lichtes verglichen mit dem Durchmesser der Brillouinzone verschwindend klein, $\boldsymbol{k}_L \approx 0$. Damit wird auch $m\boldsymbol{g}_{hkl} = 0$. Die Impulsbilanz ist also

$$\boldsymbol{k}' - \boldsymbol{k} \approx 0\,, \tag{43.84}$$

d.h. optische Direktübergänge erfolgen im Termschema (fast) *vertikal*, siehe Abb. 43.30/31. Im allgemeinen reicht die Energie eines optischen Photons nur zur Überbrückung eines Bandabstandes aus. Die optischen Übergänge führen also von einem Band zum nächsthöheren (Abb. 43.30) oder zu einem überlappenden Band (Abb. 43.31). Da die Übergänge von einem besetzten zu einem leeren Zustand führen müssen, existiert in beiden Fällen eine von der Lage der Fermigrenze im Leitungsband bestimmte *langwellige Absorptionskante* $\hbar\,\omega_0$. Die erlaubten Übergänge geben also eine Absorptionsbande, die den Frequenzbereich $\omega_0 \leqq \omega \leqq \omega_{\max}$ von $\omega = \omega_0$ bis zu einer durch die Bandstruktur (Abb. 43.30/31) definierten *kurzwelligen Absorptionskante* $\hbar\,\omega_{\max}$ überdeckt. Die Absorption ist am stärksten an den kritischen Punkten der Bänderstruktur, wo die Dichten der besetzten Zustände im einen und die der leeren Zustände im nächsten Band maximal sind und sich viele Übergänge mit (fast) gleicher Frequenz häufen. Da nach den Gesetzen der klassischen Elektrodynamik[109] starker Absorption auch ein hohes Reflexionsvermögen entspricht, können auch die *Reflexionsspektren* untersucht werden.

Im allgemeinen überlagern sich die optischen Absorptionsbanden mehrerer Interbandübergänge und überlappen auch die Intraband- oder Leitfähigkeitsabsorption, so daß ein kontinuierliches, mehr oder weniger strukturiertes Spektrum entsteht. In Abb. 43.33 sind das Absorptions- und Reflexionsspektrum von Silber vom langwelligen Ultrarot bis zu den weichen Röntgenstrahlen wiedergegeben. Die Intrabandübergänge im Leitungsband ($LB \to LB$) und die Interbandübergänge ($4d \to LB$) vom $4d$-Valenzband ins Leitungsband (Abb. 43.32) schließen aneinander an, da zufällig $\hbar\,\omega_P \approx \hbar\,\omega_0$ ist (Abb. 43.31).

Im Prinzip können aus derartigen Spektren die Termschemata (Bandstrukturen) der Metalle bestimmt werden, in der Praxis sind

[107] Sie sind Einteilchenprozesse, d.h. Prozesse 1. Ordnung der Störungsrechnung. Es wird ein Photon direkt in ein Exziton (Ziffer 48) umgewandelt.

[108] Nicht der Halbleiter, siehe Ziffer 45.5.

[109] Siehe Anhang D.

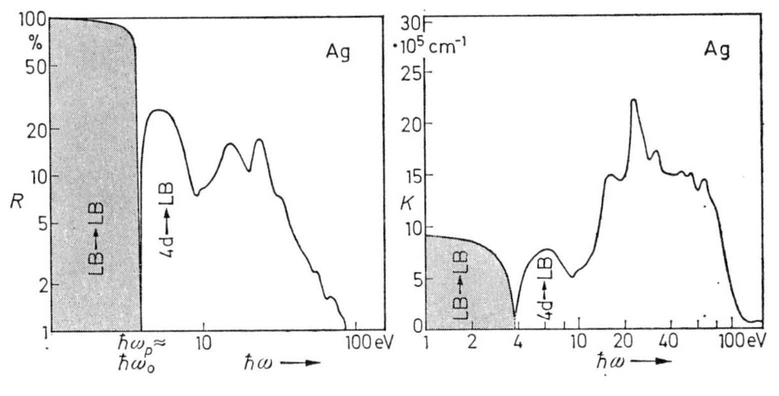

Abb. 43.33. Reflexions- und Absorptionsspektrum von Silber im optischen und weichen Röntgengebiet. Schattiert: Intraband-Spektrum der Leitungselektronen, vergleiche Abb. 43.30/31/32. ω_P = Plasmafrequenz, ω_0 = langwellige Grenzfrequenz für $4d \to LB$- Übergänge. Lichtquelle: Synchrotronstrahlung. Nach Hagemann, Gudat und Kunz (DESY) 1974

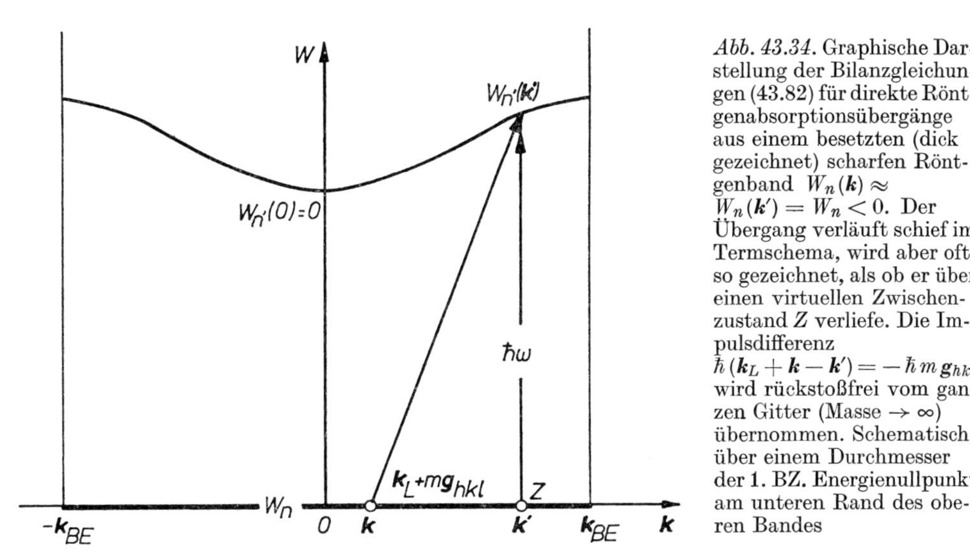

Abb. 43.34. Graphische Darstellung der Bilanzgleichungen (43.82) für direkte Röntgenabsorptionsübergänge aus einem besetzten (dick gezeichnet) scharfen Röntgenband $W_n(\boldsymbol{k}) \approx W_n(\boldsymbol{k}') = W_n < 0$. Der Übergang verläuft schief im Termschema, wird aber oft so gezeichnet, als ob er über einen virtuellen Zwischenzustand Z verliefe. Die Impulsdifferenz $\hbar(\boldsymbol{k}_L + \boldsymbol{k} - \boldsymbol{k}') = -\hbar m \boldsymbol{g}_{hkl}$ wird rückstoßfrei vom ganzen Gitter (Masse $\to \infty$) übernommen. Schematisch über einem Durchmesser der 1. BZ. Energienullpunkt am unteren Rand des oberen Bandes

Messungen mit mehreren unabhängigen Methoden und ergänzende Rechnungen erforderlich.

Im *„harten" Röntgengebiet* ist $\boldsymbol{k}_L$ von derselben Größenordnung wie der Zonendurchmesser, d.h. Röntgenübergänge erfolgen nach (43.82) *schief* im Termschema (Abb. 43.34). Die Röntgen-Absorptionsübergänge gehen von Zuständen in den inneren K, L, M, ...-Schalen der Metallionen aus und enden auf leeren Zuständen im Leitungsband oder in noch höheren Bändern, siehe Abb. 43.35. Da die Energie in den inneren Elektronenschalen praktisch nicht von $\boldsymbol{k}$ abhängt[110], d.h. die Ausgangszustände ein sehr scharfes Band bilden, ist die absorbierte Photonenenergie gleich dem senkrechten Abstand der beiden Bänder bei $\boldsymbol{k}'$ (siehe Abb. 43.34).

Das *Röntgenabsorptionsspektrum* bildet also das obere Band ab. Die Intensität ist direkt proportional zur Anzahl der freien Plätze bei $W = W_{n'}(\boldsymbol{k}')$, d.h. proportional zu $(1 - f(W))D(W)A(W)$ im oberen Band. Dabei ist $A(W)$ die Übergangswahrscheinlichkeit, die ebenfalls von W abhängt. Für den Übergang ins Leitungsband erwartet man bei *freien* Leitungselektronen, deren Zustands- und Besetzungsdichte aus Abb. 42.2 bekannt sind, und im Grenzfall $A(W) \equiv A$ die in Abb. 43.36 dargestellte Intensitätsverteilung mit

[110] Siehe Ziffer 48.

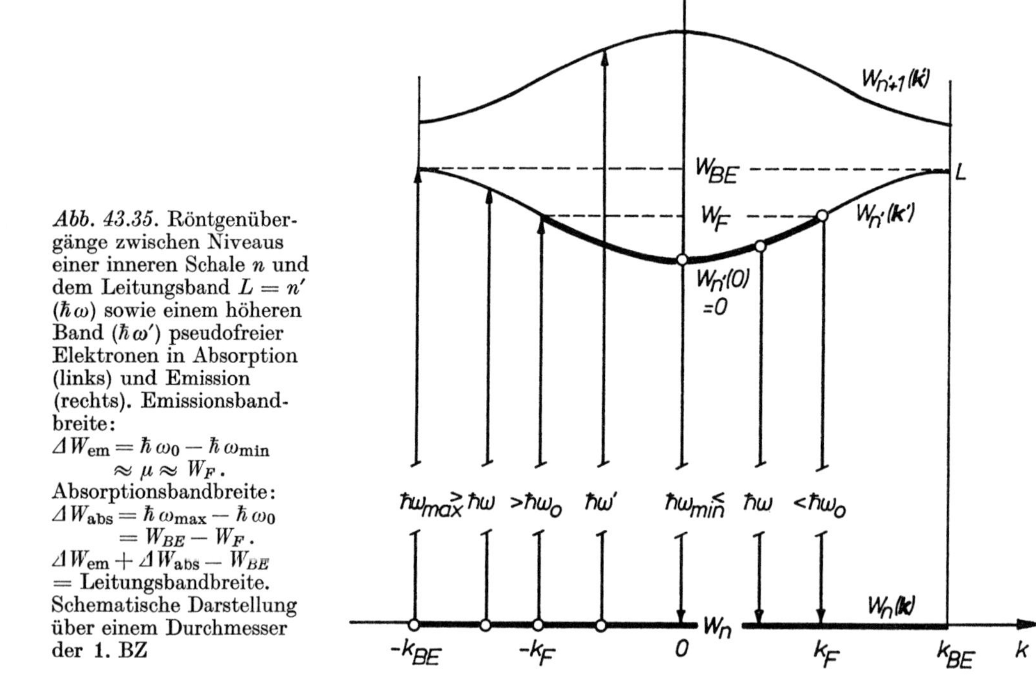

Abb. 43.35. Röntgenübergänge zwischen Niveaus einer inneren Schale n und dem Leitungsband $L = n'$ ($\hbar\omega$) sowie einem höheren Band ($\hbar\omega'$) pseudofreier Elektronen in Absorption (links) und Emission (rechts). Emissionsbandbreite:
$\Delta W_{em} = \hbar\omega_0 - \hbar\omega_{min} \approx \mu \approx W_F$.
Absorptionsbandbreite:
$\Delta W_{abs} = \hbar\omega_{max} - \hbar\omega_0 = W_{BE} - W_F$.
$\Delta W_{em} + \Delta W_{abs} - W_{BE}$ = Leitungsbandbreite. Schematische Darstellung über einem Durchmesser der 1. BZ

einer relativ scharfen langwelligen Kante bei $\hbar\omega_0 \approx \hbar\omega_{min} + \mu \approx \hbar\omega_{min} + W_F$. Diese Kante wird auch beobachtet (Abb. 43.37). Jedoch wird die Absorption in realen Metallen durch die Funktion $A(W)$ und zu höheren Energien $\hbar\omega$ hin durch Übergänge zu anderen Bändern und durch Verluste infolge von Bragg-Reflexionen strukturiert.

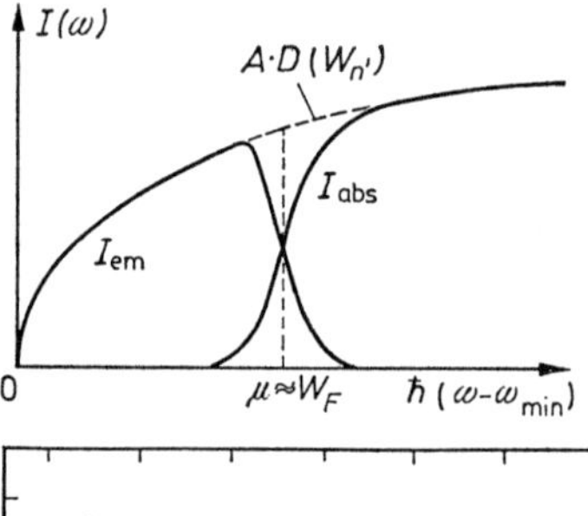

Abb. 43.36. Kantenstruktur im Röntgenemissions- und Absorptionsspektrum bei Übergängen zwischen einem scharfen Röntgenterm und dem Leitungsband freier Elektronen. Schematisch gezeichnet für konstante Übergangswahrscheinlichkeit A, die in Wirklichkeit von $\hbar\omega$ abhängt. Bezeichnungen wie in Abb. 43.35

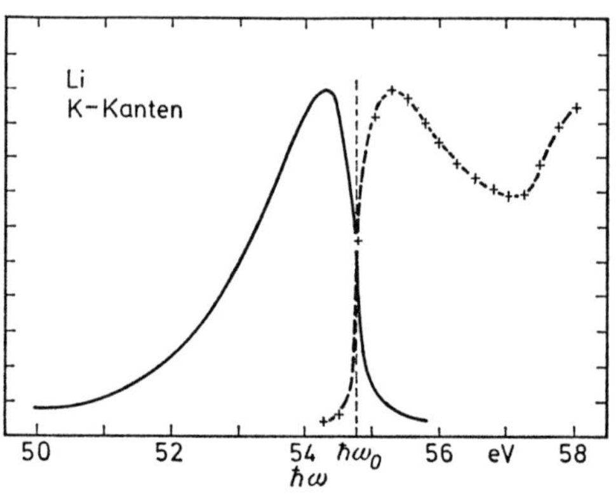

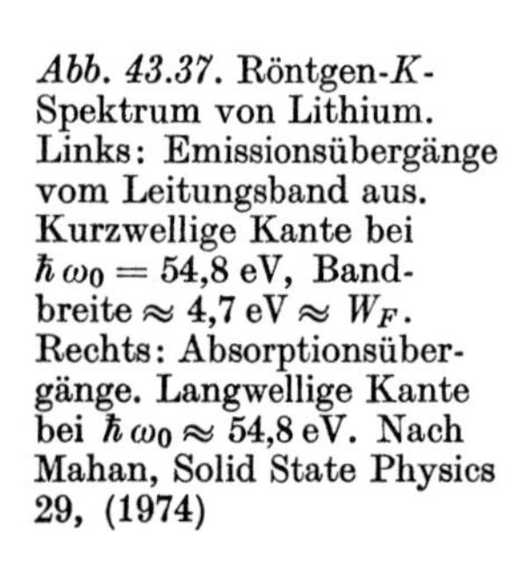
Abb. 43.37. Röntgen-K-Spektrum von Lithium. Links: Emissionsübergänge vom Leitungsband aus. Kurzwellige Kante bei $\hbar\omega_0 = 54{,}8$ eV, Bandbreite $\approx 4{,}7$ eV $\approx W_F$. Rechts: Absorptionsübergänge. Langwellige Kante bei $\hbar\omega_0 \approx 54{,}8$ eV. Nach Mahan, Solid State Physics 29, (1974)

Die an dieser Stelle wichtigsten Übergänge im charakteristischen *Röntgenemissionsspektrum* sind die Übergänge aus dem besetzten unteren Teil des Leitungsbandes in die durch Einstrahlung von Röntgenlicht oder schnellen Elektronen entleerten Zustände in dem scharfen Energieband einer inneren Schale. Die Intensität ist der Übergangswahrscheinlichkeit und der Anzahl der besetzten Zustände, also $f(W)\,D(W)\,A(W)$ im Leitungsband proportional. Für die Linienform bei normalen Metallen ($\triangleq$ pseudofreien Leitungselektronen) erwartet man also ein Abbild der Kurve in Abb. 42.3 mit einer *kurzwelligen Kante* bei $\hbar\,\omega_0$ und einer *Bandbreite* von $\hbar\,\omega_0 - \hbar\,\omega_{\min} = \mu \approx W_F$. Absorptions- und Emissionsübergänge schließen also an der Kante $\hbar\,\omega_0$ aneinander an (Abb. 43.36). Auch dies entspricht dem Experiment, siehe Abb. 43.37. Bei normalen Metallen liefert die Breite der Emissionsbande in guter Näherung den Wert (42.9) der Fermienergie für freie Elektronen, in den übrigen Fällen wichtige Aussagen über die Lage der Fermigrenze μ im Bänderschema.

43.6. Grenzflächenprobleme

Bisher wurde der Kristall immer als unbegrenzt vorausgesetzt oder, anders formuliert, es wurden nur die Volumzustände im Innern einer endlichen Probe behandelt. Wir wollen jetzt ihre Oberfläche, das ist ihre Grenzfläche zum Vakuum, sowie mögliche Kontakte, das sind Grenzflächen zu anderen Metallen, Halbleitern oder Isolatoren, in die Betrachtung einbeziehen. An diesen Grenzflächen befinden sich die Elektronen in Oberflächen- oder Grenzschichtzuständen, die von den Volumzuständen verschieden sind. Wir werden uns dabei auf die wichtigsten Effekte und ihre energetischen Voraussetzungen beschränken und auf die mathematische Durchführung verzichten.

43.6.1. Die Austrittsarbeit

Die Erfahrung zeigt, daß es auf verschiedene Weisen möglich ist, Leitungselektronen durch Zufuhr einer endlichen Energie aus dem Metall zu entfernen. Alle derartigen Emissionsprozesse werden beherrscht durch die *Austrittsarbeit* $W(T)$. Diese ist definiert als die Differenz zwischen der Energie $\mu(T)$ eines Elektrons an der Fermigrenze und der Energie W_∞ eines in unendlichem Abstand von der Oberfläche im Vakuum *ruhenden* Elektrons (Abb. 43.38):

$$W(T) = W_\infty - \mu(T) = P_\infty - \mu(T)\,. \qquad (43.90)$$

Im Grenzfall *pseudofreier Elektronen*, den wir im folgenden allein behandeln, ist die potentielle Energie $P(\boldsymbol{r})$ im Innern des Metalls orts-

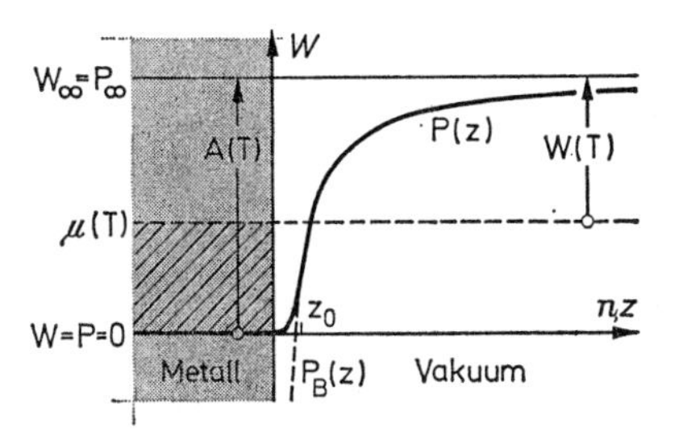

Abb. 43.38. Elektronenaffinität $A(T)$ und Austrittsarbeit $W(T)$ für ein freies Elektron aus einer Metalloberfläche. Links: Energieschema. Rechts: ausgezogen: Potentialverlauf $P(z)$ über dem Abstand von der Oberfläche; gestrichelt: Bildkraftpotential. z_0 = Reichweite der Oberflächenkraft

unabhängig und es kann $P(\boldsymbol{r}) \equiv 0$ gesetzt werden, wodurch der Energienullpunkt an den unteren Rand des Leitungsbandes gelegt und die Elektronenenergie rein kinetisch wird. Ferner soll in guter Näherung $m^* = m_e$ sein und (42.16) gelten. Für diesen Fall kann neben $W(T)$ auch die *Elektronenaffinität* $A(T)$ eines Metalls als Differenz der *potentiellen* Energie im Probeninneren und im unendlichen Abstand von der Oberfläche definiert werden (Abb. 43.38):

$$A(T) = P_\infty - 0 = \mu(T) + W(T). \tag{43.91}$$

$A(T)$ nimmt bei zunehmender Temperatur infolge der Volumausdehnung ab.

Bei der *Thermo-Emission* bestimmt das Verhältnis $W(T)/k_B T$ von Austrittsarbeit und thermischer Energie die *Sättigungsstromdichte* $j_\perp(T)$ senkrecht zur Oberfläche nach der Richardson-Gleichung

$$j_\perp(T) = a\overline{D}\, T^2 e^{-W(T)/k_B T}. \tag{43.92}$$

Dabei ist a die universelle Sommerfeld-Nordheim-Konstante

$$a = e\, m\, k_B^2/2\pi^2\hbar^3 \tag{43.93}$$

und $\overline{D}$ ist die über alle Elektronengeschwindigkeiten gemittelte Durchlässigkeit der Oberfläche für Leitungselektronen.

Nach der klassischen Physik wäre $D = 1$ für alle Elektronen, deren kinetische Energie in Normalenrichtung größer als die zu überwindende Potentialdifferenz, also

$$(1/2)\, m_e v_\perp^2 \geqq A(T) = \mu(T) + W(T) \tag{43.94}$$

ist, und $D = 0$ für alle anderen. Nach der Wellenmechanik wird jedoch auch die Elektronenwelle eines klassisch genügend schnellen Elektrons teilweise reflektiert. Tatsächlich liegt der Wert von $\overline{D}$ nahe unter 1.

Die Temperaturabhängigkeit (43.92) liefert in erster Näherung sogenannte *Richardson-Geraden* bei logarithmischer Auftragung von $j_\perp \cdot T^{-2}$ über T^{-1}. Wie zu erwarten, hängen die aus ihnen bestimmten Werte von $W(T)$ und $\overline{D}$ noch von der präparativen (Rauheit, Sauberkeit) und physikalischen (emittierende Netzebene (hkl)) Beschaffenheit der Oberfläche ab. Die zuletzt genannte *Anisotropie* wird für einen Wolframkristall durch Abb. 43.39 und Tabelle 43.2 demonstriert.

Tabelle 43.2. *Anisotropie der Thermo-Emission von Wolfram*[a]. Nach Nichols[b] und Smith.

Emittierende Netzebene	Nichols $W(T)$ eV	$a\overline{D}$ $\mathrm{A\,cm^{-2}\,K^{-2}}$	Smith $W(T)$ eV	$a\overline{D}$ $\mathrm{A\,cm^{-2}\,K^{-2}}$
(111)	4,39	35	4,38	52
(112)	4,69	125	4,65	120
(116)	4,39	53	4,29	40
(100)	4,56	117	4,52	105

[a] Aus Handbuch der Physik, Band XXI, 1956.
[b] Vergleiche Abb. 43.39.

Bei der *Photo-Emission* und der *Sekundärelektronen-Emission* bestimmt die Austrittsarbeit bis auf eine Unschärfe der Breite $k_B T$ (siehe Abb. 42.3) den Mindest- oder Schwellenwert der Photonen-($\hbar\omega$)- und Primärelektronen-(W_{prim})-Energie, der für die Auslösung

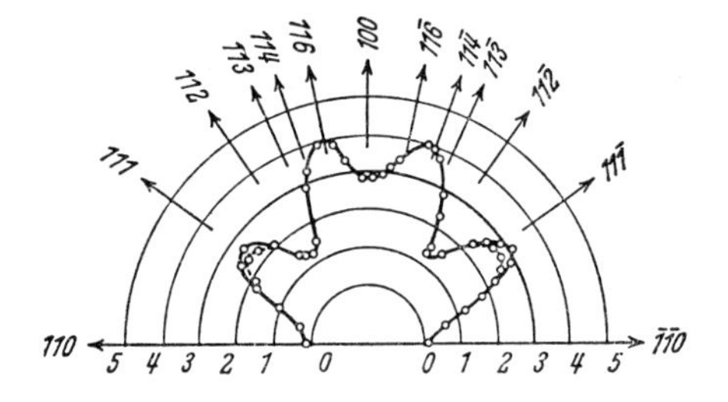

Abb. 43.39. Anisotropie der Thermo-Emission von Wolfram: Richtungsverteilung des Sättigungsstroms $j_\perp(T)$ bei $T = 1880$ K mit einer Saugfeldstärke von 60 kV/cm an der Drahtspitze zur Ausschaltung von Raumladungen. Nach Nichols (1940)

von Elektronen mit einer kinetischen Energie $W_{\text{kin}} \geqq 0$ erforderlich ist:

$$\hbar\,\omega = W(T) + W_{\text{kin}} \geqq W(T)\,, \tag{43.95a}$$

$$W_{\text{prim}} = W(T) + W_{\text{kin}} \geqq W(T)\,. \tag{43.95b}$$

Die Berechnung der Auslösewahrscheinlichkeiten oder *Ausbeuten* dieser Prozesse muß hier übergangen werden.

Tabelle 43.3 gibt einige Zahlenwerte für die Austrittsarbeit reiner Metalle.

Tabelle 43.3. *Austrittsarbeit reiner Metalle. Wahrscheinlichste Werte aus photoelektrischen und glühelektrischen*[a] *Messungen.* Nach Landolt-Börnstein, 6. Aufl., Band II/6.

Metall	$W(T)$ eV	Metall	$W(T)$ eV	Metall	$W(T)$ eV
Li	2,39	Ir	5,03	Ni	4,85
Na	2,27	Pt	5,30	Cr	4,74
K	2,15	Cu	4,39	Mo	4,26
Rb	2,13	Ag	4,51	W	4,51
Cs	1,87	Au	4,54		

[a] Alkalimetalle nur photoelektrisch.

Bei der Emission eines Elektrons muß Arbeit im wesentlichen gegen zwei zurückhaltende Kräfte geleistet werden. Das sind:

a) *Wechselwirkungskräfte* F_O seitens der übrigen Elektronen und der Ionen des Gitters. Sie heben sich im Metallinnern im Mittel allseitig auf und wirken unmittelbar an der Oberfläche einseitig nach innen[111]. Wegen der elektrischen Neutralität des Metalls ist ihre Reichweite z_0 sehr klein, von der Größenordnung einiger Atomabstände.

b) Die *elektrostatische Bildkraft* F_B. Ein Elektron der Ladung $(-e)$ im makroskopischen Abstand $z > z_0$ über der Oberfläche eines Metalls von beliebig großer Leitfähigkeit erzeugt an der Oberfläche eine positive Influenzladung, von der es mit derselben Kraft angezogen wird wie von einer Punktladung $+e$ im Bildpunkt $-z$ unter der Oberfläche. Da wir die Energie im Abstand $z \to \infty$ bereits auf $A(T)$ festgelegt haben (Abb. 43.38), ist

$$P_B(z) = A(T) + \int\limits_z^\infty \frac{e^2\,dz}{4\,\pi\,\varepsilon_0 (2\,z)^2} = A(T) - \frac{e^2}{16\,\pi\,\varepsilon_0\,z} \tag{43.96}$$

das Potential der Bildkraft.

Die bei der Elektronenemission zu überwindende Potentialschwelle setzt sich aus den Potentialen beider Kräfte zusammen,

[111] Analogie: Verdampfen einer Molekel aus einer Flüssigkeit. Index 0 ≙ Oberfläche.

wobei der Potentialverlauf unmittelbar an der Oberfläche nicht gut bekannt ist (siehe Abb. 43.38).

Die auf das Metall zurückziehenden Kräfte können durch *negative Aufladung* der Metallprobe verringert werden. Es wirkt dann eine zusätzliche Kraft $F_E = -e\boldsymbol{E}$ in Richtung von z, und das makroskopische elektrische Potential wird zu ($z > z_0$, $E = |\boldsymbol{E}|$)

$$P(z) = P_B(z) + P_E(z) = A(T) - e^2/16\pi\varepsilon_0 z - eEz\,. \quad (43.97)$$

Die *Potentialschwelle* wird zu einem *Potentialberg*, dessen Maximum unterhalb von $A(T)$ liegt (Abb. 43.40). Die Austrittsarbeit $W(E,T)$ wird also erniedrigt. Dies führt z.B. zu einer starken Erhöhung der thermischen Sättigungsstromdichte $j_\perp(E, T)$ (*Schottky-Effekt*).

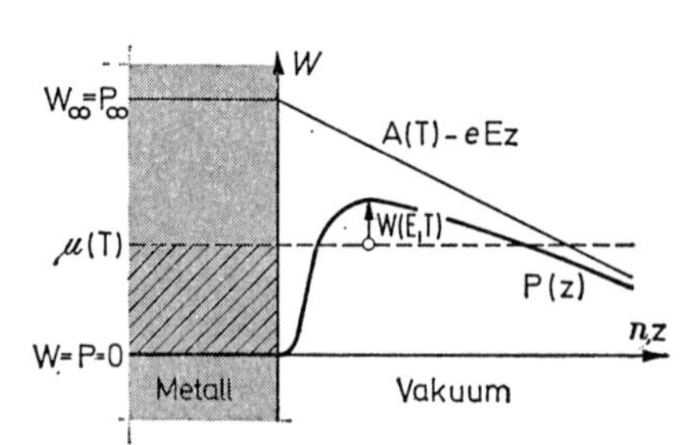

Abb. 43.40. Erniedrigung der Austrittsarbeit und Ermöglichung der Feldelektronen-Emission durch negative Aufladung der Metallprobe gegen eine weit entfernte Anode

Aufgabe 43.31. Berechne a) die Lage $z(E)$ und die Höhe des Potentialberges (43.97), b) die verkleinerte Austrittsarbeit, $W(E, T)$, c) die vergrößerte Sättigungsstromdichte $j_\perp(E, T)/j_\perp(0, T)$, d) die Breite des Potentialbergs bei der Fermigrenze μ.

Nach den Ergebnissen der Aufgabe 43.31 verschwindet die Austrittsarbeit $W(E, T)$, wie man sich leicht überzeugt, bei der charakteristischen Feldstärke

$$E_0 = (4\pi\varepsilon_0/e^3)\,W(T)^2 \approx 10^{10}\ \mathrm{V\,m^{-1}}\,. \quad (43.98)$$

Deshalb sollte selbst bei beliebig niedriger Temperatur plötzlich Photo-Emission einsetzen, wenn E über E_0 gesteigert wird. Tatsächlich beobachtet man jedoch schon bei sehr viel kleineren Feldstärken eine Emission, die nicht thermisch ausgelöst ist, sondern auf der wellenmechanischen Untertunnelung des bei angelegtem Feld nur noch endlich breiten Potentialbergs beruht (*Feld-Emission*). Da die Durchgangswahrscheinlichkeit um so größer ist, je kleiner Höhe und Breite des Potentialbergs sind, diese beiden Größen aber mit wachsender Feldstärke abnehmen, hängt der Feldemissionsstrom sehr stark von E ab. Bei $T = 0$ ergibt sich in guter Näherung

$$j_\perp(E, 0) = a'\,W(0)^{-1}\,E^2\,\mathrm{e}^{-bp(E)\,W^{3/2}(0)/E}\,, \quad (43.99)$$

wobei $p(E)$ eine charakteristische Funktion von Höhe und Breite des Potentialbergs ist und Werte zwischen 0 und 1 annimmt. a' und b sind die Abkürzungen

$$a' = e^3/16\pi^2\hbar\,,$$
$$b = (32\,m_e)^{1/2}/3\,e\hbar\,. \quad (43.99')$$

Das Experiment liefert bei Auftragung von $j_\perp(E, 0)/E^2$ über $1/E$ in Übereinstimmung mit (43.99) sogenannte *Fowler-Nordheim-Geraden*, aus deren Steigung die Austrittsarbeit $W(0)$ bestimmt werden kann.

Die erforderlichen hohen Feldstärken werden an der Spitze eines einkristallinen Drahtes erzeugt (hohe Feldliniendichte). Die Hauptschwierigkeit ist die Bestimmung von E aus der angelegten Spannung und dem sehr kleinen Krümmungsradius der Spitze. Eine Anwendung der Feldemission ist das *Feldelektronen-Mikroskop* von E. W. Müller, in dem die Netzebenenfacetten einer geglühten kugelförmigen Einkristallspitze durch Beschleunigung der Elektronen auf einen Leuchtschirm projiziert und dort durch verschiedene Helligkeit infolge von verschiedenem $W(0)$ unterschieden werden. (Abb. 43.41, S. 597).

43.6.2. Kontakt- und Thermospannung

Zwei verschiedene Metalle A und B sollen bei überall gleicher Temperatur in *elektrischem Kontakt* stehen, d.h. sie sollen eine gemeinsame Grenzfläche besitzen, durch die ein Elektronen- und/oder Löchertransport möglich ist. Vor Herstellen des Kontaktes (weit getrennte Proben) liegen, vom Vakuumzustand aus gemessen, die beiden Fermigrenzen auf verschiedenen Niveaus mit dem Abstand $W_A(T) - W_B(T)$, siehe Abb. 43.42. Nach Herstellen des Kontaktes

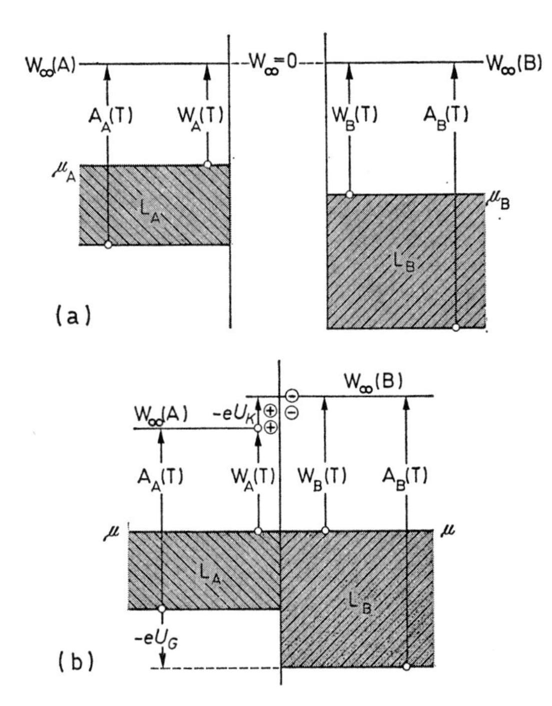

Abb. 43.42. Relative Lage der Energiebänder zweier Metalle. a) weit getrennte Proben. b) Kontakt im thermischen Gleichgewicht. Die Ladungen, zwischen denen das äußere Feld mit der Potentialdifferenz U_K besteht, sind durch $\oplus$, $\ominus$ angedeutet. $|U_K|$ = Kontaktspannung, $|U_G|$ = Galvani-Spannung

gehen Elektronen aus besetzten Niveaus unterhalb $\mu_A(T)$ in freie Niveaus gleicher Energie oberhalb $\mu_B(T)$ von A nach B über, bis die Fermigrenze überall im System auf gleicher Höhe μ liegt. Dabei wird das Metall A positiv, das Metall B negativ aufgeladen, so daß in einem offenen Stromkreis ein äußeres elektrisches Feld mit einer äußeren Potentialdifferenz

$$-U_K = (W_B(T) - W_A(T))/e \qquad (43.100)$$

zwischen den beiden Metallen entsteht.

Beim Transport eines Elektrons von A über einen unendlich fernen Weg nach B muß also die elektrostatische Arbeit $-eU_K$ geleistet werden. Dies wird durch eine Verschiebung der beiden Niveaus $W_\infty(A)$ und $W_\infty(B)$ gegeneinander im Termschema veranschaulicht (Abb. 43.42b). Die Anzahl der bei dem Ausgleich über die Grenze gehenden Elektronen ist sehr klein gegen die Anzahl der überhaupt vorhandenen Leitungselektronen, so daß sich die Lage von $\mu_A(T)$ und $\mu_B(T)$ relativ zu den Energiebändern nicht merklich ändert[112]. Es ändern sich also auch die Austrittsarbeiten nicht, und deshalb besteht zwischen den unteren Rändern der Leitungsbänder die Energieverschiebung

$$-e\,U_G = -e\,U_K - (A_B(T) - A_A(T))\,. \tag{43.101}$$

Die Spannung $|U_K|$ heißt *Kontakt-* oder *Volta-Spannung*, die Spannung $|U_G|$ heißt Galvani-Spannung. $|U_K|$ ist unmittelbar meßbar.

Ihre Temperaturabhängigkeit liefert die *Thermospannung*. Diese ist die Grundlage der Temperaturmessung mit Thermoelementen.

Benutzt man nämlich (43.90) mit der Nullpunktfestlegung

$$W_\infty(A) = W_\infty(B) = 0\,,$$

so folgt aus (43.100)

$$-e\,U_K(T) = \mu_A(T) - \mu_B(T) \tag{43.102}$$

und hieraus mit (42.16)

$$-e\,U_K(T) = W_{FA} - W_{FB} - \frac{\pi^2}{12}\left(\frac{1}{W_{FA}} - \frac{1}{W_{FB}}\right)k_B^2\,T^2 \tag{43.103}$$

oder

$$-e\,U_K(T) = -e\,U_K(0)\left(1 + \frac{\pi^2}{12}\frac{T^2}{T_{FA}\,T_{FB}}\right). \tag{43.104}$$

In einer symmetrischen offenen Thermokette nach Abb. 43.43, deren Kontakte sich auf den dort angegebenen Temperaturen befinden, zeigt das statische Elektrometer als *integrale Kontaktspannung* die Summe der in Serie geschalteten Spannungen an. Sie ist nach (43.102), wie man sich leicht überzeugt, gegeben durch

$$-e\,U = \mu_A(T_1) - \mu_B(T_1) - \mu_A(T_2) + \mu_B(T_2)\,. \tag{43.105}$$

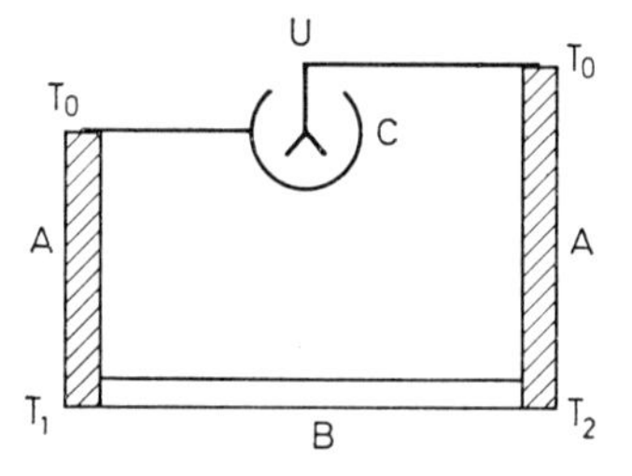

Abb. 43.43. Symmetrische offene Thermokette $A - B - A$. Das Elektrometer nebst Anschlüssen besteht aus einem Metall C und befindet sich auf konstanter Temperatur T_0

Die Kontaktspannungen an den Anschlüssen des Instruments heben sich auf. Die gemessene Spannung ist also durch die Temperaturdifferenz $T_1 - T_2$ zwischen den beiden Kontakten AB und BA bestimmt und verschwindet für $T_1 = T_2$; sie ist eine *Thermospannung*. Die Thermokette stellt also ein Thermoelement dar, mit dem die Temperatur T_2 relativ zu einer bekannten Temperatur T_1 gemessen werden kann.

Die bisherige Diskussion könnte zu dem Irrtum führen, als ob die beiden in der Messung nach Abb. 43.43 addierten Teilspannungen an den beiden Kontakten AB und BA lokalisiert seien. Das ist nicht der Fall, da keine hier lokalisierten Temperatursprünge, sondern kontinuierliche Temperaturgradienten dT/dl längs der ganzen Kette existieren (l = Ort längs der Kette).

[112] Das gilt nicht bei Kontakten von Halbleitern, deren Leitungsbänder nur schwach besetzt sind.

Um das zu berücksichtigen, differenzieren wir (43.103) nach l unter Anwendung der Kettenregel $d/dl = (dT/dl)d/dT$ und erhalten so die folgende Beziehung zwischen dem *Temperaturgradienten* und der *elektrischen Feldstärke* $E(T, l)$ an der Stelle l:

$$\begin{aligned} -\frac{e\,dU_K(T)}{dl} &= eE(T,l) \\ &= \frac{\pi^2 k_B^2 T}{6}\left(\frac{1}{W_{FB}} - \frac{1}{W_{FA}}\right)\frac{dT}{dl} \\ &= e[S_B(T) - S_A(T)]\,dT/dl\,. \end{aligned} \tag{43.106}$$

Die Größe[113]

$$S_i(T) = \frac{\pi^2 k_B}{6e}\frac{T}{T_{Fi}} \tag{43.107}$$

heißt der *Seebeck-Koeffizient* oder die *Thermokraft* des Metalls $i = A, B$. Sie ist proportional zur absoluten Temperatur (T_F ist die Fermi-Temperatur). Nach (43.106/107) erzeugt ein Temperaturgradient dT/dl in einem Metall eine elektrische Feldstärke

$$E(T,l) = S(T,l)\,(dT/dl) \tag{43.108}$$

(*Seebeck-Effekt*). Sie beruht darauf, daß wegen der Temperaturabhängigkeit der Fermigrenze $\mu(T)$ mit dem Temperaturgradienten ein Gradient der Elektronenkonzentration, d.h. der Ladungsdichte verknüpft ist. Demnach liegt über einer Länge l die Spannung

$$U(T,l) - U(T,0) = -\int_0^l E\,dl = -\int_{T_0}^{T_l} S(T)\,dT \tag{43.109}$$

und über der Thermokette der Abb. 43.43, wie man leicht nachprüft, die *Thermospannung*

$$U(T_2 - T_1) = \int_{T1}^{T_2} (S_A(T) - S_B(T))\,dT\,. \tag{43.110}$$

Sie ergibt sich aus der Differenz der (absoluten) Thermokräfte der beiden Metalle, integriert zwischen den Temperaturen der beiden Kontakte.

Aufgabe 43.32. Berechne für die Thermokette der Abb. 43.43
a) die elektrische Feldstärke an jeder Stelle l,
b) aus ihr die Potentialverteilung $U(l) = -\int_0^l E(l)\,dl$ längs der Kette, sowie die integrale Thermospannung U. Voraussetzung: lineare Temperaturverteilung, d.h. konstante Gradienten, zwischen benachbarten Kontakten.

Aufgabe 43.33. Beweise die Identität von (43.105) mit (43.110).
Hinweis: Benutze die T-Abhängigkeiten von $S_i(T)$ und $\mu_i(T)$.

[113] Bis auf einen Zahlenfaktor von der Größenordnung 1, der vom Modell abhängt und den wir gleich 1 setzen.

44. Streuung von Leitungselektronen: die elektrische Leitung

Das bisher entwickelte Modell gilt für den streng periodischen Idealkristall. In einem realen Kristall ist die Translationssymmetrie des Potentials $P(\boldsymbol{r})$ immer gestört durch die Gitterschwingungen (Phononen) sowie durch chemische und strukturelle Gitterbaufehler. An derartigen Potentialstörungen werden die Elektronenwellen gestreut. Wir diskutieren zunächst die Streuprozesse selbst und dann ihre Rolle bei der elektrischen Leitung, für die sie wesentlich sind. Dabei dürfen wir uns von vornherein auf die relativ wenigen Elektronen an der Fermioberfläche beschränken, da nur diese in der Lage sind, Impuls und Energie mit der Umgebung auszutauschen. Im Termschema finden also alle im folgenden diskutierten Prozesse an der Grenze zwischen dem besetzten und dem leeren Teil des Leitungsbandes statt, das wir mit dem Bandindex $n \to L$ kennzeichnen.

44.1. Streuprozesse

44.1.1. Streuung an Phononen

Hier handelt es sich im Wellenbild um Streuung der Elektronenwellen an räumlichen Inhomogenitäten (thermischen Dichteschwankungen) infolge statistischer Überlagerung von Gitterwellen, im Teilchenbild um Zusammenstöße zwischen Elektronen und Phononen. Deshalb gilt im reduzierten Zonenschema die schon früher (9.10) benutzte Auswahlregel

$$\boldsymbol{k}' - \boldsymbol{k} = \mp \boldsymbol{q} + m\boldsymbol{g}_{hkl} \tag{44.1}$$

für die vorkommenden elastischen und unelastischen Streuprozesse. $\boldsymbol{k}$ und $\boldsymbol{k}'$ sind die Wellenvektoren der Elektronenwelle vor und nach dem Streuprozeß, $\boldsymbol{q}$ ist der Wellenvektor der Gitterwelle, $m\boldsymbol{g}_{hkl}$ ein reziproker Gittervektor für die Reduktion auf die 1. BZ. Der Energiesatz (9.12) verlangt

$$W_L(\boldsymbol{k}') = W_L(\boldsymbol{k}) \mp \hbar\,\omega^{(i)}(\boldsymbol{q}) \tag{44.2}$$

für die Erzeugung (—) oder Vernichtung (+) eines Phonons der Energie $\hbar\,\omega^{(i)}(\boldsymbol{q})$ in einem *unelastischen* Prozeß. Der Grenzfall der *elastischen* Streuung ist durch $\hbar\,\omega^{(i)}(\boldsymbol{q}) = 0$ und deshalb auch $\boldsymbol{q} = 0$ definiert, so daß hier die Bilanzen

$$\boldsymbol{k}' - \boldsymbol{k} = m\boldsymbol{g}_{hkl}, \tag{44.3}$$

$$W(\boldsymbol{k}') - W(\boldsymbol{k}) = 0 \tag{44.4}$$

gelten. Elastische und unelastische Streuprozesse kommen nebeneinander mit bestimmten Wahrscheinlichkeiten (Streuquerschnitten) vor, die ein Maß für die Stärke der *Elektron-Phonon-Wechselwirkung* sind.

44.1.2. Streuung an Gitterfehlern

Gitterbaufehler *unterbrechen* die Translationssymmetrie. Sie werden in erster Näherung als vom Gitter und von den Gitterschwingungen völlig *isoliert* angenommen. Deshalb gibt es an solchen Fehlstellen überhaupt keine unelastischen Streuprozesse mit Phononenanregung oder -vernichtung nach (44.1), sondern nur elastische Streuung, für diese aber keine (44.3) entsprechende Auswahlregel, da an der Fehlstelle keine Wellenvektoren mod. $m\boldsymbol{g}_{hkl}$ definiert sind. Alle elastischen Streuprozesse, die den Energiesatz (44.4) erfüllen und die Impulsdifferenz rückstoßfrei auf das Hindernis ($\to$ den Kristall) übertragen, sind erlaubt. — Als Baufehler kann auch die *Oberfläche* des Kristalls wirken, doch spielen Streuprozesse an der Oberfläche gegenüber den Volumeffekten nur bei sehr kleinen Proben eine Rolle (Ziffer 44.2.2).

44.1.3. Elektron-Elektron-Streuung

Die elektrostatische Wechselwirkung zwischen den Elektronen haben wir im Mittel bereits mit im Potential $P(\boldsymbol{r})$ berücksichtigt. Daneben muß aber noch die (elastische) *Rutherford-Streuung* zwischen zwei sich zufällig sehr nahe kommenden individuellen Elektronen diskutiert werden. Für sie gilt neben der Energiebilanz[114]

$$W_L(\boldsymbol{k}_1) + W_L(\boldsymbol{k}_2) = W_{n'}(\boldsymbol{k}_1') + W_{n''}(\boldsymbol{k}_2') \tag{44.6}$$

die Auswahlregel

$$\boldsymbol{k}_1 + \boldsymbol{k}_2 = \boldsymbol{k}_1' + \boldsymbol{k}_2' + m\,\boldsymbol{g}_{hkl}, \tag{44.7}$$

wobei vor dem Stoß die Zustände $\boldsymbol{k}_1$ und $\boldsymbol{k}_2$ mit Elektronen besetzt, $\boldsymbol{k}_1'$ und $\boldsymbol{k}_2'$ aber unbesetzt sein müssen. Die Wahrscheinlichkeit, daß ein Elektron und ein unbesetzter Zustand fast gleicher Energie zugleich existieren, ist nur an der Fermioberfläche nicht Null und hier $\sim T/T_F$, wobei T_F die Fermitemperatur des Metalls ist (vgl. Ziffer 42.3). Der Streuquerschnitt für *zwei* solche Elektronen ist also

$$\sigma_{e-e} = (T/T_F)^2\,\sigma_0\,, \tag{44.8}$$

und die mittlere freie Weglänge zwischen zwei solchen Zusammenstößen ist von der Größenordnung

$$l_{e-e} \approx \frac{1}{\sigma_{e-e} N_e/V} = \left(\frac{N_e}{V}\right)^{-1} \left(\frac{T}{T_F}\right)^{-2} \frac{1}{\sigma_0}\,, \tag{44.9}$$

σ_0 kann theoretisch abgeschätzt werden und hat die Größenordnung 10^{-15} cm^2. Für Kupfer ergibt sich dann mit den Daten von Tabelle 42.1 die Größenordnung $l_{e-e} \approx 10^{-4}$ cm bei Zimmertemperatur und sogar $l_{e-e} \approx 1$ cm bei Kühlung der Probe mit flüssigem Helium. Die Elektronen legen also makroskopische Wege zwischen zwei Zusammenstößen zurück. Da schon vorher andere Streuprozesse erfolgen, kann die *Elektron-Elektron-Streuung* im folgenden *vernachlässigt* werden.

44.2. Die elektrische Leitfähigkeit von Metallen

44.2.1. Der Relaxationsmechanismus

Die elektrische Leitung in Metallen wird beherrscht vom *Ohmschen Gesetz*: bei konstanter Temperatur stellt sich in einem elektrischen Feld $\boldsymbol{E}$ ein stationärer Zustand ein, der durch die *Stromdichte*

$$\boldsymbol{j} = (\sigma)\,\boldsymbol{E} \tag{44.11}$$

definiert ist. Der elektrische Leitfähigkeitstensor (σ) ist unabhängig von der Zeit und von der Feldstärke. $\boldsymbol{j}$ entspricht eine *mittlere*[115], zum Feld proportionale *Elektronengeschwindigkeit*

$$\bar{\boldsymbol{v}} = -\frac{\boldsymbol{j}}{e N_e/V} = -\frac{(\sigma)\,\boldsymbol{E}}{e N_e/V} = \frac{(\sigma)\,\boldsymbol{E}}{q_e N_e/V}\,, \tag{44.12}$$

wenn $q_e = -e$ die Ladung der Elektronen ist.

Nach der klassischen Theorie freier Leitungselektronen (Drude 1900, Lorentz 1905) stellt sich $\bar{\boldsymbol{v}}$ dadurch ein, daß alle Elektronen im Feld eine konstante Beschleunigung erfahren, aber nach einer mittleren *Flugzeit* τ bei einem *Zusammenstoß* mit einem Metallion ihre im Feld aufgenommene kinetische Energie vollständig als Schwingungsenergie ($\triangleq$ Stromwärme) an das Gitter abgeben. Das Elektron soll bei dem Stoß sein Gedächtnis verlieren und anschließend neu im Feld beschleunigt werden. $\bar{\boldsymbol{v}}$ wäre nach diesem rohen Bild die halbe nach der Zeit τ erreichte Endgeschwindigkeit.

Diese Vorstellung ist auch heute noch richtig, wenn folgende Änderungen und Verfeinerungen angebracht werden:

[114] Es braucht nicht vorausgesetzt zu werden, daß beide Elektronen bei dem Stoß im Leitungsband $n = L$ bleiben, deshalb rechts ein freier Bandindex n'.

[115] $\bar{\boldsymbol{v}}$ = Scharmittel über alle Elektronen.

1. Die „Zusammenstöße" sind die in der vorigen Ziffer angegebenen *Streuprozesse* der wenigen Elektronen an der Fermioberfläche. Durch sie wird die Zeit τ als *Relaxationszeit* der Elektronengesamtheit definiert.

2. Die Elektronen sind nicht frei, sondern bewegen sich relativ zum Kristallgitter nach der in Ziffer 43.4.1 entwickelten Dynamik.

Bei *normalen Metallen*, deren Fermikugel *im Innern* der 1. BZ liegt, kann aber trotzdem in erster Näherung mit pseudofreien Elektronen, d.h. mit $m^* = m_e$ gerechnet werden, was wir im folgenden zunächst tun werden[116]. Nur wenn durch Beschleunigung im Feld der $\boldsymbol{k}$-Vektor eines Elektrons den Zonenrand erreicht, wird $m^* \neq m_e$, und beim Fehlen von Streuprozessen würden die in Ziffer 43.4.2 beschriebenen Umklapp-Prozesse zu einer im Mittel stromlosen Pendelbewegung führen. Durch die Streuprozesse werden aber die periodischen Bewegungen von $\boldsymbol{k}$ und $\boldsymbol{r}$ inkohärent unterbrochen, die Elektronen geben Energie ab, und es überwiegt deshalb im Mittel die Anzahl der Elektronen in der Zonenmitte, die Energie aus dem Feld aufnehmen (dem Feld folgen) gegenüber der am Zonenrand, wo sie entgegen der Feldrichtung beschleunigt werden und Energie an das Feld zurückgeben. Somit stellt sich doch ein resultierender Strom mit einer definierten Stromwärme ein. Trotz des komplizierten Mechanismus ist (wie in der klassischen Theorie) die entscheidende Größe eine Zeitkonstante τ, die wir zunächst formal einführen und nachträglich aus dem Experiment bestimmen wollen. Ferner setzen wir zunächst zur Vereinfachung *Isotropie* voraus. Dann ist die Leitfähigkeit σ skalar und die Fermifläche eine Kugel, wie es streng nur bei freien Elektronen möglich ist. Dies einfache Modell liefert bereits alle wesentlichen Eigenschaften der metallischen Leitung.

Vor Einschalten des elektrischen Feldes haben die Elektronen eine isotrope Impulsverteilung, d.h. für die gesamte Fermikugel gilt zur Zeit $t = 0$

$$\hbar \sum \boldsymbol{k}(0) = m_e \sum \boldsymbol{v}(0) = 0\,. \tag{44.13}$$

Im elektrischen Feld erhalten alle[117] Elektronen nach der Bewegungsgleichung (43.41)

$$\hbar \dot{\boldsymbol{k}} = m_e \dot{\boldsymbol{v}} = \boldsymbol{F} = -e\boldsymbol{E} \tag{44.14}$$

während der Zeit t denselben zusätzlichen Impuls

$$\begin{aligned} \hbar(\boldsymbol{k}(t) - \boldsymbol{k}(0)) &= \hbar\, \boldsymbol{k}_d(t) = m_e(\boldsymbol{v}(t) - \boldsymbol{v}(0)) \\ &= m_e \boldsymbol{v}_d(t) = \int_0^t \boldsymbol{F}\, dt\,. \end{aligned} \tag{44.15}$$

Im $\boldsymbol{k}$-Raum wandert also die Fermikugel mit der Geschwindigkeit $\dot{\boldsymbol{k}}$ um $\boldsymbol{k}_d(t)$ in Feldrichtung (Abb. 44.1). $\boldsymbol{v}_d$ ist die *Driftgeschwindigkeit*, die sich der isotropen inneren Bewegung (44.13) der Elektronengesamtheit im Ortsraum überlagert. Nach (44.13/15) ist sie die *mittlere Geschwindigkeit* der Elektronen:

$$\overline{\boldsymbol{v}}(t) = N_e^{-1} \sum \boldsymbol{v}(t) = \boldsymbol{v}_d(t)\,. \tag{44.16}$$

Gleichzeitig mit der Beschleunigung finden aber Streuprozesse statt, die wir soeben vernachlässigt haben und jetzt nachträglich berücksichtigen müssen. Denkt man sich zur Zeit t das Feld abgeschaltet, so wird die vom Feld erzeugte Driftgeschwindigkeit durch die Streuprozesse wieder abgebaut und die Fermikugel geht aus der Nichtgleichgewichtslage um den Mittelpunkt $\boldsymbol{k}_d(t)$ in die Gleichgewichts-

[116] Wir benutzen also das Modell des „scharfen Zonenrandes" (siehe Fußnote 93).

[117] Auch die im Innern der Fermikugel, da alle besetzten Plätze von außen her frei gemacht und dann neu besetzt werden können. Wegen der vorausgesetzten Pseudofreiheit ist vorläufig $m^* = m_e$.

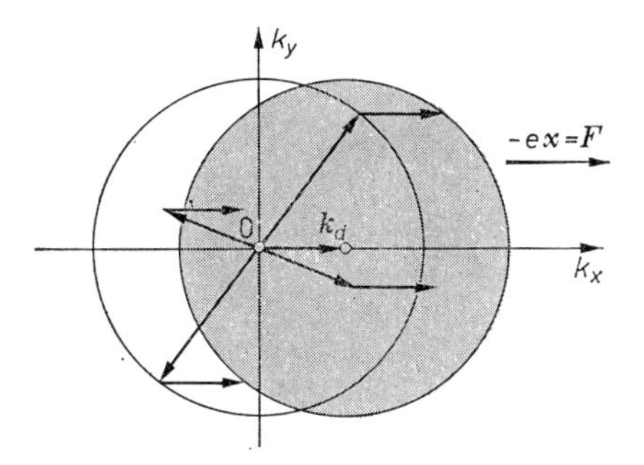

Abb. 44.1. Verschiebung der Fermikugel freier Elektronen in der Zeit t um $\boldsymbol{k}_d = -e\hbar^{-1}\int \boldsymbol{E}\,dt$

lage um den Mittelpunkt $\boldsymbol{k}_d(0) = 0$ zurück. Hierbei befolgt sie die *Maxwellsche Relaxationsgleichung*, nach der die Änderungsgeschwindigkeit des Istwertes einer relaxierenden makroskopischen Größe proportional zu dem Abstand ist, den der Istwert noch von dem angestrebten Gleichgewichtswert hat (vgl. Ziffer 23.1), also

$$d\boldsymbol{k}_d(t)/dt = -(\boldsymbol{k}_d(t) - \boldsymbol{k}_d(0))/\tau = -\boldsymbol{k}_d(t)/\tau\,. \qquad (44.17)$$

Die Konstante τ ist die *Relaxationszeit*[118]. Die Berücksichtigung der gleichzeitig erfolgenden Feldbeschleunigung (44.14) ergibt insgesamt für *Driftimpuls* und *-geschwindigkeit* die Differentialgleichungen

$$\hbar\, d\boldsymbol{k}_d/dt = -\hbar\,\boldsymbol{k}_d/\tau + \boldsymbol{F}$$

oder

$$(d/dt + 1/\tau)\,\boldsymbol{k}_d = -(e/\hbar)\,\boldsymbol{E} \qquad (44.18\text{a})$$

und

$$(d/dt + 1/\tau)\,\boldsymbol{v}_d = -(e/m_e)\,\boldsymbol{E}\,. \qquad (44.18\text{b})$$

Diese Gleichungen enthalten die Antwort der Leitungselektronen als Gesamtheit auf das Feld, nämlich die Verschiebung der Fermikugel im $\boldsymbol{k}$-Raum und die Driftgeschwindigkeit der Elektronen im Ortsraum. Damit ist nach (44.12/16) auch der zeitliche Verlauf des Stromes $\boldsymbol{j}(t)$ in einem elektrischen Feld von beliebiger vorgegebener Zeitabhängigkeit $\boldsymbol{E}(t)$ gegeben. Wir behandeln drei *Spezialfälle*: den Gleichstrom im zeitlich konstanten Feld ($\omega = 0$, Ziffer 44.2.2), sowie den Wechselstrom ($\omega > 0$, Ziffer 44.2.3), und zwar einmal bei niedrigen ($\omega\tau \ll 1$, Ziffer 44.2.3.1) und dann bei sehr hohen ($\omega\tau \gg 1$, Ziffer 44.2.3.2) Frequenzen.

44.2.2. Das Ohmsche Gesetz im Gleichfeld

Ist $\boldsymbol{E} = \boldsymbol{E}_0$ zeitlich konstant, so stellt sich nach einem exponentiellen Anklingvorgang mit der Zeitkonstanten τ ein stationärer Zustand mit $d/dt = 0$ ein. Damit werden nach (44.18b) die Driftgeschwindigkeit $\boldsymbol{v}_d$ und nach (44.12/16) die Stromdichte

$$\boldsymbol{j} = -e(N_e/V)\,\boldsymbol{v}_d = (e^2/m_e)(N_e/V)\,\tau\boldsymbol{E} = \sigma\boldsymbol{E} \qquad (44.19)$$

zeitlich konstant. Das ist das *Ohmsche Gesetz* mit der *Leitfähigkeit*

$$\sigma = (e^2/m_e)(N_e/V)\,\tau = (N_e/V)\,e\,b = (N_e/V)\,|q_e|\,b\,. \qquad (44.20)$$

Die mit σ äquivalente anschauliche Konstante b ist die *Beweglichkeit*

$$b = |\boldsymbol{v}_d|/|\boldsymbol{E}| = \tau(e/m_e) = \tau\,|q_e/m_e| \qquad (44.21)$$

der Elektronen. $q_e = -e$ ist die Elektronenladung. Aus σ können b und τ experimentell bestimmt werden, wenn N_e/V bekannt ist.

[118] Sie wird hier als unabhängig von $\boldsymbol{k}_d$ und unabhängig von den individuellen $\boldsymbol{k}$-Vektoren verschiedener Elektronen vorausgesetzt. Auch dies ist nur eine Näherung für (pseudo)-freie Elektronen. Konsequenzen dieser Vereinfachung siehe in den Ziffern 44.2.3 und 44.2.5.

Im elektrischen Gleichfeld *ruht* die Fermikugel im $\boldsymbol{k}$-Raum mit dem Mittelpunkt in

$$\boldsymbol{k}_d = \hbar^{-1} m_e \boldsymbol{v}_d = -(\hbar e N_e/V)^{-1} m_e \boldsymbol{j}$$
$$= -(\hbar e N_e/V)^{-1} m_e \sigma \boldsymbol{E}. \quad (44.22)$$

Da alle Elektronen laufend durch das Feld beschleunigt werden, ist das nur möglich, wenn laufend Elektronen von der vorderen Oberfläche der Kugel durch Streuprozesse wieder auf die hintere Oberfläche zurückgebracht werden.

Die hier vorkommenden Prozesse betrachten wir jetzt etwas genauer, und zwar für ein einwertiges primitiv kubisches[119] Metall als Modell, dessen Fermikugel ganz im Innern der 1. BZ, also eines Würfels von der Kantenlänge (a = Gitterkonstante) $|\boldsymbol{g}_{100}| = |\boldsymbol{g}_{010}| = |\boldsymbol{g}_{001}| = 2\pi/a$ liegt (Abb. 44.2).

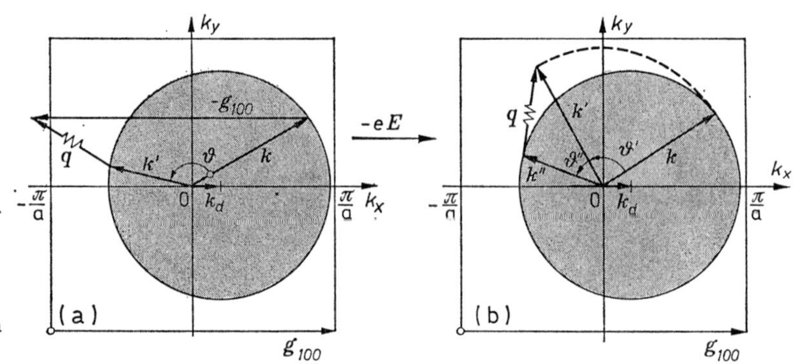

Abb. 44.2. Streuung eines Elektrons mit dem Wellenvektor $\boldsymbol{k}$ von der Vorderseite auf die Rückseite der im elektrischen Feld verschobenen Fermikugel mit Erzeugung eines Phonons: a) Unelastischer U-Prozeß um ϑ nach $\boldsymbol{k}'$ an einem Phonon $\boldsymbol{q}$. b) Elastische Streuung um ϑ' nach $\boldsymbol{k}'$ an einem Gitterfehler und Abkühlung des noch „heißen" ($k' = k$) Elektrons durch einen unelastischen N-Prozeß an einem Phonon $\boldsymbol{q}$ von $\boldsymbol{k}'$ um ϑ'' nach $\boldsymbol{k}''$

Bei einem *unelastischen Elektron-Phonon-Stoß* müssen die Auswahlregel (44.1) und der Energiesatz (44.2) befolgt werden, der für freie Elektronen zu

$$(\hbar^2/2\,m_e)\,(\boldsymbol{k}'^2 - \boldsymbol{k}^2) = \mp \hbar\,\omega^{(i)}(\boldsymbol{q}) \quad (44.24)$$

wird. Abb. (44.2a) zeigt einen derartigen *Umklapp-Prozeß*[120] ($m\boldsymbol{g}_{hkl} \neq 0$) mit großem Streuwinkel ϑ und Erzeugung eines Phonons. Dabei erfolgt der Übergang vom Zustand $\boldsymbol{k}$ zum Zustand $\boldsymbol{k}'$ mit Erzeugung des Phonons in einem einzigen Prozeß.

Aufgabe 44.2. Beschreibe im Bändermodell ($W = W_n(\boldsymbol{k})$) den Übergang von $\boldsymbol{k}$ nach $\boldsymbol{k}'$ in Abb. 44.2a unter der (falschen) Annahme, daß er aus zwei unabhängigen, durch die Vektoren $-\boldsymbol{g}_{100}$ und $-\boldsymbol{q}$ beschriebenen, nacheinander ablaufenden Teilprozessen bestünde.

Bei der *elastischen* Streuung an einem *Gitterfehler* bleibt die Elektronenenergie, d.h. der Betrag (44.5) von $\boldsymbol{k}$ erhalten, und $\boldsymbol{k}'$ liegt im allgemeinen bei großem ϑ nicht auf der Rückseite der Kugel. Diese kann aber durch eine anschließende unelastische Elektron-Phonon-Streuung erreicht werden. Ein solcher Relaxationsprozeß erfolgt in *zwei* Schritten. In Abb. 44.2b ist ein solcher Prozeß dargestellt, dessen zweiter Schritt die Gl. (44.1) mit $m = 0$ befolgt, also ein *Normalprozeß*[121] ist.

Die zwei Relaxations-Prozesse können dank ihrer verschiedenen *Temperaturabhängigkeit* experimentell getrennt werden, da die Phononendichte mit der Temperatur zunimmt, die Fehlstellenkonzentration aber praktisch temperaturunabhängig ist. Der *spezifische elektrische Widerstand* $\varrho = \sigma^{-1}$ nimmt deshalb mit sinkender Temperatur ab bis auf den von den Fehlstellen erzeugten temperaturunabhängigen sogenannten *Restwiderstand* ϱ_R, siehe Abb. 44.3. Es gilt somit die *Matthiessensche Regel*

$$\varrho(T) = \varrho_R + \varrho_P(T), \quad (44.25)$$

[119] Es kommt in der Natur allerdings nicht vor.

[120] Abgekürzt U-Prozeß, siehe Ziffer 8.5.

[121] Abgekürzt N-Prozeß, siehe Ziffer 8.5.

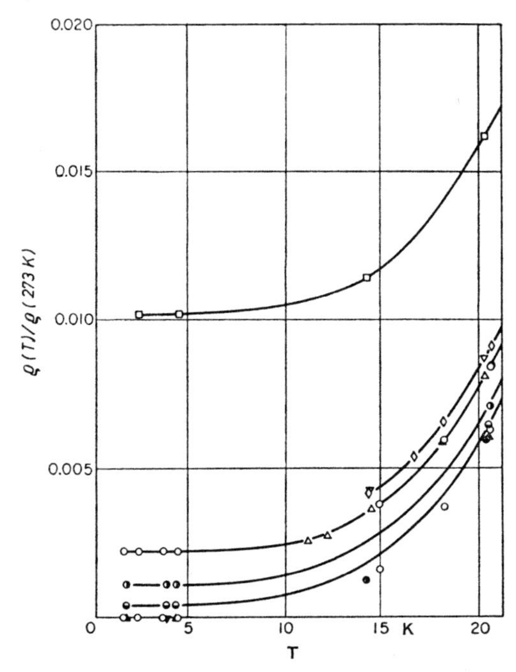

Abb. 44.3. Spezifischer Widerstand von Gold. Proben größerer Reinheit haben einen kleineren Restwiderstand (≙ niedrigeren horizontalen Kurvenast). (Nach van den Berg)

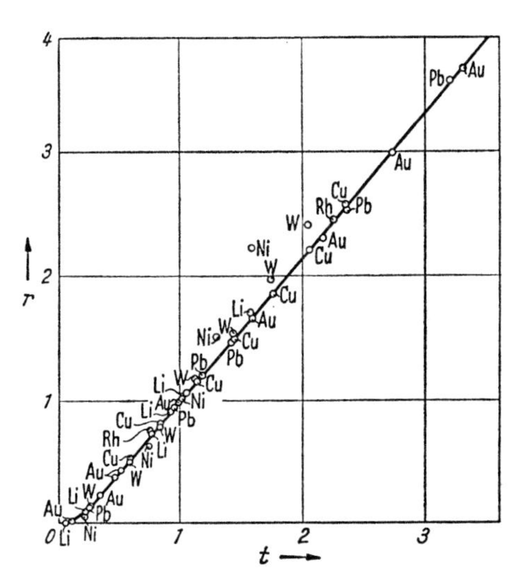

Abb. 44.4. Temperaturabhängigkeit des elektrischen Widerstandes „reiner“ Metalle in reduzierten Größen, nach Grüneisen. Die erste Näherung für $\varrho_R \ll \varrho_P(T)$, d.h. für $T/\Theta > 0{,}2$ ist eine Gerade. Werte nach Meissner. Reduzierte Koordinaten $r = \varrho\,(T)/\varrho\,(\Theta)$ und $t = T/\Theta$.

wobei $\varrho_P(T)$ der von den Gitterschwingungen erzeugte Anteil ist. Er hängt von der thermischen Anregung von Phononen, d.h. vom Verhältnis $k_B T/k_B \Theta$ ab (Θ = Debye-Temperatur, Ziffer 10.2). Nach *Grüneisen* befolgen die meisten reinen (das heißt $\varrho_R \ll \varrho_P(T)$) Metalle denselben *universellen* Zusammenhang[122] zwischen dem *reduzierten* spezifischen Widerstand $\varrho(T)/\varrho(\Theta)$ und der *reduzierten* Temperatur T/Θ, siehe Abb. 44.4. Über der *absoluten* Temperatur steigt $\varrho_P(T)$ bei kleinen $T \ll \Theta$ etwa $\sim T^5$, bei großen $T \gg \Theta$ etwa $\sim T$ an. Letzteres bedeutet überwiegende Streuung der Elektronen an Phononen, siehe Abb. 44.3. Der Restwiderstand ϱ_R kann durch chemische Beimengung (Widerstandslegierungen!) und kristallographische Fehler, z.B. infolge grober mechanischer Behandlung, stark erhöht werden.

Beispielsweise wurde an chemisch sehr reinem *Kupfer* für das Widerstandsverhältnis $\varrho(4{,}2\text{ K})/\varrho(273\text{ K})$ gemessen: der Wert $2{,}8 \cdot 10^{-4}$ an einem Einkristall, aber der Wert $1{,}2 \cdot 10^{-3}$ an einem Vielkristall. Durch die Baufehler an den Korngrenzen des Vielkristalls wird also der Restwiderstand etwa um den Faktor 5 vergrößert.

Abb. 44.5 zeigt den Gang des spezifischen Widerstandes von *Kupfer-Gold-Legierungen* mit der Konzentration. Die aus der Schmelze plötzlich abgeschreckten Legierungen sind ungeordnet, der Unordnungsgrad ist am größten beim Mischungsverhältnis 1 : 1. Der Widerstand hat hier sein Maximum und ist immer größer als in den kristallinen reinen Komponenten (Kurve I). Bei längerem Tempern bilden die Verbindungen Cu_3Au und CuAu Kristallgitter, und auch die Legierungen mit benachbarten Konzentrationen erreichen einen höheren Ordnungsgrad. Der Widerstand dieser Phasen nimmt, wie zu erwarten, erheblich ab.

Besonders interessante Erscheinungen werden durch *magnetische Fremdionen*, z.B. Eisen in Kupfer, als Gitterstörung hervorgerufen.

---
[122] Es werden *übereinstimmende Zustände* verschiedener Metalle verglichen.

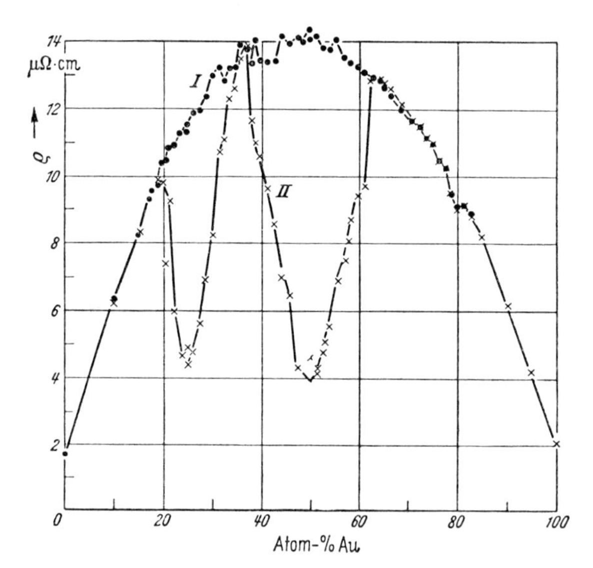

Abb. 44.5. Spezifischer elektrischer Widerstand von Kupfer-Gold-Legierungen. I abgeschreckte, II getemperte Proben. Nach Pospisil aus Hdb. Phys. XIV, 1956

In diesem Fall kommt eine Austausch-Wechselwirkung zwischen den magnetischen Momenten von Fremdionen und Leitungselektronen zu den auf Störungen des Potentials beruhenden Streumechanismen hinzu (*Kondo-Effekte*). Das führt zu einem Wiederanstieg des Widerstandes nach tiefen Temperaturen hin (Abb. 44.6).

Dieser Effekt kann unterhalb einer charakteristischen Grenztemperatur wieder aufgehoben werden durch Wechselwirkung der Fremdionen untereinander. Bei Unterschreitung der Grenztemperatur ordnen die Fremdionen, bei einem Streuprozeß kann kein *einzelnes* Moment mehr umgeklappt werden, die magnetische Streuung wird unwirksam und der Widerstand sinkt auf den normalen Restwiderstand, als ob kein magnetisches Moment, sondern nur eine Potentialstörung vorhanden wäre.

Es ist zweckmäßig, als anschauliche Größe noch die *mittlere freie Weglänge* eines Elektrons zwischen zwei Streuprozessen durch die Beziehung

$$l_n(\boldsymbol{k}_F) = |\boldsymbol{v}_n(\boldsymbol{k}_F)| \cdot \tau = v_n(\boldsymbol{k}_F) \cdot \tau \tag{44.26}$$

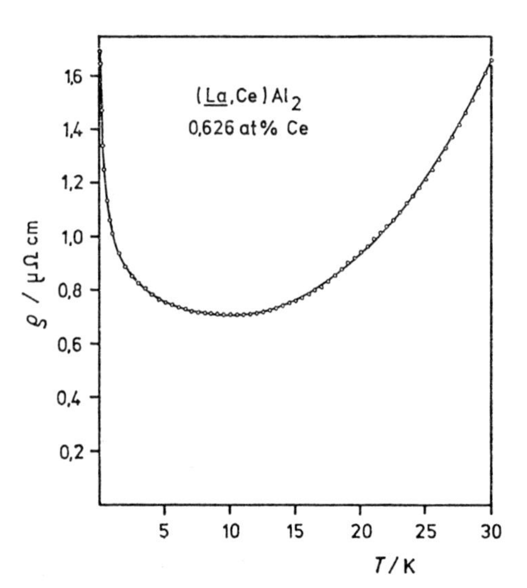

Abb. 44.6. Kondo-Minimum des spezifischen elektrischen Widerstandes von mit Ce^{3+} dotiertem $LaAl_2$. Dies System hat eine extrem niedrige Ce-Ce-Kopplungsenergie, deshalb hier kein Wiederabfall des Widerstands. Nach Winzer (1973)

zu definieren. Dabei ist $\boldsymbol{v}_n(\boldsymbol{k}_F)$ die Geschwindigkeit (43.36) der allein an den Streuprozessen beteiligten Elektronen an der Fermioberfläche[123]. Bei *freien* Elektronen ist $v_n(\boldsymbol{k}_F)$ identisch mit der Fermi-Geschwindigkeit (42.11): $v_F = \hbar k_F/m_e$, $l = v_F \cdot \tau$.

Wenn die Dimensionen einer Metallprobe nicht mehr groß gegen diese freie Weglänge sind, also bei sehr dünnen Drähten oder dünnen aufgedampften Schichten, wird der spezifische Widerstand zusätzlich durch *Oberflächenstreuung* vergrößert, und der (wie für große Proben) aus der Probengeometrie berechnete spezifische Widerstand ist keine Materialkonstante mehr (Abb. 44.7).

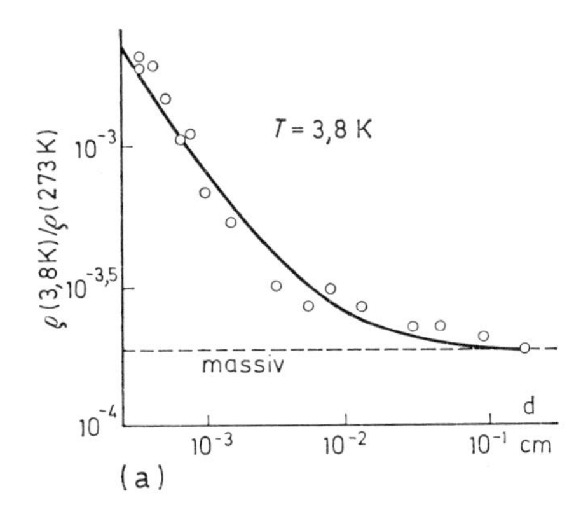

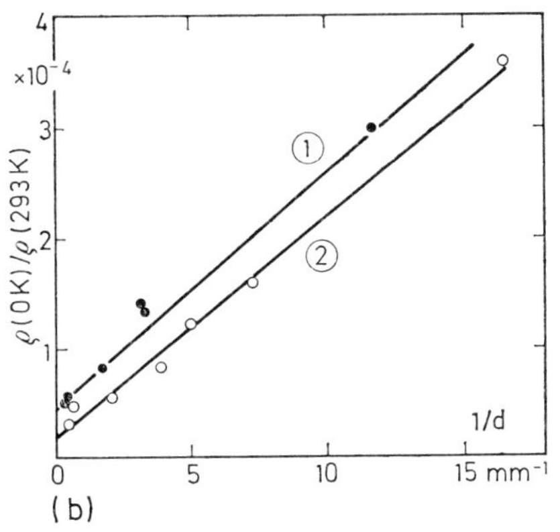

Abb. 44.7. Einfluß von Oberflächenstreuung auf den Widerstand kleiner Proben. a) Zinn-Schichten der Dicke d bei $T = 3{,}8$ K (nach Andrew). b) Indium-Drähte vom Durchmesser d bei $T \to 0$ K. Zwei Ausgangsmaterialien (1) und (2) (nach Olsen). In beiden Fällen Normierung auf den Wert bei normalen Temperaturen, bei denen $l \ll d$ und ϱ gleich dem Widerstand von großen Proben ist

Zum Schluß stellen wir unter der Annahme freier Elektronen einige Daten für *Kupfer* als Beispiel zusammen: hier ist bei Zimmertemperatur

$$\sigma(300\text{ K}) = 0{,}65 \cdot 10^6\,\Omega^{-1}\,\text{cm}^{-1}$$

mit

$$N_e/V = 0{,}85 \cdot 10^{23}\,\text{cm}^{-3}$$

also

$$\tau(300\text{ K}) = 2{,}7 \cdot 10^{-14}\,\text{s}\,.$$

Die Relaxationszeit ist also kürzer als die Gitterschwingungsperiode. Damit wird die Beweglichkeit

$$b(300\text{ K}) = 46\,(\text{cm s}^{-1})/(V\text{cm}^{-1})\,.$$

Die Driftgeschwindigkeit $v_d = bE$ ist also bei normalen Feldstärken E sehr klein gegenüber der ungeordneten Geschwindigkeit an der Fermioberfläche, wo

$$v_F = 1{,}56 \cdot 10^8\,\text{cm s}^{-1}$$

ist (Tabelle 42.1). Damit ergibt sich die mittlere freie Weglänge zu

$$l(300\text{ K}) = 4{,}2 \cdot 10^{-6}\,\text{cm} = 420\,\text{Å}\,,$$

also groß gegen die Gitterkonstante. Bei Heliumtemperaturen ergeben sich bei besonders reinen Proben noch um 3 bis 5 Zehnerpotenzen größere Werte.

[123] Die $\boldsymbol{k}_F$ enden auf der Fermifläche.

Tabelle 44.1. *Leitfähigkeitskonstanten einiger einfacher Metalle.* σ [a] nach Landolt-Börnstein-Tabellen, die übrigen Größen berechnet unter der Annahme freier Elektronen

Metall	T [K]	σ [$10^5\,\Omega^{-1}\mathrm{cm}^{-1}$]	τ [10^{-14} s]	l [10^3 Å]	b $\left[\frac{\mathrm{m\,s^{-1}}}{\mathrm{V\,cm^{-1}}}\right]$	ζ [b] [10^3 Å]	$\frac{\zeta}{l}$ [b]
Li	273	1,18	0,85	0,11	0,15	8,44	76,8
	2	368	265	35,0	46,8	0,48	$140{,}0 \cdot 10^{-4}$
Na	273	2,34	3,1	0,35	0,55	6,00	17,1
	14	2130	2820	318,0	496	0,21	$6{,}6 \cdot 10^{-4}$
Mg	273	2,54 [c]	1,05	0,173	0,19	5,75	32,2
	2,5	403,0	166	27,5	29,4	0,45	$0{,}16 \cdot 10^{-4}$
Al	273	4,0	0,80	0,17	0,14	4,58	28,2
	14	286	565	120,0	99,5	0,17	$0{,}14 \cdot 10^{-4}$
Ag	273	6,6	4,1	0,57	0,72	3,57	6,28
	4,2	2480	1540	214,0	271	0,18	$0{,}09 \cdot 10^{-4}$
Au	273	4,9	2,9	0,41	0,51	4,14	10,0
	1,3	16900	10000	1410,0	1760	0,07	$0{,}5 \cdot 10^{-4}$
Cu	273	6,5	2,7	0,42	0,48	3,61	8,6
	1,3	22200	9300	1450,0	1640	0,06	$0{,}42 \cdot 10^{-4}$

[a] Reinheit und Fehlerfreiheit der vermessenen Proben sind nicht genau bekannt.
[b] Für die Mikrowellenfrequenz $\nu = 3 \cdot 10^{10}\,\mathrm{s}^{-1}$. [c] Hexagonaler Kristall, σ = isotroper Mittelwert.

Ähnliche Werte ergeben sich für andere einfache Metalle, siehe Tabelle 44.1. Von prinzipieller Bedeutung ist folgendes Ergebnis: die freie Weglänge l ist mindestens eine Zehnerpotenz kleiner als die in (44.9) abgeschätzte freie Weglänge l_{e-e} für Elektron-Elektron-Streuung. Zusammenstöße der Elektronen untereinander sind also für die elektrische Leitung bedeutungslos. Dagegen ist l selbst bei Zimmertemperatur noch sehr groß gegen die Gitterkonstante, trotz der Kürze der Relaxationszeit τ. Die Ursache für diese erstaunliche Tatsache ist die Beschränkung der Vorgänge auf die schnellsten Elektronen an der Fermioberfläche.

Aufgabe 44.3. Bei einem normalen Metall gilt für Elektronen an der Fermioberfläche $\hbar\,\omega^{(i)}\,(\boldsymbol{q}) \ll W\,(\boldsymbol{k}_F)$. Bei einem unelastischen Elektron-Phonon-Stoß gilt also nach (44.24) ungefähr $k' \approx k$. Hieraus folgen Bedingungen für $\boldsymbol{k}_d$ und die möglichen Streuwinkel ϑ bei vorgegebenem Radius k_F der Fermikugel. Versuche solcher Bedingungen aufzustellen bei Annahme eines Debye-Phononenspektrums ($\hbar\,\omega^{(i)}\,(\boldsymbol{q}) \leqq k_B\,\Theta$).

Hinweis: a) Berechne k_d für Kupfer bei $T = 4$ K und $T = 300$ K in einem Feld der Feldstärke $E = 1\,\mathrm{Vcm}^{-1}$ b) Ergebnis: $k > q/2$ also $k_F >$ Radius der Debye-Kugel, d. h.

$$k_F > (1/2)\,(L\omega_D/\pi v) = Lk_B\,\Theta/2\pi\hbar\,v,$$

v = Schallgeschwindigkeit. k_F, d. h. N_e/V darf also nicht zu klein sein (untere Grenze: n_e=1/4).

44.2.3. Leitfähigkeit im Wechselfeld

44.2.3.1. Leitfähigkeit. Skineffekt

Wir fragen jetzt nach der Leitfähigkeit in einem elektrischen Wechselfeld[124]

$$\boldsymbol{E} = \boldsymbol{E}_0 e^{i\omega t} \tag{44.27}$$

der Kreisfrequenz ω. Zu erwarten ist nach einem Einschwingvorgang mit der Zeitkonstanten τ ein stationärer Wechselstrom ebenfalls mit der Kreisfrequenz ω, aber mit einer frequenzabhängigen Phasenverschiebung gegen $\boldsymbol{E}$. Nach (44.12) und (44.14) ist

$$\boldsymbol{j} = -e(N_e/V)\boldsymbol{v}_d, \tag{44.28}$$

d.h. wir gehen mit dem Lösungsansatz (b = *Beweglichkeit*)

$$\boldsymbol{v}_d = -b\boldsymbol{E} = -(b' - ib'')\boldsymbol{E}_0 e^{i\omega t}, \tag{44.29}$$

dem

$$\boldsymbol{j} = \sigma\boldsymbol{E} = (\sigma' - i\sigma'')\boldsymbol{E}_0 e^{i\omega t} \tag{44.30}$$

mit

$$\sigma = (N_e/V)eb \tag{44.31}$$

entspricht, in die Relaxationsgleichung (44.18b) hinein. Es ergibt sich[125] die Beweglichkeit

$$b(\omega) = (e/m_e)\tau/(1 + i\omega\tau) = b' - ib'' \tag{44.32}$$

mit

$$b'(\omega) = b(0)/(1 + \omega^2\tau^2), \tag{44.32'}$$

$$b''(\omega) = b(0)\omega\tau/(1 + \omega^2\tau^2) = \omega\tau b'(\omega) \tag{44.32''}$$

und der Beweglichkeit (44.21)

$$b(0) = (e/m_e)\tau \tag{44.32'''}$$

im statischen Feld. Das Elektronensystem schwingt hiernach mit der Kreisfrequenz ω und der Driftgeschwindigkeit (44.29) phasenverschoben gegen das Wechselfeld und erzeugt die Stromdichte (44.28/30). In einem Wellenfeld führt es eine erzwungene Transversalschwingung aus.

Bei genügend *niedrigen Frequenzen* unterhalb der Relaxationsfrequenz, nämlich solange

$$\omega\tau \ll 1, \tag{44.32a}$$

d.h. mit (44.26), solange die Vakuumwellenlänge λ einer elektromagnetischen Welle der Kreisfrequenz ω noch groß gegen die freie Weglänge l der Elektronen ist:

$$\lambda/l \gg 2\pi(c/v_F) \tag{44.32b}$$

bleibt die Leitfähigkeit σ nach (44.31/32) reell und identisch mit der Gleichstromleitfähigkeit (44.20)

$$\sigma(\omega) \approx \sigma(0) = (N_e/V)eb(0) = (e^2/m_e)(N_e/V)\tau. \tag{44.33}$$

Der Wechselstrom bleibt „Ohmsch", d.h. er folgt dem Wechselfeld ohne Phasenverschiebung.

Solange das in einem Metall gilt, haben die beiden *optischen Konstanten*[126] (reelle Brechzahl n' und Absorptionszahl n'') praktisch *denselben* Wert

$$n' = n'' = (\sigma(0)/2\varepsilon_0\omega)^{1/2}, \tag{44.34}$$

[124] Metallischer Stromkreis, oder Wellenfeld, von dem nur die Zeitabhängigkeit an einem festen Ort angeschrieben ist (vgl. Aufgabe 44.4). $\boldsymbol{E}$ kann mit dem lokalen Feld $\boldsymbol{E}^{\text{lok}}$ identifiziert werden.

[125] Siehe die Diskussion bei der paramagnetischen Relaxation in Ziffer 23.1, insbesondere die Frequenzabhängigkeiten in der Nähe der Relaxationsfrequenz $\omega = 1/\tau$.

[126] Vergleiche die ausführliche Behandlung der Wellenausbreitung in Anhang D. Gewöhnlich wird n für n' und $\varkappa$ für n'' geschrieben.

d.h. eine elektromagnetische Welle breitet sich im Innern des Metalls mit der *reellen Wellenzahl*

$$k_0 n' = \omega (\varepsilon_0 \mu_0)^{1/2} n' = (\mu_0 \sigma(0) \omega/2)^{1/2} \tag{44.35}$$

aus und ihre Amplitude ist nach der *Eindringtiefe*

$$\zeta = 1/k_0 n'' = 1/k_0 n' = \left(\frac{2}{\mu_0 \omega \sigma(0)}\right)^{1/2} \tag{44.36}$$

auf $1/e$ ihres Anfangswertes abgeklungen. Die optischen Konstanten werden *allein von der Gleichstromleitfähigkeit* $\sigma(0)$ bestimmt, der Beitrag der *gebundenen Elektronen* ist dagegen zu vernachlässigen, siehe Aufgabe 44.4.

Aufgabe 44.4. Beweise (44.34/35) durch Spezialisierung von (34) in Anhang D auf die Verhältnisse bei technischen Frequenzen ($\nu = 1$ MHz) in Kupfer.
Hinweise: Quantitative Abschätzung unter Berücksichtigung der Tatsachen, daß Cu diamagnetisch ist und daß nach der Ableitung im Anhang D die DK $\varepsilon = 1 + \xi$ nur die dielektrische Polarisation der Rumpfelektronen mißt, also von der Größenordnung 1...10 ist.

Aufgabe 44.5. Beweise die Hagen-Rubenssche Näherung

$$R \approx 1 - 2/n' \approx 1 - 2(2\varepsilon_0 \omega/\sigma(0))^{1/2} \tag{44.36'}$$

für das Reflexionsvermögen normaler Metalle bei Frequenzen genügend weit unterhalb der Relaxationsfrequenz ($\omega\tau \ll 1$). Berechne den Zahlenwert für Kupfer.
Hinweise: Spezialisierung von Anhang D, siehe auch Aufgabe 44.4.

Bei Zimmertemperatur liegt die Relaxationsfrequenz $1/\tau$ normaler Metalle nach Tabelle 44.1 im optischen Spektralbereich und (44.32a/b) ist bis in den ultraroten Bereich hinein erfüllt. Das heißt anschaulich: es kann sich an jedem Ort innerhalb der Welle die Stromdichte $\boldsymbol{j} = \sigma \boldsymbol{E}$ mit der makroskopischen Gleichstromleitfähigkeit $\sigma = \sigma(0)$ einstellen, da sicher $l < \zeta$ ist.

Mit sinkender Temperatur wachsen freie Weglänge und Relaxationszeit beträchtlich an, so daß *bei Heliumtemperaturen* schon die Mikrowellenfrequenzen oberhalb der Relaxationsfrequenz $1/\tau$ liegen, und (44.32a/b) und (44.36′) für sie *nicht mehr erfüllt* sind, ja sogar $l \gg \zeta$ sein kann (siehe die letzte Spalte in Tabelle 44.1). Das bedeutet nach (44.31/32′/32″) eine Abnahme von σ' und nach Anhang D eine Zunahme der Eindringtiefe ζ.

Diese darf nun nicht einfach durch Ersetzen von $\sigma(0)$ durch $\sigma(\omega)$ nach (44.31/32) berechnet werden, da es nicht nur auf das *Zeitverhältnis* $\omega\tau$ von Relaxationszeit τ zu Schwingungsdauer $1/\omega$ ankommt (durch das (44.32) beherrscht wird), sondern unmittelbar auf das *Längenverhältnis* von freier Weglänge l zu Eindringtiefe ζ. Sobald nämlich $\zeta \approx l$ wird, „sieht" die eindringende Welle nicht mehr die über alle Elektronen mit beliebigen Laufrichtungen gemittelte Weglänge l, d.h. nicht mehr die Gleichstromleitfähigkeit $\sigma(0)$.

Vielmehr sind zwei Gruppen von Elektronen zu unterscheiden, die verschiedene Beiträge zur Leitfähigkeit liefern.

1. Elektronen, die sich *senkrecht* zur Wellenfront bewegen. Diese laufen aus der Oberflächenschicht von der Dicke der effektiven oder

wahren Eindringtiefe ζ_{eff} heraus, ohne gestreut zu werden, und tragen zum wahren spezifischen Widerstand $\varrho = 1/\sigma_{\text{eff}}$ nicht bei. Die wahre Eindringtiefe wird deshalb größer als die normale: es ist $\zeta_{\text{eff}} > \zeta$ oder, für die Absorptionskonstanten:

$$K = 2/\zeta\,, \qquad K_{\text{eff}} = 2/\zeta_{\text{eff}} < K\,. \tag{44.36''}$$

2. Elektronen die sich *parallel* zur Wellenfront bewegen. Diese bleiben in der Eindringschicht, und nur ihr Widerstand wird als *Oberflächenwiderstand* von der Welle gemessen, d.h. nur sie bestimmen die effektive Eindringtiefe ζ_{eff}.

Streng genommen ist natürlich über die Komponenten parallel und senkrecht zur Wellennormale aller in beliebigen Richtungen laufenden Elektronen zu mitteln, und diese Mittelwerte werden unter 1. und 2. als Elektronenzahlen interpretiert.

Nach einer solchen Rechnung ist die effektive Konzentration der wirksamen Elektronen 2. gegeben durch

$$(N_e/V)_{\text{eff}} = \alpha (N_e/V)(\zeta_{\text{eff}}/l)\,, \tag{44.37}$$

wobei α ein Zahlenfaktor der Größenordnung 1 ist. Ihr entspricht nach Einsetzen in (44.33) eine effektive Oberflächenleitfähigkeit

$$\sigma_{\text{eff}}(0) = \alpha(\zeta_{\text{eff}}/l)\,\sigma(0)\,. \tag{44.38}$$

Mit ihr anstelle von $\sigma(0)$ und ζ_{eff} anstelle von ζ liefert (44.36) durch Auflösen nach ζ_{eff} die *effektive* oder *anomale Eindringtiefe* für den Grenzfall freier Elektronen

$$\zeta_{\text{eff}} = \left(\frac{2\,l}{\alpha\,\mu_0\,\omega\,\sigma(0)}\right)^{1/3} = \left(\frac{2\,m_e\,v_F}{\alpha\,\mu_0 (N_e/V)\,e^2\,\omega}\right)^{1/3} \tag{44.39}$$

unter den Bedingungen

$$\zeta \ll l \ll (v_F/c)(\lambda/2\pi)\,. \tag{44.40}$$

Nach (44.39) ist ζ_{eff} (ebenso wie v_F und $\sigma(0)/l$) eine vollständig durch die Elektronenkonzentration N_e/V bestimmte Materialkonstante. Insbesondere hängt sie, ganz im Gegensatz zur normalen Skintiefe ζ (siehe (44.36)) *nicht* von der *Leitfähigkeit* $\sigma(0)$ ab (daher $\zeta_{\text{eff}} =$ *anomale Skintiefe*). Der Übergang vom normalen zum anomalen Skineffekt erfolgt, sobald (z.B. bei sinkender Temperatur) die freie Weglänge größer als die normale Skintiefe, also $l \gtrsim \zeta$ wird. Abb. 44.8 gibt ein Beispiel.

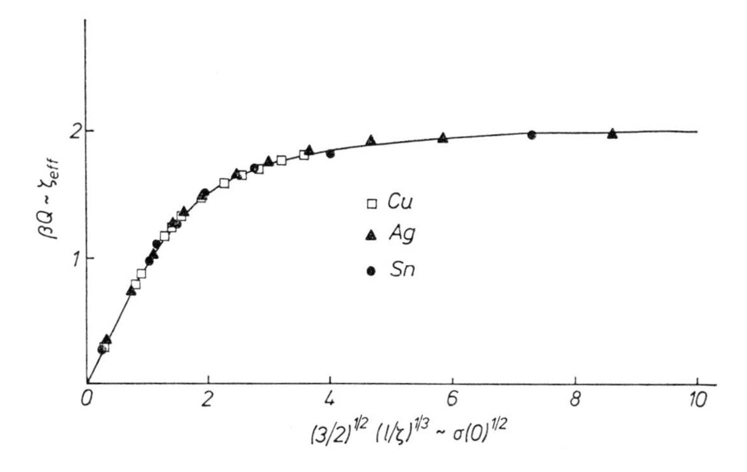

Abb. 44.8. Anomaler Skineffekt an Cu, Ag, Sn bei $\omega = 2\pi \cdot 1{,}2 \cdot 10^9\,\text{s}^{-1}$. Die freie Weglänge l wurde aus der Gleichstromleitfähigkeit $\sigma(0)$ bestimmt und über die Temperatur T im Bereich $2\,\text{K} \leqq T \leqq 90\,\text{K}$ variiert (Abszisse). Die effektive Eindringtiefe ζ_{eff} ist proportional zum Gütefaktor Q des Hochfrequenzresonators (Ordinate). Bei $l/\zeta \approx 1$ ($\zeta =$ normale Eindringtiefe) geht sie in den konstanten Wert (44.39) über. Nach R. G. Chambers 1950

Im Fall von *Kristallelektronen* im Gitterpotential ist (44.39) zu erweitern durch die Einführung von

$$\left| \frac{\boldsymbol{v}_n(W_F)}{(1/m^*)_n} \right| \quad \text{anstelle von } m_e v_F \,. \tag{44.41}$$

Ferner ist die Fermifläche keine Kugel mehr, sondern anisotrop. Demnach sind auch ζ_{eff} und die Oberflächenleitfähigkeit σ_{eff} stark anisotrop. Man mißt nur diejenigen Elektronen, deren Geschwindigkeitsvektoren $\boldsymbol{v}_n(W_F)$ parallel[127] zu der mit Mikrowellen bestrahlten Oberfläche liegen. Da die $\boldsymbol{v}_n(W_F)$ senkrecht auf der Fermifläche stehen (vgl. (43.36)), wird also das Verhalten der Elektronen auf einem schmalen Gürtel um einen der Probenoberfläche parallelen Querschnitt der Fermifläche gemessen. Verschieden orientierte Oberflächen liefern verschiedene Meßergebnisse. Obwohl die Auswertung derartiger Meßreihen kompliziert ist, konnte die Fermifläche von Kupfer (Abb. 43.8) von Pippard auf diese Weise bestimmt werden.

44.2.3.2. Dielektrizitätskonstante der Leitungselektronen

Die im Wechselfeld erreichte *Driftverschiebung* $\boldsymbol{r}_d$ der zunächst wieder als frei vorausgesetzten Leitungselektronen erhält man durch Anwendung der Relaxationsgleichung (44.18b) auf

$$\boldsymbol{v}_d = d\boldsymbol{r}_d/dt \,, \tag{44.42}$$

was die Gleichung („Reibungsgleichung")

$$(d^2/dt^2 + \tau^{-1}\, d/dt)\, \boldsymbol{r}_d = -\,(e/m_e)\, \boldsymbol{E}_0\, e^{i\omega t} \tag{44.43}$$

und mit dem Lösungsansatz

$$\boldsymbol{r}_d = \boldsymbol{a}_d\, e^{i\omega t} \tag{44.44}$$

die komplexe Amplitude

$$\boldsymbol{a}_d = \frac{(e/m_e)\, \boldsymbol{E}_0}{\omega^2 - i\,\omega/\tau} \tag{44.45}$$

der Driftverschiebung liefert. Bei der Driftverschiebung liefern die Leitungselektronen den Beitrag

$$\begin{aligned} \boldsymbol{P}(\omega)/V &= -\,e\,(N_e/V)\, \boldsymbol{r}_d(\omega) \\ &= -\,\frac{e^2 (N_e/V)\, \boldsymbol{E}_0\, e^{i\omega t}}{m_e(\omega^2 - i\,\omega/\tau)} \end{aligned} \tag{44.46}$$

zur *elektrischen Polarisation* des Metalls.

Ihm entspricht nach (28.3) der Beitrag

$$\xi^\sigma(\omega) = -\,\frac{(e^2/m_e)\,(N_e/V)}{\varepsilon_0\, \omega\, (\omega - i/\tau)} \tag{44.47}$$

der Leitungselektronen zur dielektrischen *Suszeptibilität*. Unter Benutzung von (44.31/32/32′) wird das zu

$$\xi^\sigma = \xi^{\sigma\prime} - i\,\xi^{\sigma\prime\prime} \tag{44.47a}$$

mit den rellen Konstanten

$$\xi^{\sigma\prime} = -\,\sigma''/\varepsilon_0\,\omega \,, \tag{44.47a′}$$

$$\xi^{\sigma\prime\prime} = \sigma'/\varepsilon_0\,\omega \,. \tag{44.47a″}$$

Wie es sein muß, stimmt dies Ergebnis überein mit dem der klassischen Kontinuumstheorie in Anhang D (32a/b).

Die *gesamte DK* des Metalls ist demnach

$$\hat{\varepsilon} = 1 + \hat{\xi} = 1 + \xi + \xi^\sigma \,, \tag{44.47b}$$

[127] Mit einer Winkeldivergenz, die durch das Verhältnis ζ_{eff}/l bestimmt und bei sehr tiefen Temperaturen sehr klein ist.

wobei ξ die Suszeptibilität der *gebundenen* Elektronen nach Ziffer 29.4 bedeutet, vgl. (31/32) im Anhang D.

Wir diskutieren hier zunächst nur den Beitrag der Leitungselektronen, setzen also die DK gleich

$$\hat{\varepsilon} = 1 + \xi^\sigma = \varepsilon^\sigma \tag{44.47b'}$$

und behandeln diese auch nur für den interessantesten Fall von sehr hohen Lichtfrequenzen, bei denen die Elektronen schon vor dem ersten Zusammenstoß umkehren. Wir setzen also

$$\omega \tau \gg 1 \tag{44.48}$$

oder analog zu (44.32b)

$$\lambda/l \ll 2\pi (c/v_F) \tag{44.48'}$$

voraus. Dann kann man das imaginäre Glied in (44.47) gegen das reelle vernachlässigen, oder was dasselbe ist, die Elektronen von vornherein mit $\tau \to \infty$ als stoßfreie Elektronen ansehen. Die DK $\varepsilon^\sigma = 1 + \xi^\sigma$ wird reell:

$$\varepsilon^\sigma(\omega) = 1 - (\omega_P/\omega)^2 \tag{44.49}$$

und verschwindet bei der *Plasmafrequenz*[128]

$$\omega_P = [(N_e/V)(e^2/\varepsilon_0 m_e)]^{1/2}, \tag{44.50}$$

die von der Ladungsdichte $e(N_e/V)$ und der spezifischen Ladung e/m_e bestimmt wird. Es ist für $\omega = \omega_P$

$$\varepsilon^\sigma(\omega_P) = 0 \tag{44.51}$$

und das *Dispersionsgesetz* (33) im Anhang D für eine Lichtwelle in Materie hat mit (44.49) im Plasma die Form

$$c_0^2 \boldsymbol{k}^2 = \omega^2 - \omega_P^2. \tag{44.51'}$$

Es liefert *reelle Wellenzahlen* $k = 2\pi/\lambda$ nur für $\omega \geqq \omega_P$ mit dem Grenzfall $k = 0$, $\lambda = \infty$ für $\omega = \omega_P$.

Bei Frequenzen $\omega < \omega_P$ sind $\varepsilon^\sigma(\omega)$ und $\boldsymbol{k}^2$ negativ, k und der *Brechungsindex* $n = \sqrt{\varepsilon^\sigma}$ *imaginär* und das Reflexionsvermögen $R = 1$, d.h. Wellen in diesem Frequenzbereich werden total reflektiert[129]. Dagegen ist für $\omega > \omega_P$ der Brechungsindex reell, derartige Wellen können sich im Metall ausbreiten, das Metall wird durchsichtig. An der „*Plasmakante*" $\omega = \omega_P$ fällt also das Reflexionsvermögen von 1 auf 0, während die Durchlässigkeit von 0 auf 1 steigt, siehe Abb. 43.33 und Abb. 44.9.

Im Experiment wird die Suszeptibilität ξ der Rumpfelektronen mitgemessen. Außerdem sind die Elektronen nicht frei ($P(\boldsymbol{r}) \not\equiv 0$). Jedoch wird auch dann die *Plasmafrequenz* durch die *Nullstelle* der Dielektrizitätskonstanten *definiert*. Anstelle von (44.49), (44.50) und (44.51) gilt dann, wie man leicht nachrechnet, allgemeiner

$$\hat{\varepsilon}'(\omega) = 1 + \xi + \xi^\sigma = \varepsilon\,(1 - \omega_P^2/\omega^2) \tag{44.49*}$$

mit

$$\omega_P^2 = \frac{(e^2/m_0^*)\,(N_e/V)}{\varepsilon\,\varepsilon_0} \tag{44.50*}$$

und

$$\hat{\varepsilon}'(\omega_P) = 0 \tag{44.51*}$$

Dabei ist

$$\varepsilon = 1 + \xi = \varepsilon(\omega) \tag{44.51'''}$$

[128] Die Leitungselektronen und Metallionen bilden ein über mehrere Gitterzellen im Mittel elektrisch neutrales und homogenes System von negativen und positiven Ladungen: ein *Plasma*.

[129] Siehe Anhang D.

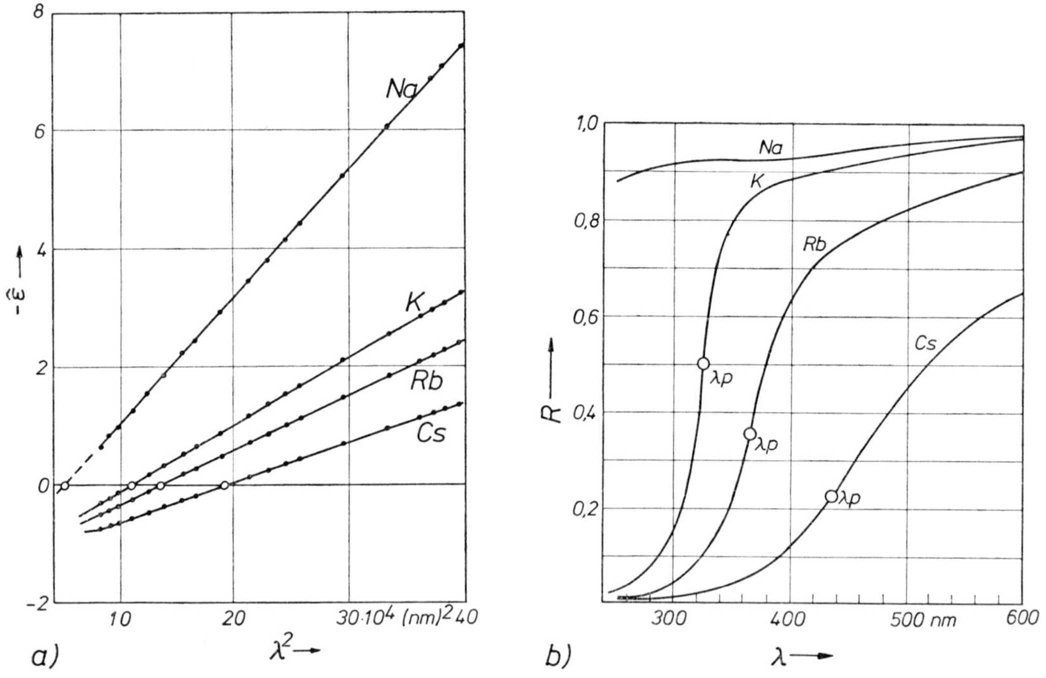

Abb. 44.9. a) Optische Dielektrizitätskonstante $\hat{\varepsilon}'(\lambda)$ von Alkalimetallen, aus optischen Messungen mit Licht der Vakuumwellenlänge $\lambda = 2\pi c_0/\omega$. λ_P = Plasmawellenlänge, $\hat{\varepsilon}'(\lambda_P) = 0$.
b) Aus den Messungen a) berechnetes Reflexionsvermögen: Plasmakanten bei $\lambda = \lambda_P$. Nach Monin und Boutry, 1974

die (bei den interessierenden nicht absorbierten Frequenzen reelle) DK der Ionenrümpfe, d.h. die DK des Metalls ohne den Beitrag der Leitungselektronen. Die effektive optische Elektronenmasse m_0^* anstelle von m_e in (44.50) beschreibt den Einfluß der Bandstruktur bei $P(\boldsymbol{r}) \not\equiv 0$.

Abb. 44.9 gibt den linearen Zusammenhang (44.49*/50*) zwischen $\hat{\varepsilon}'$ und dem Quadrat der Vakuumwellenlänge $\lambda = 2\pi c_0/\omega$ für die Alkalimetalle, Tabelle 44.2 die aus den Nullstellen, Achsenabschnitten und Steigungen der Geraden bestimmten Werte von λ_P, ξ und m_0^*/m_e.

Tabelle 44.2. *Rumpfsuszeptibilität, Plasmawellenlänge und optische Elektronenmasse der Alkalimetalle.* Nach Monin und Boutry, 1974.

Metall	T (K)	ξ	m_0^*/m_e	λ_P (nm)
Na	293	0,04	1,07	221
K	195	0,20	1,08	327
Rb	195	0,25	1,06	367
Cs	195	0,32	1,13	436

Aufgabe 44.5. Berechne und diskutiere den Betrag v_d und die Phase $e^{i\delta}$ der Driftgeschwindigkeit $\boldsymbol{v}_d$ oder, was dasselbe ist, der Stromdichte $\boldsymbol{j}$, als Funktion von ω und τ, insbesondere in den Grenzfällen $\omega = 0$; τ^{-1}; ω_P; ∞ und $\tau = 0$; ∞.

Aufgabe 44.6. Dasselbe für die Driftverschiebung $\boldsymbol{r}_d(\omega)$. Wann ist

$$|\boldsymbol{r}_d| = l = v_F\,\tau \text{ ?}$$

Aufgabe 44.7. Berechne die im Zeitmittel durch den Wechselstrom absorbierte Leistung in den 3 Bereichen $\omega\tau \gg 1$, $\omega\tau \approx 1$, $\omega\tau \ll 1$. Beispiel: Kupfer.

Aufgabe 44.8. Leite (44.45) durch Integration von (44.29/31) ab. Hinweis: Integrationskonstante?

44.2.4. Plasmawellen

In Ziffer 44.2.3 haben wir erzwungene *transversale Wellen* des Elektronengases (der Fermikugel) in einem äußeren elektrischen Wellenfeld behandelt. Freie Transversalwellen würden (ebenso wie transversale Schallwellen in einem normalen Gas) wegen des Fehlens von Rückstellkräften die Eigenfrequenz

$$\omega_{Te} = 0 \qquad (44.51\text{a})$$

haben. *Freie Longitudinalwellen* dagegen kommen im Plasma vor (ebenso wie im normalen Gas). Sie sind gekennzeichnet durch die mit der Wellenlänge periodischen Schwankungen der Elektronendichte und der Driftgeschwindigkeit.

Wir betrachten zunächst die Longitudinalwelle mit dem Wellenvektor $\boldsymbol{k} = 0$, d.h. eine Schwingung, bei der die Elektronendichte konstant bleibt und „starr" gegen die Ionen schwingt ($\lambda = \infty$). In der Gleichgewichtslage ist die negative Elektronenladungsdichte an jeder Stelle gleich groß und gleich der positiven Ladungsdichte der Metallionen. Eine (kleine) Driftverschiebung $\boldsymbol{r}_d$ von N_e/V Elektronen erzeugt also mit den stehenbleibenden positiven Ladungen der Ionen die Verschiebungsdichte $\boldsymbol{D} = \boldsymbol{r}_d e N_e/V$, d.h. ein elektrisches Feld

$$\boldsymbol{E} = \varepsilon_0^{-1}\boldsymbol{D} = (e/\varepsilon_0)(N_e/V)\,\boldsymbol{r}_d\,, \qquad (44.52)$$

in dem eine rücktreibende Kraft auf die Elektronen wirkt. Die *Bewegungsgleichung* lautet somit für *freie Elektronen* ($m^* = m_e$)

$$(N_e/V)\,m_e\ddot{\boldsymbol{r}}_d = -\,e(N_e/V)\,\boldsymbol{E} = -\,(e^2/\varepsilon_0)(N_e/V)^2\,\boldsymbol{r}_d. \qquad (44.53)$$

Sie liefert mit dem Lösungsansatz

$$\boldsymbol{r}_d = \boldsymbol{a}_d\,e^{i\omega t} \qquad (44.54)$$

die Eigenfrequenz

$$\omega_{Le}(0) = [(N_e/V)(e^2/\varepsilon_0 m_e)]^{1/2} = \omega_P\,, \qquad (44.55)$$

d.h. die uns schon bekannte *Plasmafrequenz* (44.50). Da in (44.53) kein Dämpfungsglied vorkommt, ist sie unter der Voraussetzung abgeleitet, daß die Elektronen bei Frequenzen $\omega \geqq \omega_P$ keine inkohärenten Streuprozesse erleben. Nur dann sind diese freien Schwingungen möglich.

Ist $k > 0$, also λ endlich, so treten zusätzliche Coulombsche Rückstellkräfte zwischen den Elektronen wegen der Gradienten der Elektronendichte auf, d.h. die Frequenzen werden größer als ω_P: es gilt

$$\omega_{Le}^2(\boldsymbol{k}) = \omega_P^2 + \overline{\boldsymbol{v}^2}\,\boldsymbol{k}^2 \approx \omega_P^2 + (3/5)\,v_F^2\,\boldsymbol{k}^2 + \cdots \qquad (44.56)$$

mit einem quadratischen Dispersionsgesetz.

Die Ergebnisse für das hier definierte Plasma stehen in enger Analogie zu denen für longitudinale und transversale *polare Gitterschwingungen* (Ziffer 30). Wie dort liefert auch hier die *Nullstelle* von $\varepsilon(\omega)$ nach (44.51/55) die *longitudinale* und ein *Pol* von $\varepsilon(\omega)$ nach (44.49/51a) die *transversale Grenzfrequenz* ($k = 0$):

$$\varepsilon^\sigma(\omega_{Le}) = \varepsilon^\sigma(\omega_P) = 0; \qquad \varepsilon^\sigma(\omega_{Te}) = \varepsilon^\sigma(0) = -\,\infty\,. \qquad (44.56')$$

Der für Wellenausbreitung verbotene Frequenzbereich $\omega_{Te} \cdots \omega_{Le}$ umfaßt alle Frequenzen $\omega < \omega_P$, und der reelle Dispersionszweig (44.49*/50*) entspricht dem rechten Kurvenast in Abb. 30.3.

Aufgabe. 44.9. Prüfe die Gültigkeit der LST-Relation (30.27) für das stoßfreie Elektronengas.

Die Plasmaschwingungen können als Oszillatoren behandelt werden. Die ihnen zugeordneten Teilchen heißen *Plasmonen*, das Energiequantum $\hbar\omega_{Le}(k)$ heißt die *Plasmonenenergie*. Plasmaschwingungen können angeregt werden durch unelastische Stöße schneller ($eU = 1 \ldots 10$ keV) Elektronen mit dem Elektronengas. Thermische Anregung ist wegen der Größe der Plasmonenenergie ($\hbar\omega_P \approx 10$ eV) nicht möglich, d.h. die Plasmaschwingungen befinden sich gewöhnlich im Grundzustand (Nullpunktschwingung). Angeregte Plasmonen werden entweder als Licht abgestrahlt (Umwandlung in Photonen) oder in Wärmeenergie (Phononen) verwandelt. Experimentell wird $\hbar\omega_{Le}(k)$ bestimmt durch Messung der *Energieverluste* der schnellen Elektronen nach Durchgang durch oder Reflexion an Metallschichten (Rudberg und Ruthemann, siehe Abb. 44.10 und Tabelle 44.3).

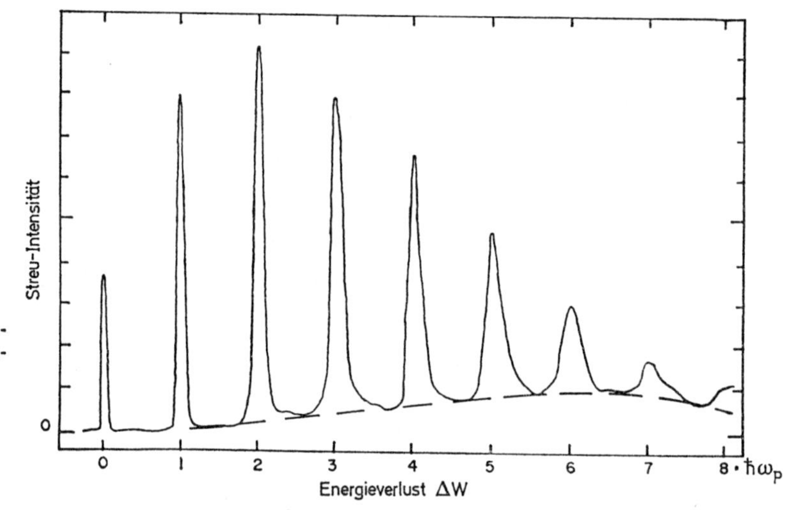

Abb. 44.10. Energieverlustspektrum für 20 keV-Elektronen in einer 2080 Å dicken Al-Schicht. $\Delta W = n\,\hbar\,\omega_P$, $\hbar\,\omega_P = 15{,}3$ eV. Nach Marton, Simpson, Fowler u. Swanson (1962)

Tabelle 44.3. *Vergleich von gemessenen Energieverlusten ΔW schneller Elektronen und berechneten[a] Plasmonenenergien für einfache Metalle.* Nach Klemperer und Shepherd (1963).

Metall	Li	Na	K	Be	Mg	Ca	Al	Co	Ni	Cu	Ag	Au
n_e	1	1	1	2	2	2	3	3	3	2	1	3
λ_P [nm]	157	213[b]	297[b]	68	115	155	79	64	64	82	141	80
$\hbar\omega_P$ [eV]	7,9	5,8	4,3	18,2	10,8	8,0	15,8	19,4	19,3	15,2	8,8	15,5
ΔW [eV]	8,2	5,4 (5,9)	6,9 (3,9)	19,9	10,6	8,8	15,3	17,9	19,5	19,1	25,0	25,8

[a] Elektronendichten N_e/V aus Annahmen über die Valenzelektronenzahl n_e, vergleiche Tabelle 42.1, besonders bei Cu, Ag, Au.
[b] Vergleiche die experimentellen Werte in Tabelle 44.2.

Für die Beurteilung von Messungen muß das behandelte Modell bei vielen Metallen aus folgenden Gründen erweitert werden:

a) Die Elektronenrümpfe sind nicht starr, sondern polarisierbar, d.h. auch die gebundenen Rumpfelektronen folgen dem elektrischen Feld (44.52). Die so erzeugte elektronische relative Dielektrizitätskonstante ε tritt in (44.55) als Faktor zu ε_0, d.h. ω_P wird erniedrigt[130]. Dieser Effekt kann groß werden bei Übergangsmetallen mit unabgeschlossenen Schalen und verschiebt z.B. bei

[130] Anschaulich: die Kernladung wird teilweise abgeschirmt, die Rückstellkraft also verringert.

Ag die optisch gemessene Plasmakante von dem nach (44.55) erwarteten Wert $\hbar\,\omega_P = 8{,}8$ eV nach $\hbar\,\omega^{\exp} = 3{,}9$ eV (siehe Abb. 43.32/33) durch Polarisation der $4d$-Schale.

b) Die Leitungselektronen sind nicht frei, es gibt Energie absorbierende Interbandübergänge (Ziffer 43.5.2), die in der Nähe von oder auf der Plasmafrequenz liegen können. Das führt auch bei schnellen Elektronen zu breiten Verlustmaxima und Abweichungen der Energieverluste von den Werten für reine Plasmonen-Anregung (Tabelle 44.3).

Die prinzipielle Bedeutung der Plasmaschwingungen liegt darin, daß sie eine *kohärente kollektive Anregung* des ganzen Elektronensystems sind, bei dem die Wechselwirkung zwischen den Elektronen berücksichtigt werden muß. Demgegenüber sind wir bisher mit einem statistischen Einelektronmodell ausgekommen, in dem vorausgesetzt wird, daß die Mittelwerte der Eigenschaften von unabhängigen (inkohärenten) Elektronen gemessen werden.

44.2.5. Leitung in gekreuzten Feldern: galvanomagnetische Effekte

Wir betrachten die Bewegung von Elektronen unter dem gleichzeitigen Einfluß eines elektrischen Feldes $\boldsymbol{E}$ und eines Magnetfeldes $\boldsymbol{B} = \mu_0 \boldsymbol{H}$. In diesem Feld wird jedes Elektron durch die Lorentzkraft quer zu seiner Geschwindigkeit $\boldsymbol{v}$ abgelenkt. Solange kein Strom fließt, also wenn $\boldsymbol{E} = \boldsymbol{j} = \boldsymbol{v}_d = 0$ ist, heben sich wegen der statistischen Isotropie von $\boldsymbol{v}$ über die Fermikugel alle diese Ablenkungen gegenseitig auf. Erst wenn die Elektronen bei $\boldsymbol{j} \neq 0$ eine gemeinsame Driftgeschwindigkeit besitzen, führt ein Magnetfeld zu einer mittleren Ablenkung aller Elektronen, d.h. zu einer Änderung des Stromes.

In erster Näherung schreiben wir deshalb einfach allen Elektronen dieselbe Geschwindigkeit $\boldsymbol{v}_d$ zu[131] und erweitern die Relaxationsgleichung (44.18b) für $\boldsymbol{v}_d$ durch die Lorentzkraft:

$$\begin{aligned}(d/dt + 1/\tau)\,\boldsymbol{v}_d &= -\,(e/m_e)\,(\boldsymbol{E} + \boldsymbol{v}_d \times \boldsymbol{B})\\ &= (q/m)\,(\boldsymbol{E} + \boldsymbol{v}_d \times \boldsymbol{B}). \end{aligned} \tag{44.57}$$

Die Rechnung führen wir mit Rücksicht auf später gleich für beliebige Teilchen der Ladung q und der Masse m durch; z.B. ist für freie Elektronen $q/m = -\,e/m_e$, für Kristall-Elektronen $q/m = -\,e/m_e^*$. Im stationären Fall $d/dt = 0$, der bei Anwendung von Gleichfeldern allein interessiert, wird

$$\boldsymbol{v}_d = \alpha(\boldsymbol{E} + \boldsymbol{v}_d \times \boldsymbol{B}), \tag{44.58}$$

wobei

$$\alpha = \tau\, q/m \tag{44.59}$$

und

$$|\alpha| = \tau\,|q/m| = b \tag{44.59'}$$

die Beweglichkeit (44.21) im elektrischen Gleichfeld ist. In einem Koordinatensystem mit der z-Achse in Richtung von $\boldsymbol{B} = (0, 0, B)$ gibt das die Komponentengleichungen

$$\begin{aligned} v_d^x &= \alpha(E_x + v_d^y B),\\ v_d^y &= \alpha(E_y - v_d^x B),\\ v_d^z &= \alpha E_z \end{aligned} \tag{44.60}$$

mit den Lösungen

$$\begin{aligned} v_d^x &= \frac{\alpha}{1+\alpha^2 B^2}\,(E_x + \alpha B E_y),\\ v_d^y &= \frac{\alpha}{1+\alpha^2 B^2}\,(E_y - \alpha B E_x),\\ v_d^z &= \alpha E_z. \end{aligned} \tag{44.61}$$

[131] Das heißt denselben Vektor $\boldsymbol{k}_d = \hbar^{-1} m_e \boldsymbol{v}_d$. Die $\boldsymbol{k}$-Abhängigkeit wird also sehr stark vereinfacht. Diese Näherung wird später kritisiert werden.

Zwischen Driftgeschwindigkeit und elektrischer Feldstärke besteht also die Vektorgleichung

$$\boldsymbol{v}_d = (\alpha(B))\,\boldsymbol{E}, \tag{44.62}$$

wobei der Tensor $(\alpha(B))$ der Beweglichkeit in gekreuzten Gleichfeldern durch die unsymmetrische Matrix

$$(\alpha(B)) = \frac{\alpha}{1+\alpha^2 B^2}\begin{pmatrix} 1 & \alpha B & 0 \\ -\alpha B & 1 & 0 \\ 0 & 0 & 1+\alpha^2 B^2 \end{pmatrix} \tag{44.63}$$

gegeben ist. Im Grenzfall $B = 0$ ist, wie es sein muß, die Matrix diagonal

$$(\alpha(0)) = \alpha\begin{pmatrix} 1 & 0 & 0 \\ 0 & 1 & 0 \\ 0 & 0 & 1 \end{pmatrix} = \alpha \cdot (1) \tag{44.64}$$

und $\boldsymbol{v}_d$ ist parallel oder antiparallel zu $\boldsymbol{E}$. Multiplikation mit der Ladungsdichte $(N/V)q$ gibt die Stromdichte

$$\boldsymbol{j} = (N/V)\,q\,\boldsymbol{v}_d = (\sigma(B))\,\boldsymbol{E} \tag{44.65}$$

mit dem Leitfähigkeitstensor

$$(\sigma(B)) = (N/V)\,q\,(\alpha(B)). \tag{44.66}$$

Für $B = 0$ ergibt sich mit (44.59/64) die Diagonalmatrix

$$(\sigma(0)) = (N/V)\,q\,\alpha\cdot(1) = \sigma\cdot(1), \tag{44.67}$$

wobei in Übereinstimmung mit (44.20)

$$\sigma = (N/V)\,(q^2/m)\,\tau \tag{44.68}$$

die Leitfähigkeit im elektrischen Gleichfeld ist. Das ist das *Ohmsche Gesetz*. Bei $B > 0$ sind $\boldsymbol{v}_d$ und $\boldsymbol{j}$ gegen die Richtung von $\boldsymbol{E}$ geneigt, und die Leitfähigkeitskomponenten müssen mit zwei Indizes geschrieben werden: $\sigma^{xx}, \sigma^{xy}, \ldots, \sigma^{zz}$.

Aufgabe 44.10. Bestimme den Hallwinkel Φ zwischen $\boldsymbol{j}$ und $\boldsymbol{E}$.
a) Für $\boldsymbol{E} \perp \boldsymbol{B}$, b) für beliebige Winkel zwischen $\boldsymbol{E}$ und $\boldsymbol{B}$. Diskutiere im Fall a) die Abhängigkeit von Φ und $\boldsymbol{j}$ von den Feldstärken E und B.

44.2.5.1. Hall-Effekt

Die bisherigen Überlegungen gelten nur für den Grenzfall eines unendlich ausgedehnten Metalls ohne Randbedingungen. Bei Messungen an endlich großen Probekörpern spielen die Randbedingungen und die *Probengeometrie* aber eine entscheidende Rolle. Wir betrachten die Standardgeometrie der Abb. 44.11, bei der ein elektrisches Feld $\boldsymbol{E} = (E, 0, 0)$ parallel zu einer und ein Magnetfeld $\boldsymbol{B} = (0, 0, B)$ parallel zu einer anderen Kante der quaderförmigen Probe angelegt werden. Die bei $B = 0$ parallel zu $-\boldsymbol{E}$ in $(-x)$-Richtung driftenden Elektronen werden bei $B > 0$ in $(-y)$-Richtung abgelenkt. Da sie nicht aus der Probe hinauslaufen können, baut sich in kurzer Zeit eine positive (negative) Oberflächenladung an der $+y\,(-y)$-Seite der Probe auf, d.h. es entsteht ein elektrisches Zusatzfeld (*Hall-Feld*) $E_y(B)$, das im stationären Endzustand die Lorentzkraft gerade kompensiert, so daß

$$v_d^y = j^y = 0 \tag{44.69}$$

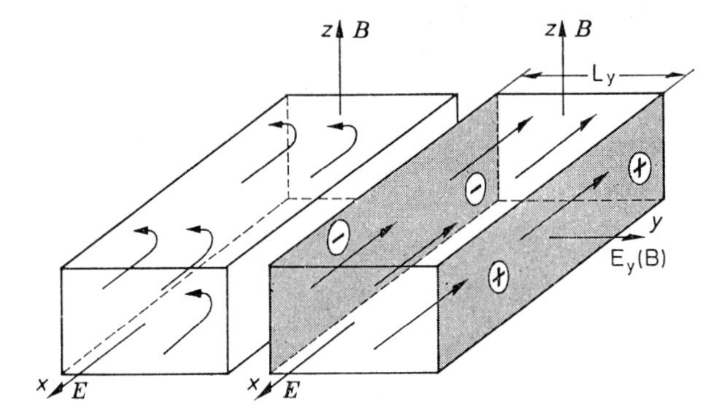

Abb. 44.11. Hall-Effekt von Elektronen. Links: Instationärer Zustand vor Aufbau der Hallspannung: Längs- und Querdrift der Elektronen.
Rechts: Stationärer Zustand nach Aufbau der Hallspannung: nur Längsdrift der Elektronen

wird, und die Elektronen wieder in $(-x)$-Richtung driften[132]. Dies bedeutet die Kraftbilanz

$$F_y = qE_y(B) + q(\boldsymbol{v}_d \times \boldsymbol{B})_y = 0\,, \tag{44.70}$$

d.h. mit (44.65)

$$E_y(B) = -\frac{(\boldsymbol{j} \times \boldsymbol{B})_y}{qN/V} = R\,B j^x\,. \tag{44.71}$$

Die durch diese Gleichung definierte *Hall-Konstante*

$$R = \frac{1}{qN/V} \tag{44.72}$$

gibt unmittelbar die Anzahl N/V und die Ladung q, einschließlich des Vorzeichens, der Ladungsträger an.

Dabei ist zu berücksichtigen, daß bei Bandüberlappung (Abb. 43.12d) sowohl Elektronen ($q = -e$) wie Löcher ($q = +e$) zum Strom beitragen, so daß das Vorzeichen von R das Ladungsvorzeichen der *überwiegend* zum Strom beitragenden Träger angibt.

Bei einem einatomigen Metall mit n Ladungsträgern je Atom ist

$$1/R = qN/V = qnN_A/V = qn\varrho N_L/(A) \tag{44.73}$$

($q = \pm e$ = Ladung der Ladungsträger, N_A/V = Atomzahldichte, N_L = Loschmidtkonstante, (A) = Atomgewicht, ϱ = Massendichte). Wegen der thermischen Ausdehnung hängt die Dichte $\varrho = \varrho(T)$ von der Temperatur ab und springt außerdem am Schmelzpunkt, die übrigen Größen sind temperaturunabhängig. Nach dieser Gleichung ist die freie Trägerladung je Atom umgekehrt proportional zu R:

$$nq = (R\varrho N_L/(A))^{-1}\,. \tag{44.74}$$

Diese experimentelle Größe ist (in der Einheit $|q| = e$) in Tabelle 44.3 mit der Ladung we verglichen, da bei normalen Metallen im Grenzfall freier Elektronen $n = w$ = Wertigkeit zu erwarten ist.

Alle in der Tabelle aufgeführten Substanzen sind (soweit untersucht) im *flüssigen Zustand* Elektronenleiter ($q/e < 0$), wobei die Elektronenzahl je Atom exakt gleich der Wertigkeit, $nq = -we$ ist. In der *Schmelze* gilt also das Modell der freien Elektronen, die Fermifläche ist eine Kugel (vgl. Ziffer 43.3.3). Beim Übergang in den *Kristallzustand* wird die Fermikugel deformiert, und infolge der in manchen Fällen komplizierten Bandstruktur ändert sich auch die Ladung nq pro Atom. Sie kann positiv werden wie bei Cd (Abb. 44.12), As, Sb, bei denen Valenz- und Leitungsband sich überlappen (Ziffer 43.3.3) und überwiegend die Löcher zum Strom beitragen. Sie ist sehr klein, wenn die Bandüberlappung sehr klein ist wie beim Bi (Halbmetall, Ziffer 43.3.3), oder wenn das flüssige Metall beim Erstarren ein Halbleiter wird, wie Germanium[133].

[132] Formal werden also die Tensoren (α) und (σ) wieder diagonal, d.h. man darf mit skalaren α und σ rechnen.

[133] Germanium hat im Kristall 4 (Diamantstruktur), in der Schmelze 8 nächste Nachbarn.

Tabelle 44.3. *Ladungszahl nq/e je Atom aus dem Halleffekt im kristallinen*[a] *und flüssigen*[b] *Zustand. Unsichere Werte in Klammern ( )*

Metall	w	$n\,q/e = (e\,R\,\varrho\,N_L/(A))^{-1}$ fest	flüssig
Li	1	− 0,77	
Na	1	− 1,0	− 0,98
K	1	− 1,1	− 1,00
Cu	1	− 1,25	− 1,00
Ag	1	− 1,25	− 1,02
Au	1	− 1,4	− 1,00
Cd	2	+ 2	− 2,0
Al	3	− 2,8	− 3,00
Ge	4	− 0,002	− 4,00
As	5	+ 0,03	
Sb	5	+ 0,015	− 4,4
Bi	5	− 0,0002	(− 5,3)

[a] Aus Landolt-Börnstein.
[b] Nach Busch u. Güntherodt, 1967, 1974.

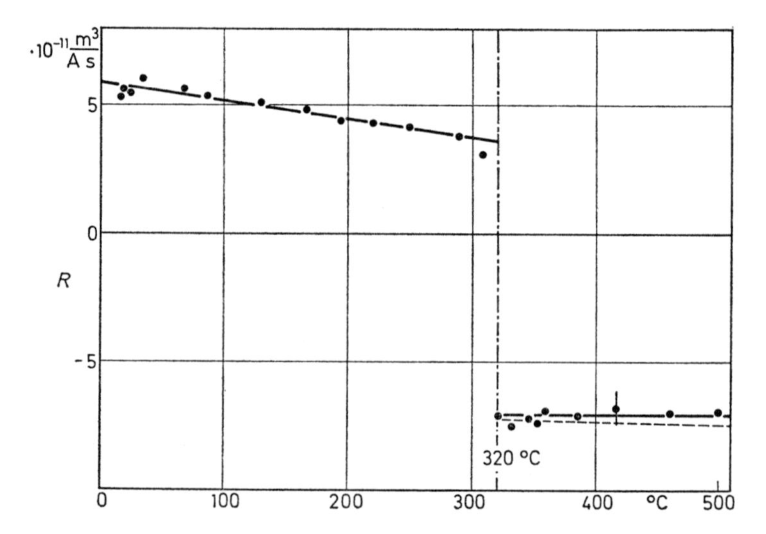

Abb. 44.12. Hall-Effekt des Cadmiums, Vorzeichenwechsel am Schmelzpunkt. Die Schmelze ist ein Metall mit $n_e = w = 2$ freien Leitungselektronen (gestrichelte Kurve), im festen Metall dominiert die Löcherleitung. Nach Busch und Tièche, 1963

Bei den festen Metallen weichen am wenigsten die Alkalimetalle vom Modell der freien Elektronen ab.

Bei *flüssigen Legierungen* sollte (44.74) gelten, wenn für das Atomgewicht das Mischungsgewicht

$$(A) = c(A_1) + (1 - c)(A_2) \tag{44.75}$$

und für die Ladung analog zu (43.33′) die Mischungsladung

$$n\,q = c\,n_1\,q_1 + (1 - c)\,n_2\,q_2 \tag{44.76}$$

gesetzt wird.

Durch das Experiment wird diese Vermutung bestätigt, wie Abb. 44.13 am System Silber-Zinn demonstriert.

In Einkristallen hängt der Hall-Effekt auch von der Richtung von $\boldsymbol{B}$ zum Gitter ab. Er ist eine wichtige Methode zur Bestimmung der Fermi-Oberfläche. Dasselbe gilt für die magnetische Widerstandsänderung.

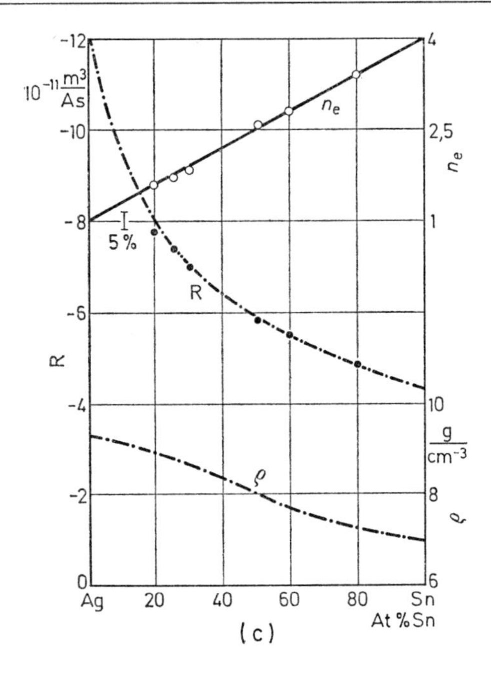

Abb. 44.13. Dichte ϱ, Hall-Konstante R und Leitungselektronenzahl n_e von flüssigen Ag-Sn-Legierungen als Funktion der Sn-Konzentration c. n_e befolgt das lineare Mischungsgesetz $n_e = c \cdot 4 + (1 - c) \cdot 1$. Nach Busch und Güntherodt, 1967

Aufgabe 44.11. Zeichne das zu Abb. 44.11 analoge Bild für positive Ladungsträger (Löcher). Gib die Richtung des Hall-Feldes an.

Aufgabe 44.12. Dasselbe für Elektronen mit individueller verschiedener Geschwindigkeit ($\boldsymbol{v} \neq \boldsymbol{v}_d$). Beschreibe den stationären Zustand nach Einstellung des Hall-Feldes und den Einstellmechanismus.

44.2.5.2. Magnetische Widerstandsänderung

Nach unserer Herleitung des Hall-Effektes ist für freie Elektronen eine Änderung des elektrischen Widerstandes einer endlichen Probe durch ein Magnetfeld nicht zu erwarten: die magnetische Ablenkung der Elektronen wird ja gerade durch das Hall-Feld verhindert. Trotzdem werden Änderungen des spezifischen Widerstandes beobachtet. Sie gehorchen im allgemeinen der *Kohlerschen Regel*

$$\Delta\varrho/\varrho(0) = (\varrho(B) - \varrho(0))/\varrho(0) = f(B/\varrho(0)), \qquad (44.74)$$

nach der die relative spezifische Widerstandsänderung eine für die Probe charakteristische Funktion f der relativen Variablen $B/\varrho(0)$ ist und Messungen an derselben Probe bei verschiedenen Temperaturen (verschiedenen $\varrho(0)$) auf derselben Kurve liegen sollen. Abb. 44.14 zeigt ein Beispiel. Der Effekt ist an Einkristallen stark anisotrop, siehe Abb. 44.15, also prinzipiell wieder geeignet zur Bestimmung von Fermioberflächen. Er kann theoretisch nur verstanden werden, wenn den verschiedenen Elektronen verschiedene Relaxationszeiten (verschiedene $\boldsymbol{v}_d$) zugeordnet werden[134]. Dann kann das Hall-Feld nur für diejenigen Elektronen[135] deren $\boldsymbol{v}_d$ die Gleichung (44.70) erfüllt, die Querdrift verhindern (Aufgabe 44.12). Diese Elektronen haben den spezifischen Widerstand $\varrho(0)$, alle querdriftenden Elektronen aber wegen ihres längeren Weges einen größeren Widerstand $\varrho(B)$. Die Widerstandsänderung muß vom Verhältnis $l/r_\perp$ der freien Weglänge l bei $B = 0$ und des Bahnkrümmungsradius $r_\perp$ der Zyklotronbahn abhängen, d.h. nach (44.19/26) und Ziffer 42.4.3 von

$$l/r_\perp \sim B/\varrho(0). \qquad (44.75)$$

Das ist die Kohlersche Regel.

[134] Bei unserem einfachen Modell hatten wir dasselbe $\boldsymbol{v}_d$, d.h. dasselbe τ für alle (freien) Elektronen angenommen.

[135] Dasselbe gilt für Löcher.

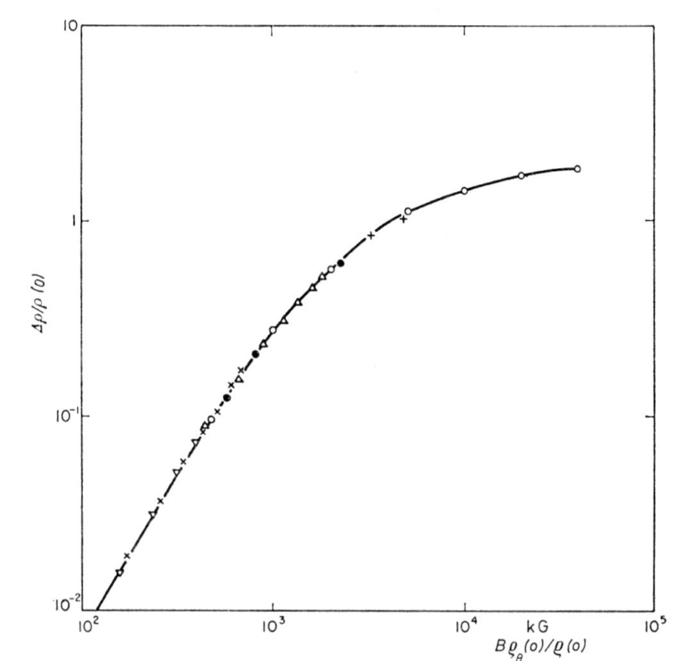

Abb. 44.14. Relative magnetische Widerstandsänderung $\Delta\varrho_T/\varrho_T(0)$ von polykristallinem Indium über der reduzierten Größe $B\,\varrho_\Theta(0)/\varrho_T(0)$. ($\varrho_\Theta(0) =$ spezifischer Widerstand bei $B = 0$ und $T = \Theta =$ Debye-Temperatur). Verschiedene Meßpunktzeichen bedeuten Messungen an verschiedenen Proben bei verschiedenen Temperaturen T. Nach Olsen [H 54]

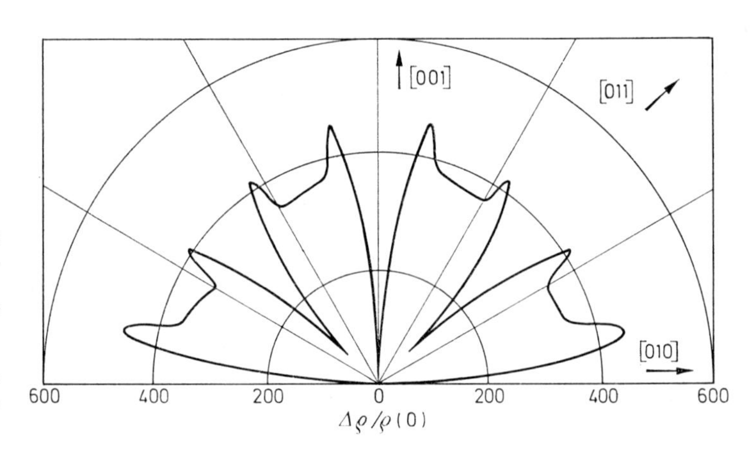

Abb. 44.15. Anisotropie der magnetischen Widerstandsänderung $\Delta\varrho/\varrho\,(0)$ von Kupfer. $\boldsymbol{j}\parallel[100]$, $\boldsymbol{B}$ gedreht in der Ebene $\perp\boldsymbol{j}$, $T = 4{,}2$ K, $B = 18$ kG. Nach Klauder und Kunzler, in Harrison u. Webb (Ed.), The Fermi Surface, 1960

I. Leitungselektronen: Halbleiter

Nach Ziffer 43.3.3 sind Halbleiter Isolatoren mit so kleinem Bandabstand, daß die thermische Energie bei normalen Temperaturen ausreicht, Elektronen aus dem Valenzband in das Leitungsband anzuregen. Die Anzahl der Elektronen im Leitungsband (und der Löcher im Valenzband) und damit die elektrische Leitfähigkeit σ hängen also nur von der Temperatur ab, mit $\sigma \to 0$ bei $T \to 0$. Dies gilt für den nur angenähert realisierbaren Grenzfall des chemisch reinen und störstellenfreien *Idealkristalls*. Die große technische Bedeutung der Halbleiter beruht aber auch darauf, daß die Elektronen- oder Löcherkonzentration durch willkürlich im Gitter erzeugte *Störstellen* zusätzlich beeinflußt werden kann. Als Störstellen können Fremdatome, Gitterbaufehler aller Art und Abweichungen von der stöchiometrischen Zusammensetzung wirken. — Man unterscheidet *homogene* und *inhomogene* Halbleiter: in letzteren existieren räumliche Konzentrationsgefälle von Ladungsträgern und Störstellen. Wir diskutieren zunächst nur homogene Systeme.

45. Homogene Halbleiter

45.1. Übersicht und Grundbegriffe

Bei Zimmertemperatur überdeckt der *spezifische Widerstand* der heute verfügbaren Halbleiter den weiten Bereich von $\varrho \approx 10^{-2} \cdots 10^{9}\,\Omega\,\mathrm{cm}$, liegt also deutlich zwischen dem der normalen Metalle ($\varrho \approx 10^{-6}\,\Omega\,\mathrm{cm}$) und dem von guten Isolatoren ($\varrho \approx 10^{14} \cdots 10^{32}\,\Omega\,\mathrm{cm}$). In Tabelle 45.1 sind einige Daten für die bekanntesten (reinen) Halbleiter zusammengestellt. Diese stellen nur eine kleine Auswahl aus der Vielzahl der heute bekannten halbleitenden Systeme dar.

Tabelle 45.1. *Einige wichtige halbleitende Elemente und Verbindungen.* $\bar{w}$ = mittlere Valenzelektronenzahl je Atom, s = Basis des Gitters.

Gruppe	$\bar{w}$	Beispiele	Gittertyp	s
IV	4	C (Diamant), Si, Ge, α-Sn	Diamant	8
IV–IV	(4 + 4)/2	SiC	Zinkblende[a]	4 × 2
III–V	(3 + 5)/2	InSb, InAs, InP	Zinkblende[a]	
		GaSb, GaAs, GaP, AlSb	Zinkblende[a]	
II–VI	(2 + 6)/2	ZnO, ZnS, ZnSe, ZnTe	Zinkblende[a]	
		CdS, CdSe, CdTe	Zinkblende[a]	
		HgS, HgSe, HgTe	Zinkblende[a]	
		CdO	NaCl	2
III–VI	(2 + 6)/2	EuO, EuS, EuSe, EuTe	NaCl	

[a] Oder Wurtzit, ebenfalls mit 4 nächsten Nachbarn.

Die aufgeführten halbleitenden *Elemente* sind die der *IV. Gruppe* des periodischen Systems. Sie kristallisieren im Diamantgitter (Ziffer 5.1) mit $s = 8$ Atomen je Zelle und je 4 nächsten Nachbaratomen in tetraedrischer Anordnung. Bei $w = 4$ Valenzelektronen (Ziffer 43.3.3) besteht kovalente Bindung mit 2 Bindungselektronen zwischen je zwei Nachbaratomen, siehe Abb. 45.1a. Isotyp mit dem Diamantgitter ist das Zinksulfidgitter (Ziffer 5.1), das ist ein Diamantgitter, in dem die Plätze abwechselnd mit einem Atom A und einem Atom B, z.B. Zn und S, besetzt sind. Da es nur auf die *Elektronenzahl* $s \cdot \bar{w}$ *je Zelle* ankommt, erhält man halbleitende *AB-Verbindungen*, wenn $w_A = w_B = 4$ (IV-IV-Halbleiter) oder $w_A = 3$, $w_B = 5$ (III-V-Halbleiter) oder $w_A = 2$, $w_B = 6$ (II-VI-Halbleiter) ist. In allen Fällen ist die mittlere Elektronenzahl je Atom

$$\bar{w} = (w_A + w_B)/2 = 4 \quad \text{und} \quad s \cdot \bar{w} = 32\,,$$

wie bei den IV-Elementen. — Es gibt auch halbleitende Verbindungen aus mehr als zwei Atomarten, z. B. das Cu_2O. Auch sie zeigen kovalente Bindung mit einer geraden Anzahl von Valenzelektronen je Zelle.

In den Abb. 45.1....45.5 werden am Beispiel des *Germaniums* die Vorgänge im Raumgitter veranschaulicht.

Bei $T = 0$ befinden sich alle Valenzelektronen in gebundenen Zuständen. Dies ist der Elektronengrundzustand: das Valenzband ist besetzt, das Leitungsband leer (Abb. 45.1). Der Bandabstand W_G[136] kann als Bindungsenergie der Valenzelektronen am oberen Valenzbandrand bezeichnet werden[137].

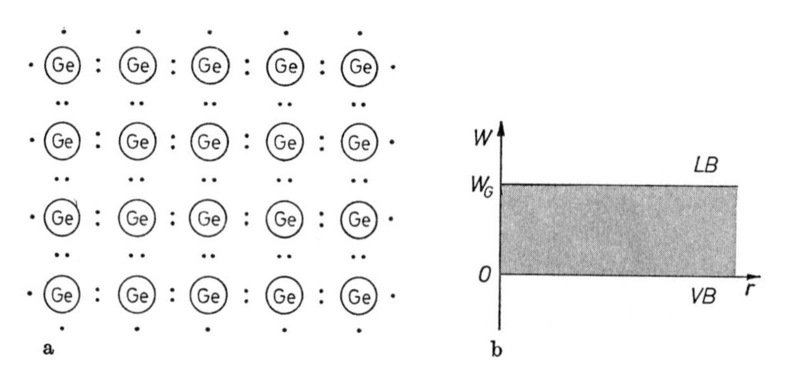

Abb. 45.1. Grundzustand des reinen Germaniums. a) Kovalente Bindung durch Valenzelektronenpaare (:) zwischen je zwei Ge^{4+}-Ionen, schematisch, nach Madelung [I 2] b) Elektronen-Energieschema. Energie-Nullpunkt willkürlich am oberen Rand des voll besetzten Valenzbandes. W_G = Bandabstand. VB = Valenzband, LB = Leitungsband. Der verbotene Energiebereich ist schattiert. Die Ortskoordinate $\boldsymbol{r}$ soll demonstrieren, daß die Energie der Elektronen nicht lokalisiert ist

Diese Aussage darf nicht dahin mißverstanden werden, als ob ein gebundenes Elektron räumlich lokalisiert sei. Die Eigenfunktionen der Elektronen im Bändermodell sind Einelektron-Blochwellen (41.46) und daher prinzipiell über das ganze Gitter ausgedehnt. Gebundene Zustände (≙ Valenzelektronen) und ionisierte Zustände (≙ Leitungselektronen) enthalten beide einen Wellenfaktor und unterscheiden sich nur durch die Form der Amplitude (41.47), die bei freien Leitungselektronen eine Konstante ist, bei Valenzelektronen ein Maximum am Ort eines jeden Atoms besitzt. Es ist also jedes Valenzelektron mit größter Wahrscheinlichkeit bei einem Atom, nicht aber ein bestimmtes Elektron bei einem bestimmten Atom anzutreffen.

Bei höheren Temperaturen werden einige Atome thermisch ionisiert[138], es befinden sich gleich viel Elektronen im Leitungs- und Löcher im Valenzband (Abb. 45.2). Unter dem Einfluß eines elektrischen Feldes tragen die Leitungselektronen einen Strom nach denselben Gesetzen wie in einem Metall (Ziffer 44). Gleichzeitig rücken sukzessive Valenzelektronen aus Nachbarbindungen in die entstandenen Valenzelektronenlücken nach, so daß auch diese im Feld wandern, und zwar in entgegengesetzter Richtung wie die Elektronen. Nach Ziffer 43.4.5 kann man sich die Valenzelektronenlücke ersetzt denken durch ein die Lücke wieder auffüllendes Valenzelektron *und* ein positiv geladenes Teilchen, das Loch. Man braucht also nur die Bewegung dieses einen Teilchens zu betrachten, statt die sukzessiven Bewegungen vieler „nachrückender" Valenzelektronen (Abb. 45.2b). Die effektiven Massen der Leitungselektronen und Löcher ergeben sich nach Ziffer 43.4.5 aus der Bänderstruktur des Germaniums, die für einen Durchmesser zwischen zwei gegenüberliegenden Punkten L der Brillouinzone (Abb. 43.7) nach Abb. 43.13 die in Abb. 45.3 noch einmal wiedergegebene Bandstruktur an der verbotenen Zone liefert. Im thermischen Gleichgewicht häufen sich die Elektronen am unteren Rand des Leitungsbandes bei dem Punkt L, die Löcher am oberen Rand des Valenzbandes bei Γ. Dieses ist nach unten ge-

[136] Index G für englisch „gap".

[137] Hier und in jedem folgenden Energieschema wird nur die nach oben wachsende Energie des (besetzten oder leeren) Elektronenzustands aufgetragen und mit W_e oder $W(\boldsymbol{k}_e)$ oder einfach W bezeichnet. Die Löcherenergie ist $W_p = - W_e$, siehe (43.69) und Abb. 43.28.

[138] Die Anhebung in das kontinuierliche Leitungsband entspricht der Anhebung in das Ionisationskontinuum bei freien Atomen.

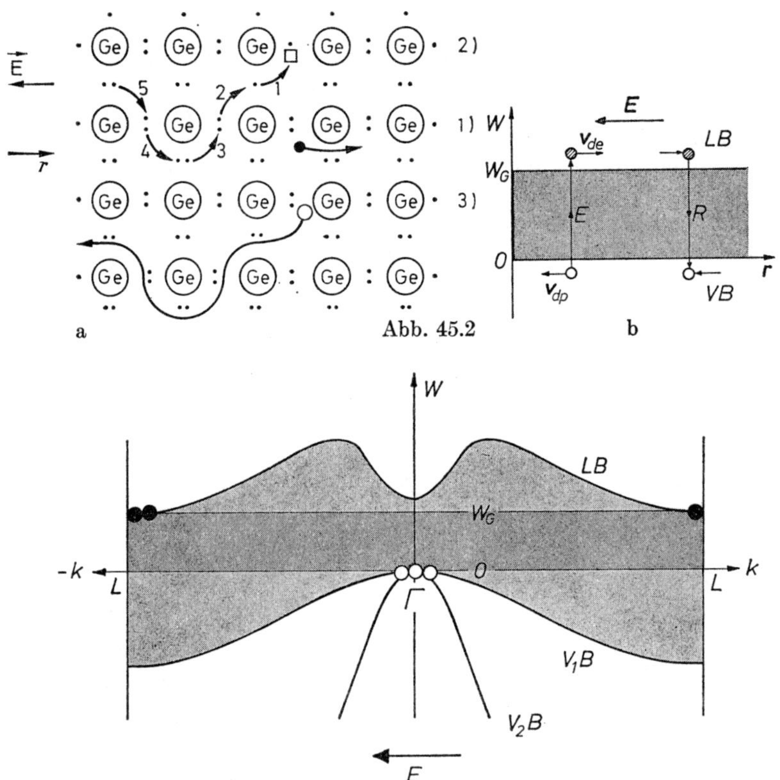

Abb. 45.2

Abb. 45.3

Abb. 45.2. a) Thermisch angeregter Zustand des reinen Germaniums in einem elektrischen Feld $\boldsymbol{E}$, schematisch nach Madelung [I 2]. 1) Leitungselektron (●, $-e$) und seine Bewegung im Feld. 2) Valenzelektronenlücke □ und ihre Wanderung infolge Auffüllung durch sukzessiv nachrückende benachbarte Valenzelektronen 1, 2, ..., 5. 3) Ersatz der Valenzelektronenlücke durch ein negatives Valenzelektron (●) plus einem positiven Loch (○, $+e$), das im Feld wandert. b) Dasselbe im Elektronen-Termschema. Elektronenübergang E bei Paar-Erzeugung, R bei Rekombination. Aus zeichnerischen Gründen sind die Teilchen nicht in ihrer energetisch tiefsten Lage unmittelbar am Bandrand gezeichnet

Abb. 45.3. Bandstruktur der Valenzbänder $V_1 B$ und $V_2 B$ und des Leitungsbandes LB von Germanium im $\boldsymbol{k}$-Raum auf einem Durchmesser $L - \Gamma - L$ der Brillouinzone, vgl. Abb. 43.13. Der für ein gegebenes $\boldsymbol{k}$ verbotene Energiebereich ist schwach, der insgesamt verbotene Energiebereich ist kräftig schattiert. Einige Elektron-Loch-Paare tiefster Energie. In dem angezeichneten elektrischen Feld würden die Löcher um $\Delta \boldsymbol{k} = \hbar^{-1} m_p^* \boldsymbol{v}_{dp}$ nach links, die Elektronen um $\Delta \boldsymbol{k} = \hbar^{-1} m_e^* \boldsymbol{v}_{de}$ nach rechts auf dem jeweiligen Energiezweig verschoben liegen. Die Bandstruktur von Silizium ist sehr ähnlich

krümmt, ein hier abionisiertes Elektron hat nach Ziffer 43.4.1 eine negative, das zurückbleibende Loch also nach Ziffer 43.4.5 eine positive Effektivmasse. Wegen des umgekehrten Krümmungssinnes des Leitungsbandes bei L haben die dort versammelten Leitungselektronen ebenfalls eine positive Masse, aber natürlich negative Ladung: für die beiden Teilchen eines thermisch erzeugten *Elektron-Loch-Paares* gilt im thermischen Gleichgewicht

$$\begin{aligned} q_e &= -e\,, \quad & m_e^* &> 0\,, \quad & q_e/m_e^* &< 0\,, \\ q_p &= +e\,, \quad & m_p^* &> 0\,, \quad & q_p/m_p^* &> 0\,. \end{aligned} \tag{45.1}$$

Da allgemein die Löcher in die Gipfel der Valenzbänder aufsteigen und die Elektronen in die Täler der Valenzbänder absinken (Ziffer 43.4.5), gelten diese Vorzeichen nicht nur für Ge, sondern für alle Halbleiter.

Die Bewegung eines Elektrons (Loches) ist beendet, wenn es nach einer gewissen Lebensdauer t mit einem Loch (Elektron) zusammentrifft und in den gebundenen Zustand zurückkehrt. Im thermischen Gleichgewicht halten sich diese *Rekombination* ($\equiv$ Vernichtung) und die thermische *Dissoziation* ($\equiv$ Erzeugung) von Elektron-Loch-Paaren die Waage, die Gleichgewichtskonzentrationen beider Teilchen sind gleich groß und von der Temperatur bestimmt: mit der konventionellen Schreibweise

$$N_e/V = n\,, \qquad N_p/V = p \tag{45.2}$$

für die Konzentrationen der Elektronen im Leitungsband und der Löcher im Valenzband ist

$$n(T) = p(T)\,. \tag{45.3}$$

Es gibt keine ideal reinen Kristalle, z.B. sind immer Abweichungen von der stöchiometrischen Zusammensetzung vorhanden (Abb. 45.4 und Abb. 45.5). Ist etwa ein Ge-Atom ($w = 4$) durch ein Atom größerer oder kleinerer Valenzelektronenzahl ersetzt, z.B. durch As ($w = 5$) oder Ga ($w = 3$), so wird dadurch dem Kristall im ersten Fall ein „zusätzliches" Valenzelektron hinzugefügt[139], im anderen Fall eine Valenzelektronenlücke erzeugt. In diesem Sinn ist im Germanium das Arsen ein *Donator* (= Elektronenspender), das Gallium ein *Akzeptor* (= Elektronenverbraucher). Ein Akzeptor kann natürlich auch als Lochspender aufgefaßt werden (Abb. 45.4a). Die zusätzlichen Elektronen oder Löcher sind bei $T = 0$ an die lokalisierten Fremdatome gebunden, ihre Terme werden deshalb im Energieschema (Abb. 45.4b) nicht durchgehend gezeichnet. Die zusätzlichen Donatorelektronen sind sicher weniger fest beim Donatoratom

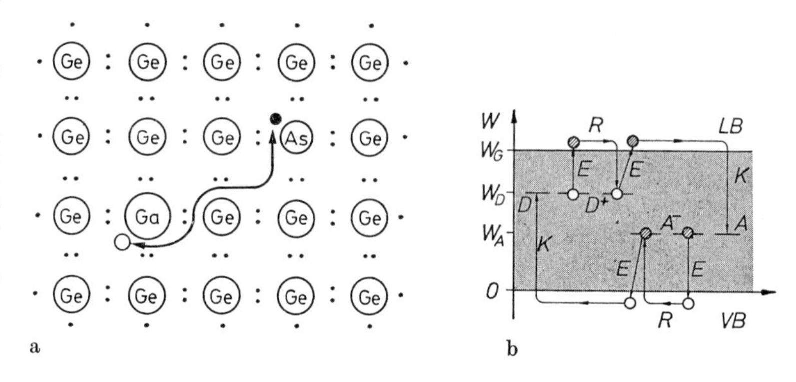

Abb. 45.4. Donatoren und Akzeptoren.
a) Ein Arsen-Atom ($w = 5$) als Donator und ein Gallium-Atom ($w = 3$) als Akzeptor im Germanium-Gitter. Durch Abspaltung eines negativen Überschußelektrons ● und eines positiven Loches ○ entstehen ein As^+- und ein Ga^--Ion, die mit je 4 Valenzelektronen wie ein Ge-Atom kovalent an 4 benachbarte Ge-Atome gebunden sind. Pfeil: Kompensation von Elektron und Loch. Schematisch, nach Madelung [I 2]
b) Je eine Art von Donator- und Akzeptortermen im Energieschema. Erzeugung (E) und Rekombination (R) von Leitungselektronen (Leitungslöchern) durch Übergänge zwischen Donatortermen (Akzeptortermen) und Leitungsband (Valenzband). Kompensation eines Donator- und eines Akzeptoratoms durch Übergänge K. D, A = neutrale Atome, D^+, A^- = einwertige Ionen. ● = Elektron, $-e$; ○ = Loch, $+e$

gebunden als die 4 regulären Bindungselektronen, im Termschema (Abb. 45.4b) liegen also die sogenannten Donatorterme um weniger als den Bandabstand W_G unterhalb (häufig ziemlich dicht unterhalb) des Leitungsbandes in der verbotenen Zone. Umgekehrt ist ein Valenzelektron fester an das vierwertige Ge als an das dreiwertige Ga gebunden, d.h. es muß Arbeit aufgewendet werden, um ein Valenzelektron von einem benachbarten Ge in die Lücke beim Ga, oder, im Energieschema, aus dem Valenzband in den Akzeptorterm zu bringen. Letzterer liegt also über (im allgemeinen ziemlich dicht über) dem Leitungsband. Bei $T = 0$ sind alle Donatorterme mit Elektronen besetzt und alle Akzeptorterme von Elektronen leer, oder, was dasselbe ist, mit Löchern besetzt. Bei wachsender Temperatur werden zunehmend Elektronen aus den Donatortermen ins Leitungsband und aus dem Valenzband in die Akzeptorterme (Löcher aus den Akzeptortermen in das Valenzband[140]) angeregt, und zwar schon bei Temperaturen, bei denen normale Elektron-Loch-Paare (Abb. 45.1) wegen des viel zu großen Bandabstandes erst in vergleichsweise verschwindender Anzahl vorhanden sind. Die elektrische Leitfähigkeit läßt sich also vor allem bei tiefen Temperaturen stark durch die Zumischung von Donatoratomen beeinflussen. Besonders tiefliegende Donatorterme (hoch liegende Akzeptorterme), in denen sich die Elektronen (Löcher) bis zu höheren Temperaturen halten können, heißen *Haftstellen* für Elektronen (Löcher).

Ein in das Leitungsband angeregtes Donator-Elektron kann nach einer Lebensdauer t_D wieder in einen leeren Donatorterm zurückfallen. Dieser Vorgang heißt *Rekombination* des Donators. Analoges gilt für die Löcher und Akzeptoren nach einer Lebensdauer t_A. Im

[139] 4 der 5 Valenzelektronen genügen zur Herstellung der Bindung mit den benachbarten Ge-Atomen. — Die elektrische Neutralität bleibt gewahrt, wenn neutrale Atome eingebaut werden.

[140] Die Löcherenergie wächst nach unten, siehe Abb. 43.28.

thermischen Gleichgewicht sind Anregung und Rekombination der Donatoren (Akzeptoren) gleich häufig. Das angeregte Donatorelektron kann aber auch als Leitungselektron bis zu einem Akzeptor wandern und hier die Elektronenlücke auffüllen (aus dem Leitungsband in den Akzeptorterm fallen), so daß sowohl beim Donator (As) wie beim Akzeptor (Ga) gerade die benötigten 4 Bindungselektronen wie im reinen Ge vorhanden sind[141]. Durch diesen Vorgang *kompensieren* sich die Wirkungen von Donatoren und Akzeptoren. Sind beide (mit entgegengesetzt gleicher Abweichung der Valenz von der des Grundgitters) in gleicher Anzahl im Gitter vorhanden, so ist die Elektronenstruktur dieselbe wie im reinen Grundgitter[142], und es gibt nur normale Elektron-Loch-Paare. Nur der Überschuß der einen oder anderen Verunreinigung führt zu überzähligen Elektronen *oder* Löchern. Es ist nicht möglich, überzählige Elektronen *und* Löcher durch Dotierung mit Akzeptoren *und* Donatoren zu erzeugen. Zunehmende Dotierung von Ge mit gleich viel Ga und As z.B. ergibt schließlich den reinen III-V-Halbleiter GaAs.

Abb. 45.5 schließlich veranschaulicht die im Germaniumgitter entstehende *Fehlordnung*, wenn ein Ge-Atom auf einen *Zwischengitterplatz* gerät und eine *Leerstelle* zurückläßt. Letztere wirkt als

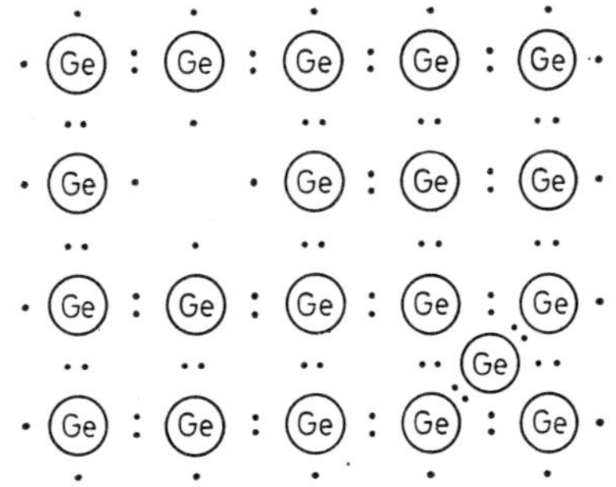

Abb. 45.5. Zwischengitteratom und Leerstelle als Donator und Akzeptor im Germanium. Nach Madelung [I 2]

Akzeptor, da Valenzelektronen fehlen, das Zwischengitteratom als Donator, da seine Valenzelektronen keine festen kovalenten Bindungen mit den unter sich bereits gebundenen Nachbaratomen eingehen können.

In einem realen Kristall sind selbst bei höchster präparativer Sorgfalt wegen der unvermeidbaren Störstellen immer auch überschüssige Elektronen oder Löcher neben den normalen Elektron-Loch-Paaren vorhanden.

In einem elektrischen Feld führen Elektronen und Löcher einen *Ladungsstrom* in derselben Richtung, ihre Beiträge addieren sich, und die sinngemäße Erweiterung von (44.20/21) gibt die *elektrische Leitfähigkeit*

$$\sigma = e(n\,b_e + p\,b_p) \tag{45.4}$$

mit den Beweglichkeiten (siehe 45.1)

$$b_e = |q_e\,\tau_e/m_e^*| = e\,\tau_e/m_e^*\,, \tag{45.5a}$$

$$b_p = |q_p\,\tau_p/m_p^*| = e\,\tau_p/m_p^*\,. \tag{45.5b}$$

τ_e und τ_p sind die Relaxationszeiten für die Einstellung konstanter Driftgeschwindigkeiten von Elektronen und Löchern. Sie werden wie bei den Metallen von Streuprozessen an Störstellen und Phono-

[141] Anders formuliert: Das Donatorelektron und das Akzeptorloch vernichten sich gegenseitig, siehe Abb. 45.4 a.

[142] Allerdings sind die Ionenradien und die Kernladungszahlen nicht dieselben, so daß sich der Bandabstand W_G etwas ändert.

nen bestimmt und hängen wie dort von der Temperatur ab (Ziffer 44.2.2). Im Gegensatz zu den Metallen sind aber auch die Ladungsträgerkonzentrationen n und p temperaturabhängig, und zwar, wie in Ziffer 45.2 gezeigt wird, für jeden Halbleiter in charakteristischer Weise. Dasselbe gilt damit auch für die Leitfähigkeit $\sigma = \sigma(T)$.

Wird der Strom nur von Elektron-Loch-Paaren getragen, so spricht man von *Eigenleitung*, leiten nur die aus Störstellen stammenden Überschußelektronen (n-Leitung)[143] oder Überschußlöcher (p-Leitung)[143] von *Störstellenleitung*, im allgemeinen Fall von *gemischter Leitung*.

In (45.4/5) ist vorausgesetzt, daß alle Elektronen (und ebenso alle Löcher) unter sich dieselbe Beweglichkeit haben und daß diese isotrop ist. Dies ist natürlich nur eine Näherung, die wir aber im allgemeinen benutzen werden, weil sie die typischen Halbleitereffekte in kubischen Kristallen richtig beschreibt und Anisotropieeffekte prinzipiell schon bei den Metallelektronen diskutiert worden sind.

45.2. Trägerkonzentrationen und elektrische Leitfähigkeit

45.2.1. Elektronenverteilung im thermischen Gleichgewicht

Wir stellen uns die Aufgabe, die *Besetzung* der in Abb. 45.4b dargestellten Elektronen-Zustände mit Elektronen im thermischen Gleichgewicht nach der Fermistatistik zu berechnen[144]. Dabei ergeben sich die *Leitungsträgerkonzentrationen* n und p als Teilergebnis: die Anzahl N_e der Leitungselektronen ist gleich der Zahl der besetzten Zustände im Leitungsband, die Anzahl N_p der Leitungslöcher gleich der Zahl der mit Elektronen nicht besetzten Zustände im Valenzband. Beide Anzahlen werden durch etwa vorhandene Störstellenterme beeinflußt, da auch diese durch die insgesamt vorhandenen Elektronen nach der Fermistatistik mit besetzt werden müssen. Die Anzahl der besetzten Zustände mit der Energie W ist jeweils das Produkt aus der Anzahl $dZ(W)$ der vorhandenen Zustände mit der Besetzungswahrscheinlichkeit (42.14), der Fermiverteilung $f(W, T)$. Im Innern eines kontinuierlichen Bandes wird dabei $dZ(W) = D(W)dW$ auf die Zustandsdichte $D(W)$ zurückgeführt.

Bei der Durchführung der Rechnung werden die in Ziffer 45.1 zur Veranschaulichung beschriebenen Dissoziations-, Rekombinations- und Kompensationsprozesse natürlich nicht im einzelnen verfolgt: sie entsprechen Übergängen zwischen den verschiedenen Niveaus des Termschemas und dienen der *Herstellung* des thermischen Gleichgewichts.

Wir berechnen zunächst die thermische Besetzung der *Elektronenzustände im Leitungsband* unter der vereinfachenden Annahme[145], daß alle Leitungselektronen dieselbe skalare (= isotrope) effektive Masse haben, so daß wegen der Wahl des Energienullpunktes (Abb. 45.4b) mit $W_{\text{pot}} = W_G$

$$W = W_G + \hbar^2 k^2/2 m_e^* > W_G \tag{45.6}$$

gilt. Dann ist die Zustandsdichte im Leitungsband gegeben durch (41.66) mit der kinetischen Energie $W - W_G$ anstelle von W, und die Anzahl der bei der Temperatur T im Leitungsband vorhandenen Elektronen ist analog zu (42.15) gleich[146]

$$N_e = \frac{V(2 m_e^*)^{3/2}}{2\pi^2 \hbar^3} \int\limits_{W_G}^{\infty} \frac{(W - W_G)^{1/2}\, dW}{e^{(W-\mu)/k_B T} + 1}. \tag{45.7}$$

[143] $n \mathrel{\hat{=}}$ negativ, $p \mathrel{\hat{=}}$ positiv.

[144] Nicht mit einem Elektron besetzte Elektronenzustände werden wir auch als mit einem Loch besetzte Lochzustände interpretieren.

[145] Die charakteristischen Halbleitereigenschaften werden davon nicht berührt.

[146] Die obere Integrationsgrenze wird später begründet.

Dabei ist die *Fermigrenze* μ zunächst noch unbekannt und muß später gesondert bestimmt werden[147].

Auf alle Fälle liegt μ in der verbotenen Zone, da nur dann der T-abhängige Teil der Verteilungsfunktion in Abb. 42.2/3 mit dem linken Ende in das Valenzband und mit dem rechten in das Leitungsband hineingreift.

Wir betrachten nur den Fall so tiefer Temperaturen, daß $k_B T$ klein gegen den Abstand der Fermigrenze von beiden Bandkanten, also

$$k_B T \ll W_G - \mu, \quad k_B T \ll \mu \tag{45.8}$$

bleibt. Dann sind nur die tiefsten Elektronenzustände und höchsten Lochzustände in den Bandkanten besetzt[148] und die Trägerkonzentrationen bleiben sehr klein. Wegen $W - \mu > W_G - \mu > 0$ kann die 1 im Nenner von (45.7) weggelassen werden[149] und die *Elektronenkonzentration* wird

$$n = N_e/V = (1/2\pi^2)(2m_e^*\hbar^{-2})^{3/2} e^{\mu/k_B T} \int_{W_G}^{\infty} (W - W_G)^{1/2} e^{-W/k_B T} dW, \tag{45.9}$$

was sich geschlossen integrieren läßt:

$$\begin{aligned} n = n(T) &= 2\hbar^{-3}(2\pi m_e^* k_B T)^{3/2} e^{-(W_G-\mu)/k_B T} \\ &= n_0 e^{-(W_G-\mu)/k_B T}. \end{aligned} \tag{45.10}$$

Maßgebend ist der Boltzmann-Faktor mit dem Abstand des Leitungsbandes von der Fermigrenze.

Die *Löcherkonzentration* im Valenzband ergibt sich ganz analog: Da ein Elektronenterm entweder besetzt oder unbesetzt ist, ist die Summe beider Wahrscheinlichkeiten gleich 1. Die Wahrscheinlichkeit, daß er unbesetzt ist, d.h. daß ein Loch existiert, ist also gleich

$$\begin{aligned} f_p &= 1 - f_e = 1 - \frac{1}{e^{(W-\mu)/k_B T} + 1} \\ &= \frac{e^{(W-\mu)/k_B T}}{e^{(W-\mu)/k_B T} + 1} = \frac{1}{1 + e^{(\mu-W)/k_B T}}. \end{aligned} \tag{45.11}$$

Setzen wir wieder ein isotropes Band mit der effektiven Masse m_p^* voraus, so wird die Energie mit $W_{\text{pot}} = 0$[150]

$$W = -W_p = -\hbar^2 k^2/2m_p^* < 0 \tag{45.12}$$

und die Zustandsdichte ist (41.66) mit der kinetischen Energie $W_p = -W$ anstelle von W. Die Konzentration der Löcher im Valenzband wird also analog zu (45.7/8) gleich

$$\begin{aligned} p = N_p/V &= (1/2\pi^2)(2m_p^*\hbar^{-2})^{3/2} \int_0^{\infty} W_p^{1/2} f_p \, dW_p \\ &= (1/2\pi^2)(2m_p^*\hbar^{-2})^{3/2} \int_{-\infty}^{0} (-W)^{1/2} f_p \, dW. \end{aligned} \tag{45.13}$$

Bei den in (45.8) vorausgesetzten niedrigen Temperaturen ist

$$k_B T \ll \mu < \mu + W_p = \mu - W, \tag{45.14}$$

d.h. $f_p \sim e^{-(\mu-W)/k_B T}$ und

$$\begin{aligned} p = p(T) &= (1/2\pi^2)(2m_p^*\hbar^{-2})^{3/2} \int_{-\infty}^{0} (-W)^{1/2} e^{-(\mu-W)/k_B T} dW \\ &= 2\hbar^{-3}(2\pi m_p^* k_B T)^{3/2} e^{-\mu/k_B T} = p_0 e^{-\mu/k_B T}. \end{aligned} \tag{45.15}$$

Maßgebend ist hier der Boltzmann-Faktor mit dem Abstand des Valenzbandes von der Fermigrenze.

---

147 Da, im Gegensatz zu den Metallen, die Elektronenzahl selbst von der Temperatur abhängt, hängt $\mu(T)$ stärker von T ab als nach (42.16).

148 Deshalb darf in (45.7) statt bis an den oberen LB-Rand bis ∞ integriert werden.

149 D.h.: bei kleinen Teilchendichten spielt das Pauli-Prinzip keine Rolle, die Fermiverteilung geht in die klassische Boltzmannverteilung über: Grenzfall eines *nichtentarteten* Halbleiters.

150 Die Lochenergie wächst nach unten!

Multiplikation von n und p gibt die nützliche Beziehung

$$np = 4(2\pi\hbar^{-2}k_B T)^3 (m_p^* m_e^*)^{3/2} e^{-W_G/k_B T} = n_0 p_0 e^{-W_G/k_B T} = n_i^2 . \tag{45.16}$$

Die *Eigenleitungskonzentration* n_i ist das geometrische Mittel aus n und p, ihre Bedeutung wird später diskutiert. Die bei konstanter Temperatur konstanten Konzentrationen

$$n_0 = n_0(T) = 2\hbar^{-3}(2\pi m_e^* k_B T)^{3/2} , \quad p_0 = p_0(T) = 2\hbar^{-3}(2\pi m_p^* k_B T)^{3/2} \tag{45.17}$$

heißen *Entartungskonzentrationen*. In dem hier behandelten *nichtentarteten Halbleiter* ist wegen (45.8/14)

$$n \ll n_0 , \quad p \ll p_0 . \tag{45.18}$$

In (45.16) kommt die Fermigrenze μ nicht vor, da bei den vorausgesetzten kleinen Konzentrationen die Fermi-Verteilung in die Boltzmann-Verteilung übergeht. Die Gleichung ist nichts anderes als das klassische Massenwirkungsgesetz[151] für die Trägerkonzentrationen, deren Produkt np konstant ist bis auf den Boltzmannfaktor $e^{-W_G/k_B T}$.

Erhöht man z.B. bei festgehaltener Temperatur die Elektronenkonzentration (Löcherkonzentration) durch Dotierung mit Donatoren (Akzeptoren), so sinkt dadurch automatisch die Löcher-(Elektronen-)Konzentration. Dies gibt nach (45.4) die Möglichkeit, die Leitfähigkeit in einem gewünschten Sinne zu verschieben, falls die Beweglichkeiten b_e und b_p verschieden groß sind.

Jetzt muß noch die Besetzung der *Störstellenterme* mit Elektronen berechnet werden. Hierfür setzen wir vereinfachend voraus, daß nur eine Sorte Donatoren mit der Konzentration $n_D = N_D/V$ und der Energie W_D der Donatorterme (d.h. der Tiefe $W_G - W_D$ unter dem Leitungsband) existiert, und ebenso nur eine Sorte Akzeptoren der Konzentration $n_A = N_A/V$ und der Akzeptortermenergie W_A (Abb. 45.4b). Da die Anzahl der mit Elektronen besetzten Zustände gleich dem Produkt aus der Zustandsdichte mal Besetzungswahrscheinlichkeit und die Zustandsdichte hier gleich der Anzahl der Störstellenterme mit gleicher Energie, d.h. jeweils gleich der Anzahl der Störatome ist, gelten die folgenden Beziehungen im thermischen Gleichgewicht:

Die Konzentration der mit einem Elektron besetzten Donatorterme, d.h. die Konzentration *neutraler Donatoratome* ist gleich

$$n_{D^0} = n_D \cdot f(W_D, T) = n_D (e^{(W_D - \mu)/k_B T} + 1)^{-1} \to n_D e^{-(W_D - \mu)/k_B T} \tag{45.19}$$

und demnach die Konzentration der nicht besetzten Donatorterme, d.h. die Konzentration einwertig *positiver Donator-Ionen* (und abgegebener *Überschußelektronen*) gleich

$$n_{D^+} = n_D - n_{D^0} = n_D(1 - f(W_D, T)) = n_D(e^{-(W_D-\mu)/k_B T} + 1)^{-1} \to n_D(1 - e^{-(W_D-\mu)/k_B T}) . \tag{45.20}$$

Analog ist die Konzentration der mit einem Elektron besetzten Akzeptorterme, d.h. die Konzentration einwertig *negativer Akzeptorionen* (und abgegebener *Überschußlöcher*) gleich

$$n_{A^-} = n_A \cdot f(W_A, T) = n_A (e^{(W_A-\mu)/k_B T} + 1)^{-1} \to n_A (1 - e^{-(\mu - W_A)/k_B T}) , \tag{45.21}$$

[151] Manche Teile der Halbleiterphysik lassen sich in der Sprache der chemischen Reaktionskinetik formulieren, wovon wir bereits Gebrauch gemacht haben.

und demnach die Konzentration der nicht besetzten Akzeptorterme, d.h. die Konzentration *neutraler Akzeptoratome* gleich

$$n_{A^0} = n_A - n_{A^-} = n_A(1 - f(W_A, T)) = n_A(e^{-(W_A-\mu)/k_B T} + 1)^{-1}$$
$$\rightarrow n_A \cdot e^{-(\mu - W_A)/k_B T}. \qquad (45.22)$$

Dabei bezeichnet der Pfeil $\rightarrow$ jeweils den Übergang zum nichtentarteten Halbleiter bei so niedrigen Temperaturen, daß die thermische Energie klein gegenüber dem Abstand der Fermigrenze nicht nur von den Bandkanten (45.8), sondern auch noch von den Störstellentermen (Abb. 45.4b) ist[152]

$$k_B T \ll W_D - \mu, \qquad k_B T \ll \mu - W_A. \qquad (45.23)$$

Da der Kristall bei jeder Temperatur insgesamt elektrisch neutral bleibt, muß die Ladungsbilanz

$$-n + p + n_{D^+} - n_{A^-} = 0 \qquad (45.24)$$

gelten. Durch diese wichtige Beziehung wird die noch unbekannte *Fermigrenze*, die in allen vier Gliedern enthalten ist, als Funktion der Temperatur festgelegt:

$$\mu = \mu(m_e^*, m_p^*, W_G, n_A, W_A, n_D, W_D, T). \qquad (45.25)$$

Dabei sind die Konstanten[153] auf der rechten Seite ihrerseits durch die Bandstruktur des Grundgitters und durch Art und Konzentration der Störstellen bestimmt. Wir werden diese Funktion für einige einfache Beispiele explizit ausrechnen.

Durch sie ist auch die naheliegende Frage beantwortet, wo denn die mit Donator- oder Akzeptoratomen in den Kristall eingebrachten Überschußelektronen oder -löcher „eigentlich bleiben“: sie verschieben die Fermigrenze μ und damit die Gleichgewichtsverteilung der Elektronen über alle möglichen gebundenen und ionisierten Zustände gegenüber der Situation im reinen Kristall. Dies kann zu starken Änderungen der Ladungsträgerkonzentrationen n und p und damit der elektrischen Leitfähigkeit führen. Hierauf beruht die technologisch so wichtige Möglichkeit, Halbleiter mit gewünschter Leitfähigkeit durch gezielte Dotierung mit Fremdatomen zu erzeugen.

Als einfachstes Beispiel betrachten wir einen *Eigenhalbleiter*[154], d.h. einen Halbleiter ohne Störstellen. Hier ist

$$n_D = n_A = 0 \qquad (45.26)$$

und es existieren nur normale Elektron-Loch-Paare in den Bändern, so daß in Übereinstimmung mit (45.24)

$$n = p = n_i \qquad (45.27)$$

(n_i = Eigenleitungskonzentration) ist.

Im nichtentarteten Grenzfall folgt dann aus (45.10) und (45.15)

$$n_0\, e^{-(W_G-\mu)/k_B T} = p_0\, e^{-\mu/k_B T}, \qquad (45.28)$$

d.h. mit (45.17)

$$\mu = \mu_i = \tfrac{1}{2} W_G + \tfrac{3}{4} k_B T \log(m_p^*/m_e^*). \qquad (45.29)$$

Bei $T = 0$ liegt μ_i in der Mitte zwischen Valenz- und Leitungsband, bei $T > 0$ steigt oder fällt μ, je nachdem ob $m_p^* > m_e^*$ oder $m_e^* > m_p^*$ ist. Die Trägerkonzentration ergibt sich mit diesem Wert von μ aus (45.10) oder (45.15), oder unmittelbar aus (45.16) als

$$n = p = n_i = (n_0 p_0)^{1/2} e^{-W_G/2k_B T}$$
$$= C(m_e^* m_p^* m_e^{-2})^{3/4} T^{3/2} e^{-W_G/2k_B T} \qquad (45.30)$$

[152] Hier ist vorweggenommen, daß die Fermigrenze μ zwischen Akzeptor- und Donatortermen liegt, siehe unten.

[153] Wegen der thermischen Ausdehnung können W_G, W_A, W_D selbst noch schwach von der Temperatur abhängen, was wir im folgenden vernachlässigen.

[154] Englisch: intrinsic semiconductor, deshalb zur Kennzeichnung von Eigenleitung der untere Index i.

mit der universellen Konstanten

$$C = 2\hbar^{-3}(2\pi m_e k_B)^{3/2}. \tag{45.31}$$

Die Trägerkonzentration steigt bei kleinen Temperaturen mit der Temperatur sehr schnell an, wobei der exponentielle Faktor, d.h. der Bandabstand W_G bestimmend ist.

Wie wir bereits wissen, ist ein reiner Kristall, d.h. ein idealer Eigenhalbleiter nicht zu realisieren. Die unvermeidlichen Störstellen liefern immer einen Beitrag zur elektrischen Leitung, die *Störstellenleitung*. Wir behandeln als Beispiel den Fall, daß nur Donatoren mit einer geringen Elektronenbindungsfestigkeit $W_G - W_D \ll W_G$ vorhanden sind. Diese werden bereits bei sehr tiefen Temperaturen ionisiert, bei denen noch keine Löcher im Valenzband erzeugt werden. In diesem Temperaturbereich ist also $p \approx 0$, es wandern nur Elektronen[155], der Halbleiter ist ein reiner n-Leiter[156]. Wegen $n_A = 0$ und (45.24) gilt

$$n = n_{D^+}, \tag{45.33}$$

d.h. mit (45.10) und (45.20)[157]

$$\begin{aligned} n &= n_0 e^{-(W_G-\mu)/k_B T} = n_D(1 + e^{-(W_D-\mu)/k_B T})^{-1} \\ &= n_D(1 + e^{-(W_G-\mu)/k_B T} e^{(W_G-W_D)/k_B T})^{-1}. \end{aligned} \tag{45.34}$$

Wird jetzt noch die thermische Energie klein gegen die Tiefe der Donatorterme vorausgesetzt (aber nicht $k_B T \ll W_G - \mu$):

$$k_B T \ll W_G - W_D, \tag{45.35}$$

so folgt aus (45.34)

$$e^{-2(W_G-\mu)/k_B T} = (n_D/n_0)\, e^{-(W_G-W_D)/k_B T}$$

d.h. es ist

$$\mu = (W_G + W_D)/2 + (k_B T/2) \log(n_D/n_0) \tag{45.36}$$

und nach (45.34)

$$n = (n_D n_0)^{1/2} e^{-(W_G-W_D)/2k_B T} \ll n_D. \tag{45.37}$$

Die Fermigrenze μ liegt bei $T = 0$ genau in der Mitte zwischen Aktivatortermen und Leitungsband[158] und verschiebt sich bei steigender Temperatur nach Maßgabe der relativen Donatorkonzentration n_D/n_0. Dementsprechend bestimmen der Boltzmann-Faktor mit der halben Donatortiefe und die Wurzel aus der Donatorkonzentration die Elektronenkonzentration[159].

Ein analoges Ergebnis bekommt man für reine p-Leitung ($n = 0$, $p = n_{A^-}$), siehe Aufgabe 45.4.

Bei beliebigen Störstellenkonzentrationen und beliebigen Temperaturen läßt sich die Gleichung (45.25) nicht geschlossen lösen, und μ, n, p können nur numerisch berechnet werden. Als Beispiel diskutieren wir die *Temperaturabhängigkeit* von μ und n bei beliebigen Temperaturen für den nur mit Donatoren dotierten Halbleiter (Abb. 45.6). Die Kurve für $n(T)$ wird sich, modifiziert durch den Einfluß der Beweglichkeit, in der Leitfähigkeit $\sigma(T)$ wiederfinden (Ziffer 45.2.2).

Bei sehr tiefen Temperaturen, solange $n \ll n_D$ bleibt, wird n durch (45.37) gegeben, $\log n/n_D$ steigt mit wachsendem T annähernd linear über $1/k_B T$. Mit wachsender Temperatur wird wegen $n = n_{D^+} < n_D$ eine Sättigung gegen den Wert $n = n_D$ erreicht. In diesem Temperaturbereich stammen noch alle Leitungselektronen aus den Donatoren ($\triangleq$ Störstellenleitung, hier n-Leitung). Im entgegengesetzten Grenzfall genügend hoher Temperaturen überwiegt die

---

[155] Die positiven Donatorionen haben verschwindende Beweglichkeit und können vernachlässigt werden.

[156] Auch Überschußleiter genannt.

[157] Hier ohne Benutzung der Näherung, da (45.23) nicht vorausgesetzt wird.

[158] Dies folgt anschaulich aus der Stufenform der Fermiverteilung.

[159] Beachte, daß nach Definition (45.17) auch $n_0 = n_0(T)$ temperaturabhängig ist!

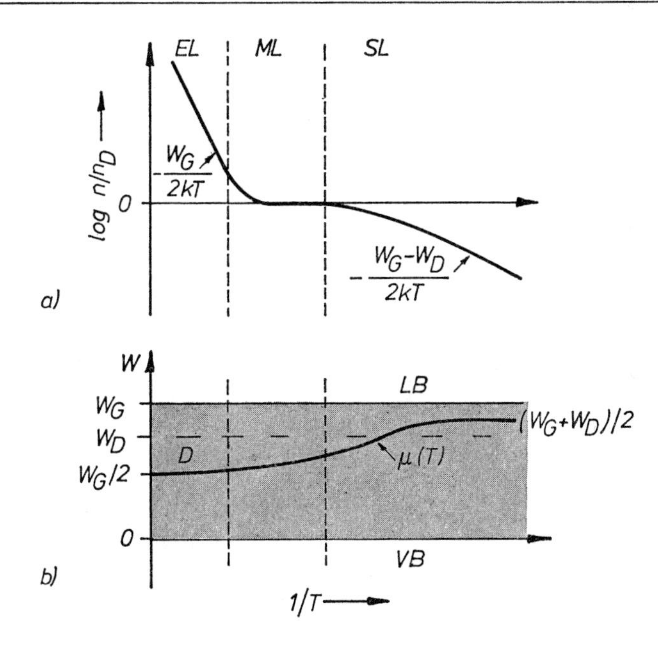

Abb. 45.6. Temperaturabhängigkeit von a) Elektronenkonzentration n und b) Fermigrenze μ für einen n-Halbleiter ($n_A = 0$). n_D = Donatorenkonzentration. SL = Störstellenleitung ($n = n_D^+$, $p = 0$), EL = Eigenleitung ($n \approx p$, $n \gg n_{D+}$), ML = gemischte Leitung. D = Donatorterme. Die verbotene Zone zwischen Valenzband (VB) und Leitungsband (LB) ist schattiert

Konzentration normaler Elektron-Loch-Paare die Störstellenkonzentration so sehr ($n \gg n_D$), daß letztere vernachlässigt werden kann und die annähernd lineare Beziehung (45.30) zwischen $\log n/n_D$ und $1/k_B T$ eine gute Näherung ist ($\triangleq$ Eigenleitung). Im mittleren Temperaturbereich müssen normale Trägerpaare und Störstellenelektronen beide berücksichtigt werden ($\triangleq$ gemischte Leitung). Analog zu n verschiebt sich auch μ mit wachsender Temperatur vom n-Leitungswert $(W_G + W_D)/2$ zum Eigenleitungswert $W_G/2$ (Abb. 45.6b).

45.2.2. Die elektrische Leitfähigkeit

Die *elektrische Leitfähigkeit* (45.4) hängt in komplizierter Weise von der Temperatur ab, da dies sowohl für die Konzentrationen n, p wie auch für die Relaxationszeiten τ_e, τ_p, d.h. die Beweglichkeiten b_e, b_p gilt. Da Elektronen und Löcher verschiedenartige Streuprozesse erleiden, unterscheiden sich ihre Beweglichkeiten sowohl durch ihre Größe wie durch ihre Temperaturabhängigkeit. Die Leitfähigkeit hängt also über n und p vom Termschema des Halbleiters, d.h. von W_G, W_D, W_A, n_D, n_A, m_e^*, m_p^* und außerdem von den Beweglichkeiten b_e, b_p ab. Die physikalische Aufgabe ist die experimentelle Bestimmung aller dieser Konstanten. Hierfür reichen Leitfähigkeitsmessungen allein nicht aus. Sie müssen durch andere Messungen, vor allem der Hall-Konstante (Ziffer 45.3) und der Zyklotronresonanz (Ziffer 45.4) ergänzt werden.

Wir beschränken uns im folgenden auf die Diskussion einiger spezieller Fälle und setzen von vornherein den *nichtentarteten* Fall, d.h. tiefe Temperaturen voraus.

Dann gilt im *Eigenleitungsbereich* $p \approx n \equiv n_i$ mit (45.30/31)

$$\begin{aligned}\sigma &= e(b_e + b_p)(n_0 p_0)^{1/2} e^{-W_G/2k_B T} \\ &= e \cdot 2\hbar^{-3}(2\pi k_B)^{3/2}(m_e^* m_p^*)^{3/4}(b_e + b_p)\, T^{3/2} e^{-W_G/2k_B T}. \qquad (45.38)\end{aligned}$$

Da die Exponentialfunktion bei kleinem T dominiert, ist σ hier, logarithmisch aufgetragen, linear über $1/T$ (siehe Abb. 45.7/8).

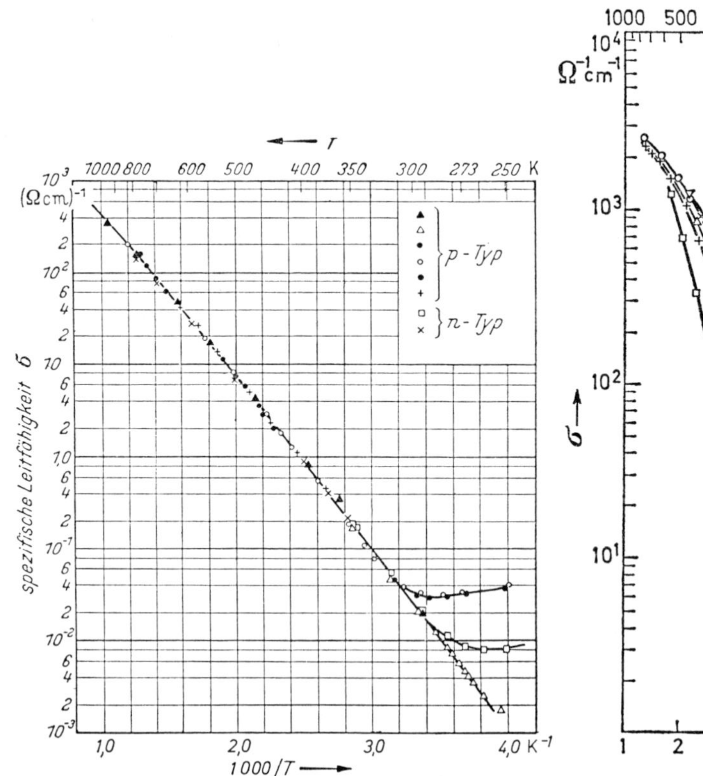

Abb. 45.7. Leitfähigkeit $\sigma(T)$ von verschiedenen Germaniumproben, die vorwiegend Akzeptoren (p-Typ) oder Donatoren (n-Typ) als Störstellen enthalten. Die Mischleitung (rechts) geht bei um so niedrigerer Temperatur (und deshalb um so kleinerem σ) in die allen Proben gemeinsame Eigenleitungsgerade des nicht entarteten Halbleiters (links) über, je kleiner die Störstellenkonzentration ist. Die Messungen reichen nach rechts nicht bis in den Bereich der reinen Störstellenleitung. Weitere Diskussion im Text. Aus Landolt-Börnstein, 6. Aufl., Band II/6

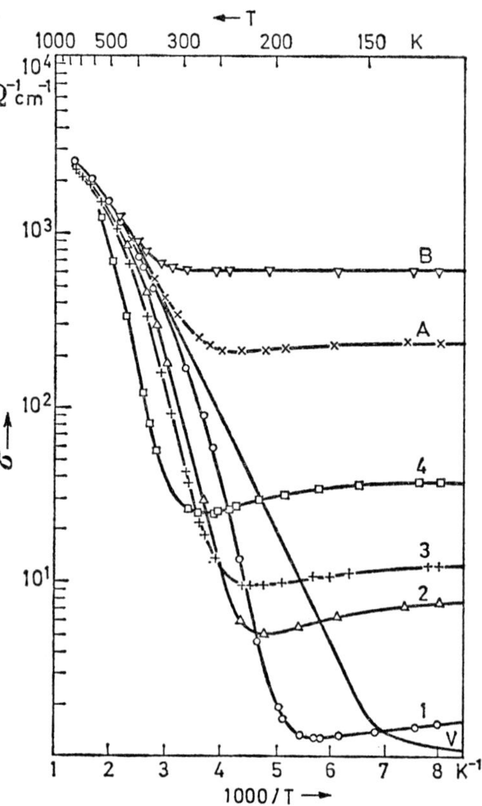

Abb. 45.8. Leitfähigkeit von InSb bei verschiedenen Dotierungen. V: extrem rein, Eigenleitung. 1, ..., 4: wachsende Akzeptordotierung mit $n_A = 4 \cdot 10^{15} \cdots 200 \cdot 10^{15}\,\text{cm}^{-3}$, p-Leitung. A, B: wachsende Donatordotierung, $n_D = 1{,}3 \cdot 10^{16}\,\text{cm}^{-3}$ und $10 \cdot 10^{16}\,\text{cm}^{-3}$, n-Leitung. Die Messungen reichen nach rechts nicht bis in den Bereich der reinen Störstellenleitung, aber nach links bis in den Bereich der Entartung (Abweichung von der Geraden). Weitere Diskussion im Text. Nach Madelung [I 2]

Tabelle 45.2. *Kenngrößen einiger Eigenhalbleiter. Nach Madelung, Grundlagen der Halbleiterphysik* (1970)

Substanz	W_G bei 4,2 K	300 K	m^*_{ex}/m_e x[a]		m^*_{px}/m_e x[a]		b_e bei 300 K	b_p bei 300 K
Si	1,165	1,12	l	0,98	1	0,49	14,50	5,00
			t	0,19	2	0,16		
Ge	0,28	0,665	l	1,64	1	0,28	38,00	18,00
			t	0,08	2	0,04		
GaAs	1,517	1,43		0,07	1	0,50	85,00	4,35
					2	0,115		
InSb	0,236	0,18		0,012	1	0,50	770,0	7,00
					2	0,015		
ZnS		3,6		0,27		0,58	1,40	0,05
	eV	eV					$\frac{\text{ms}^{-1}}{\text{V cm}^{-1}}$	$\frac{\text{ms}^{-1}}{\text{V cm}^{-1}}$

[a] x unterscheidet longitudinale und transversale Massen bei Anisotropie oder Massen in verschiedenen Teilbändern (Ziffer 45.4)

Aus der Steigung dieser Eigenleitungsgeraden kann der Bandabstand W_G bestimmt werden, aus der Anpassung der Absolutwerte von σ an (45.38) dann auch der Vorfaktor, d.h. das Produkt $(m_e^* m_p^*)^{3/4}(b_e + b_p)$ einschließlich der Temperaturabhängigkeit von b_e, b_p (d.h. von τ_e, τ_p). Sind die scheinbaren Massen aus der Bandstruktur bereits bekannt, so kennt man $b_e + b_p$, und die Beweglichkeiten b_e und b_p müssen noch durch ein anderes Experiment, z.B. den Hall-Effekt (Ziffer 45.3) getrennt werden. In Tabelle 45.2 sind experimentelle Werte von W_G, m_e^*, m_p^*, b_e, b_p zusammengestellt.

Aufgabe 45.1. Oft ist der Bandabstand selbst temperaturabhängig, in 1. Näherung linear wie

$$W_G(T) = W_G(0) + \alpha T.$$

Berechne $\sigma(T)$ für diesen Fall und gib an, welche Größen die logarithmische Auftragung experimenteller Werte von σ über $1/T$ liefert.

Bei sinkender Temperatur tritt gemischte Leitung auf (Abb. 45.7/8), und schließlich bei extrem tiefer Temperatur reine Störstellenleitung.

Im oben behandelten Grenzfall des reinen *n-Leiters* ist bei extrem tiefen Temperaturen $p \approx 0$ und mit (45.37) einfach

$$\sigma = e\, n_D^{1/2} (2\hbar^{-3})^{1/2} (2\pi k_B)^{3/4} m_e^{*3/4} b_e T^{3/4} e^{-(W_G - W_D)/2k_B T}. \quad (45.39)$$

Die Auswertung liefert die Tiefe der Donatorterme und, bei bekanntem m_e^*, auch die Elektronenbeweglichkeit b_e einschließlich deren Temperaturabhängigkeit. Bei steigender Temperatur geht die n-Leitung mit $n \to n_D$ in einen Sättigungswert über, siehe Abb. 45.6.

Analoge Verhältnisse gelten bei p-Leitung (Abb. 45.8 und Aufgabe 45.4).

Es muß bemerkt werden, daß reine n- oder p-Leitung sich nur schwer experimentell realisieren lassen, da sich bei den erforderlichen sehr tiefen Temperaturen neben den eindotierten Akzeptor- oder Donatoratomen auch andere unvermeidbare und unerwünschte Störstellen bemerkbar machen. Wir verzichten deshalb auf die Darstellung von Messungen. Einige Ergebnisse sind in Tabelle 45.3 zusammengestellt.

Tabelle 45.3. *Kenngrößen für* Si *und* Ge *mit Störstellen, bei* $T = 300$ K. Nach Landolt-Börnstein 1959.

Grundgitter Element	W_G	Donatoren[a] Element	$W_G - W_D$	Akzeptoren[a] Element	W_A	$n_i^2 = n\,p$	D_e	D_p
Si	1,12					$1{,}69 \cdot 10^{20}$	31	13
		Sb	0,039	Al	0,057			
		P	0,044	Ga	0,065			
		As	0,049	In	0,160			
Ge	0,665					$5{,}7 \cdot 10^{26}$	93	44
		Sb	0,0097	Al	0,0102			
		P	0,0120	Ga	0,0108			
		As	0,0127	In	0,0112			
				Zn	0,029			
				Cu	0,25			
	eV		eV		eV	$\frac{1}{\text{cm}^6}$	$\frac{\text{cm}^2}{s}$	$\frac{\text{cm}^2}{s}$

[a] Konzentrationen $< 10^{15}\,\text{cm}^{-3}$.

Dagegen diskutieren wir noch den Einfluß des Massenwirkungsgesetzes (45.16) und der relativen Beweglichkeiten $b_n/b_p = b$ auf die Leitfähigkeit durch einen Vergleich von Abb. 45.7 und 45.8, also von Ge mit InSb. Wir gehen aus von der Eigenleitungsgeraden eines undotierten Kristalls, d.h. von den Konzentrationen $n = p = n_i(T)$. Wird jetzt p durch Dotieren mit einem Akzeptor vergrößert, so muß nach (45.16) n abnehmen. Das hat keinen Einfluß auf die Leitfähigkeit (45.4), wenn die beiden Beweglichkeiten annähernd gleich groß ($b \approx 1$) sind, d.h. die Meßpunkte liegen praktisch auf der Eigenleitungsgeraden, solange $n_A \ll n_i$ bleibt. Erst bei tiefen Temperaturen folgt der Übergang in die gemischte Leitung. Dies Verhalten zeigt angenähert das Ge, bei dem $b = 2$ ist. Beim InSb ist aber $b = 100$, die Löcher tragen zum Strom im Eigenleitungsbereich nur 1% bei. Bei Vergrößerung von p, d.h. Abnahme von n, durch Dotierung mit Akzeptoren nimmt hier auch σ ab, σ liegt unterhalb der Eigenleitungsgeraden (links von der Kurve V). Dotierung mit Donatoren führt zum entgegengesetzten Effekt. Bei genügend tiefer Temperatur folgt wegen $n_i \to 0$ dann wieder der Übergang zur p- oder n-Leitung.

Aufgabe 45.2. Nach (45.16) ist das Trägerprodukt np eine eindeutige Funktion der Temperatur. Zeige dies auch reaktionskinetisch durch die Annahme einer T-abhängigen Dissoziations- und einer T- und konzentrationsabhängigen Rekombinationswahrscheinlichkeit.

Hinweis: Berechne dn/dt und dp/dt und setze im Gleichgewicht beide Größen gleich Null.

Aufgabe 45.3. Berechne Eigenleitungskonzentrationen für Ge ($W_G = 0{,}67$ eV) und Si ($W_G = 1{,}14$ eV) als Funktion der Temperatur und vergleiche sie mit denen normaler Metalle.

Aufgabe 45.4. a) Berechne die Fermigrenze und die Ladungsträgerkonzentration eines nur mit Akzeptoren der Energie W_A dotierten Halbleiters für die reine p-Leitung bei tiefen Temperaturen.

b) Diskutiere den Verlauf beider Größen bei beliebig wachsender Temperatur (analog Abb. 45.6).

Aufgabe 45.5. Die Leitfähigkeit eines Halbleiters mit verschieden großen Beweglichkeiten $b_p < b_n$ werde durch Dotierung mit Akzeptoren herabgesetzt. Zeige, daß bei gegebener Temperatur diejenige Probe die kleinstmögliche Leitfähigkeit besitzt, für die $n/p = b_p/b_n$ ist. Gilt dieselbe Formel auch für die maximal durch Dotierung mit Donatoren erreichbare Leitfähigkeit? Was gilt bei $b_p > b_n$?

Hinweis: Massenwirkungsgesetz (45.16).

Aufgabe 45.6. Bestimme mit Abb. 45.6 und den Ergebnissen der bisherigen Aufgaben aus Abb. 45.7 und 45.8 jeweils den Bandabstand W_G, die Eigenleitungskonzentration n_i sowie die ungefähren Donator- und Akzeptorkonzentrationen n_D und n_A. Vergleiche letztere mit n_i bei der Temperatur, bei der $\sigma(T)$ die Eigenleitungsgerade berührt oder schneidet.

45.3. Galvanomagnetische Effekte

45.3.1. Hall-Effekt und Beweglichkeiten

Der Hall-Effekt eines Halbleiters ist komplizierter als der eines Metalls (Ziffer 44.2.5), da zwei Arten Ladungsträger mit entgegengesetztem Ladungsvorzeichen vorhanden sind. Da sie im elektrischen Feld E_x (Abb. 44.11) in Gegenrichtung wandern, wirkt die Lorentzkraft im Magnetfeld $B_z = B$ auf beide Teilchen in Richtung von $-y$. Wir berechnen die Hall-Feldstärke E_y, die den gesamten Querstrom in y-Richtung gerade kompensiert, so daß nach (45.1) und (45.4)

$$j^y = j_e^y + j_p^y = -e n v_e^y + e p v_p^y = 0 \qquad (45.40)$$

ist. Dabei sind v_e^y und v_p^y die Driftgeschwindigkeiten der Elektronen und Löcher quer zum elektrischen Feld $\boldsymbol{E}$. Für sie gilt nach (44.61)

$$v_e^y = \frac{\alpha_e}{1 + \alpha_e^2 B^2} (E_y - \alpha_e B E_x),$$

$$v_p^y = \frac{\alpha_p}{1 + \alpha_p^2 B^2} (E_y - \alpha_p B E_x). \qquad (45.41)$$

Dabei ist nach (44.59) und (45.1/5)

$$\begin{aligned} \alpha_e &= -e\tau_e/m_e^* = -b_e, \\ \alpha_p &= e\tau_p/m_p^* = b_p, \end{aligned} \tag{45.42}$$

so daß (45.40) zu

$$\frac{e n b_e}{1 + b_e^2 B^2}(E_y + b_e B E_x) + \frac{e p b_p}{1 + b_p^2 B^2}(E_y - b_p B E_x) = 0 \tag{45.43}$$

wird. Beschränkt man sich jetzt auf so schwache Magnetfelder, daß in den Nennern das B^2-Glied gegen die 1 vernachlässigt werden kann, so folgt

$$\frac{E_y}{B E_x} = \frac{p b_p^2 - n b_e^2}{p b_p + n b_e}. \tag{45.44}$$

Division auf beiden Seiten durch die Leitfähigkeit $\sigma_x(B)$ parallel zum angelegten elektrischen Feld, liefert nach (44.71) die *Hall-Konstante*. Wegen der Kompensation der Querströme kann in 1. Näherung[160] $\sigma_x(B) = \sigma(0) = \sigma$ nach (45.4) gesetzt werden, und man hat

$$R = \frac{E_y}{B j^x} = \frac{E_y}{B \sigma E_x} = \frac{p b_p^2 - n b_e^2}{e(p b_p + n b_e)^2} \tag{45.45}$$

oder[161]

$$R = \frac{p - b^2 n}{e(p + b n)^2} = R(T) \tag{45.46}$$

mit

$$b = b_e/b_p. \tag{45.47}$$

Das gibt speziell für reine *Störstellenleitung*:
bei $p = 0$ (n-Leitung)

$$R_e = -1/en < 0 \tag{45.48}$$

und bei $n = 0$ (p-Leitung)

$$R_p = +1/ep > 0 \tag{45.49}$$

in Übereinstimmung mit (44.72).

Speziell bei *Eigenleitung* ($n = p = n_i$) ist

$$R_i = \frac{1 - b}{(1 + b) e n_i} \tag{45.50}$$

und für das Vorzeichen gilt

$$R_i \gtreqless 0, \quad \text{wenn} \quad b \lesseqgtr 1, \quad \text{d.h.} \quad b_e \lesseqgtr b_p. \tag{45.51}$$

Bei gleicher Konzentration beider Ladungsträger hat also die Hall-Konstante das Vorzeichen der Ladung mit der größeren Beweglichkeit, und es ist $R_i = 0$ bei gleicher Beweglichkeit $b_e = b_p$.

Im allgemeinen Fall (45.46) von *gemischter Leitung* ist

$$R \gtreqless 0, \quad \text{wenn} \quad \frac{p}{n} \gtreqless \left(\frac{b_e}{b_p}\right)^2 = b^2. \tag{45.52}$$

Das Vorzeichen hängt von den Konzentrationen und Beweglichkeiten ab, wobei größere Konzentration der einen Teilchenart durch größere Beweglichkeit der anderen kompensiert und so auch hier d r Wert $R = 0$ eingestellt werden kann. R hängt nach Maßgabe von n, p und b von der Temperatur T ab, siehe Abb. 45.9.

Multiplikation von Hall-Konstante (45.46) und Leitfähigkeit (45.4) gibt die sogenannte *Hall-Beweglichkeit*

$$R\sigma = \frac{b_p(p - b^2 n)}{p + b n}. \tag{45.53}$$

[160] Vergleiche Ziffer 45.3.2 und Ziffer 44.2.5.2.

[161] Eine genaue Rechnung unter modellmäßiger Berücksichtigung der verschiedenartigen Streumechanismen von Elektronen und Löchern liefert vor der rechten Seite noch einen Zahlenfaktor von der Größenordnung 1, den wir hier vernachlässigen.

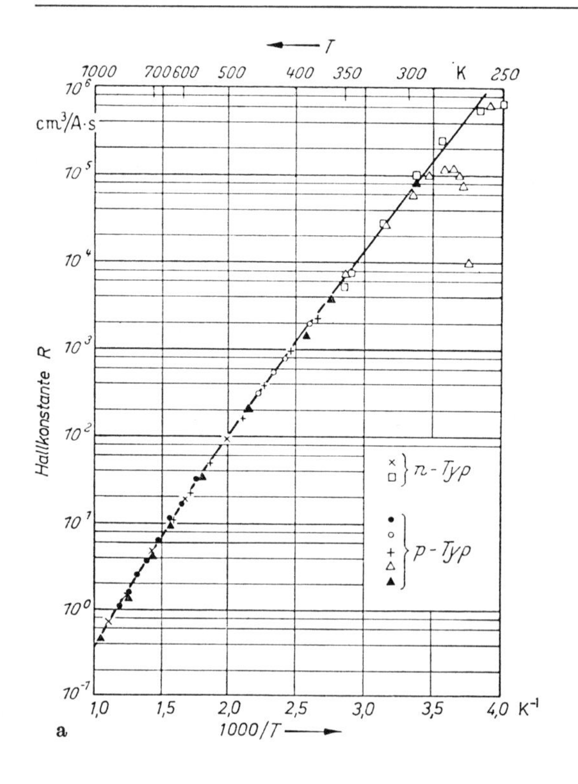

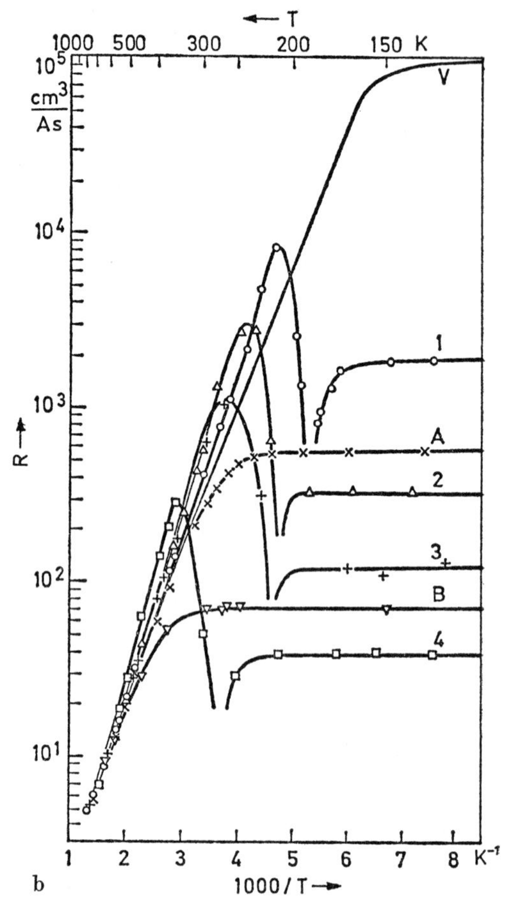

Abb. 45.9. Hallkonstante von a) Ge und b) InSb. Messungen an denselben Proben wie in Abb. 45.7 und 45.8. Aus Landolt-Börnstein, 6. Aufl., Bd. II/6 und Madelung [I 2]

Sie liefert im Spezialfall reiner *Störstellenleitung* unmittelbar die Beweglichkeiten[162]: bei $p = 0$ (n-Leitung) wird

$$|R\,\sigma| = b_p b = b_e \tag{45.54}$$

und bei $n = 0$ (p-Leitung)

$$|R\,\sigma| = b_p\,. \tag{45.55}$$

Im Eigenleitungsbereich $p = n = n_i$ gibt

$$R\,\sigma = b_p(1 - b) = b_p - b_e \tag{45.56}$$

die Differenz der Beweglichkeiten. Kombination dieser Beziehung mit (45.4) gibt zwei unabhängige Gleichungen für die Bestimmung von b_n und b_p getrennt. Durch die Kombination von Leitfähigkeits- und Halleffektsmessungen erhält man also bereits ein ziemlich vollständiges Bild vom Verhalten eines Halbleiters. Abb. 45.10 gibt einen Überblick über die Temperaturabhängigkeit der Elektronenbeweglichkeit in Germanium-Proben bei verschiedener Reinheit ($\triangleq$ Dotierung). Wie bei den Metallen wird $b_e \sim \tau_e$ bei tiefen Temperaturen nur von den Störstellen begrenzt ($\triangleq$ Restwiderstand $\sim b_e^{-1}$), bei hohen Temperaturen zusätzlich durch Phononenstreuung herabgesetzt. Im allgemeinen sind die Beweglichkeiten der Elektronen (und Löcher) im Halbleiter viel größer als in Metallen, vgl.

[162] Nach der Bestimmungsmethode auch Hall-Beweglichkeiten genannt.

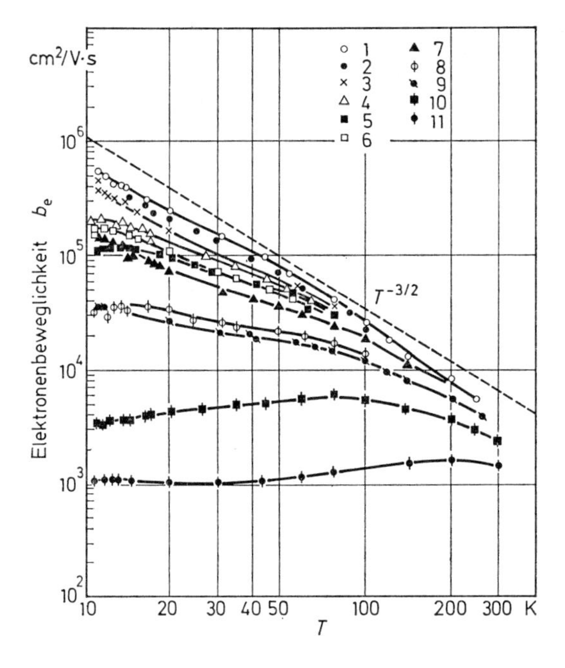

Abb. 45.10. Temperaturabhängigkeit der aus dem Halleffekt bestimmten Elektronenbeweglichkeit $b_e = e\,\tau_e/m_e^*$ in Germaniumproben mit verschiedenen As-Konzentrationen von $n_D = 1 \cdot 10^{13}$ cm^{-3} (Probe 1) bis $n_D = 8{,}5 \cdot 10^{17}$ cm^{-3} (Probe 11). Die konstanten Werte bei großen Konzentrationen und tiefen Temperaturen (überwiegend Streuung an Störstellen) bestimmen den Restwiderstand (vgl. Abb. 44.3). Bei höheren Temperaturen überwiegt die Streuung an Phononen und es wird $b_e \sim T^{-3/2}$. Aus Landolt-Börnstein, 6. Aufl., Band II/6

Tabelle 44.1 mit Tabelle 45.2. Für das Verständnis dieser Tatsache werden nach (45.5a/b) die scheinbaren Massen gebraucht, auf deren Bestimmung wir in Ziffer 45.4 zurückkommen.

Aufgabe 45.7. Zeichne $R\sigma$ über T oder $1/T$ und bestimme die Beweglichkeiten b_e und b_p von InSb aus den Abb. 45.7/8/9 einschließlich ihrer T-Abhängigkeit. Diskutiere besonders die Lage der Nullstellen von $R(T)$ und der Minima von $\sigma(T)$.

Aufgabe 45.8. Diskutiere qualitativ für den Grenzfall $R = E_y = 0$: a) die Ladungsträgerbewegung und b) den Energietransport und die Temperaturverteilung in y-Richtung, und zwar für α) den adiabaten Fall (= thermisch isolierte Probe) und β) den im Text immer vorausgesetzten isothermen Fall (= Probe im Wärmebad).

Hinweise: Ambipolarer Teilchenstrom. Räumliche Verteilung von Paarerzeugung und Rekombination und deren Energietönung. Ettingshausen-Effekt.

45.3.2. Magnetische Widerstandsänderung

Wie bei den Metallen wird auch bei den Halbleitern der elektrische Widerstand durch das Magnetfeld vergrößert, da nicht alle Elektronen (und Löcher) dieselbe Geschwindigkeit haben und die Querdrift nur für die mittlere Geschwindigkeit kompensiert wird (vgl. die Diskussion unter Ziffer 44.2.5.2). Bei Halbleitern mit Eigenleitung oder gemischter Leitung kommt noch hinzu, daß wegen $R \sim E_y \approx 0$ die Querdrift beider Teilchenarten gar nicht kompensiert wird, obwohl der ambipolare Teilchenstrom keine Ladung führt: die Wegverlängerung durch das Magnetfeld und damit die Widerstandsänderung ist besonders groß. Die Widerstandsänderung ist $\sim B^2$, deshalb durfte sie bei der Berechnung der Hall-Konstante in Ziffer 45.3.1 mit vernachlässigt werden.

45.4. Zyklotronresonanz und effektive Massen

Die Zyklotronresonanz an Halbleitern wird mit denselben experimentellen Anordnungen gemessen wie an Metallen, und es müssen auch dieselben experimentellen Bedingungen realisiert sein. Jedoch ist bei den Halbleitern wegen der relativ geringen Leitfähigkeit die Eindringtiefe der Mikrowellenstrahlung nicht klein, sondern groß gegen den Bahndurchmesser, so daß die Wechselwirkung mit der Strahlung längs der ganzen Bahn erfolgt und bei Resonanz eine größere Zahl von Energie verzehrenden Übergangsprozessen im Termschema, d.h. ein Absorptionsmaximum eintritt[163]. Aus diesem wird nach (43.55/56) die zugehörige reziproke Masse

$$1/m_Z^* = \omega_Z/eB = 2\pi\hbar^{-2}(\partial A^*/\partial W)^{-1} \qquad (45.57)$$

für Elektronen und/oder Löcher bestimmt. Nach Ziffer 43.4.4.1 hängt die rechte Seite dieser Gleichung von Größe und Richtung von $\boldsymbol{k}$ ab. In Metallen kommen Elektronen mit sehr verschiedenen $\boldsymbol{k}$-Vektoren vor, so daß sich die Resonanzen verschmieren und nur die häufigsten Zyklotronbahnen, die Extremalbahnen, beobachtet werden können. Bei Halbleitern dagegen liegen die $\boldsymbol{k}$-Vektoren aller Leitungselektronen dicht zusammen bei dem Vektor $\boldsymbol{k}_0$, der die untere Bandkante $W(\boldsymbol{k}_0) = W_G$ des Leitungsbandes liefert. Es wird also *immer* eine Resonanz mit einer resultierenden reziproken Masse $1/m_{eZ}^*$ beobachtet, auch wenn die Bahnen keine Extremalbahnen sind. Analoges gilt für die Löcher. Wir diskutieren dies ausführlich am Beispiel des Germaniums.

Wir wissen bereits (Abb. 45.3), daß die Leitungselektronen in 8 physikalisch äquivalenten Energietälern bei den Punkten L in Abb. 43.7 liegen, das sind die Durchstoßungspunkte der 4 kubischen Achsen A_3^{kub} mit dem Zonenrand. Für ihre Energie in einem der Täler gilt also (43.48) in der Form für axiale Symmetrie mit $\boldsymbol{k}_0 = \boldsymbol{k}_L = (0, 0, k_L)$ und $W(\boldsymbol{k}_0) = W_G$, d.h.

$$W(\boldsymbol{k}) - W_G = \hbar^2(k_1^2 + k_2^2)/2\,m_{et}^* + \hbar^2(k_3 - k_L)^2/2\,m_{el}^*. \qquad (45.58)$$

Die Flächen konstanter Energie $W(\boldsymbol{k})$ = const sind also Rotationsellipsoide mit dem Mittelpunkt auf dem Zonenrand. Auf einem Durchmesser $L-\Gamma-L$ der BZ liegen zwei halbe Ellipsoide sich im Innern der BZ gegenüber (Abb. 45.11). Bei periodischer Wiederholung der Zone, die an der Physik nichts än-

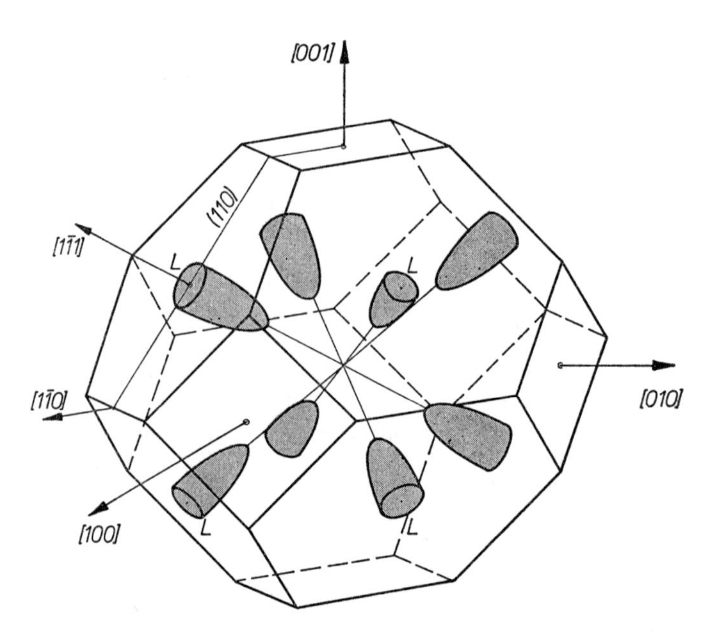

Abb. 45.11. Fermifläche der Leitungselektronen im Germanium. Das Innere der Halbellipsoide um die vier kubischen Achsen (Mittelpunkte L auf dem Zonenrand) ist mit Elektronen besetzt. Jeder $\boldsymbol{k}$-Vektor bildet mit den zu ihm aus Symmetriegründen äquivalenten Vektoren einen 8-fachen Stern in der BZ

[163] Vergleiche die Fußnoten [99] und [100] auf Seite 414. Unsere dortige Betrachtung ist klassisch makroskopisch, streng genommen müßte die Absorption auch dort durch Übergänge in dem durch das Magnetfeld modifizierten Termschema des Metalls und anschließende Umwandlung der Anregungsenergie in Wärme beschrieben werden.

dert, entstehen ganze Ellipsoide, d.h. wir können von vornherein mit solchen rechnen, d.h. mit 4 Ellipsoiden um die 4 kubischen Achsen.

Die an *einem* anisotropen Extremum (43.48) mit einem Magnetfeld unter den Richtungswinkeln α_1, α_2, α_3 gegen die Hauptachsen des Ellipsoids gemessenen reziproken Massen berechnen sich (hier ohne Beweis) aus den in Richtung der Hauptachsen gemessenen gemäß

$$\frac{1}{m_z^{*2}} = \frac{\cos^2\alpha_1}{m_2^* m_3^*} + \frac{\cos^2\alpha_2}{m_3^* m_1^*} + \frac{\cos^2\alpha_3}{m_1^* m_2^*}. \tag{45.59}$$

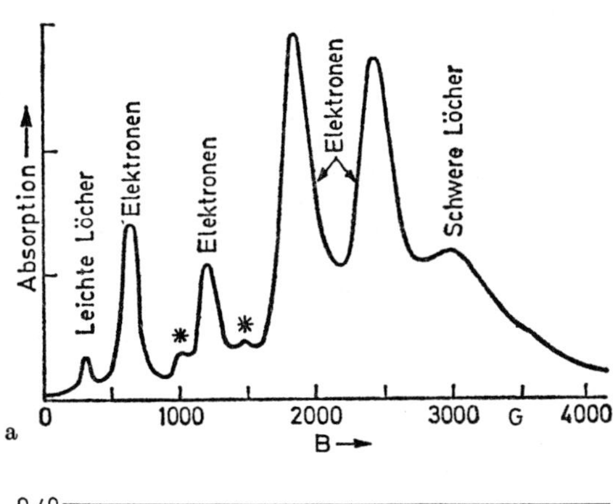

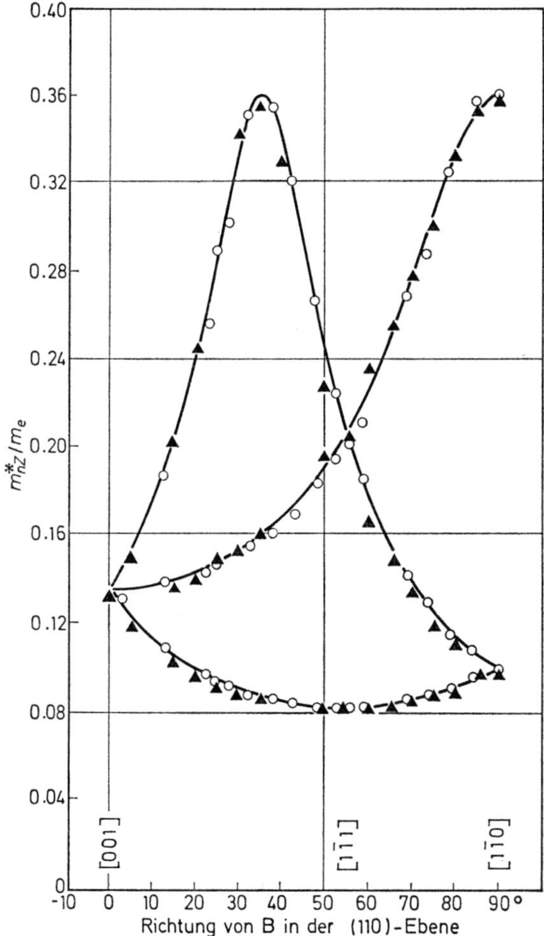

Abb. 45.12. Zyklotron-Resonanzabsorption an Germanium. a) $\boldsymbol{B}$ ist um 10° aus der (110)-Ebene herausgedreht und unterscheidet alle 4 mit Elektronen besetzten Ellipsoide. Wird $\boldsymbol{B}$ in die (110)-Ebene hineingedreht, so fallen die beiden stärksten Absorptionsmaxima zusammen, siehe b). * = Oberschwingungen. Nach Dexter, Zeiger und Lax, 1956. b) Anisotropie der resultierenden scheinbaren Zyklotronmassen $m^*_{nz} \equiv m^*_{ez}$ für die Leitungselektronen von Germanium bei $T = 4$ K. Die Richtung von $\boldsymbol{B}$ dreht in der (110)-Ebene von [001] über [$1\bar{1}1$] nach [$1\bar{1}0$], vgl. Abb. 45.11. Nach Dresselhaus, Kip und Kittel 1955. Nähere Diskussion im Text

Das wird für unseren rotationssymmetrischen Spezialfall (45.58) mit

$$m_1^* = m_2^* = m_{et}^*, \qquad m_3^* = m_{el}^*$$

und in Polarkoordinaten ($\vartheta = 0$ in Richtung der Rotationsachse) zu

$$\frac{1}{m_{eZ}^{*2}} = \frac{\sin^2\vartheta}{m_{el}^* m_{et}^*} + \frac{\cos^2\vartheta}{m_{et}^{*2}}. \tag{45.59'}$$

Bei allgemeinster Richtung von $\boldsymbol{B}$ hat ϑ verschiedene Werte für die 4 Ellipsoide, d.h. es werden 4 verschiedene Werte von $1/m_{eZ}^*$ gemessen. Abb. 45.12a gibt eine Messung, bei der $\boldsymbol{B}$ schief zu allen 4 Ellipsoiden, Abb. 45.12b die Ergebnisse für den speziellen Fall, daß $\boldsymbol{B}$ in der (110)-Ebene liegt (siehe Abb. 45.11). Wird $\boldsymbol{B}$ in dieser Ebene gedreht, so ändert sich der Winkel ϑ für alle Ellipsoide, jedoch sieht das Feld die Ellipsoide, deren Rotationsachsen nicht in (110) liegen, dabei unter demselben Winkel ϑ. Es werden also nur 3 statt 4 Resonanzfrequenzen, d.h. $3\,(1/m_{eZ}^*)$-Werte (45.59') beobachtet, die sich mit ϑ verschieben, siehe Abb. 45.12b. An den auftretenden Entartungen kann sofort abgelesen werden, welche Kurven zu welchen Ellipsoiden gehören (Aufgabe 45.12). Diese Messungen lassen sich vollständig durch (45.59') mit den beiden charakteristischen scheinbaren Massen

$$m_{el}^* = 1{,}58\, m_e\,, \qquad m_{et}^* = 0{,}082\, m_e \tag{45.60}$$

darstellen. Die transversale Masse ist die kleinere nach der rechten Seite von (45.57), da die Ellipsoide lang gestreckt sind und die Spitze von $\boldsymbol{k}$ bei $\vartheta = 0$ den kleinsten Querschnitt eines Ellipsoids umläuft.

Die *Löcher* liegen an der oberen Kante des Valenzbandes ($W(\boldsymbol{k}_0) = 0$) bei $\boldsymbol{k}_0 = 0$, d.h. im Mittelpunkt Γ der BZ. Dieser Punkt hat die volle kubische Symmetrie. Die Flächen konstanter Energie in seiner Nähe sind also nach (43.48) die Kugeln

$$W(\boldsymbol{k}) = \hbar^2\, \boldsymbol{k}^2/2\, m_p^* \tag{45.61}$$

mit nur einer isotropen Masse. Allerdings berühren sich in Γ zwei verschiedene Bänder mit verschiedener Krümmung $\partial^2 W/\partial k^2$ und deshalb erhält man zwei verschiedene reziproke scheinbare Massen $1/m_p^* = -1/m_e^* = \hbar^2\,\partial^2 W/\partial k^2$. Ihre Werte sind

$$m_{p1}^* = 0{,}28\, m_e\,, \qquad m_{p2}^* = 0{,}044\, m_e\,. \tag{45.62}$$

Man unterscheidet deshalb schwere und leichte Löcher.

Etwas einfacher ist die Situation beim InSb. Hier liegt auch die Leitungsbandkante bei $\boldsymbol{k} = 0$ und man hat die isotropen Massen

$$m_e^* = 0{,}0116\, m_e\,, \qquad m_{p1}^* = 0{,}5\, m_e\,, \qquad m_{p2}^* = 0{,}015\, m_e\,, \tag{45.63}$$

deren kleine Werte unmittelbar mit dem sehr geringen Bandabstand $W_G = 0{,}23$ eV zusammenhängen.

Aufgabe 45.9. Für einen nicht-entarteten Halbleiter werde bei $T = 4{,}2$ K mit Strahlung der Wellenlänge $\lambda = 1{,}25$ cm Resonanz bei der Feldstärke $B = 0{,}1\ \mathrm{V\,s^2\,m^{-1}}$ beobachtet. a) Berechne den Radius der Zyklotronbahn der Elektronen im Ortsraum. Hinweis: wie groß ist die Elektronengeschwindigkeit? b) Wie groß darf höchstens die Konzentration von Störstellen sein, damit keine Störung der Umlaufszeit durch Störstellenstreuung eintritt?

Aufgabe 45.10. Berechne für Elektronen die Driftgeschwindigkeit $\boldsymbol{v}_d$ parallel x und y und die Leitfähigkeitskomponenten σ^{xx} und σ^{yx} in einer linear parallel x polarisierten elektrischen Welle $\boldsymbol{E}$ der Frequenz $\omega = 2\pi\nu$ und einem parallel z zeigenden Magnetfeld $\boldsymbol{B}$. a) Zeige, daß Resonanz eintritt für $\omega = \omega_Z$, und berechne die Absorptionskonstante aus σ^{xx}.

b) Berechne die Hall-Feldstärke $E_y(B)$.

Hinweis: (44.57) mit $E = E_0\, e^{i\omega t}$, $q/m = -e/m_e^*$.

Aufgabe 45.11. Berechne k_L für das kubisch flächenzentrierte Gitter mit der Gitterkonstante a. Hinweis: Abb. 43.7 und Abb. 6.7.

Aufgabe 45.12. Führe die Zuordnung der Ellipsoide in Abb. 45.11 zu den Kurven in Abb. 45.12b durch.

45.5. Optische Eigenschaften

Die optischen Eigenschaften der Halbleiter können im Anschluß an die der Metalle behandelt werden, da es sich in beiden Fällen um Übergänge in einem Bänderschema handelt. Wir übernehmen deshalb die allgemeinen Ergebnisse von Ziffer 43.5 und Ziffer 44.2.3 und beschränken uns hier auf die bei der Anwendung auf Halbleiter nötigen Änderungen und Ergänzungen.

45.5.1. Absorption durch freie Ladungsträger

Wir behandeln nur die Intrabandübergänge der Elektronen im Leitungsband. Da diese am Zonenrand liegen können (siehe Abb. 45.3) muß die effektive Masse m_e^* eingeführt werden. Die Plasmafrequenz (44.50) verschiebt sich wegen der vergleichsweise sehr kleinen Elektronenkonzentration $N_e/V = n$ zu sehr geringen Werten, so daß die Plasmakante aus dem kurzwelligen Ultraviolett ins langwellige Ultrarot wandert. Bei so niedrigen Frequenzen muß die Polarisation des Mediums durch die Welle berücksichtigt werden, so daß ω_P gegeben ist durch (44.50*) mit $m_0^* \equiv m_e^*$:

$$\omega_P = (n\, e^2/m_e^*\, \varepsilon\, \varepsilon_0)^{1/2}, \qquad (45.64)$$

wobei ε die relative Dielektrizitätskonstante des Gitters in der Grenze $\sigma \sim n \to 0$, also bei $T \to 0$ ist. Dann wird[164] das Reflexionsvermögen R gleich

$$R = 1 \quad \text{für} \quad \omega = \omega_P\,,$$
$$R = 0 \quad \text{für} \quad \omega = \omega_P(\varepsilon/(\varepsilon - 1))^{1/2}. \qquad (45.65)$$

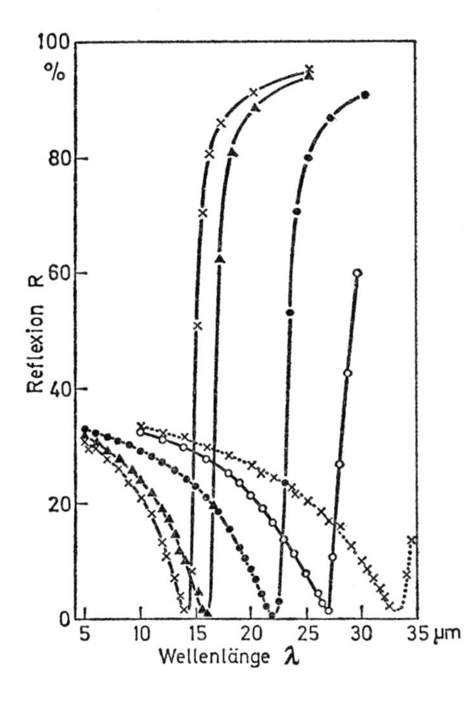

Abb. 45.13. Reflexionsvermögen von InSb im Bereich der Plasmakante. Die Proben besitzen infolge verschiedener Dotierung verschiedene Elektronenkonzentrationen n und Plasmafrequenzen ω_P. Nach Spitzer u. Fan, 1957

Abb. 45.13 gibt ein Beispiel. Wenn eine der drei reellen Größen n, m_e^*, ε bereits bekannt ist, können die beiden anderen nach (45.65) bestimmt werden[165]. — In einem äußeren Magnetfeld wird die Plasmakante strukturiert, da die Elektronenzustände aufspalten und sich verschieben (Ziffer 42.4.4).

[164] Mit (44.49*) und Anhang D leicht nachzuprüfen.

[165] Bei manchen Halbleitern liegt die Plasmafrequenz nahe der Absorptionskante (siehe unten), was die Analyse der Messungen erschwert.

45.5.2. Interbandübergänge

Die wichtigsten Interbandübergänge sind diejenigen aus den besetzten Zuständen des Valenzbandes in die freien Zustände des Leitungsbandes (Abb. 45.14). Die angeregten Elektronen können dann durch ihren Beitrag zur elektrischen Leitfähigkeit nachgewiesen werden *(Photoleitung)*. Bei einem Übergang müssen die in Ziffer 43.5.2 abgeleiteten Erhaltungssätze erfüllt werden.

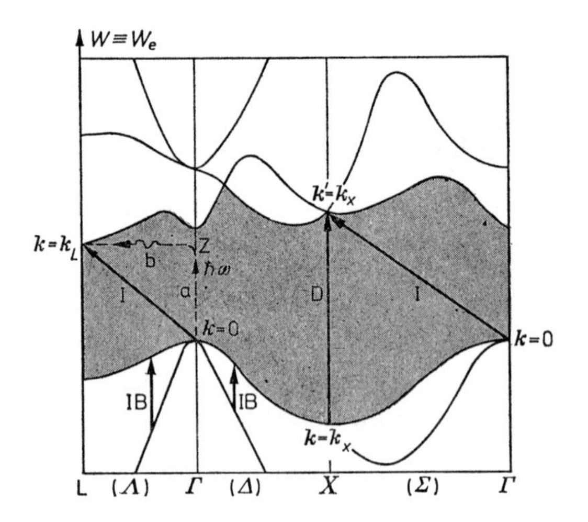

Abb. 45.14. Interband- und Intraband-Übergänge, schematisch in die Bandstruktur des Germaniums gezeichnet. Die auf den Symmetriepunkten und -linien der BZ verbotenen Energiebereiche sind schattiert. D = direkter Interbandübergang, I = indirekte Interbandübergänge, virtuelle Teilübergänge a, b des einen gestrichelt, der Phononenübergang b mit Welle ~. Z = virtueller Zwischenzustand. IB = Intraband-Übergänge zwischen Teilbändern des Valenzbandes

Bei einem *direkten Übergang* wird die absorbierte Photonenenergie (43.83) zu

$$\hbar\omega = W_L(\boldsymbol{k}') - W_V(\boldsymbol{k}) \geqq W_G. \qquad (45.66)$$

Sie ist größer oder mindestens gleich dem Bandabstand W_G. Dieser definiert die *langwellige Absorptionskante* und wird aus ihr optisch bestimmt. Die Kante liegt im optischen oder ultraroten Spektralbereich; verglichen mit dem Durchmesser der Brillouinzone ist also $\boldsymbol{k}_L \approx 0$. Die Impulsbilanz ist demnach, wie bei Metallen,

$$\hbar(\boldsymbol{k}' - \boldsymbol{k}) = \hbar\boldsymbol{k}_L \approx 0, \qquad (45.67)$$

d.h. es ist $\boldsymbol{k}' \approx \boldsymbol{k}$. Direktübergänge erfolgen im Termschema (annähernd) vertikal (D in Abb. 45.14). Da Übergänge nur aus einem besetzten in einen leeren Elektronenzustand möglich sind, ist die Absorption am stärksten an den kritischen Punkten der Bänderstruktur, wo die Dichten der besetzten Zustände am oberen Rand des Valenzbandes und die der leeren Zustände am unteren Rand des Leitungsbandes extremal sind.

Hieraus folgt z.B. auch, daß Übergänge unmittelbar an der Kante durch starke Dotierung verhindert werden können, indem z.B. die Unterkante des Leitungsbandes von Donatortermen aus besetzt oder die Oberkante des Valenzbandes in Akzeptorterme entleert wird. Dadurch wird die Absorptionskante zu höheren Energien verschoben (Burstein-Effekt).

Beim InSb z.B. bestimmt ein direkter Übergang die langwellige Absorptionskante, da Oberkante des Valenzbandes und Unterkante des Leitungsbandes beide bei $\boldsymbol{k} = 0$ liegen (Abb. 45.15a). Dementsprechend ist die Absorption gleich an der Bandkante sehr stark (Abb. 45.15b). Aus der Kante folgt $W_G = 0{,}23$ eV bei $T = 4{,}2$ K.

Übergänge mit Phononenbeteiligung heißen *indirekte Übergänge*[166]. Als Prozesse 2. Ordnung sind sie viel seltener als die direkten Übergänge und deshalb nur bei solchen Frequenzen des Ab-

---

[166] Es wird ein Photon in ein Exziton (Ziffer 48) und ein Phonon umgewandelt (oder ein Photon und ein Phonon in ein Exziton). Es handelt sich also um Zweiteilchenprozesse, d.h. Prozesse 2. Ordnung der Störungsrechnung.

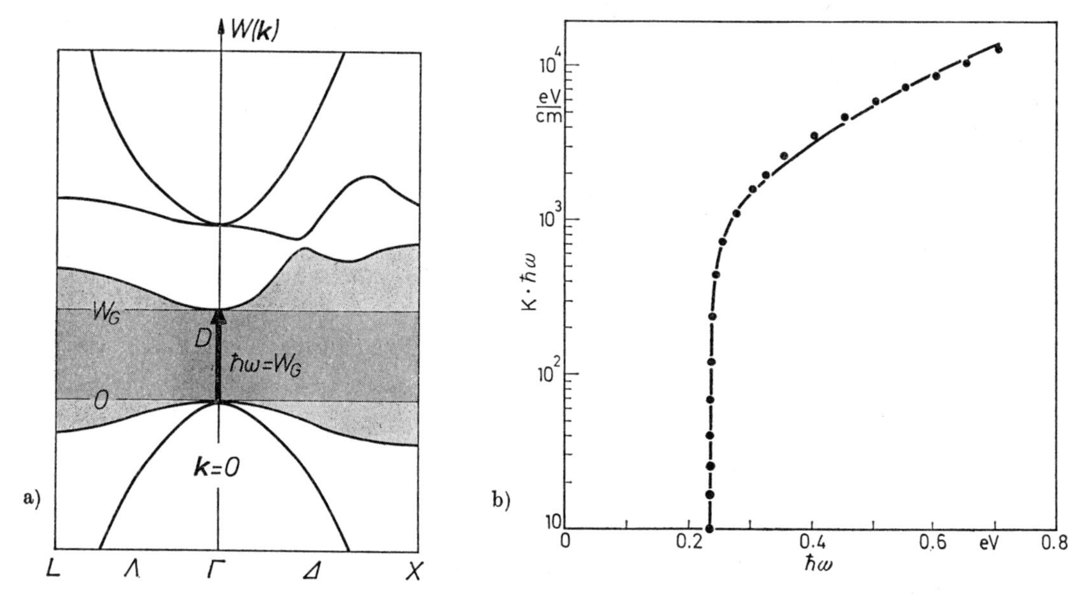

Abb. 45.15. Bandstruktur (a) und langwellige Absorptionskante (b) des InSb. a) Die Extremalpunkte des Leitungs- und Valenzbandes liegen beide bei $\Gamma(\boldsymbol{k} = 0)$. Deshalb liegt ein starker Direktübergang mit der absorbierten Photonenenergie $\hbar\omega = W_G$ unmittelbar an der Kante. Das Valenzband ist an dieser Stelle entartet, so daß zwei verschiedene Lochmassen m_p^* existieren. Der bei gegebenem $\boldsymbol{k}$ verbotene Energiebereich ist schattiert, die überhaupt verbotene Zone zwischen $W = 0$ und $W = W_G$ ist gekennzeichnet. Vergleiche mit Abb. 45.14 für Ge.
b) Absorptionskonstante K mal absorbierte Photonenenergie $\hbar\omega$ über $\hbar\omega$. Nach Madelung [I 2]

sorptionsspektrums beobachtbar, die nicht auch durch direkte Übergänge absorbiert werden. Nach (43.80) verlaufen sie schief im Termschema (I in Abb. 45.14). Sie verbinden z.B. ein Maximum des Valenzbandes, das in der Mitte der BZ liegt, mit einem Minimum des Leitungsbandes auf dem Rand der BZ (Abb. 45.14), was für direkte Übergänge verboten ist. Liegt zwischen diesen Punkten gerade der Bandabstand $W_G = W_L(\boldsymbol{k}') - W_V(\boldsymbol{k})$, so werden je nach dem Vorzeichen in (43.81) Photonenenergien

$$\hbar\omega \geqq W_G - \hbar\omega^{(i)}(\boldsymbol{q}) \tag{45.68}$$

oder

$$\hbar\omega \geqq W_G + \hbar\omega^{(i)}(\boldsymbol{q}) \tag{45.69}$$

absorbiert. Im ersten Fall wird die Kante gegenüber der Kante (45.66) der direkten Absorption nach niedrigeren Energien verschoben, da „ein Phonon dem Photon zu Hilfe kommt". Dieser Prozeß kann nur bei genügend hoher Temperatur stattfinden, da er eine merkliche Phononendichte voraussetzt. Im zweiten Fall ist die Kante nach höherer Energie verschoben, das Photon muß „die Energie für das zu erzeugende Phonon mitbringen". Dieser Prozeß ist auch bei $T = 0$ möglich.

Auch bei diesen Übergängen ist $\boldsymbol{k}_L \approx 0$ zu setzen. Kann man noch $\hbar\omega^{(i)}(\boldsymbol{q}) \ll W_G$ voraussetzen, was oft erlaubt ist, so werden aus (43.80/81) zwei Gleichungen

$$\boldsymbol{k}' - \boldsymbol{k} \approx \pm\boldsymbol{q}\,,$$
$$W_L(\boldsymbol{k}') - W_V(\boldsymbol{k}) \approx \hbar\omega\,, \tag{45.70}$$

von denen die erste einen reinen Phononenübergang, die zweite einen reinen Photonenübergang beschreibt. Der erste bringt die Impulsbilanz ohne wesentliche Energieänderung, der zweite die Energiebilanz ohne wesentliche Impulsänderung in Ordnung. Diese beiden virtuellen[167] Teilübergänge laufen in Abb. 45.14 horizontal und vertikal über einen virtuellen Zwischenzustand Z ab, und werden gern zur Veranschaulichung des realen indirekten Übergangs benutzt.

Ein instruktives Beispiel ist das *Germanium*, dessen Bänderstruktur der Abb. 45.14 zugrundeliegt. Das Maximum des Valenzbandes liegt im Zentrum ($\boldsymbol{k} = 0$), der tiefste Punkt des Leitungsbandes am Rand $\boldsymbol{k}' = \boldsymbol{k}(L)$ der BZ im Punkt L der Abb. 43.7, so daß die Absorptionskante durch indirekte Übergänge definiert wird. Demzufolge ist die Absorption an der Kante nur schwach (Abb. 45.16, vgl. Abb. 45.15b), und der Bandabstand $W_G = 0{,}665$ eV bei $T = 300$ K ist optisch nur schwer zu bestimmen. Der sehr intensive Direktübergang bei $\boldsymbol{k} = \boldsymbol{k}' = 0$ liegt bei einer höheren Frequenz im Innern des breiten Absorptionsgebietes.

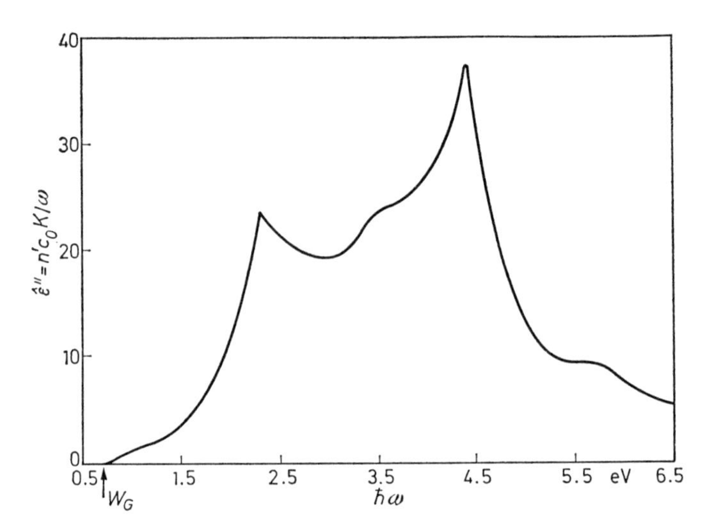

Abb. 45.16. Absorptionskurve von Germanium. Aufgetragen ist der Imaginärteil $\hat{\varepsilon}''$ der komplexen Dielektrizitätskonstanten $\hat{\varepsilon} = \hat{\varepsilon}' + i\,\hat{\varepsilon}''$ (siehe Anhang D) über der absorbierten Photonenenergie. K = Absorptionskonstante, n' = reeller Brechungsindex. Nach Madelung [I 2]

Die Struktur im Innern von breiten Absorptionsbanden (wie z. B. in Abb. 45.16) rührt daher, daß an kritischen Punkten auch Übergänge zu höheren Bändern möglich sind, siehe Abb. 45.14. Auch Intrabandübergänge (IB in Abb. 45.14) können zur Strukturierung beitragen.

Aufgabe 45.13. Stelle die Impulsbilanz auf für die Paarerzeugung durch optische Absorption. Hinweis: Impuls des Loches?

45.5.3. Störstellenabsorption

In dotierten Halbleitern können auch die Störstellenterme selbst zum Absorptionsspektrum beitragen. Zum Beispiel ist es möglich, durch Einstrahlung von Licht mit der Photonenenergie $\hbar\omega \geqq W_G - W_D$ Elektronen aus Donatortermen ins Leitungsband oder mit Photonenenergien $\hbar\omega \geqq W_A$ aus dem Valenzband in Akzeptorterme zu bringen. Die dabei absorbierten Frequenzen liegen im langwelligen Spektralbereich.

Aufgabe 45.14. Stelle die Impulsbilanz für Übergänge von einem Donatorterm ins Leitungsband auf und diskutiere die erlaubten Übergänge.

Aufgabe 45.15. Repräsentiere das überzählige Elektron und das zurückbleibende As^+-Ion eines As-Donators in Ge durch Elektron und Kern eines an derselben Stelle sitzenden H-Atoms mit beliebig schwerem Kern und der Elektronenmasse $m_e^* = 0{,}1\, m_e$, sowie das Grundgitter durch ein homogenes Medium mit der Dielektrizitätskonstante $\varepsilon = 16$. a) Berechne mittels des Bohrschen Modells: die Bahnradien a_n, die Umlaufsfrequenzen ω_n und die Terme dieses Modellatoms und vergleiche die Ionisationsenergie mit der Termtiefe $W_G - W_D$ in Tabelle 45.3. b) Diskutiere die Zulässigkeit dieses Modells.

[167] Sie kommen für sich allein nicht vor.

46. Inhomogene Halbleiter

46.1. Diffusion und Rekombination von Ladungsträgern

Alles Bisherige bezog sich auf homogene Halbleiter. Wir betrachten jetzt *inhomogene Halbleiter*, d.h. die Teilchendichten[169] p, n, n_D, n_A, n_{D^+}, n_{A^-} und damit auch die Raumladungsdichte

$$\varrho = e(p - n + n_{D^+} - n_{A^-}) = \varrho(\boldsymbol{r}) \quad (46.1)$$

sollen Funktionen des Ortes $\boldsymbol{r}$ sein. Mit der Raumladung sind nach der Poisson-Gleichung

$$\nabla^2 \varphi = -\operatorname{div} \boldsymbol{E} = -\varrho/\varepsilon\varepsilon_0 \quad (46.2)$$

ein örtliches elektrostatisches Potential $\varphi(\boldsymbol{r})$ und ein örtliches elektrisches Feld $\boldsymbol{E}(\boldsymbol{r})$ verknüpft, in dem Kräfte auf die geladenen Teilchen wirken. Außerdem wirkt in den Dichtegradienten der Diffusionsdruck in Richtung auf Ausgleich der Konzentrationsunterschiede. Diese Kräfte bewirken örtliche *Feld-* und *Diffusionsströme* der Elektronen und Löcher, durch die ihre Konzentrationen n, p mit den örtlichen Teilchenstromdichten

$$-\boldsymbol{j}_e/e = -(\sigma_e/e)\boldsymbol{E} - D_e \operatorname{grad} n\,, \quad (46.3\,\mathrm{a})$$

$$\boldsymbol{j}_p/e = (\sigma_p/e)\boldsymbol{E} - D_p \operatorname{grad} p \quad (46.3\,\mathrm{b})$$

geändert werden. Dabei sind

$$\sigma_e = e n b_e\,, \qquad \sigma_p = e p b_p \quad (46.4)$$

die elektrischen Leitfähigkeiten durch Elektronen oder Löcher allein und $-D_e \operatorname{grad} n$ und $-D_p \operatorname{grad} p$ sind die Teilchenstromdichten durch Diffusion, $\boldsymbol{j}_e$ und $\boldsymbol{j}_p$ die mit den Teilchenströmen verbundenen Ladungsstromdichten. Die Diffusionskonstanten D sind sicher um so größer, je größer auch die Beweglichkeiten im elektrischen Feld sind; nach Einstein ist[170]

$$D_e = b_e k_B T/e\,, \qquad D_p = b_p k_B T/e\,. \quad (46.5)$$

Infolge der Teilchenströme ändern sich am Ort $\boldsymbol{r}$ die Trägerkonzentrationen mit den Geschwindigkeiten

$$\dot{n}(\boldsymbol{r}) = \operatorname{div} \boldsymbol{j}_e/e\,, \qquad \dot{p}(\boldsymbol{r}) = -\operatorname{div} \boldsymbol{j}_p/e\,. \quad (46.6)$$

Außerdem ändern sie sich aber auch durch die ständige Erzeugung und Rekombination von Elektron-Lochpaaren sowie die Dissoziation und Rekombination von Donatorion-Elektron- und Akzeptorion-Loch-Paaren. Sind $G_e(\boldsymbol{r})$, $G_p(\boldsymbol{r})$ die totalen *Erzeugungs-* oder *Generationsraten* je Zeit- und Volumeinheit am Ort $\boldsymbol{r}$ und $R_e(\boldsymbol{r})$, $R_p(\boldsymbol{r})$ die Rekombinationsraten an derselben Stelle, so sind

$$Q_e(\boldsymbol{r}) = G_e(\boldsymbol{r}) - R_e(\boldsymbol{r})\,, \qquad Q_p(\boldsymbol{r}) = G_p(\boldsymbol{r}) - R_p(\boldsymbol{r}) \quad (46.7)$$

die örtlichen Änderungsgeschwindigkeiten der Konzentrationen. Addition zu (46.6) liefert die totalen örtlichen Änderungsgeschwindigkeiten

$$\dot{n}(\boldsymbol{r}) = \operatorname{div} \boldsymbol{j}_e/e + Q_e\,,$$
$$\dot{p}(\boldsymbol{r}) = -\operatorname{div} \boldsymbol{j}_p/e + Q_p\,. \quad (46.8)$$

Im Grenzfall von thermischem Gleichgewicht am Ort $\boldsymbol{r}$[171] werden hier ebensoviele Elektron-Loch-Paare durch Rekombination vernichtet wie thermisch erzeugt. Dasselbe gilt für die Dissoziation und Rekombination von Donatorion-Elektron-Paaren und von Akzeptorion-Loch-Paaren. Es ist also im *lokalen Gleichgewicht*

$$Q_e(\boldsymbol{r}) = Q_p(\boldsymbol{r}) = 0\,. \quad (46.9)$$

---

[169] Wir vernachlässigen hier zunächst alle Störstellen außer eindotierten Donator- und Akzeptoratomen. Ferner setzen wir ortsunabhängige Temperatur voraus.

[170] Die Diffusionskonstanten sind konzentrationsunabhängig eingeführt, was nur für verdünnte Lösungen erlaubt ist. Wir setzen also kleine Konzentrationen n, p, d.h. nichtentartete Halbleiter voraus.

[171] Lokales thermisches Gleichgewicht bei der Temperatur T. Diese ist zwar überall gleich vorausgesetzt, nicht aber die Dotierung: es ist $n_D = n_D(\boldsymbol{r})$, $n_A = n_A(\boldsymbol{r})$ erlaubt.

Dies ist nur möglich, wenn folgende zwei Bedingungen erfüllt sind: a) die Rekombination muß rasch erfolgen (große $R(\boldsymbol{r})$, kurze Diffusionswege), damit nicht Träger vorher aus dem betrachteten Volum hinausdiffundieren und überschüssige[172] Partner zurücklassen, und b) die Erzeugungsraten $G(\boldsymbol{r})$ dürfen nicht von außen künstlich über den thermischen Wert vergrößert werden. Mit Rücksicht auf wichtige technische Anwendungen (Ziffer 46.2/3) müssen wir beide Voraussetzungen fallen lassen. Wir dürfen aber die sich aufhebenden thermischen Gleichgewichtswerte von $G_e(\boldsymbol{r})$, $G_p(\boldsymbol{r})$ und $R_e(\boldsymbol{r})$, $R_p(\boldsymbol{r})$ von vornherein weglassen und unter G und R in Zukunft nur die (positiven oder negativen) Überschüsse über die Gleichgewichtswerte verstehen.

Überschüssige Erzeugung an der Stelle $\boldsymbol{r}$[173] kann erfolgen z.B. durch Einstrahlung von Licht, Injektion aus einem Kontakt mit einem Metall, Heranführen durch ein elektrisches Feld oder bei genügend schwacher Rekombination (langen Diffusionswegen) einfach durch Eindiffusion aus größeren Abständen im Gitter.

Die bei der Rekombination eines Trägerpaares oder eines Träger-Ion-Paares freiwerdende Energie kann in Strahlungs- oder Phononen-Energie verwandelt werden, und zwar bei Trägerpaaren entweder unmittelbar oder auch mittelbar an einer Störstelle (im Innern oder an der Oberfläche), die den Rekombinationsprozeß ($\equiv$ gegenseitige Vernichtung) zwischen Elektron und Loch sehr wirksam katalysiert. Da die Prozesse im einzelnen noch ziemlich undurchsichtig sind, führen wir summarisch je eine[174] mittlere Lebensdauer τ_e' und τ_p' von Überschußelektronen und -löchern ein durch die Definitionen

$$R_e(\boldsymbol{r}) = \delta n(\boldsymbol{r})/\tau_e', \qquad R_p(\boldsymbol{r}) = \delta p(\boldsymbol{r})/\tau_p', \tag{46.10}$$

wobei

$$\delta n = n - n_0, \qquad \delta p = p - p_0 \tag{46.11}$$

die (kleinen) Abweichungen der Konzentrationen von ihren Gleichgewichtswerten n_0, p_0 sind.

Die Gln. (46.10) sind nur eine Näherung, deren Gültigkeitsbereich wie folgt abgeschätzt werden kann: Die Wahrscheinlichkeit für das Verschwinden eines Überschußelektrons durch Rekombination mit einem beliebigen Loch ist sicher proportional den beiden Konzentrationen[175], also gilt mit einer Konstanten α:

$$R_e = \alpha\, p\, \delta n. \tag{46.10'}$$

Da aber bei jedem Rekombinationsprozeß mit einem Elektron auch ein Loch verschwindet, ändert sich mit δn auch p. Dies macht aber prozentual nur wenig aus, wenn $p \gg \delta n$. In diesem Fall darf αp als konstant angesehen und gleich $1/\tau_e'$ gesetzt werden. Analoges gilt für R_p wenn $n \gg \delta p$. Gerade diese Verhältnisse sind aber in wichtigen Fällen realisiert, siehe Ziffer 46.2/3.

Dann lassen sich aber die reinen Diffusionswege zwischen Erzeugung und Vernichtung berechnen, indem man (46.10) und (46.11) in (46.6) einsetzt und den elektrischen Feldstrom vernachlässigt[176]. Man erhält dann

$$\begin{aligned}(d/dt + 1/\tau_e')\,\delta n(\boldsymbol{r}) &= D_e \operatorname{div}\operatorname{grad} \delta n(\boldsymbol{r}) + G_e(\boldsymbol{r}) \\ &= D_e \Delta \delta n(\boldsymbol{r}) + G_e(\boldsymbol{r})\end{aligned} \tag{46.12}$$

für die Elektronen allein und die analoge Gleichung für die Löcher.

Das einfachste Anwendungsbeispiel ist der eindimensionale Fall ($\partial/\partial y = \partial/\partial z = 0$), daß nur bei $x = 0$ durch Lichteinstrahlung Überschußelektronen erzeugt werden, so daß $G_e(x) = 0$ außer bei $x = 0$. Dann stellt sich ein stationärer Zustand ($d/dt = 0$) ein, bei dem eine

[172] „überschüssig" ist hier immer relativ zum Gleichgewicht gemessen.

[173] D.h. in einem kleinen, aber doch viele Gitterzellen enthaltenden Volumelement ΔV um den Punkt $\boldsymbol{r}$.

[174] Das ist z.B. nicht berechtigt, wenn außer Paar-Rekombination auch Träger-Ion-Rekombination berücksichtigt werden muß, für die je eine zweite Lebensdauer definiert werden muß. Derartige Fälle werden wir hier aber nicht behandeln.

[175] Hier wird wieder die Sprache der Reaktionskinetik gebraucht!

[176] Man setzt also $\boldsymbol{E} = 0$ und eine neutrale Gleichgewichtsstörung voraus, d.h. es sollen zwar die Teilchenzahldichten, nicht aber die Ladungsdichte (46.1) von den Gleichgewichtswerten n_0, p_0, $\varrho_0 = 0$ abweichen.

von $G_e(0)$ bestimmte konstante Konzentration $\delta n(0)$ existiert, und die laufend erzeugten Elektronen nach den Seiten diffundieren, bis sie durch Rekombination vernichtet werden. (46.12) wird zu

$$D_e \tau_e' \cdot \partial^2 \delta n / \partial x^2 - \delta n = 0 \qquad (46.12')$$

mit der Lösung

$$\delta n(x) = \delta n(0)\, e^{-x/l_e'}, \qquad (46.13)$$

wobei

$$l_e' = (D_e \tau_e')^{1/2} \qquad (46.14)$$

die *Diffusionslänge* ist, in der die Konzentration $\delta n(x)$ auf $e^{-1} \cdot \delta n(x)$ abklingt. Analog ist

$$l_p' = (D_p \tau_p')^{1/2} \qquad (46.15)$$

die Diffusionslänge der Löcher. Dabei sind die Diffusionskonstanten nach (46.5) mit den Beweglichkeiten bekannt, während die Rekombinationslebensdauern zunächst unbekannt sind.

Bei Germanium ist bei Zimmertemperatur nach Tabelle 45.3

$$D_e = 93\ \text{cm}^2\,\text{s}^{-1}, \qquad D_p = 44\ \text{cm}^2\,\text{s}^{-1},$$

also mit schätzungsweise $\tau_e' \approx \tau_p' \approx 10^{-3}$ s wird

$$l_e' \approx 3 \cdot 10^{-2}\ \text{cm}, \qquad l_p' \approx 2 \cdot 10^{-2}\ \text{cm}.$$

Damit haben wir die Hilfsmittel in der Hand für die Behandlung einiger technisch besonders wichtiger inhomogener Halbleitersysteme. Ihnen allen ist eine *Grenzschicht* zwischen *verschieden dotierten* Bereichen gemeinsam. Diese Grenzschicht behandeln wir zuerst.

Aufgabe 46.1. Berechne die zeitliche Änderung $n(x, t)$ für $t > t_0$ an einer Stelle x, nachdem im eben behandelten Beispiel die Erzeugung von Überschußelektronen bei $x = 0$ zur Zeit $t = t_0$ abgeschaltet wurde.
Hinweis: Zeige, daß (46.12) eine Relaxationsgleichung nach Art von (23.2) für die Annäherung an den Gleichgewichtszustand wird.

46.2. Der p-n-Übergang

Ein *p-n*-Übergang ist ein Kontakt (bei $x = 0$) zwischen zwei Halbleitern, die sich bei gleichem Grundgitter durch die Dotierung unterscheiden (Abb. 46.1). Die linke Seite ($x < 0$) ist mit Donatoren der Konzentration n_D, die rechte Seite ($x > 0$) mit Akzeptoren der Konzentration n_A dotiert. Der Bandabstand W_G ist auf beiden Seiten derselbe[177], deshalb nach (45.30) auch die *Eigenleitungskonzentration* n_i. Dann ist aber nach dem Massenwirkungsgesetz (45.16)

$$n\,p = n_i^2 \qquad (46.16)$$

auch das Produkt np *an jeder Stelle gegeben.*

Die beiden Seiten seien zunächst noch getrennt (Abb. 46.1). Ferner seien der Bandabstand und die Lage der Donator- und Akzeptorterme so gewählt, daß bei der gewünschten Experimentiertemperatur die Donator- und Akzeptoratome fast alle ionisiert sind, normale Trägerpaare aber noch kaum erzeugt werden. Dann hat man nach (45.34) auf der linken Seite $n \approx n_{D^+} \approx n_D$ und $0 \approx p \ll n$, d.h. einen n-Leiter, und ebenso rechts einen p-Leiter mit $p \approx n_{A^-} \approx n_A$, $0 \approx n \ll p$ (Abb. 46.1a). Jede Seite ist für sich im Gleichgewicht mit der eingezeichneten[178] eigenen Fermigrenze μ_n, μ_p der Elektronen (Abb. 46.1b) und an jeder Stelle elektrisch neutral.

Nach Herstellung des Kontaktes ist das Gesamtsystem wegen der chemischen Potentialdifferenz $\Delta\mu = \mu_e - \mu_p > 0$ zunächst nicht im Gleichgewicht. Infolge des Konzentrationssprunges an der

[177] In sehr guter Näherung, s. Fußnote[142].

[178] Im Termschema sind nach oben immer *Elektronenenergien* aufgetragen!

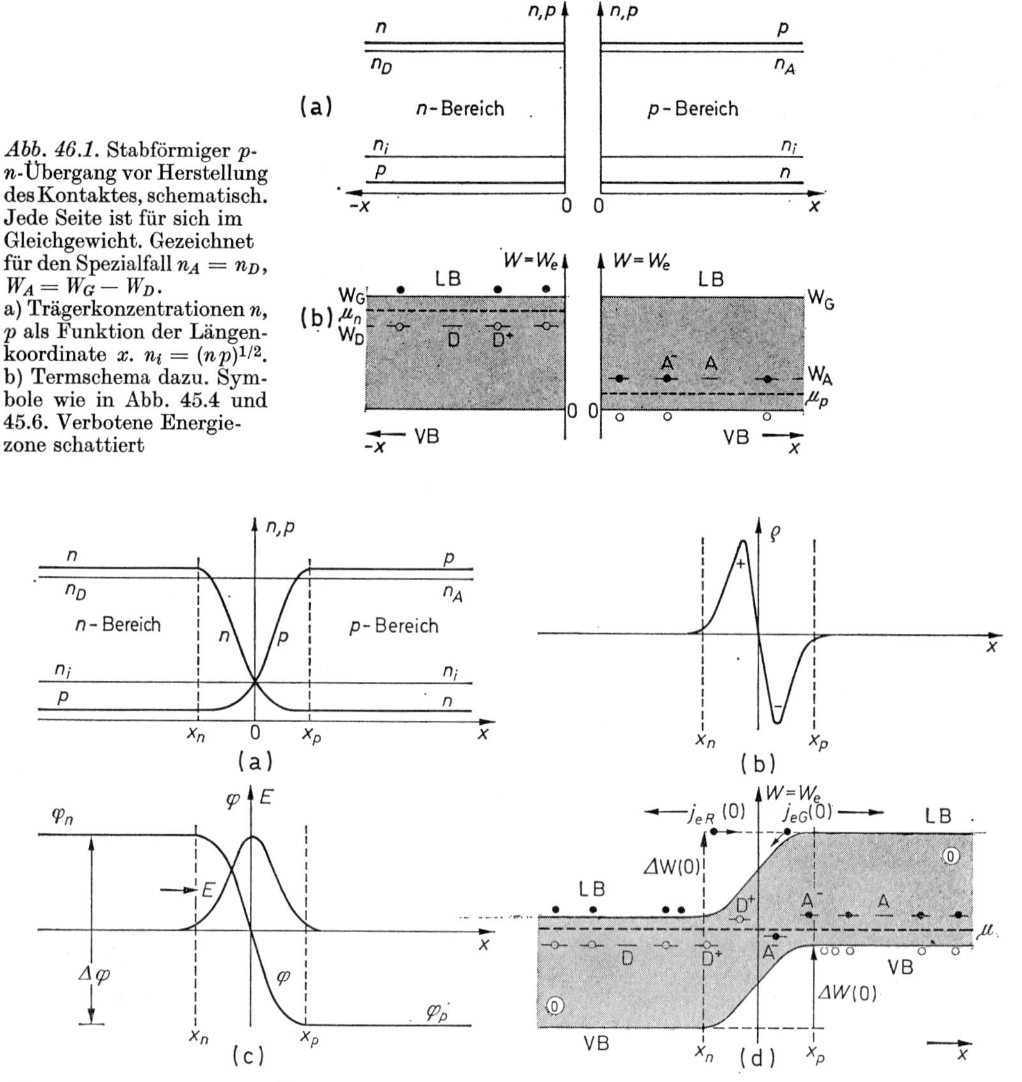

Abb. 46.1. Stabförmiger p-n-Übergang vor Herstellung des Kontaktes, schematisch. Jede Seite ist für sich im Gleichgewicht. Gezeichnet für den Spezialfall $n_A = n_D$, $W_A = W_G - W_D$.
a) Trägerkonzentrationen n, p als Funktion der Längenkoordinate x. $n_i = (np)^{1/2}$.
b) Termschema dazu. Symbole wie in Abb. 45.4 und 45.6. Verbotene Energiezone schattiert

Abb. 46.2. Stabförmiger p-n-Übergang nach Herstellung des Kontaktes, schematisch. Man denke sich beide Enden des Stabes an Erde gelegt. Gleichgewicht an jeder Stelle x. Bezeichnungen wie in Abb. 46.1. Grenzschichtdicke $d = x_p - x_n$. a) Trägerkonzentrationen n, p, $n_i = (np)^{1/2}$. b) Raumladungsdichte $\varrho = e(p - n + n_{D^+} - n_{A^-})$. c) Elektrostatisches Potential φ und elektrische Feldstärke $\boldsymbol{E} = -\operatorname{grad} \varphi$. $\Delta\varphi = \varphi_n - \varphi_p =$ Diffusionsspannung. d) Termschema, $W = W_e =$ Elektronenenergie. $\boldsymbol{j}_{eR} =$ Rekombinationsstromdichte, $\boldsymbol{j}_{eG} =$ Erzeugungsstromdichte. Nähere Erläuterungen im Text

Kontaktstelle $x = 0$ diffundieren jedoch Elektronen von links nach rechts[179], und Löcher von rechts nach links. Dadurch werden die Konzentrationssprünge in einer gewissen Grenzschicht abgeflacht (Abb. 46.2a), so daß an der Kontaktstelle $x = 0$, für die $n_A = n_D = 0$ angesetzt werden muß, $n = p = n_i$ wird. Dabei bleibt ein Überschuß von D^+-Ionen im n-Bereich und von A^--Ionen im p-Bereich stehen, so daß sich eine Raumladung (46.1) mit entgegengesetztem Vorzeichen in den beiden Hälften der Grenzschicht ausbildet (Abb. 46.2b), nach (46.2) verbunden mit einem elektrischen Potential φ und einem elektrischen Feld (Abb. 46.2c). Dies Feld ist vom n- zum p-Bereich gerichtet und bremst die Diffusion beider Ladungsträger.

[179] Das setzt Durchlässigkeit der Kontaktfläche, d.h. weitgehende Freiheit der Grenzschicht von Rekombinationszentren voraus. Die Präparation guter p-n-Kontakte erfordert eine hochentwickelte Technologie.

Der Ladungstransport durch die Grenzschicht hört auf, sobald die Diffusionsspannung $\Delta\varphi = \varphi_n - \varphi_p > 0$ so groß ist, daß die elektrische Energiedifferenz gerade die chemische Potentialdifferenz (= Abstand der Fermigrenzen) aufhebt. Dann ist [180]

$$\Delta W(0) = -e\Delta\varphi = e(\varphi_p - \varphi_n) = -(\mu_n - \mu_p) \\ = -\Delta\mu(0) \tag{46.17}$$

und das System hat eine gemeinsame Fermigrenze μ bei

$$\mu_n - e\varphi_n = \mu_p - e\varphi_p = \mu \tag{46.18}$$

im Gleichgewicht (Abb. 46.2d). Die Termschemata rechts und links sind um $\Delta W(0)$ gegeneinander verschoben, die Elektronen befinden sich am unteren Rand des Leitungsbandes, die Löcher am oberen des Valenzbandes, d.h. beide haben sich aus der Grenzschicht entfernt; der stehenbleibende Ionen-Untergrund ist verantwortlich für die Raumladung. Außerhalb der Grenzschicht ist der Kristall elektrisch neutral.

Im Gleichgewicht verschwindet an jeder Stelle[181] sowohl der Elektronenstrom (46.3a) wie der Löcherstrom (46.3b), d.h. es müssen sich jeweils der Feldstrom und der Diffusionsstrom kompensieren:

$$\sigma_e \boldsymbol{E} = -e D_e \operatorname{grad} n, \\ \sigma_p \boldsymbol{E} = \quad e D_p \operatorname{grad} p. \tag{46.19}$$

Das ist außerhalb der Grenzschicht trivialiter erfüllt, da hier wegen $\boldsymbol{E} = 0$, grad $= 0$ jede Seite für sich verschwindet.

Für die Grenzschicht selbst ergibt sich aber folgende Schwierigkeit: (46.19) sind Differentialgleichungen einer Kontinuumstheorie. Die bei der Differentiation auftretenden Längenelemente dx müssen deshalb aus physikalischen Gründen groß gegen diskontinuierliche physikalische Längen, hier also groß gegen die Diffusionslängen gewählt werden[182]: $dx \gg l'_e, l'_p$. Andererseits müssen sie mathematisch klein gegenüber denjenigen Längen sein, längs denen sich die differenzierten Größen, hier n und p, merklich ändern. Außerhalb der Grenzschicht ist das wegen der Konstanz aller Funktionen immer der Fall, d.h. es darf $dx \gg l'_e, l'_p$ gewählt werden und (46.19) angewendet werden. In der Grenzschicht muß aber das dx klein gegen die Schichtdicke, $dx \ll d$ sein. Im Grenzfall sehr starker Rekombination ist $l'_e \ll d$, $l'_p \ll d$ und die beiden Forderungen sind vereinbar, d.h. (46.19) ist auch im Innern der Grenzschicht an jeder Stelle anwendbar, und auch hier gilt an jeder Stelle das oben beschriebene Gleichgewicht[183].

Dieser Grenzfall ist gerade bei den technisch wichtigsten Systemen nicht erfüllt, bei denen die Diffusionslänge sogar größer als die Schichtdicke wird. Hier müssen die differentiellen Strombilanzen (46.19) durch summarische Strombilanzen für den Transport durch die Schicht ersetzt werden. Diese gewinnen wir aus der Betrachtung der ablaufenden Prozesse[184].

Gelangt z.B. eines der (wenigen) Leitungselektronen des p-Bereichs in die Grenzschicht, so „rutscht es am Rand des Leitungsbandes hinunter“ in den n-Bereich, wo es als herangeführtes[185] Überschußelektron die Ladungsbilanz zerstört[186], nachdem es ein überschüssiges Loch im p-Bereich hinterlassen hat. Das ist ein Feldstrom nach links. Die Ladungsbilanz wird dadurch wieder hergestellt, daß, da die Diffusionslänge l'_e größer als die Schichtdicke d ist, umgekehrt eines derjenigen (wenigen) Elektronen des n-Bereichs, deren kinetische Energie größer ist als die Energieverschiebung (46.17) der Bänder, diese überwindet und in den p-Bereich gelangt. Die Ladungsbilanz ist damit wieder in Ordnung; wegen des sehr großen Angebots an Löchern wird das Elektron aber nach (46.10) schnell mit einem Loch rekombinieren. Damit verschwindet aber

[180] Das Argument (0) bedeutet: keine von außen angelegte Spannung ($U = 0$).

[181] Auch an jeder Stelle innerhalb der Grenzschicht!

[182] Und, selbstverständlich, groß gegen die Gitterkonstante.

[183] Auch die Kurven für n, p, φ, E, μ in Abb. 46.2 sind im Innern der Schicht unter dieser Voraussetzung gezeichnet.

[184] Es ändern sich auch die Kurven in Abb. 46.2, jedoch nur quantitativ. Für die qualitative Diskussion der Vorgänge darf man auf Abb. 46.2 zurückgreifen.

[185] Vergleiche den Absatz vor (46.10).

[186] Wegen des zu kleinen Angebots an Löchern hat es kaum eine Chance zu rekombinieren.

ein Trägerpaar, das zur Wiederherstellung der anfänglichen Gleichgewichtsbesetzung von Valenz- und Leitungsband durch einen thermisch aktivierten Interbandübergang neu erzeugt werden muß. Im stationären Zustand läuft dieser Kreisprozeß kontinuierlich ab, wobei der Feldstrom durch thermische Paarerzeugung „gefüttert", der Diffusionsstrom durch Paar-Rekombination „verzehrt" wird. Man hat deshalb die Namen Erzeugungsstrom $\boldsymbol{j}_{eG}$ und Rekombinationsstrom $\boldsymbol{j}_{eR}$ eingeführt (Abb. 46.2d) und an die Stelle von (46.19) treten jetzt die Gleichgewichtsbedingungen

$$\boldsymbol{j}_{eG}(0) = -\boldsymbol{j}_{eR}(0), \quad \boldsymbol{j}_{pG}(0) = -\boldsymbol{j}_{pR}(0). \tag{46.20}$$

Die zweite Gleichung bringt zum Ausdruck, daß alle obigen Überlegungen bei Umkehrung der Richtungen auch für die Löcher gelten.

Das Argument (0) soll zum Ausdruck bringen, daß noch keine äußere Spannung ($U = 0$) über dem Kontakt liegt, im Gegensatz zu den Anwendungen.

Aufgabe 46.2. Zeichne Abb. 46.2 a...d um für den allgemeinen Fall $W_A \neq W_G - W_D$ und $n_A \neq n_D$. Voraussetzung: lokales Gleichgewicht auch innerhalb der Grenzschicht.

46.3. Der p-n-Gleichrichter

Wir denken uns eine äußere Spannung $U \gtreqless 0$ über den Kristall gelegt (Abb. 46.3) und fragen nach der resultierenden Stromdichte $\boldsymbol{j}(U)$. U wird positiv gezählt ($U > 0$), wenn ihre positive Seite im p-Bereich, negativ ($U < 0$) wenn ihre positive Seite im n-Bereich liegt. Im ersten Fall (sogenannte *Fluß-* oder *Vorwärtsspannung)* werden die Diffusionsströme der Elektronen und Löcher unterstützt, im zweiten Fall (sogenannte *Sperr-* oder *Rückwärtsspannung)* werden sie behindert. Dadurch kommt ein *Gleichrichtereffekt* zustande, der sich wie folgt berechnen läßt:

Wegen der außerhalb der Grenzschicht extremen Konzentrationsverhältnisse p/n, ist nach dem Massenwirkungsgesetz (46.16) im Innern der Schicht die nach (45.4) die Leitfähigkeit bestimmende gesamte Trägerkonzentration $n + p \approx 2n_i$ sehr viel kleiner als im n- und p-Bereich. Man darf deshalb annehmen, daß der gesamte elektrische Widerstand des Kristalls auf die Grenzschicht konzen-

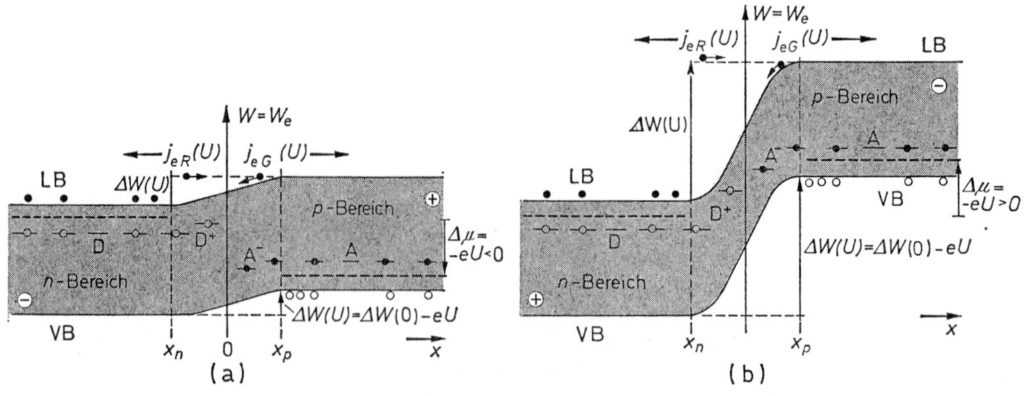

Abb. 46.3. Wie Abb. 46.2, aber mit äußerer Batteriespannung U zwischen den Enden des Stabes, schematisch. Termschema a) bei Flußspannung ($U > 0$, ⊕ am p-Bereich, ⊖ am n-Bereich, b) bei Sperrspannung ($U < 0$, ⊖ am p-Bereich, ⊕ am n-Bereich)

triert ist. Eine von außen angelegte elektrische Spannung liegt also nur über der Grenzschicht. In ihr wird die Elektronenenergie um $-eU$ verändert, d.h. die beidseitigen Termschemata[187] sind jetzt nach (46.17) um

$$\Delta W(U) = \Delta W(0) - eU = -e(\Delta\varphi + U), \qquad (46.21)$$

die beidseitigen Fermigrenzen um

$$\Delta\mu(U) = -eU \qquad (46.22)$$

verschoben (Abb. 46.3).

Hiernach wird die Energieschwelle für Elektronen durch eine Vorwärtsspannung $U > 0$ herabgesetzt (Abb. 46.3a), durch eine Rückwärtsspannung $U < 0$ aber vergrößert (Abb. 46.3b). Nun ist die Wahrscheinlichkeit, daß ein Elektron diese Schwelle von n nach p mit thermischer Energie überwindet, also auch die Anzahl dieser Elektronen je Zeiteinheit, also auch der Rekombinationsstrom proportional zu dem Boltzmann-Faktor[188] $\exp(-\Delta W(U)/k_B T)$, d.h. es ist

$$\begin{aligned} j_{eR}(U) &= C\,e^{-\Delta W(U)/k_B T} = C\,e^{-\Delta W(0)/k_B T} \cdot e^{eU/k_B T} \\ &= j_{eR}(0) \cdot e^{eU/k_B T}. \end{aligned} \qquad (46.23)$$

Andererseits wird der in entgegengesetzter Richtung fließende Erzeugungsstrom durch die angelegte Spannung praktisch nicht geändert, da die wenigen thermisch erzeugten Elektronen nach wie vor „von selbst den Berg hinunterfallen", d.h. die thermische Erzeugungsrate den Strom bestimmt. Es ist also

$$j_{eG}(U) = j_{eG}(0) = j_{eG} \qquad (46.24)$$

und damit der resultierende Elektronenstrom, unter Benutzung von (46.20), gleich

$$j_e(U) = j_{eR}(U) + j_{eG}(U) = -j_{eG}(0)\left(e^{eU/k_B T} - 1\right). \qquad (46.25)$$

Wie man sich leicht überlegt, beeinflußt eine Spannung U den Löcherstrom in genau derselben Weise wie den Elektronenstrom, so daß auch gilt

$$j_p(U) = -j_{pG}(0)\left(e^{eU/k_B T} - 1\right). \qquad (46.26)$$

Da beide Ströme dieselbe Richtung haben, gilt für den im Experiment gemessenen Gesamtstrom

$$j(U) = j_S\left(e^{eU/k_B T} - 1\right) \qquad (46.27)$$

mit der Sättigungsstromdichte

$$j_S = -(j_{eG} + j_{pG}). \qquad (46.28)$$

Sie ist die negative Summe der beiden Erzeugungsströme und von U unabhängig. Sie wird gemessen mit Rückwärtsspannung in der Grenze $U \to -\infty$:

$$j(U \to -\infty) = -j_S. \qquad (46.29)$$

Dies ist der höchstmögliche Rückwärts- oder Sperrstrom[189]. Da j_S durch die Erzeugungsraten, d.h. durch das Verhältnis Bandabstand zu thermischer Energie $W_G/k_B T$ klein gehalten werden kann, ist die Grenzschicht praktisch eine Sperre bei Rückwärtsspannung. Dagegen wächst der Vorwärtsstrom (Durchlaßstrom) mit wachsendem $U > 0$ über alle Grenzen. Das bedeutet *Gleichrichtung* mit einer exponentiellen idealen Kennlinie (Abb. 46.4), die die Experimente angenähert beschreibt[190].

[187] Für Elektronenenergie!

[188] Boltzmann-Statistik; es ist ein nichtentarteter Halbleiter vorausgesetzt!

[189] Daher der Name Sättigungsstrom.

[190] Sie wird geändert durch exakte Berücksichtigung des wahren Verhältnisses von Schichtdicke zu Diffusionslängen.

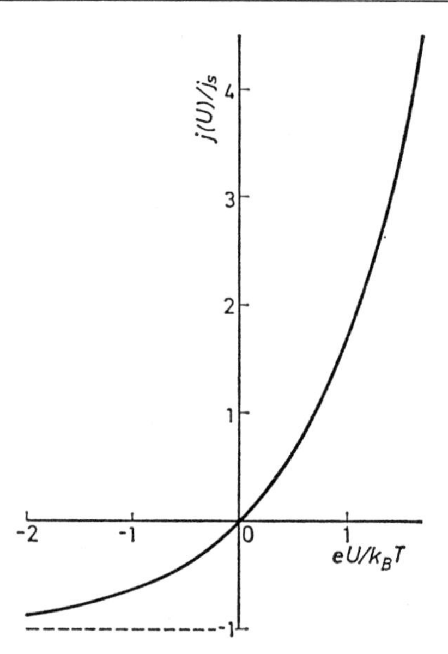

Abb. 46.4. Ideale Kennlinie eines *p-n*-Übergangs. Flußspannung $U > 0$, Sperrspannung $U < 0$

Ein typischer *Germanium-pn-Gleichrichter* auf Zimmertemperatur liefert z.B. bei $U = 1$ V einen Durchlaßstrom $I \approx 5$ mA, während bei einer Rückwärtsspannung von $U = -1000$ V in Sperrichtung nur $I \approx 10\ \mu$A durchgelassen werden. Dabei haben die Diffusionslängen Werte von der Größenordnung $l_e' \approx 0{,}45$ cm, $l_p' \approx 0{,}20$ cm. Das ist größer als die Grenzschichtdicke, die von der Größenordnung $d \approx 10^{-5}$ cm ist.

Auf die Behandlung weiterer wichtiger Anwendungen der Halbleiterphysik (z.B. Transistoren, Tunneldioden, Gunn-Lichtquellen, Lasern u.a.) muß in dieser Einführung leider verzichtet werden.

Aufgabe 46.3. Demonstriere die Gültigkeit von (46.26).

Aufgabe 46.4. Berechne den im Mittel über eine Periode einer Wechselspannung $U = U_0 \cos \omega t$ durchgelassenen Strom $\boldsymbol{j}(U_0, \omega)$.
Hinweis: führt auf die modifizierte Besselfunktion I_0 nullter Ordnung.

Aufgabe 46.5. Zeige, daß der Gleichrichtungseffekt in der Nähe von $U = 0$ verschwindet und erst oberhalb einer kritischen Spannung $|U| > k_B T/e$ beginnt. Berechne diesen Wert für $T = 300$ K und für $T = 4{,}2$ K. Diskutiere das Ergebnis anschaulich.

J. Gebundene Zustände in Kristallen

In diesem Kapitel untersuchen wir die Veränderungen der Zustände der *gebundenen Elektronen*[1] eines Atoms, wenn beliebig viele gleichartige Atome zu einem Kristallgitter zusammengefügt werden. Es wird sich zeigen, daß auch die scharfen „*gebundenen Atomterme*" im Kristall zu Energiebändern werden, und daß die Art und Stärke der interatomaren Wechselwirkung die entscheidende Rolle spielt. Um den Übergang zur Einelektron-Bändertheorie der Halbleiter und Metalle herzustellen, die vom entgegengesetzten Grenzfall der *freien Elektronen* ausgeht, beginnen wir mit Einelektronzuständen.

47. Einelektronzustände in der LCAO-Näherung

Wir versuchen, die Elektronenzustände eines Kristalls aus lauter gleichen[2] Atomen nach Art des Bohrschen Aufbauprinzips ([A], Ziffer 40/41) aus Einelektronzuständen zu konstruieren. Wir gehen also aus von einem Gitter aus lauter gleichen Kernen, die an den Gitterpunkten $\boldsymbol{R}_j$ fixiert sein sollen. Dabei denken wir uns das Gitter zunächst ähnlich vergrößert, so daß der Abstand der Kerne unter Erhaltung der Struktur beliebig groß wird (Abstand zwischen Nachbarkernen $|\boldsymbol{R}_j - \boldsymbol{R}_{j+1}| \to \infty$).

Ein den nackten Kernen hinzugefügtes einzelnes, erstes Elektron ist dann an *einem* Kern, etwa bei $\boldsymbol{R}_j$, von dem es zufällig eingefangen wurde, fest gebunden. Die Elektronen-Bahn-Zustände des Kristalls sind dann identisch mit denen eines isolierten Atoms bei $\boldsymbol{R}_j$. Sie seien bezeichnet als (n = Laufzahl der Atomzustände, n steht symbolisch für die drei Quantenzahlen n, l, m)

$$\psi_{nj}(\boldsymbol{r}) = \psi_n(\boldsymbol{r} - \boldsymbol{R}_j) \tag{47.1}$$

und genügen der Schrödinger-Gleichung

$$\mathcal{H}_j \psi_n(\boldsymbol{r} - \boldsymbol{R}_j) = W_n \psi_n(\boldsymbol{r} - \boldsymbol{R}_j) \tag{47.2}$$

mit

$$\begin{aligned}\mathcal{H}_j &= \boldsymbol{p}^2/2\,m_e + P_j(\boldsymbol{r}) \\ &= p^2/2\,m_e - Ze^2/4\pi\varepsilon_0\,|\boldsymbol{r} - \boldsymbol{R}_j|\,.\end{aligned} \tag{47.2'}$$

In der sofort zu skizzierenden Störungsrechnung definiert $\mathcal{H}_j$ den ungestörten Ausgangszustand.

Der einfachste Fall ist der des H-Atoms ($Z = 1$) im Grundzustand ($n = 1$). Das ist (mit $|\boldsymbol{r} - \boldsymbol{R}_j| = r_j$) der kugelsymmetrische Zustand

$$\psi_{1j} = \psi_{100j} = (4\pi)^{-1/2} R_{10}(r_j) = (4\pi)^{-1/2}\, 2\, a_H^{-3/2}\, e^{-r_j/a_H} \tag{47.3}$$

mit der Energie

$$W_1 = -h\,c\,\tilde{R}_\infty \tag{47.4}$$

(siehe [A], Ziffer 13 und Anhang). $\psi_{100}(r_j)$ ist zur Veranschaulichung für das folgende in Abb. 47.1 dargestellt.

Dieselbe Energie W_n wie ψ_{nj} besitzt jeder Zustand ψ_{nm}, ($m \neq j$), in dem sich das Elektron bei irgendeinem anderen Kern m im gleichen gebundenen Atombahnzustand[3] befindet. Der Eigenwert ist also hoch entartet, sein Entartungsgrad ist genauso groß wie die Anzahl N^3 der Kerne[4]. Werden jetzt die Kerne auf normale Gitterabstände zusammengeschoben, so wird der Einfluß aller übrigen Kerne auf das beim Kern j befindliche Elektron merklich, und das Potential $P_j(\boldsymbol{r})$ in (47.2′) ist zu ersetzen durch das Potential

$$P(\boldsymbol{r}) = \sum_i P_i(\boldsymbol{r})\,, \qquad i = 1, \ldots, j, \ldots \quad \text{alle Kerne,} \tag{47.5}$$

das die Translationssymmetrie

$$P(\boldsymbol{r} + \boldsymbol{t}) = P(\boldsymbol{r}) \tag{47.5'}$$

[1] Das sind Elektronen im Grundzustand und in allen angeregten Zuständen unterhalb des Ionisationskontinuums.

[2] Wir setzen zunächst die Basis $s = 1$ voraus. Den Fall von mehr als 1 Atom (oder 1 Molekel) in der Zelle siehe in Ziffer 48.

[3] Englisch: atomic orbital.

[4] Es ist zweckmäßig, periodische Randbedingungen über eine Großperiode mit N^3 Gitterzellen einzuführen. Der Spin wird vorläufig noch vernachlässigt.

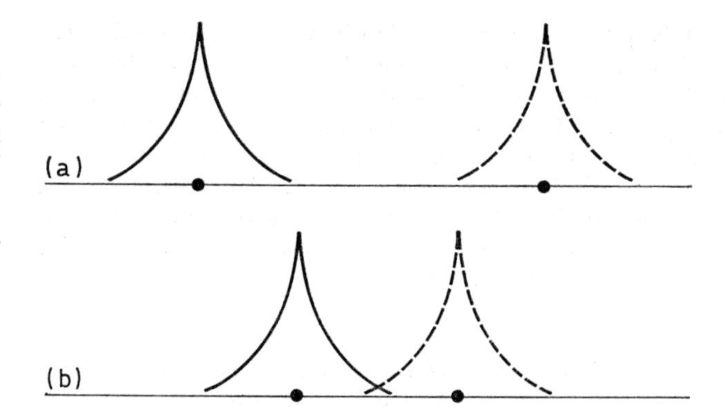

Abb. 47.1. Die Bahn-Eigenfunktion $\psi_{nlm} = \psi_{100}$ des Wasserstoff-Grundzustandes bei zwei benachbarten Kernen, a) bei verschwindender, b) bei merklicher Überlappung

gegenüber beliebigen Translationen $\boldsymbol{t} = t_1\boldsymbol{a} + t_2\boldsymbol{b} + t_3\boldsymbol{c}$ besitzt. Die Eigenzustände $\psi_{n\boldsymbol{k}}(\boldsymbol{r})$ sind Lösungen der Schrödinger-Gleichung

$$\mathscr{H}\psi_{n\boldsymbol{k}}(\boldsymbol{r}) = (\boldsymbol{p}^2/2m_e + P(\boldsymbol{r}))\,\psi_{n\boldsymbol{k}}(\boldsymbol{r}) = W_{n\boldsymbol{k}}\psi_{n\boldsymbol{k}}(\boldsymbol{r}) \tag{47.5''}$$

mit (47.5) und müssen ebenfalls Translationssymmetrie besitzen. Das Elektron kann dann nicht mehr *einen* Kern bevorzugen, sondern muß sich mit gleicher Wahrscheinlichkeit bei *allen* Kernen aufhalten[5], es gilt

$$|\psi_{n\boldsymbol{k}}(\boldsymbol{r}+\boldsymbol{t})|^2 = |\psi_{n\boldsymbol{k}}(\boldsymbol{r})|^2 \tag{47.6}$$

und die $\psi_{n\boldsymbol{k}}(\boldsymbol{r})$ sind Wellenfunktionen mit einem Wellenvektor $\boldsymbol{k}$ (mit dem als Index wir die Funktionen bereits gekennzeichnet haben). Bei Auseinanderführen der Kerne, d.h. bei verschwindender Störung $\mathscr{H} - \mathscr{H}_j$ werden die $\psi_{n\boldsymbol{k}}(\boldsymbol{r})$ nach der Störungstheorie zu N^3 translationssymmetrischen Linearkombinationen der N^3 miteinander entarteten Atomzustände[6] $\psi_{nj} = \psi_n(\boldsymbol{r} - \boldsymbol{R}_j)$. Nach F. Bloch sind diese *Eigenzustände nullter Näherung* die Wellen

$$\begin{aligned}\psi_{n\boldsymbol{k}}(\boldsymbol{r}) &= \tilde{u}_{n\boldsymbol{k}}(\boldsymbol{r})\,e^{i\boldsymbol{k}\boldsymbol{r}} = N^{-3/2}\sum_j e^{i\boldsymbol{k}\boldsymbol{R}_j}\psi_n(\boldsymbol{r} - \boldsymbol{R}_j)\\ &= e^{i\boldsymbol{k}\boldsymbol{r}}N^{-3/2}\sum_j e^{-i\boldsymbol{k}(\boldsymbol{r}-\boldsymbol{R}_j)}\psi_n(\boldsymbol{r} - \boldsymbol{R}_j)\,.\end{aligned} \tag{47.7}$$

Man sieht sofort, daß ihre Anzahl richtig gleich N^3 ist, weil nur N^3 verschiedene Wellenvektoren $\boldsymbol{k} = \boldsymbol{k}_h$ vorkommen (Ziffer 41.2.3), wenn wir $\boldsymbol{k}$ auf die erste Brillouin-Zone beschränken. Auch besitzen sie die richtige Translationssymmetrie: es ist

$$\begin{aligned}\psi_{n\boldsymbol{k}}(\boldsymbol{r}+\boldsymbol{t}) &= N^{-3/2}\sum_j e^{i\boldsymbol{k}\boldsymbol{R}_j}\psi_n(\boldsymbol{r}+\boldsymbol{t}-\boldsymbol{R}_j)\\ &= e^{i\boldsymbol{k}\boldsymbol{t}}N^{-3/2}\sum_j e^{i\boldsymbol{k}(\boldsymbol{R}_j-\boldsymbol{t})}\psi_n(\boldsymbol{r}-(\boldsymbol{R}_j-\boldsymbol{t}))\\ &= e^{i\boldsymbol{k}\boldsymbol{t}}\psi_{n\boldsymbol{k}}(\boldsymbol{r})\end{aligned} \tag{47.8}$$

(vgl. (41.48)). Dabei gilt die letzte Zeile, weil die Summe über alle Gitterpunkte von $\boldsymbol{t}$ unabhängig sein muß. Ferner ist, da die Gittervektoren $\boldsymbol{R}_j$ (bei Messung von einem Kern aus) Translationsvektoren $\boldsymbol{t}$ sind, nach (3.20) mit beliebigen reziproken Gittervektoren $m\boldsymbol{g}_{hkl}$ und $\boldsymbol{k}' = \boldsymbol{k} + m\boldsymbol{g}_{hkl}$

$$\psi_{n\boldsymbol{k}'}(\boldsymbol{r}) = \psi_{n\boldsymbol{k}}(\boldsymbol{r})\,, \tag{47.8'}$$

d.h. die Zustände sind periodisch in den wiederholten Brillouinzonen, siehe (41.76'). Die Zustände (47.7) erfüllen also die richtigen Symmetriebedingungen sowohl im Ortsraum wie im $\boldsymbol{k}$-Raum. In

[5] Klassisch anschaulich: es wandert mit einer von der Stärke der Wechselwirkung bestimmten Wahrscheinlichkeit von Kern zu Kern. Dieses korrespondenzmäßige Bild darf natürlich nicht als raumzeitlicher Bewegungsablauf aufgefaßt werden.

[6] Deshalb heißt diese Näherung im englischen Sprachbereich LCAO-approximation: Linear Combination of Atomic Orbitals.

(47.7) kommen, wie es sein muß, alle Atomzustände $\psi_n(\boldsymbol{r} - \boldsymbol{R}_j)$ mit demselben Amplitudenquadrat $|N^{-3/2}\, e^{i\boldsymbol{k}\boldsymbol{R}_j}|^2 = N^{-3}$ vor: das Elektron hält sich bei jedem Kern j in demselben Atomzustand $\psi_n(\boldsymbol{r} - \boldsymbol{R}_j)$ mit derselben Wahrscheinlichkeit N^{-3} auf: alle Kerne sind gleichberechtigt.

Hiermit ist die entscheidende Kenngröße von Elektronenzuständen im Translationsgitter, nämlich der Wellenvektor $\boldsymbol{k}$, mit einer von gebundenen Atomzuständen ausgehenden Näherung eingeführt. Diese ist im Grenzfall eines *starken* periodischen Kristallpotentials $P(\boldsymbol{r})$ besonders zweckmäßig.

Die so konstruierten Wellenfunktionen (47.7) sind leider nicht orthonormiert, da die Eigenzustände $\psi_n(\boldsymbol{r} - \boldsymbol{R}_j)$ bei verschiedenen Kernen j sich etwas überlappen und deshalb nicht orthogonal sind. Sie können aber durch orthonormierte Wellenfunktionen ersetzt werden, die sehr ähnlich sind und denselben Zweck erfüllen.

Hierzu geht man nach *Wannier* von orthonormierten Blochwellen

$$\psi_{n\boldsymbol{k}}(\boldsymbol{r}) = u_{n\boldsymbol{k}}(\boldsymbol{r})\, e^{i\boldsymbol{k}\boldsymbol{r}}\,, \qquad u_{n\boldsymbol{k}}(\boldsymbol{r}) \neq \tilde{u}_{n\boldsymbol{k}}(\boldsymbol{r})\,, \tag{47.9}$$

$$\langle \psi_{n\boldsymbol{k}} | \psi_{n'\boldsymbol{k}'} \rangle = \delta_{nn'}\, \delta(\boldsymbol{k} - \boldsymbol{k}') \tag{47.9'}$$

aus und erzeugt aus ihnen durch Überlagerung orthonormierte Elektronenzustände

$$w_{nj}(\boldsymbol{r}) = w_n(\boldsymbol{r} - \boldsymbol{R}_j) = N^{-3/2} \sum_{\boldsymbol{k}} e^{-i\boldsymbol{k}\boldsymbol{R}_j}\, \psi_{n\boldsymbol{k}}(\boldsymbol{r})\,, \tag{47.10}$$

$$\langle w_{nj} | w_{n'j'} \rangle = \delta_{nn'}\, \delta_{jj'} \tag{47.10'}$$

die an den Gitterpunkten lokalisiert sind. Diese *Wannier-Funktionen* stellen Wellenpakete mit dem Maximum beim Atom j dar, bei dem sich also das Elektron aufhält. Da umgekehrt auch

$$\psi_{n\boldsymbol{k}} = u_{n\boldsymbol{k}}(\boldsymbol{r})\, e^{i\boldsymbol{k}\boldsymbol{r}} = N^{-3/2} \sum_{j} e^{i\boldsymbol{k}\boldsymbol{R}_j}\, w_n(\boldsymbol{r} - \boldsymbol{R}_j) \tag{47.11}$$

ist, können die $w_n(\boldsymbol{r} - \boldsymbol{R}_j)$ als orthonormierte Atomzustände an den Gitterplätzen $\boldsymbol{R}_j$ aufgefaßt werden, wie der Vergleich mit (47.7) zeigt.

Wir berechnen jetzt die Energie des Elektrons im Feld aller Kerne nach der Störungstheorie 1. Näherung. Da die üblichen Formeln orthonormierte Zustände nullter Näherung voraussetzen, dürfen wir eigentlich nur die orthonormierten Wellen (47.11) benutzen, nicht aber die Wellen (47.7). Wir tun letzteres trotzdem und nehmen den Fehler in Kauf, da es sich doch nur um eine Näherung handelt.

Bei beliebig großem Kernabstand ist die Energie nach (47.2) für *alle* Zustände (47.7) die ungestörte Energie W_n des Atomterms. Beim Heranführen der übrigen Kerne an den Kern j ändert sich die potentielle Energie des Elektrons nach (47.2′) und (47.5/5″) um

$$\mathscr{H}' = \mathscr{H} - \mathscr{H}_j \tag{47.12}$$

und damit der Energieeigenwert für eine spezielle Welle $\psi_{n\boldsymbol{k}}$ in 1. Näherung um

$$\begin{aligned} \Delta W_{n\boldsymbol{k}} &= \langle \psi_{n\boldsymbol{k}} | \mathscr{H}' | \psi_{n\boldsymbol{k}} \rangle \\ &= N^{-3} \sum_{j} \sum_{m} e^{i\boldsymbol{k}(\boldsymbol{R}_j - \boldsymbol{R}_m)} \langle \psi_{nj} | \mathscr{H}' | \psi_{nm} \rangle\,. \end{aligned} \tag{47.12'}$$

Hier genügt es, nur die eine Teilsumme über m für $j = 0$, $\boldsymbol{R}_j = 0$ zu berechnen und dann zu berücksichtigen, daß alle Gitterpunkte $j = 0, \ldots, N^3 - 1$ physikalisch gleichwertig sind, so daß sich N^3-mal dieselbe Teilsumme ergibt. Man bekommt also

$$\Delta W_{n\boldsymbol{k}} = \sum_{m \geqq 0} e^{-i\boldsymbol{k}\boldsymbol{R}_m} \langle \psi_n(\boldsymbol{r}) | \mathscr{H}' | \psi_n(\boldsymbol{r} - \boldsymbol{R}_m) \rangle\,. \tag{47.13}$$

Damit kann ΔW_{nk} als Funktion von $\boldsymbol{k}$ berechnet werden (Aufgabe 47.2).

Die Matrixelemente unter der Summe nehmen nur dann von Null verschiedene Werte an, wenn die Atomzustände ψ_{nm} und ψ_{n0} sich überlappen, d.h. bei genügend kleinen Kernabständen und vorwiegend zwischen Nachbarkernen. Die Energie ΔW_{nk} hängt von $\boldsymbol{k}$ ab[7], d.h. der Eigenwert W_n des Atoms spaltet auf in die N^3 Eigenwerte

$$W_{nk} = W_n + \Delta W_{nk} \tag{47.14}$$

im Kristall, deren Abstände mit zunehmender Überlappung anwachsen. Da die Anzahl N^3 der Terme beliebig groß sein darf, wird aus dem scharfen Atomterm W_n im Kristall ein quasikontinuierliches Energieband, das außerdem noch gegen W_n verschoben ist. n numeriert die Bänder. Die Bandbreite $\Delta W_n = \Delta W_{nk}^{\max} - \Delta W_{nk'}^{\min}$ ist ein Maß für die Überlappung der Elektronenzustände bei benachbarten Kernen, für die Größe der Wechselwirkungsenergie $\mathscr{H}'$ und für die mittlere *Übergangskreisfrequenz*

$$\omega \approx \Delta W_n/\hbar\,, \tag{47.15}$$

mit der das Elektron von einem Kern zum nächsten übergeht.

Im Grenzfall pseudofreier Elektronen (sehr schwaches Kristallpotential $P(\boldsymbol{r})$) ist

$$\Delta W_n \approx \hbar^2 \boldsymbol{k}_{\max}^2/2\,m_e^* \tag{47.16}$$

das Maß für die kleinste Effektivmasse

$$m_e^* \approx \hbar^2 \boldsymbol{k}_{\max}^2/2\,\Delta W_n\,, \tag{47.17}$$

siehe Aufgabe 47.2.

Aus der ersten Zeile von (47.12) folgt übrigens mit (47.8′) und (47.14)

$$W_{nk'} = W_{n,\,k+m\,g_{hkl}} = W_{nk}\,. \tag{47.18}$$

Bei festem Bandindex n ist die Energie *periodisch* im $\boldsymbol{k}$-Raum, d.h. die Rechnung liefert unmittelbar das periodische Energieschema (siehe Ziffer 41.2.3).

Dieses ist der Näherung von gebundenen Zuständen her adäquat, da hier durch die diskreten Atomterme von vornherein diskrete Energiebänder definiert werden und beim Übergang von $\boldsymbol{k}$ nach $\boldsymbol{k}' = \boldsymbol{k} + m\boldsymbol{g}_{hkl}$ in (47.18) das einmal gewählte Band W_n nicht verlassen wird.

Aufgabe 47.1. Beweise (47.15).

$\mathscr{H}'$ ist die Coulomb-Wechselwirkung des beim Kern j befindlichen Elektrons mit den N^3-1 übrigen Kernen und ist nur bei sehr großen Kernabständen so klein, daß die Störungsenergie (47.12′) eine brauchbare Näherung liefert. In einem realen Kristall befinden sich aber ebensoviel Elektronen wie Kernladungen. Diese Elektronen schirmen die Kernladungen im Zeitmittel weitgehend ab, d.h. die Coulomb-Wechselwirkung des Aufelektrons beim Kern j mit allen N^3-1 übrigen Kernen und Elektronen wird so klein, daß die Näherung (47.12′) mit effektiven Kernladungen $(Z-\sigma)e$ (σ = Abschirmkonstante) in (47.2′) noch bis zu normalen Kernabständen angewendet werden kann[8].

Das aus dem scharfen $1s$, $2s$, $2p$, ... nl-Atomterm hervorgehende Energieband des Kristalls heißt entsprechend das $1s$, $2s$,

[7] Anschaulich: bei verschiedenen Wellenlängen der Elektronenwellen hält sich das Elektron mit verschiedener Häufigkeit nahe bei oder zwischen den Kernen auf.

[8] Immer vorausgesetzt, daß die Atomeigenfunktionen $\psi_n(\boldsymbol{r}-\boldsymbol{R}_j)$ bei Nachbaratomen sich überlappen, da sonst alle Matrixelemente in (47.12′/13) einzeln verschwinden.

$2p, \ldots nl$-Band[9], usw., deren Energie im allgemeinen in dieser Reihenfolge ansteigt. Für die Besetzung der N^3 Bahn-, d.h. $2N^3$ Spinzustände jedes Bandes stehen die N^3 oben eingeführten Elektronen[10] zur Verfügung. Bei Besetzung nur der energetisch tiefsten Zustände kann nur die untere Hälfte des $1s$-Bandes besetzt werden, es entsteht ein *Leitungsband*. Ein Gitter aus H-Atomen (das nicht existiert) wäre ein Metall.

Ein voll besetztes *Valenzband* ergibt sich, wenn jedes Atom noch ein zweites $1s$-Elektron und zur Ladungskompensation die Kernladungszahl $Z = 2$ bekommt. Der so konstruierte Heliumkristall ist ein Isolator.

Durch schrittweises Erhöhen der Kernladungszahl und Hinzufügen weiterer Elektronen lassen sich so auch für Kristalle mit schweren Atomen die $1s, 2s, \ldots, nl, \ldots$-Bänder aus den entsprechenden Unterschalen der Atome konstruieren. Die relative *Bandbreite* $\Delta W_n/|W_n|$ nimmt in dieser Reihenfolge zu, da die $1s$-Elektronen dem vollen Kernfeld (Kernladung Ze) ausgesetzt sind und ihre Eigenfunktionen sich nicht mit den $1s$-Funktionen der Nachbaratome überlappen, während die äußeren Elektronen einen durch innere Elektronen weitgehend abgeschirmten Kern mit der Kernladungszahl $Z - \sigma$ (σ = Abschirmungskonstante) sehen, und die Einelektron-Eigenzustände bei benachbarten Kernen sich überlappen. Die innersten Elektronen sind also praktisch bei ihrem Atom *lokalisiert*[11]; die Amplituden $\tilde{u}_{\boldsymbol{k}}(\boldsymbol{r})$ ihrer Wellenfunktionen sind in der Umgebung eines Kerns annähernd identisch mit den Eigenzuständen im freien Atom und zwischen den Kernen annähernd Null. Die Röntgenbänder sind demnach auch im Kristall noch relativ scharf.

Die äußersten Elektronen sind über den Kristall verteilt[12], ihre Niveaus werden breite Bänder, die sich bei abnehmendem Atomabstand (zunehmender Wechselwirkung) zunehmend überlappen, siehe die Abb. 47.2. Bei den höchsten gebundenen Atomtermen werden die Bandbreiten im Kristall schon beim Gleichgewichtsabstand so groß gegenüber dem Abstand der Atomterme untereinander und von der Ionisationsgrenze, daß Überlappung wechselseitig und auch mit dem Ionisationskontinuum eintritt. In diesem Energiebereich wird der Begriff der gebundenen Atomelektronen sinnlos und das von *freien* Elektronen ausgehende Modell ist zweckmäßiger.

Damit ist der Anschluß an die *Bändertheorie* mit pseudofreien Elektronen (Kapitel H, I) hergestellt.

Bis jetzt wurde die Tatsache unterdrückt, daß Atomzustände eines Elektrons mit einer Bahnquantenzahl $l > 0$ zunächst $(2l + 1)$-fach *richtungsentartet* sind. Im Kristall sind derartige miteinander entartete Zustände in nullter Näherung so zu wählen, daß sie der Punktsymmetrie des Gitterplatzes angepaßt, d.h. nach den in Ziffer 15 behandelten Methoden durch Symmetriequantenzahlen[13] μ klassifiziert sind. Aus jedem derartigen einfachen Zustand geht im Kristall ein Band hervor, so daß man z.B. drei $2p\mu$-Bänder hat. Derartige Teilbänder verschmelzen dann und nur dann zu *einem* Band (z.B. zu einem $2p$-Band), wenn die gleichen (z.B. $2p\mu$-)Elektronenzustände von Nachbaratomen sich genügend weit überlappen. Das ist bei Außenelektronen der Fall, nicht aber bei Innenelektronen, z.B. den $4f$-Elektronen in Selten-Erd-Ionen, deren durch den Wert von μ unterschiedene Teilbänder sehr scharf und deutlich getrennt sind[14]. In jedem derartigen Fall ist also ein Elektronenzustand der Großperiode durch lokale Quantenzahlen (anstelle einer Bandnummer n) und einen Wellenvektor $\boldsymbol{k}$ definiert.

[9] Analog heißen die aus lauter $1s$-Zuständen aufgebauten Wellenfunktionen (47.8) auch $1s$-Wellen, usw.

[10] Ein Elektron je Atomkern.

[11] Im Teilchenbild: Sie halten sich lange bei einem Atom auf, die Übergangsfrequenz (47.15) ist klein, aber, da es sich immer um Gitterzustände handelt, nicht Null.

[12] Im Teilchenbild: Die Übergangsfrequenz von einem Atom zum nächsten ist groß.

[13] μ steht hier für alle definierten Symmetriequantenzahlen.

[14] Deshalb durften sie in Ziffern 15 und 18.2.3 zunächst ganz ohne Berücksichtigung der Translationssymmetrie des Gitters als Zustände isolierter Ionen behandelt werden. In zweiter Näherung werden dann, wie hier gezeigt, die Terme der Ionen zu schmalen Bändern des Kristalls.

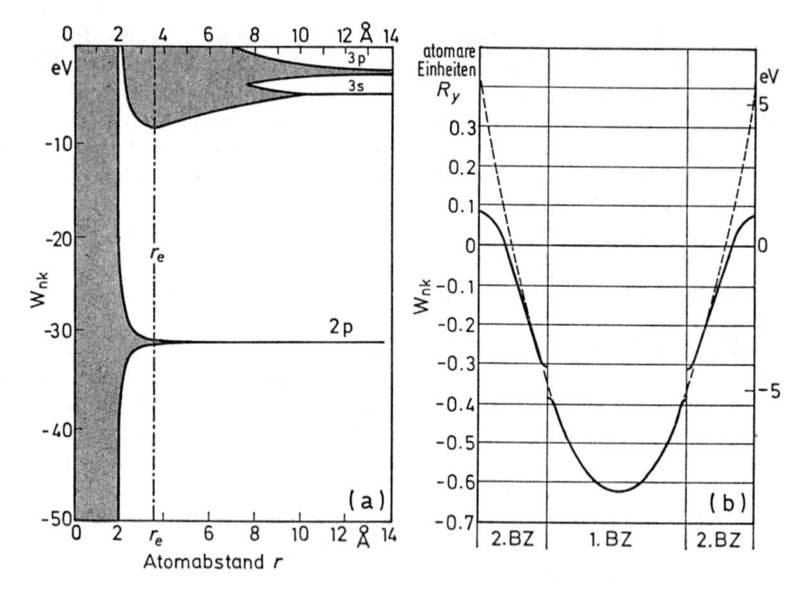

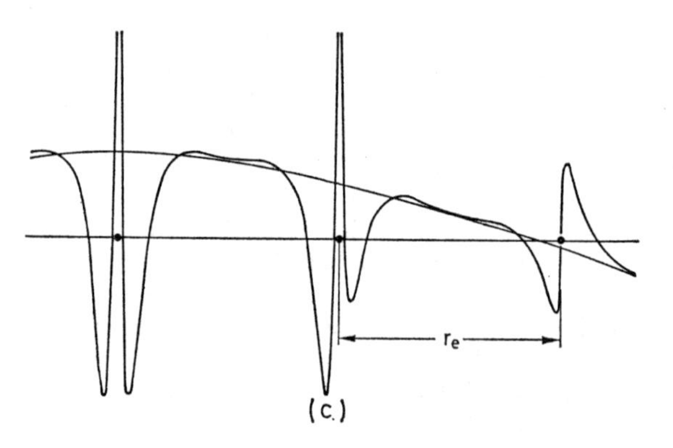

Abb. 47.2. Energiebänder aus Einelektronzuständen des Natriums, berechnet in Abhängigkeit vom Atomabstand in [111]-Richtung und vom Betrag des Wellenvektors (ebenfalls in dieser Richtung). Gleichgewichtsabstand von Nachbaratomen: $r_e = a\sqrt{3}/2 = 3{,}71 \cdot 10^{-8}$ cm. Bei $r \to \infty$ geht das Gitter in getrennte neutrale Na-Atome mit den rechts angegebenen Einelektronzuständen über. Energienullpunkt: in der Ionisationsgrenze eines Na-Atoms. Grundzustand des Na-Atoms: $(1s^2\,2s^2\,p^6\,3s)\,^2S_{1/2}$ bei der Energie $-5{,}14$ eV.
a) Energiebänder. Die tiefliegenden $1s$- und $2s$-Bänder sind nicht gezeichnet. Das $2p$-Band ist das relativ schmale Valenzband, das $3s$- und das $3p$-Band überlappen sich zum breiten Leitungsband. Die Fermigrenze liegt in der Mitte des $3s$-Bandes.
b) Bandstruktur des Leitungsbandes. 1 atomare Energieeinheit $= 13{,}53$ eV. Das Ergebnis dieser Rechnung ist im Innern der 1. BZ identisch mit dem der Bändertheorie für freie Elektronen (gestrichelte Kurve).
c) Eigenzustand (Realteil einer Blochwelle in [111]-Richtung) im Leitungsband. Der Zustand ist in der Nähe jedes Atomkerns fast ein $3s$-Atomzustand $\psi_{300}(\boldsymbol{r} - \boldsymbol{R}_j) = \varphi(\boldsymbol{r} - \boldsymbol{R}_j)$, moduliert durch eine ebene Welle mit der Wellenlänge $\lambda = 2\pi/|\boldsymbol{k}|$, und gleich dieser Welle zwischen den Kernen. Nach Slater 1934

Aufgabe 47.2. Berechne die Energien (47.12′/13) unter folgenden vereinfachenden Annahmen:

1. Überlappung der Zustände beim Kern $m = j = 0$ nur mit den Zuständen in 6 oktaedrisch angeordneten Nachbarn $m = 1, \ldots, 6$ auf den Plätzen $(\pm a, 0, 0)$, $(0, \pm a, 0)$, $(0, 0, \pm a)$.

2. Gleicher Wert B aller nichtdiagonalen Matrixelemente in (47.13) mit $m = 1, \ldots, 6$.

3. Wert A des diagonalen Matrixelementes $m = 0$. Man berechne für kleine Wellenzahlen $ka \ll 1$ näherungsweise a) $\Delta W_{nk}(\boldsymbol{k})$ und b) die scheinbare Masse m_e^* des Elektrons. Diskutiere $m_e^* = m_e^*(A, B)$.

Hinweis: $\Delta W_{nk}(\boldsymbol{k}) = \Delta W_{nk}(0) + \hbar^2 \boldsymbol{k}^2/2\,m_e^*$.

48. Exzitonen

In der vorigen Ziffer haben wir Einelektronzustände (Blochwellen) in einem Kristall aus gleichen Einelektronzuständen der zum Kristall zusammentretenden gleichartigen Atome konstruiert. Im klassisch-anschaulichen Bild *wandern* die *Elektronen* durch das Gitter, mit einer Aufenthaltsdauer bei den einzelnen Kernen, die vom Abstand des jeweiligen Atomterms W_n von der Ionisationsgrenze, d.h. von der Bindungsfestigkeit des Elektrons in seinem Atomzustand abhängt. Wir haben dabei unerwähnt gelassen, daß mit dem Elektron auch seine *Anregungsenergie* W_{nk} von Atom zu Atom wandert, und daß ferner ein wanderndes Elektron ein *Loch* hinterläßt, das durch ein anderes Elektron besetzt werden und somit ebenfalls wandern kann. Diese beiden bisher in den Hintergrund gedrängten Prozesse wollen wir jetzt in den Vordergrund stellen. Dabei verlassen wir zunächst das Einelektronmodell.

Wir fassen jetzt den Kristall als eine periodische Anordnung von gleichen Atomen[15] auf und fragen nach der Änderung des Termschemas[16] der Atome beim Zusammenbau zum Kristall. Die Elektronenzustände des Kristalls sind also von vornherein *Mehrelektronenzustände*. Der Grundzustand ist realisiert, wenn alle Atome sich in ihrem Grundzustand befinden, ein angeregter Zustand, wenn ein[17] Atom angeregt, jedes andere im Grundzustand ist. Ein solcher Anregungszustand kann nur eine endliche Verweilzeit bei dem betrachteten Atom bleiben. Dem Anregungszustand entspricht korrespondenzmäßig eine Elektronenschwingung. Diese wird durch die Coulombsche Wechselwirkung zwischen den Elektronen verschiedener Atome auf ein Nachbaratom übertragen, in voller Analogie zu der Situation in einem klassisch-physikalischen System von gekoppelten gleichen mechanischen oder elektrischen Oszillatoren. Der atomare Anregungszustand und die Anregungsenergie wandern also von Atom zu Atom, bis die Energie an irgendeiner Stelle verbraucht wird, z.B. durch Emission von Strahlung. Bei dieser Beschreibung im *Teilchenbild* wird das wandernde Energiequant als *Exziton* bezeichnet.

Im *Wellenbild* wird dieselbe Situation (ebenfalls völlig analog zu den klassischen Vergleichsfällen) durch elektronische Anregungszustände des ganzen Kristalls beschrieben, die bei keinem Atom lokalisiert, sondern über alle Gitterplätze ausgedehnt und durch je einen *Ausbreitungs-* oder *Wellenvektor* $\boldsymbol{k}$ charakterisiert sind. Ein solcher Anregungszustand ist also eine *Anregungswelle* und heißt ebenfalls ein *Exziton*. Notwendige und hinreichende Voraussetzungen für die Existenz von Exzitonen sind also a) die Existenz gleicher atomarer Bausteine[18] mit einem diskreten Termschema in einem Translationsgitter, und b) die Coulombsche Wechselwirkung zwischen den Elektronen verschiedener Gitterzellen.

Da alle N^3 homologen Atome in einer Großperiode[19] gleichberechtigt sind, ist ein aus einem einfachen Atomzustand hervorgehender Kristallzustand N^3-fach entartet, solange die Kopplung zwischen den Atomen noch ausgeschaltet ist und der Anregungszustand an jedem beliebigen der N^3 Atome lokalisiert sein kann. Durch die Kopplung wird diese Entartung aufgehoben[20], es entstehen N^3 einfache, durch den Wert von $\boldsymbol{k}$ unterschiedene Energien des Kristalls, die ein pseudokontinuierliches *Energieband* bilden[21], siehe Abb. 48.1.

Wir behandeln im folgenden *zwei Grenzfälle* je nach der Ausdehnung der Eigenfunktion des angeregten Zustands im Vergleich zum Atomabstand (Abb. 48.2).

[15] Bei Molekelkristallen geht man analog von gleichen Molekeln, bei Kristallen mit mehreren ($s > 1$) Atomen oder Ionen in einer Zelle von gleichen Zellen aus. Wir können uns deshalb ohne prinzipiellen Verlust an Allgemeinheit zunächst auf den einfachsten Fall mit nur einem Atom je Zelle beschränken.

[16] Nur soweit es aus diskreten Niveaus besteht. Die Überlegungen sind formal denen in Ziffer 47 sehr ähnlich.

[17] Oder auch mehrere Atome. Es genügt hier, nur die angeregten Zustände mit den kleinsten Anregungsenergien, also bei Anregung nur eines Atoms zu betrachten.

[18] Allgemeiner: gleicher, aus Atomen oder Ionen aufgebauter Gitterzellen.

[19] Wir setzen periodische Randbedingungen über Großperioden mit je $N \cdot N \cdot N = N^3$ Gitterzellen voraus.

[20] Ebenfalls analog zum klassischen Vergleichsfall.

[21] Wie in der Bändertheorie, aber im Gegensatz zu dort ein Band aus Mehrelektronenzuständen.

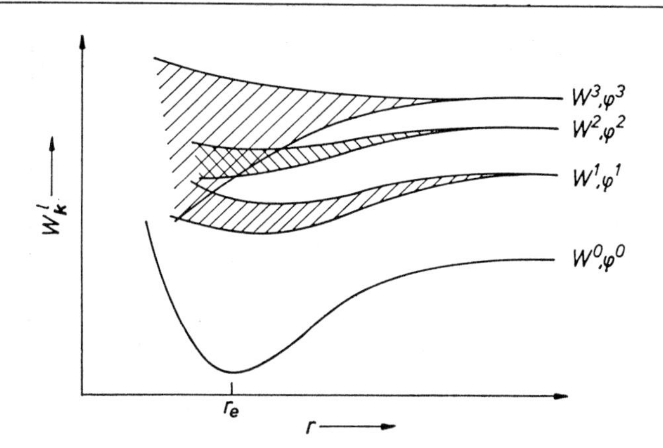

Abb. 48.1. Aufspaltung der angeregten Atomterme W^l, φ^l ($l > 0$) in Energiebänder $W^l_{\boldsymbol{k}}$, $\psi^l_{\boldsymbol{k}}$ des Atomgitters. Im Überlappungsbereich mehrerer Bänder können die Kristallzustände nicht mehr *einem* Atomterm zugeordnet werden. Im Grundzustand $\psi^0_{\boldsymbol{k}}$ ist kein Atom angeregt und $W^0_{\boldsymbol{k}}$ ist deshalb einfach. Sein Energieminimum definiert den Atomabstand r_e in der Gleichgewichtslage. Nach Dexter und Knox [J 2]; schematisch

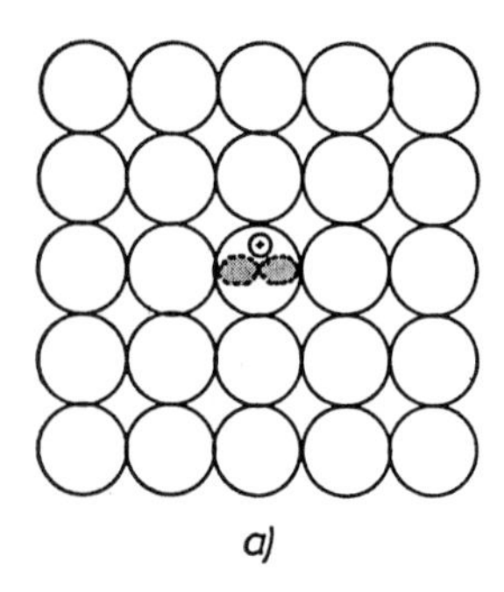

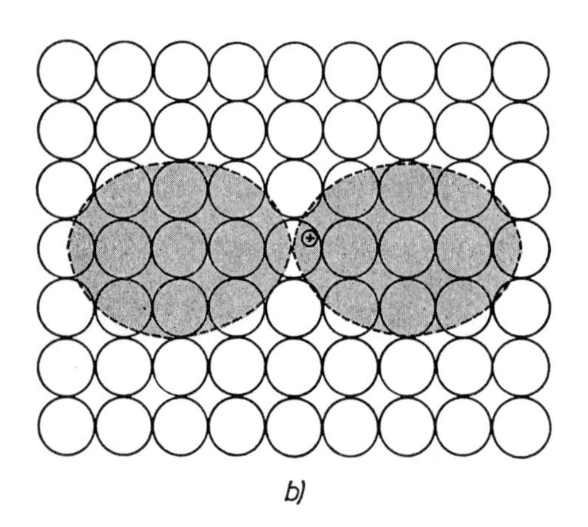

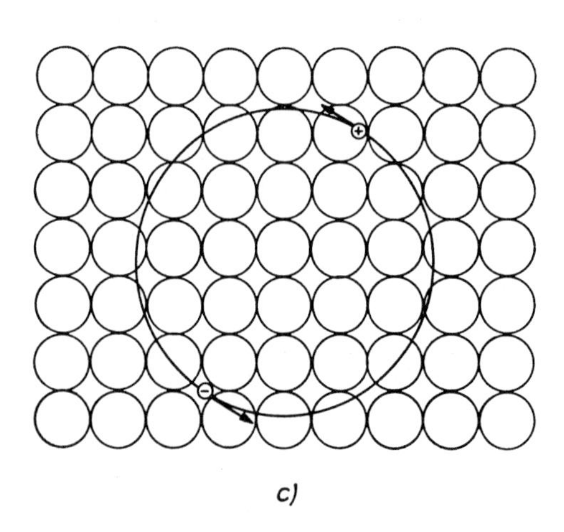

Abb. 48.2. Ein p-Exziton in einem Gitter aus Atomen mit einem kugelsymmetrischen s-Grundzustand, anschaulich schematisch. Das angeregte p-Elektron ist bei a) fest gebunden (Frenkel-Exziton), bei b) und c) locker gebunden (Mott-Wannier-Exziton). Bei a) und b) ist die Aufenthaltswahrscheinlichkeit $|\psi_{211}|^2$ des Elektrons schattiert. Bei c) sind das Elektron und das beim Atomrumpf erzeugte positive Loch als Teilchen gezeichnet, die unter dem Einfluß der (abgeschirmten) Coulombkraft auf Bohrschen Kreisbahnen um den Schwerpunkt des Exzitons laufen. In allen drei Fällen wandert das Exziton nach Maßgabe eines Wellenvektors $\boldsymbol{k}$ im Gitter

Bei einem *Frenkel-Exziton* überlappt der angeregte Zustand eines Atoms die Nachbaratome nicht wesentlich, seine Wechselwirkung mit den Grundzuständen der Nachbaratome ist gering und die Verweilzeit der Anregungsenergie bei einem Atom ist groß. Ist sie sogar größer als die Lebensdauer des angeregten Atoms von der Anregung bis zum strahlenden oder strahlungslosen Übergang in den Grundzustand, so wird die Anregungsenergie schon am gleichen Atom wieder in ein Photon oder in Phononen umgewandelt, und das Exziton ist nichts anderes als ein *lokalisiertes angeregtes Atom* im Gitter. Diesem Grenzfall stehen Frenkel-Exzitonen sehr nahe: die Anregungsenergie und (im Teilchenbild) ein Elektron im angeregten und ein Loch im Grundzustand des Atoms befinden sich gemeinsam während großer Verweilzeiten im *gleichen* Atom.

Bei einem *Mott-Wannier-Exziton* reicht der angeregte Atomzustand über eine größere Anzahl von Gitterkonstanten ins Gitter hinaus, das angeregte Elektron ist nur noch locker an die Ursprungszelle gebunden und bleibt nicht in ihr, sondern entfernt sich bis zu relativ großen Abständen von dem bei der Anregung entstandenen *positiven Loch.* Ist die kinetische Energie dieser beiden Teilchen sogar größer als ihre Coulombsche potentielle Anziehungsenergie, so sind beide Teilchen nicht mehr aneinander gebunden und das Exziton ist nichts anderes als ein Elektron-Loch-Paar eines Halbleiters mit einem *freien* Loch im Valenz- und einem *freien* Elektron im Leitungsband (Kapitel I). Diesem Grenzfall stehen Mott-Wannier-Exzitonen sehr nahe: die Teilchen sind zwar durch ihre Coulomb-Anziehung schwach aneinander gebunden, befinden sich aber weit entfernt voneinander bei verschiedenen Atomen. Trotzdem wandern sie zusammen mit der Anregungsenergie, und zwar wegen der Coulomb-Kraft beide Teilchen gemeinsam, bis zu ihrer Rekombination unter Umwandlung der Exzitonenenergie in andere Energieformen.

Frenkel-Exzitonen sind zu erwarten, wenn die interatomare Wechselwirkung gegenüber der Bindung des Elektrons an sein(e) Mutter-Atom (-Molekel, -Zelle) zurücktritt. Das ist der Fall bei Elektronen in abgeschirmten inneren Elektronenschalen, z.B. von Selten-Erd-Ionen in Ionenkristallen, und bei organischen Kristallen, in denen die Molekeln nur durch schwache van der Waals-Kräfte untereinander gebunden sind.

Mott-Wannier-Exzitonen sind im umgekehrten Grenzfall zu erwarten, also bei kleinem Bandabstand z.B. von Halbleitern mit einem merklichen Anteil von kovalenter Bindung.

Zwischen diesen Grenzfällen sind Edelgaskristalle und Ionenkristalle einzuordnen, deren Bausteine nur abgeschlossene Elektronenschalen besitzen. Diese sind schwer aufzubrechen, d.h. die Ionen besitzen angeregte diskrete Energieniveaus in einem weiten Energiebereich.

48.1. Frenkel-Exzitonen

Für diesen Grenzfall nicht überlappender Atome skizzieren wir roh den Aufbau der Eigenzustände, und zwar der Einfachheit halber für ein Gitter aus lauter gleichen Atomen, deren Wechselwirkung wir zunächst unterdrücken.

Es seien dann $\varphi_j^0(\boldsymbol{r}_j) = \varphi^0(\boldsymbol{r}_j - \boldsymbol{R}_j)$ und $\varphi_j^l(\boldsymbol{r}_j) = \varphi^l(\boldsymbol{r}_j - \boldsymbol{R}_j)$ die Eigenfunktionen im Grundzustand mit der Energie $W^0 = 0$ und in einem angeregten Zustand mit der Energie W^l des isolierten Atoms am Gitterplatz $\boldsymbol{R}_j$ ($j = 1, \ldots, N^3$). $\boldsymbol{r}_j$ steht für die Koordinaten des Leuchtelektrons dieses Atoms[22]. Dann ist ein Eigenzustand einer aus N^3 Atomen bestehenden Großperiode des Gitters, in der nur ein Atom, z.B. das j-te, angeregt ist, gegeben durch das Produkt

$$\varphi_j(\boldsymbol{r}_1, \boldsymbol{r}_2, \boldsymbol{r}_3, \ldots) = \varphi_1^0(\boldsymbol{r}_1)\,\varphi_2^0(\boldsymbol{r}_2)\ldots\varphi_j^l(\boldsymbol{r}_j)\ldots\varphi_{N^3}^0(\boldsymbol{r}_{N^3})\,. \tag{48.1}$$

Dieser Zustand ist entartet mit anderen, in denen die Elektronen je zweier Atome ausgetauscht sind[23], also z.B. mit

$$\varphi_j(\boldsymbol{r}_2, \boldsymbol{r}_1, \boldsymbol{r}_3, \ldots) = \varphi_1^0(\boldsymbol{r}_2)\,\varphi_2^0(\boldsymbol{r}_1)\ldots\varphi_j^l(\boldsymbol{r}_j)\ldots\varphi_{N^3}^0(\boldsymbol{r}_{N^3}) \tag{48.2}$$

usw. über alle Permutationen. Die Berücksichtigung des Elektronenaustausches verlangt also die Bildung von normierten Linearkombinationen

$$\Phi_j^l(\boldsymbol{r}) = \mathscr{A}\,\varphi_j(\boldsymbol{r}_1, \boldsymbol{r}_2, \ldots) = \mathscr{A}\,\varphi_1^0(\boldsymbol{r}_1)\ldots\varphi_j^l(\boldsymbol{r}_j)\ldots\varphi_{N^3}^0(\boldsymbol{r}_{N^3}) \tag{48.3}$$

[22] Da bei den meisten Anregungsprozessen jeweils nur ein Elektron angeregt wird, genügt es in diesen Fällen, unter $\boldsymbol{r}_j$ die Koordinaten nur dieses Elektrons zu verstehen und alle anderen Elektronen mit dem Kern zum Atomrumpf zusammenzufassen.

[23] Der innere Elektronenaustausch in jedem Atom ist bereits in den φ_i^0, φ_j^l berücksichtigt.

aller Produktzustände (48.1), (48.2) usw. mit derartigen Koeffizienten, daß die Identifikation der Elektronen als zu einem bestimmten Atom gehörig aufgehoben wird und das Gesamtsystem das Pauli-Prinzip befolgt. Wir drücken diesen Bildungsprozeß durch den Antisymmetrisierungsoperator $\mathscr{A}$ aus, ohne uns hier um die Durchführung zu bemühen[24].

$\Phi_j^l(\boldsymbol{r})$ ist derjenige Zustand der Großperiode, in dem das Atom j angeregt ist ($\boldsymbol{r}$ steht für die Koordinaten aller Leuchtelektronen in der Großperiode). Er ist *entartet* mit allen Zuständen $\Phi_i^l(\boldsymbol{r})$, in denen irgendein anderes Atom $i \neq j$ am Gitterplatz $\boldsymbol{R}_i$ (und nur dieses) auf das gleiche Niveau W^l angeregt ist.

Diese Entartung wird aufgehoben, wenn wir jetzt die *Coulomb-Wechselwirkung*

$$\mathscr{H}' = \frac{1}{2} \sum_{i,j} \frac{e^2}{4\pi\varepsilon_0 r_{ij}} \tag{48.4}$$

(r_{ij} = Abstand zwischen den Leuchtelektronen des Atoms i und des Atoms j, Summation über alle Atome $i, j \neq i$) zwischen den Leuchtelektronen verschiedener Atome als Störung berücksichtigen. Die dieser Störung angepaßten *Eigenzustände nullter Näherung* sind N^3 Linearkombinationen aus den N^3 Zuständen Φ_j^l, ($j = 1, \ldots, N^3$). Sie müssen bereits die richtige Symmetrie des Systems, in unserem Fall also die Translationssymmetrie des Atomgitters besitzen, d.h. es sind die N^3 *Anregungswellen*

$$\psi_{\boldsymbol{k}}^l(\boldsymbol{r}) = N^{-3/2} \sum_{j=1}^{N^3} e^{i\boldsymbol{k}\boldsymbol{R}_j} \Phi_j^l(\boldsymbol{r}), \tag{48.5}$$

die sich durch die N^3 verschiedenen, durch die Wahl der Großperiode und die Symmetrie der Brillouinzone festgelegten Wellenvektoren $\boldsymbol{k} = \boldsymbol{k}_h$ (Ziffer 41.2.3) unterscheiden. In jedem derartigen Zustand besitzen alle N^3 Atome dieselbe Wahrscheinlichkeit N^{-3}, angeregt zu sein.

Die mit den Anregungswellen (48.5) gebildeten *Exzitonenenergien*

$$W_{\boldsymbol{k}}^l = W^l + \Delta W_{\boldsymbol{k}}^l, \tag{48.6}$$

mit

$$\Delta W_{\boldsymbol{k}}^l = \langle \psi_{\boldsymbol{k}}^l | \mathscr{H}' | \psi_{\boldsymbol{k}}^l \rangle \tag{48.6'}$$

hängen von $\boldsymbol{k}$ ab. Sie bilden ein *Energieband* mit der Bandnummer l, das bei den hier gemachten Voraussetzungen im allgemeinen relativ schmal ist. Die *Bandbreite* hängt von der Überlappung der Eigenfunktionen benachbarter Atome, d.h. vom Austauschintegral[25] I ab: es gilt größenordnungsmäßig für den Abstand der Bandränder $\Delta W_{\boldsymbol{k}}^l(\max)$ und $\Delta W_{\boldsymbol{k}}^l(\min)$ von der Bandmitte W^l

$$\Delta W_{\boldsymbol{k}}^l(\max) = -\Delta W_{\boldsymbol{k}}^l(\min) \approx I \tag{48.6''}$$

und somit für die Bandbreite

$$\Delta W^l = \Delta W_{\boldsymbol{k}}^l(\max) - \Delta W_{\boldsymbol{k}}^l(\min) \approx 2I. \tag{48.6'''}$$

Aufgabe 48.1. Beweise, daß die Anregungswellen (48.5) symmetrieeinfach sind, d.h. daß $\psi_{\boldsymbol{k}}^l(\boldsymbol{r} + \boldsymbol{t}) = e^{i\boldsymbol{k}\boldsymbol{t}}\, \psi_{\boldsymbol{k}}^l(\boldsymbol{r})$ ist.
Hinweis: Wie sehen die Zustände $\Phi_j^l(\boldsymbol{r})$ nach (48.3) aus?

Der Grundzustand, in dem sich alle Atome in demselben Zustand φ^0 befinden, ist natürlich einfach und nach diesem Modell scharf (Abb. 48.1).

[24] Diese Operation ergibt die bekannte Determinantenfunktion, siehe die Lehrbücher der Quantentheorie.

[25] Die Theorie der Wasserstoff-Molekelbindung (vgl. [M], Ziffer 21) ist der eindimensionale Spezialfall mit $N = 2$.

Nach der Bändertheorie für Einelektronzustände hatte sich auch für den Grundzustand (= Valenzband) eine endliche Bandbreite ergeben (Ziffer 47). Dies unterstreicht noch einmal, daß das Einelektron-Bändermodell und das Vielelektron-Exzitonmodell Näherungen von verschiedenen Ausgangszuständen her sind.

48.2. Mott-Wannier-Exzitonen

Charakteristisch für diesen Grenzfall ist die gleichzeitige Existenz eines Elektrons und eines davon räumlich getrennten positiven Loches, die mit der Coulombschen Anziehungsenergie

$$P(|\boldsymbol{r}_e - \boldsymbol{r}_p|) = -e^2/4\pi\varepsilon\varepsilon_0|\boldsymbol{r}_e - \boldsymbol{r}_p| \tag{48.7}$$

aneinander gebunden sind. ε ist die Dielektrizitätskonstante der zwischen Elektron und Loch befindlichen kristallinen Materie[26]. Elektron und Loch befinden sich also weder auf demselben Atom (sehr feste Bindung, Frenkel-Exziton) noch sind sie unabhängig voneinander frei beweglich (keine Bindung, Einteilchen-Bändertheorie). Sie stellen ein relativ ausgedehntes *wasserstoffähnliches System* mit stark abgeschirmten Ladungen, also relativ lockerer Bindung dar, dessen innere Energie wir jetzt berechnen wollen. Da die beiden Teilchen außer vom Coulomb-Potential (48.7) auch noch vom periodischen Kristallpotential beeinflußt werden, muß für ihre Bewegung die Dynamik pseudofreier Teilchen (Ziffer 43.4) benutzt, d.h. es müssen scheinbare oder *Effektivmassen* eingeführt werden.

Befindet sich also das Elektron mit der Effektivmasse m_e^* am Ort $\boldsymbol{r}_e$, das Loch mit der Masse m_p^* am Ort $\boldsymbol{r}_p$, so wird das Exziton beschrieben durch die Schrödinger-Gleichung ($i = 1, 2, \ldots$)

$$\left(\frac{\boldsymbol{p}_e^2}{2m_e^*} + \frac{\boldsymbol{p}_p^2}{2m_p^*} + P(|\boldsymbol{r}_e - \boldsymbol{r}_p|)\right)\Psi_i(\boldsymbol{r}_e, \boldsymbol{r}_p) = W_i\Psi_i(\boldsymbol{r}_e, \boldsymbol{r}_p) \tag{48.8}$$

mit $\boldsymbol{p}_e = -i\hbar\,\mathrm{grad}_{\boldsymbol{r}_e}$ und $\boldsymbol{p}_p = -i\hbar\,\mathrm{grad}_{\boldsymbol{r}_p}$. Mit Hilfe von Schwerpunktskoordinaten

$$\boldsymbol{R} = \frac{m_e^*\boldsymbol{r}_e + m_p^*\boldsymbol{r}_p}{m_e^* + m_p^*}, \tag{48.9}$$

Relativkoordinaten

$$\boldsymbol{r} = \boldsymbol{r}_e - \boldsymbol{r}_p \tag{48.10}$$

und reduzierter Masse μ^* nach

$$\frac{1}{\mu^*} = \frac{1}{m_e^*} + \frac{1}{m_p^*} \tag{48.11}$$

lassen sich die Lösungen in Produktform

$$\Psi_i(\boldsymbol{r}_e, \boldsymbol{r}_p) = \psi_{nlm}(\boldsymbol{r})\,\psi_{\boldsymbol{k}}(\boldsymbol{R}) \tag{48.12}$$

nach Relativ- und Schwerpunktbewegung *separieren*, wobei die Teilzustände den Gleichungen

$$(\boldsymbol{p}^2/2\mu^* + P(\boldsymbol{r}))\,\psi_{nlm}(\boldsymbol{r}) = W^n\,\psi_{nlm}(\boldsymbol{r}) \tag{48.13}$$

mit $\boldsymbol{p} = -i\hbar\,\mathrm{grad}_{\boldsymbol{r}}$ und $P(\boldsymbol{r})$ nach (48.7) für die *Relativbewegung* und

$$(\boldsymbol{P}^2/2(m_e^* + m_p^*))\,\psi_{\boldsymbol{k}}(\boldsymbol{R}) = W_{\boldsymbol{k}}\,\psi_{\boldsymbol{k}}(\boldsymbol{R}) \tag{48.14}$$

mit $\boldsymbol{P} = -i\hbar\,\mathrm{grad}_{\boldsymbol{R}}$ für die Schwerpunktbewegung genügen. Die Energien sind additiv:

$$W_i = W^n + W_{\boldsymbol{k}} = W_{\boldsymbol{k}}^n. \tag{48.15}$$

[26] Wegen der hohen Umlaufsfrequenz der beiden Teilchen um den gemeinsamen Schwerpunkt trägt hierzu vorwiegend der elektronische Polarisationsanteil bei (Ziffer 29.3.2).

Dabei sind die W^n die Balmer-Energien (vgl. [A], Ziffer 13)

$$W^n = W^\infty - \frac{1}{2}\frac{\mu^* e^4}{(4\pi\varepsilon_0\varepsilon\hbar)^2}\cdot\frac{1}{n^2}, \quad n = 1,2,\ldots \tag{48.16}$$

mit der zunächst noch unbestimmt bleibenden Konstanten W^∞, und die zugehörigen $\psi_{nlm}(\boldsymbol{r})$ sind die Eigenzustände des Wasserstoffatoms[27] mit der reduzierten Masse μ^* und mit $\varepsilon_0\varepsilon$ anstelle von ε_0. $W_{\boldsymbol{k}}$ ist die *kinetische Energie*

$$W_{\boldsymbol{k}} = \hbar^2 \boldsymbol{k}^2/2(m_e^* + m_p^*), \tag{48.17}$$

mit der das ganze Exziton als pseudofreies Teilchen nach Maßgabe des Wellenvektors $\boldsymbol{k}$ im Gitter wandert[28]. Die zugehörigen Eigenzustände sind analog (41.63/63′) die über eine Großperiode vom Volum V des Gitters normierten *Blochwellen*

$$\psi_{\boldsymbol{k}}(\boldsymbol{R}) = V^{-1/2} e^{i\boldsymbol{k}\boldsymbol{R}}. \tag{48.18}$$

Die Gleichung (48.15) beschreibt *Energiebänder*, die durch die Hauptquantenzahl n numeriert werden.

Wir betrachten zunächst nur ein *ruhendes Exziton*, $W_{\boldsymbol{k}} = \boldsymbol{k} = 0$, und zwar für den einfachsten Fall, daß die Extrema von Valenz- und Leitungsband beide bei $\boldsymbol{k} = 0$ liegen und daß die Bänder parabolisch sind (vgl. Abb. 45.15a). Da die Ionisationsgrenze des Exzitons mit der Unterkante des Leitungsbandes zusammenfallen muß, ist die noch verfügbare Energiekonstante durch

$$W^\infty = W_G \tag{48.19}$$

festzulegen[29]. Die Exzitonenterme (48.16) liegen dann unterhalb des Leitungsbandes, und zwar dicht darunter, da sie gegenüber den Termen eines H-Atoms um den Faktor $\mu^*/m_{e0}\varepsilon^2 \lesssim 0{,}02$ zusammengeschoben sind, siehe Abb. 48.3. Das Exziton ist also, wie schon oben bemerkt, nur schwach gebunden. Entsprechend sind in einem Zustand mit der Hauptquantenzahl n die Abstände r_n der beiden Teilchen gegenüber denen im H-Atom um den Faktor $\varepsilon m_{e0}/\mu^* \gtrsim 10$ vergrößert. Sie sind damit größer als die Gitterkonstante, wodurch nachträglich die Verwendung der makroskopischen Konstanten ε in (48.7) gerechtfertigt wird, siehe Abb. 48.2c.

Ein Exziton nach Abb. 48.2c kann *erzeugt* werden z.B. durch einen optischen Übergang (E in Abb. 48.3) vom Rand des Valenzbandes in ein Exziton-Niveau mit der Hauptquantenzahl n. Dabei wird ein Photon mit einer der Energien

$$\hbar\omega_n = W^n = W_G - hc\tilde{R}^*/n^2 \tag{48.20}$$

mit ($\tilde{R}_\infty$ = Rydberg-Konstante, siehe [A] Ziffer 13)

$$\tilde{R}^* = \frac{1}{2}\frac{\mu^* e^4}{hc(4\pi\varepsilon\varepsilon_0\hbar)^2} = \frac{\mu^*}{m_{e0}\varepsilon^2}\tilde{R}_\infty \tag{48.20′}$$

absorbiert. Man erwartet also eine *Absorptions-Wasserstoff-Serie* vor der langwelligen *Kante* $\hbar\omega_\infty = W_G$ des *Absorptionskontinuums*. Die Kante selbst ist ein Übergang in die Dissoziationsgrenze des Exzitons.

Bei einem *Dissoziationsübergang* durch Absorption von Phononen oder eines Photons[30] (D in Abb. 48.3) werden die Exzitonpartner getrennt, es entstehen ein pseudofreies Elektron im Leitungsband und ein pseudofreies Loch im Valenzband. Dabei werden Energie und Impuls des absorbierten Photons nach den Erhaltungssätzen für Energie und Wellenvektor auf die beiden freien Teilchen verteilt (Aufgabe 48.4).

Bei einem *Rekombinationsübergang* (R in Abb. 48.3) verschwinden beide Teilchen (siehe Ziffer 46.1) und es entstehen Phononen oder ein Photon.

Aufgabe 48.2. Berechne nach dem Bohrschen Modell den Bahnradius r_n und die Umlaufsfrequenz $\nu_n = \omega_n/2\pi$ für $n = 1; 5; 10$ unter der Annahme

[27] Vergleiche [A], besonders Aufgabe 18 und den Anhang.

[28] Diese Translationsbewegung wird bei der Behandlung eines freien H-Atoms gewöhnlich vernachlässigt, ist im Kristallgitter aber durchaus interessant, da sie Anregungsenergie transportiert.

[29] Gegensatz: $W^\infty = 0$ im freien H-Atom. In beiden Fällen liegt oberhalb der Ionisationsgrenze das Kontinuum der Zustände freier Elektronen, die an das positive Teilchen nicht mehr gebunden sind, da die kinetische Energie größer ist als der Betrag des Bindungspotentials.

[30] Im Absorptionsspektrum wegen nicht ausreichender Exzitonenkonzentrationen nicht direkt beobachtbar.

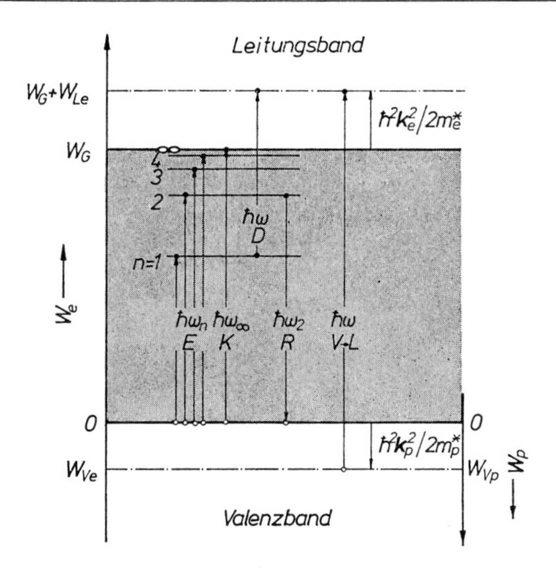

Abb. 48.3. Exzitonen-Niveaus $n = 1, 2, \ldots$ eines ruhenden Mott-Wannier-Exzitons im verbotenen Energiebereich (schattiert) des Einelektron-Bänderschemas. $\hbar\,\omega_n \triangleq$ Absorption der Exzitonenserie, $\hbar\,\omega_\infty \triangleq$ Absorption der langwelligen Bandkante K der $V \to L$-Interbandabsorption. E = Erzeugung, D = Dissoziation, R = Rekombination eines Exzitons unter Absorption oder Emission eines Photons. $V \to L$ = Interbandübergang oberhalb der langwelligen Bandkante. Beachte: dies Bild enthält simultan die Niveaus von zwei verschiedenen Modellen!

$\varepsilon = 5$ und $\varepsilon = 10$. Vergleiche r_n mit typischen Gitterkonstanten und ν_n mit charakteristischen Schwingungsfrequenzen eines Kristalls. Welche Konsequenzen ergeben sich daraus für die wirksame Dielektrizitätskonstante?

Hinweis: Kann die Ionenpolarisation wirksam werden?

Aufgabe 48.3. Berechne klassisch das magnetische Moment, d. h. den Landéschen g-Faktor des Mott-Wannier-Exzitons in der n-ten Kreisbahn.

Aufgabe 48.4. Gib die Energie- und Wellenvektorbilanz für die Dissoziation eines ruhenden Mott-Wannier-Exzitons durch Absorption eines Photons an.

Hinweis: D in Abb. 48.3. Wo liegen die Niveaus des Elektrons im Leitungsband und des Lochs im Valenzband?

Bei einem *Interbandübergang* ($V \to L$ in Abb. 48.3) durch Absorption eines Photons mit einer Energie $\hbar\,\omega > \hbar\,\omega_\infty = W_G$ schließlich wird ein Elektron aus einem Niveau des Valenzbandes mit der Energie $W_{Ve}(\boldsymbol{k}_e) \leqq 0$ in ein Niveau des Leitungsbandes mit der Energie $W_{Le}(\boldsymbol{k}_e') + W_G$ angeregt, so daß

$$\hbar\,\omega = -\,W_{Ve}(\boldsymbol{k}_e) + W_G + W_{Le}(\boldsymbol{k}_e') \tag{48.21}$$

gilt. Der Endzustand liegt oberhalb der Dissoziationsgrenze $n = \infty$ des Exzitons, so daß dessen beide Partner als voneinander unabhängige und pseudofrei im periodischen Gitterpotential laufende Teilchen behandelt werden dürfen. Nach Ziffer 43.4 gilt dann, wenn p wieder das Loch bezeichnet,

$$\begin{aligned}\hbar\,\omega &= W_{Vp}(\boldsymbol{k}_p) + W_G + W_{Le}(\boldsymbol{k}_e')\\ &= W_G + \hbar^2\,\boldsymbol{k}_p^2/2\,m_p^* + \hbar^2\,\boldsymbol{k}_e'^2/2\,m_e^*\,.\end{aligned} \tag{48.22}$$

Es werden also zwei voneinander unabhängige getrennte Teilchen mit kinetischer Energie erzeugt. Ist $\boldsymbol{k}_L$ der Wellenvektor des absorbierten Photons, so muß für die Wellenvektoren der Teilchen die Bilanz[31]

$$\boldsymbol{k}_L = \boldsymbol{k}_p + \boldsymbol{k}_e' = -\,\boldsymbol{k}_e + \boldsymbol{k}_e' \tag{48.23}$$

mit

$$\boldsymbol{k}_L \approx 0 \tag{48.23'}$$

gelten, wobei (43.67) benutzt ist. Das ist identisch mit (45.67). Damit ist die Verbindung zum Bänderschema des Einteilchenmodells hergestellt.

[31] Ruhendes Exziton ($\boldsymbol{k} = 0$) ist vorausgesetzt worden.

48.3. k-Abhängigkeit, Strahlung und Zerfall von Exzitonen

Nachzutragen ist noch die Abhängigkeit der Energien W_k^l (oder W_k^n) von wandernden Exzitonen ($|k| > 0$), vom Anregungswellenvektor k. Sie ist in 1. Näherung proportional zu k^2, wie für das Mott-Wannier-Exziton in (48.17) explizit abgeleitet. Ein *Exzitonen-Termschema* hat über k also die in Abb. 48.4 wiedergegebenen Eigenschaften. Der *Grundzustand*, in dem keine wandernde Anregungsenergie existiert, hat automatisch $k = 0$ und ist deshalb als Punkt bei der (willkürlich so gewählten) Energie $W^0 = 0$ darzustellen. Alle *angeregten Exzitonenterme*[32] sind Parabeln über $|k|$ und auch das *Dissoziationskontinuum* wird parabolisch begrenzt. Ein Punkt im Innern dieses Kontinuums repräsentiert in diesem Zweiteilchenmodell ein getrenntes Elektron-Loch-Paar[33].

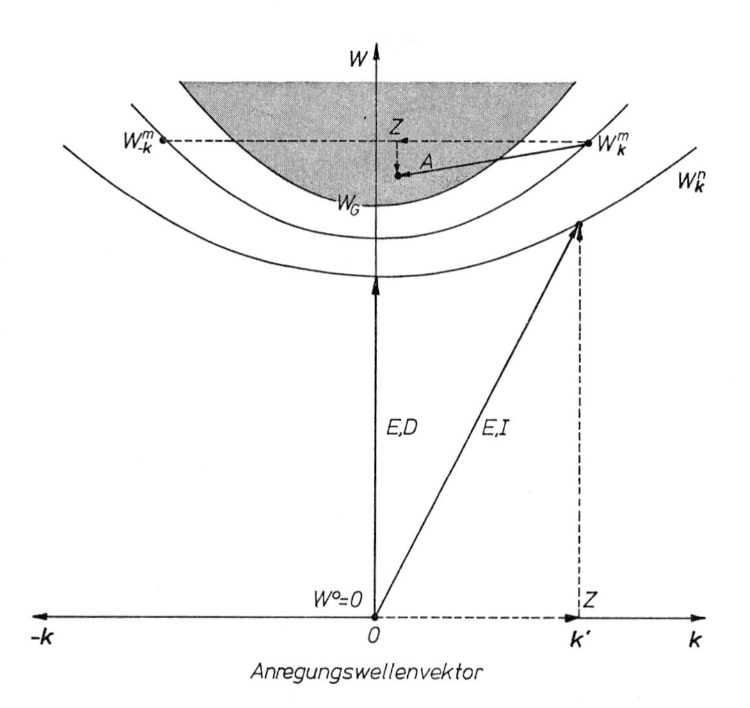

Abb. 48.4. Abhängigkeit der Exzitonenenergie vom Anregungswellenvektor k der Exzitonen. Schattiert: Ionisationskontinuum. W_G = Bandkantenenergie. E = Erzeugung eines Exzitons durch einen direkten (D) und einen indirekten (I) Übergang. A = indirekter Zerfalls- oder Autoionisationsprozeß eines Exzitons. Z = virtuelle Zwischenzustände zur Zerlegung der indirekten Übergänge in virtuelle Teilprozesse. Der Elektronengrundzustand $W^\circ = 0$ gehört zu $k = 0$ (kein Exziton).

Im Termschema kommen direkte und indirekte *optische Strahlungsübergänge* sowie indirekte *Umwandlungs-* oder *Zerfallsprozesse* vor.

Für einen *direkten* optischen *Absorptionsübergang* aus dem Grundzustand ($W^0 = 0$, $k = 0$) in einen angeregten Zustand ($W_{k'}^n$, k') des Exzitons (E, D in Abb. 48.4) nehmen die Erhaltungssätze (43.82/83)[34] die Form (spezielle Bezeichnungen wie oben für den Mott-Wannier-Fall, aber gültig für *alle* Exzitonen)

$$k' - k = k' = k_L \approx 0\,, \tag{48.24}$$

$$W_{k'}^n - W^0 = W_{k'}^n = \hbar\,\omega_n \tag{48.25}$$

an, wenn für optisches Licht die Photonenenergie gleich $\hbar\omega_n$ und der Wellenvektor $k_L \approx 0$ gesetzt wird, so daß der Reduktionsvektor $m\,g_{hkl} = 0$ verschwindet (vgl. Ziffer 43.5.2). Im Teilchenbild bedeuten diese Auswahlregeln, daß bei der Absorption der Photonenenergie $\hbar\omega_n$ auch der Photonenimpuls $\hbar k_L$ auf das Exziton übertragen wird. Im Wellenbild bedeuten sie, daß Absorption nur aus einer

---

[32] Zu diesen gehört auch der tiefste Zustand $n = 1$ der inneren Energie des Mott-Wannier-Exzitons, obwohl er dem Grundzustand des H-Atoms entspricht!

[33] Im Einteilchen-Bändermodell werden Loch und Elektron durch 2 Punkte in zwei getrennten Bändern und durch zwei Wellenvektoren k_e, k_p repräsentiert!

[34] Diese Erhaltungssätze gelten immer, wenn ein Wellenvektor k definiert ist. Im folgenden ist k der Anregungswellenvektor des Exzitons.

elektromagnetischen Welle erfolgen kann, die im Kristall in *räumlicher und zeitlicher Resonanz* mit der Anregungswelle (dem Exziton) steht, d.h. dieselbe Wellenlänge und dieselbe Frequenz besitzt, wobei die Exzitonenfrequenz mit der Frequenz der in homologen Gitterbausteinen schwingenden Elektronen identifiziert wird (Lorentzsches Modell, Ziffer 29.3.1/2).

Die Situation ist völlig analog zur direkten Absorption von UR-Photonen durch polare Gitterschwingungen (Ziffer 9.1), mit dem einzigen, physikalisch unwesentlichen, Unterschied, daß nicht lokale ionische sondern lokale elektronische Dipole an den Gitterpunkten schwingen. Man kann demnach die in Ziffer 30 für polare Gitterwellen angestellten Überlegungen auf die elektronischen Anregungswellen übertragen und erhält auch völlig analoge Ergebnisse. Es sind also *longitudinale* und *transversale Exzitonen* mit verschiedener Frequenz zu unterscheiden und im Fall der Resonanz mit einer absorbierbaren Lichtwelle bilden sich polaritonähnliche *Mischwellen* aus, die sowohl elektromagnetische Energie wie elektronische Anregungsenergie enthalten.

Für *indirekte* optische Übergänge (E, I in Abb. 48.4) gelten die Auswahlregeln (43.80/81) in der speziellen Form

$$\boldsymbol{k}' - \boldsymbol{k} = \boldsymbol{k}' = \boldsymbol{k}_L \pm \boldsymbol{q} \tag{48.26}$$

und

$$W^n_{\boldsymbol{k}'} - W^0 = W^n_{\boldsymbol{k}'} = \hbar\,\omega_n \pm \hbar\,\omega^{(i)}(\boldsymbol{q})\,, \tag{48.27}$$

wobei $\hbar\omega^{(i)}(\boldsymbol{q})$ und $\boldsymbol{q}$ Energie und Wellenvektor des beteiligten Phonons sind und wegen $\boldsymbol{k}_L \approx 0$ wieder $m\boldsymbol{g}_{hkl} = 0$ gesetzt ist.

Da direkte und indirekte Absorption simultan vorkommen, treten *phononfreie reine* Exzitonenlinien (48.25) und die Seitenbänder (Schwingungslinien) (48.27) in einem Spektrum gemeinsam auf, wobei das Intensitätsverhältnis von der speziellen Substanz abhängt, siehe z.B. Abb. 9.21 und Abb. 18.5.

Mit wachsendem $|\boldsymbol{k}|$ kann die Energie gebundener Exzitonenzustände höher werden als die niedrigste Ionisationsenergie. Dann werden *Autoionisations-* oder *Zerfallsprozesse* möglich, bei denen ein gebundenes Exziton in ein Elektron-Loch-Paar zerfällt, z.B. in Abb. 48.4 das Exziton mit der Energie $W^m_{\boldsymbol{k}}$ in irgendeinen Zustand unterhalb des Niveaus $W^m_{-\boldsymbol{k}} \ldots W^m_{\boldsymbol{k}}$ im schattierten Bereich. Dabei können die Erhaltungssätze für Energie und Wellenzahl im allgemeinen nur erfüllt werden, wenn an dem Prozeß auch noch ein Phonon beteiligt ist (indirekter Prozeß).

Zum Schluß sei nur erwähnt, daß die hier durchgeführten Überlegungen prinzipiell auch für angeregte *Röntgenterme* und sogar für angeregte *γ-Niveaus* der Atomkerne im Gitter gelten. Allerdings sind in diesen Fällen reziproke Gittervektoren $m\boldsymbol{g}_{hkl}$ in den Erhaltungssätzen erforderlich, da nicht mehr $\boldsymbol{k}_L \approx 0$ gilt (vgl. Ziffer 43.5.2).

48.4. Resonanzkopplung innerhalb einer Gitterzelle

In der vorigen Ziffer wurde die Aufspaltung von Atomtermen[35] in Exzitonenbänder des Kristalls zurückgeführt auf die Resonanzwechselwirkung zwischen den Elektronenhüllen von gleichen Atomen auf den homologen Plätzen der (beliebig vielen) verschiedenen Gitterzellen. Dabei wurde der Einfachheit halber vorausgesetzt, daß jede Zelle nur ein Atom enthält ($s = 1$). Jetzt gehen wir zu dem häufigeren Fall über, daß die Zelle mehr als ein Atom enthält ($s > 1$). Dabei sind folgende drei Fälle zu unterscheiden[36]:

[35] Das Wort Atome steht hier stellvertretend auch für Molekeln oder Ionen.

[36] Vergleiche die völlig analoge Behandlung der Resonanzwechselwirkung von inneren Schwingungen in Kristallen mit Inselstruktur, Ziffer 9.1.

a) Die Atome sind chemisch verschieden, d.h. sie haben verschiedene Termschemata. Dann gibt es Resonanzkopplung nur zwischen gleichen Atomen verschiedener Zellen, und die Terme jeder Atomart für sich werden zu Exzitonenbändern.

b) Die Atome sind chemisch gleich, sitzen aber auf physikalisch ungleichwertigen Plätzen in der Zelle. Dann haben sie infolge des verschiedenen Kristallfeldes verschiedene Termschemata, da die Atomterme durch das Feld verschieden stark aufgespalten und verschoben werden (Ziffern 14/15). Es gibt also keine Resonanzwechselwirkung innerhalb der Zelle, sondern nur diejenige zwischen den homologen Atomen in verschiedenen Zellen. Man beobachtet also (wie im Fall a)) die Überlagerung von so viel verschiedenen Exzitonen-Spektren wie es energetisch verschiedene Plätze für chemisch gleiche Atome in der Zelle gibt (Ziffer 18.3.1).

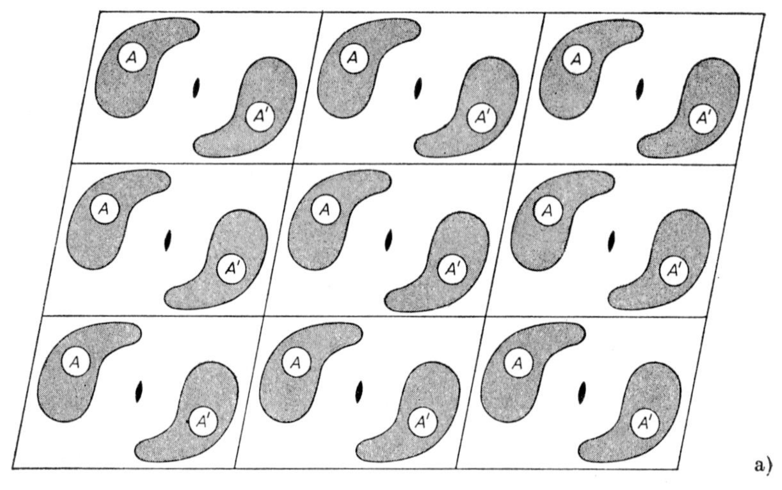

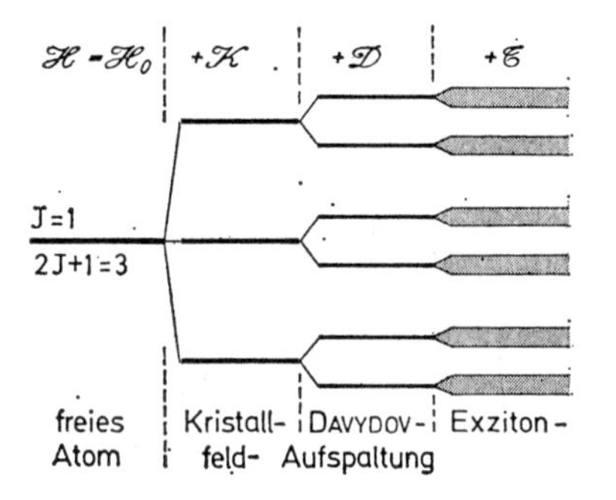

Abb. 48.5. Monoklines Gitter mit $p = 2$ gleichen Ionen (Molekeln) A und A' in einer Zelle der Punktsymmetrie C_2. a) Struktur, schematisch zweidimensional. ⧫ $= A_2^z$. Die Atome A und A' befinden sich (abgesehen von der räumlichen Orientierung) in demselben lokalen Kristallfeld mit der lokalen Punktsymmetrie C_1. b) Aufspaltung eines $2J+1 = 3$-fach entarteten Terms des freien Ions ($\mathscr{H}_0$) durch das lokale Kristallfeld ($\mathscr{K}$), die Davydov-Resonanzkopplung von A mit A' innerhalb einer Zelle ($\mathscr{D}$) und die Exzitonen-Resonanzkopplung im Translationsgitter ($\mathscr{T}$) aller A und A', schematisch. Die dabei eintretenden Verschiebungen der Terme sind nicht gezeichnet

c) Die Zelle enthält infolge ihrer Punktsymmetrie mehrere chemisch und physikalisch gleiche Atome, z.B. p Atome, die durch ein p-zähliges Punktsymmetrieelement ineinander überführt werden (Abb. 48.5a), sich nur durch ihre räumliche Orientierung unterscheiden und dasselbe Termschema besitzen, so daß Resonanzwechselwirkung existiert. Einem einfachen[37] Zustand eines Atoms entspricht zunächst ein p-fach entarteter Term des Ensembles der p Atome, d.h. der Zelle. Diese Entartung wird aber durch die Resonanzwechselwirkung in p Zustände der Zelle aufgespalten[38]. Diese sind durch Punktsymmetriequantenzahlen charakterisiert, z.B.

[37] Hier wird der Einfachheit halber vorausgesetzt, daß entartete Terme durch das Kristallfeld am einzelnen Gitterplatz vollständig aufgespalten werden (Ziffer 15).

[38] Diese Resonanzaufspaltung innerhalb einer Zelle heißt auch Davydov-Aufspaltung.

durch die p Werte der Quantenzahl μ, wenn die Zelle eine p-zählige Achse enthält. Ist $p \geqq 3$, so fallen nach den Ergebnissen von Ziffer 15 jeweils zwei Zustände $\{\pm\mu\}$ energetisch wieder zusammen, außer wenn $\mu = 0$ oder $\mu = p/2$ ist. Jeder so definierte Zellenzustand wird dann durch die Resonanzkopplung mit anderen Zellen wieder in Exzitonenzustände mit verschiedenen Ausbreitungsvektoren $\boldsymbol{k}$ aufgespalten, es entstehen Exzitonenbänder des Kristalls. In Abb. 48.5b ist das für den Fall $p = 2$ schematisch dargestellt.

Zusammenfassung

Vor der Behandlung experimenteller Beispiele fassen wir die Ergebnisse noch einmal zusammen: In den Ziffern 46 und 47 ist der physikalische Zusammenhang zwischen dem Termschema eines freien Atoms und dem eines aus solchen Atomen zusammengefügten Kristalls hergestellt. Die *diskreten Atomterme* werden durch das lokale Kristallfeld und die Davydov-Wechselwirkung in *Terme einer Gitterzelle* aufgespalten. Diese werden infolge der Wechselwirkung von Zelle zu Zelle zu *Exzitonenbändern.* Die Bandbreite wächst mit dem Verhältnis von interatomarer Wechselwirkung zu inneratomarer Bindungsfestigkeit der Elektronen, also mit steigender Anregungsenergie. Bänder aus hoch angeregten Atomtermen dicht unterhalb der Ionisationsgrenze überlappen einander sowie das Ionisationskontinuum der Exzitonen. In diesem Energiebereich sind die Elektronen nur schwach gebunden oder frei, und die Bändertheorie für pseudofreie Leitungselektronen ist eine bessere Näherung (Kapitel H und I).

48.5. Exzitonenspektren

Die in den Ziffern 14 ... 18 ausführlich behandelten *optischen Spektren* der *3d- und 4f-Ionen* gehören zum Grenzfall der Frenkel-Exzitonen mit zum Teil sehr schmalen Bändern. Die indirekten Übergänge ergeben vibronische Seitenbänder in den optischen Spektren, aus denen sich die Phononenzweige des Gitters bestimmen lassen (Abb. 9.21). Die Schärfe der Bänder beruht bei den 4f-Elektronen auf ihrer Lage tief im Innern der Elektronenhülle und der deshalb schwachen Überlappung der Zustände mit denen der Nachbarzellen.

Das gilt erst recht für *Röntgen-* und *γ-Terme.* In beiden Fällen hängt die Energie nicht merklich von $\boldsymbol{k}$ ab, d.h. für die phononfreien *direkten Übergänge* wird $\boldsymbol{k}' = \boldsymbol{k} = 0$ und (43.80/81) zu

$$\boldsymbol{k}_L = -m\,\boldsymbol{g}_{hkl}\,, \tag{48.28}$$

$$W_0^n - W^0 = W_0^n = \hbar\,\omega_n\,. \tag{48.29}$$

Der in diesen Fällen große Photonenimpuls $\hbar\boldsymbol{k}_L$ wird nach (48.28) vom Gesamtgitter übernommen, d.h., da dieses beliebig schwer ist, *rückstoßfrei.* Das absorbierende oder emittierende Atom[40] bleibt starr an das bei genügend tiefen Temperaturen ruhende Gitter gekoppelt. Das emittierte oder absorbierte Licht erleidet also keine Doppler-Frequenzverschiebung, die Spektrallinie hat nur die natürliche Linienbreite $\Delta\nu$. Andererseits sind die Frequenzen ν selbst sehr groß. Vor allem die γ-Strahlung hat also extrem kleine relative Linienbreiten $\Delta\nu/\nu$. Das ist die Grundlage des *Mößbauer-Effektes.*

[40] Wegen der verschwindenden Bandbreite darf von einzelnen Atomen gesprochen werden.

Bei dem für Messungen besonders oft benutzten 14,4 keV-Übergang des Fe^{57} ist $h\Delta\nu/h\nu = 5 \cdot 10^{-9}$ eV/1,44 · 10^4 eV = 3,47 · 10^{-13}. Wegen der vielen durch diese sonst nicht erreichbare Linienschärfe ermöglichten Anwendungen des Mößbauer-Effektes muß auf die Spezialliteratur verwiesen werden.

Frenkel-Exzitonen sind auch charakteristisch für die meisten *organischen Kristalle.* Man beobachtet polarisierte Elektronen-Schwingungs-Spektren der einzelnen Molekeln und die Davydov-Aufspaltung. Abb. 48.6 gibt ein Beispiel.

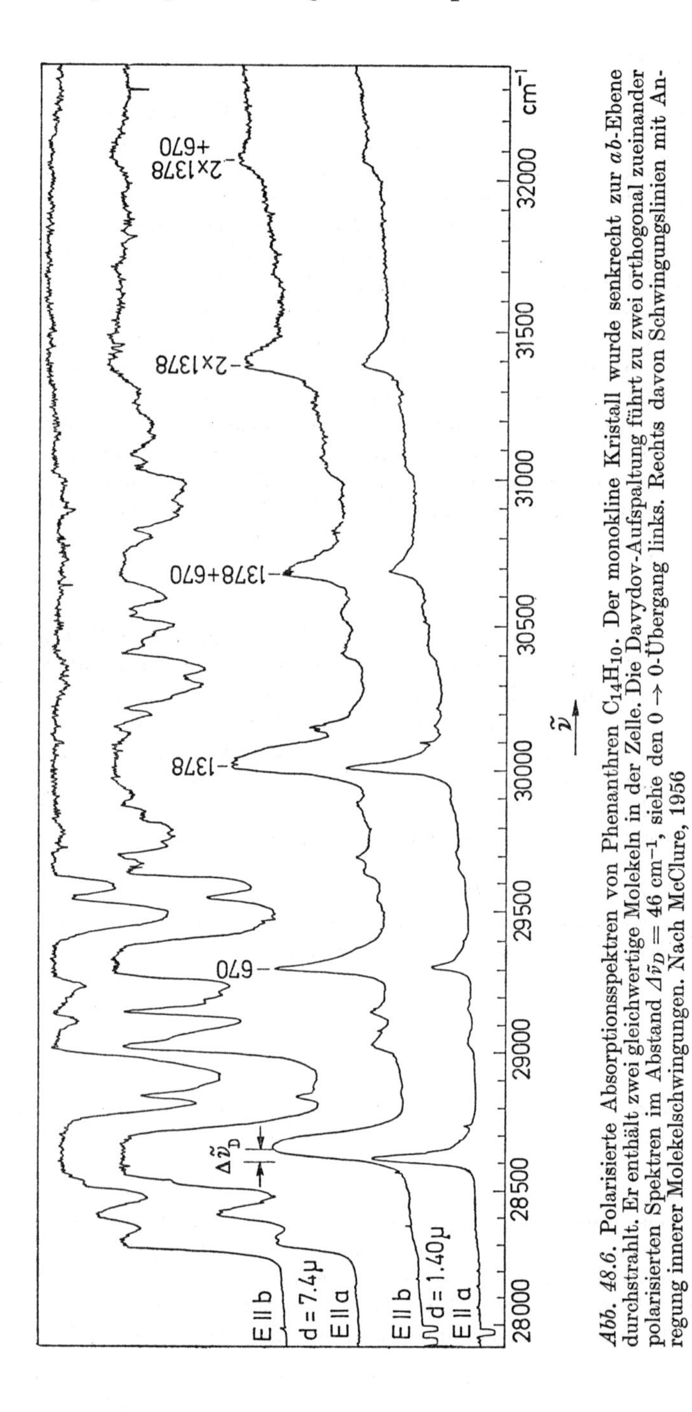

Abb. 48.6. Polarisierte Absorptionsspektren von Phenanthren $C_{14}H_{10}$. Der monokline Kristall wurde senkrecht zur *ab*-Ebene durchstrahlt. Er enthält zwei gleichwertige Molekeln in der Zelle. Die Davydov-Aufspaltung führt zu zwei orthogonal zueinander polarisierten Spektren im Abstand $\Delta\tilde{\nu}_D = 46$ cm^{-1}, siehe den $0 \to 0$-Übergang links. Rechts davon Schwingungslinien mit Anregung innerer Molekelschwingungen. Nach McClure, 1956

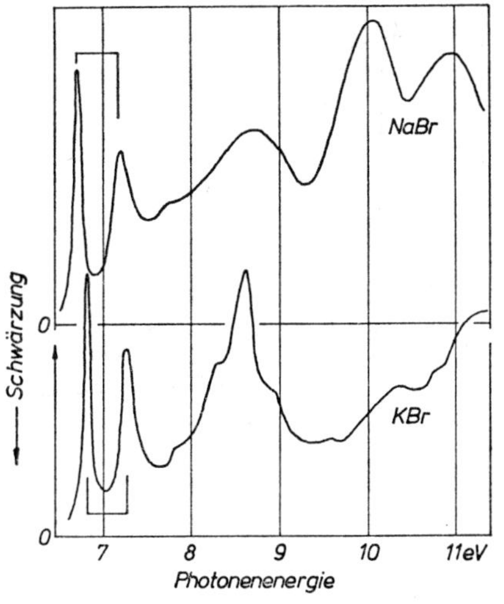

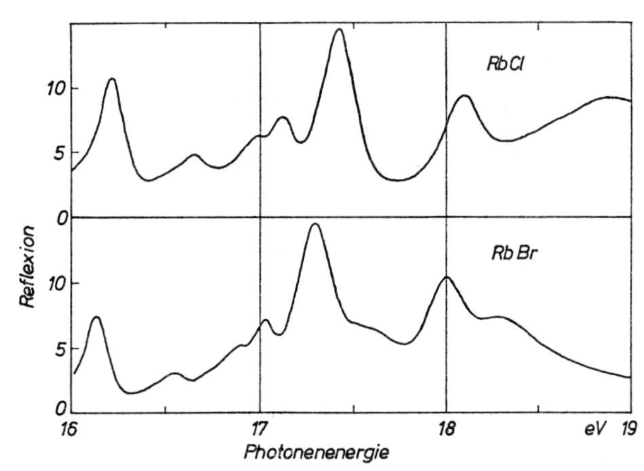

Abb. 48.7. Exzitonenspektren von Alkalihalogeniden. a) Absorptionsspektren von Br^--Exzitonen in zwei Bromiden. (Nach Eby, Teegarden und Dutton, 1959.) b) Reflexionsspektren von Rb^+-Exzitonen in zwei Rb-Halogeniden. Nach Saile u. a. 1973. Erläuterungen im Text

Die kubisch-flächenzentrierten Gitter der *Alkalihalogenide* enthalten nur Ionen mit abgeschlossenen Unterschalen, von denen die äußersten die Valenzbänder bilden.

In RbBr z.B. sind dies bei beiden Ionen dieselben Schalen, nämlich $4\,s^2\,p^6\,{}^1S_0$ Rb^+ und $4\,s^2\,p^6\,{}^1S_0$ Br^-. Die Ionisationsarbeiten aus dem Grundzustand der freien Ionen sind 27,2 eV für den Prozeß $Rb^+ \to Rb^{2+} + e$ und 3,5 eV für den Prozeß $Br^- \to Br + e$. Die Elektronen des Br^- sind also lockerer gebunden als die des Rb^+. Demzufolge sind auch die Anregungsenergien zu den diskreten angeregten Termen der Konfigurationen $4\,p^5\,5\,s$, $4\,p^5\,4\,d$ usw. im Br^- niedriger[41] als im Rb^+, d.h. die Br^--Exzitonen liegen langwelliger als die Rb^+-Exzitonen, in Übereinstimmung mit dem Experiment, Abb. 48.7. Die beiden Spektren in Abb. 48.7a sind völlig analog, d.h. sie kommen dem den beiden Substanzen gemeinsamen Br^- zu, das fast lokalisierte Exzitonen im Energiebereich 6 ... 11 eV besitzt. Die durch eine Klammer verbundenen schmalen Linien sind das Dublett $4\,s^2\,p^6\,{}^1S_0 \to 5\,s\,(4\,s^2\,p^5)\,{}^2P_{1/2,\,3/2}$, wobei die Dublettaufspaltung von 0,46 eV dem Ionenrumpf $(4\,s^2\,p^5)$ zukommt. Die ebenfalls sehr ähnlichen Spektren im höherenergetischen Bereich 16 ... 19 eV (Abb. 48.7 b) gehören zu fast lokalisierten Exzitonen des Rb^+, das den beiden verglichenen Substanzen gemeinsam ist. Zur Deutung der Spektren wird ebenso wie für das Br^- in Abb. 48.7 a) die Aufspaltung der angeregten Ionen-Niveaus im kubischen Kristallfeld herangezogen. Die relativ große Linienbreite zeigt den Exzitonencharakter. Die Spektren sind noch nicht vollständig geklärt, z.B. kann bei manchen Übergängen ein Elektron vom Anion zum Kation zurückgebracht werden (sog. *Übertragungs-* oder *Transfer-Übergänge*), vgl. Abb. 14. 1a.

Das Standardbeispiel für einen Halbleiter mit *Mott-Wannier-Exzitonen* ist das kubische *Kupfer*-I-*oxid* Cu_2O.

Die Bandstruktur ist sehr kompliziert. An den Exzitonenspektren sind nur Elektronen des Cu^+ beteiligt. Der Grundzustand (≙Valenzband) besitzt eine Dublettaufspaltung von 0,132 eV ≙ 1063 cm^{-1}. Demzufolge werden im sichtbaren Absorptionsspektrum[42] zwei Wasserstoffserien mit den Wellenzahlen (bei $T = 4{,}2$ K)

$$\text{gelbe Serie:}\quad \tilde{\nu}_n = (17\,525 - 786\,n^{-2})\ \mathrm{cm}^{-1},\quad n = 2, 3, \ldots \tag{48.30}$$

$$\text{grüne Serie:}\quad \tilde{\nu}_n = (18\,588 - 1242\,n^{-2})\ \mathrm{cm}^{-1},\quad n = 2, 3, \ldots \tag{48.30'}$$

beobachtet. Es handelt sich um direkte Übergänge mit elektrischer Dipolstrahlung, die für den Übergang nach $n = 1$ verboten ist. Dieser Übergang ist jedoch für elektrische Quadrupolstrahlung erlaubt und deshalb sehr viel

[41] Freie Br^--Ionen haben keine stabilen diskreten Anregungszustände; diese werden erst im Gitter durch die Gitterenergie (= Monopolanteil des Kristallfeldes, siehe Ziffer 15.2), die auch die Ionisierungsarbeiten modifiziert, stabilisiert.

[42] Es sind noch weitere Übergänge im *V* und *UV* zu höheren Bändern bekannt.

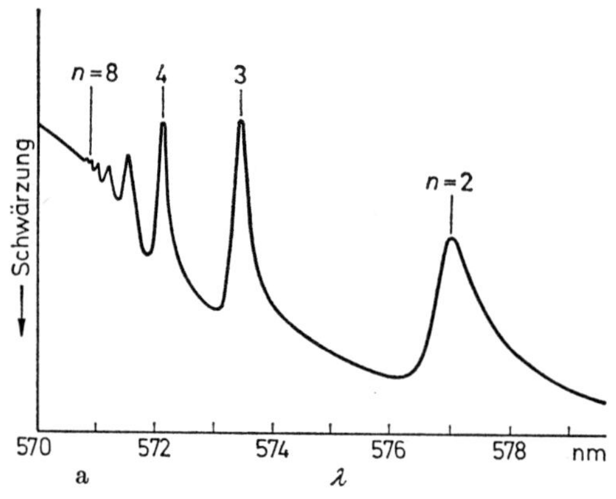

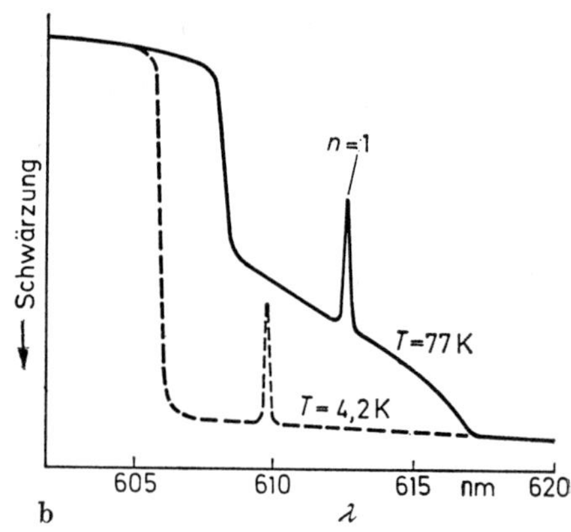

Abb. 48.8. Die gelbe Exzitonenserie des Cu_2O. a) Dipolübergänge vom Grundzustand zu den Exzitonenniveaus $n = 2, \ldots, 9$ bei $T = 4{,}2$ K. b) Quadrupolübergang zum Exzitonenniveau $n = 1$ bei $T = 77$ K und $T = 4{,}2$ K. Das überlagerte Kontinuum kommt von indirekten Übergängen und stirbt bei $T \to 0$ zum Teil aus. Schwärzung von photographischen Aufnahmen. Nach Nikitine u. a. 1962

schwächer als die übrigen. Außerdem liegt er nicht genau an der durch die Serienformel (48.30) für $n = 1$ vorhergesagten Stelle, da wegen der höheren Umlaufsfrequenz eine andere wirksame Dielektrizitätskonstante in (48.16/20) einzusetzen ist als für die Niveaus mit $n \geqq 2$ (siehe Aufgabe 48.2). In Abb. 48.8 ist die gelbe Serie wiedergegeben. Aus dem Vergleich von (48.30) mit (48.20/20′) ergeben sich die experimentellen Werte $W_G = h\,c \cdot 17\,525$ cm^{-1} $= 2{,}21$ eV für den Bandabstand und $\mu^*/m_{e0}\,\varepsilon^2 = \tilde{R}^*/\tilde{R}_\infty = 786/109\,737 = 7{,}16 \cdot 10^{-3}$ für das Verhältnis der Unbekannten μ^*/m_{e0} und ε. Mit einer aus der Leitungselektronenkonzentration geschätzten Dielektrizitätskonstante $\varepsilon \approx 10$ ergibt sich so die relative reduzierte Masse $\mu^*/m_{e0} \approx 0{,}72$. (Die Effektivmassen m_e^* und m_p^* selbst sind leider nicht bekannt.) Aus der Lage der gelben Linien ($n = 1$) bei $\tilde{\nu}_1 = 16\,399{,}5$ cm^{-1} (statt $16\,739{,}0$ cm^{-1} nach (48.30) folgt der Abstand $(17\,525 - 16\,399{,}5) \cdot h\,c = 0{,}1$ eV des tiefsten Exzitonenniveaus vom Leitungsband. Außer dem Seriengrenzkontinuum

$$\hbar\,\omega > \hbar\,\omega_\infty = h\,c \cdot 17525\ \text{cm}^{-1}$$

existiert noch ein weiteres, der Serie selbst überlagertes Kontinuum mit zwei Stufen oberhalb und unterhalb der ersten Serienlinie $n = 1$ (Abb. 48.8b). Es rührt von indirekten Übergängen (48.26/27) mit Beteiligung von Phononen der kontinuierlich verteilten Wellenzahlen $\boldsymbol{q}$ und Energien $\hbar\,\omega^{(i)}(\boldsymbol{q})$ her. Zum Beispiel gehört zur ersten Exzitonenlinie $\hbar\,\omega_1 = W_G - h\,c\,\tilde{R}^*$ das Kontinuum

$$\hbar\,\omega = W_G - h\,c\,\tilde{R}^* \pm \hbar\,\omega^{(i)}(\boldsymbol{q})\,, \tag{48.31}$$

dessen Intensitätsverteilung von der Phononenzustandsdichte und der Temperatur abhängt. Den beiden Vorzeichen entsprechen die beiden Stufen im Spektrum. Bei den tiefsten Temperaturen stirbt das langwelligere Kontinuum mit dem negativen Vorzeichen aus, da es die Existenz von thermisch angeregten Phononen voraussetzt.

Aufgabe 48.5. Zeichne in Abb. 48.4 alle möglichen Typen von indirekten Übergängen mit Erzeugung und Vernichtung von Phononen unter Befolgung der Erhaltungssätze für Energie und Wellenvektor ein.

Die meisten experimentell untersuchten Exzitonen gehören zu *Übergangstypen* zwischen den beiden geschilderten Grenzfällen, wie z.B. beim Xenon, in dem wahrscheinlich sogar Frenkel- und Mott-Wannier-Exzitonen nebeneinander vorkommen.

Da die Exzitonen am *thermischen Gleichgewicht* teilnehmen, müssen sie mit allen anderen Quasiteilchen[42a] und auch untereinander gekoppelt sein, so daß Energie zwischen verschiedenen Exzitonen ausgetauscht werden kann.

[42a] Z. B. mit Magnonen und Phononen. Die Exziton-Phonon-Kopplung ermöglicht auch die soeben besprochenen indirekten Übergänge.

Derartige *Energieübertragungsprozesse* sind von besonders großer Bedeutung z.B. in den technischen Kristallphosphoren der Leuchtstofflampen. Bei diesen wird die von einer Gasentladung emittierte, vorwiegend ultraviolette Strahlung zunächst vom Grundgitter eines auf die Innenwand des Entladungsrohres aufgestäubten Kristallpulvers absorbiert. Die Emission erfolgt dann im sichtbaren Spektralbereich durch eindotierte Fremdionen (z.B. Cu, Mn und andere), auf die die absorbierte Strahlungsenergie übertragen wird. Durch die Mischung verschiedener Fremdionen läßt sich die spektrale Energieverteilung d.h. die Farbe des emittierten Lichtes in gewünschter Weise steuern.

49. Polaronen

Wir haben bisher (Kapitel H, I, J) immer die Elektronenenergie in einem vorgegebenen starren Gitter bestimmt und Rückwirkungen der Elektronen auf das Gitter vernachlässigt. Das Versäumte holen wir jetzt nach, indem wir die Polarisation des Gitters durch ein Elektron berücksichtigen und die Energie des Gesamtsystems von Elektron plus polarisiertem Gitter berechnen. Ein solches System heißt ein *Polaron*, sein Zustand wird *Polaronenzustand* genannt.

Wir betrachten zunächst ein durch ein *Ionengitter* wanderndes Elektron. Es möge sich ursprünglich in einem scharfen angeregten Term eines bestimmten Ions befinden, also bei diesem angeregten Ion lokalisiert sein.

In einem starren streng periodischen Gitter wird dieser Term nach beiden Seiten um $\pm I$ ($I =$ Austauschintegral) zu einem Exzitonenband der Breite $2I$ verbreitert, und der Elektronenzustand ist eine über den ganzen Kristall ausgedehnte Exzitonenwelle.

In Wirklichkeit wird jedoch das Gitter in der Umgebung des Elektrons durch dessen Coulombfeld polarisiert: in jedem Fall tritt elektronische Polarisation ein, aber auch ionische Polarisation (Ziffer 29.3), wenn das Elektron so lange an seiner Stelle lokalisiert bleibt, daß die benachbarten schweren Ionen Zeit haben, dem Coulombfeld des Elektrons zu folgen. Ist dieser hier allein interessierende Fall gegeben, so verschieben sich in einer gewissen Umgebung des Elektrons, dem Deformationsbereich ΔV, die positiven Ionen auf neue Gleichgewichtslagen in größerer Nähe, die negativen Ionen auf Lagen in größerer Entfernung vom Elektron. Für diese Deformation muß eine *elastische Arbeit* aufgewendet werden. Diese hängt quadratisch von den Verschiebungen der Ionen ab (Ziffer 7.1) und läßt sich in der einfachen Form

$$F \cdot \Delta V = (C/2)\,\xi^2 \cdot \Delta V \tag{49.1}$$

schreiben, wobei die Deformationskoordinate ξ eine geeignete Funktion der relativen Verschiebungen der Ionen[43] und die Konstante $C/2$ die elastische Energiedichte F bei der Deformation $\xi = 1$ ist. Andererseits erhält der deformierte Bereich eine elektrische Polarisation[44] $P/V \sim \xi$, und das Polaron gewinnt eine *Polarisationsenergie*, die proportional ξ ist:

$$W^{\text{ion}} = -A\,\xi \cdot \Delta V. \tag{49.2}$$

Die Konstante $A > 0$ mißt die Energiedichte bei der Deformation $\xi = 1$, hängt also davon ab, wie stark sich bei der elastischen Deformation auch das Ladungsgleichgewicht ändert. Die gesamte Energieverschiebung des Polaronenzustands gegenüber dem scharfen lokalisierten Ionenterm im starren Gitter hängt also nach

$$W_{\text{Pol}}(\xi)/\Delta V = -A\,\xi + (C/2)\,\xi^2 \tag{49.3}$$

[43] ξ ist eine Art Normalkoordinate in der Umgebung des betrachteten Gitterplatzes (vgl. [M], Ziffer 24.3), also eine reine Zahl.

[44] Die Proportionalität $P/V \sim \xi$ ist eine Verallgemeinerung von (30.6).

von der Deformation ξ ab. Diese Energie hat ein Minimum

$$W_{\text{Pol}}(\xi_e)/\Delta V = -A^2/2C \tag{49.4}$$

bei einer stabilen Gleichgewichtsdeformation

$$\xi_e = A/C \tag{49.5}$$

siehe Abb. 49.1. Dieser energetisch günstige lokalisierte Polaronenzustand stellt sich ein[45], falls nicht andere Gitterzustände energetisch noch günstiger sind.

Dies kann aber schon im starren Gitter der Fall sein, wenn das Exzitonenband genügend breit ist und das Elektron einen Exzitonenzustand am unteren Bandrand besetzt. Dieser Fall ist dann ausgeschlossen, wenn die Bedingung „halbe Bandbreite kleiner als Grubentiefe", also

$$I < A^2/2C \tag{49.6}$$

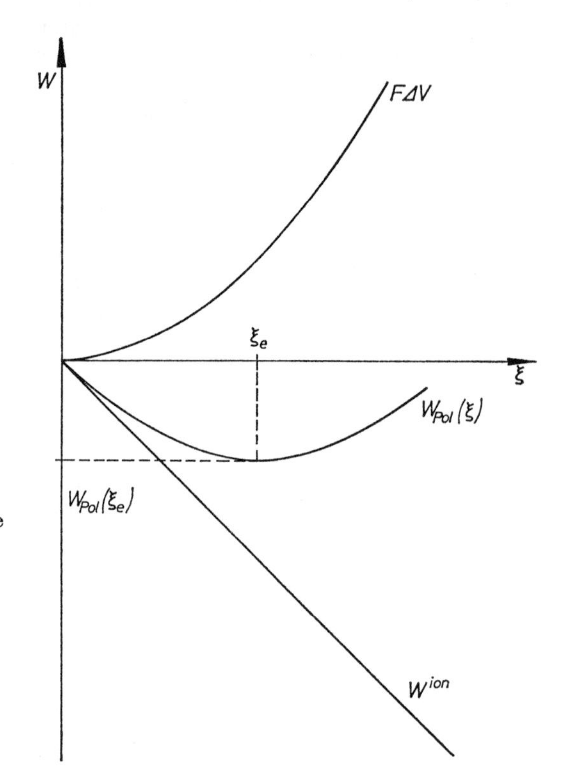

Abb. 49.1. Polaronenenergie $W_{\text{Pol}}(\xi)$ als Summe von elastischer Deormationsarbeit $F \cdot \Delta V$ und elektrischer Polarisationsenergie W^{ion} über der Deformationskoordinate ξ. Stabiler Polaronenzustand bei $\xi = \xi_e$. Nach Gerthsen, Kauer und Reik in [J 22], 1966.

erfüllt ist. Polaronenzustände können also nur in Substanzen mit genügend schmalen Energiebändern vorkommen. Eine weitere Bedingung neben (49.6) für solche Substanzen ergibt sich durch die schon oben formulierte Forderung, daß die Verweilzeit des Elektrons in einer Gitterzelle mindestens von der Größenordnung einer Gitterschwingungsdauer sein muß. Da die Ionenbewegung unter dem Einfluß des weitreichenden Coulombfeldes des Elektrons erfolgt, ist hier nach Ziffer 30.1 die Frequenz ω_L der longitudinalen Grenzschwingung einzusetzen, d.h. es muß

$$\Delta t > 1/\omega_L \tag{49.7}$$

[45] Das Elektron „gräbt sich selbst eine Grube" bei einem bestimmten Gitterplatz.

sein. Ein lokalisierter Elektronenzustand ist ein Wellenpaket, das aus allen Exzitonenzuständen des Bandes im starren Gitter aufgebaut werden kann. Da $2I$ die Breite dieses Bandes ist, gilt demnach die Unschärferelation

$$2I \cdot \Delta t = \hbar \tag{49.8}$$

für die Zeit Δt, während der dies Paket bis zum Auseinanderfließen existiert. Aus der Kombination mit (49.7) folgt die anschauliche Bedingung

$$2I < \hbar\,\omega_L \tag{49.9}$$

für die höchstzulässige Bandbreite.

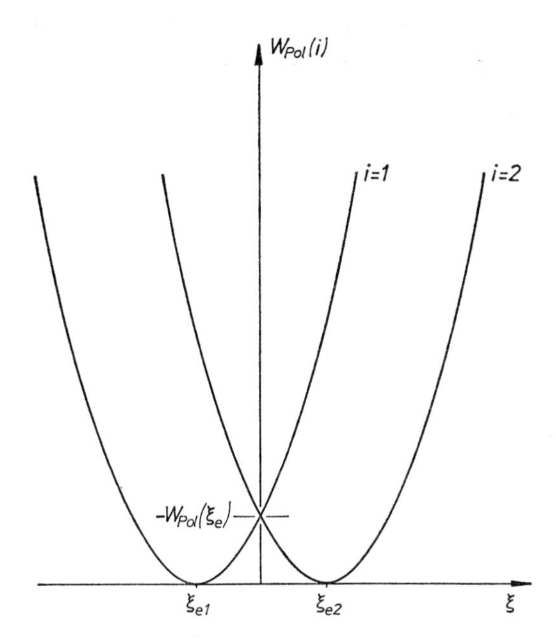

Abb. 49.2. Polaronenenergie bei zwei benachbarten Gitterplätzen $i = 1, 2$. Das Elektron wandert von einem Platz zum andern entweder durch thermisch aktiviertes Überspringen des Potentialwalls im Kurvenschnittpunkt (Hüpfprozession), oder durch Untertunneln des Walls. Nach Polder, siehe [J 22], 1966.

Die Bedeutung der Polaronenzustände für die *elektrische Leitung* ergibt sich aus Abb. 49.2. Hier ist die Polaronenenergie (49.3) als Funktion der Deformationskoordinate ξ in der Umgebung von zwei benachbarten Gitterplätzen 1 und 2 gezeichnet. Offenbar kann ein im Polaronenzustand 1 eingefangenes Elektron im Schnittpunkt der beiden Kurven, dessen Energie um $-W_{\text{Pol}}(\xi_e) = (A^2/2C) \cdot \Delta V$ über dem Minimum liegt, vom Platz 1 zum Platz 2 gelangen. Das ist bei genügend hoher Temperatur möglich infolge der mit den Gitterschwingungen verbundenen lokalen thermischen Gitterdeformationen. Das Elektron wird nach einer mittleren Verweilzeit τ_{Pol} thermisch aktiviert und „*hüpft*“[46] mit einer Frequenz $\nu_{\text{Pol}} = 1/\tau_{\text{Pol}}$ von einem Gitterplatz zum nächsten (Modell von D. Polder). Die *Beweglichkeit* hängt also nach dem Boltzmann-Faktor von der Temperatur ab:

$$b_{\text{Pol}}(T) \sim e^{W_{\text{Pol}}(\xi_e)/k_B T}. \tag{49.10}$$

Bei sehr tiefen Temperaturen erfolgt Wanderung nur durch Untertunnelung der Potentialwälle zwischen benachbarten Polaronenzuständen.

[46] Englisch: hopping process.

Auf alle Fälle ist die Beweglichkeit klein, und deshalb die *effektive Masse* $m^*_{\text{Pol}} > m_e$ des Elektrons groß[47]. Dies gilt um so mehr, je ionischer die Bindung im Gitter ist. Man unterscheidet deshalb *kleine Polaronen* (tiefe „Eingrabung" bei kleinem Deformationsbereich, lange Verweilzeit τ_{Pol}, große Effektivmasse) in extremen Ionenkristallen wie z.B. KCl ($m^*_{\text{Pol}}/m_e = 2{,}5$) und *große Polaronen* in vorwiegend kovalent gebundenen Kristallen wie InSb ($m^*_{\text{Pol}}/m_e \approx 1$), deren Gitter durch das Elektron nur schwach ionisch polarisiert werden kann. Hier ist die gewöhnliche Halbleiter-Bändertheorie mit nicht lokalisierten Elektronen im starren Gitter bereits eine gute Näherung. Zwischen diese beiden Grenzfälle sind vermutlich die Oxide und Sulfide von Übergangselementen (TiO_2, NiO) einzuordnen.

Zum Schluß sei ausdrücklich betont, daß die experimentelle Kenntnis der Polaronenzustände noch lückenhaft ist, siehe die Spezialliteratur [J 21...26].

[47] Anschaulich: das Elektron muß bei seiner Wanderung das Deformationsfeld mitschleppen.

K. Supraleitung

Schon die relativ lange Zeit zwischen der Entdeckung der Supraleitung (H. Kamerlingh Onnes 1911) und einer befriedigenden makroskopischen (C. J. Gorter und H. G. B. Casimir 1934, F. und H. London 1935) und mikrophysikalischen (J. Bardeen, L. N. Cooper, J. R. Schrieffer, *BCS-Theorie* 1957) theoretischen Beschreibung des supraleitenden Zustands zeigt, daß es sich um ein kompliziertes Gebiet handelt. Wir beschränken uns deshalb hier auf die Darstellung der grundlegenden experimentellen Tatsachen und theoretischen Vorstellungen, ohne Durchführung von Rechnungen und Anspruch auf Vollständigkeit, und verweisen im übrigen auf die Spezialliteratur.

Man unterscheidet nach ihrem makroskopischen Verhalten sogenannte *Supraleiter 1. und 2. Art.* Da sie sich im mikrophysikalischen Mechanismus nicht unterscheiden, dürfen wir zunächst einen Typ, die Supraleiter 1. Art, in den Vordergrund stellen.

50. Makroskopische Phänomene

50.1. Die elektrische Leitung im Gleichfeld

Der *spezifische elektrische Widerstand* $\varrho(T)$ von manchen Metallen, intermetallischen Verbindungen, Legierungen und Halbleitern sinkt beim Abkühlen unter eine kritische Temperatur in einem Temperaturintervall von nur $10^{-3} \ldots 10^{-2}$ K auf einen Wert ab, der experimentell von $\varrho = 0$ nicht unterschieden werden kann[1] (Abb. 50.1). Die *kritische* oder *Übergangs-* oder *Sprungtemperatur* T_c trennt also den *supraleitenden Zustand* bei $T < T_c$ vom *normalleitenden Zustand* bei $T > T_c$[2]. Die bis heute bekannten Sprungtemperaturen

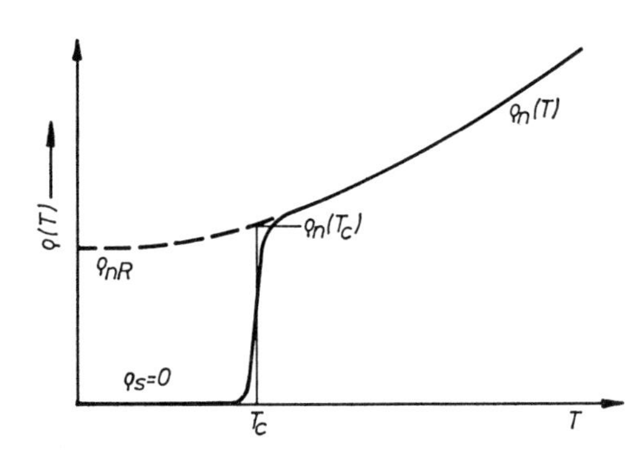

Abb. 50.1. Spezifischer Widerstand eines Supraleiters als Funktion der Temperatur, schematisch. Die Sprungtemperatur T_c hängt von chemischen und strukturellen Gitterstörungen ab, die durch den Wert des Restwiderstands ϱ_{nR} oder von $\varrho_n(T = T_c)$ charakterisiert werden. Indizes: n = normalleitend, s = supraleitend

liegen in dem Bereich zwischen $T_c = 0{,}012$ K von Wolfram und $T_c = 23{,}2$ K von Nb_3Ge. Es ist nicht bekannt, ob alle Metalle bei genügend tiefer Temperatur supraleitend werden können[3].

Die Sprungpunkte reiner Metalle können durch mechanische Erzeugung von Gitterfehlern oder durch Dotierung mit Fremdatomen verschoben werden. Sogar „amorphe" Proben mit sehr hohem Fehlordnungsgrad zeigen Supraleitung, desgleichen Verbindungen aus zwei Metallen, für die einzeln Supraleitung (noch) nicht nachgewiesen wurde. Die Sprungtemperatur verschiebt sich bei Änderung der Gitterkonstanten z.B. durch äußeren Druck und springt bei einer Änderung der Gitterstruktur (Strukturumwandlung, Ziffer 5.3) in einen anderen Wert. Zweifellos besteht also ein Einfluß der räumlichen Struktur auf die Supraleitung. Außerdem spielt die Debye-Temperatur Θ, d.h. das Phononenspektrum eine wichtige Rolle in der mikrophysikalischen Theorie, weshalb Θ in der Tabelle 50.1 angegeben ist.

[1] $\varrho < 10^{-23}\,\Omega$ cm ist nachgewiesen, der Grenzwert $\varrho = 0$ läßt sich natürlich wegen der Fehler jeder Messung nicht exakt beweisen, jedoch bestehen keine Bedenken, $\varrho = 0$ anzunehmen.

[2] Im folgenden unterschieden durch die unteren Indizes s oder n und kurz *Supra-* oder *Normalzustand* genannt.

[3] Bei Na und K liefern theoretische Abschätzungen uneinheitliche Resultate, darunter Werte von $T_c < 10^{-5}$ K und sogar $T_c < 0$ K.

Tabelle 50.1. *Kenndaten einiger Supraleiter*

Substanz	System	Θ [K]	T_c [K]	$H_c(0)$ [Gauß]	$W_g(0)$ [10^{-4}eV]	$\frac{W_g(0)}{k_B T_c}$	α	$\lambda(0)$ [10^{-8} cm]	$\varkappa = (\lambda/\xi)$ [a] bei $T = T_c$
W	kub.	390	0,012	1,07					
Be	hex.	1160	0,026						
Ir	kub.	420	0,14	$\sim$ 20					
Ti	hex.	426	0,39	100					
Ru	hex.	600	0,50	70			$<$ 0,1		
Cd	hex.	300	0,55	30	1,5	3,2	0,51	1300	
Os	hex.	500	0,65	$\sim$ 65			0,21		
Zn	hex.	310	0,88	53	2,4	3,2	0,45		
Ga	orthorh.	317	1,09	51	3,3	3,5			
Al	kub.	420	1,18	105	3,4	3,3		500	0,03
Re	hex.	430	1,70	200			0,4		
Tl	hex.	88	2,39	171	7,4	3,6	0,55	920	0,3
In	tetrag.	109	3,40	283	10,5	3,6		640	0,1
Sn	tetrag.	195	3,72	306	11,5	3,5	0,46/0,50	510[b]	0,2
α-Hg	trig.	90	4,15	412	16,5	4,6	0,504	400[b]	
Ta	hex.	260	4,49	830	14,0	3,6			0,34
La	hex.	140	4,80						
La	kub.		6,00	1100	19,2	3,7			
V	kub.	340	5,38	1410	16,4	3,4			1,7
Pb	kub.	96	7,19	803	27,3	4,4	0,46/0,50	390/440	0,4
Nb	kub.	240	9,2	1950	30,5	3,8			1,1
V_3Si	kub.		17,1						
Nb_3Sn	kub.		18,0						
$Nb_3Al_{0,8}Ge_{0,2}$	kub.		20,7						
Nb_3Ge	kub.		23,2						

[a] Für reine Metalle bestimmt an Zweistofflegierungen und Extrapolation auf die Dotierung null.
[b] Mittelwert über Anisotropie.

Wenn man die Supraleitung wegen $\varrho = 1/\sigma = 0$ einfach als *ideale Leitung* interpretiert, d.h. alle Streuprozesse (Ziffer 44.1) der Leitungselektronen für unwirksam erklärt, muß die Relaxationszeit τ als beliebig groß angenommen und $1/\tau = 0$ gesetzt werden. Dann folgt aber aus der Kombination von (44.18b) und (44.12/16) für die Stromdichte $\boldsymbol{j}_s$ nicht das Ohmsche Gesetz $\boldsymbol{j} = \sigma \boldsymbol{E}$, sondern die Differentialgleichung (s bedeutet den supraleitenden Zustand, $(N_e/V)_s$ die Anzahldichte der supraleitenden Elektronen)

$$\frac{d\boldsymbol{j}_s}{dt} = -e\left(\frac{N_e}{V}\right)_s \frac{d\boldsymbol{v}_{ds}}{dt} = \frac{e^2}{m_e}\left(\frac{N_e}{V}\right)_s \boldsymbol{E}, \tag{50.1}$$

die nach Einführung der charakteristischen Länge λ durch

$$\lambda^2 = \frac{m_e}{\mu_0 e^2 (N_e/V)_s} \tag{50.2}$$

die einfache Form

$$\frac{d\boldsymbol{j}_s}{dt} = \frac{\boldsymbol{E}}{\mu_0 \lambda^2} \tag{50.3}$$

annimmt. λ heißt die *Londonsche Eindringtiefe* und hat die Größenordnung von ≈ 100 Atomabständen im Gitter. Diese *1. Londonsche Gleichung* (R. Becker, G. Heller und F. Sauter 1933, F. und H. London 1935) spielt eine wichtige Rolle bei der makroskopischen Beschreibung eines Supraleiters. Sie allein genügt jedoch nicht, und zwar wegen der ungewöhnlichen *magnetischen Eigenschaften* eines Supraleiters (Ziffern 50.2, 50.5).

Wir wissen heute, daß nicht Elektronen, sondern *Elektronenpaare* mit der Masse $m_q = 2m_e$, der Ladung $q = -2e$ und der Konzentration $(N_q/V)_s = (1/2)(N_e/V)_s$ die Träger des Supraleitungsstromes sind (*Cooper-Paare*, Ziffer

51.1). Es ist deshalb zweckmäßig, die Gleichungen (50.1/2) allgemein mit *beliebigen* Konstanten q, m_q, $(N_q/V)_s$ in der Form

$$\frac{d\boldsymbol{j}_s}{dt} = q\left(\frac{N_q}{V}\right)_s \frac{d\boldsymbol{v}_{ds}}{dt} = \frac{q^2}{m_q}\left(\frac{N_q}{V}\right)_s \boldsymbol{E} \tag{50.1'}$$

$$\lambda^2 = \frac{m_q}{\mu_0\, q^2 (N_q/V)_s} \tag{50.2'}$$

zu schreiben. Man überzeugt sich sofort, daß beide Gleichungen unabhängig davon sind, ob der Suprastrom von Elektronen oder Elektronenpaaren getragen wird. Mit der Elektronenkonzentration von normalen Metallen (Tabelle 42.1) ergibt sich für λ die Größenordnung

$$\lambda \approx 200\,\text{Å}\,. \tag{50.2''}$$

Durch ein genügend starkes *äußeres Magnetfeld* $H^{\text{ext}} > H_c(T)$ wird die Supraleitung wieder *zerstört*[4]. Die mindestens erforderliche kritische oder Schwellenfeldstärke $H_c(T)$ wächst von $H_c(T_c) = 0$ bei $T = T_c$ bis zu einem maximalen Wert $H_c(0) = H_c^{\max}$ bei $T = 0$.

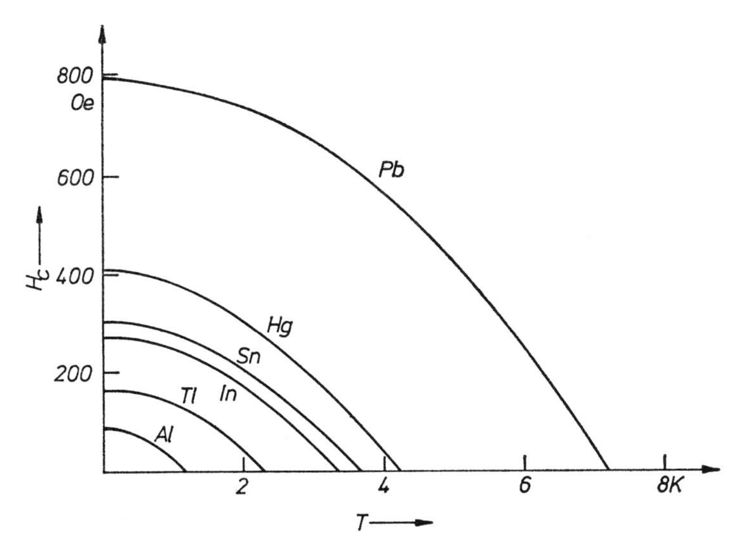

Abb. 50.2. Abhängigkeit der kritischen Magnetfeldstärke $H_c(T)$ kompakter reiner Metalle von der Temperatur. Gemessene Kurven, nach Kok parabolisch nach $T \to 0$ extrapoliert.

Je widerstandsfähiger ein Supraleiter gegen Temperaturerhöhungen ist, um so widerstandsfähiger ist er auch gegen die Störung durch ein äußeres Magnetfeld, d.h. $H_c(0)$ und Sprungtemperatur T_c sind korreliert (vgl. Tabelle 50.1). In Abb. 50.2 sind einige gemessene *Schwellenwert-* oder *Grenzkurven* zusammengestellt. Jede Kurve ist die Grenze zwischen dem Existenzbereich des *Normalzustandes* rechts oberhalb und dem des *Suprazustandes* links unterhalb der Kurve. Auf der Kurve selbst existieren beide Zustände oder Phasen[5] im Gleichgewicht miteinander. Der Phasenübergang ist reversibel (siehe Ziffer 50.2). Nach der Thermodynamik reversibler Phasenübergänge geht die freie Enthalpiedichte[6]

$$G/V = (U - TS - \boldsymbol{H}^{\text{ext}}\boldsymbol{M} + p\,V)/V \tag{50.4}$$

stetig durch die Grenzkurven hindurch. Deshalb muß in unserem Fall in jedem Punkt (H_c, T) der Grenzkurve bei Annäherung aus den beiden Phasen s und n

$$G_s(H_c, T) = G_n(H_c, T) \tag{50.5}$$

[4] Auf die Gestalt von kompakten Probekörpern und auf die Orientierung des Magnetfeldes dazu kommt es im allgemeinen nicht an. Siehe Ziffer 50.3.

[5] Auch *Normalphase* und *Meißner-Phase* genannt.

[6] U = innere Energie, S = Entropie, $\boldsymbol{M}/V$ = Magnetisierung des Elektronensystems. Da Rückwirkungen auf das Gitter im folgenden überall vernachlässigt werden sollen, wird das Glied $p\,V$ in derselben Näherung als unabhängig vom Übergang $n \leftrightarrow s$ angesehen, fällt also in (50.5) heraus.

sein. Diese wichtige Energiebeziehung zwischen den beiden Phasen kann erst dann weiter ausgewertet werden, wenn die Magnetisierung $\boldsymbol{M}/V$ in einem Supraleiter bekannt ist. Dieser Frage wenden wir uns deshalb sofort zu.

50.2. Die Magnetisierung

W. Meißner und R. Ochsenfeld haben 1933 experimentell gefunden, daß ein homogener Supraleiter nicht nur ein *idealer Leiter* ($\varrho \equiv 0$), sondern auch ein *idealer Diamagnet* ($\chi \equiv -1$) ist. Sie stellten fest, daß im Innern einer dem homogenen äußeren Magnetfeld[7] $\boldsymbol{H}^{\text{ext}}$ ausgesetzten supraleitenden ellipsoidförmigen Probe, die der Einfachheit halber mit einer Achse parallel zu $\boldsymbol{H}^{\text{ext}}$ orientiert sein soll[8], die homogene magnetische Flußdichte

$$\boldsymbol{B}_s^{\text{int}} \equiv 0 \tag{50.6}$$

herrscht, solange $\boldsymbol{H}^{\text{ext}}$ eine unten angegebene kritische Größe nicht überschreitet (Ziffer 50.3). Wenn die Definitionen[9]

$$\boldsymbol{B}^{\text{int}} = \mu\mu_0 \boldsymbol{H}^{\text{int}} = \mu_0 \boldsymbol{H}^{\text{int}} + \boldsymbol{M}/V, \tag{50.7}$$

$$\boldsymbol{M}/V = \chi\mu_0 \boldsymbol{H}^{\text{int}}, \tag{50.8}$$

$$\boldsymbol{H}^{\text{int}} = \boldsymbol{H}^{\text{ext}} - N\mu_0^{-1}\boldsymbol{M}/V \tag{50.9}$$

auch für eine supraleitende Probe gelten sollen, folgt, wie man sich leicht überzeugt, aus (50.6), daß sich in der homogen supraleitenden Probe eine homogene diamagnetische Magnetisierung

$$\boldsymbol{M}_s/V = -\mu_0 \boldsymbol{H}_s^{\text{int}} = -\mu_0 \boldsymbol{H}^{\text{ext}}/(1-N) \tag{50.10}$$

einstellt, die dem äußeren Feld entgegengerichtet und der äußeren und inneren Feldstärke direkt proportional ist, so daß die Materialkonstanten die Werte

$$\mu_s = 1 + \chi_s \equiv 0, \quad \chi_s \equiv -1 \tag{50.11}$$

besitzen. Wenn man wie üblich die Verteilung und Größe der Flußdichte $\boldsymbol{B}$ durch magnetische Feldlinien veranschaulicht, so erscheinen alle Feldlinien aus dem Innern der Probe in den Außenraum *verdrängt*, da die Magnetisierung die Flußdichte im Probeninnern kompensiert und im Außenraum verstärkt, siehe Abb. 50.3/4, Zustand E.

Dies Ergebnis ist unabhängig vom experimentellen Weg (Abb. 50.5), d.h. *reversibel*. Man kann z.B. zuerst vom Anfangspunkt A bei $\boldsymbol{H}^{\text{ext}} = 0$ bis unter T_c abkühlen und dann das Magnetfeld einschalten (Weg ABE), oder zuerst im Normalzustand magnetisieren und dann bis zum Suprazustand abkühlen (Weg ACE): Der Zustand ist allein durch die Zustandsvariablen ($\boldsymbol{H}^{\text{ext}}$, T) eindeutig bestimmt. Dies bedeutet, daß der ideale Diamagnetismus nicht, wie man zuerst vermuten könnte, auf die ideale Leitfähigkeit zurückgeführt werden kann (siehe die Aufgabe 50.1). Beide Eigenschaften sind voneinander *unabhängige, gleichberechtigte Kennzeichen des Suprazustandes* (*Meißner-Ochsenfeld-Effekt*).

Die sehr starke negative Magnetisierung[10] (50.10) im äußeren Feld wird nicht, wie beim Diamagnetismus des Normalzustandes (Ziffern 20 und 42.4.6) durch induzierte mikrophysikalische Ringströme im Innern der Atome und der Probe erzeugt, sondern wie wir sehen werden, durch eine induzierte makroskopische Stromverteilung, die in einer dünnen Oberflächenschicht (Ziffer 50.5) die ganze Probe umfaßt und sich so einstellt, daß sie die von außen

---

[7] Gemessen vor Einbringen des Probenellipsoides. Ihm überlagert sich das von dem magnetischen Moment $\boldsymbol{M}$ der Probe herrührende Magnetfeld. So entsteht ein inhomogenes resultierendes Magnetfeld.

[8] Ohne Beeinträchtigung der Allgemeingültigkeit des Ergebnisses.

[9] Zu dem hier benutzten Maßsystem siehe Ziffer 19.1 und den Anhang. Wir setzen eine magnetisch isotrope Substanz, also skalare Materialkonstanten voraus. N ist der Entmagnetisierungsfaktor in der feldparallelen Achsenrichtung.

[10] Man beachte, daß $\chi_s \approx 10^6 \cdot \chi^{\text{dia}} = 10^6 \chi_n$!

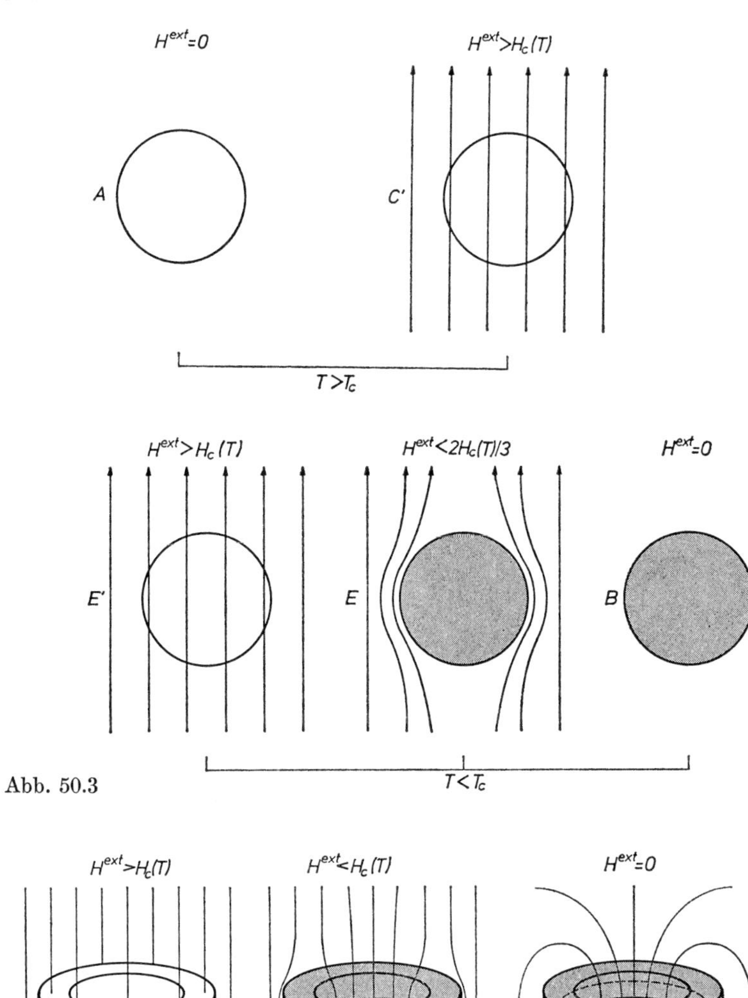

Abb. 50.3

Abb. 50.3. Übergang einer Kugel vom homogenen Normalzustand (weiße Kugel) in den homogenen Suprazustand (schattierte Kugel) auf dem in Abb. 50.5 angegebenen Weg $AC'E'EB$. Auf jedem anderen Weg nach B stellt sich derselbe Zustand ein (Reversibilität des Meißner-Effekts)

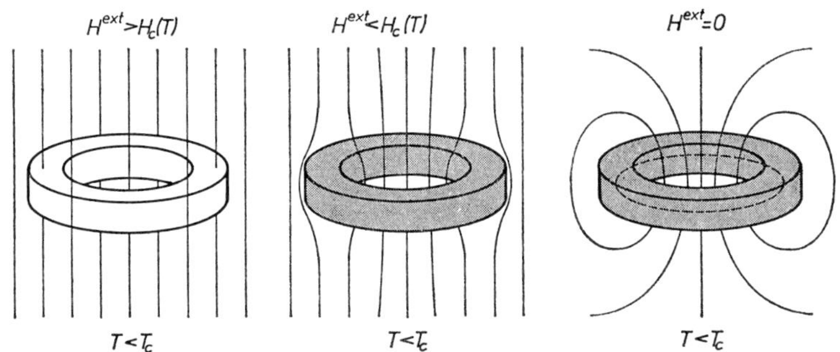

Abb. 50.4

Abb. 50.4. Übergang eines Ringes vom homogenen Normalzustand (weißer Ring) in den homogenen Suprazustand (schattierter Ring) auf einem dem Weg $E'EB$ analogen, der anderen Probengeometrie angepaßten Weg. Näheres siehe im Text. Die gestrichelte Kurve im Ring wird in Ziffer 50.6 erläutert.

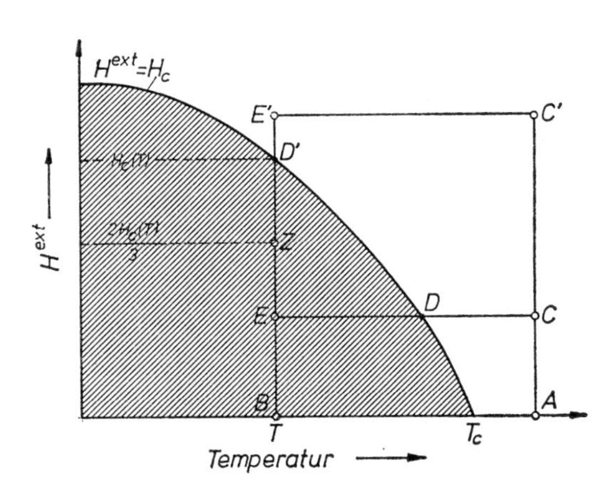

Abb. 50.5

Abb. 50.5. Zur Reversibilität der homogenen $s \leftrightarrow n$-Umwandlung einer Kugel ($N = 1/3$). Vergleiche den Text und Abb. 50.3. Die Kugel ist homogen im Suprazustand auf den Strecken BEZ und DE, homogen im Normalzustand auf der Strecke $D'\ E'\ C'\ CD\ CA$, und im supraleitenden Zwischenzustand auf der Strecke ZD' (Ziffer 50.3). Der Zwischenzustandsbereich hängt von der Probenform ab, er schrumpft zusammen, wenn das Probenellipsoid in Feldrichtung verlängert wird und verschwindet ($Z \to D'$) bei feldparallelen Zylindern ($N = 0$)

angelegte Kraftflußdichte an jeder Stelle im Innern der Probe kompensiert, diese also gegen das äußere Feld abschirmt (*Abschirmströme*), und das Feld im Außenraum verstärkt. In der Oberflächenschicht, deren Dicke wir bisher vernachlässigt haben, wächst $\boldsymbol{B}$ stetig von $\boldsymbol{B}^{\text{int}} = 0$ im Innern auf den endlichen Wert an der Oberfläche an (Ziffer 50.5). Mit $\boldsymbol{H}^{\text{ext}} \to 0$ verschwinden auch die Magnetisierung (50.10) und die Abschirmströme.

Das Meißnersche Ergebnis (50.6) ist bei kompakten makroskopischen[11] Proben unabhängig von deren topologischem Zusammenhang. Führt man ein dem in Abb. 50.3 beschriebenen analoges Experiment nicht mit einem *Ellipsoid* (einfacher Zusammenhang), sondern mit einem *Ring* (zweifacher Zusammenhang) durch, so ergibt sich der in Abb. 50.4 skizzierte Übergang: wird der Ring in einem überkritischen Magnetfeld bis unter den Sprungpunkt abgekühlt (E'), und wird dann das Feld genügend weit[11] geschwächt, so gelangt das Innere des Ringes in den homogenen Suprazustand (E), d.h. das Feld wird durch Abschirmströme aus ihm verdrängt, durchsetzt aber die Öffnung des Ringes. Beim Abschalten des äußeren Feldes (B) wird deshalb ein einsinniger resultierender Suprastrom[12] in dem Ring induziert, der einen magnetischen Fluß durch den Ring umfaßt. Diesen wesentlichen Unterschied gegenüber einfach zusammenhängenden Proben werden wir später näher diskutieren (Ziffer 50.6). Bekanntlich kann mit Hilfe dieses Magnetfeldes die Existenz des verlustlosen Supra-Ringstroms über beliebig lange Zeit nachgewiesen werden (*Dauerstrom*).

Aufgabe 50.1. a) Beschreibe die Veränderungen des homogenen Probenzustands beim Durchlaufen der beiden Wege ABE und ACE oder ABE und $AC'E'E$ in Abb. 50.5
α) unter alleiniger Voraussetzung der idealen Leitfähigkeit,
β) unter Hinzunahme des idealen Diamagnetismus.
b) Dasselbe für die Kreisprozesse $ABECA$ und $ACEBA$. Führt der Kreisprozeß in beiden Fällen und in beiden Richtungen zum Anfangszustand der Probe zurück?

Hinweise: Diamagnetische kugelförmige Probe. Im Normalzustand $\chi_n^{\text{dia}} \approx 0$. Qualitative Beschreibung, mit Feldlinienbildern analog zu Abb. 50.3.

Aufgabe 50.2. Beschreibe qualitativ die Oberflächenströme in Abb. 50.4. Hinweis: Im Innern des supraleitenden Ringes gilt immer $\boldsymbol{B}_s^{\text{int}} = 0$.

50.3. Zwischenzustand und Magnetisierungskurve

In der vorigen Ziffer war vorausgesetzt worden, daß sich die supraleitende Probe an jeder Stelle im gleichen magnetischen Zustand (50.6/10) befindet (*homogener Suprazustand*). Diese Voraussetzung ist jedoch nicht bei jeder Probenform erfüllt. Wir diskutieren das durch den Vergleich von ellipsoidischen Proben mit verschiedenem Achsenverhältnis.

Wir setzen zunächst voraus, daß die Probe sich *homogen im Suprazustand* befindet. Dann herrscht im Innern eines supraleitenden Rotationsellipsoids mit feldparalleler Achse das homogene *innere Feld* nach (50.10):

$$\boldsymbol{H}_s^{\text{int}} = \boldsymbol{H}^{\text{ext}}/(1 - N) \qquad (50.12)$$

(N = Entmagnetisierungsfaktor, $0 \leqq N \leqq 1$). Dies *innere* Feld wirkt auf die Elektronen, so daß man erwarten muß, daß die Probe sich bei $H_s^{\text{int}} < H_c(T)$ homogen im Suprazustand, bei $H_s^{\text{int}} > H_c(T)$ homogen im Normalzustand befindet.

[11] Hier ist vorausgesetzt, daß sich die Probe im homogenen Suprazustand befindet, nicht in einem Zwischenzustand nach Ziffer 50.3. Das ist in genügend schwachen äußeren Magnetfeldern erfüllt.

[12] Der auch nur in einer Oberflächenschicht fließen kann (Ziffer 50.5).

Im Grenzfall eines *unendlich langen Zylinders* ist das auch der Fall. Hier ist $N = 0$, nach (50.12) also $\boldsymbol{H}_s^{\text{int}} = \boldsymbol{H}^{\text{ext}}$, so daß zusammen mit H^{ext} auch H^{int} den kritischen Wert $H_c(T)$ überschreitet. Tatsächlich erfolgt dabei nach dem Experiment wie erwartet an allen Stellen der Probe zugleich der Übergang in den Normalzustand, und die homogene Magnetisierung geht vom Wert

$$\boldsymbol{M}_s/V = -\mu_0 \boldsymbol{H}_s^{\text{int}} = -\mu_0 \boldsymbol{H}^{\text{ext}} \tag{50.13}$$

nach (19.13/14) homogen auf

$$\boldsymbol{M}_n/V = \chi^{\text{dia}} \mu_0 \boldsymbol{H}^{\text{int}} = \chi^{\text{dia}} \mu_0 \boldsymbol{H}^{\text{ext}} = 0\,, \tag{50.14}$$

wobei $-\chi_s = 1$ und $-\chi_n = -\chi^{\text{dia}} \ll 1$ benutzt ist. Die *Magnetisierungskurve* nach (50.13/14) ist in Abb. 50.6 dargestellt, zusammen mit der für eine Kugel ($N = 1/3$), die wir sofort diskutieren.

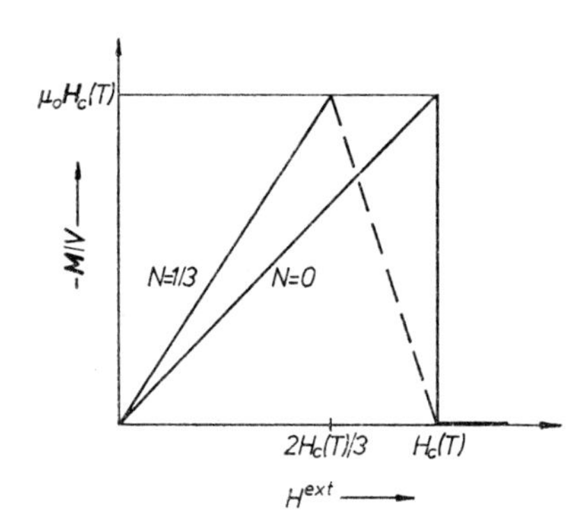

Abb. 50.6. Über die ganze Probe gemittelte Magnetisierung eines feldparallelen Zylinders ($N = 0$) und einer Kugel ($N = 1/3$) als Funktion der äußeren Magnetfeldstärke bei konstanter Temperatur $T < T_c$. Diese Magnetisierungskurven werden bei Änderungen der Feldstärke reversibel durchlaufen. Ausgezogene Kurven: Suprazustand, gestrichelte Kurven: Zwischenzustand. Im Normalzustand ($H^{\text{ext}} > H_c(T)$) ist wegen $|\chi^{\text{dia}}| \ll 1$ näherungsweise $\boldsymbol{M}_n/V = 0$ angenommen.

Bei einem *Rotationsellipsoid* mit endlichem Achsenverhältnis ist $0 < N < 1$, d.h. $(1 - N) < 1$, und nach (50.12) würde das homogene innere Feld (50.12) bereits überall den kritischen Schwellenwert

$$H_s^{\text{int}} = H_c(T) \tag{50.15a}$$

überschreiten und den Suprazustand vernichten, wenn das äußere Feld erst den unterkritischen Wert

$$H^{\text{ext}} = (1 - N)\, H_s^{\text{int}} = (1 - N)\, H_c(T) \tag{50.15b}$$

überschreitet. Würde aber der Suprazustand wirklich zusammenbrechen, so würde wegen $\chi^{\text{dia}} \approx 0$ dies innere Feld gleich dem äußeren, also nach (50.15b) gleich $(1 - N) H_c(T) < H_c(T)$, und die Probe wäre bereits in einem unterkritischen Magnetfeld im Normalzustand. Aus diesem Dilemma muß nach R. Peierls und F. London (1936) geschlossen werden, daß ein homogener Zustand der Probe gar nicht mehr existiert, sobald das Magnetfeld die kritischen Werte (50.15) überschreitet. Steigert man die äußere Feldstärke H^{ext} stetig von Null an, so wächst zwar auch die negative Magnetisierung zunächst homogen in der ganzen Probe an, bis sie bei $H^{\text{ext}} = (1 - N) H_c(T)$, d.h. $H^{\text{int}} = H_c(T)$ den Maximalwert $-\boldsymbol{M}_s/V = \mu_0 \boldsymbol{H}_c(T)$ erreicht (der von der Probenform (von N) unabhängig ist, siehe Abb. 50.6). Bei weiterer Steigerung von H^{ext} bildet sich aber in der Probe ein sogenannter *Zwischenzustand* aus. Die Probe wird unterteilt in supraleitende Bereiche mit $B_s^{\text{int}} = 0$, $-\boldsymbol{M}_s/V = \mu_0 \boldsymbol{H}_c(T)$ und normalleitende Bereiche mit[14] $B_n^{\text{int}} \geqq \mu_0 H_c(T)$, $-\boldsymbol{M}_n/V = 0$ deren Gren-

[14] Das Magnetfeld wird aus den supraleitenden Bereichen heraus und in die normalleitenden Bereiche zusammengedrängt! Bei strukturellem Gleichgewicht zwischen n- und s-Bereichen gilt das Gleichheitszeichen.

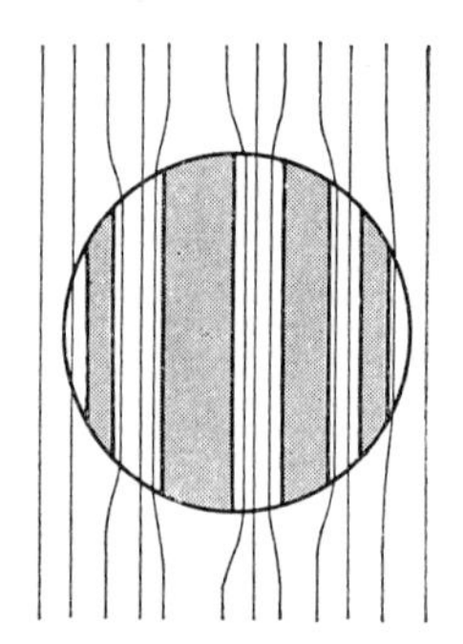

Abb. 50.7. Supraleitende Kugel in einem inhomogenen Zwischenzustand bei $T < T_c$ und einem äußeren Magnetfeld H^{ext} im Bereich $(2/3)\, H_c(T) < H^{\text{ext}} < H_c(T)$, schematisch. Der Zustandspunkt liegt in Abb. 50.5 zwischen Z und D' und wandert bei wachsendem $\boldsymbol{H}^{\text{ext}}$ nach oben, wobei die Suprabereiche von den Normalbereichen aufgezehrt werden. Vergleiche die homogenen Zustände der Kugel in Abb. 50.3

zen parallel zum Feld liegen (Abb. 50.7). Bei weiter wachsender äußerer Feldstärke wachsen die Normalbereiche auf Kosten der Suprabereiche im ganzen Zwischenzustandsgebiet $H^{\text{ext}} \leqq H_c(T)$ so an, daß die über alle Bereiche *gemittelte Magnetisierung* gemäß

$$\overline{\boldsymbol{M}}_s/V = -\mu_0[\boldsymbol{H}_c(T) - \boldsymbol{H}^{\text{ext}}]/N \qquad (50.16)$$

linear mit $\boldsymbol{H}^{\text{ext}}$ vom Maximalwert auf Null geht. Die Probe ist also *homogen im Suprazustand* für $H^{\text{ext}} < (1 - N)H_c(T)$, *homogen im Normalzustand* für $H^{\text{ext}} > H_c(T)$ und in einem *inhomogenen Zwischenzustand* im dazwischenliegenden Feldintervall. Aus (50.16) folgen noch für die über alle Bereiche *gemittelte innere Feldstärke* und *Flußdichte* die Beziehungen (siehe (19.13/13'))

$$\overline{\boldsymbol{H}}^{\text{int}} = \boldsymbol{H}^{\text{ext}} - (N)\,\mu_0^{-1}\,\overline{\boldsymbol{M}}_s/V = \boldsymbol{H}_c(T)\,, \qquad (50.17)$$

$$\overline{\boldsymbol{B}}^{\text{int}} = \mu_0\,\overline{\boldsymbol{H}}^{\text{int}} + \overline{\boldsymbol{M}}/V$$
$$= \mu_0\,\boldsymbol{H}_c(T) - \mu_0[\boldsymbol{H}_c(T) - \boldsymbol{H}^{\text{ext}}]/N\,. \qquad (50.18)$$

Die über die Probe *gemittelte* innere Feldstärke ist also gerade die kritische Feldstärke.

Man kann die normalleitenden und die supraleitenden *Bereiche* auf der Oberfläche einer flachen Probe *sichtbar* machen, z.B. durch Dekoration mit einem supraleitenden, d.h. stark diamagnetischen Metallpulver, das aus den starken Magnetfeldern der normalleitenden Bereiche herausgedrängt wird[15], oder mit Hilfe des Faraday-Effektes in einer auf die Oberfläche gebrachten magneto-optisch aktiven Substanz, in der die Magnetfelder der Normalbereiche das Reflexionsvermögen für polarisiertes Licht verändern, siehe Abb. 50.8, s. S. 597.

Der *elektrische Widerstand* eines im Zwischenzustand befindlichen Ellipsoids hängt naturgemäß von der Orientierung des elektrischen Feldes $\boldsymbol{E}^{\text{ext}}$ zu den Bereichen, d.h. zum Magnetfeld $\boldsymbol{H}^{\text{ext}}$ ab. Er verschwindet für $\boldsymbol{E}^{\text{ext}} \parallel \boldsymbol{H}^{\text{ext}}$ und ist für $\boldsymbol{E}^{\text{ext}} \perp \boldsymbol{H}^{\text{ext}}$ eine Funktion von H^{ext}, da in diesem Fall normal- und supraleitende Bereiche zum Teil „in Serie geschaltet" sind, vergleiche Abb. 50.7/8. Bei $H^{\text{ext}} < (1 - N)H_c(T)$ ist die Probe supraleitend, bei $H^{\text{ext}} \geqq H_c(T)$ normalleitend, im Zwischenbereich wächst der Widerstand stetig an.

Auf eine nähere Analyse des Zwischenzustandes wollen wir hier zunächst zugunsten von Ziffer 53 verzichten. Es besteht eine gewisse Analogie zur Ausbildung von Domänen in einer ferromagnetischen Probe. Hier wie dort sind die entscheidenden Größen die Oberflächen- oder Wandenergie und eine endliche Wanddicke[16] an der Grenze zwischen verschiedenen Bereichen (siehe Ziffer 24.4.2).

Aufgabe 50.3. Beweise die Gleichungen (50.17) und (50.18) und berechne den gesamten magnetischen Fluß durch den Äquator eines Rotationsellipsoides als Funktion von H^{ext} für alle $H^{\text{ext}} \lesseqgtr H_c(T)$ und $\boldsymbol{H}^{\text{ext}} \parallel$ Rotationsachse.

[15] Oder mit einem ferromagnetischen Pulver, das gerade die normalleitenden Bereiche bevorzugt.

[16] Bis hierher als Null angenommen.

Aufgabe 50.4. Beweise, daß die für die isotherme magnetische Überführung eines Ellipsoids vom Supra- in den Normalzustand erforderliche magnetische Arbeit $-\int_0^{H_c} \boldsymbol{M} d\boldsymbol{H}^{\text{ext}} = \mu_0 V H_c^2/2$ unabhängig von der Probenform (von N), d.h. von der Ausbildung von Zwischenzuständen ist.

Hinweis: Abb. 50.6, Gleichung (50.16).

Aufgabe 50.5. Bei einem vorgegebenen äußeren Magnetfeld H^{ext} im Zwischenbereich ist das Volumverhältnis von n- zu s-Bereichen stabil. Beschreibe qualitativ den Mechanismus der Stabilisierung.

Hinweis: Was würde geschehen, wenn das Verhältnis etwas geändert würde?

50.4. Thermodynamische Eigenschaften

Nachdem uns jetzt die Magnetisierung eines Supraleiters bekannt ist, können wir die thermodynamische Behandlung der *Phasenumwandlung* $n \leftrightarrow s$ wieder aufnehmen. Da wir die Gleichgewichtsbedingung (50.5) ausnützen wollen, berechnen wir die elektronische freie Enthalpie $G = G(T, H^{\text{ext}})$ des Probenellipsoids als Funktion der freien Variablen T und H^{ext}, wofür wir hier einfacher $H^{\text{ext}} \equiv H$ schreiben wollen[17]. Aus

$$G = U - TS - \boldsymbol{HM} \tag{50.19}$$

folgt mit (24.121) unter Vernachlässigung der Verformungsarbeit $p\,dV \approx 0$

$$dG = -S\,dT - \boldsymbol{M}\,d\boldsymbol{H}. \tag{50.20}$$

Isotherme ($dT = 0$) Magnetisierung von H_0 bis H bei der Temperatur T liefert

$$G(H, T) = G(H_0, T) - \int_{H_0}^{H} \boldsymbol{M}\,d\boldsymbol{H}. \tag{50.21}$$

Das letzte Glied ist die vom Magnetfeld an der Probe geleistete Arbeit. Wegen $\boldsymbol{M} d\boldsymbol{H} < 0$ (Diamagnetismus!) ist sie positiv, die Energie der Probe wird erhöht.

Im *Suprazustand* ($0 \leqq H \leqq H_c$) gibt das wegen (50.10) mit $H_0 = 0$

$$G_s(H_c, T) = G_s(0, T) + V\mu_0 H_c^2(T)/2\,. \tag{50.22}$$

Dabei ist ein feldparalleler unendlich langer Zylinder, d.h. $N = 0$ vorausgesetzt worden, da nur in diesem Fall die ganze Probe homogen in den anderen Zustand übergeht. Im *Normalzustand*, der bei derselben Temperatur T nur durch Anwendung genügend starker Magnetfelder $H > H_c(T)$ erzwungen werden kann, gibt (50.21) mit (50.14) und $H_0 = H_c$

$$G_n(H, T) = G_n(H_c, T) = G_n(0, T)\,. \tag{50.22'}$$

Das ist unabhängig von H[18], weshalb es auch auf $H = 0$ angewandt werden darf, obwohl dort der Zustand nicht stabil ist (rechte Seite von (50.22')). Kombiniert man jetzt (50.22), (50.22') und (50.5), so erhält man die wichtige Gleichung (C. J. Gorter, H. B. G. Casimir 1934)

$$G_n(0, T) = G_s(0, T) + V\mu_0 H_c^2(T)/2\,. \tag{50.23}$$

Der *Enthalpieunterschied*

$$\Delta G(T) = G_s(0, T) - G_n(0, T) = -V\mu_0 H_c^2(T)/2\,, \tag{50.23'}$$

durch den der Suprazustand gegenüber dem Normalzustand *stabilisiert* wird, verschwindet am Übergangspunkt $T = T_c$ und wächst

[17] Volum V und Druck p werden als konstant vorausgesetzt. Wir betrachten nur das Elektronensystem, so daß auch Rückwirkungen auf das Gitter, wie z.B. die (sehr kleinen) Längenänderungen beim $n \leftrightarrow s$-Übergang hier nicht diskutiert werden.

[18] Dies gilt nur, weil in (50.14) der Spin-Magnetismus vernachlässigt wurde. Das ist oft, aber nicht immer eine gute Näherung.

mit $H_c^2(T)$ bei sinkender Temperatur an. Aber selbst der Maximalwert bei $T = 0$ ist noch außerordentlich klein: wegen $H_c(0) \gtrsim 500$ Oe (Abb. 50.2; $4\pi \cdot 10^3$ Oe $\triangleq 1\,\mathrm{A\,m^{-1}}$) ist nur

$$\varDelta G(0) \approx 5 \cdot 10^{-3}\,\mathrm{cal\,mol^{-1}}, \tag{50.23''}$$

während z.B. die Verdampfungswärme von Helium gleich $Q = 22\,\mathrm{cal\,mol^{-1}}$ beträgt.

Aus (50.23) folgen sofort auch die elektronischen *Entropien* und *Wärmekapazitäten*[19] mit den allgemeinen thermodynamischen Relationen

$$S(H, T) = -\frac{\partial G(H, T)}{\partial T}, \tag{50.24a}$$

$$C(H, T) = T\frac{\partial S(H, T)}{\partial T}. \tag{50.24b}$$

Nach (50.23) ist also

$$S_n(0, T) = S_s(0, T) - V\mu_0 H_c(T)\frac{dH_c(T)}{dT}. \tag{50.25}$$

Da nach dem Nernstschen Satz am absoluten Nullpunkt $S_n(0, 0) = S_s(0, 0) = 0$ sein muß, ist nach (50.25) bei $T = 0$

$$\lim_{T\to 0}\frac{dH_c(T)}{dT} = 0. \tag{50.26}$$

Bei $T > 0$ ist $dH_c/dT < 0$, so daß nach (50.25) der Suprazustand eine kleinere Entropie, d.h. eine größere mikrophysikalische Ordnung besitzt, als der Normalzustand. Die Frage nach dem Wesen dieses *Ordnungszustandes* konnte erst 1957 durch die BCS-Theorie beantwortet werden (Ziffer 51). Am Sprungpunkt $T = T_c$ ist $H_c(T) = 0$, also wieder $S_n(0, T_c) = S_s(0, T_c)$, d.h. die *latente Wärme*

$$Q(0, T_c) = T_c[S_n(0, T_c) - S_s(0, T_c)] = 0 \tag{50.27}$$

für die Umwandlung bei $T = T_c$ verschwindet. Es kann sich also nicht um eine Umwandlung 1. Ordnung handeln[20].

Bei beliebigen Zwischentemperaturen $0 < T < T_c$ ist (siehe die Aufgaben 50.4 und 50.5)

$$Q(H_c, T) = T[S_n(H_c, T) - S_s(H_c, T)] > 0, \tag{50.27'}$$

d.h. bei der Umwandlung $n \to s$ wird Wärme frei[21].

Nach (50.24b) und (50.25) ist im Suprazustand

$$\begin{aligned} C_s(0, T) &= C_n(0, T) + (V\mu_0 T/2)\, d^2H_c^2/dT^2 \\ &= C_n(0, T) + V\mu_0 T[H_c d^2H_c/dT^2 + (dH_c/dT)^2]. \end{aligned} \tag{50.28}$$

Für den Normalzustand ist die Sommerfeldsche Wärmekapazität (42.20) einzusetzen:

$$C_n(0, T) = (\pi^2/2) N_e k_B T/T_F = \zeta T. \tag{50.28'}$$

Die *Wärmekapazität* der Probe im Suprazustand ist hiernach bekannt, wenn sie im Normalzustand bekannt ist und wenn die Übergangskurve $H_c = H_c(T)$ experimentell bestimmt ist. Die kalorischen Eigenschaften werden also auf die magnetischen zurückgeführt und können aus diesen berechnet werden.

Ist $H_c(T)$ nicht experimentell bekannt, so kann nach *Kok* für manche Substanzen die Näherungsformel[22] ($T \leq T_c$)

$$H_c(T)/H_c(0) = 1 - (T/T_c)^2 \tag{50.29}$$

[19] Hier ist es sinnlos, C_p und C_V zu unterscheiden, da wir p *und* V als konstant vorausgesetzt haben.

[20] Also nicht um so etwas wie das „Aufschmelzen eines Elektronengitters", was man in den Anfängen vermutet hatte, sondern um eine Umwandlung zweiter Ordnung vom Ordnung-Unordnungs-Typ (siehe unten).

[21] Vergleiche die Wärmetönungen bei Änderungen der magnetischen Ordnung in normalen magnetischen Substanzen (Ziffer 23.6).

[22] Diese Gleichung ist ein Beispiel dafür, daß die Verwendung von reduzierten Koordinaten $H_c(T)/H_c(0)$ und T/T_c zu universellen Gleichungen führen kann.

benutzt werden, die

$$C_s(0, T) = C_n(0, T) + \frac{2\,V\,\mu_0\,H_c^2(0)}{T_c}\left(\frac{T}{T_c}\right)\left[3\left(\frac{T}{T_c}\right)^2 - 1\right] \qquad (50.30)$$

liefert. Hiernach hat C_s die in Abb. 50.9 angegebene Temperaturabhängigkeit mit einer Stufe am Sprungpunkt $T = T_c$. Der Vergleich mit experimentellen Ergebnissen (Abb. 50.11) zeigt die qualitative Brauchbarkeit aber quantitative Unzulänglichkeit dieser Näherung. Das Potenzgesetz (50.29) muß durch eine andere Funktion ersetzt werden, die bei wachsendem T ebenfalls stetig von $H_c(0)$ bis $0 = H_c(T_c)$ abfällt und eine horizontale Tangente bei $T = 0$ hat. Diese Funktion wird von der BCS-Theorie (Ziffer 52.2) geliefert. Die Temperaturabhängigkeit der *Wärmekapazitätsdifferenz* und der daraus durch Integration gewonnenen *Entropiedifferenz* bei $H^{\text{ext}} = 0$ ist in Abb. 50.10 dargestellt.

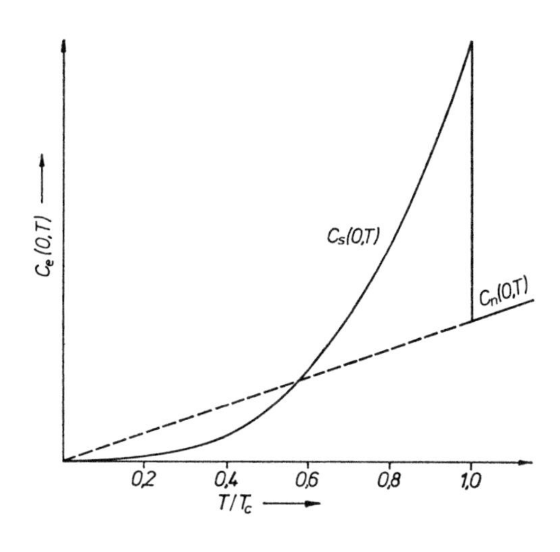

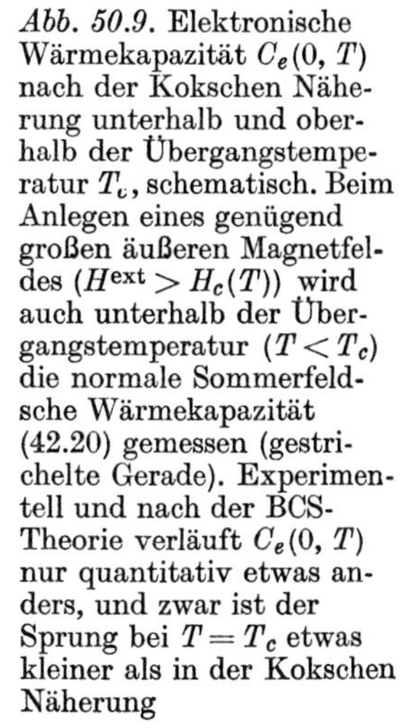

Abb. 50.9. Elektronische Wärmekapazität $C_e(0, T)$ nach der Kokschen Näherung unterhalb und oberhalb der Übergangstemperatur T_c, schematisch. Beim Anlegen eines genügend großen äußeren Magnetfeldes ($H^{\text{ext}} > H_c(T)$) wird auch unterhalb der Übergangstemperatur ($T < T_c$) die normale Sommerfeldsche Wärmekapazität (42.20) gemessen (gestrichelte Gerade). Experimentell und nach der BCS-Theorie verläuft $C_e(0, T)$ nur quantitativ etwas anders, und zwar ist der Sprung bei $T = T_c$ etwas kleiner als in der Kokschen Näherung

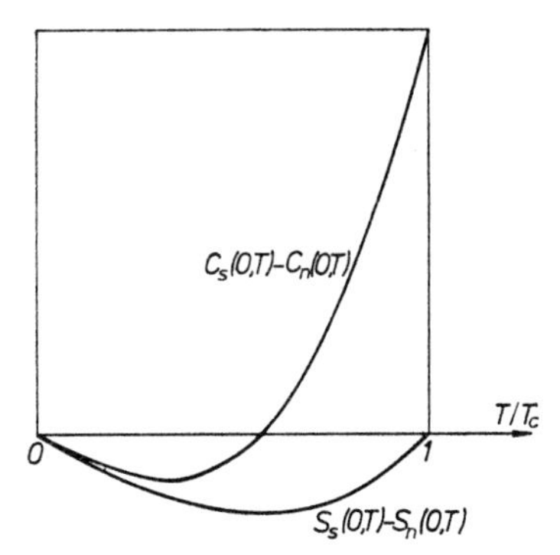

Abb. 50.10. Differenz $C_s(0, T) - C_n(0, T)$ der elektronischen Wärmekapazitäten und die daraus durch Integration gewonnene Entropiedifferenz $\int T^{-1}(C_s - C_n)\,dT$. Nach Abb. 50.9

Ihr entsprechen die experimentellen Kurven in den Abb. 50.11/12. Insbesondere zeigen beide Abbildungen den Vorzeichenwechsel von $C_s^* - C_n^*$ bei einer mittleren Temperatur.

Kalorimetrisch gemessen werden im allgemeinen die *spezifischen Molwärmen* C^*, die sich von C nur durch einen Faktor unterscheiden:

$$C^* = C/M^* = (M)\,C/M = (M)\,C/V\,\varrho \qquad (50.31)$$

(M = Masse der Probe, ϱ = Dichte, (M) = Molekulargewicht, M^* = Menge in mol). Sie enthalten neben der hier theoretisch allein behandelten elektronischen Wärme (Index e) noch die Schwingungs- oder Gitterwärme (Index G):

$$C_s^* = C_{sG}^* + C_{se}^* = A\,(T/\Theta)^3 + C_{se}^* \qquad (50.32\text{a})$$

$$C_n^* = C_{nG}^* + C_{ne}^* = A\,(T/\Theta)^3 + \gamma\,T\,. \qquad (50.32\text{b})$$

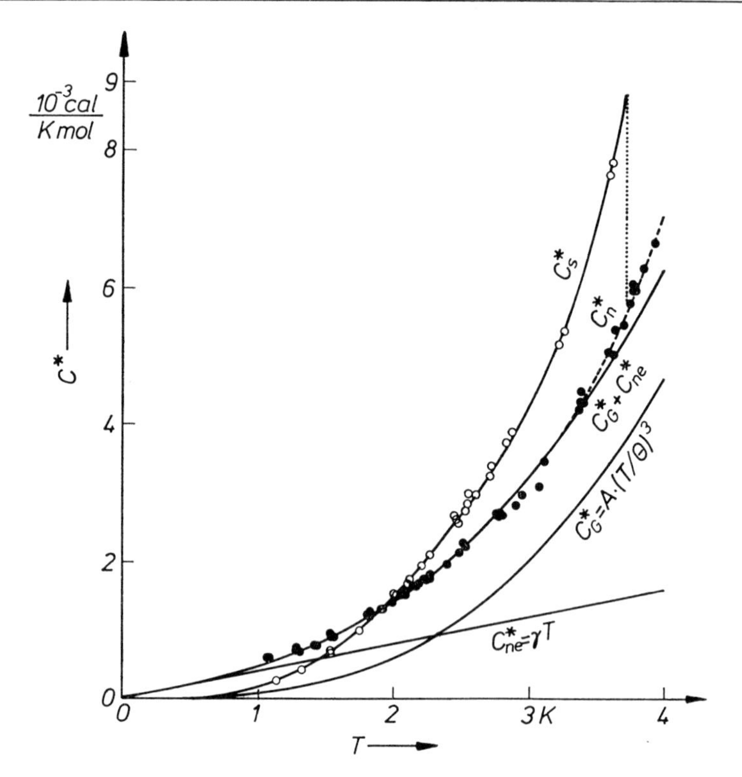

Abb. 50.11. Molwärme C^* von Zinn über der absoluten Temperatur. $C^* = C^*_s$ im supraleitenden Zustand bei $H^{\text{ext}} = 0$. $C^* = C^*_n$ im normalleitenden Zustand bei $H^{\text{ext}} > H_c(T)$. C^*_G = Gitterwärme. $C^*_{ne} = \gamma\, T$ = Sommerfeldsche Molwärme der normalleitenden Elektronen (vgl. (50.32)). Sprung der Molwärme bei T_c = 3,72 K. Klassische Messungen von Keesom und van Laer, 1938

Dabei ist in guter Näherung[23] $C^*_{sG} = C^*_{nG}$ gesetzt, und die Konstanten A und γ sind durch (10.39) und (42.22) gegeben. Es ist zweckmäßig, C^*/T über T^2 aufzutragen, da dann C^*_n/T linear in T^2 wird:

$$C^*_s/T = C^*_{se}/T + A\,\Theta^{-3}\,T^2\,, \tag{50.33a}$$

$$C^*_n/T = \gamma + A\,\Theta^{-3}\,T^2\,. \tag{50.33b}$$

Aus der kalorimetrischen Messung im Normalzustand, d.h. in einem Magnetfeld mit $H^{\text{ext}} > H_c(T)$, erhält man die Werte von γ und $A\,\Theta^{-3}$ (vergleiche Ziffer 42.3). Aus der unabhängigen Messung im Suprazustand erhält man C^*_s/T und, da $A\,\Theta^{-3}$ bereits bekannt ist, auch

$$C^*_{se}/T = C^*_s/T - A\Theta^{-3}\,T^2 = C^*_s/T - (C^*_n/T - \gamma) \tag{50.33c}$$

Ein Beispiel gibt Abb. 50.12.

Aufgabe 50.5a: Zeichne in Abb. 50.12 nach dem beschriebenen Auswerteverfahren die Kurven für C^*_{ne}/T und C^*_{se}/T ein

Für die *Differenz der Molwärmen* erhält man mit (50.33) und (50.28) eine kalorimetrisch und eine magnetisch zu messende Temperaturabhängigkeit:

$$\frac{C^*_s(0,T) - C^*_n(0,T)}{T} = \frac{C^*_{se}}{T} - \gamma$$

$$= \frac{(M)\,\mu_0}{\varrho}\left[H_c(T)\,\frac{d^2H_c(T)}{dT^2} + \left(\frac{dH_c(T)}{dT}\right)^2\right]. \tag{50.34}$$

Daraus folgt für die *Stufe der Molwärme am Sprungpunkt* die *Rutgers-Formel*

$$C^*_s(0,T_c) - C^*_n(0,T_c)$$

$$= C^*_{se}(0,T_c) - \gamma\,T_c = \frac{(M)\,\mu_0\,T_c}{\varrho}\left(\frac{dH_c(T)}{dT}\right)^2_{T=T_c}, \tag{50.35}$$

[23] Wenn eine sehr kleine Volumänderung bei der Umwandlung $n \leftrightarrow s$ vernachlässigt wird.

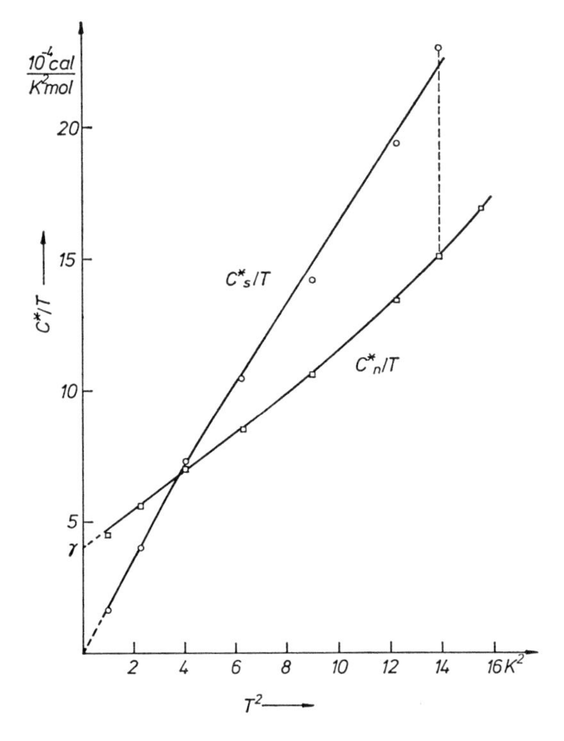

Abb. 50.12. Molwärme von Zinn. Auswertung der Messungen aus Abb. 50.11 nach (50.33a, b). Es ergibt sich $\gamma = 4 \cdot 10^{-4}$ cal K^{-2} mol^{-1}, A $= 464{,}5 \cdot 10^{-4}$ cal K^{-1} mol^{-1} und $\overline{\Theta} = 185$ K. $\overline{\Theta}$ ist ein angepaßter Wert, da C_n^*/T über T^2 nicht exakt linear ist und keine konstante Debye-Temperatur liefert: $\Theta = \Theta(T)$. Die hier gegebenen Werte liefern C_G^* und C_{ne}^* in Abb. 50.11

wobei schon berücksichtigt ist, daß $H_c(T_c) = 0$. Der über die Messung von γ kalorisch gemessene und der aus der Steigung der magnetischen Übergangskurve berechnete Wert stimmen in günstigen Fällen sehr gut überein, siehe Tabelle 50.2, was die Theorie nachträglich legitimiert. Da der Wert endlich ist, ist die Umwandlung am Sprungpunkt eine *Umwandlung 2. Ordnung*[24].

Tabelle 50.2. *Sprung* $C_s^*(0, T_c) - C_n^*(0, T_c)$ *der Molwärme am Übergangspunkt* $T = T_c$, nach Lynton [K 2]

Metall		kalorimetrisch	magnetisch
In	Indium	9,75	9,62 mJ/mol K
Sn	Zinn	10,6	10,56
Ta	Tantal	41,5	41,6

Wie das Experiment (Abb. 50.11) zeigt, verschwindet C_s^*/T bei $T = 0$, d.h. nach (50.33a) verschwindet auch[25] C_{se}^*/T. Dann folgt aber mit (50.26) aus (50.34)

$$\gamma = -\frac{(M)\,\mu_0 H_c(0)}{\varrho} \left.\frac{d^2 H_c(T)}{dT^2}\right|_{T=0}. \tag{50.36}$$

Der Maximalwert und die Anfangskrümmung der magnetischen Umwandlungskurve sind also mit der Sommerfeld-Konstante γ, d. h. mit der Zustandsdichte an der Fermigrenze des Elektronengases korreliert (Ziffer 42.3). Da auf $T \to 0$ extrapoliert werden muß, ist die quantitative experimentelle Prüfung dieser Beziehung nicht ganz einfach.

[24] Auch an dieser Stelle besteht eine starke Analogie zum Verhalten eines Ferromagneten am Curie-Punkt, siehe Ziffer 24.2, Abb. 24.9 sowie Ziffer 51.4.

[25] Erst recht ist also $C_s^*(0, 0) = C_{se}^*(0, 0) = 0$, was schon früher benutzt wurde.

Aufgabe 50.5b: Berechne die bei einer isotherm bei $T < T_c$ durchgeführten n$\leftrightarrow$s-Umwandlung von der Probe aufgenommene (abgegebene) Wärmemenge.

Aufgabe 50.6. Berechne die Temperaturänderung einer Probe:
a) bei einer adiabat geführten Umwandlung,
b) bei adiabater Entmagnetisierung im supraleitenden Zustand.

Aufgabe 50.7. Berechne in der Kokschen Näherung die Temperatur, bei der $C_s(0, T) = C_n(0, T)$ ist.

Aufgabe 50.8. Berechne und zeichne den Verlauf über der Temperatur bei $H^{\text{ext}} = 0$ von folgenden Größen: C_n; C_s; S_n; S_s; G_n; G_s; $G_s - G_n$.

Trägt man die nach dem beschriebenen Verfahren bestimmte elektronische Wärmekapazität $C_{se}^*(0, T)$ im Suprazustand logarithmisch über T_c/T auf, so erhält man bei genügend kleinen Temperaturen ($T/T_c < 0{,}5$) eine Gerade mit einer Steigung $-b$ (Abb. 50.13). Es gilt also

$$C_{se}^* = a\gamma T_c \cdot e^{-b T_c/T} = a\gamma T_c \cdot e^{-\Delta/k_B T} \tag{50.37}$$

mit einer konstanten Energie

$$\Delta = b\, k_B \tag{50.38}$$

und Konstanten a, b, γ, T_c.

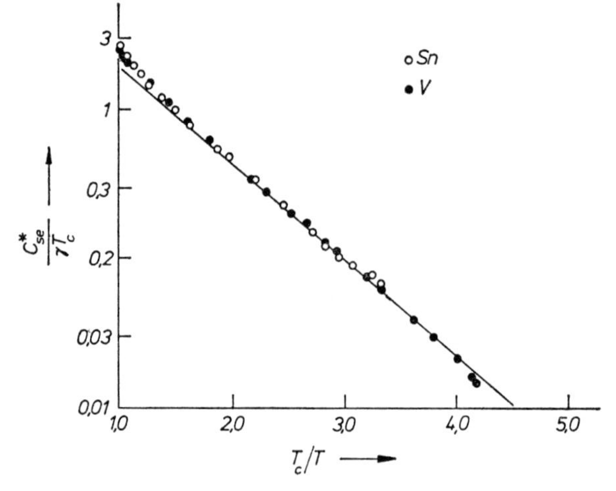

Abb. 50.13. Elektronische Molwärme von supraleitendem Zinn und Vanadium, logarithmisch aufgetragen über T_c/T. Die Gerade ist beschrieben durch (50.37) mit den gemittelten Werten $a = 9{,}17$ und $b = 1{,}5$. Beide „Konstanten" sind unabhängig von der Substanz, aber abhängig von T_c/T (daher die Abweichungen der Meßpunkte von der gemittelten Geraden, vgl. Ziffer 52.2). Nach Biondi, Forester, Garfunkel, Sattertswaite, 1958

Das läßt darauf schließen, daß bei der Wärmeaufnahme durch die supraleitenden Elektronen eine *Energielücke* von der Größe Δ überwunden werden muß. Auf die Erklärung von (50.37) durch die BCS-Theorie kommen wir in Ziffer 52.2 zurück.

50.5. Die Londonschen Feldgleichungen

Bereits 1935 ist es F. und H. London gelungen, das elektromagnetische Verhalten eines Supraleiters durch die von ihnen postulierten beiden makroskopischen *Feldgleichungen*

(I) $$\boldsymbol{E} = \mu_0 \lambda^2 (d\boldsymbol{j}_s/dt) \tag{50.40a}$$

und

(II) $$\boldsymbol{B} = -\mu_0 \lambda^2 \operatorname{rot} \boldsymbol{j}_s \tag{50.40b}$$

phänomenologisch weitgehend[26] zu beschreiben. Diese beiden Gleichungen verknüpfen an jedem Ort $\boldsymbol{r}$ die Suprastromdichte $\boldsymbol{j}_s$ mit $\boldsymbol{E}(\boldsymbol{r})$ und $\boldsymbol{B}(\boldsymbol{r})$ und ersetzen das Ohmsche Gesetz $\boldsymbol{j}_n = \sigma \boldsymbol{E}$ für die Normalstromdichte. Man überzeugt sich sofort, daß die Maxwell-Gleichung[27]

$$\operatorname{rot} \boldsymbol{E} = -(d\boldsymbol{B}/dt) \tag{50.41}$$

dabei gültig bleibt. Dasselbe soll auch für die andere Maxwell-Gleichung[28]

$$\operatorname{rot} \boldsymbol{H} = \boldsymbol{j} \tag{50.42}$$

gelten.

Die Gleichung (I) ist identisch mit (50.3), sie beschreibt die *ideale Leitfähigkeit*: ist $\boldsymbol{E} \neq 0$, so wächst der Suprastrom über alle Grenzen. Sie ist aber, wie wir gesehen haben, nicht imstande, den reversiblen idealen Diamagnetismus (Meißner-Effekt) zu beschreiben (siehe Aufgaben 50.1 und 50.9).

Dies leistet die Gleichung II. Sie beschreibt einen supraleitenden Ringstrom z.B. an der Oberfläche einer supraleitenden Kugel im Magnetfeld[29], und dieser Strom erzeugt wieder einen magnetischen Fluß, der den von außen angelegten im Innern der Kugel gerade kompensiert.

Aus (50.42) mit (50.40b) folgt nämlich

$$\operatorname{rot} \operatorname{rot} \boldsymbol{B} = \mu_0 \operatorname{rot} \boldsymbol{j}_s = -\lambda^{-2} \boldsymbol{B}. \tag{50.43}$$

Bei Anwendung auf den geometrisch sehr einfachen Fall, daß der Halbraum $x > 0$ von dem Supraleiter erfüllt ist, die Ebene $x = 0$ also seine Oberfläche darstellt, und daß $\boldsymbol{B}$ parallel z liegt ($B_x = B_y = 0$, $B_z = B$) wird das zu

$$\frac{d^2 B(x)}{dx^2} - \frac{B(x)}{\lambda^2} = 0. \tag{50.44}$$

Diese Gleichung hat die Lösung

$$B(x) = B(0)\, e^{-x/\lambda}, \tag{50.45}$$

d.h. das Magnetfeld nimmt im Innern des Supraleiters exponentiell auf den vom Meißner-Effekt verlangten Wert $B^{\text{int}} = 0$ ab[30] und hat im Abstand λ von der Oberfläche nur noch $1/e$ des Oberflächenwertes. Darum heißt λ die *Londonsche Eindringtiefe* für das Magnetfeld, die Oberflächenschicht der Dicke λ die *Eindringschicht*. λ hängt nach (50.2) von der Temperatur T ab, da die Anzahl $(N_e/V)_s$ der supraleitenden Elektronen von T abhängt (Ziffer 51.4).

Das hier für eine spezielle Geometrie abgeleitete Ergebnis gilt prinzipiell für *beliebig geformte* (auch mehrfach zusammenhängende) supraleitende Körper. Nach (50.40b) ist die Suprastromdichte an jedem Punkt einer Probe durch das Magnetfeld eindeutig bestimmt und verschwindet mit diesem. Supraströme können deshalb nur in der Eindringschicht fließen, in der allein das Magnetfeld $\boldsymbol{B}$ nicht verschwindet. Die stromführende Eindringschicht ist experimentell sichergestellt (Ziffer 50.7), die experimentellen Werte der Eindringtiefe sind aber systematisch größer als der Londonsche Wert.

Wegen ihrer geringen Dicke ($\lambda \approx 100$ Å) kann man die Eindringschicht (was wir oben getan haben) bei massiven homogenen Proben vernachlässigen. Bei dünnen Schichten, Pulvern und im unterteilten Zwischenzustand muß sie jedoch berücksichtigt werden.

[26] Nicht vollständig. Die Grenzen der Theorie werden in Ziffer 53 diskutiert.

[27] Die Maxwell-Gleichungen bleiben in der Londonschen Theorie gültig. Zusätzlich sollen I) und II) anstelle des Ohmschen Gesetzes gelten.

[28] Der Verschiebungsstrom $d\boldsymbol{D}/dt$ ist vernachlässigt, die Theorie gilt nicht für hohe Frequenzen.

[29] So wie die formal analog gebaute Gleichung (50.42) ein magnetisches Ringfeld um den Strom $\boldsymbol{j}$ beschreibt.

[30] Wegen der Geometrie ist $N = 0$, $B^{\text{int}} = B^{\text{ext}} = B(x)$.

Wir formen jetzt die London-Gleichung II um durch Einführung des *Vektorpotentials* $\boldsymbol{A}$ für das Feld. Es soll sein

$$\boldsymbol{B} = \operatorname{rot} \boldsymbol{A}\,. \tag{50.46}$$

Mit den Randbedingungen auf der Oberfläche[31]

$$\operatorname{div} \boldsymbol{A} = 0\,, \qquad A_n = 0\,. \tag{50.46'}$$

Dann wird (50.40b) zu der mit (II) äquivalenten Gleichung

(II′)
$$\boldsymbol{A} + \mu_0 \lambda^2 \boldsymbol{j}_s = 0\,. \tag{50.47}$$

Diese Gleichung kann man nun versuchen, *mikrophysikalisch* zu interpretieren, indem man die Stromdichte $\boldsymbol{j}_s$ auf die Bewegung von Ladungsträgern zurückführt.

Dazu betrachten wir den *Impulsoperator*[32]

$$-i\hbar\nabla = \boldsymbol{p} = m_q \boldsymbol{v}_q + q\boldsymbol{A} \tag{50.48}$$

für ein Teilchen der Ladung q, der Masse m_q und der Geschwindigkeit $\boldsymbol{v}_q$ in einem Magnetfeld.

Das erste Glied rechts ist der *kinetische Impuls*. Er berücksichtigt die Trägheitskraft, und sein Erwartungswert[33] liefert die kinetische Energie $(m_q \boldsymbol{v}_q)^2/2\,m_q$. Das zweite Glied ist der *Feldimpuls* des von der Ladung q mitgeführten elektrischen und des $\boldsymbol{B}$-Feldes. Er berücksichtigt die Lorentzkraft. Der Gesamtimpuls $\boldsymbol{p}$ ist die quantentheoretisch relevante Größe.

Stellt man jetzt versuchsweise die *Hypothese* auf, daß der Suprastrom getragen wird von $(N_q/V)_s$ Teilchen, die sich alle in *demselben* Zustand befinden, also auch dieselbe Geschwindigkeit $\boldsymbol{v}_q = \boldsymbol{v}_s$ besitzen, so ist diese gleich der Driftgeschwindigkeit $\boldsymbol{v}_s = \boldsymbol{v}_{ds}$. Nach (50.1′/2′) und (50.47) ist die Suprastromdichte dann gleich

$$\boldsymbol{j}_s = q\,(N_q/V)_s\,\boldsymbol{v}_s = \frac{m_q \boldsymbol{v}_s}{q\,\mu_0\,\lambda^2} = -\frac{\boldsymbol{A}}{\mu_0\,\lambda^2} \tag{50.49}$$

und nach (50.48) der Erwartungswert des Impulses eines Teilchens gleich

$$\boldsymbol{p}_s = q(\mu_0\,\lambda^2 \boldsymbol{j}_s + \boldsymbol{A})\,, \tag{50.50}$$

und das ist nach (II′) gleich Null: *alle* Teilchen haben *denselben Impuls*

$$\boldsymbol{p}_s = 0\,. \tag{50.51}$$

Dies gilt für jeden Wert und jede Verteilung des Potentials $\boldsymbol{A}$, d.h. des Magnetfeldes $\boldsymbol{B}$[34]; mit jeder Änderung von $\boldsymbol{A}$ ändert sich auch die Suprastromverteilung $\boldsymbol{j}_s$ in (50.50) so, daß $\boldsymbol{p}_s = 0$ bleibt. Dabei ist die *Geschwindigkeit* der Ladungsträger nach (50.49/50/51) immer gleich

$$\boldsymbol{v}_s = -\,(q/m_q)\,\boldsymbol{A}\,, \tag{50.51'}$$

d.h. an jedem Ort unmittelbar durch $\boldsymbol{A}$ gegeben.

Die Konzentration $(N_q/V)_s$ der Supraleitungsträger (und damit auch λ) dagegen ist im ganzen Probenvolum räumlich konstant und unabhängig vom Magnetfeld[34]. Wegen der Schärfe des Impulses ist nämlich der Ort der Leitungsträger unbestimmt: ihre Eigenfunktionen ψ liefern überall im Innern des Supraleiters dieselbe Aufenthaltswahrscheinlichkeit $\psi\psi^*$, d.h. sie haben konstante und vom Magnetfeld unabhängige Amplituden[35].

Damit ist die London-Gleichung II mikrophysikalisch interpretiert. Sie verlangt umgekehrt, daß die Träger der Supraleitung alle

[31] A_n = Komponente von $\boldsymbol{A}$ in Normalenrichtung. Da diese Randbedingungen nicht für mehrfach zusammenhängende Körper gelten, gilt die Gleichung (II′), (50.47) und damit der Rest dieser Ziffer nur bei einfachem Zusammenhang.

[32] Der Nabla-Operator ist definiert als $\nabla = \boldsymbol{x}\,\partial/\partial x + \boldsymbol{y}\,\partial/\partial y + \boldsymbol{z}\,\partial/\partial z$ mit Einheitsvektoren $\boldsymbol{x}, \boldsymbol{y}, \boldsymbol{z}$.

[33] Wir schreiben hier die Erwartungswerte der Einfachheit halber ebenso wie die Operatoren.

[34] Natürlich nur solange das Feld unterkritisch bleibt: $H < H_c(T)$.

[35] Die Eigenfunktionen sind „starr“ gegenüber dem Einfluß von Magnetfeldern (London).

denselben Zustand mit dem tiefstmöglichen Impuls $\boldsymbol{p}_s = 0$ besetzen[36]: Nach der London-Gleichung II′ entsteht Supraleitung durch die Kondensation von einer Anzahl Ladungsträger in einem tiefsten Impulszustand $\boldsymbol{p}_s = 0$.

Diese Ladungsträger sind also keine Elektronen, von denen sich nach dem Pauli-Prinzip nicht mehr als eines in einem Zustand befinden dürfen, sondern es muß sich um Teilchen mit ganzzahligem Spin (Bosonen) handeln. Diese Forderung aus dem Londonschen Modell wird von der BCS-Theorie erfüllt (Ziffer 51.2).

Aufgabe 50.9. Zeige, daß die London-Gleichung I zwar nicht (wie die Gleichung II) das Meißnersche Ergebnis $\boldsymbol{B}_s^{\text{int}} = 0$ im Innern des Supraleiters liefern kann, ihm aber auch nicht widerspricht, da aus ihr $\dot{\boldsymbol{B}}_s^{\text{int}} = 0$ oder $\boldsymbol{B}_s^{\text{int}} = \text{const}$, d.h. das richtige Ergebnis bis auf den numerischen Wert folgt.
Hinweis: Aus der Gleichung I und einer der Maxwell-Gleichungen folgt die Gleichung (50.44/45) für $\dot{\boldsymbol{B}}$ anstatt für $\boldsymbol{B}$.

Aufgabe 50.10. Berechne für die Geometrie der Gl. (50.44) die nach der Maxwell-Gleichung (50.42) mit dem eingedrungenen Magnetfeld (50.45) verknüpfte Suprastromdichte nach Größe und Richtung. Zeige so, daß die Abschirmströme Oberflächenströme in der Eindringschicht sind.

50.6. Flußquantelung

F. London hat 1935 die Bohr-Sommerfeldsche Quantisierungsbedingung

$$\oint \boldsymbol{p}_s\, d\boldsymbol{l} = -i\hbar \oint \nabla \psi(\boldsymbol{r})\, d\boldsymbol{l} = nh\,, \qquad n = 0, 1, 2, \ldots \quad (50.52)$$

auf die starren Eigenfunktionen der supraleitenden Teilchen in mehrfach zusammenhängenden Körpern, speziell in einem *supraleitenden* Ring (Abb. 50.4) angewendet. In *einfach* zusammenhängenden Körpern ist das Problem wegen (50.51) trivial, es ist immer $n = 0$. In dem Ring gilt (50.51) nicht[37], sondern es ist nach (50.48/49)

$$\mu_0 \lambda^2 \oint \boldsymbol{j}_s\, d\boldsymbol{l} + \oint \boldsymbol{A}\, d\boldsymbol{l} = nh/q\,. \quad (50.52')$$

Das Integral ist über einen geschlossenen, die Öffnung des Ringes umfassenden Weg zu erstrecken. Wegen $\boldsymbol{B} = \operatorname{rot} \boldsymbol{A}$ wird nach dem Stokesschen Satz das Linienintegral von $\boldsymbol{A}$ gleich dem Flächenintegral von $\boldsymbol{B}$ über die umfaßte Fläche $\iint d\boldsymbol{f}$ und das ist der *umfaßte magnetische Fluß Φ*:

$$\oint \boldsymbol{A}\, d\boldsymbol{l} = \iint \boldsymbol{B}\, d\boldsymbol{f} = \Phi\,, \quad (50.53)$$

so daß die Quantenbedingung zu

$$\mu_0 \lambda^2 \oint \boldsymbol{j}_s\, d\boldsymbol{l} + \Phi = nh/q \quad (50.54)$$

wird. London nannte die linke Seite dieser Gleichung ein *Fluxoid.* Da nur in der (sehr dünnen) Eindringschicht $\boldsymbol{j}_s \neq 0$ ist, verschwindet das erste Integral für alle Integrationswege, die etwas tiefer im Supraleiter liegen, und für sie gilt die *Quantelung des umfaßten Flusses*[38]:

$$\iint \boldsymbol{B}\, d\boldsymbol{f} = \Phi = nh/q = n\,\overline{\Phi}_s \quad (50.55)$$

mit dem *magnetischen Flußquant*

$$\overline{\Phi}_s = h/q\,. \quad (50.56)$$

Da im Ringkörper selbst überall nach Meißner $\boldsymbol{B} = \boldsymbol{B}_s = 0$ ist, ist Φ der die Öffnung des Ringes durchsetzende Fluß. Er setzt sich

[36] Der exakte Beweis geht von der Wellenfunktion der Elektronengesamtheit als der eigentlichen physikalischen Größe aus. Auf die vorherrschende Bedeutung der Gesamteigenfunktion werden wir später zurückkommen.

[37] Siehe Fußnote [31].

[38] Das Integral über die Suprastromdichte würde auch nur eine kleine Korrektur ergeben.

zusammen aus einem Beitrag Φ^{ext} des von außen angelegten Feldes und einem Beitrag Φ_s der Supraleitungsströme:

$$\Phi = \Phi^{ext} + \Phi_s . \tag{50.57}$$

Da Φ^{ext} experimentell beliebig eingestellt werden kann, müssen sich die Abschirmströme immer so einstellen, daß Φ_s den äußeren Anteil Φ^{ext} zu einem gequantelten Wert (50.55) von Φ ergänzt. Die Flußquantelung wurde 1961 *experimentell nachgewiesen* durch Doll und Näbauer sowie Deaver und Fairbank.

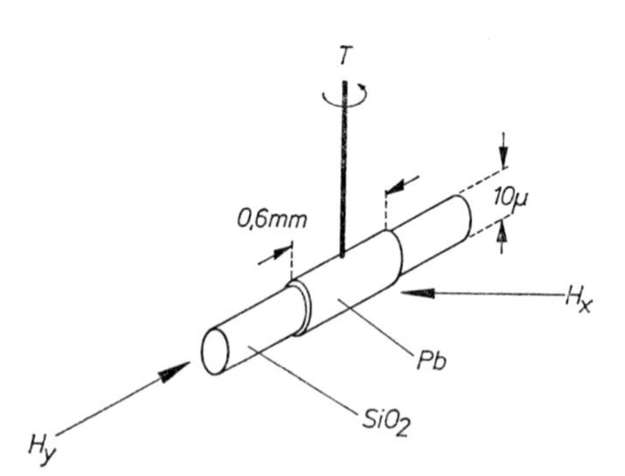

Abb. 50.14. Prinzip der Meßanordnung von Doll und Näbauer (1961). Durch Abschalten eines Feldes H_y wird ein Dauerstrom in dem auf einen Quarzfaden aufgebrachten Bleizylinder angeworfen. Der ihm entsprechende magnetische Fluß wird gemessen durch das von einem Feld H_x ausgeübte Drehmoment oder, besser, bei phasengerechtem Umpolen von H_x, aus der maximal erzielten relativen Amplitude a/H_x der Torsionsschwingungen um den Torsionsfaden T. a wird über einen Spiegel an T mit einem Lichtzeiger auf einer Längenskala gemessen. Ergebnisse in Abb. 50.15

Die von *Doll und Näbauer*[39] verwendete Methode wird durch Abb. 50.14 erläutert. Die Dauerströme und die von ihnen eingefangenen magnetischen Flüsse werden erzeugt durch Induktion bei Abschalten von äußeren Feldern $H_y^{ext} < H_c(T)$, deren Stärke systematisch variiert wird. Wegen der Kleinheit von $\overline{\Phi}_s$ sind Proben mit sehr kleinem Querschnitt zu verwenden, damit H^{ext} nicht bei den allein beweiskräftigen kleinen ($n = 0, 1, 2, \ldots$) Vielfachen von $\overline{\Phi}_s$ unter die experimentell noch beherrschbare Größenordnung absinkt. Das Ergebnis der Messungen zeigt Abb. 50.15. Die Flußquantelung ist evident: solange $B^{ext} < 0{,}1$ Gauß bleibt, bleibt $\Phi = 0$, d.h. der Zustand des makroskopischen Systems *Ring mit Suprastrom* ist durch die Quantenzahl $n = 0$ beschrieben. Bei Abschalten stärkerer Felder B^{ext} springt er in die Zustände $n = 1$, $n = 2$, usw.

Die Auswertung der Messungen liefert für das *Flußquant* den überraschenden Wert

$$|\overline{\Phi}_s| = 2{,}07 \cdot 10^{-15}\ \mathrm{Vs} = h/2e . \tag{50.58}$$

Die Träger der Supraleitung sind demnach Teilchen mit der Ladung[40]

$$q = -2e , \tag{50.59}$$

sie sind keine einzelnen Elektronen, sondern Elektronenpaare[41], die *Cooper-Paare.*

Bei einem Übergang des Ringes von einem Zustand n in einen anderen Zustand n' müssen nach unserer Ableitung von (50.55) aus (50.52) alle diese Paare denselben Übergang von n nach n' durchführen[42]. Das ist nur möglich, wenn ihre Eigenfunktionen nicht nur über die ganze Probe eindeutig definiert sind, sondern auch über die ganze Probe in einer starren von der Magnetfeldstärke unabhängigen Phasenkorrelation zueinander stehen, d.h. *kohärent* miteinander sind. Hierin besteht die große *Ordnung des supraleitenden Zustandes.* Somit ist auch die *Eigenfunktion des Gesamtsystems* aller Paare, die bei einer so starken Wechselwirkung natürlich die eigentliche physikalische Größe ist, „starr", d.h. unabhängig vom Magnetfeld, mit kon-

[39] Unabhängige und gleichzeitige Messungen mit einer anderen Methode von Deaver und Fairbank führten zu denselben Ergebnissen.

[40] Das Vorzeichen folgt aus anderen Beobachtungen, siehe Aufgabe 50.10. Die Flußquantelung für normalleitende Elektronen wurde schon in Ziffer 43.4.3 behandelt. Sie liefert $q = -e$. Sie ist nicht unmittelbar meßbar, da sich alle Elektronen in verschiedenen Zuständen befinden.

[41] Wir haben bisher allgemein von „supraleitenden Teilchen" gesprochen und können jetzt diese Teilchen konkret als Paare ansprechen.

[42] Ein Paar würde nur die Flußänderung $\Delta\Phi = (n' - n)\,\overline{\Phi}_s/(N_q/V)_s$ bewirken, wenn $(N_q/V)_s$ nach (50.49) die Anzahldichte der den Suprastrom tragenden Paare ist.

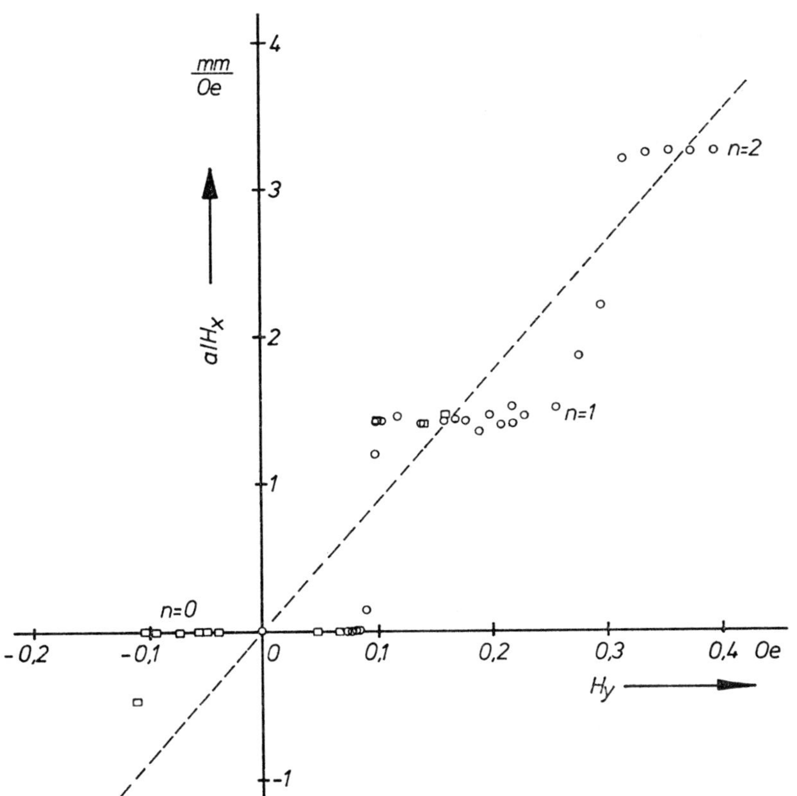

Abb. 50.15. Flußquantelung. Meßergebnisse mit der Anordnung nach Abb. 50.14. Trotz stetiger Veränderung von H_y werden nur die ganzen Vielfachen $n\,\overline{\Phi}_s$ mit $n = 0, 1, 2$ des Flußquants beobachtet. Ohne Quantelung sollten die Punkte auf der gestrichelten Geraden liegen. Doll und Näbauer, 1961.

stanter Amplitude und wohldefinierter Phase. Hiervon wird später Gebrauch gemacht werden.

Mit diesen Ergebnissen sind auch zwei Grundannahmen der BCS-Theorie (Ziffer 51) experimentell sichergestellt: Die Existenz und die Kohärenz von *Cooper-Paaren* im supraleitenden Zustand.

Wir wollen daher jetzt die BCS-Theorie etwas genauer diskutieren. Auf die bisher benutzten makroskopischen Theorien, besonders die Grenzen der Londonschen Theorie werden wir später zurückkommen.

51. Grundlagen und Ergebnisse der BCS-Theorie

Der $s \leftrightarrow n$-Übergang ist vom Ordnung-Unordnungstyp. Die *Stabilisierungsenergie* ist sehr klein, maximal von der Größenordnung $\Delta G \approx 10^{-3}$ cal mol^{-1} (siehe Ziffer 50.4), was $\Delta T \approx 5 \cdot 10^{-4}$ K auf der Temperaturskala oder $\Delta \tilde{\nu} \approx 3{,}5 \cdot 10^{-4}$ cm^{-1} im Termschema entspricht. Die zum Ordnungszustand führende *Wechselwirkung* zwischen den Elektronen ist also schwach. Es ist das Verdienst der BCS-Theorie, den Wechselwirkungsmechanismus bestimmt und aus ihm die Eigenschaften des Suprazustandes richtig abgeleitet zu haben. Wir werden die komplizierten Rechnungen hier nicht nachvollziehen, sondern nur versuchen, die physikalischen Grundlagen sowie die Ergebnisse zu formulieren und diese mit den Experimenten zu vergleichen. Dabei setzen wir zunächst einen unbegrenzten homogenen und isotropen Supraleiter voraus, d.h. wir vernachlässigen alle Grenzschichteffekte sowohl an äußeren (Supraleiter-Vakuum) wie an inneren (Suprazustand-Normalzustand) Grenzflächen[43] und die dem Kristallgitter entsprechende Anisotropie aller Größen und Phänomene[44]. Im Normalzustand wird das Elektronensystem als Fermi-Sommerfeld-Gas behandelt[45].

51.1. Die Cooper-Paare

Nach L. N. Cooper (1956) werden je zwei Elektronen durch eine *Elektron-Gitter-Elektron-Wechselwirkung* zu einem *Cooper-Paar* (CP) gebunden.

Diese *Wechselwirkung* kann man sich wie folgt vorstellen. Ein in einen Kristall gebrachtes Elektron verzerrt das Kristallgitter infolge seiner Ladung und reagiert auch umgekehrt auf jede solche Verzerrung[46]. Wenn sich das Elektron bewegt, ändert sich die Gitterverzerrung zeitlich, und der Gitterzustand ist nach Ziffer 8 darzustellen durch Überlagerung von Eigenschwingungen, die in Phononen gequantelt sind. Hiernach sind zwei Elektronen über das elastische Verzerrungsfeld des Gitters, oder, was dasselbe ist, über den virtuellen Austausch von Phononen[47] miteinander gekoppelt (Wechselwirkung durch virtuellen Phononenaustausch, vgl. Ziffer 22). Für Elektronen im Innern der Fermikugel ist dieser Mechanismus unwirksam, da diese Elektronen wegen des Fehlens von unbesetzten Zuständen im Abstand einer Phononenenergie $\pm \hbar\omega^{(i)}(\boldsymbol{q})$ weder ein Phonon absorbieren (+) noch emittieren (−) können.

Die Wechselwirkung ist demnach auf Elektronen an und unmittelbar über der Fermioberfläche beschränkt; außerdem besitzt der Wechselwirkungsoperator nichtverschwindende Matrixelemente nur zwischen Elektronenzuständen, deren Energien sich höchstens um die größte überhaupt vorkommende Phononenenergie, die Debye-Energie $\hbar\omega_D = k_B\Theta$ unterscheiden, also nur zwischen Zuständen in der Kugelschale der Breite $\pm\hbar\omega_D$ um die Fermienergie W_F. Nach Cooper wird diese Wechselwirkung dann besonders groß, wenn die beiden Elektronen entgegengesetzt gleiche $\boldsymbol{k}$-Vektoren und Spins besitzen. Ein derartiges Cooper-Paar kann also durch das Symbol

$$CP = (\boldsymbol{k}\uparrow, -\boldsymbol{k}\downarrow) \tag{51.1}$$

bezeichnet werden, wobei $\boldsymbol{k}$ in einem kleinen Bereich

$$k_F - k_\Delta \lessapprox |\boldsymbol{k}| \lessapprox k_F + k_\Delta \tag{51.1'}$$

---

[43] Hierzu vergleiche Ziffer 53.

[44] Das ist natürlich eine starke Vereinfachung. Tatsächlich wird Anisotropie beobachtet. Die in den Tabellen angegebenen Zahlenwerte sind z.T. Mittelwerte über die Anisotropie.

[45] Dabei werden Wellenvektoren mit kleinen Buchstaben $\boldsymbol{k}$ geschrieben werden.

[46] Das ist die normale Elektron-Gitter- oder Elektron-Phonon-Wechselwirkung für ein Elektron, vgl. Ziffern 17; 18.3; 22; 49.

[47] Es sei daran erinnert, daß generell die Wechselwirkung zweier Teilchen über ein Feld auch beschrieben werden kann durch virtuellen Austausch der dem Feld zugeordneten Quasiteilchen. Weitere Beispiele: Coulombwechselwirkung zweier geladener Teilchen durch virtuellen Photonenaustausch oder Yukawa-Wechselwirkung von Nukleonen durch virtuellen Austausch von π-Mesonen.

um k_F liegt, der in Ziffer 51.2 erklärt wird. In allen anderen Konfigurationen, d.h. wenn die beiden Elektronen sich im $\boldsymbol{k}$-Raum nicht in der dünnen Schale (51.1') gerade gegenüberliegen, ist die Wechselwirkung so schwach, daß sie gegen die eines Cooper-Paares vernachlässigt werden kann[48].

Dabei ergibt sich die Wechselwirkungsenergie mathematisch durch eine Störungsrechnung 2. Näherung zwischen Paarzuständen. Es sind also bereits vor Einschalten der Wechselwirkung die besetzten und unbesetzten Elektronenzustände zu Paarzuständen (51.1) zusammengefaßt[49], da diese der Paarwechselwirkung in nullter Näherung angepaßt sind. Alle unbesetzten Paarzustände gehen als Zwischenzustände in die Rechnung ein. Etwa übrigbleibende besetzte oder unbesetzte Einelektronzustände tragen zur Paarbindung nicht bei.

Diese Rechnung liefert zunächst für ein Paar bei $T = 0$ K die *Energie*

$$W_{CP} = 2\,W_F - \Delta(0)\,. \tag{51.2}$$

Sie ist niedriger als die tiefstmögliche Energie $2\,W_F$ der beiden Elektronen ohne Wechselwirkung[50], die Fermioberfläche wird also beim Einschalten der Wechselwirkung instabil, und das betrachtete Elektronenpaar geht in den stabilen Zustand mit der Energie (51.2) über. Für die Bindungsenergie liefert die Rechnung

$$\Delta(0) = 2\,\hbar\,\omega_D \cdot e^{-2/D(W_F)\,U}\,. \tag{51.3}$$

Obwohl also, wie oben erläutert, die beiden wechselwirkenden Elektronen etwas kinetische Energie aufnehmen müssen, um über die Fermioberfläche zu gelangen und mit dem Gitter wechselwirken zu können, überwiegt doch der Gewinn an potentieller Energie, so daß ein gebundener Zustand entsteht.

(51.3) ist nachträglich plausibel: Die Konstante U ist das Matrixelement des Operators $\mathscr{U}$ der Elektron-Phonon-Wechselwirkung pro Großperiodenvolum V. $D(W_F)$ ist die Dichte (42.13) der möglichen Zustände eines Normalelektrons an der Fermikante, bestimmt also die Anzahl der ungestörten Zustände, zwischen denen die Störung $\mathscr{U}$ Übergänge mit Phononenemission oder -absorption verursachen kann. Je größer das Produkt $D(W_F)\,U$[51], um so größer ist $\Delta(0)$[52]. Der Faktor $\hbar\omega_D$ charakterisiert in vereinfachender Weise das Phononenspektrum der Substanz. (51.3) ist eine Näherung für $D(W_F)\,U \ll 1$ (sogenannte *schwache Kopplung*).

Die räumliche Eigenfunktion eines Cooper-Paares ist *vor* Einschalten der Wechselwirkung einfach das Produkt

$$\psi^0_{CP} = \psi_{\boldsymbol{k}}(\boldsymbol{r}_1)\,\psi_{-\boldsymbol{k}}(\boldsymbol{r}_2) \tag{51.4a}$$

der beiden zu den freien Elektronen 1 am Ort $\boldsymbol{r}_1$ und 2 am Ort $\boldsymbol{r}_2$ gehörenden, über den ganzen Kristall ausgedehnten Blochwellen

$$\psi_{\boldsymbol{k}}(\boldsymbol{r}_1) = \varphi_{\boldsymbol{k}}\,e^{i\boldsymbol{k}\boldsymbol{r}_1}\,,$$
$$\psi_{-\boldsymbol{k}}(\boldsymbol{r}_2) = \varphi_{\boldsymbol{k}}\,e^{-i\boldsymbol{k}\boldsymbol{r}_2}\,, \tag{51.4a'}$$

wobei (43.2/2') benutzt und die Amplitude $\varphi_{\boldsymbol{k}}$ reell angenommen ist. Im *gebundenen* Zustand wird die Eigenfunktion ein Wellenpaket,

$$\psi_{CP} = \sum_{\boldsymbol{k}'} \varphi^2_{\boldsymbol{k}'}\,e^{i\boldsymbol{k}'(\boldsymbol{r}_1-\boldsymbol{r}_2)} \tag{51.4b}$$

das sich durch Überlagerung von Produktzuständen (51.4a) darstellt, deren Wellenvektoren $\boldsymbol{k}'$ dicht um den Wellenvektor $\boldsymbol{k}$ gruppiert sind, der das Paar im Symbol (51.1) charakterisiert[53]. ψ_{CP} hängt im Ortsraum nur vom Abstandsvektor $\boldsymbol{r}_1 - \boldsymbol{r}_2$ der beiden

---

[48] Deshalb werden im folgenden nur noch Cooper-Paare (Anzahl: bisher N_q, ab jetzt N_{CP} genannt) und ungepaarte Elektronen unterschieden

[49] Ein Paarzustand ist also entweder mit 2 oder mit 0 Elektronen besetzt.

[50] Die natürliche Frage nach der Bedeutung der *Coulomb-Abstoßung* zwischen den Elektronen wird hier nicht diskutiert. Die im folgenden dargestellten Ergebnisse werden davon nicht berührt.

[51] Die Zustandsdichte ist proportional, U umgekehrt proportional zu dem willkürlich gewählten Volum der Großperiode definiert (bei manchen Autoren umgekehrt!), so daß das Produkt $D(W_F)\,U$ eine von dieser Willkür freie Konstante wird. Sie hat Werte von 1/3,5 (starke Kopplung) bis zu Werten $\ll 1$ (schwache Kopplung).

[52] Mathematisch: nicht verschwindende Matrixelemente U von $\mathscr{U}$ zwischen Zuständen im Abstand $\pm\hbar\,\omega(\boldsymbol{q})$ in der Störungsrechnung 2. Näherung. Je größer ihre Anzahl, desto größer wird die Störenergie, da in unserem Fall alle Matrixelemente dasselbe Vorzeichen (—) und praktisch denselben Wert haben.

[53] Die Breite des $\boldsymbol{k}'$-Bereiches ist gleich $2\,k_\Delta$, siehe Abb. 51.1.

Partner ab: wie zu erwarten ist der mittlere *Durchmesser* $\langle|\boldsymbol{r}_1 - \boldsymbol{r}_2|\rangle$ des Paares umgekehrt proportional zur Bindungsenergie. Er ist gegeben durch

$$d_{CP} = \langle|\boldsymbol{r}_1 - \boldsymbol{r}_2|\rangle = a\hbar v_F/\Delta(0) \tag{51.5}$$

(v_F = Fermigeschwindigkeit, $a \approx 1$). Mit (42.11) ergeben sich Zahlenwerte von $d_{CP} \approx 10^{-5} \cdots 10^{-4}$ cm, während der mittlere Elektronenabstand nur von der Größenordnung 10^{-8} cm ist. Ein Cooper-Paar überdeckt also eine Strecke, auf der sich im Mittel bis zu 10^4 Elektronen befinden, von denen ein Teil (Ziffer 51.2) ebenfalls zu Paaren korreliert ist, so daß sich die Cooper-Paare wechselseitig durchdringen.

Neben der Londonschen Eindringtiefe λ ist der Paardurchmesser d_{CP} eine zweite für den Suprazustand charakteristische Länge[54].

Aufgabe 51.1. Berechne die Bindungsenergie $\Delta(0)$ unter der experimentell begründeten Annahme $D(W_F)\,U \approx 1/3{,}5$ und $\Theta = 420$ K. (Beispiel: Aluminium.)

Aufgabe 51.2. a) Leite die Abschätzung (51.5) mittels der Unbestimmtheitsrelation für Energie und Zeit ab.
Hinweis: Während der Zeit Δt, die ein Elektron braucht, um aus einem supraleitenden in einen normalleitenden Bereich (und umgekehrt) des Metalls zu laufen, ist unsicher, ob seine Energie die eines freien oder gepaarten Elektrons ist.
b) Dasselbe mittels der Unbestimmtheitsrelation von Ort und Impuls.
Hinweis: Fußnote[53].

[54] Wir werden noch eine dritte kennenlernen, die Kohärenzlänge ξ (Ziffer 53.1).

51.2. Der Grundzustand eines Supraleiters bei T=0 K.

Nach dem in Ziffer 51.1 beschriebenen Modell kann das Fermi-Sommerfeld-Gas bei $T = 0$ K dadurch in einen Zustand tieferer Energie übergehen, daß möglichst viele Elektronen unter Aufnahme kinetischer Energie aus Zuständen unter der Fermioberfläche in Zustände darüber gehen und dann beim Einschalten der Wechselwirkung Cooper-Paare bilden. Ein solcher Prozeß führt nur dann zu einem Überschuß an Bindungsenergie, wenn der Aufwand an kinetischer Energie im Mittel kleiner als $\Delta(0)$ bleibt, d.h. solange nur Elektronen aus einer Schicht der Dicke $\Delta(0)$ unterhalb der Fermioberfläche in geeignete Zustände einer Schicht der Dicke $\Delta(0)$ oberhalb der Fermifläche (der Energie W_F) angehoben werden, siehe Abb. 51.1. In Abb. 51.1 ist die Wahrscheinlichkeit h_k für die Be-

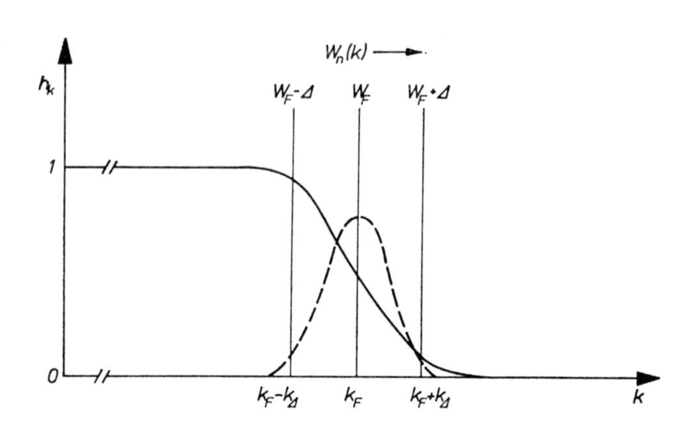

Abb. 51.1. Besetzungswahrscheinlichkeit h_k von Paarzuständen im Grundzustand des Suprazustandes bei $T = 0$ über k und der Energie $W_n(k)$ vor Einschalten der Wechselwirkung. Voraussetzung für die Paarbildung ist diese vorherige Aufweichung der Fermikante (vgl. Abb. 42.2). Die gestrichelte Glockenkurve ist die Wahrscheinlichkeitsamplitude für die Kondensation zweier Elektronen zu einem Cooper-Paar CP = $(\boldsymbol{k}\uparrow, -\boldsymbol{k}\downarrow)$. Maximale Häufigkeit besteht für $|\boldsymbol{k}| = k_F$

setzung von Paarzuständen (51.1) mit 2 Elektronen wiedergegeben. Diese tragen bei Einschalten der Wechselwirkung zum BCS-Grundzustand bei. In ihm kondensieren gebundene Paare mit der in Abb. 51.1 wiedergegebenen Wahrscheinlichkeit für $|\boldsymbol{k}|$, und die Energie des gesamten Elektronensystems sinkt von dem normalen Grundzustand (42.12)

$$W_n^0 = (3/5)\, N_e W_F \tag{51.6}$$

um die sogenannte *Kondensationsenergie*

$$W_{\text{kond}} = (1/4)\, D(W_F)\, \Delta(0)^2 \tag{51.7}$$

oder mit (42.13)

$$W_{\text{kond}} = (3/8)\, N_e \Delta(0)^2 / W_F \tag{51.7'}$$

auf den Wert

$$W_s^0 = W_n^0 - W_{\text{kond}} \tag{51.8}$$

im Suprazustand.

Auch dieses Ergebnis ist nachträglich plausibel: in (51.7) mißt $D(W_F)\,\Delta(0)$ die Anzahl der an der Paarbildung beteiligten Elektronen (vgl. Abb. 51.1) und $\Delta(0)$ ist die „Bindungsenergie“ *eines* Paares.

In diesem Zustand sind alle Elektronen aus der Wechselwirkungsschale ($2\Delta(0)$-Schale) gepaart. Das gibt größenordnungsmäßig mit $\Delta(0) \approx 10^{-3}$ eV und $W_F \approx 1$ eV die Anzahl

$$N_{CP} = W_{\text{kond}}/\Delta(0) = N_e \Delta(0)/W_F \approx 10^{-3} N_e \tag{51.9}$$

von Cooper-Paaren bei $T = 0$ K. Nach (51.1') und Abb. 51.1b gruppieren sich die Wellenzahlen k der Paare in einem sehr engen Bereich ($\Delta(0) \ll W_F$, $k_\Delta \ll k_F$) um k_F, wobei die Paare mit $|\boldsymbol{k}| = |-\boldsymbol{k}| = k_F$ am häufigsten sind. Man kann deshalb in gewisser Näherung annehmen, daß *alle* Paare zu $k = k_F$ gehören, d.h. alle dieselbe Bindungsenergie $\Delta(0)$ besitzen[55], alle denselben Beitrag zur Kondensationsenergie (51.7) leisten und sich *alle* in demselben quantentheoretischen Zustand mit demselben Impuls $m_e v_F = \hbar k_F$ der gepaarten Elektronen befinden. Das ist möglich, weil die Paare den Spin Null besitzen, also Bosonen sind und somit dem Pauliverbot nicht unterliegen. Wird der Zustand eines Paares mit $\psi(n, n+1)$ bezeichnet (n = Nummer eines Elektrons) und existieren N_{CP} Paare, so ist wegen der Schärfe des Impulsbetrages der Ort der Elektronen unbestimmt, d.h. der Zustand ψ hat eine ortsunabhängige Amplitude: $\psi\psi^* = \text{const}$. Das Produkt ($N \equiv N_{CP}$)

$$\begin{aligned} \Psi_N &= \psi(1,2)\,\psi(3,4)\cdots\psi(2N-1, 2N) \\ &= n_{CP}^{1/2}\, e^{i\varphi_N} \end{aligned} \tag{51.10}$$

ist der Zustand des Gesamtsystems der Paare. Wegen der makroskopischen Besetzung dieses Zustands — nach (51.9) ist die Paardichte $n_{CP} = N_{CP}/V \approx 10^{19}\ \text{cm}^{-3}$ — darf man in der zweiten Zeile zur Felddarstellung übergehen und das Amplitudenquadrat mit der Teilchendichte $n_{CP} = \Psi_N \Psi_N^*$ identifizieren[56]. Die Phase φ_N der makroskopischen Welle setzt sich aus den Phasen der $\psi(n, n+1)$ zusammen und hängt deshalb von n_{CP} ab. Sie ist um so schärfer definiert, je größer n_{CP} ist, was umgekehrt eine strenge (starre) Phasenkorrelation[57] zwischen den Einzelzuständen bedeutet. Der *Grundzustand des Supraleiters* ist also ein *Zustand höchster Ordnung*[58]. Die ihn aufbauenden *Cooper-Paare* tragen weder zur *Entropie* bei noch können sie *Energie mit dem Gitter austauschen*, wie in Ziffer 52 näher diskutiert wird.

---

[55] In Wirklichkeit hängt sie etwas von k ab. Unsere Näherung ist also bereits oben stillschweigend benutzt worden.

[56] Analogie: Einzelne Photonen sind unabhängige Korpuskeln, sehr viele Photonen von gleicher Energie $\hbar\omega_L$ und gleichem Impuls $\hbar \boldsymbol{k}_L$ bauen eine klassische Lichtwelle von der Frequenz ω_L und mit wohldefinierter Phase auf, d.h. sie bilden ein elektromagnetisches Feld.

[57] Oder Phasenkohärenz.

[58] Die an der Paarbildung nicht beteiligten Elektronen im Innern der Fermikugel sind bereits durch das Pauli-Prinzip geordnet, das jeden Zustand mit genau einem Elektron besetzt. Sie sind in (51.10) nicht enthalten.

Die soeben beschriebene Näherung lauter gleicher Paarzustände reproduziert offenbar den makroskopischen starren Grenzfall der *Londonschen Theorie* mit durch die ganze Probe reichender Phasenkohärenz. Die Streuung von $\boldsymbol{k}$ um den Mittelwert k_F ist eine der Ursachen für eine Verkleinerung des Kohärenzbereiches (vgl. Ziffer 53.1) auf die Länge ξ_0.

Die *Lebensdauer* der Cooper-Paare ist im allgemeinen so groß, daß die Unschärfe der Kante der Energielücke klein gegen ihre Breite $2\Delta(0)$ ist. Dies gilt in bezug auf normale Potentialstreuung eines der beiden Paarelektronen (Ziffer 44), wodurch ein Paar nur sehr unwahrscheinlich aufgebrochen werden kann[59]. Die Lebensdauer kann aber sehr stark herabgesetzt werden durch die Wechselwirkung der Elektronenspins mit den Spins von *magnetischen Fremdionen*, mit denen das Metall dotiert wird. Durch die Spin-Spin-Wechselwirkung eines solchen Ions mit einem der beiden Paarelektronen kann die $(\uparrow\downarrow)$-Spinkorrelation innerhalb des Paares aufgebrochen, die Lebensdauer verkürzt und die Termbreite größer als die Lückenbreite werden. In solchen Fällen wird experimentell keine Energielücke beobachtet[60] (*Supraleiter ohne Lücke*).

51.3. Die Energielücke eines Supraleiters bei T = 0 K.

Nach den soeben gewonnenen Ergebnissen setzt *Energieaustausch* zwischen dem supraleitenden Elektronengas bei $T = 0$ K und dem Gitter voraus, daß Cooper-Paare aufgebrochen und so Einzelelektronen an der Fermioberfläche bereitgestellt werden, die allein Energie mit dem Phononensystem austauschen können (vgl. Ziffer 42.3).

Der tiefstmögliche angeregte Zustand über dem supraleitenden Grundzustand entsteht offenbar durch das Aufbrechen *eines* einzigen Cooper-Paares. Die hierfür erforderliche Arbeit ist nach BCS gleich $2\Delta(0)$, also gleich der *doppelten* Bindungsenergie (51.3) eines Paares.

Dies Ergebnis kann man sich vielleicht wie folgt verständlich machen. Wird z.B. das Cooper-Paar $(\boldsymbol{k}\uparrow, -\boldsymbol{k}\downarrow)$ aufgebrochen durch einen Prozeß, bei dem ein Elektron in einen ungepaarten Zustand $\boldsymbol{k}' \neq \boldsymbol{k}$ gebracht wird und das andere im Zustand $-\boldsymbol{k}$ zurückbleibt, so wird nicht nur der bisher besetzte Paarzustand $(\boldsymbol{k}\uparrow, -\boldsymbol{k}\downarrow)$, sondern zusätzlich auch der bisher nicht besetzte Paarzustand $(\boldsymbol{k}'\uparrow, -\boldsymbol{k}'\downarrow)$ zerstört. Bei der Berechnung der gesamten Kondensationsenergie (51.7) wurde nun in völlig symmetrischer Weise sowohl über alle besetzten[61] wie über alle nicht besetzten[62] Paarzustände summiert. Bei *beiden* Summationen wird jetzt aber ein Summand blockiert, so daß die Kondensationsenergie $2\Delta(0)$ verliert.

Der niedrigste Anregungszustand des supraleitenden Elektronengesamtsystems hat also nach (51.8) die Energie

$$W_s^1 = W_n^0 - (W_{\text{kond}} - 2\Delta(0)) = W_s^0 + 2\Delta(0)\,. \qquad (51.11)$$

Im *Einteilchenbild* kann das Aufbrechen eines Paares als die Erzeugung von *zwei ungepaarten Quasiteilchen* beschrieben werden. Ein solches Quasiteilchen besitzt einen Wellenvektor $\boldsymbol{k}$ und eine Energie, die um die *Anregungsenergie* (hier ohne Beweis, die Ergebnisse gelten nicht nur in der Näherung $k = k_F$)

$$\delta W_s(k) = W_s(k) - W_{Fs} = +\,[\delta W_n(k)^2 + \Delta(0)^2]^{1/2} \qquad (51.12)$$

höher liegt als die Energie W_{Fs} eines Paarpartners im gebundenen Grundzustand des Supraleiters[63]. $\delta W_n(k)$ bedeutet dieselbe Anregungsenergie im wechselwirkungsfreien Normalzustand. Hier ist $W_{Fn} = W_F$ bekannt, und es gilt

$$\delta W_n(k) = W_n(k) - W_F = (\hbar^2/2m_e)(k^2 - k_F^2)\,. \qquad (51.13)$$

---

[59] Die Potentialstreuung bestimmt auch die freie Weglänge der Normalelektronen. Vergleiche deshalb Ziffer 53.1.

[60] Derartige *Kondo-Systeme* zeigen auch im Normalzustand Anomalien z.B. des elektrischen Widerstands (Ziffer 44.2.2) und des magnetischen Verhaltens.

[61] Die gebundenen Paare.

[62] Als Zwischenzustände in der Störungsrechnung 2. Näherung.

[63] Beachte: Vor der Anregung wird vom supraleitenden Gesamtzustand, nach der Anregung von Quasiteilchen gesprochen. Es werden zwei Bilder nebeneinander benutzt. W_{Fs} kann als das chemische Potential des Paarelektronensystems aufgefaßt werden. Die Bezeichnung W_{Fs} ist analog zu $W_{Fn} = W_F$ beim freien Elektronengas gewählt.

Da nach Definition die Anregungsenergie *immer* positiv sein muß, und der rechte Teil von (51.13) für die *Elektronenenergie* gilt, muß ein angeregtes Teilchen mit $k > k_F$ ein *Elektron* außerhalb, mit $k < k_F$ aber ein *Loch* innerhalb der Fermikugel[64] sein.

Man erfaßt beide Fälle in einer Gleichung, wenn man (51.13) ersetzt durch

$$\delta W_n(k) = |W_n(k) - W_F| = (\hbar^2/2\,m_e)\,(k + k_F)\,|k - k_F|\,. \qquad (51.13')$$

In der Nachbarschaft von k_F, für die allein wir uns hier zu interessieren brauchen, ist $|k - k_F| \ll k_F$ und $k + k_F \approx 2\,k_F$, d.h. die Anregungsenergie eines Teilchens im Normalzustand

$$\delta W_n(k) = (\hbar^2/m_e)\,k_F\,|k - k_F| \qquad (51.14)$$

ist Null bei $k = k_F$ und wächst kontinuierlich und zunächst linear mit dem Abstand $|k - k_F|$, siehe Abb. 51.2.

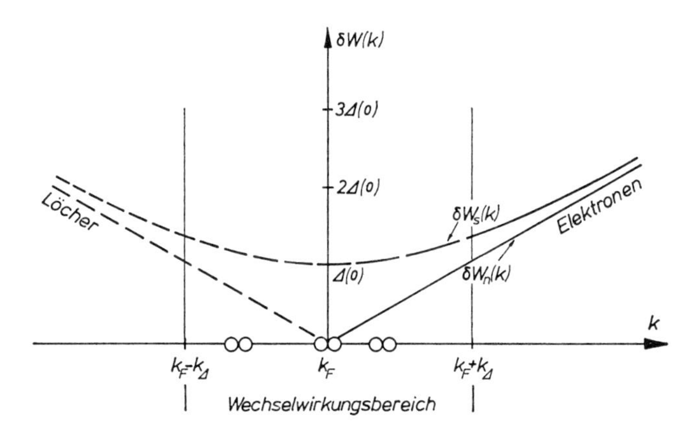

Abb. 51.2. Anregungsenergie einzelner Quasiteilchen eines Supraleiters bei $T = 0$ K in der Nähe der Fermigrenze. Vergleichskurve: Grenzfall $\Delta(0) = 0$ des freien Elektronengases. oo bedeutet ein Cooper-Paar CP = $(\boldsymbol{k}\uparrow, -\boldsymbol{k}\downarrow)$, eingezeichnet beim Wert $|\boldsymbol{k}|$ auf der Abszisse $\delta W(k) \equiv 0$. Auf den ausgezogenen (gestrichelten) Kurventeilen liegen Elektronen-(Loch)-Zustände, im Übergangsgebiet Mischzustände (vgl.Text).

Im Suprazustand dagegen besteht eine *Anregungsschwelle*: nach (51.12) ist

$$\delta W_s(k_F) = \Delta(0) \qquad (51.15)$$

die *kleinstmögliche Anregungsenergie* eines Quasiteilchens. Für verschwindende Paarwechselwirkung $\Delta(0) \to 0$ geht, wie es sein muß, $\delta W_s(k)$ in $\delta W_n(k)$ über. Dasselbe ist aber auch bei beliebigem $\Delta(0)$ der Fall für alle Teilchen in genügend großem Abstand von der ungestörten Fermifläche, nämlich sobald $\delta W_n(k)^2 \gg \Delta(0)^2$ wird, was nach (51.13) erfüllt ist für alle $W_n(k) \gg W_F + \Delta(0)$ und für alle $W_n(k) \ll W_F - \Delta(0)$, d.h. genügend weit außerhalb des *Wechselwirkungsbereichs*[65]

$$W_F - \Delta(0) \lessapprox W_n(k) \lessapprox W_F + \Delta(0), \qquad (51.16\text{a})$$

$$k_F - k_\Delta \lessapprox k \lessapprox k_F + k_\Delta \qquad (51.16\text{b})$$

mit

$$k_\Delta = \frac{m_e\,\Delta(0)}{\hbar^2\,k_F} \qquad (51.16\text{c})$$

wegen $\Delta(0) \ll W_F$. In dieser Grenze sind auch die Quasiteilchen des Suprazustandes *Elektronen* oder *Löcher*, im Wechselwirkungsbereich (51.16) dagegen sind sie komplizierte *Elektron-Loch-Mischzustände*, wobei $k = k_F$ das Mischungsverhältnis 1:1 bezeichnet. In Abb. 51.2 sind die Anregungsenergien einzelner Quasiteilchen in der Nähe des Wechselwirkungsbereiches über k dargestellt.

[64] Lochenergien werden von der Fermifläche aus nach innen positiv gezählt (Ziffer 43.4.5).

[65] Vergleiche (51.1').

Die *Zustandsdichte* $D(W_s)$ der angeregten Zustände läßt sich leicht berechnen, da nach (51.12) je ein Zustand im Suprazustand umkehrbar eindeutig einem Zustand im Normalzustand entspricht, so daß

$$D(W_s)\,dW_s = D(W_n)\,dW_n\,, \tag{51.17}$$

$$D(W_s) = D(W_n)\cdot(dW_n/dW_s) \tag{51.17'}$$

gilt, was mit (51.12) sofort

$$D(W_s) = D(W_n)\,\frac{\delta W_s(k)}{\delta W_n(k)} = D(W_n)\,\frac{\delta W_s}{+\sqrt{\delta W_s^2 - \Delta(0)^2}} \tag{51.18}$$

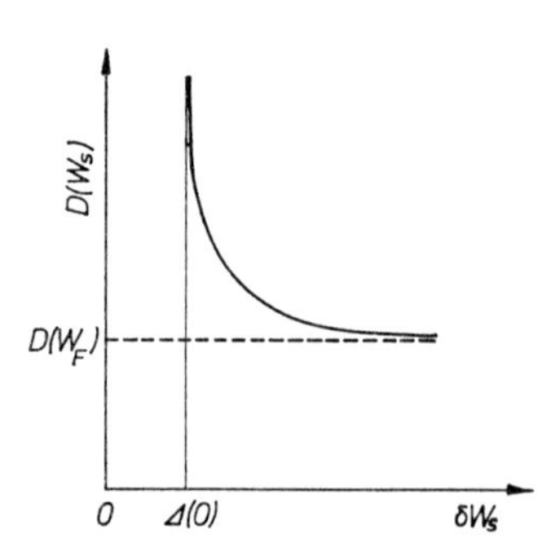

Abb. 51.2a. Zustandsdichte im Termschema Abb. 51.2 der angeregten Quasiteilchen über der Anregungsenergie.

liefert und nur für $\delta W_s \geqq \Delta(0)$ definiert ist. $D(W_s)$ ist in Abb. 51.2a über der Anregungsenergie δW_s dargestellt. Die im Normalzustand im Bereich zwischen W_F und $W_F + \Delta(0)$ liegenden Zustände werden beim Übergang in den supraleitenden Zustand aus diesem Bereich herausgedrängt[66] und häufen sich am oberen Rand oberhalb $W_F + \Delta(0)$.

Da beim Aufbrechen eines Paares immer *zwei* Quasiteilchen entstehen, ist die *Anregungsenergie* des Supraleiters gleich einer Summe

$$\delta W_s = \delta W_s(k) + \delta W_s(k')\,, \tag{51.19}$$

wobei die Wellenvektoren $\boldsymbol{k}$, $\boldsymbol{k}'$ durch die Impulsbilanz des Anregungsprozesses bestimmt werden[67]. Der kleinstmögliche Wert ist[68]

$$\delta W_s = 2\Delta(0) \tag{51.20}$$

bei $k = k' = k_F$. Beim Aufbrechen eines solchen Paares entstehen zwei Teilchen mit gleichviel Elektron- und Lochcharakter, oder etwas zu grob formuliert: es entstehen ein angeregtes Elektron und ein Loch, wie bei der Anregung eines Halbleiters durch Anhebung eines Elektrons aus dem Valenzband über die Bandlücke ins Leitungsband.

Wegen dieser Analogie wird häufig (besonders bei der Auswertung von Einelektron-Tunnelexperimenten, siehe Ziffer 52.4.3), das mehr heuristische sogenannte *Halbleitermodell* des Supraleiters benutzt. Es entsteht, indem man die Lochzustände mit positiver Anregungsenergie als Elektronenzustände mit negativer Anregungsenergie interpretiert[69], d.h. den linken Teil der Abb. 51.2 um die Abszisse nach unten klappt (Abb. 51.3). Die Zustände auf diesem Kurvenast[70] können besetzt werden durch ungepaarte „Einzelelektronen unterhalb der Energielücke“. Sie sind von den „Einzelelektronen“ auf dem oberen Kurvenast[71] durch eine Anregungsenergie von mindestens $2\Delta(0)$ getrennt. Cooper-Paare kommen in diesem Einteilchen-Termschema nicht vor. Mit Abb. 51.2 muß natürlich auch Abb. 42.3 um die Fermienergie ($\delta W_s = 0$) symmetrisch werden (Abb. 51.3a/b). Man erhält so eine *Zustandsdichte für*

[66] $D(W_s)$ wird dort imaginär (oder Null, wenn man den Realteil von (51.18) als Definition benutzt).

[67] Wird kein Impuls auf das Paar übertragen, so ist $k' = k$ und $\delta W_s = 2\,\delta W_s(k)$.

[68] Das ist wieder das Ergebnis (51.11), für dessen Herleitung benutzt wurde, daß alle Cooper-Paare zu $k = k_F$ gehören.

[69] Siehe Ziffer 43.4.5. In beiden Fällen handelt es sich um *angeregte* Zustände.

[70] Er entspricht dem Valenzband des Halbleiters.

[71] Er entspricht dem Leitungsband des Halbleiters.

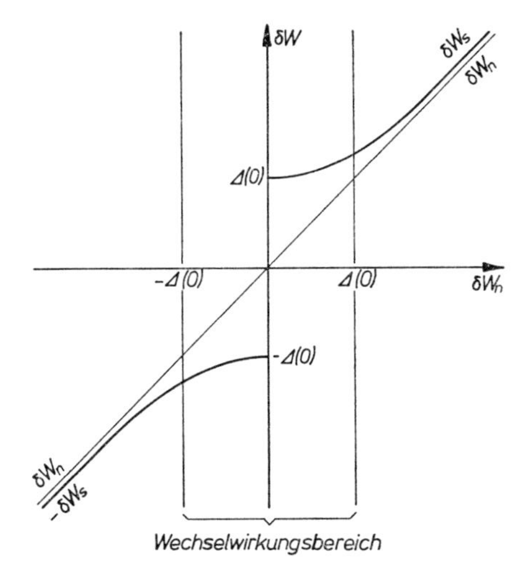

Abb. 51.3. Sogenanntes Halbleitermodell eines Supraleiters bei $T = 0$ K: positive und negative Anregungsenergien δW_s der ungepaarten supraleitenden Elektronen über der Anregungsenergie δW_n normalleitender Elektronen. Alle Anregungsenergien sind gemessen von der Fermienergie W_F aus: $\delta W = W - W_F$

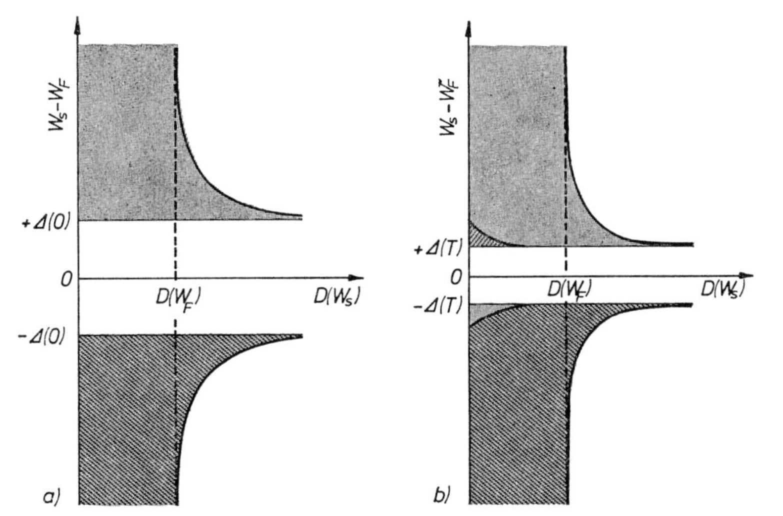

Abb. 51.3a. Zustandsdichte der ungepaarten Elektronen eines Supraleiters nach dem Halbleitermodell Abb. 51.3, für $T = 0$ K

Abb. 51.3b. Wie Abb. **51.3**a, aber für $T > 0$ K

Einzelelektronen, mit extremalen Werten beiderseits der Energielücke, in der keine Zustände liegen. Dann entstehen ein angeregtes Elektron und ein Loch (s. oben) „bei der Anregung eines Elektrons von unterhalb nach oberhalb der Bandlücke".

Formal ergibt sich Abb. 51.3a aus (51.12) unter Verwendung beider Vorzeichen vor der Wurzel, wie man sich leicht überzeugt.

Aufgabe 51.3. Zeichne die Zustandsdichte $D(W_s)$ über $W_s \geq 0$ für die Einzelelektronen in einem Supraleiter.

Hinweis: Wie ändert sich Abb. 41.4 beim Übergang des Metalls in den supraleitenden Zustand?

Frage: Wo bleiben die Cooper-Paare?

51.4. Die Energielücke eines Supraleiters bei T > 0 K.

Wird die Temperatur eines Supraleiters über $T = 0$ K erhöht, so wird eine nach Maßgabe der Fermistatistik[72] zunehmende Anzahl von Elektronen in Einteilchenzustände angeregt, d.h. es werden besetzte und unbesetzte Paarzustände zerstört. Nach Ziffer 50.1 nimmt dadurch die Wechselwirkungsenergie Δ ab. Es wird also

$$\Delta(T) < \Delta(0), \quad n_{CP}(T) < n_{CP}(0) \tag{51.21}$$

[72] Die Quasiteilchen sind Fermionen und gehorchen der Fermistatistik. Die Paare sind Bosonen und im Grundzustand kondensiert.

und die Sprungtemperatur T_c, bei der die Supraleitung zusammenbricht, wird durch

$$\Delta(T_c) = 0\,, \qquad n_{CP}(T_c) = 0 \tag{51.22}$$

definiert. Bei einer beliebigen Temperatur $0 < T < T_c$ existieren Cooper-Paare und angeregte Quasiteilchen, oder, in der anschaulicheren Sprache des Halbleitermodells (Ziffer 51.3) gepaarte und ungepaarte Elektronen[73] in einem Gleichgewicht nebeneinander, das sich mit steigender Temperatur nach der Seite der ungepaarten Teilchen verschiebt. Das Elektronensystem ist also analog zu einem *Zweiflüssigkeitensystem*[74] aus einer normalleitenden und einer supraleitenden Komponente, die durch eine Energielücke

$$W_g(T) = 2\Delta(T) \tag{51.23}$$

voneinander getrennt sind.

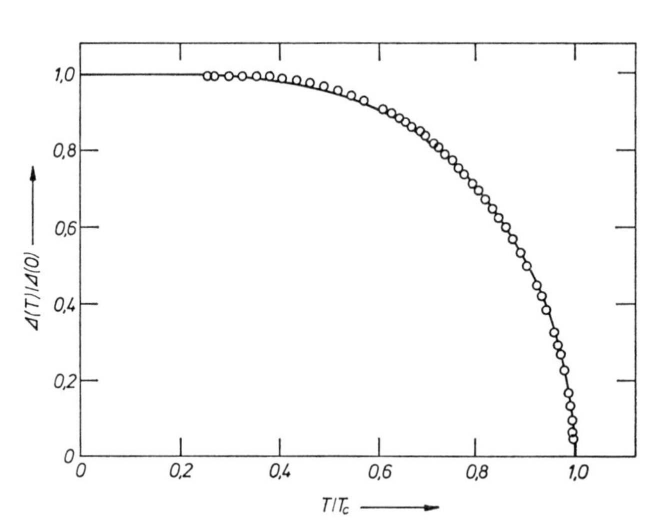

Abb. 51.4. Die Temperaturabhängigkeit der Energielücke in relativen Einheiten nach der BCS-Theorie. Die Punkte sind mit dem Tunneleffekt (Ziffer 52.4.3) gemessen am Blei, das wegen $2\Delta(0)/k_B T_c = 4{,}4 > 3{,}5$ nicht mehr zu der Näherung der schwachen Kopplung gehört. Die für diese Substanz numerisch berechnete Kurve gibt die Messungen ausgezeichnet wieder. Nach Gasparovic, Taylor and Eck (1966)

Die Funktion $W_g(T)$ kann nicht explizit angegeben, wohl aber numerisch berechnet werden; sie ist in Abb. 51.4 in reduzierten Koordinaten $\Delta(T)/\Delta(0)$ und T/T_c für alle Supraleiter dargestellt. Näherungsweise gibt die Rechnung mit (51.12) unter der meist erfüllten Bedingung $\Delta(0) \ll \hbar\omega_D$ (Näherung für schwache Kopplung) die *Sprungtemperatur*

$$k_B T_c = 0{,}57\,\Delta(0) \tag{51.25}$$

und damit umgekehrt die *Energielücke* bei $T = 0\,\mathrm{K}$

$$W_g(0) = 2\Delta(0) = 3{,}52\,k_B T_c \tag{51.26}$$

aus der leicht zu messenden Sprungtemperatur.

Alle in Ziffer 51.3 abgeleiteten Formeln bleiben richtig, wenn

$$\Delta(0)\,,\ W_g(0)\,,\ D(W_s, 0) \equiv D(W_s)\,, \quad D(W_n, 0) \equiv D(W_n)\,,\ W_F$$

ersetzt werden durch $\Delta(T)$, $W_g(T)$, $D(W_s, T)$, $D(W_n, T)$, μ.

Man vergleiche die Abb. 51.4 mit der analogen Abb. 24.5 für den ferromagnetischen Ordnungszustand. Trotz des völlig andersartigen Wechselwirkungsmechanismus ist beiden Ordnungszuständen gemeinsam, daß sie um so stabiler sind, je höher die Ordnung ist, d.h. daß die Tangentensteigung nach rechts zunimmt.

[73] Wir betrachten nach wie vor nur die Elektronen im Wechselwirkungsbereich an der Fermioberfläche.

[74] Schon 1934 wurde von C. J. Gorter und H. B. G. Casimir ein *Zweiflüssigkeiten-Modell* auf thermodynamischer Basis ohne mikrophysikalische Begründung aufgestellt.

52. BCS-Modell und makroskopische Phänomene der Supraleitung

Wir wollen jetzt den Zusammenhang zwischen mikroskopischer BCS-Theorie und den makroskopischen Phänomenen herstellen. Es wird sich zeigen, daß die Theorie in der Lage ist, die experimentellen Ergebnisse richtig zu interpretieren[75] und daß umgekehrt die fundamentalen Größen der Theorie aus unabhängigen Messungen widerspruchsfrei bestimmt werden können.

52.1. Die elektrische Leitfähigkeit und das kritische Magnetfeld

Wird eine äußere elektrische Spannung an einen Supraleiter gelegt, so werden ebenso wie die Einzelelektronen auch die Cooper-Paare im Feld beschleunigt. Im Gegensatz zu einem Elektron kann jedoch ein Paar die gewonnene kinetische Energie nicht in beliebig kleinen Beträgen an das Gitter übertragen — jedenfalls nicht über die bisher bekannten Streuprozesse (Ziffer 44.1). Diese sind lokale Einelektron-Prozesse, durch die die beiden Elektronen eines Paares ihre Paar-Korrelation (51.1) verlieren würden, d.h. das Paar würde aufgebrochen. Hierfür muß aber andererseits die Energielücke überwunden werden. Solange die im Feld gewonnene kinetische Energie dafür nicht ausreicht, d.h. solange die Geschwindigkeit unter einer kritischen Grenze bleibt[76], bedeutet die Bewegung des Paares einen verlustlosen Ladungsstrom, der den normalen Leitungsstrom der ungepaarten Elektronen kurzschließt und somit bereits die Supraleitfähigkeit verursacht.

Da alle Paare gleich stark beschleunigt werden, befinden sie sich nicht nur vor Einschalten der Spannung (Ziffer 51.2), sondern auch zu jedem späteren Zeitpunkt im gleichen Zustand. Alle Paare werden simultan aufgebrochen, d.h. es existiert eine *kritische Stromstärke* $I_c(T)$ die den $s \to n$-Übergang erzwingt, in Übereinstimmung mit dem Experiment.

Da jeder Strom ein Magnetfeld erzeugt, hat schon 1916 Silsbee vermutet, daß das *kritische Magnetfeld* $H_c(T)$ (Ziffer 50.1) gerade dasjenige ist, das von dem kritischen Strom an der Oberfläche des Leiters, z.B. eines zylindrischen Drahtes, erzeugt wird. Dies ist in der Tat der Fall. $H_c(T)$ und $I_c(T)$ nehmen mit der Energielücke $W_g(T)$ bei wachsendem T ab und verschwinden bei $T = T_c$[77]. Damit ist auch die *Übergangskurve* $H^{\text{ext}} = H_c(T)$ modellmäßig erklärt.

Für einen Zinndraht von $2R = 1$ mm Durchmesser z.B. ergibt sich $I_c(0) = 75$ A und $\mu_0 H_c(0) = B_c(0) = 3 \cdot 10^{-2}\,\text{Vs}\,\text{m}^{-2}$ ($\triangleq 300$ G). Berücksichtigt man noch, daß der Strom nur in einer Oberflächenschicht der Dicke λ fließt, so bedeutet das eine sehr hohe *kritische Stromdichte* (Aufgabe 52.1).

Aufgabe 52.1. Berechne die kritische Stromdichte $j_c(0)$ und die kritische Stromstärke $I_c(0) = \int_A j_c(0)\,dA$ (A = Querschnitt des Leiters) für einen zylindrischen Zinndraht vom Durchmesser $2R = 1$ mm aus der kritischen Magnetfeldstärke $B_c(0) = 3 \cdot 10^{-2}\,\text{Vs}\,\text{m}^{-2}$.
Hinweis: Ersetze die exponentielle Stromdichteverteilung (Aufgabe 50.3) in der Oberfläche durch eine konstante Stromdichte in einer Oberflächenschicht der Dicke λ und durch Null im Innern des Drahtes.

---

[75] Mit ihr wurden sogar neuartige Experimente angeregt und deren überraschende Ergebnisse richtig vorhergesagt (Josephson-Effekte, Ziffer 52.5).

[76] Außer dem Energiesatz muß auch der Impulssatz beim Aufbrechen des Paares befolgt werden, d.h. das Gitter ist als Stoßpartner an diesem Prozeß beteiligt (siehe oben).

[77] Bei $T = T_c$ ist durch thermische Anregung die Paar-Konzentration $n_{CP} = N_{CP}/V$ auf Null gesunken.

52.2. Die thermodynamischen Eigenschaften

Die dem Experiment unmittelbar zugängliche *elektronische Molwärme* C_{se}^* des Supraleiters (siehe Ziffer 50.4) wird im BCS-Modell zurückgeführt auf das Aufbrechen von Cooper-Paaren, d.h. die Anregung eines Niveaus oberhalb der Energielücke $W_g(T) = 2\Delta(T)$, für deren Temperaturabhängigkeit wir eine explizite Formel nicht angeben konnten (Ziffer 51.4). Deshalb können auch für C_{se}^* nur Näherungen für Grenzfälle angegeben werden[78].

Für genügend tiefe Temperaturen ($T/T_c < 0{,}4$) erhält man die fast exponentielle Abhängigkeit (γ = Sommerfeld-Konstante)

$$C_{se}^*(T)/\gamma T_c = a\, e^{-b T_c/T}\,. \tag{52.1}$$

Da auch die Faktoren $a = a(T/T_c)$ und $b = b(T/T_c)$ nur von der relativen Temperatur abhängen, gilt (52.1) universell für alle Supraleiter. Bei $T/T_c \ll 1$ wird $b(0) = 1{,}76$, d.h. mit (51.26)

$$C_{se}^*/\gamma T_c = a\, e^{-\Delta(0)/k_B T}\,. \tag{52.2}$$

Bei Temperaturen mehr in der Nähe von T_c nimmt der Wert von b stark ab, d.h. in (52.2) ist $\Delta(0)$ zu ersetzen durch $\Delta(T)$. Dies Ergebnis stimmt überein mit dem experimentellen in Abb. 50.13 und zeigt, daß tatsächlich die Überwindung der Energielücke W_g den entscheidenden exponentiellen Faktor bestimmt. Da diese Energie auf zwei unabhängige Quasiteilchen verteilt wird, steht richtig $W_g/2 = \Delta$ als Energie pro Teilchen im Exponenten. Aus der experimentellen Kurve in Abb. 50.13 wird unmittelbar $\Delta \approx \Delta(0)$ bestimmt.

Am *Sprungpunkt* behauptet die Theorie für schwache Kopplung ($\Delta(0) = 1{,}76\, k_B T_c \ll k_B \Theta$) die Relation[79]

$$C_{se}^*(T_c)/C_{ne}^*(T_c) = C_{se}^*(T_c)/\gamma T_c = 2{,}43 \tag{52.3}$$

zwischen den *spezifischen Wärmen* im supraleitenden und im normalleitenden Zustand. Nach Tabelle 52.1 ist sie gut erfüllt mit Ausnahme von Blei und Quecksilber, die extrem niedrige Debye-Temperaturen bei relativ hohen Sprungtemperaturen besitzen und nicht mehr zum Grenzfall der schwachen Kopplung gehören (vgl. Tabelle 50.1).

Tabelle 52.1. *Verhältnis der spezifischen Wärmen C_{se}^*/C_{ne}^* am Sprungpunkt $T = T_c$.*

Element	Tl	Zn	V	Ta	Al	Sn	Nb	Hg	Pb
$C_{se}^*(T_c)/C_{ne}^*(T_c)$	2,15	2,25	2,57	2,58	2,60	2,60	3,07	3,18	3,65

Die Beziehung zur *kritischen Magnetfeldstärke* wird dadurch hergestellt, daß am absoluten Nullpunkt $T = 0$ bei $H = 0$ die Enthalpiedifferenz (50.23′) nach (50.19) gleich der Energiedifferenz und diese gleich der Kondensationsenergie (51.7/7′) sein muß:

$$\begin{aligned} G_s(0,0) - G_n(0,0) &= U_s(0,0) - U_n(0,0) \\ &= W_s^0 - W_n^0 = -W_{\text{kond}}\,, \end{aligned} \tag{52.4}$$

d.h.

$$(V\mu_0/2)\,H_c^2(0) = (3/8)\,N_e \Delta^2(0)/W_F\,. \tag{52.4′}$$

Das ist eine Beziehung zwischen $\Delta(0)$ und der experimentellen Größe $H_c(T \to 0)$, in die nach (42.9) nur noch die Materialkonstante

[78] Der Gesamtverlauf kann natürlich numerisch ausgewertet werden.

[79] Aus der Kokschen Näherung (50.29) folgt auf der rechten Seite ein nicht sehr abweichender Wert.

N_e/V eingeht, die nach (42.10) und (42.22) aus der elektronischen Molwärme (50.33 b) im Normalzustand bestimmt werden kann. Das ist eine zweite Methode, $\Delta(0)$ experimentell zu bestimmen.

Man zeigt leicht (Aufgabe 52.2), daß (52.4′) identisch ist mit

$$(\varrho/(M))\,\gamma\,T_c^2 = 2{,}13\,\mu_0 H_c^2(0)\,. \tag{52.5}$$

Damit ist auch die Korrelation zwischen *kritischer Magnetfeldstärke* und *Übergangstemperatur* (ϱ = Dichte, (M) = Molekulargewicht, γ = Sommerfeld-Konstante sind Materialkonstanten!) demonstriert (vgl. Ziffer 50.1).

Aufgabe 52.2. Beweise (52.5). Hinweis: Ziffern 42.3 und 51.4.

52.3. Nachweis der Cooper-Paare und des Bindungsmechanismus

Die Existenz der *Cooper-Paare* wird unmittelbar durch das Auftreten der Ladung $q = -2e$ im Flußquant bewiesen (Ziffer 50.6). Die Paarkorrelation bleibt also auch in Transportströmen erhalten, solange die Stromstärke unterkritisch bleibt (Ziffer 52.1). Ferner wird die von der Theorie geforderte Phasenkorrelation(-kohärenz) von der Flußquantelung bewiesen.

Die Beteiligung des Gitters an der Wechselwirkung wird unmittelbar angezeigt durch den *Isotopieeffekt*. Bei sonst ungeänderten Bedingungen (was sich nur beim Vergleich verschiedener Isotope oder Isotopenmischungen desselben Metalls realisieren läßt) gelten nach (51.3/26) die Proportionalitäten

$$T_c \sim \Delta(0) \sim \hbar\omega_D \sim \Theta \sim M^{-1/2}\,, \tag{52.6}$$

wobei M die mittlere Isotopenmasse ist. Auch diese Aussage stimmt mit dem Experiment qualitativ überein[80]. Verfeinerungen der Theorie liefern $T_c \sim M^{-\alpha}$, experimentelle Werte von α gibt Tabelle 50.1.

52.4. Experimentelle Bestimmung der Energielücke

Die in dieser Ziffer beschriebenen unabhängigen Bestimmungsmethoden liefern übereinstimmende Ergebnisse. Einige Beispiele sind in Tabelle 50.1 zusammengestellt.

52.4.1. Spezifische Wärme und Übergangstemperatur

Auf die Bestimmung von $W_g(0) = 2\Delta(0)$ aus der Temperaturabhängigkeit der spezifischen Wärme der Übergangstemperatur T_c und der damit zusammenhängenden kritischen Feldstärke $H_c(0)$ haben wir bereits in Ziffer 52.2 hingewiesen. In die Auswertung dieser Messungen gehen bereits numerische Aussagen der Theorie ein.

52.4.2. Optische und Ultraschall-Absorption

Direkter sind spektroskopische Methoden. Zum Beispiel setzt die *Absorption elektromagnetischer Strahlung* durch Aufbrechen eines Cooper-Paares erst bei der Schwellenenergie $\hbar\omega = 2\Delta(T)$ ein, siehe Abb. 52.2. Die Schwellenfrequenzen liegen im Ultrarot- und Mikrowellenbereich.

Auch *Ultraschallwellen* werden absorbiert. Ihre Frequenzen ($\nu = 10^6 \ldots 10^7\,\mathrm{s}^{-1}$) liegen jedoch unterhalb des Schwellenwertes $2\Delta(T)/h$. Sie werden also nur bei Intrabandübergängen der ungepaarten Elektronen absorbiert. Da deren Anzahl bei sinkender Temperatur abnimmt, muß die Absorptionskonstante α unterhalb des

[80] Historisch gab umgekehrt dies Experiment einen der stärksten Anstöße für die Entwicklung der Theorie. Schon 1950 hatte H. Fröhlich die Elektron-Phonon-Wechselwirkung der Leitungselektronen diskutiert, jedoch noch nicht die Paarbindung eingeführt.

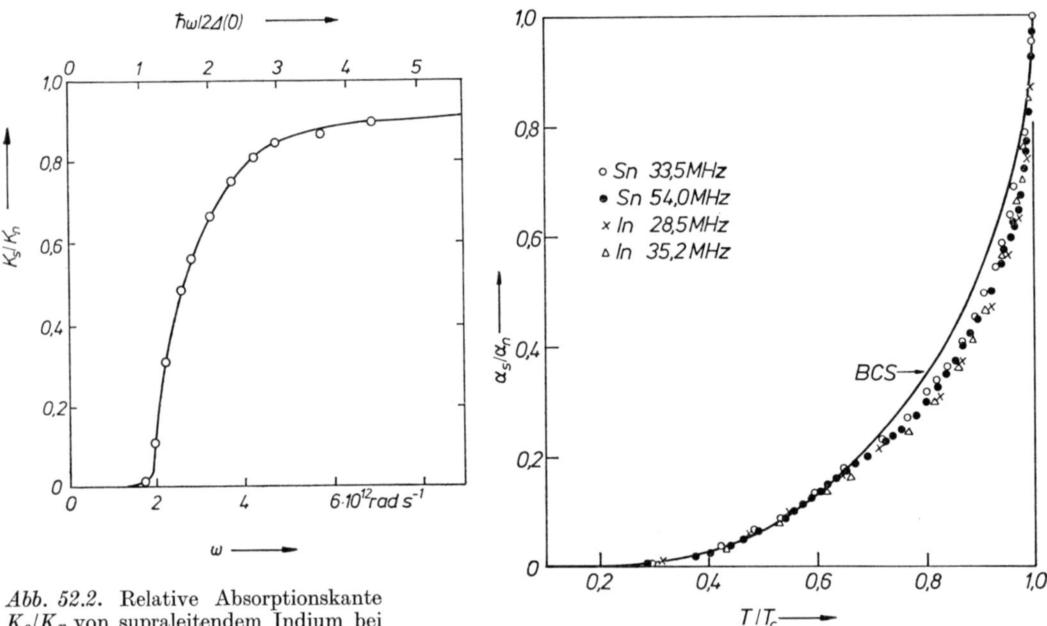

Abb. 52. 3a

Abb. 52.2. Relative Absorptionskante K_s/K_n von supraleitendem Indium bei $\hbar\,\omega = \hbar \cdot 1{,}6 \cdot 10^{12}$ rad s^{-1} $= 10{,}5 \cdot 10^{-4}$ eV $= 2\,\Delta(0) = W_g(0)$. Der normalleitende Vergleichszustand wird durch ein überkritisches Magnetfeld eingestellt. Nach Blakemore

Abb. 52.3a. Relative Ultraschallabsorptionskonstanten α_s/α_n von Zinn und Indium bei je zwei Ultraschallfrequenzen als Funktion der relativen Temperatur T/T_c. Ausgezogene Kurve: BCS-Näherung für schwache Kopplung mit $\Delta(0) = 1{,}77\ k_B T_c$, die quantitativ noch nicht ganz ausreicht (vgl. (51.25) und Abb. 51.4). Nach Morse und Bohm, 1957

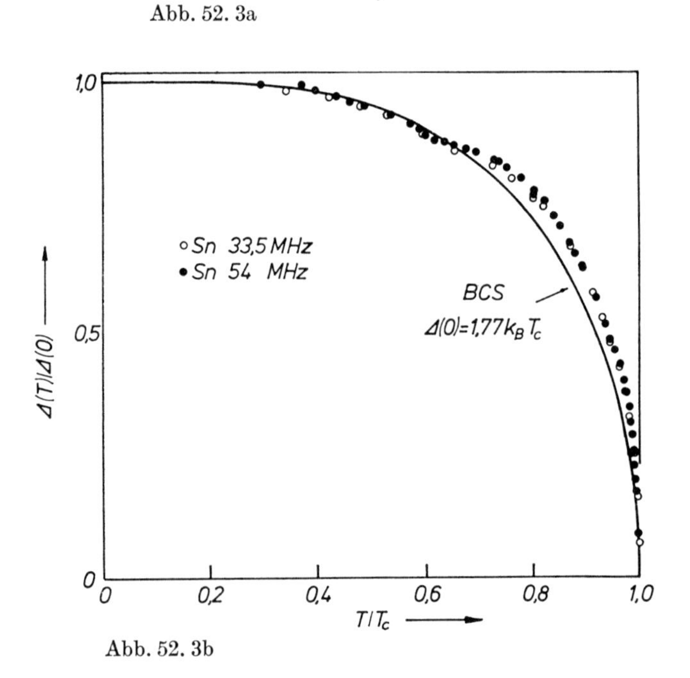

Abb. 52. 3b

Abb. 52.3b. Relative Bandlückenbreite $\Delta(T)/\Delta(0)$ von Zinn als Funktion der relativen Temperatur T/T_c. Bestimmt aus den Messungen Abb. 52.3a. Nach Morse und Bohm, 1957

Sprungpunktes stark abfallen, in Übereinstimmung mit dem Experiment (Abb. 52.3a). Da aus der BCS-Theorie die einfache Beziehung[81]

$$\alpha_s/\alpha_n = 2\,f(\mu + \Delta(T)) = 2/[1 + e^{\Delta(T)/k_B T}] \qquad (52.7)$$

folgt, bedeutet die Messung von Relativwerten $\alpha_s(T)/\alpha_n(T)$ eine unmittelbare Bestimmung der Temperaturabhängigkeit der Bandlücke (Abb. 52.3b).

In beiden Abbildungen sind zum Vergleich Kurven eingezeichnet, die sich aus einer theoretischen Näherung für $\Delta(T)/\Delta(0)$ unter der Annahme schwacher Kopplung mit $\Delta(0) = 1{,}77\ k_B T_c$ ergeben.

---

[81] Auch hier steht nur $\Delta(T) = W_g(T)/2$ im Exponenten: Vergleiche Ziffer 52.2.

52.4.3. Tunnelübergänge von Einzelelektronen

Unter einem *Tunnelübergang* wird der Übergang *eines Elektrons*[82] ohne Energieänderung aus einem Metall in ein anderes durch einen dazwischen befindlichen Isolator verstanden. Beide Metalle sollen zunächst im Normalzustand sein. An den beiden Kontaktflächen stellen sich die Fermigrenzen μ auf gleiche Höhe ein (Abb. 43.12, vgl. Ziffer 43.6). Da diejenige des Isolators in der sehr breiten verbotenen Zone liegt (Abb. 52.4a), werden die beiden Metalle durch einen Potentialberg getrennt, dessen Höhe die Größenordnung ≈ 1 eV hat. Nach der Wellenmechanik kann[83] dieser Berg von einem Elektron ohne Energiezufuhr überwunden oder richtiger untertunnelt

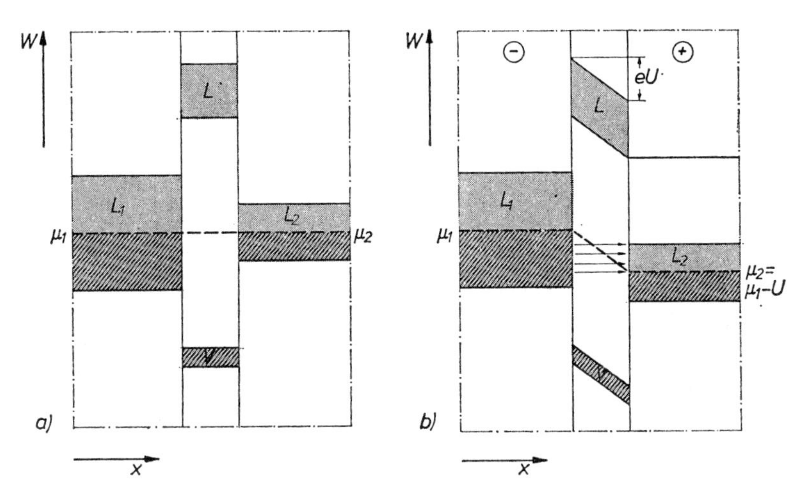

Abb. 52.4. Energieschema einer Tunneldiode aus zwei normalleitenden Metallen a) ohne, b) mit äußerer Spannung U. Schattiert: erlaubte Energiebänder, schraffiert: besetzte Energieniveaus. Der Übergang bei der Fermikante (μ_1, μ_2) zwischen dem besetzten und dem unbesetzten Teil des Leitungsbandes der Metalle ist bei $T = 0$ scharf, bei $T > 0$ unscharf (hier nicht gezeichnet). Horizontale Pfeile bedeuten den Teilchenstrom der mit konstanter Energie durch den Isolator tunnelnden Elektronen. W = Energie eines Elektrons, V = Valenzband, L = Leitungsband

werden. Es existiert also eine endliche Wahrscheinlichkeit, das Elektron mit derselben Energie in dem jeweils anderen Metall anzutreffen. Die Durchlässigkeit δ für einen derartigen *Tunneldurchgang* ist um so größer, je kleiner das Produkt von Höhe mal Breite des Potentialbergs, d.h. je dünner die Isolierschicht ist.

Nachdem bei Herstellung des Kontaktes die Fermigrenzen sich auf gleiche Höhe eingestellt haben, tunneln an der Fermigrenze gleich viel Elektronen in beiden Richtungen, es existiert kein resultierender Tunnelstrom. Diese Symmetrie wird zerstört durch Anlegen einer Spannung U an die sogenannte *Tunneldiode.* Dann fließt ein zu U proportionaler Tunnelstrom (Aufgabe 52.3), die Spannung U liegt praktisch ganz über der Isolierschicht (Abb. 52.4b), und die Fermigrenzen der beiden Metalle werden durch die Batterie auf dem Abstand eU gehalten. Es können jetzt nur[84] Elektronen von 1 nach 2 tunneln, und zwar „horizontal“ (mit konstanter Energie) in demjenigen Energiebereich, in dem unbesetzte erlaubte Zustände des Metalls 2 besetzten Zuständen des Metalls 1 mit gleicher Energie gegenüberliegen[85]. Der Strom wird also proportional zu der Anzahl besetzter Zustände im Metall 1 und der Anzahl unbesetzter Zustände im Metall 2, die dieselbe Energie W haben.

Messen wir die Energie W von der Fermigrenze des Metalls 1 aus, d.h. ist

$$W - \mu_1 = w \gtreqless 0\,, \qquad W - \mu_2 = w + eU \tag{52.8}$$

und also nach (42.14)

$$f_1(W) = \frac{1}{e^{w/k_B T} + 1} = f(w) \tag{52.9}$$

[82] Es gibt auch Tunnelübergänge von *Cooper-Paaren*, siehe Ziffer 52.5, *Josephson-Effekt*.

[83] Im Gegensatz zur klassischen Physik.

[84] Dies gilt nur für die scharfen Fermigrenzen $\mu(0) = W_F$ bei $T = 0$ K, nicht mehr bei $T > 0$ K, wenn besetzte und unbesetzte Zustände auf beiden Seiten von $\mu(T) \neq W_F$ liegen (Abb. 42.3).

[85] Nach dem Pauli-Prinzip, da jeder Zustand nur mit einem Elektron besetzt sein darf.

die Wahrscheinlichkeit, daß dies Niveau in 1 besetzt ist, sowie

$$1 - f_2(w) = 1 - f(w + e\,U) = 1 - \frac{1}{e^{(w+e\,U)/k_B T} + 1} = \frac{1}{e^{-(w+e\,U)/k_B T} + 1} \tag{52.10}$$

die Wahrscheinlichkeit, daß es in 2 leer ist, so ist

$$dZ_{1\to 2} = D_1(w)\,f(w) \cdot D_2(w + e\,U)\,(1 - f(w + e\,U))\,dw \tag{52.11}$$

die Anzahl der von 1 nach 2 tunnelfähigen Niveaus im Bereich dW bei W. Der über sie laufende Teil $dI_{1\to 2}$ des Tunnelstroms ist proportional zu $dZ_{1\to 2}$ und der schon diskutierten Durchlässigkeit δ der Isolierschicht, also

$$dI_{1\to 2} \sim \delta\,dZ_{1\to 2}\,. \tag{52.12}$$

Ganz analog erhält man für den entgegenlaufenden Strom

$$dI_{2\to 1} \sim \delta\,dZ_{2\to 1} \tag{52.13}$$

mit

$$dZ_{2\to 1} = D_2(w + e\,U)\,f(w + e\,U)\,D_1(w)\,(1 - f(w))\,dw \tag{52.14}$$

und somit nach Subtraktion und Integration über dw (wegen des Nullpunktes in μ_1 von $-\infty$ bis $+\infty$) für den resultierenden *Gesamttunnelstrom*

$$I = I_{1\to 2} - I_{2\to 1} \sim \delta \int_{-\infty}^{+\infty} D_1(w)\,D_2(w + e\,U)\,[f(w) - f(w + e\,U)]\,dw\,. \tag{52.15}$$

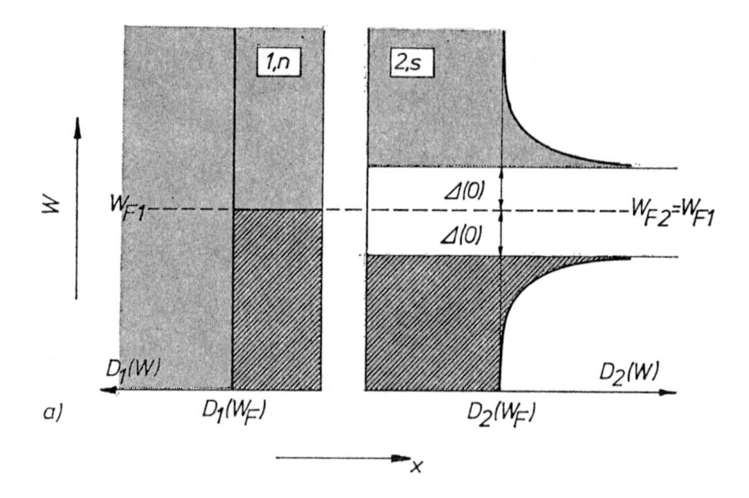

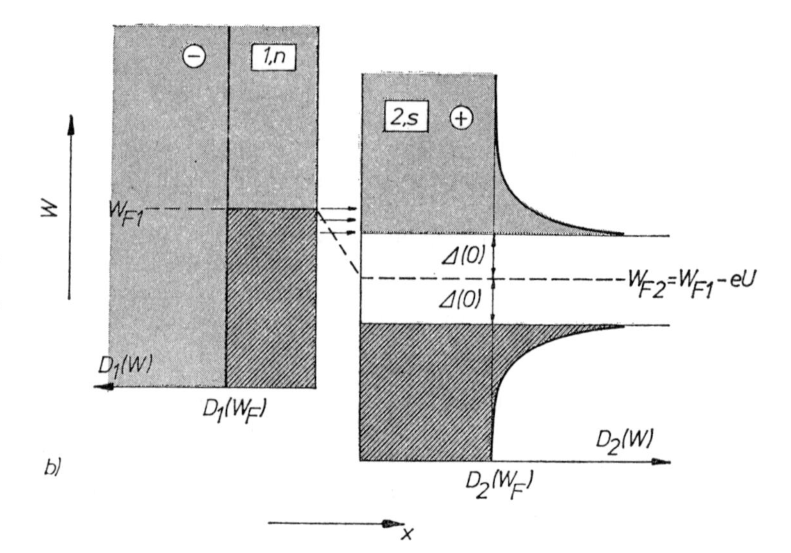

Abb. 52.5. Energieschema in der Nähe der Fermikante einer Tunneldiode aus einem Normal- und einem Supraleiter bei $T = 0$, a) ohne Spannung, b) mit einer angelegten Spannung $U > \Delta(0)/e$. Nach links und rechts ist jeweils die Zustandsdichte für Einzelelektronen aufgetragen. Im übrigen siehe die Unterschrift von Abb. 52.4

Aufgabe 52.3. Beweise, daß die Strom-Spannungs-Kennlinie einer Tunneldiode aus zwei normalleitenden Metallen bei kleinen Spannungen und tiefen Temperaturen eine Gerade $I \sim U$ ist.
Hinweise: Benutze die Näherungen a) $T \approx 0$ K und b) $D_1(w) = D_1$, $D_2(w) = D_2$ unabhängig von w angesichts der starken Abhängigkeit der Klammer [ ] von w.

Aufgabe 52.4. Zeige, daß sich der Tunnelstrom umkehrt, wenn die Spannung umgepolt wird, daß also $I(-U) = -I(U)$ ist.

Abb. 52.5 stellt das Termschema der Einzelelektronen einer *Tunneldiode mit einem Normal- und einem Supraleiter* in der nächsten Umgebung der Fermienergie bei $T = 0$ K dar (I. Giaever und K. Megerle, 1961). Hier sind auch die Zustandsdichten $D_1(W) = D(W_n)$ nach links und $D_2(W) = D(W_s)$ für Einzelelektronen nach rechts aufgetragen, wobei in dem schmalen Energiebereich jeweils $D(W_n) \approx D(W_F)$ konstant und $D(W_s)$ durch (51.18) gegeben ist. Man erkennt sofort, daß ein Tunnelstrom von Einzelelektronen erst fließen kann, wenn $eU \geqq \Delta(0)$ wird, und daß der Strom bei $eU = \Delta(0)$ wegen $D_s(W) = \infty$ mit vertikaler Tangente dI/dU einsetzt (Abb. 52.6a). Bei weiter wachsender Spannung muß die Kennlinie dieselbe

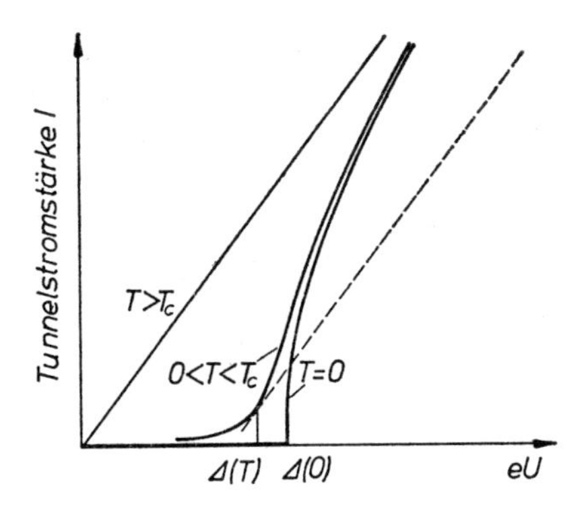

Abb. 52.6a. Strom-Spannungscharakteristik einer Tunneldiode nach Abb. 52.5 bei drei Temperaturen.

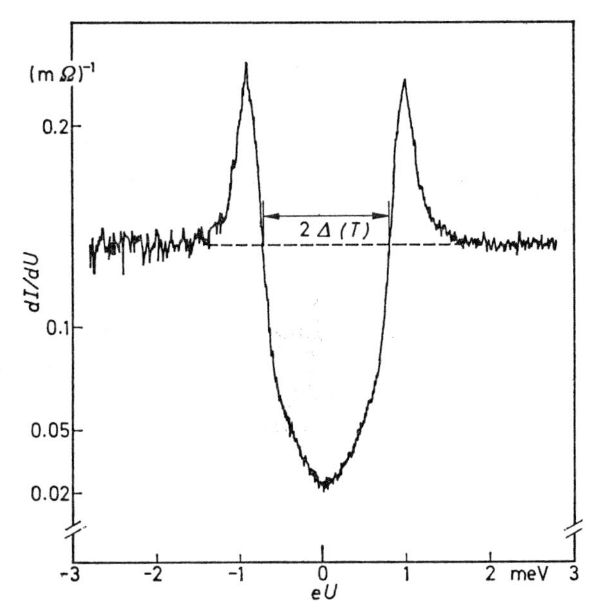

Abb. 52.6b. Differenzierte Kennlinie dI/dU des Tunnelkontaktes Al — Al_2O_3 — PdH bei $T = 1{,}5$ K. Wegen $T_c(\mathrm{Al}) = 1{,}18$ K, $T_c(\mathrm{PdH}) = 4{,}567$ K ist nur PdH supraleitend. Ferner ist wegen $T/T_c \sim 1/3$ mit guter Näherung $2\Delta(T) = 1{,}525$ meV $\approx 2\Delta(0)$. Es gilt $2\Delta(0)/k_B T_c = 3{,}87$ (starke Kopplung). Nach Silvermann und Briscoe, 1975

Steigung wie im Fall zweier Normalleiter bekommen, da schließlich auch $D(W_s) = D(W_n)$ (d.h. der Zuwachs an Tunnelstrom dI bei Zuwachs dU an Spannung) konstant wird. Bei endlichen Temperaturen $0 < T < T_c$ wird die Kennlinie abgerundet und am Sprungpunkt $T = T_c$, wie zu erwarten, linear (Abb. 52.6). Im Experiment wird die Kennlinie bei sinkender Temperatur wiederholt registriert. Aus der Extrapolation gegen $T \to 0$ ergibt sich der Schwellenwert $\Delta(0) = eU_0$, aus der theoretischen Analyse der Kurven bei $T > 0$ der Parameter $\Delta(T)$, siehe z.B. Abb. 51.4.

Man kann zeigen, daß im Fall $0 < T < T_c$ die Kennlinie bei $eU = \Delta(T)$ dieselbe Steigung hat wie die Gerade oberhalb der Sprungtemperatur, d.h. die Kennlinie bei großen Spannungen $e|U| \gg \Delta(T)$, wo sie wieder konstant wird. Ein elegantes Meßverfahren besteht also in der Registrierung von dI/dU von großen positiven durch Null bis zu großen negativen Werten von U. Wegen Aufgabe 52.4 ergibt sich eine gerade Funktion, aus der die Energielücke $W_g = 2\Delta(T)$ unmittelbar abgelesen werden kann (Abb. 52.6b).

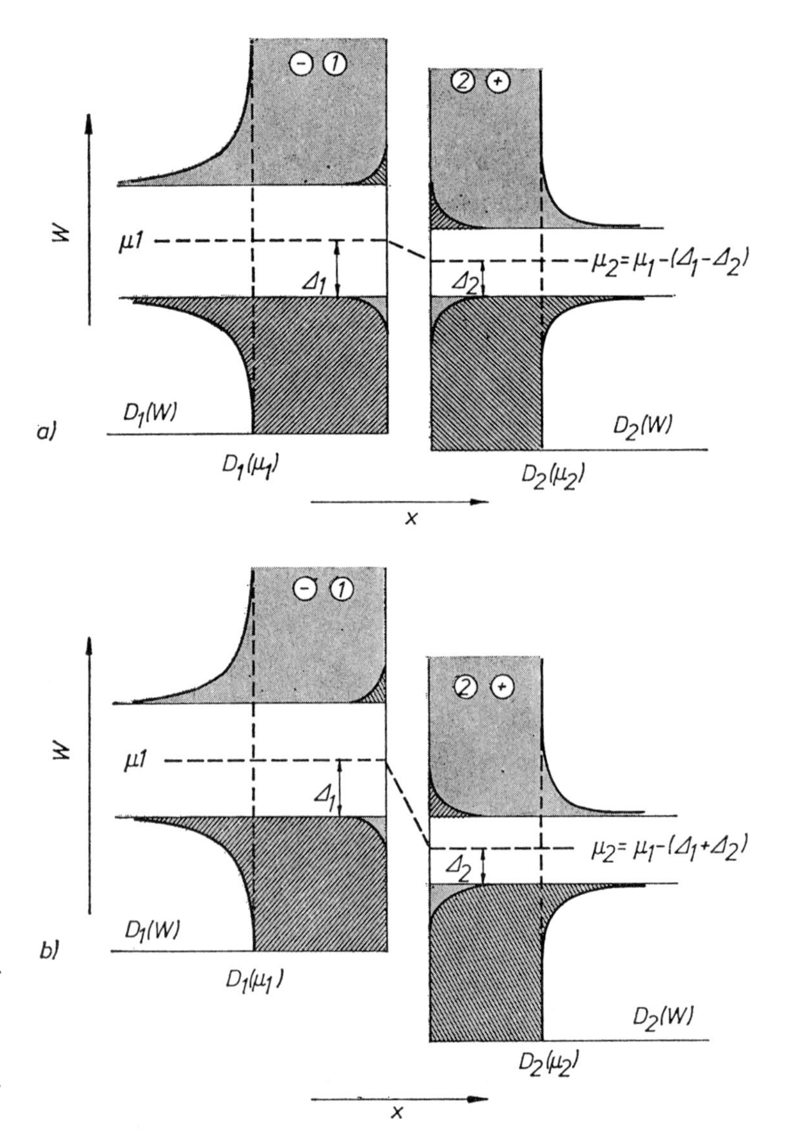

Abb. 52.7. Energieschema $W \equiv W_s$ und Zustandsdichte $D_i(W) \equiv D_i(W_s)$ in der Nähe der Fermikante einer Tunneldiode aus zwei Supraleitern bei einer Temperatur $0 < T < T_{c1}, T_{c2}$. Angelegte Spannung:
a) $U = (\Delta_1 - \Delta_2)/e$,
b) $U \geqq (\Delta_1 + \Delta_2)/e$.
Im übrigen siehe die Unterschrift von Abb. 52.4

Aufgabe 52.5. Beweise, daß in dem Fall der Abb. 52.5 die Steigung der Kennlinie direkt proportional der Zustandsdichte im Supraleiter ist:

$$dI/dU \sim D(W_s) \tag{52.16}$$

für $W_s = W_F + eU$.

In Abb. 52.7 ist das Energieschema für Einzelelektronen einer *Tunneldiode mit zwei Supraleitern* bei $0 < T < T_{c1}, T_{c2}$ dargestellt. Man erkennt ohne nähere Erläuterung, daß der Tunnelstrom ein (niedriges) Maximum bei Erreichen der Spannung $U = (\Delta_1 - \Delta_2)/e$ und einen steilen Anstieg bei Überschreitung der Spannung $U \geqq (\Delta_1 + \Delta_2)/e$ aufweisen muß (Abb. 52.8), da in diesen beiden, in

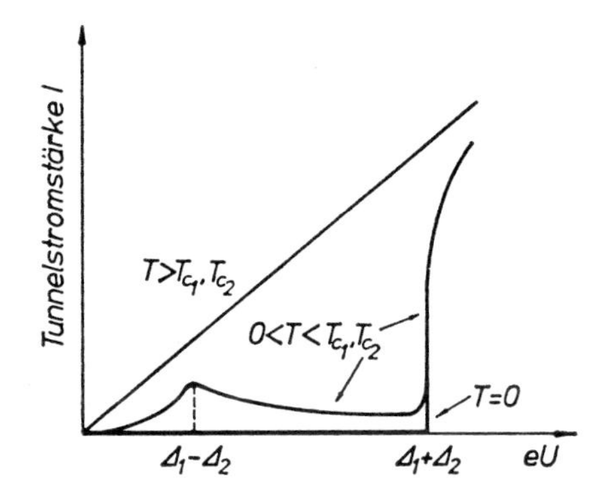

Abb. 52.8. Strom-Spannungscharakteristik einer Tunneldiode nach Abb. 52.7 bei drei Temperaturen. Bei $T = 0$ K ist $I = 0$ solange $eU < \Delta_1(0) + \Delta_2(0)$

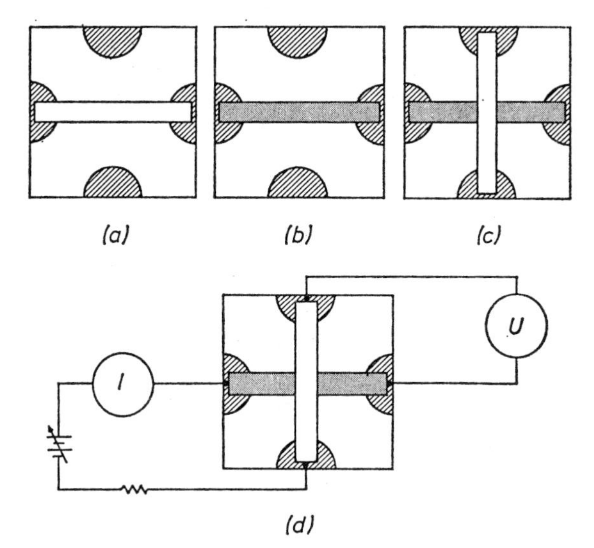

Abb. 52.9. Herstellen eines Josephson-Kontaktes durch sukzessives Aufdampfen a) des einen Metalls, b) der Isolierschicht und c) des zweiten Metalls auf eine nichtleitende Platte (z.B. Quarz) als Träger. Schraffiert: vorher aufgedampfte Metallkontakte. Schematisch. d) Schaltschema, vgl. Abb. 52.10a. Nach Langenberg, Scalapino und Taylor, 1966

Abb. 52.7 wiedergegebenen Fällen maximal viel besetzte Zustände auf der einen Seite maximal viel erlaubten unbesetzten Zuständen gleicher Energie auf der anderen Seite gegenüberstehen. Bei $T \to 0$ verschwindet das Maximum. Aus der Diodenkennlinie können also die Differenz und die Summe der beiden Lückenparameter und damit die beiden Energielücken $W_g(T)_i = 2\Delta_i(T)$, $i = 1, 2$, als Funktion der Temperatur bestimmt werden.

Bei Tunnelexperimenten muß die Isolatorschicht dünn sein, bis herab zu $10 \cdots 50 \cdot 10^{-8}$ cm bei Josephson-Kontakten (siehe Ziffer 52.2), damit ihre Durchlässigkeit δ groß wird. Da außerdem einwandfreie Kontakte hergestellt werden müssen, werden im allgemeinen die beiden Metalle und die Isolierschicht im Vakuum übereinander aufgedampft. Abb. 52.9 zeigt das Schema einer derartig hergestellten Diode[86].

52.5. Josephson-Effekte

Im Jahre 1962 sagte B. D. Josephson in einer theoretischen Arbeit auch *Tunnelübergänge von Cooper-Paaren* zwischen zwei Supraleitern voraus. Der resultierende Strom sollte eine periodische Abhängigkeit von der Feldstärke eines äußeren Magnetfeldes zeigen[87] und noch weitere ungewöhnliche Eigenschaften besitzen, die später alle experimentell sichergestellt wurden. Der Einfachheit halber wird im folgenden immer eine symmetrische Diode aus zwei gleichen Supraleitern betrachtet.

52.5.1. Experimenteller Befund

Abb. 52.10a zeigt die Prinzipschaltung der magnetisch abgeschirmten ($H^{\text{ext}} = 0$) Diode. Im äußeren Stromkreis mißt man einen Tunnelstrom von negativen Ladungen I_{CP}, der mit der äußeren Spannung U^{ext} anwächst[87a], aber erstaunlicherweise keine Diodenspannung U über der Isolierschicht erzeugt. Aufgetragen über der Diodenspannung U hat also der *Josephson-Gleichstrom* I_{CP} zunächst nur einen Wert bei $U = 0$ (Abb. 52.10b). Erst bei Überschreiten eines *Maximalstromes* $I_{CP}^{\max}$ wird dieser Zustand instabil, es tritt eine Spannung $U \neq 0$ auf, und der Strom stellt sich auf den Wert $I(R)$ der Einteilchen-Tunnelstromkennlinie (Abb. 52.8) ein, der durch U^{ext}, U und den äußeren Widerstand R festgelegt ist. Bei weiterer Steigerung der Außenspannung U^{ext} wächst auch die Diodenspannung U und damit der Tunnel-Gleichstrom nach Maßgabe der Einteilchen-Kennlinie der Abb. 52.8 für zwei gleiche Supraleiter. Verblüffend aber, und ebenfalls von Josephson vorhergesagt, ist jetzt das Auftreten eines Wechselstroms der mit der Diodenspannung U wachsenden Frequenz

$$\nu_{CP} = 2eU/h = U/\overline{\Phi}_s \tag{52.21}$$

(*Josephson-Wechselstrom*). $\overline{\Phi}_s$ ist das Flußquantum (50.58).

Wird jetzt ein äußeres Magnetfeld $\boldsymbol{B}^{\text{ext}}$ parallel zur Isolierschicht, also etwa senkrecht zur Papierebene der Abb. 52.10a eingeschaltet, so hat das Magnetfeld im Innern der Diode nichtverschwindende Werte nur in der Isolierschicht und in den Eindringschichten rechts und links davon[88], aus den Supraleitern wird es hinausgedrängt. Immer wenn der den genannten Bereich durchsetzende Magnetfluß als Funktion von $\boldsymbol{B}^{\text{ext}}$ ein Vielfaches des elementaren Flußquants erreicht, hat der *maximale Josephson-Gleichstrom* $I_{CP}^{\max}$ eine Nullstelle (Abb. 52.11). Das zeigt deutlich, daß es sich hier um einen Effekt handelt, bei dem das System der Cooper-Paare in beiden Supraleitern als Ganzes behandelt werden muß. Bei dem Versuch einer quantentheoretischen Beschreibung muß also auf die Gesamtzustände (51.10) zurückgegriffen werden[89].

---

[86] Wegen ihrer geringen Dicke werden derartige Dioden oft einfach *Kontakte* genannt.

[87] Dabei wird er von einem Magnetfeld von der Stärke etwa des Erdfeldes praktisch unterdrückt. Deshalb wurde der Effekt erst nach der theoretischen Vorhersage an magnetisch sorgfältig abgeschirmten Tunneldioden mit besonders dünner (< 30 Å) Isolierschicht beobachtet. Ohne die magnetische Abschirmung wird der Einteilchentunnelstrom gemessen.

[87a] U^{ext} kommt in Abb. 50.10b nicht vor!

[88] Die äußeren Ränder können hier außer Betracht bleiben, da sie im Prinzip beliebig weit entfernt gelegt werden können.

[89] Demgegenüber konnte der Tunneleffekt von Einzelelektronen, zwischen denen keine strenge Phasenkohärenz besteht, in Ziffer 52.4.3 durch Bilanzgleichungen für unabhängige Einzelteilchen beschrieben werden.

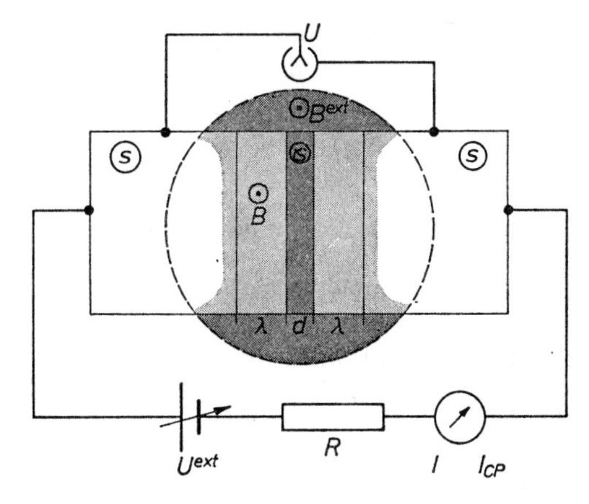

Abb. 52.10a. Prinzipschaltung einer Tunneldiode mit zwei gleichen Supraleitern (*s*) zur Messung des Josephson-Gleichstroms (Josephson-Kontakt). U^{ext} = regelbare äußere Spannung, R = Widerstand, I = Einteilchen-Tunnelstrom, I_{CP} = Paar-Tunnelstrom, U = Diodenspannung, B^{ext} = äußere, B = innere Flußdichte. Das magnetische Erdfeld ist abgeschirmt. Der schattierte Bereich wird von einem magnetischen Fluß durchsetzt; die Flußdichte ist gleich B^{ext} im Isolator (*is*) und fällt über der Eindringtiefe λ auf Null ab. Nicht maßstabsgerecht: $d \approx 20 \cdot 10^{-8}$ cm, $\lambda \approx 500 \cdot 10^{-8}$ cm. Die Höhe der Diode senkrecht zur Zeichenebene ist groß gegen d und λ

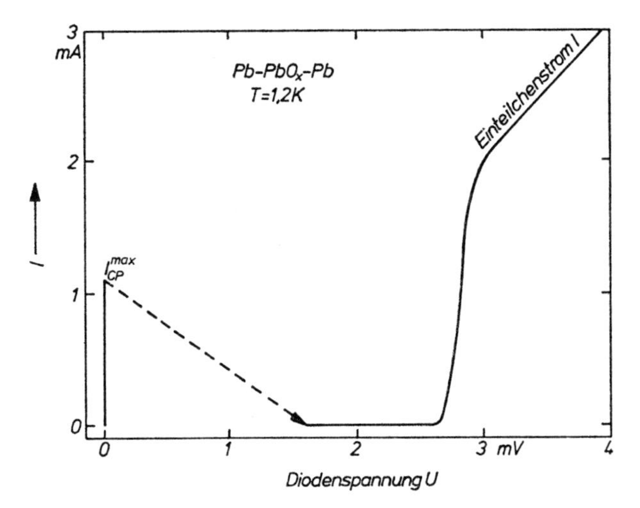

Abb. 52.10b. Tunnelgleichstromcharakteristik einer symmetrischen Tunneldiode Pb — PbO_x — Pb mit Josephson-Paar-Strom I_{CP} bei $U = 0$ und Umspringen von der Stabilitätsgrenze I_{CP}^{max} auf die dann stabile Einteilchen-Kennlinie. Dem Einteilchen-Gleichstrom überlagert ist der Paar-Wechselstrom durch die Diode. Nach Langenberg, Scalapino und Taylor, 1966

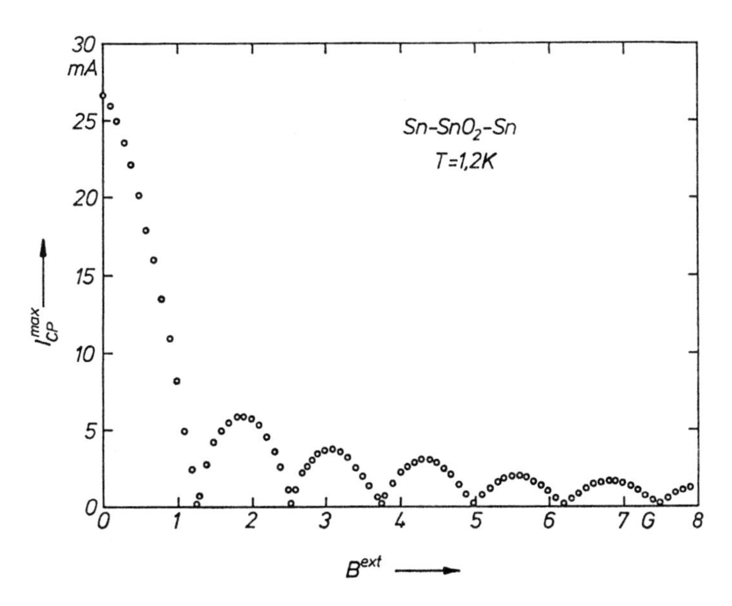

Abb. 52.11. Mit einer Anordnung nach Abb. 52.10a gemessene Magnetfeldabhängigkeit des maximalen Josephson-Gleichstroms einer (Sn—SnO—Sn)-Diode Die mit wachsendem B^{ext} abnehmende Höhe der Funktion erklärt, weshalb der Josephson-Strom zunächst übersehen wurde. Nach Langenberg, Scalapino und Taylor, 1966

52.5.2. Theoretische Begründung

Die beiden getrennten Supraleiter 1, 2 der Tunneldiode seien beschrieben durch die Zustände (51.10)

$$\Psi_1 = n_1^{1/2} e^{i\varphi_1}, \quad \Psi_2 = n_2^{1/2} e^{i\varphi_2}, \tag{52.22}$$

wobei wir der Einfachheit halber die Indizes N_{CP} und CP weglassen. Zu ihnen gehören die Elektronenenergien W_1, W_2 deren absoluter Wert (Lage des Nullpunktes) hier nicht interessiert, da es nur auf ihre Differenz $W_1 - W_2$ ankommt. Unmittelbar nach Herstellen des Kontaktes ändern sich durch den Tunnelübergang von Cooper-Paaren die Zustände mit der Zeit, und zwar sowohl die Paarkonzentration n_1, n_2 als auch die Phasen φ_1, φ_2, die sich ja aus den Phasen der vorhandenen Paarzustände zusammensetzen. Der Tunnelstrom ist demnach als das Ergebnis einer schwachen Kopplung zwischen Ψ_1 und Ψ_2 aufzufassen, die man durch eine Kopplungskonstante K in den beiden gekoppelten zeitabhängigen Differentialgleichungen

$$\begin{aligned} i\hbar\dot{\Psi}_1 &= W_1\Psi_1 + K\Psi_2, \\ i\hbar\dot{\Psi}_2 &= W_2\Psi_2 + K\Psi_1 \end{aligned} \tag{52.23}$$

beschreibt. Für $K = 0$ werden das die zeitabhängigen Schrödinger-Gleichungen der getrennten Systeme. Mit (52.22) ergeben sich nach Trennung von Real- und Imaginärteil die vier Gleichungen

$$\begin{aligned} \hbar\dot{n}_1 &= 2K(n_1 n_2)^{1/2}\sin(\varphi_2 - \varphi_1), \\ \hbar\dot{n}_2 &= -2K(n_1 n_2)^{1/2}\sin(\varphi_2 - \varphi_1), \end{aligned} \tag{52.24a}$$

$$\begin{aligned} -n_1^{1/2}(\hbar\dot{\varphi}_1 + W_1) &= K n_2^{1/2}\cos(\varphi_2 - \varphi_1), \\ -n_2^{1/2}(\hbar\dot{\varphi}_2 + W_2) &= K n_1^{1/2}\cos(\varphi_2 - \varphi_1), \end{aligned} \tag{52.24b}$$

die bei einer symmetrischen Diode aus zwei gleichen Supraleitern wegen $n_2 = n_1 = n$ auf die beiden einfachen Gleichungen

$$\dot{n}_1 = (2K/\hbar)\, n \sin(\varphi_2 - \varphi_1) = -\dot{n}_2, \tag{52.25}$$

$$\hbar(\dot{\varphi}_2 - \dot{\varphi}_1) = -(W_2 - W_1) \tag{52.26}$$

schrumpfen. Die erste Gleichung bedeutet einen unmittelbar nach Herstellen des Kontaktes einsetzenden *Tunnelstrom von Cooper-Paaren*, dessen Richtung vom Vorzeichen von $\sin(\varphi_2 - \varphi_1)$ bestimmt wird, und zwar ohne daß eine Diodenspannung U über der Isolierschicht liegt[90]. Durch den Strom entsteht eine Ladungsunsymmetrie, d.h. eine Spannung U über der Isolierschicht, die den Strom verhindern würde, wenn nicht die übergehenden Ladungen durch eine äußere Batterie auf der einen Seite ersetzt und auf der anderen Seite abgeführt würden (siehe U^{ext} in Abb. 52.10a), so daß der Tunnelstrom stationär und $n_1 = n_2 = n$ konstant bleibt.

Multiplikation von (52.25) mit dem Volum V_1 und der Ladung $|q| = 2e$ der Paare liefert für den Ladungsstrom von 2 nach 1 ($\dot{n}_1 > 0$ für $\sin(\varphi_2 - \varphi_1) > 0$) die *Josephson-Gleichung*

$$I_{CP}^{2\to 1} = I_{CP}^{\max} \cdot \sin(\varphi_2 - \varphi_1) \tag{52.27}$$

mit

$$I_{CP}^{\max} = 2K(2e/\hbar) \cdot N_{CP}, \tag{52.27'}$$

wobei wir $V n_1 = N_{CP}$ schreiben dürfen und die physikalische Unsymmetrie zwischen den beiden Supraleitern sich nur in der Phasenverschiebung $\varphi_2 - \varphi_1$ ausdrückt.

Größer als $I_{CP}^{\max}$ kann der Strom nicht werden, unterhalb dieser Schranke kann er durch Regelung des „Nachschubs" über den äußeren Stromkreis eingestellt werden. Dies alles gilt unter der

[90] Die Symmetrie der Anordnung ist eben nur äußerlich. Solange eine Phasendifferenz zwischen den Paarzuständen existiert, treten aus 2 ebenso viele Paare in die Isolierschicht ein, wie 1 aus ihr empfängt; also keine Kompensation!

Voraussetzung, daß sich die Phasenverschiebung $\varphi_2 - \varphi_1$ zeitlich nicht ändert.

Die Phasenverschiebung $\varphi_2 - \varphi_1$ bleibt nach (52.26) konstant, solange $W_2 - W_1 = 0$ ist. Das ist bei zwei gleichen Supraleitern der Fall solange keine Spannung über der Isolierschicht liegt, also solange der Josephson-Gleichstrom stabil ist. Bricht er zusammen, so wird eine Diodenspannung U aufgebaut (Ziffer 52.5.1), und wegen $q = -2e$ (auf das Vorzeichen kommt es hier nicht an) wird der Energieunterschied zwischen den Paarsystemen gleich

$$W_2 - W_1 = -2eU. \tag{52.28}$$

Damit folgt aus (52.26) ein lineares Anwachsen der Phasenverschiebung mit der Zeit: ($\omega_{CP} = 2\pi\nu_{CP}$, siehe (52.21))

$$\begin{aligned}\varphi_2 - \varphi_1 &= (2eU/\hbar)t + (\varphi_2 - \varphi_1)_0 \\ &= \omega_{CP} \cdot t + (\varphi_2 - \varphi_1)_0 .\end{aligned} \tag{52.29}$$

Dies in (52.27) eingesetzt liefert einen *Wechselstrom* in der Diode[91] mit der Frequenz ω_{CP} nach (52.21). Mit $U \approx 1\,\text{mV}$ (siehe Abb. 52.10b) sind das die sehr hohen Frequenzen $\omega_{CP} \approx 3 \cdot 10^{12}\,\text{s}^{-1}$ von ultrarotem Licht.

Auf eine theoretische Begründung der *Magnetfeldabhängigkeit* von $I_{CP}^{\max}$ müssen wir hier verzichten. Wir geben nur als Ergebnis der Rechnung die Beziehung

$$\frac{I_{CP}^{\max}(B^{\text{ext}})}{I_{CP}^{\max}(0)} = \frac{\sin \pi\Phi/\overline{\Phi}_s}{\pi\Phi/\overline{\Phi}_s} \tag{52.30}$$

an. Dabei ist $\overline{\Phi}_s$ das Flußquant (50.58) und Φ der gesamte die Diode durchsetzende Magnetfluß (vgl. Abb. 52.10a). Die Nullstellen von $I_{CP}^{\max}(B^{\text{ext}})$ liegen also bei denjenigen Feldstärken, für die $\Phi = m\overline{\Phi}_s$ $(m = 1, 2, \ldots)$ ist, in Übereinstimmung mit dem Experiment.

Dieser enge Zusammenhang mit der *Flußquantelung*[92] zeigt ebenso wie das Auftreten der *Phasenverschiebung* $\varphi_2 - \varphi_1$ bei den Josephson-Strömen besonders deutlich die große Bedeutung der Phasenkohärenz im System der Cooper-Paare eines Supraleiters.

[91] Das heißt ein Hin- und Herpendeln von Cooper-Paaren durch den Isolator.

[92] Es ist auch eine periodische Abhängigkeit der Übergangstemperatur T_c vom Magnetfluß beobachtet worden.

52.6. Deutung des Meißner-Ochsenfeld-Effektes

Eine Grundforderung an jede Theorie des Suprazustandes ist die Deutung des *Meißner-Ochsenfeld-Effekts*. Die Theorie muß atomistisch die Abschirmströme erklären können, die an der Oberfläche einer supraleitenden Probe entstehen, wenn diese in einem unterkritischen Magnetfeld bis unter den Sprungpunkt abgekühlt wird (Ziffern 50.2/5).

Die BCS-Theorie leistet dies, indem sie im Hamilton-Operator des Elektronengases die Paarwechselwirkung und den Einfluß des Magnetfeldes auf die Bewegung[93] der Elektronen berücksichtigt. Berechnet wird der Erwartungswert der elektrischen Stromdichte. Die komplizierten Rechnungen können hier nicht reproduziert werden. Ihre Ergebnisse sind: 1. Unterhalb des Sprungpunktes ($T < T_c$, $\Delta(T) > 0$) existiert eine von Cooper-Paaren getragene verlustlose Stromdichte, die dem Vektorpotential des Magnetfeldes proportional ist und sich in der Form der London-Gleichung (50.47) schreiben läßt[95]. 2. Dabei ergibt sich für die Eindringtiefe eine

[93] Der Einfluß auf den Spin spielt in diesem Zusammenhang keine Rolle.

[95] Oder in der Form ihrer Verallgemeinerung durch Pippard.

Temperaturabhängigkeit $\lambda(T)/\lambda(0)$, die mit dem Experiment und der empirischen Näherung (53.1d) sehr gut übereinstimmt. 3. Für $\lambda(0)$ ergibt sich der richtige Wert (53.1c) bei $T = 0$ K. 4. Im Normalleiter ($\Delta(T) \equiv 0$) existiert kein derartiger Strom. Mit der Gültigkeit der London-Gleichung ist nach Ziffer (50.5) auch der Meißner-Effekt erklärt.

Nach diesem Erfolg kann die BCS-Theorie[96] als die endgültige Theorie des Suprazustandes angesehen werden.

[96] Mit ihren Erweiterungen und Verfeinerungen.

53. Grenzflächenprobleme

53.1. Kohärenzlängen

Nach der Londonschen Theorie (Ziffer 50.5) wird der supraleitende Zustand charakterisiert durch

a) einen sich unverändert über die ganze Probe bis an die Oberfläche erstreckenden, von der Magnetfeldstärke unabhängigen, in diesem Sinn *starren Ordnungszustand* mit räumlich konstanter Konzentration und Phasenkohärenz der Cooper-Paare, und

b) die ebenfalls von der Feldstärke unabhängige Londonsche Eindringtiefe λ für ein äußeres Magnetfeld.

Die Theorie kann den Meißner-Effekt beschreiben und ist so universell, daß sie auf alle chemisch und strukturell noch so verschiedenen Supraleiter angewendet werden darf.

Sie ist in dieser Strenge jedoch nicht mit der Existenz eines *endlichen Durchmessers* d_{CP} der Cooper-Paare vereinbar. Die Anzahldichte n_{CP} der Paare, die den supraleitenden Zustand definiert, kann an der Probenoberfläche einfach nicht sprunghaft von dem Wert im Probeninneren auf Null absinken, sondern sich nur über Entfernungen ändern, die keinesfalls kleiner als der Paardurchmesser sein können. Es existiert demnach eine kleinste Länge, über die n_{CP} räumlich variieren kann. Sie wird die *Kohärenzlänge* ξ genannt.

Schon vor der Entdeckung der Cooper-Paare haben Pippard (1950) sowie Ginsburg und Landau (1950) je eine Kohärenzlänge in die Theorie eingeführt, um den Phasenübergang $n \leftrightarrow s$ sowohl am Sprungpunkt $T = T_c$ wie an der räumlichen Grenze zwischen s- und n-Bereichen, z.B. im Zwischenzustand eines Supraleiters 1. Art, besser zu verstehen. Die Pippardsche Kohärenzlänge ξ_P ist bis auf den Zahlenfaktor $2/\pi$ identisch mit dem Paardurchmesser d_{CP}, so daß im folgenden nur noch die Ginsburg-Landau'sche Kohärenzlänge $\xi_{GL} \equiv \xi$ vorkommen wird. Sie ist neben λ und d_{CP} eine dritte charakteristische Länge des Supraleiters.

Alle drei Längen sind Funktionen der *Temperatur*[97] und der mittleren *freien Weglänge* l der Leitungselektronen im Normalzustand, d.h. der normalen[98] Leitfähigkeit $\sigma_n(T, l)$. Sie werden dadurch zu Kenngrößen der individuellen Probe.

Der *Paardurchmesser* und die *Kohärenzlänge* werden kleiner, wenn die freie *Weglänge* kleiner wird. Offenbar wird durch die Streuung der Elektronen nicht nur die mittlere freie Weglänge reduziert, sondern auch die Kohärenz des Suprazustandes gestört. Quantitativ ergeben sich folgende Zusammenhänge[99].

Nach Pippard gilt näherungsweise

$$1/d_{CP}(l) = 1/d_{CP}(\infty) + 1/\alpha l \qquad (53.1\,a)$$

wobei $\alpha \approx 1$ und $d_{CP}(\infty)$ durch (51.5) gegeben ist[100]. Die Kohärenzlänge ist nach Gorkov in der Grenze $l \ll d_{CP}$, $T \ll T_c$ gegeben durch

$$\xi(l) = (l \cdot d_{CP}(\infty))^{1/2}. \qquad (53.1\,b)$$

Für die Eindringtiefe $\lambda(T, l)$ schließlich gilt bei $T = 0$ K

$$\lambda(0, l) = \lambda(0, \infty)\,[1 - d_{CP}(\infty)/l]^{1/2}. \qquad (53.1\,c)$$

Wie zu erwarten nimmt die magnetische *Eindringtiefe* bei Abnahme von l, d.h. bei zunehmender Störung der supraleitenden Kohärenz, zu. Bei Änderung der freien Weglänge l, z.B. durch Dotieren des Metalls mit Fremdatomen, ändern sich also magnetische Eindringtiefe λ und Kohärenzlänge ξ in *entgegengesetztem* Sinn, so daß ihr Verhältnis $\varkappa = \lambda/\xi$ sehr stark verschoben werden kann und sowohl Werte $\varkappa < 1$ wie $\varkappa > 1$ vorkommen können.

---

[97] d_{CP} hängt nicht von T ab.

[98] Im Experiment zu erzwingen durch ein überkritisches Magnetfeld $H^{ext} > H_c(T)$. Es ist unerheblich, durch welchen Streumechanismus (Ziffer 44.1) die Weglänge l begrenzt wird. Bei sehr tiefen Temperaturen handelt es sich vorwiegend um Störstellen- und Oberflächenstreuung.

[99] Alle hier zusammengestellten Beziehungen ohne Beweis.

[100] $(2/\pi)\, d_{CP}(\infty) = \xi_0$ wird auch die *intrinsische Pippardsche Kohärenzlänge* genannt.

Kohärenzlänge und Eindringtiefe hängen außer von l natürlich von der Temperatur ab, da die Anzahldichte $(N_e/V)_s = n_{CP}/2$ der supraleitenden Elektronen[101] mit steigender Temperatur abnimmt.

Nach Gorter und Casimir (1934) gilt für $\lambda(T, l)$ näherungsweise[102] die Temperaturabhängigkeit

$$\lambda(T, l) = \lambda(0, l)\,[1 - (T/T_c)^4]^{-1/2} \tag{53.1d}$$

und nach der GLAG-Theorie[103] für $\xi(T, l)$ in der Näherung $T_c - T \ll T_c$

$$\xi(T, \infty) = d_{CP}(\infty)\,[1 - T/T_c]^{-1/2}\,. \tag{53.1e}$$

Bei der Behandlung homogener Zustände in makroskopischen Proben kann die Existenz von λ und ξ zunächst vernachlässigt werden[105]. Beide Längen sind aber entscheidend für alle *Grenzschichtprobleme*. Zum Beispiel bestimmt ihr Verhältnis die Dicke und die Energie der Wände zwischen den normal- und supraleitenden Bereichen im *Zwischenzustand* (Ziffer 53.2) und das Verhalten der *Supraleiter 2. Art* (Ziffer 53.3), das ohne sie überhaupt nicht verstanden werden kann.

[101] Da jedes Cooper-Paar aus zwei Elektronen mit angebbaren Zuständen besteht, ist es physikalisch gleichwertig, ob man Paare oder Elektronen abzählt.

[102] Berechnet aus einem thermodynamischen Zweiflüssigkeitenmodell.

[103] Abkürzung für die Erweiterung der Ginsburg-Landau-Theorie durch Abrikosov und Gorkov. Diese hat auch den Zusammenhang zwischen den phänomenologischen Theorien und der BCS-Theorie hergestellt. Sie kann in dieser Einführung nur erwähnt werden.

53.2. Die Phasengrenzenergie

Wir betrachten eine ebene Grenzfläche $x = 0$ zwischen einem normal ($x < 0$) und einem supraleitenden ($x > 0$) Bereich parallel zum Außenfeld. Im Innern des *supraleitenden* Bereiches ist nach Meißner

$$\boldsymbol{B}_s^{\text{int}} = 0\,. \tag{53.1}$$

Das Magnetfeld ist aus diesem Bereich heraus- und in den normalleitenden Bereich hineingedrängt. Auf den *Grenzflächen* zwischen den beiden Bereichen existieren beide Zustände nebeneinander, d.h. der Grenzflächenzustand liegt auf der Phasengrenzkurve[106]

$$\boldsymbol{H}_n^{\text{int}} = \boldsymbol{H}_c(T)\,, \qquad \boldsymbol{B}_n^{\text{int}} = \mu_0\,\boldsymbol{H}_c(T)\,. \tag{53.2}$$

Im Innern der normalleitenden Bereiche kann die Feldstärke größer werden als der kritische Grenzwert[107]:

$$\boldsymbol{H}_n^{\text{int}} \geqq \boldsymbol{H}_c(T)\,, \tag{53.3}$$

da $\boldsymbol{H}^{\text{ext}}$ nicht beschränkt und das Feld hier zusammengedrängt ist (im stabilen Zwischenzustand soll z.B. der Mittelwert über alle Bereiche den Wert (50.17) annehmen).

Nach Ziffer 50.5 springt die Flußdichte an der Grenze $n \leftrightarrow s$ nicht unstetig vom Wert (53.2) auf Null, sondern klingt im Innern des Supraleiters in einer Eindringschicht der mittleren Dicke $\bar{\lambda}$ auf Null ab (Definition von $\bar{\lambda}$ weiter unten). Andererseits ist nach Ziffer 53.1 auch der supraleitende Zustand, d.h. die Paarkonzentration[108] n_{CP} nicht konstant bis an die Grenze des Supraleiters, sondern steigt stetig über die Kohärenzlänge $\bar{\xi}$ (Definition von $\bar{\xi}$ weiter unten) vom Wert Null an der Grenze auf den Wert $n_{CP}(T)$ im Innern an. In Abb. 53.1 ist das für die einfache Geometrie einer ebenen Grenzfläche $x = 0$ zwischen Normalzustand ($x < 0$) und Suprazustand ($x > 0$) für den Fall $\bar{\lambda} < \bar{\xi}$ dargestellt. Wir vergleichen in Abb. 53.2 die freie Enthalpie bei einer konstanten Temperatur T mit der des idealen Grenzfalles $\bar{\lambda} = \bar{\xi} = 0$ einer *unstetigen Grenze*, oder was dasselbe ist, mit der eines großen homogenen Supraleiters, gegen dessen Dimensionen die Randschichtdicken $\bar{\xi}$ und $\bar{\lambda}$ vernachlässigt werden können. Ausgehend von diesem durch (50.22) beschriebenen Zustand erhält man die folgende *Enthalpieänderung* beim

[105] Was wir bisher getan haben.

[106] An der Grenze Supraleiter-Vakuum ist das äußere Feld, an der Grenze Supraleiter-Normalleiter das innere Feld im Normalbereich das kritische Feld.

[107] Bei strukturellem Gleichgewicht gilt das Gleichheitszeichen, s. Fußnote 14.

[108] Und auch die Phasenkohärenz (51.10) der Einzelzustände $\psi(n, n+1)$, die nach der London-Theorie starr bis an die Grenze des Supraleiters reichen und dort unstetig verschwinden sollte (Ziffer 50.5).

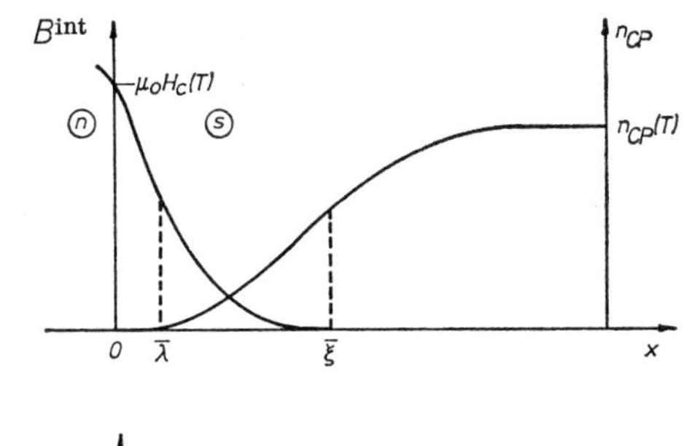

Abb. 53.1. Abfall von magnetischer Flußdichte B^{int} und Cooper-Paarkonzentration n_{CP} in der Grenzschicht zwischen einem normalleitenden ($x < 0$) und einem supraleitenden ($x > 0$) Bereich eines Supraleiters 1. Art ($\bar{\xi} > \bar{\lambda}$)

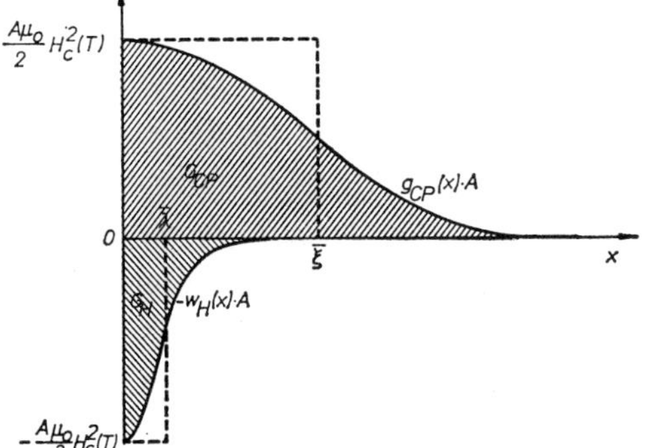

Abb. 53.2. Energieverteilung in der in Abb. 53.1 dargestellten Wand in einem Supraleiter 1. Art. Fläche G_{CP} = positives Defizit an negativer Kondensationsenergie, Fläche G_H = negatives Defizit an positiver magnetischer Verdrängungsarbeit, beide bestimmt für ein Wandstück der Oberfläche A. Beide Defizite gemessen gegenüber dem Vergleichszustand mit scharfer Grenze $\bar{\lambda} = \bar{\xi} = 0$. Wegen $\bar{\xi} > \bar{\lambda}$ ist $G_{CP} + G_H > 0$

Übergang zur *stetigen Grenze* der Abb. 53.1: Durch das Eindringen des Feldes in den Supraleiter wird für die Grenzschicht hinter einem Oberflächenstück A die Enthalpie erniedrigt[109] um die in der Eindringschicht gespeicherte Feldenergie. Das ist je Volumeinheit gleich $w_H = (\mu_0/2)\,(H^{\text{int}})^2$, so daß die magnetische Enthalpieänderung gegeben ist durch ($dV = A\,dx$)

$$G_H = -\int w_H\,dV = -(\mu_0/2)\,A\int_0^\infty (H^{\text{int}})^2\,dx$$
$$= -\bar{\lambda}(A\,\mu_0/2)\,H_c^2(T)\,, \tag{53.4}$$

wobei für die Definition von $\bar{\lambda}$ die Feldstärkeverteilung der Abb. 53.1 ersetzt wurde durch eine Schicht mit der konstanten Feldstärke $H_c(T)$, der Dicke $\bar{\lambda}$ und demselben Energieinhalt[110] (derselben Querschnittsfläche, in Abb. 53.2 gestrichelt gezeichnet). Andererseits wird die freie Enthalpie dadurch *erhöht*, daß zum Rand hin die Paarkonzentration abnimmt, also nicht die volle negative Kondensationsenergie erreicht wird. Nach (50.23) wird der volle Enthalpieunterschied zwischen Supra- und Normalzustand durch die kritische Feldstärke, nämlich durch die Energie $-(\mu_0/2)H_c^2(T)$ je Volumeinheit gemessen. In der Randschicht liegt sie dagegen je Volumeinheit um das Kondensationsdefizit

$$g_{CP}(x) = (\mu_0/2)\,H_c^2(T) - (g_n(T) - g_s(T, x)) \tag{53.5a}$$

höher, wobei $g_n(T) - g_s(T, x)$ analog zu (50.23) die Differenz der freien Enthalpiedichten als Funktion von x in der Wand angibt. Nach (50.23) ist im Innern ($x \gg \bar{\xi}$) des Suprabereiches $g_{CP} = 0$, und es ist $g_{CP} = (\mu_0/2)H_c^2(T)$ auf der Oberfläche $x = 0$. Daraus folgt, wenn die Kohärenzlänge $\bar{\xi}$ analog zu $\bar{\lambda}$ definiert wird, der Enthalpiezuwachs in der Wand durch Integration als

$$G_{CP} = \int_0^\infty g_{CP}\,dV = \bar{\xi}(A\,\mu_0/2)\,H_c^2(T)\,. \tag{53.5}$$

[109] Ohne Eintreten des Suprazustandes wäre der energetisch tiefste Zustand die homogene Verteilung des Feldes über die ganze Probe. Umgekehrt: Für die Verdrängung des Magnetfeldes aus der Probe muß Verdrängungsarbeit W_V geleistet werden. Diese wäre am größten bei einer scharfen Grenze.

[110] Diese Definition ist unabhängig von der speziellen Form der Abklingkurve, also allgemeiner als die von London (Ziffer 50.5). Das ist nötig wegen der Abweichung von der Londonschen Theorie. Selbstverständlich ist auch $\bar{\lambda} = \bar{\lambda}(l, T)$ eine Funktion von freier Weglänge und Temperatur.

Der Aufbau einer stetigen Grenzschicht (einer Wand) der Oberfläche A zwischen einem normal- und einem supraleitenden Bereich erfordert also einen Aufwand an freier Enthalpie, der von der Differenz der beiden für das Material charakteristischen Längen ξ und λ abhängt[111]:

$$\Delta G = G_{CP} + G_H = (\xi - \lambda)(A\,\mu_0/2)\,H_c^2(T)\,. \tag{53.6}$$

Das ist die Summe der beiden schraffierten Flächen[112], oder was dasselbe ist, der beiden gestrichelt umrandeten Rechtecke in Abb. 53.2.

Es ist also

$$\Delta G > 0\,, \quad \text{wenn} \quad \xi > \lambda\,, \tag{53.7a}$$

$$\Delta G < 0\,, \quad \text{wenn} \quad \xi < \lambda\,. \tag{53.7b}$$

Im Fall (53.7a) müßte für die Erzeugung einer Wand Energie zugeführt werden, d.h. der stabile Zustand ist *homogen*. Das ist der Fall bei den bisher allein diskutierten *Supraleitern 1. Art*, die bei gestreckter Probenform ($N = 0$) entweder homogen supraleitend ($H^{ext} < H_c(T)$) oder homogen normalleitend ($H^{ext} > H_c(T)$) sind. Der inhomogene Zwischenzustand (Ziffer 50.3) mit Wänden zwischen n- und s-Bereichen kann nur bei ungünstiger Probenform ($N > 0$) auftreten: Supraleiter 1. Art sind solche mit $\xi > \lambda$ (Abb. 53.1 und 53.2).

Im Fall (53.7b) ist der Aufwand ΔG für die Erzeugung von Wänden negativ, d.h. eine Unterteilung der Probe in normal- und supraleitende Bereiche führt zum stabilen Zustand. Dies gilt auch für langgestreckte Proben ($N = 0$). Derartige Substanzen heißen *Supraleiter 2. Art*, sie sind durch $\xi < \lambda$ definiert (man verschiebe in den Abb. 53.1/2 die Punkte λ und ξ bis zur Umkehrung ihrer Reihenfolge).

Da ξ und λ nach Ziffer 53.1 in entgegengesetzter Richtung von der durch Gitterfehler bedingten freien Weglänge der ungepaarten Elektronen abhängen, kann jeder Supraleiter 1. Art durch Dotierung mit (wenig) Fremdatomen in einen Supraleiter 2. Art verwandelt werden, sogar ohne merkliche Verschiebung des Sprungpunktes. Wahrscheinlich sind die Elemente V und Nb die einzigen undotierten Supraleiter 2. Art (siehe die Werte von $\varkappa = \lambda/\xi$ in Tabelle 50.1).

In der nächsten Ziffer werden die Eigenschaften der Supraleiter 2. Art näher diskutiert.

[111] Wir schreiben wie üblich wieder ξ und λ für $\bar{\xi}$ und $\bar{\lambda}$.

[112] Mit Vorzeichen!

53.3. Supraleiter 2. Art.

Wir betrachten der Einfachheit halber einen in Feldrichtung unbegrenzten zylindrischen Supraleiter 2. Art, d.h. wir setzen neben $\xi - \lambda < 0$ noch den Entmagnetisierungsfaktor $N = 0$, d.h. $\boldsymbol{H}^{int} = \boldsymbol{H}^{ext} \equiv \boldsymbol{H}$ voraus[113]. Bei der Temperatur $T < T_c$ und bei $H = 0$ befindet sich die Probe im homogenen Suprazustand. Dieser Zustand bleibt bei Steigerung der Feldstärke solange stabil, bis eine Aufspaltung der Probe in normal- und supraleitende Bereiche energetisch günstiger wird, d.h. durch Bildung von Grenzschichten Energie gewonnen werden kann. Setzt man für eine nur qualitative Überlegung[114] ebene Grenzen wie in Ziffer 36.1 voraus, und sei $H_1(T)$ die (noch unbekannte) kleinste Feldstärke, bei der Unterteilung eintritt, so muß für alle $H > H_1(T)$ die in die Suprabereiche eingedrungene Feldenergie

$$G_H = \lambda A\,\mu_0 H^2/2 \tag{53.8'}$$

[113] Für ein Probenellipsoid mit endlichem Achsenverhältnis ist im folgenden $\boldsymbol{H}$ durch $\boldsymbol{H}^{int}$ zu ersetzen.

[114] Exakte Rechnungen können hier nicht durchgeführt werden, einige Ergebnisse von *Ginsburg-Landau* und *Abrikosov* siehe weiter unten.

den thermodynamischen Energieaufwand für den Abbau der Paarkondensation

$$G_{CP} = \xi A \mu_0 H_c^2(T)/2 \qquad (53.8'')$$

überwiegen, d.h. es muß analog (53.6)

$$\Delta G = (A \mu_0/2)[\xi H_c^2(T) - \lambda H^2] \leqq 0 \qquad (53.9)$$

sein, und für H gilt die Bedingung

$$\frac{H^2}{H_c^2(T)} \geqq \frac{\xi}{\lambda}. \qquad (53.10)$$

Dies ist wegen $\xi/\lambda < 1$ bereits mit Feldstärken $H < H_c(T)$ erfüllbar, so daß auf alle Fälle die *untere kritische Feldstärke* $H_{c1}(T)$ kleiner ist als die *thermodynamische kritische Feldstärke* $H_c(T)$:

$$H_{c1}(T) < H_c(T). \qquad (53.11)$$

Allerdings kann $H_{c1}(T)$ nicht aus (53.10) durch Benutzung des Gleichheitszeichens berechnet werden, da die oben gemachten geometrischen Voraussetzungen nicht erfüllt sind, siehe weiter unten.

Solange $H < H_{c1}(T)$ bleibt, befindet sich die Probe stabil im homogenen Suprazustand (in der *Meißner-Phase*), und ihre *Magnetisierung* folgt (50.13) und Abb. 50.6. Bei $H = H_{c1}(T)$ wird dieser Zustand instabil, und bei $H > H_{c1}(T)$ bilden sich normalleitende Bereiche aus, deren summiertes Volum mit wachsender Feldstärke H zunimmt, bis bei einer *oberen kritischen Feldstärke*

$$H = H_{c2}(T) > H_c(T) > H_{c1}(T)$$

die ganze Probe sich im *Normalzustand* befindet. Da die Magnetisierung der Normalbereiche gegenüber der der Suprabereiche vernachlässigt werden kann, nimmt die über alle Bereiche *gemittelte Magnetisierung* oberhalb von $H_{c1}(T)$ mit wachsendem H ab und verschwindet bei $H \geqq H_{c2}(T)$. Abb. 53.3 gibt die *Magnetisierungskurve* wieder, verglichen mit der eines Supraleiters 1. Art, der dieselbe thermodynamische kritische Feldstärke $H_c(T)$ besitzt.

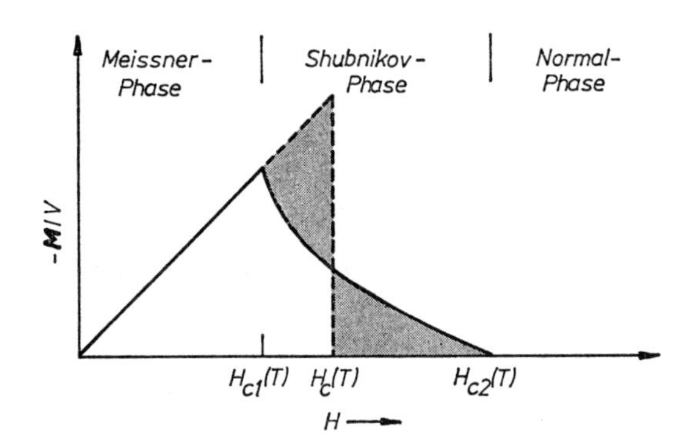

Abb. 53.3. Über alle Bereiche gemittelte Magnetisierungskurve eines (dotierten) Supraleiters 2. Art (ausgezogen) verglichen mit der des (undotierten) Supraleiters 1. Art mit derselben thermodynamischen kritischen Magnetfeldstärke $H_c(T)$ (gestrichelt). Probenform: lange Zylinder ($N = 0$), also $\boldsymbol{H}^{\text{int}} = \boldsymbol{H}^{\text{ext}} = \boldsymbol{H}$. Die schattierten Flächen sind gleich groß.

Der *elektrische Widerstand* bleibt Null bis zu $H = H_{c2}(T) > H_c(T)$, d.h. bis zu *hohen* Magnetfeldstärken und kritischen Stromstärken. Das ist die Voraussetzung z.B. für die Möglichkeit, sehr starke Magnetfelder in eisenfreien Spulen zu erzeugen, die aus supraleitendem Draht gewickelt sind, sich in flüssigem Helium befinden und keine Joulesche Wärme erzeugen. Magnetfeldstärken von über $20\,T \mathrel{\hat{=}} 200$ kG sind erreicht worden.

Das *Phasendiagramm* (Abb. 53.4) eines Supraleiters 2. Art enthält insgesamt drei kritische Feldstärken H_{c1}, H_{c2}, H_c, die alle drei von der Temperatur abhängen und zwischen denen in Näherung die Beziehung

$$H_{c1}(T) \cdot H_{c2}(T) \approx H_c^2(T) \ln \varkappa \tag{53.12}$$

besteht. Zwei von ihnen, $H_{c1}(T)$ und $H_{c2}(T)$ begrenzen die drei Existenzformen oder Phasen: die *homogene Meißner-Phase*, die *homogene Normalphase* und dazwischen die *inhomogene Shubnikov-Phase*[115]. Wie auch bei Supraleitern 1. Art definiert $H_c(T)$ durch $H_c(T_c) = 0$ die *Übergangs-* oder *Sprungtemperatur*: für $T = T_c$ ist

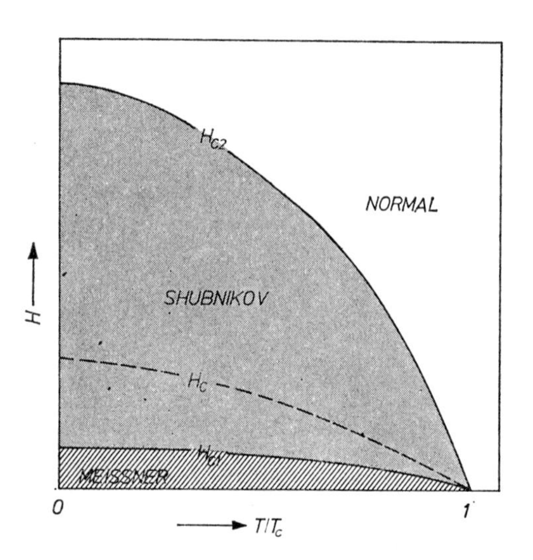

Abb. 53.4. Phasendiagramm eines Supraleiters 2. Art. Die stabilen Phasen werden begrenzt durch die Grenzkurven $H = H_{c1}(T)$ und $H = H_{c2}(T)$. Auf den Grenzkurven können die angrenzenden beiden Phasen im Gleichgewicht nebeneinander existieren. $H = H_c(T)$ ist das thermodynamische kritische Feld, vergleiche (53.12)

auch $H_{c1}(T_c) = H_{c2}(T_c) = 0$. Dabei ist $H_c(T)$ wie bei Supraleitern 1. Art thermodynamisch durch die Enthalpiedifferenz (50.23) zwischen Meißner- und Normalphase definiert, obwohl diese Phasen durch die Shubnikov-Phase getrennt sind (Abb. 53.4). Nach den Rechnungen von Ginsburg-Landau, Abrikosov und Gorkov[116] ist

$$H_{c2}(T) = \sqrt{2}\varkappa \cdot H_c(T) \tag{53.13}$$

und deshalb nach (53.12) angenähert

$$H_{c1}(T) \approx (2\varkappa^2)^{-1/2} \ln \varkappa \cdot H_c(T)\,. \tag{53.14}$$

Dabei ist der sogenannte *Ginsburg-Landau-Parameter*,

$$\varkappa = \lambda/\xi\,, \tag{53.15}$$

die bestimmende Größe für die Breite $H_{c2}(T) - H_{c1}(T)$ der Shubnikov-Phase: $H_{c1}(T)$ und $H_{c2}(T)$ fallen für $\sqrt{2}\varkappa = 1$ mit $H_c(T)$ zusammen und rücken mit wachsendem $\sqrt{2}\varkappa > 1$ auseinander. Da sich die Reihenfolge von $H_{c1}(T)$ und $H_{c2}(T)$ nicht umkehren kann, gilt also die Abgrenzung[117]

$$\begin{aligned} \varkappa &< 1/\sqrt{2} \quad \text{für Supraleiter 1. Art}\,, \\ \varkappa &> 1/\sqrt{2} \quad \text{für Supraleiter 2. Art}\,, \end{aligned} \tag{53.16}$$

die bis auf den Faktor $1/\sqrt{2} \approx 0{,}71$ identisch ist mit (53.7).

---

[115] Auch *Mischzustand* oder *Wirbelzustand* genannt.

[116] Gebräuchliche Abkürzung: GLAG-Theorie, deren Ergebnisse hier stark vereinfacht dargestellt sind. Die Näherungen (53.12/13/14) hängen noch von der Größe von $\varkappa$ selbst ab, sodaß sie dem Grenzwert $H_{c1} = H_{c2} = H_c$ für $\varkappa\sqrt{2} = 1$ physikalisch nicht widersprechen.

[117] Bei $\varkappa \approx 1/\sqrt{2}$ können Meißner- und Shubnikov-Phase in einer Probe nebeneinander vorkommen.

Experimentell können $H_{c1}(T)$, $H_{c2}(T)$, $H_c(T)$ und $\varkappa$ aus den Magnetisierungskurven Abb. 53.3 und den Gleichungen (53.12/13/14/15) bestimmt werden. Tabelle 53.1 zeigt, wie der Supraleiter 1. Art Indium durch geringe Dotierung mit Wismut in Supraleiter 2. Art mit wachsenden Werten von $\varkappa$ und damit $H_{c2}(T)$ verwandelt werden kann.

Tabelle 53.1. *Ginsburg-Landau-Parameter von In und In-Bi-Legierungen*, nach Kinsel, Lynton und Serin (1964)

mol% Bi	0,00	1,55	1,70	1,80	2,00	2,50	4,00
Parameter $\varkappa$	0,1	0,75	0,86	0,90	1,12	1,27	1,50

In relativ reinen und fehlerfrei gebauten Supraleitern wird die Magnetisierungskurve bei steigendem und fallendem Magnetfeld praktisch reversibel durchlaufen, da das Entstehen und Verschwinden von Normalbereichen unbehindert vor sich gehen kann. Sind jedoch genügend viele und grobe Gitterfehler vorhanden, so werden dort die Phasengrenzen festgehalten und man beobachtet eine *Hysteresiskurve*. Auch in dieser Hinsicht besteht Analogie zu den ferromagnetischen Substanzen (Ziffer 24.4). Wie die „harten" Ferromagnetika sind auch die „harten" Supraleiter die technisch wichtigsten.

Die *Struktur* der inhomogenen *Shubnikov-Phase* eines Supraleiters 2. Art unterscheidet sich grundsätzlich von der Struktur des inhomogenen *Zwischenzustands* eines Supraleiters 1. Art. Das zeigt der Vergleich der Abb. 53.5 s. S. 598 und 50.8, in denen die normalleitenden und supraleitenden Bereiche durch Dekoration mit ferromagnetischem (oder diamagnetischem) Pulver auf der Probenoberfläche getrennt sichtbar gemacht sind (Ziffer 50.3). Während im Zwischenzustand Normal- und Suprazustände im allgemeinen in sich zusammenhängen, sind in der Shubnikov-Phase *isolierte normalleitende dünne „Schläuche"* in eine supraleitende Matrix eingebettet. Mit wachsendem Magnetfeld $H > H_{c1}(T)$ nimmt die Anzahl der „Schläuche" zu. Das bewirkt den Abfall der makroskopischen (mittleren) Magnetisierung, da die Magnetisierung in der normalleitenden Phase (50.14) gegen die in der supraleitenden Matrix (50.13) vernachlässigbar klein ist. Dem entspricht, daß in der Matrix $|\boldsymbol{B}_s| = 0$, in den „Schläuchen" aber $|\boldsymbol{B}_n| > 0$ gilt. Der gesamte magnetische Fluß durch den Querschnitt der Probe ist demnach das Produkt aus der Anzahl der Schläuche und dem mittleren Fluß durch einen Schlauch. Durch Auszählung der Schläuchedichte (siehe Abb. 53.5) und gleichzeitige induktive Messung der mittleren Magnetflußdichte ergibt sich, daß jeder Flußschlauch[118] exakt von einem elementaren *Flußquant* Φ_s gemäß (50.58) durchsetzt wird. Die energetisch günstigste Struktur bei vorgegebenen Werten von H und T ist also die mit möglichst vielen kleinstmöglichen („elementaren") Flußschläuchen[119].

Jeder derartige Schlauch entspricht der Öffnung eines supraleitenden Ringes in Abb. 50.4 und wird wie diese von Ringströmen[120] in der supraleitenden Matrix umfaßt (Abb. 53.6), die alle zusammen das Magnetfeld im Innern der Matrix abschirmen. Die Grenze zwischen Flußschlauch und Matrix ist natürlich nicht scharf: das Magnetfeld B fällt von der Schlauchmitte zur Matrix hin nach Maßgabe von λ, die Cooper-Paardichte n_{CP} von der Matrix zum Schlauch nach Maßgabe von $\xi < \sqrt{2}\lambda$ ab, siehe Abb. 53.6. Die Abschirmstromstärke j_s hat ein Maximum in einem Abstand zwischen λ und ξ von der Schlauchachse SA.

[118] Genauer: jedes durch einen Schlauch repräsentierte *Fluxoid*, vgl. Ziffer 50.6.

[119] Natürlich muß das normalleitende Volum möglichst klein bleiben.

[120] Deshalb wird auch von *Flußwirbeln* und der *Wirbelstruktur* gesprochen.

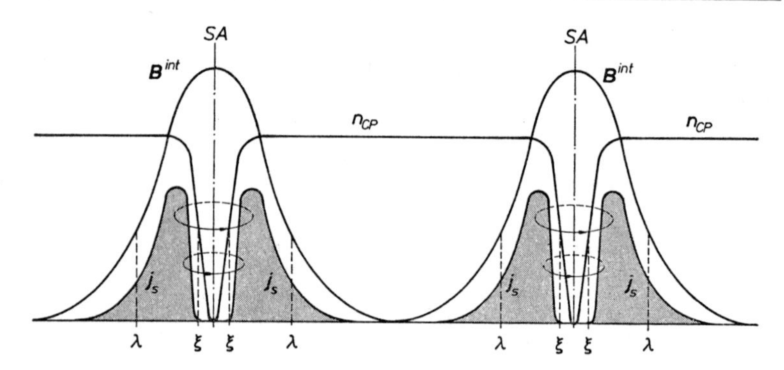

Abb. 53.6. Räumliche Verteilung von Flußdichte $\boldsymbol{B}^{\text{int}}$, Suprastromdichte $\boldsymbol{j}_s$ und Cooperpaardichte n_{CP} in den Flußschläuchen (ebener Schnitt durch zwei benachbarte Schläuche mit den Achsen SA). Die schattierten Bereiche werden von den supraleitenden Ringströmen durchsetzt. Schematisch

Die symmetrische *hexagonale Anordnung* der Flußschläuche setzt *Wechselwirkungskräfte* zwischen den Stromwirbeln voraus[121], die bei großem Schlauchabstand anziehend, bei kleinem Abstand abstoßend sind und in der hexagonalen Gleichgewichtsstruktur verschwinden. Die Berechnung der elektromagnetischen Wechselwirkungen zwischen den Stromwirbeln liefert tatsächlich diese Kräfte und auch die hexagonale Gleichgewichtsstruktur.

---

[121] Wie z. B. auch die symmetrische Anordnung von Ionen im Kristallgitter oder die von Versetzungslinien. Ferner sind Versetzungen und andere Baufehler im Gitter der Flußschläuche beobachtet worden.

L. Anregungen und Energietransport

54. Anregungen

Bei der mikrophysikalischen Behandlung der makroskopischen mechanischen, elektrischen, magnetischen und optischen Eigenschaften sind wir immer wieder auf denselben Mechanismus gestoßen: die Ausbreitung von Wellen durch das periodische Translationsgitter und die Zuordnung von Teilchen oder Quasiteilchen zu dem Termschema dieser Wellen. Wir fassen jetzt alle Arten von derartigen Wellen und Teilchen unter dem Oberbegriff *Anregungen* zusammen.

Bisher behandelte Beispiele sind: Phononen. Magnonen, Elektronen und Löcher, Exzitonen, Polaritonen, Polaronen; jedoch sind noch weitere Anregungsarten beobachtet und Teilchen definiert worden[1].

Wir haben im wesentlichen nur Anregungen im *unbegrenzten idealen Gitter* diskutiert. Störungen durch begrenzende Oberflächen oder Unterbrechungen der Kopplung zwischen verschiedenen Gitterzellen führen zur Ausbildung von *Oberflächen-* und *lokalisierten Anregungen*. Erstere werden hier nicht besprochen. Beispiele für letztere liefern die Spektren einzelner Ionen, deren *Elektronenzustände lokalisiert* sind (Kapitel E und Ziffer 48) oder auch die sogenannten *lokalisierten Schwingungen*.

Eine lokalisierte Gitterschwingung existiert z.B. in der Umgebung eines einzelnen H^--Ions auf einem X^--Platz in einem Alkalihalogenid-Kristall M^+X^-. Da H^- sehr viel leichter ist als X^- und M^+, bleiben letztere bei der H^--Schwingung praktisch stehen und H^- macht eine optische Grenzschwingung nach dem Einsteinschen Modell (Ziffer 10.5), die bei steigender H^--Konzentration über eine Mischkristallschwingung in die Grenzschwingung von M^+H^- übergehen würde. In KCl ist die Frequenz der an H^--Ionen gebundenen isolierten Schwingung etwa 4mal so groß wie die der TO-Grenzschwingung des reinen KCl-Kristalls.

Wie schon in Ziffer 8.5 ausgeführt, bedeutet die Einstellung eines *thermodynamischen Gleichgewichts* mit einer gemeinsamen Temperatur für alle Freiheitsgrade eines Kristalls die Existenz von *Kopplungen* sowohl zwischen den verschiedenen Wellen (Teilchen) einer einzelnen Anregungsart wie auch zwischen denen verschiedener Anregungsarten. Die zugrundeliegenden *Wechselwirkungen* sind bekannt: z.B. bewirken nichtlineare Anteile an den Bewegungsgleichungen die Kopplung von Phononen und Magnonen jeweils unter sich. Änderungen der Austauschenergie zwischen Spins bei den Abstandsänderungen während einer Gitterschwingung und umgekehrt. Änderung der Gitterkräfte durch Umklappen von Spins bewirken die wechselseitige Kopplung zwischen Phononen und Magnonen, usw.

Infolge der Kopplung wird Energie zwischen den Wellen (oder Teilchen) ausgetauscht.

Wird künstlich ein Nichtgleichgewichtszustand erzeugt, so bewirken die aufgeführten Prozesse die *Relaxation* des Kristalls in das thermische Gleichgewicht.

Man kann die *Relaxationsprozesse* im wesentlichen auf drei Weisen beobachten:

a) Man pumpt Energie in *nur eine* Anregung, d.h. man erzeugt zu viele Teilchen dieser einen Art und beobachtet das Auftreten von anderen Teilchenarten. Zum Beispiel kann die vom Exzitonenspektrum einer Ionenart X absorbierte Lichtenergie in (Phononenenergie und) Exzitonenenergie einer auch im Gitter vorhandenen anderen Ionensorte Y umgewandelt werden und von dieser als (andersfarbiges, längerwelliges) Fluoreszenzlicht wieder ausgestrahlt werden (sogenannte *interatomare Energieübertragung* (Ziffer 48)).

[1] Es gibt auch Versuche einer systematischen Gliederung, z.B. in elementare und kollektive Anregungen oder in Teilchen und Quasiteilchen. Für unsere Zwecke können diese Fragen übergangen werden.

b) Man *ändert* mit Hilfe äußerer Parameter *das Termschema*, d.h. die möglichen Anregungen des Kristalls, und beobachtet die Relaxationsprozesse bei der Einstellung des neuen Gleichgewichts. Hierher gehören die *magnetische* (Ziffer 23) und die *dielektrische* (Ziffer 29) *Relaxation*.

c) Man führt Energie nur an einer Stelle (z.B. einer Oberfläche) des Kristalls zu und beobachtet ihr Auftreten an einer anderen Stelle (Oberfläche). Bei diesem *räumlichen Energietransport* wird also ein Konzentrationsgefälle aller Teilchenarten erzeugt. Wird z.B. thermische Energie bei einer höheren Temperatur T_A am Anfang eines Kristallstabes zugeführt und bei einer niedrigeren Temperatur T_E am anderen Ende abgeführt, so spricht man von *Wärmeleitung*. Zu ihr tragen alle (und nur) diejenigen Anregungsarten bei, die bei der Temperatur T_A angeregt sind. Diesen Fall wollen wir jetzt (Ziffer 55) näher diskutieren.

55. Wärmeleitung

55.1. Grundbegriffe und -tatsachen

Wir beschränken uns von vornherein auf den einfachsten Fall[2], nämlich den eines eindimensionalen stationären Wärmestromes in x-Richtung, den wir durch Aufrechterhaltung der festen Temperaturen T_A und $T_E < T_A$ auf den Ebenen $x = x_A$ und $x = x_E$ erzeugen (Abb. 55.1). In diesem Fall ist die *Wärmestromdichte*

$$\dot{q}_x = \frac{\delta Q}{dA\, dt} \tag{55.1}$$

(δQ ist die während dt durch $dA = dy\,dz$ strömende Energie (Wärmemenge)) zeitlich und räumlich konstant und durch die *Wärmeleitungsgleichung*

$$\dot{q}_x = -\lambda \operatorname{grad} T = -\lambda\, dT/dx \tag{55.2}$$

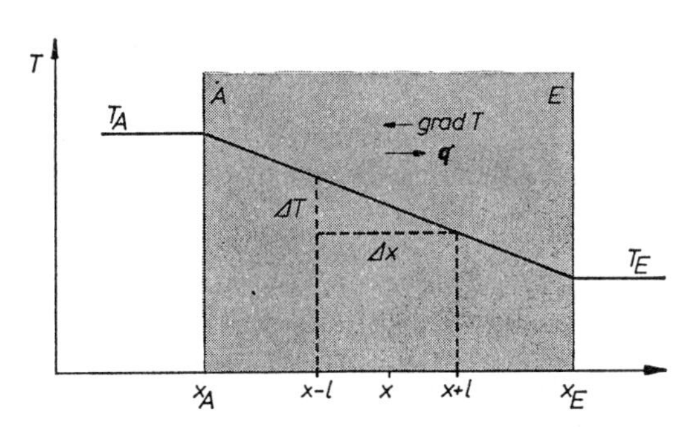

Abb. 55.1. Zur Ableitung der Transportgleichung: Lineares Temperaturgefälle längs eines stationären Wärmestromes parallel zur x-Richtung. A = Anfang, E = Ende des Probekörpers. l = mittlere Phononenweglänge

mit dem (ebenfalls konstanten) *Temperaturgradienten* dT/dx verknüpft. Die Temperatur ändert sich demnach linear mit x (Abb. 55.1): der Wärmestrom setzt eine stetige Temperaturverteilung voraus, und umgekehrt. Die *Wärmeleitfähigkeitskonstante* λ ergibt sich aus Messungen an genügend großen Probekörpern als Materialkonstante, die noch von äußeren Parametern, insbesondere der Temperatur T selbst abhängt und in Kristallen ein symmetrischer Tensor ist (siehe Ziffer 12.2). Bei genügend kleinen Probekörpern hängt λ von deren Dimensionen ab, verliert also den Charakter einer Materialkonstanten (siehe Ziffer 44.2.2)[3].

In den meisten *Isolatoren* wird der Wärmestrom allein durch die Gitterschwingungen[4] getragen, er ist ein *Phononenstrom*[5] (Leitfähigkeit λ_P). In speziellen Fällen ist Wärmeleitung auch über andere Anregungswellen[4], z. B. Spinwellen (Ziffern 24.3; 27) oder Exzitonenwellen (Ziffer 48) möglich, so daß hier noch ein *Magnonen-*[5] oder ein *Exzitonenstrom*[5] hinzukommt. Diese Beiträge sollen zu einer Leitfähigkeit λ_E zusammengefaßt werden. Sie sind bisher nur ungenügend bekannt[6]. In *Metallen* schließlich kommt noch ein durch die *Leitungselektronen*[5] getragener Wärmestrom (Leitfähigkeit λ_e) hinzu. Im *allgemeinsten Fall* wird also eine Wärmeleitfähigkeit

$$\lambda = \lambda_P + \lambda_E + \lambda_e \tag{55.3}$$

gemessen. Wir behandeln zuerst die Phononenleitung.

[2] Ohne Einbuße an physikalischer Information.

[3] Analog zur elektrischen Leitfähigkeit.

[4] Formulierung im Wellenbild.

[5] Formulierung im Teilchenbild.

[6] Siehe aber Ziffer 55.3.

55.2. Wärmewiderstand durch Phononenstreuung

55.2.1. Übersicht

Man sieht sofort, daß die *Phononenleitung* von den *nichtlinearen* Gitterkräften, d.h. der *Kopplung* der Phononen untereinander beherrscht wird. Ohne diese wäre schon die Temperatur T nicht definiert (Ziffer 8.5). Vor allem aber könnten ungekoppelte Phononen bei ihrem Lauf durch das Gitter kein stetiges Temperaturgefälle grad T aufbauen, und eine Wärmeleitfähigkeit λ nach (55.2) wäre, im Gegensatz zur Erfahrung, nicht definiert.

Man denke sich z.B. den (nach y und z unendlich ausgedehnten) Körper in Abb. 55.1, der sich zunächst auf der Temperatur T_E befindet, am Ende E durch ein Kühlbad auf dieser Temperatur gehalten und am Anfang A plötzlich auf die Temperatur T_A gebracht. Ohne Phonon-Phonon-Kopplung würden die auf der Ebene A erzeugten Phononen mit der Schallgeschwindigkeit v zur Ebene E laufen. Unterwegs würden sie die der Temperatur T_A entsprechende Energieverteilung (10.7) beibehalten. Diesem Phononenstrom würde ein anderer mit der Temperatur T_E entgegenlaufen. Der resultierende Wärmestrom wäre demnach an jeder Stelle durch T_A und T_E bestimmt. An keiner Stelle des Weges würde thermodynamisches Gleichgewicht mit einer wohldefinierten Zwischentemperatur T herrschen.

Zur Herstellung eines solchen Gleichgewichtes muß die Energie- und Richtungsverteilung der Phononen längs x laufend geändert werden. Das kann nur geschehen durch laufende Umwandlung von Phononen, d.h. durch die in Ziffer 8.5 beschriebenen Mehrphononenprozesse. Diese aber beruhen auf der Phonon-Phonon-Kopplung.

Dabei können die *Normalprozesse* (Abb. 8.10a, b) gleich außer Betracht gelassen werden, da bei ihnen nach dem Energieerhaltungssatz (8.48) die Größe, und nach dem $\boldsymbol{q}$-Erhaltungssatz (8.49) wegen $m = 0$ auch die Richtung des resultierenden Phononenenergiestroms konstant bleibt.

Dagegen entstehen bei den *Peierlsschen Umklapp-Prozessen* (Ziffer 8.5) Phononen mit umgekehrter Richtung. Durch diese „*unelastische Phonon-Phonon-Rückwärtsstreuung*" wird ein dem Temperaturgefälle grad T genau entsprechendes Phononen-Kozentrationsgefälle $\bar{v}(\omega, T)D(\omega)$ nach (10.8) aufgebaut, so daß die Voraussetzungen von (55.2) erfüllt sind und eine endliche Wärmeleitfähigkeit λ_{PU} definiert ist. Die Größe des *Wärmewiderstandes* λ_{PU}^{-1} hängt von der mittleren *freien Weglänge* l_{PU} der Phononen ab, d.h. von dem Weg, den sie im Mittel zurücklegen, bis sie einen Umklapp-Prozeß erleben: es ist (v = Schallgeschwindigkeit)

$$l_{PU} = v\,\tau_{PU} \tag{55.4}$$

und τ_{PU} ist die für die Herstellung der Gleichgewichtsverteilung (10.8) durch U-Prozesse erforderliche *Relaxationszeit.*

Neben den Umklapp-Prozessen können noch folgende, die Phononenweglänge weiter herabsetzende Prozesse vorkommen: die auf der Wechselwirkung mit anderen Anregungsarten (Quasiteilchen) beruhen:

Absorption von Phononen durch Übergänge zwischen tiefliegenden *Elektronentermen*, z.B. den Kristallfeld- und/oder den Zeeman-Komponenten von paramagnetischen Ionen (Anregung von Exzitonenzuständen durch Einphononprozesse nach Ziffer 17.2). Da die Reemission ohne Bevorzugung einer Richtung erfolgt, wird der Phononenstrom geschwächt[7]. Mit geringerer Wahrscheinlichkeit kann auch die *Phononen-Raman-Streuung* an Elektronentermen nach Ziffer 17.3 vorkommen. Ferner können *Spinwellen*zustände angeregt, d.h. *Magnonen* erzeugt werden. Alle diese Anregungsprozesse durch Absorption von Phononen mögen zusammen einen Wärmewiderstand λ_{PE}^{-1} erzeugen.

[7] Optisches Analogon: Schwächung einer Lichtwelle durch Resonanzfluoreszenz.

Streuung an *Gitterbaufehlern* aller Art: gibt einen Widerstand λ_{PF}^{-1}.

Diffuse *Streuung an der Oberfläche* des Probenkörpers. Sie führt zu einem merklichen Widerstand λ_{PO}^{-1} nur dann, wenn einerseits die Dimensionen des Körpers nicht mehr groß gegen die von den vorher genannten Prozessen bestimmte Phononenweglänge und andererseits die Rauhigkeit der Oberfläche nicht sehr klein gegen die Gitterwellenlänge ist. An ideal glatten Oberflächen würde spiegelnde Reflexion ohne Änderung der Vorwärtskomponente des Phononenstroms erfolgen; größere Rauhigkeit bedingt größeren Widerstand. Da bei sehr tiefer Temperatur $\lambda_P \approx 1$ cm werden kann, wird Streuung an der Oberfläche oft beobachtet.

Die aufgezählten Phononen-Streuprozesse sind in guter Näherung voneinander unabhängig, ihre *Streuquerschnitte*, d.h. die reziproken freien Weglängen dürfen addiert werden:

$$l_P^{-1} = l_{PU}^{-1} + l_{PE}^{-1} + l_{PF}^{-1} + l_{PO}^{-1}. \tag{55.5}$$

Dasselbe gilt dann auch für die von ihnen erzeugten Widerstände, so daß für den gesamten *Phononen-Widerstand*

$$\lambda_P^{-1} = \lambda_{PU}^{-1} + \lambda_{PE}^{-1} + \lambda_{PF}^{-1} + \lambda_{PO}^{-1} \tag{55.6}$$

gilt.

Ehe wir die einzelnen Glieder in (55.6) genauer behandeln, soll noch der allgemeine Zusammenhang zwischen freier Weglänge l und Wärmeleitfähigkeitskonstante λ hergestellt werden[8]. Hierzu gehen wir zunächst auf den eindimensionalen Fall der Abb. 55.1 zurück.

Wegen der Existenz einer mittleren Phononenweglänge muß man die *Wärmeleitungsgleichung* so ableiten, daß die kleinste in die Rechnung eingehende Distanz nicht ein $dx \to 0$, sondern eben die charakteristische Länge l ist. Man erhält demnach aus Abb. 55.1 die an der Stelle x in Richtung von wachsendem x strömende Wärmemenge dadurch, daß man die Differenz zwischen der jeweils aus den Abständen l von links und rechts mit der Schallgeschwindigkeit[9] v hindurchströmenden Phononenenergien bestimmt. Ist $u(x)$ die Energiedichte an der Stelle x, so ist die Wärmestromdichte bei x gegeben durch

$$\begin{aligned} \dot{q}_x &= \tfrac{1}{2}(u(x-l) - u(x+l))\,v \\ &= -\frac{(u(x+l) - u(x-l))\,l\,v}{2l} = -\frac{\Delta u}{\Delta x}\,l\,v. \end{aligned} \tag{55.7}$$

wobei der Faktor 1/2 berücksichtigt, daß die an einer Stelle x vorhandene Energiedichte je zur Hälfte nach beiden Richtungen abströmt, und $2l = \Delta x$ gesetzt wird. Nun ist aber

$$\frac{\Delta u}{\Delta x} = \frac{\Delta u}{\Delta T}\cdot\frac{\Delta T}{\Delta x} = C\,\frac{\Delta T}{\Delta x}, \tag{55.8}$$

wobei $C = \varrho c_V$ die Wärmekapazität je Volumeinheit, c_V die spezifische Wärme bei konstantem Volum und ϱ die Dichte ist. Durch Vergleich mit (55.7), (55.4) und (55.2) folgt

$$\dot{q}_x = -\,C\,l\,v\,\Delta T/\Delta x = -\,\lambda\,\Delta T/\Delta x \tag{55.9}$$

und somit

$$\lambda = C\,l\,v = \varrho\,c_V\,v^2\,\tau. \tag{55.10}$$

Im *dreidimensionalen* Fall trägt ein unter dem Winkel ϑ zur Transportrichtung sich bewegendes Phonon nur mit der Geschwindigkeitskomponente $v\cos\vartheta$ zum Energietransport bei. Da alle Win-

[8] Der Zusammenhang gilt für beliebige Teilchen, deshalb wird hier der Index P = Phonon weggelassen.

[9] Hier wird dieselbe Schallgeschwindigkeit v für alle Phononen, d.h. Dispersionsfreiheit vorausgesetzt (siehe Ziffer 10.2).

kel ϑ vorkommen ergibt sich durch Mittelung von (55.10) im isotropen Grenzfall

$$\lambda = \varrho\, c_V\, v^2\, \overline{\cos^2 \vartheta}\, \tau = \tfrac{1}{3}\varrho\, c_V\, v^2\, \tau = \tfrac{1}{3}\varrho\, c_V\, v\, l\,. \tag{55.11}$$

Hiernach können l (und τ) aus der Messung von ϱ, c_V, v und λ bestimmt werden.

Die hier für Phononen durchgeführte Überlegung gilt auch für den Energietransport durch alle anderen sich im Kristall bewegenden und Streuprozesse erleidenden Teilchen[10], wie z.B. Exzitonen, Magnonen (Ziffer 55.3) und Leitungselektronen (siehe Ziffer 55.4), so daß im allgemeinsten Fall

$$\begin{aligned}\lambda &= \lambda_P + \lambda_E + \lambda_e \\ &= \varrho \sum_i c_{Vi}\, v_i\, l_i = \varrho \sum_i c_{Vi}\, v_i^2\, \tau_i\end{aligned} \tag{55.12}$$

wird. Dabei numeriert i die Teilchenarten, und die l_i und τ_i werden begrenzt durch Streuung an der Oberfläche, an Gitterfehlern, sowie an gleichartigen und auch an andersartigen Teilchen.

55.2.2. Phonon-Phonon- und Oberflächenstreuung

Wir betrachten zunächst einen fehlerfreien Idealkristall. Wie schon in der Ziffer 8.5 auseinandergesetzt, müssen bei den interessierenden Dreiphononen-Umklappprozessen die Erhaltungssätze (8.48) und (8.49) und außerdem das Dispersionsgesetz (8.40) simultan erfüllt sein[11].

Außerdem ist ein Umklapp-Prozeß (U-Prozeß) nur möglich, wenn der resultierende Vektor $\boldsymbol{q}_1 + \boldsymbol{q}_2$ über die 1. Brilloninzone hinausreicht, $\boldsymbol{q}_1$ und $\boldsymbol{q}_2$ also so groß sind, daß (8.49) mit $m \neq 0$ gilt. Rechnet man jetzt im Rahmen einer Abschätzung näherungsweise mit dem Debyeschen Modell, in dem mit $|\boldsymbol{q}|$ auch die Phononenenergie $\hbar\,\omega(\boldsymbol{q})$ monoton wächst und $\hbar\,\omega_D = k\,\Theta$ die größte überhaupt vorkommende Phononenenergie ist, so muß man verlangen, daß auch die Energien der zusammenstoßenden Phononen einen Mindestwert haben müssen. Wir schreiben ihn als einen Bruchteil $\hbar\,\omega_D/g$ von $\hbar\,\omega_D$ und erwarten für g einen Wert $g \approx 2$. Nun ist die mittlere freie Weglänge l_{PU} eines Phonons bis zu einem U-Prozeß mit einem solchen Phonon umgekehrt proportional zu der Konzentration solcher Phononen, d.h. nach (10.8), (10.13) und (10.20) proportional[12] zu

$$l_{PU} \sim \frac{e^{\hbar\,\omega_D/g\,k\,T} - 1}{D(\omega_D/g)} \sim g^2\,\Theta\,(e^{\Theta/g\,T} - 1)\,. \tag{55.14}$$

Dies wird

$$l_{PU} \sim g^2\,\Theta \cdot e^{\Theta/g\,T} \quad \text{für} \quad T \ll \Theta/g \tag{55.15}$$

und

$$l_{PU} \sim g\,\Theta^2/g\,T \quad \text{für} \quad T \gg \Theta/g\,. \tag{55.16}$$

Die Weglänge hat also den Wert $l_{PU} = 0$ bei $T \to \infty$ und nimmt mit sinkender Temperatur zunächst wie $1/T$ dann aber exponentiell zu, bis sie schließlich sehr groß gegen die Gitterkonstante und vergleichbar mit dem Probendurchmesser d wird. Sie ist dann nur noch durch Oberflächenstreuung begrenzt und wird bei $T \to 0$ temperaturunabhängig mit $l_P = \sigma d \sim$ Probendurchmesser, wobei der Faktor σ vom Streuvermögen der Oberfläche bestimmt wird und bei sehr gut spiegelnder Oberfläche $\sigma \gg 1$ ist. In Abb. 55.2 ist $l_P = l_P(T)$ schematisch dargestellt, in Abb. 55.3 das Ergebnis von Messungen am festen Helium und einigen anderen Kristallen von verschiedenem Bindungstyp. Mit (55.14/15/16) kann jetzt die *Tem-*

[10] Gl. (55.11) wurde zuerst für den Energietransport durch frei fliegende Molekeln in einem (isotropen) Gas abgeleitet.

[11] Dies ist im allgemeinen nur möglich, wenn Phononen verschiedener Polarisation zusammenwirken.

[12] Die Proportionalitätsfaktoren können hier nicht ausgerechnet werden.

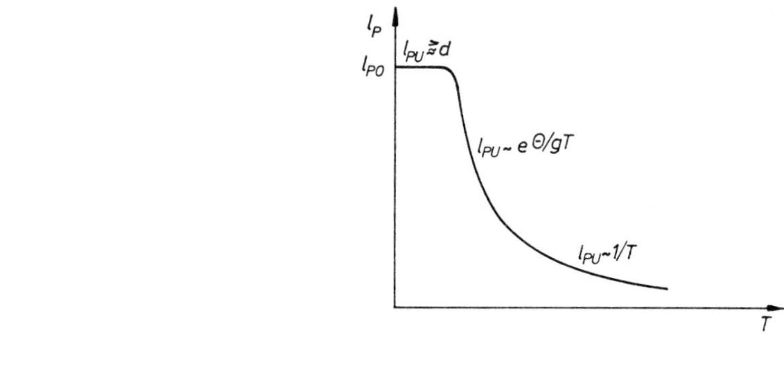

Abb. 55.2. Temperaturabhängigkeit der mittleren freien Phononenweglänge l_P bei Begrenzung durch Phonon-Phonon-(l_{PU}) und Oberflächenstreuung (l_{PO}). Schematisch. d = Probendurchmesser

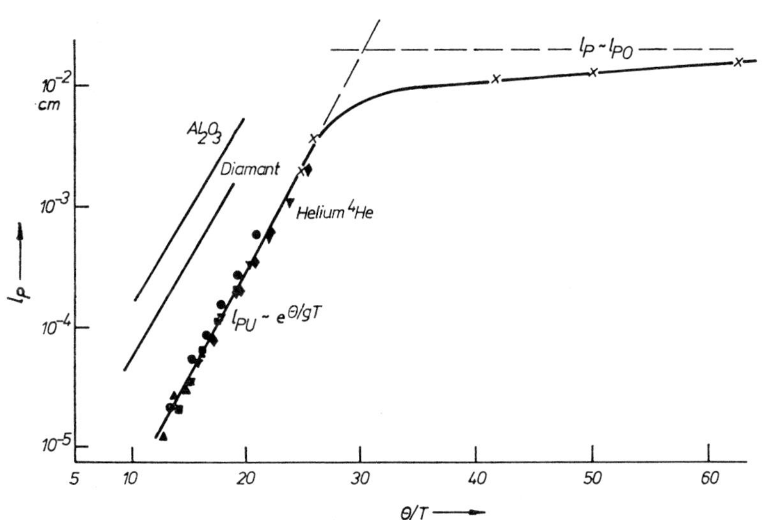

Abb. 55.3. Temperaturabhängigkeit der mittleren Phononenweglänge über Θ/T bei niedrigen Temperaturen $20 > \Theta/T > 10$ bei einigen Kristallen von verschiedenem Bindungstyp. Gl. (55.15) ist erfüllt, also dominierende Phonon-Phonon-Streuung. Al_2O_3: synthetischer Korund, $\Theta \approx 980$ K (λ in Abb. 55.4). Diamant: $\Theta \approx 1840$ K (λ in Abb. 55.4). Festes Helium ^{4}He: Θ wird durch Variation des äußeren Druckes im Bereich $22\text{ K} \leqq \Theta \leqq 35\text{ K}$ variiert, alle Meßpunkte liegen bei Auftragung über Θ/T auf derselben Kurve. Bei $\Theta/T > 25$ zunehmende Begrenzung von l_P durch Oberflächenstreuung, gemessen bei sehr kleinem Probendurchmesser. Nach Berman [L 5]

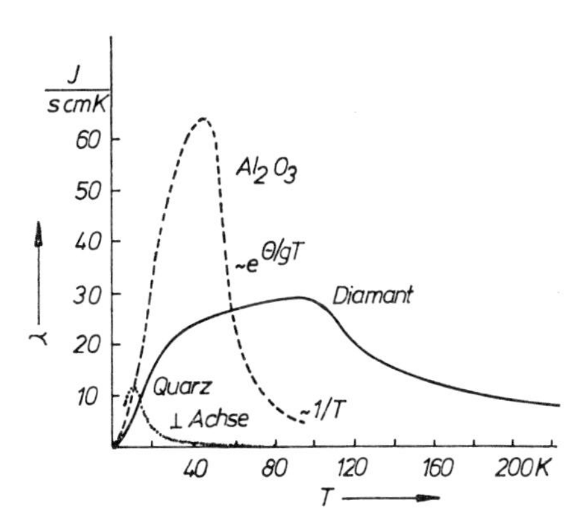

Abb. 55.4. Wärmeleitfähigkeit von Quarz (SiO_2, ⊥ Achse), Diamant (C) und synthetischem Korund (Al_2O_3). Bei extrem fehlerfreiem Korund wird λ noch 3- bis 4mal größer als bei der hier gemessenen Probe. Nach Berman [L 5]

peraturabhängigkeit der Wärmeleitung nach (55.11) ausgerechnet werden. Da Dichte ϱ und Schallgeschwindigkeit v praktisch nicht von T abhängen, ergibt sich die Temperaturabhängigkeit von λ durch die Multiplikation der beiden Kurven für l_P nach Abb. 55.2 und für c_V nach Abb. 10.3c, d.h. sie hat die typische Form der Abb. 55.4.

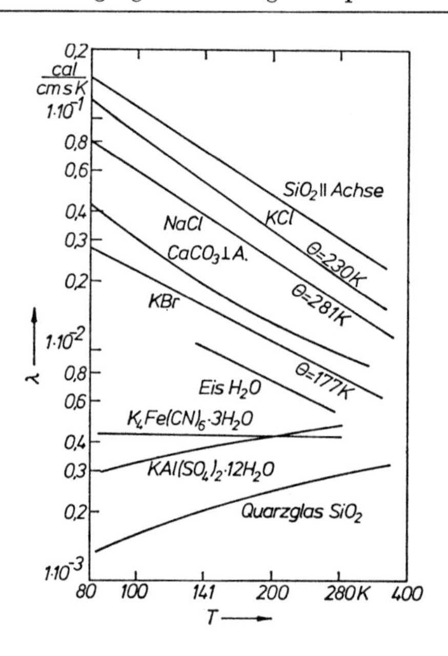

Abb. 55.5. Wärmeleitfähigkeit einiger einfach und kompliziert gebauter Kristalle und von Quarzglas bei relativ hohen Temperaturen (beide Skalen logarithmisch) T^{-1}-Gesetz infolge vorwiegender Phonon-Phonon-Streuung bei den einfachen Kristallen. Zusätzlicher Wärmewiderstand in Quarzglas durch Streuung an Gitterbaufehlern (regellose Glasstruktur). Komplizierte Kristalle mit Atomen sehr verschiedener Masse und demnach komplizierten Phononenspektren liegen dazwischen. Nach Eucken

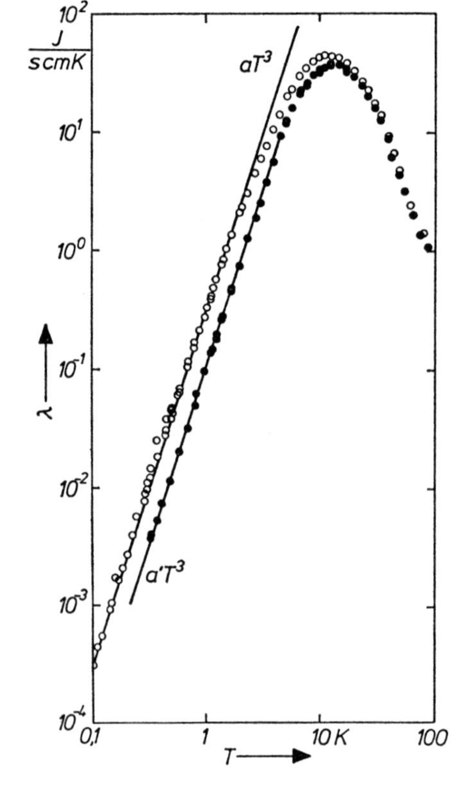

Abb. 55.6. Wärmeleitfähigkeit von LiF bei tiefen Temperaturen. Kristallgröße $0{,}55 \cdot 0{,}52 \cdot 4{,}1\ \mathrm{cm}^3$. $\Theta = 722$ K. Begrenzung bei $T < 2$ K durch Oberflächenstreuung ($\lambda = a\,T^3$), bei $T > 2$ K durch Phonon-Phonon-Streuung. Zusätzlicher Widerstand nach Aufrauhen der Oberfläche ($l_P \approx l_{PO} = \sigma' d < \sigma d$) durch Sandstrahlen: $\lambda = a' T^3 < a\,T^3 = 7{,}14 \cdot 10^{-2}\,T^3$ J/s cm K^4. Im $a\,T^3$-Bereich ist $l_P \approx l_{PO} = 1{,}8\,d = 0{,}95$ cm. Bei $T > 100$ K fällt λ wie T^{-1} ab. Nach Seward und Haasbroek, 1971

Der Abfall $\sim T^{-1}$ nach hohen Temperaturen folgt aus der Konstanz von C_V und der zunehmenden Häufigkeit von U-Prozessen (55.16). Er ist experimentell seit langem bekannt (Eucken 1911), Beispiele gibt Abb. 55.5. Die Konstante g im Übergangsbereich wird durch Anpassung an das Experiment bestimmt; wie erwartet ergibt sich ungefähr $g \approx 2$. In der Nähe von $T = 0$ schließlich ist $l \approx \sigma d$ temperaturunabhängig und somit $\lambda \sim C_V$, d.h. $\lambda = a\,T^3$.

Der Wert des Proportionalitätsfaktors a hängt dabei von Form und Größe der Probe und vom Streumechanismus im Innern und an der Oberfläche der Probe ab, siehe Abb. 55.6.

Der *Absolutwert* von λ wächst nach (55.10) und (55.14) mit den Werten von Θ und v. Beide Größen wachsen mit steigender Bindungsfestigkeit des Kristallgitters: härtere Kristalle sind im allgemeinen[13] bessere Wärmeleiter.

55.2.3. Streuung an Gitterfehlern

Unter Gitterfehlern verstehen wir alle vorkommenden Arten von Störungen der Translationssymmetrie. Sie führen zu einer Abnahme von λ nach (55.5/6).

Bereits die natürliche *Isotopenmischung* der Elemente bedeutet wegen der verschiedenen Isotopenmassen eine Unterbrechung der Translationssymmetrie. Beispielsweise hat Germanium[14] 5 stabile Isotope, von denen Ge^{74} das häufigste (36,5%) ist. Werden die übrigen weitgehend eliminiert, so steigt die Phononenweglänge l_{PF} und damit λ stark an[15], siehe Abb. 55.7.

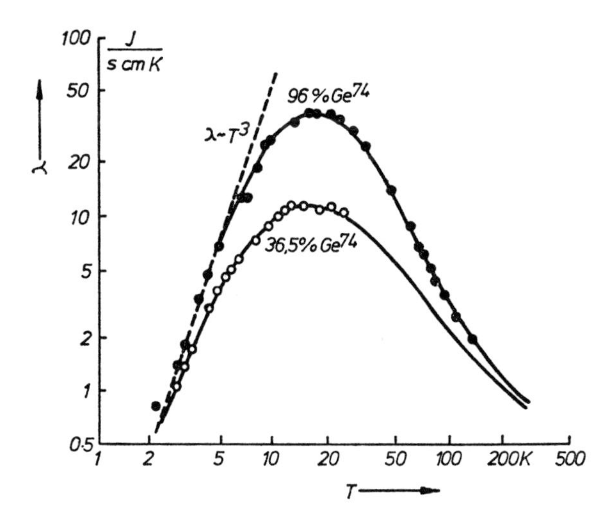

Abb. 55.7. Isotopeneffekt am Germanium. Die fast isotopenreine Probe hat eine viel bessere Wärmeleitfähigkeit, d.h. eine viel größere Phononenreichweite als das natürliche Isotopengemisch. Nach Geballe und Hull 1928

Etwas stärker ist die Gitterstörung bei *Mischkristallen*, da hier außer der Masse auch der Ionenradius der Komponenten variiert; die Wärmeleitfähigkeit ist kleiner als die der beiden reinen Komponenten (Abb. 55.8).

Auch die durch Bestrahlung erzeugten Baufehler (*Strahlenschäden*) wirken als Phononen-Streuzentren, siehe Abb. 55.9.

Die Anzahl der Störstellen ist temperaturunabhängig. Dasselbe gilt bei nicht zu tiefen Temperaturen auch für ihren Beitrag zum Wärmewiderstand, in voller Analogie zum Matthiessenschen elektrischen Restwiderstand (Ziffer 44.2.2). Bei sehr tiefer Temperatur ändert sich aber die Zusammensetzung des Phononenstroms: die hochfrequenten Gitterschwingungen frieren ein, es bleiben nur die akustischen Wellen übrig, die wegen ihrer viel zu großen Wellenlänge die Störung „nicht sehen können". Für sie ist die Substanz wieder homogen, die Streuung verschwindet. Deshalb nimmt l_{PF} zu, in guter Näherung wie

$$l_{PF}(T) = l_{PF}(\infty) + \alpha T^{-2}, \qquad (55.17)$$

siehe Abb. 55.10.

[13] Bei gleichen Bedingungen wie Reinheit (auch von Isotopen!), Probengröße, usw., und bei strenger Gültigkeit der Debyeschen Näherung, d.h. nur bei sehr einfach gebauten Kristallen, die isomorph sind.

[14] Ge ist ein Halbleiter, die Wärmeleitung durch Elektronen kann aber bei tiefen Temperaturen vernachlässigt werden.

[15] Auch die nach den Werten von Θ im Vergleich zu NaCl zu kleine Wärmeleitfähigkeit von KCl in Abb. 55.5 beruht darauf, daß K drei stabile Isotope besitzt, Na aber nur eines.

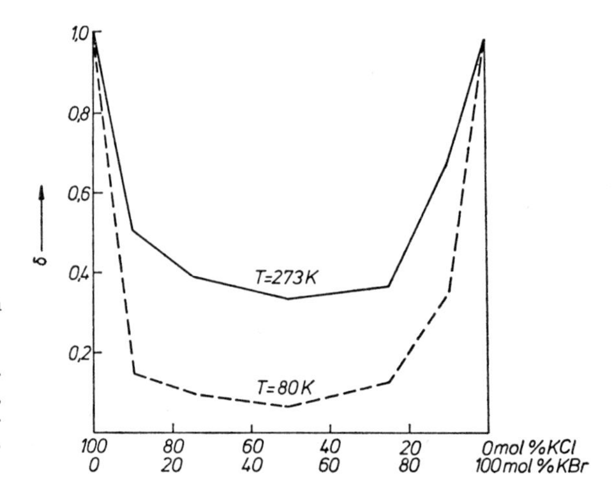

Abb. 55.8. Relative Abweichung der Wärmeleitfähigkeit der Mischkristallreihe KCl — KBr vom additiven Verhalten: $\lambda_{\mathrm{KCl/KBr}} = \delta(c_{\mathrm{KCl}}\,\lambda_{\mathrm{KCl}} + c_{\mathrm{KBr}}\,\lambda_{\mathrm{KBr}})$. Die Abweichung ist bei tieferen Temperaturen größer, da hier die Phonon-Phonon-Streuung mehr zurücktritt. Nach Eucken

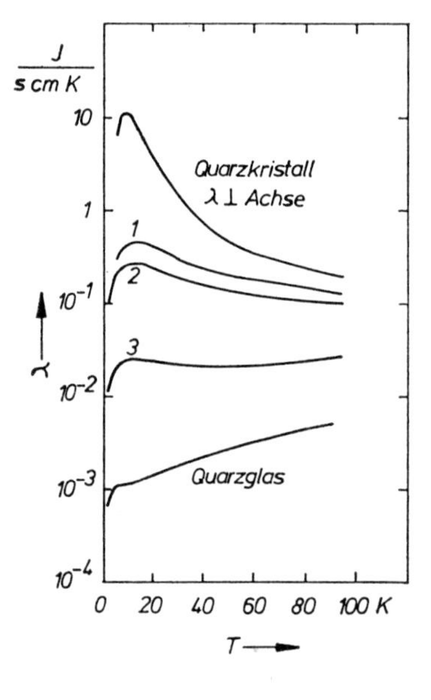

Abb. 55.9. Verringerung der Wärmeleitung eines Quarzkristalls durch zunehmende Bestrahlung mit Neutronen (1, 2, 3). Übergang zum Verhalten des Quarzglases. Der steile Abfall von λ bei $T \to 0$ bei Quarzglas entspricht $l_{PF} \sim T^{-2}$, $\lambda \sim T$ nach (55.17) und Abb. 55.10. Nach Berman, Simon, Klemens und Fry 1950

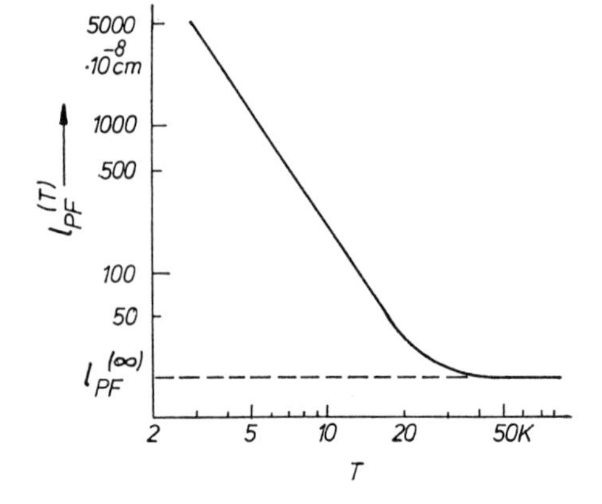

Abb. 55.10. Temperaturunabhängigkeit der Phononenweglänge l_{PF} bei starker Fehlordnung in einem anorganischen Glas. Nach Berman, 1949

55.2.4. Amorphe und teilkristalline Stoffe

In den sogenannten „*amorphen*" Stoffen, die wir als Kristalle mit beliebig hohem Fehlordnungsgrad auffassen, ist die Phononenweglänge nur noch von der Größenordnung der Atomabstände selbst, d.h. die Wärmeleitfähigkeit ist klein und nur schwach temperaturabhängig. Die Phononen werden praktisch an jedem Gitterbaustein gestreut, d.h. die Wärmeenergie wird „von Baustein zu Baustein weitergegeben". Es ist deshalb zweckmäßig, hier nach der Wärmeleitung oder (besser) dem Wärmewiderstand der chemischen Bindung zwischen den Gitterbausteinen zu fragen.

Diese Auffassung entspricht dem Fehlen der Translationssymmetrie: es gibt streng genommen in Gläsern weder einen Wellenvektor $\boldsymbol{q}$ in einer Brillouinzone, noch Phononenzweige als Funktionen von $\boldsymbol{q}$ im Sinn von Ziffer 8, noch Umklapp-Prozesse. Es existieren nur stark gestörte Schwingungszweige, die im wesentlichen sehr langwellige elastische Schwingungen und lokale Molekelschwingungen in kleinen Gitterbereichen (sogenannte Nahordnungsbereiche) enthalten.

Wir behandeln als Beispiele *anorganische Gläser* und *organische Kunststoffe.*

Die Abb. 55.5 und 55.9 geben den Vergleich von Quarzglas mit einem Quarzkristall[16]. Im Glas ist l_P etwa gleich dem Durchmesser der SiO_4-Tetraeder, im Kristall bei tiefen Temperaturen bis zu 8 Zehnerpotenzen größer.

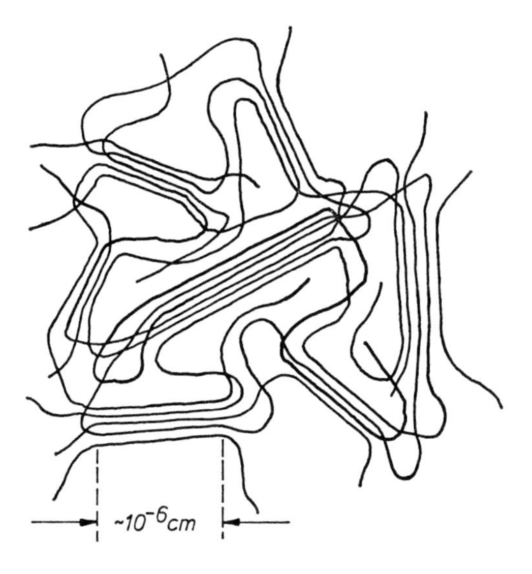

Abb. 55.11. Kristalline „Mizellen" und amorphe Bereiche in einem unvernetzten Kunststoff aus linearen Kettenmolekeln, schematisch. Keine Fasertextur, im Gegensatz zu Abb. 4.23

Besonders eingehend sind die *amorphen* und *teilkristallinen Kunststoffe* (vgl. Ziffer 4.5.2) untersucht worden [L 7], deren hochpolymere Kettenmolekeln ein durchgehendes Kohlenstoffgerüst haben[17]. In einer teilkristallinen Kunststoffmasse[18] liegen derartige Kettenmolekeln stellenweise mehr oder weniger parallel geordnet (kristalline Bereiche, Mizellen), an anderen Stellen statistisch verknäuelt (amorphe Bereiche) durcheinander (Abb. 55.11). Dabei bestehen starke C—C-Bindungen (Hauptvalenzen) längs der Kette (eine Dimension) während quer zur Kette (zwei Dimensionen) nur schwache van der Waals-Bindungen (Nebenvalenzen) zu den Nachbarketten existieren.

[16] Zur Struktur vergleiche Abb. 4.26, zum Gesamtverlauf $\lambda(T)$ beim Kristall die Abb. 55.4. Beachte die Anisotropie von λ im Kristall.

[17] Zum Beispiel Polyäthylen $(-CH_2-CH_2-)_n$ mit Polymerisationsgraden bis zu $n \geqq 10^6$.

[18] *Ohne* dreidimensionale Vernetzung, die z.B. bei gehärteten Kunstharzen vorliegt.

In einem amorphen Kunststoff (keine kristallinen Bereiche) erfolgt hiernach der Wärmetransport in einer bestimmten Richtung im Mittel über eine Hauptvalenz und zwei Nebenvalenzen, im Gegensatz etwa zu anorganischen Gläsern, bei denen er über drei Hauptvalenzen, und zu organischen Flüssigkeiten, in denen er über drei Nebenvalenzen läuft. Ordnet man in Analogie zu den Kristallen (siehe oben) einer (harten) Hauptvalenz einen kleinen und einer (weichen) Nebenvalenz einen großen Wärmewiderstand zu, was von der Erfahrung bestätigt wird, so sollte der *Wärmewiderstand amorpher hochpolymerer Kunststoffe* (HP) gemäß

$$\lambda_{\mathrm{HP}}^{-1} \approx \tfrac{1}{3}\left(\lambda_{\mathrm{Gl}}^{-1} + 2\,\lambda_{\mathrm{Fl}}^{-1}\right) \qquad (55.18)$$

zwischen dem anorganischer Gläser (Gl) und organischer Flüssigkeiten (Fl) liegen, was nach Abb. 55.12 tatsächlich der Fall ist.

Wird ein derartiger Kunststoff *gereckt*, so werden die Kettenmolekeln teilweise orientiert und die Probe muß in Streckrichtung eine größere ($\lambda_{\parallel}$), senkrecht dazu eine kleinere ($\lambda_{\perp}$) Wärmeleitung

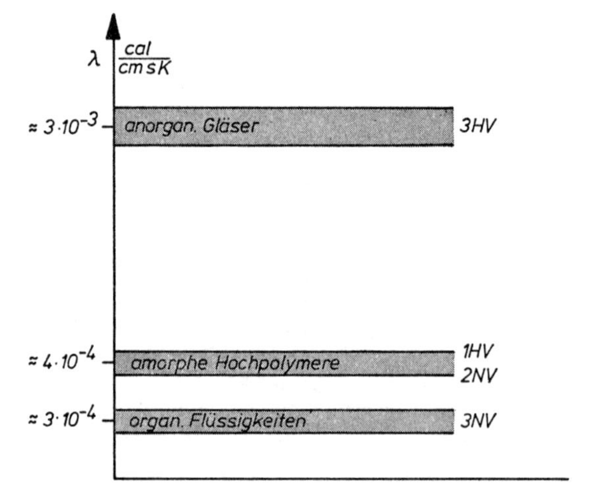

Abb. 55.12. Mittlere Wärmeleitfähigkeit von amorphen Stoffen mit verschiedenem Verhältnis von Hauptvalenzen (HV) und Nebenvalenzen (NV). Die an vielen Stoffen bei Zimmertemperatur gemessenen Werte liegen in den schattierten Bereichen, deren Schwerpunkte (55.18) erfüllen

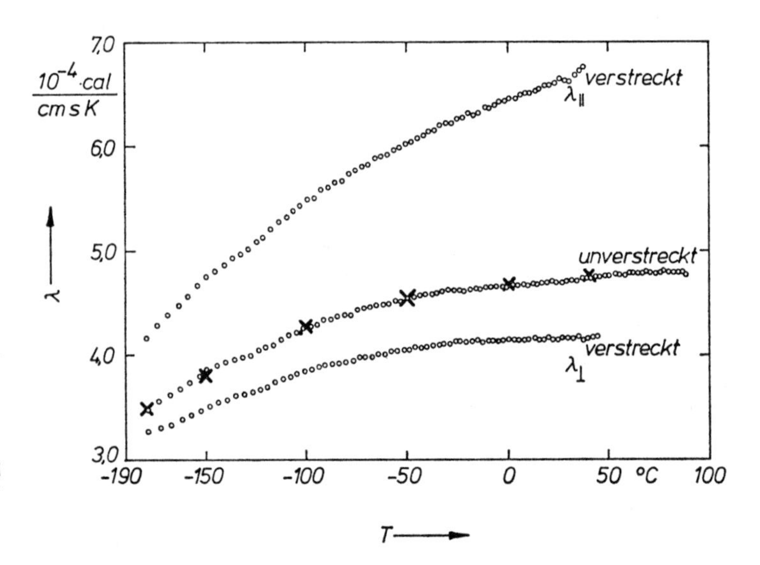

Abb. 55.13. Wärmeleitfähigkeit von amorphem und von durch Verstreckung teilweise orientiertem Polymethylacrylat (Plexiglas). Die durch × gekennzeichneten Werte von λ sind aus $\lambda_{\parallel}$ und $\lambda_{\perp}$ nach Gl. (55.19) berechnet. Nach Eiermann, 1960

haben als vorher im isotropen Fall (λ), wobei die Abzählung der Valenzen wieder eine zu (55.18) analoge Beziehung gibt: es ist

$$\lambda^{-1} = \tfrac{1}{3}(\lambda_{\|}^{-1} + 2\lambda_{\perp}^{-1}) \tag{55.19}$$

in Übereinstimmung mit dem Experiment, siehe Abb. 55.13.

Bei *teilkristallinen* Kunststoffen, z.B. Polyäthylen, sind kristalline Bereiche mit einer Leitfähigkeit λ_k in eine amorphe Matrix mit λ_a eingebettet. Für solche Systeme gilt nach Maxwell/Eucken die Mischungsregel

$$\lambda = \frac{2\lambda_a + \lambda_k + 2\gamma_k(\lambda_k - \lambda_a)}{2\lambda_a + \lambda_k - \gamma_k(\lambda_k - \lambda_a)} \cdot \lambda_a, \tag{55.20}$$

wobei

$$\gamma_k = \frac{\text{Volum der kristallinen Bereiche}}{\text{Gesamtvolum}} \tag{55.21}$$

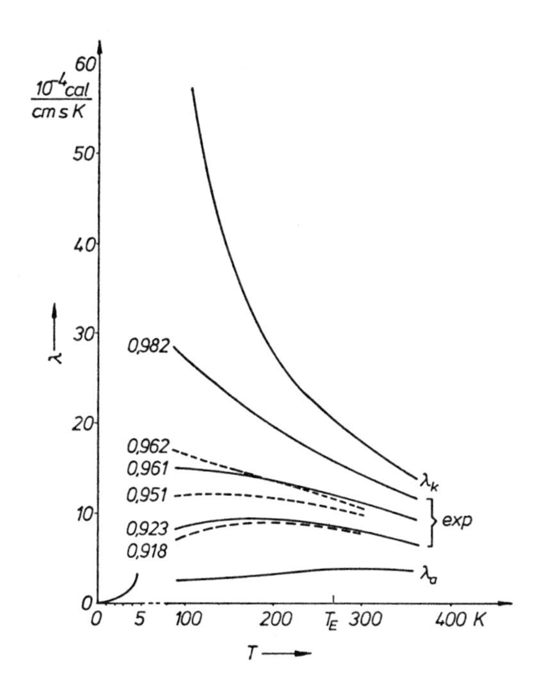

Abb. 55.14. Wärmeleitung von teilkristallinen Polyäthylenen verschiedenen Kristallinitätsgrades. Die Zahlenwerte geben die Dichte der Proben bei 20 °C in g cm^{-3} an. --- schnell abgekühlte, —— getemperte Proben. λ_k und λ_a sind die aus den gemessenen Kurven bestimmten Wärmeleitfähigkeiten im kristallinen und im amorphen Zustand. Die Abszissenachse ist unterbrochen, der Heliumtemperaturbereich $T \leqq 4{,}2$ K ist vergrößert gezeichnet. Aus Knappe [L 7]

der Volum-Kristallinitätsgrad ist. Stellt man Proben mit verschiedenen γ_k her (kenntlich an größerer Dichte bei größerem γ_k) so haben sie in der Tat verschiedene Wärmeleitfähigkeiten λ, vgl. Abb. 55.14. Aus mindestens zwei Proben verschiedener Kristallinität lassen sich die Unbekannten λ_k und λ_a bestimmen: tatsächlich ergibt sich aus allen experimentellen Kurven derselbe Wärmewiderstand λ_k der Kristallite mit der T-Abhängigkeit

$$\lambda_k^{-1} = \lambda_{kR}^{-1} + bT, \tag{55.22}$$

d.h. bis auf einen kleinen, von Fehlstellen innerhalb der Kristalle erzeugten Restwiderstand λ_{kR}^{-1} das Euckensche T^{-1}-Gesetz für λ, wie in anderen Kristallen auch: in den Kristalliten wird die Phononenreichweite vorwiegend durch Phonon-Phonon-Streuung (U-Prozesse) begrenzt. Dagegen ist λ_a kleiner als λ_k und praktisch temperaturunabhängig[19], wie nach der Matthiessenschen Regel bei vorwiegender Streuung an Fehlstellen in amorphen Bereichen zu erwarten ist.

[19] Der Abfall unterhalb des Knicks bei der Einfriertemperatur T_E beruht auf dem Übergang der amorphen Substanz vom visko-elastischen ($T > T_E$) in den glasartigen ($T < T_E$) Zustand.

55.3. Wärmeleitung in magnetischen Kristallen

Zu den soeben diskutierten Wärmeleitungsprozessen kommen in magnetischen Kristallen noch hinzu:

a) im paramagnetischen Temperaturbereich $T > T_C$ die Absorption und Reemission von Phononen durch einzelne magnetische Ionen (siehe Ziffer 55.2.1),

b) im magnetisch geordneten Bereich $T < T_C$ die Wärmeleitung durch Spinwellen (Magnonen),

c) am magnetischen Ordnungspunkt $T = T_C$ Streuung an kritischen Schwankungen der Magnetisierung.

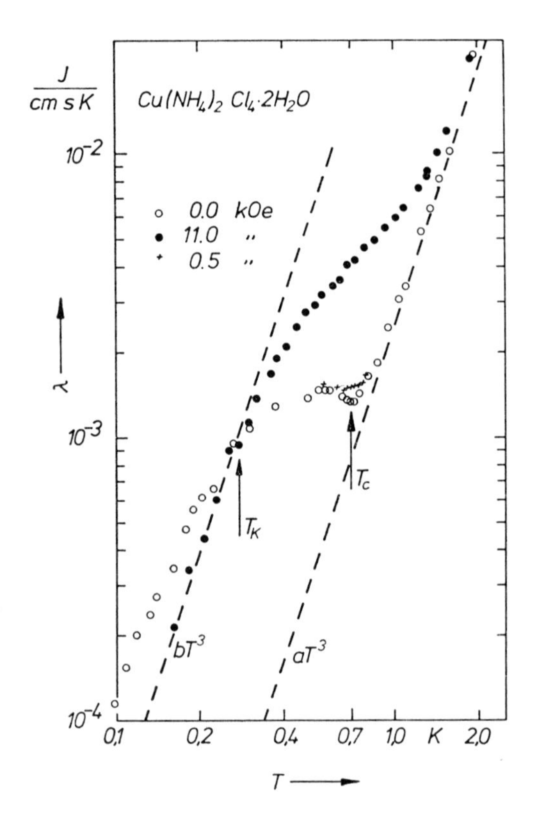

Abb. 55.15. Wärmeleitung im magnetischen $Cu(NH_4)_2Cl_4 \cdot 2\,H_2O$. Phononen- und Magnonenleitung. Streuung der Phononen an Phononen, magnetischen Ionen, kritischen Magnetisierungsschwankungen und Oberfläche, s. Text. Probendimensionen $2{,}3 \times 2{,}7 \times 17{,}7\ mm^3$, Wärmestrom parallel zur Achse. Nach Haasbroek u. Huiskamp, 1970

Wir diskutieren diese Prozesse anhand von Abb. 55.15 am Beispiel des $Cu(NH_4)_2\,Cl_4 \cdot 2\,H_2O$, das am Curiepunkt $T_C = 0{,}70$ K ferromagnetisch ordnet.

a) Der Grundzustand des Cu^{2+}-Ions ist ein magnetisches Dublett (Ziffer 15, 16), das durch die interionischen Wechselwirkungen (Ziffer 22) in zwei Komponenten aufgespalten wird. Diese Aufspaltung ist so klein, daß selbst bei $T \approx 1$ K noch genügend viele Phononen mit der für einen Absorptions-Direktprozeß (Abb. 17.1) erforderlichen Phononenenergie angeregt sind. Diese Prozesse vergrößern bei $T > T_C$ den Wärmewiderstand. Die Phononenweglänge l_{PE} bis zu einer solchen magnetischen Störung ist offenbar temperaturunabhängig, da $\lambda = a\,T^3$, siehe die Abbildung. Diese Streuprozesse müssen ausfallen, wenn durch ein starkes äußeres Magnetfeld die Aufspaltung des Grundterms so groß gemacht wird, daß die Phononenenergie für einen Absorptionsprozeß nicht mehr ausreicht: tatsächlich nimmt die Wärmeleitung in einem Feld von $H = 11$ kOe stark zu. Dasselbe bewirkt bereits ohne äußeres Feld die ferromagnetische Ordnung bei Temperaturen $T < T_C$, da hier die Termaufspaltung durch das Molekularfeld (Ziffer 24.2) erfolgt, das bei sinkender Temperatur stark zunimmt: λ weicht von der Geraden $\lambda = a\,T^3$ stark nach größeren Werten ab.

b) Außerdem wird im ferromagnetischen Zustand Wärme durch Magnonen transportiert. Die Magnonenleitung kann durch ein äußeres Magnetfeld unterdrückt werden, da die Magnonenenergie mit H wächst (Abb. 24.10 und Gl. (24.77)), so daß bei großem H und den tiefsten Temperaturen keine Magnonen mehr existieren. Das ist der Fall bei $H = 11$ kOe und $T < T_K$, also unterhalb der Temperatur T_K, bei der sich die Kurven $\lambda(0)$ und $\lambda(11 \text{ kOe})$ kreuzen. Hier ist die Differenz zwischen den beiden Kurven gerade der durch das Feld unterdrückte Beitrag der Magnonenleitung; im Magnetfeld existiert nur noch Phononenleitung, die allein durch Oberflächenstreuung begrenzt wird und also wieder die Form $\lambda = b\,T^3$ hat.

c) Die kritische magnetische Phononen-Streuung[20] bewirkt eine Abnahme von λ in unmittelbarer Nähe des Curiepunktes, an dem magnetisch geordnete und ungeordnete Gitterbereiche nebeneinander existieren können. Bereits ein schwaches äußeres Magnetfeld ($H = 0{,}5$ kOe) ist in der Lage, diese kritische Streuung zu beseitigen.

55.4. Wärmeleitung in Metallen

In Metallen kommt zur Wärmeleitung durch *Phononen* und *Magnonen* nach (55.3) noch der Wärmetransport durch die *Leitungselektronen* hinzu. Wir berechnen ihn zunächst für den normalleitenden Zustand.

55.4.1. Wärmeleitung im normalleitenden Zustand

Wir gehen aus von (55.12), indem wir *freie Elektronen* voraussetzen und in 1. Näherung annehmen, daß bei der Wärmeleitung (ohne elektrisches Feld) dieselben Elektronen-Streuprozesse wirksam sind wie bei der elektrischen Leitung im elektrischen Feld, d.h. daß die Relaxationszeit τ von der elektrischen Leitung (Ziffer 44.1/2) übernommen werden darf. Da nur die Elektronen an der Fermigrenze zum Energietransport beitragen, ist zu setzen

$$v = v_F\,, \tag{55.23}$$

$$l_e = v_F\,\tau\,, \tag{55.24}$$

$$C = C_e/V = (\pi^2/2)\,(N_e/V)\,k_B\,T/T_F\,, \tag{55.25}$$

also nach (55.11)

$$\lambda_e = (\pi^2/6)\,(N_e/V)\,k_B\,(T/T_F)\,v_F^2\,\tau\,. \tag{55.26}$$

Bei freien Elektronen ist

$$(m_e/2)\,v_F^2 = W_F = k_B\,T_F\,. \tag{55.27}$$

Ersetzt man hiermit v_F^2 durch T_F und mit (44.20) τ durch die elektrische Leitfähigkeit σ, so folgt das *Wiedemann-Franzsche Gesetz*

$$\lambda_e/\sigma = LT \tag{55.28}$$

mit der universellen *Lorenzschen Konstanten*

$$L = 3\,(\pi k_B/3e)^2 = 2{,}45\cdot 10^{-8}\ \text{Js}^{-1}\,\Omega\,\text{K}^{-2}\,. \tag{55.29}$$

Die experimentellen Werte von $L = \lambda_e/\sigma T$ bei Zimmertemperatur stimmen nach Tabelle 55.2 gut, aber nicht exakt mit dem universellen Wert (55.29) überein und hängen außerdem von T ab.

Das liegt an der unzulässigen Identifizierung der Relaxationszeiten für thermische und elektrische Leitung. In Wirklichkeit sind die Streuprozesse von der einen auf die andere Seite der Fermikugel nicht exakt dieselben: im elektrischen Feld ist die Fermikugel verschoben, aber auf beiden Seiten gleich stark „aufgetaut“, im Temperaturfeld ist sie ungleich stark „aufgetaut“, aber nicht verschoben.

[20] Sie ist analog zu der kritischen Opaleszenz realer Gase, d.h. zu der anomal starken Lichtstreuung am kritischen Punkt, an dem der gasförmige und der flüssige Zustand nebeneinander existieren.

Tabelle 55.2. *Experimentell bestimmte Lorenz-Konstanten* $L = \lambda/\sigma T$

Substanz	L bei $T \approx 300$ K
Na	$2{,}23 \cdot 10^{-8}\,\mathrm{J\,s^{-1}\,\Omega\,K^{-2}}$
Cu	$2{,}31 \cdot 10^{-8}\,\mathrm{J\,s^{-1}\,\Omega\,K^{-2}}$
Ag	$2{,}36 \cdot 10^{-8}\,\mathrm{J\,s^{-1}\,\Omega\,K^{-2}}$
Pt	$2{,}51 \cdot 10^{-8}\,\mathrm{J\,s^{-1}\,\Omega\,K^{-2}}$

Aufgabe 55.1. Bei tiefen Temperaturen weicht die Lorenz-Zahl $L = \lambda/\sigma T$ *erheblich* von dem universellen Wert (55.29) ab, da die Relaxationszeiten $\tau(\lambda)$ und $\tau(\sigma)$ für die Einstellung des Gleichgewichtes im Temperaturfeld und im elektrischen Feld *nicht* gleich groß sind. Berechne L als Funktion der beiden Relaxationszeiten.

Nach (55.28) ist die Wärmeleitfähigkeit der Elektronen ihrer elektrischen Leitfähigkeit und der Temperatur proportional. In gut leitenden Metallen überwiegt der elektronische Anteil der Wärmeleitung den Phononenanteil bei Zimmertemperatur um etwa 2 Zehnerpotenzen, so daß die Phononenleitung vernachlässigt werden kann.

Nur bei manchen Legierungen mit relativ hohem Restwiderstand, d.h. kleiner elektrischer Leitfähigkeit sinkt auch die elektronische Wärmeleitfähigkeit so weit ab, daß sie mit der Phononenleitfähigkeit vergleichbar wird.

Die Temperaturabhängigkeit von λ_e ergibt sich aus der von σ durch Multiplikation mit T, d.h. sie steigt bei sehr tiefen Temperaturen, bei denen $\sigma = \sigma_R = \varrho_R^{-1}$ temperaturunabhängig ist, linear mit T an, geht über ein Maximum und wird bei hohen Temperaturen, bei denen nach Ziffer 44.2.2 $\varrho \approx \varrho_G \sim T$, $\sigma \approx \sigma_G \sim T^{-1}$ wird, temperaturunabhängig und auch unabhängig vom Restwiderstand. Das

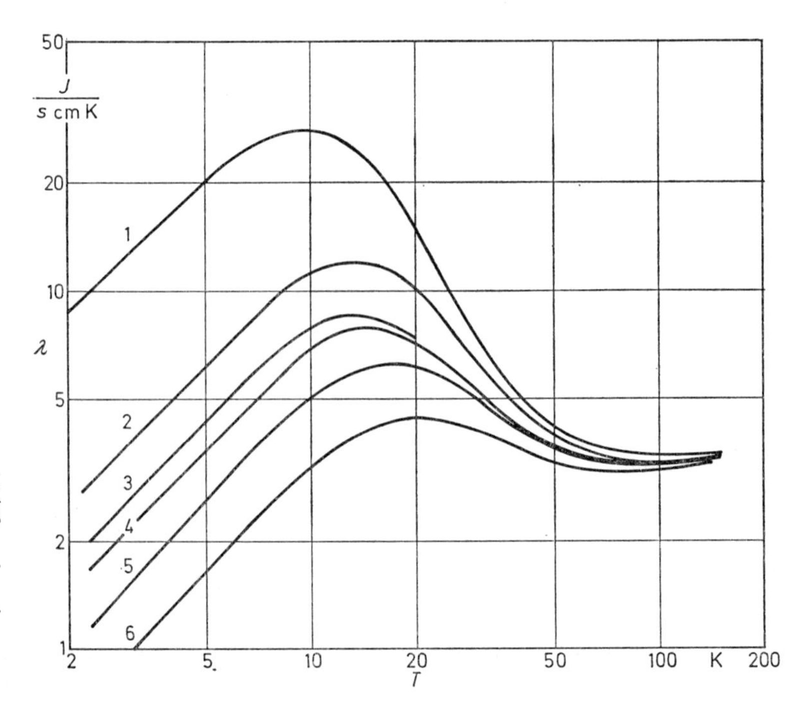

Abb. 55.16. Wärmeleitfähigkeit von Gold. Bei $T < 10$ K ist $\lambda \sim T$. Die Proben 1, ..., 6 unterscheiden sich durch den elektrischen Restwiderstand. Bei $T > 70$ K überwiegt die Elektron-Phonon-streuung und λ wird konstant. Aus Landoldt-Börnstein, 6. Aufl. Bd. II 5b

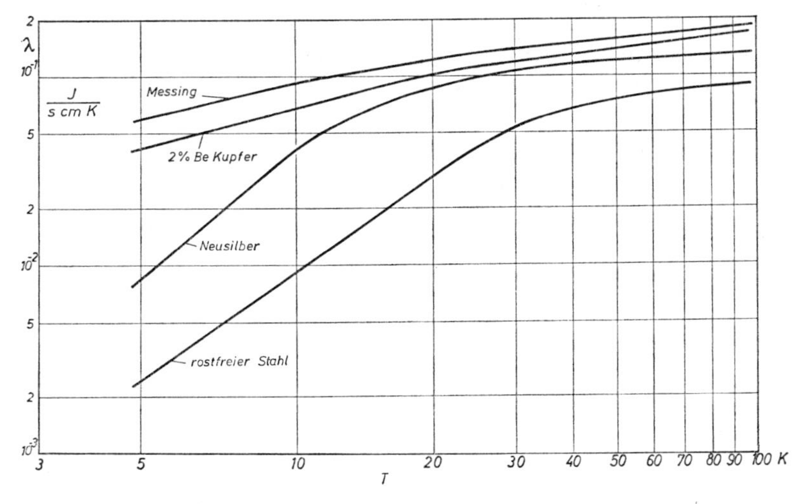

Abb. 55.17. Wärmeleitfähigkeit einiger technischer Legierungen

Maximum von λ liegt bei einer um so tieferen Temperatur, je kleiner der elektrische Restwiderstand der Probe ist. Abb. 55.16 demonstriert das geschilderte Verhalten für Goldproben mit verschiedenen Restwiderständen, Abb. 55.17 für einige technisch wichtige Legierungen.

Aufgabe 55.2. Bestimme aus Abb. 55.16 den spezifischen elektrischen Restwiderstand ϱ_R für die verschiedenen Goldproben und vergleiche das Ergebnis mit Abb. 44.3.

55.4.2. Wärmeleitung im supraleitenden Zustand

Beim Übergang in den *supraleitenden* Zustand wird die Wärmeleitung durch Phononen praktisch gar nicht, die elektronische Wärmeleitung dagegen stark verändert. Nach Ziffer 51.2 sind die *Cooper-Paare* vom Gitter *abgekoppelt*, können also zum Aufbau des Temperaturgradienten und zum Wärmestrom nicht beitragen. Da die Paarkonzentration n_{CP} unterhalb von T_c mit sinkender Temperatur ansteigt, muß dabei die Wärmeleitfähigkeit λ_s im Suprazustand zunehmend kleiner werden als die Wärmeleitfähigkeit λ_n im Normalzustand. Abb. 55.18 zeigt das für zwei Proben, die sich durch die Lage der Übergangstemperatur T_C relativ zum Maximum von λ_n unterscheiden.

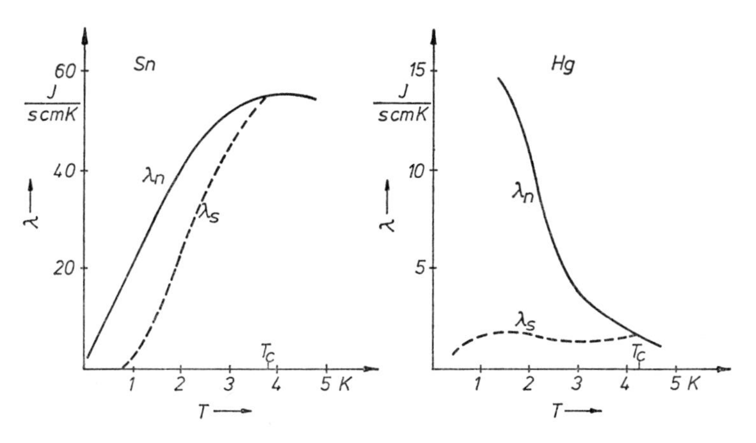

Abb. 55.18. Wärmeleitfähigkeiten λ_n, λ_s im homogenen Normal- und Suprazustand von Sn und Hg. Das vom Reinheitsgrad (Restwiderstand) der Probe abhängige Maximum von λ_n liegt bei Sn oberhalb, bei Hg unterhalb der Übergangstemperatur

Dies Verhalten gilt für homogene *Supraleiter 1. Art*, bei denen bis zu sehr tiefen Temperaturen die elektronische Wärmeleitung die Leitung durch Phononen überwiegt, letztere also vernachlässigt werden kann. Der experimentelle Vergleich der supraleitenden und normalleitenden Phase kann durch Ein- und Ausschalten eines überkritischen Magnetfeldes $H > H_c(T)$ bei $T < T_c$ leicht ermöglicht werden. Da sich hierbei λ sehr stark ändern kann (Abb. 55.18), läßt sich auf diese einfache Weise ein Wärmestromschalter konstruieren.

Die Erscheinungen werden komplizierter im inhomogenen *Zwischenzustand* und besonders bei Supraleitern 2. Art in der *Shubnikov-Phase*. Sie sind aber mit den bisher diskutierten Leitungsmechanismen bereits verständlich, so daß wir nicht näher auf sie eingehen.

Abb. 3.2. Schneeflocken. Verschiedene Tracht bei gleicher hexagonaler Symmetrie, die in diesem Beispiel bei jeder Tracht deutlich zu erkennen ist. (Aus Zeiß-Informationen 1963)

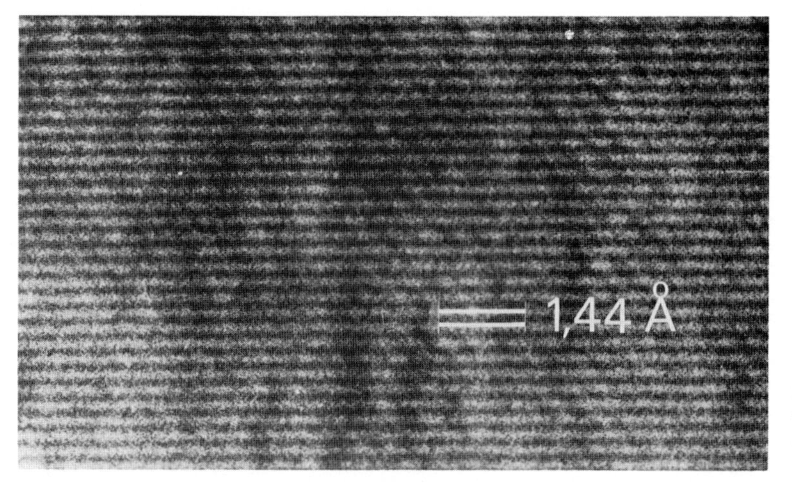

Abb. 3.11b. Dem (220)-Reflex zugeordnete Netzebenen von Gold. Elektronenmikroskopische Hellfeldabbildung mit gekipptem Beleuchtungsstrahl (keine Punkt-für-Punkt-Abbildung; einzelne Atome sind nicht zu erkennen). Gesamtvergrößerung $15 \cdot 10^6$-fach. Von der Siemens AG freundlichst überlassene Aufnahme mit dem Elmiskop 102

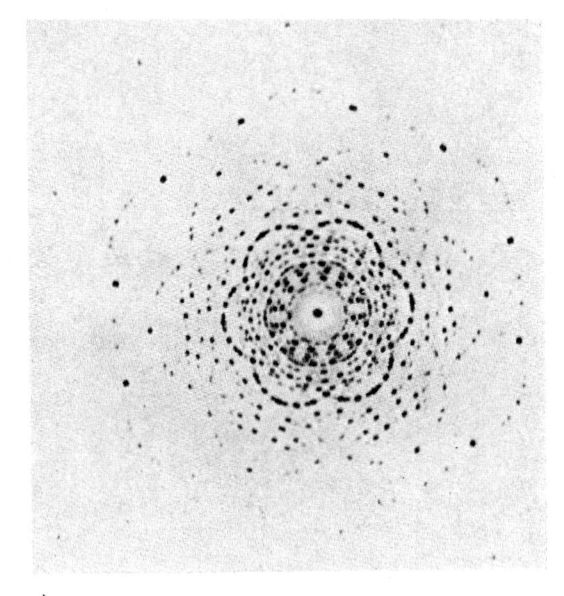

a)

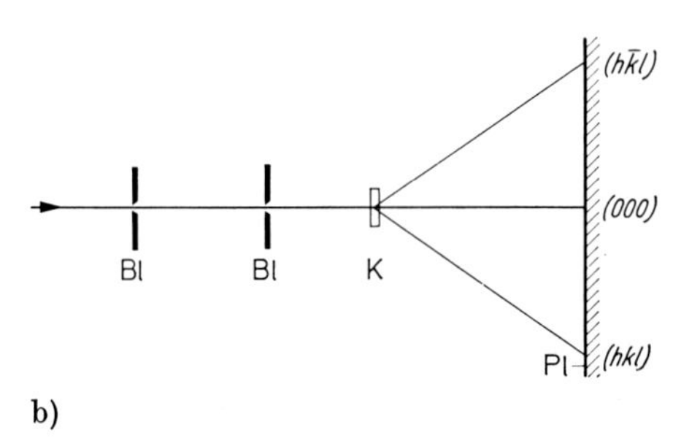

b)

Abb. 4.3. a) Laue-Aufnahme eines Beryll-Kristalls. Formel: $Al_2[Si_6O_{10}]Be_3$, Symmetrie: D_{6h}. b) Schema der Anordnung: Das feine Röntgenbündel (Blenden Bl) wurde parallel zur A_6 eingestrahlt, die Photoplatte Pl stand senkrecht auf der Einstrahlrichtung hinter dem Kristall K

Abb. 4.6. Röntgenbeugung am linearen Beugungsgitter. Bündelbegrenzung durch eine gegen das Gitter gestellte Schneide, D durchgehendes, R in nullter Ordnung reflektiertes Bündel. I, ..., VI die ersten 6 Beugungsordnungen einer Welle mit $\lambda = 8{,}332$ Å

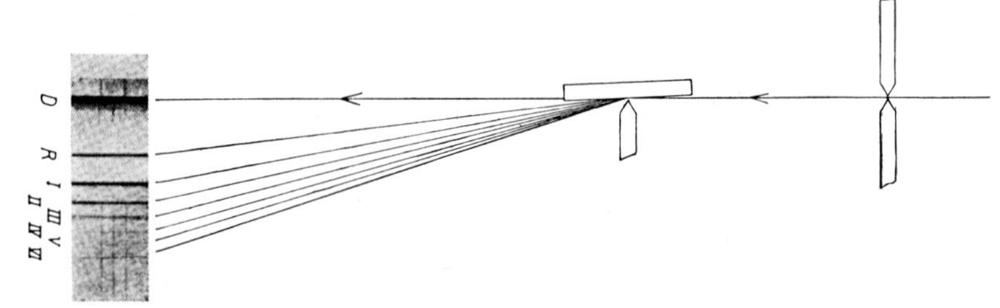

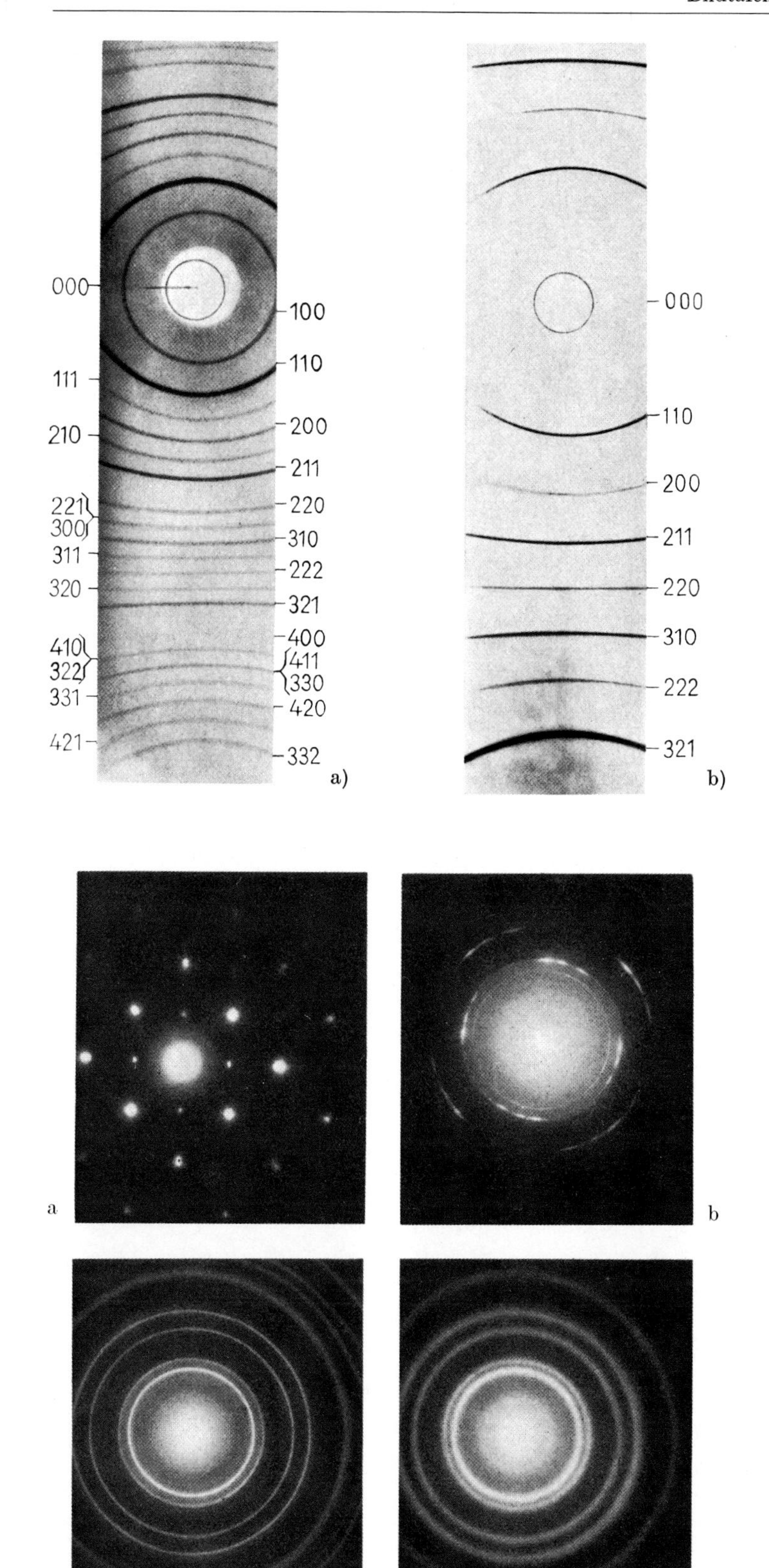

Abb. 4.8. Debye-Scherrer-Aufnahmen von kubisch-raumzentrierten Kristallen: a) NH_4Cl (B2-Typ). Das Streudiagramm ist dem des isomorphen CsCl völlig analog. b) Wolfram (A2-Typ). Beachte die Intensitätsverhältnisse zwischen gerade und ungerade indizierten Reflexen

Abb. 4.10. Elektronenbeugung in Durchstrahlung an sehr dünnen Goldschichten. a) Einkristall, b)...d) derselbe Kristall nach zunehmender Kaltbearbeitung. Man sieht die Entstehung von desorientierten Teilkristalliten (Körner) (b, c) und schließlich die Linienverbreiterung infolge sehr geringer Kristallitgröße. Bei noch weitergehender Zerkleinerung der Kristallite durch Bearbeitung fließen die Ringe ineinander

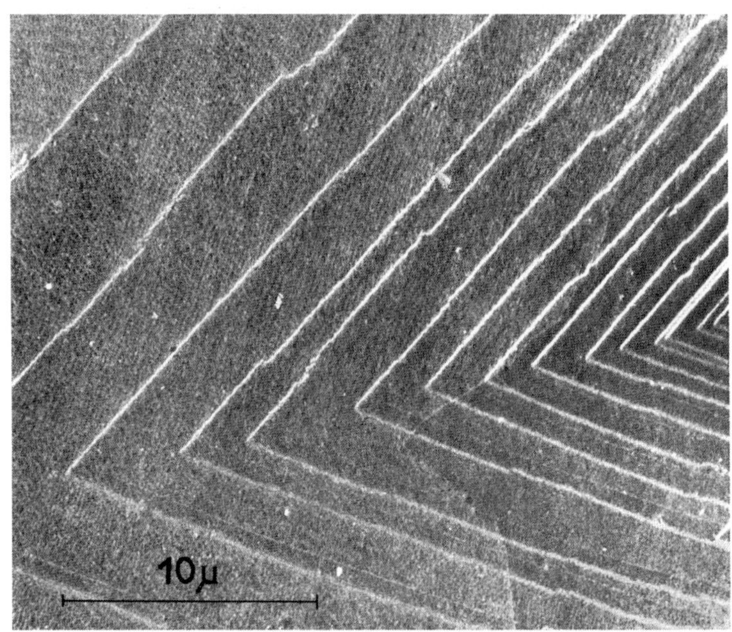

Abb. 4.22. Teil eines Polyäthyleneinkristalls. Elektronenmikroskopisches Bild. Dicke d der übereinanderliegenden Faltungslamellen etwa 100 Å. Die Länge der Kettenmolekeln bei einem Molekulargewicht von 90000 g/Mol ist dagegen = 8100 Å = 80 d. Ausschnitt aus einer Wachstumspyramide, deren Spitze auf einer Schraubenversetzung rechts vom Bildrand liegt (vgl. Ziffer 5.2.2). Aufnahme: Deutsches Kunststoff-Institut, Darmstadt

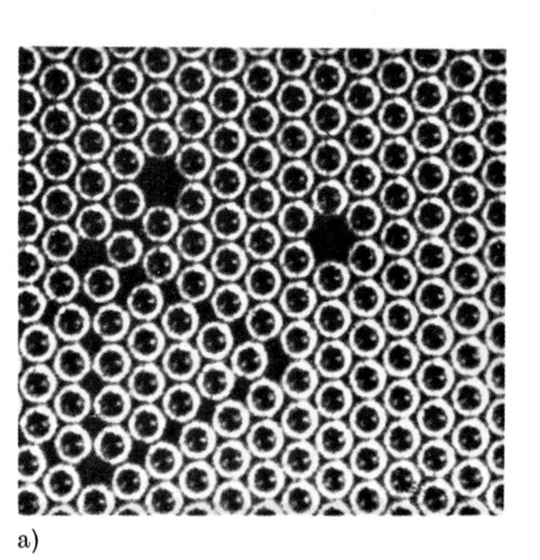

a)

Abb. 5.1. Zweidimensionale Seifenblasenmodelle von einigen Gitterfehlern verschiedener Dimensionalität d: a) $d = 0$: Leerstellen, und $d = 1$: Mehrere parallele Versetzungen. b) $d = 1$: eine Stufenversetzung. Man sehe in Pfeilrichtung flach über das Bild und vergleiche Abb. 5.8a. c) $d = 2$: Schnitt durch einige Korngrenzflächen. Nach Bragg und Mitarbeitern, 1947/1949

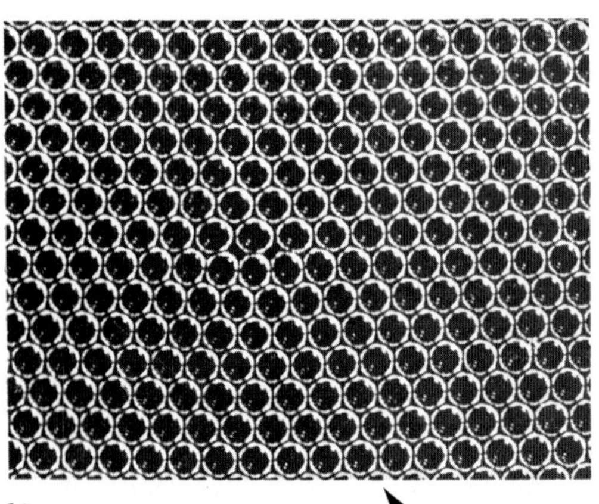

b)

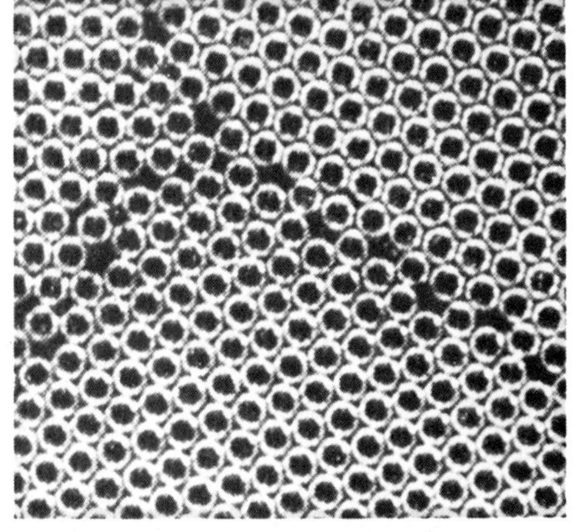

c)

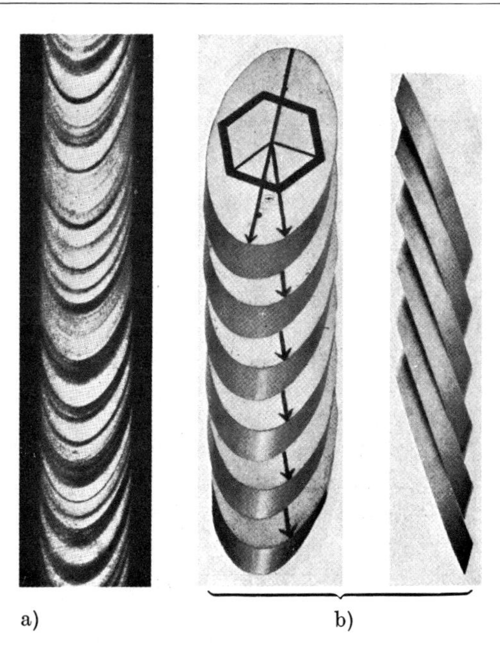

a) b)

Abb. 5.6. Plastische Dehnung eines Einkristalls von hexagonalem Zink auf die dreifache Länge. Die Gleitung erfolgt in $[11\bar{2}0]$-Richtung auf den (0001)-Ebenen. Darstellung der Gleitebenen a) im mikroskopischen Bild der Kristall-Oberfläche, b) schematisch. Nach H. Mark, M. Polanyi, E. Schmid 1922

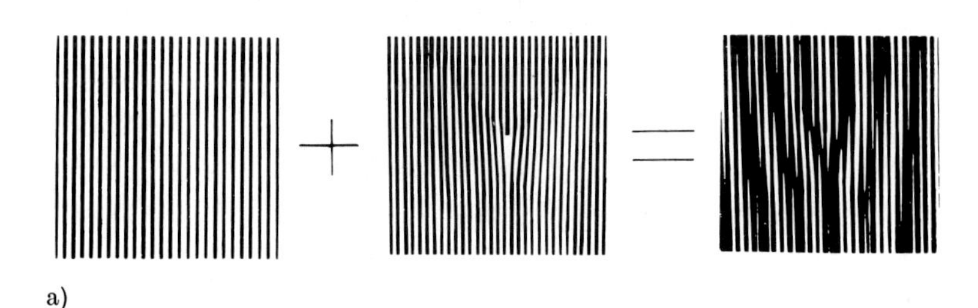

a)

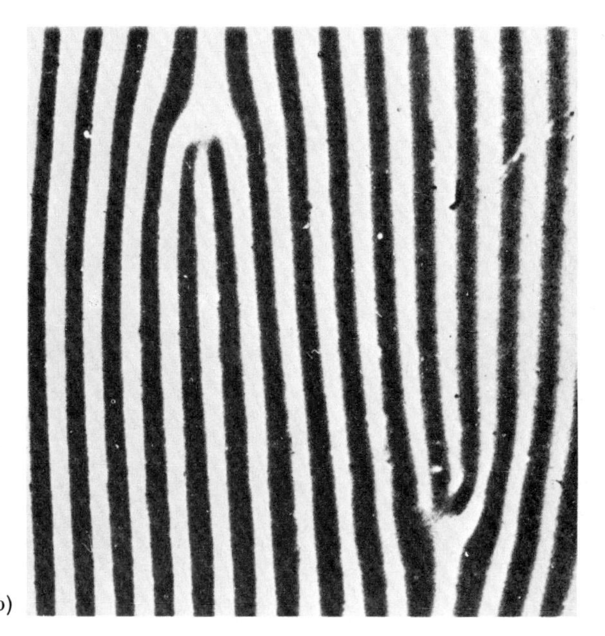

b)

Abb. 5.9. Sichtbarmachung von Stufenversetzungen nach optischer Vergrößerung durch Moiré-Streifen. a) geometrisches Prinzip: Durchstrahlung von zwei hintereinander geschalteten Kristallschichten (hier mit etwas verschiedenem Netzebenenabstand), b) experimentelles Ergebnis an Silizium mit zwei Versetzungen, aufgenommen mit Cu-K_α-Röntgenlicht. Nach Amelynckx

Abb. 5.12. Versetzungslinie einer einzelnen Linearversetzung in LiF, sichtbar gemacht durch Anätzen einer von ihr durchstoßenen Spaltfläche des Kristalls. Die Versetzung wurde geätzt, zweimal durch äußere Spannungen bewegt und nach jeder Wanderung wieder geätzt. Das größte Ätzgrübchen bezeichnet die erste, das kleinste die letzte Lage der Versetzung. Mikrophotographie, 700-fache Vergrößerung. Nach Johnston und Gilman 1956

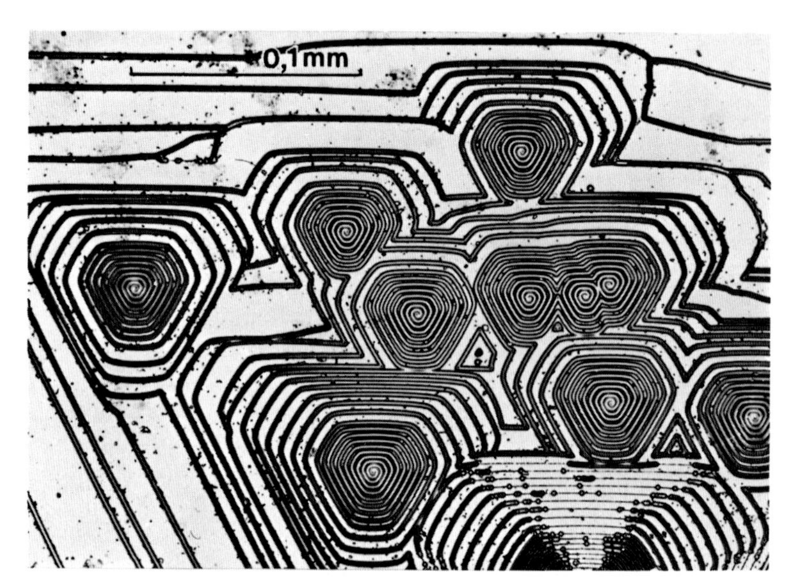

Abb. 5.15. Wachstumsspiralen auf der Basisfläche von SiC epitaktisch markiert durch SiO_2. Rechts- und Linksschrauben. Auflicht-Hellfeld-Mikrophotographie von J. Gahm, Zeiss-Informationen Heft 51 (1964).

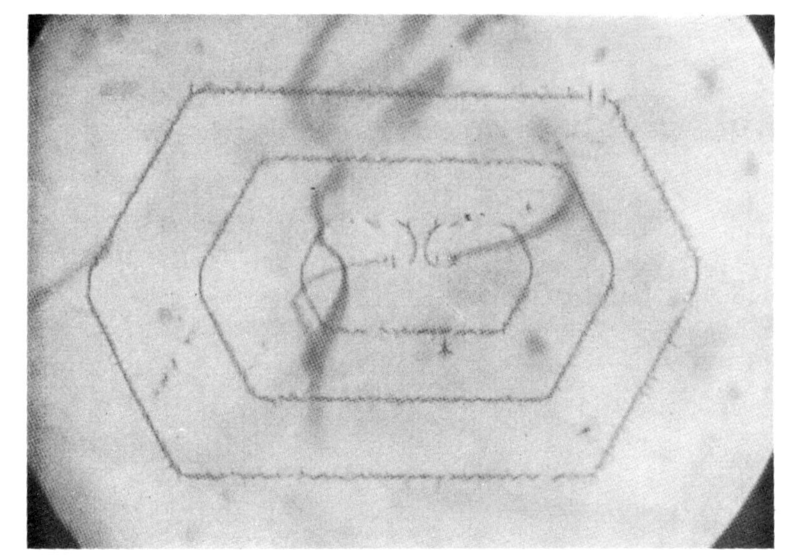

Abb. 5.20. Experimentelles Beispiel einer Frank-Read-Versetzungsquelle in Silizium. Drei Versetzungsringe, darunter ein unvollständiger, sind durch Dekoration mit Kupfer sichtbar gemacht. Nach Amelynckx

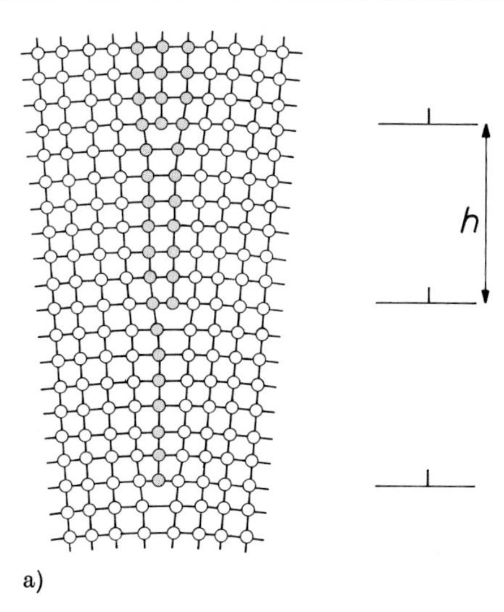

a)

b)

Abb. 5.22. Symmetrische Neigungsgrenze nach Burgers, schematisch. a) Netzebenenbild $d/h = 1/7$. b) Zweidimensionales Blasenmodell $d/h = 1/2$. Die Neigungswinkel d/h sind in guten Kristallen sehr viel kleiner als in den Bildern. Nach Amelynckx und Deckeysen

Abb. 5.23. Sichtbar gemachte Endpunkte der Versetzungslinien in einer Neigungsgrenze. Vergleiche Abb. 5.22a nach Drehung um 90°

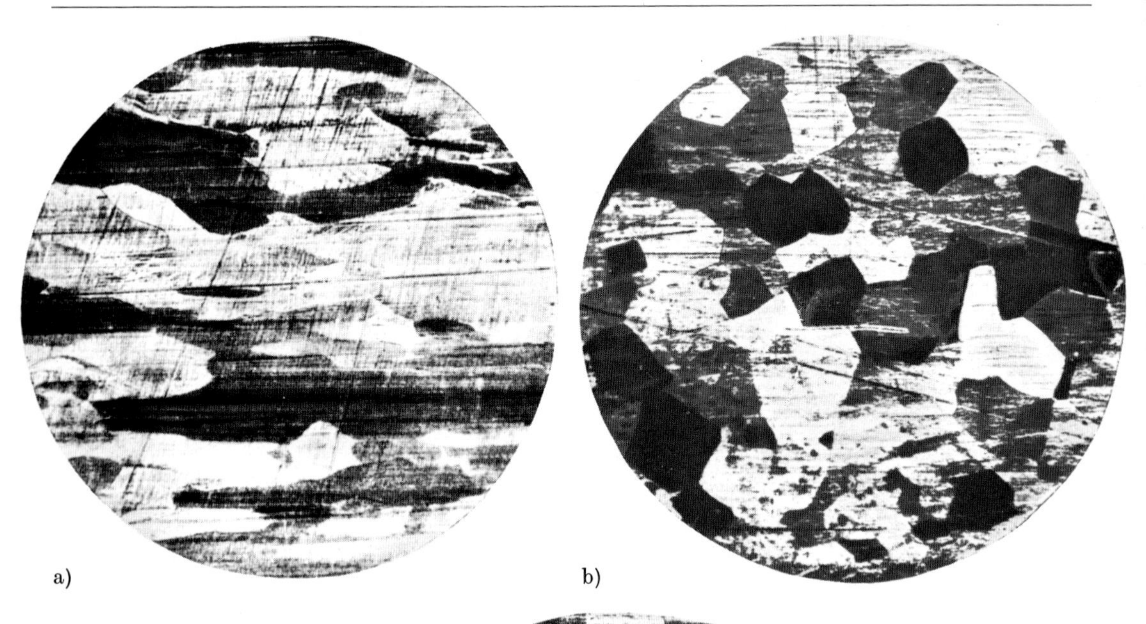

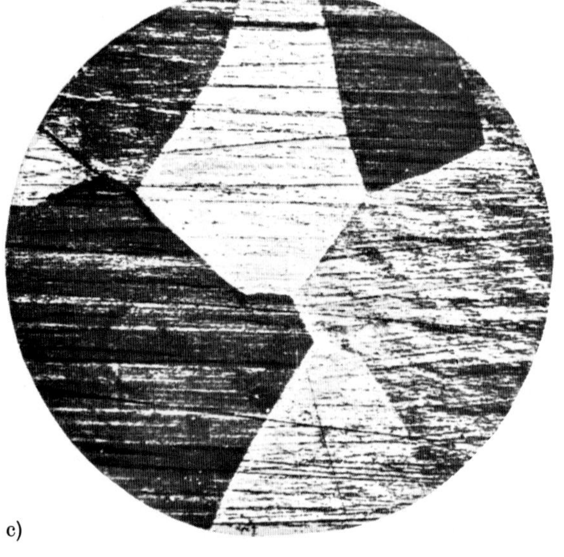

Abb. 5.24. Rekristallisation einer polykristallinen Metalloberfläche durch längeres Tempern. a) Gewalzt, 225 °C, Walztextur. b) Teilweise rekristallisiert nach $^1/_2$ h bei 400 °C. c) Vollständig rekristallisierte Körner. Mikroskopische Aufnahmen bei kurzen Unterbrechungen des Temperns. Nach Handbuch d. Experimentalphysik

Abb. 5.25. Chemischer Punktdefekt: „zu großes" Fremdatom auf einem regulären Gitterplatz. Zweidimensionales Blasenmodell. Nach Bragg

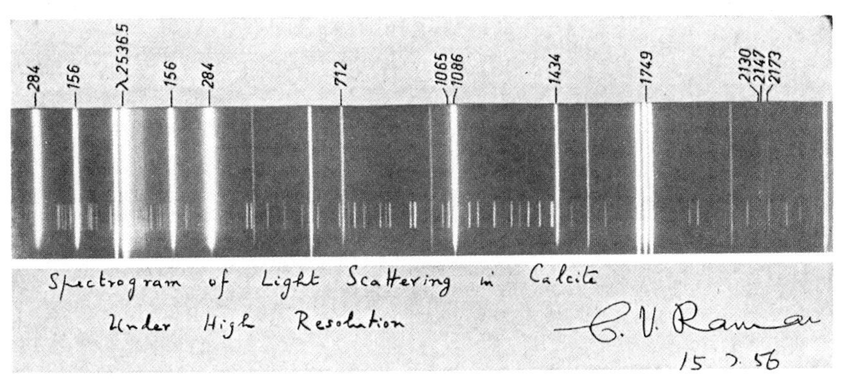

Abb. 9.18. Raman-Spektrum des Kalkspats. Erregung durch eine Quecksilberlampe, $\lambda = 2536$ Å. Wellenzahlen der Eigenschwingungen am oberen Bildrand, $\tilde{\nu} < 700\ \mathrm{cm}^{-1} \triangleq$ äußere, $\tilde{\nu} > 700\ \mathrm{cm}^{-1} \triangleq$ innere Schwingungen. Nach einer Originalaufnahme von Raman (aus Brandmüller und Moser, Einführung in die Ramanspektroskopie, Darmstadt 1962)

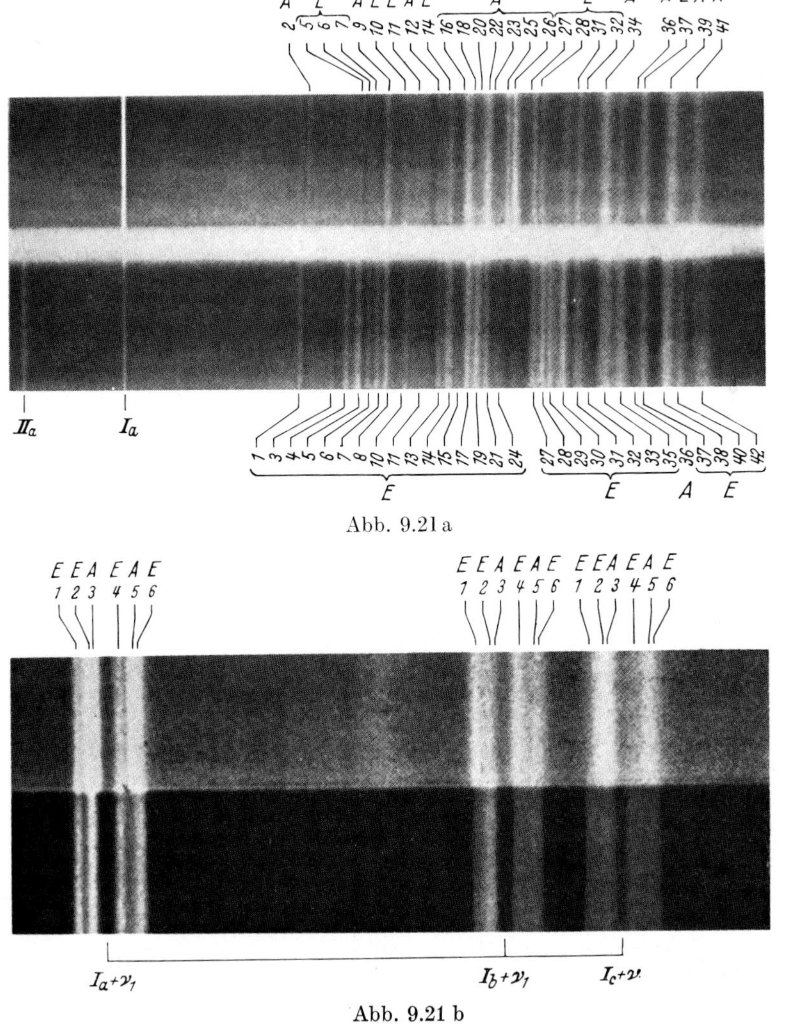

Abb. 9.21 a

Abb. 9.21 b

Abb. 9.21. Ausschnitte aus dem $(0 \to 1)$-Elektronenschwingungsspektrum von $(SE)_2Zn_3(NO_3)_{12} \cdot 24\ H_2O$ (trigonal, SE = Seltene Erde). Frequenz wächst nach rechts. a) SE = Pr^{3+}. Addition einfacher (A) und zweifachentarteter (E) äußerer Gitterschwingungen zum Elektronenübergang $\mathrm{I}\ {}^3H_4 \to a\ {}^3P_0$. Durchstrahlung senkrecht, Polarisation ($\boldsymbol{E}$) oben senkrecht, unten parallel zur Hauptachse. b) SE = Nd^{3+}. Addition der Pulsationsschwingung $\tilde{\nu}_1 = 1045\ \mathrm{cm}^{-1}$ des NO_3^- zu den drei Elektronenübergängen I a, I b, I c. Die Resonanzaufspaltung der Schwingungsfrequenz in mindestens 6 Koppelfrequenzen der Zelle ist deutlich sichtbar. Durchstrahlung senkrecht, $\boldsymbol{E}$-Vektor parallel (oben) und senkrecht (unten) zur Hauptachse

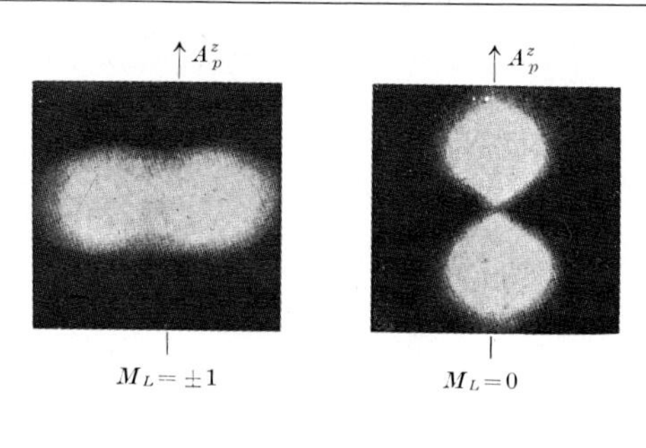

Abb. 15.2. Elektronenzustände erster Näherung eines reinen Bahnzustandes mit $L = 1$ in einem p-zähligen Kristallfeld mit $p \geqq 3$. $M_L = 0$ gehört zur einfachen Energie W_0, $M_L = \pm 1$ zur entarteten Energie $W_{\pm 1} = -W_0/2$. Die Zustände mit $M_L = +1$ und $M_L = -1$ unterscheiden sich nur durch den Umlaufsinn der Elektronen um z, daher die Entartung von $W_{\pm 1}$. Im Zustand $M = 0$ ist ein Elektronenumlaufsinn nicht definiert ($L_z = 0$)

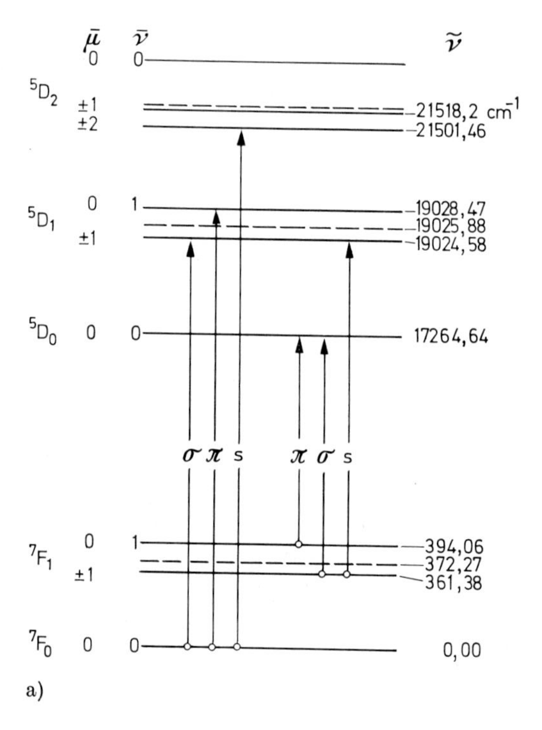

Abb. 18.1. Absorptionsspektrum des hexagonalen $Eu(C_2H_5SO_4)_3 \cdot 9\,H_2O$. a) Termschema im Kristallfeld der Symmetrie $D_{3h} \triangleq I_6^z + I_2^y$ mit den bei $T = 294$ K beobachteten Übergängen. $\bar{\mu}, \bar{\nu}$ = Symmetriequantenzahlen. $\sigma\,(s)$ oder π bedeuten magnetische (elektrische) Übergangsdipole senkrecht oder parallel zur I_6^z. Gestrichelt: Schwerpunkte der Kristallfeldmultipletts. b) Übergänge $^7F_0 \to {}^5D_1$ und $^7F_0 \to {}^5D_2$ im achsenparallelen Magnetfeld. Einstrahlung senkrecht zur $I_6^z = X$. $\boldsymbol{E}, \boldsymbol{H}$ = Feldvektoren der Lichtwelle, $\vec{\boldsymbol{H}}$ = äußeres Magnetfeld. c) Dieselben Übergänge wie in b) im zur Achse senkrechten Magnetfeld. Einstrahlung senkrecht und parallel zur I_6^z. Symbole wie in b). (Nach Hellwege u. Mitarb., 1957)

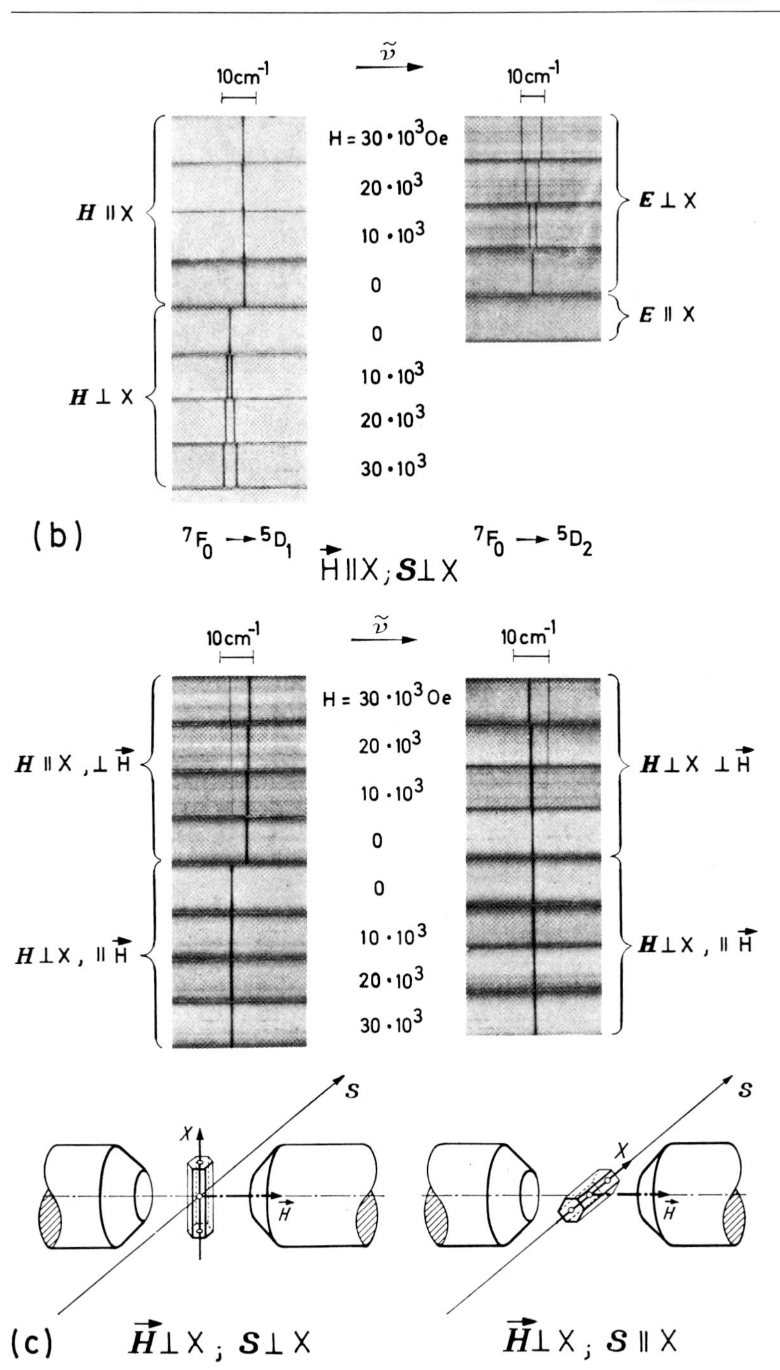

10cm⁻¹
ṽ
10cm⁻¹
H = 30·10³Oe
20·10³
10·10³
0
0
10·10³
20·10³
30·10³
H ∥ X
H ⊥ X
E ⊥ X
E ∥ X
(b)
⁷F₀ → ⁵D₁
H ∥ X; S ⊥ X
⁷F₀ → ⁵D₂
10cm⁻¹
ṽ
10cm⁻¹
H = 30·10³Oe
20·10³
10·10³
0
0
10·10³
20·10³
30·10³
H ∥ X, ⊥ H
H ⊥ X, ∥ H
H ⊥ X ⊥ H
H ⊥ X, ∥ H
S
X
H
S
X
H
(c)
H ⊥ X; S ⊥ X
H ⊥ X; S ∥ X

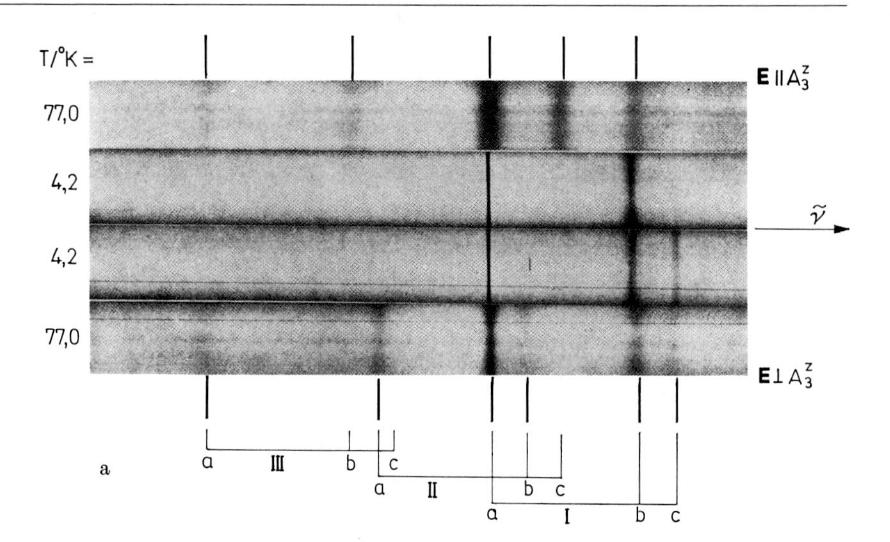

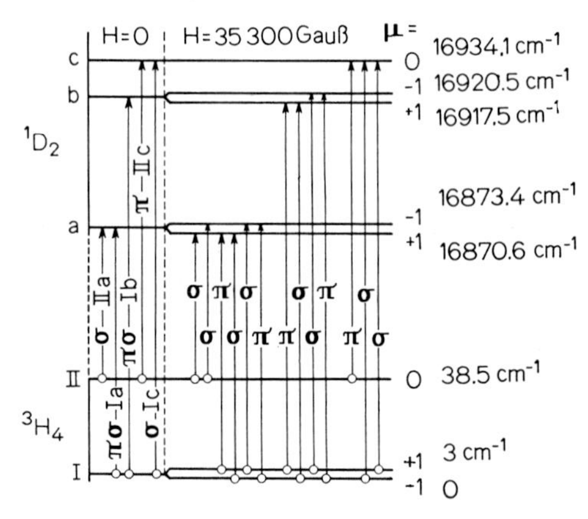

Abb. 18.7. Übergang $^3H_4 \to {}^1D_2$ im trigonalen $Pr_2Mg_3(NO_3)_{12} \cdot 24\, H_2O$.
a) Absorption bei $T = 77$ K und 4,2 K. Die Wellenzahlen der Linien ergeben sich aus dem Termschema.
b) Termschema und Übergänge, einschließlich Zeeman-Effekt im achsenparallelen Magnetfeld (ohne die Kristallfeldkomponente III des Grundterms) bei $T = 20{,}4$ K. π, σ = elektrische Übergangsdipole. (Nach Brochard u. Hellwege, 1951/53, Aufnahme: Buxmeyer)

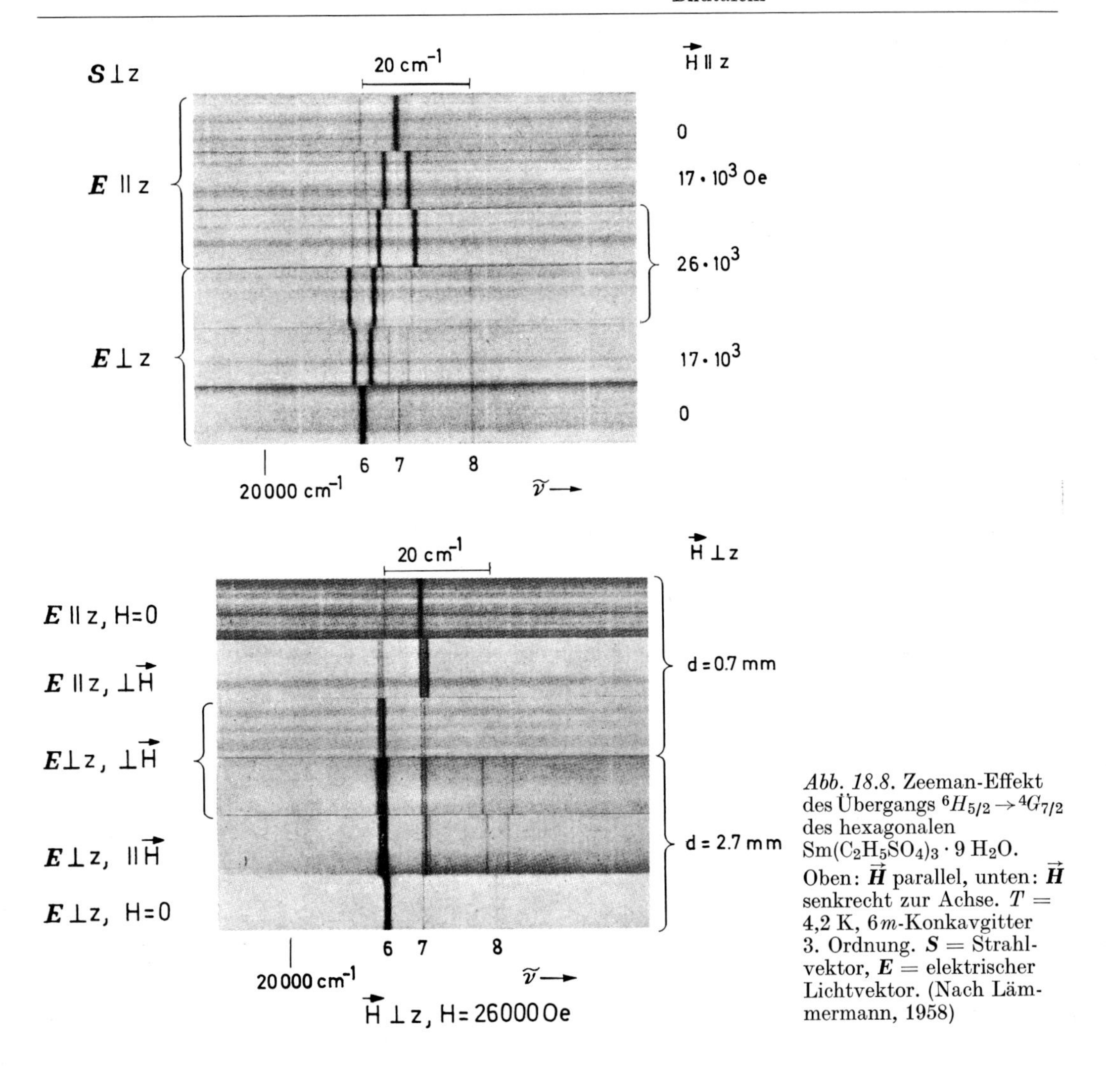

Abb. 18.8. Zeeman-Effekt des Übergangs $^6H_{5/2} \rightarrow {}^4G_{7/2}$ des hexagonalen $Sm(C_2H_5SO_4)_3 \cdot 9\,H_2O$. Oben: $\vec{\boldsymbol{H}}$ parallel, unten: $\vec{\boldsymbol{H}}$ senkrecht zur Achse. $T =$ 4,2 K, $6\,m$-Konkavgitter 3. Ordnung. $\boldsymbol{S}$ = Strahlvektor, $\boldsymbol{E}$ = elektrischer Lichtvektor. (Nach Lämmermann, 1958)

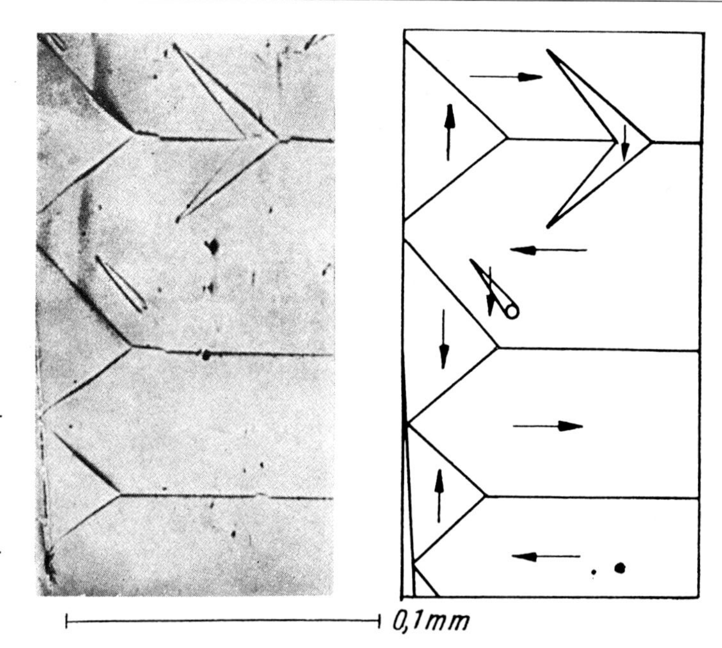

Abb. 24.24. Mit dem Bitterschen Verfahren sichtbar gemachte magnetische Domänenstruktur auf der (100)-Oberfläche eines Eisen-Silizium-Kristalls. Die Pfeile geben die Magnetisierungsrichtung an. (Nach Elschner u. Andrä, 1955)

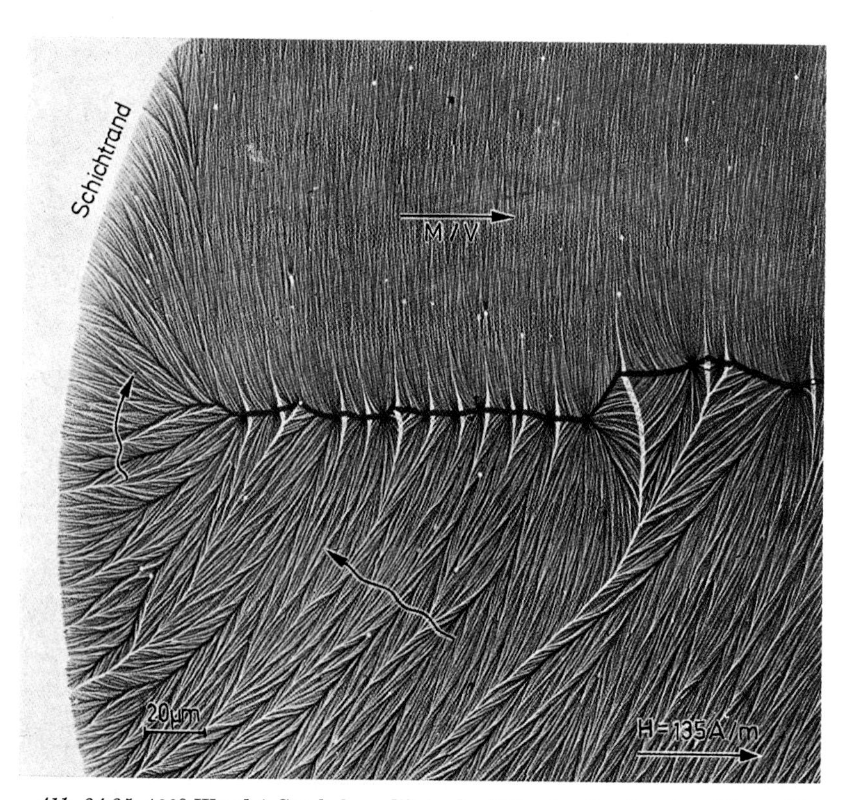

Abb. 24.25. 180°-Wand („Stachelwand") in der Nähe des Randes einer 35 nm dikken polykristallinen Nickeleisenschicht. An der Schicht liegt ein Magnetfeld von $H = 135\ \mathrm{Am^{-1}}$. Die Magnetisierung steht überall senkrecht auf der Magnetisierungsriffelung, die auf dem feinkristallinen Gefüge der Schicht beruht. Elektronenmikroskopische Aufnahme (Lorentz-Mikroskopie) von Feldtkeller und Fuchs, 1964

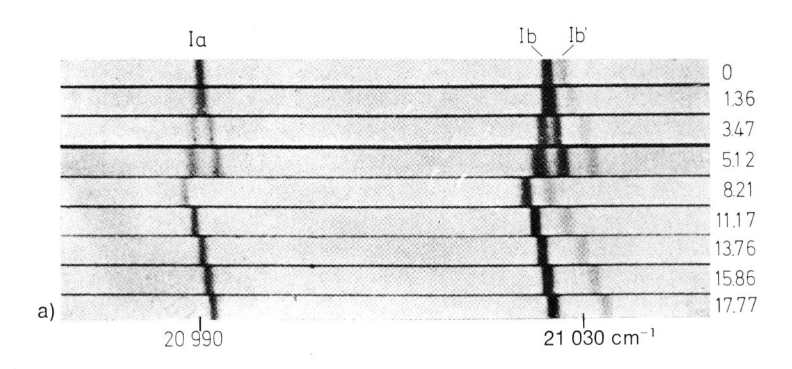

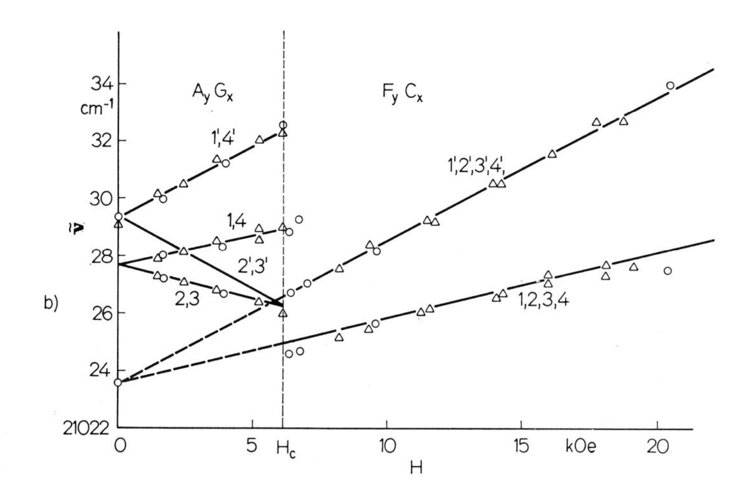

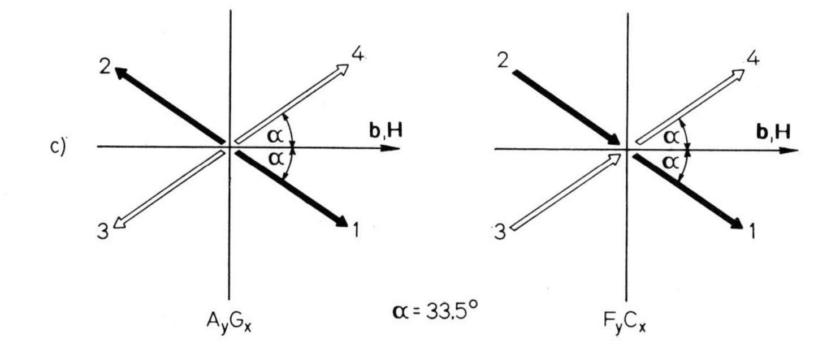

Abb. 26.14. Spektroskopisch verfolgte metamagnetische Umwandlung des $DyAlO_3$ bei $H_c = 5940$ Oe. a) Zeeman-Effekt im Absorptionsspektrum des Überganges ${}^6H_{15/2} \to {}^4F_{9/2}$. Rechts: $H \parallel b$. b) Aufspaltung der Linien Ib und $I'b$. Die Meßpunkte in den Kurven entstammen nicht nur der einen reproduzierten Spektralaufnahme. c) Energetisch günstigste magnetische Strukturen bei niedrigen und hohen Feldstärken. Bei den mit 1', 2', 3', 4' bezeichneten Übergängen liegt eine ungünstigere Struktur im angeregten Zustand vor. (Diss. Schuchert, 1968)

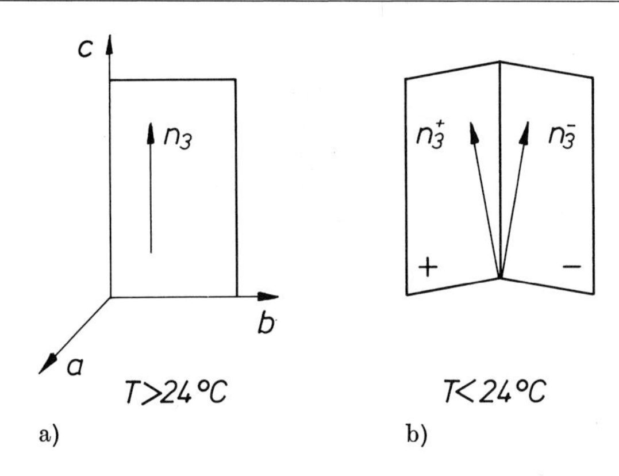

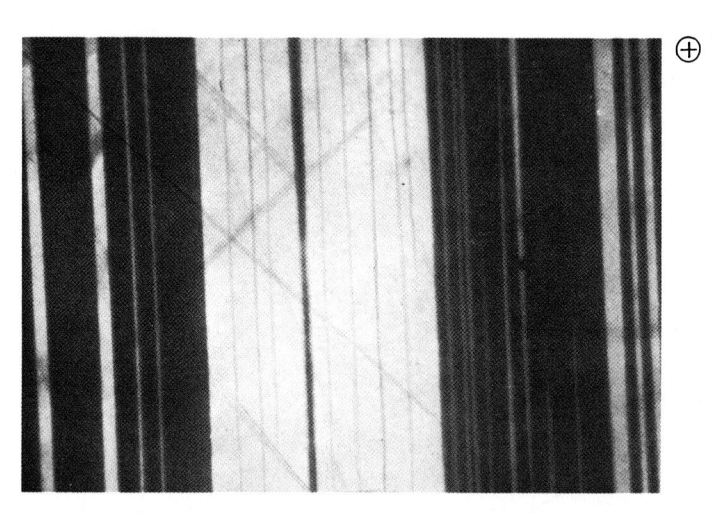

Abb. 31.8. Ferroelektrische Domänen in Siegnettesalz. a) Orthorhombische Struktur, paraelektrisch. Die Hauptachsen der Indikatrix liegen in den Kristallachsen, die Richtung von $n_3 = n_c$ ist eingezeichnet. b) Zwei monokline benachbarte ferroelektrische Domänen. Die Richtung von n_3 ist nach rechts oder links gedreht in die Richtungen n_3^- oder n_3^+. c) Beobachtung im Polarisationsmikroskop zwischen gekreuzten Polarisatoren. Auslöschung des Lichts, wenn entweder die Richtung n_3^+ (oben) oder die Richtung n_3^- (unten) parallel zur Schwingungsrichtung des Lichtes zeigt. Der Drehwinkel der Kristallplatte von der einen in die andere Richtung gibt unmittelbar den Winkel zwischen den Indikatrixachsen in den beiden Domänen. Die Vektoren der Spontanpolarisation P_s/V stehen in den beiden Domänen antiparallel und senkrecht auf der Papierebene. Nach T. Mitsui und J. Furuchi 1953, aus Handbuch der Physik, Bd. XVII, 1956

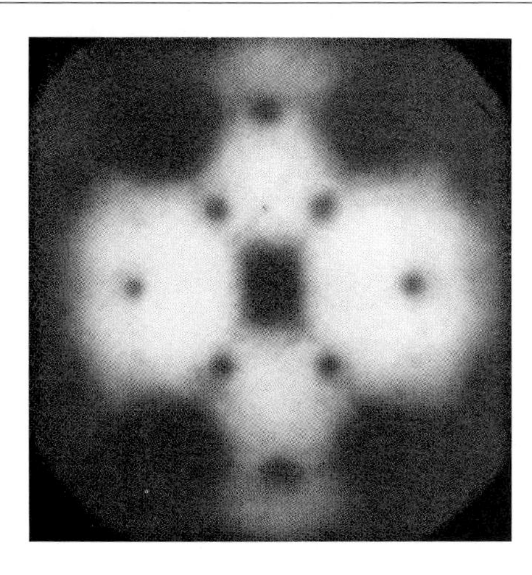

Abb. 43.41. Feldelektronenmikroskopisches Abbild einer reinen Wolframoberfläche. Drahtspitze vom Krümmungsradius $r = 2{,}5 \cdot 10^{-5}$ cm. Aus Handbuch d. Physik, Band XXI, Springer 1956

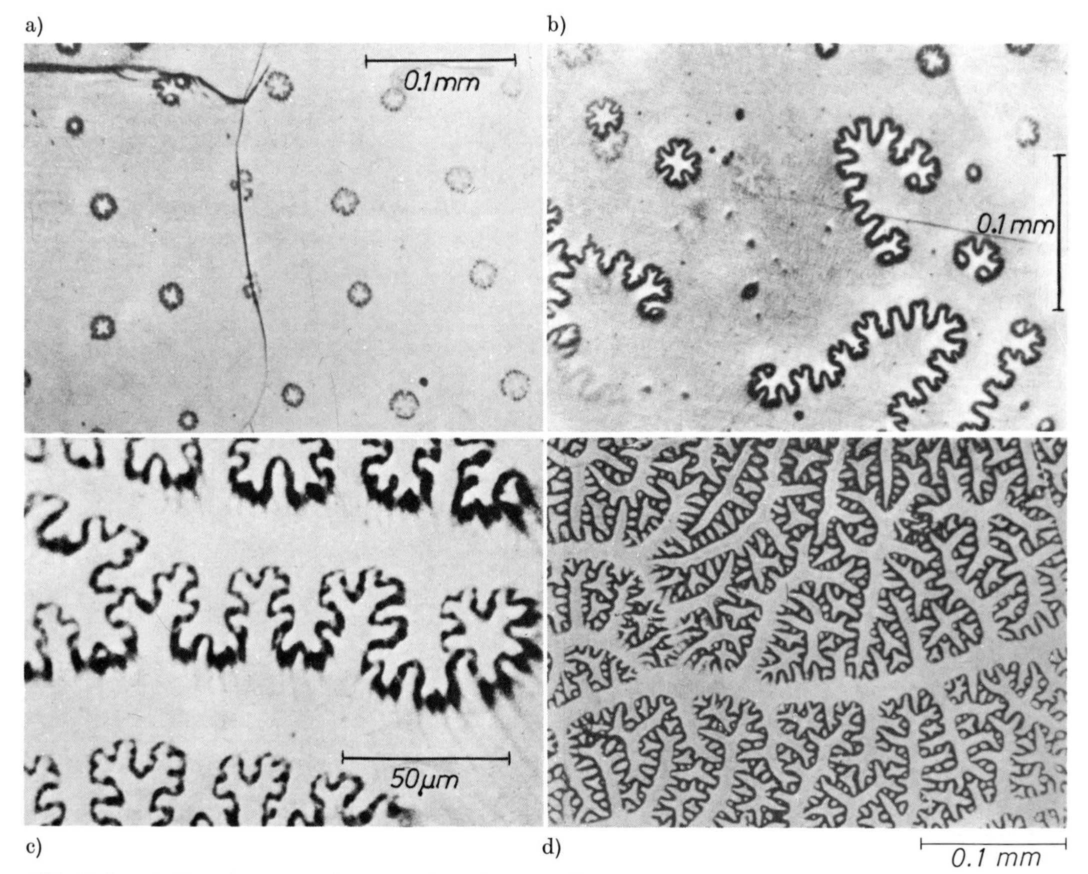

Abb. 50.8 a—d. Zwischenzustand in einer kreisförmigen Platte ($2\,R = 5$ mm, $d = 1{,}5$ mm) aus reinem Blei bei $T = 1{,}2$ K ($H_c(T) = 790$ Oe, $\varkappa = 0{,}4$) und verschiedenen relativen äußeren Feldstärken $h^{\text{ext}} = H^{\text{ext}}/H_c(T)$. Sichtbarmachung durch feinkörniges Eisenpulver und elektronenmikroskopische Vergrößerung von Abdrucken. Schwarz = n-Bereiche. Nach Träuble und Essmann 1966. a) $h^{\text{ext}} \leqq 0{,}40$: siebartige Verteilung von sternförmigen Flußringen durch die Platte. Schwarze Linien = Korngrenzen. b) $h^{\text{ext}} = 0{,}41$: Öffnung einiger Sterne zu Mäandern. c) $h^{\text{ext}} = 0{,}48$: Doppelte Mäanderung. d) $h^{\text{ext}} = 0{,}59$: Zusammenhängende n-Bereiche

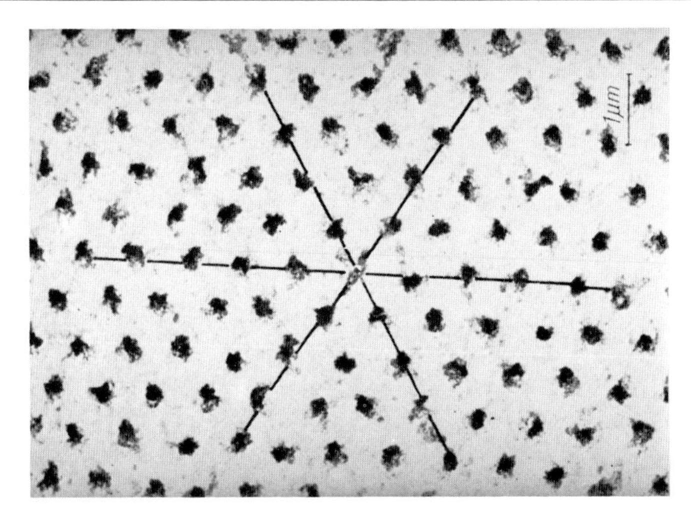

Abb. 53.5. Dreiecksgitter von Flußlinien. Blei mit 6 Atomprozent Indium bei $T = 1{,}2$ K. Jede Flußlinie ist auf der Oberfläche der supraleitenden Platte durch etwa 25 ferromagnetische Partikel dekoriert. Nach Träuble und Essmann, 1968

Anhang

A: Maßsysteme

In diesem Buch wird gerechnet in einem *rational* geschriebenen *Viergrößensystem*, das sich vom internationalen Viergrößensystem *(SIU-System)* nur in einem Punkt, nämlich der Definition des magnetischen Moments, unwesentlich unterscheidet. Wir definieren das Moment $\boldsymbol{M}$ durch die potentielle Energie in einem Magnetfeld der Stärke $\boldsymbol{H}$ durch

$$W_{\text{pot}} = -\boldsymbol{M}\boldsymbol{H}. \tag{1}$$

Im SIU-System wird es definiert über die Flußdichte $\boldsymbol{B}^{+} = \boldsymbol{B} = \mu_0 \boldsymbol{H}$ durch [1]

$$W_{\text{pot}} = -\boldsymbol{M}^{+}\boldsymbol{B} = -\boldsymbol{M}^{+}\mu_0 \boldsymbol{H}. \tag{2}$$

Vergleich mit (1) liefert

$$\boldsymbol{M} = \mu_0 \boldsymbol{M}^{+}. \tag{3}$$

Deshalb unterscheiden sich in den beiden Systemen nur diejenigen Gleichungen, die ein magnetisches Moment enthalten, und zwar gemäß (3) einfach durch einen Faktor μ_0.

In dem *nichtrational* geschriebenen, auf die mechanischen Größen Masse [g], Länge [cm], Zeit [s] zurückgeführten *Dreigrößensystem (CGS-System)* wird keine elektromagnetische Grundgröße eingeführt: elektrische und magnetische Größen werden durch die auf elektrische Ladungen und Ströme wirkenden Kräfte definiert.

Die *Definitionsgleichungen* für elektromagnetische Größen[2] in den drei Maßsystemen sind für elektrische Größen in Tabelle 1, für magnetische Größen in Tabelle 2 zusammengestellt.

Die drei Maßsysteme sind miteinander *verknüpft* durch Festsetzung 1.) der Energieeinheit

$$1\,\text{VAs} = 1\,\text{J} = 1\,\text{Nm} = 10^7\,\text{dyn cm} = 10^7\,\text{erg} \tag{4}$$

und 2.) der Feldkonstanten

$$\mu_0 = 4\pi \cdot 10^{-7}\,\text{Vs}\,\text{A}^{-1}\,\text{m}^{-1} = 4\pi\,\text{erg}\,\text{A}^{-2}\,\text{m}^{-1}, \tag{5}$$

$$\varepsilon_0 = \mu_0^{-1} c^{-2}, \tag{6}$$

so daß mit der Vakuumlichtgeschwindigkeit c

$$\varepsilon_0 \mu_0 c^2 = 1 \tag{7}$$

gilt. Hieraus und aus den Definitionsgleichungen in den Tabellen 1 und 2 ergeben sich die *Identitätsbeziehungen* in den Tabellen 3 und 4. Sie bilden einen *Übersetzungsschlüssel*, der die Umschreibung aller Gleichungen und die Umrechnung aller Zahlenwerte von einem System (z.B. aus diesem Buch) in eines der beiden anderen auf einfachste Weise ermöglicht.

[1] Wir kennzeichnen die elektromagnetischen Größen im SIU-System durch einen oberen Index $^{+}$, im CGS-System durch einen oberen Index *.

[2] Die mechanischen Größen sind in allen drei Systemen gleich definiert.

Tabelle 1. *Definition elektrischer Größen*

Nr.	Größe	a. Rationales Viergrößensystem (dieses Buch)	
1	Coulombkraft	$\boldsymbol{F} = \frac{q^2 \boldsymbol{r}}{4\pi \varepsilon_0 r^3} = q \boldsymbol{E}$	$N = VAsm^{-1}$
2	Ladung	q	$C = As$
3	Ladungsdichte	$\varrho = q/V$	$As\, m^{-3}$
4	Feldstärke	$\boldsymbol{E} = \frac{q \boldsymbol{r}}{4\pi \varepsilon_0 r^3}$	Vm^{-1}
5	Verschiebungsdichte	$\boldsymbol{D} = (\varepsilon)\, \varepsilon_0 \boldsymbol{E} = \varepsilon_0 \boldsymbol{E} + \boldsymbol{P}/V$	$As\, m^{-2}$
6	Dielektrizitätskonstante	$(\varepsilon) = 1 + (\xi)$	1
7	Elektrisierung	$\boldsymbol{P}/V = (\xi)\, \varepsilon_0 \boldsymbol{E}$	$As\, m^{-2}$
8	Suszeptibilität	$(\xi) = (\varepsilon) - 1$	1
9	Dipolmoment	$\boldsymbol{P} = \sum_i q_i \boldsymbol{r}_i = \sum_l \boldsymbol{p}_l$	$As\, m$
10	äußere Feldstärke	$\boldsymbol{E}^{ext}$	Vm^{-1}
11	Entelektrisierungsfeldstärke	$\boldsymbol{E}^{(N)} = -\, \varepsilon_0^{-1} (N)\, \boldsymbol{P}/V$	Vm^{-1}
12	innere Feldstärke	$\boldsymbol{E}^{int} = \boldsymbol{E}^{ext} - \varepsilon_0^{-1} (N)\, \boldsymbol{P}/V$	Vm^{-1}
13	Entpolarisierungstensor	$(N),\ N_1 + N_2 + N_3 = 1$	1
14	lokale Feldstärke	$\boldsymbol{E}_i^{lok} = \boldsymbol{E}^{int} [1 + (\xi)/3] + \sum_{k,\ \text{Kugel}} \bar{\boldsymbol{e}}_{kl}$	Vm^{-1}
15	induziertes Dipolmoment	$\boldsymbol{P} = \sum_l (\alpha_l)\, \boldsymbol{E}_i^{lok}$	$As\, m$
16	Polarisierbarkeit	(α_l)	$As\, m/Vm^{-1}$
17	potentielle Dipolenergie	$W_{pot} = -\, \boldsymbol{P} \boldsymbol{E}$	$VAs = J$
18	Stromdichte	$\boldsymbol{j} = \varrho\, \boldsymbol{v} = (\sigma)\, \boldsymbol{E}$	Am^{-2}
19	Leitfähigkeit	(σ)	$AV^{-1}\, m^{-1}$

Tabelle 2. *Definition magnetischer Größen*

Nr.	Größe	a) Rationales Viergrößensystem (dieses Buch)	
1	Feldstärke[a)]	$\boldsymbol{H}$	$A\, m^{-1}$
2	Flußdichte[b)]	$\boldsymbol{B} = (\mu)\, \mu_0 \boldsymbol{H} = \mu_0 \boldsymbol{H} + \boldsymbol{J}$	$Vs\, m^{-2}$
3	Permeabilität	$(\mu) = 1 + (\chi)$	1
4	Magnetisierung	$\boldsymbol{J} = \boldsymbol{M}/V = (\chi)\, \mu_0 \boldsymbol{H}$	$Vs\, m^{-2}$
5	Suszeptibilität	(χ)	1
6	Moment	$\boldsymbol{M} = \boldsymbol{J}\, V$	$Vs\, m$
7	Bohr-Magneton	$\mu_B = \frac{\mu_0\, e\, \hbar}{2\, m_{e0}}$	$Vs\, m$
8	äußere Feldstärke	$\boldsymbol{H}^{ext}$	$A\, m^{-1}$
9	Entmagnetisierungsfeldstärke	$\boldsymbol{H}^{(N)} = -\, (N)\, \mu_0^{-1} \boldsymbol{J}$	$A\, m^{-1}$
10	Entmagnetisierungstensor	$(N);\ N_1 + N_2 + N_3 = 1$	1
11	innere Feldstärke	$\boldsymbol{H}^{int} = \boldsymbol{H}^{ext} - (N)\, \mu_0^{-1} \boldsymbol{J}$	$A\, m^{-1}$
12	lokale Feldstärke	$\boldsymbol{H}_i^{lok} = \boldsymbol{H}^{int} [1 + (\chi)/3] + \sum_{k,\ \text{Kugel}} \bar{\boldsymbol{h}}_{kl}$	$A\, m^{-1}$
13	potentielle Energie	$W_{pot} = -\, \boldsymbol{M} \boldsymbol{H}$	$VAs = J$

[a)] Im SIU-System auch als magnetische Erregung bezeichnet.
[b)] Im SIU-System auch als magnetische Feldstärke bezeichnet.

n verschiedenen Maßsystemen

). Internationales rationales /iergrößensystem (SIU)		c. Nichtrationales Dreigrößensystem (Gaußsches CGS-System)		Nr.
$= \frac{q^{+2}\,\boldsymbol{r}}{4\pi\,\varepsilon_0\,r^3} = q^+\boldsymbol{E}^+$	$\mathrm{N} = \mathrm{VAsm^{-1}}$	$\boldsymbol{F} = \frac{q^{*2}\,\boldsymbol{r}}{r^3} = q^*\,\boldsymbol{E}^*$	$\mathrm{dyn} = \mathrm{erg\,cm^{-1}}$	1
$+$	$\mathrm{C} = \mathrm{As}$	$q^* = (F\,r^2)^{1/2}$	$(\mathrm{erg\,cm})^{1/2}$	2
$^+ = q^+/V$	$\mathrm{As\,m^{-3}}$	$\varrho^* = q^*/V$	$(\mathrm{erg\,cm})^{1/2}\,\mathrm{cm^{-3}}$	3
$^+ = \frac{q^+\,\boldsymbol{r}}{4\pi\,\varepsilon_0\,r^3}$	$\mathrm{Vm^{-1}}$	$\boldsymbol{E}^* = \frac{q^*\,\boldsymbol{r}}{r^3}$	$(\mathrm{erg\,cm^{-3}})^{1/2}$	4
$^+ = (\varepsilon^+)\,\varepsilon_0\,\boldsymbol{E}^+ = \varepsilon_0\,\boldsymbol{E}^+ + \boldsymbol{P}^+/V$	$\mathrm{As\,m^{-2}}$	$\boldsymbol{D}^* = (\varepsilon^*)\,\boldsymbol{E}^* = \boldsymbol{E}^* + 4\pi\,\boldsymbol{P}^*/V$	$(\mathrm{erg\,cm^{-3}})^{1/2}$	5
$\varepsilon^+) = 1 + (\xi^+)$	1	$(\varepsilon^*) = 1 + 4\pi\,(\xi^*)$	1	6
$^+/V = (\xi^+)\,\varepsilon_0\,\boldsymbol{E}^+$	$\mathrm{As\,m^{-2}}$	$\boldsymbol{P}^*/V = (\xi^*)\,\boldsymbol{E}^*$	$(\mathrm{erg\,cm^{-3}})^{1/2}$	7
$\xi^+) = (\varepsilon^+) - 1$	1	$(\xi^*) = ((\varepsilon^*) - 1)/4\pi$	1	8
$^+ = \sum_i q_i^+\,\boldsymbol{r}_i = \sum_l \boldsymbol{p}_l^+$	$\mathrm{As\,m}$	$\boldsymbol{P}^* = \sum_i q_i^*\,\boldsymbol{r}_i = \sum_l \boldsymbol{p}_l^*$	$(\mathrm{erg\,cm^3})^{1/2}$	9
$^{+\mathrm{ext}}$	$\mathrm{Vm^{-1}}$	$\boldsymbol{E}^{*\mathrm{ext}}$	$(\mathrm{erg\,cm^{-3}})^{1/2}$	10
$^{+(N)} = -\,\varepsilon_0^{-1}(N^+)\,\boldsymbol{P}^+/V$	$\mathrm{Vm^{-1}}$	$\boldsymbol{E}^{*(N)} = -\,(N^*)\,\boldsymbol{P}^*/V$	$(\mathrm{erg\,cm^{-3}})^{1/2}$	11
$^{+\mathrm{int}} = \boldsymbol{E}^{+\mathrm{ext}} - \varepsilon_0^{-1}(N^+)\,\boldsymbol{P}^+/V$	$\mathrm{Vm^{-1}}$	$\boldsymbol{E}^{*\mathrm{int}} = \boldsymbol{E}^{*\mathrm{ext}} - (N^*)\,\boldsymbol{P}^*/V$	$(\mathrm{erg\,cm^{-3}})^{1/2}$	12
$N^+),\ N_1^+ + N_2^+ + N_3^+ = 1$	1	$(N^*),\ N_1^* + N_2^* + N_3^* = 4\pi$	1	13
$_l^{+\mathrm{lok}} = \boldsymbol{E}^{+\mathrm{int}}[1 + (\xi^+)/3] + \sum_{k,\,\mathrm{Kugel}} \overline{\boldsymbol{e}}_{kl}$	$\mathrm{Vm^{-1}}$	$\boldsymbol{E}_l^{*\mathrm{lok}} = \boldsymbol{E}_l^{*\mathrm{int}}[1 + 4\pi\,(\xi^*)/3] + \sum_{k,\,\mathrm{Kugel}} \overline{\boldsymbol{e}}_{kl}^+$	$(\mathrm{erg\,cm^{-3}})^{1/2}$	14
$^+ = \sum_l (\alpha_l^+)\,\boldsymbol{E}_l^{+\mathrm{lok}}$	$\mathrm{As\,m}$	$\boldsymbol{P}^* = \sum_l (\alpha_l^*)\,\boldsymbol{E}_l^{*\mathrm{lok}}$	$(\mathrm{erg\,cm^3})^{1/2}$	15
$_l^+)$	$\mathrm{As\,m/Vm^{-1}}$	(α_l^*)	$\mathrm{cm^3}$	16
$_{\mathrm{pot}} = -\,\boldsymbol{P}^+\,\boldsymbol{E}^+$	$\mathrm{VAs} = \mathrm{J}$	$W_{\mathrm{pot}} = -\,\boldsymbol{P}^*\,\boldsymbol{E}^*$	erg	17
$= \varrho^+\,\boldsymbol{v} = (\sigma^+)\,\boldsymbol{E}^+$	$\mathrm{Am^{-2}}$	$\boldsymbol{j}^* = \varrho^*\,v = (\sigma^*)\,\boldsymbol{E}^*$	$(\mathrm{erg\,cm})^{1/2}\,\mathrm{cm^{-2}\,s^{-1}}$	18
$^+)$	$\mathrm{AV^{-1}\,m^{-1}}$	(σ^*)	$\mathrm{s^{-1}}$	19

verschiedenen Maßsystemen

Internationales rationales Viergrößen- stem (SIU)		c) Nichtrationales Dreigrößensystem (Gaußsches CGS-System)		Nr.
$^+$	$\mathrm{A\,m^{-1}}$	$\boldsymbol{H}^*$	$(\mathrm{erg\,cm^{-3}})^{1/2} \equiv \mathrm{Oe}$	1
$^+ = (\mu^+)\,\mu_0\,\boldsymbol{H}^+ = \mu_0\,(\boldsymbol{H}^+ + \boldsymbol{J}^+)$	$\mathrm{Vs\,m^{-2}}$	$\boldsymbol{B}^* = (\mu^*)\,\boldsymbol{H}^* = \boldsymbol{H}^* + 4\pi\,\boldsymbol{J}^*$	$(\mathrm{erg\,cm^{-3}})^{1/2} \equiv \mathrm{G}$	2
$^+) = 1 + (\chi^+)$	1	$(\mu^*) = 1 + 4\pi\,(\chi^*)$	1	3
$= \boldsymbol{M}^+/V = (\chi^+)\,\boldsymbol{H}^+$	$\mathrm{A\,m^{-1}}$	$\boldsymbol{J}^* = \boldsymbol{M}^*/V = (\chi^*)\,\boldsymbol{H}^*$	$(\mathrm{erg\,cm^{-3}})^{1/2} \equiv \mathrm{G}$	4
$^+)$	1	(χ^*)	1	5
$^+ = \boldsymbol{J}^+\,V$	$\mathrm{A\,m^2}$	$\boldsymbol{M}^* = \boldsymbol{J}^*\,V$	$\mathrm{G\,cm^3} = \mathrm{erg/Oe}$	6
$_B^+ = \frac{e\,\hbar}{2\,m_{e0}}$	$\mathrm{A\,m^2}$	$\mu_B^* = \frac{e^*\,\hbar}{2\,m_{e0}\,c}$	erg/Oe	7
$^{+\mathrm{ext}}$	$\mathrm{A\,m^{-1}}$	$\boldsymbol{H}^{*\mathrm{ext}}$	Oe	8
$^{+(N)} = -\,(N^+)\,\boldsymbol{J}^+$	$\mathrm{A\,m^{-1}}$	$\boldsymbol{H}^{*(N)} = -\,(N^*)\,\boldsymbol{J}^*$	Oe	9
$^+);\ N_1^+ + N_2^+ + N_3^+ = 1$	1	$(N^*);\ N_1^* + N_2^* + N_3^* = 4\pi$	1	10
$^{+\mathrm{int}} = \boldsymbol{H}^{+\mathrm{ext}} - (N^+)\,\boldsymbol{J}^+$	$\mathrm{A\,m^{-1}}$	$\boldsymbol{H}^{*\mathrm{int}} = \boldsymbol{H}^{*\mathrm{ext}} - (N^*)\,\boldsymbol{J}^*$	Oe	11
$^{+\mathrm{lok}} = \boldsymbol{H}^{+\mathrm{int}}[1 + (\chi^+)/3] + \sum_{k,\,\mathrm{Kugel}} \overline{\boldsymbol{h}}_{kl}^+$	$\mathrm{A\,m^{-1}}$	$\boldsymbol{H}_l^{*\mathrm{lok}} = \boldsymbol{H}^{*\mathrm{int}}[1 + 4\pi(\chi^*)/3] + \sum_{k,\,\mathrm{Kugel}} \overline{\boldsymbol{h}}_{kl}^*$	Oe	12
$_{\mathrm{pot}} = -\,\boldsymbol{M}^+\,\boldsymbol{B}^+$	$\mathrm{VAs} = \mathrm{J}$	$W_{\mathrm{pot}} = -\,\boldsymbol{M}^*\,\boldsymbol{H}^*$	erg	13

Tabelle 3. *Identitäten zwischen elektrischen Größen in verschiedenen Maßsystemen*

Nr.	Maßsysteme: dieses Buch	SIU	CGS
1	$q\boldsymbol{E} =$	$q^+\boldsymbol{E}^+ =$	$q^*\boldsymbol{E}^*$
2	$q =$	$q^+ =$	$(4\pi\varepsilon_0)^{1/2}\,q^*$
3	$\varrho =$	$\varrho^+ =$	$(4\pi\varepsilon_0)^{1/2}\,\varrho^*$
4	$\boldsymbol{E} =$	$\boldsymbol{E}^+ =$	$(4\pi\varepsilon_0)^{-1/2}\,\boldsymbol{E}^*$
5	$\boldsymbol{D} =$	$\boldsymbol{D}^+ =$	$(4\pi)^{-1}(4\pi\varepsilon_0)^{1/2}\,\boldsymbol{D}^*$
6	$(\varepsilon) =$	$(\varepsilon^+) =$	(ε^*)
7	$\boldsymbol{P}/V =$	$\boldsymbol{P}^+/V =$	$(4\pi\varepsilon_0)^{1/2}\,\boldsymbol{P}^*/V$
8	$(\xi) =$	$(\xi^+) =$	$(4\pi)(\xi^*)$
9	$\boldsymbol{P} =$	$\boldsymbol{P}^+ =$	$(4\pi\varepsilon_0)^{1/2}\,\boldsymbol{P}^*$
10	$\boldsymbol{E}^{\text{ext}} =$	$\boldsymbol{E}^{+\text{ext}} =$	$(4\pi\varepsilon_0)^{-1/2}\,\boldsymbol{E}^{*\text{ext}}$
11	$\boldsymbol{E}^{(N)} =$	$\boldsymbol{E}^{+(N)} =$	$(4\pi\varepsilon_0)^{-1/2}\,\boldsymbol{E}^{*(N)}$
12	$\boldsymbol{E}^{\text{int}} =$	$\boldsymbol{E}^{+\text{int}} =$	$(4\pi\varepsilon_0)^{-1/2}\,\boldsymbol{E}^{*\text{int}}$
13	$(N) =$	$(N^+) =$	$(4\pi)^{-1}(N^*)$
14	$\boldsymbol{E}_l^{\text{lok}} =$	$\boldsymbol{E}_l^{+\text{lok}} =$	$(4\pi\varepsilon_0)^{-1/2}\,\boldsymbol{E}_l^{*\text{lok}}$
15	$\boldsymbol{p}_l = (\alpha_l)\,\boldsymbol{E}_l^{\text{lok}} =$	$\boldsymbol{p}_l^+ = (\alpha_l^+)\,\boldsymbol{E}_l^{+\text{lok}} =$	$(4\pi\varepsilon_0)^{1/2}\,\boldsymbol{p}_l^*$
		$=$	$(4\pi\varepsilon_0)^{1/2}(\alpha_l^*)\,\boldsymbol{E}_l^{*\text{lok}}$
16	$(\alpha_l) =$	$(\alpha_l^+) =$	$4\pi\varepsilon_0(\alpha_l^*)$
17	$-\boldsymbol{P}\boldsymbol{E} =$	$-\boldsymbol{P}^+\boldsymbol{E}^+ =$	$-\boldsymbol{P}^*\boldsymbol{E}^*$
18	$\boldsymbol{j} =$	$\boldsymbol{j}^+ =$	$(4\pi\varepsilon_0)^{1/2}\,\boldsymbol{j}^*$
19	$(\sigma) =$	$(\sigma^+) =$	$4\pi\varepsilon_0(\sigma^*)$

Tabelle 4. *Identitäten zwischen magnetischen Größen in verschiedenen Maßsystemen*

Nr.	Maßsysteme: dieses Buch	SIU	CGS
1	$\boldsymbol{H} =$	$\boldsymbol{H}^+ =$	$(4\pi\mu_0)^{-1/2}\,\boldsymbol{H}^*$
2	$\boldsymbol{B} =$	$\boldsymbol{B}^+ =$	$(4\pi)^{-1}(4\pi\mu_0)^{1/2}\,\boldsymbol{B}^*$
3	$(\mu) =$	$(\mu^+) =$	(μ^*)
4	$\boldsymbol{J} =$	$\mu_0\,\boldsymbol{J}^+ =$	$(4\pi\mu_0)^{1/2}\,\boldsymbol{J}^*$
5	$(\chi) =$	$(\chi^+) =$	$4\pi(\chi^*)$
6	$\boldsymbol{M} =$	$\mu_0\,\boldsymbol{M}^+ =$	$(4\pi\mu_0)^{1/2}\,\boldsymbol{M}^*$
7	$\mu_B =$	$\mu_0\,\mu_B^+ =$	$(4\pi\mu_0)^{1/2}\,\mu_B^*$
8	$\boldsymbol{H}^{\text{ext}} =$	$\boldsymbol{H}^{+\text{ext}} =$	$(4\pi\mu_0)^{-1/2}\,\boldsymbol{H}^{*\text{ext}}$
9	$\boldsymbol{H}^{(N)} =$	$\boldsymbol{H}^{+(N)} =$	$(4\pi\mu_0)^{-1/2}\,\boldsymbol{H}^{*(N)}$
10	$(N) =$	$(N^+) =$	$(4\pi)^{-1}(N^*)$
11	$\boldsymbol{H}^{\text{int}} =$	$\boldsymbol{H}^{+\text{int}} =$	$(4\pi\mu_0)^{-1/2}\,\boldsymbol{H}^{*\text{int}}$
12	$\boldsymbol{H}_l^{\text{lok}} =$	$\boldsymbol{H}_l^{+\text{lok}} =$	$(4\pi\mu_0)^{-1/2}\,\boldsymbol{H}_l^{*\text{lok}}$
13	$-\boldsymbol{M}\boldsymbol{H} =$	$-\boldsymbol{M}^+\boldsymbol{B}^+ =$	$-\boldsymbol{M}^*\boldsymbol{H}^*$

B. Konstanten der Atomphysik

Die nach Empfehlungen der CODATA-Kommission (20. 8. 1970) zu benutzenden Werte der atomaren Konstanten in SIU-Einheiten sind in Tabelle 5 zusammengestellt. $\text{mol}_n \triangleq C^{12}$-Stoffmengenskala, vgl. [A], Ziffer 1.

Tabelle 5. *Konstanten der Atomphysik*

Induktionskonstante	μ_0	$= 4\pi \cdot 10^{-7}\,\text{VsA}^{-1}\,\text{m}^{-1} =$ $1{,}256637 \cdot 10^{-6}\,\text{VsA}^{-1}\,\text{m}^{-1}$
Influenzkonstante	ε_0	$= 1/\mu_0 c^2 = 8{,}85418 \cdot 10^{-12}\,\text{AsV}^{-1}\,\text{m}^{-1}$
Lichtgeschwindigkeit	c	$= 2{,}997924 \cdot 10^{8}\,\text{ms}^{-1}$
Loschmidt-Konstante	$N_{L\text{n}}$	$= 6{,}02217 \cdot 10^{23}\,\text{mol}_\text{n}^{-1}$
Atomare Masseneinheit	m_0	$= 1{,}66053 \cdot 10^{-27}\,\text{kg}$
Boltzmann-Konstante	k	$= 1{,}380622 \cdot 10^{-23}\,\text{JK}^{-1}$
Faraday-Konstante	F	$= 9{,}64867 \cdot 10^{4}\,\text{Cmol}_\text{n}^{-1}$
Elementarladung	e	$= 1{,}60219 \cdot 10^{-19}\,\text{C}$
Spezifische Elektronenladung	e/m_{e0}	$= 1{,}75880 \cdot 10^{11}\,\text{Ckg}^{-1}$
Elektronenmasse	m_{e0}	$= 9{,}10956 \cdot 10^{-31}\,\text{kg}$
Protonenmasse	m_{p0}	$= 1{,}67261 \cdot 10^{-27}\,\text{kg}$
Wirkungsquantum	h	$= 6{,}62619 \cdot 10^{-34}\,\text{Js}$
	$\hbar$	$= h/2\pi = 1{,}05459 \cdot 10^{-34}\,\text{Js}$
Rydberg-Konstante	$\tilde{R}_\infty$	$= 1{,}0973731 \cdot 10^{7}\,\text{m}^{-1}$
Bohrscher Radius	a_H	$= 5{,}29177 \cdot 10^{-11}\,\text{m}$
Bohrsches Magneton	μ_B	$= 1{,}16541 \cdot 10^{-29}\,\text{Vsm}$
	$\mu_B{}^+$	$= \mu_B/\mu_0 = 9{,}2741 \cdot 10^{-24}\,\text{Am}^2$
Kernmagneton	μ_K	$= 6{,}34719 \cdot 10^{-33}\,\text{Vsm}$
	$\mu_K{}^+$	$= \mu_K/\mu_0 = 5{,}0509 \cdot 10^{-27}\,\text{Am}^2$
Compton-Wellenlänge	Λ	$= 2{,}42631 \cdot 10^{-12}\,\text{m}$
Feinstruktur-Konstante	α	$= 7{,}29720 \cdot 10^{-3}$

Anhang C. Ersatzeinheiten für atomare Energien [3])

Die Energie W eines Energieniveaus wird angegeben in einer der *Energieeinheiten*

$$1\,\mathrm{VA\,s} = 1\,\mathrm{J} = 10^7\,\mathrm{erg} = 2{,}3006 \cdot 10^{-4}\,\mathrm{kcal_{th}}\,^4\,. \tag{8}$$

Nach Gleichsetzung mit

$$W = e\,U = h\,\nu = h\,c\,\tilde{\nu} = k_B\,T = Q/N_{Ln} = \mu_B\,\mu_0^{-1}\,B \tag{9}$$

kann W auch gemessen werden durch die *Ersatzgrößen*

Spannung	$U = W/e$	[V]	
Frequenz	$\nu = W/h$	[s^{-1}]	
Wellenzahl	$\tilde{\nu} = W/h\,c$	[cm^{-1}]	(10)
Temperatur	$T = W/k_B$	[K]	
molare Wärmetönung	$Q = W \cdot N_{Ln}$	[kcal$_{th}$/kmol$_n$]	
Flußdichte	$B = W\,\mu_0/\mu_B$	[$T \triangleq 10^4$ G]	

mit den in [ ] angegebenen *Ersatzeinheiten.* Die zahlenmäßige *Umrechnung* nach (9) einer Energie W aus Energieeinheiten (8) in Ersatzeinheiten (10) soll durch die folgende Tabelle 6 erleichtert werden.

[3] Vgl. [A], Anhang.

[4] Thermochemische Kilokalorie.

Tabelle 6. *Energie-Umrechnungstabelle*

		J	V	$s^{-1} = Hz$	cm^{-1}	K	$kcal_{th}$	$kcal_{th}/kmol_n$	$T \triangleq 10^4\,G$
1 J	$\triangleq$	1	$6{,}24115 \cdot 10^{18}$	$1{,}50916 \cdot 10^{33}$	$5{,}03403 \cdot 10^{22}$	$7{,}24312 \cdot 10^{22}$	$2{,}39006 \cdot 10^{-4}$	$1{,}43933 \cdot 10^{23}$	$1{,}07827 \cdot 10^{23}$
1 V	$\triangleq$	$1{,}60219 \cdot 10^{-19}$	1	$2{,}41797 \cdot 10^{14}$	$8{,}06547 \cdot 10^{3}$	$1{,}16049 \cdot 10^{4}$	$3{,}82933 \cdot 10^{-23}$	$2{,}30608 \cdot 10^{4}$	$1{,}72768 \cdot 10^{4}$
$1\ s^{-1} = 1\ Hz$	$\triangleq$	$6{,}62619 \cdot 10^{-34}$	$4{,}13550 \cdot 10^{-15}$	1	$3{,}33564 \cdot 10^{-11}$	$4{,}79943 \cdot 10^{-11}$	$1{,}58370 \cdot 10^{-37}$	$9{,}53727 \cdot 10^{-11}$	$7{,}14482 \cdot 10^{-11}$
$1\ cm^{-1}$	$\triangleq$	$1{,}98648 \cdot 10^{-23}$	$1{,}23979 \cdot 10^{-4}$	$2{,}99792 \cdot 10^{10}$	1	1,43883	$4{,}74781 \cdot 10^{-27}$	2,85920	2,14197
1 K	$\triangleq$	$1{,}38062 \cdot 10^{-23}$	$8{,}61666 \cdot 10^{-5}$	$2{,}08358 \cdot 10^{10}$	$6{,}95007 \cdot 10^{-1}$	1	$3{,}29976 \cdot 10^{-27}$	1,98717	1,48868
$1\ kcal_{th}$	$\triangleq$	$4{,}18400 \cdot 10^{3}$	$2{,}61130 \cdot 10^{22}$	$6{,}31434 \cdot 10^{36}$	$2{,}10624 \cdot 10^{26}$	$3{,}03052 \cdot 10^{26}$	1	$6{,}02216 \cdot 10^{26}$	$4{,}51147 \cdot 10^{26}$
$1\ \frac{kcal_{th}}{kmol_n}$	$\triangleq$	$6{,}94768 \cdot 10^{-24}$	$4{,}33615 \cdot 10^{-5}$	$1{,}04852 \cdot 10^{10}$	$3{,}49748 \cdot 10^{-1}$	$5{,}03229 \cdot 10^{-1}$	$1{,}66054 \cdot 10^{-27}$	1	$7{,}49148 \cdot 10^{-1}$
$1\ T \triangleq 10^4\,G$	$\triangleq$	$9{,}27410 \cdot 10^{-24}$	$5{,}78810 \cdot 10^{-5}$	$1{,}39961 \cdot 10^{10}$	$4{,}66861 \cdot 10^{-1}$	$6{,}71734 \cdot 10^{-1}$	$2{,}21657 \cdot 10^{-27}$	1,33485	1

D. Ebene elektromagnetische Wellen in Materie nach der klassischen Kontinuumstheorie

Wir gehen aus von den Maxwellgleichungen[1]

$$\operatorname{rot}\boldsymbol{H} - \dot{\boldsymbol{D}} = \boldsymbol{j}\,, \tag{1}$$

$$\operatorname{rot}\boldsymbol{E} + \dot{\boldsymbol{B}} = 0\,, \tag{2}$$

$$\operatorname{div}\boldsymbol{D} = \varrho\,, \tag{3}$$

$$\operatorname{div}\boldsymbol{B} = 0\,. \tag{4}$$

Alle hier vorkommenden Größen sind Mittelwerte über mindestens eine Gitterzelle, d.h. wir setzen ein *Kontinuum* voraus. Wir setzen ferner eine *isotrope* Substanz *ohne* elektrische oder magnetische *Spontanpolarisation* voraus, d.h. es sollen die *linearen* Materialgleichungen

$$\boldsymbol{D} = \varepsilon\,\varepsilon_0\,\boldsymbol{E}\,, \tag{5}$$

$$\boldsymbol{B} = \mu\,\mu_0\,\boldsymbol{H}\,. \tag{6}$$

mit den skalaren Materialkonstanten

$$\varepsilon = \varepsilon' - i\,\varepsilon'' = (1+\xi') - i\,\xi'' = 1 + \xi\,, \tag{7}$$

$$\mu = \mu' - i\,\mu'' = (1+\chi') - i\,\chi'' = 1 + \chi \tag{8}$$

gelten.

Alle diese Konstanten sind Funktionen der Frequenz ω, mit der die Feldgrößen in (1) schwingen. Einsetzen von (7), (8) in (1) bis (4) und nochmalige Bildung der Rotation gibt für $\boldsymbol{E}$ und $\boldsymbol{B}$ die Wellengleichungen

$$\Delta\boldsymbol{E} - \varepsilon\,\mu\,\varepsilon_0\,\mu_0\,\ddot{\boldsymbol{E}} = \mu\,\mu_0\,\dot{\boldsymbol{j}} + (\varepsilon\,\varepsilon_0)^{-1}\operatorname{grad}\varrho\,, \tag{9}$$

$$\Delta\boldsymbol{B} - \varepsilon\,\mu\,\varepsilon_0\,\mu_0\,\ddot{\boldsymbol{B}} = -\,\mu\,\mu_0\operatorname{rot}\boldsymbol{j}\,. \tag{10}$$

Wir spezialisieren noch weiter durch die Forderungen, daß keine merklichen Ladungsdichteschwankungen (z.B. infolge hoch angeregter Plasmaschwingungen) und kein expliziter Einfluß des Magnetfeldes auf den Strom existieren. Dann gilt

$$\operatorname{grad}\varrho = 0\,, \qquad \varrho = 0 \tag{11}$$

und

$$\boldsymbol{j} = \sigma\,\boldsymbol{E} \tag{12}$$

mit der skalaren Materialkonstanten

$$\sigma = \sigma' - i\,\sigma''\,, \tag{13}$$

die ebenfalls von der Frequenz ω abhängt.

$\sigma(\omega)$ mißt die Verschiebung der *Leitungselektronen*, während $\varepsilon(\omega)$ die der *gebundenen* Elektronen mißt[2].

Wir beschränken uns auf ebene monochromatische und linear polarisierte Wellen, deren Wellennormale in die z-Richtung und deren $\boldsymbol{E}$-Vektor in die x-Richtung gelegt werden darf. Als Lösung von (9), (10) setzen wir also an

$$\boldsymbol{E} = \boldsymbol{E}_0\,e^{i(\omega t - kz)}\,, \tag{14a}$$

$$\boldsymbol{B} = \boldsymbol{B}_0\,e^{i(\omega t - kz)} \tag{14b}$$

mit dem reellen Amplitudenvektor

$$\boldsymbol{E}_0 = (E_0\,,\,0,\,0)\,. \tag{15}$$

Gesucht sind die (komplexen) Wellenzahlvektoren

$$\boldsymbol{k} = (0, 0, k) \tag{16}$$

[1] Die Formelzeichen sind in Anhang A definiert.

[2] Diese Aufteilung der Elektronen ist nicht immer zweckmäßig, entspricht aber modellmäßig dem expliziten Vorkommen von $\boldsymbol{j}$ in (1) und der Forderung (12).

und die (komplexen) Amplitudenverhältnisse $\boldsymbol{B}_0/\boldsymbol{E}_0$, für die (14a, b) bei vorgegebener Frequenz ω Lösungen von (9), (10), d.h. mögliche ebene Wellen sind.

Aus (14a) und (15) folgen

$$E_x = E_0 e^{i(\omega t - kz)}, \tag{17}$$

$$\operatorname{rot} \boldsymbol{E} = (0, \partial E_x/\partial z, 0), \tag{18}$$

was ein Vektor in y-Richtung ist. Nach (12) und (10) liegt also auch $\boldsymbol{B}$ in y-Richtung:

$$\boldsymbol{B}_0 = (0, B_0, 0), \tag{19}$$

$$B_y = B_0 e^{i(\omega t - kz)}. \tag{20}$$

Es ist $\boldsymbol{k} \perp \boldsymbol{E} \perp \boldsymbol{B} \perp \boldsymbol{k}$, die Welle ist *transversal.*

Damit können auch die Wellengleichungen (9), (10) skalar geschrieben werden:

$$\partial^2 E_x/\partial z^2 - \varepsilon \mu \varepsilon_0 \mu_0 \ddot{E}_x = \mu \mu_0 \sigma \dot{E}_x, \tag{21}$$

$$\partial^2 B_y/\partial z^2 - \varepsilon \mu \varepsilon_0 \mu_0 \ddot{B}_y = -\mu \mu_0 \sigma \partial E_x/\partial z. \tag{22}$$

Einsetzen von (17) und (20) liefert die *Dispersionsbeziehung* $\omega = \omega(k)$ in der Form

$$k^2 - \varepsilon \mu \varepsilon_0 \mu_0 \omega^2 = -i \mu \mu_0 \sigma \omega \tag{23}$$

und die *Amplitudenrelation*

$$(k^2 - \varepsilon \mu \varepsilon_0 \mu_0 \omega^2) B_y = -i \mu \mu_0 \sigma k E_x, \tag{24}$$

d.h. mit (23) einfach

$$B_y/E_x = B_0/E_0 = k/\omega = 1/c. \tag{25}$$

Dabei ist $c = \omega/k$ nach Definition die *Phasengeschwindigkeit* der Welle in der Substanz. Sie kann mit k komplex werden[3] und ist frequenzabhängig. Die Dispersionsbeziehung (23) läßt sich durch Einführung der reellen Wellenzahl k_0 und der Lichtgeschwindigkeit c_0 im Vakuum

$$k_0 = \omega/c_0 = \omega(\mu_0 \varepsilon_0)^{1/2} \tag{26}$$

in die Form

$$k^2/k_0^2 = n^2 = \mu \varepsilon (1 - i \sigma/\varepsilon \varepsilon_0 \omega^2) \tag{27}$$

bringen. Diese geht für $\sigma = 0$ in die *Maxwell-Beziehung* für *Isolatoren*

$$k^2/k_0^2 = n^2 = \mu \varepsilon \tag{28}$$

über und ist also deren Erweiterung auf Substanzen mit Leitungselektronen. Der *Brechungsindex* ist hier wie allgemein definiert als[4]

$$n = k/k_0 = c_0/c = n' - i n''. \tag{29}$$

Einsetzen von (7), (8) und (13) in (27) liefert

$$k^2 = k_0^2 \delta = k_0^2(\delta' - i\delta'') = k_0^2 n^2 \tag{29'}$$

mit den zur Abkürzung eingeführten reellen und frequenzabhängigen Materialkonstanten

$$\delta' = \mu'(\varepsilon' - \sigma''/\varepsilon_0 \omega) - \mu''(\varepsilon'' + \sigma'/\varepsilon_0 \omega), \tag{30a}$$

$$\delta'' = \mu''(\varepsilon' - \sigma''/\varepsilon_0 \omega) + \mu'(\varepsilon'' + \sigma'/\varepsilon_0 \omega). \tag{30b}$$

In diesen beiden Gleichungen sind die Verschiebungen von gebundenen und freien Elektronen während der Schwingung jeweils phasengerecht addiert.

[3] Physikalisch bedeutet das eine gedämpfte Welle (siehe unten), für die eine reelle Phasengeschwindigkeit durch den Realteil n' von n definiert wird.

[4] Oft auch $\hat{n} = n - i\varkappa$ oder $\hat{n} = n(1 - i\varkappa)$ geschrieben. Wir schreiben $n = n' - i n''$ der Einheitlichkeit halber und um Irrtümer mit $\varkappa$ zu vermeiden.

Man kann aus ihnen formal entweder die Leitfähigkeit σ eliminieren und nur eine DK $\hat{\varepsilon}$ benutzen, oder umgekehrt formal ε eliminieren und nur eine Leitfähigkeit $\hat{\sigma}$ zurückbehalten. Physikalisch bedeutet das die Möglichkeit, die Verschiebung von gebundenen *und* freien Elektronen *einheitlich* entweder als komplexe Gesamtpolarisation oder als komplexe Gesamtleitfähigkeit *aller* Elektronen aufzufassen. Beide Beschreibungen werden in der Literatur benutzt.

Führt man z.B. durch

$$1 + \hat{\xi} = 1 + \hat{\xi}' - i\,\hat{\xi}'' = \hat{\varepsilon} \qquad (31)$$
$$\hat{\varepsilon} = \hat{\varepsilon}' - i\,\hat{\varepsilon}''$$

die *gesamte DK* von gebundenen und Leitungselektronen ein, so ist

$$\hat{\varepsilon}' = \varepsilon' - \sigma''/\varepsilon_0\,\omega = 1 + \xi' + \xi^{\sigma'}\,, \qquad (32\text{a})$$

$$\hat{\varepsilon}'' = \varepsilon'' + \sigma'/\varepsilon_0\,\omega = \xi'' + \xi^{\sigma''} \qquad (32\text{b})$$

mit den Suszeptibilitäten $\xi' - i\,\xi''$ der gebundenen (Ziffern 28, 29) Elektronen und den Suszeptibilitäten $\xi^{\sigma'} - i\,\xi^{\sigma''}$ der Leitungselektronen, und das *Dispersionsgesetz* (29) läßt sich wieder in der gewohnten Maxwellschen Form (28) schreiben:

$$k^2/k_0^2 = n^2 = \mu\,\hat{\varepsilon}\,. \qquad (33)$$

Führt man andererseits durch

$$\hat{\sigma} = \hat{\sigma}' - i\,\hat{\sigma}''$$

die *gesamte Leitfähigkeit* aller Elektronen ein, so hat man analog zu (32a, b)

$$\xi' - \sigma''/\varepsilon_0\,\omega = \varepsilon' - 1 - \sigma''/\varepsilon_0\,\omega = -\,\hat{\sigma}''/\varepsilon_0\,\omega\,, \qquad (32\text{a}')$$

$$\xi'' + \sigma'/\varepsilon_0\,\omega = \varepsilon'' + \sigma'/\varepsilon_0\,\omega = \hat{\sigma}'/\varepsilon_0\,\omega \qquad (32\text{b}')$$

zu setzen. Damit wird

$$\delta' = \mu'(1 - \hat{\sigma}''/\varepsilon_0\,\omega) - \mu''\,\hat{\sigma}'/\varepsilon_0\,\omega\,, \qquad (30\text{a}')$$

$$\delta'' = \mu''(1 - \hat{\sigma}''/\varepsilon_0\,\omega) + \mu'\,\hat{\sigma}'/\varepsilon_0\,\omega \qquad (30\text{b}')$$

und also durch Vergleich mit (30) und (32)

$$\hat{\varepsilon}' = 1 - \hat{\sigma}''/\varepsilon_0\,\omega\,, \qquad (32\text{c}')$$

$$\hat{\varepsilon}'' = \sigma'/\varepsilon_0\,\omega\,, \qquad (32\text{c}'')$$

d.h.

$$\hat{\varepsilon} = 1 - i\,\hat{\sigma}/\varepsilon_0\,\omega\,, \qquad (32\text{c})$$

und *das Dispersionsgesetz* bekommt die Form

$$k^2/k_0^2 = \delta = n^2 = \mu(1 - i\,\hat{\sigma}/\varepsilon_0\,\omega)\,. \qquad (33')$$

Die komplexe Funktion $\hat{\sigma}(\omega)$ wird auch *optische Leitfähigkeit* genannt. Ihr Realteil bedeutet (wie der Imaginärteil von $\hat{\varepsilon}(\omega)$) Absorption, ihr Imaginärteil (wie der Realteil von $\hat{\varepsilon}$) Dispersion.

Aus (29), (29′) ergeben sich zwischen den *optischen Konstanten* n', n'' und den *elektrischen Konstanten* δ', δ'' die Beziehungen

$$2\,n'^2 = (\delta'^2 + \delta''^2)^{1/2} + \delta'\,, \qquad (34)$$
$$2\,n''^2 = (\delta'^2 + \delta''^2)^{1/2} - \delta'$$

und umgekehrt

$$\delta' = n'^2 - n''^2\,, \qquad \delta'' = 2\,n'\,n''\,. \qquad (35)$$

Die Bedeutung von n' und n'' folgt sofort nach Einsetzen von (28) in die Welle (17): man erhält

$$\begin{aligned} E_x &= E_0\, e^{-k_0 n'' z}\, e^{i(\omega t - k_0 n' z)} \qquad (36)\\ &= E_0\, e^{-z/\zeta}\, e^{i(\omega t - k_0 n' z)}\,. \end{aligned}$$

Das ist eine *exponentiell gedämpfte* Welle der Frequenz ω, die sich mit der reellen Wellenzahl $k_0 n'$ ausbreitet und deren Amplitude nach der *Eindringtiefe*

$$\zeta = 1/k_0 n'' \qquad (37)$$

auf E_0/e abgeklungen ist.

Aus den optischen Konstanten n' und n'' können andere berechnet werden. Zum Beispiel ist

$$K = 2\,\zeta^{-1} = 2\,k_0 n'' = -\ln(E_x E_x^* / E_0^2) \qquad (38)$$

die *Absorptionskonstante* im Innern und (bei senkrechter Inzidenz)

$$R = \left| \frac{n-1}{n+1} \right|^2 = \frac{(n'-1)^2 + n''^2}{(n'+1)^2 + n''^2} \qquad (39)$$

das *Reflexionsvermögen* an der Oberfläche gegen Vakuum, beides für die Strahlungsleistung (nicht die Amplitude!).

Die hier abgeleiteten Formeln beanspruchen allgemeine Gültigkeit in dem durch die Maxwell-Gleichungen (1)—(4) beschriebenen Erfahrungsbereich. Sie enthalten jedoch keinerlei mikrophysikalische Interpretation der empirisch für ein Kontinuum eingeführten Materialkonstanten ε, μ, σ. Diese wird anhand von speziellen Modellen in den zuständigen Kapiteln des Buches gegeben.

Literatur

Dies Verzeichnis erhebt keinen Anspruch auf Vollständigkeit. Es gibt nur einige Hinweise auf Lehrbücher, weiterführende Literatur und Tabellen. Die Reihenfolge der Anordnung ist zufällig und bedeutet keine Bewertung.

Lehrbücher und Sammelwerke (zu Kap. A)

[A 1] Busch, G., Schade, H.: Vorlesungen über Festkörperphysik. Basel 1973.

[A 2] Kittel, C.: Einführung in die Festkörperphysik (Übersetzung), 3. Aufl. München 1973.

[A 3] Dekker, A. J.: Solid State Physics. Prentice Hall, 1957.

[A 4] Madelung, E.: Die mathematischen Hilfsmittel des Physikers. Springer 1950.

[A 5] Madelung, O.: Festkörpertheorie I, II, III. Springer 1972/73.

[A 6] Ludwig, W.: Festkörperphysik I, II. Akad. Verlagsges. 1970.

[A 7] Kittel, C.: Quantentheorie des Festkörpers (Übersetzung). München 1970.

[A 8] Ziman: Principles of the Theory of Solids. London 1964. Übersetzung: Prinzipien der Festkörpertheorie. Zürich und Frankfurt 1975.

[A 9] Smith, R. A.: Wave Mechanics of Crystalline Solids, 2nd. Ed. London 1969.

[A 10] Blakemore, J. S.: Solid State Physics. Philadelphia 1969.

[A 11] Harrison, W. A.: Solid State Theory. McGraw Hill, 1970.

[A 12] Peierls, R: Quantum Theory of Solids. 1955.

[A 21] Flügge, S. (Hrsg.): Handbuch der Physik (etwa 60 Bände). Springer, seit 1955.

[A 22] Sauter, F., Madelung, O. (Hrsg.): Festkörperprobleme. Vieweg, seit 1962.

[A 23] Ehrenreich, H., Seitz, F., Turnbull, D. (eds.): Solid State Physics. Academic Press, New York, seit 1955.

[A 24] Chalmers, B. (eds.): Progress in Metal Physics. London, seit 1949.

Vorwiegend zu Kapitel B

[B 1] Kleber, W.: Einführung in die Kristallogaphie, Berlin 1963.

[B 2] Winkler, H. G. F.: Struktur und Eigenschaften der Kristalle, 2. Aufl., Springer 1955.

[B 3] Buerger, M. J.: Elementary crystallography. New York 1956.

[B 4] Jagodzinski, H.: Kristallographie. Handbuch der Physik, Bd. VII/1. Springer 1955.

[B 5] v. Laue, M.: Röntgenstrahl-Interferenzen. Frankfurt 1960.

[B 6] Buerger, M. J.: X-ray Crystallography. Wiley 1942.

[B 7] Buerger, M. J.: Crystal Structure Analysis. Wiley 1960.

[B 8] Handbuch der Physik, Bd. XXXII. Springer 1957:
  a) Boumann, J.: Theoretical Principles of Structural Research by X-rays.
  b) Guinier, A., von Eller, G.: Les méthodes expérimentales des déterminations de structures cristallines par rayons X.
  c) Raether, H.: Elektronen-Interferenzen.
  d) Ringo, G. R.: Neutron diffraction and interference.

[B 8a] Handbuch der Physik, Bd. XXV/2a, Springer 1967.
  a) Cochran, W., Cowley, R. A.: Phonons in perfect crystals.

[B 9] Bacon, G. E.: Neutron diffraction. 2nd ed. Oxford 1962.

[B 11] Hellwege, K.-H. (Hrsg.): Landolt-Börnstein-Tabellen, 6. Aufl. Bd. I/4 Kristalle. Springer 1955.

[B 12] Hellwege, K.-H. und A. M. (Hrsg.): Landolt-Börnstein Neue Serie, Springer seit 1961.
  Bd. III/5: Organische Kristallstrukturen.
  Bd. III/6: Kristallstrukturen von Metallen.
  Bd. III/7a–h: Anorganische Kristallstrukturen.

[B 13] Wyckoff, R. W. G.: Crystal Structures. 2nd ed. New York 1963–1969.

[B 14] a) Internationale Tabellen zur Bestimmung von Kristallstrukturen, 2 Bände, Berlin 1935.
  b) Lonsdale, K., et al. (Hrsg.): International Tables for X-ray Crystallography. Birmingham 1952–1962.

[B 20] Kelly, A., Groves, G. W.: Crystallography and crystal defects. London 1970.

[B 21] Amelinckx, S.: The direct observation of dislocations. Solid State Physics, Supplement 6, 1964.

[B 22] Amelinckx, S., Deckeyser, W.: Structure and properties of grain boundaries. Solid State Physics **8**, 327 (1959).

[B 23] Cottrell, A. H.: Theory of Dislocations. New York 1962.

[B 24] Read, W. T.: Dislocations in Solids. New York 1963.

[B 25] Friedel, H.: Dislocations. Oxford 1964.
[B 26] Hull, D.: Introduction to Dislocations. Oxford 1964.
[B 27] Seeger, A.: Theorie der Gitterfehlstellen. Handbuch der Physik, Band VII/1, Springer 1955.
[B 28] Seeger, A.: Kristallplastizität. Handbuch der Physik, Band VII/2, Springer 1958.
[B 29] Crawford, J. H., Slifkin, L. M. (eds.): Point defects in solids, Vol. 1, New York 1972.
[B 30] Greenwood, N. N.: Ionenkristalle, Gitterdefekte und nichtstöchiometrische Verbindungen. Weinheim 1973.
[B 31] Schulman, J. A., Compton, W. D.: Color Centers in Solids, Oxford 1963.

Vorwiegend zu Kapitel C

[C 1] Pauling, L.: Die Natur der chemischen Bindung (Übers.). 2. Aufl. Weinheim 1964.
[C 2] Voigt, W.: Lehrbuch der Kristallphysik. Leipzig 1910.
[C 3] Auerbach, F., Horst, W.: Handbuch der physikalischen und technischen Mechanik, Bd. III. Leipzig: Barth 1927.
[C 4] Nye, J. F.: Physical properties of crystals: their representation by tensors and matrices. Oxford: Clarendon Press 1957.
[C 5] Love, A. H. E.: A treatise on the mathematical theory of elasticity. Dover 1944.
[C 6] Hearmon, R. F. S.: Rev. Mod. Phys. **18**, 409 (1946).
[C 7] Hearmon, R. F. S.: An introduction to applied anisotropic elasticity. Oxford: University Press 1961.
[C 7a] Huntington, H. B.: The elastic constants of crystals. In Solid State Physics Vol. 7, New York 1958.
[C 8] Cady, W. G.: Piezoelectricity. New York: McGraw-Hill 1946.
[C 9] Bechmann, R., Hearmon, R. F. S.: Elastische (und weitere) Konstanten von Kristallen, Landolt-Börnstein, Neue Serie, Bde. III/1/2. Springer 1966/69.
[C 10] Bergmann, L.: Der Ultraschall und seine Anwendung in Wissenschaft und Technik. 3. Aufl. VDI-Verlag 1942.
[C 11] Born, M., Kun Huang: Dynamical theory of crystal lattices. Oxford 1954.
[C 12] Maradudin, A. A., Montroll, E. W., Weiss, G. H.: Theory of lattice dynamics in the harmonic approximation. Solid State Physics Suppl. 5 (1963).
[C 13] Leibfried, G.: Gittertheorie der mechanischen und thermischen Eigenschaften der Kristalle. In: Handbuch der Physik VII/1. Berlin: Springer 1955.
[C 14] Blackman, M.: The specific heat of solids. In: Handbuch der Physik VII/1. Berlin: Springer 1955.
[C 15] Cochran, W., Cowley, R. A.: Phonons in perfect solids. In: Handbuch der Physik, XXV/2a. Berlin: Springer 1967.
[C 16] Leibfried, G., Ludwig, W.: Theory of anharmonic effects in crystals. Solid State Physics **12**, 276 (1961).
[C 17] Bak, T. A. (ed.): Phonons and phonon interaction (Aarhus Summer school lectures 1963). New York 1964.
[C 18] Stevenson, R. W. H. (ed.): Phonons in perfect lattices and in lattices with point imperfections (Scottish Universities Summer School 1965). Edinburgh 1966.
[C 19] Brillouin, L.: Wave propagation in periodic structures. Dover 1953.
[C 20] Mathieu, J. P.: Spectres de vibration et symetrie. Paris 1945.
[C 21] Lösch, F.: In Landolt-Börnstein, 6. Aufl. Bd. II/4. Berlin: Springer 1961.

Vorwiegend zu Kapitel D

[D 1] Voigt, W.: Lehrbuch der Kristallphysik. Leipzig 1910.
[D 2] Joos, G.: Lehrbuch der theoretischen Physik. 10. Aufl., Frankfurt/M. 1959.
[D 3] Pockels, F.: Lehrbuch der Kristalloptik. Leipzig 1906.
[D 4] Born, M.: Optik. Berlin: Springer 1933/1965.
[D 5] Ramachandran, G. N., Ramaseshau, S.: Crystal optics. In: Handbuch der Physik, Bd. XXV/1. Berlin: Springer 1961.
[D 6] Hellwege, K. H.: Einführung in die Physik der Atome (Heidelberger Taschenbücher). Berlin-Göttingen-Heidelberg: Springer 1964.
[D 7] Hellwege, K. H.: Z. Physik **129**, 626 (1951) und **131**, 98 (1951).
[D 8] Gross, E. F., Kaplianski, A. A.: Dokl. Akad. Nauk SSSR **139**, 75 (1961) [Sovjet Physics Dokl. **6**, 592 (1962)].
[D 9] Nye, J. F.: Physical properties of crystals, their representation by tensors and matrices. Oxford 1957.
[D 10] Koritnig, S.: Brechzahlen nichtmetallischer fester Stoffe. Landolt-Börnstein, 6. Aufl., Bd. II/8. Berlin: Springer 1962.
[D 11] Gast, Th.: Dielektrische Eigenschaften von Kristallen und kristallinen Festkörpern. Landolt-Börnstein, 6. Aufl., Bd. II/6. Berlin: Springer 1959.
[D 12] Cady, W. G.: Piezoelectricity. New York 1946.
[D 13] Mason, W. P.: Piezoelectric crystals. New York 1950.
[D 14] Bechmann, R.: Konstanten von piezoelektrischen Kristallen. Landolt-Börnstein, Neue Serie, Bde. III/1/2, Berlin: Springer 1966/69.

Vorwiegend zu Kapitel E

[E 1] Condon, E. U., Shortley, G. H.: The theory of atomic spectra. Cambridge 1951.

[E 2] Messiah, A.: Quantum mechanics I, II. Amsterdam 1964.

[E 3] Fick, E.: Einführung in die Grundlagen der Quantentheorie. Frankfurt 1968.

[E 4] Edmonds, A. R.: Drehimpulse in der Quantenmechanik. BI Mannheim 1964.

[E 5] Rose, M. E.: Elementary theory of angular momentum. New York 1961.

[E 5a] Brink, D. M., Satchler, G. R.: Angular momentum. Oxford 1968.

[E 6] Bethe, H. A., Salpeter, E. E.: Quantum mechanics of one- and two-electron systems. In: Hdb. d. Physik, Bd. XXXV. Springer 1957.

[E 7] di Bartolo, B.: Optical interactions in solids. New York 1968.

[E 8] Eder, G.: Elektrodynamik. BI Mannheim 1967.

[E 9] Kramers, H. A.: Collected scientific papers. Amsterdam 1956.

[E 10] Hutchings, M. T.: Point charge calculations of energy levels of magnetic ions in crystalline electric fields. Solid State Physics **16**, 227 (1964).

[E 11] Dunn, T. M., McClure, D. S., Pearson, R. G.: Crystal field theory. New York 1965.

[E 12] Griffith, J. S.: The theory of transition metal ions. Cambridge 1961.

[E 13] Griffith, J. S.: The irreducible tensor method for molecular symmetry groups. Prentice Hall 1962.

[E 14] Herzfeld, C. M., Meijer, P. H. E.: Group theory and crystal field theory. In: Solid State Physics **12**, 1 (1961).

[E 15] Judd, B.: Operator techniques in atomic spectroscopy. New York 1963.
Judd, B.: Second quantization and atomic spectroscopy. Baltimore 1967.

[E 16] McClure, D. S.: Theory of spectra of ions in crystals. In: Solid State Physics Vol. 9, 400 (1959).

[E 17] Fick, E., Joos, G.: Kristallspektren. In: Hdb. d. Physik, Bd. XXVIII. Springer 1957.

[E 18] Dieke, G. H. (ed. Crosswhite): Spectra and energy levels of rare earth ions in crystals. New York 1968.

[E 19] Wybourne, B. G.: Spectroscopic properties of rare earths. New York 1965.

[E 19a] Sugano, S., Tanabe, Y., Kimura, H.: Multipletts of transition metal ions in crystals. New York 1970.

[E 20] Sturge, M. D.: The Jahn-Teller-effect in solids. Solid State Physics **20**, 91 (1967).

[E 20a] Englman, R.: The Jahn Teller effect in molecules and crystals. New York 1972.

[E 21] Stevens, K. W. H.: Proc. Phys. Soc. A **65**, 209 (1952).

[E 22] Elliott, R., Stevens, K. W. H.: Proc. R. Soc. London A **219**, 387 (1953).

[E 23] Abragam, A., Pryce, M. L. H.: Proc. R. Soc. London A **205**, 135 (1951).

[E 24] Slichter, C. P.: Principles of magnetic resonance, with examples from solid state physics. Harper and Row 1963.

[E 24a] Altschuler, S. A., Kosyrew, B. M.: Paramagnetische Elektronenresonanz. Leipzig 1963.

[E 25] Bleaney, B., Stevens, K. W. H.: Paramagnetic resonance. Rep. Progress Physics **16**, 108 (1953).

[E 26] Bowers, K. D., Owen, J.: Paramagnetic resonance II. Rep. Progr. Physics **18**, 304 (1955).

[E 27] Orton, J. W.: Paramagnetic resonance data. Rep. Progr. Physics **22**, 204 (1959).

[E 28] Low, W.: Paramagnetic resonance in solids. In: Solid State Physics, Supp. 2, 1960.

[E 28a] Abragam, A., Bleaney, B.: Electron paramagnetic resonance. Oxford 1970.

[E 29] Gordy, W.: Microwave spectroscopy. In: Hdb. d. Physik, Bd. XXVII. Springer 1957.

[E 30] Orgel, L. E.: An introduction to transition metal chemistry. Ligand field theory. London 1960.

[E 31] Ballhausen, C. J.: Introduction to ligand field theory. New York 1962.

[E 32] Klixbüll Jorgensen, C. K.: Absorption spectra and chemical bonding in complexes. Pergamon 1962.

[E 33] Mollwo, E., Kaule, W.: Maser und Laser. BI Mannheim 1966.

[E 34] Landolt-Börnstein-Tabellen, 6. Aufl. Bd. I/4: Kristalle. Springer 1955.

[E 35] Hellwege, K. H.: Annalen d. Physik (6), **4**, 95, 127, 136, 143, 150, 357 (1948).

[E 36] Landolt-Börnstein-Tabellen, Neue Serie, Bd. I/3: 3j, 6j, 9j-Symbole, F- und Γ-Koeffizienten. Springer 1968.

Vorwiegend zu Kapitel F

[F 1] van Vleck, J. H.: Theory of electric and magnetic susceptibilities. Oxford 1932.

[F 2] Selwood, P. W.: Magnetochemistry, 2nd ed. New York 1956.

[F 3] Williams, D.: The magnetic properties of matter. 1966.

[F 4] Wagner, D.: Einführung in die Theorie des Magnetismus. Braunschweig 1966.

[F 5] Bates, L.: Modern magnetism. Cambridge 1963.

[F 6] Martin, D. H.: Magnetism in solids. London 1967.

[F 7] Morrish, A. H.: The physical principles of magnetism. New York 1965.

[F 8] Mattis, D. C.: The theory of magnetism. New York 1965.

[F 8a] White, R. M.: Quantum theory of magnetism. New York 1970.

[F 9] Rado, G. T., Suhl, H.: Magnetism. Academic Press, fortlaufend. Ein Handbuch, in dem alle Gebiete des Magnetismus behandelt werden. Bereits mehrere Bände. Seit 1962.

[F 10] Anderson, P. W.: Theory of magnetic exchange interactions: exchange in insulators and semiconductors. In: Solid State Physics **14**, 99 (1963).

[F 11] Kittel, C.: Indirect exchange interactions in metals. Solid State Physics **22**, 1 (1968).

[F 11a] Zeiger, H. J., Pratt, G. W.: Magnetic interactions in solids. Oxford 1973.

[F 12] Smart, J. S.: Effective field theory of magnetism. Philadelphia 1966.

[F 13] Becker, R., Döring, W.: Ferromagnetismus. Berlin 1939.

[F 14] Bozorth, R. M.: Ferromagnetism. New York 1951.

[F 15] Kneller, E.: Ferromagnetismus. Springer 1962.

[F 15a] Kneller, E.: Theorie der Magnetisierungskurve kleiner Kristalle. In: Hdb. d. Physik, Bd. XVIII/2. Springer 1966.

[F 16] Craik, D. J., Tebble, R. S.: Ferromagnetism and ferromagnetic domains. 1965.

[F 17] Chikazumi, S.: Physics of magnetism. New York 1964.

[F 18] Kittel, C., Galt, J. K.: Ferromagnetic domain theory. In: Solid State Physics Vol. **3**, 1955.

[F 19] Carr, W. J., Jr.: Secondary effects in ferromagnetism. In: Hdb. d. Physik, Bd. XVIII/2. Springer 1966.

[F 19a] Döring, W.: Mikromagnetismus. In: Hdb. d. Physik, Bd. XVIII/2. Springer 1966.

[F 20] Keffer, F.: Spinwaves. In: Hdb. d. Physik, Bd. XVIII/2. Springer 1966.

[F 21] Akhiezer, A. I., Baryakhtar, V. G., Peletminskij, S. V.: Spinwaves. Amsterdam 1968.

[F 22] Goodenough, J. B.: Magnetism and the chemical bond. Interscience 1963.

[F 23] Néel, L., Pauthenet, R., Dreyfus, B.: The rare earth garnets. Progr. Low Temp. Physics IV, 344 (1964).

[F 24] Smit, J., Wijn, H. P. J.: Ferrites. New York 1959.

[F 24a] Krupička, S.: Physik der Ferrite und der verwandten magnetischen Oxide. Braunschweig 1973.

[F 25] Cooper, B. R.: Magnetic properties of rare earth metals. Solid State Physics **21**, 393 (1968).

[F 26] Yosida, Kei: Magnetic structures of heavy rare earth metals. Progr. Low Temp. Physics IV, 265, 1964.

[F 27] Egelstaff, P. A. (ed.): Thermal neutron scattering. London-New York 1965.

[F 28] Casimir, H. B. G.: Magnetism and very low temperatures. Cambridge 1940.

[F 29] Gorter, C. J.: Paramagnetic relaxation. Elsevier 1947.

[F 30] Ambler, E., Hudson, R. P.: Magnetic cooling. Rep. Progress Physics **18**, 251 (1955).

[F 30a] Hudson, R. P.: Principles and application of magnetic cooling. Amsterdam 1972.

[F 31] De Klerk, D.: Adiabatic demagnetization. In: Hdb. d. Physik, Bd. XV. Springer 1956.

[F 32] Little, W. A.: Magnetic cooling. Progr. in Cryogenics **4**, 101 (1964).

[F 33] Orbach, R.: Spin lattice relaxation in solids. In: Fluctuation, relaxation and resonance in magnetic systems, ed. by D. Ter Haar. Edinburgh 1962.

[F 33a] Verstelle, J. C.: Paramagnetic Relaxation. In: Hdb. d. Physik, Bd. XVIII/1. Springer 1968.

[F 34] Kürti, N.: Cryogenics **1**, 2 (1960); Adv. in Cryog. Eng. **8**, 1 (1963).

[F 35] Abragam, A.: Nuclear magnetism. Oxford 1961.

[F 36] Spraks, M.: Ferromagnetic relaxation theory. New York 1964.

[F 37] Landolt-Börnstein-Tabellen: 6. Aufl. Bd. I/4; Bd. II/9/10; Neue Serie Bd. II/1/2, Bd. III/4a, b. Springer

[F 38] Osborn, J. A.: Phys. Rev. **67**, 351 (1945).

Vorwiegend zu Kapitel G

[G 1] van Vleck, J. H.: Theory of electric and magnetic susceptibilities. Oxford 1932.

[G 2] Fröhlich, H.: Theory of dielectrics: dielectric constant and dielectric loss. 2nd ed. Oxford 1958.

[G 3] Brown, W. F., jr.: Dielectrics. Handbuch der Physik, Bd. XVII. Springer 1956.

[G 4] Mills, D. L., Burstein, E.: Polaritons. Rep. Progr. Phys. **37**, 817 (1974).

[G 5] Wong, H. C., Grindlay, J.: The elastic dielectric. Adv. Physics **23**, 261 (1974).

[G 6] v. Hippel, A. R.: Dielectrics and waves. Wiley 1954.

[G 7] v. Hippel, A. R. (ed.): Dielectric materials and applications. Wiley 1954.

[G 8] Gast, Th.: Dielektrische Eigenschaften von Kristallen und kristallinen Festkörpern. Landolt-Börnstein, 6. Aufl., Bd. II/6. Springer 1959.

[G 11] Sonin, A. S., Strukow, B. A.: Einführung in die Ferroelektrizität (Übersetzung). Braunschweig 1974.

[G 12] Smolenskij, G. A., Krajnik, N. N.: Ferroelektrika und Antiferroelektrika (Übersetzung). Teubner 1972.

[G 13] Känzig, W.: Ferroelectrics and Antiferroelectrics. Solid State Physics **4**, 1 (1957).

[G 14] Iona, F., Shirane, G.: Ferroelectric crystals. Pergamon 1962.

[G 15] Forsbergh, W.: Piezoelectricity, electrostriction and ferroelectricity. Handbuch der Physik, Bd. XVII. Springer 1956.

[G 16] Grindlay, J.: An Introduction to the phenomenological theory of ferroelectricity. Oxford 1970.

[G 17] Mitsui, T., et al.: Ferro- and antiferroelectric substances. Landolt-Börnstein, Neue Serie, Bde. III/3/9. Springer 1969/1975.

Vorwiegend zu Kapitel H

[H 1] Sommerfeld, A., Bethe, H.: Elektronentheorie der Metalle. (Nachdruck aus Hdb. d. Physik). Springer 1967.
[H 2] Schulze, G. E. R.: Metallphysik. Berlin 1967.
[H 3] Brauer, W.: Einführung in die Elektronentheorie der Metalle. Leipzig und Braunschweig 1972.
[H 4] Pearson, W. B.: The crystal chemistry and physics of metals and alloys. New York 1972.
[H 5] Fröhlich, H.: Elektronentheorie der Metalle. Springer 1936.
[H 6] Slater, J. C.: The electronic structure of solids. Handbuch der Physik, Bd. XIX. Springer 1956.
[H 7] Slater, J. C.: Symmetry and energy bands in crystals. New York 1972.
[H 8] Wilson, A. H.: Theory of metals, 2nd ed. Oxford 1959.
[H 9] Stanley, J. K.: Electrical and magnetic properties of metals. 1963.
[H 10] Jones, H.: The theory of Brillouin zones and electronic states in crystals. Amsterdam 1960.
[H 11] Pincherle, L.: Electronic energy bands in solids. London 1971.
[H 12] Fletcher, G. C.: The electron band theory of solids. Amsterdam 1971.
[H 13] Abrikosow, A. A.: Introduction to the theory of normal metals. Solid State Physics, Suppl. 12 (1972).
[H 14] Ziman, J. M.: Electrons in metals. London 1963.
[H 15] Ziman, J. M. (ed.): Physics of metals. Vol. 1, Electrons. Cambridge 1969.
[H 16] Ziman, J. M.: Electrons and phonons. London 1960.
[H 17] Jenkins, R. O., Trodden, W. G.: Electron and ion emission from solids. New York 1965.
[H 18] Nottingham, W. B.: Thermionic emission. Handbuch der Physik, Bd. XXI. Springer 1956.
[H 19] Drechsler, M., Müller, E. W.: Feldemissionsmikroskopie. Springer 1963.
[H 20] Good, R. H., jr., Müller, E. W.: Field emission. Handbuch der Physik, Bd. XXI. Springer 1956.
[H 31] McDonald, D. K. C.: Thermoelectricity. New York 1962.
[H 32] Huebener, R. P.: Thermoelectricity in metals and alloys. Solid State Physics **27**, 64 (1972).
[H 33] Dobretsow, L. N., Gomoyunowa, M. V.: Emission electronics. Jerusalem 1971.
[H 34] Raether, H.: Solid state excitations by electrons. Springer Tracts in Mod. Phys. **38**, 84 (1965).
[H 35] Klemperer, O., Shepherd, J. P. G.: Characteristic energy losses of electrons in solids. Adv. Physics **12**, 355 (1963).
[H 36] Winter, J.: Magnetic resonance in metals. Oxford 1971.
[H 37] Parkinson, D. H.: The specific heat of metals at low temperatures. Rep. Progr. Physics **21**, (1958).
[H 38] Keesom, P. H., Pearlman, N.: Low temperature heat capacity of solids. Handbuch der Physik, Bd. XIV. Springer 1956.
[H 39] Hummel, R. E.: Optische Eigenschaften von Metallen und Legierungen. Springer 1971.
[H 40] Wooten, F.: Optical properties of solids. New York 1972.
[H 41] Nilsson, P. O.: Optical properties of metals and alloys. Solid State Physics **29**, (1974).
[H 42] Givens, M. P.: Optical properties of metals. Solid State Physics **6** (1958).
[H 43] Abelès, F.: Optical properties of metals. In: Optical properties of solids. Amsterdam 1972.
[H 44] Fabian, D. J., Watson, L. M., Marshall, C. A. W.: Soft x-ray spectroscopy and the electronic structure of solids. Rep. Progr. Physics **34**, 601 (1971).
[H 51] Justi, E.: Leitungsmechanismus und Energieumwandlung in Festkörpern. Göttingen 1965.
[H 52] Jones, H.: Theory of electrical and thermal conductivity in metals. Handbuch der Physik, Bd. XIX. Springer 1956.
[H 53] Gerritsen, A. N.: Metallic conductivity, experimentals part. Handbuch der Physik, Bd. XIX. Springer 1956.
[H 54] Olsen, J. L.: Electron transport in metals. New York-London 1962.
[H 55] Blatt, F. J.: Physics of electronic conduction in solids. New York 1968.
[H 56] Gantmakher, V. F.: The experimental study of electron phonon scattering in metals. Rep. Progr. Physics **37**, 317 (1974).
[H 57] MacDonald, D. K. C.: Electrical conductivity of metals and alloys at low temperatures. Handbuch der Physik, Bd. XIV. Springer 1956.
[H 58] Meaden, G. T.: Electrical resistance of metals. London 1966.
[H 59] March, N. H.: Liquid metals. London 1968.
[H 60] Faber, T. E.: Theory of liquid metals. Cambridge 1972.
[H 61] Busch, G., Güntherodt, H.: Electronic properties of liquid metals and alloys. Solid State Physics **29**, 235 (1974).
[H 62] Heeger, A. J.: Localized moments and nonmoments in metals: Kondo-Effect. Solid State Physics **23** (1969).
[H 71] Busch, G.: Experimentelle Methoden zur Bestimmung effektiver Massen in Metallen und Halbleitern. Halbleiterprobleme, Bd. 6. Braunschweig 1961.
[H 72] Harrison, W. A., Webb, M. B. (ed.): The Fermi surface. New York 1960.
[H 73] Pippard, A. B.: Experimental analysis of the electronic structure of metals. Rep. Progr. Physics **23** (1960).
[H 74] Pippard, A. B.: The dynamics of conduction electrons. London 1965.
[H 75] Spector, H. N.: Interaction of acoustic waves and conduction electrons. Solid State Physics **19**, 291 (1966).
[H 76] Cracknell, A. P.: The Fermi surfaces of metals. London 1971.
[H 81] Touloukian, Y. S., Ho, C. Y.: Specific heats, metallic elements and alloys. 1970.
[H 82] Döring, W.: Energiebänder in Festkörpern. Landolt-Börnstein, 6. Aufl., Bd. I/4. Springer 1955.

[H 83] Faessler, A.: Röntgenspektrum und Bindungszustand. Landolt-Börnstein, 6. Aufl., Bd. I/4. Springer 1955.
[H 84] Auer, W.: Wärmekapazität in Abhängigkeit von der Temperatur. Landolt-Börnstein, 6. Aufl., Bd. II/4. Springer 1961.
[H 85] Meißner, W., Schmeißner, F., Doll, R., Jaggi, R., Hulliger, F.: Elektrische Leitfähigkeit von Metallen. Landolt-Börnstein, 6. Aufl., Bd. II/6. Springer 1959.
[H 86] Suhrmann, R.: Elektronen-Emission von Metallen und Metalloiden. Landolt-Börnstein, 6. Aufl., Bd. I/4. Springer 1955.
[H 87] Kluge, W.: Photoemission. Landolt-Börnstein, 6. Aufl., Bd. II/6. Springer 1959.
[H 88] Kluge, W.: Glühemission und Austrittsarbeiten. Landolt-Börnstein, 6. Aufl., Bd. II/6. Springer 1959.
[H 89] Nyström, J.: Thermospannungen. Landolt-Börnstein, 6. Aufl., Bd. II/6. Springer 1959.

Vorwiegend zu Kapitel I

[I 1] Madelung, O.: Halbleiter. Handbuch der Physik, Bd. XX. Springer 1957.
[I 2] Madelung, O.: Grundlagen der Halbleiterphysik. Springer 1970.
[I 3] Müser, H. A.: Einführung in die Halbleiterphysik. Darmstadt 1960.
[I 4] Anselm, A. I.: Einführung in die Halbleitertheorie. Berlin 1964.
[I 5] Spenke, E.: Elektronische Halbleiter, 2. Aufl. Springer 1965.
[I 6] Adler, R. B., Smith, A. C., Longini, R. L : Introduction to semiconductor physics. Wiley 1964.
[I 7] Moll, J. L.: Physics of semiconductors. McGraw-Hill 1964.
[I 8] Seeger, K.: Semiconductor physics. Springer 1973.
[I 9] Smith, R. A.: Semiconductors. London 1959.
[I 11] Schottky, W., Sauter, F., Madelung, O. (Hrsg.) : Halbleiterprobleme. Braunschweig, seit 1954.
[I 12] Gibson, A. F., Aigrain, P., Burgess, R. E. (Hrsg.) : Progress in semiconductors. London (seit 1956).
[I 13] Aigrain, P., Balkanski, M. (ed.) : Constantes sélectionnées relatives aux semi-conducteurs. Tables de constantes etc. T. 12. Oxford 1961.
[I 14] Welker, H., Weiß, H., Heiland, G., Mollwo, E.: Halbleiter. Landolt-Börnstein, 6. Aufl., Bd. II/6. Springer 1959.
[I 15] Heiland, G., Mollwo, E.: Lichtelektrische Leitung (Photoleitung) : Landolt-Börnstein, 6. Aufl., Bd. II/6. Springer 1959.

Vorwiegend zu Kapitel J

[J 1] Knox, R. S.: Theory of excitons. Solid State Physics, Suppl. 5, 1963.
[J 2] Dexter, D. L., Knox, R. S.: Excitons. New York 1965.
[J 3] Davydov, A. S.: Theory of molecular excitons. New York/London 1971.
[J 4] McClure, D. S.: Electronic spectra of molecules and ions in crystals. Solid State Physics **8**, 1 (1959) and **9**, 399 (1959).
[J 5] Wolf, H. C.: The electronic spectra of molecular crystals. Solid State Physics **9**, 1 (1959).
[J 6] Wallis, R. F. (ed.) : Localized excitons in solids. London 1968.
[J 7] Haken, H., Nikitine, S. (eds.) : Excitons at high densities. Springer Tracts Vol. 73. Springer 1975.
[J 11] Wooten, F.: Optical properties of Solids. New York 1972.
[J 12] Abelès, F. (ed.) : Optical properties of solids. Amsterdam 1972.
[J 13] Kuper, C. G., Whitfield, G. D. (eds.) : Polarons and excitons. Edinburgh/London 1963.
[J 21] Austin, I. G., Mott, N. F.: Polarons in crystalline and non-crystalline materials. Advances in Physics **18**, 41 (1969).
[J 22] Gerthsen, P., Kauer, E., Reik, H. G.: Halbleitung einiger Übergangsmetalloxide im Polaronenbild. In: Festkörperprobleme, Bd. V. Braunschweig 1966.
[J 23] v. Baltz, R., Birkholz, U.: Polaronen. In: Festkörperprobleme, Bd. XII. Braunschweig 1972.
[J 24] Devreese (ed.) : Polarons in ionic crystals and polar semiconductors. Amsterdam 1972.
[J 25] Harper, P. G., Hodby, J. W., Stradling, R. A.: Electrons and optical phonons in solids — the effects of longitudinal optical lattice vibrations on the electronic excitations of solids. Rep. Progr. Phys. **36**, 1 (1973).
[J 26] Levinson, Y. B., Rashba, E. I.: Electron-phonon and exciton-phonon bound states. Rep. Progr. Phys. **36**, 1499 (1973).
[J 31] Brown, F. C.: Ultraviolet spectroscopy of solids with the use of synchrotron radiation. Solid State Physics **29**, 1 (1974).
[J 32] Tucker, J. W., Rampton, V. W.: Microwave ultrasonics in solid state physics. Amsterdam 1972.

Vorwiegend zu Kapitel K

[K 1] Buckel, W.: Supraleitung: Grundlagen und Anwendung. Physik-Verlag 1972.
[K 2] Lynton, E. A.: Supraleitung (Übersetzung). BI Mannheim 1966. Supraconductivity. 3rd ed. Science paperback 1971.
[K 3] Schrieffer, J. R.: Theory of superconductivity. Benjamin 1964.
[K 4] Rickayzen, G.: Theory of superconductivity. Interscience 1965.
[K 5] Tinkham, M.: Superconductivity. New York 1965.
[K 6] Rose-Innes, A. C., Rhoderick, E. H.: Introduction to superconductivity. Pergamon 1969.

[K 7] Parks, R. D. (ed.): Superconductivity. New York 1969.

[K 8] Galasiewicz, Z. M.: Superconductivity and quantum fluids. Oxford 1970.

[K 9] de Gennes, P. G.: Superconductivity of metals and alloys. Benjamin 1966.

[K 10] Saint James, P. G., Sarma, G., Thomas, E. J.: Type II superconductivity. Pergamon 1969.

[K 11] Cyrot, M.: Ginzburg-Landau theory for superconductors. Rep. Progr. Phys. **36**, 103 (1973).

[K 12] Huebener, R. P., Clem, J. R.: Magnetic flux structures in superconductors. Rev. Mod. Phys. **46**, 409 (1974).

[K 13] Williams, J. E. C.: Superconductivity and its applications. London 1970.

[K 14] Solymar, L.: Superconducting tunneling and applications. London 1972.

Vorwiegend zu Kapitel L

[L 1] Peierls, R. E.: Hauptvortrag Physikertagung Hamburg 1963.

[L 2] Rosenberg, H. M.: Low temperature solid state physics. Oxford 1963. (Siehe auch [A 12], [H 16]).

[L 3] Klemens, P. G.: Thermal conductivity of solids at low temperatures.
a) Handbuch der Physik, Bd. XIV. Springer 1956.
b) Solid State Physics **7**, 1 (1958).

[L 4] Erdmann, J. C.: Wärmeleitung in Kristallen; theoretische Grundlagen und fortgeschrittene experimentelle Methoden. Lecture Notes in Physics, Bd. 1. Springer 1969.

[L 5] Berman, R.: The thermal conductivity of dielectric solids at low temperatures. Adv. Phys. **2**, 103 (1953).

[L 6] Mendelssohn, K., Rosenberg, H. M.: Thermal conductivity of metals at low temperatures. Solid State Physics **12**, 223 (1961).

[L 7] Knappe, W.: Wärmeleitung in Polymeren. Fortschr. Polym. Forsch. **7**, 477 (1971).

[L 8] Bode, K.-H.: Wärmeleitung reiner Metalle. Landolt-Börnstein, 6. Aufl., Bd. II/5b. Springer 1967.
(Wärmeleitung technischer Werkstoffe, siehe in Landolt-Börnstein, Bd. IV, Teilbände 2a, 2b, 2c, 4b.)

Sachverzeichnis